INORGANIC
CHEMISTRY

新编无机化学

原著第二版

[美] 詹姆斯 · E. 豪斯（ James E. House ） 著
吴建中 郑盛润 区泳聪 译

化学工业出版社
· 北京 ·

内容简介

《新编无机化学》是美国大学近年来广泛使用的无机化学教材之一。全书分为原子和分子结构、凝聚态、酸碱和溶剂、元素化学、配位化合物化学五大部分。在结构及其与性质之间的关系方面着墨较多，并介绍了比较前沿的无机化学相关研究的基础知识及化学原理的应用。呈现给读者比较“纯粹”而又不断发展的无机化学，反映了无机化学和其他学科交叉渗透而显现出来的多种特色。

本书适合作为高校无机化学或普通化学课程的教科书或参考书，也可作为相关领域教学和科研人员的参考读物。

Inorganic Chemistry, 2nd edition
James E. House
ISBN: 9780123851109

《新编无机化学》(吴建中,郑盛润,区泳聪　译)
ISBN:978-7-122-43941-3

注意

本书涉及领域的知识和实践标准在不断变化。新的研究和经验拓展我们的理解，因此须对研究方法、专业实践或医疗方法作出调整。从业者和研究人员必须始终依靠自身经验和知识来评估和使用本书中提到的所有信息、方法、化合物或本书中描述的实验。在使用这些信息或方法时，他们应注意自身和他人的安全，包括注意他们负有专业责任的当事人的安全。在法律允许的最大范围内，爱思唯尔、译文的原文作者、原文编辑及原文内容提供者均不对因产品责任、疏忽或其他人身或财产伤害及/或损失承担责任，亦不对由于使用或操作文中提到的方法、产品、说明或思想而导致的人身或财产伤害及/或损失承担责任。

图书在版编目（CIP）数据

新编无机化学 /（美）詹姆斯 · E. 豪斯（James E. House）著；吴建中，郑盛润，区泳聪译. —北京：化学工业出版社，2023.11
书名原文：Inorganic Chemistry
ISBN 978-7-122-43941-3

Ⅰ. ①新… Ⅱ. ①詹… ②吴… ③郑… ④区… Ⅲ. ①无机化学 Ⅳ. ①O61

中国国家版本馆 CIP 数据核字（2023）第 145911 号

责任编辑：成荣霞　　文字编辑：王　琪
责任校对：刘曦阳　　装帧设计：王晓宇

出版发行：化学工业出版社（北京市东城区青年湖南街 13 号　邮政编码 100011）
印　　装：河北鑫兆源印刷有限公司
787mm×1092mm　1/16　印张 36¾　字数 957 千字　2024 年 6 月北京第 1 版第 1 次印刷

购书咨询：010-64518888　　售后服务：010-64518899
网　　址：http://www.cip.com.cn
凡购买本书，如有缺损质量问题，本社销售中心负责调换。

定　　价：198.00 元　

译者前言

本书是美国大学近年来广泛使用的无机化学教材之一。全书分为原子和分子结构、凝聚态、酸碱和溶剂、元素化学、配位化合物化学五大部分，在内容选择和编排方面有自己的特色，与传统的无机化学教材，尤其是国内针对低年级大学生的教材相比，有一些明显不同。例如，对化学热力学和化学动力学原理并没有用专门的章节来讲述，但其应用的相关内容却广泛分布于全书；溶液中的所谓四大化学平衡及其计算方面的内容更是着墨极少。全书明显偏重对结构与微观和宏观性质之间奥秘的解读，并且用了相当大的篇幅介绍了比较前沿的与无机化学研究相关的知识，包括群论和休克尔计算（第 5 章）、无机固体中的反应及其动力学过程（第 8 章）、无机非水溶剂中的无机化合物（包括超强酸）性质（第 10 章）、金属有机化学（第 12 章、第 21 章）、金属-金属键和簇合物（第 21 章）、生物无机化学（第 23 章）等。本书作者写作水平较高，呈现给读者的是比较“纯粹”的无机化学，但又并不枯燥，深入浅出，与时俱进，反映了无机化学和其他学科交叉渗透而显现出来的多种特色。书中每一章后面都列出了一些可供学生进一步自学的阅读材料，还安排了大量的习题，这些都有利于读者的进一步学习提高。作者观察到使用本书的学生在研究生的入学考试中表现很好，这与作者在写作时的匠心独运是分不开的。

本书英文原版书中有一些文字、公式、图片存在着疏漏或错误，译者在与作者沟通后进行了修正，文中就不一一指出了。瑕不掩瑜，这些均不妨碍本书的可读性和高质量。

本书由郑盛润博士主译第 1～8 章，区泳聪博士主译第 9～15 章，吴建中博士主译第 16～23 章和前言等，由吴建中负责统校。译者努力做到尽信尽达尽雅，但是囿于学识与时间之限，仍难避免存在不妥，诚祈读者见谅并指正。

吴建中　郑盛润　区泳聪

于羊城

第二版前言

无机化学在以令人惊讶的速度持续发展，相关期刊中发表的论文数每年都在增加。自从本书第一版出版以来，无机化学在很多方面都已经取得了令人鼓舞的成就，无机化合物在医药学中的应用表现得尤其显著。

修订的这一版继续保持第一版的形式，依然由五大部分组成，分别是原子和分子结构、凝聚态、酸碱和溶剂、元素化学、配位化合物化学。不过，虽然书的结构没有变化，但是里面的内容有一些显著的修改。第一，第 10 章中超强酸的内容得到了扩展，以反映超强酸在无机化学中日益增长的应用。第二，新增加了生物无机化学这一章，采用了很多源自近期文献的插图来描述金属配合物在医药方面的应用。第三，配合物催化的内容增加了与机理有关的新材料。第四，对整体书稿进行了编辑，使得内容呈现更为清晰。适当地使用彩色插图也是这个版本的新特点。最后，每章结尾都增加了许多习题。

本版覆盖范围与第一版相比有了很大变化，但相关内容编排的灵活性依然保留。在用几章的篇幅介绍了原子结构和分子结构之后，接着描述无机凝聚态，这样可以对这些材料的性质有更好的理解。第 8 章介绍了无机固体中的动力学过程，因为它对很多工业生产是很重要的。

无机化合物的行为表现有些现在还是无法解释的。全书始终是以一些例子来说明科学中的未解之谜，希望可以使读者产生进一步从事无机化学研究的兴趣。

笔者在这里要感谢阅读过本书第一版并指出错误的所有学生，他们对第二版的准备工作做出了很大的贡献。笔者还想感谢夫人凯思琳（Kathleen），感谢她对本书写作的一贯支持。

詹姆斯 · E. 豪斯

第一版前言

没有哪一册单卷本，当然包括教科书，能够非常接近于涵盖无机化学的所有重要论题。无机化学的范围简直太广了，而且还在以很快的速度不断扩大。在编写无机化学教材时，作者必须做大量的工作来确定包含哪些内容，不考虑哪些内容。化学教科书的作者会在书中体现出他们的研究兴趣、读过的学校和个人的性格。写作时，作者实际上是在说“我所看到的这个领域就是这样的”。就这点来说，这本书和其他书是相似的。

在教授无机化学课程时，某些核心论题总是少不了的。在此之外，很多内容在有些学校会教，有些则不会，这取决于授课教师的兴趣和专长。课程内容甚至在不同学期都会有变化。如果在核心论题之外还包括范围广泛的选读材料的话，会使得供一学期使用的教科书厚达 1000 页。即使是一本“简明的”无机化学书也可能接近这么厚。本书不是文献综述，也不是研究专著，而是一本教科书，旨在向读者提供必需的基础知识，以帮助他们进一步学习那些专业性更强的材料。

我努力将本书写成一本简明的教科书，以实现几个目标。第一，选择的论题可以提供无机化学主要领域的基本知识（分子结构、酸碱化学、配位化学、配体场理论、固体化学等）。这些论题构成无机化学的基础，并且适用于大部分院校所教的一学期课程。

在墙上刷漆时，将滚筒从不同方向刷过同一片区域可以达到更好的覆盖效果。笔者认为这个“技术”可以很好地应用在化学教学中。因此，本书的第二个目标是在几个不同论题的讨论中都要强调基本原理。例如，软硬作用原理在酸碱化学、配合物稳定性、溶解性和反应产物的预测等有关讨论中都用到了。第三，描述各个论题时尽力做到言简意赅，从而使本书易于携带，方便读者阅读。本书旨在以简便方式介绍阅读量适当的无机化学基础知识，既可以作为一学期课程或高年级课程的教科书，也可以作为自学指导用书。它是一本教科书，而不是文献综述或者研究专著，因此很少引用原始文献，而是引用了很多专业性更强的书籍和专著。

虽然这本书中的材料按循序渐进的方式编排，但是在讲授顺序上可以灵活处理。对于那些已经很好地掌握量子力学和原子结构的学生来说，第 1 章和第 2 章可以粗读，不用作为课程必需内容。这两章提供回顾历史和自学的资料。第 4 章先概述了结构化学，使读者能在学习对称性或特定元素的知识之前熟悉多种类型的无机结构。无机固体的结构在第 7 章中讨论，但其中知识点放在第 5 章或第 6 章之前学习也是容易的。第 6 章讲述了分子间力和分子的极性，因为这些论题对于解释物质的性质和化学行为是很重要的。考虑到固体无机化合物反应速率过程的重要性，尤其是在工业化学中的重要性，本书包含了这方面的内容（第 8 章）。该章首先回顾了固体反应的一些重要方面，然后再考虑相转变和固体配合物的反应。

无法用单卷本描述所有元素的性质，这是一个公认的事实。能做到这点的都是一些体量巨大的多卷本。本书中，对描述性元素化学的介绍是简短的，重点放在概述很多化合物行为的反应类型和结构上。这种尝试旨在概述描述性化学的全貌，展示重要类型的化合物和它们的反应，而不是只着力于其中的细节。很多学校提供中等程度的描述性无机化学课程，覆盖大量的元素化学内容。提供这样一门课程的部分理由是高年级课程通常更多地集中在无机化学原理方面。现在越来越多的学生在学习高年级无机化学课程之前，已经学习过主要涉及描述性化学的课程，因此本书在第 12～15 章简要概述描述性化学的同时也致力于介绍无机化学原理。第 16 章及随后的第 17～23 章考察的是配位化合物化学，涉及配位化合物的结构、成键、光谱和反应。其中的内容为成功学习很多特别论题提供了基础。

毫无疑问，无机化学的授课教师在上课时会讲到一些最新的或者是个人感兴趣的论题和例子，而且这些内容在任何一本教科书上都找不到。我上课时就一直是这种情况，这提供了一个机会来展示有关研究领域是如何发展和关联的。

大多数教材是作者多年教学经验的结晶。在前言中，作者应当向读者说明他（或她）的书在撰写时依据的教育理念。不可避免的是，不同的教师其教学的理念和方法多少有些不同。因此，没有一本书可以完全适用于所有教师的授课。教师在为他（或她）的课程编写课本时，应当能在书中找到所有必需的论题。然而，其他作者写的书可能不总是以你认为恰当的方式来讲述恰当的论题。

笔者已经在伊利诺伊州立大学、伊利诺伊卫斯理大学、伊利诺伊大学和西肯塔基大学的无机化学课程中用本书陈述的内容和方法教授了几百位学生。这些学生当中有很多去考研究生，这些去考研的学生在一些最有名望的研究机构的无机化学入学考试中都表现得不错（很多表现得很好）。虽然不可能列出所有那些学生的名字，但是他们的表现令人鼓舞，希望本书完成后，也能给其他大学的学生学习无机化学提供帮助。感谢德里克 · 科尔曼（Derek Coleman）在本书写作时给予我的鼓励和关心。最后，我还想谢谢我的夫人凯思琳，她阅读了大部分手稿，并给出了很多有益的建议，她的不断鼓励和支持在我写作过程中起到重要的作用。

詹姆斯 · E. 豪斯

目录

第一部分 原子和分子的结构

第五部分 配位化合物化学

第一部分　原子和分子的结构

第1章　光、电子与原子核

无机化学的研究包括对大量物质的结构与性能的解释、关联以及预测。在所有的化合物中，硫酸是产量最多的化学品。混凝土的产量更大，但它是混合物，而不是单一化合物。因此，我们说，硫酸是一个非常重要的无机化合物。另外，无机化学家还研究诸如氯化六氨合钴(Ⅲ){$[Co(NH_3)_6]Cl_3$}和蔡氏盐{$K[Pt(C_2H_4)Cl_3]$}之类的化合物。这类化合物被称为配位化合物或者配合物。此外，无机化学还包括非水溶剂和酸-碱化学等领域的研究。有机金属化合物、固体的结构与性质和除碳之外的元素化学也是无机化学的研究领域。但一些含碳的化合物（例如CO_2和Na_2CO_3）也同样属于无机化合物。无机化学研究的物质范围很广，大量的物质和反应过程在工业上有重要应用。此外，无机化学的知识体系以非常快的速度在扩展，有关无机材料行为的知识是研究其他化学领域的基础。

由于无机化学涉及材料的结构、性能以及合成，无机化学的研究需要熟悉一些通常被认为是物理化学的知识。因此，在综合学习无机化学课程之前，通常需要先学习一些物理化学的知识。当然，无机化学与其他化学分支领域之间本来就有很多交叠的地方。原子的结构与原子的性质是描述离子键和共价键必不可少的知识。由于原子结构在无机化学几个领域中的重要性，因此，要学习无机化学，我们先从了解原子结构以及原子结构观念的发展开始。

1.1　一些早期的原子物理学实验

回顾原子结构，从提出“我们是怎样知道我们所知道的”这个问题开始是合适的。换句话说，“我们做过什么关于原子结构的关键实验，这些实验的结果又告诉我们关于原子结构的什么信息呢”。尽管我们没有必要考虑所有的原子物理学的早期实验，但应该描述其中一些，并解释它们的结果。第一个原子物理学实验是汤普森（J. J. Thompson）在 1898～1903 年间完成的关于阴极射线的实验。该实验中，在包含两个电极的真空管的电极之间施加一个很大的电压，如图 1.1 所示。

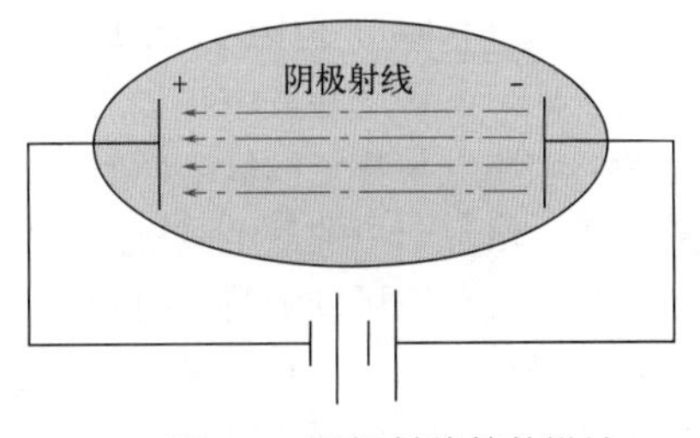

图 1.1　阴极射线管的设计

在高电场的影响下，真空管中的气体会发射出光。电子与气体分子的碰撞会导致发光，这种发光即便在管中压力降低至几托（Torr[❶]）时仍然存在。人们发现，发射出的光线包含管内气体的特征光谱线。中性的气体分

❶ 1Torr=133.322Pa。

子被阴极发出的电子束离子化，随后电子和带电粒子发生重组。发生这个过程时，有能量发射出来（以光的形式）。在高电场的作用下，负离子朝阳极加速运动而正离子朝阴极加速运动。当管内的气压很低的时候（可能是 0.001Torr），平均自由路径足够长，有些正离子会撞击阴极并发出射线。射线从阴极朝阳极发出。由于射线是从阴极射出的，因此它们被称为阴极射线。

阴极射线有许多很有趣的性质。首先，在阴极射线管附近的外置磁场可以使它们的运动路径发生弯曲。其次，在射线束的附近放置电荷也能导致运动呈现曲线路径。从这些观察中，我们可以得出射线带有电荷的结论。由于阴极射线带有负电，所以它们才会被带正电的荷电板吸引而被带负电的荷电板排斥。

阴极射线在磁场中的行为被解释为是由运动的带电粒子（当时还不知道电子）束产生的磁场所引起的。电流通过绕圈的电线产生磁场也是基于同样的原理，在这种情况下，运动电流产生的磁场与线圈磁针的相互作用导致磁针指向不同的方向。由于阴极射线是带负电的粒子，它们的运动就产生了一个能与外部磁场相互作用的磁场。事实上，我们通过研究阴极射线带电粒子在特定强度的外磁场作用下的运动路径，可以获得关于它们的本质属性的一些重要信息。

考虑以下情形：假设有速度为 10mile • h^{-1}[1]的风刮过台球桌。如果一个台球的运动方向与风的方向互相垂直，那么它的运动路径就会是一条曲线。很容易理解的是，如果第二个球的截面积是第一个球的两倍而质量相同的话，由于它受到的风阻力更大，因此它的运动曲线会更弯曲。如果第三个球的截面积和质量都是第一个球的两倍的话，那么它的运动轨迹将与第一个球相同，因为虽然它受到的风阻力是第一个球的两倍，但其质量也是第一个球的两倍，这有利于其保持直线运动（惯性）。因此，通过研究与风方向垂直运动的球的运动路径，我们可以确定球的截面积与质量的比率，但无法单独确定质量或截面积。

一个带电粒子在磁场作用下的运动情况也是类似的。粒子的质量越大，粒子沿直线运动的趋势也就越大。另外，粒子的电荷越高，它在磁场中呈曲线运动的趋势也就越大。如果一个粒子的质量和电荷都是另一个粒子的两倍，那么它们的运动路径是一样的。通过对磁场中阴极射线运动行为的研究，汤普森能够测定阴极射线的荷质比，但无法单独测定质量或电荷。汤普森从他的阴极射线实验确定的荷质比为-1.76×10^{8}C • g^{-1}。

显然，因为原子是电中性的，因此如果金属电极中的原子包含带负电的粒子（电子），那么它们也必须包含带正电的部分。基于此，汤普森提出一个原子结构模型。他认为，在原子中，带正电的粒子和带负电的粒子镶嵌在某种基质中。这个模型被称为梅子布丁模型，因为它就像嵌有梅子的布丁。此外，正粒子和负粒子的数目在这种基质中是相等的。当然，我们现在知道该模型是不对的，但它也正确地指出了原子结构的几个特征。

第二个加深我们对原子结构的认识的原子物理学实验是罗伯特 • A. 密立根（Robert A. Millikan）在 1908 年开展的。由于实验中使用了油滴，因此该实验被称为密立根油滴实验。在该实验中，油滴（由有机分子组成）被喷洒到一个室中，并用一束 X 射线直接照射它们。X 射线可以通过移除分子中的一个或多个电子使其离子化成为正离子。因此，有些油滴总体上就是带正电的。在这个装置中，室的顶端还安置了一个电量可以改变的金属盘。通过改变金属盘的电量，金属盘与特定油滴之间的吸引力就可以改变，因此可以使其与油滴的重力相等。在这种条件下，由于向上的静电吸引力与向下的重力相等，油滴就会悬浮在中间。由于油滴的密度是已知的，直径也可以测得，因此它的质量可以通过计算得到。此外，由于吸引油滴的金属盘的电量也是已知的，因此油滴的电量也很容易通过计算得到。虽然有些油滴可能会失去两个或三个电子，但计算得到的电荷量总是某个最小电荷量的整数倍。假定这个测定的最小电荷量对应

[1] 1mile=1609.344m。

于一个电子，那么就可以确定电子的电荷量。这个最小电量为-1.602×10^{-19}C 或者-4.80×10^{-19}esu（esu 是静电单位，$1esu=1g^{1/2}\cdot cm^{3/2}\cdot s^{-1}$）。由于电子的荷质比是已知的，因此可以算出电子的质量为 9.11×10^{-31}kg 或者 9.11×10^{-28}g。

第三个理解原子结构的关键实验是欧内斯特·卢瑟福（Ernest Rutherford）在 1911 年开展的，被称为卢瑟福实验。该实验是用阿尔法（α）粒子轰击一个金属薄膜。金属薄膜是由金制成的，只有几个原子的厚度。该实验装置如图 1.2 所示。

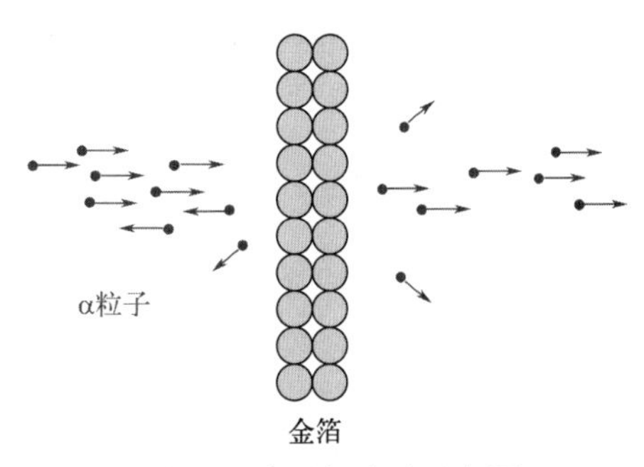

图 1.2 卢瑟福实验示意图

为什么这个实验可以提供关于原子结构的信息呢？答案就在于对汤普森梅子布丁模型含义的理解。如果原子是由等量的正电荷粒子和负电荷粒子镶嵌在中性材料中组成的，那么，当带电的粒子如 α粒子（氦核）在穿越原子的时候，它所靠近的正电荷和负电荷的数量是相等的。因此，电荷对 α粒子就没有净作用，α粒子就应该沿直线穿越原子或者仅有几个原子厚度的薄膜。

根据汤普森模型，当一束细小的 α粒子束撞击金薄膜时，由于 α粒子具有相对较高的能量，因此应该能够沿直线穿越金薄膜。然而，实际观察到的实验结果是，虽然大部分的 α粒子确实沿直线穿越金薄膜，但也有一些偏离了很大的角度，甚至有一些几乎反弹回到发射源。卢瑟福描述这就如同用 16in❶的炮弹对着一张薄纸开火，炮弹却反弹回来。α粒子是怎样受到一个足够大的可以改变其运动方向的斥力的呢？答案是只有金原子中所有的正电荷都被浓缩在一个非常小的空间区域，才能产生这么大的斥力。略去计算的细节不讲，结果表明，这个正电区域的尺寸大概为 10^{-13}cm。这个值之所以可以计算出来，是因为根据静电作用，很容易确定需要多大的斥力才可以改变一个以某已知能量运动的+2 价 α粒子的运动方向。而由于金原子总的正电荷量是已知的（原子序数），因此可以确定正电荷区域的大概尺寸。

卢瑟福实验表明，原子中所有的正电荷集中在一个非常小的空间区域（原子核）。由于大部分的 α粒子都能穿透金薄膜，这意味着它们并没有靠近原子核。换句话说，原子中大部分是空的。散开的电子云（尺寸在 10^{-8}cm 数量级）无法施加足够的力让 α粒子反弹。因此，梅子布丁模型无法解释 α粒子实验的观察结果。

尽管汤普森和卢瑟福的工作提供的原子图像本质上是正确的，但原子剩下的质量是什么构成的仍然是一个疑问。人们假定原子核中必然还含有其他的成分，而这在 1932 年被詹姆斯·查德威克（James Chadwick）发现。在他的实验中，是用 α粒子撞击一个薄的铍靶。他发现，撞击时会发射出具有高穿透力的射线，这些射线一开始被假定为高能的γ射线。通过研究这些射线在铅中的穿透性，可以推论这些粒子的能量大概为 7MeV。另外，这些射线也能从石蜡中弹射出能量约为 5MeV 的质子。然而，为了解释一些观察到的结果，假如这些射线真是γ射线的话，必须具有约 55MeV 的能量。而如果一个 α粒子与铍原子核作用时被捕获的话，那么发射出来的能量（基于产物与反应物的质量差）仅仅只有约 15MeV。查德威克研究了用 α粒子撞击铍原子产生的辐射撞击原子核引起的反作用现象，结果表明，如果辐射包含γ射线，那么能量必须是受反作用的原子核的质量的函数，这就违反了动量和能量守恒原理。然而，假如从铍靶辐射出来的是不带电的、质量与质子相近的粒子的话，那么观察到的现象就能得到令人满意的解释。这些粒子就称为中子，它们从以下的反应中产生：

❶ 1in=0.0254m。

$$ {}_{4}^{9}\mathrm{Be}+{}_{2}^{4}\mathrm{He} \longrightarrow \left[{}_{6}^{13}\mathrm{C}\right]^{*} \longrightarrow {}_{6}^{12}\mathrm{C}+{}_{0}^{1}\mathrm{n} \quad (1.1) $$

原子不仅包含等量的电子和质子，还包含了一定数量的中子（氢原子除外）。电子和质子带有等量的符号相反的电荷，但质量差异很大。质子的质量为 1.67×10^{-24}g。在拥有多个电子的原子中，每个电子的能量并不是相同的，因此我们随后将讨论原子中电子层的结构。在这一点上，我们看到，早期的原子物理学实验提供了原子结构的全貌。

1.2 光的本质

从物理学的早期阶段开始，有关光的本质的争论就一直存在着。一些杰出的物理学家，如艾萨克·牛顿（Isaac Newton）等，认为光是由粒子或“小体”组成的。而当时的其他一些科学家则认为光有类似波的特点。1807 年，托马斯·杨（T. Young）做了一个关键的实验，他发现，当一束光通过两个狭缝时，呈现了衍射谱图。这种行为体现了光的波动性质。菲涅尔（A. Fresnel）和阿拉戈（F. Arago）做了一些其他的与干涉相关的实验，也证明光具有波动性质。

光的本质和物质的本质关系紧密。很多信息正是来源于对物质（原子或分子）吸光或者受某种能量源激发而发光这样的研究。事实上，我们关于原子和分子结构的大部分知识都是通过研究电磁辐射与物质的相互作用或物质发射的电磁辐射获取的。这些相互作用的类型构成了对研究原子和分子极其重要的几种光谱学和技术的基础。

1864 年，麦克斯韦（Maxwell）研究发现电磁辐射包含以光速向空间传播的横向电场和磁场。电磁辐射包含几种类型的波（可见光、无线电波、红外线等），构成了连续波谱带，如图 1.3 所示。1887 年，赫兹（Hertz）通过能产生振荡电荷的装置（天线）制造了电磁波。这一发现促成了无线电的发展。

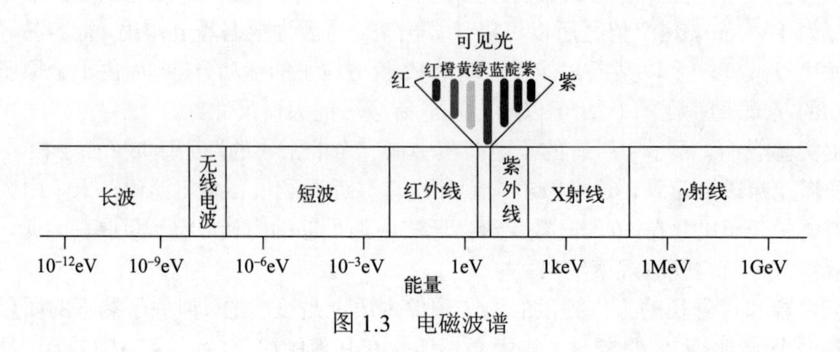

图 1.3　电磁波谱

虽然我们已经讨论的所有的成果对我们理解物质的本质很重要，但仍然有一些其他的现象，可以为我们提供更多的深入理解。其中一个现象是通过对氢气样品施加高压时，会发射出光。实验的大致情况如图 1.4 所示。1885 年，巴尔莫（Balmer）将氢气发出的光通过分光棱镜得到了可见光并对其进行了研究。

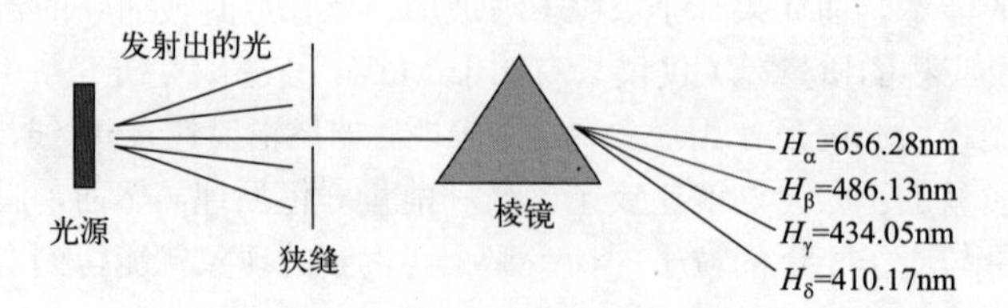

图 1.4　由棱柱分光镜折射分离出来的光谱线

观察到的四条谱线如下：

$$H_\alpha=656.28\text{nm}=6562.8\text{Å}$$
$$H_\beta=486.13\text{nm}=4861.3\text{Å}$$
$$H_\gamma=434.05\text{nm}=4340.5\text{Å}$$
$$H_\delta=410.17\text{nm}=4101.7\text{Å}$$

氢的这一系列光谱线被称为巴尔莫系，这四条谱线的波长符合以下关系式：

$$\frac{1}{\lambda}=R_{\mathrm{H}}\left(\frac{1}{2^2}-\frac{1}{n^2}\right) \tag{1.2}$$

式中，λ为谱线的波长；n 为大于 2 的整数；R_{H} 为里德伯（Rydberg）常数，数值为 109677.76cm^{-1}。$1/\lambda$称为波数（每厘米中完整的波的数目），也写成$\bar{\nu}$。从式（1.2）可以看到，当 n 值越大时，谱线之间越接近，但是当 n 趋近无穷大时，会达到极限。这个极限就称为巴尔莫系的系极限。需要注意的是，这些在氢中首先被发现的光谱线是处于电磁光谱的可见区的。相比其他类型的电磁辐射检测器，人们在更早的时候就能使用可见光的检测器（人类的眼睛和感光片）了。

后来，在电磁波谱的其他区域发现了其他系列谱线。莱曼（Lyman）系在紫外区被发现，而帕邢（Paschen）、布拉开（Brackett）和普丰德（Pfund）系在红外区被发现。所有这些谱线都是从激发态原子发射而来的，所以它们一起构成了氢原子的发射光谱或线状光谱。

另一个原子物理学的伟大进展涉及从被称为黑体的仪器发出的光。由于黑色是所有波长的可见光最好的吸收剂，因此也应该是最好的发射器。当加热到炽热状态的时候，一个内表面涂满灯黑的金属球可以从球的开口发出一定波长范围的辐射（黑体辐射）。原子物理学的一个棘手问题是尝试预测辐射强度与波长之间的函数关系。1900 年，马克斯·普朗克（Max Planck）采取一个在当时比较激进的假设，成功地建立了两者之间的关联。普朗克假定吸收和发射辐射是由于振荡器改变频率而出现的。不过，他认为频率是不连续的，只允许特定的某些频率出现。换句话说，频率是量子化的。允许出现的频率值是某个基频ν_0的整数倍。振荡器从低频率向高频率转变会吸收能量，而当频率降低时放出能量。普朗克指出能量和频率之间的关系为：

$$E=h\nu \tag{1.3}$$

式中，E 为能量；ν为频率；h 为一个常数（称为普朗克常数，数值为 $6.63\times10^{-27}\text{erg}\cdot\text{s}=6.63\times10^{-34}\text{J}\cdot\text{s}$）。由于光是一种横向波（波的传播方向与位移方向垂直），因此它满足关系式：

$$\lambda\nu=c \tag{1.4}$$

式中，λ为波长；ν为频率；c 为光速（$3.00\times10^{10}\text{cm}\cdot\text{s}^{-1}$）。通过这些假设，普朗克推出了一个能满意地关联黑体辐射的强度和频率的方程。

能量是量子化的，这个观念的重要性再怎么强调都不为过。它可以应用到与原子和分子相关的所有的能量类型中。它构成了研究原子和分子结构的多种实验技术的基础。能级可能为电子、振动或者转动能级，这与要开展的实验有关。

在 19 世纪，人们观察到当光照射到真空管里的金属板时，会发生一个有趣的现象。这个装置的组成如图 1.5 所示。

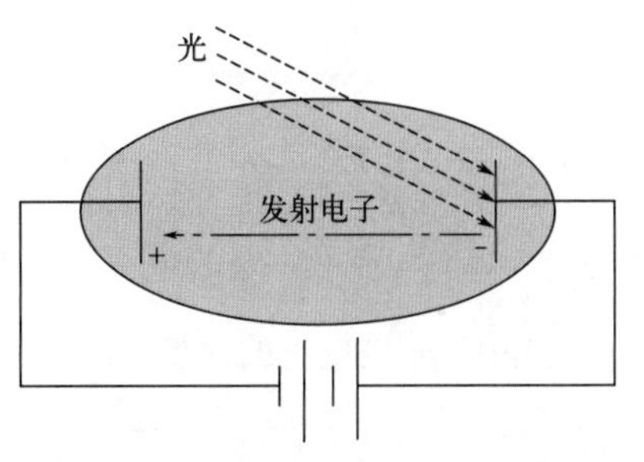

图 1.5　展现光电效应的装置

当光照射到金属板上时，会产生电流。由于实验涉及光和电，因此称为光电效应。光以某种方式产生了电流。1900 年左右，已经有充分的证据表明光有波的行为，但光的波动性却无法解释光电效应中观察到的一些现象。这些光电效应中的现象包括以下几个方面。

（1）入射光必须达到某个最小频率（阈频率）时才能

产生电子。

（2）电流在光照射金属板的瞬间就可以产生。

（3）电流的大小与入射光的强度成比例。

在 1905 年，阿尔伯特·爱因斯坦（Albert Einstein）通过假设入射光具有粒子的行为，为光电效应提供了一个解释。允许光粒子（光子）与电子（称为光电子）瞬间碰撞，并导致电子从金属表面逸出。由于电子是通过与金属类型有关的特定结合能束缚在金属表面的，因此光子必须达到某个最小能量才能使电子逸出。从金属表面移走一个电子所需的能量称为金属的功函数（w_0）。它与电离能（对应于从气态原子移除一个电子）是不同的。如果入射光子的能量大于金属的功函数，逸出的电子就以动能的形式带走部分能量。换句话说，逸出电子的动能就是入射光子的能量与金属中移除电子所需的能量的差值。可以通过方程表示为：

$$\frac{1}{2}mv^2 = h\nu - w_0 \tag{1.5}$$

通过增加用于发射电子的金属板的负电荷，就可以阻止电子的移除，从而停止产生电流。能使电子停止逸出的电压称为遏止电压。在这些条件下，真正确定的是逸出电子的动能。如果使用不同频率的入射辐射重复实验，就可以确定逸出电子的动能。通过使用几个已知入射频率的光，就可以确定每个频率对应的电子动能，并作出电子动能和频率的关系图。就像式（1.5）所表示的那样，它们之间的关系应该是一条直线，直线的斜率为普朗克常数 h，截距为$-w_0$。这里介绍的光电效应与 3.4 节描述的分子的光电子能谱有一些类似的地方。

尽管爱因斯坦使用了光的行为像粒子那样的假设，但并没有否认显示光波动性的相关实验的有效性。事实上，光同时具有波动性和粒子性，也就是通常所说的波粒二象性。光体现波动性还是粒子性取决于目标实验的类型。在原子和分子结构的研究中，通常需要用波动性和粒子性结合在一起去解释实验结果。

1.3 玻尔模型

尽管有关光和原子光谱的实验揭示了大量关于原子结构的知识，但即使是氢原子的线状光谱也对当时的物理学提出了一个大难题。其中一个问题是当电子绕核运动时，没有连续地释放能量。速度毕竟是一个既有大小又有方向的矢量。方向的改变构成速度的改变（加速度），而根据麦克斯韦的理论，一个加速的电荷应该发射电磁辐射。如果一个运动的电子连续性地释放能量，那么它必须朝核做螺旋运动直到与核相撞。因此，在某种程度上，经典物理学定律无法处理如图 1.6 所示的情形。

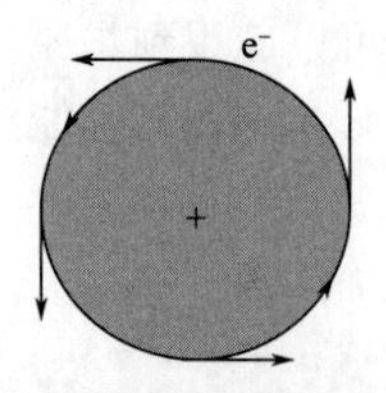

图 1.6　当电子绕核运动时方向持续改变

在 1911 年卢瑟福实验之后，尼尔斯·玻尔（Neils Bohr）在 1913 年基于一些假设提出氢原子的动态模型。在这些假设中，第一个假设是存在某些“允许”的轨道，电子在其中运动不会辐射电磁能。进一步地讲，在这些轨道上，电子的角动量（对旋转的物体表示为 mvr）是 $h/2\pi$的倍数（也可以写成 $\hbar$）。

$$mvr = \frac{nh}{2\pi} = n\hbar \tag{1.6}$$

式中，m 是电子的质量；v 是速率；r 是轨道半径；n 是取值为 1,2,3⋯的整数。整数 n 称为量子数，更具体地说，为主量子数。

玻尔还假设当电子从高能轨道（n 值大的）向低能轨道跃迁时会发射电磁能，反之则吸收电磁能。通过这些假设，玻尔就解释了氢的线状光谱只呈现某些波长的谱线的原因。

为了使电子在稳定的轨道中运动，电子与质子之间的静电引力必须与向心力达到平衡，因此电子做圆周运动。如图 1.7 所示，这两种力的确方向相反，我们需要令其大小相等。

静电吸引由库仑力 e^2/r^2 给出，电子的向心力为 mv^2/r。因此，我们可以写出：

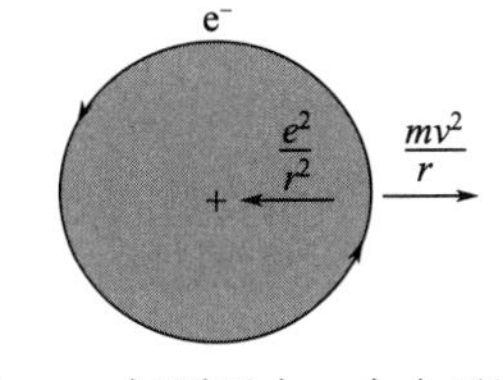

图 1.7 氢原子中一个电子运动所受的力

$$\frac{mv^2}{r}=\frac{e^2}{r^2} \tag{1.7}$$

从式（1.7）我们可以计算出电子的运动速率为：

$$v=\sqrt{\frac{e^2}{mr}} \tag{1.8}$$

从式（1.6）也可以得到速率为：

$$v=\frac{nh}{2\pi mr} \tag{1.9}$$

由于运动的电子只有一个速率，因此式（1.8）和式（1.9）中的速率 v 是相等的，即

$$\sqrt{\frac{e^2}{mr}}=\frac{nh}{2\pi mr} \tag{1.10}$$

那么我们就可以解得 r 为：

$$r=\frac{n^2h^2}{4\pi^2me^2} \tag{1.11}$$

在式（1.11）中，只有 r 和 n 是变量。从这个方程我们可以看到轨道半径 r 随 n 的平方的增大而增大。对于 n=2 的轨道，其半径是 n=1 的轨道的 4 倍。如果把常数用 cm-g-s 单位系统中的数值表示，从式（1.11）可以推导出 r 的数值是以 cm 为单位的（只有 h、m 和 e 有单位）：

$$[(\mathrm{gcm}^2/\mathrm{s}^2)\mathrm{s}]^2/[\mathrm{g}(\mathrm{g}^{1/2}\mathrm{cm}^{3/2}/\mathrm{s})^2]=\mathrm{cm} \tag{1.12}$$

从式（1.7）我们看到：

$$mv^2=\frac{e^2}{r} \tag{1.13}$$

在方程的两边同时乘以 1/2，我们得到：

$$\frac{1}{2}mv^2=\frac{e^2}{2r} \tag{1.14}$$

该方程中，左边就是电子的动能。电子的总能量为动能和势能（$-e^2/r$）之和。

$$E=\frac{1}{2}mv^2-\frac{e^2}{r}=\frac{e^2}{2r}-\frac{e^2}{r}=-\frac{e^2}{2r} \tag{1.15}$$

把从式（1.11）得到的 r 值代入式（1.15），我们得到：

$$E=-\frac{e^2}{2r}=-\frac{2\pi^2me^4}{n^2h^2} \tag{1.16}$$

从这个式子中，我们看到，能量和 n 的平方成反比关系。E 的最低值（是个负值）对应于 n=1，当 n 趋近无穷大时，也就是相当于电子完全移去时，E 为 0。如果常数的数值采用 cm-g-s 系统单位，计算出来的能量的单位将是 erg。当然，1J=10^7erg，1cal=4.184J。

通过对 n 取不同的值，我们能计算出电子在氢原子轨道上相应的能量。经过这样运算之后，我们发现几个轨道的能量如下：

n=1，　　E=-21.7×10^{-12}erg

n=2，　　E=-5.43×10^{-12}erg

$n=3$，　　　　　$E=-2.41\times10^{-12}\text{erg}$

$n=4$，　　　　　$E=-1.36\times10^{-12}\text{erg}$

$n=5$，　　　　　$E=-0.87\times10^{-12}\text{erg}$

$n=6$，　　　　　$E=-0.63\times10^{-12}\text{erg}$

$n=\infty$　　　　　$E=0$

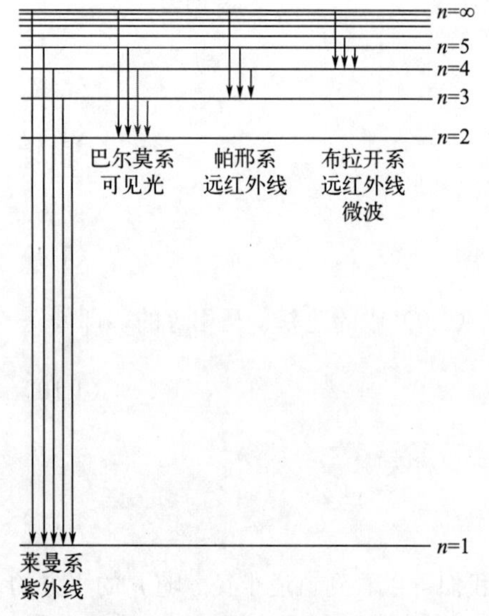

图 1.8　氢原子的能级图

利用这些能量值，可以画出如图 1.8 所示的能级图。当 $n=1$ 时，电子的结合能最低，而 $n=\infty$时结合能为 0。

玻尔模型虽然成功地解释了氢原子的线状光谱，但解释不了其他原子的线状光谱。它也能够用于预测其他只有一个电子的物种，如 He^{+}、Li^{2+}、Be^{3+}等的光谱线的波长。同时，这个模型是根据有关允许轨道的性质提出的假设而建立起来的，这些允许轨道并没有经典物理学基础。当考虑海森堡（Heisenberg）测不准原理时，也会遇到另一个问题。按照这个原理，不可能同时确定一个粒子的位置和动量。能够描述氢原子中电子的轨道就等同于可以同时确定它的位置和动量。海森堡测不准原理给出这些变量可以同时确定的准确度的限制。它们之间的关系是：

$$\Delta x\times\Delta(mv)\geqslant\hbar \tag{1.17}$$

式中，Δx 代表其后变量的不确定度。普朗克常数是作用量的基本单位（它的单位为能量乘以时间），但是动量与距离的乘积的结果具有相同的大小。经典的玻尔模型基本解释了氢原子的线状光谱，但没有提供理解原子结构的理论框架。

1.4　波粒二象性

1924 年，年轻的法国博士生路易斯·德布罗意（Louis V. de Broglie）提出关于粒子本质的一个假设，当时，关于光的粒子和波动的争论已经存在了许多年。在德布罗意的假设中，粒子是电子等“真实的”粒子。德布罗意认识到对于电磁辐射，能量可以由普朗克方程描述：

$$E=h\nu=\frac{hc}{\lambda} \tag{1.18}$$

然而，爱因斯坦狭义相对论的一个结论是光子具有的能量可以表达为：

$$E=mc^2 \tag{1.19}$$

这个著名的方程体现了质量和能量之间的关系，它的有效性已经得到充分的证明。这个方程没有表明光子具有质量，它的意义在于表明因为光子具有能量，而这个能量相当于一定的质量。对一个指定的光子，只有一个能量，所以：

$$mc^2=\frac{hc}{\lambda} \tag{1.20}$$

对这个式子进行重排，得到：

$$\lambda=\frac{h}{mc} \tag{1.21}$$

得到光子在式（1.21）体现的关系之后，德布罗意认为光子具有波粒二象性，这正如我们在本章前面所描述的那样。他进一步推论，如果“真实的”粒子例如电子等也能体现波粒二象性的话，那么除了将光速改为粒子的速率之外，粒子的波长也能通过式（1.21）给出：

$$\lambda = \frac{h}{mv} \tag{1.22}$$

在 1924 年的时候，这个结果并没有实验证明，但很快就得到证明。1927 年，戴维森（C. J. Davisson）和革末（L. H. Germer）在新泽西州莫雷山（Murray Hill）的贝尔（Bell）实验室进行了实验。通过已知的电压加速电子束，这样电子束的速率就是已知的。当这束电子撞击镍金属晶体时，观察到了一个衍射图案。此外，由于镍晶体中原子之间的距离是已知的，因此可以计算出运动电子的波长，而这个计算出来的值精确地符合德布罗意方程所预言的波长。从这个开创性的工作开始，电子衍射就成了研究分子结构的标准实验技术。

德布罗意的工作清楚地表明运动的电子能够被当成波进行考虑。如果电子的行为是波的行为，那么氢原子中一个稳定的轨道必须包含整数个波长，否则它们会发生干涉以致互相抵消（相消干涉）。这个条件可以表示为：

$$mvr = \frac{nh}{2\pi} \tag{1.23}$$

这个方程正是玻尔对允许轨道上电子的角动量进行量子化假设所需要满足的关系。

既然已经证明了运动的电子可以看成波，那么剩下的任务就是要发展出一个包含这一革命性思想的方程。这个方程在 1926 年由欧文·薛定谔（Erwin Schrödinger）运用德布罗意的波粒二象性思想时提出并求解，早于实验证明。我们将在第 2 章中描述这一新的科学分支，也就是波动力学。

1.5 原子的电子性质

尽管我们还没有介绍处理理论化学的现代方法（量子力学），但已经可以描述原子的很多性质。例如，从氢原子中移除一个电子所必需的能量（电离能）就相当于莱曼系的系列极限。因此，原子光谱是确定原子电离势的一种方法。

如果我们分析原子的第一电离能和它们的原子序数之间的关系，就会得到图 1.9 所展示的结果。电离能的数值见附录。

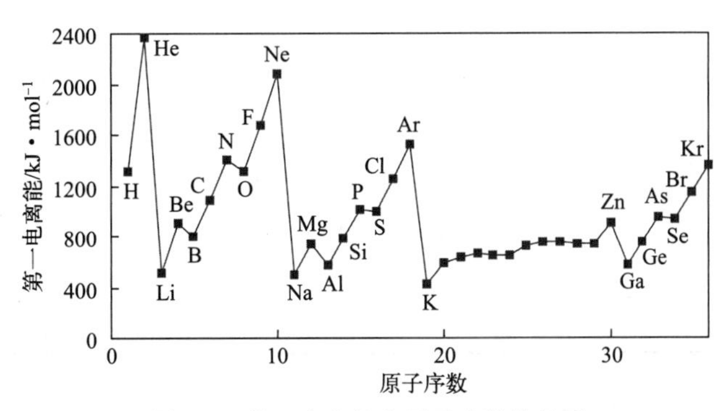

图 1.9　第一电离能和原子序数的关系

从这个图中可以清楚地看到几个事实。尽管我们还没有介绍原子的电子构型，但在以前的化学课程中应该已经多少熟悉了其中一些内容。在这里我们用到的一些观点与电子层有关，后面再做详细介绍。

（1）氦原子是所有原子中电离势最大的原子。它的核电荷为+2，电子处在靠近核的最低的能级上。

（2）稀有气体在其所处周期具有最大的电离能。这些原子中的电子处于全充满的电子层中。

（3）第一主族的元素在所处周期电离势最低。这些原子中有一个电子处于最外层，而其他的电子层都是充满的。

（4）总体上看，同一周期从左到右电离势是增大的。例如，B<C<O<F 等。然而，在氮和氧中，情况是相反的。这是由于 N 具有半充满的电子层结构，而 O 比半充满的电子层结构多一个电子，因此，N 的电离势比 O 大。在氧原子中，相同轨道中的两个电子之间存在斥力，因而比较容易移除其中一个电子。

（5）总体上，在同一族中从上往下电离势逐渐减小。例如，Li>Na>K>Rb>Cs，F>Cl>Br>I。原子半径越大的原子，外层电子离核越远，在核与最外电子层之间也就有更多的充满的电子层。

（6）即便是具有最低电离势的铯原子，它的电离能仍然约为 374kJ · mol^{-1}。

以上是从原子在周期表中的位置的角度看原子电离势变化的一些大体趋势。在后面的内容中，我们还有机会介绍原子的其他性质。

另一个用于理解元素化学性质的关键参数是，当一个电子添加到一个气相原子中时所释放出的能量，即

$$X(g)+e^{-}(g) \longrightarrow X^{-}(g) \quad \Delta E=\text{电子亲和能} \qquad (1.24)$$

对大部分原子来说，添加一个电子会释放能量，所以ΔE 为负值。但其中有一些例外，最明显的是稀有气体和ⅡA 族的原子。这些原子具有全充满的最外电子层，因此，添加任何电子都只能填充在新的空电子层上。N 由于最外层具有半充满的电子层结构，因此也几乎没有接受外加电子的趋势。

当一个电子加到一个原子中之后，原子对这个电子的“亲和性”称为电子亲和能。由于一个电子加到大部分原子上是释放能量的，因此随后移去这个电子需要能量，所以对大多数的原子来说，电子亲和能是正值。大部分主族元素的电子亲和能列于表 1.1 中。注意：1eV · $atom^{-1}$=96.48kJ · mol^{-1}。

表 1.1　原子的电子亲和能　　单位：kJ · mol^{-1}

H							
72.8							
Li	Be		B	C	N	O①	F
59.6	−18		26.7	121.9	−7	141	328
Na	Mg		Al	Si	P	S②	Cl
52.9	−21		44	134	72	200	349
K	Ca	Sc…Zn	Ga	Ge	As	Se	Br
48.4	−186	18…9	30	116	78	195	325
Rb	Sr	Y…Cd	In	Sn	Sb	Te	I
47	−146	30…−26	30	116	101	190	295
Cs	Ba	La…Hg	Tl	Pb	Bi	Po	At
46	−46	50…−18	20	35	91	183	270

① −845kJ · mol^{-1}，对加上两个电子而言。

② −531kJ · mol^{-1}，对加上两个电子而言。

表 1.1 所示的数据中存在着几个显然的事实。为了更清楚地看出其中一些结果，我们用图 1.10 表示电子亲和能随元素在周期表中的位置（因此也是轨道电子数）变化而变化的情况。从图 1.10 和表 1.1 的数据，可以发现以下关系。

（1）卤素是所有元素族中电子亲和能最高的。

（2）在同一周期，电子亲和能从左到右一般是递增的。同一周期中，电子通常是加在同样的外层轨道中。而从左到右核电荷数递增，因此对外层电子的吸引力也递增。

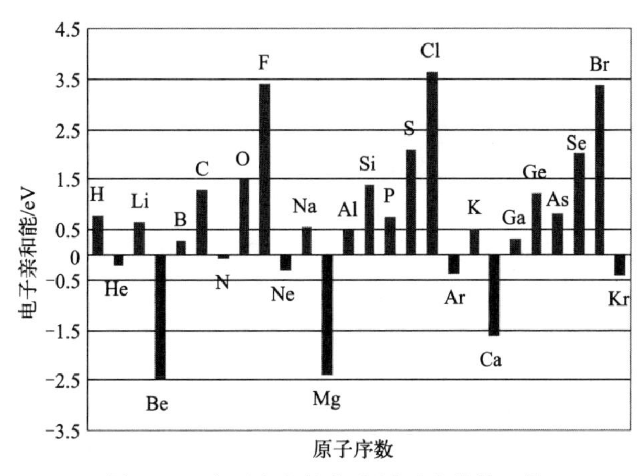

图 1.10　电子亲和能作为原子序数的函数

（3）一般而言，对于特定的族，从上往下电子亲和能逐渐减小。

（4）氮的电子亲和能在其周期中是反常的，这是由于它有一个半充满的外层轨道。

（5）氮的电子亲和能约为 0，而磷虽然也有半充满的外层轨道，但它的电子亲和能大于 0。对于半径大的原子，半充满效应降低，因为此时原子核和最外层轨道之间有更多的充满电子层。

（6）对于卤素（Ⅶ主族）来说，氟的电子亲和能小于氯。这是由于氟的原子半径小，最外层电子较为拥挤、互相排斥。在氟原子上增加一个电子，虽然在能量上是有利的，但并没有像氯那么有利。氯是所有元素中电子亲和能最大的。而对 Cl、Br 和 I 来说，电子亲和能的变化则是符合一般的规律。

（7）氢具有足够大的电子亲和能，这意味着，我们可以预计会形成含有 H^-的化合物。

（8）ⅡA 族的元素具有负的电子亲和能，表明这些原子增加一个电子在能量上是不利的。这些原子的最外层有两个电子，也只能填充两个电子。

（9）ⅠA 族的元素增加一个电子会释放出能量（数值很小），因为它们的单电子占据的最外层轨道能填充两个电子。

与电离势一样，电子亲和能在考虑原子的化学行为时也是一个有用的性质，特别是在描述包括电子转移的离子键时更有用。

在无机化学的研究中，理解原子的尺寸变化是很重要的。原子的相对大小在某种程度上决定了分子的结构。表 1.2 展示了原子的大小与元素周期表的关系。

表 1.2　原子半径　　单位：pm

H 37							
Li 134	Be 113		B 83	C 77	N 71	O 72	F 71
Na 154	Mg 138		Al 126	Si 117	P 110	S 104	Cl 99
K 227	Ca 197	Sc…Zn 161…133	Ga 122	Ge 123	As 125	Se 117	Br 114
Rb 248	Sr 215	Y…Cd 181…149	In 163	Sn 140	Sb 141	Te 143	I 133
Cs 265	Ba 217	La…Hg 188…160	Tl 170	Pb 175	Bi 15	Po 167	At —

原子尺寸的一些重要变化趋势可以总结如下。

（1）在同一族中，原子尺寸从上往下递增。例如，Li、Na、K、Rb、Cs 的共价半径分别为 134pm、154pm、227pm、248pm、265pm。F、Cl、Br、I 的共价半径分别为 71pm、99pm、114pm、133pm。

（2）同一周期中，原子的尺寸从左到右递减。从左到右，外层电子处于相同的电子层，而核电荷数逐渐增加。因此，电荷数越高（越靠近周期表右侧），对电子的吸引越大，电子也就更靠近核。例如，第一长周期的原子半径如下：

原子	Li	Be	B	C	N	O	F
半径/pm	134	113	83	77	71	72	71

元素周期表中其他周期也有类似的趋势。在第三长周期中，原子半径基本递减，但过渡系列的倒数两个或三个元素例外。Fe、Co、Ni、Cu 和 Zn 的共价半径分别为 126pm、125pm、124pm、128pm 和 133pm。这种影响强调了一个事实，即随着核电荷的增加（从左到右），3d 轨道的尺寸是收缩的，这些轨道上增加的电子会受到更大的排斥作用。结果是，当尺寸降低到某个点（Co 和 Ni）之后，由于排斥作用的增加，致使原子尺寸增加（Cu 和 Zn 比 Co 和 Ni 大）。

（3）在各周期的原子中，尺寸最大的是ⅠA 族金属原子。最外层的电子处于一个满电子壳（稀有气体构型）的外面，所以它比较松散（低的电离势），与核的距离相对较远。

核电荷的一个有趣的影响可以通过考察一系列具有相同电子数、不同核电荷的物种看出来。其中一个系列是具有 10 个电子（Ne 电子构型）的离子。这些离子包括 Al^{3+}、Mg^{2+}、Na^+、F^-、O^{2-}和 N^{3-}，它们的核电荷数从 13 变到 7。图 1.11 表示了这些物种的尺寸随核电荷数变化而变化的情况。

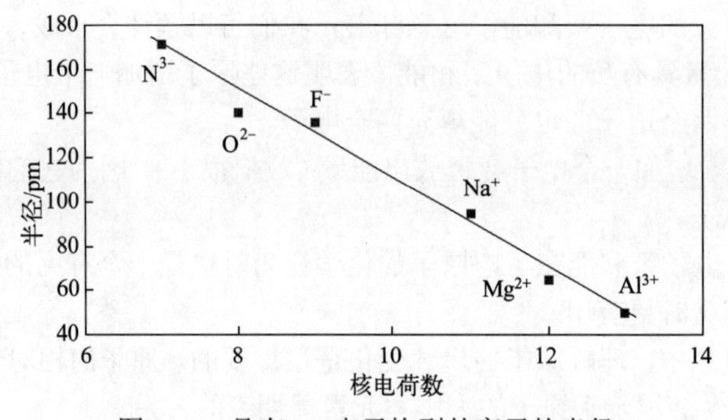

图 1.11　具有 Ne 电子构型的离子的半径

注意到 N^{3-}（半径 171pm）的尺寸比氮原子的大很多，后者的共价半径只有 71pm。氧原子（半径 72pm）大概只有氧负离子（半径 140pm）大约一半的大小。阴离子的半径总是比形成它的原子的半径大。另外，Na^+的半径（95pm）比钠原子的半径（154pm）小很多。阳离子总是比形成它的原子的半径小。

在这系列离子中，最有意思的是 Al^{3+}，它的半径仅有 50pm，而它的原子的半径有 126pm。就像随后将详细讨论的那样，Al^{3+}的小尺寸和高电荷促使它（以及其他类似的具有高的荷径比或电荷密度的离子）具有很有趣的性质。它对极性水分子带负电的一头具有很大的亲和性，因此，当铝的化合物溶解在水中，蒸发水不能去除与阳离子直接键合的水分子，无法恢复得到原来的铝化合物。

由于无机化学关注的化合物的性质和反应可能包含任何元素，因此原子性质之间的关系是很重要的。这个主题将在随后的章节多次重提，本章剩余的内容将用于简要讨论原子核以及核转化。现在我们知道，不可能像两个世纪以前所猜测的那样，把原子的质量表示为氢原子质量的整数倍。尽管道尔顿（Dalton）的原子理论认为一个给定元素的所有原子都是相同的，但我们现在知道这是错误的。原子质量代表的是从元素存在的几种同位素中得到的平均值。质谱技术的应用对于这类研究的重要性不言而喻。

1.6 核结合能

现在已知的化学元素有116种。然而，由于每种元素都发现有几种同位素，所以已知的核物种数超过2000。大概四分之三的核物种是不稳定的，会发生辐射衰变。原子核中包含质子和中子两种粒子。出于许多目的，我们需要描述核中粒子的数目，不管它们是质子还是中子。我们用核子来表示这两种类型的核粒子。通常，核的半径会随质量数的增加而增加，它们之间的关系通常表示如下：

$$R = r_0 A^{1/3} \tag{1.25}$$

式中，A 是质量数；r_0 是一个常数，数值约为 1.2×10^{-13}。

任何核物种都可以称为核素。因此，$^{1}_{1}H$、$^{23}_{11}Na$、$^{12}_{6}C$ 和 $^{238}_{92}U$ 是不同的可识别的物种或核素。一个核素可以表示为原子符号，左上角为质量数，左下角为原子序数，电荷数 $q\pm$ 写在右上角。例如：

$$^{A}_{Z}X^{q\pm}$$

如同本章之前描述的那样，原子的模型包括绕核运动的电子层以及原子核，而原子核中包括质子和一定量的中子（除了 ^{1}H 之外）。每种类型的原子由原子序数 Z 以及该元素名称的符号标示。质量数 A 近似等于其物种的质量的倍数。例如，尽管氢的某同位素的准确质量为1.00794amu（amu为原子质量单位），但 $^{1}_{1}H$ 的质量数为1。由于质子和中子的质量几乎相等（大概为1amu），碎片的质量数减去原子序数就得到中子数，用 N 表示。因此，对于 $^{15}_{7}N$，它的核中含有7个质子和8个中子。

当把原子看成是它们的组成粒子构成的，我们会发现，原子的质量比这些粒子的总质量小。例如，$^{4}_{2}He$ 含有两个电子、两个质子和两个中子。这些粒子的质量分别为0.0005486amu、1.00728amu和1.00866amu，可以得到总质量为4.032977amu。然而，$^{4}_{2}He$ 的实际质量为4.00260amu，少了0.030377amu。这些“消失的”质量是由于这些粒子是通过能量维系在一起的，可以根据爱因斯坦方程给出：

$$E = mc^2 \tag{1.26}$$

如果1g质量转化成能量，释放的能量为：

$$E = mc^2 = 1g\times(3.00\times10^{10}\,cm/s)^2 = 9.00\times10^{20}\,erg$$

当转化为能量的质量为1amu（1.66054×10^{-24}g）时，释放出的能量为 1.49×10^{-3}erg。这些能量可以通过 $1eV=1.60\times10^{-12}$erg 转化为以eV为单位。所以，1.49×10^{-3}erg/1.60×10^{-12}erg/eV 就是 9.31×10^{8}eV。当处理与核转化相关的能量时，通常使用MeV为单位，1MeV为 10^{6}eV。因此，与1amu质量等同的能量为931MeV。当 $^{4}_{2}He$ 减少的0.030377amu质量转化为能量时，能量大小为28.3MeV。为了比较不同核素之间的稳定性，通常将总的结合能除以核子数目，$^{4}_{2}He$ 的核子数目为4，因此，每个核子的结合能为7.07MeV。

还有一个题外的问题，就是我们还忽略了电子与核之间的吸引能。He的第一电离能为24.6eV，第二电离能为54.4eV。因此，电子与He核之间总的结合能仅为79.0eV，也就是0.000079MeV，这与前述总结合能28.3MeV相比几乎完全不重要。中性原子具有相同的电子数和质子数，一个质子和一个电子的总质量几乎与氢原子相同。因此，当计算质量亏损时，通过加入合适数目的氢原子到该数目的中子上并不会引入大的误差。例如，$^{16}_{8}O$ 的质量大概是八个氢原子与八个中子的质量之和。其中，八个氢原子中电子的结合能忽略不计。

当对其他核素进行类似的计算时，发现每个核子的结合能有一定的不同。$^{16}_{8}O$ 的数值为 7.98MeV，最高的数值是 $^{56}_{26}Fe$，为 8.79MeV。这意味着对大量的核子而言，最稳定的组合是形成 $^{56}_{26}Fe$，而这确实是在自然界中广泛存在的。图 1.12 表示了核子平均结合能与核素的质量数之间的函数关系。

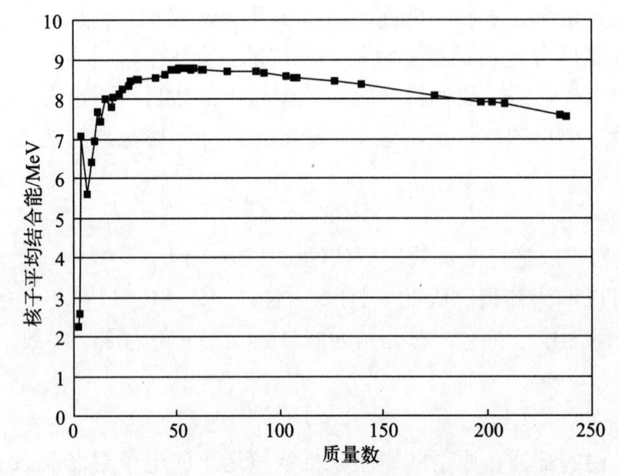

图 1.12　核子平均结合能与核素质量数的函数

最高的核子平均结合能出现于 $^{56}_{26}Fe$ 那样的核素中，因此，我们可以看到，较轻核素聚合成为更稳定的核素应当释放能量。由于非常重的元素比质量数为 50～80 的核素具有更低的核子平均结合能，因此，非常重的核子发生裂变在能量上是有利的。其中一个这样的核素是 $^{235}_{92}U$，当受低能中子轰击时，它会发生裂变：

$$^{235}_{92}U + ^{1}_{0}n \longrightarrow ^{92}_{36}Kr + ^{141}_{56}Ba + 3^{1}_{0}n \tag{1.27}$$

当 $^{235}_{92}U$ 发生裂变时，能得到许多不同的产物，这是因为对质量数范围很广的一些核素来说，核子平均结合能并不存在大的不同。如果将产物的丰度对质量数作曲线的话，会得到双驼峰的曲线，这就是所谓的 $^{235}_{92}U$ 的对称性分裂，当然，这并不是最有可能发生的情况。原子数在 30～40 和 50～60 范围的裂分产物远比两个 $_{46}Pd$ 同位素这样的裂分产物更加常见。

1.7 核稳定性

原子数 Z 是原子核中质子的数目。质子和中子的质量都大概为 1amu。电子的质量仅有质子或中子的 1/1837，所以原子所有的质量几乎都是质子和中子构成的。因此，将质子与中子的数量相加就可以大概得到以 amu 为单位的原子核的质量。这个数称为质量数，用 A 表示。中子的数目通过将质量数 A 减去原子序数 Z 得到。通常用 N 表示中子数，则 $N=A-Z$。在表示核素时，原子序数和质量数也包含在其原子符号中，X 的同位素就表示为 $^{A}_{Z}X$。

虽然在这里我们不讨论细节，但可以指出，核粒子中有一系列的能级或电子层。质子和中子具有分离的能级。对电子来说，2、10、18、36、54 和 86 代表闭合电子层（稀有气体的排列方式）。对核子而言，闭合层排列的这些数字 2、8、20、28、50 和 82，分别对应于一个系列的质子和中子数目。在核科学的发展中，尽管不知道原因，但人们很早就知道，核子的这些数字代表稳定的排列。因此，这些数字被称为幻数。

另一个核子和电子的不同之处是，核子只要有可能就会成对。因此，尽管一些特殊的能级是能够容纳多于两个的粒子的，但它们仍然喜欢两两成对。对处于简并能级的两个粒子，我们用↑↓表示，而不用↑↑表示。由于喜欢成对，具有偶数个质子和中子的核素中，粒子都是成对的。这就导致了这些核素比那些没有成对粒子的核素更稳定。最不稳定的核素是那些质子数和中子数都是奇数的核素。这些稳定性的不同反映在各类稳定核素的数目中。表 1.3 列出了稳定核素的数目。

表 1.3　具有不同核子数的稳定核素的数量

Z	N	稳定核素的数量
偶数	偶数	162
偶数	奇数	55
奇数	偶数	49
奇数	奇数	4

图 1.13 用图形表示了稳定核素中质子数和中子数的关系。这些数据表明，在稳定性方面，质子数或中子数里面一个是偶数而另一个是奇数，即奇-偶或偶-奇这两种情况并没有明显的不同。而具有奇数 Z 值和奇数 N 值的核素（所谓奇-奇核素）的数目很小，表明这种组合方式注定是不稳定的。最常见的奇-奇类型的稳定核素是 ${}^{14}_{7}\mathrm{N}$。

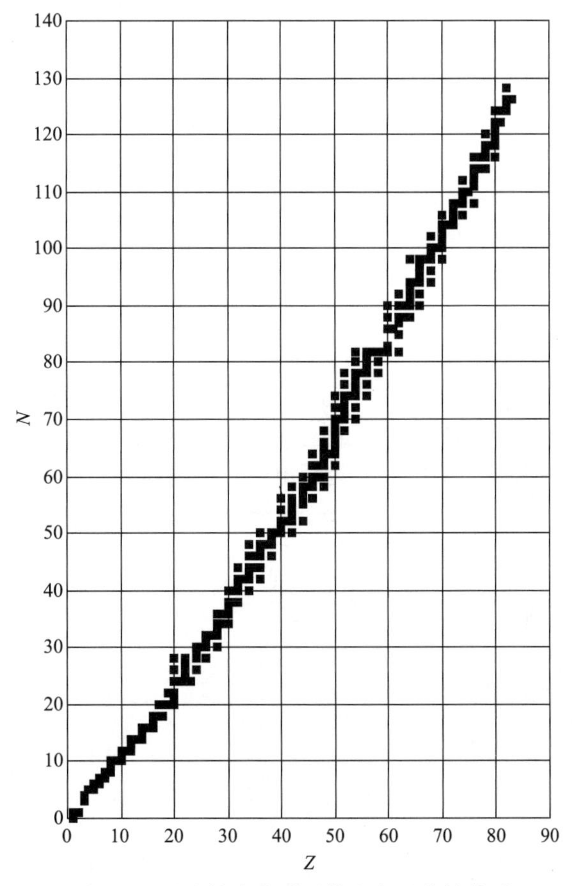

图 1.13　稳定核素中质子数和中子数的关系

1.8 核衰变的类型

我们之前提到过，大部分已知的核素是不稳定的，会发生一些类型的衰变，产生另外的核素。起始的核素是母核，产生的核素是子核。最普遍的衰变过程我们将描述如下。

当比较所有稳定的原子核中的中子数与质子数时发现，在原子序数 20 之前的元素的中子数和质子数大致相等。例如，在 $^{40}_{20}Ca$ 中，$Z=N$。原子序数超过 20 时，中子数通常大于质子数。如 $^{235}_{92}U$，$Z=92$，但 $N=143$。在图 1.13 中，每个小的四边形代表一个稳定的核素。可以看到，稳定的核集中在一个关于 Z 和 N 的窄带上分布，但这个窄带随着原子序数的增加，越来越偏离 $Z=N$ 这条直线。当一个核素处在这个稳定窄带之外时，就会发生辐射衰变，产生的子核进入或者靠近这个窄带。

（1）贝塔负衰变（β^-） 考虑 $^{14}_{6}C$，我们看到这个核中含有 6 个质子和 8 个中子，中子个数过多，因此这个核不稳定。衰变是以降低中子数和增加质子数的方式发生的。当核中的中子转变为质子时，这种类型的衰变通常伴随着β^-粒子的发射。β^-粒子其实就是一个电子。发射出的贝塔粒子是核中的中子转化成质子时产生的电子，而质子还留在核中。

$$n \longrightarrow p^+ + e^- \tag{1.28}$$

发射出的电子在衰变之前是不存在的，也不是原子轨道上的电子。一个常见的发生β^-衰变的物种是 $^{14}_{6}C$：

$$^{14}_{6}C \longrightarrow {}^{14}_{7}N + e^- \tag{1.29}$$

在这个衰变过程中，质量数保持不变，因为电子的质量仅仅是质子或中子的 1/1837。然而，随着质子数增加 1，核电荷数也增加 1。正如我们即将看到的，这种类型的衰变在中子数多于质子数时发生。

核衰变过程经常用类似于能级图的图形方式来表示，能级用原子序数的改变来取代。母核比子核的能量高。x 轴是 Z 值，但没有显示数值。$^{14}_{6}C$ 的衰变可以表示如下：

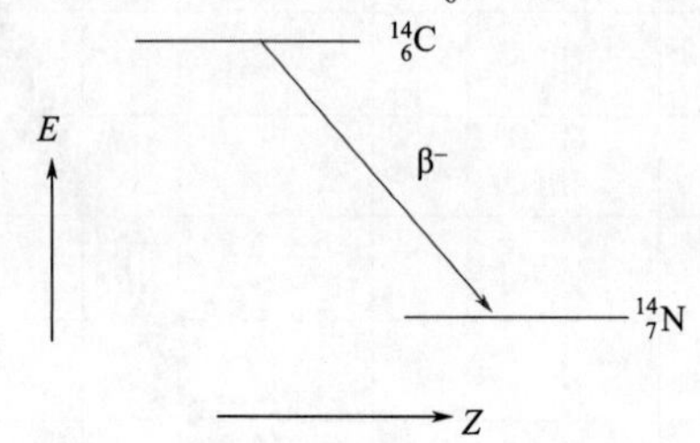

（2）贝塔正衰变或正电子发射（β^+） 这种衰变发生于质子数多于中子数的核素。在这种过程中，一个质子通过发射出称为β^+粒子或正电子的正电荷粒子转变成一个中子。正电子是具有电子质量但带正电荷的粒子，有时也称为反电子，用 e^+表示。这个反应可以表示如下：

$$p^+ \longrightarrow n + e^+ \tag{1.30}$$

一个能发生β^+衰变的核是 $^{14}_{8}O$：

$$^{14}_{8}O \longrightarrow {}^{14}_{7}N + e^+ \tag{1.31}$$

在β^+衰变中，质量数保持不变，因为尽管中子数增加 1，但同时质子数也减少 1。这种过程的衰变示意图如下：

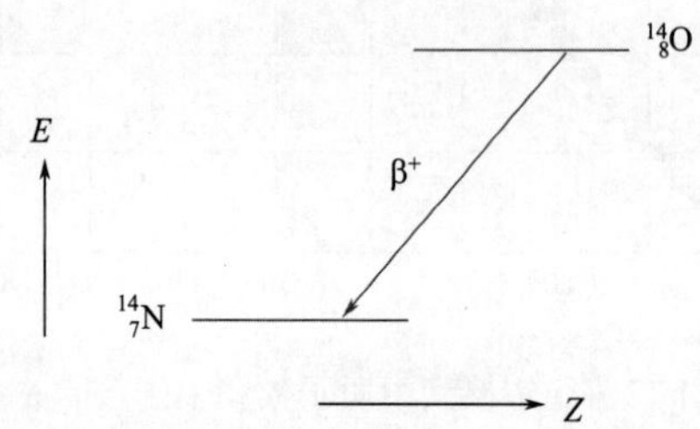

在这种情况中，子核写在母核的左边，因为核电荷数减少。

（3）电子捕获（EC） 在这种类型的衰变中，核外的一个电子被核捕获。当核中质子数大于中子数时，发生这种类型的衰变：

$$^{64}_{29}Cu \xrightarrow{EC} {}^{64}_{28}Ni \tag{1.32}$$

在电子捕获中，核电荷减少 1，因为核中的一个质子与电子作用形成中子。

$$\underset{核中}{p^+} + \underset{核外}{e^-} \longrightarrow \underset{核中}{n} \tag{1.33}$$

为了使这种衰变能发生，轨道电子必须非常靠近核。因此，电子捕获通常在核电荷数 $Z \approx 30$ 的核上发生。不过有少量这样的例子，核电荷数明显少于 30 的核也发生了这种衰变。由于捕获的电子是在靠近核的电子层，这个过程有时称为 K 捕获。注意在核中电子捕获和β^+衰变完成的变化是相同的。所以，有时它们是相互竞争的过程，同样的核可能同时发生这两种衰变。

（4）阿尔法（α）衰变 就像我们即将看到的那样，阿尔法粒子，也就是氦原子核，是稳定的粒子。一些不稳定的重原子核会发射出这种粒子。由于α粒子包含的质子和中子都是幻数 2，因此，粒子易于采取这种特殊方式组合并发射出来，而不是采取 $^{6}_{3}Li$ 等其他组合。在α衰变中，质量数减少 4 个单位，其中质子数减少 2，中子数也减少 2。一个α衰变的例子如下：

$$^{235}_{92}U \longrightarrow {}^{231}_{90}Th + \alpha \tag{1.34}$$

（5）伽马发射（γ） 伽马射线是高能的光子，是原子核发生去激活时发生的。这种情况与电子从高能级跃迁到低能级时，原子发出光谱线的情况是等同的。在γ发射中，去激活是在处于激发态的质子或中子跃迁到低的核能状态时发生的。不过，自然会产生的问题是核是怎样获得它的高能态的。通常，核是从某种其他活动成为激发态的。例如，$^{38}_{17}Cl$ 通过β^-发射变成 $^{38}_{18}Ar$，同时使这个核处于激发态，因而表示为 $^{38}_{18}Ar^*$，它会发射出γ射线。简化的衰变过程如下所示：

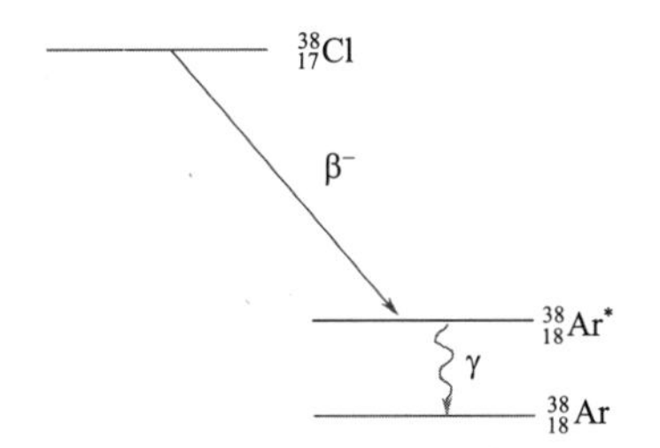

γ发射经常跟随在其他能产生激发态子核的衰变过程之后发生，因为这时核子处于基态之上的状态。

$^{226}_{88}Ra$ 衰变为 $^{222}_{86}Rn$ 所能产生的子核或者处于基态，或者处于接着发生γ发射的激发态。这个过程的方程式和能量图如下所示：

$$^{226}_{88}Ra \longrightarrow {}^{222}_{86}Rn + \alpha \tag{1.35}$$

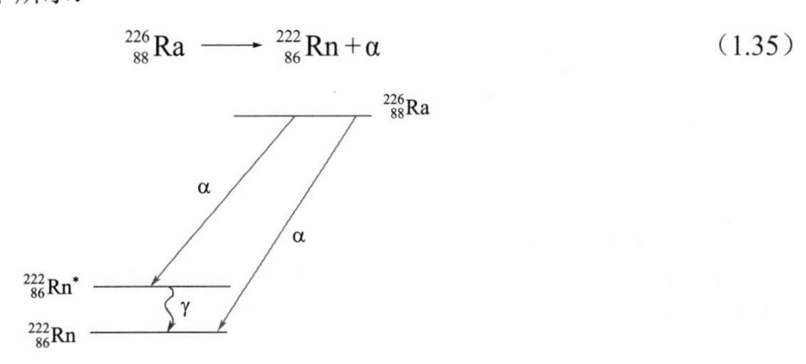

1.9 衰变模型的预测

对于轻的核，质子数近似等于中子数是一个很强的趋势。在许多稳定的核中，这两个数是相等的。例如，${}^{4}_{2}He$、${}^{12}_{6}C$、${}^{16}_{8}O$、${}^{20}_{10}Ne$和${}^{40}_{20}Ca$都是稳定的核。在重的稳定的核中，中子的数量比质子的数量多。核素如${}^{64}_{30}Zn$、${}^{208}_{82}Pb$和${}^{235}_{92}U$，全部核中中子数都比质子数多，而且随质子数增加，差值也增大。如果以质子数对中子数作图，并将所有稳定的核在图上画出，可以看到，这些稳定的核落在一个窄带上。这个带有时称为稳定带。图 1.13 表示了这种关系。如果一个原子核有一定数量的核素处在这个带之外，该核素就会发生某种类型的衰变，结果进入到带中。例如，${}^{14}_{6}C$有 6 个质子和 8 个中子，这种中子多于质子的情况可以通过将中子转化为质子的衰变过程得到矫正。这种衰变可以归纳为：

$$n \longrightarrow p^{+}+e^{-} \tag{1.36}$$

因此，${}^{14}_{6}C$通过β^{-}发射发生辐射衰变：

$${}^{14}_{6}C \longrightarrow {}^{14}_{7}N+e^{-} \tag{1.37}$$

另外，${}^{14}_{8}O$有 8 个质子，但只有 6 个中子，这种中子和质子的不平衡可以通过将质子转化为中子得到校正，可以用下式概括：

$$p^{+} \longrightarrow n+e^{+} \tag{1.38}$$

因此，${}^{14}_{8}O$通过正电子发射发生衰变：

$${}^{14}_{8}O \longrightarrow {}^{14}_{7}N+e^{+} \tag{1.39}$$

电子捕获也产生与正电子发射相同的结果，但由于核电荷低，正电子发射才是预期的衰变模型。通常来说，电子捕获不是一个竞争的过程，除非 $Z\approx30$。

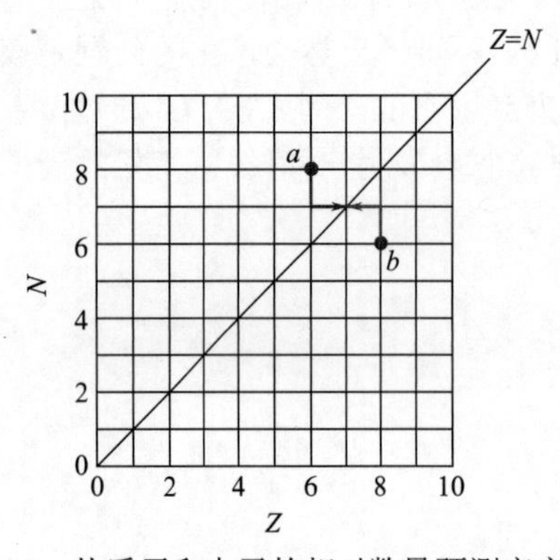

图 1.14　从质子和中子的相对数量预测衰变模式

图 1.14 表示式（1.37）和式（1.39）所示的转化是怎样与两种衰变过程中质子数和中子数的关系联系起来的。图中 *a* 点和从 *a* 点引出的箭头表示${}^{14}_{6}C$的衰变，而 *b* 点代表${}^{14}_{8}O$，衰变用箭头表示。

尽管用稳定带预测核的稳定性很直接，但其他一些讨论过的原理在进一步的应用中也是有用的。例如，考虑以下情况：

${}^{34}_{14}Si$　　$t_{1/2}$=2.8s

${}^{33}_{14}Si$　　$t_{1/2}$=6.2s

${}^{32}_{14}Si$　　$t_{1/2}$=100a

尽管硅的这三种同位素都有辐射性，但它们之中最重的 ${}^{34}Si$ 离稳定带最远，因此半衰期最短。通常，离稳定带越远，它的半衰期越短。当然，有很多不符合这个总体规则的例外，我们在这里会讨论一些。首先，考虑以下这些情况：

（偶-奇）　${}^{27}_{12}Mg$　　$t_{1/2}$=9.45min

（偶-偶）　${}^{28}_{12}Mg$　　$t_{1/2}$=21.0h

尽管 ${}^{28}Mg$ 比 ${}^{27}Mg$ 更远离稳定带，但前者是一个偶-偶核素而后者是一个奇-偶核素，而我们之前讲到，偶-偶核素更稳定。因此，这里偶-偶效应比 ${}^{28}Mg$ 远离稳定带这个事实更重要。另一个有趣的情况是考虑氯的以下同位素：

（奇-奇）　　$^{38}_{17}Cl$　　$t_{1/2}$=37.2min

（奇-偶）　　$^{39}_{17}Cl$　　$t_{1/2}$=55.7min

在这种情况中，$^{38}_{17}Cl$是奇–奇核素而$^{39}_{17}Cl$是奇-偶核素，因此，尽管$^{39}_{17}Cl$更远离稳定带，但它的半衰期却稍微更长一点。最后，让我们考虑另外两种情形：两个核核子数相类似的情况。也就是是如下这种情况：

（奇-偶）　　$^{39}_{17}Cl$　　$t_{1/2}$=37.2min

（偶-奇）　　$^{39}_{18}Ar$　　$t_{1/2}$=259a

在这个例子中，它们的奇/偶特征没有明显不同。它们的半衰期差异很大，是因为$^{39}_{17}Cl$比$^{39}_{18}Ar$更远离稳定带。这个与一般原理是一致的。尽管有些特殊情形不符合一般趋势，但通常情况下，离稳定带越远的核，半衰期越短是一个事实。在一些情况中，一个核素可能同时通过不止一个过程发生衰变。例如，^{64}Cu同时通过三个过程发生衰变。

$^{64}_{29}Cu$ → $^{64}_{28}Ni$ 通过电子捕获，19%

$^{64}_{29}Cu$ → $^{64}_{28}Ni$ 通过 β^+发射，42%

$^{64}_{29}Cu$ → $^{64}_{30}Zn$ 通过 β^-发射，39%

^{64}Cu的消失速率与这三种过程有关，然而，通过采用不同类型的计算方法，有可能可以分开这些过程的速率。

有三种自然发生的辐射系列，包含α和β衰变的一系列步骤，直到变成稳定的核素。铀系涉及$^{238}_{92}U$的衰变，通过一系列的步骤最终生成$^{206}_{82}Pb$。另一个系列涉及$^{235}_{92}U$，它通过一系列的衰变，最终得到稳定的$^{207}_{82}Pb$。在钍系中，$^{232}_{90}Th$转变为$^{208}_{82}Pb$。尽管还有其他放射性的核素，但这是三种主要的衰变系列。

这里介绍的原子核的特征与某些物种在化学中的重要性（如通过碳 14 含量测定材料的年代）是密切相关的。此外，同位素示踪也是很有用的技术，我们将在后面的章节中阐述。

拓展学习的参考文献

Blinder, S.M., 2004. Introduction to Quantum Mechanics in Chemistry, Materials Science, and Biology, Academic Press, San Diego.A good survey book that shows the applications of quantum mechanics to many areas of study.

Emsley, J., 1998. The Elements, 3rd ed., Oxford University Press, New York. This book presents a wealth of data on properties of atoms.

House, J.E., 2004. Fundamentals of Quantum Chemistry. Elsevier, New York. An introduction to quantum mechanical methods at an elementary level that includes mathematical details.

Krane, K., 1995. Modern Physics, 2nd ed., Wiley, New York. A good introductory book that described developments in atomicphysics.

Loveland, W.D., Morrissey, D., Seaborg, G.T., 2006. Modern Nuclear Chemistry, Wiley, New York.

Serway, R.E., 2000. Physics for Scientists and Engineers, 5th ed., Saunders (Thompson Learning), Philadelphia. An outstanding physics text that presents an excellent treatment of atomic physics.

Sharpe, A.G., 1992. Inorganic Chemistry, Longman, New York. Chapter 2 presents a good account of the development of the quantum mechanical way of doing things in chemistry.

Warren, W.S., 2000. The Physical Basis of Chemistry, 2nd ed., Academic Press, San Diego, CA. Chapter 5 presents the results of some early experiments in atomic physics.

习题

1. 如果一个短波无线电台通过 9.065MHz 进行广播，无线电波的波长是多少？

2. 计算巴尔莫系中前三条谱线的波长和频率。系极限应该是什么数值？

3. 汞的线状光谱中有一条谱线的波长为 435.8nm。

（a）这条谱线的频率是多少？

（b）这个辐射的波数是多少？

（c）这个辐射的能量是多少（以 $kJ \cdot mol^{-1}$ 为单位）？

4. NO 分子的电离势为 9.25eV。光子的波长应该为多少才能使 NO 刚好电离化，而发射出的电子没有动能？

5. 电子（质量为 9.1×10^{-28}g）以光速的 1.5%运动时的德布罗意波长为多少？

6. 什么样的能量变化可以导致分子在 $2100cm^{-1}$ 处有吸收？

（a）以 erg 为单位；

（b）以 J 为单位；

（c）以 $kJ \cdot mol^{-1}$ 为单位。

7. 波长为多少的光能够刚好使一个电子从功函数为 2.75eV 的金属表面逸出？

8. 如果波长为 253.7nm 的光落在铜板表面，发射的电子的能量为 0.20eV。那么能够使电子从铜中发射出的光的最大波长为多少？

9. 如果氢原子的一个电子从 n=5 的状态落到 n=3 的状态，发射出的光子的波长为多少？

10. 如果一个运动的电子的动能为 2.35×10^{-12}erg，它的德布罗意波长为多少？

11. 钡的功函数为 2.48eV。如果波长为 400nm 的光照射在钡阴极，发射出的电子的最大速率为多少？

12. 如果一个电子的速率为 $3.55\times10^{5}m \cdot s^{-1}$，它的德布罗意波长为多少？

13. 第一玻尔轨道的电子的运动速率为多少？

14. 在下面每对原子中，选择最高电离势的原子。

（a）Li 或者 Be；

（b）Al 或者 F；

（c）Ca 或者 P；

（d）Zn 或者 Ga。

15. 在下面每对离子中，哪个物种尺寸更大？

（a）Li^{+}或者 Be^{2+}；

（b）Al^{3+}或者 F^{-}；

（c）Na^{+}或者 Mg^{2+}；

（d）S^{2-}或者 F^{-}。

16. 在下面每对原子中，当加上一个电子时，哪个原子释放出的能量多？（a）P 或者 C；（b）N 或者 Na；（c）H 或者 I；（d）S 或者 Si。

17. H_2^+ 的键能为 $256kJ \cdot mol^{-1}$。电磁辐射的波长为多少才能使 H_2^+ 解离？

18. HCl 分子的第一激发振动态比基态高 $2886cm^{-1}$。这个能量以 $kJ \cdot mol^{-1}$ 为单位的话是多少？

19. PCl_3 分子的电离势为 9.91eV。光子的频率为多少时可以刚好移除 PCl_3 分子的一个电子？在光谱的哪个区域可以找到这个光子？分子中哪个原子的电子被移除？

20. 按第一电离能增加的顺序排列以下原子：B, Ne, N, O, P。

21. 解释为什么 P 和 S 的第一电离能差别只有 12kJ • mol^{-1}（分别为 1012kJ • mol^{-1} 和 1000kJ • mol^{-1}），而 N 和 O 的差别为 88kJ • mol^{-1}（分别为 1402kJ • mol^{-1} 和 1314kJ • mol^{-1}）。

22. 按第一电离能增加的顺序排列下面的原子：

H, Li, C, F, O, N

23. 按第一电离能增加的顺序排列下面的原子：

Ne, Li, Na, F, S, Mg

24. 按加上一个电子时释放的能量从大到小的顺序排列以下原子：

O, F, N, Cl, S, Br

25. 按尺寸降低的顺序排列以下物种：

Cl, O, I^-, O^{2-}, Mg^{2+}, F^-

26. 计算以下物种的核子平均结合能：

$^{18}_{8}O$，$^{23}_{11}Na$，$^{40}_{20}Ca$

27. 预测以下物种的衰变模式并写出预测的衰变模式的反应：

$^{35}_{16}S$，$^{17}_{9}F$，$^{43}_{20}Ca$

28. 三个 $^{4}_{2}He$ 核素聚合成 $^{12}_{6}C$ 会释放出多少能量（以 MeV 为单位）？

第2章

基础量子力学与原子结构

在前面的章节中，我们看到电子轨道的能量是量子化的。我们也提到处理原子中的电子需要考虑运动粒子的波动性。剩下的问题是我们如何系统地解决这个问题。用来解决这个问题的程序和方法构成了我们现在称之为量子力学或波动力学的科学分支。在本章中，由于我们假定本书的读者将会在物理化学课程中学习量子力学的知识，因此我们仅介绍这个重要主题的大体框架。这里的内容旨在提供关于量子力学术语和基本思想的介绍，或者更适当地说，是提供一个综述。

2.1 基本假设

为了使量子力学的方法和基本前提系统化，人们提出了一系列的基本假设，作为学习量子力学的出发点。大部分量子力学的书都给出精确的一系列的规则和解释，但其中有一些对于现阶段的无机化学的学习是没有必要的。在这一部分中，我们将介绍量子力学的基本假设并给出一些解释，如果要完全囊括相关内容的话，读者应该查阅量子力学资料，例如本章末尾所列举的一些参考文献。

基本假设Ⅰ：对于系统任何可能的状态，都存在一个波函数$\varPsi$，它是系统组分的坐标和时间的一个函数，能用来完全描述系统。

这个基本假设确定了对系统的描述可以采用数学的形式。如果描述系统的坐标是笛卡儿坐标，波函数$\varPsi$将以这些坐标和时间为变量。对于仅包含单一粒子的简单系统，函数$\varPsi$，也就是波函数，能够写为：

$$\varPsi = \varPsi(x, y, z, t) \tag{2.1}$$

如果系统中包含两个粒子，就必须具体指出每一个粒子的坐标，波函数就成为：

$$\varPsi = \varPsi(x_1, y_1, z_1, x_2, y_2, z_2, t) \tag{2.2}$$

波函数的普遍形式，我们写成：

$$\varPsi = \varPsi(q_i, t) \tag{2.3}$$

其中，q_i是特定系统的合适坐标。由于坐标的具体形式没有限定，q_i是指广义坐标。由于$\varPsi$描述了系统一些特定的状态，而这些状态为量子态，因此$\varPsi$就被称为状态函数或者完整波函数。

我们有必要对波函数给出一些物理解释，说明它与系统状态之间的关系。一种解释是波函数的平方$\varPsi^2$，与在特定空间区域中找到系统组分的可能性成正比。对量子力学的一些问题，微分方程会产生复数［包含$(-1)^{1/2}=i$］的解。在这种情况下，我们使用$\varPsi^*\varPsi$，其中，$\varPsi^*$是$\varPsi$的共轭复数。一个方程的共轭复数是将一个方程的i代替为$-i$得到的结果。假如我们对函数$(a+ib)$

进行平方：

$$(a+ib)^2 = a^2 + 2aib + i^2b^2 = a^2 + 2aib - b^2 \tag{2.4}$$

这样得到的表达式里含有 i，所以还是一个复函数。但是，假如$(a+ib)$不是进行平方计算，而是乘以它的共轭复数$(a-ib)$：

$$(a+ib)(a-ib) = a^2 - i^2b^2 = a^2 + b^2 \tag{2.5}$$

通过这个过程得到的表达式是一个实函数。于是，在许多情况下，我们用$\Psi^*\Psi$代替Ψ^2，尽管Ψ为实函数时，两者相等。

对一个粒子系统，完全可以确定粒子肯定在系统的某个地方。在单元体积 $\mathrm{d}\tau$内找到粒子的概率由$\Psi^*\Psi\mathrm{d}\tau$给出，因此总概率从下面的积分获得：

$$\int \Psi^*\Psi \mathrm{d}\tau \tag{2.6}$$

一个不可能发生的事件的概率为 0，而一个必然发生的事件的概率为 1。对系统中一个给定的粒子，在组成全部空间的所有的体积单元中找到粒子的概率总计为 1。当然，体积单元的求和方法是求积分。因此，我们知道：

$$\int_{\text{全部空间}} \Psi^*\Psi \mathrm{d}\tau = 1 \tag{2.7}$$

当满足这个条件时，我们说这个波函数Ψ是归一化的。事实上，这就是归一化波函数的定义。然而，Ψ还需要满足其他要求才能成为“品优”波函数。例如，上述积分必须等于 1 等，因此波函数不能是无限的。也就是说，Ψ必须是有限的。另一个对Ψ的限制与在特定空间找到一个粒子的概率仅有一个值有关。例如，在氢原子中，在离核特定的距离找到一个电子的概率也仅有一个。因此，我们说波函数必须是单值的，也就是只能得到一个概率数值。最后，我们必须考虑的一个事实是，概率并不是突然变化的。也就是说，距离增加 1%并不应该导致概率发生 50%的改变。这个要求表述为Ψ必须是连续的。概率变化是以某种连续的方式，而不是唐突的方式出现的。一个波函数如果拥有有限、单值和连续的特征，就是一个品优波函数。

当考虑波函数时，另一个重要的概念是正交性。如果 ϕ_1 和 ϕ_2 存在下式所示的关系，那么这些函数就称为正交的。

$$\int \phi_1^*\phi_2 \mathrm{d}\tau = 0 \text{ 或 } \int \phi_1\phi_2^* \mathrm{d}\tau = 0 \tag{2.8}$$

在这种情况下，改变积分限就可能确定这种关系是否存在。对笛卡儿坐标，x、y 和 z 坐标的积分范围为$-\infty$到$+\infty$。对于以极坐标（r、θ和 ϕ）描述的体系，积分的范围是该坐标变量的范围，分别是 $0\to\infty$、$0\to\pi$及 $0\to 2\pi$。

基本假设Ⅱ：对每一个动力学变量（也称为经典可观察量），存在一个对应的算符。

量子力学与算符有关。算符是一个符号，表明必须实施的一些数学操作。例如，一些熟悉的算符包括 $x^{1/2}$（对 x 开方）、x^2（对 x 求平方）、$\mathrm{d}y/\mathrm{d}x$（y 对 x 求导）等。物理量如动量、角动量、位置坐标以及能量等被称为动力学变量（一个系统的经典可观察量），它们在量子力学中都与算符相对应。坐标在算符形式和经典形式中是一样的。例如，在这两种情况中，坐标 r 就是简单的 r。另外，x 方向动量（px）的算符为（$\hbar/i$）/（$\mathrm{d}/\mathrm{d}x$）。z 轴组分的角动量（极坐标中）的算符为（$\hbar/i$）/（$\mathrm{d}/\mathrm{d}\phi$）。动能 $mv^2/2$ 以动量 p 表示的话写成 $p^2/2m$，因此，可以根据动量的算符得到动能的算符。

表 2.1 列出了量子力学入门学习时所需要了解的一些算符。由于动能 T 能够表示为 $p^2/2m$，因此动能的算符是从动量的算符得到的。此外，势能的算符是以广义坐标 q_i 表示的，因为势能的形式与系统相关。例如，氢原子中的电子具有势能$-e^2/r$，其中，e 是电子的电荷。因此，势能的算符就是$-e^2/r$，与经典形式是一样的。

表 2.1 量子力学中一些常见的算符

物理量	表示符号	算符形式
坐标	x, y, z, r	x, y, z, r
动量		
x	p_x	$\frac{\hbar}{i}\frac{\partial}{\partial x}$
y	p_y	$\frac{\hbar}{i}\frac{\partial}{\partial y}$
z	p_z	$\frac{\hbar}{i}\frac{\partial}{\partial z}$
动能	$\frac{p^2}{2m}$	$-\frac{\hbar^2}{2m}\left(\frac{\partial^2}{\partial^2 x}+\frac{\partial^2}{\partial^2 y}+\frac{\partial^2}{\partial^2 z}\right)$
动能	T	$-\frac{\hbar}{i}\frac{\partial}{\partial t}$
势能	V	$V(q_i)$
角动量		
L_z（直角坐标）		$\frac{\hbar}{i}\left(x\frac{\partial}{\partial y}-y\frac{\partial}{\partial x}\right)$
L_z（极坐标）		$\frac{\hbar}{i}\frac{\partial}{\partial \phi}$

算符具有能用数学定义表达的性质。如果算符是线性的，意味着：

$$\alpha(\phi_1+\phi_2)=\alpha\phi_1+\alpha\phi_2 \tag{2.9}$$

其中，ϕ_1 和 ϕ_2 是通过算符 α 操作的函数。另一个在量子力学中常被使用的算符性质是，当 C 为常数时，有：

$$\alpha(C\phi)=C(\alpha\phi) \tag{2.10}$$

一个算符满足下面的条件即为厄米算符（Hermitian）：

$$\int\phi_1^*\alpha\phi_2\mathrm{d}\tau=\int\phi_2\alpha^*\phi_1\mathrm{d}\tau \tag{2.11}$$

可以看到，如果一个算符 α 满足这个条件，计算的量就是实数，而不是复数或虚数。所有以下要讨论的算符都满足这个条件，虽然这里没有给出证明。

基本假设Ⅲ：动力学变量的允许值是由 $\alpha\phi=a\phi$ 给出的，其中，α 是动力学变量对应的算符，其允许值是 a，ϕ 是算符 α 的特征函数。

当用方程表示时，基本条件Ⅲ可以写成：

$$\underset{\text{算符}}{\alpha}\quad\underset{\text{波函数}}{\phi}=\underset{\substack{\text{常数}\\(\text{本征值})}}{a}\quad\underset{\text{波函数}}{\phi} \tag{2.12}$$

一个算符作用在波函数上，得到的结果为一个常数乘以原始波函数时，这个函数就称为该算符的特征函数。根据以上方程的定义，算符 α 作用于 ϕ，就产生了常数 a 乘以原来的波函数。因此，ϕ 是算符 α 的特征函数，特征值为 a。我们可以用几个例子来阐明这些观念。

假设 $\phi=\mathrm{e}^{ax}$，其中，a 是一个常数，算符为 $\alpha=\mathrm{d}/\mathrm{d}x$，那么：

$$\mathrm{d}\phi/\mathrm{d}x=a\mathrm{e}^{ax}=(\text{常数})\mathrm{e}^{ax} \tag{2.13}$$

因此，我们看到，函数 e^{ax} 是算符 $\mathrm{d}/\mathrm{d}x$ 的特征函数，特征值为 a。如果我们考虑将算符$(\ )^2$作用于相同的函数，我们可以发现：

$$(\mathrm{e}^{ax})^2=\mathrm{e}^{2ax} \tag{2.14}$$

结果并不等于原来的方程乘以一个常数。因此，e^{ax} 就不是算符$(\ )^2$ 的特征函数。当我们考虑将 z 方向的角动量算符$(\hbar/i)(\mathrm{d}/\mathrm{d}x)$（其中，$\hbar$ 表示 $h/2\pi$）作用于函数 $e^{in\phi}$（其中，n 为常数），我们发现：

$$\frac{\hbar}{i}\left[\frac{\mathrm{d}(e^{in\phi})}{\mathrm{d}\phi}\right]=n\frac{\hbar}{i}e^{in\phi} \tag{2.15}$$

这表明函数 $e^{in\phi}$ 是该算符的特征函数。

量子力学最重要的技术之一是变分法。这种方法提供一种途径，也就是从一个波函数开始，通过将算符作用于某个变量就可以计算相应的性质（动力学变量或经典可观察量）的一个数值。从方程 $\alpha\phi=a\phi$ 出发，在方程两边同时乘以 ϕ^*，我们得到：

$$\phi^*\alpha\phi=\phi^*a\phi \tag{2.16}$$

由于 α是一个算符，因此 $\phi^*\ \alpha\phi$ 并不一定与 $\phi\ \alpha\phi^*$相等，因此，符号的书写顺序在方程中是需要保留的。对该方程求积分，有：

$$\int\limits_{\text{全部空间}}\phi^*\alpha\phi\mathrm{d}\tau=\int\limits_{\text{全部空间}}\phi^*a\phi\mathrm{d}\tau \tag{2.17}$$

特征值 a 是一个常数，所以它可以从方程右边的积分中提出来，解得：

$$\langle a\rangle=\frac{\int\phi^*\alpha\phi\mathrm{d}\tau}{\int\phi^*\phi\mathrm{d}\tau} \tag{2.18}$$

由于 α是一个算符，分子中各个量的顺序不能改变。例如，如果算符为 $\mathrm{d}/\mathrm{d}x$，可以很容易看到，$(2x)(\mathrm{d}/\mathrm{d}x)(2x)=(2x)(2)=4x$，而$(\mathrm{d}/\mathrm{d}x)(2x)(2x)=(\mathrm{d}/\mathrm{d}x)(4x^2)=8x$，这两者是不同的。

如果波函数 ϕ 是归一化的，那么式（2.18）中的分母就等于 1。因此，a 数值由以下关系式得出：

$$\langle a\rangle=\int\phi^*\alpha\phi\mathrm{d}\tau \tag{2.19}$$

通过这种方法求得的 a 值称为平均值或期待值，用 a 或者 $\langle a\rangle$ 表示。使用的算符是与要计算的动力学变量相应的算符。

以上概述的过程的运用可以通过一个例子来说明，这个例子在学习原子结构时很重要。在极坐标中，氢原子 1s 态上的电子的归一化波函数为：

$$\psi_{1s}=\frac{1}{\sqrt{\pi}}\times\frac{1}{a_0^{3/2}}e^{-r/a_0}=\psi_{1s}^* \tag{2.20}$$

其中，a_0 是被称为第一玻尔半径的常数。注意这种情况下波函数是实数（意味着没有包含 i），因此，ψ和ψ^*是一样的。我们现在可以计算出 1s 轨道半径的平均值，即利用下式：

$$\langle r\rangle=\int\psi^*(\text{operator})\psi\mathrm{d}\tau \tag{2.21}$$

其中，算符 r 在算符形式和经典形式中是一样的，体积元素 $\mathrm{d}\tau$在极坐标中为 $\mathrm{d}\tau=r^2\sin\theta\mathrm{d}r\mathrm{d}\theta\mathrm{d}\phi$，将 $\mathrm{d}\tau$和算符代入，我们得到：

$$\langle r\rangle=\int_0^\infty\int_0^\pi\int_0^{2\pi}\frac{1}{\sqrt{\pi}}\left(\frac{1}{a_0}\right)^{3/2}e^{-r/a_0}(r)\frac{1}{\sqrt{\pi}}\left(\frac{1}{a_0}\right)^{3/2}e^{-r/a_0}r^2\sin\theta\mathrm{d}r\mathrm{d}\theta\mathrm{d}\phi \tag{2.22}$$

尽管这个积分看起来难以计算，但是将一些因子结合起来的时候就变得简单许多。例如，作为算符的 r 和作为体积元素的 r 是相同的。把它们结合会得到因子 r^3。此外，π和 a_0 也能结合。简化之后，这个积分可以写为：

$$\langle r\rangle=\int_0^\infty\int_0^\pi\int_0^{2\pi}\frac{1}{\pi a_0^3}e^{-2r/a_0}r^3\sin\theta\mathrm{d}r\mathrm{d}\theta\mathrm{d}\phi \tag{2.23}$$

通过以下的微积分关系我们可以进一步简化这个问题：

$$\iint f(x)g(y)\mathrm{d}x\mathrm{d}y = \int f(x)\mathrm{d}x \int g(y)\mathrm{d}y \tag{2.24}$$

这样我们可以将以上的积分写成：

$$\langle r \rangle = \int_0^\infty \frac{1}{\pi a_0^3} \mathrm{e}^{-2r/a_0} r^3 \mathrm{d}r \int_0^\pi \int_0^{2\pi} \sin\theta \mathrm{d}\theta \mathrm{d}\phi \tag{2.25}$$

从积分表上看，容易证明，包含角坐标的积分为 4π。同样，从积分表也可以找到幂积分，可以通过以下的标准形式去计算：

$$\int_0^\infty x^n \mathrm{e}^{-bx} \mathrm{d}x = \frac{n!}{b^{n+1}} \tag{2.26}$$

对这里要计算的积分来说，$b = 2/a_0$，$n = 3$，因此，幂积分可以写成：

$$\int_0^\infty r^3 \mathrm{e}^{-2r/a_0} \mathrm{d}r = \frac{3!}{\left(\dfrac{2}{a_0}\right)^4} \tag{2.27}$$

通过在积分中代入相关的数值和简化，我们得到：

$$\langle r \rangle = 3a_0 / 2 \tag{2.28}$$

其中，a_0 为第一玻尔半径，数值为 0.0529nm。1s 轨道半径的期待值是它的 1.5 倍。我们注意到，这个看起来很复杂的问题确实转化成更简单的问题了。我们采取在积分表中查找两个积分值的方法，避免了用强力去求函数的积分。大量的基础量子力学问题可以用这样的方式处理。

我们可能早就可以推断氢原子第一轨道半径的平均值应该是 0.529Å[1]了。在氢原子中找到电子的概率是电子离核距离的函数这样一个事实与此不符，这个问题的答案可以由图 2.1 反映出来。

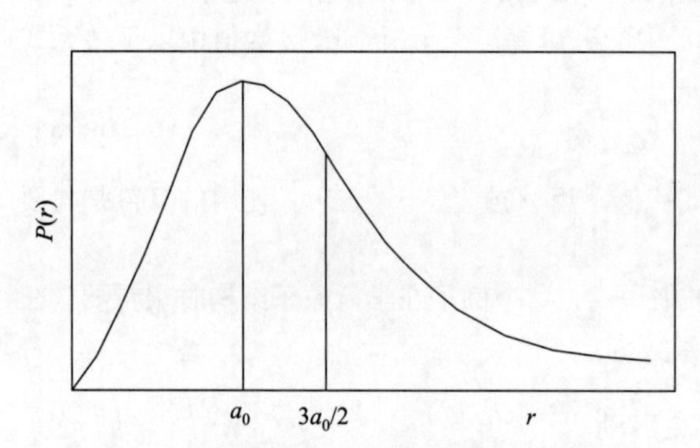

图 2.1 以离核距离为函数找到电子的概率

平均距离是这样一个距离，在其两边找到电子的概率是相等的。我们刚刚通过前面的过程计算得到这个距离。另外，概率作为距离的函数是用具有最大值的函数来表示的。概率函数达到最大值的距离就是最可能距离，而氢原子中处于 1s 态的电子的这个距离就是 a_0。

我们刚刚讨论的这个原理有多种多样的应用。有可能通过上述过程就可以计算出多种性质的期待值。我们不要畏惧这类计算。一步一步地来，任何需要的积分从表中查找，用清晰而有序的方式处理代数学的问题就可以了。

除了以上的基本假设，还有一个基本假设是经常需要用到的。

基本假设Ⅳ：状态函数 ψ 从解以下的方程中得到：

$$\hat{H}\psi = E\psi$$

其中，$\hat{H}$ 是总能量的算符，也就是哈密顿算符（Hamiltonian operator）。

对量子力学中的各种问题，处理问题的第一步就是写出方程：

$$\hat{H}\psi = E\psi$$

[1] 1Å=0.1nm。

然后，为哈密顿算符代入合适的函数。在经典力学中，哈密顿函数是动能（平移的）和势能的总和。这可以写为：

$$H = T + V \tag{2.29}$$

其中，T 为动能，V 为势能，H 为哈密顿函数。当用算符的形式表示时，这个方程写为：

$$\hat{H}\psi = E\psi \tag{2.30}$$

对于一些系统，势能是坐标的函数。例如，氢原子的电子的势能为$-e^2/r$，其中，e 为电子的电荷，r 为坐标。因此，当势能函数采用算符的形式时，它与经典形式是一致的，也就是$-e^2/r$。

为了给出动能的算符形式，我们根据动量写出动能：

$$T = \frac{1}{2}mv^2 = \frac{(mv)^2}{2m} = \frac{p^2}{2m} \tag{2.31}$$

由于动量具有 x、y、z 成分，因此总动量可以写为：

$$T = \frac{p_x^2}{2m} + \frac{p_y^2}{2m} + \frac{p_z^2}{2m} \tag{2.32}$$

我们曾经提到动量的 x 方向的算符可以写成$(\hbar/i)(\mathrm{d}/\mathrm{d}x)$。除了求导对应的变量不同之外，$y$ 和 z 方向的动量算符也具有相同的形式。由于每个方向的动量都是平方的形式，因此相应的算符要使用两次：

$$\left(\frac{\hbar}{i}\frac{\partial}{\partial x}\right)^2 = \frac{\hbar^2}{i^2}\frac{\partial^2}{\partial x^2} = -\hbar^2\frac{\partial^2}{\partial x^2} \tag{2.33}$$

因此，总动能的算符是：

$$T = -\frac{\hbar^2}{2m}\left(\frac{\partial^2}{\partial x^2} + \frac{\partial^2}{\partial y^2} + \frac{\partial^2}{\partial z^2}\right) = -\frac{\hbar^2}{2m}\nabla^2 \tag{2.34}$$

其中，∇^2 是拉普拉斯算符（Laplacian operator）。

2.2 氢原子

有几个引导性的问题可以通过量子力学的方法精确求解。这包括一维势箱中的粒子、三维势箱中的粒子、刚性转子、谐振子和势垒穿透。所有的这些模型可以让我们进一步了解量子力学的方法，感兴趣的读者可以通过量子力学的资料进行学习，例如本章末尾列出的参考文献。由于本书的特点，我们直接介绍氢原子的问题，它已经在 1926 年由欧文·薛定谔解决了。薛定谔的出发点是早期物理学家在处理所谓“淹没行星问题”时发展起来的三维波动方程。在这个模型中，假设一个球体要被水覆盖，问题是处理当表面被扰动时的波动行为。薛定谔没有推导新的波动方程，而是使用了已经存在的波动方程。他通过仅在之前两年建立的德布罗意关系来表示电子的波动。物理学当时正在大踏步地快速发展。

我们可以从以下方程直接开始：

$$\hat{H}\psi = E\psi \tag{2.35}$$

然后确定哈密顿算符的正确形式。我们假定当电子绕核旋转时，原子核保持静止不动 [玻恩-奥本海默（Born-Oppenheimer）近似]，而仅考虑电子的运动。电子具有的动能为 $mv^2/2$，可以写成 $p^2/2m$。式（2.34）给出了动能的算符。

氢原子中核与电子的相互作用给出了势能，可以通过$-e^2/r$ 来描述。因此，利用哈密顿算符和基本假设Ⅳ，波动方程可以写成：

$$-\frac{\hbar^2}{2m}\nabla^2\psi - \frac{e^2}{r}\psi = E\psi \tag{2.36}$$

重新排列这个方程，得到势能为：

$$\nabla^2\psi + \frac{2m}{\hbar^2}(E-V) = 0 \tag{2.37}$$

解这个方程的难度在于式中拉普拉斯算符是以直角坐标表示的，我们注意到：

$$r = \sqrt{x^2 + y^2 + z^2} \tag{2.38}$$

这个波动方程是含有三个变量的二级偏微分方程。解这种方程的常用技术是变量分离。然而，如果 r 表示为三个变量的平方和的开方，就不可能分离变量。为了避开这个问题，我们把直角坐标变换为极坐标。通过这种变换之后，拉普拉斯算符就可以转化为极坐标的形式，当然，这是个烦琐的过程。变换之后，这些变量就可以得到分离，从而得到三个二级偏微分方程，每一个都是以一个坐标作为变量。尽管做了变量分离，但得到的方程还是相当复杂的，解这三个方程的其中两个需要用到一系列的技术。这些方程的解答在大部分有关量子力学的书中都有详细的描述（见本章末尾建议阅读的材料），因此我们在这里就不阐述了。表 2.2 给出了波函数。这些波函数称为类氢波函数，因为它们可以应用在任何单电子体系中（例如 He^+、Li^{2+}）。

表 2.2　完全归一化的类氢波函数

$$\psi_{1s} = \frac{1}{\pi^{1/2}}\left(\frac{Z}{a}\right)^{3/2} e^{-Zr/a}$$

$$\psi_{2s} = \frac{1}{4(2\pi)^{1/2}}\left(\frac{Z}{a}\right)^{3/2}\left(2-\frac{Zr}{a}\right)e^{-Zr/2a}$$

$$\psi_{2p_z} = \frac{1}{4(2\pi)^{1/2}}\left(\frac{Z}{a}\right)^{5/2} re^{-Zr/2a}\cos\theta$$

$$\psi_{2p_x} = \frac{1}{4(2\pi)^{1/2}}\left(\frac{Z}{a}\right)^{5/2} re^{-Zr/2a}\sin\theta\cos\phi$$

$$\psi_{2p_y} = \frac{1}{4(2\pi)^{1/2}}\left(\frac{Z}{a}\right)^{5/2} re^{-Zr/2a}\sin\theta\cos\phi$$

$$\psi_{3s} = \frac{1}{81(3\pi)^{1/2}}\left(\frac{Z}{a}\right)^{3/2}\left(27-\frac{18Zr}{a}+\frac{2Z^2r^2}{a^2}\right)e^{-Zr/3a}$$

$$\psi_{3p_z} = \frac{2^{1/2}}{81\pi^{1/2}}\left(\frac{Z}{a}\right)^{5/2}\left(6-\frac{Zr}{a}\right)re^{-Zr/3a}\cos\theta$$

$$\psi_{3p_z} = \frac{2^{1/2}}{81\pi^{1/2}}\left(\frac{Z}{a}\right)^{5/2}\left(6-\frac{Zr}{a}\right)re^{-Zr/3a}\sin\theta\cos\phi$$

$$\psi_{3p_y} = \frac{2^{1/2}}{81\pi^{1/2}}\left(\frac{Z}{a}\right)^{5/2}\left(6-\frac{Zr}{a}\right)re^{-Zr/3a}\sin\theta\sin\phi$$

$$\psi_{3d_{xy}} = \frac{1}{81(2\pi)^{1/2}}\left(\frac{Z}{a}\right)^{7/2} r^2e^{-Z/3a}\sin^2\theta\sin2\phi$$

$$\psi_{3d_{xz}} = \frac{2^{1/2}}{81\pi^{1/2}}\left(\frac{Z}{a}\right)^{7/2} r^2e^{-Zr/3a}\sin\theta\cos\theta\cos\phi$$

$$\psi_{3d_{yz}} = \frac{2^{1/2}}{81\pi^{1/2}}\left(\frac{Z}{a}\right)^{7/2} r^2e^{-Zr/3a}\sin\theta\cos\theta\sin\phi$$

$$\psi_{3d_{x^2-y^2}} = \frac{1}{81(2\pi)^{1/2}}\left(\frac{Z}{a}\right)^{7/2} r^2e^{-Zr/3a}\sin\theta\cos2\theta$$

$$\psi_{3d_{z^2}} = \frac{1}{81(6\pi)^{1/2}}\left(\frac{Z}{a}\right)^{7/2} r^2e^{-Zr/3a}\left(3\cos^2\theta-1\right)$$

从解方程时采用的一些数学限制条件得到了一系列被称为量子数的限制值。第一个量子数为 n，称为主量子数，它的取值为整数（1、2、3 等）。第二个量子数为 l，称为轨道角量子数，它也是整数，最大值为 $n-1$。第三个量子数是 m，它是磁量子数，是 l 矢量在 z 轴的投影，如图 2.2 所示。

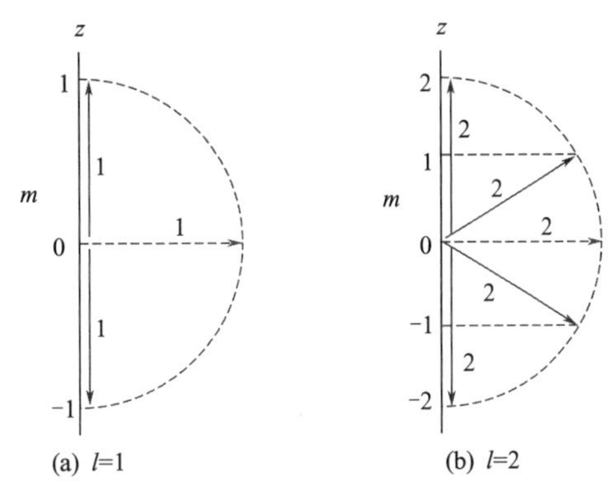

图 2.2 矢量 $l=1$ 和 $l=2$ 在 z 轴上的投影

这三个从微分方程的数学限制（边界条件）得到的量子数总结如下：

n=主量子数=1, 2, 3, …

l=角量子数=0, 1, 2, …, $n-1$

m=磁量子数=0, ±1, ±2, …, ± l

应注意，通过对涉及三个维度的问题进行求解，得到了三个量子数，这与玻尔方法不同，后者只得到一个量子数。量子数 n 本质上相当于氢的玻尔模型中假定的 n 值。

一个自旋的电子也有自旋量子数，表示为±1/2，单位为 $\hbar$。然而，这个量子数不是从解氢原子的薛定谔方程得到的。出现自旋量子数是因为在其他基本粒子的情况下，电子有固有的自旋运动，而且是角动量量子数 $\hbar$ 的半整数。因此，完整地描述一个原子中电子的运动状态需要四个量子数。泡利不相容原理认为“同一个原子中没有两个电子的四个量子数是完全相同的”，这个原理我们在后面再阐述。

最低的能量状态是 n=1、l=0 以及 m=0 的状态。l=0 的状态表示为 s 态。由于我们用一个 n 值接着一个表示 l 值的小写字母表示状态，因此，最低的能量状态为 1s 态。l 值对应的字母如下：

l 值	0	1	2	3
状态记号	sharp	principal	diffuse	fundamental

原子光谱的特定谱线经常用 sharp、principal、diffuse 和 fundamental 之类的词描述，这些单词的首个字母就分别用来表示 s、p、d、f 态。

对于氢原子，使用 $1s^1$ 符号时，上标表示有一个电子在 1s 态上。因为电子的自旋量子数可以为+1/2 或–1/2，因此两个自旋相反的电子能同时占据 1s 轨道，氦原子拥有两个电子，它的电子构型为 $1s^2$，其两个电子分别具有+1/2 和–1/2 的自旋量子数。

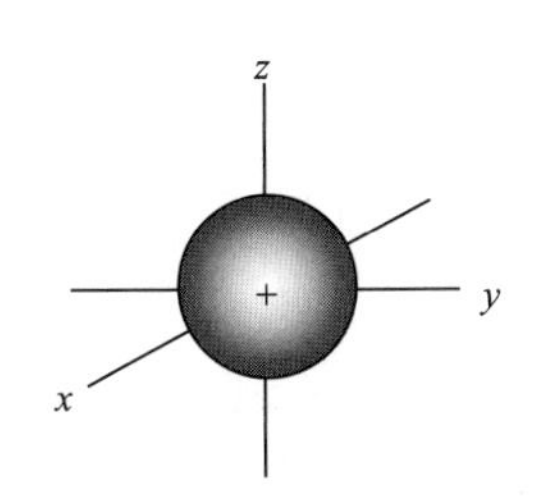

图 2.3 表示 s 轨道可能区域的三维表面

在前面的介绍中我们看到，波函数能够用于进行有用的计算，以确定动力学变量的数值。表 2.2 给出了核电荷为 Z（氢的 Z=1）的单电子物种（H、He^+ 等）的归一化波函数。使用波函数能够得到的一个结果是，可以确定围绕在一定时间内、一定概率（可能为 95%）中找到电子的区域的表面形状。这种图示可以得到轨道轮廓，如图 2.3～图 2.5 所示。

考察具有不同 n 值的 s 轨道中，找到电子的概率随距离变化而变化的情况是很有意思的。图 2.6 给出了 2s 和 3s 轨道的半径-概率曲线。可以看到，2s 轨道的曲线有一个节点（概率为零的点），而 3s 轨道有两个节点。对于 2s 轨道，节点的位置在 $r=2a_0$ 处，对 3s 轨道，节点的位置在 $1.90a_0$ 和 $7.10a_0$ 处。一个通用的特点是 ns 轨道具有 $n-1$ 个节点。此外，最大概率出现的距离随着 n 的增加而增加。换句话说，3s 轨道比 2s 轨道更“大”。尽管并不完全等同，但这与玻尔模型中轨道的尺寸随着 n 的增加而增大是一致的。

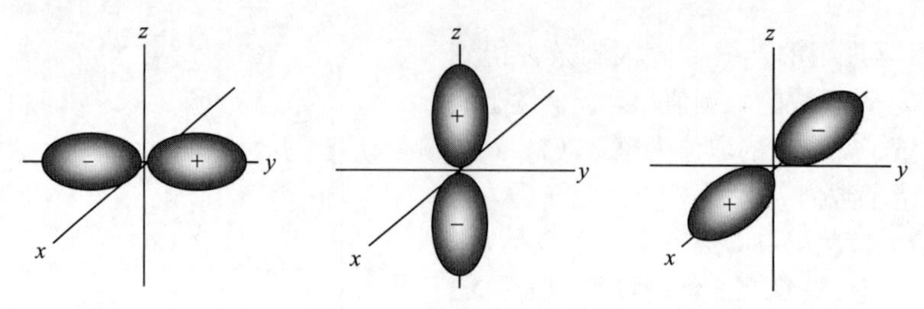

图 2.4　p 轨道的三维表面

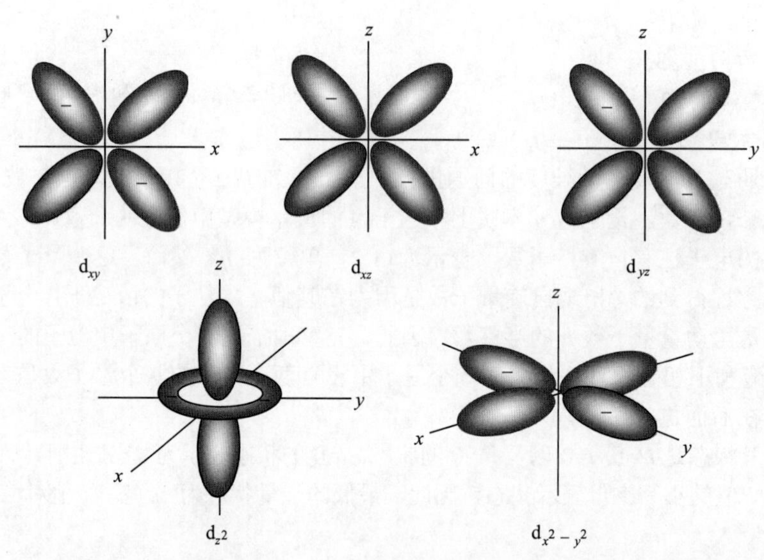

图 2.5　五个 d 轨道的三维表面

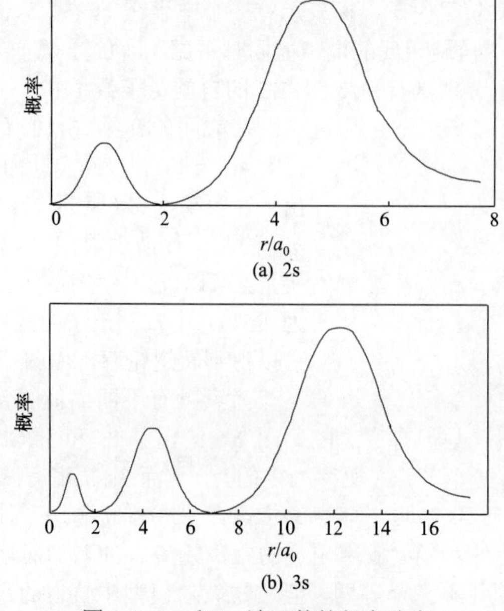

图 2.6　2s 和 3s 波函数的径向分布

2.3 氦原子

在前面的章节中，我们已经介绍了应用量子力学原理的基础。尽管它能够精确地求解几个类型的问题，但不能认为它无所不能。例如，许多系统的波函数可以很容易地给出，但通常无法精确求解。考虑图 2.7 所示的氦原子的情况，图中给出了体系的部分坐标。

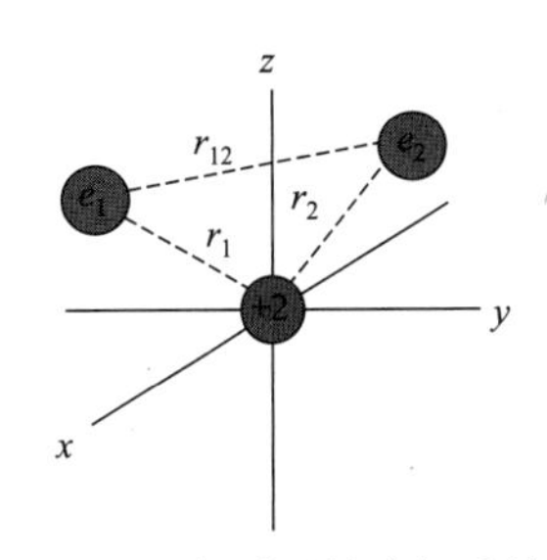

图 2.7　氦原子的坐标系统

我们知道，波函数的一般形式为：

$$\hat{H}\psi = E\psi \tag{2.39}$$

其中，哈密顿算符对特定的体系需采用对应的形式。氦原子具有两个电子，它们都具有动能，并且都受+2 价原子核的吸引，此外，电子之间还有排斥作用。参照图 2.7，相互吸引项为$-2e^2/r_1$和$-2e^2/r_2$。动能为$mv_1^2/2$和$mv_2^2/2$，对应的算符的形式分别为$(-\hbar^2/2m)\nabla_1^2$和$(-\hbar^2/2m)\nabla_2^2$。然而，在氦原子的哈密顿算符中，我们还需要包含两个电子的相互排斥，即$+e^2/r_{12}$。因此，整个哈密顿算符为：

$$\hat{H} = -\frac{\hbar^2}{2m}\nabla_1^2 - \frac{\hbar^2}{2m}\nabla_2^2 - \frac{2e^2}{r_1} - \frac{2e^2}{r_2} + \frac{e^2}{r_{12}} \tag{2.40}$$

因此，氦原子的波函数为：

$$\hat{H}\psi = E\psi \tag{2.41}$$

或者：

$$\left(-\frac{\hbar^2}{2m}\nabla_1^2 - \frac{\hbar^2}{2m}\nabla_2^2 - \frac{2e^2}{r_1} - \frac{2e^2}{r_2} + \frac{e^2}{r_{12}}\right)\psi = E\psi \tag{2.42}$$

为了求解氢原子的波动方程，必须将拉普拉斯算符转化为极坐标的形式。这种转化允许电子离核的距离表示为r、θ和ϕ，从而允许使用变量分离技术。观察式（2.40）发现，哈密顿算符的第一项和第三项与氢原子算符的两项是一样的。同样地，第二项和第四项也与氢原子相应的那两项一样。然而，最后一项$+e^2/r_{12}$是该哈密顿算符中不太好处理的部分。事实上，就算使用极坐标，对这一项也无法实现变量分离。由于无法通过分离变量得到三个更简单的方程，致使我们无法对式（2.40）进行精确求解。

当一个方程能够精确描述一个体系但却无法求解时，通常使用两种方法：第一种，当一个精确的方程无法精确求解时，我们可能可以求得近似解；第二种，将精确描述体系的方程修改成为一个可以精确求解的近似的方程。这就是解决氦原子波函数方程的方法。

由于哈密顿算符中的其他项除了核电荷为+2 之外，与两个氢原子的类似，我们可以简单地忽略电子间的排斥，这样就得到可以精确求解的方程。换句话说，我们获得一个与两个氢原子"近似的"体系，这意味着电子与核的结合能应该为 27.2eV，是氢原子中的 13.6eV 的两倍。然而，由于存在排斥作用，氦原子的第一电离能为 24.6eV。显然，近似方程无法得到氦原子中电子结合能的准确值。从另一个角度，也可以说，氦原子的电子不是没有受到+2 价的原子核的吸引，而是由于电子的排斥作用，受到更小的吸引。如果使用这种方法，就可以用有效核电荷数 27/16=1.688 代替准确数值 2 处理问题。

如果将电子之间的排斥看成是原本可以解决的问题的一个微小的偏离或者扰动，那么，哈密顿算符就能够在考虑这个扰动的前提下进行修改，修改成可以解决的问题形式。这样处理之后，第一电离能的计算值为 24.58eV。虽然我们不能精确地解出氦原子的波动方程，但这里描述的方法为我们如何近似解决问题提供了思路。这两种主要的近似方法称为变分法和微扰法。

对于这两种方法如何应用到解氦原子波动方程的具体细节，可以参考本章末尾列出的量子力学方面的书。它们的细节介绍超出本书的范围。

2.4 斯莱特波函数

我们刚刚解释了氦原子的波动方程无法精确求解是由于存在包含 $1/r_{12}$ 的项。如果两个电子之间的排斥导致波动方程无法求解，那么很显然，对于电子数大于 2 的原子，情况就更加糟糕了。如果有 3 个电子（如锂原子），排斥项就包括 $1/r_{12}$、$1/r_{13}$ 和 $1/r_{23}$。尽管可以实施其他许多类型的计算（特别是自洽场计算），但我们在这里不做描述。幸运的是，在一些情况下，我们并不需要使用从波动方程精确求解得到的精确波函数。在许多情况下，一个近似的波函数就足够了。对单电子，最常用的近似波函数是由斯莱特（J. C. Slater）给出的，因此称为斯莱特波函数或者斯莱特类型轨道（通常称为 STO 轨道）。

斯莱特波函数具有这样的数学形式：

$$\psi_{n,l,m} = R_{n,l}(r)\mathrm{e}^{-Zr/a_0 n}Y_{l,m}(\theta,\phi) \tag{2.43}$$

当径向波函数 $R_{n,l}(r)$采用近似，波函数可以写为：

$$\psi_{n,l,m} = r^{n^*-1}\mathrm{e}^{-(Z-s)r/a_0 n^*}Y_{l,m}(\theta,\phi) \tag{2.44}$$

其中，s 为屏蔽常数, n^*为与 n 相关的有效量子数，$Y_{l,m}(\theta,\phi)$为球谐函数，它给出了波函数的角度部分。

正如其下标所标记的，球谐函数是取决于 l 和 m 值的函数。$Z-s$ 有时称为有效核电荷 Z^*。屏蔽常数是根据一系列规则进行计算的，这些规则的确定是基于各层电子屏蔽原子核对所考虑电子的影响的有效性。

对于一个特定的电子，其屏蔽常数的计算如下所示。

（1）电子按以下的分组写出来：1s | 2s 2p | 3s 3p | 3d | 4s 4p | 4d | 4f | 5s 5p | 5d | …

（2）处在所考虑电子外围的其他电子对屏蔽常数没有贡献。

（3）1s 能级上的电子的贡献指定为 0.30，但在其他组中，每个电子的贡献为 0.35。

（4）对于所描述的电子，主量子数小 1 的 s 或 p 轨道上的每个电子的贡献是 0.85，主量子数小 2 或更多的 s 或 p 轨道上的每个电子的贡献是 1.00。

（5）对于 d 和 f 轨道上的电子，主量子数较小的每个电子的贡献为 1.00。

（6）n^*的值由 n 按如下数值得到：

$n=1$	2	3	4	5	6
$n^*=1$	2	3	3.7	4.0	4.2

为了阐明上述规则的应用，我们将写出氧原子上一个电子的斯莱特波函数。这个电子处于 2p 轨道，因此 n=2，意味着 n^*=2。氧原子的 2p 轨道上有 4 个电子，因此，第四个电子会受到其他三个电子的屏蔽。然而，一个 2p 轨道上的电子也会受到 1s 轨道上的两个电子和 2s 轨道上的两个电子的屏蔽。1s 能级上的两个电子的屏蔽可以写为 2×0.85=1.70。2s 和 2p 上的屏蔽常数是相同的，因此，2p 状态上的电子会受到同层 5 个电子的屏蔽。这 5 个电子的屏蔽常数为 5×0.35=1.75。总的屏蔽常数为 1.70+1.75=3.45，这意味着有效核电荷数为 8−3.45=4.55。采用这个数值得到 $(Z-s)/n^*$=2.28，斯莱特波函数写为：

$$\psi = r\mathrm{e}^{-2.28r/a_0 n^*}Y_{2,m}(\theta,\phi) \tag{2.45}$$

这个方法的重要应用就是，我们现在可以获得一个近似的单电子波函数，并用于其他的计算。例如，斯莱特类型的轨道构成了使用自洽场理论和其他方法计算高能级分子轨道的基础。

然而，在多数情况下，并没有直接使用斯莱特类型的轨道。分子的量子力学计算包含了大量的积分，然而 STO 的指数积分在计算中并不是很有效。事实上，STO 函数是一系列的高斯函数（Gaussian function），它们具有 $a\exp(-br^2)$的形式。采用的一系列函数称为基组，随后建立起一系列的高斯函数代表每个 STO。当使用三参数高斯函数时，这些轨道称为 STO-3G 基组。因为高斯积分更容易计算，所以这种转化的结果是可以更快地完成计算。对这个前沿课题的完整的讨论，应参见在本章末尾中所列的洛（J. P. Lowe）所著的《量子化学》。

2.5 电子构型

对于 $n=1$，l 和 m 可能的数值只有 0。因此，只有一种可能的状态，就是 $n=1$，$l=0$，$m=0$。如果 $n=2$，l 可以为 0 或者 1。对 $l=0$ 的状态，$n=2$ 和 $l=0$ 的结合得到 2s 态。$m=0$ 是仅有的可能，因为 m 的数值限制为 $0\sim\pm l$。铍原子的 2s 状态可以容纳两个电子，所以电子的构型为 $1s^2 2s^2$。

对于 $n=2$、$l=1$ 的量子状态，我们发现 m 可能的取值为+1、0 和−1。因此，m 的每个值都有+1/2 和−1/2 两个自旋量子数。这就导致了在满足数值限制的条件下，量子数有 6 种组合方式。量子数的这 6 种可能方式如下所示：

电子 1	电子 2	电子 3	电子 4	电子 5	电子 6
$n=2$	$n=2$	$n=2$	$n=2$	$n=2$	$n=2$
$l=1$	$l=1$	$l=1$	$l=1$	$l=1$	$l=1$
$m=+1$	$m=0$	$m=-1$	$m=+1$	$m=0$	$m=-1$
$s=+1/2$	$s=+1/2$	$s=+1/2$	$s=-1/2$	$s=-1/2$	$s=-1/2$

$l=1$ 的状态称为 p 态，因此，以上有 6 组量子数属于 2p 态。2p 态的元素从元素周期表的第一个长周期的硼开始，到氖结束。

然而，每个 m 值表示一个轨道，因此 2p 上有三个轨道可以容纳电子。当填充一系列轨道时，电子尽可能地保持不成对。为方便起见，我们将假定轨道填充是从 m 的最高正值开始，然后再填充 m 值低的。表 2.3 给出了不同 l 值的最大填充数。

表 2.3　最大的轨道填充数

l 值	状态	可能的 m 值	最大填充数
0	s	0	2
1	p	0，±1	6
2	d	0，±1，±2	10
3	f	0，±1，±2，±3	14
4	g	0，±1，±2，±3，±4	18

根据玻尔模型，量子数 n 确定了氢原子中允许状态的能量。我们现在知道，n 和 l 一起决定了轨道的能量。通常，$n+l$ 的总和确定能量，当 $n+l$ 增加，能量也随之增加。然而，当存在两种或两种以上的方法可以得到相同的 $n+l$ 总和时，n 值小的通常是能量低的。例如，2p 态的 $n+l=2+1=3$ 与 3s 态的 $n+l=3+0=3$ 一样。在这种情况下，2p 能级首先填充电子，因为它的 n 值更低。表 2.4 给出了轨道排布的式子，这是它们通常填充的次序。电子层的填充次序如下，每层的 $n+l$ 总和也在每个电子层的下面给出。

状态	1s	2s	2p	3s	3p	4s	3d	4p	5s	4d	5p	6s
$n+l$	1	2	3	3	4	4	5	5	5	6	6	6

表 2.4 随 $n+l$ 增大的轨道填充①

n	l	$n+l$	状态	n	l	$n+l$	状态
1	0	1	1s	5	0	5	5s
2	0	2	2s	4	2	6	4d
2	1	3	2p	5	1	6	5p
3	0	3	3s	6	0	6	6s
3	1	4	3p	4	3	7	4f
4	0	4	4s	5	2	7	5d
3	2	5	3d	6	1	7	6p
4	1	5	4p	7	0	7	7s

① 表中往下能量增加。

通过使用所描述的步骤，我们得到前 10 种元素的结果如下：

H	$1s^1$
He	$1s^2$
Li	$1s^2\ 2s^1$
Be	$1s^2\ 2s^2$
B	$1s^2\ 2s^2\ 2p^1$
C	$1s^2\ 2s^2\ 2p^2$
N	$1s^2\ 2s^2\ 2p^3$
O	$1s^2\ 2s^2\ 2p^4$
F	$1s^2\ 2s^2\ 2p^5$
Ne	$1s^2\ 2s^2\ 2p^6$

对一些原子，这是非常简单的，因为诸如 $1s^22s^22p^2$ 的电子构型就给出了电子排布的全貌。每个 m 值表示一个轨道，可以被自旋相反的两个电子占据。当 l=1 时，m 的数值为+1、0、−1，表示有 3 个轨道。因此，两个电子可以在三个轨道中的某一个成对排列，也可以不成对，分别填充在不同轨道中。我们曾说我们将从最高正值的 m 开始，并且 s 为正值。对于 $2p^2$ 构型，两种可能的排列如下：

$$m=\underset{+1}{\underline{\uparrow\downarrow}}\ \underset{0}{\underline{\quad}}\ \underset{-1}{\underline{\quad}}\ 或\ \underset{+1}{\underline{\uparrow}}\ \underset{0}{\underline{\uparrow}}\ \underset{-1}{\underline{\quad}}$$

尽管我们在后面才会给出解释，但这里先指明右边的构型的能量比左边的低。就如我们之前阐明的那样，电子尽可能保持不成对。因此，碳原子的电子构型为 $1s^22s^22p^2$，具有两个未成对电子。类似地，N 的 2p 轨道具有三个未成对电子。

$$m=\underset{+1}{\underline{\uparrow}}\ \underset{0}{\underline{\uparrow}}\ \underset{-1}{\underline{\uparrow}}$$

另外，氧原子的构型为 $1s^22s^22p^4$，只有两个未成对电子。

$$m=\underset{+1}{\underline{\uparrow\downarrow}}\ \underset{0}{\underline{\uparrow}}\ \underset{-1}{\underline{\uparrow}}$$

当讨论元素化学时，记住电子的真实排布而不仅仅是总的电子构型是很重要的。例如，氮原子的 3 个 2p 轨道上，每一个都有一个电子，再增加一个电子必将使其中一个轨道上有成对电子。由于相同轨道上电子之间的排斥作用，因此在氮原子上增加一个电子的趋势几乎为零。氮的电子亲和能接近 0。我们在第 1 章的时候也讲过，尽管氧原子的核电荷数更高，但氧原子的电离势比氮原子的电离势小。现在我们就可以看到其中的原因了。由于氧原子的电子构型为

$1s^22s^22p^4$，其中一个 2p 轨道有一对电子。电子对之间电子的排斥作用降低了它们与核结合的能量，因此，移走其中一个电子比从氮原子中移走一个电子更容易。此外，还有许多其他利用电子构型解释原子性质的实例。

我们可以用上述的步骤写出 11～18 号元素的电子构型，它们的 3s 和 3p 轨道开始填充电子。然而，我们不将它们全部写出，而是总括为 $1s^22s^22p^63s^23p^6$(Ar) 的电子构型。也就是，Ar 的下一个元素 K 的电子构型即为 $(Ar)4s^1$，钙的电子构型为 $(Ar)4s^2$。3p 和 4s 轨道的 $n+l$ 的总和都为 4，因此 n 值更低的 3p 轨道首先填充。接着，下一个要填充的能级为 $n+l=5$ 的，包括 3d、4p 和 5s。在这种情况下，3d 轨道的 n 值最低，因此首先填充它。因此，接下去的一些元素的电子构型如下：

$$Sc(Ar)4s^2 3d^1 \quad Ti(Ar)4s^2 3d^2 \quad V(Ar)4s^2 3d^3$$

按照这种思路，我们可以预期铬的电子构型为 $(Ar)4s^23d^4$，但实际上它是 $(Ar)4s^13d^5$。其原因我们在后面再解释，但在这里我们先简单提及这是与具有相同自旋态的电子通过角动量耦合的方式相互作用有关的。下一个元素 Mn 的电子构型为 $(Ar)4s^23d^5$，3d 层按规律填充直到铜元素。铜的构型不是 $(Ar)4s^23d^9$，而是 $(Ar)4s^13d^{10}$，而锌的电子构型为 $(Ar)4s^23d^{10}$。

在这里我们没有必要列出电子构型中所有不规则的元素。我们应该指出，刚刚讨论的不规则类型仅仅在涉及的轨道能量差很微小时才能发生。当一个原子，如碳原子，其基态电子构型没有出现 $1s^22s^12p^3$ 或者 $1s^22s^22p^13s^1$ 代替 $1s^22s^22p^2$ 的情况，这是因为 2s 和 2p 态之间的能量差以及 2p 和 3s 态之间的能量差太大，因此除非通过一些方式激发电子，否则一个电子不会停留在高能级态。原子的电子构型现在能够按上述提供的程序写出来，参照图 2.8 所示的元素周期表。表 2.5 给出所有原子的基态电子构型。

IA 1	IIA 2	IIIB 3	IVB 4	VB 5	VIB 6	VIIB 7	VIIIB 8	VIIIB 9	VIIIB 10	IB 11	IIB 12	IIIA 13	IVA 14	VA 15	VIA 16	VIIA 17	VIIIA 18
1 H 1.0079																	2 He 4.0026
3 Li 6.941	4 Be 9.0122											5 B 10.81	6 C 12.011	7 N 14.0067	8 O 15.9994	9 F 18.9984	10 Ne 20.179
11 Na 22.9898	12 Mg 24.305											13 Al 26.9815	14 Si 28.0855	15 P 30.9738	16 S 32.06	17 Cl 35.453	18 Ar 39.948
19 K 39.0983	20 Ca 40.08	21 Sc 44.9559	22 Ti 47.88	23 V 50.9415	24 Cr 51.996	25 Mn 54.9380	26 Fe 55.847	27 Co 58.9332	28 Ni 58.69	29 Cu 63.546	30 Zn 65.38	31 Ga 69.72	32 Ge 72.59	33 As 74.9216	34 Se 78.96	35 Br 79.904	36 Kr 83.80
37 Rb 85.4678	38 Sr 87.62	39 Y 88.9059	40 Zr 91.22	41 Nb 92.9064	42 Mo 95.94	43 Tc (98)	44 Ru 101.07	45 Rh 102.906	46 Pd 106.42	47 Ag 107.868	48 Cd 112.41	49 In 114.82	50 Sn 118.69	51 Sb 121.75	52 Te 127.60	53 I 126.905	54 Xe 131.29
55 Cs 132.905	56 Ba 137.33	57 La* 138.906	72 Hf 178.48	73 Ta 180.948	74 W 183.85	75 Re 186.207	76 Os 190.2	77 Ir 192.22	78 Pt 195.09	79 Au 196.967	80 Hg 200.59	81 Tl 204.383	82 Pb 207.2	83 Bi 208.980	84 Po (209)	85 At (210)	86 Rn (222)
87 Fr (223)	88 Ra 226.025	89 Ac* 227.028	104 Rf (257)	105 Db (260)	106 Sg (263)	107 Bh (262)	108 Hs (265)	109 Mt (266)	110 Ds (271)	111 Rg (272)							

* 镧系	58 Ce 140.12	59 Pr 140.908	60 Nd 144.24	61 Pm (145)	62 Sm 150.36	63 Eu 151.96	64 Gd 157.25	65 Tb 158.925	66 Dy 162.50	67 Ho 164.930	68 Er 167.26	69 Tm 168.934	70 Yb 173.04	71 Lu 174.967
* 锕系	90 Th 232.038	91 Pa 231.036	92 U 238.029	93 Np 237.048	94 Pu (244)	95 Am (243)	96 Cm (247)	97 Bk (247)	98 Cf (251)	99 Es (252)	100 Fm (257)	101 Md (258)	102 No (259)	103 Lr (260)

图 2.8　元素周期表

表 2.5　原子的基态电子构型

Z	符号	电子构型	Z	符号	电子构型
1	H	$1s^{1}$	47	Ag	(Kr)$4d^{10}5s^{1}$
2	He	$1s^{2}$	48	Cd	(Kr)$4d^{10}5s^{2}$
3	Li	$1s^{2}2s^{1}$	49	In	(Kr)$4d^{10}5s^{2}5p^{1}$
4	Be	$1s^{2}2s^{2}$	50	Sn	(Kr)$4d^{10}5s^{2}5p^{2}$
5	B	$1s^{2}2s^{2}2p^{1}$	51	Sb	(Kr)$4d^{10}5s^{2}5p^{3}$
6	C	$1s^{2}2s^{2}2p^{2}$	52	Te	(Kr)$4d^{10}5s^{2}5p^{4}$
7	N	$1s^{2}2s^{2}2p^{3}$	53	I	(Kr)$4d^{10}5s^{2}5p^{5}$
8	O	$1s^{2}2s^{2}2p^{4}$	54	Xe	(Kr)$4d^{10}5s^{2}5p^{6}$
9	F	$1s^{2}2s^{2}2p^{5}$	55	Cs	(Xe)$6s^{1}$
10	Ne	$1s^{2}2s^{2}2p^{6}$	56	Ba	(Xe)$6s^{2}$
11	Na	(Ne)$3s^{1}$	57	La	(Xe)$5d^{1}6s^{2}$
12	Mg	(Ne)$3s^{2}$	58	Ce	(Xe)$4f^{2}6s^{2}$
13	Al	(Ne)$3s^{2}3p^{1}$	59	Pr	(Xe)$4f^{3}6s^{2}$
14	Si	(Ne)$3s^{2}3p^{2}$	60	Nd	(Xe)$4f^{4}6s^{2}$
15	P	(Ne)$3s^{2}3p^{3}$	61	Pm	(Xe)$4f^{5}6s^{2}$
16	S	(Ne)$3s^{2}3p^{4}$	62	Sm	(Xe)$4f^{6}6s^{2}$
17	Cl	(Ne)$3s^{2}3p^{5}$	63	Eu	(Xe)$4f^{7}6s^{2}$
18	Ar	(Ne)$3s^{2}3p^{6}$	64	Gd	(Xe)$4f^{7}5d^{1}6s^{2}$
19	K	(Ar)$4s^{1}$	65	Tb	(Xe)$4f^{9}6s^{2}$
20	Ca	(Ar)$4s^{2}$	66	Dy	(Xe)$4f^{10}6s^{2}$
21	Sc	(Ar)$3d^{1}4s^{2}$	67	Ho	(Xe)$4f^{11}6s^{2}$
22	Ti	(Ar)$3d^{2}4s^{2}$	68	Er	(Xe)$4f^{12}6s^{2}$
23	V	(Ar)$3d^{3}4s^{2}$	69	Tm	(Xe)$4f^{13}6s^{2}$
24	Cr	(Ar)$3d^{5}4s^{1}$	70	Yb	(Xe)$4f^{14}6s^{2}$
25	Mn	(Ar)$3d^{5}4s^{2}$	71	Lu	(Xe)$4f^{14}5d^{1}6s^{2}$
26	Fe	(Ar)$3d^{6}4s^{2}$	72	Hf	(Xe)$4f^{14}5d^{2}6s^{2}$
27	Co	(Ar)$3d^{7}4s^{2}$	73	Ta	(Xe)$4f^{14}5d^{3}6s^{2}$
28	Ni	(Ar)$3d^{8}4s^{2}$	74	W	(Xe)$4f^{14}5d^{4}6s^{2}$
29	Cu	(Ar)$3d^{10}4s^{1}$	75	Re	(Xe)$4f^{14}5d^{5}6s^{2}$
30	Zn	(Ar)$3d^{10}4s^{2}$	76	Os	(Xe)$4f^{14}5d^{6}6s^{2}$
31	Ga	(Ar)$3d^{10}4s^{2}4p^{1}$	77	Ir	(Xe)$4f^{14}5d^{7}6s^{2}$
32	Ge	(Ar)$3d^{10}4s^{2}4p^{2}$	78	Pt	(Xe)$4f^{14}5d^{9}6s^{1}$
33	As	(Ar)$3d^{10}4s^{2}4p^{3}$	79	Au	(Xe)$4f^{14}5d^{10}6s^{1}$
34	Se	(Ar)$3d^{10}4s^{2}4p^{4}$	80	Hg	(Xe)$4f^{14}5d^{10}6s^{2}$
35	Br	(Ar)$3d^{10}4s^{2}4p^{5}$	81	Tl	(Xe)$4f^{14}5d^{10}6s^{2}6p^{1}$
36	Kr	(Ar)$3d^{10}4s^{2}4p^{6}$	82	Pb	(Xe)$4f^{14}5d^{10}6s^{2}6p^{2}$
37	Rb	(Kr)$5s^{1}$	83	Bi	(Xe)$4f^{14}5d^{10}6s^{2}6p^{3}$
38	Sr	(Kr)$5s^{2}$	84	Po	(Xe)$4f^{14}5d^{10}6s^{2}6p^{4}$
39	Y	(Kr)$4d^{1}5s^{2}$	85	At	(Xe)$4f^{14}5d^{10}6s^{2}6p^{5}$
40	Zr	(Kr)$4d^{2}5s^{2}$	86	Rn	(Xe)$4f^{14}5d^{10}6s^{2}6p^{6}$
41	Nb	(Kr)$4d^{4}5s^{1}$	87	Fr	(Rn)$7s^{1}$
42	Mo	(Kr)$4d^{5}5s^{1}$	88	Ra	(Rn)$7s^{2}$
43	Tc	(Kr)$4d^{5}5s^{2}$	89	Ac	(Rn)$6d^{1}7s^{2}$
44	Ru	(Kr)$4d^{7}5s^{1}$	90	Th	(Rn)$6d^{2}7s^{2}$
45	Rh	(Kr)$4d^{8}5s^{1}$	91	Pa	(Rn)$5f^{2}6d^{1}7s^{2}$
46	Pd	(Kr)$4d^{10}$	92	U	(Rn)$5f^{3}6d^{1}7s^{2}$

续表

Z	符号	电子构型	Z	符号	电子构型
93	Np	$(Rn)5f^{5}7s^{2}$	103	Lr	$(Rn)5f^{14}6d^{1}7s^{2}$
94	Pu	$(Rn)5f^{6}7s^{2}$	104	Rf	$(Rn)5f^{14}6d^{2}7s^{2}$
95	Am	$(Rn)5f^{7}7s^{2}$	105	Db	$(Rn)5f^{14}6d^{3}7s^{2}$
96	Cm	$(Rn)5f^{7}6d^{1}7s^{2}$	106	Sg	$(Rn)5f^{14}6d^{4}7s^{2}$
97	Bk	$(Rn)5f^{8}6d^{1}7s^{2}$	107	Bh	$(Rn)5f^{14}6d^{5}7s^{2}$
98	Cf	$(Rn)5f^{10}7s^{2}$	108	Hs	$(Rn)5f^{14}6d^{6}7s^{2}$
99	Es	$(Rn)5f^{11}7s^{2}$	109	Mt	$(Rn)5f^{14}6d^{7}7s^{2}$
100	Fm	$(Rn)5f^{12}7s^{2}$	110	Ds	$(Rn)5f^{14}6d^{8}7s^{2}$
101	Md	$(Rn)5f^{13}7s^{2}$	111	Rg	$(Rn)5f^{14}6d^{9}7s^{2}$
102	No	$(Rn)5f^{14}7s^{2}$			

2.6 光谱态

我们曾经指出一个事实：在一个原子的全部电子构型中，电子会通过角动量的耦合发生相互作用。这个结果来源于一个事实，即一个自旋的电子沿轨道运动，它具有的角动量来源于自身的自旋以及轨道运动两部分。这些向量会根据量子力学规则进行耦合。其中一种耦合是电子各自的自旋角动量耦合，给出一个总的自旋 S。另外一种耦合是电子的轨道角动量耦合，给出总的轨道角动量 L。然后，将这些得到的矢量进一步耦合，得到原子的总的角动量矢量 J。这种耦合方式称为 L-S 或罗素-桑德斯（Russelle-Saunders）耦合，元素周期表的上半部分原子主要是这种情况。

与原子状态的 s、p、d 或 f 类似，用字母 S、P、D、F 表示角动量矢量 L 为 0、1、2、3 相对应的状态。当矢量 L、S 和 J 的数值确定之后，总的角动量就可以通过能项符号或光谱态进行描述。这个符号为 $^{2S+1}L_J$，其中，L 就是上述的对应的字母，$2S+1$ 为多重度。对于一个单电子，$2S+1=2$，多重度 2 就产生一个二重态。对于两个单电子，多重度为 3，这种状态就称为三重态。

图 2.9 表示了两个矢量根据量子力学的限定是如何耦合的。注意到矢量 l_1 和 l_2 分别有 1 个和 2 个单位长度，可以耦合得到 3 个、2 个或者 1 个单位长度。因此，这些组合的结果 R 可以写成 $|l_1+l_2|$、$|l_1+l_2-1|$ 或者 $|l_1-l_2|$。

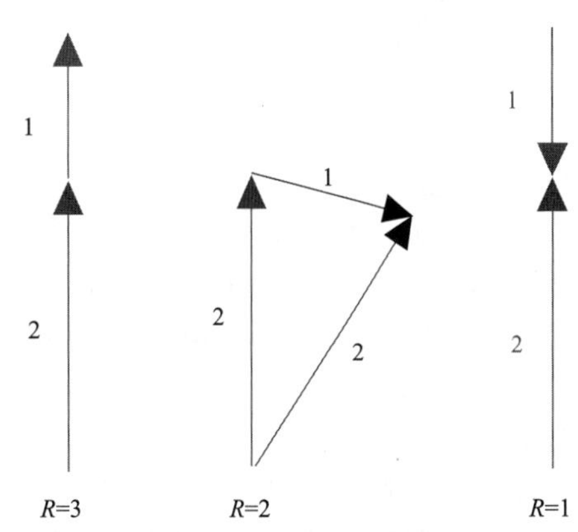

图 2.9　两个长度为 2 和 1 单元的矢量之和，结果的数值为 3、2 或者 1

在更重的原子中，有时会以一种不同的耦合方式出现。在这种方式中，轨道角动量 l 与自旋角动量 s 耦合，得到单电子的角动量 j。然后，这些 j 值耦合得到原子总的角动量 J。通过这种方式的角动量耦合称为 j-j 耦合，在重原子中发生，但我们之后不再讨论这种耦合。

在 L-S 耦合中，我们需要确定以下的总和，才可以推断原子的光谱态：

$$L=\sum l_i$$
$$S=\sum s_i$$
$$M=\sum m_i=L,L-1,L-2,\cdots,0,\cdots,-L$$
$$J=|L+S|,\cdots,|L-S|$$

注意到如果所有的电子都是成对的，自旋量子数之和就为 0，得到单重态。如果所有的轨道都是填满的，对于每个具有正 m 值的电子，也有一个相应的具有负 m 值的电子。因此，m 值的总和为 0（意味着 L=0），对于一个全充满的电子构型，光谱态为 $^1S_0$。下标 0 是由于 $J=L+S=0+0=0$。这就是具有全充满电子结构的稀有气体原子的情况。我们将应用这些原理讲述如何确定一些原子的光谱态。

对于氢原子，1s 轨道上有一个单电子，因此该轨道的 l 和 m 值都为 0（这意味着 L 也为 0），单电子具有自旋 1/2。由于 L=0，光谱态为 S 态，自旋总和为 1/2，因此多重态为 2。所以，氢原子的光谱态为 ^2S。要注意表示光谱态的 S 并不是自旋矢量 S 的总和。在氢原子中，J 值为 $J=|0+1/2|=1/2$，这就意味着氢原子的光谱态写为 $^2S_{1/2}$。不管 n 是多少，所有在 s 轨道上的电子的 l 和 m 值都为 0，这就导致所有的具有闭壳层且最外层有一个 $n\mathrm{s}^1$ 电子的原子，如 Li、Na、K 等，都具有光谱态 $^2S_{1/2}$。在上述的简单例子中，只可能有一种光谱态。而在许多情况下，对于一个给定的电子构型，因为电子可以以不同的方式排布，因此通常具有多于一个的光谱态。例如，$n\mathrm{p}^2$ 电子构型能够按以下方式排列：

$$m = \underset{+1}{\underline{\uparrow\downarrow}}\ \underset{0}{\underline{\quad}}\ \underset{-1}{\underline{\quad}} \text{ 或 } \underset{+1}{\underline{\uparrow}}\ \underset{0}{\underline{\uparrow}}\ \underset{-1}{\underline{\quad}}$$

这就导致了不同的光谱态。如左边所示，如果电子是成对的，得到的是单重态，如果如右边所示，即为三重态。尽管我们在这里不讨论细节，但我们指出，$n\mathrm{p}^2$ 电子构型能产生几个光谱态，但只有一个是能量最低的，称为光谱基态。幸运的是，洪特规则（Hund's rules）允许我们很容易地确定基态（这也经常是我们最关心的）。洪特规则如下。

（1）对于等价电子来说，具有最高多重态的能量最低。

（2）对具有最高多重态的状态，具有最大 L 值的能量最低。

（3）对于电子少于半充满的层，具有最低 J 值的能量最低，而对多于半充满的而言，最大 J 值的能量最低。

根据第一个规则，当填充轨道时，电子是尽量不成对的，因为这样才可以达到最大的多重态。关于第三条，如果刚好是半充满的，m 值之和使 L 矢量为 0，$|L+S|$ 和 $|L-S|$ 就是相等的，因此取决于 J 值。

假设我们要找出碳原子的光谱基态，我们不需要考虑填满的 1s 和 2s 层，因为它们的 S=0，L=0。如果我们把两个电子填充在具有 m=1 和 m=0 的 2p 轨道上，我们可以得到自旋之和为 1，是最大的可能值。此外，m 值之和给出 L=1，这就得到 P 态。由 S=1 和 L=1，可能的 J 值为 2、1 或者 0。因此，通过运用规则 3，碳原子的光谱基态为 $^3P_0$，其他的两个态 $^3P_1$ 和 $^3P_2$，其能量仅稍微比基态高（分别是 16.5cm^{-1} 和 43.5cm^{-1}）。此外，$n\mathrm{p}^2$ 电子构型也有 $^1D_2$ 和 $^1S_0$ 光谱态，它们的能量比基态高 10193.7cm^{-1} 和 21648.4cm^{-1}（分别为 122kJ · mol^{-1} 和 259kJ · mol^{-1}）。应注意到它们都是单重态，对应两个电子被迫成对，其能量明显高于基态，因此说电子尽可能不成对是正确的。

就如前面提到的，基态通常是我们关心的唯一一个状态。如果我们要确定 Cr^{3+}的基态，它的外层电子排布为 3d^3（对过渡金属，首先失去 4s 能级的电子），同样，把电子从具有最高 m 值的 d 轨道开始排布，并且先保持电子不成对以得到最高多重态：

$$m = \underset{+2}{\underline{\uparrow}}\ \underset{+1}{\underline{\uparrow}}\ \underset{0}{\underline{\uparrow}}\ \underset{-1}{\underline{\quad}}\ \underset{-2}{\underline{\quad}}$$

对于这种排布，自旋之和为 3/2，L 值为 3。这些数值给出 J 的值为 9/2、7/2、5/2 以及 3/2。由于轨道是半充满的，最低的 J 值对应最低的能量态，因此 Cr^{3+}最低的光谱态为 $^4F_{3/2}$。我们可以通过上述的方法得到许多电子构型的光谱态。表 2.6 总结了多种电子构型的光谱态。

表 2.6 等效电子出现的光谱态

电子构型	光谱态	电子构型	光谱态
s^1	^2S	d^2	$^3F, ^3P, ^1G, ^1D, ^1S$
s^2	^1S	d^3	^4F (基态)
p^1	^2P	d^4	^5D (基态)
p^2	$^3P, ^1D, ^1S$	d^5	^6S (基态)
p^3	$^4S, ^2D, ^2P$	d^6	^5D (基态)
p^4	$^3P, ^1D, ^1S$	d^7	^4F (基态)
p^5	^2P	d^8	^3F (基态)
p^6	^1S	d^9	^2D
d^1	^2D	d^{10}	^1S

尽管我们没有完全覆盖光谱态的内容，但这里的讨论对本书的目的来说是足够的。在第 18 章中，我们将会描述当过渡金属离子被其他基团包围形成配合物时，这些离子的光谱态发生了什么变化。

在本章中，我们简要地讲述了量子力学的方法以及原子中电子的排布。这些主题构成了理解量子力学如何处理分子结构和元素化学问题的基础。从第 1 章可以看出，原子的性质与电子在原子中的排布直接相关。更进一步的细节可以在参考文献中找到。

拓展学习的参考文献

Silbey, R.J., Alberty, R.A., Bawendi, M.G., 2005. Physical Chemistry, 4th ed. Wiley, New York. Excellent coverage of early experiments that led to development of quantum mechanics.

DeKock, R.L., Gray, H.B., 1980. Chemical Bonding and Structure, Benjamin-Cummings, Menlo Park, CA. One of the best introductions to bonding concepts available.

Emsley, J., 1998. The Elements, 3rd ed. Oxford University Press, New York. A good source for an enormous amount of data on atomic properties.

Gray, H.B., 1965. Electrons and Chemical Bonding. Benjamin, New York. An elementary presentation of bonding theory that is both readable and well illustrated.

Harris, D.C., Bertolucci, M.D., 1989. Symmetry and Spectroscopy, Dover Publications, New York. Chapter 2 presents a very good introduction to quantum mechanics.

House, J.E., 2003. Fundamentals of Quantum Chemistry. Elsevier, New York. An introduction to quantum mechanical methods at an elementary level that includes mathematical details.

Lowe, J.P., 1993. Quantum Chemistry, 2nd ed. Academic Press, New York. An excellent treatment of advanced applications of quantum mechanics to chemistry.

Mortimer, R.G., 2008. Physical Chemistry, 3rd ed. Academic Press, San Diego, CA. A physical chemistry text that described the important experiments in atomic physics.

Sharpe, A.G., 1992. Inorganic Chemistry, 3rd ed. Longman, New York. An excellent book that gives a good summary of quantum mechanics at an elementary level.

Warren, W.S., 2000. The Physical Basis of Chemistry, 2nd ed. Academic Press, San Diego, CA. Chapter 6 presents a good tutorial on elementary quantum mechanics.

习题

1. 确定以下哪些是算符 d/dx 的特征函数（a 和 b 为常数）：

$$e^{-ax},\ xe^{-bx},\ 1+e^{bx}$$

2. 函数 $\sin e^{ax}$ 是不是算符 d^2/dx^2 的特征函数？

3. 在 0 到无穷的区间归一化函数 e^{-2x}。

4. 在 0 到无穷的区间归一化函数 e^{-ax}。

5. 写出完整的锂原子的哈密顿算符。解释为什么 Li 的波动方程无法精确求解。

6. 写出以下原子“最后”一个电子的四个量子数：

Ti, S, Sr, Co, Al

7. 写出以下原子“最后”一个电子的四个量子数：

Sc, Ne, Se, Ga, Si

8. 画出向量 L=3 和 S=5/2 耦合的向量耦合图，表示出它们所有可能的方式。

9. 写出以下原子“最后”一个电子的四个量子数：

Si, Se, As, Ga, Ar

10. 写出下列物种的完整的电子构型：

Si, S^{2-}, K^+, Cr^{2+}, Fe^{2+}, Zn

11. 确定以下物种的光谱基态：

P, Sc, Si, Ni^{2+}

12. 碳原子 $^3P_0$ 和 $^3P_1$ 状态的能量差为 16.4cm^{-1}。这个能量用 kJ・mol^{-1} 表示为多少？

13. 确定以下物种的光谱基态：

Be, P, F^-, Al, Sc

14. 确定以下物种的光谱基态：

Ti^{3+}, Fe, Co^{2+}, Cl, Cr^{2+}

15. 一个第一过渡系金属的光谱基态为 $^6S_{5/2}$。

（a）这个金属是什么？

（b）这个金属的+2 价离子的光谱基态是什么？

（c）这个金属的+3 价离子的光谱基态是什么？

16. 对 n=5，所有可能的原子轨道类型是什么？n=5 的轨道能够容纳多少电子？所有 n=5 的轨道都填满的原子，它的原子序数是多少？

17. 计算氢原子 1s 态上的电子的 $1/r$ 的期待值。

18. 计算氢原子 1s 态上的电子的 r^2 的期待值。

19. 氢原子的电离势为 13.6eV。尽管 He 的核电荷为氢原子的两倍，但是它的电离势却不是 13.6eV 的两倍。请解释原因。查出 He 的真实电离势。利用这些数据和 He 的真实电离势，计算氦原子中两个电子之间的排斥能。这个排斥能对应于电子之间距离多大时的排斥能？

20. 如果一个粒子在势能为 0、长度为 a 的一维箱中运动，请说明粒子的平均位置为 $a/2$。其最低能级的波函数为：

$$\psi = \sqrt{\frac{a}{2}}\sin\sqrt{a}x$$

第3章

双原子分子的共价键

前面我们用了两章内容讲述量子力学的基本原理以及它在原子结构中的应用，但我们也必须关心有关分子结构的知识。事实上，分子结构构成了分子化学行为的基础。SF_4 能与水发生快速而剧烈的反应，而 SF_6 则不能，这与它们的分子结构是相关的。很好地理解分子结构对解释无机物的各种化学行为是很有必要的。尽管 CO_2 和 NO_2 的化学式看起来相似，但它们的化学性质却是截然不同的。在本章中，将描述与双原子分子及它们的性质相关的共价键。在接下去的两章，会描述更复杂的分子中的键，也会描述分子的对称性。

3.1 分子轨道方法的基本观点

我们以 H_2 分子为例初步介绍分子轨道方法，不过，关于 H_2^+ 和 H_2 的更详细描述将在下一节介绍。在开始描述双原子分子之前，让我们先想象两个距离较远的氢原子互相靠近的情况。当两个原子互相靠近时，它们之间的吸引力增加、距离减小。最终，原子之间达到一个最合适的距离（能量最小），就是 H_2 分子的键长（74pm）。

如果原子之间的距离进一步缩短，原子核就像两个电子一样，开始互相排斥。然而，第一个原子的核与第二个原子的电子以及第一个原子的电子与第二个原子的核之间会有吸引力。我们可以把涉及的各种作用力用图 3.1 表示。

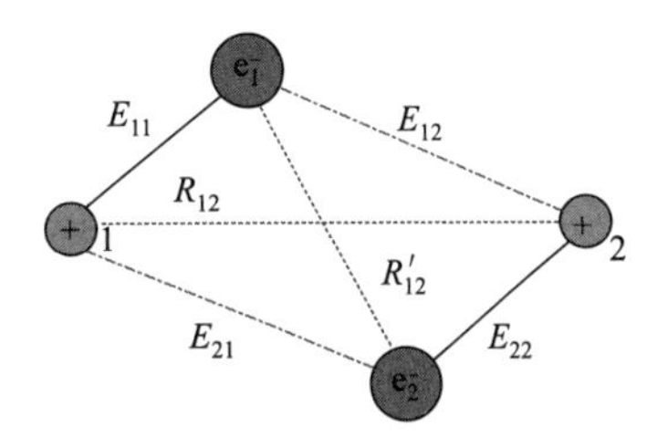

图 3.1 H_2 分子中的相互作用（R 表示排斥力，E 表示吸引力。下标表示涉及的核和电子）

我们知道，对于每个原子，它的电离势为 13.6eV，氢原子的键能为 4.51eV（432kJ • mol^{-1}），键长为 74pm。键能表示断开键所需的能量，因此为正值。如果形成键，与键能相等的能量会释放出来，因此为负值。

原子核之间没有进一步靠近并不意味着吸引力和排斥力达到相等。最小的距离是当总能量（吸引和排斥）最有利时的距离。由于分子有振动能，核间的距离并不是固定不变的，但有一个平衡的距离。图 3.2 表示两个氢原子相互作用的能量与核间距离的关系。

为了用量子力学的方法描述 H_2 分子，我们需要用到第 2 章的原理。应用这个方法的起始点是提供一个波函数，用于计算动力学变量的值。也就是说，通过分子轨道理论处理 H_2 分子时，我们需要波函数。那么是什么波函数呢？答案是我们需要一个 H_2 分子的波函数，它是由原子的波函数组成的。构建分子波函数的方法称为原子轨道的线性组合（LCAO-MO）。原子

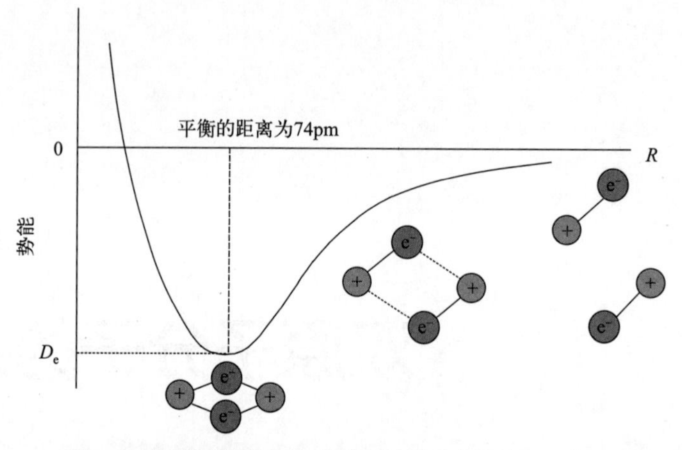

图 3.2　当靠近形成分子时两个氢原子之间的相互作用

轨道的线性组合，在数学上表示为：

$$\psi = \sum a_i \phi_i \tag{3.1}$$

在这个方程中，ψ为分子的波函数，ϕ 为原子的波函数，a 为权重系数，它给出了在“混合的”原子波函数中某波函数的相对权重。i 为原子波函数的编号（原子数）。如果考虑双原子分子，方程中就仅有两个原子：

$$\psi = a_1\phi_1 + a_2\phi_2 \tag{3.2}$$

尽管组合是写成加和的形式，但相减也是一个可以接受的线性组合方式。权重系数是一个需要确定的变量。

在第 2 章中，为了计算一个动力学变量 a（其算符为 α）的平均值，需要利用关系式：

$$\langle a \rangle = \frac{\int \psi^* \alpha \psi \mathrm{d}\tau}{\int \psi^* \psi \mathrm{d}\tau} \tag{3.3}$$

如果我们需要确定的是能量，这个方程就变为：

$$E = \frac{\int \psi^* \hat{H} \psi \mathrm{d}\tau}{\int \psi^* \psi \mathrm{d}\tau} \tag{3.4}$$

其中，$\hat{H}$ 为哈密顿算符，就是总能量的算符。将式（3.2）表示的ψ代入上述方程，可以得到：

$$E = \frac{\int (a_1\phi_1^* + a_2\phi_2^*)\hat{H}(a_1\phi_1 + a_2\phi_2)\mathrm{d}\tau}{\int (a_1\phi_1^* + a_2\phi_2^*)(a_1\phi_1 + a_2\phi_2)\mathrm{d}\tau} \tag{3.5}$$

做乘法以及把常数提出积分之后，我们得到：

$$E = \frac{a_1^2\int \phi_1^*\hat{H}\phi_1 \mathrm{d}\tau + 2a_1a_2\int \phi_1^*\hat{H}\phi_2 \mathrm{d}\tau + a_2^2\int \phi_2^*\hat{H}\phi_2 \mathrm{d}\tau}{a_1^2\int \phi_1^*\phi_1 \mathrm{d}\tau + 2a_1a_2\int \phi_1^*\phi_2 \mathrm{d}\tau + a_2^2\int \phi_2^*\phi_2 \mathrm{d}\tau} \tag{3.6}$$

在写这个方程时，我们假定：

$$\int \phi_1^*\hat{H}\phi_2 \mathrm{d}\tau = \int \phi_2^*\hat{H}\phi_1 \mathrm{d}\tau \tag{3.7}$$

以及：

$$\int \phi_1^*\phi_2 \mathrm{d}\tau = \int \phi_2^*\phi_1 \mathrm{d}\tau \tag{3.8}$$

这些假设对同核双原子分子是有效的，因为 ϕ_1 和 ϕ_2 是一样的，并且都是实数。在处理方程式，例如式（3.6）中的物理量时，有一些元素是常见的。为了简化，给出以下定义：

$$H_{11} = \int \phi_1^* \hat{H} \phi_1 \mathrm{d}\tau \tag{3.9}$$

$$H_{12} = \int \phi_1^* \hat{H} \phi_2 \mathrm{d}\tau \tag{3.10}$$

由于 $\hat{H}$ 是总能量的算符，H_{11} 表示原子 1 中的电子与它的原子核的结合能。如果下标都是 2，那就表示原子 2 的电子与其原子核的结合能。这些积分表示静电作用的能量，因此它们称为库仑积分。式（3.10）中的积分类型表示原子 1 上的电子与原子核 2 之间相互作用的能量。因此，它们称为交换积分。由于哈密顿算符是能量的算符，因此，这两种积分都表示能量。而且，由于这些积分代表的是有利的相互作用，因此它们的符号都是负的（代表吸引）。

由于式（3.9）的积分表示的是电子 1 与原子核 1 结合的能量，因此，可以简单认为它是原子 1 的电子结合能。电子结合能是电离能的相反数（符号相反）。因此，习惯上把这些库仑积分表示为电离势的相反数。虽然我们这里没有说明，但这个近似的有效性是基于科普曼斯原理（Koopmans' theorem）提出的。价态电离势（VSIP）通常用来给出库仑积分的数值。这里假定了原子和离子的轨道是一致的。然而，这种关系并不是严格正确的。假设一个电子从具有 $2p^2$ 电子构型的碳原子上移去，当有两个电子排布在这三个轨道时，就有 15 种微观状态，代表电子在轨道上排布的所有组合。因为轨道中电子的可交换性，每种构型有一个交换能，我们说这些电子是相互关联的。当移去一个电子时，留在 2p 轨道的单电子就具有不同的交换能，因此测试的电离势也会由于与交换能相关的能量项的改变而不同。这些能量比电离势小，因此，通常就只用 VSIP 能量代表库仑积分。

交换积分（也称为共振积分）表示核 1 和电子 2 的作用，以及核 2 和电子 1 的作用。这种类似的相互作用应该与核间的距离相关，因此，交换积分可以通过核间距离来表示。

除了表示能量的积分，也出现没有包含算符的积分。这些表示为：

$$S_{11} = \int \phi_1^* \phi_1 \mathrm{d}\tau \tag{3.11}$$

$$S_{12} = \int \phi_1^* \phi_2 \mathrm{d}\tau \tag{3.12}$$

这种类型的积分称为重叠积分，它们通常表示原子轨道在空间上的有效重叠程度。如果下标是一样的，表示同一个原子的轨道，如果波函数是归一化的，则积分的数值为 1。结果，我们可以写出：

$$S_{11} = \int \phi_1^* \phi_1 \mathrm{d}\tau = S_{22} = \int \phi_2^* \phi_2 \mathrm{d}\tau = 1 \tag{3.13}$$

另外，积分类型为如下的积分与原子 1 的轨道和原子 2 的轨道之间的重叠程度有关：

$$S_{12} = \int \phi_1^* \phi_2 \mathrm{d}\tau = S_{21} = \int \phi_2^* \phi_1 \mathrm{d}\tau = 1 \tag{3.14}$$

如果这两个原子相隔的距离大，重叠积分就接近 0。然而，如果原子靠近的话，轨道重叠，$S>0$。如果原子被挤在一起（核间距离为 0），那么我们可以预期 $S=1$，因为在这种情况下，它们的轨道完全重叠了。很显然，式（3.14）所示的重叠积分必须是 0～1 之间的数值，而且它必须是核间距离的函数。由于交换积分和重叠积分都是核间距离的函数，所以应该可以利用其中一个来表示另一个。随后我们将讨论这一点。

从表面上看，式（3.6）通过以上的定义代入之后就可以得到较大的简化。代入之后，结果是：

$$E = \frac{a_1^2 H_{11} + 2a_1 a_2 H_{12} + a_2^2 H_{22}}{a_1^2 + 2a_1 a_2 S_{12} + a_2^2} \tag{3.15}$$

其中，因为原子的波函数是归一化的，我们假定 S_{11} 和 S_{22} 都是 1。我们试图找到一个权重系数值，使得能量最小。为了找到最小的能量，我们对 a_1 和 a_2 做偏微分，并使它们等于 0。

$$\left(\frac{\partial E}{\partial a_1}\right)_{a_2}=0 \quad \left(\frac{\partial E}{\partial a_2}\right)_{a_1}=0 \tag{3.16}$$

通过对 a_1 和 a_2 轮流做微分（另一个当作常数）之后，我们得到两个方程，简化之后写为：

$$a_1(H_{11}-E)+a_2(H_{12}-S_{12}E)=0 \tag{3.17}$$

$$a_1(H_{21}-S_{21}E)+a_2(H_{22}-E)=0 \tag{3.18}$$

这些方程称为久期方程，其中权重系数 a_1 和 a_2 是未知的。这些方程包含一对线性方程，可以写成以下的形式：

$$ax+by=0 \text{ 和 } cx+dy=0 \tag{3.19}$$

可以看到，一对线性方程的非无效解要求系数的行列式等于 0。这意味着：

$$\begin{vmatrix} H_{11}-E & H_{12}-S_{12}E \\ H_{21}-S_{21}E & H_{22}-E \end{vmatrix}=0 \tag{3.20}$$

我们描述的是同核双原子分子，因此 $H_{12}=H_{21}$，$S_{12}=S_{21}$。如果我们把 S_{12} 和 S_{21} 表示为 S，并让 $H_{11}=H_{22}$，展开这个行列式得到：

$$(H_{11}-E)^2-(H_{12}-SE)^2=0 \tag{3.21}$$

把式（3.21）移项、开方，得到：

$$H_{11}-E=\pm(H_{12}-SE) \tag{3.22}$$

从中可以得到两个 E 值（表示为 E_b 和 E_a）：

$$E_b=\frac{H_{11}+H_{12}}{1+S} \text{ 和 } E_a=\frac{H_{11}-H_{12}}{1-S} \tag{3.23}$$

标记为 E_b 的能量状态称为成键或者对称状态，而标记为 E_a 的称为反键或者反对称状态。由于 H_{11} 和 H_{12} 都是负的（键合）能量，所以 E_b 表示低能态。图 3.3 是与 1s 原子轨道相关的成键和反键分子轨道的定性能量图。

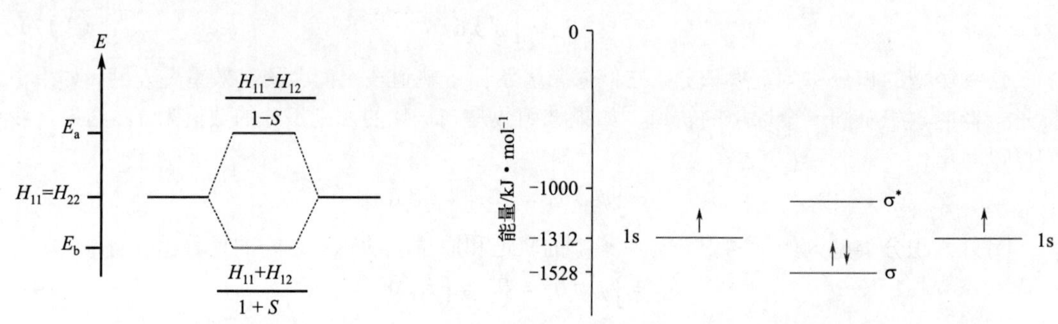

图 3.3　两个 s 轨道的组合产生了成键和反键轨道

图 3.4　H_2 分子的能级图

图 3.4 表示更准确的 H_2 分子能级图。注意氢原子的 1s 原子轨道能量为−1312kJ·mol^{-1}，这是因为它的电离势为 1312kJ·mol^{-1}（13.6eV）。同时也注意成键分子轨道的能量为−1528kJ·mol^{-1}，这比 1s 态的要低。

如果将 H_2 分子分离为组成它的两个原子，结果与将成键分子轨道上的两个电子移去并放回原子轨道是等价的。由于有两个电子，能量应该为 2×(1528−1312)=432kJ·mol^{-1}，即 H_2 分子的键能。从分子轨道能级图可以看到，虽然反键状态的能量比氢原子高，但仍然是很负的。能量不会为 0，因为就算原子完全分离，体系的能量也是原子键合能的总和，即 2×(−1312)kJ·mol^{-1}。成键和反键状态“分裂”，分别在原子中电子能态的下方和上方，而不是在能量 0 的下方和上方。然而，相对原子轨道能，反键状态提高的量比成键状态降低的量更大。这可以从式（3.23）的关系式中看出，因为第一种情况的分母为 $1+S$，而另一种的分母为 $1-S$。

如果我们将式（3.23）的能量代入久期方程，我们可以发现：

$$a_1=a_2(\text{对称状态})\text{以及 } a_1=-a_2(\text{反对称状态})$$

使用权重系数之间的这些关系，可以得到：

$$\psi_{\mathrm{b}} = a_1\phi_1 + a_2\phi_2 = \frac{1}{\sqrt{2+2S}}(\phi_1+\phi_2) \tag{3.24}$$

$$\psi_{\mathrm{a}} = a_1\phi_1 - a_2\phi_2 = \frac{1}{\sqrt{2-2S}}(\phi_1-\phi_2) \tag{3.25}$$

如果我们用 A 表示归一化常数，归一化的条件就是：

$$1=\int A^2(\phi_1+\phi_2)\mathrm{d}\tau = A^2\left(\int\phi_1^2\mathrm{d}\tau+\int\phi_2^2\mathrm{d}\tau+2\int\phi_1\phi_2\mathrm{d}\tau\right) \tag{3.26}$$

方程右边的第一和第二个积分为 1，因为原子的波函数假设为归一化的。因此，方程的右边变成：

$$1=A^2(1+1+2S) \tag{3.27}$$

可以得到，归一化常数为：

$$A=\frac{1}{\sqrt{2+2S}} \tag{3.28}$$

而波函数就表示为式（3.24）和式（3.25）。

尽管我们只是处理了包含两个氢原子的双原子分子，但是，对于 Li_2 分子，除了原子波函数变成 2s 波函数、有关能量变成适合锂原子的能量之外，处理方法是一样的。锂的 VSIP 仅有 $513\mathrm{kJ\cdot mol^{-1}}$，而不是氢的 $1312\mathrm{kJ\cdot mol^{-1}}$。

进行分子轨道计算时，必须求出重叠积分和交换积分。采用现代计算技术，重叠积分是计算最多的部分。波函数是斯莱特类型（见 2.4 节），重叠积分能够通过改变键长和键角去计算。很多年以前，重叠积分值常常是在大量表格中查到的，这些表格包含各种原子轨道和核间距离组合下的重叠积分。这些表格称为马利肯（R. A. Mulliken）表，是由马利肯和合作者制作的，对于提供分子轨道计算所需的部分数据它们是必不可少的。

交换积分 H_{ij} 是通过表示为库仑积分 H_{ii} 和重叠积分的函数进行计算的。一种近似方法称为沃尔夫斯堡-亥姆霍兹（Wolfsberg-Helmholtz）近似，写为：

$$H_{12}=-KS\left(\frac{H_{11}+H_{22}}{1+S}\right) \tag{3.29}$$

其中，H_{11} 和 H_{22} 是两个原子的库仑积分, S 是重叠积分，K 是数值约为 1.75 的常数。由于重叠积分是键长的函数，因此交换积分也是键长的函数。

在原子的电离势相差很大的情况下，物理量$(H_{11}+H_{22})$可能不是组合库仑积分的最好方法。在这种情况下，使用巴尔豪森-格雷（Ballhausen-Gray）近似更好：

$$H_{12}=-KS(H_{11}H_{22})^{1/2} \tag{3.30}$$

另一个关于 H_{12} 积分的有用的近似是丘萨克斯（Cusachs）近似：

$$H_{12}=\frac{1}{2}S(K-|S|)(H_{11}+H_{22}) \tag{3.31}$$

尽管化学键的能量是核间距的函数，可以用如图 3.2 所示的势能曲线来表示，但是，沃尔夫斯堡-亥姆霍兹和巴尔豪森-格雷近似都是没有最小值的函数。而丘萨克斯近似却是存在最小值的数学表达式。

我们已经知道，成键分子轨道的能量能够写为 $E_{\mathrm{b}}=(H_{11}+H_{12})/(1+S)$。假设有两个电子处在这个成键轨道上并拥有这个能量，然后这个键断裂了。如果这个键是均裂（每个电子分给一个原子），电子就会处在具有能量 H_{11}（与 H_{22} 相同，如果破坏的是同核分子）的原子轨道上。在键断裂之前，两个电子的总能量为 $2[(H_{11}+H_{12})/(1+S)]$，断裂之后，两个电子的结合能为 $2H_{11}$。因此，键能（BE）表示为：

$$\mathrm{BE} = 2H_{11} - 2\left(\frac{H_{11}+H_{12}}{1+S}\right) \tag{3.32}$$

为了使用这个方程计算键能，需要知道 H_{12}（H_{ii} 积分的数值通常通过电离能的数据近似得到）的数值和 S 的数值。粗略地计算时（省去重叠积分），因为 S 值在许多情况中是比较小的（0.1～0.4），因此可以假定为 0。

3.2 H_2^+和 H_2分子

最简单的双原子分子包含两个核和一个电子。物种 H_2^+ 具有一些众所周知的性质。例如，在 H_2^+ 中，核间距为 104pm，键能为 268kJ·mol^{-1}。进行前面介绍的处理方法，其成键分子轨道可以写为：

$$\psi_{\mathrm{b}} = a_1\phi_1 + a_2\phi_2 = \frac{1}{\sqrt{2+2S}}(\phi_1+\phi_2) \tag{3.33}$$

这个波函数描述了σ型的成键轨道，它是由原子 1 和原子 2 的两个 1s 波函数组合而成的。为了清楚解释这一点，波函数可以写成：

$$\psi_{\mathrm{b}}(\sigma) = a_1\phi_{1(1\mathrm{s})} + a_2\phi_{2(1\mathrm{s})} = \frac{1}{\sqrt{2+2S}}\left[\phi_{1(1\mathrm{s})}+\phi_{2(1\mathrm{s})}\right] \tag{3.34}$$

上面的表达式是单电子波函数，对 H_2^+ 的情况是足够的，但对 H_2 分子则不充足。这个分子轨道的能量可以通过式（3.4）计算，我们得到：

$$E\left[\psi_{\mathrm{b}}(\sigma)\right] = \int\left[\psi_{\mathrm{b}}(\sigma)\right]\hat{H}\left[\psi_{\mathrm{b}}(\sigma)\right]\mathrm{d}\tau \tag{3.35}$$

当使用近似时，重叠积分可以忽略，S=0，归一化常数为 $1/2^{1/2}$。因此，将式（3.34）的结果代入$\psi_{\mathrm{b}}(\sigma)$之后，分子轨道的能量就可以表示为：

$$E\left[\psi_{\mathrm{b}}(\sigma)\right] = \frac{1}{2}\int\left[\phi_{1(1\mathrm{s})}+\phi_{2(1\mathrm{s})}\right]\hat{H}\left[\phi_{1(1\mathrm{s})}+\phi_{2(1\mathrm{s})}\right]\mathrm{d}\tau \tag{3.36}$$

分离积分，得到：

$$\begin{aligned}E\left[\psi_{\mathrm{b}}(\sigma)\right] = &\frac{1}{2}\int\phi_{1(1\mathrm{s})}\hat{H}\phi_{1(1\mathrm{s})}\mathrm{d}\tau + \frac{1}{2}\int\phi_{2(1\mathrm{s})}\hat{H}\phi_{2(1\mathrm{s})}\mathrm{d}\tau + \frac{1}{2}\int\phi_{1(1\mathrm{s})}\hat{H}\phi_{2(1\mathrm{s})}\mathrm{d}\tau \\ &+ \frac{1}{2}\int\phi_{2(1\mathrm{s})}\hat{H}\phi_{1(1\mathrm{s})}\mathrm{d}\tau\end{aligned} \tag{3.37}$$

之前，我们看到，方程右边的前面两项表示原子 1 和原子 2 的结合能，分别是 H_{11} 和 H_{22}，也就是库仑积分。最后两项是交换积分 H_{12} 和 H_{21}。由于是同核的分子，有 $H_{11}= H_{22}$ 以及 $H_{12}= H_{21}$。因此，轨道的能量为：

$$E\left[\psi_{\mathrm{b}}(\sigma)\right] = \frac{1}{2}H_{11} + \frac{1}{2}H_{11} + \frac{1}{2}H_{12} + \frac{1}{2}H_{12} = H_{11} + H_{12} \tag{3.38}$$

虽然在此我们不展示其推导过程，但给出反键轨道的能量为：

$$E\left[\psi_{\mathrm{a}}(\sigma)\right] = \frac{1}{2}H_{11} + \frac{1}{2}H_{11} - \frac{1}{2}H_{12} - \frac{1}{2}H_{12} = H_{11} - H_{12} \tag{3.39}$$

我们已经指出在 S=0 的情况下，分子轨道以能量差 H_{12} 处于原子态的上方和下方。通过这种方法计算的 H_2^+ 键能和核间距的数值与实验值的吻合度不是很好。将分子像之前处理氢原子那样将总的正电荷调整之后，就可以得到更好的结果。对于 H_2^+，电子的表现如同正电荷为 1.24，而不是 2。这个方法本质上与处理氢原子的方法是一样的（见 2.3 节）。另外，分子轨道波函数也是通过 1s 原子波函数线性组合得到的。一个更好的方法是，不但考虑 s 特征的原子波函数，也考虑沿核间轴的 $2p_x$ 轨道的贡献。采用这种变化时，H_2^+ 的计算值和实验值之间就更吻合了。

上述描述的波函数是单电子波函数，但 H_2 分子有两个电子需要处理。在分子轨道理论的方法中，H_2 分子中两个电子的波函数是由两个单电子波函数组成的。因此，H_2 的成键分子轨道波函数根据原子波函数 ϕ，写为：

$$\psi_{b,1}\psi_{b,2} = (\phi_{A,1} + \phi_{B,1})(\phi_{A,2} + \phi_{B,2}) \tag{3.40}$$

在这种情况下，下标 b 表示成键（σ）轨道。下标 A 和 B 表示两个原子核，下标 1 和 2 表示电子 1 和电子 2。展开式（3.40）右边的表达式，得到：

$$\psi_{b,1}\psi_{b,2} = \phi_{A,1}\phi_{B,2} + \phi_{A,2}\phi_{B,1} + \phi_{A,1}\phi_{A,2} + \phi_{B,1}\phi_{B,2} \tag{3.41}$$

在这个表达式中，$\phi_{A,1}\phi_{B,2}$ 本质上表示两个氢原子的 1s 轨道的相互作用。$\phi_{A,2}\phi_{B,1}$ 表示相同类型的相互作用，但电子发生了交换。然而，$\phi_{A,1}\phi_{A,2}$ 表示电子 1 和电子 2 都和核 A 发生了相互作用。这意味着波函数表示的这个结构是离子化的，$H_A^- \ H_B^+$。类似地，$\phi_{B,1}\phi_{B,2}$ 表示两个电子都和核 B 发生相互作用，与结构 $H_A^+ \ H_B^-$ 对应。因此，我们设计的分子波函数实际上把 H_2 分子描述为“杂化”（价键术语，在这里不恰当地借用）了下面几种结构：

$$H_A : H_B \longleftrightarrow H_A^- \ H_B^+ \longleftrightarrow H_A^+ \ H_B^-$$

对于 H_2^+、H_2 计算出来的性质（键能和键长）与实验值吻合得不是很好。一种改进是将核电荷优化为 1.2，进一步改进是认为原子波函数不是单纯的 1s 轨道，而是混合了一些 2p 轨道。同样地，式（3.41）所示的波函数不能区分出共价结构和离子结构的权重。经验告诉我们，对具有相同电负性的相同原子，离子结构并没有共价结构那么有意义。因此，应该引入权重参数，以调整两种类型结构的贡献，以更好地反映分子的化学本质。

以上的讨论是为了说明分子轨道理论是怎样使用的，也说明了在使用基本原理得到分子波函数之后，如何取得更优化的结果。在本课程中，只要能指出变化的本质就足够了，没有必要阐述定量计算的结果。

对共价键本质的一个简单解释可以通过考虑波函数的一些简单推导得到。例如，ψ^2 与找到电子的概率相关。当我们把成键分子轨道的波函数写为 ψ_b 时，意味着因为 $\psi_b=\phi_A+\phi_B$，所以：

$$\psi_b^2 = (\phi_A + \phi_B)^2 = \phi_A^2 + \phi_B^2 + 2\phi_A\phi_B \tag{3.42}$$

最后一项（当对所有的空间做积分时）变成：

$$\int \phi_A\phi_B \mathrm{d}\tau$$

这就是重叠积分。式（3.42）表示由于轨道重叠，在核间找到电子的概率增加。当然，这是对成键分子轨道而言的。对反键轨道，原子波函数的组合为：

$$\psi_a^2 = (\phi_A - \phi_B)^2 = \phi_A^2 + \phi_B^2 - 2\phi_A\phi_B \tag{3.43}$$

这个表达式指出，在核间找到电子的概率降低（$-2\phi_A\phi_B$ 项所体现的）。事实上，在正和负（代数符号）的分子轨道区域之间存在一个节点平面。作为一个简单定义，我们可以把共价键描述为：与成键之前相比，在核间找到电子的概率增大或者两核之间的电子密度增大。

3.3 第二周期双原子分子

前面几节讲述了描述双原子分子键合情况的分子轨道的基本原理。然而，当运用到第二周期的元素时，由于 s 轨道和 p 轨道的差别，就需要做一些不同的考虑。当组合的是 p 轨道时，

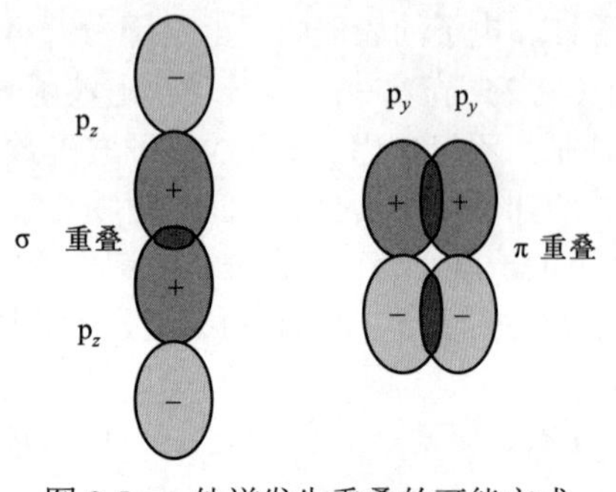

图 3.5 p 轨道发生重叠的可能方式

波瓣可以以对称的方式围绕核间轴进行重叠。这种方式的重叠就得到σ键。这种类型的 p 轨道重叠是以“头碰头”的方式进行的，如图 3.5 所示。通常假定 p_z 轨道为使用这种方式进行组合的 p 轨道。

关键的观点是相同数学符号的轨道波瓣的重叠是有利的（重叠积分值大于 0）。它能以几种方式在不同类型的轨道间发生。图 3.6 给出了成键时几种轨道重叠的类型。就如我们在后面章节会看到的那样，这些类型有些很重要。

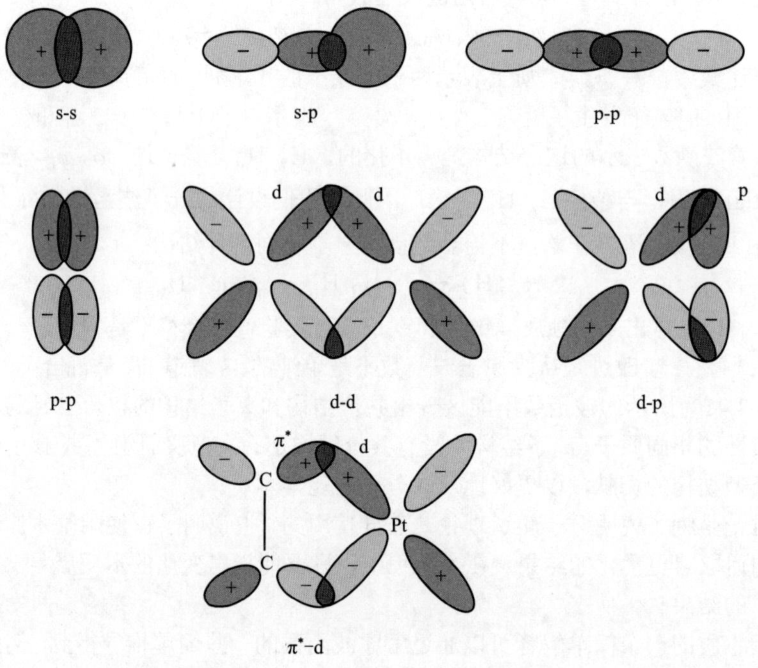

图 3.6 导致能量有利的相互作用（重叠积分值大于 0）的一些轨道重叠的类型

把原子 1 和原子 2 的 p_z 轨道用 z_1 和 z_2 表示，则原子波函数的组合表示为：

$$\psi(\sigma_z)=\frac{1}{\sqrt{2+2S}}\left[\phi(z_1)+\phi(z_2)\right] \tag{3.44}$$

$$\psi(\sigma_z)^*=\frac{1}{\sqrt{2-2S}}\left[\phi(z_1)-\phi(z_2)\right] \tag{3.45}$$

形成σ键之后，两个原子上的 p 轨道的进一步相互作用只能限制在 p_x 和 p_y 轨道之间，它们都与 p_z 垂直。当这些轨道相互作用时，轨道重叠的区域并不围绕核间轴呈对称分布，而是分布在核间轴的两边，这就产生了π键。这种类型的轨道重叠如图 3.5 和图 3.6 所示。成键π轨道的波函数组合为：

$$\psi(\pi_x)=\frac{1}{\sqrt{2+2S}}\left[\phi(x_1)+\phi(x_2)\right] \tag{3.46}$$

$$\psi(\pi_y)=\frac{1}{\sqrt{2+2S}}\left[\phi(y_1)+\phi(y_2)\right] \tag{3.47}$$

这些波函数代表的成键π轨道是简并的。反键的波函数除了原子波函数组合时采用负号以及归一化常数不同之外，在形式上与成键是一样的。

一个原子的 3 个 p 轨道与另一个原子的 3 个 p 轨道组合，形成了一个σ和两个π成键分子轨道。这些轨道为：

$$\sigma(2s)\sigma^*(2s)\sigma(2p_z)\pi(2p_x)\pi(2p_y)\cdots$$

可以假定那个$\sigma(2p_z)$ 轨道的能量总是比那两个π轨道低，但事实上并不一定是这样的。具有相近能量的轨道杂化组合时能更好地相互作用。根据对称性（见第 5 章）的定义，2s 和 $2p_z$ 轨道的混合是允许的，但 2s 和 $2p_x$ 或 $2p_y$ 的组合将导致零重叠，这是因为它们是正交的。对第二周期的前几个元素，其核电荷低，2s 和 2p 轨道的能量相近，因此它们可能混杂程度大。对于后面的元素（N、O 和 F），由于核电荷高，因此 2s 和 2p 轨道的能量差足够大，因此不能有效地混杂。轨道混杂的一个结果是它们的能量发生了变化，导致σ和π轨道的填充顺序发生了颠倒。因此，对于 B_2 和 C_2，有实验证据表明，π轨道的能量比σ轨道低。对于第二周期后部分的原子，2s 和 2p 轨道混杂的程度很小，这就导致σ轨道的能量比π轨道低。对前面的元素，分子轨道填充顺序为：

$$\sigma(2s)\sigma^*(2s)\pi(2p_x)\pi(2p_y)\sigma(2p_z)\cdots$$

图 3.7 给出了第二周期双原子分子的分子轨道能级图的两种情况。

B_2 分子是顺磁性，这个事实表明其最高占据分子轨道（HOMO）是简并π轨道，每个轨道上填充有一个电子。进一步表明这个能级图的正确性的证据是，C_2 是反磁性的分子。这些分子的分子轨道构型写为：

$$B_2 \quad (\sigma)^2(\sigma^*)^2(\pi)^1(\pi)^1$$

$$C_2 \quad (\sigma)^2(\sigma^*)^2(\pi)^2(\pi)^2$$

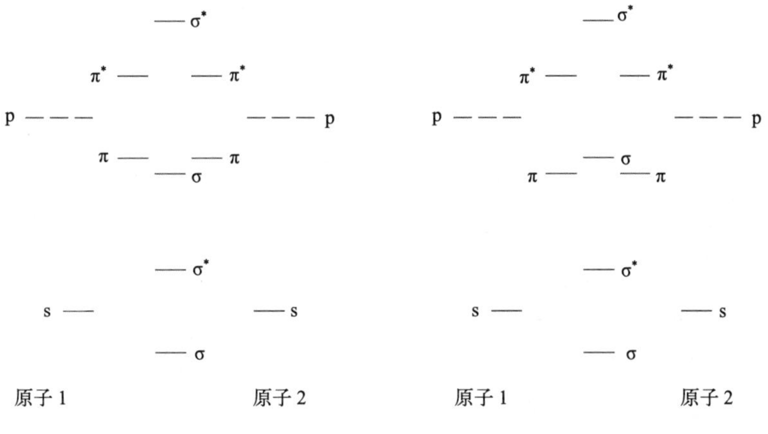

σ*
π* π*
p p
π π
σ
σ*
s s
σ
原子 1 原子 2

(a) 前面的分子符号

σ*
π* π*
p p
σ
π π
σ*
s s
σ
原子 1 原子 2

(b) 后面的分子符号

图 3.7 第二周期双原子分子的能级图

在写分子的电子构型时，有时候会给出产生某分子轨道的原子轨道的符号，例如对于 B_2，可以描述为：

$$B_2 \quad [\sigma(2s)]^2[\sigma^*(2s)]^2[\pi(2p_x)]^1[\pi(2p_y)]^1$$

虽然对称性在本书中迄今还没有讨论，不过我们可以先指出，由于σ轨道的波函数是关于键中心呈对称的，因此σ轨道是具有“*g*”对称性的。本质上，这意味着如果$\psi(x,y,z)$ 与 $\psi(-x,-y,-z)$ 相等，这个函数就称为偶函数或者具有偶宇称性。表示符号“*g*”来自德语单词 gerade，意为偶数。如果$\psi(x,y,z)$ 与$-\psi(-x,-y,-z)$ 相等，这个函数就具有奇宇称性，用“*u*”表示，来自单词 ungerade，意为奇数。原子的 s 轨道为 g 对称性，而 p 轨道为 u 对称性。虽然参与成键的 s 轨道为 g 对称性，但是π成键轨道为 u 对称性，因为它们关于核间轴是反对称的。每种类型的反键分子轨道都具有相反的对称标记。有时候分子轨道的对称性在下标给出。在这种情况下，B_2 的分子轨道写为：

$$B_2 \quad (\sigma_g)^2(\sigma_u)^2(\pi_u)^1(\pi_u)^1$$

有时候，分子轨道会给出数字前缀，表示某种类型的轨道的次序，同时还标上对称性符号。在这种情况下，第二周期元素的分子轨道表示为：

$$1\sigma_g \ \ 1\sigma_u \ \ 2\sigma_g \ \ 1\pi_u \ \ 1\pi_u \ \ 1\pi_g \ \ 1\pi_g \ \ 2\sigma_u$$

在这种情况下，“1”表示第一次出现该类型的轨道。“2”表示该类型的轨道出现第二次。在这里列出了几种表示分子轨道的方法，因为不同的作者有时喜欢用不同的符号。

在写这些第二周期双原子分子的构型时，我们可以省去 1s 轨道，因为它们不属于原子的价电子层。考虑 O_2 分子的情况，它的σ轨道由 $2p_z$ 轨道组合而成，能量比π轨道低，我们可以发现它的电子构型为：

$$O_2 \quad (\sigma)^2(\sigma^*)^2(\sigma)^2(\pi)^2(\pi^*)^1(\pi^*)^1$$

注意到在简并π^*轨道上有两个未成对电子，因此，O_2 分子是顺磁性的。图 3.8 给出第二周期元素的双原子分子轨道能级图。

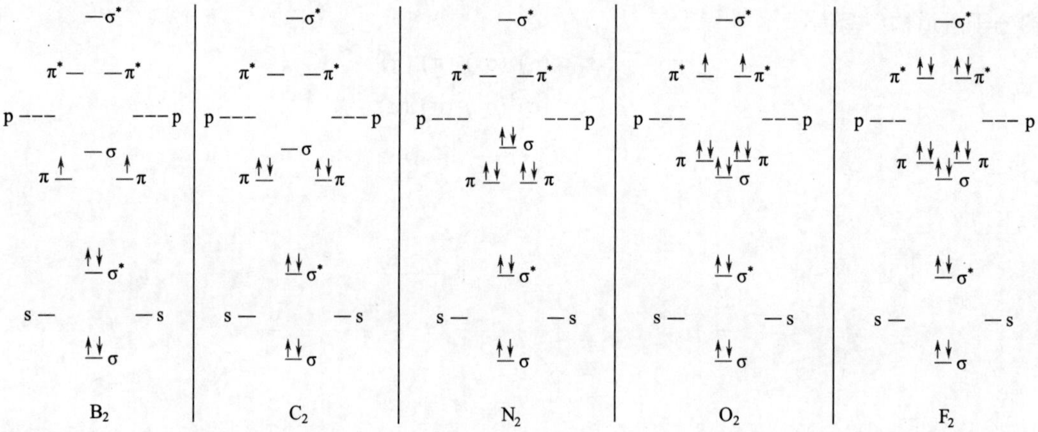

	B_2	C_2	N_2	O_2	F_2
B.O.	1	2	3	2	1
R/pm	159	131	109	121	142
B.E./eV	3.0	5.9	9.8	5.1	1.6

图 3.8　第二周期同核双原子分子的轨道能级图

（注意在这些图中，原子轨道的能量并不总是相同的，不同分子的同类分子轨道也是如此）

考虑原子间的键时，一个重要的概念是键级 B。键级是用于成键的净电子对。它与成键轨道上的电子数（N_b）和反键轨道上的电子数（N_a）的关系如下：

$$B=\frac{1}{2}\left(N_b-N_a\right) \tag{3.48}$$

图 3.8 表示了每个双原子分子的键级，同时也给出了键能。注意到总体上随着键级的增加，键能也增加。这个事实让我们可以看到为什么某些物种具有特定的性质。例如，O_2 分子的键级为(8−4)/2=2，我们说键级 2 等同于双键。如果从 O_2 分子中移去一个电子得到 O_2^+ 物种，电子是从最高占有轨道，也就是π^*（反键轨道）轨道移去的。O_2^+ 的键级就变为(8−3)/2=2.5，比 O_2 分子

的高。因此，可以预期在一些反应中，O_2 分子会失去一个电子成为 O_2^+，即二氧阳离子。当然，这种反应需要很强的氧化剂与氧气反应才能发生。其中一种氧化剂为 PtF_6，包含+6 价的铂。这个反应为：

$$PtF_6 + O_2 \longrightarrow O_2^+ + PtF_6^- \tag{3.49}$$

尽管这个反应中形成了 O_2^+，但 O_2 分子也可以增加一个电子成为 O_2^- 超氧离子，或者增加两个电子成为 O_2^{2-} 过氧离子。在这两种情况中，电子是加到反键π*轨道上的，因此降低了键级。对于 O_2^-，键级为 1.5，对于 O_2^{2-}，键级仅为 1。在过氧离子中，O—O 的键能只有 142kJ·mol^{-1}，因此，大部分过氧化物具有很高的反应活性。超氧离子是通过以下反应得到的：

$$K + O_2 \longrightarrow KO_2 \tag{3.50}$$

除了同核分子，第二周期的元素也形成了大量重要和有趣的异核物种，其中包括中性分子和双原子离子。几种这些物种的分子轨道能级图如图 3.9 所示。记住对这些物种来说，相同符号的分子轨道其能量并不是相等的。能级图只是定性的。

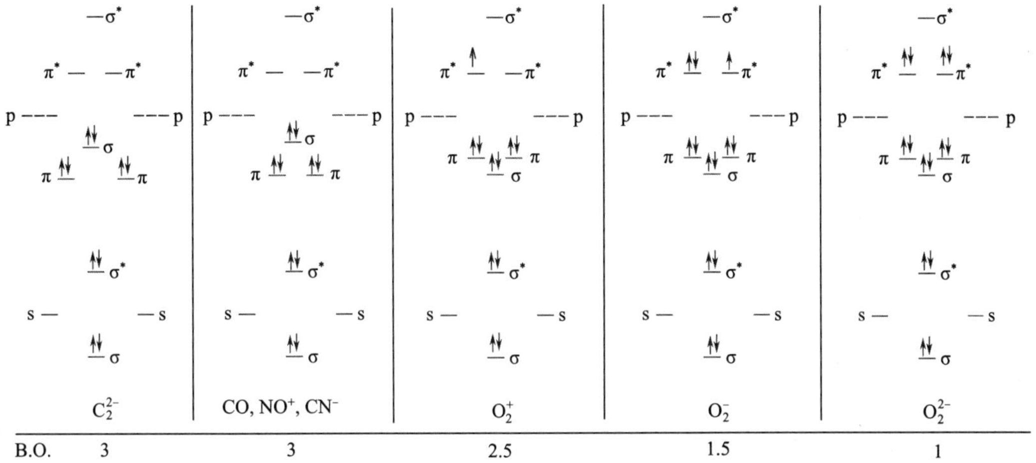

图 3.9　第二周期元素形成的一些异核分子和离子的轨道能级图

有意思的是，CO 和 CN^- 是 N_2 分子的等电子体。它们具有与 N_2 分子相同的电子数和电子构型，然而，就像我们之后会看到的那样，它们的化学行为与 N_2 分子非常不同。一些同核和异核分子和离子的性质如表 3.1 所示。

表 3.1　一些双原子物种的特征

物种	N_b	N_a	B[①]	R/pm	DE[②]/eV
H_2^+	1	0	0.5	106	2.65
H_2	2	0	1	74	4.75
He_2^+	2	1	0.5	108	3.1
Li_2	2	0	1	262	1.03
B_2	4	2	1	159	3.0
C_2	6	2	2	131	5.9
N_2	8	2	3	109	9.76
O_2	8	4	2	121	5.08
F_2	8	6	1	142	1.6
Na_2	2	0	1	308	0.75

续表

物种	N_b	N_a	B[①]	R/pm	DE[②]/eV
Rb_2	2	0	1	—	0.49
S_2	8	4	2	189	4.37
Se_2	8	4	2	217	3.37
Te_2	8	4	2	256	2.70
N_2^+	7	2	2.5	112	8.67
O_2^+	8	3	2.5	112	6.46
BN	6	2	2	128	4.0
BO	7	2	2.5	120	8.0
CN	7	2	2.5	118	8.15
CO	8	2	3	113	11.1
NO	8	3	2.5	115	7.02
NO^+	8	2	3	106	—
SO	8	4	2	149	5.16
PN	8	2	3	149	5.98
SiO	8	2	3	151	8.02
LiH	2	0	1	160	2.5
NaH	2	0	1	189	2.0
PO	8	3	2.5	145	5.42

① B 为键级，$(N_b-N_a)/2$。

② DE 为解离能($1eV=96.48kJ \cdot mol^{-1}$)。

3.4 光电子能谱

我们所知道的大部分关于原子和分子结构的知识是通过研究电磁辐射与物质的相互作用得到的。线状光谱揭示了原子中存在电子能量不同的电子层。通过红外光谱研究分子，我们可以得到分子振动和转动状态的信息。键的类型、分子几何结构甚至键长等在特殊情况下也能确定。一种称为光电子能谱（PES）的光谱技术对于确定分子中电子的结合方式是很重要的。这种技术直接提供了分子中分子轨道能量的信息。

在 PES 中，高能的光子直射目标物，使其发射出电子。常用的光子源为 He 源，它在激发态 $2s^12p^1$ 弛豫到 $1s^2$ 基态时发射出能量为 21.22eV 的光子。氢原子的电离势为 13.6eV，许多分子的第一电离能大小也具有相同的数量级。PES 的工作原理是光子打到电子并使其发射。发射出的电子的动能为：

$$\frac{1}{2}mv^2 = h\nu - I \tag{3.51}$$

其中，$h\nu$为入射光子的能量，I 为该电子的电离势。这种情况有些类似光电效应（见 1.2 节）。一个分子 M 被光子电离：

$$h\nu + M \longrightarrow M^+ + e^- \tag{3.52}$$

电子发射出来，穿过分析器。通过调节分析器的电压，具有不同能量的电子就可以被检测到。具有特定能量的电子数被记录下来，并得到发射电子数（强度）与能量的关系的谱图。在大多数情况下，当一个电子在电离过程中移去时，大部分分子是处于它们的最低振动能级态的。双原子分子的光谱出现一系列间距密集的峰，对应着产生激发振动态离子的离子化过程。如果离子化是分子在最低振动态时发生的，并产生处于最低振动态的离子的话，这种转变就称为绝热电离。当一个双原子分子电离时，最强的吸收所对应的电离是分子和产生的离子具有相同的键长。这就称为垂直电离，它会生成由激发振动态产生的离子。通常，当电子从非键轨道发射出来时，分子和离子的键长几乎相等。

应用 PES 技术可以得到大量关于分子轨道能级的信息。例如，PES 表明由于 2p 波函数的组合，O_2 分子的成键π轨道的能量比σ轨道能量高。对于 N_2 分子，发现了轨道顺序的颠倒。当电子从 O_2 分子的成键σ_{2p}轨道发射出来时，出现了两个吸收带。这个轨道上有两个电子，其中一个自旋量子数为 1/2，另一个为−1/2。如果移去的电子的自旋态为−1/2，而自旋态为+1/2 的电子保留在轨道上，它就能够与π^*轨道上的两个具有+1/2 自旋态的电子相互作用。这可以如下所示，其中$(\sigma)^{1(+1/2)}$表示有一个自旋态为+1/2 的电子处在σ轨道上。

$$O_2^+ \quad (\sigma)^2(\sigma^*)^2(\sigma)^{1(+1/2)}(\pi)^2(\pi)^2(\pi^*)^{1(+1/2)}(\pi^*)^{1(+1/2)}$$

如果自旋态为+1/2 的电子是从σ轨道移去，得到的 O_2^+ 为：

$$O_2^+ \quad (\sigma)^2(\sigma^*)^2(\sigma)^{1(-1/2)}(\pi)^2(\pi)^2(\pi^*)^{1(+1/2)}(\pi^*)^{1(+1/2)}$$

这两种 O_2^+ 的能量有微小的不同，这在它们的光电子能谱上显示出来了。这类研究对我们理解分子轨道能级做出很大的贡献。我们不会进一步描述这个技术，但更完整的细节和方法及其应用可以在本章末尾的参考文献中找到。

3.5 异核双原子分子

并不是所有的原子都拥有相同的吸引电子的能力。当两种不同类型的原子通过共用电子对形成一个共价键时，共用电子对会在对它们吸引力大的原子附近停留更多的时间。换句话说，电子对是共用的，但不是平均分配的。分子中一个原子吸引电子的能力可以表示为电负性。之前，对于同核双原子分子，我们把两个原子波函数组合为：

$$\psi = a_1\phi_1 + a_2\phi_2 \tag{3.53}$$

其中，我们不需要考虑两个原子吸引电子的能力差异。而当两个原子的类型不同时，我们把成键分子轨道的波函数写为：

$$\psi = \phi_1 + \lambda\phi_2 \tag{3.54}$$

其中，参数λ是权重系数。事实上，波函数中一个原子的权重系数为 1，另一个原子的权重系数指定为λ，其大小取决于电负性。

当两个原子不是平分电子时，意味着它们之间的键是有极性的。另一种描述方法是说这个键具有部分离子性。对于 AB 分子，这相当于可以画出两种结构：一种是共价的；另一种是离子的。准确说是能画出三种结构：

$$\underset{\text{I}}{\text{A:B}} \longleftrightarrow \underset{\text{II}}{\text{A}^+\text{B}^-} \longleftrightarrow \underset{\text{III}}{\text{A}^-\text{B}^+} \tag{3.55}$$

如果我们写出一个包含这三种结构的分子波函数，可以写为：

$$\psi_{\text{分子}} = a\psi_{\text{I}} + b\psi_{\text{II}} + c\psi_{\text{III}} \tag{3.56}$$

其中，a、b 和 c 是常数，ψ_{I}、ψ_{II}和ψ_{III}是与结构Ⅰ、Ⅱ、Ⅲ对应的波函数。通常，我们有一些关于 a、b 和 c 大小的信息。例如，对于 HF，共振结构 H^-F^+对实际分子结构的贡献很小。H 带有负电而 F 带有正电，是与 H 和 F 的化学性质相反的。因此，结构Ⅲ的权重系数应该近似为 0。对于本质上以共价为主的分子，结构Ⅱ的贡献也是比结构Ⅰ小的。

双原子分子（拥有几个键的多原子分子情况更复杂）的偶极矩μ能够表示为：

$$\mu = qr \tag{3.57}$$

其中，q 为分离的电量，r 为分开的距离。如果电子完全从一个原子转移到另一个原子，分

离的电量就是 e，即一个电子的电量。对于电子不是平均分配的化学键，q 就比 e 小。如果是平均分配的，就没有电荷分离，q=0，分子就是非极性的。对于极性分子，只有一个键长 r。因此，偶极矩的实际值或实验值（$\mu_{实验}$）与电荷完全转移的偶极矩（$\mu_{离子}$）的比值就给出了分离电荷与一个电子的电荷的比值。

$$\frac{\mu_{实验}}{\mu_{离子}}=\frac{qr}{er}=\frac{q}{e} \tag{3.58}$$

比值 q/e 似乎给出了一个电子从一个原子转移到另一个原子的分数。这个比值也可以视作体现了原子间键的部分离子性。离子性的百分数是离子性分数的 100 倍，因此：

$$离子性百分比=\frac{100\mu_{实验}}{\mu_{离子}} \tag{3.59}$$

HF 的准确结构可以表示为电子平均分配的共价结构 H—F 与电子全部从 H 转移到 F 的 H^+F^-离子结构组成的。因此，HF 分子的波函数可以根据这些结构写出：

$$\psi_{分子}=\psi_{共价}+\lambda\psi_{离子} \tag{3.60}$$

波函数中系数的平方与概率有关。因此，两种结构的总贡献为 $1^2+\lambda^2$，离子结构的贡献为 λ^2，结果，$\lambda^2/(1^2+\lambda^2)$给出键中离子键的成分，有：

$$离子性百分比=\frac{100\lambda^2}{1+\lambda^2} \tag{3.61}$$

由于 1^2=1，因此：

$$\frac{\mu_{实验}}{\mu_{离子}}=\frac{\lambda^2}{1+\lambda^2} \tag{3.62}$$

对于 HF 分子，键长为 0.92Å，测量到的偶极矩为 1.91D 或者 1.91×10^{-18}esu·cm。如果一个电子完全从 H 转移到 F，偶极矩（$\mu_{离子}$）为：

$$\mu_{离子}=4.80\times10^{-10}\text{esu}\times0.92\times10^{-8}\text{cm}=4.41\times10^{-18}\text{esu}\cdot\text{cm}=4.41\text{D}$$

因此，$\mu_{实验}/\mu_{离子}$为 0.43，这意味着：

$$0.43=\frac{\lambda^2}{1+\lambda^2} \tag{3.63}$$

从中可以算出λ=0.87。因此，HF 分子的波函数为：

$$\psi_{分子}=\psi_{共价}+0.87\psi_{离子} \tag{3.64}$$

基于以上的分析，我们把极性的 HF 分子看成是由纯的共价结构和离子结构混合而成的，各占 57%和 43%，即

$$\underset{57\%}{\text{H:F}}\longleftrightarrow\underset{43\%}{\text{H}^+\text{F}^-}$$

当然，HF 确实是一个极性共价分子，但从极性的程度看，它的行为就像由上述两种结构组成的那样。可以对所有的卤化氢做类似的分析，结果如表 3.2 所示。

表 3.2　卤化氢分子 HX 的参数

分子	r/pm	$\mu_{实验}$/D	$\mu_{离子}$/D	$100\mu_{实验}/\mu_{离子}$	$\chi_X-\chi_H$
HF	92	1.91	4.41	43	1.9
HCl	128	1.03	6.07	17	0.9
HBr	143	0.78	6.82	11	0.8
HI	162	0.38	7.74	5	0.4

注：1. 1D=10^{-18}esu·cm。

2. H 和 X 的电负性分别为χ_H和χ_X。

从分子轨道对成键的描述可以简单地理解双原子分子中两个原子的影响。不同的原子具有不同的电离势，分子轨道计算所用的库仑积分值也会不同。实际上，根据科普曼斯理论，改变电离势的符号就给出了库仑积分的数值。依照分子轨道能级图，两个原子的原子状态是不同的，成键分子轨道在能量上与具有较高电离势的原子更接近。例如，对于 HF 分子，两个原子之间有一个σ键。H 的电离势为 1312kJ • mol^{-1}(13.6eV)，而 F 的电离势为 1680kJ • mol^{-1}(17.41eV)。当 H 的 1s 和 F 的 2p 组合成波函数时，得到的分子轨道的能量更接近 F 的轨道，而不是 H 的轨道。简而言之，成键分子轨道更像氟的轨道，而不像氢的轨道。粗略地讲，这等同于说电子更多时间处在氟原子周围，如同我们在描述 HF 的成键时所讲的。

异核物种的键可以看成是原子状态的混合而产生的分子轨道，分子轨道中电负性强的原子贡献更大。例如，Li 的电离势为 520kJ • mol^{-1}(5.39eV)，而氢的电离势为 1312kJ • mol^{-1}(13.6eV)。因此，LiH 分子的成键轨道更具有氢原子 1s 轨道的特征。事实上，LiH 大体上是离子型的，我们通常认为ⅠA 族的氢化物是离子型的。当考虑化合物 LiF 时，两个原子的电离势（波函数组合所用的原子态的能量）相差太大，导致得到的“分子轨道”本质上与氟原子的原子轨道是相同的。这意味着，在该化合物中，当形成键时，电子完全转移到氟。相应地，我们认为 LiF 为离子化合物，其组成表示为 Li^+和 F^-。

3.6 电负性

就如刚刚描述的，当两个原子之间形成共价键时，没有理由认为电子对是平均分配的。我们需要某种方法对原子吸引电子的能力提供相关的衡量指标。莱纳斯 • 鲍林（Linus Pauling）发展了一种描述这种性质的方法，称为原子的电负性。这个性质给出分子中原子吸引电子的趋势的度量方法。鲍林设计了一种方法，可以得到描述这个性质的数值，它是利用不同电负性的原子间形成的共价键比形成纯的共价键（电子对平均分配）更稳定这个事实来提出的。对于双原子分子 AB，实际键能 D_{AB} 写为：

$$D_{AB} = \frac{1}{2}(D_{AA} + D_{BB}) + \varDelta_{AB} \tag{3.65}$$

其中，D_{AA} 和 D_{BB} 分别是纯的共价双原子物种 A_2 和 B_2 的键能。由于 A 和 B 之间的实际键比假设它们是纯共价键时要强，$\varDelta_{AB}$ 是对这种附加的稳定性的纠正。电子对分配的不平等的程度取决于称为电负性的性质。鲍林利用以下方程把键的附加稳定性与原子吸引电子的趋势联系起来：

$$\varDelta_{AB} = 96.48|\chi_A - \chi_B|^2 \tag{3.66}$$

在这个方程中，χ_A 和χ_B 分别是描述原子 A 和 B 吸引电子能力的数值。96.48 为常数，因此$\varDelta_{AB}$ 的单位为 kJ • mol^{-1}。如果常数是 23.06，$\varDelta_{AB}$ 的单位为 kcal • mol^{-1}。注意到两个原子的数值不同是与键的附加稳定性有关的。一些键的$\varDelta_{AB}$ 数值是已知的，就可以算出χ_A 和χ_B，但这仅仅是在至少有一个原子的数值是已知的时候才可以计算。鲍林通过指定氟的电负性为 4.0 来解决这个问题。在这种方法中，其他所有原子的电负性数值都在 0～4.0 之间。基于最新的键能数值，有时会用 3.98 这个值。当然，将氟原子的电负性指定为 100，而其他原子的电负性从 96 到 100 之间变化也不会有任何不同。

由于氟原子的电负性已经指定为 4.0，H—H 和 F—F 的键能以及 H—F 的键能都是已知的，因此现在就可以确定 H 的电负性。使用这些键能数据，可以得到 H 的电负性大概是 2.2。记住只有电负性的差值才是与键的附加稳定性相关的，而不是准确数值。一些原子的鲍林电负性值如表 3.3 所示。

表 3.3　原子的鲍林电负性

H							
2.2							
Li	Be		B	C	N	O	F
1.0	1.6		2.0	2.6	3.0	3.4	4.0
Na	Mg		Al	Si	P	S	Cl
1.0	1.3		1.6	1.9	2.2	2.6	3.2
K	Ca	Sc…Zn	Ga	Ge	As	Se	Br
0.8	1.0	1.2…1.7	1.8	2.0	2.2	2.6	3.0
Rb	Sr	Y…Cd	In	Sn	Sb	Te	I
0.8	0.9	1.1…1.5	1.8	2.0	2.1	2.1	2.7
Cs	Ba	La…Hg	Tl	Pb	Bi	Po	At
0.8	0.9	1.1…1.5	1.4	1.6	1.7	1.8	2.0

上述的方法是基于 A_2 和 B_2 分子的平均键能来求的，平均键能是算术平均值$(D_{AA}+D_{BB})/2$，与通过$(D_{AA}D_{BB})^{1/2}$计算得到的平均键能是不同的。后者是几何平均值，它给出分子的附加稳定性的数值为：

$$\Delta' = D_{AB} - (D_{AA}D_{BB})^{1/2} \tag{3.67}$$

对高极性的分子，这个方程比式（3.65）能够使原子间的电负性差值与键的附加稳定性值更好地相互吻合。

鲍林的电负性值是以原子间的键能为基础的，但这不是处理分子中原子吸引电子能力的唯一方法。例如，从一个原子中移去一个电子的程度，即电离势，与它自身吸引电子的能力也是相关的。电子亲和性衡量了原子束缚住电子获得电子的能力。这些原子性质应该与分子中原子吸引电子的能力相关。利用这些性质去表示原子的电负性是很自然而然的想法。这种方法由马利肯提出，他假设原子 A 的电负性χ能够表示为：

$$\chi_A = \frac{1}{2}(I_A + E_A) \tag{3.68}$$

在这个方程中，I_A是电离势，E_A是原子的电子亲和能，马利肯假设两者的平均值可以用来表示原子的电负性。当能量用电子伏特表示时，氟原子的马利肯电负性为 3.91，而不是鲍林指定的 4.0。通常，两种标度的电负性值相差不大。

如果一个性质像电负性那么重要的话，那么也就会有大量的方法对它进行测量了。虽然我们已经描述了两种方法，但我们还应该提及另一种方法。阿莱（Allred）和罗周（Rochow）利用以下方程定义电负性：

$$\chi_A = 0.359\left(\frac{Z^*}{r^2}\right) + 0.744 \tag{3.69}$$

在这个方程中，Z^*是有效核电荷，它考虑了外层电子受到离核近的电子对核的屏蔽作用（见 2.4 节）。原则上，阿莱-罗周电负性标度是以价电子层与核之间的静电相互作用为基础的。

电负性值最大的用途可能是预测键的极性。例如，在 H—F 键中，共用电子对会靠近 F，因为 F 的电负性为 4.0，而 H 为 2.2。换句话说，电子对是共用的，但不是平均的。如果我们考虑 HCl 分子，共用电子对将更靠近氯原子，因为它的电负性为 3.2，但是电子对比起 HF 分子更接近平均分配，因为在 HCl 中电负性差值更小。在描述无机化合物的结构时，我们还有许多机会用到这个原理。

我们知道，给出离子结构对分子波函数的贡献的权重系数（λ）的那一项与分子的偶极矩是相关的，因此，可以合理地预期可以发展出联系键的离子性和原子电负性的方程。两种根据原子的电负性给出键的离子性百分比的方程为：

$$离子性百分比=16|\chi_A-\chi_B|+3.5|\chi_A-\chi_B|^2 \tag{3.70}$$

$$离子性百分比=18|\chi_A-\chi_B|^{1.4} \tag{3.71}$$

尽管这些方程看起来很不同，但对许多类型的键，两种方法计算出的离子性百分比是大约相等的。如果电负性差值为 1.0，式（3.70）预测有 19.5%的离子特征，而式（3.71）给出的数值为 18%。这种差别在大多数场合中都是没有意义的。在利用其中一个方程估算了离子性百分比之后，就可以用式（3.61）确定分子波函数中的权重系数λ。图 3.10 给出键的离子性百分比与原子电负性差值之间的关系。

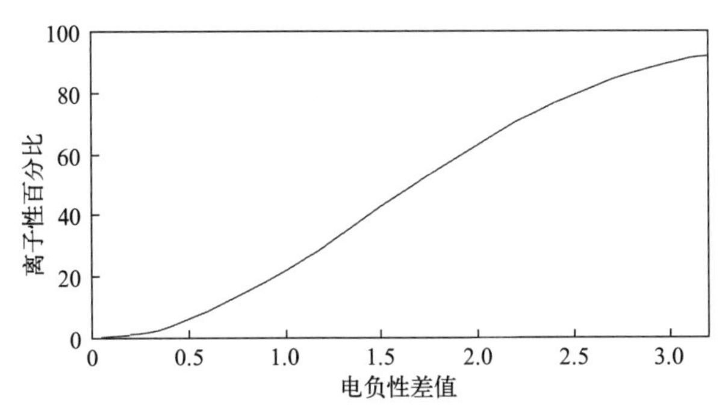

图 3.10　键的离子性百分比与原子电负性差值之间的关系

当共价键中的电子是平均分配时，原子之间的键长可以估算为共价半径之和。然而，如果键是极性的，不仅键能比假设为纯共价的时候大，键长也会更小。就如之前所讲述的，两个原子之间极性键比假设为纯共价键时增强的量与两个原子之间的电负性差是相关的。于是，共价键比它们的共价半径之和短的量也就与两个原子之间的电负性差相关了。一个根据原子半径和电负性差表示键长的方程为舒马克-史蒂文森（Schomaker-Stevenson）方程。这个方程可以写成：

$$r_{AB}=r_A+r_B-9.0|\chi_A-\chi_B| \tag{3.72}$$

其中，χ_A和χ_B分别是原子 A 和 B 的电负性；r_A和r_B是它们以 pm 为单位的共价半径。这个方程提供了键长的很好的近似。当极性分子的电负性差的数值修正之后，计算出的键长就会和实验值更好地吻合。

本章讲述了分子轨道方法应用于共价键的基本观念。分子轨道方法的其他应用将在第 5 章和第 15 章中讨论。

3.7　分子的光谱态

对于双原子分子，存在自旋角动量与轨道角动量的耦合，耦合的方式与原子的罗素-桑德斯耦合类似。在特定的原子轨道上，电子具有相同的角动量，其值为 m_l。与原子的情况一样，m_l值取决于轨道类型。当核间轴定为 z 轴时，形成σ键的轨道（围绕核间轴呈对称排布）是 s、p_z和 d_{z^2} 轨道。形成π键的是 p_x、p_y、d_{xz} 和 d_{yz} 轨道。$d_{x^2-y^2}$ 和 d_{xy} 能以“侧边”方式重叠，即一个堆放在另一个上面，形成δ键。对这些分子轨道，对应的 m_l 值为：

$$\sigma: m_l = 0$$

$$\pi: m_l = \pm 1$$

$$\delta: m_l = \pm 2$$

与在原子中的情况类似，分子的谱项符号写为 ^{2S+1}L，其中，L 为 M_L 的绝对值（最大的正值）。除了使用大写的希腊字母之外，分子状态的指定与原子状态类似。

$$M_L = 0 \quad 光谱态为\Sigma$$

$$M_L = 1 \quad 光谱态为\Pi$$

$$M_L = 2 \quad 光谱态为\Delta$$

写完分子轨道构型之后，就得到了矢量和。例如，在 H_2 分子中，两个成键电子处于σ轨道上，它们成对，因此 S=+1/2+(−1/2)=0。如上面所示，对于σ轨道，m_l 值为 0，因此两个电子组合给出 M_L=0。因此，H_2 分子的基态为 $^1\Sigma$。类似于在原子中的情况，所有的满壳层分子$\sum s_i$=0，得到 $^1\Sigma$态。

N_2 分子的电子构型为$(\sigma)^2(\sigma^*)^2(\sigma)^2(\pi)^2(\pi)^2$，所有的填充轨道都是充满的。因此，光谱态为 $^1\Sigma$。对于 O_2 分子，未充满的轨道为$(\pi_x^*)^1(\pi_y^*)^1$，充满的轨道则无须确定其光谱态。对π轨道，m_l=±1。这些矢量能与自旋矢量±1/2 组合。如果自旋相同，那么 | S | =1，为三重态。由于 $M_L=\sum m_l$，π轨道的 m_l 值为 1，因此可能的 M_l 值为 2、0 和−2。当其值为 m_l 和 s 时，M_S 和 M_L 的组合方式如下：

M_L	M_S		
	1	0	−1
2		(1,1/2), (1,−1/2)	
0	(1,1/2), (−1,1/2)	(1,1/2), (−1,−1/2) (1,−1/2), (−1,1/2)	(1,−1/2), (−1,−1/2)
−2		(−1,1/2), (−1,−1/2)	

当自旋相反时，就会得到 M_L=2，因此，表示为 $^1\Delta$态。有一种组合，其中，M_L=0，S 矢量的值为+1、0 和−1，则对应着 $^3\Sigma$。其他组合对应着 $^1\Sigma$项。在这些态($^1\Delta$、$^1\Sigma$和 $^3\Sigma$)中，具有最高多重态的能量最低，因此 O_2 分子的基态为 $^3\Sigma$。光谱基态能够通过快速的方法容易地得到，就是将电子以自旋平行的方式放在分开的π轨道上，得到 M_L 和 M_S 值。

对 CN 分子，电子构型为$(\sigma)^2(\sigma_z)^2(\pi_x)^2(\pi_y)^2(\sigma_z)^1$，$\sigma_z$ 上的单电子给出 M_L=0 及 S=1/2，因此，其基态为 $^2\Sigma$。一些物种如 N_2、CO、NO^+和 CN^-，具有电子构型$(\sigma)^2(\sigma_z)^2(\pi_x)^2(\pi_y)^2(\sigma_z)^2$，是满壳层排布的，因此，这些物种的基态为 $^1\Sigma$。NO 分子的电子构型为$(\sigma)^2(\sigma_z)^2(\pi_x)^2(\pi_y)^2(\sigma_z)^2(\pi_x^*)^1$，这就产生 S=1/2 和 M_L=1，基态为 $^2\Pi$。

拓展学习的参考文献

Cotton, F.A., Wilkinson, G., Murillo, C.A., Bochmann, M., 1999. Advanced Inorganic Chemistry, 6th ed. John Wiley, New York.Almost 1400 pages devoted to all phases of inorganic chemistry. An excellent reference text.

DeKock, R.L., Gray, H.B., 1980. Chemical Bonding and Structure. Benjamin Cummings, Menlo Park. CA. One of the best introductionsto bonding available. Highly recommended.

Greenwood, N.N., Earnshaw, A., 1997. Chemistry of the Elements, 2nd ed. Butterworth

Heinemann, New York. Although this is a standard reference text on descriptive chemistry, it contains an enormous body of information on bonding.

House, J.E., 2003. Fundamentals of Quantum Chemistry. Elsevier, New York. An introduction to quantum mechanical methods atan elementary level that includes mathematical details.

Lide, D.R. (Ed.), 2003. CRC Handbook of Chemistry and Physics, 84th ed. CRC Press, Boca Raton, FL Various sections in thismassive handbook contain a large amount of data on molecular parameters.

Lowe, J.P., Peterson, K., 2005. Quantum Chemistry, 3rd ed. Academic Press, New York. This is an excellent book for studyingmolecular orbital methods at a higher level.

Mackay, K., Mackay, R.A., Henderson, W., 2002. Introduction to Modern Inorganic Chemistry, 6th ed. Nelson Thornes, Cheltenham,UK. One of the very successful standard texts in inorganic chemistry.

Mulliken, R.S., Rieke, A., Orloff, D., Orloff, H., 1949. Overlap integrals and chemical binding. J. Chem. Phys. 17, 510. And "Formulas and Numerical Tables for Overlap Integrals", J. Chem. Phys. 17, 1248e1267. These two papers present the basisfor calculating overlap integrals and show the extensive tables of calculated values.

Pauling, L., 1960. The Nature of the Chemical Bond, 3rd ed. Cornell University Press, Ithaca, New York. Although somewhat dated in some areas, this is a true classic in bonding theory.

Sharpe, A.G., 1992. Inorganic Chemistry, 3rd ed. Longman, New York. Excellent coverage of bonding concepts in inorganic molecules.

习题

1. 对下列物种画出分子轨道能级图，并计算键级。这些物种得到一个电子后是更稳定还是不稳定？

O_2^+，CN，S_2，NO，Be_2^+

2. 根据分子轨道理论解释为什么 Li_2 是稳定的，而 Be_2 不是。

3. NO 和 C_2 哪个键能更大？通过合适的图示说明。

4. 下面给出 BN 和 BO 分子的相关数据。将这些性质与这两个分子进行匹配，解释你的答案。

数据: 120pm, 128pm, 8.0eV, 4.0eV。

5. 如果 H—H 和 S—S 的键能分别为 266kJ・mol^{-1} 和 432kJ・mol^{-1}，H—S 的键能为多少?

6. NO 的伸缩振动在 1876cm^{-1}，而 NO^+为 2300cm^{-1}。解释这种差别。

7. 如果 Cl 和 F 的共价半径分别为 99pm 和 71pm，那么 ClF 的键长为多少？根据共振给出答案并解释。

8. 考虑由一个σ单键形成的双原子分子 A_2。将一个电子激发到σ^*态产生的吸收峰在 15000cm^{-1}。电子在原子 A 的价层中的键合能为−9.5eV。

（a）如果重叠积分的值为 0.12，试确定交换积分 H_{12} 的值。

（b）计算 A_2 分子的成键和反键分子轨道的实际值。

（c）A_2 分子中单键的键能为多少？

9. 按键长从大到小排列 O_2^{2-}、O_2^+、O_2 以及 O_2^-。根据分子轨道填充解释这个顺序。

10. 解释为什么 NO 分子的电子亲和能为 $88kJ \cdot mol^{-1}$，但 CN 分子的为 $368kJ \cdot mol^{-1}$。

11. NO 分子的电子亲和能约为 $88kJ \cdot mol^{-1}$，而 C_2 分子的约为 $341kJ \cdot mol^{-1}$。根据分子的分子轨道能级图解释这种差别。

12. 在 CN 分子的光谱中，出现中心大约在 $9000cm^{-1}$ 的吸收峰。根据该分子的分子轨道解释这个峰的可能的来源。这涉及什么类型的跃迁？

13. 考虑 Li_2 分子，它的解离能为 1.03eV。锂原子的第一电离势为 5.30eV。根据分子轨道能级图描述 Li_2 分子中的键。如果重叠积分的值为 0.12，交换积分的值为多少？

14. 画出 HF 的分子轨道能级图。使用所画的图描述 HF 分子的极性。

15. 对分子 XY，分子波函数可以写作：

$$\psi_{分子}=\psi_{共价}+0.70\psi_{离子}$$

计算 X—Y 键的离子性百分比。如果 X—Y 的键长为 142pm，XY 的偶极矩为多少？

16. 如果 H—X 的键能为 $402kJ \cdot mol^{-1}$，预测元素 X 的鲍林电负性为多少？H—H 的键能为 $432kJ \cdot mol^{-1}$，X—X 的键能为 $335kJ \cdot mol^{-1}$。H—X 键的离子性百分比为多少？如果分子的波函数写为：

$$\psi_{分子}=\psi_{共价}+\lambda\psi_{离子}$$

那么，λ 值为多少？

17. 假设 A_2 和 X_2 的键能分别为 $210kJ \cdot mol^{-1}$ 和 $345kJ \cdot mol^{-1}$。如果 A 和 X 的电负性分别为 2.0 和 3.1，A—X 的键长为多少？如果核间距为 125pm，偶极矩为多少？

18. 对 XY 分子，分子波函数为：

$$\psi_{分子}=\psi_{共价}+0.50\psi_{离子}$$

计算 X—Y 键的离子性百分比。如果键长为 148pm，XY 分子的偶极矩为多少？

19. 确定以下双原子分子或离子的光谱基态：

$$BN，C_2^+，LiH，CN^-，C_2^-$$

第4章 无机结构与键的概述

化学是研究物质及其发生的变化等问题的，而分子结构是化学的基础。很多化学研究都是从分子水平上阐明结构变化和化学反应。这不但在无机化学，而且在所有的化学科学中都是如此。因此，本章主要概述一些关于分子的键和结构的基本概念。尽管在后面的章节中我们会介绍键合的其他方面的知识，但在本章中，我们打算先介绍结构无机化学，作为学习这一主题的起点。更详细的关于具体无机物的结构将在之后的章节中讲述，这里讨论的大部分结构的内容在化合物的化学部分还会再次提及。需要记住的是，很多情况下并不需要用到成键的理论方法。因此，本章从非数学的角度考察分子结构，这对于无机化学是有用的方法，很多情况下是够用的。由于对于仅含有单键的分子，有些原理会不同，因此，我们将首先介绍含有单键的分子。

在本章中，分子结构的描述主要是根据共价键的方法进行介绍，其分子轨道理论的方法将在第 5 章中介绍。如同我们即将看到的，由于应用了分子的对称性，多原子物种的分子轨道图的建立得到了简化，这些内容也将在第 5 章中介绍。

4.1 含有单键的分子的结构

当描述只含有单键的分子的时候，一个最重要的因素是电子之间存在的排斥作用。排斥作用与中心原子周围共用和非共用的电子对的数目有关系。当中心原子的周围只有两对电子时（如 BeH_2），它的结构几乎都是直线形的，因为此构型的能量最低。当中心原子周围有 4 对电子时（例如 CH_4），它是四面体结构。读者在早期的化学学习中，大概已经熟悉用 sp 和 sp^3 杂化轨道类型来描述这些情况。常听到有人说 CH_4 是四面体构型，因为碳原子是 sp^3 杂化的。不过，CH_4 之所以是四面体是因为这种构型是能量最低的，我们描述的符合该几何结构的一系列轨道是通过组合 2s 和三个 2p 波函数得到的。可以看到得到的四个轨道是指向四面体的四个角的。

基于排斥作用最小化的要求，根据中心原子周围电子的数目就可以获得分子的理想结构。然而，未共用电子对（称为孤电子对）与共用电子对有些不同。共用电子对基本上是局限在共用电子的两个原子之间的空间区域。未共用的电子对只是约束在它们排布的原子上，它们比起共用电子对更能自由地移动，因此，它们比共用电子对需要更多的空间。这对分子的结构产生了影响。

图 4.1 给出了描述大量无机分子的常见结构类型。当中心原子有 2 个、3 个、4 个、5 个以及 6 个成键电子对但没有孤电子对时，分别得到线形、三角形、四面体、三角双锥形以及八面体结构。这些结构的中心原子杂化类型分别是 sp、sp^2、sp^3、sp^3d 以及 sp^3d^2。推导一个分子的

中心原子的电子对数与杂化类型	中心原子的孤电子对数 0	1	2	3
2 sp	直线形 $BeCl_2$			
3 sp^2	平面三角形 BCl_3	角形 $SnCl_2$		
4 sp^3	四面体 CH_4	三角锥形 NH_3	角形 H_2O	
5 sp^3d	三角双锥形 PCl_5	变形四面体 $TeCl_4$	T形 ClF_3	直线形 ICl_2^-
6 sp^3d^2	八面体 SF_6	四方锥形 IF_5	四边形 ICl_4^-	

图 4.1　基于杂化轨道类型的分子结构

可能结构包括找出其中心原子周围的电子数以及将它们放置在指向上具有最小排斥的轨道上。然而，如果需要考虑结构的细节，情况会更复杂。例如，BF_3 分子中心原子周围仅有三对电子（B 有 3 个电子，三个 F 各有 1 个电子）。因此，具有最低能量的结构应该是键角为 120° 的三角形：

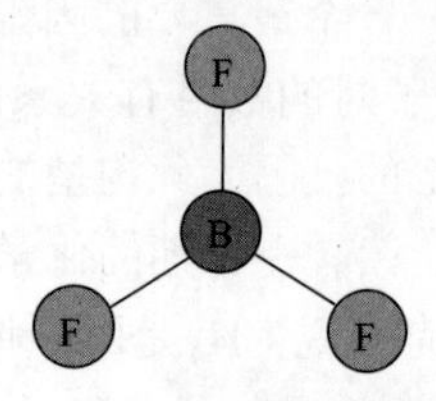

杂化轨道类型应该是 sp^2。另外，在气态 $SnCl_2$ 分子中，Sn 周围也有 6 个电子（Sn 有 4 个价层电子，每个 Cl 各自有 1 个电子）。具有相同电子数的分子称为等电子体。然而，$SnCl_2$ 的分子杂化类型可能不是 sp^2，因为键角不是 120°，$SnCl_2$ 的分子结构是：

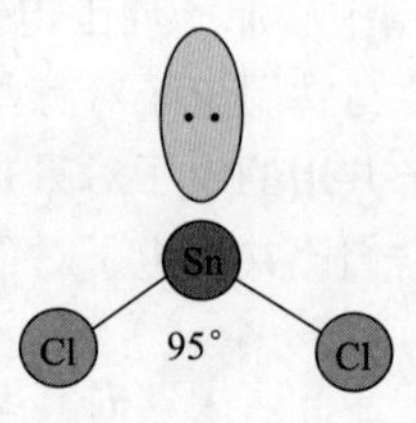

当然，也可以认为孤电子对所在的轨道是 sp^2，但由于电子仅是一个原子所拥有的，它需要比共用电子对更多的空间。共用电子对在移动上更受限制，因为它同时受两个原子的吸引。结果导致孤电子对与共用电子对之间的排斥作用迫使成键电子对相互靠近，这使得键角比预期的120° 更小。事实上，从键角看，认为 Sn 使用 p 轨道成键的键角与实际键角更接近。另外，Sn—Cl 键极性很大，因此成键电子对更靠近 Cl，与电子更靠近 Sn 的情况相比，这种情况的键角可以更小。

在一些中心原子为 sp^2 杂化的分子中，它的键角偏离 120° 。例如，F_2CO，其键角为 108° ：

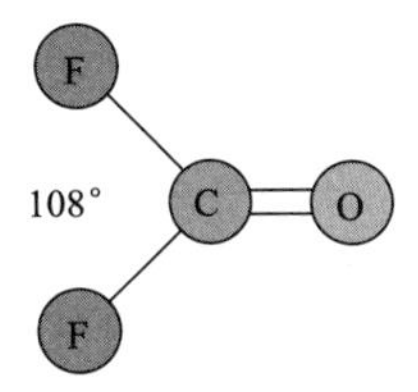

人们提供了各种假设来解释键角与 sp^2 杂化所预期的键角的偏差为什么这么大。一个简单的方法是认为 C—F 键极性很大，共用电子对更靠近 F。因此，比起电子对在 C 和 F 之间平均分配的假设而言，这种情况下，那些共用电子对之间的距离更大。因此，这两个共用电子对之间的排斥力变小，而 C═O 中的π轨道产生一些排斥作用，使得 C—F 成键电子对相互更加靠近。采用这种方法，我们可以预期光气 Cl_2CO 的键角比 F_2CO 的大，因为 C—Cl 键中的电子对比 C—F 键中的更靠近碳原子。因此，Cl_2CO 中成键电子对比在 F_2CO 中的更靠近。但在任何一种情况中，C 都是键偶极的正的一端，因为 F 和 Cl 的电负性都比 C 的大。Cl_2CO 的结构是：

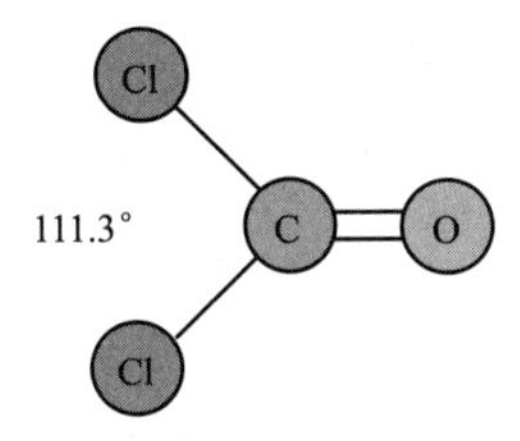

证明了这种解释的正确性。当然，Cl 比 F 大，这也容易诱导形成更大的键角。甲醛 H_2CO 的结构在说明这一点上是很有用的，因为 H 比 F 和 Cl 都要小。

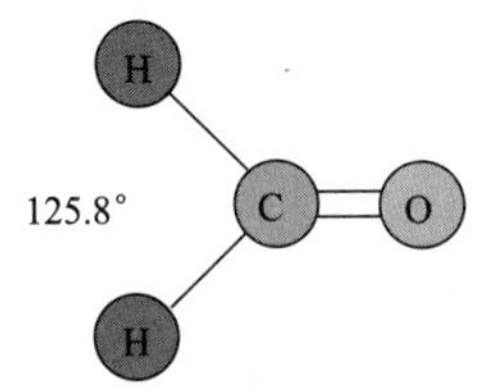

上述结构表明端基原子的排斥可能并不明显。在这种情况下，H—C—H 键角比预期的中心原子 sp^2 杂化的键角大。当考虑 C—H 键的极性时，发现碳原子是处于键偶极的负的一端（见第 6 章）。因此，C—H 键的键电子对更靠近碳原子（因此彼此更接近），因此我们预期它们之间的斥力使得它们之间的键角大于 120° 。测量得到的键角与推理的相符合。

比较 OF_2 和 OCl_2 分子中键角的不同也是很有意思的，它们的结构是：

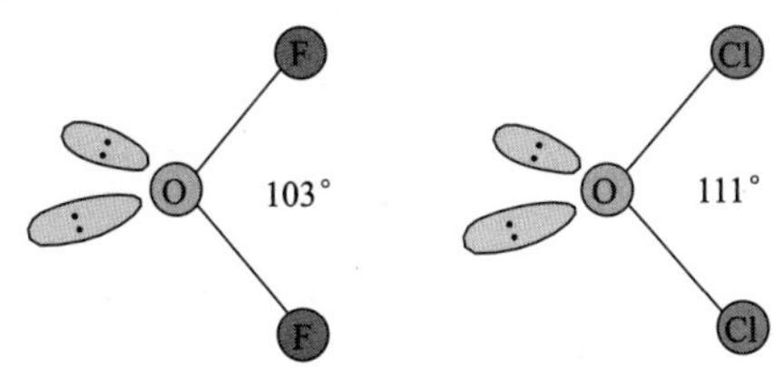

尽管容易将它们键角的不同归因于 F 和 Cl 大小的不同，但成键电子对的位置也是很重要的。O—F 键是极性键，成键电子对靠近氟原子（因此离 O 远，彼此距离也远），允许键角更

小。O—Cl 也是极性键，但 O 的电负性更高，电子对更靠近氧原子（彼此之间的距离也更近）。因此，OCl_2 中成键电子对之间的排斥力比 OF_2 中的大，OCl_2 的键角也较大，这与理论推导是一致的。在这两种情况下，它们的氧原子上都有两个孤电子对，键角偏离四面体角度。如果情况只是受孤电子对的影响那么简单的话，我们可以预期键角是 OCl_2 中的略大，因为氯原子比氟原子大。但 8° 的差值可能表示成键电子对之间的排斥力也是更大的。

在 CH_4 分子中，键角的预期值为 109.28° 。碳原子周围有 8 个电子（C 的价层电子为 4 个，每个氢提供一个电子），这就导致了规则的四面体。在 NH_3 分子中，氮原子周围有 8 个电子（N 有 5 个，每个 H 有 1 个），但有一对电子为孤电子对：

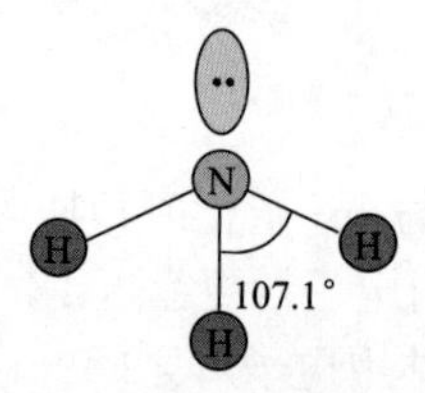

尽管 N 的杂化类型为 sp^3 杂化，但 NH_3 分子的键角为 107.1° ，而不是规则四面体中的 109.28° 。这种差别的原因是孤电子对需要更多的空间，迫使键电子对相互更靠近。尽管上述描述的是静止的模型，但实际上 NH_3 分子是存在翻转的振动运动的。在这种振动中，分子把上述的结构通过平面三角形过渡态转变成其相反结构，如图 4.2 所示。

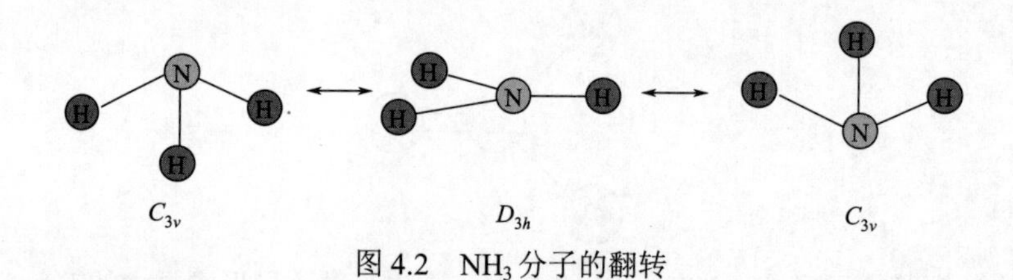

图 4.2　NH_3 分子的翻转

这个振动的频率约为 $1010s^{-1}$。翻转的能垒高度为 $2076cm^{-1}$，但是，第一振动态和第二振动态之间的差别只有 $950cm^{-1}$，等同于 $1.14kJ \cdot mol^{-1}$。利用玻耳兹曼分布定律，我们可以计算出第二振动态的布居数只能达到 0.0105。显然，如果分子必须跨越 $2076cm^{-1}$ 的能垒高度的话，并没有足够的热能提供给这种快速转化。在这种情况下，这个转化涉及量子隧道效应，这意味着分子从一种结构转化为另一种结构不需要跨越能垒。

H_2O 的分子结构体现了两个孤电子对的影响：

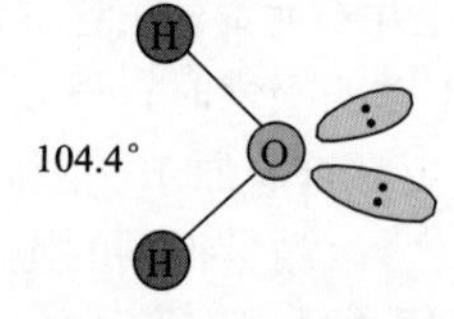

在这种情况下，两个孤电子对迫使成键电子对相互靠近，使得键角为 104.4° 。H_2O 分子中两个孤电子对产生的影响比 NH_3 分子中一个孤电子对的大。这种实际键角偏离预期的规则几何结构的键角的效应是由称为价电子层互斥（VSEPR）的理论造成的结果。这个理论的基础是基于互斥作用：

孤对-孤对>共用-孤对>共用-共用

当根据这个顺序考虑孤电子对的影响时，不仅经常可以推断出正确的整体结构，而且常常可以预测对标准键角的偏移。

VSEPR 的一个有趣的应用可以通过 SF_4 的结构来阐明。硫原子周围有 10 个电子（S 的 6

个价层电子以及 4 个 F 各自提供 1 个电子）。我们可以推测它是基于三角双锥的结构，但有两种可能的结构：

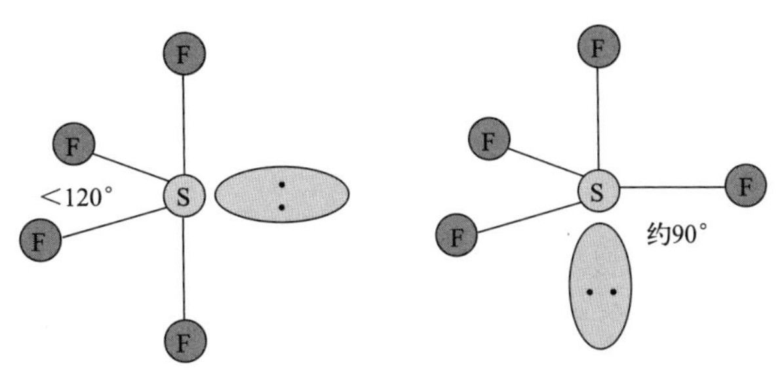

对 SF_4，在实验中只观察到一种分子结构。在左边的结构中，孤电子对与两个价电子对之间的角度约为 90°，与另外的两个价电子对之间的角度约为 120°。在右边的结构中，孤电子对与三个价电子对之间的角度约为 90°，与另外的一个价电子对之间的角度约为 180°。这两种可能的结构看起来似乎没有很大不同，但实际上电子对之间的斥力却有很大的不同，斥力大小与电子对之间的距离相关，可能有 6 次方指数那么大。因此，距离的微小差异可以导致斥力有很大的不同。结果是，孤电子对只跟两对成键电子对成 90° 的结构能量更低，也就是左边的结构是 SF_4 正确的分子结构。在基于三角双锥的结构中，孤电子对处于赤道位置。

注意到中心原子如硫和磷有时会违反八隅体规则。由于这些原子的价层中含有 d 轨道，因此最大电子数并不限制在 8。有五个键的基于三角双锥模型的分子还有另一个有趣的特征。我们考虑分子 PF_5 和 PCl_5，磷原子周围有 10 个电子（5 个键），它们朝向三角双锥的顶点，但是轴向位置的键长比赤道位置的键长略长：

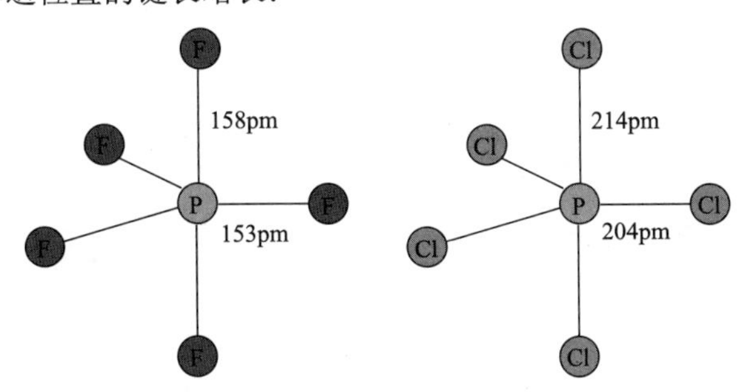

这种类型的结构中，磷原子总的杂化类型为 sp^3d。然而，这种杂化轨道类型在三角平面上的三个键是 sp^2，而其他两个互成 180° 的轨道是 dp 组合，键长也反映了平面上 3 个氯与另外 2 个氯和磷形成的键是不同的。这是中心原子具有 5 对电子的基于三角双锥的分子的普遍特征，它们轴向的键长通常比赤道平面的键长大。

中心原子有 5 个电子对的分子结构的一个有意思的方面是赤道平面使用 sp^2 杂化，而轴向采用 dp 杂化。就像我们已经看到的那样，任何孤电子对都只能在它们的赤道位置找到。这导致的进一步的结果是：外围的高电负性的原子更容易与含有低 s 特征的轨道键合，而外围低电负性的原子更容易与含有高 s 特征的轨道键合。这种偏向性使得合成有混合卤素的 PCl_3F_2 时，氟原子占据了轴向位置。此外，能够形成多键的原子（电负性经常较低）更容易与高 s 特征的轨道键合（sp^2 赤道位置）。

考虑到上述的原理，我们预测 PCl_2F_3 的分子结构应该是有 2 个氟在轴向位置，有 2 个氯和 1 个氟在赤道位置。然而，在高于−22℃时，PCl_2F_3 分子的 NMR 谱上只看到一个双峰，这是氟通过 ^{31}P 共振产生的分裂。当 NMR 在−143℃下测试的时候，NMR 谱变得很不同，显示氟原子以超过一种的方式键合。而当温度高于−22℃时，表明所有的氟原子都是等价的，或者以某种方式快速交换，因此只呈现出一种键合环境。之前，我们描述了 NH_3 分子的翻转的频率为 1010s^{-1}。这里出现的一个问题是，在 PCl_2F_3 或 PF_5 分子中究竟发生了什么类型的转变，使得轴向和赤道平面的氟原子在核磁的时间标度上看起来是一样的。一个描述这种情形的机理被称为贝里假旋转（Berry pseudorotation），如图 4.3 所示。

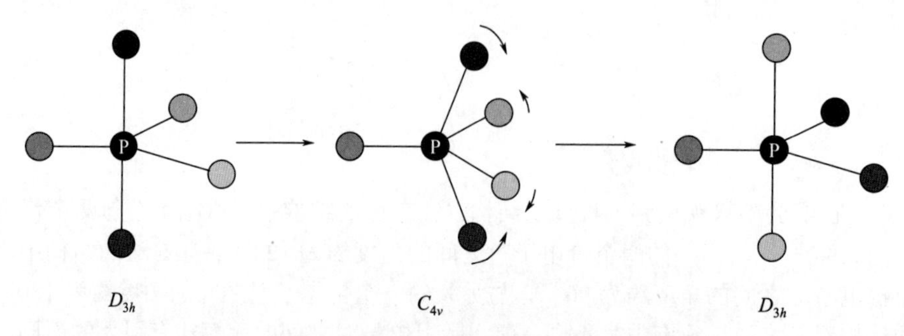

图 4.3　通过贝里假旋转发生的三角双锥的构象变化
（虽然用了不同颜色表示，但外围原子是一样的）

在这个过程中，当发生 4 个基团的旋转时，分子经过 1 个四方锥的构型。这个机理与 NH_3 分子的翻转是类似的，只不过这个例子中原子的运动是旋转运动。在非常低的温度下，热能低，振动足够缓慢，氟共振谱呈现出氟处于两种不同的环境（轴向和赤道）的峰。而在更高的温度下，结构转变加快，就只能检测到一种氟环境。就像我们在 NH_3 分子中看到的，并不是所有的分子都有静止的结构。

可能没有另外一对分子比 SF_4（sp^3d 轨道）和 SF_6（sp^3d^2 轨道）更能体现分子结构对反应性能的影响，它们的结构是：

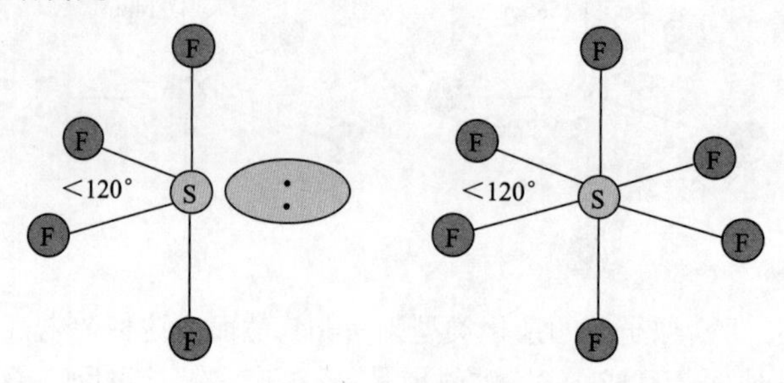

SF_6 是典型的惰性化合物。事实上，它的反应性很低，经常用作气相介电材料。此外，它可以与氧气混合作为反应气氛，老鼠可以呼吸这种混合气几小时而没有不良作用。另外，SF_4 是一个反应活性极高的分子，它可以与水发生快速而剧烈的反应：

$$SF_4 + 3H_2O \longrightarrow 4HF + H_2SO_3 \tag{4.1}$$

由于 H_2SO_3 不稳定，反应也可以写成：

$$SF_4 + 2H_2O \longrightarrow 4HF + SO_2 \tag{4.2}$$

SF_6 不能与水反应并不是因为它的热稳定性，而是由于没有存在低能量的反应途径（动力学稳定性）。6 个氟原子围绕着硫原子，有效地阻止进攻，而且硫原子没有孤电子对可以受其他分子进攻。而在 SF_4 中，不但存在足够的空间让其他物种进攻硫原子，而且硫原子上的孤电子对也是一个反应位点。由于结构不同，SF_6 相对惰性，而 SF_4 反应活性高。

有一些化合物含有两种不同的卤素。这种化合物称为卤间化合物，它们的结构中只存在单键和孤电子对。例如，在 BrF_3 中，Br 周围有 10 个电子（7 个价层电子，每个 F 各自提供 1 个电子）。它的结构是基于三角双锥的，孤电子对处在赤道位置。由于孤电子对的影响，轴向的键被迫相互靠近，键角为 86°：

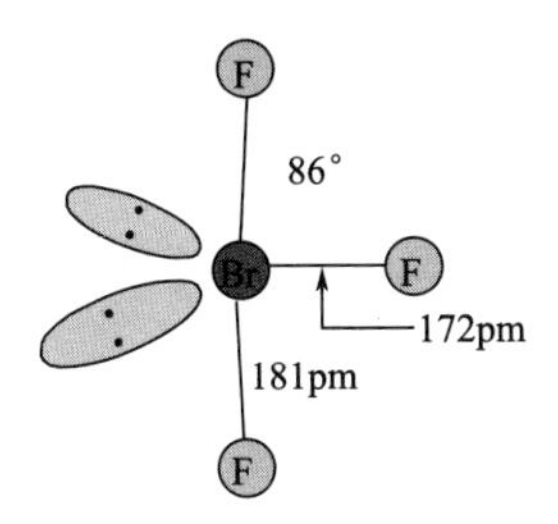

除了键角的轻微不同，ClF_3 和 IF_3 也是这种结构。当 IF_3 与 SbF_5 反应时，反应为：

$$IF_3+SbF_5 \longrightarrow IF_2^++SbF_6^- \quad (4.3)$$

IF_2^+ 的结构可以这样推断，即认为碘周围有 8 个电子，7 个为碘的价层电子，还有 2 个来自 2 个氟原子，但是失去了 1 个电子。这些电子对填充在指向四面体四个顶点的轨道上，有两个孤电子对：

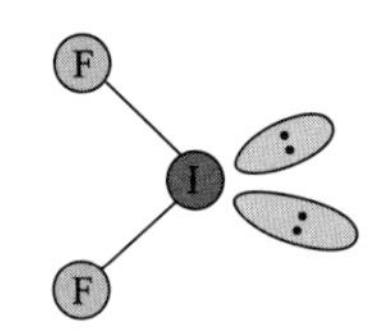

注意许多这种物种的结构与表 4.1 所示的结构模型是类似的。尽管杂化轨道类型为 sp^3，但它的结构是弯曲形或者角形，不是四面体。另外，对 IF_2^-，碘原子周围有 10 个电子，呈现线形结构：

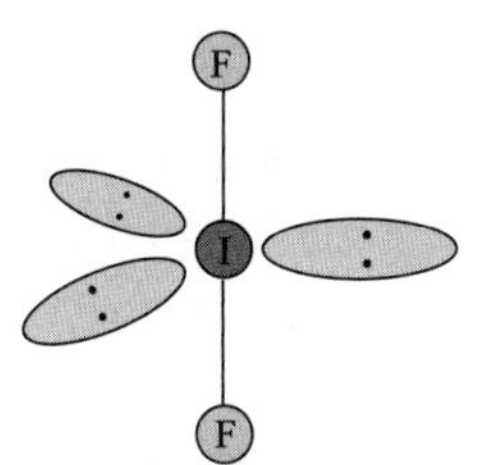

注意到在这种情况下，孤电子对占据赤道平面，因此尽管杂化轨道类型为 sp^3d，但 IF_2^- 的结构是线形结构。因此，决定分子或离子结构的是原子的排列，而不是电子的排列。显然，这里描述的简单方法足够确定大部分只含有单键和孤电子对的分子或离子的结构。

氙与氟形成了几种化合物，其中有 XeF_2 和 XeF_4。由于氙原子的 s 和 p 轨道是充满的，因此氙原子提供 8 个电子，每个 F 提供 1 个电子。因此，在 XeF_2 中，Xe 周围有 10 个电子，这使得 XeF_2 分子是 IF_2^- 的等电子体。XeF_2 和 IF_2^- 都是线形的。在 XeF_4 中，Xe 原子周围有 12 个电子，它的结构为：

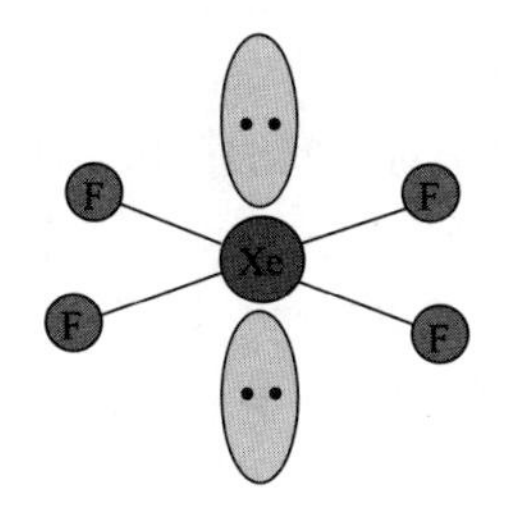

分子与 IF_4^- 一样是四边形的，它是 XeF_4 的等电子体。

表 4.1　平均键能　　单位：kJ • mol^{-1}

键	键能	键	键能	键	键能
H—H	435	O=S	523	Ge—H	285
H—O	464	O—N	163	Ge—F	473
H—F	569	O—P	388	P—P	209
H—Cl	431	O—As	331	P—F	498
H—Br	368	O—C	360	P—Cl	331
H—I	297	O=C	745	P—Br	268
H—N	389	O—Si	464	P—I	215
H—P	326	O=Si	640	P—O	368
H—As	297	O—Ge	360	Si—F	598
H—Sb	255	S—S	264	Si—Cl	402
H—S	368	S=S	431	As—As	180
H—Se	305	S—Cl	272	As—O	331
H—Te	241	S—Br	212	As—F	485
H—C	414	S—C	259	As—Cl	310
H—Si	319	N—F	280	As—Br	255
H—Ge	285	N—Cl	188	As—H	297
H—Sn	251	N—N	159	C—C	347
H—Pb	180	N=N	711	C=C	611
H—B	331	N≡N	946	C≡C	837
H—Mg	197	N=O	594	C—N	305
H—Li	238	N—Ge	255	C—F	490
H—Na	201	N—Si	335	C—Cl	326
H—K	184	O—Cl	205	C—Br	272
H—Rb	167	Ge—Ge	188	O—F	213
O—O	142				

尽管我们已经用杂化轨道和 VSEPR 描述了几种分子的结构，但不是所有的结构都这么简单。

H_2O（键角为 104.4°）和 NH_3（键角为 107.1°）分子的结构根据中心原子的 sp^3 杂化轨道进行描述，由于孤电子对的影响，键角相对理想的键角 109.28° 都有所偏离。但当我们根据这些知识考虑 H_2S 和 PH_3 的结构时，就碰到了麻烦。原因是 H_2S 的键角为 92.3°，而 PH_3 的键角为 93.7°。很显然，键角与预期的四面体键角 109.28° 之间不仅仅是一点偏离。

由于 H_2S 和 PH_3 的键角接近 90°，我们可以猜想用于成键的轨道是 3p 价层轨道。硫原子的两个 p 轨道被占据，与氢原子的 1s 轨道的重叠产生两个互成 90° 的键。类似地，磷原子有 3 个 3p 轨道被占据，与氢原子的 1s 轨道的重叠导致互成 90° 的 3 个键。尽管我们假定 H_2O 和 NH_3 的中心原子采用 sp^3 杂化是正确的，但是我们没有正当的理由认为 H_2S 和 PH_3 也同样存在这样的杂化。

为什么中心原子是 O 和 N 时发生杂化，是 S 或 P 时却不能呢？答案是，事实上，轨道的杂化有两个主要的结果。第一个是导致杂化轨道在空间指向上与原子轨道角度不同。我们已经看到杂化导致的结构类型可以减少电子对之间的排斥。然而，杂化的另一个结果是轨道的尺寸也发生了变化。硫或磷的 3s 和 3p 轨道杂化虽然可以产生减少排斥的更合适的键角，但是那样一来，这些轨道与氢原子 1s 轨道的重叠也就更无效了。氢原子轨道与硫或磷上更小的非杂化 p 轨道能更好地重叠。因此，中心原子的轨道只有轻微程度的杂化，但更接近纯的 p 轨道。基于这些分析，我们可以预测 H_2Se 和 AsH_3 的键角甚至会更偏离正四面体键角。确实如此，这些分子的键角分别为 91.0° 和 91.8° ，表明中心原子的成键轨道更接近纯的 p 轨道。更重一些的Ⅴ A 族和ⅥA 族的氢化物的键角甚至更接近直角（H_2Te, 90° ; SbH_3, 91.3° ）。

4.2 共振和形式电荷

上述方法处理的是仅含单键和孤电子对的分子，对很多物种来说这种方法是不够的。例如，CO 分子仅有 10 个价层电子，却要使每个原子达到八电子结构。结构 C≡O 中使用了 10 个电子，并使得每个原子达到 8 个电子成为可能（三个共用电子对和一个孤电子对）。可以用下述简单过程来确定怎样放置电子。

（1）确定用于分布在结构中的所有原子的价层电子总数（N）。

（2）将原子数乘以 8，确定使每个原子都达到八电子体所需的电子数（S）。

（3）差值（S–N）给出结构中用于共用的电子数。

（4）如果可能，改变电子的分布，给出原子上有利的形式电荷（在本章随后介绍）。

对于 CO，价层电子的总数为 10，而要让两个原子都达到八电子体，需要 16 个电子。因此，16–10=6，6 个电子必须被两个原子共用。6 个电子等于三个电子对，或者三个共价键。因此，我们得到之前所示的 CO 的结构。

对于 SO_2 分子，我们发现价层电子为 18 个，而三个原子需要 24 个电子才能达到八电子体。因此，24–18=6，这也就是需要共用的电子数，它使得硫原子和两个氧原子之间一共需要三个键。然而，由于每个原子周围要有 8 个电子，因此，除了三对共用电子之外，硫还需要一个孤电子对。这可以在结构中体现：

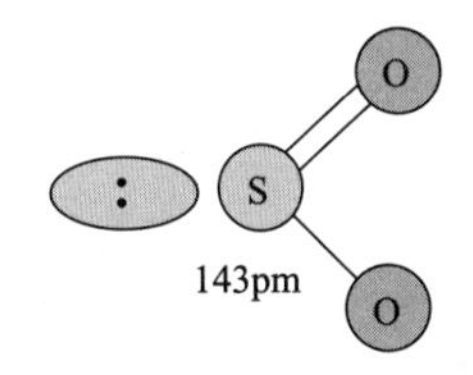

然而，相同的成键特征在下面的表示中也有：

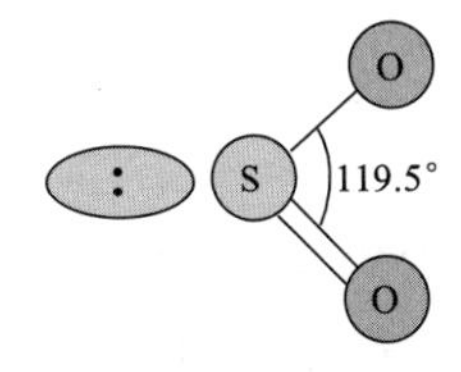

电子可以超过一种方式排列的情况构成共振。在第 3 章中，我们用共振结构 H—F 和 H^+F^- 描述了 HF 分子，但在 SO_2 的情况中，没有一个共振结构包含离子。上述的结构包含电子的几种不同排列方式，但都遵守八电子体规则。真实的 SO_2 结构是一种处在上述两种结构之间的结构（它是由这两种结构平均混合组成的）。它不是有时是这种结构，有时是另一种结构，而是在所有的时间中都呈现共振混合结构。在这种情形下，两种结构对真实结构的贡献等同。由于硫原子存在孤电子对，SO_2 的键角为 119.5° 。

以上两种结构中的双键并不是如共振结构所示的那样是定域的。然而，两个单键和孤电子对是处在它们占据的杂化轨道上的。杂化轨道类型为 sp^2，这导致键角为 119.5° 。此外，还有一个没有参与杂化的 p 轨道，它与分子的平面垂直，因此能与两个氧原子同时形成π键。这个π键是离域的，表示如下：

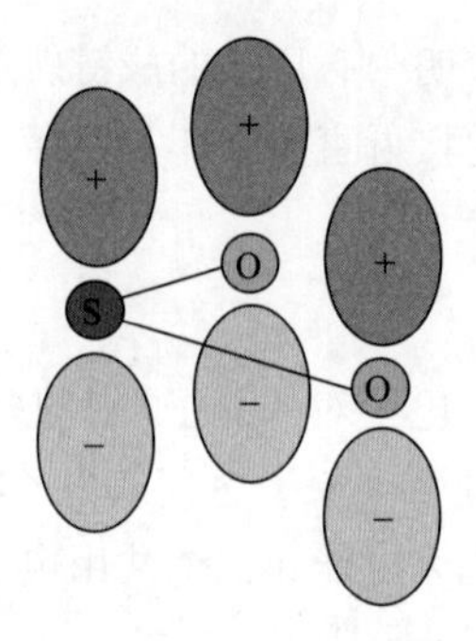

S—O 单键的键长约为 150pm，但由于 S 和 O 之间存在多重键，观察到的 SO_2 中的键级为 1.5，键长为 143pm。

以下是书写共振结构的规则。记住共振只是与结构中电子的不同位置有关，而不是原子自身的重排。

（1）原子在所有结构中的相对位置必须是相同的。例如，实验表明 SO_2 分子为弯曲形或者角形。表示为其他的几何结构都是不允许的。

（2）用于成键（与八隅体规则一致）的电子数最多的结构对真实结构的贡献最大。

（3）如果有孤电子对的话，所有共振结构中孤电子对的数目必须是一样的。一个分子或离子只有一个确定的孤电子对数，所有的关于该物种的共振结构都必须拥有同样数目的孤电子对。

（4）负的形式电荷通常处在电负性更高的原子上。

我们用 NO_2 分子阐明了规则（3）的应用。由于 NO_2 分子价层电子的总数为 17，因此有 8 对电子和 1 个未成对电子。画 NO_2 的分子结构必须体现这一点。因此，我们画出 NO_2 的分子结构如下：

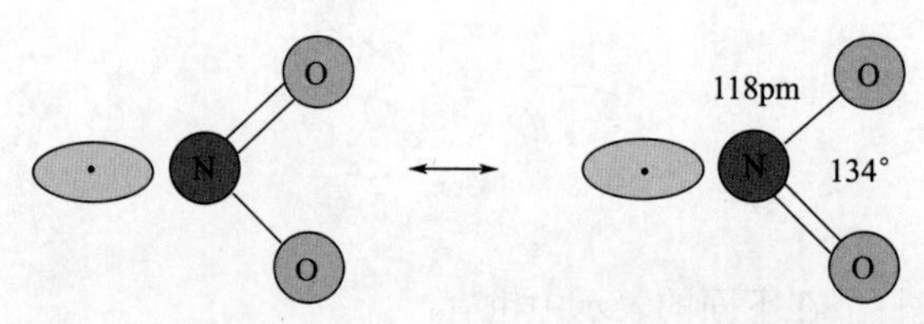

注意到 N 上的未成对电子使得其最外层电子总数为 7。由于氧原子具有更高的电负性，氧原子就呈现完整的八隅体。这与 NO_2 分子容易通过共用电子形成二聚体的实验发现是一致的，方程式如下：

$$2NO_2 \rightleftharpoons O_2N : NO_2 \tag{4.4}$$

注意到 NO_2 的分子键角比中心原子为 sp^2 杂化时所预期的 120° 大。这是因为氮原子的非键轨道上仅有一个电子，因此，轨道与共用电子对之间的斥力小。因此，由于成键电子之间的斥力没有通过非键轨道上的单电子的斥力而平衡掉，致使键角更大。然而，当考虑 NO_2^- 的结构时，氮原子上就有一个孤电子对：

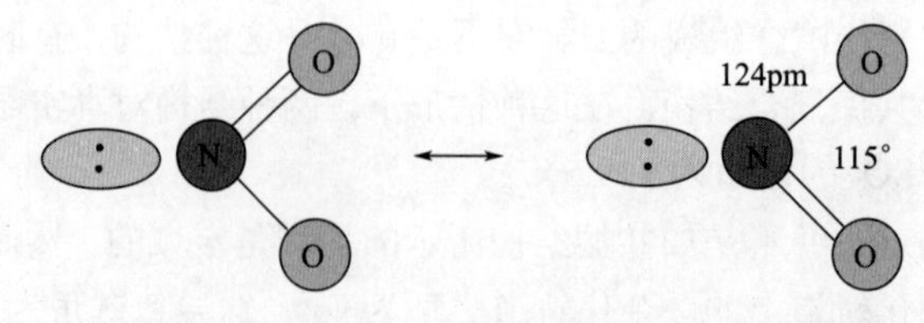

孤电子对与成键电子之间的斥力比 NO_2 分子中的大，因此键角仅为 115°。由于氮原子具有八隅体结构，所以 NO_2^- 中 N—O 的键长为 124pm，此外，氮对成键电子的吸引更小了，因此 N—O 键比 NO_2 分子中的长。

形式电荷的概念很有用，本质上是与电子联系在一起的。为了确定一个结构中每个原子上的形式电荷，我们首先必须在原子中分配电子。这可通过以下程序完成。

（1）任何未成对电子都只属于其电子填充的原子上。

（2）共用电子对在共用的原子间平均分配。

（3）结构中一个原子上的电子总数是步骤（1）和（2）的计数加和。

（4）比较出现在某个原子的电子总数与其通常拥有的价层电子数，如果价层电子数比步骤（3）得到的电子数多，就类似原子失去一个或更多个电子，因此形式电荷为正。如果步骤（3）得到的电荷比价层电子数多，就类似原子得到一个或更多电子，因此形式电荷为负。

（5）相邻原子形式电荷符号相同的结构对真实结构贡献极小。

（6）各原子的形式电荷的加和与该物种的总电荷数一致。

前面我们给出了一氧化碳的结构为 $C \equiv O$。每个原子上具有一个孤电子对，原子之间有三对共用电子。如果共用电子平分，每个原子将拥有其中 3 个电子。因此，结构中碳原子的电子总数为 5。碳通常价层电子为 4，因此，在该结构中它的形式电荷为–1。氧通常具有 6 个价层电子，因此氧像失去一个电子一样，形式电荷为+1。三键的键长约为 112.8pm。当然，这个过程就像一个记账的过程，因为实际上没有任何电子得失。

形式电荷能够用于预测许多分子中原子的稳定排列。例如，氮氧化物 N_2O 可能具有以下结构：

$$\overline{\underline{N}}=O=\overline{\underline{N}} \qquad \overline{\underline{N}}=N=\overline{\underline{O}}$$

很容易被误以为左边的结构才是正确的，但考虑了形式电荷则不会弄错。注意到形式电荷用圆圈包围起来，以便于与离子电荷区分。根据上面列出的方法，形式电荷如下所示：

$$\overset{\ominus 1}{\overline{\underline{N}}}=\overset{+2}{O}=\overset{\ominus 1}{\overline{\underline{N}}}$$

形式电荷+2 处在电负性第二高的氧原子上，这与形式电荷分布规则不一致。因此，右边的结构才是正确的，因为氧原子处在端基位置，因此 N_2O 能够像氧化剂那样反应。

通常，在分子中，以最低电负性的原子作为中心原子。尽管我们知道 N_2O 的原子排列为 NNO，但其共振结构仍然有问题。对于 N_2O 分子，三种共振结构表示如下：

$$\underset{\text{I}}{\overset{-1}{\overline{\underline{N}}}=\overset{+1}{N}=\overset{0}{\overline{\underline{O}}}} \longleftrightarrow \underset{\text{II}}{\overset{0}{|N}\equiv\overset{+1}{N}-\overset{-1}{\overline{\underline{O}}|}} \longleftrightarrow \underset{\text{III}}{\overset{-2}{|\overline{\underline{N}}}-\overset{+1}{N}\equiv\overset{+1}{O|}}$$

结构Ⅲ对真实结构的贡献约为 0，因为其中相邻原子具有相似的形式电荷，而且氧原子的形式电荷为正而氮原子的形式电荷却是–2，另外，各个原子的形式电荷都比较高。确定结构Ⅰ和结构Ⅱ的相对贡献多少有点困难。尽管结构Ⅱ的氧原子上具有负的形式电荷，但在两个氮原子之间存在三键，这导致在很小的空间区域中有 6 个共用电子。然而，双键通常比三键和单键更优先。尽管结构Ⅰ在氮原子上放置了负电荷，但它具有两个双键。由于这些因素，我们怀疑结构Ⅰ和结构Ⅱ对真实结构的贡献是相等的。

在这种情况下，有一个简单的实验可以确定猜测是否正确。结构Ⅰ放置了一个负的形式电荷在端基氮原子，结构Ⅱ放置了一个负的形式电荷在分子另一端的氧原子上。如果这两种结构贡献相等，这些影响相互消除，就会得到没有极性的分子。事实上，分子 N_2O 的偶极矩只有 0.17D，因此，结构Ⅰ和结构Ⅱ的贡献基本相等。

键长在确定共振结构的贡献时也很有用。结构Ⅰ中 N 和 O 之间有双键，而结构Ⅱ中 N—O 键为单键。如果结构的贡献相等，实验得到的 N—O 键应该大概在 N—O 和 N═O 键之间，事实确实如此。因此，我们有了表明结构Ⅰ和结构Ⅱ对真实结构贡献大致相等的另一个证据。从

N_2O分子中观测到的键长如下：

$$N\xrightarrow{112.6pm}N\xrightarrow{118.6pm}O$$

知道其他由氮和氧原子成键形成的分子的键长对于评估这种情况下共振结构的贡献是很有用的。N—N的键长为110pm，而N═N的键长经常在120～125pm之间，它取决于分子的类型。同样地，N和O之间的键长，在NO分子中的键级为2.5，键长为115pm。另外，在NO^+（键级为3）中键长为106pm。从这些数值中可以看到，从N_2O分子中观察到的键长与真实结构是结构Ⅰ和结构Ⅱ的混合体的事实是一致的。

我们同样可以通过其他离子阐明这些原理的应用。考虑氰酸根离子NCO^-，在这种情况下，一共有16个价层电子需要分布。为了达到三个八隅体，需要24个电子。因此，有8个电子需要被共用，这意味着一共有4个键，即中心原子与每个端基原子形成两个键。含有2个双键构成的4个键形成的分子具有直线结构。我们的第一个问题是如何排列原子。总数为16个电子，排列如下（形式电荷也已经表示出来了）：

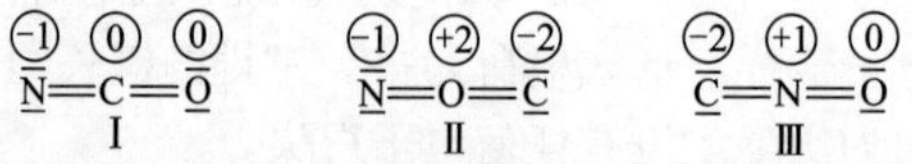

$$\overset{(-1)}{\underline{\overline{N}}}=\overset{(0)}{C}=\overset{(0)}{\underline{\overline{O}}}\quad \overset{(-1)}{\underline{\overline{N}}}=\overset{(+2)}{O}=\overset{(-2)}{\underline{\overline{C}}}\quad \overset{(-2)}{\underline{\overline{C}}}=\overset{(+1)}{N}=\overset{(0)}{\underline{\overline{O}}}$$

Ⅰ　Ⅱ　Ⅲ

从基于中心原子的形式电荷就可以确定哪种排列是正确的。在第一种结构中，在碳上有4对共用电子，平均分配之后碳周围有4个电子，所以结构Ⅰ中碳原子的形式电荷为0。在结构Ⅱ中，平均分配成键电子对之后在氧原子上有4个电子，而氧通常有6个价层电子，因此，结构Ⅱ中氧原子的形式电荷为+2。在结构中的3个原子，氧原子的电负性最大，因此这种结构是最不利的。在结构Ⅲ中，平分电子对之后氮原子上有4个电子，但氮原子的价层电子为5，因此，氮原子的形式电荷为+1，碳原子的形式电荷为–2。

结构Ⅱ和结构Ⅲ的排列中都存在把正的形式电荷放在电负性比碳高的原子上。因此，最稳定的原子排列如结构Ⅰ所示。有些化合物中含有结构Ⅲ的离子（雷酸根离子），但它们的稳定性比氰酸盐（结构Ⅰ）差很多。事实上，汞的雷酸盐用于炸药中。

作为一个一般规则，我们看到包含16个电子的三个原子组成的物种中，其中心原子需有4个键，这个事实将导致该原子有正的形式电荷——除了它是只有4个价层电子的原子之外。因此，当3个原子中有碳原子时，它就很可能是中心原子。氮原子在中心将有+1形式电荷，而氧原子在中心则有+2形式电荷。当考虑具有16个电子的三原子物种的结构时，中心原子通常是电负性最低的原子。

现在我们知道了氰酸根离子的正确结构是结构Ⅰ，我们仍然需要考虑它的共振结构。为了与之前给出的规则保持一致，首先画出可以接受的共振结构为：

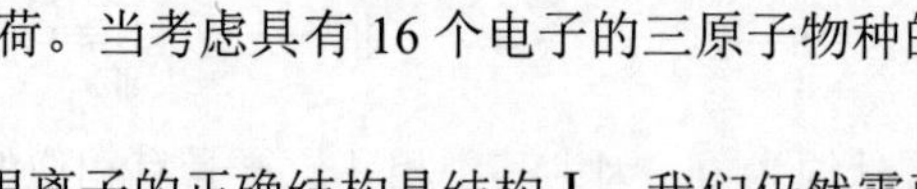

$$\overset{(-1)}{\underline{\overline{N}}}=\overset{(0)}{C}=\overset{(0)}{\underline{\overline{O}}}\longleftrightarrow |\overset{(0)}{N}\equiv\overset{(0)}{C}-\overset{(-1)}{\underline{\overline{O}}}| \longleftrightarrow |\overset{(-2)}{\underline{\overline{N}}}-\overset{(0)}{C}\equiv\overset{(+1)}{O}|$$

Ⅰ　Ⅱ　Ⅲ

在结构Ⅰ中，氮、碳和氧原子上的形式电荷分别为–1、0和0。在结构Ⅱ中，相应的形式电荷为0、0和–1。然而，在结构Ⅲ中，原子上的形式电荷为–2、0和+1。我们立即可以看到结构Ⅲ中电负性最大的氧原子上有正的形式电荷。我们可以认为，如果真实结构是这三种结构的共振混杂，那么结构Ⅲ的贡献就是约为0，因为这个结构本质上就是氧的电子密度转移到氮原子上面。我们现在必须估计其他两种结构的贡献。

尽管结构Ⅱ中负的形式电荷是放在具有最高电负性的原子上，但它含有三键，也就是把大量的电子放在一个小的空间区域中，这样产生的排斥作用导致这个键的形成比将–1形式电荷放在氧原子上更不利。另外，结构Ⅰ中的两个双键仍然提供了4个键，而且没有产生像三键那么大的斥力。结构Ⅰ在氮原子上有−1的形式电荷，是三个原子中电负性第二大的原子。当考虑所有这些的时候，我们得出结论，结构Ⅰ和结构Ⅱ可能对真实结构的贡献相等。对于CO_2分子，结构中含有两个σ键和两个π键：

$$\overline{\underline{O}}=C=\overline{\underline{O}}$$

两个σ键表明中心原子为sp杂化，剩余两个没有参与杂化的p轨道。这些轨道与分子轴垂直，能与氧原子的p轨道形成π键。

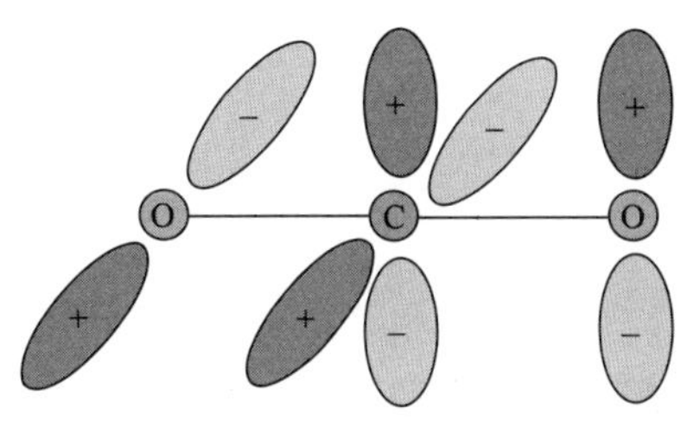

在CO_2分子中，C═O的键长为116pm，这比通常的C═O键（键长为120pm）略短。注意到CO_2、NO_2^+、SCN^-、OCN^-和N_2O都是拥有16个电子的三原子物种，它们都是直线构型。有几种重要的化学物质包含4个原子，总的价层电子为24个。一些最常见的该类型的等电子体为CO_3^{2-}、NO_3^-、SO_3以及PO_3^-（偏磷酸根离子）。由于4个原子需要32个电子才能满足八隅体结构，因此有8个电子需要共用，形成4个键。中心原子周围有4个键时，如果要满足八隅体的话，中心原子上就没有孤电子对。因此，CO_3^{2-}的结构为一个C═O键和两个C—O键：

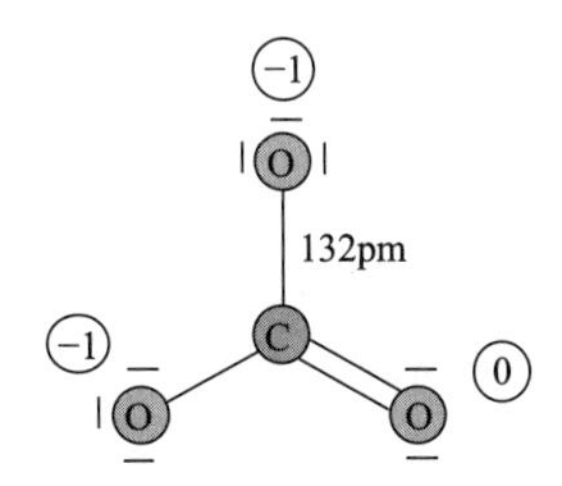

双键也可以画在另外两个位置，因此，真实结构是三个结构的共振杂化。这个结构是一个三角形，它有三个相同的键，每一个都是一个双键和两个单键的平均。结果键级为1.33。由于结构为三角形，我们知道中心碳原子为sp^2杂化。因此，中心碳原子还有一个p轨道与三角平面垂直，而且是空的轨道。因此，氧原子充满电子的p轨道能够与碳原子空的p轨道重叠形成一个π键。这个π键并不限制在一个氧原子上，因为另外两个氧原子也有充满的p轨道，也能用于形成π键。结果是π键在整个结构中是离域的，如下所示：

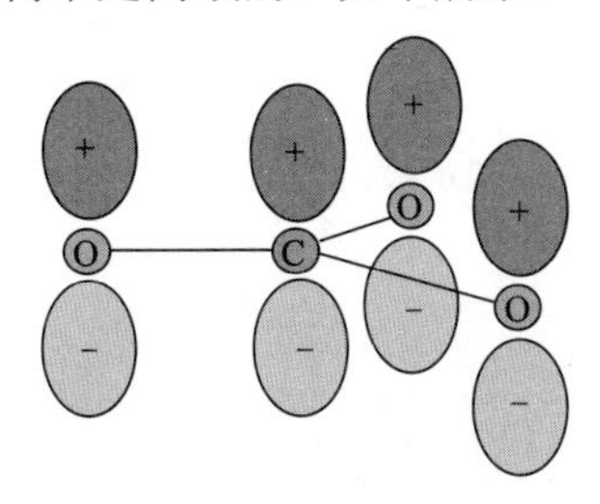

注意到由于碳原子的形式电荷为0，所以不需要画出多于一个双键的结构。除了2s和2p轨道，碳原子没有别的价层轨道，因此价层轨道中只能容纳4对电子。在CO、CO_2以及CO_3^{2-}的结构描述中，键级分别为3、2以及4/3，键长分别为112.8pm、116pm（在CO_2中，而在普通 C═O 中约为 120pm）以及 132pm。正如预期的那样，键长随键级的增大而减小。C—O 单键的典型键长为 143pm，因此，我们有 4 个与键级有关的 C—O 键。图 4.4 表示了这些 C—O 键类型的键级与键长的关系。

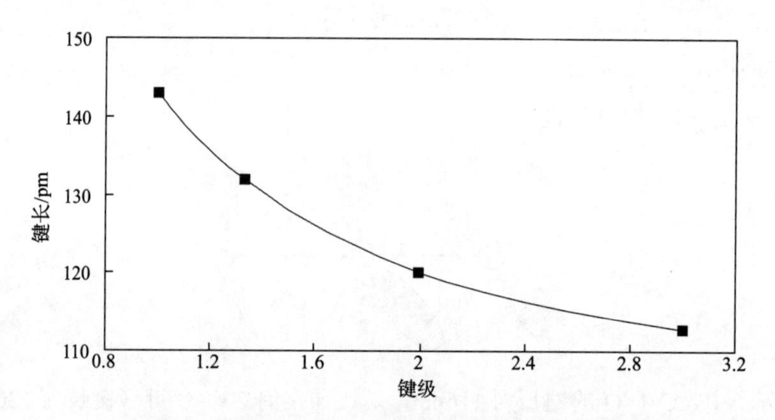

图 4.4　碳和氧原子之间的键的键级与键长的关系

像这样的关系图在 C—O 的键长已知的情况下是有用的，因为从中可以推测键级。基于这点，有时也可以估计各种共振结构的贡献。鲍林提出一个关于键长的方程，与原子间的单键有关：

$$D_n = D_1 - 71\lg n \tag{4.5}$$

其中，D_n 是键级为 n 时的键长，D_1 是单键的键长，n 是键级。利用这个方程，计算得到的键级为 4/3、2 和 3 的 C—O 的键长分别为 134pm、122pm 以及 106pm。计算的键级为 4/3 的键长与 CO_3^{2-} 中的很接近。在许多分子中，C═O 的键长约为 120pm，因此一致性也是很好的。拥有 C≡O 键的分子是一氧化碳，由于它的离子特征使其具有一些不平常的键特征（见第 3 章），因此，实验值和计算值吻合得不是很好。然而，式（4.5）在许多情况下是有用的，可以提供大概的键长。

对 SO_3 分子，考虑到价层电子的八隅体规则，首先画出的结构为：

在这种情况下，当有一个双键时，硫原子的形式电荷为+2，因此，含有两个双键的结构也是可能的，它能降低正的形式电荷。如果结构画为：

对于 SO_3，硫原子周围有 10 个电子，这意味着不符合八隅体规则。然而，除了 3s 和 3p 价层轨道，硫原子还有空的 3d 轨道，可以与氧原子填满电子的 p 轨道重叠。因此，与 CO_3^{2-} 中的碳原子不同，SO_3 中的硫原子能够接受额外的电子，因此拥有两个双键的结构是被允许的。SO_2 中 S—O 键的键级为 1.5，键长为 143pm。这与 SO_3 中的 S—O 键几乎一样，证明 SO_3 中 S—O 键的键级也是 1.5。因此，拥有两个双键的结构对真实结构有一定的贡献，因为如果只有一个双键，键级应该为 4/3。

硫酸根离子 SO_4^{2-} 具有一些特别值得考虑的成键特点。首先，它有 5 个原子，因此需要 40 个电子以使每个原子都达到 8 个电子。然而，它仅有 32 个价层电子（包括给出–2 电荷的两个电子），因此需要共用 8 个电子。四个键将指向四面体的四个顶点，得到结构：

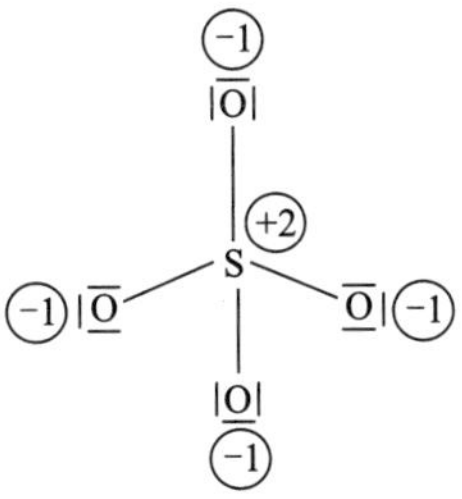

尽管这个结构与我们关于结构和键的几个观点是一致的，但至少还存在一个问题。在确定原子上的形式电荷时，可以发现每个氧原子的形式电荷为–1，而硫原子的形式电荷为+2。尽管硫的电负性比氧低，但原子上的电子密度却不一致。这种情况可以通过让一个氧原子的孤电子对成为共用电子对得到改善：

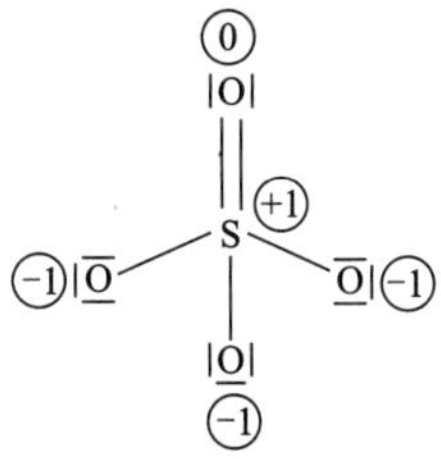

没有理由硫原子只与某一个特殊的氧原子选择形成双键，硫原子与 4 个氧原子之间的成键方式相同，分别与不同的四个氧原子形成双键。现在出现的问题是这种类型的键是怎么产生的。当一个氧原子与硫原子形成单键时，氧原子 p 轨道上还有三个孤电子对。尽管硫原子使用了 sp^3 杂化（来自 3s 和 3p 轨道）形成四个单键，但 3d 轨道的能量并不是很大，而它们是空的。氧原子充满电子的 p 轨道与硫原子的 d 轨道对称性匹配。因此，电子在氧原子和硫原子之间共享，但电子只来自于氧原子充满电子的轨道。结果是，由于生成了π键，每个 S—O 键都有一些双键的特征，S—O 的键长比原子间的单键键长短。

在 H_2SO_4 分子中，有两个氧原子与氢原子和硫原子成键。这些氧原子无法有效地参与形成π键，因此分子的结构为：

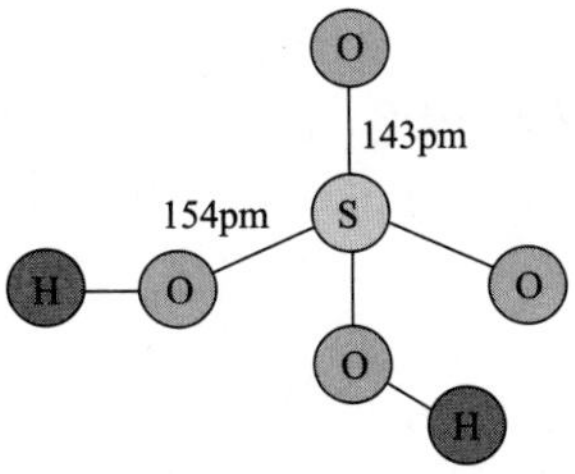

这个结构反映了在硫原子与两个氧原子之间有明显的双键，而与连有氢的两个氧原子之间则没有双键。这种现象在 HSO_4^- 结构中也能清楚地看到：

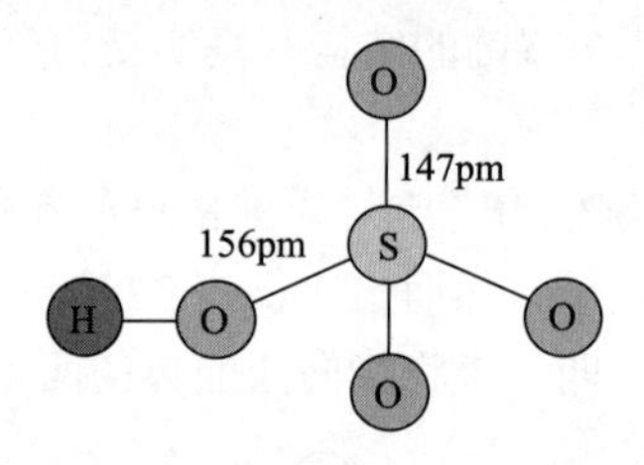

注意到硫原子与三个没有连接氢的氧原子之间的距离比 H_2SO_4 分子中相应的距离略长。原因是在该分子中，反馈作用分布于三个端基氧原子，而不是两个端基氧原子。H_2SO_4 分子中 S—O 键的键级比 HSO_4^- 中的略大。

PO_4^{3-}（正磷酸根）和 ClO_4^- 与 SO_4^{2-} 是等电子体，它们的结构是：

尽管 PO_4^{3-} 中磷原子具有正的形式电荷，但它的电负性明显比氧小。因此，具有双键的结构贡献不大。另外，ClO_4^- 中氯原子的形式电荷为+3，但能够通过将氧原子非键轨道上的一些电子转移到氯原子的空 d 轨道而得到部分减轻。

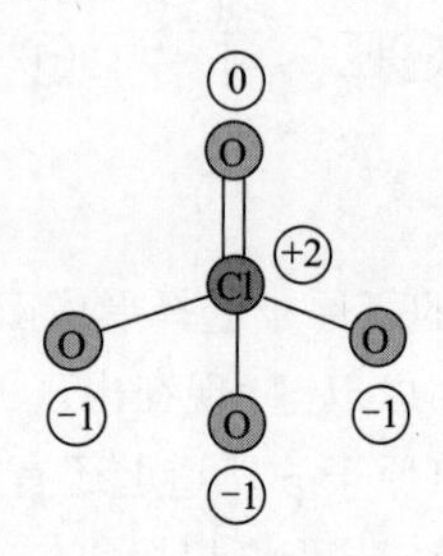

与 SO_4^{2-} 类似，电子转移通过氧原子充满电子的 p 轨道与氯原子空的 d 轨道之间的重叠来实现。具有双键的结构的贡献导致的结果是，氯原子和氧原子之间的键长比按单键预期的键长短。也可以有超过一个的氧原子形成双键的情况，结构为：

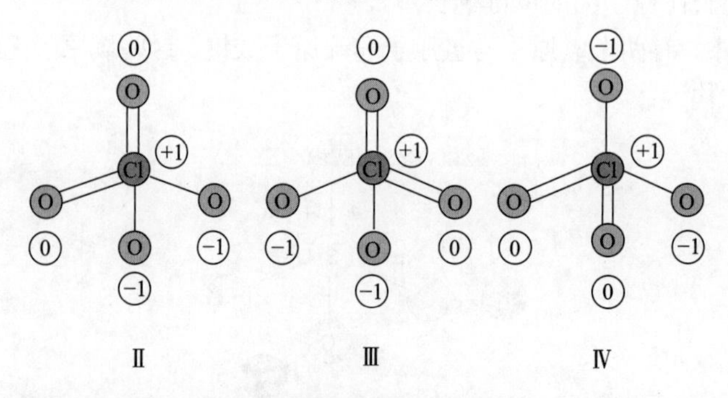

就如预期的一样，ClO_4^- 中的键比单键短的程度更大。

以下所示 H_3PO_4 的分子结构与 H_2SO_4 的分子结构有许多相似之处，但有些地方明显不同。

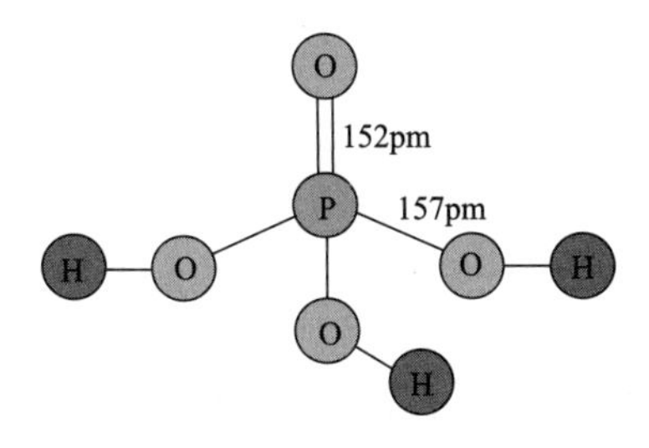

在硫酸中，硫和没有氢的氧之间的距离为143pm，而 H_3PO_4 中相应的P—O键距离为152pm。这表示 P—O 键的双键特征比 S—O 键少。这是可以预测的，因为当画出只有单键的结构时，S 的形式电荷为+2，而画出只有单键的 H_3PO_4 时，P 的形式电荷为+1。此外，磷原子的电负性比硫小（2.2 与 2.6），因此可以预期需要更少的双键就可以减轻负的形式电荷。HO—P 单键的键长为 157pm。

亚磷酸 $(HO)_2HPO$ 的一个结构如下：

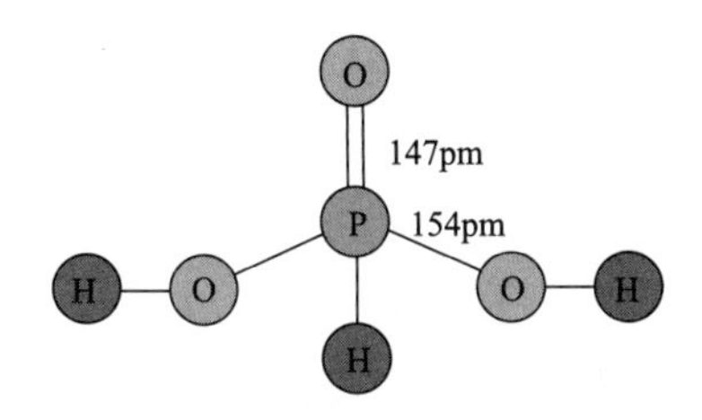

有一个氢原子直接与磷结合，它不是普通的酸。注意到在这种情况下，磷原子与没有与氢相连的氧的距离为 147pm，这表示它比 H_3PO_4 分子中相应的键拥有更多的双键特征。

另一个有趣的结构是连二亚硫酸根离子 $S_2O_4^{2-}$，表示为：

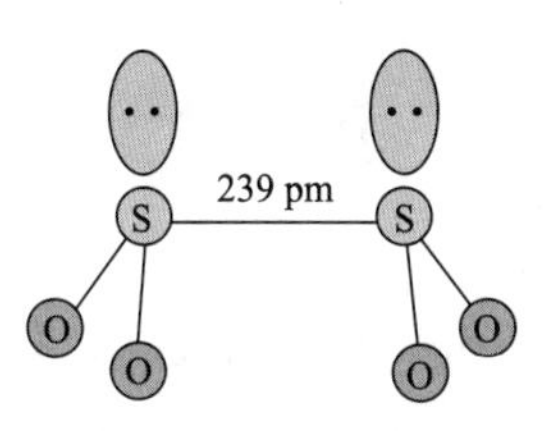

在几种含有 S—S 单键的化合物中，S—S 的键长约为 205pm。$S_2O_4^{2-}$ 中非常长的 S—S 键表示它成键“宽松”。当把 $^{35}SO_2$ 加入含有 $S_2O_4^{2-}$ 的溶液中，发现有一些 $^{35}SO_2$ 并入 $S_2O_4^{2-}$ 中，这进一步证实了这一点。相反，连二硫酸根 $S_2O_6^{2-}$ 的结构为：

它包含一个键长正常的 S—S 键，它比 $S_2O_4^{2-}$ 更稳定。在 $S_2O_4^{2-}$ 中，S—O 是只有很少双键特征的 S—O 键（151pm）。连二硫酸根中 S—O 键本质上具有很多双键特征，这从它的键长是 143pm 且与 SO_2 中的相等这一点可以得到证实。

4.3 复杂结构：未来魅力一瞥

除了到目前为止本章所讨论的结构之外，无机化学还包括其他许多链、环以及笼状结构。本节将描述几种重要的结构，不做理论解释。有一些结构在几个等电子体物质中均出现，因此代表了结构种类。在一些情况下，通过给出化学反应来阐述获得这类结构产物的过程。这些结构通常是一个原子键合其他相同类型的原子形成的结构（称为索环化合物），或者是通过桥联原子形成的结构（特别是氧原子，因为氧通常形成两个键）。后一种结构类型的例子是焦硫酸根$S_2O_7^{2-}$，这个离子可以通过在硫酸中加入 SO_3 或者从 H_2SO_4 或硫酸氢盐中除去水（因为加热所以取名焦硫酸）获得：

$$H_2SO_4 + SO_3 \longrightarrow H_2S_2O_7 \quad (4.6)$$

$$2NaHSO_4 \xrightarrow{\triangle} Na_2S_2O_7 + H_2O \quad (4.7)$$

$S_2O_7^{2-}$ 的结构包含一个氧桥：

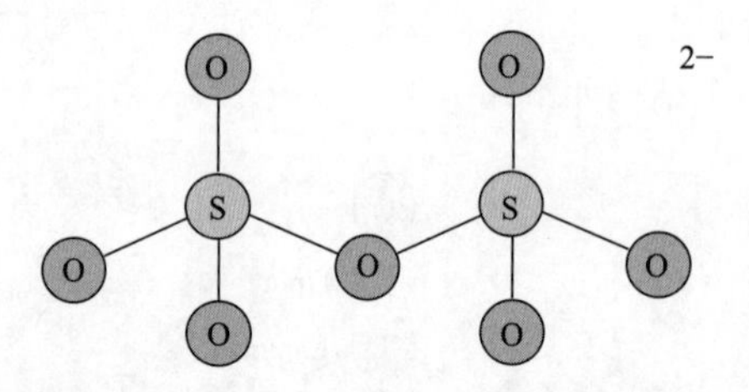

在这个结构中，与 SO_4^{2-} 的情况类似，在硫原子和端基氧原子之间形成的键具有一些双键的特征。除了 $S_2O_7^{2-}$ 之外，其等电子体 $P_2O_7^{4-}$（焦磷酸根）、$Si_2O_7^{6-}$（焦硅酸根）以及 Cl_2O_7（七氧化二氯）的结构也是如此。在过二硫酸根 $S_2O_8^{2-}$ 的结构中，两个硫原子之间通过过氧基桥联。

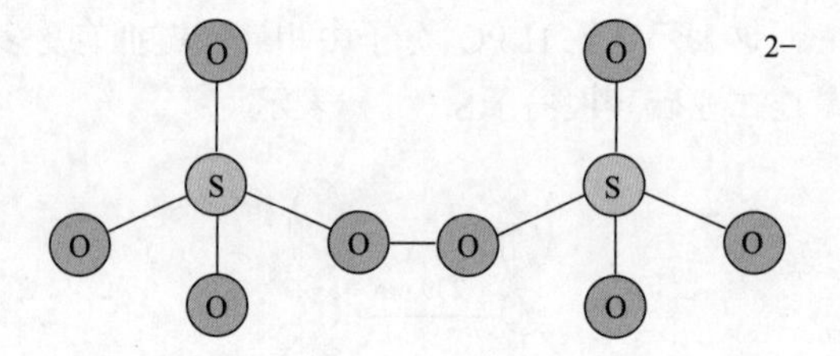

七氧化二氯 Cl_2O_7 是 $HClO_4$ 通过强的脱水剂 P_4O_{10} 脱水得到的：

$$12HClO_4 + P_4O_{10} \longrightarrow 6Cl_2O_7 + 4H_3PO_4 \quad (4.8)$$

焦磷酸来自于硫酸的部分脱水：

$$2H_3PO_4 \longrightarrow H_4P_2O_7 + H_2O \quad (4.9)$$

这个反应可以表示为两个 H_3PO_4 分子脱去一分子水得到，如图 4.5 所示。

多聚磷酸可以看成是 $H_4P_2O_7$ 与另一个 H_3PO_4 分子通过脱水形成。在下述的过程中，产品为 $H_5P_3O_{10}$，称为三聚磷酸：

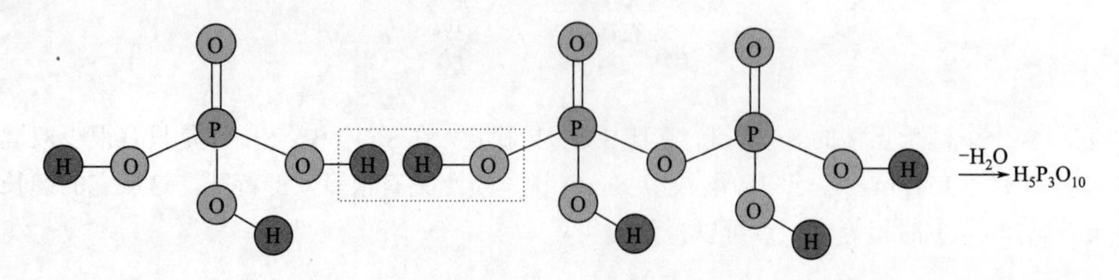

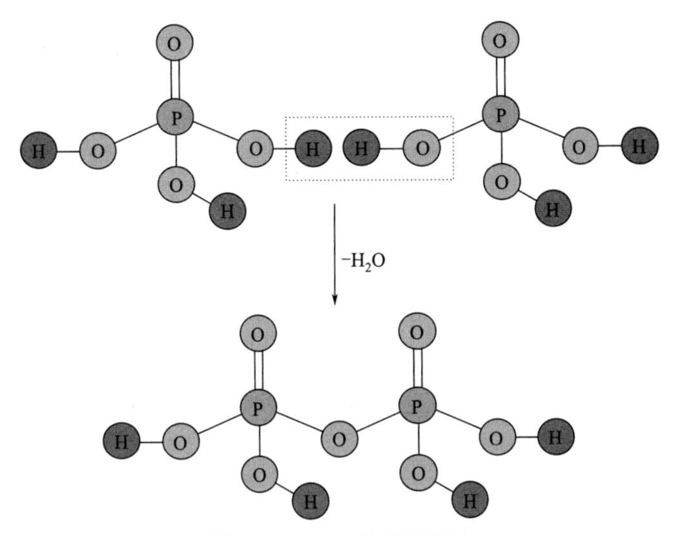

图 4.5　H_3PO_4的部分脱水

焦磷酸根也是从诸如 Na_2HPO_4 盐脱水得到的：

$$2Na_2HPO_4 \xrightarrow{\triangle} Na_4P_2O_7 + H_2O \tag{4.10}$$

P_4O_{10} 在过量的水中完全水合得到磷酸 H_3PO_4：

$$P_4O_{10} + 6H_2O \longrightarrow 4H_3PO_4 \tag{4.11}$$

但 P_4O_{10} 的部分水合产生 $H_4P_2O_7$：

$$P_4O_{10} + 4H_2O \longrightarrow 2H_4P_2O_7 \tag{4.12}$$

元素磷通过在电阻炉中 1200～1400℃下用碳还原磷酸钙可以大规模制备：

$$2Ca_3(PO_4)_2 + 6SiO_2 + 10C \longrightarrow 6CaSiO_3 + 10CO + P_4 \tag{4.13}$$

其中单质磷有几种同素异形体，由 P_4 组成。

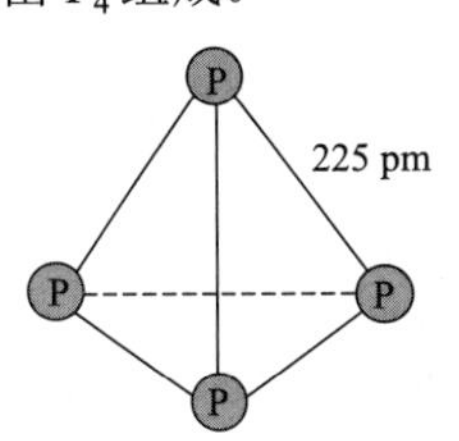

磷的燃烧产生两种氧化物，即 P_4O_6 和 P_4O_{10}，这取决于反应物的相对浓度：

$$P_4 + 3O_2 \longrightarrow P_4O_6 \tag{4.14}$$

$$P_4 + 5O_2 \longrightarrow P_4O_{10} \tag{4.15}$$

P_4O_6 和 P_4O_{10} 都是基于 P_4 四面体的结构。在 P_4O_6 的情况中，有一个氧在沿边的每对磷原子之间形成桥联，得到的结构为：

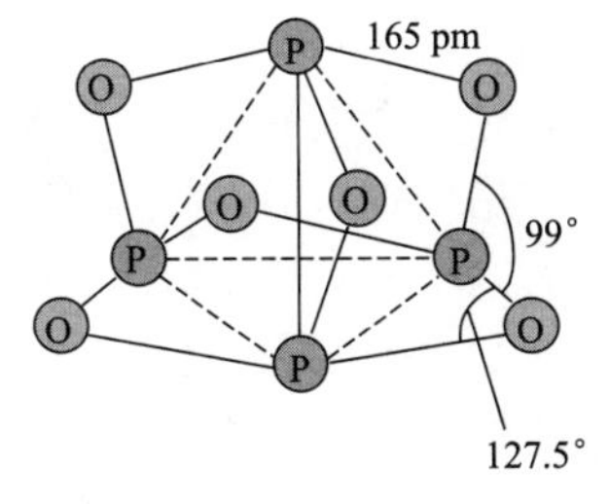

在这个结构中，保持了磷原子的四面体。与 P_4O_6 一致，相比之下，P_4O_{10} 多了四个氧原子，

它们与磷原子结合，因此得到的结构除了有六个桥联氧原子之外，每个磷原子上还连接一个端基氧原子：

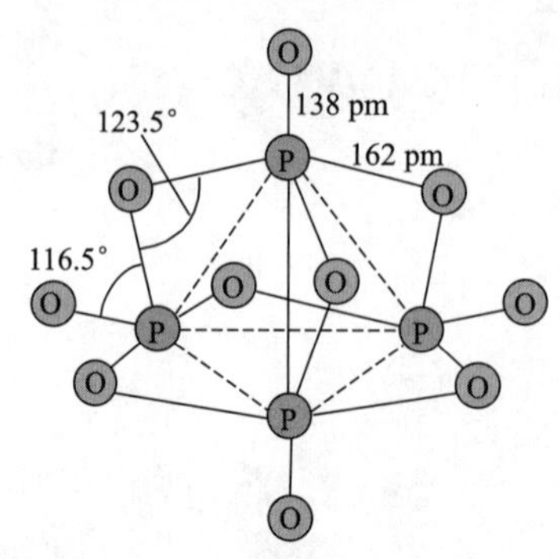

单质磷是仅有的几种由多原子物种组成结构的单质之一。另一种是单质硫，它的结构组成单元是折叠的 S_8 环：

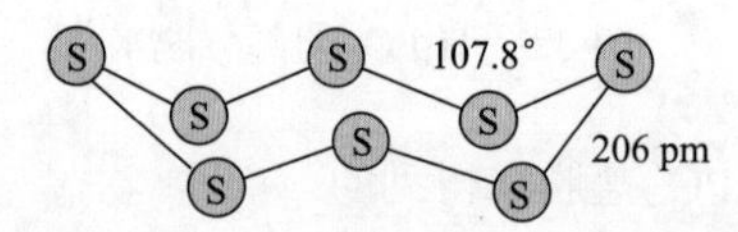

这个八元环代表了斜方晶相中分子的结构，但它绝对不是唯一的硫分子。其他环结构有 S_6、S_7、S_9、S_{10}、S_{12} 以及 S_{20}。就像气态氧含有 O_2 分子，硫蒸气包含顺磁性的 S_2 分子。硒也是以 Se_8 分子存在，但是索环没有硫那么显著，碲形成索环的倾向就更小了。碲的化学性质更接近金属，而不是接近硫或者硒。

四氮化四硫 S_4N_4 可以看成是两种共振结构的混杂：

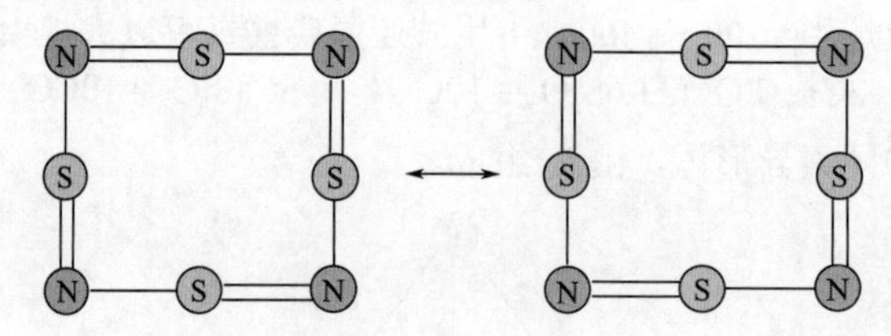

尽管上述的结构表示了共振结构中键的位置，但它的分子的几何结构为：

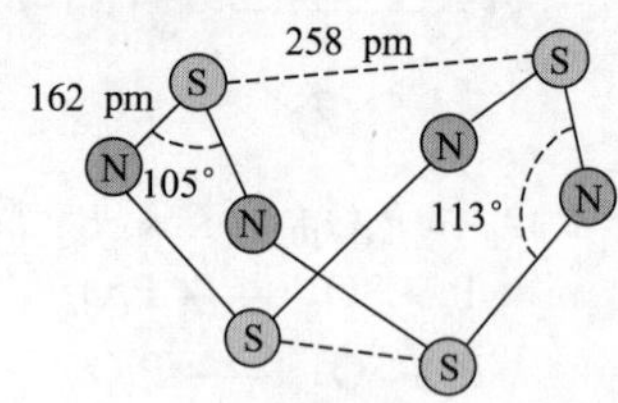

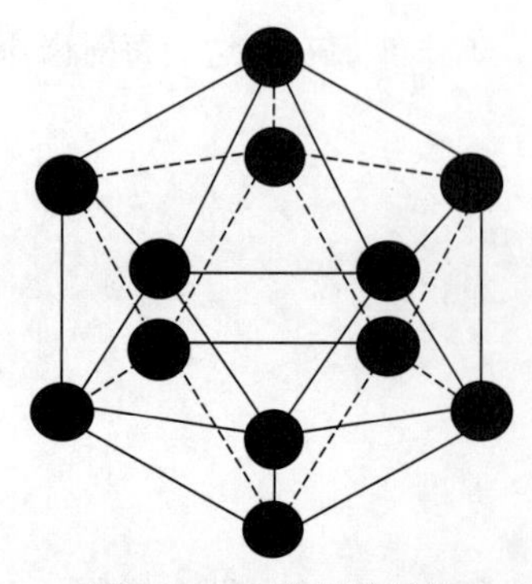

图 4.6　B_{12} 分子的结构

硫原子之间的距离比基于孤立硫原子预测的距离短很多。因此，我们认为硫原子之间存在长的弱键。有大量的已知的 S_4N_4 的衍生物，其中一些将在第 14 章中描述。

硼元素以 B_{12} 二十面体的形式存在，结构如图 4.6 所示。这个结构有两个错开的平面，每个平面上有 5 个原子，此外，还有两个硼原子在顶端的位置。

如果不展示以 C_{60} 存在的碳单质结构，那么对多原子分子单质结构的考察就是不完整的。如图 4.7（a）所示，C_{60} 是表面由 12 个五边形和 20 个六边形组成的笼状结构，称为富勒烯或巴克敏斯特富勒烯，以巴克敏斯特·富勒（R. Buckminster Fuller）的名字命名，他是网格球顶建筑的设计师。每个碳原子使用 sp^2 杂化，通过三个σ键和一个离域π键成键。存在大量已知的 C_{60} 衍生物，其他的碳单质的一般分子式为 C_x（$x\neq60$）。碳也以金刚石和石墨的形式存在，它们的结构如图 4.7（b）和（c）所示。

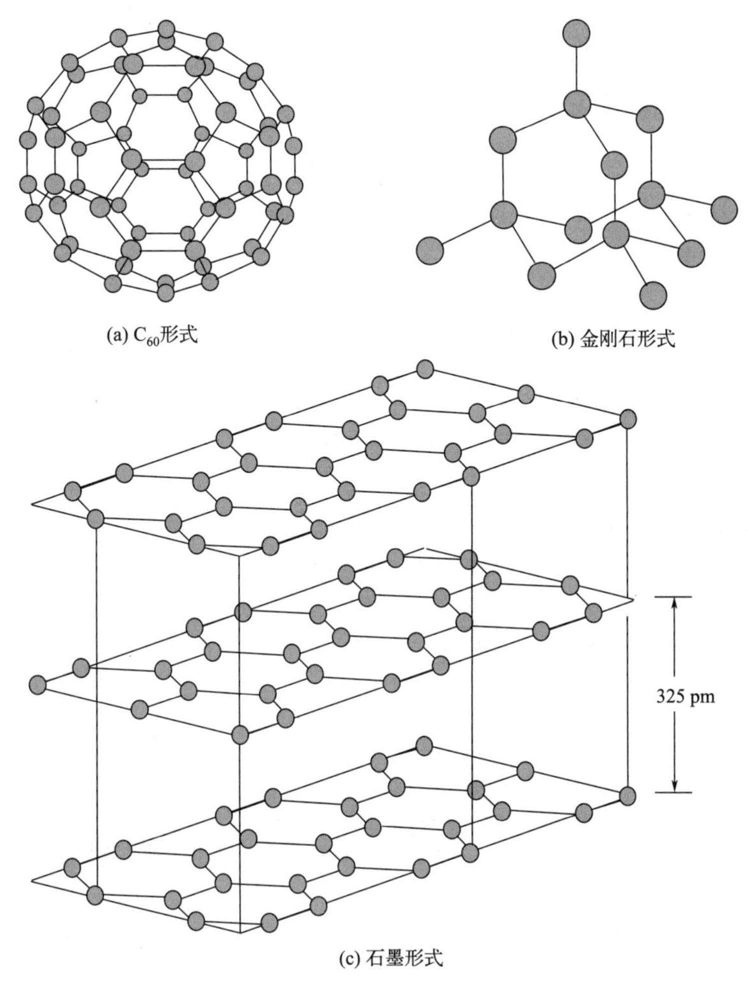

(a) C_{60}形式

(b) 金刚石形式

(c) 石墨形式

图 4.7　部分碳单质的结构（见第 13 章）

除了这些单质的结构，大量的结构无机化学是有关硅酸盐的。这些材料形成大量的天然存在和人工合成的固体，其结构都是基于四面体 SiO_4 单元。有些结构包含孤立的 SiO_4^{4-} 和诸如 $Si_2O_7^{6-}$ 的桥联结构。由于硅原子的共价层比硫原子少两个，SiO_4^{4-} 和 SO_4^{2-} 是等电子体，$Si_2O_7^{6-}$ 与 $S_2O_7^{2-}$ 也是等电子体。

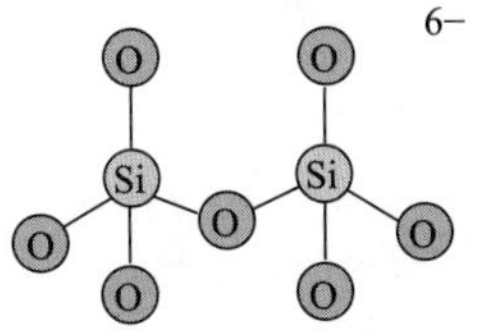

SiO_4^{4-} 称为正硅酸根离子，在矿物锆石（$ZrSiO_4$）、硅铍石（Be_2SiO_4）以及硅锌矿（Zn_2SiO_4）中存在。SiO_3^{2-} 称为硅酸盐离子。一些包含 $Si_2O_7^{6-}$ 的矿物为钪钇石（$Sc_2Si_2O_7$）和异极矿 [$Zn_4(OH)_2Si_2O_7$]。

另一个重要的硅酸盐结构类型是基于交替硅和氧原子形成的六元环，离子为 $Si_3O_9^{6-}$：

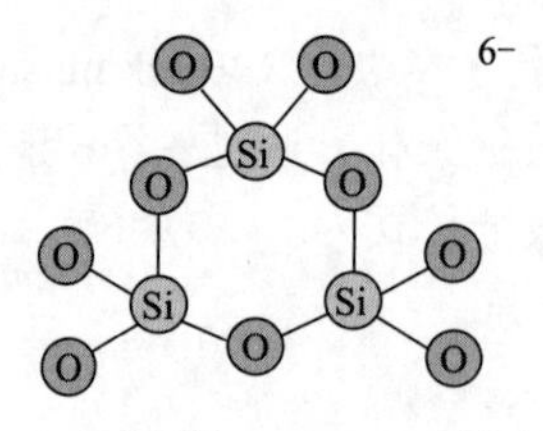

$P_3O_9^{3-}$（称为三偏磷酸根）和 SO_3 三聚体 $[(SO_3)_3]$ 也具有这种结构。三偏磷酸根可以看成 $H_3P_3O_9$（三偏磷酸），即 HPO_3（偏磷酸）三聚体的阴离子。注意到这个酸形式上与 $H_5P_3O_{10}$（三聚磷酸）通过以下反应关联：

$$H_3P_3O_9 + H_2O \rightleftharpoons H_5P_3O_{10} \tag{4.16}$$

$Na_3B_3O_6$ 的阴离子也存在六元环结构。它包含桥联的氧原子，但每个硼原子上只有一个端基氧原子：

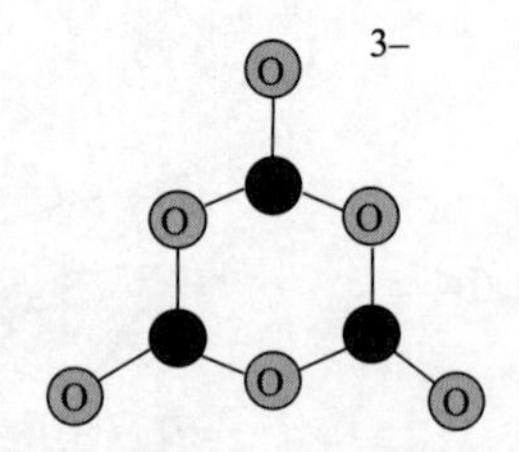

硼酸 $B(OH)_3$ 具有层状结构，每个硼原子处在氧原子形成的三角形环境中，不过在这里不会完整描述这个结构。相邻分子的 OH 基团之间存在氢键。

由于存在大量硅酸盐，它们的结构是基于 SiO_4 四面体的周期排列，因此发展了一套简化符号用于绘制其结构。例如，SiO_4 单元如下所示：

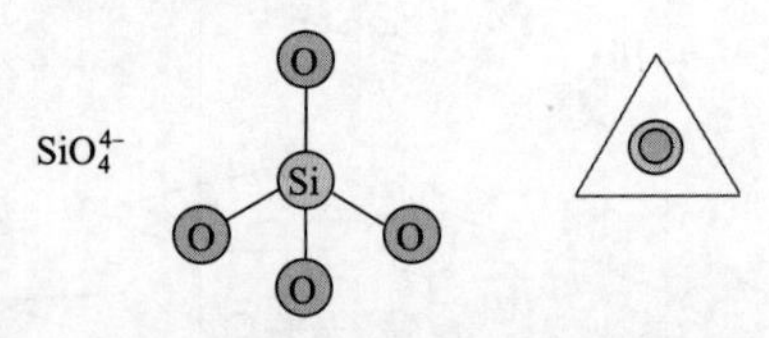

那么，图 4.8 所示的复杂结构就可以通过组合这些单元建立起来。这些结构通过 SiO_4 四面体共顶点或共边组成。在图中，实线圆圈表示硅原子，周围的开口圆表示笔直伸出纸面的氧原子。通过组合这些基本 SiO_4 单元，可以得到各种不同的结构，如图 4.8 所示。

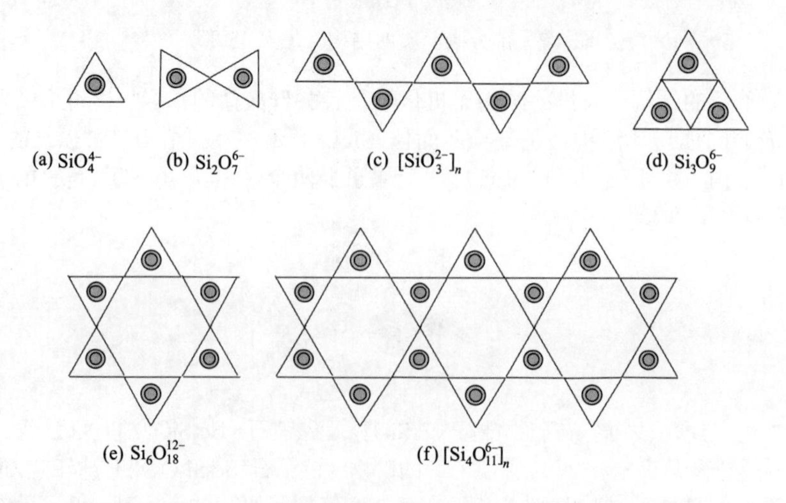

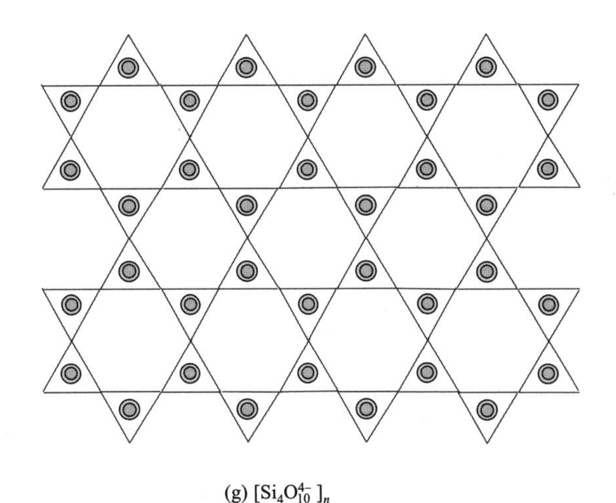

(g) $[Si_4O_{10}^{4-}]_n$

图 4.8　一些常见硅酸盐的结构

尽管氯化铍的分子式为 $BeCl_2$，但这个化合物在固态中是以链状形式存在的。化学键是共价键，每个铍周围的环境本质上是四面体，每个 Cl 桥联两个铍，铍之间的距离为 263pm，结构如图 4.9 所示。在 $BeCl_2$ 单体中，Be 周围只有两个键，贡献 4 个电子。在桥联结构中，Cl 上未成对电子给予铍原子，使其达到八隅体。

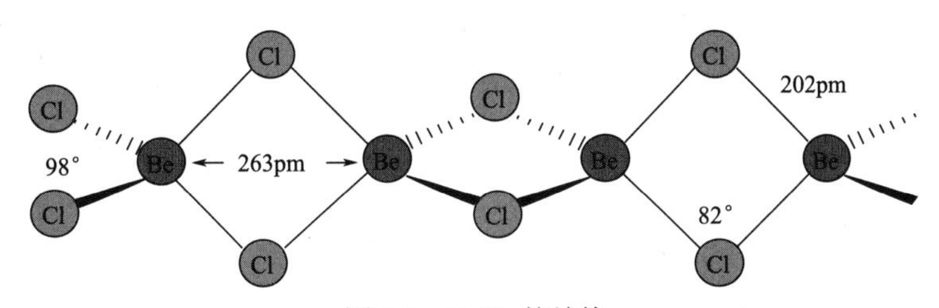

图 4.9　$BeCl_2$ 的结构

在本章中，我们展示了画出分子结构的步骤。展示的结构包含各种类型，此外，本章也包含了其他许多内容。本章目标是提供 VSEPR、杂化轨道、形式电荷以及共振的概述。讨论的原理以及结构在后面还会应用到其他物质的结构中。

4.4 缺电子分子

在本章中，我们阐述了许多关于分子的结构和成键的基本原理。然而，有一类化合物不能很好地用迄今所述的原理进行解释。这种类型的最简单的分子是乙硼烷 B_2H_6，问题是在描述这个分子中的成键时，只有 10 个价层电子可供使用。

BH_3 分子作为独立实体是不稳定的。这个分子可以通过硼原子与另一个能给出电子对（表示为“:”）的分子结合而稳定，此时硼原子达到八隅体结构（见第 9 章）。例如，吡啶和 B_2H_6 发生反应产生 $C_5H_5N:BH_3$。另一个稳定的加合物是碳基硼烷 $OC:BH_3$，其中一氧化碳给出一对电子稳定硼烷。在 CO 中，碳原子的形式电荷是负的，因此是分子中“富电子”的一端。由于稳定的化合物是 B_2H_6，因此我们要解释该分子中的化学键。

B_2H_6 的骨架可以从考虑 $B_2H_4^{2-}$ 开始，它是 C_2H_4 的等电子体。从 $B_2H_4^{2-}$ 出发，它应该有与 C_2H_4 类似的π键，其成键情况可以用图 4.10 表示。

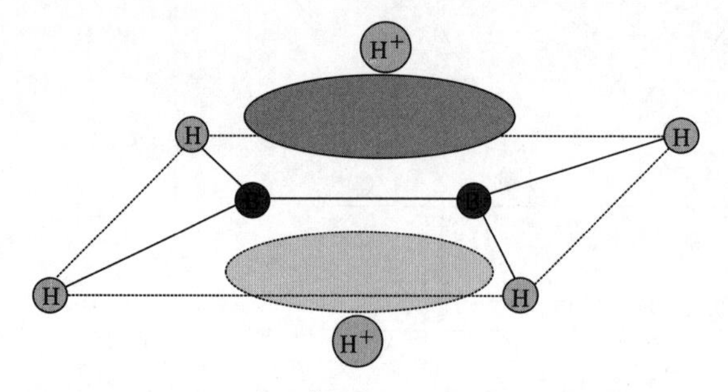

图 4.10　在 $B_2H_4^{2-}$ 上加了两个 H^+ 得到的结构

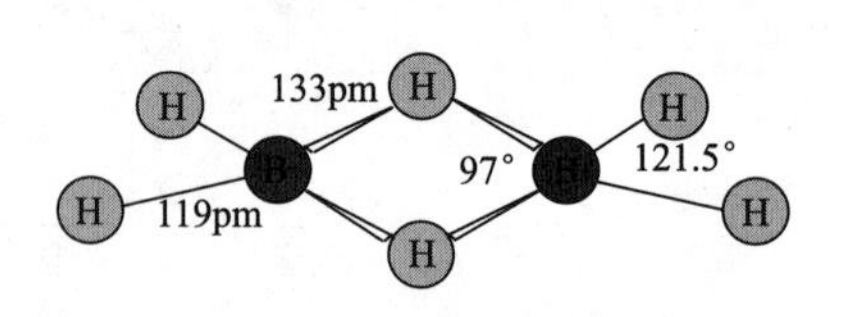

图 4.11　B_2H_6 的结构

图 4.10 示出具有σ键的平面框架，涉及硼原子的 sp^2 杂化轨道，留下一个与平面垂直的没有杂化的 p 轨道。B_2H_6 分子可以认为是假想的 $B_2H_4^{2-}$ 加了两个 H^+ 得到的。在 $B_2H_4^{2-}$ 中，两个多出的电子位于π键上，处在这个结构平面的上方和下方。加上两个 H^+ 时，它们与π键的波瓣重叠，产生一个如图 4.11 所示的结构。

在每一个 B—H—B 桥中，三个原子只通过两个电子键合，硼原子的轨道同时与两个氢原子的 1s 轨道重叠。这种类型的键称为两电子三中心键。根据分子轨道，成键可以描述为两个硼原子轨道和一个氢原子轨道组合产生三个分子轨道，图 4.12 只画出其中能量最低的那个轨道。这类成键方式和其他以氢桥形成三中心两电子键的氢化物将在第 13 章中讨论。

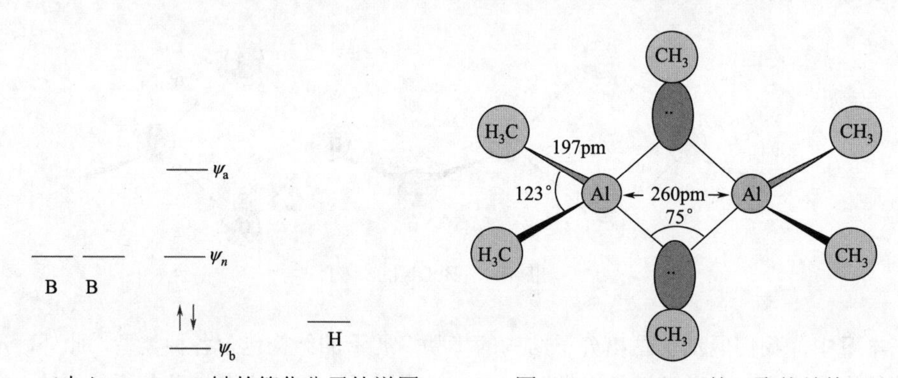

图 4.12　三中心 B—H—B 键的简化分子轨道图

图 4.13　$Al_2(CH_3)_6$ 的二聚体结构

烷基铝具有经验分子式 AlR_3，它二聚成为 Al_2R_6 结构，包含烷基形成的二电子三中心键的桥联单元。例如，$Al_2(CH_3)_6$ 具有的结构和维数如图 4.13 所示。

其他烷基铝也是以烷基桥联形成的二聚体的形式存在。在图 4.13 所示的结构中，有四个 CH_3 基团没有桥联，只有两个有桥联。如果合成多于一种烷基的烷基铝，确定哪种类型的基团形成桥是有可能的。一个这种例子是 $Al_2(CH_3)_2(t\text{-}C_4H_9)_4$。在这种情况下，可以发现甲基包含在桥中，但在端基位置上却找不到甲基。因此，我们推论甲基比正丁基更能在两个铝之间形成强的桥。当合成其他该类型的化合物时，就可以据此建立潜在桥联基团的竞争关系，发现烷基在铝原子之间桥联能力的大小为：$CH_3 > C_2H_5 > t\text{-}C_4H_9$。烷基铝的属性将在第 6 章中详细讨论。在 Al_2Cl_6 二聚体中氯是形成桥联的。事实上，当铝与大量的原子或基团键合时是存在二聚体的。形成的桥的稳定性大小顺序为 $H > Cl > Br > I > CH_3$。

二甲基铍呈现聚合结构，实际上是 $[Be(CH_3)_2]_n$ [见图 4.9 所示的 $(BeCl_2)_n$ 的结构]，$LiCH_3$ 以四聚体 $(LiCH_3)_4$ 形式存在。四聚体的结构包括四个锂原子组成的四面体，四面体的每个平面上存在一个甲基。CH_3 基团上的轨道与 4 个锂原子形成了多中心键。有大量的化合物由于分子的缺电子本质而形成聚集体。

4.5 含有不饱和环的结构

除了已经描述的几种结构类型之外，还有其他几种也是有趣而重要的。其中一种是含有不饱和环的结构。由于 R—C≡N 称为腈，因此含有—P≡N 基团的化合物称为磷腈（phosphonitriles）。具有分子式 N—PH_2 的不稳定分子称为膦嗪（phosphazine）。尽管这个分子是不稳定的，但含有这个单体的聚合物（其中氢被氯取代）是众所周知的。在 C_6H_5Cl 或者 $HCl_2C—CHCl_2$ 中加热 PCl_5 和 NH_4Cl 的溶液导致反应：

$$nNH_4Cl + nPCl_5 \longrightarrow (NPCl_2)_n + 4nHCl \qquad (4.17)$$

已知一些材料具有分子式$(NPCl_2)_n$，但研究得最广泛的是环状三聚体$(NPCl_2)_3$，它的结构是：

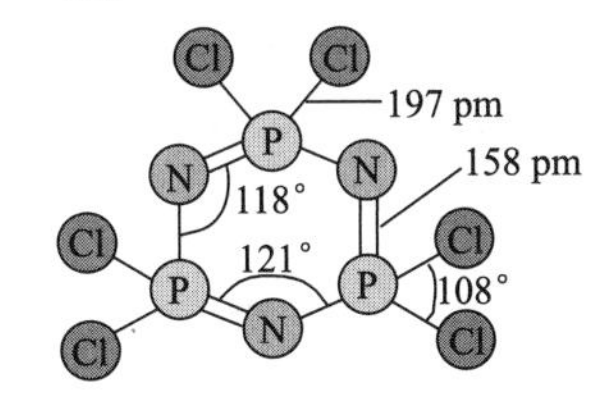

这类称为膦嗪的化合物由于π键而形成平面环状结构。在$(NPCl_2)_3$中，P—N 的键长为 158pm，比 P—N 单键（约 175pm）短得多。人们还不确定这些化合物是否具有严格的芳香性。$(NPCl_2)_3$中的键比苯中的键更复杂，与苯中离域π轨道是由碳原子上非杂化 p 轨道重叠形成的不同，P—N 键包含 p_N-d_P（下标表示参与的原子）重叠形成的 p_π-d_π键。离域作用在膦嗪中看起来不像在苯中那样完全。取代环中磷原子上的两个基团可以得到三种类型的产物。如果取代是在同一个磷原子上的，产物就是孪位的，如果取代是在不同磷原子上发生的，产物就可能是顺式或者反式构型的，这取决于这两个基团是在环的同一边还是相反的一边。它们的结构如图 4.14 所示。这些化合物的化学性质将在第 13 章中具体讨论。

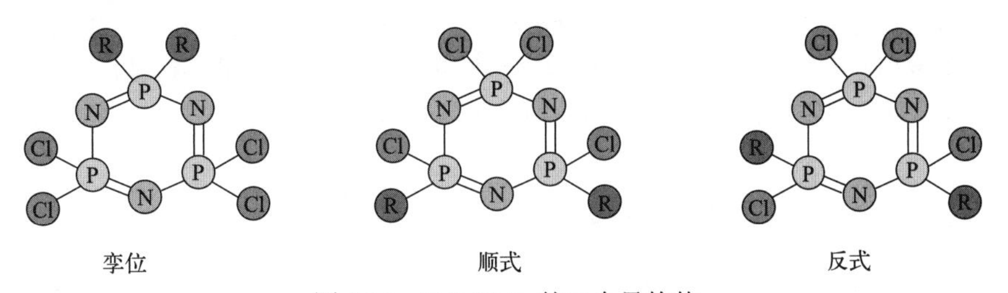

图 4.14　$N_3P_3Cl_4R_2$ 的三个异构体

碳原子有 4 个价层电子。由于硼原子和氮原子分别具有 3 个和 5 个价层电子，一个硼原子和一个氮原子加起来就相当于两个碳原子。因此，一个具有偶数碳原子数（n）的化合物与一个具有 $n/2$ 个硼原子和 $n/2$ 个氮原子形成的化合物结构是类似的。这种类型的最常见的情况是一种苯 C_6H_6 的类似物，它具有的分子式为 $B_3N_3H_6$。这个化合物有时称为"无机苯"，它是环硼氮烷，具有与苯类似的共振结构，如图 4.15 所示。

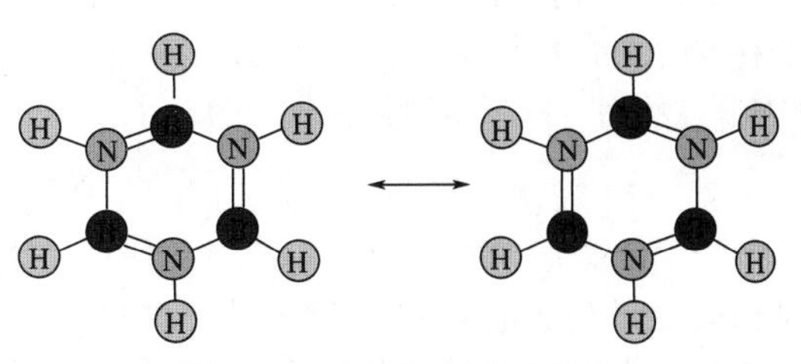

图 4.15　$B_3N_3H_6$ 的共振结构

因此，环硼氮烷分子是具有芳香性的。环硼氮烷的很多性质与苯相似，但是它的反应活性由于 B—N 键比苯中纯粹的共价键极性大而更高。

其三氯衍生物在每个硼原子上都有一个氯原子，称为*B*-三氯代环硼氮烷。环硼氮烷可以通过几种不同的方法制备，其中一种是三氯化物的还原：

$$6NaBH_4 + 2Cl_3B_3N_3H_3 \longrightarrow 2B_3N_3H_6 + 6NaCl + 3B_2H_6 \quad (4.18)$$

环硼氮烷也可以通过乙硼烷与氨反应直接得到：

$$3B_2H_6 + 6NH_3 \longrightarrow 2B_3N_3H_6 + 12H_2 \quad (4.19)$$

这个有趣化合物的更多的化学性质将在第 14 章中介绍。

4.6 键能

与分子结构紧密相关的是化学键的能量。经常可以通过结构中键的类型确定哪种分子结构更稳定。然而，由于 SF_4 有 4 个 S—F 单键，无法确定是三角双锥还是变形四面体的结构更稳定，因为它们都有四个键。然而，在许多情况下，键能提供了一个有用的工具。

考虑化合物 $N(OH)_3$，我们猜想它不是一个氮原子、三个氧原子和三个氢原子的最稳定排列。假设这个分子的一个反应可以写为：

$$N(OH)_3 \longrightarrow HO{-}N{=}O + H_2O$$

我们可以认为这个反应发生时先断裂 $N(OH)_3$ 中所有的键，然后生成 HNO_2（事实上是 HONO）和 H_2O 中所有的键。断裂 $N(OH)_3$ 中的键意味着断裂 3 个 N—O 键（每个为 163kJ）和 3 个 H—O 键（每个为 464kJ）。所需的能量为 3×163kJ+3×464kJ=1881kJ。当产物生成时，生成的键为水中的两个 H—O 键和 HNO_2 中的一个 H—O 键、一个 N—O 键（163kJ）和一个 N═O 键（594kJ）。这些键的总能量为 2149kJ，意味着释放的能量的数值。因此，在整个过程中，能量变化为 1881kJ–2149kJ=–268kJ。因此，$N(OH)_3$ 比产物 HNO_2 和 H_2O 不稳定。这个计算没有告诉我们这个过程的速率，因为速率取决于途径，而热力学稳定性只取决于始态和终态。甚至能量有利的反应也可能缓慢发生（甚至根本不发生），因为可能不存在低能垒的反应途径。

我们再考虑另一个应用到键能的例子。本章较早时我们考虑过氰酸根离子（OCN^-）的结构。假设考虑的结构为：

$$\underset{\text{I}}{\overline{\underline{O}}{=}C{=}\overline{\underline{N}}} \qquad \underset{\text{II}}{\overline{\underline{O}}{=}N{=}\overline{\underline{C}}}$$

我们希望对这两个结构的相对稳定性做出预测。从我们之前的讨论，我们知道结构 I 比结构 II 更有可能，因为氮原子上有正的形式电荷。需要的键能如下：

C═O　745kJ　　　N═O　594kJ

C═N　615kJ

从几个原子（此外还有一个电子）开始成键，结构 I 可以释放的总能量为–1360kJ，而结构 II 释放的总能量为–1209kJ。因此，我们预测（正确的）这个离子的结构应该为 OCN^-，而不是 ONC^-。然而，以下结构包含一个 N═O 键（594kJ）和一个 C═O 键（745kJ）：

$$\overline{\underline{N}}{=}O{=}\overline{\underline{C}}$$

因此从键能上看，它好像几乎与结构 I 一样稳定（1339kJ，与 1360kJ 接近）。但是，这个结构把+2 的形式电荷放在氧原子上，这与成键的原理刚好相反。因此，最好不要一味地只使用键能的方法，应该把它与其他的信息结合起来使用。例如，当尝试确定与稳定性相关的性质时，应该与形式电荷和电负性等联合使用。

键能方法推算出的能量值，可能是不准确的，因为它是一个自由能变ΔG，与平衡常数有关，自由能由下式给出：

$$\Delta G=\Delta H-T\Delta S \tag{4.20}$$

因此，结构中熵的不同也可能是某些情况下的影响因素。尽管如此，键能还是提供了一个用来比较结构稳定性差异的基础。为了使用这个方法，需要知道许多类型键的能量数据，它们如表 4.1 所示。

我们需要记住键能是一个基于几种类型的分子键能的平均值。对于给定的分子，某个键的键能多少与表中给出的数值有点不同。因此，在依靠键能确定两种结构的稳定性差异时，相关的数值上小的差异是非决定性的。

键能的一个有趣和有意义的应用包括解释 CO_2 和 SiO_2 的巨大不同。对于 CO_2，其固体是分子晶体，每个分子中具有两个双键。

$$\overline{\underline{O}}=C=\overline{\underline{O}}$$

对于 SiO_2，其晶体是原子晶体，不存在单独的小分子，晶体结构是网状的，氧原子在硅原子之间形成桥联，每个 Si 被四个氧原子包围，如图 4.16 所示。

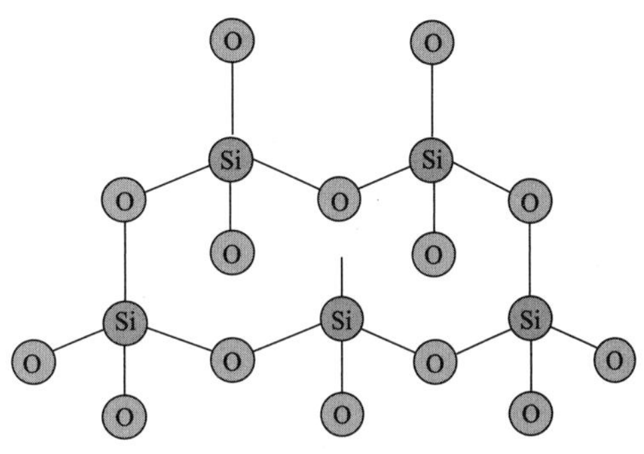

图 4.16　SiO_2 的网络结构

CO_2 中的π键导致形成非常稳定的双键，比两个 C—O 单键更稳定（C═O 为 745kJ·mol^{-1}，而每个 C—O 为 360kJ·mol^{-1}）。在 Si 和 O 之间，π键没有这么强，因为两个原子的轨道尺寸不同。结果是，Si—O 单键为 464kJ·mol^{-1}（比 C—O 键强，因为极性更强)，而 Si═O 仅有 640kJ·mol^{-1}。因此，碳形成两个 C═O 双键在能量上更有利，但形成四个 Si—O 单键比形成两个 Si═O 双键在能量上更有利。因此，在常温下，CO_2 是单分子气体，而 SiO_2（以几种形式存在）是网状结构不断延伸的晶体（固体），其熔点超过 1600℃。

一个化合物本来可以通过释放能量转化成更稳定的另一化合物，但是如果动力学不利于这种转化的话，这个化合物可能保持在更不稳定的状态。假设以下反应是热力学有利的：

$$A \longrightarrow B \tag{4.21}$$

如果反应的途径是速率很低的，A 可能不反应，因为动力学惰性大于热力学稳定性。这种情况称为动力学稳定性，而非热力学稳定性。一个相似的情形在考虑以下系统时是存在的。

$$A \begin{cases} \nearrow B\ (\text{快速形成但较不稳定}) \\ \searrow C\ (\text{缓慢形成但较稳定}) \end{cases} \tag{4.22}$$

在这种情况下，由于反应速率的不同，反应主要的产物会是 B，虽然它没有 C 稳定。有时候，B 称为动力学产物，C 称为热力学产物。

在本章中，我们初步讨论了成键的原理，它们在研究无机化学时有很广泛的应用。我们通过展示许多在研究无机材料时会遇到的重要结构类型进行介绍。这些结构在后面的章节中还会看到，旨在展示许多不同的结构类型并阐述它们之间的关系。共振、排斥、电负性以及形式电荷等原理被用于解释许多键方面的问题，它们对于理解结构是很有用的。

拓展学习的参考文献

Cotton, F.A., Wilkinson, G., Murillo, C.A., Bochmann, M., 1999. Advanced Inorganic Chemistry, 6th ed. John Wiley, New York.Almost 1400 pages devoted to all phases of inorganic chemistry. An excellent reference text.

DeKock, R.L., Gray, H.B., 1980. Chemical Bonding and Structure. Benjamin Cummings, Menlo Park, CA. An excellent introductionto many facets of bonding and structure of a wide range of molecules.

Douglas, B.E., McDaniel, D., Alexander, J., 1994. Concepts and Models of Inorganic Chemistry, 3rd ed. John Wiley, New York. A well known text that provides a wealth of information on structures of inorganic materials.

Greenwood, N.N., Earnshaw, A., 1997. Chemistry of the Elements, 2nd ed. Butterworth Heinemann, New York. Although this is a standard reference text on descriptive chemistry, it contains an enormous body of information on structures of inorganic compounds.

Huheey, J.E., Keiter, E.A., Keiter, R.L., 1993. Inorganic Chemistry: Principles of Structure and Reactivity, 4th ed. Benjamin Cummings,New York. A popular text that has stood the test of time.

Lide, D.R. (Ed.), 2003. CRC Handbook of Chemistry and Physics, 84th ed. CRC Press, Boca Raton, FL Structural and thermodynamicdata are included for an enormous number of inorganic molecules in this massive data source.

Mackay, K., Mackay, R.A., Henderson, W., 2002. Introduction to Modern Inorganic Chemistry, 6th ed. Nelson Thornes, Cheltenham,UK. One of the standard texts in inorganic chemistry.

Pauling, L., 1960. The Nature of the Chemical Bond, 3rd ed. Cornell University Press, Ithaca, NY. A true classic in bonding theory.Although somewhat dated, this book still contains a wealth of information on chemical bonding.

Sharpe, A.G., 1992. Inorganic Chemistry, 3rd ed. Longman, New York. Excellent coverage of bonding concepts in inorganic molecules and many other topics.

Atkins, P., Overton, T., Rourke, J., Weller, M., Armstrong, F., 2010. Shriver and Atkins Inorganic Chemistry, 5th ed. Oxford,New York. A highly regarded textbook in inorganic chemistry.

习题

1. 画出下列物种的结构，表示出正确的几何构型和所有的价层电子：（a）OCS;（b）XeF_2;（c）H_2Te;（d）ICl_4^+;（e）$BrCl_2^+$;（f）PH_3。

2. 画出下列物种的结构，表示出正确的几何构型和所有的价层电子：（a）SbF_4^+;（b）ClO_2^-;（c）CN_2^{2-};（d）ClF_3;（e）$OPCl_3$;（f）SO_3^{2-}。

3. 假设一个分子由两个磷原子和一个氧原子组成。画出这个分子两种可能的异构体。对于更稳定的结构，画出共振结构。哪种结构最不重要？

4. 画出下列物种的结构，表示出正确的几何构型和所有的价层电子：（a）Cl_2O;（b）ONF;（c）$S_2O_3^{2-}$;（d）PO_3^-;（e）ClO_3^-;（f）ONC^-。

5. ONCl 的键角为 116°。根据杂化解释这意味着什么。氮原子上的轨道怎样杂化才允许形成π键？

6. 为什么 HNO_3 中两个由 N 与 O 形成的键的键长比 NO_3^- 中的短？

7. NO_2^+ 中 N—O 的键长为 115pm，但在 NO_2 分子中为 120pm。解释这种差别。

8. 在 H_3PO_4 中，有一个 P—O 与其他三个 P—O 的键长不一样。它是比其他三个长还是短？为什么？

9. P—N 通常的键长约为 176pm。在$(PNF_2)_3$（包含磷和氮原子交替排列的六元环）中，P—N 的键长为 156pm。它们的键长为什么不同？

10. C≡O 的键长为 113pm，它是双原子分子中最强的键。它为什么比它的等电子体 N_2 中的键强？

11. 反应 $CaC_2+N_2 \longrightarrow CaCN_2+C$ 产生氰氨化钙，它广泛地用作肥料。画出氰氨离子的结构并描述成键情况。

12. O═O 和 S═S 的键能分别为 $498kJ \cdot mol^{-1}$ 和 $431kJ \cdot mol^{-1}$，O—O 和 S—S 的键能分别为 $142kJ \cdot mol^{-1}$ 和 $264kJ \cdot mol^{-1}$。为什么硫单质的结构具有很多的索环结构，而氧单质却没有？

13. 为什么在 P_4O_{10} 中有两种不同的 P—O 键？为什么它们差别很大？

14. 解释 NO_2^-(124pm) 和 NO_3^-(122pm) 中 N—O 键的微小不同。

15. 在化合物 ONF_3 中，O 与 N 之间的键长为 116pm。N—O 单键的键长为 121pm。画出 ONF_3 的共振结构。观察到的键长为什么短？

16. 考虑到键能为：C—O $360kJ \cdot mol^{-1}$，C═O $745kJ \cdot mol^{-1}$，Si—O $464kJ \cdot mol^{-1}$，Si═O $640kJ \cdot mol^{-1}$。为什么含有 Si—O—Si 连接单元的拓展结构是稳定的，而类似的含有 C—O—C 键的结构却不稳定？

17. 丙二酸（$HO_2C—CH_2—CO_2H$）脱水产生 C_3O_2（称为二氧化三碳或者低氧化碳）。画出 C_3O_2 的结构，根据共振结构描述它的键。

18. 为什么 N—O 的键长在以下物种中依次减小：$NO_2^- > NO_2 > NO_2^+$？

19. 在固态中，PBr_5 以 $PBr_4^+Br^-$的形式存在，而 PCl_5 以 $PCl_4^+PCl_6^-$的形式存在。解释这个差别。

20. VA 族元素的含氧酸根离子的稳定性按以下顺序降低：$PO_4^{3-} > AsO_4^{3-} > SbO_4^{3-}$。解释稳定性的这个趋势。

21. 尽管氟原子的电子亲和能比氯原子的小，但是 F_2 的反应活性比 Cl_2 高。解释这种反应活性差别的一些原因。

22. 画出 H_5IO_6 的结构。为什么碘原子能形成 H_5IO_6，但氯原子不能形成 H_5ClO_6？

23. 画出 $N(OH)_3$ 和 ONOH 的结构。利用键能指出 $N(OH)_3$ 预期是不稳定的原因。

24. 利用键能指出 H_2CO_3 容易分解为 CO_2 和 H_2O 的原因。

25. 大部分偕二醇化合物（在同一个碳原子上有两个 OH 基团）是不稳定的。利用键能指出这是意料之中的结果。

26. 以下含锑的物种是已知的：$SbCl_3$、$SbCl_4^-$、$SbCl_5$、$SbCl_5^{2-}$ 以及 $SbCl_6^-$。画出它们的结构，并用 VSEPR 预测键角。在每个物种中锑原子的杂化轨道类型是什么？

27. 一个产生 NCN_3，即叠氮化氰的反应为：

$$BrCN+NaN_3 \longrightarrow NaBr+NCN_3 \text{（叠氮化氰）}$$

画出叠氮化氰的结构，并推测它的稳定性。

28. 画出硫化氰$(SCN)_2$的两种可能的结构，对画出的两种结构的相对稳定性做出评价。

29. 为什么 OF_2 分子中 F—O—F 键角为 102°，而 OCl_2 中 Cl—O—Cl 键角为 115°？

30. PF_5 以分子的形式存在，而“NF_5”却以 $NF_4^+F^-$ 的形式存在。解释这种差别。

31. P—O 和 Si—O 单键的键长分别为 175pm 和 177pm。在 PO_4^{3-} 和 SiO_4^{4-} 中，相应的键长分别为 154pm 和 161pm。为什么它们的键长比单键短？为什么 P—O 键比 Si—O 键短得更多？

第 5 章 对称性和分子轨道

在前面的章节中，我们通过画出电子在分子中的分布图来描述许多分子和离子的结构。然而，还有另外一种描述分子结构的方法。这种方法用不同的语言和符号展现结构的信息，有效而明确。在这种方法中，分子和离子的结构根据它们的对称性进行描述。对称性与对象的空间排列以及它们之间的相互关系有关。例如，字母“T”有一个通过它的“标杆”的平面平分它，得到的两半关于那个平面是相同的。然而，字母“R”就没有一个平面可以将它分成两个对等的部分。这个简单的例子阐明了我们称为对称面的对称性特征。依照分子结构的对称性，我们能做更多的事情，因此，本章用于介绍这个重要的主题。

5.1 对称元素

理解分子结构相关的对称性就是学习如何通过原子之间的空间关系来看分子。把分子形象化为三维组装体是根据对称元素来实现的。对一个结构而言，有特殊关系的线、平面以及点称为对称元素。在上述的讨论中，我们指出字母“T”有一个平面可以将其平分为对等的两部分。这个平面称为对称面或者镜面（表示为σ）。字母“H”也有一个可以将它们平分为对等的两部分的平面，该平面与纸面垂直，并平分其横杠。此外，对字母 H，还存在一条线，字母围绕其旋转可以变成其等效的形状。例如，在纸面上通过横杠中点的线就是这样的线。另一条线是垂直于纸面并通过横杠的中点，第三条能够使 H 旋转得到等效图形的线是处于纸面上并穿过横杠的线。围绕这三条线中的任何一条旋转 180°，都可以得到与 H 等效的结构。

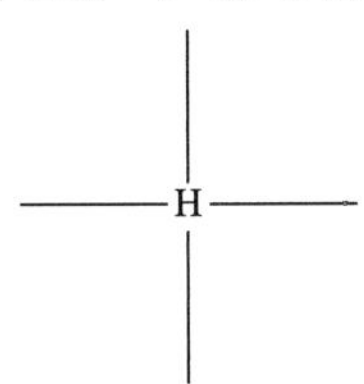

将 H 围绕所示的两条线中的一条旋转，都可以使该字母处于图中所示的朝向。而第三条线是垂直于纸面并通过横杠中心的线。

我们刚刚描述的这些线称为对称线或者旋转轴，用字母 C 表示。在这种情况下，得到相同取向的 H 所需要旋转的角度为 180°，因此，这个轴称为 C_2 轴。下标 2 是将 360° 除以通过旋转得到等效形式所需要的角度得到的数值。也就是，360°/180°=2，因此，H 中的每个轴都为 C_2 轴。确切地讲，我们所描述的更正确称呼应该是真旋转轴。区分真旋转轴和实际旋转分子的操作是很重要的。当然，任何物体都能通过旋转 360° 得到其取向不变的形式，因此，所有的物体都有 C_1 轴。旋转可以连续地操作，围绕 n 次对称轴旋转分子 m 次表示为 C_n^m。

如果我们考虑 H_2O 分子，它的原子排列（没有给出电子的位置，因为确定对称性时不需要考虑电子）为：

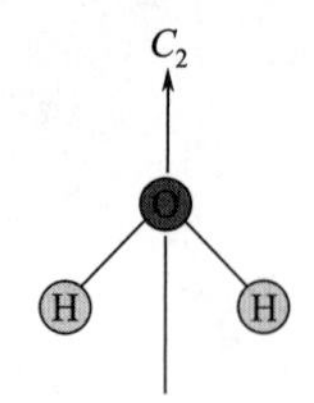

我们看到通过氧原子有一条线平分 H—O—H 键角，绕其旋转 180° 不改变分子。因此，这条线就是一个 C_2 轴。虽然任何通过分子的线都是 C_1 轴，但是 C_2 轴是对称性最高的轴，因为通过它得到初始结构所需要旋转的角度最小。结构中最高对称性的轴指定为 z 轴。

从前面画出的 H_2O 分子的结构（以及随后出现的图 5.5）中，我们既可以看到也可以找到两个平面将 H_2O 分子划分为对等的两部分：其中一个平面是纸平面；另一个平面是垂直于纸平面，平分氧原子，使氢原子分居两边的平面。对称平面表示为σ。由于我们通常把 z 轴放在垂直方向，因此这两个对称面都是包含 z 轴的垂直的平面，表示为σ_v平面。H_2O 分子有一个 C_2 轴和两个垂直平面（σ_v），因此它的对称性符号（也称为点群）为 C_{2v}。我们将在后面进一步解释这个符号。

ClF_3 的分子结构是基于中心原子有 10 个电子这一点（来自 Cl 的 7 个价层电子和每个 F 中的 1 个电子）推出的。就像我们之前看到的那样，孤电子对处在赤道位置，因此结构为：

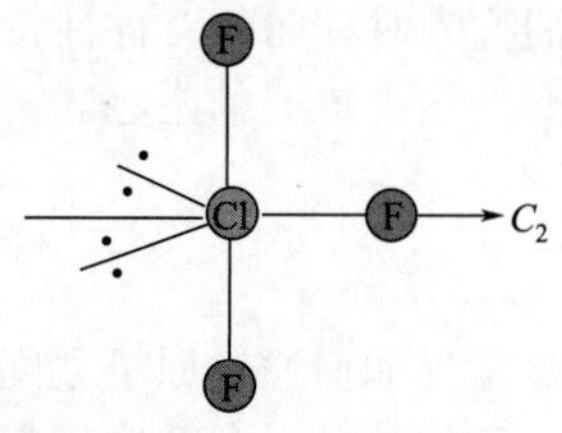

很容易看到，穿过氯原子和赤道位置的氟原子的线是一个 C_2 轴。围绕这个轴旋转 180°，这两个原子不变，但轴向的两个氟原子交换了位置。此外，还有两个平面平分这个分子：其中一个平面是纸平面，它平分所有的原子；另一个平面是垂直于纸面并平分氯原子和赤道氟原子的平面。这些对称元素的集合（一个 C_2 轴和两个垂直对称面）意味着 ClF_3 分子也是具有 C_{2v} 对称性的分子。

H_2CO 的分子结构为：

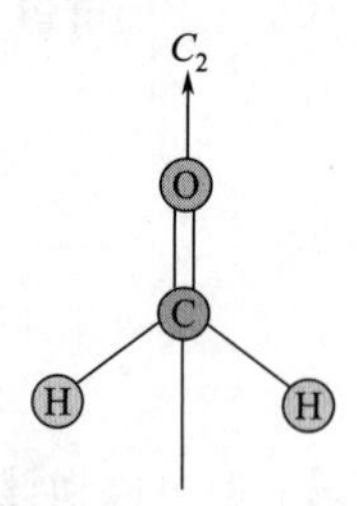

通过碳和氧原子的直线是该分子的 C_2 轴，分子旋转 180°，这两个原子的位置不变，而氢原子的位置互换。此外，有两个平面平分这个分子：其中一个平面垂直于纸面并平分氧和碳原子，两个氢原子分居两边；另外一个平面是纸面，平分四个原子。因此，H_2CO 分子也具有 C_{2v} 对称性。在上述的例子中，这些分子具有一个 C_2 轴和两个在 C_2 轴交叉的σ_v平面。这些特征定义了称为 C_{2v} 的对称类型，这也是这些分子所属的点群。

NH_3 的分子结构可以表示为：

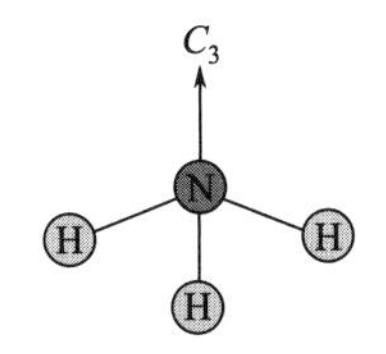

这个三角锥形分子具有既通过氮原子也通过三个氢原子组成的三角形中点的 C_3 轴。围绕这个轴旋转 120°，氮原子的位置不变，但氢原子的位置互换。沿着 C_3 轴从上往下看，可以看到 NH_3 分子是：

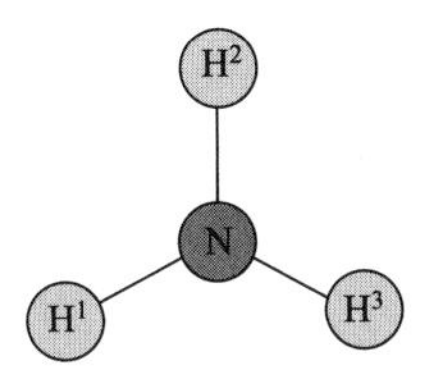

图中的视角是沿着 C_3 轴往下看，氢原子的上标是为了辨别它们的位置。围着 C_3 轴顺时针旋转 120° 得到的分子的取向为：

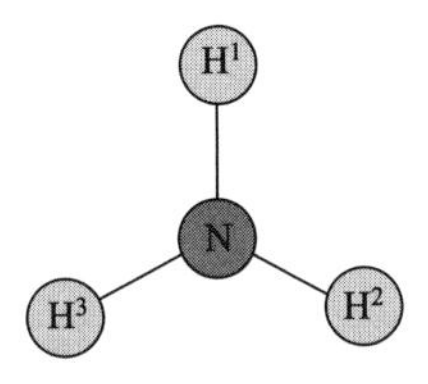

同样，还存在三个沿着 N—H 键平分该分子的镜面。因此，NH_3 分子具有一个 C_3 轴和三个 σ_v 平面，因此这个分子的点群为 C_{3v}。

BF_3 分子具有平面结构，它可以表示为（氟原子的上标是为了分辨氟原子）：

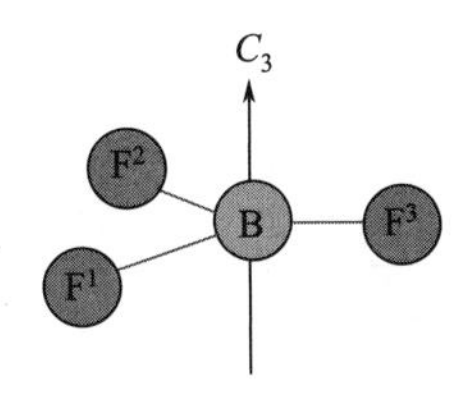

有一个 C_3 轴垂直于分子平面。围绕这个轴旋转 120° 使得氟原子交换位置，但是分子的取向是一致的。

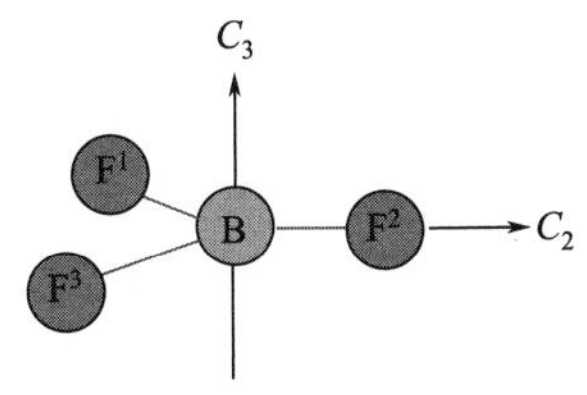

除了 C_3 轴（z 轴），还有三个垂直平面，这通过图 5.1 可以清楚地看到。它们与分子的平面垂直，并通过每个 B—F 键平分分子。由于分子本身是平面的，因此也存在一个水平的对称面（σ_h）平分四个原子：

每个 B—F 键都是一个 C_2 轴，绕其转动可以得到一个只有氟原子的位置发生了交换，方位相同的分子。其中一个 C_2 轴表示如下，绕其旋转 180° 可以产生以下方位：

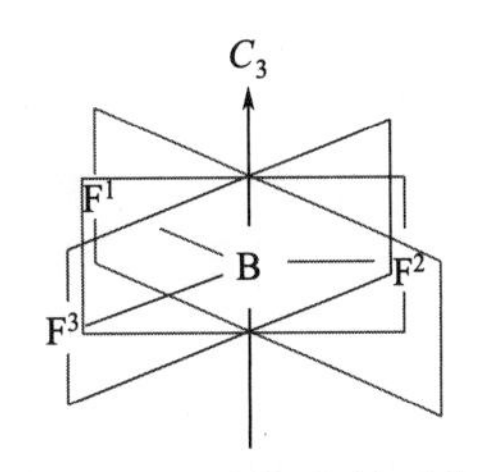

图 5.1　BF_3 分子中的对称面

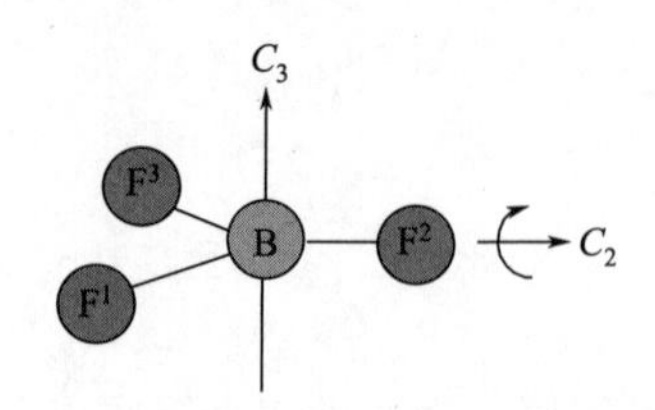

注意到每个 C_2 轴不但与 B—F 键一致，而且是水平面和垂直面的交线。通常，一个垂直的对称面与水平对称面的交线可以产生 C_2 轴。BF_3 分子的对称元素有一个 C_3 轴、三个垂直对称面(σ_v)、三个 C_2 轴和一个水平对称面(σ_h)。拥有这些对称元素的分子，如 BF_3、SO_3、CO_3^{2-} 和 NO_3^-，具有 D_{3h} 对称性。在 H_2O、ClF_3、H_2CO 和 NH_3 的情况中，对称元素仅包括一个 C_n 轴和 n 个垂直对称面。这些分子属于对称类型 C_{nv}。如果分子具有 C_n 轴，同时有 n 个与 C_n 轴垂直的 C_2 轴时，则具有 D_n 对称性。

XeF_4 分子具有平面结构，孤电子对分别在平面的上方和下方：

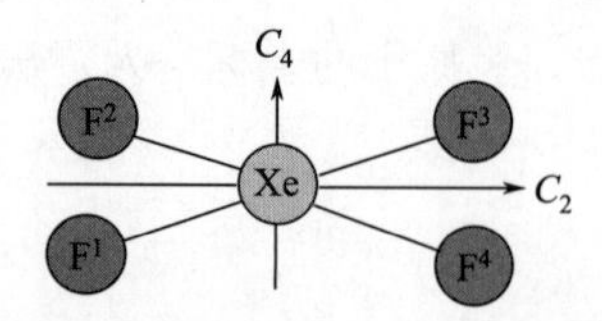

通过氙原子的垂直于分子平面的线就是 C_4 轴。分子中有四个垂直镜面，相交于 C_4 轴。其中两个通过相反方向的两个 Xe—F 键平分分子，另外两个通过平分相反方向的 F—Xe—F 角平分分子。这些平面中的一个通过上图画出的 C_2 轴切割分子平面。当然，还存在一个水平对称面 σ_h。四个垂直平面与水平镜面的交线产生了四个垂直于 C_4 轴的 C_2 轴。

然而，XeF_4 分子还有另外的对称元素。氙原子的中心是一个点，每个氟原子通过这个点之后再移动与原来相同的距离，就可以得到分子的等效图形。如果将 XeF_4 分子进行这样的操作，得到的图形为：

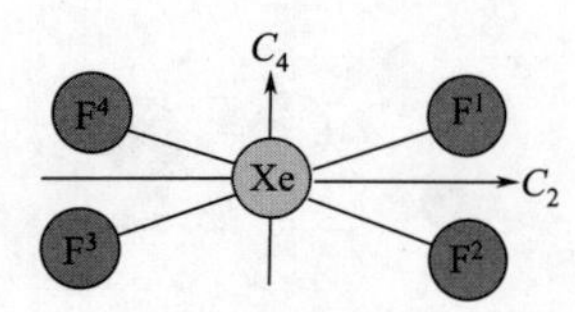

对称中心（表示为 i）是一个点，每个原子通过它再移动相同的距离，可以得到一个与原来方位相同的结构。XeF_4 分子中氙原子就是一个这样的点。由于有 4 个垂直于 C_4 轴的 C_2 轴（由于存在水平对称面的结果），XeF_4 分子属于 D_{4h} 对称类型。

线形分子具有两种对称类型。第一种的典型是 HCN，它的结构为：

$$\mathrm{H{-}C{\equiv}N} \longrightarrow C_\infty$$

围绕穿过键的轴旋转任何角度都可以得到它的等价结构。这个旋转可以使用无限小的角度。用 360° 除以无穷小的角度可以得到接近无穷大的值，因此这个旋转轴称为 C_∞ 轴。此外，有无穷数量的平面，它们的相交线处在 C_∞ 轴并平分分子。一个具有 C_∞ 轴和无穷个 σ_v 平面的分子，它的对称类型就为 $C_{\infty v}$。其他具有这种对称性的分子或离子有 N_2O、OCS、CNO^-、SCN^- 以及 HCCH。

线形分子具有的另一种对称类型的典型为 CO_2，它的结构为：

$$\begin{array}{c} C_2 \\ \uparrow \\ \mathrm{O{=}C{=}O} \longrightarrow C_\infty \end{array}$$

在这种情况中，C_∞ 轴（z 轴或者垂直轴）的功能与 HCN 中的情况一样，也有无穷个 σ_v 平面交叉于 C_∞ 轴。然而，分子还具有一个可以平分碳原子，并让两个氧原子分处两边的对称面。由

于这个对称面与 C_∞ 轴垂直，因此它是一个水平对称面。无穷个垂直对称面与水平对称面的交叉就产生了无穷个 C_2 轴，其中一个如上所示。此外，这个分子具有中心对称性，对称中心为碳原子。对称中心是一个这样的点，每一个原子通过这个点后移动相同的距离都可以找到相同的原子，分子结构不变。对应一个 C_∞ 轴、无穷个 σ_v 平面、一个 σ_h 平面和无穷个垂直于 C_∞ 轴的 C_2 轴以及一个对称中心的对称类型（点群），称为 $D_{\infty h}$。具有对称中心的线形分子属于这种点群。除了 CO_2，这种类型的分子还有 XeF_2、ICl_2^-、CS_2 和 BeF_2。

除了具有上述对称类型的分子，还有一些特殊的类型。其中一个通过 ONCl 来阐述。这个分子的结构是：

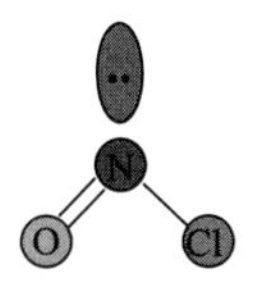

这个分子没有高于 C_1 对称的旋转轴。然而，它具有一个对称面，平分三个原子的对称面。一个仅具有对称面的分子的对称性表示为 C_s。

四面体分子，例如 CH_4 或者 SiF_4，代表了另一种特殊的对称类型。CH_4 的分子结构如图 5.2 所示，四个键指向立方体四个相反的角落。

显然，每一个 C—H 键组成一个 C_3 轴，因此有四个这样的 C_3 轴。有 3 个镜面相交在 C_3 轴，意味着一共有 12 个这样的镜面。每一个这样的镜面也通过另一个 C—H 键平分这个分子，因此事实上只有 6 个这样的平面。尽管这个分子具有几何中心，但它没有中心对称性。同样很清楚地可以看到，每一个坐标轴都是 C_2 轴，一共有三个这样的轴。这些 C_2 轴平分两个 H—C—H 键角。当考虑一个四面体结构时，我们碰到了一种我们还没有学过的对称元素。

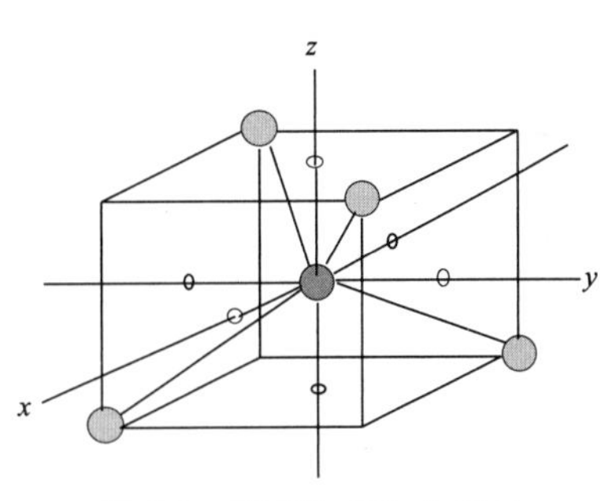

图 5.2　四面体 CH_4 分子与立方体的关系

考虑图 5.2 所示四面体结构中的 z 轴。如果这个分子绕着 z 轴顺时针旋转 90°，然后所有的原子再通过 x-y 平面进行反转，就可以得到与原来分子一样的结构。围绕一个轴旋转并接着通过与旋转轴垂直的平面进行反转这样的操作所对应的对称元素称为非真旋转轴，表示为 S 轴。三个坐标轴都是四面体分子的非真旋转轴。由于得到等价图形的旋转角度为 90°，因此这个轴为 S_4 轴。一个四面体分子的所有对称元素为三个 S_4 轴、三个 C_3 轴、三个 C_2 轴（与 S_4 轴一致）以及 6 个镜面。这些对称元素定义了一个特殊的点群，符号为 T_d。

应该注意到，如果 CH_4 的一个氢原子（z 轴上的）被 F 原子取代，得到的分子为 CH_3F，该分子不再具有 T_d 对称性。事实上，该分子有一个 C_3 轴通过 C—F 键，三个垂直平面相交于该轴，因此对称性降为 C_{3v}。我们说对称性降低了，是因为它没有像原来的分子有那样多的对称元素。环己烷分子的椅式构象可以表示为：

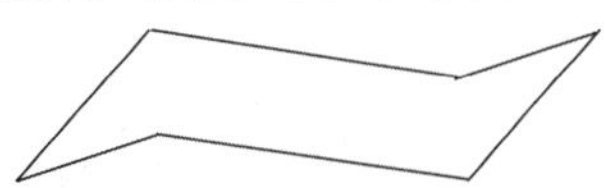

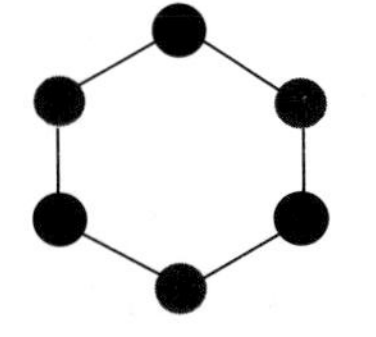

图 5.3　环己烷分子的一种表示方法（黑色圆圈表示纸面上方的原子，浅灰色圆圈表示纸面下方的原子）

它也具有非真旋转轴。这个结构也可以像图 5.3 那样表示，z 轴垂直于纸面，用黑色圆圈表示的原子在纸平面上方，而用浅灰色圆圈表示的在纸平面下方。z 轴是一个 C_3 轴，但同时也是一个 S_6 轴。围绕 z 轴旋转 360°/6，再通过纸面（x-y 平面，与分子旋转的轴互相垂直）反转可以得到同样的结构。很显然，在这种情况下，围绕 z 轴旋转 120° 与 S_6 操作的结果是一样的。

基于以上的讨论，S_6 轴及其执行的操作应该描述为：

$$C_6 \cdot \sigma_{xy} = S_6$$

其中，包括围绕 z 轴旋转 60°，以及紧接着将每个原子通过 x-y 平面反转的操作。执行两次这个操作得到：

$$S_6^2 = C_6 \bullet \sigma_{xy} \bullet C_6 \bullet \sigma_{xy} = C_6^2 \bullet \sigma_{xy}^2 = C_3 = C_3 \bullet E$$

另一个特殊的对称类型是正八面体。我们通过 SF_6 分子进行阐述。通过互成 180° 的一对键的直线为 C_4 轴，有三个这样的 C_4 轴。一个规则八面体分别有四个三角平面在结构的上半部分和下半部分。从上半部分的一个三角形中心进去，再从其相对的下半部分三角形中心出来的直线是一个 S_3 轴。有四个这样的 S_3 轴。平分反方向的两个键角的线为 C_2 轴，有六个这样的轴。此外，分子中一共有 9 个镜面。具有规则八面体结构的分子同时还具有对称中心 i。所有的这些对称元素构成 O_h 对称类型。

在第 4 章中，我们展示了 B_{12} 分子的二十面体结构。虽然我们这里不讨论该分子所有的对称元素，但给出它的对称类型为 I_h。

我们还有一个对称元素没有列出，那就是恒等操作 E。这个操作使得分子的方位与初始的方位一致。当用群论来考虑分子的性质时，这是一个基本的操作。当一个 C_n 轴执行 n 次时，就可以得到与原来方位一致的结构。因此，我们可以写出：

$$C_n^n = E$$

在无机化学的学习中，我们会遇到大量的分子或离子的结构。我们需要尝试把结构可视化，并根据对称性对它们进行思考。当你看到配合物 $PtCl_4^{2-}$ 中的 Pt^{2+} 处在一个描述为 D_{4h} 的环境中时，你就会立刻知道这个配合物的结构。这种“速记”式命名法以有效的方式传递精确的结构信息。表 5.1 列出了一些常见的分子结构类型，以及对称元素和点群。

表 5.1　常见点群及它们的对称元素

点群	结构	对称元素	例子
C_1	—	无	CHFClBr
C_s	—	一个对称面	ONCl，$OSCl_2$
C_2	—	一个 C_2 轴	H_2O_2
C_{2v}	角形 AB_2 或平面形 XAB_2	一个 C_2 轴和两个成 90° 的 σ_v 对称面	NO_2，H_2CO
C_{3v}	三角锥形 AB_3	一个 C_3 轴和三个 σ_v 对称面	NH_3，SO_3^{2-}，PH_3
C_{nv}	—	一个 C_n 轴和 n 个 σ_v 对称面	BrF_5(C_{4v})
$C_{\infty v}$	直线形 ABC	一个 C_∞ 轴和 ∞ 个 σ_v 对称面	OCS，HCN，HCCH
D_{2h}	平面形	三个 C_2 轴、一个 σ_h 对称面、两个 σ_v 对称面以及 i	C_2H_4，N_2O_4
D_{3h}	平面形 AB_3 或 AB_5 三角双锥形	一个 C_3 轴、三个 C_2 轴、三个 σ_v 对称面以及一个 σ_h 对称面	BF_3，NO_3^-，CO_3^{2-}，PCl_5
D_{4h}	平面形 AB_4	一个 C_4 轴、四个 C_2 轴、四个 σ_v 对称面、一个 σ_h 对称面以及 i	XeF_4，IF_4^-，$PtCl_4^{2-}$
$D_{\infty h}$	直线形 AB_2	一个 C_∞ 轴、一个 σ_h 对称面、∞ 个 σ_v 对称面以及 i	CO_2，XeF_2，NO_2^+
T_d	四面体 AB_4	四个 C_3、三个 C_2、三个 S_4 以及六个 σ_v 对称面	CH_4，BF_4^-，NH_4^-
O_h	八面体 AB_6	三个 C_4、四个 C_3、六个 C_2、四个 S_6 轴、九个 σ_v 对称面以及 i	SF_6，PF_6^-，$Cr(CO)_6$
I_h	二十面体	六个 C_5、十个 C_3、十五个 C_2、二十个 S_6 轴以及十五个对称面	B_{12}，$B_{12}H_{12}^{2-}$

5.2 轨道对称性

群论是数学的一个分支，它给出处理群的规则。在我们描述如何使用对称性描述分子轨道与分子结构之前，我们首先非常简要地介绍与群论有关的基本概念。一个群包含一系列的对称元素和能执行在这系列元素上的操作。群必须遵守一系列我们将在后面介绍的规则。在这一点上，我们仅需要使用以下的符号，在现阶段可以认为是定义，这将在后面进行详述。

A 表示围绕主轴呈对称的非简并轨道或者状态。B 表示围绕主轴呈反对称的非简并轨道或者状态。e 和 t 分别表示二重简并态和三重简并态。下标 1 和 2 分别表示关于除主轴之外的旋转轴的对称与反对称。

第 3 章中，我们用分子轨道方法描述双原子分子的成键。当处理更复杂的分子时，分子轨道方法也会更复杂，但使用对称性可以大幅度简化构建能级图的过程。使用对称性的一个重要方面是，中心原子用于成键的轨道的对称性必须与外围原子的轨道的对称性匹配。例如，两个氢原子 1s 波函数的组合 $\phi_{1s}(1)+\phi_{1s}(2)$转换为 A_1（如果描述的为分子轨道，即为 a_1）；而使组合 $\phi_{1s}(1)-\phi_{1s}(2)$转换为 B_1（如果描述的为分子轨道，即为 b_1）。就像前面看到的，关于核间轴对称的单一简并态表示为 A_1；关于核间轴反对称的表示为 B_1。就像第 3 章所示的，轨道组合 $\phi_{1s}(1)+\phi_{1s}(2)$和 $\phi_{1s}(1)-\phi_{1s}(2)$表示 H_2 分子的成键和反键分子轨道。因此，可以建立 H_2 分子的定性的分子轨道能级图，如图 5.4 所示。

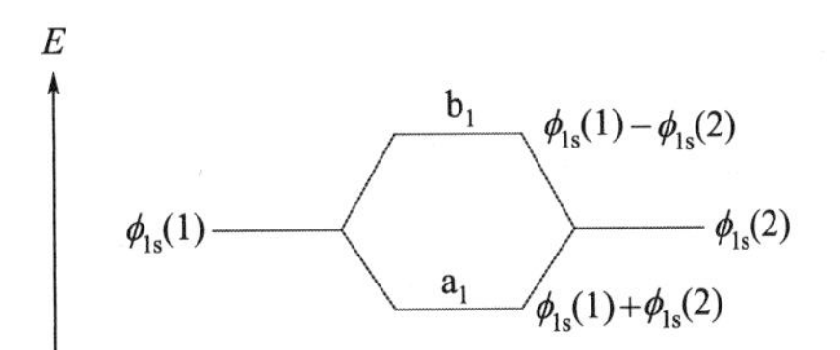

图 5.4　1s 波函数的两种组合得到不同对称性

虽然这里不给出证明，但可以指出任何群的不可约表示都是正交的。只有具备相同不可约表示的轨道组合，才能在久期方程中给出非零元素。对于氧原子的 2s 轨道，C_2 群中的四个操作都没有改变 2s 轨道。因此，2s 轨道转换为 A_1。也可以看出，p_x 轨道的符号在 E 和σ_{xy} 操作下是不变的，但 C_2 和σ_{yz} 操作改变了轨道的符号，这意味其转换为 B_1。p_z 轨道在 C_2、E、σ_{xz} 或σ_{yz} 操作下都不变，因此转换为 A_1。根据这个方法，p_y 轨道的转化为 B_2。据此，我们总结氧原子的价层轨道的对称性特征如下：

轨道	对称性	轨道	对称性
2s	A_1	$2p_x$	B_1
$2p_z$	A_1	$2p_y$	B_2

分子轨道是这样建立的：原子轨道的组合与群的不可约表示一样，遵从分子的对称性。分子所属的点群的特征标表列出了这些组合。由于 H_2O 是 C_{2v} 点群的分子，本章后面附录的特征标表仅给出 A_1、A_2、B_1 和 B_2 四种不可约表示，与上面列出的氧原子轨道的不可约表示一致。两个氢原子轨道的组合必须与氧原子的轨道对称性匹配。氢原子轨道的组合称为群轨道。由于它们的组合必须与中心原子的轨道对称性匹配，它们有时候被称为对称性匹配的线性组合(SALC)。

氢原子的两种组合为 $\phi_{1s}(1)+\phi_{1s}(2)$和 $\phi_{1s}(1)-\phi_{1s}(2)$，它们分别具有 A_1 和 B_1 对称性（对轨道为 a_1 和 b_1 对称）。从以上的内容可以看到，氧原子的 2s 和 $2p_z$ 轨道具有 A_1 对称，因此，它们与氢原子的群轨道组合产生 a_1 和 b_1 分子轨道。为了处理更复杂的分子，我们需要知道 s 和 p 轨道在不同的对称环境中是怎样变换的。表 5.2 给出了中心原子在几种结构类型中 s 和 p 轨道的不可约表示。

表 5.2　中心原子 s 和 p 轨道在不同对称性下的转换

点群	结构	s	p_x	p_y	p_z
C_{2v}	角形三原子	A_1	B_1	B_2	A_1
C_{3v}	三角锥	A_1	e	e	A_1
D_{3h}	平面三角形	A_1'	e'	e'	A_2''
C_{4v}	四方锥	A_1	e	e	A_1
D_{4h}	平面正方形	A_1'	e_u	e_u	A_{2u}
T_d	四面体	A_1	t_2	t_2	t_2
O_h	八面体	A_1	t_{1u}	t_{1u}	t_{1u}
$D_{\infty h}$	直线形	Σ_g	Σ_u	Σ_u	Σ_g^+

5.3　群论简介

处理对称性操作的组合的数学工具出自称为群论的一个数学分支。一个数学上的群符合以下一系列规则。一个群就是一系列符合这些规则的元素和操作。

规则 1：群中任何两个元素的组合必须产生群中另一个元素（封闭性）。

规则 2：群中包含恒等元素 E，其他元素与它的乘积可以交换($EA=AE$)（恒等元素）。

规则 3：群中元素符合乘法结合律，因此$(AB)C=A(BC)=(AC)B$（结合律）。

规则 4：群中每一个元素都有一个可逆元素，符合 $B\cdot B^{-1}=B^{-1}\cdot B=E$。可逆元素也是群中的一个元素（可逆性）。

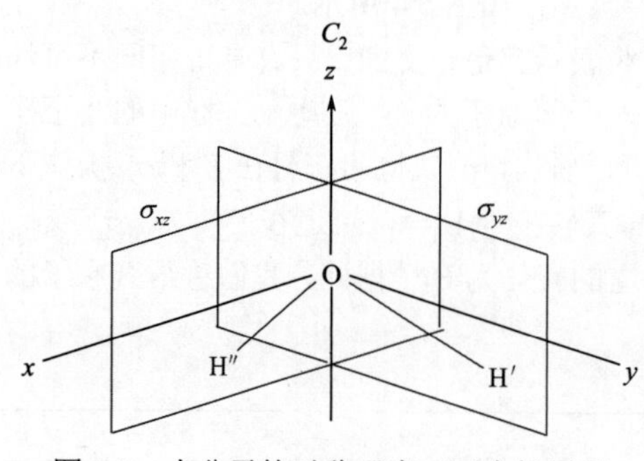

图 5.5　水分子的对称元素（两个氢原子处于 y-z 平面）

我们通过考虑图5.5所示的水分子的结构来阐明这些规则的使用。首先，很明显，通过 x-z 镜面(表示为σ_{xz})反转之后，H′转变为 H″。更准确地讲，我们可以说 H′和 H″通过反转互换。由于 z 轴包含一个 C_2 旋转轴，分子关于 z 轴旋转 180° 将使 H′到达 H″，而 H″到达 H′的位置，但是每一个有“半份”关于 y-z 平面进行交换。通过 x-z 平面反转再通过 y-z 平面反转得到同样的结果。因此，我们可以把这一个系列的对称操作表示如下：

$$\sigma_{xz}\cdot\sigma_{yz}=C_2=\sigma_{yz}\cdot\sigma_{xz}$$

其中，C_2 是围绕 z 轴旋转 360°/2。C_2 和σ_{yz} 都是这个分子群中的元素。我们看到根据规则 1，群中两个元素的组合必须得到群中的另一个元素 C_2。如果通过 x-z 平面反转之后再次实行同样的反转，分子就会回到图 5.5 所示的排列。用符号表示，这个操作的组合描述为：

$$\sigma_{xz}\cdot\sigma_{xz}=E$$

同样，从图中很容易看到：

$$\sigma_{yz}\cdot\sigma_{yz}=E$$

以及：

$$C_2\cdot C_2=E$$

进一步地观察图 5.5，发现通过 y-z 平面σ_{yz} 反转，将会使 H′和 H″的分处于 y-z 平面两侧的“半份”进行交换。如果我们执行这个操作，然后将分子围绕 C_2 轴旋转 360°/2，我们得到与通过 x-z 平面反转相同的结果。于是：

$$\sigma_{yz} \cdot C_2=\sigma_{xz}=C_2 \cdot \sigma_{yz}$$

以类似的方式，很容易看到通过 x-z 平面反转之后再执行 C_2 操作得到的结果与通过σ_{yz}反转是相同的。最后，通过两种顺序操作σ_{xz}和σ_{yz}得到的结果与 C_2 操作是一样的。

$$\sigma_{xz} \cdot \sigma_{yz}=C_2=\sigma_{yz} \cdot \sigma_{xz}$$

结合律，即规则 3，也在此被证明了。另一些关系提供如下：

$$E \cdot E=E$$

$$C_2 \cdot E=C_2=E \cdot C_2$$

$$\sigma_{yz} \cdot E=\sigma_{yz}=E \cdot \sigma_{yz}$$

所有这些操作的组合可以总结在群的乘法表中，如表 5.3 所示。

表 5.3　水分子（C_{2v}）对称操作的乘积

项目	E	C_2	σ_{xz}	σ_{yz}
E	E	C_2	σ_{xz}	σ_{yz}
C_2	C_2	E	σ_{yz}	σ_{xz}
σ_{xz}	σ_{xz}	σ_{yz}	E	C_2
σ_{yz}	σ_{yz}	σ_{xz}	C_2	E

注：从最左边的操作开始，再进行各栏最上方的操作，在该栏向下交点处找到需要的结果。

C_{2v}群的乘法表（表 5.3）据此建立起来，因此对称操作的组合满足本部分开始介绍的四个规则。显然，具有不同结构的分子（对称元素和操作）需要不同的表。为了进一步阐述对称元素和操作的使用，我们将考虑 NH_3 分子（图 5.6）。从图 5.6 可见，NH_3 分子具有通过氮原子的 C_3 轴和三个包含 C_3 轴的反转面。恒等操作 E 以及 $C_3{}^2$ 操作完成了 NH_3 分子的对称操作清单。很显然，有：

$$C_3 \cdot C_3 = C_3^2$$

$$C_3^2 \cdot C_3 = C_3 \cdot C_3^2 = E$$

$$\sigma_1 \cdot \sigma_1=E=\sigma_2 \cdot \sigma_2=\sigma_3 \cdot \sigma_3$$

通过σ_2的反转没有改变 H″，但交换了 H′和 H‴。通过σ_1的反转使 H′留在同样的位置，而 H″和 H‴发生交换。我们可以总结这些操作为：

$$\mathrm{H}' \xleftrightarrow{\sigma_2} \mathrm{H}'''$$

$$\mathrm{H}''' \xleftrightarrow{\sigma_1} \mathrm{H}''$$

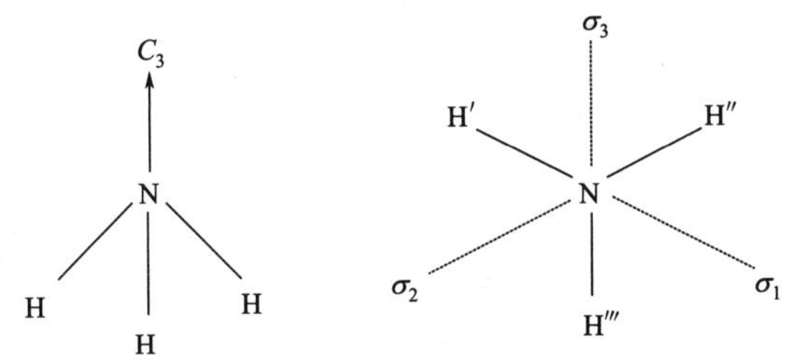

图 5.6　三角锥形 NH_3 分子具有 C_3 对称性（在右图中，C_3 轴通过氮原子垂直于纸平面）

然而，$C_3{}^2$ 会把 H′移到 H‴、H″移到 H′以及 H‴移到 H″，这与先操作σ_2再操作σ_1的结果是一样的。因此，按照下式，这个过程可以继续进行：

$$\sigma_2 \cdot \sigma_1 = C_3^2$$

因此对称操作的所有的组合都可以算出来。表 5.4 是 C_{3v} 点群的乘法表，三角锥形的分子

如 NH_3 属于这种点群。

表 5.4　C_{3v} 点群的对称操作表

项目	E	C_3	C_3^2	σ_1	σ_2	σ_3
E	E	C_3	C_3^2	σ_1	σ_2	σ_3
C_3	C_3	C_3	E	σ_3	σ_1	σ_2
C_3^2	C_3^2	E	C_3	σ_2	σ_3	σ_1
σ_1	σ_1	σ_2	σ_3	E	C_3	C_3^2
σ_2	σ_2	σ_3	σ_1	C_3^2	E	C_3
σ_3	σ_3	σ_1	σ_2	C_3	C_3^2	E

乘法表可以通过组合其他点群的对称操作来建立。然而，乘法表本身通常并不引起我们的兴趣。C_{2v} 点群的乘法表如表 5.3 所示。如果我们把 E、C_2、σ_{xz} 和σ_{yz} 替换为+1，这时我们发现这些数字仍然遵守乘法表。例如：

$$C_2 \cdot \sigma_{xz} = \sigma_{yz} = 1 \times 1 = 1$$

因此，操作的值都为+1 是满足 C_{2v} 群的规则的。这一个系列的四个数字（都为+1）提供了群的一种不可约表示。另一个系列的数字给出如下：

$$E = 1, C_2 = 1, \sigma_{xz} = -1, \sigma_{yz} = -1$$

它们也符合表中所示的规则。从其他关系中我们知道，特征标表（表 5.5）总结了 C_{2v} 点群的四种不可约表示。

表 5.5　C_{2v} 点群的特征标表

项目	E	C_2	σ_{xz}	σ_{yz}
A_1	1	1	1	1
A_2	1	1	−1	−1
B_1	1	−1	1	−1
B_2	1	−1	−1	1

表 5.5 左边的符号给出群的不可约表示的对称性质。我们现在简要讨论这些符号的意义。假如我们有一个单位长度的矢量坐落在 x 轴，如图 5.7 所示。

恒等操作不会改变矢量的取向。x-z 平面的反转不会改变矢量，但是 y-z 平面的对映使其变成朝$-x$ 方向的单位矢量。同样地，围绕 z 轴的 C_2 操作以同样的方式改变这个矢量。因此，我们说这个矢量对 E 和σ_{xz} 变换为+1，但是对 C_2 和σ_{yz} 变换为–1。表 5.5 给出了包含这些数字的一行（对 E、C_2、σ_{xz} 及σ_{yz} 操作分别为+1、–1、+1 及–1），称为 B_1。很容易用类似的方式说明其他行的数字是怎么得到的。四个表示，A_1、A_2、B_1 和 B_2 是 C_{2v} 群的不可约表示。这四个不可约表示不能够分离或者分解为其他表示。

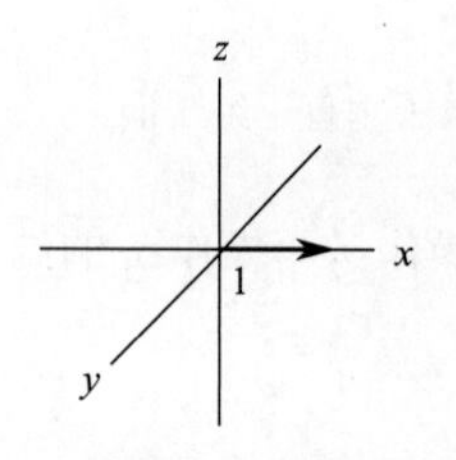

图 5.7　放置在 x 轴的单位矢量

对给定的一个属于特定点群的分子，考虑各种对称性种类是可能的，这些对称性种类表明了分子在对称操作下的行为。就像稍后将讲述的，这些种类也确定了原子轨道能够组合形成分子轨道所使用的方式，因为原子轨道的组合必须满足群的特征标表。我们需要给出与分子结构相关的种类 A_1、B_2 等的一些意思。

以下的约定用于标注各种点群的特征标表中的类。

（1）符号 A 用于表示一个关于主轴呈对称的非简并的类。

（2）符号 B 用于表示关于主轴呈反对称的一个非简并的类。

（3）符号 e 和 t 分别表示二重和三重简并态的类。

（4）如果分子具有对称中心，下标“g”表示关于该中心呈对称，而“u”表示关于该中心呈反对称。

（5）对于除了主轴之外还有旋转轴的分子，下标 1 和 2 分别表示关于该轴呈对称和反对称。当除了主轴没有别的旋转轴时，这些下标有时用于表示关于垂直对称面σ_v呈对称或反对称。

（6）标注“′”和“″”有时用于表示关于水平对称面σ_h呈对称或反对称。现在我们应该清楚地知道 A_1、A_2、B_1 和 B_2 是怎么出现的了。

人们已经计算出特征标表并对所有的常见点群制成各种表。在这里呈现所有的表超出我们要讨论的对称性和群论的范围。一些常见点群的表见附录。

我们仅仅知道了对称性重要性的一点皮毛。这里的目的是介绍概念和一些术语，以及让一些人能够认识更重要的点群。因此，符号 T_d 或 D_{4h} 在群论的语言中呈现更精确的意思。群论的应用包括坐标转化、分子振动的分析以及分子轨道的建立等。我们在这里只阐述最后一个用途。群论应用的进一步细节见参考文献中列出的科顿（Cotton）、哈里斯（Harris）和贝托鲁奇（Bertolucci）的书。

5.4 分子轨道的构建

对称性概念和群论的应用大大简化了分子轨道的构建。例如，两个氢原子 1s 轨道波函数的组合 $\phi_{1s}(1)+\phi_{1s}(2)$转换为 A_1（当考虑轨道时，一般写作 a_1），组合 $\phi_{1s}(1)-\phi_{1s}(2)$转化为 B_1（有时写成 b_1）。根据特征标表中类的描述，我们知道 A_1 组合是关于核间轴呈对称的单一简并态。此外，B_1 组合表示关于核间轴呈反对称的单一简并态。因此，组合 $\phi_{1s}(1)+\phi_{1s}(2)$和 $\phi_{1s}(1)-\phi_{1s}(2)$所描述的状态分别描述了 H_2 分子中成键（a_1）和反键（b_1）分子轨道，如图 5.4 所示。对于任何群，不可约表示必须是正交的。因此，只有拥有相同不可约表示的轨道之间的相互作用才能在久期行列式中获得非零元素。然后，确定群中各种轨道在不同的对称性操作下如何转化。对于 H_2O 分子，坐标系统如图 5.5 所示。执行 C_{2v} 群中四个操作的任何一个都不会改变 2s 轨道。因此，2s 轨道转化为 A_1。同样地，p_x 轨道在 E 和σ_{xz}操作下保持不变，而在σ_{yz}和 C_2 操作下符号发生了改变。因此这个轨道转化为 B_1。以类似的方式，我们发现 p_z 转化为 A_1（在 C_2、E、σ_{xz}或σ_{yz}操作下没有改变）。尽管不是很明显，但 p_y 轨道转化为 B_2。

对分子来说，分子轨道可能的波函数是那些通过给出分子的对称性的群的不可约表示构建起来的。这容易通过合适点群的特征标表来找到。对于 H_2O 分子，它具有 C_{2v} 点群，它的特征标表（表 5.5）显示具有 C_{2v} 对称性的分子仅有 A_1、A_2、B_1 和 B_2 四种表示。我们可以利用这些信息构建 H_2O 分子的定性的分子轨道能级图，如图 5.8 所示。

通过这样做之后，我们注意到有两个氢的 1s 轨道，来自氧原子的轨道必须与它们产生相互作用。因此，每个氢的 1s 轨道不是单独使用，而是把它们两个结合起来一起使用。这些轨道组合成为群轨道，在这种情况下，该组合可以写成 $\phi_{1s}(1)+\phi_{1s}(2)$和 $\phi_{1s}(1)-\phi_{1s}(2)$。在这种情况下，具有 A_1 对称的 2s 和 $2p_z$ 轨道与具有 A_1 对称的氢的 1s 群轨道组合，形成具有 A_1 对称性的分子轨道（一个成键、一个非键和一个反键轨道）。$2p_x$ 轨道具有 B_1 对称性，它能与氢轨道组合成的具有相同对称性的群轨道 $\phi_{1s}(1)-\phi_{1s}(2)$组合。$2p_y$ 轨道不参与组合，因为它的对称性与氢轨道的组合群轨道对称性不一致。因此，它保持为非键的π轨道，表示为 b_2。在 H_2O 分子的例子中，因为分子中的原子一共有 8 个价层电子，因此最低能量的四个轨道将填充电子。于是，成键可以表示为：

$$(a_1)^2(b_1)^2(a_1^n)^2(b_2)^2$$

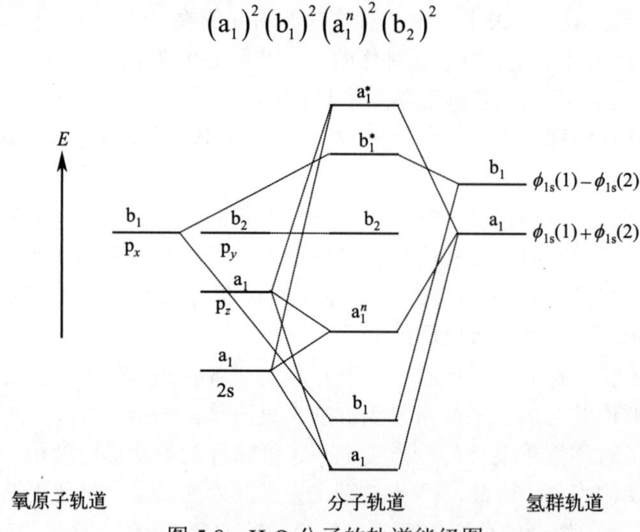

图 5.8　H_2O 分子的轨道能级图

就像在原子轨道和光谱态中（见第 2 章）的情况一样，我们使用小写字母表示轨道构型，用大写字母表示状态。应该同时指出，a_1 和 b_1 是σ成键轨道，但 b_2 分子轨道是非键π轨道。通过考虑 H_2O 分子的情况，我们就能够通过相同的步骤构建其他结构的分子的定性分子轨道能级图。这要求我们知道当对称性不同时，中心原子的轨道如何转化。表 5.2 给出了 s 和 p 轨道如何转换，更丰富的表格可以在本章末尾列出的综合性图书中找到。

现在考虑平面分子如 BF_3 (D_{3h} 对称性)，z 轴为 C_3 轴。其中一个 B—F 轴放置在 x 轴，如图 5.9 所示。这个分子的对称元素包含一个 C_3 轴、三个 C_2 轴（与 B—F 键一致，与 C_3 轴垂直）、三个包含 C_2 轴和 C_3 轴的镜面，以及恒等操作。因此，一共有 12 个对称操作能够作用于这个分子。p_x 和 p_y 轨道都转化为 E′，p_z 轨道转化为 A_2''。s 轨道为 A_1'（角分符号表示关于 σ_h 对称）。类似地，我们发现氟的 p_z 轨道为 A_1、e_1 和 e_1。定性的分子轨道图如图 5.10 所示。

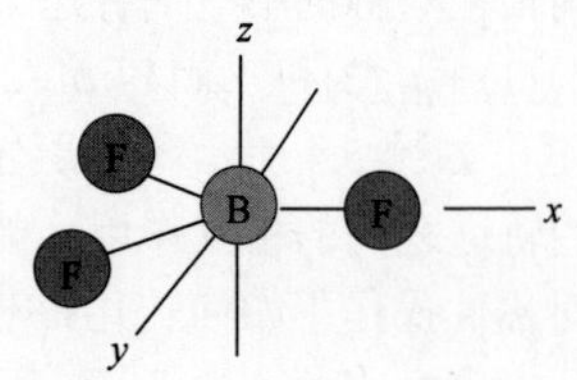

图 5.9　BF_3 分子的坐标体系

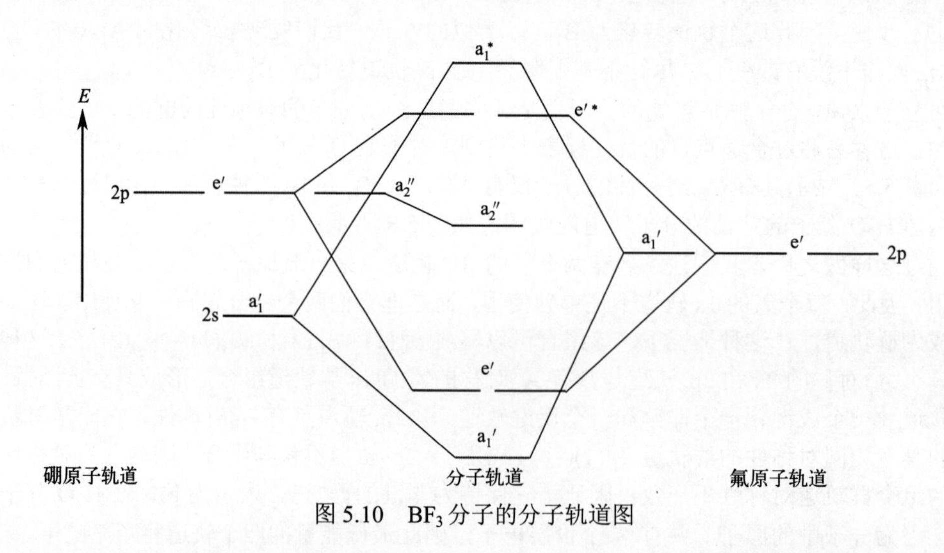

图 5.10　BF_3 分子的分子轨道图

容易看到，三个σ键能够容纳 6 个电子，分别在 a_1'和 e'分子轨道上。从分子轨道图看，一些可能的π键来自于 a_2''轨道，事实上也有一些实验证实这种类型的相互作用。硼和氟原子的共价半径总和约为 152 pm（1.52 Å），但是实验测定的 BF_3 中的 B—F 键大概为 129.5pm (1.295Å)。这些“键缩短”部分是由于π键造成的键含有部分双键。一种表示这种情况的方法是给出共价键类型的三种共振结构，如图 5.11 所示。

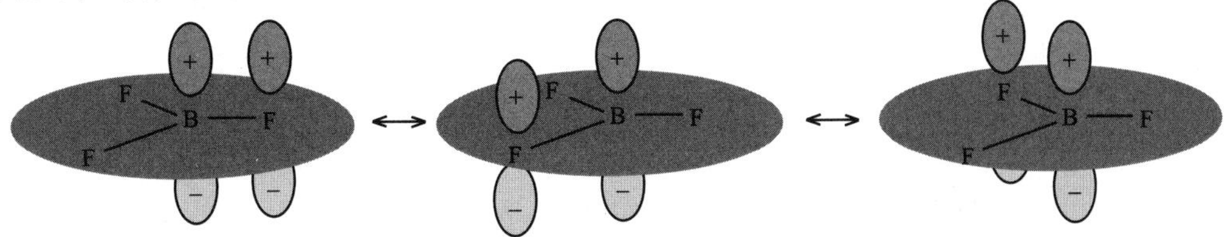

图 5.11　三种结构一起表示 BF_3 分子的结构

从这些共振结构中，我们确定了 B—F 键的键级为 1.33，这可以预测观察到的键缩短。然而，另一个“短”B—F 键的解释是基于 B 和 F 的电负性差别约 2.0 这个事实的，因为这导致这个键有充分的离子特征。事实上，计算表明硼上的正电荷高达 2.5～2.6，表明成键主要是离子性的。就像将在第 7 章所展示的那样，B^{3+}很小，阳离子和阴离子的相对尺寸决定了在晶体中有多少阴离子可以放在阳离子周围。在 BF_3 的情况中，只有三个 F^-能围绕在 B^{3+}周围，因此基于晶格的要求不可能形成拓展的网络。因此，可能最好认为 BF_3 是一个实际上为“离子型分子”的单体。

看过了 AB_2 和 AB_3 分子的分子轨道能级图推导之后，我们现在来考虑诸如 CH_4、SiH_4 或 SiF_4 等四面体分子。在这种对称性中，中心原子的价层 s 轨道转化为 A_1，而 p_x、p_y 和 p_z 轨道转化为 t_2（表 5.2）。对于甲烷，氢原子轨道的组合转化为 A_1：

$$\phi_{1s}(1)+\phi_{1s}(2)+\phi_{1s}(3)+\phi_{1s}(4)$$

而转化为 t_2 的组合为：

$$\phi_{1s}(1)-\phi_{1s}(2)+\phi_{1s}(3)-\phi_{1s}(4)$$

其中，坐标系统如图 5.12 所示。

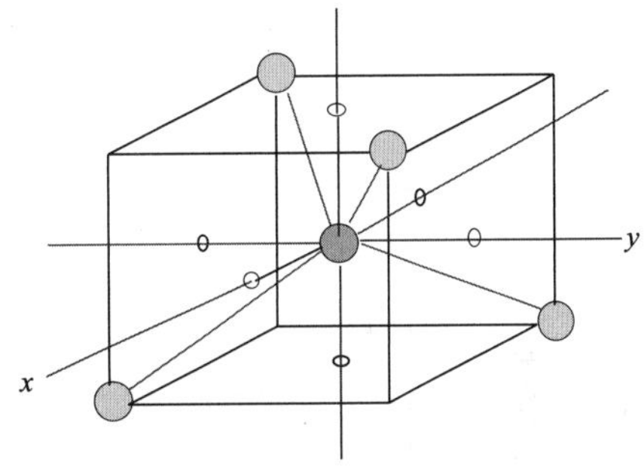

图 5.12　规则四面体结构

使用碳原子上的轨道与四个氢原子的群轨道组合（与碳原子轨道对称性匹配的轨道的线性组合），我们得到分子轨道能级图，如图 5.13 所示。

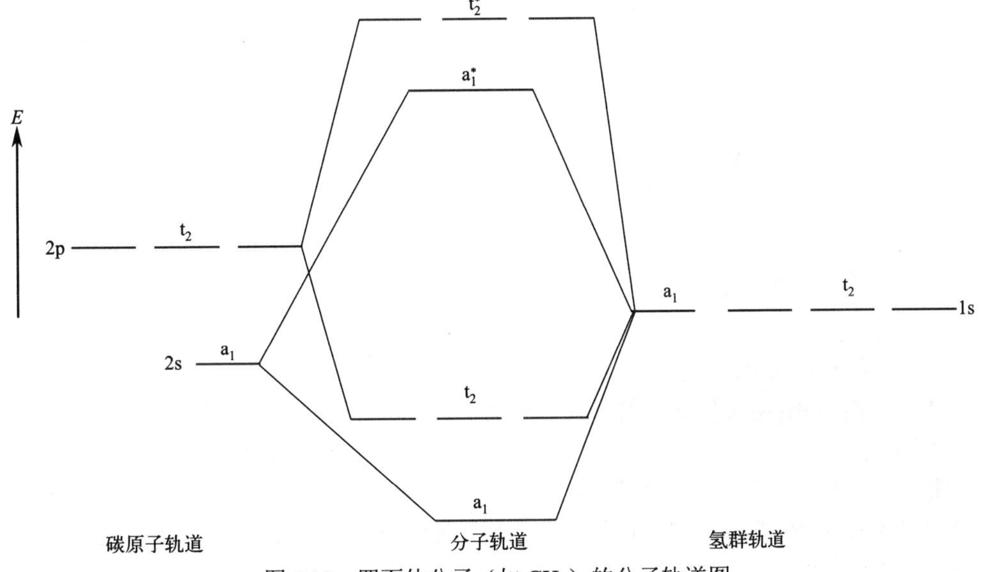

图 5.13　四面体分子（如 CH_4）的分子轨道图

氢群轨道为对称性匹配的线性组合(SALC)。其他四面体分子的轨道能级图是类似的，虽然这里不做推导。

对于八面体的 AB_6 分子，例如 SF_6，价层轨道为中心原子的 s、p 和 d 轨道。很容易看出，正八面体存在对称中心，所以"g"和"u"符号必须使用，用来指定关于对称中心的对称类型。显然，s 轨道转化为 A_{1g}。指向八面体角落的 p 轨道通过对称中心倒反之后是简并的，并且改变符号。因此，它们包含 t_{1u} 系列。在 d 系列中，d_{z^2} 和 $d_{x^2-y^2}$ 轨道直接指向八面体的顶点，它们通过对称中心倒反之后没有改变符号。这些轨道表示为 e_g。剩余的 d_{xy}、d_{yz} 和 d_{xz} 轨道是三重简并的，表示为 t_{2g}。

如果我们只考虑σ键，使用 t_{1u}、e_g 和 A_{1g} 轨道吸引六个基团。得到的能级图如图 5.14 所示。在这部分中，我们看到怎样应用对称性原理得到分子的定性的分子轨道能级图。具有 C_{2v}、C_{3v}、$C_{\infty v}$、$D_{\infty h}$、T_d 和 O_h 对称性的分子数量确实很大。这部分展示的能级图在描述分子的结构、光谱和其他性质中的应用很广泛。然而，我们没有精确地计算任何数据。在第 17 章中，我们将会展示分子轨道方法在配合物成键中的应用。分子轨道计算的更深入的数学处理超出本书的范围，但它们对理解对称性和分子轨道能级图是很必要的。

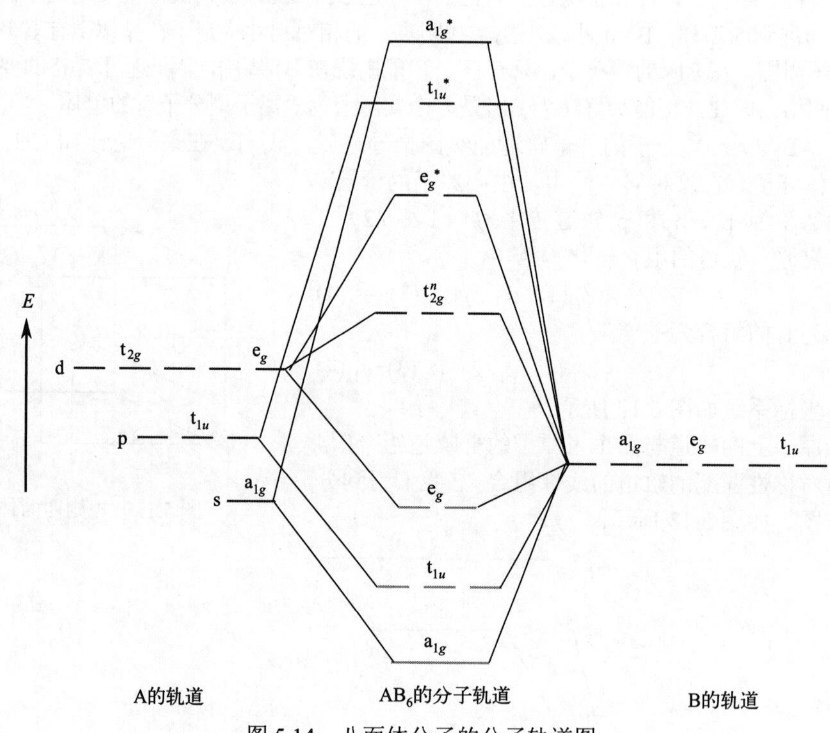

图 5.14　八面体分子的分子轨道图

5.5 轨道和角度

本章迄今为止，我们只是对已知结构的分子的分子轨道进行描述。直观地，我们知道 H_2O 分子具有角形结构，而 BeH_2 分子是线形的。从以前的经验，我们知道 H_2O 分子中心原子周围有 8 个电子，而 BeH_2 中铍原子周围只有 4 个电子。我们现在要使用分子轨道方法演示这种结构中的不同之处。

完整的分子轨道计算的一个最简单的方法是扩展休克尔（Hückel）方法。这个方法由罗德·霍夫曼（Roald Hoffman）在 20 世纪 60 年代发展起来，并应用于碳氢分子。通过第 2 章和第 3 章的讨论，我们知道首先要完成的事情是选择计算中所要使用的原子波函数。一种最常用的波函数类型称为斯莱特波函数（见 2.4 节）。在扩展休克尔方法中，分子波函数大致为：

$$\psi_i = \sum_j c_{ij}\phi_j \tag{5.1}$$

其中，$j=1, 2, \cdots, n$。对于一个具有分子式 C_nH_m 的碳氢分子，有 m 个氢原子 1s 轨道、n 个碳原子 2s 轨道以及 $3n$ 个碳原子 2p 轨道。尽管没有展示细节，但我们指出这种轨道组合得到维数为 $4n+m$ 的久期行列式。与埃里希·休克尔发展的初始的方法（除了相邻原子之外，忽略所有相互作用）不同，扩展休克尔方法保留非对角的元素，因此它考虑了分子中原子之间附加的相互作用。就像第 3 章所描述的，库仑积分和交换积分都要计算，重叠积分必须采用近似。

库仑积分，写成 H_{ii}，表示原子 i 上的电子键合能。因此，通过科普曼斯理论，这些能量与电子从那些轨道电离的能量的数量级是相等的。相应地，使用的数值（eV 为单位）为：H(1s)，–13.6；C(2s)，–21.4；C(2p)，–11.4。接下来，需要表示交换积分，写为 H_{ij}，一个常用的方法是使用沃尔夫斯堡–亥姆霍兹近似：

$$H_{ij} = 0.5K\left(H_{ii} + H_{jj}\right)S_{ij} \tag{5.2}$$

其中，K 是一个数值约为 1.75 的常数，S_{ij} 是原子 i 和原子 j 的轨道波函数的重叠积分。

尽管两个 1s 波函数的重叠积分是核间距的函数，但当包含 p 轨道时，情况就不同了。由于它们的角度特征，p 轨道与两个氢 1s 轨道的重叠就有一个依赖于所形成的 H—X—H 键角的数值。因此，一个基于键角的调整必须加到重叠积分的数值中。当计算分子轨道能量时，发现它们由于键角的不同而不同（预期结果）。事实上，键角可以作为可调节的参数处理，分子轨道的能量可以通过对键角从 90° 到 180° 的变化而做出。必须记得，分子轨道由于对称性的不同有不同的名称。线形的 H—X—H 分子产生σ_g、σ_u 和两个简并的π_u 分子轨道（与分子的轴垂直）。就像本章前面所示，如果键角为 90°，分子轨道将为 a_1、b_2、a_1 和 b_1（能量依次增加）。知道了轨道怎样根据能量进行排列之后，我们就可以得到轨道能量与键角从 90° 变化到 180° 的关系图（仅是定性的）。这种类型的图是由亚瑟·沃尔什（Arthur D. Walsh）在五十多年前制成的，因此称为沃尔什图。图 5.15 给出了三原子分子的图。当解释这张图时，脑子里需要有键角从 90° 到 180° 变化时，两个氢原子的 1s 轨道如何与中心原子 s 和 p 轨道相互作用的场景。

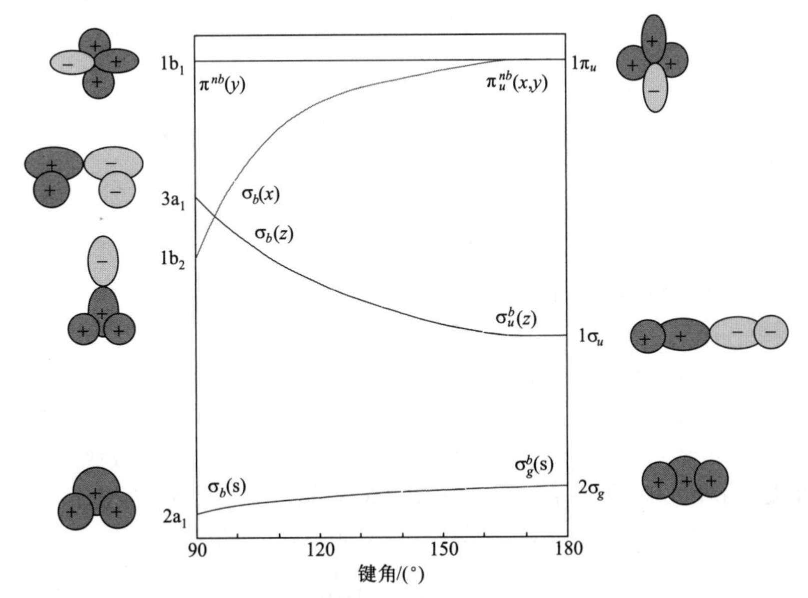

图 5.15　XH_2 分子的沃尔什图（能级用两种常用符号表示。在左上角，弯曲导致氢轨道与中心原子的 p_y 轨道没有成键。在右上角，氢轨道的组合与 p_x 和 p_y 轨道没有成键）

对于中心原子周围有两对电子的分子（如 BeH_2），当键角为 180° 时，两对电子占据 a_1 和 b_2 轨道，能量达到最低。对于有三对电子的分子（如 BH_2^+ 或者 CH_2^{2+}），需占据三个最低能量的轨道，当结构为弯曲形时，能量达到最低。对于四对电子的情况（例如 H_2O 分子），最低的能量不在 90° 时，而是更接近 180° 时。记住这只是定性地应用这张图。结果是，与我们第 4 章描述的简单共价键（杂化轨道）方法一致。然而，知道使用沃尔什的分子轨道方法是很重要的。

尽管复杂性快速提升，但没有理由认为沃尔什图不能构建 XY_3 三角锥、XY_4 四面体、XY_6 八面体以及其他分子的图形。事实上，它们已经被画出来了，但是它们的应用不在这里描述。在一定范围内，这些图可以做出定量的解释，预测的结果与我们用实验和共价键方法得到的结果是一致的。

5.6 使用休克尔方法的简单计算

尽管我们展示了一些对称性及其描述分子轨道方法相关的原理，但我们仍然期望能够做一些计算，哪怕只是初步的水平。这个简单的办法由埃里希·休克尔在 20 世纪 30 年代发展起来，用于有机分子的分子轨道计算，现在这个方法被称为 HMO 法。关于这一点，有兴趣的读者可以查看约翰·罗伯特（John D. Roberts）主编的经典书 *Notes on Molecular Orbital Calculations*。然而，将休克尔方法扩展到用于碳之外的原子是有可能的，因此我们将简要介绍这个方法以及阐述它在一些“无机”分子中的使用。一个基本思想是σ和π键是可以分离的，其能量通过以下式子给出：

$$E_{\text{total}}=E_{\sigma}+E_{\pi} \tag{5.3}$$

处理碳原子时，库仑积分(H_{ii})表示为α，而交换积分(H_{ij})表示为β。此外，也假定非键原子之间的相互作用可以被忽略，因此，如果 $|i-j|\geqslant 2$，$H_{ij}=0$。最后，简单的 HMO 法完全忽略重叠积分，因此 $S_{ij}=0$。

如果我们从简单分子如乙烯开始，显然，其σ键结构表示为：

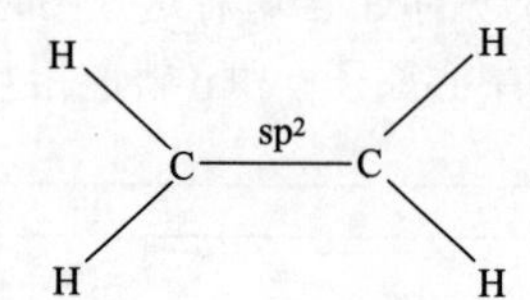

碳的杂化方式为 sp^2，剩余的 p 轨道与分子平面垂直，因此碳原子之间可以形成π键。尽管它们没有明确地包含在计算中，但σ键的波函数可以写为：

$$\psi_{\text{CH}}=a_1\psi_1+a_2\psi_2 \tag{5.4}$$

$$\psi_{\text{CC}(\sigma)}=a_3\psi_{\text{sp}^2\,(1)}+a_4\psi_{\text{sp}^2\,(2)} \tag{5.5}$$

在休克尔方法的计算中，有用的部分是对π 键而言的：

$$\psi_{\text{CC}(\pi)}=a_5\psi_{\text{p}(1)}+a_6\psi_{\text{p}(2)} \tag{5.6}$$

如同第 3 章所示，久期行列式可以写成：

$$\begin{vmatrix} H_{11}-E & H_{12}-S_{12}E \\ H_{12}-S_{12}E & H_{22}-E \end{vmatrix}=0 \tag{5.7}$$

应注意的是，我们已经假定 $H_{12}=H_{21}$ 以及 $S_{12}=S_{21}$，这意味着键合的两个原子是等同的。当如上所述，$S_{12}=S_{21}=0$ 时，让 $H_{11}=H_{22}=\alpha$和 $H_{12}=H_{21}=\beta$之后，久期方程变成：

$$\begin{vmatrix} \alpha-E & \beta \\ \beta & \alpha-E \end{vmatrix}=0 \tag{5.8}$$

将行列式的每一项除以β之后，得到：

$$\begin{vmatrix} \frac{\alpha - E}{\beta} & 1 \\ 1 & \frac{\alpha - E}{\beta} \end{vmatrix} = 0 \tag{5.9}$$

为了简化处理这个表达式，我们让 $x=(\alpha - E)/\beta$。因此，行列式可以写成：

$$\begin{vmatrix} x & 1 \\ 1 & x \end{vmatrix} = 0 \tag{5.10}$$

因此，$x^2-1=0$，$x^2=1$。这个方程的根为 $x=1$ 和 $x=-1$，这就得到：

$$\frac{\alpha - E}{\beta} = 1 \quad 和 \quad \frac{\alpha - E}{\beta} = -1 \tag{5.11}$$

由这些方程得到能量值 $E=\alpha+\beta$ 以及 $E=\alpha-\beta$。α 和 β 都表示负的量，每个碳原子贡献一个电子给π键，因此能级如图 5.16 所示。从分子轨道能级图，我们预测π→π*的电子转移是可能的。事实上，大部分具有空的π*轨道的碳氢分子在紫外区 200～250nm 处都有吸收。

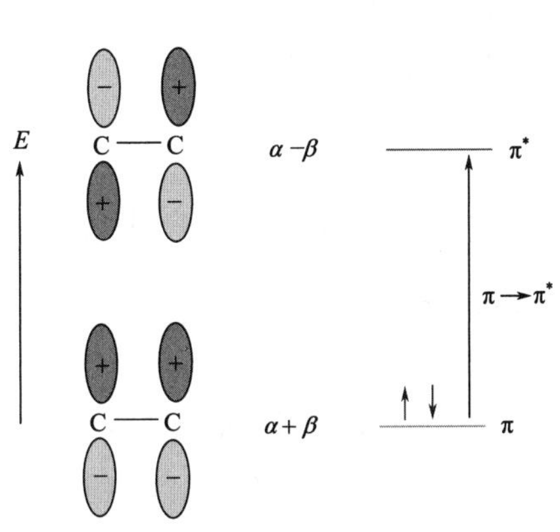

图 5.16　乙烯的分子轨道（电子从基态跃迁到激发态称为π→π*跃迁，通常伴随在紫外区的吸收）

如果两个电子是在分离的两个碳原子的 p 轨道上，它们的总能量为 2α。然而，当它们在π轨道时，它们的能量为 $2(\alpha+\beta)$，以下差值表示了离域能：

$$2(\alpha+\beta)-2\alpha=2\beta \tag{5.12}$$

由于 C—C 的键能约为 347kJ • mol^{-1}，C══C 约为 619kJ • mol^{-1}，附加的稳定性（π键的能量）约为 272kJ • mol^{-1}，因此 $\beta \approx 136$kJ • mol^{-1}。碳原子的离子势为 1086kJ • mol^{-1}，这是 α 的数值。经常发现 H_{12} 约是 H_{11} 的 15%，因此，给出的数值与估算的吻合。

尽管简单，但休克尔方法使得可以推断其他有用的性质。例如，成键分子轨道的波函数为：

$$\psi_b = a_1\phi_1 + a_2\phi_2 \tag{5.13}$$

我们能够计算常数 a_1 和 a_2。我们知道：

$$\int \psi_b^2 d\tau = \int (a_1\phi_1 + a_2\phi_2) d\tau \tag{5.14}$$

可以得到：

$$a_1^2 S_{11} + a_2^2 S_{22} + 2a_1 a_2 S_{12} = 1 \tag{5.15}$$

由于我们假定 $S_{11}=S_{22}=1$ 以及 $S_{12}=S_{21}=0$，这个方程还原为：

$$a_1^2 + a_2^2 = 1 \tag{5.16}$$

从久期方程以及能量的最小化，我们得到：

$$a_1(\alpha-E)+a_2\beta=0 \tag{5.17}$$

$$a_1\beta+a_2(\alpha-E)=0 \tag{5.18}$$

方程两边除以 β，并让 $x=(\alpha - E)/\beta$，我们得到：

$$a_1x+a_2=0 \tag{5.19}$$

$$a_1+a_2x=0 \tag{5.20}$$

对于成键状态，$x=-1$，因此 $a_1^2 = a_2^2$，$2a_1^2 = 1$。于是得到：

$$a_1 = \frac{1}{\sqrt{2}} = 0.707 = a_2 \tag{5.21}$$

以及：

$$\psi_b = 0.707\phi_1 + 0.707\phi_2 \tag{5.22}$$

由于 $a_1^2 = a_2^2 = 1/2$，每个碳原子上有一半的成键电子对，因此，电子密度(ED)为 2×(1/2)=1。两个原子之间的键级通过下式给出：

$$B_{XY} = \sum_{i=1}^{n} a_x a_y p_i \tag{5.23}$$

其中，a 为权重因子（如上计算），p_i 是轨道 i 的填充电子数。加和是对所有 n 个填充轨道做出的。对于乙烯分子，碳原子之间的键级为 B_{CC}，B_{CC}=2×0.707×0.707=1，因此π键的键级为1。当包含σ键时，碳原子之间总的键级为2。

对于含有三个原子的线性系统（包括烯丙基自由基及其产生的正、负离子），库仑积分是一样的：

$$H_{11} = H_{22} = H_{33} = \alpha \tag{5.24}$$

由于只考虑相邻原子的相互作用，因此：

$$H_{13} = H_{31} = 0 \tag{5.25}$$

相邻原子的交换积分变成：

$$H_{12} = H_{21} = H_{23} = H_{32} = \beta \tag{5.26}$$

像之前一样，忽略重叠积分，我们可以直接得到久期方程。将每个元素都除以β之后，结果如下[其中 x=($\alpha - E$)/β]：

$$\begin{vmatrix} H_{11}-E & H_{12} & 0 \\ H_{21} & H_{22}-E & H_{23} \\ 0 & H_{32} & H_{33}-E \end{vmatrix} = \begin{vmatrix} \alpha-E & \beta & 0 \\ \beta & \alpha-E & \beta \\ 0 & \beta & \alpha-E \end{vmatrix} = \begin{vmatrix} x & 1 & 0 \\ 1 & x & 1 \\ 0 & 1 & x \end{vmatrix} = 0 \tag{5.27}$$

展开行列式，我们得到特征方程：

$$x^3 - 2x = 0 \tag{5.28}$$

其根为 x=0、x=−(2)$^{1/2}$ 以及 x=(2)$^{1/2}$，设置每个数值等于($\alpha - E$)/β，我们得到：

$$\frac{\alpha - E}{\beta} = -\sqrt{2}, \quad \frac{\alpha - E}{\beta} = 0, \quad \frac{\alpha - E}{\beta} = \sqrt{2}$$

$$E = \alpha + \sqrt{2}\beta, \ E = \alpha, \ E = \alpha - \sqrt{2}\beta$$

烯丙基自由基及其产生的正、负离子的电子填充的能级如图 5.17 所示。

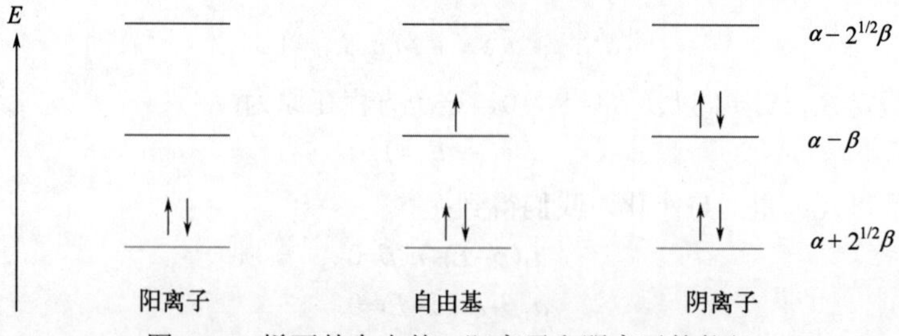

图 5.17 烯丙基自由基、阳离子和阴离子的能级

烯丙基体系的轨道和能级如图 5.18 所示。烯丙基的分子轨道排列在讨论这类配体的金属配合物时将是很有用的（第 16 章和第 21 章）。

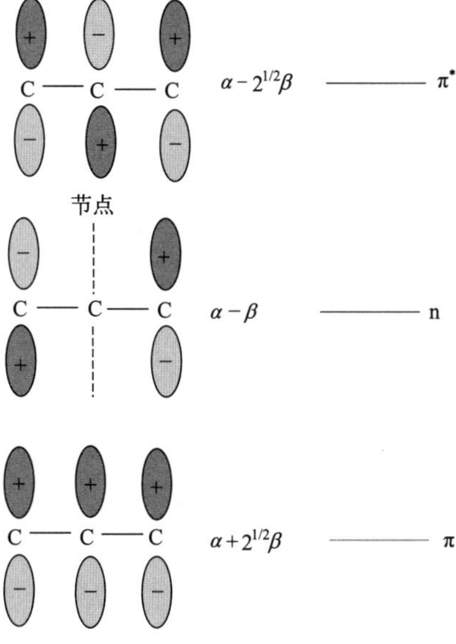

图 5.18 烯丙基物种的分子轨道

从久期方程和行列式，我们得到：

$$\begin{vmatrix} a_1x & a_2 & 0 \\ a_1 & a_2x & a_3 \\ 0 & a_2 & a_3x \end{vmatrix}=0 \tag{5.29}$$

$$a_1x+a_2=0，a_1+a_2x+a_3=0，a_2+a_3x=0$$

从 $x=-2^{1/2}$ 的根开始，我们发现：

$$-a_1 2^{1/2}+a_2=0，a_1-a_2 2^{1/2}+a_3=0，a_2-a_3 2^{1/2}=0$$

从第一个方程，我们得到 $a_2=a_1\,2^{1/2}$，从第三个方程可知 $a_2=a_3\,2^{1/2}$。因此，$a_1=a_3$，代入第二个方程，得到：

$$a_1-2^{1/2}a_2+a_1=0 \tag{5.30}$$

而 $a_2=2^{1/2}a_1$，我们知道：

$$a_1^2+a_2^2+a_3^2=1 \tag{5.31}$$

将上述数值代入，我们得到：

$$a_1^2+2a_1^2+a_1^2=4a_1^2=1 \tag{5.32}$$

因此，$a_1^2=1/4$，$a_1=1/2$，a_3 也是这样，而 $a_2=2^{1/2}/2=0.707$。成键轨道的波函数为：

$$\psi_{\mathrm{b}}=0.500\psi_1+0.707\psi_2+0.500\psi_3 \tag{5.33}$$

使用根 $x=0$，运用类似的过程我们可以计算下一个分子轨道（非键轨道）的常数，给出波函数为：

$$\psi_{\mathrm{n}}=0.707\psi_1-0.707\psi_3 \tag{5.34}$$

根 $x=2^{1/2}$ 给出反键轨道的波函数为：

$$\psi_{\mathrm{b}}=0.500\psi_1-0.707\psi_2+0.500\psi_3 \tag{5.35}$$

通过使用权重系数和轨道的布居数，每个原子的电子密度（ED）能够像之前那样计算。对于烯丙基自由基：

$$\mathrm{ED}_{\mathrm{C1}}=2\times0.500^2+1\times0.707^2=1.00 \tag{5.36}$$

$$\mathrm{ED}_{\mathrm{C2}}=2\times0.707^2+1\times0^2=1.00 \tag{5.37}$$

$$ED_{C3} = 2 \times 0.500^2 + 1 \times (-0.707)^2 = 1.00 \tag{5.38}$$

用类似的方式，正离子和负离子中原子的电子密度也能得到。结果总结如下：

电子密度所在物种	C1	C2	C3
自由基	1.00	1.00	1.00
阳离子	0.500	1.00	0.500
阴离子	1.50	1.00	1.50

尽管没有展示具体怎么计算，但原子之间的键级是一样的，因为轨道布居数的不同只是发生在非键轨道上。对于 C═C—C 的排列，π键是限域在两个原子之间，与乙烯一样。因此，能量应该为 $2(\alpha+\beta)$。如果π键是分散在整个分子，即C┈C┈C，能量应该为 $2(\alpha+2^{1/2}\beta)$，这比前面的结构低-0.828β。这个能量表示了电子离域的结构比电子限域在两个原子之间的结构稳定的量。这个稳定的能量称为共振能。

如果我们假设碳原子形成一个环状结构，问题就有所不同，因为 $H_{13}=H_{31}=\beta$。久期行列式可以写为：

$$\begin{vmatrix} x & 1 & 1 \\ 1 & x & 1 \\ 1 & 1 & x \end{vmatrix} = 0 \tag{5.39}$$

从中得到方程：

$$x^3-3x+2=0 \tag{5.40}$$

其根为 $x=-2$、$x=1$ 及 $x=1$。因此，$E=\alpha+2\beta$ 及 $E=\alpha-\beta$。由于后面的能量出现两次，表示形成了简并轨道。三元碳环的能级如图 5.19 所示。

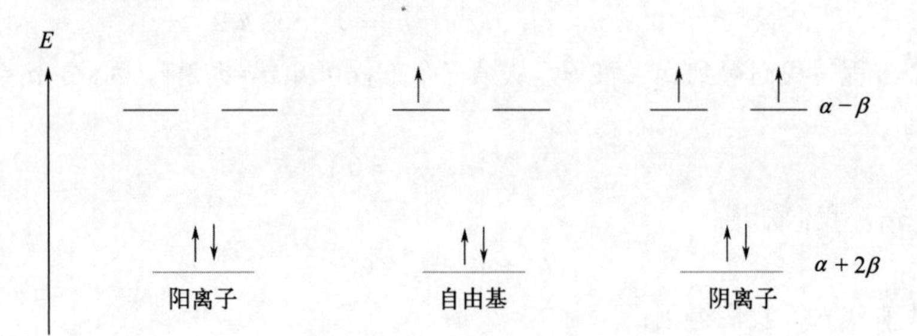

图 5.19　三元碳环的能级

对于正离子，定域π键的能量为 $2(\alpha+\beta)$，而离域π键的能量为 $2(\alpha+2\beta)$，共振能为 2β。对于阴离子，总能量为 $2(\alpha+2\beta)+2(\alpha-\beta)$，即 $4\alpha+2\beta$。如果有一个定域π键，两个电子处在两个原子上，能量为 $2(\alpha+\beta)+2\alpha$，即 $4\alpha+2\beta$。这个结果与离域π键的结果是一样的，因此对阴离子来说没有共振能。基于共振稳定化，我们预测（正确的）环形结构比正离子和负离子稳定。环丙烯的分子轨道能级如图 5.20 所示。

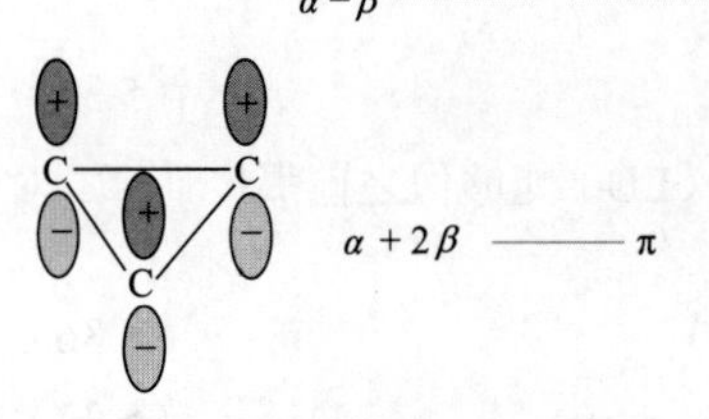

图 5.20　环丙烯的分子轨道能级

一个有趣的问题是，猜想从气体放电和质谱观察到的 H_3^+ 是线形还是环形结构。能级图对 C_3 体系是一致的，如图 5.17 和图 5.19 所示，尽管 α和β准确的数值是不同的。对于线形结构$[H—H—H]^+$，能级为 $2(\alpha+2^{1/2}\beta)+2(\alpha-2^{1/2}\beta)$。环状结构为：

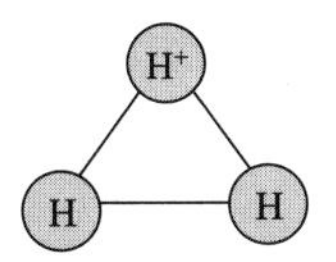

能级为 $\alpha+2\beta$、$\alpha-\beta$和 $\alpha-\beta$。因此，对于两个电子，直线结构总能量为 $2(\alpha+2^{1/2}\beta)$，环状结构能量为 $2(\alpha+2\beta)$。从这个计算中，我们预测环状结构更加稳定，稳定的数量为-1.2β。这是与预期相符的，因为 H_3^+是通过 H_2 和 H^+相互作用形成的，H^+将进攻电子密度最高的区域，即 H_2 中的键。

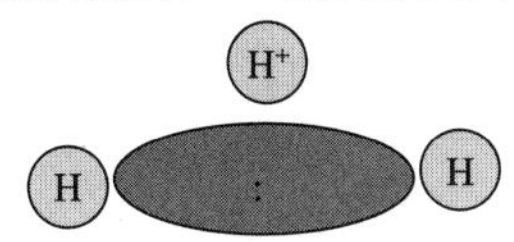

因此，H_3^+的环状结构得到实验和计算两方面的证明。有几种物质已被确定可以表示为 H_n^+（n 等于奇数）。它们是由 H_3^+衍生得到的，方法是在环的弯角处加上 H_2 分子（推测垂直于环）。n 为偶数的物质稳定性较差。

在半个多世纪以前，亚瑟 • 弗罗斯特（Arthur Frost）和鲍里斯 • 穆苏林（Boris Musulin）（1953 年）发表了一个获得环状系统分子轨道能量的有趣方案。第一步是画出一个环，这个环有一个半径，定义为 2β。其次，内切一个正多边形，其边的数目与结构中碳的数目相等。把多边形的一个顶点放在环的最低端。每个与环接触的顶点与最低端的距离给出分子轨道的能量。含有三到八个碳原子的环见图 5.21。在最低能级上方，能级发生简并直到达到最高的能级时为止。从这个简单的步骤，对几个环状体系总结出能级，见表 5.6。

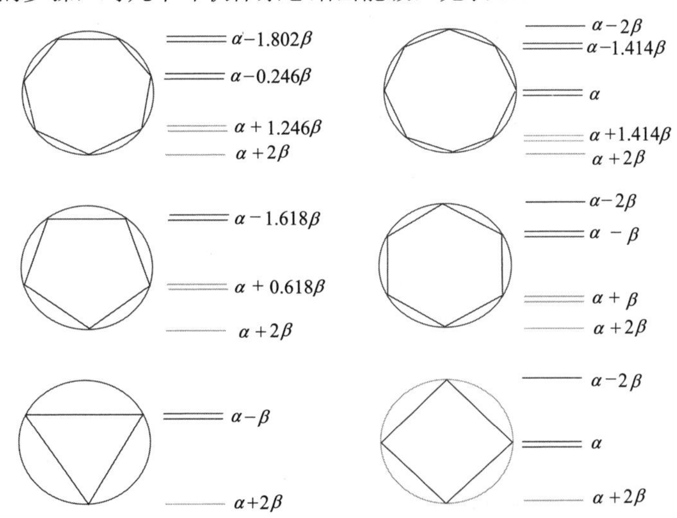

图 5.21　三元环、四元环、五元环、六元环、七元环、八元环的弗罗斯特-穆苏林图

表 5.6　环状体系的能级

	轨道能量					
原子数=	3	4	5	6	7	8
E_8	—	—	—	—	—	$\alpha-2\beta$
E_7	—	—	—	—	$\alpha-1.802\beta$	$\alpha-1.414\beta$
E_6	—	—	—	$\alpha-2\beta$	$\alpha-1.802\beta$	$\alpha-1.414\beta$
E_5	—	—	$\alpha-1.618\beta$	$\alpha-\beta$	$\alpha-0.246\beta$	α
E_4	—	$\alpha-2\beta$	$\alpha-1.618\beta$	$\alpha-\beta$	$\alpha-0.246\beta$	α
E_3	$\alpha-\beta$	α	$\alpha+0.618\beta$	$\alpha+\beta$	$\alpha+1.246\beta$	$\alpha+1.414\beta$
E_2	$\alpha-\beta$	α	$\alpha+0.618\beta$	$\alpha+\beta$	$\alpha+1.246\beta$	$\alpha+1.414\beta$
E_1	$\alpha+2\beta$	$\alpha+2\beta$	$\alpha+2\beta$	$\alpha+2\beta$	$\alpha+2\beta$	$\alpha+2\beta$

尽管没有给出细节，但是很容易通过计算共振能确定五元碳环的稳定性（环戊二烯，Cp，环状）。完成之后，发现 $Cp^- > Cp > Cp^+$，这与大量的环戊二烯阴离子相关的化学性质是一致的。

弗罗斯特和穆苏林的步骤通过以下方法可以用于具有π键的线形分子。对于具有 m 个原子的链状分子，像之前那样画出多边形，但具有 m+2 条边。忽略顶端和底端的点，只使用与环接触的多边形的一边来确定能级。

尽管休克尔方法最常用于有机分子，以上讨论的 H_3^+情况说明，它也能用于一些无机物质中。让我们考虑吡咯分子：

我们可以像以前那样通过原子轨道的线性组合写出波函数，但在这种情况中，原子 1 是氮原子，因此它的库仑积分 H_{11} 与碳原子的不一样。因此，H_{11} 将表示为α_N，经常根据碳的数值进行近似。在这种情况下，氮为π体系贡献了两个电子，这种校正使得久期行列式的结果具有的形式为$\alpha_N = \alpha_C + (3/2)\beta$。久期行列式变成：

$$\begin{vmatrix} \alpha + \frac{3}{2}\beta - E & \beta & 0 & 0 & \beta \\ \beta & \alpha - E & \beta & 0 & 0 \\ 0 & \beta & \alpha - E & \beta & 0 \\ 0 & 0 & \beta & \alpha - E & \beta \\ \beta & 0 & 0 & \beta & \alpha - E \end{vmatrix} = 0 \tag{5.41}$$

设 $x=(\alpha - E)/\beta$，简化久期行列式为：

$$\begin{vmatrix} x + \frac{3}{2} & 1 & 0 & 0 & 1 \\ 1 & x & 1 & 0 & 0 \\ 0 & 1 & x & 1 & 0 \\ 0 & 0 & 1 & x & 1 \\ 1 & 0 & 0 & 1 & x \end{vmatrix} = 0 \tag{5.42}$$

得到多项式方程：

$$x^5 + \frac{3}{2}x^4 - 5x^3 - \frac{9}{2}x^2 + 5x + \frac{7}{2} = 0 \tag{5.43}$$

像这样的方程在计算机得到使用之前，通常是通过作图法求解的。使用数值技术，可以找到根 x 为–2.55、–1.15、–0.618、1.20、1.62。三个低能态的轨道填充了 6 个电子（氮假定在成键中贡献了两个电子）。因此，共振能量为 $6\alpha + 7.00\beta - (6\alpha + 8.64\beta) = -1.64\beta$。当$\alpha_1$、$\alpha_2$、$\alpha_3$、$\alpha_4$、$\alpha_5$ 确定之后，波函数为：

$$\psi_{MO(1)} = 0.749\psi_1 + 0.393\psi_2 + 0.254\psi_3 + 0.254\psi_4 + 0.393\psi_5 \tag{5.44}$$

$$\psi_{MO(2)} = 0.503\psi_1 - 0.089\psi_2 - 0.605\psi_3 - 0.605\psi_4 - 0.089\psi_5 \tag{5.45}$$

$$\psi_{MO(3)} = 0.602\psi_2 + 0.372\psi_3 - 0.372\psi_4 - 0.602\psi_5 \tag{5.46}$$

$$\psi_{MO(4)} = 0.430\psi_1 - 0.580\psi_2 + 0.267\psi_3 + 0.267\psi_4 + 0.580\psi_5 \tag{5.47}$$

$$\psi_{MO(5)} = 0.372\psi_2 - 0.602\psi_3 + 0.602\psi_4 - 0.372\psi_5 \tag{5.48}$$

只有三个最低的能级填充有电子。通过遵从上述的步骤，每个位置的电子密度能够计算出来（位置 1 为氮原子）。

1.14 C —— C 1.14
1.05 C　　C1.05
1.63 N
H

电子密度的总数为 6，也就是π体系上的电子数。注意到氮原子上的电子密度最高，它的电负性也最高。

显而易见，在处理除了碳原子还有其他原子的结构时的部分问题是α和β取什么数值。建议的数值是基于其他已知数据计算的性质的校正得到的。由于休克尔方法不是计算分子性质的量化方案，我们将不进一步解决数值α和β的问题。

如果我们分析 N—C—N 分子，其中每个氮原子贡献一个电子，我们让$\alpha_N=\alpha_C+\beta/2$。依照休克尔方法，我们得到久期行列式：

$$\begin{vmatrix} x+\frac{1}{2} & 1 & 0 \\ 1 & x & 1 \\ 0 & 1 & x+\frac{1}{2} \end{vmatrix}=0 \tag{5.49}$$

从中我们可以得到这个多项式方程的根 x 为 1.686、–0.500、1.186。因此，分子轨道能量的计算值为 $\alpha-1.686\beta$、$\alpha+0.500\beta$以及 $\alpha-1.186\beta$。第一个是两电子占据，而第二个是单电子占据。前两个能级的波函数为：

$$\psi_{\mathrm{MO(1)}}=0.541\psi_1+0.643\psi_2+0.541\psi_3 \tag{5.50}$$

$$\psi_{\mathrm{MO(2)}}=0.707\psi_1-0.707\psi_3 \tag{5.51}$$

在前面部分，我们看到分子轨道能量可以根据系数 a_i、库仑积分和交换积分来表示。第二个波函数可以表示为：

$$E_2=a_1^2\left(\alpha+\beta/2\right)+a_2^2\left(\alpha\right)+a_3^2\left(\alpha+\beta/2\right)+2a_1a_2\beta+2a_2a_3\beta \tag{5.52}$$

最后两项为 0，代入系数之后，得：

$$\begin{aligned}E_2&=0.707^2\left(\alpha+\beta/2\right)+0\left(\alpha\right)+\left(-0.707\right)^2\left(\alpha+\beta/2\right)\\&=0.500\alpha+0.250\beta+0+0.500\alpha+0.250\beta=\alpha+0.500\beta\end{aligned} \tag{5.53}$$

这是该轨道能量的准确值。计算的电子密度为：

$$\overset{1.09}{N^1}\text{———}\overset{0.827}{C}\text{———}\overset{1.09}{N^2}$$

尽管不能说这个计算是定量的，但多少还是令人鼓舞的，因为得到的数值与我们所知道的原子的性质和电负性是一致的。休克尔方法虽然是一个简单的方法，但对于小的无机物种（例如上面讨论的 H_3^+）可以提供一些有趣的练习。该方法关于可作为配体的有机物种（尤其是烯类）的轨道的观点，对于相关配合物的讨论（第 16 章和第 21 章）是很有用的。

在本章中，我们概述了对称性及其在应用于分子轨道方法处理分子结构方面的重要性。尽管远远不够严格和完整，但这里描述的方法对本科阶段的无机化学学习是足够的。更多的细节可以在列出的参考文献中找到。还需要提到的是，已经有计算机程序可以在几个不同水平上用于分子轨道的计算，包括简单休克尔、扩展休克尔以及更复杂的计算类型。

拓展学习的参考文献

Adamson, A.W., 1986. A Textbook of Physical Chemistry, 3rd ed. Academic Press College Division, Orlando. Chapter 17. One of the best treatments of symmetry available in a physical chemistry text.

Cotton, F.A., 1990. Chemical Applications of Group Theory, 3rd ed. Wiley, New York. The standard text on group theory for chemicalapplications.

DeKock, R.L., Gray, H.B., 1980. Chemical Bonding and Structure. Benjamin Cummings, Menlo Park, CA. An excellent introduction to bonding that makes use of group theory at an elementary level.

Drago, R.S., 1992. Physical Methods for Chemists. Saunders College Publishing, Philadelphia. Chapters 1 and 2 present a thorough foundation in group theory and its application to interpreting experimental techniques in chemistry. Highly recommended.

Fackler, J.P., 1971. Symmetry in Coordination Chemistry. Academic Press, New York. A clear introduction to symmetry.

Frost, A., Musulin, B., 1953. J. Chem. Phys. 21, 572. The original description showing energies of molecular orbitals by means of inscribed polygons.

Harris, D.C., Bertolucci, M.D., 1989. Symmetry and Spectroscopy. Dover, New York. Chapter 1 presents a good summary of symmetry and group theory.

习题

1. 画出下列物种的基本骨架，展现出大致正确的几何构型以及所有的价层电子。确定所有的对称元素以及物种的点群。

OCN^-，IF_2^+，ICl_4^-，SO_3^{2-}，SF_6，IF_5，ClF_3，SO_3，ClO_2^-，NSF

2. 画出下列物种的基本骨架，展现出大致正确的几何构型以及所有的价层电子。确定所有的对称元素以及物种的点群。

CN_2^{2-}，PH_3，PO_3^-，$B_3N_3H_6$，SF_2，ClO_3^-，SF_4，C_3O_2，AlF_6^{3-}，F_2O

3. 考虑 AX_3Y_2 分子，它的中心原子没有未共用电子对。画出这个化合物所有可能的骨架，确定每个骨架所属的点群。

4. 在右边的物种中找出与左边列出的特征相符的合适物种。

具有三个 C_2 轴	OCN^-
具有 $C_{\infty v}$ 对称性	BrO_3^-
具有一个 C_3 轴	SO_4^{2-}
只有一个镜面	XeF_4
具有一个对称中心	$OSCl_2$

5. 指出右边哪种物种符合左边的描述或者具有所示的对称元素。

具有三个 C_2 轴	NF_3
具有 $C_{\infty v}$ 对称性	OCS
具有一个 C_3 轴	PO_4^{3-}
只有一个镜面	SCl_2
具有一个对称中心	XeF_2

6. CCl_4分子中分别有几个氯原子被氢原子取代后具有C_{3v}和C_{2v}对称性？

7. 画出下列物种的基本骨架，展现出大致正确的几何构型以及所有的价层电子。确定所有的对称元素以及物种的点群。

H_2S，ICl_3，NO_2^-

8. 画出下列物种的基本骨架，展现出大致正确的几何构型以及所有的价层电子。

C_6H_6，SF_4，ClO_2^-，OF_2，XeF_4，SO_3，Cl_2CO，NF_3

9. 画出下列物种的基本骨架，展现出大致正确的几何构型以及所有的价层电子。

CH_3Cl，SeF_4，BrO_3^-，SF_2，SnF_2，$S_2O_3^{2-}$，H_2CO，PCl_3

10. 利用中心原子的原子轨道的对称性建构（使用合适的氢群轨道）下列物种的分子轨道图。

BeH_2，HF_2^-，CH_2，H_2S

11. 利用中心原子的原子轨道的对称性构建（使用合适的外围原子的群轨道组合）下列物种的分子轨道图。

AlF_3，BH_4^-，SF_6，NF_3

12. 考虑分子$Cl_2B—BCl_2$。

（a）如果是平面结构，这个分子的点群是什么？

（b）画出$Cl_2B—BCl_2$分子具有S_4轴的结构。

13. 利用书中所述的方法获得C_{4v}点群的乘法表。

14. 利用书中使用的方法获得C_{2v}点群的特征标表，并得到C_{3v}点群的特征标表。

15. 利用本章介绍的方法，计算吡咯分子中每个位置的电子密度。

16. 使用与三原子碳体系类似的方法描述卤间物种（见第15章）如I_3^-的结构。假设只使用p轨道，描述这些物种的成键。

17. 从图5.21所示的图形中，你能否预测在环丙烯阳离子、环丙烯阴离子或者苯分子的最低能量的谱带中，哪一个具有更高能量？

18. 使用休克尔方法确定H_3^-是具有线形还是环状结构。对更稳定的结构，计算每个原子的电子密度和键级。

19. 描述你怎样对HFH^+进行休克尔计算。你预期找到的最稳定的结构是什么？

20. 将休克尔方法应用于环戊二烯时，久期行列式给出方程$x^5-5x^3+5x+2=0$。解出这个方程，确定5个分子轨道的能量。使用这些能量预测C_5H_5、$C_5H_5^+$和$C_5H_5^-$的相对稳定性。你所预期的结果与这些物种的化学性质（见第21章）相比如何？

第二部分　凝聚态

第6章

偶极矩和分子间作用力

尽管将分子和固体维持在一起的力在物质的研究中占重要位置，但还是有一些其他的影响化学和物理性质的力。完整的分子单元之间的相互作用产生了力。物质是由带电粒子构成的，所以可以合理地预期，任何两个靠得很近的分子之间存在着某种作用力。

分子间力有几种类型。含有极性分子的一些化合物通过电荷相互吸引。其他化合物虽然由非极性分子构成，但一个分子的电子与另一个分子的核之间由于存在瞬时的电子不对称分布，也可以产生弱的吸引。分子中含有连接高电负性原子的氢原子时，氢原子有剩余的正电荷。结果，这个氢原子可以与同一分子或其他分子上带有孤电子对的原子相互吸引。这种类型的相互作用称为氢键。尽管分子间作用力可能只有 10^{-20}kJ・mol^{-1}，但是会很大程度上影响物理性质，一些情况下还会影响化学行为。理解这些类型的力（有时称为非化学或非共价力）对于预测和解释无机化合物的性质和表现是很有必要的。本章旨在介绍分子间相互作用。

6.1　偶极矩

由于原子有不同的电负性，共价键中的电子对不可能平均分配，致使键有极性，负电荷的中心通常更靠近电负性高的原子。对于两个原子之间的共价键，偶极矩μ表示为：

$$\mu = qr \tag{6.1}$$

其中，q 为分离的电荷量，r 为电荷分离的距离。在第 3 章中，对双原子分子，已经确定了偶极矩与分子波函数中离子项的权重系数之间的关系。分子的一些性质与它们的极性有关，因此，偶极矩是理解分子结构的一个有用的参数，对其进行详细考察是很有必要的。在此之前，可以适时讨论一下单位。一个电子的电量为 1.6022×10^{-19}C，核间距用米（m）表示。因此，偶极矩的单位为库仑・米（C・m）。极性的单位定义为德拜（D），它是以在极性分子中做出奠基性工作的彼得・德拜（Peter Debye）的名字命名的。

$$1\text{D}=3.33564\times10^{-30}\text{C}\cdot\text{m}$$

在历史上（也包括现在），分离的电量用静电单位（esu）表示，即 $g^{1/2}\cdot cm^{3/2}\cdot s^{-1}$。一个电子的电量为 4.80×10^{-10} esu，当核间距用厘米表示时，可以得到：

$$1\text{D}=10^{-18}\text{esu}\cdot\text{cm}$$

当然，用任何一套单位结果都是一样的，但是基于某些目的，第二套单位多少有点更方便，因此我们在讨论时用第二套单位。

对于拥有几个极性键的分子，总偶极矩的一个粗糙的近似是通过将键距看成矢量并找出矢量和。考虑 H_2O 分子，其结构为：

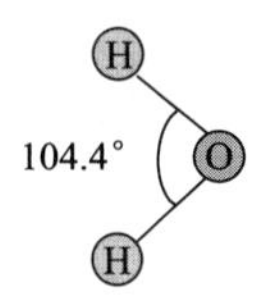

其总的偶极矩为 1.85D。如果我们认为这个数值是两个 O—H 键距的矢量和，我们发现：

$$1.85\text{D}=2\cos 52.25° \times \mu_{\text{O—H}} \tag{6.2}$$

对$\mu_{\text{O—H}}$求解，我们得到数值为 1.51D。我们还有其他的估算 O—H 键偶极矩的方法，就是使用方程：

$$\text{离子性百分比} = 16|\chi_A - \chi_B| + 3.5|\chi_A - \chi_B|^2 \tag{6.3}$$

其中，χ_A和χ_B为原子的电负性。通过计算离子性百分比，我们可以确定原子上的电荷。对于 O—H 键，有：

$$\text{离子性百分比} = 16\times|3.5-2.1| + 3.5\times|3.5-2.1|^2 = 29.4\% \tag{6.4}$$

因此，由于 O—H 的键长为 1.10×10^{-8}cm(110pm)，有：

$$\mu_{\text{O—H}} = 0.294\times4.8\times10^{-10}\,\text{esu}\times1.10\times10^{-8}\,\text{cm} = 1.58\times10^{-18}\,\text{esu•cm} = 1.58\text{D} \tag{6.5}$$

在这种情况下，这两种方法计算的结果接近，但两者不是每次都一致。一个理由是简单的矢量方法忽略了孤电子对的影响。此外，高极性的键会诱导本来非极性的键中产生附加的电荷分离。在一些情况下，键可能基本上是非极性的，如 P—H 和 C—H 键。最后，由于共振，一些分子用一种结构表示是不充分的。结果是，除了简单分子以外，所有其他分子的偶极矩计算都不是一个简单的问题。

分子几何构型的影响经常可以用直接的方式进行评价。考虑四面体分子 CH_4，可以表示为一个 C—H 键指向上方，而其他三个形成一个三角支架。

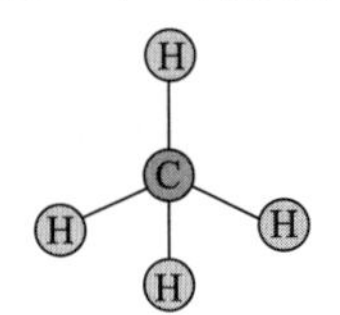

朝上的键包含该方向的一个 C—H 键，其他三个必须准确地等于一个朝下的键的影响。三个键中每个键的朝下的部分都是 cos(180° –109° 28′)=1/3。因此，这三个键相加刚好等于一个朝下键的影响。这对于任何正四面体分子都是事实，因为它们的偶极矩为 0。

由第 4 章可知，外围电负性高的原子容易与低 s 特征的杂化轨道键合。与此相关，PCl_3F_2 分子是非极性的，它的结构表示为：

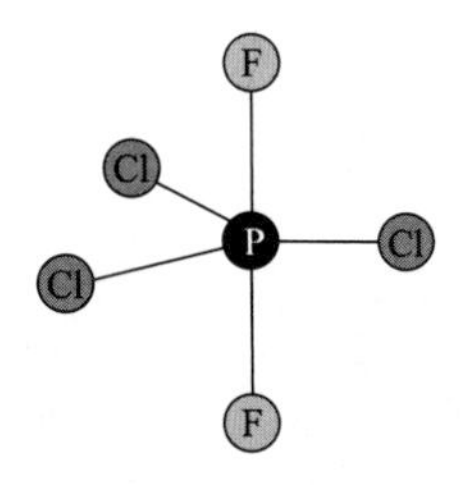

这个分子中磷使用的轴向轨道可以认为具有 dp 特征（见第 4 章），没有 s 特征，而赤道位置的轨道为 sp^2 杂化。就如预期的那样，轴向位置为氟原子，分子为非极性的。这些例子表明了偶极矩在预测分子结构细节方面的价值。表 6.1 给出了大量无机分子的偶极矩。

表 6.1　一些无机分子的偶极矩

分子	偶极矩/D	分子	偶极矩/D
H_2O	1.85	NH_3	1.47
PH_3	0.58	AsH_3	0.20
SbH_3	0.12	$AsCl_3$	1.59
AsF_3	2.59	HF	1.82
HCl	1.08	HBr	1.43
HI	0.44	$SOCl_2$	1.45
SO_2Cl_2	1.81	SO_2	1.63
PCl_3	0.78	F_2NH	1.92
OPF_3	1.76	SPF_3	0.64
SF_4	0.63	IF_5	2.18
HNO_3	2.17	H_2O_2	2.2
H_2S	0.97	N_2H_4	1.75
NO	0.15	NO_2	0.32
N_2O	0.16	$PFCl_4$	0.21
NF_3	0.23	ClF_3	0.60

分子偶极矩的一个有趣的方面可以从 NH_3 和 NF_3 分子中看到：

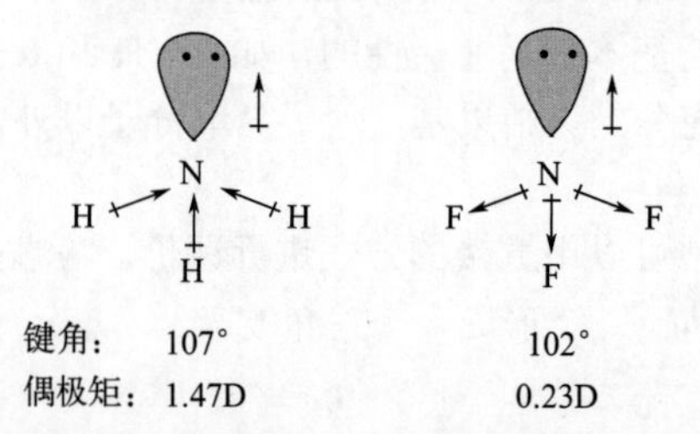

这两个分子结构非常相似，原子的电负性，N 为 3.0, H 为 2.1, F 为 4.0，甚至键的极性也是类似的。但偶极矩有很大的不同，这是因为在 NH_3 中，孤电子对产生了相当大的影响，促使偶极中带负电的一端指向该方向。N—H 键是极性的，带正电的一端指向氢原子。因此，由于极性键加上孤电子对的影响，得到大的偶极矩。在 NF_3 中，孤电子对在分子的该区域产生负电荷，但氟原子比氮原子电负性高，使得极性 N—F 键的负电一端指向氟原子的位置。因此，孤对电子和极性 N—F 键的影响是相反的，这使得 NF_3 分子的偶极矩较小。

ClF_3 和 BrF_3 的偶极矩提供了孤电子对影响的另一个有趣的例子。分子如下所示：

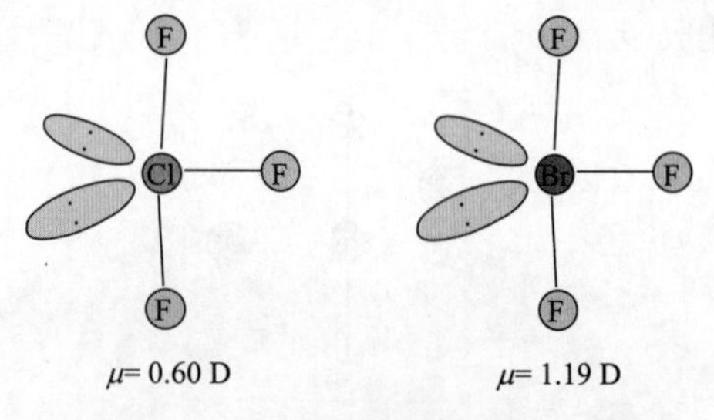

由于电负性的不同，Br—F 键比 Cl—F 键的极性更强。然而，ClF_3 中的孤对电子更靠近氯原子，Cl—F 键的极性与两对孤对电子的方向是相反的。在 BrF_3 中，赤道位置的 Br—F 键比 Cl—F 键的极性稍微大一点，但孤对电子与溴原子离得更远一点。因此，BrF_3 中两个孤电子对的影响超过了 Br—F 键极性的影响。结果是 BrF_3 的偶极矩大约是 ClF_3 的两倍。

在很多情况下，使用同样的方法估算分子或者分子的某部分的极性是很有用的。基于这个目的，知道一些具体的键的极性可以提供解决该问题的方法。表 6.2 给出了很多键的偶极矩。

表 6.2　一些极性键的偶极矩

键	偶极矩/D	键	偶极矩/D
H—O	1.51	C—F	2.0
H—N	1.33	C—Cl	1.47
H—S	0.68	C—Br	1.4
H—P	0.36	C—O	0.74
H—C	0.40	C=O	2.3
P—Cl	0.81	C—N	0.22
P—Br	0.40	C=N	0.9
As—F	2.0	C≡N	3.5
As—Cl	1.6	As—Br	1.3

如果分子的结构和键偶极矩是已知的，通过把极性键当作矢量处理就可以估算分子的偶极矩。图 6.1 表示从两个键进行计算的矢量图，结果为：

$$\mu = \sqrt{\mu_1^2 + \mu_2^2 + 2\mu_1\mu_2\cos\theta} \tag{6.6}$$

对于角度为钝角的分子（图 6.1 中虚线表示的），该关系为：

$$\mu = \sqrt{\mu_1^2 + \mu_2^2 + 2\mu_1\mu_2\cos\left(180^\circ - \theta\right)} \tag{6.7}$$

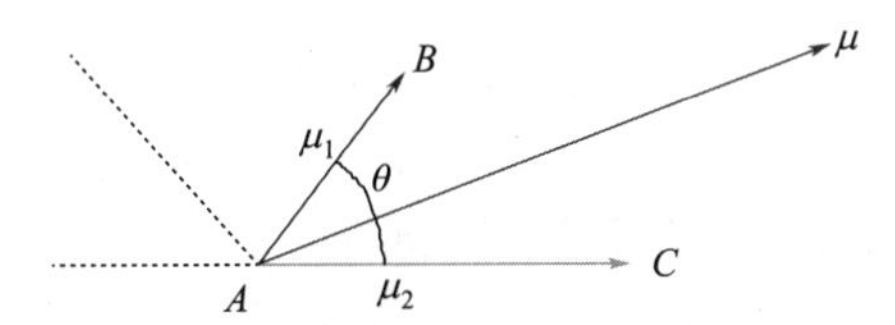

图 6.1　从键偶极矩计算分子偶极矩的矢量模型

如果这个方法用于甲基氯分子 CH_3Cl，它的结构为：

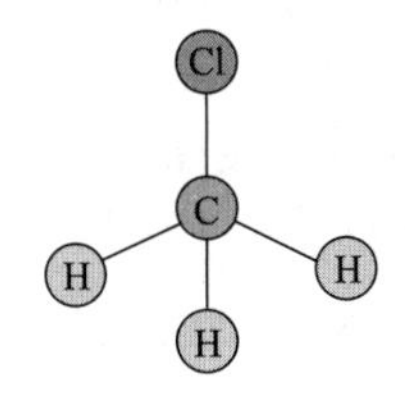

每个 C—H 键的极性导致负端指向碳原子。三个 C—H 键的结果加上 C—Cl 键的偶极矩给出该分子总的偶极矩。可以得到每个C—H键与C—Cl键反方向的直线的角度为180°–109.5°=70.5°。因此，对于 3 个 C—H 键，结果为：

$$3\mu_{CH} \times \cos 70.5^\circ = 3\mu_{CH} \times 0.33 = 1\mu_{CH}$$

因此，CH_3Cl 的偶极矩为：

$$\mu_{分子} = \mu_{CH} + \mu_{CCl} = 0.40 + 1.47 = 1.87D$$

对于 $CClF_3$，三个 C—F 键与 C—Cl 键相反方向，因此：

$$\mu_{分子} = \mu_{CF} - \mu_{CCl} = 2.00 - 1.47 = 0.53D$$

这与实验测得的 0.5D 是很接近的。

6.2 偶极–偶极力

当两个电负性不同的原子共用电子对时，电子不是平均分配。结果，原子间的键就是极性的，因为电子将更靠近电负性高的原子，使其拥有负电荷。对于双原子分子，偶极矩μ为μ=qr。

在第 3 章中，我们看到对于 HCl 来说，就好像电子上的电荷有 17%从 H 转移到 Cl 一样。对于 HF，这个分离电荷为电子电荷的 43%。当具有电荷分离的分子互相靠近时，它们之间就会有静电作用。图 6.2（a）和（b）所示的取向中，相反电荷更近地靠在一起，代表了较低的能量状态（负值，记为E_A）。

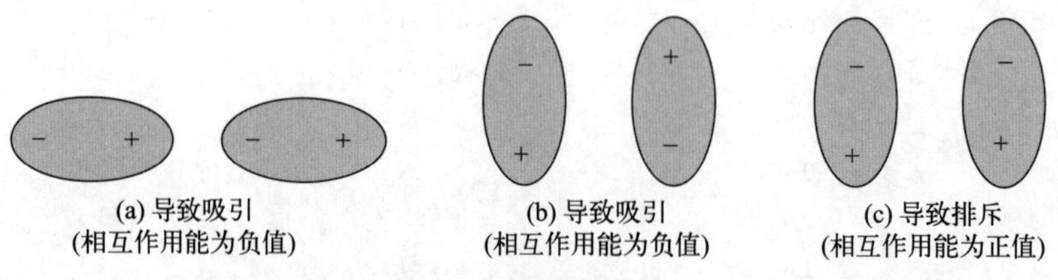

图 6.2　偶极的排列

图 6.2（c）所示的排列会引进排斥（能量为正值，E_R）。尽管可以假设这个排列不会发生，但并不正确。它代表了一种比相反电荷互相靠近的取向能量更高的状态，但高能态的状态的布居数受玻耳兹曼分布定律控制。对于定义为E_A和E_R的上述两个状态，状态的布居数（n_A和n_R）与它们的能量差ΔE有关，关系式为：

$$\frac{n_R}{n_A} = e^{-\Delta E/kT} \tag{6.8}$$

其中，k是玻耳兹曼常数，T为温度，其他量如上定义。因此，尽管排斥态在能量上是高的，但它具有小的布居数，其值取决于温度和ΔE。由于吸引态的布居数更大，两个极性分子之间就存在净相互吸引。两个偶极之间的净能量受取向的限制，E_D为：

$$E_D = -\frac{\mu_1\mu_2}{r^3}\left[2\cos\theta_1\cos\theta_2 - \sin\theta_1\sin\theta_2\cos(\phi_1-\phi_2)\right] \tag{6.9}$$

在这个方程中，θ_1、θ_2、ϕ_1和ϕ_2是描述分子 1 和分子 2 的取向的角坐标，μ_1和μ_2是它们的偶极矩，r是分离的分子的平均距离。应该注意到，如果两个偶极在固体中限制在确定的取向，如上所示，它的能量随$1/r^3$而变化，能量表达式包含这个因子是经常碰到的。然而，在液体中，取向变化，从反平行吸引到平行排斥的所有取向都是可能的。通过对所有可能的取向进行求和，可以得到一些平均的取向。当考虑这些以及使用平均取向时，能量与$1/r^6$的关系表示为：

$$E_D = -\frac{2\mu_1^2\mu_2^2}{3r^6kT} \tag{6.10}$$

如果只存在一种类型的极性分子，相互作用能表示为：

$$E_D = -\frac{2\mu^4}{3r^6kT} \tag{6.11}$$

以摩尔为单位的相互作用能表示为：

$$E_D = -\frac{2\mu^4}{3r^6RT} \tag{6.12}$$

尽管极性分子的结合的能量变化只有 2～5kJ·mol^{-1}，但它对物理性质的影响是很大的。记住偶极聚集的能力受它们环境的影响，这一点是很重要的。人们做了许多涉及极性分子的偶极聚集的研究。如果溶剂为极性的或者它们中有诱导极性（见 6.3 节），溶质的聚集就会受到阻碍。溶剂分子会围绕在极性溶质周围，就会抑制它们与其他溶质分子的相互作用。溶质分子在发生聚集之前至少要部分“脱溶剂化”。如果我们把极性分子表示为 D，形成二聚体的结合反应写为：

$$2D \rightleftharpoons D_2 \tag{6.13}$$

或者更普遍的形式，聚集 n 个分子的反应为：

$$nD \rightleftharpoons D_n \tag{6.14}$$

这些反应的平衡常数可能的差异达到 10～100 次方，取决于溶剂的本质。如果溶剂是像正己烷之类的非极性溶剂，极性溶质分子间的作用力就会比溶剂与溶质之间的作用力更强。结果是，偶极聚集的平衡常数将会很大。另外，如果溶剂包含诸如 CH_3OH 之类的极性分子，溶质分子间的聚集就会由于极性溶质与极性溶剂分子之间的相互作用而受到完全的阻止。溶质分子部分“去溶剂化”，形成二聚体或更大的聚集体。氯苯和氯仿等溶剂可能不能完全阻止极性分子的聚集，但是平衡常数将几乎总是比当溶剂含有非极性分子如己烷和 CCl_4 等时更小。

尽管不是严格地涉及偶极聚集，阐明上面描述的原理的一个有趣的例子是烷基锂的聚集。对于 $LiCH_3$，一个稳定的聚集体是六聚体$(LiCH_3)_6$。在诸如甲苯等溶剂中，六核单元可以保持，但是在诸如$(CH_3)_2NCH_2CH_2N(CH_3)_2$ 等溶剂中，由于氮原子上的孤对电子能与溶质有强的相互作用，因此甲基锂是以溶剂化单体存在的。就像第 9 章将讨论的那样，电子供体和受体的聚集受溶剂与溶质分子的相互作用影响很大。

6.3 偶极–诱导偶极力

在一个产生静电力的电荷的影响下，分子和原子中的电子能够稍微移动。结果导致电子云有一些极化性，表示为 α。在确定一个分子的极化率时，电子的总数可能没有电子的移动性那么重要。因此，具有离域π体系的分子通常比电子数类似，但定域的体系具有更高的极化率。当一个具有球形电荷分布的可极化分子靠近一个极性分子时，这个原来非极性的分子就会被诱导产生电荷分离。两个物种之间的这种相互作用导致一些吸引力。

一个分子的极化率以及另一个分子偶极矩的量级是决定它们之间相互作用强度的主要因素。极性分子的偶极矩（μ）越大，另一个分子的极化率越大，它们之间的相互作用也就越大。数学上，一个偶极和一个可极化分子之间相互作用的能量可以表示为：

$$E_{\rm I} = -\frac{2\alpha\mu^2}{r^6} \tag{6.15}$$

除了伦敦力（色散力）之外，偶极与诱导偶极之间的相互作用是在非极性分子之间也存在吸引力的一种力。一个最显著的偶极-诱导偶极力的表现是稀有气体在水中的溶解性。溶质与溶剂之间的吸引力越大，气体的溶解度也越大。极性水分子诱导稀有气体分子产生电荷分离，增加了稀有气体的极化率。相应地，根据它们的极化率，可以预测氦与水的作用很弱，而氡与水的作用更强。因此，稀有气体在水中的溶解度按 Rn > Xe > Kr > Ar > Ne > He 顺序下降，如图 6.3 所示。

另一个偶极-诱导偶极相互作用导致的重要结果是水中 O_2 和 N_2 的溶解性，用每 100g 水溶解气体的克数表示，在 0℃它们的溶解度分别为 $0.006945g \cdot (100g)^{-1}$ 及 $0.002942g \cdot (100g)^{-1}$。它们都是非极性分子，但是 O_2 的极化率更大。因此，极性水分子促使氧分子更多的电荷被诱导，这导致它与溶剂的相互作用更强，从而溶解度更大。

这些思想的一个重要的延伸是阳离子与极性分子的作用（离子-偶极作用）。在这种情况下，由于离子的诱导效应，分子的极性增大。围绕在离子周围的溶剂化层的溶剂分子与其他大多数溶剂分子的极性是不同的。

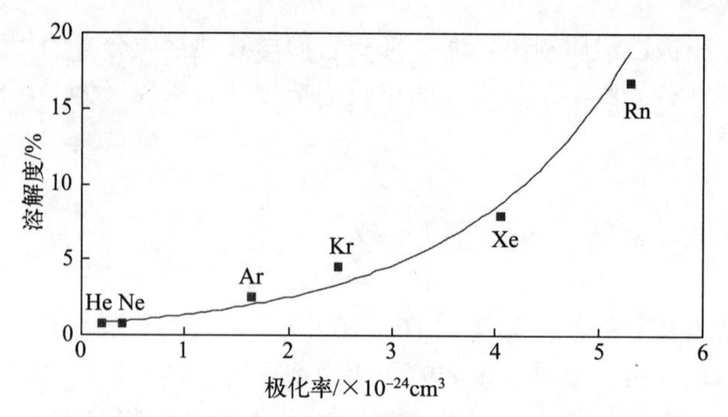

图 6.3 气体在水中的溶解度（摩尔分数）与极化率的关系

6.4 伦敦（色散）力

除了电荷永久分离的分子产生的分子间力，还有一些其他类型的力。有时称为电子范德华力，它们导致理想气体方程出现偏差。这些力与分子是否具有固有的偶极矩无关，它们存在于所有分子之间。否则，就不可能液化诸如 CH_4、O_2、N_2 以及稀有气体等组分，一些非极性化合物的液体或固体状态也就不可能存在了。我们可以通过考虑两个稀有气体原子在很靠近时的情况来看这些力是怎么出现的，如图 6.4 所示。在一瞬间，一个原子上大部分的电子可能位于原子的一侧，使得另一侧出现瞬时的正电荷。这个电荷可以吸引另一个原子的电子，因此，它们之间存在一个净吸引力。在 1929 年，弗里茨·伦敦（Fritz London）研究了通过这种类型的相互作用而产生的力，这种力因而称为伦敦力，也称为色散力。

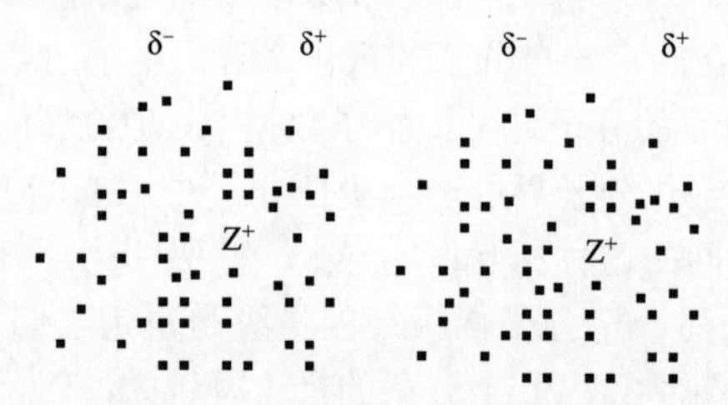

图 6.4 电子的瞬时分布导致两个原子的极化[在原子（或分子）之间存在吸引力，即使它们没有固有的极性。电子数以及电子的移动能力决定了吸引力的数量级]

为了描述伦敦力的数学关系，我们将使用一种直观的方法。首先，考虑分子中电子移动的能力。电子高度限域的原子或分子中，不能诱导出任何大数量级的瞬时偶极。分子中电子移动的能力称为电子极化率 α。事实上，每个相互作用的分子都有极化率，因此伦敦力产生的能量 E_L 与 α^2 成比例。伦敦力只在短距离时是重要的，这意味着分开的距离处在方程的分母中。事实上，与库仑定律 r^2 在分母中的情况不同，伦敦力的表达式中包含 r^6。因此，伦敦力引起的相互作用能量表示为：

$$E_L = -\frac{3h\nu_0\alpha^2}{4r^6} \tag{6.16}$$

其中，α是极化率，ν_0 是振动频率的零点，r 是分子间的平均距离，$h\nu_0$ 是分子的电离势。因此，伦敦能可以表示为：

$$E_L = -\frac{3I\alpha^2}{4r^6} \tag{6.17}$$

有意思的是，许多不同类型的分子具有差别不大的电离势。表 6.3 给出了很多物质的分子电离势的典型数值。

表 6.3　一些分子的电离势（IP）

分子	IP/eV	分子	IP/eV
CH_3CN	12.2	$C_2H_5NH_2$	8.86
$(CH_3)_2NH$	8.24	$(CH_3)_3N$	7.82
NH_3	10.2	HCN	13.8
H_2O	12.6	H_2S	10.4
CH_4	12.6	CS_2	10.08
HF	15.77	SO_2	12.34
CH_3SH	9.44	C_6H_5SH	8.32
C_6H_5OH	8.51	CH_3OH	10.84
C_2H_5OH	10.49	BF_3	15.5
CCl_4	11.47	PCl_3	9.91
AsH_3	10.03	$AsCl_3$	11.7
$(CH_3)_2CO$	9.69	$Cr(CO)_6$	8.03
C_6H_6	9.24	1,4-二氧六环	9.13
n-C_4H_{10}	10.63	OF_2	13.6

注：1eV=98.46kJ • mol^{-1}。

由于电离势的数量级类似，I 可以用常数来取代，对 E_L 的值没有很大的影响。氦和氩的 α 值分别为 2.0×10^5pm^3 及 1.6×10^6pm^3。计算表明，对于距离为 300pm(3Å)的氦原子，相互作用能量为 76.2J • mol^{-1}，但是对距离为 400pm(4Å)的氩原子，能量为 1050J • mol^{-1}。与这个能量差一致，在 29.4atm[❶]下，固态氩的熔点为 89 K，而固态氦的熔点为 1.76K。如果我们考虑两个非极性分子，例如 CCl_4（α=2.6×10^7pm^3，b.p.77℃）和 C_6H_6（α=2.5×10^7pm^3，b.p.80℃），我们发现它们的极化率和沸点都很接近。对于这些分子，相互作用只有伦敦力，因此比较沸点和极化率是有效的。

通常，如果分子间作用力只有伦敦力，分子越大、电子数越多，沸点（液体分子可以相互分开的温度）将越高。例如，在常温下，F_2 和 Cl_2 是气体，Br_2 是液体，而 I_2 是固体。$GeCl_4$ 和 $SnCl_4$ 的沸点分别为 86.5℃和 114.1℃，与电子数之差以及极化率一致。烷烃系列的 C_nH_{2n+2}，随着 n 增加，沸点增加，也阐明了这个原理。

如果极化率为 α_1 和 α_2 的两种类型的分子相互作用，它们之间的伦敦能可以表示为：

$$E_L = -\frac{3h\alpha_1\alpha_2}{2r^6}\times\frac{\nu_1\nu_2}{\nu_1+\nu_2} = -\frac{3\alpha_1\alpha_2 I_1 I_2}{2r^6\left(I_1+I_2\right)} \tag{6.18}$$

在第 7 章中，我们将指出固体卤化银的键有共价键的成分。这是由于离子具有可极化性，因此阴离子和阳离子都有诱导的电荷分离。对于 AgI，静电吸引为 808kJ • mol^{-1}，但伦敦吸引为 130kJ • mol^{-1}。从这些例子很清楚看到，伦敦力显著地影响了化合物的物理性质。

电子数增加的一个伴随的结果是分子量也增加，分子间的伦敦力也增加。含有非极性分子的系列化合物的沸点体现了分子间的较大的吸引力。为了阐明这个趋势，考虑系列有机物，如碳氢化合物的沸点。图 6.5 示出了第ⅢA 和ⅣA 族分子式为 EX_3 和 EX_4 的一些卤化物的沸点。

对于主要含有共价分子的那些化合物，预期沸点会随分子量的增大而增大。当 X 从 F 到 I 时，平面三角形的 BX_3 和四面体的 SiX_4 与 GeX_4 化合物符合预期的趋势。除了 AlF_3，铝化合物

❶ 1atm=101325Pa。

本质上是共价的，以二聚体的形式存在，如烷基铝$[AlR_3]_2$，其结构在第 4 章中有描述，在本章中将会进一步讨论。然而，当考虑 AlF_3 时，情况有很明显的差别。在这种情况下，这个化合物本质上是离子型的，这导致沸点约为 1300℃。产生 Al^{3+}的总的电离势为 5139kJ·mol^{-1}，因此，只有在高晶格能的情况下，化合物才是离子型的。于是，Al^{3+}和 F^-的小尺寸允许它们形成足够稳定的晶格，以抵消产生 Al^{3+}所需的高的电离能。AlF_3 高的沸点是其化合物中的键与其他卤化铝中的键不同的一个反映。键型有一个从共价键向离子键的连续变化，记住这一点是有用的，AlF_3 的键显然就是靠近离子型的那一端。

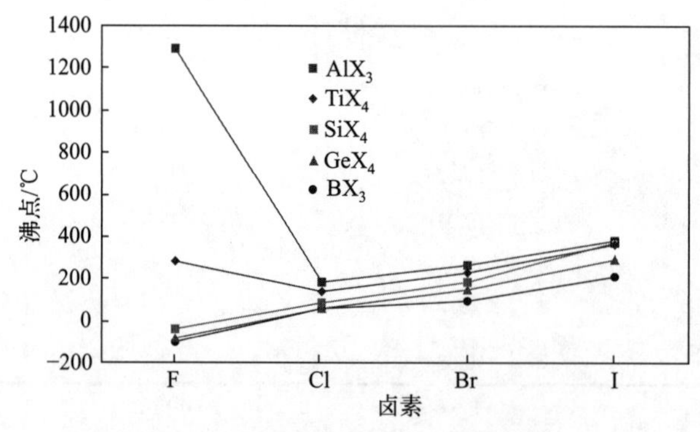

图 6.5 ⅢA 和ⅣA 族卤化物的沸点

一个分子要溶解在液体中时，必须克服溶剂分子之间的一些作用力。除非考虑单个溶质分子，否则溶质分子之间的作用力也必须克服。如果溶质具有显著的溶解性，溶质分子的有效溶剂化要求溶质与溶剂相互作用在能量上是有利的。非极性分子由于它们之间的伦敦力而互相影响，因此不必对诸如非极性的 BI_3 分子可溶于 CCl_4 和 CS_2 等非极性溶剂的事实感到奇怪。由于三个碘原子包含的电子数很多，所以 BI_3 的极化率是足够大的，因此 BI_3 分子能够与 CCl_4 和 CS_2 等很好地作用，因为这两种溶剂也具有相对较高的极化率。同样地，$AlBr_3$ 和 AlI_3 可溶解在醇、醚和二硫化碳中，而由难极化的离子组成的 AlF_3 则不溶。

6.5 范德华方程

在 1873 年，范德华（J. D. van der Waals）意识到理想气体方程的不足，于是发展了一个方程，以消除两个问题。首先，容器的体积不是气体分子获得的真实体积，因为分子本身也占有一些体积。理想气体方程的第一个校正就是从容器体积 V 中减去分子的体积，给出属于分子的净体积。当包含气体的物质的量为 n 时，校正的体积为 $V–nb$，其中，b 为与分子类型有关的常数。

根据理想气体方程，对于 1mol 气体，$PV/RT=1$，这称为压缩因子。对于大多数的真实气体，与理想值的偏差很大，特别是在高压的情况下，因为分子被迫相互靠近。从前面部分的讨论可知，很显然气体分子不会独立存在，因为即便是非极性分子之间也有吸引力。偶极-偶极力、偶极-诱导偶极力以及伦敦力，这三种力有时统称范德华力，因为这三种力都会导致气体偏离理想气体的行为。由于分子间的吸引力降低了分子施加在容器壁上的压力，范德华力包含了一个压力校正，以补偿“失去的”压力。这一项写为 n^2a/V^2，其中，n 为分子的物质的量，a 是取决于气体本质的参数，V 为容器的体积。得到的真实气体的状态方程称为范德华方程：

$$\left(P+\frac{n^2a}{V^2}\right)(V-nb)=nRT \tag{6.19}$$

在范德华方程中，n^2a/V^2 是有趣的一项，因为这一项给出了分子间力的信息。明确地讲，是参数 a 与分子间力相关，而不是物质的量 n 或者体积 V。可以预期与有机、无机分子之间作用力相关的其他性质就是由参数 a 来体现的。

我们首先考虑相对简单的情况，其中分子间的作用力都是同类型的（非极性分子，只有伦敦力产生的作用）。对于液体，沸点可以作为液态中分子间作用力强度的一个测量，因为分子逃逸成为蒸气需要克服这些力。图 6.6 给出稀有气体及一些其他物质的沸点与范德华参数 a 的关系。

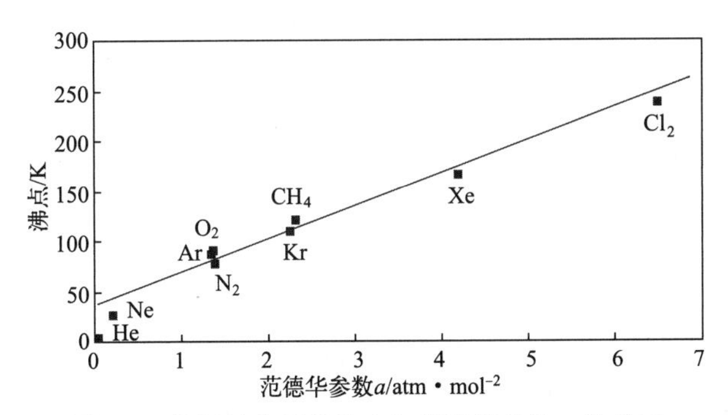

图 6.6　非极性分子的沸点与范德华参数 a 的关系

显然，对那些非极性分子，这个校正是令人满意的。在这种情况下，液态的一个特征（沸点）与方程中用来解释气体行为的一个参数是相关的。气态和液态被称为流体，范德华方程不但可以用于气体，还可以通过使用约化变量（见本章末尾的参考文献）用于其他流体。表 6.4 给出了一些分子的范德华参数 a 的值，其中大部分是非极性分子。

表 6.4　一些分子的范德华参数 *a* 的值

分子	a/atm • mol^{-2}	分子	a/atm • mol^{-2}
He	0.03412	C_2H_6	5.489
H_2	0.2444	SO_2	6.714
Ne	0.2107	NH_3	4.170
Ar	1.345	PH_3	4.631
Kr	2.318	C_6H_6	18.00
Xe	2.318	CCl_4	20.39
N_2	1.390	SiH_4	4.320
O_2	1.360	SiF_4	4.195
CH_4	2.253	$SnCl_4$	26.91
Cl_2	6.493	C_2H_6	5.489
CO_2	3.592	N_2O	3.782
CS_2	11.62	$GeCl_4$	22.60

尽管预期液体的性质和范德华参数 a 有关系，但我们应该记得固态中的非极性分子也通过伦敦力维系在一起。当然，将固体维系在一起的能量是晶格能，因此我们应该尝试将非极性分子的固体的晶格能与范德华参数 a 关联起来。这种关联如图 6.7 所示，将稀有气体和一些其他化合物的晶格能对 a 作图。很显然，它们之间存在直线关系，虽然那个参数源自对真实气体的分子间作用的考虑，而在这里认为固体的一个性质是这个参数的函数。

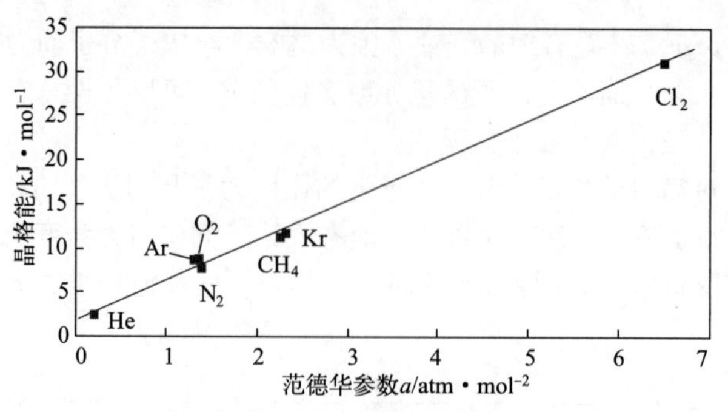

图 6.7　一些非极性分子的晶格能与范德华参数 a 的关系

当关联和解释物质的物理性质时，范德华参数 a 的用途不能被低估，参数 b 则没有这方面的作用，因为参数 b 与有效分子尺寸相关，而这不是本章中我们要关心的。

6.6 氢键

已经有数以千计的论文和几本书籍是研究氢键的。氢键是属于化学科学中许多领域的一个现象，是一种很重要的分子作用类型。它被称为“氢键”的事实表明，氢在这种作用力中很独特，确实也是这样。在所有的原子中，只有氢原子在与其他原子形成单一共价键时，会暴露出几乎完全裸露的核。就算是锂原子在使用 2s 上的单电子形成共价键之后，也有一个充满的 1s 能级围绕在核周围。当氢原子与电负性约为 2.6 或更高的元素（F、O、N、Cl 或 S）成键时，键的极性足够使氢带有正电荷，促使它受到其他原子电子对的吸引。这种吸引称为氢键（有时称为氢桥）。这种类型的相互作用可以表示为：

$$X-H\cdots\cdots:Y$$

氢键在许多化学条件下都会产生。蛋白质、纤维素、淀粉以及皮革等材料具有氢键导致的一些性质。即便是 NH_4Cl、$NaHCO_3$、NH_4HF_2 和冰等固体的基本单元之间也有很强的氢键。水和其他含有 OH 基团的分子（如醇）具有广泛的氢键。有两种类型的氢键，通过用以下例子阐明：

R—O—H-------:NR_3　　　（邻氯苯酚：O—H······Cl）

分子间　　　分子内

这两种类型的氢键在纯液体和溶液中都存在。许多物质因为氢键，会在蒸气状态中至少部分聚集。例如，氰化氢聚集得到这样的结构：

$$\cdots HCN\cdots HCN\cdots HCN\cdots$$

乙酸在蒸气中也发生了聚集，以至于气体分子量表明它以二聚体存在：

$H_3C-C(=O)-O-H\cdots\cdots O=C(-CH_3)-O-H\cdots\cdots O$（环状二聚体）

研究表明，HF 在气相中的聚集主要生成二聚体和六聚体以及少量的四聚体。硫酸和磷酸等液体中的氢键是它们成为黏性液体、具有高沸点的原因。

醇在液态中的聚集形成了几种类型的物种，包括以下的链：

R—O—H······O(R)—H······O(R)—H······O(R)—H

其中 O—H⋯O 键的距离约为 266pm。该液体也包含环，其中最主要的单元显然为$(ROH)_6$，可以表示如下：

CH_3OH 的蒸气也包含一些环状四聚体$(CH_3OH)_4$：

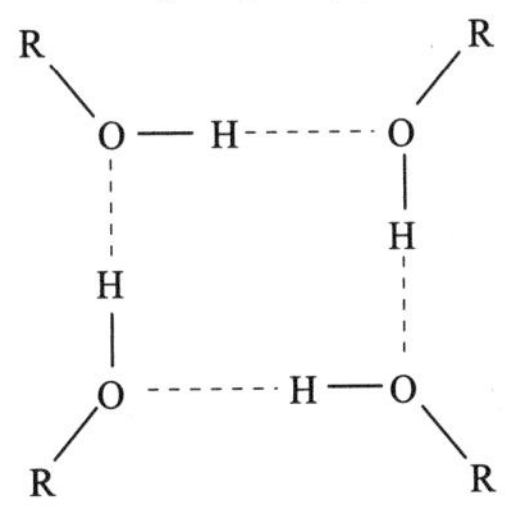

其结合热为 94.4kJ • mol^{-1}，因此每个氢键的值为 23.6kJ • mol^{-1}。醇在蒸气状态中的平衡组分依赖于温度和压力。硼酸 $B(OH)_3$ 含有片状结构，就是由氢键引起的。

氢键和物理性质相关的信息非常多。我们仅给出一个简要的总结，更完整的讨论可以在本章末尾引用的参考文献中找到。可能最熟悉和基本的氢键影响的例子是水的沸点有 100℃，而液态 H_2S 的沸点只有–61℃。图 6.8 表示了ⅣA、ⅤA、ⅥA 和ⅦA 族元素的氢化物的沸点。

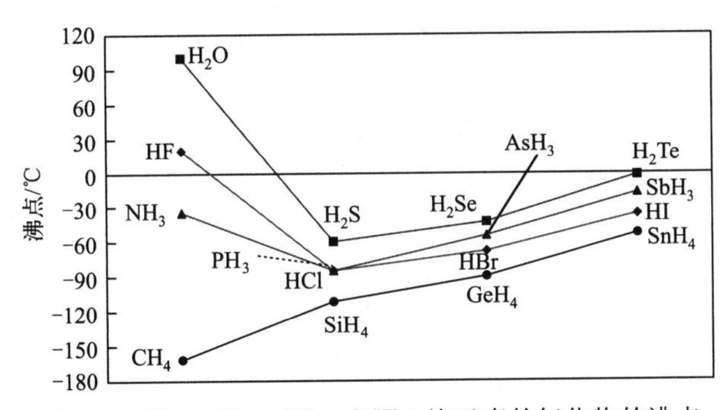

图 6.8 ⅣA、ⅤA、ⅥA 和ⅦA 族元素的氢化物的沸点

第ⅣA 族元素的氢化物中没有氢键，因此 CH_4、SiH_4、GeH_4 和 SnH_4 的沸点如预期的那样随分子量的增大而升高。对第ⅤA 族元素的氢化物，只有 NH_3 展示出显著的氢键，因此它的沸点（–33.4℃）与其他的化合物不同（如 PH_3 的沸点为–85℃）。水清楚地体现了强氢键的影响（事实上，是多重氢键），它导致了分子量只有 18 的分子却有 100℃的沸点。由于氟原子具有高的电负性，极性 H—F 键容易形成强的氢键，它的沸点为 19.4℃，而 HCl 的沸点只有–84.9℃。

有趣的是，尽管化合物具有一样的分子量，但 BF_3 的沸点为–101℃，而 $B(OH)_3$ 是固体，在 185℃才分解。二甲醚和乙醇的分子式均为 $C_2H_6O_2$，但它们的沸点分别为–25℃和 78.5℃。醇中 OH 基团之间形成氢键，这是二甲醚中没有的分子间力。

液体变成蒸气时，可以定义汽化熵为：

$$\Delta S_{vap}=S_{蒸气}-S_{液体}\approx S_{蒸气}\approx \Delta H_{vap}/T \quad (6.20)$$

其中，T为以K为单位的沸点。如果液体分子间只有伦敦力，其蒸气是完全自由的，那么汽化熵可以表示为$\Delta H_{vap}/T$。1mol 自由气体的熵约为 88J·mol^{-1}·K^{-1}。液体的汽化熵为常数，这被称为特鲁顿（Trouton）规则。表 6.5 给出了很多液体的有关数据，可以检验这个规则。

表 6.5 几种液体汽化的热力学数据

液体	沸点/℃	ΔH_{vap}/J·mol^{-1}	ΔS_{vap}/J·mol^{-1}·K^{-1}
丁烷	–1.5	22260	83
萘	218	40460	82
甲烷	–164.4	9270	85
环己烷	80.7	30100	85
四氯化碳	76.7	30000	86
苯	80.1	30760	87
氯仿	61.5	29500	88
氨	–33.4	23260	97
甲醇	64.7	35270	104
水	100	40650	109
乙酸	118.2	24400	62

对 CCl_4，汽化热为 30.0kJ·mol^{-1}，沸点为 76.7℃，这就给出ΔS_{vap}为 86J·mol^{-1}·K^{-1}，这与特鲁顿规则吻合得很好。另外，CH_3OH 的汽化热为 35.3kJ·mol^{-1}，沸点为 64.7℃，这些数值可以得到ΔS_{vap}为 104J·mol^{-1}·K^{-1}。与特鲁顿规则的偏离是由于在液态中，这些分子强烈地缔合，形成一个不同于液体（较低的熵）的结构。因此，与分子在液体和蒸汽中自由排列的状态相比，CH_3OH 的汽化导致更大的汽化熵。

乙酸提供了一种不同的情况。乙酸的沸点为 118.2℃，汽化热为 24.4kJ·mol^{-1}，这些数值产生一个只有 62J·mol^{-1}·K^{-1}的汽化熵。在这种情况下，如同上述，液体中分子聚集成二聚体，而这些二聚体也存在于蒸气中。因此，在蒸气中结构能保持，汽化熵就比形成自由排列的单体蒸气的情况要更低了。有趣的是，从上面描述的例子可以看到，从诸如汽化熵的性质就可以进一步了解关于分子聚集程度的情况。

其他性质也会受到氢键的影响。例如，由于氢键，邻硝基苯酚、间硝基苯酚、对硝基苯酚($NO_2C_6H_4OH$)的溶解性有很大的不同。对硝基苯酚（可以与水等溶剂形成氢键）的溶解性比邻硝基苯酚（存在分子内氢键）大。另外，邻硝基苯酚在苯中的溶解度比对硝基苯酚大。邻位异构体具有分子内氢键，允许溶剂与溶质的环相互作用是主要的因素。结果，邻硝基苯酚在苯中的溶解度是对硝基苯酚的几倍。

氢键的形成也会导致化学性质的不同。例如，乙酰丙酮的烯醇化反应中，分子内的氢键起辅助作用：

$$CH_3-\overset{\overset{:O:}{\|}}{C}-CH_2-\overset{\overset{:O:}{\|}}{C}-CH_3 \rightleftharpoons CH_3-\overset{\overset{:O:\cdots H-\ddot{O}:}{\|\qquad\quad |}}{C-CH=C}-CH_3 \qquad (6.21)$$

在纯液体中，烯醇式是主要的；在溶液中，平衡混合物的组成很大程度依赖于溶剂。例如，当溶剂为水时，溶剂与两个氧原子之间形成氢键，这有助于稳定酮式，其组成达 84%。当溶剂为正己烷时，92%的乙酰丙酮以烯醇式存在，分子内的氢键作用稳定了该结构。丙酮只有极少部分的烯醇式（估计少于 10^{-7}），这是由于在其烯醇式中不可能存在氢键。

一个在实验上研究氢键的最方便的方法是通过红外光谱。当一个氢原子与另一个分子上原子的孤对电子相互吸引时，连接氢原子的共价键就会轻微变弱。结果，与该键的伸缩振动相关的吸收峰就会位移到降低 400cm^{-1} 的位置。由于氢原子与另外一个分子的电子对相互吸引，连接氢原子的共价键的弯曲振动就会受到阻碍。因此，弯曲振动会位移到更高频率的位置。尽管氢键本身是弱的，但该键也会产生一个在形成氢键之前没有存在的伸缩振动。由于氢键是弱的，伸缩振动出现在非常低的波数（通常为 100～200cm^{-1}）。在红外光谱中找到的所有这些振动和区域总结在表 6.6 中。

表 6.6　氢键的红外特征峰

振动	归属	光谱区域/cm^{-1}
X—H···B（↔ X—H 伸缩）	ν_s，X—H 伸缩	2500～3500
X—H···B（H 上下 ↕）	ν_b，面内弯曲①	1000～1700
X—H···B（⊕ ⊕）	ν_t，面外弯曲②	300～400
X—H···B（↔ H···B 伸缩）	ν_σ，H···B 伸缩③	100～200

① 在纸平面内的弯曲振动。氢键导致更高的 ν_b。

② 在垂直于纸平面的平面振动。氢键导致更高的 ν_t。

③ 与给体形成的氢键的伸缩。随着键强度增加，频率增加。

CH_3OH 的 CCl_4 溶液非常稀时，醇分子分得很开，平衡：

$$nCH_3OH \rightleftharpoons (CH_3OH)_n \tag{6.22}$$

大幅度向左移动。这种稀溶液的红外光谱在 3642cm^{-1} 出现一个单峰，对应于“自由的”OH 伸缩振动。当醇的浓度增加时，在 3504cm^{-1} 与 3360cm^{-1} 处出现其他峰，这是由于早前展示的 OH 基团之间的分子间氢键，致使形成更高的聚集体。图 6.9 是浓度为 0.05mol • L^{-1}、0.15mol • L^{-1} 和 0.25mol • L^{-1} 的 CH_3OH 的 CCl_4 溶液的红外光谱。

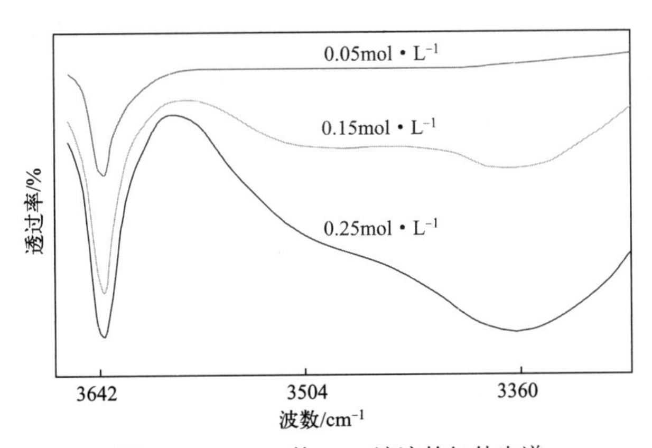

图 6.9　CH_3OH 的 CCl_4 溶液的红外光谱

这个光谱表明，不同浓度的溶液中都存在“自由的”OH 基团，当浓度为 0.25mol • L^{-1} 时，在 3360cm^{-1} 处有很宽的峰，表明大比例的醇结合在聚集体中。除了之前展示的环状结构，人们认为这些聚集体具有的结构可表示如下：

O—H--------O—H--------O—H--------
/　　　　　/　　　　　/
R　　　　R　　　　　R

R—O----H
　　\　　\
　　H----O—R

就像之前所描述的，毫无疑问，具有链和环结构的几种类型的物种的复杂平衡是存在的。

溶剂对涉及分子聚集体的平衡的影响与偶极缔合之间的关系已经讨论过了。然而，溶剂的本质对红外光谱中 OH 伸缩峰的位置也是有影响的，即使 OH 基团没有参与形成氢键。溶剂“溶剂化” OH 基团的能力影响振动能级，即使这个相互作用事实上不是氢键。在蒸气状态中，甲醇中 O—H 键伸缩振动引起的吸收峰出现在 $3687cm^{-1}$。在 n-C_7H_{16}、CCl_4 和 CS_2 中，峰分别出现在 $3649cm^{-1}$、$3642cm^{-1}$ 以及 $3626cm^{-1}$。碳氢分子没有孤对电子能够与 O—H 键相互作用（即便是很弱的作用），因此，当 n-C_7H_{16} 作为溶质时，伸缩振动在任何这些溶剂中的位置都是最高的。当溶质为 CS_2 时，这个峰出现在 $3626cm^{-1}$，表示这种情况下与溶剂有非常弱的氢键作用。当溶剂为苯时，CH_3OH 稀溶液的 OH 伸缩振动的位置在 $3607cm^{-1}$，表示 OH 基团与苯环的π电子体系有明显的相互作用。已知苯可以与路易斯酸形成配合物，因为它具有路易斯碱的能力（见第 9 章）。当然，当实施氢键研究时，一个“惰性的”溶剂是不应该被选择的。

人们发展了一个关系式，将醇中 O—H 伸缩峰的位置与溶剂的电子特征关联起来。这个方程是基于一个振荡电偶极子与介电常数为ε的溶剂之间相互作用的假设提出的。这个方程可以写成：

$$\frac{\nu_g - \nu_s}{\nu_g} = C\frac{\varepsilon - 1}{2\varepsilon + 1} \tag{6.23}$$

其中，ν_g 和 ν_s 是在气相和溶液相中的伸缩频率，C 是常数。高频率时的介电常数通常约为折射率 n 的平方，于是，伸缩峰的位移$\Delta\nu = \nu_g - \nu_s$用方程表示为：

$$\frac{\Delta\nu}{\nu_g} = C\frac{n^2 - 1}{2n^2 + 1} \tag{6.24}$$

这个式子被称为柯克伍德-鲍尔（Kirkwood-Bauer）方程。图 6.10 是 CH_3OH 在 C_7H_{16}、CCl_4、CS_2 和 C_6H_6 中 O—H 伸缩峰的相关位置。前三种溶剂看起来通过“正常的”方式溶剂化甲醇，符合柯克伍德-鲍尔方程，但是很清楚，苯通过不同的方式起作用。就如前面提到的，苯是电子给体，甚至能与金属形成配合物。从图 6.10 可明显看到，关于氢键，苯一点也不是“惰性的”溶剂。

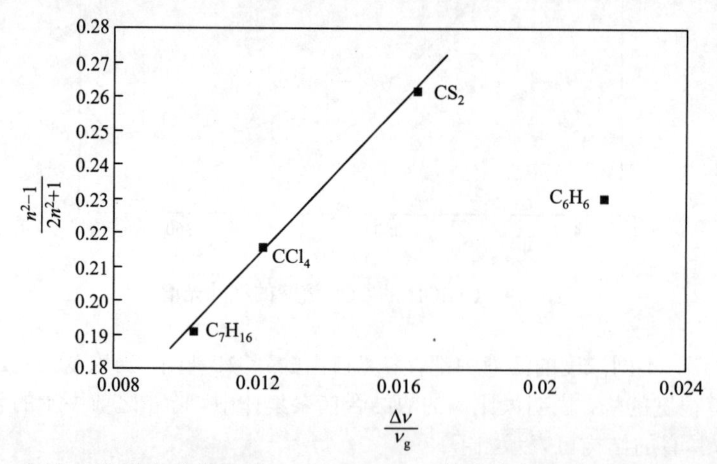

图 6.10 柯克伍德-鲍尔曲线展示 CH_3OH 的 O—H 伸缩峰在不同溶剂中的溶剂的影响

氢键有时基于键的强度被描述为弱的、中等的或者强的。弱氢键是那些约比 $12kJ \cdot mol^{-1}$ 更弱的，典型的例子是 2-氯苯酚的分子内氢键。中等氢键（绝大部分情形）是那些能量可能在 10～$40kJ \cdot mol^{-1}$ 的，这种类型的氢键的典型是发生在醇和胺中的氢键。强氢键在对称的二氟离子中得到，$[F\cdots H\cdots F]^-$的键能约为 $142kJ\cdot mol^{-1}$。这个离子中，两个氟中心的距离为 226pm，因此，每个键为 113pm，与键级 1/2 相符合。在这种情况中，氢键的强度与弱的共价键如 F—F、I—I 及 O_2^{2-} 中的 O—O 键的强度差不多。

化学键的强度对应的是气相中分子的键焓，测量气相中氢键的焓也是需要的。然而，大部分氢键体系在汽化给体和受体的温度下是不够稳定的。因此，氢键的强度通常是通过混合给体和受体的溶液，利用量热法确定的。当考虑溶剂的影响时，就像式（6.24）所阐明的关系式，出现的问题是测量到的焓是否确实是氢键的焓。这种情况可以通过以下热力学循环来阐明，其中，B 是电子对给体，—X…H 是形成氢键的物种。

$$\begin{array}{ccccc}
:\text{B(气相)} + & \text{—X—H(气相)} & \xrightarrow{\Delta H_{HB}} & [\text{—X—H}\cdots:\text{B}]\text{(气相)} \\
\uparrow \Delta H_1 & \uparrow \Delta H_2 & & \uparrow \Delta H_3 \\
:\text{B(液相)} + & \text{—X—H(液相)} & \xrightarrow{\Delta H_{HB}'} & [\text{—X—H}\cdots:\text{B}]\text{(液相)}
\end{array}$$

氢键的实际强度ΔH_{HB}，不一定与溶液中反应测量到的焓变$\Delta H_{HB}'$相同。理想的溶液的混合热为 0，因此出现关于—X—H 和 B 是否与溶剂形成理想溶液的问题。如果溶剂是苯之类与—X—H 形成弱氢键的溶剂，在与 B 形成氢键之前那些弱氢键必须先被破坏。因此，溶液中测到的焓与气态反应测到的焓是不一致的。如果溶剂与 B 发生作用，情况也是一样的。数学上，气相和液相焓相等的要求是$|\Delta H_1+\Delta H_2|=|\Delta H_3|$。如果溶剂参与该过程的程度能用“自由的” O—H 伸缩峰来表示的话，可以看到，庚烷几乎是上述讨论的溶剂中最“惰性的”。事实上，“惰性”随以下顺序而降低：$C_7H_{16}>CCl_4>CS_2\gg C_6H_6$。这一系列与图 6.10 所示的趋势是一致的。评估溶剂在氢键中的作用（如果有）的一个好方法是确定在不同溶剂中氢键形成的焓变，看其是否相同。尽管溶剂在氢键研究中使用广泛，但通常四氯化碳、己烷或庚烷是较好的选择。关于醇和大范围的碱之间形成的氢键的研究有许多。如果碱是类似类型的（例如所有的氮供体都是胺），O—H 伸缩峰的位移与其他性质之间也经常很好地关联。例如，醇中 O—H 键的伸缩频率位移与孤对电子的碱强度之间是相关的。只要碱具有类似的结构，这个关联通常是令人满意的。图 6.11 给出了三甲胺、三乙胺以及一系列甲基取代的吡啶的相关关系。很显然，这个关联是很好的，可以表示为：

$$\Delta \nu_{OH}=a\mathrm{p}K_b+b \tag{6.25}$$

其中，a 和 b 是常数。

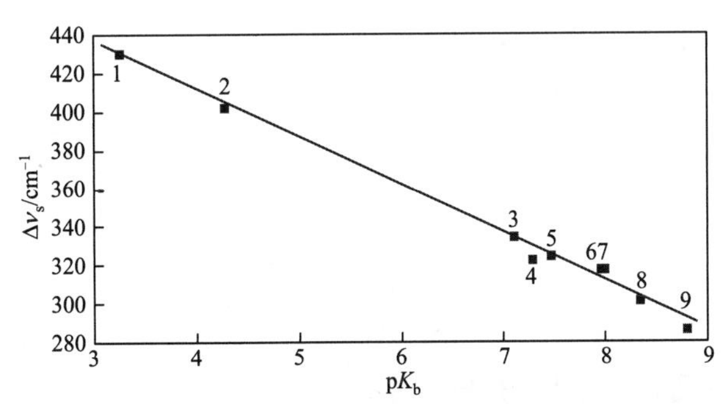

图 6.11　甲醇中的氢与几种碱键合时 O—H 伸缩峰的位移与碱强度的关系

1—三乙胺；2—三甲胺；3—2,4-二甲基吡啶；4—3,4-二甲基吡啶；
5—3,5-二甲基吡啶；6—4,5-二甲基吡啶；7—2-甲基吡啶；8—3-甲基吡啶；9—吡啶

碱分子中供体原子的电子的有效性不但可以用它结合 H^+的能力确定，也可以用它吸引氢原子形成氢键的能力确定。因此，可以合理地认为，在碱强度和氢键形成能力之间存在一些关联。

此外，也建立了伸缩频率与氢键焓之间的关系。这个关系可以写成：

$$-\Delta H = c\Delta\nu_{OH} + d \tag{6.26}$$

其中，c 和 d 是常数。对于不同结构类型的碱，这个常数可能不一样。人们发展了许多这类关联，有一些是很有用的经验关系。

氢键是一种特殊的酸-碱作用（见第 9 章）。关于氢键强度的最重要的方程可能是称为德拉格（Drago）四参数的方程：

$$-\Delta H = C_A C_B + E_A E_B \tag{6.27}$$

它适用于许多类型的酸-碱作用。这个方程基于一个假设：一个键（包括氢键）是由共价部分和静电部分组成的。键焓中共价部分的贡献值由给出酸和碱共价键合能力的参数（C_A 和 C_B）的乘积确定，静电参数（E_A 和 E_B）的乘积给出离子性对键的贡献。从有关表格查出所需参数进行计算，得到的作用焓与实验值之间符合得非常好。德拉格方程在其他类型的酸-碱作用中有很广泛的应用，这将在第 9 章中更详细地介绍。

就像这里简单介绍的那样，氢键在化学所有的领域中都是极其重要的。其他有关的主题，包括研究氢键的实验方法，可以在本章末尾列出的参考文献中找到。

6.7 内聚能和溶度参数

分子之间有吸引力，这些分子间力是液体很多性质的根源。存在一个内聚能把分子聚集在一起。克服这些力，蒸发 1mol 液体所需要的能量称为液体的内聚能或者蒸发能。它与汽化焓的关系可以用下面的方程表示：

$$\Delta H_{vap} = \Delta E_{vap} + \Delta(PV) \tag{6.28}$$

由于$\Delta(PV)=RT$，我们可以写出：

$$\Delta E_{vap} = E_c = \Delta H_{vap} - RT \tag{6.29}$$

其中，E_c 是液体的内聚能。E_c/V_m（其中，V_m 是液体的摩尔体积）是内聚能密度。有热力学关系式：

$$dE = T\ dS - P\ dV \tag{6.30}$$

这个方程可以写为：

$$\frac{\partial E}{\partial V} = T\left(\frac{\partial S}{\partial V}\right)_T - P = T\left(\frac{\partial P}{\partial T}\right)_V - P \tag{6.31}$$

其中，P 为外压。内压 P_i 由下式给出：

$$P_i = T\left(\frac{\partial P}{\partial T}\right)_V \tag{6.32}$$

也可以写成：

$$P_i = \frac{(\partial V / \partial T)_P}{(\partial V / \partial P)_T} \tag{6.33}$$

其中，$(\partial V/\partial T)_P$ 是热膨胀系数，$(\partial V/\partial P)_T$ 是液体的压缩系数。对许多液体，内部压力的范围为 2000～8000atm。由于内压远大于外压，有：

$$E_c = P_i - P \approx P_i \tag{6.34}$$

溶度参数δ用单位体积的内聚能来表示：

$$\delta = \sqrt{\frac{E_c}{V_m}} \tag{6.35}$$

其中，V_m 为摩尔体积。δ的量纲为(能量/体积)$^{1/2}$，合适的单位为[cal/(cm^3 · mol^{-1})]$^{1/2}$ 或者

$cal^{1/2} \cdot cm^{-3/2} \cdot mol^{-1}$。在较早的文献中找到的大部分表格中的数值以 $cal^{1/2} \cdot cm^{-3/2} \cdot mol^{-1}$ 为单位。一些常见液体以 $J^{1/2} \cdot cm^{-3/2} \cdot mol^{-1}$ 为单位的溶度参数列于表 6.7 中。

表 6.7　液体的溶度参数

液体	溶度参数/$J^{1/2} \cdot cm^{-3/2} \cdot mol^{-1}$	液体	溶度参数/$J^{1/2} \cdot cm^{-3/2} \cdot mol^{-1}$
C_6H_{14}	14.9	CS_2	20.5
CCl_4	17.6	CH_3NO_2	25.8
C_6H_6	18.6	Br_2	23.5
$CHCl_3$	19.0	$HCON(CH_3)_2$①	24.7
$(CH_3)_2CO$	20.5	C_2H_5OH	26.0
$C_6H_5NO_2$	23.7	H_2O	53.2
$n\text{-}C_5H_{12}$	14.5	CH_3COOH	21.3
$C_6H_5CH_3$	18.2	CH_3OH	29.7
XeF_2	33.3	XeF_4	30.9
$(C_2H_5)_2O$	15.8	$n\text{-}C_8H_{18}$	15.3
$(C_2H_5)_3B$	15.4	$(C_2H_5)_2Zn$	18.2
$(CH_3)_3Al$②	20.8	$(C_2H_5)_3Al$②	23.7
$(n\text{-}C_3H_7)_3Al$②	17.0	$(i\text{-}C_4H_9)_3Al$②	15.7

① *N,N*-二甲基甲酰胺。

② 这些化合物大量二聚。

液体的内聚能决定了它们的互溶性。如果两种液体的内聚能有很大的不同，它们将不互溶，因为每种液体对自身分子的亲和力比对其他液体分子的亲和力大很多。水（δ=53.2$J^{1/2} \cdot cm^{-3/2} \cdot mol^{-1}$）和四氯化碳（$\delta$=17.6$J^{1/2} \cdot cm^{-3/2} \cdot mol^{-1}$）提供了阐明这个原理的例子。相反，甲醇（$\delta$=29.7$J^{1/2} \cdot cm^{-3/2} \cdot mol^{-1}$）和乙醇（$\delta$=26.0$J^{1/2} \cdot cm^{-3/2} \cdot mol^{-1}$）完全混溶。

许多液体的溶度参数在数量众多的表格中（见本章末尾的参考文献）都有提供。为了确定液体的溶度参数，我们需要知道蒸发热。在一定的温度范围内，液体的蒸气压和温度的关系为：

$$\ln p = -\frac{\Delta H_{vap}}{RT} + C \tag{6.36}$$

其中，p 为蒸气压，ΔH_{vap} 为蒸发热，T 为温度，C 为常数。如果提供几个温度下的蒸气压，就可以通过蒸气压的自然对数对 $1/T$ 作图，从直线的斜率求得蒸发热。因此，如果有蒸气压的数据，就可以计算液体的溶度参数。如果知道密度，就可以计算摩尔体积。

尽管式(6.36)通常用于表示蒸气压对温度的函数，但绝对不是用于这个目的的最好方程。对许多化合物，更准确地表示蒸气压的是安托因（Antoine）方程：

$$\lg p = A - \left(\frac{B}{C+t}\right) \tag{6.37}$$

在这个方程中，参数 A、B 和 C 对每个液体都是不同的；t 为温度，℃。如果知道几个温度下的蒸气压，就存在计算 A、B 和 C 值的计算方案。使用方程：

$$E_c = \Delta H_{vap} - RT \tag{6.38}$$

从 $\ln p$ 对 $C+t$ 作图确定蒸发热之后，内聚能可以表示为：

$$E_c = RT\left(\frac{2.303BT}{C+t} - 1\right) \tag{6.39}$$

这个方程是最常用于计算液体内聚能的方程。从液体的摩尔质量和密度，可以确定摩尔体积，通过式（6.35），可以确定δ值。我们现在展示溶度参数在解释几种类型的相互作用中的重要性。

溶度参数提供一种评价液体中凝聚程度的方法。对分子之间只有弱的相互作用力的非极性液体，典型的值在 15～18J$^{1/2}$ • cm$^{-3/2}$ • mol^{-1} 范围内。这包含 CCl_4、C_6H_6 和烷烃等化合物。这些液体只通过伦敦力相互作用，因此分子没有强烈的聚集。对于给出的一系列分子（如烷烃），可以预期随着分子量的增加，δ值也有小幅度的增加。这个趋势可以在烷烃中观察到，对正戊烷，溶度参数为 14.5J$^{1/2}$ • cm$^{-3/2}$ • mol^{-1}，而对正辛烷为 15.3J$^{1/2}$ • cm$^{-3/2}$ • mol^{-1}。另外，CH_3OH 和 C_2H_5OH 分子间除了伦敦力之外，还有偶极–偶极力和氢键。结果，这些化合物的溶度参数在 25～30J$^{1/2}$ •cm$^{-3/2}$ •mol^{-1} 范围内。很显然，溶度参数可以提供液体中分子间力的有用的信息。

溶度参数除了在预测物理性质方面的使用，在一些情况下也可用于研究其他类型的分子间作用。例如，三乙基硼的溶度参数为 15.4J$^{1/2}$ •cm$^{-3/2}$ •mol^{-1}，而三乙基铝的溶度参数为 23.7J$^{1/2}$ •cm$^{-3/2}$ •mol^{-1}。其他研究表明，三乙基硼不会缔合，而三乙基铝以二聚体存在。

溶度参数另一个重要的应用是解释不同溶剂对反应速率的影响。在化学反应中，过渡态的浓度决定了反应速率。依赖于过渡态的特征，使用的溶剂可能会加速或者阻碍其形成。例如，大的没有电荷分离的过渡态的形成在具有高δ值的溶剂中会受到阻碍。活化的体积通常对形成这种过渡态都是正的，这就要求溶剂膨胀。这种类型的一个反应是乙酸酐和乙醇的酯化：

$$(CH_3CO_2)O + C_2H_5OH \longrightarrow CH_3COOC_2H_5 + CH_3COOH \qquad (6.40)$$

由于过渡态是一个低电荷分离的大的聚集体，随溶剂δ值增大，反应速率降低。在己烷（δ=14.9J$^{1/2}$ • cm$^{-3/2}$ • mol^{-1}）中的反应速率几乎是在硝基苯（δ=23.7J$^{1/2}$ • cm$^{-3/2}$ • mol^{-1}）中的反应速率的 100 倍。

当两个反应物形成一个离子过渡态时，活化的体积通常是负的。形成这种过渡态会受到高溶度参数的溶剂的促进。反应为：

$$(C_2H_5)_3N + C_2H_5I \longrightarrow (C_2H_5)_4N^+I^- \qquad (6.41)$$

就是这种类型，它经过一个电荷分离的过渡态。形成这种过渡态会受到高溶度参数的溶剂的援助。对这个反应，反应速率的增加与几种不同δ增加的溶剂大约呈线性关系。对于反应：

$$CH_3I + Cl^- \longrightarrow CH_3Cl + I^- \qquad (6.42)$$

过渡态可以表示为：

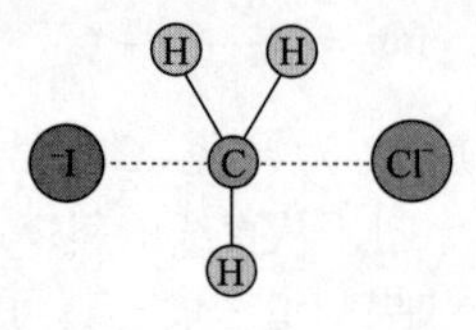

其中的–1 电荷在大分子中被分离。因此，一个具有高δ值的溶剂抑制了过渡态的形成，发现当溶剂为二甲基甲酰胺 $HCON(CH_3)_2$ (δ=24.7J$^{1/2}$ •cm$^{-3/2}$ •mol^{-1})时，反应的速率常数是溶剂为 CH_3OH (δ=29.7J$^{1/2}$ • cm$^{-3/2}$ • mol^{-1})时的 10^6 倍。

上面描述的情况有助于阐明两个关于反应速率和溶剂溶度参数的关系的重要原理。首先，大δ值的溶剂阻止形成大的非极性结构的过渡态。然而，大量的溶剂的性质被用于尝试关联和解释溶剂的改变如何改变反应速率。很明显，当解释在反应动力学中溶剂的角色或者为反应介质选择溶剂时，溶度参数需要重点考虑。在本书中更进一步讨论这个问题是不合适的，本章末尾列出的参考文献能提供更多的细节。

6.8 溶剂化显色

碘在有机溶剂中的溶液的特征展现了溶液化学的一个重要方面。由于吸收光谱中可见光区的光，碘蒸气呈深紫色，最大的吸收峰在 538 nm 处。然而，含有碘的溶液的最大吸收位置随溶剂不同有很大变化。当碘溶解在四氯化碳或者庚烷中，溶液具有蓝紫色。如果碘溶解在苯或者醇中，溶液具有棕色。这种颜色的不同是当碘与溶剂相互作用后，I_2分子的π和π*轨道的相对能量发生变化。对于四氯化碳和庚烷等溶剂，相互作用很弱，所以在那些溶剂中，最大吸收与气相I_2的吸收差不多在同一位置。然而，I_2是路易斯酸，可以与电子对给体作用。结果是，具有孤对电子的分子如醇或者具有能靠近的电子的情况如苯的π电子可以与I_2分子作用，扰乱分子轨道。溶剂分子与I_2分子的作用越强，最大峰就位移到更低的能量。溶剂产生的吸收光谱的改变（因此颜色也改变）称为溶剂化显色。温度变化导致的类似的颜色变化称为温度显色。

溶剂与溶质作用的本质和量级依赖于物种的分子结构。然而，很明显，这种类型的相互作用提供了评价溶质与溶剂相互作用的一种方法。这是化学中一个极其重要的领域，关系到如何理解溶剂对溶解度、平衡、光谱和反应速率的影响。在大部分情况下，复杂的染料被用作探针溶质，但很有意思的是碘也呈现溶剂化显色。一些过渡金属配合物也呈现溶剂化显色，因为会发生与溶剂性质有关的结构变化（见18.9节）。在一些情况下，涉及从平面四边形到四面体几何构型的变化。

拓展学习的参考文献

Atkins, P.W., de Paula, J., 2002. Physical Chemistry, 7th ed. Freeman, New York. Chapter 21 of this well-known physical chemistry text gives a good introduction to intermolecular forces.

Connors, K.A., 1990. Chemical Kinetics: The Study of Reaction Rates in Solution. Wiley, New York. A valuable resource for learning about solvent effects on reactions.

Dack, M.J.R., 1975. In: Weissberger, A. (Ed.), Techniques of Chemistry. Solutions and Solubilities, vol. Ⅷ. Wiley, New York. Detailed discussions of solution theory and the effects of solvents on processes.

Hamilton, W.C., Ibers, J.A., 1968. Hydrogen Bonding in Solids. W.A. Benjamin, New York. This book shows how hydrogen bonding is an important factor in the structure of solids.

Hildebrand, J., Scott, R., 1962. Regular Solutions. Prentice Hall, Englewood Cliffs, NJ. One of the standard reference texts on theory of solutions.

Hildebrand, J., Scott, R., 1949. Solubility of Non-Electrolytes, 3rd ed. Reinhold, New York. The classic book on solution theory.

House, J.E., 2007. Principles of Chemical Kinetics, 2nd ed. Elsevier/Academic Press, San Diego. Chapters 5 and 9 contain discussions of factors affecting reactions in solution and the influence of solubility parameter of the solvent on reactionrates.

Israelachvili, J., 1991. Intermolecular and Surface Forces, 2nd ed. Academic Press, San Diego, CA. Good coverage of intermolecular forces.

Jeffrey, G.A., 1997. An Introduction to Hydrogen Bonding. Oxford University Press, New York. An excellent, modern treatment of hydrogen bonding and its effects. Highly recommended.

Joesten, M.D., Schaad, L.J., 1974. Hydrogen Bonding. Marcel Dekker, New York. A good survey of hydrogen bonding.

Parsegian, V.A., 2005. Van der Waals Forces: A Handbook for Biologists, Chemists, Engineers, and Physicists. Cambridge University Press, New York. A good reference on a topic that pervades all areas of chemistry.

Pauling, L., 1960. The Nature of the Chemical Bond, 3rd ed. Cornell University Press, Ithaca, NY. This classic monograph inbonding theory also presents a great deal of information on hydrogen bonding.

Pimentel, G.C., McClellan, A.L., 1960. The Hydrogen Bond. Freeman, New York. The classic book on all aspects of hydrogen bonding. It contains an exhaustive survey of the older literature.

Reid, R.C., Prausnitz, J.M., Sherwood, T.K., 1977. The Properties of Gases and Liquids. McGraw-Hill, New York. This book contains an incredible amount of information on the properties of gases and liquids. Highly recommended.

习题

1. 对于 OF_2 和 H_2O，键角分别为 103° 和 104.4°。然而，这些分子的偶极矩分别为 0.30D 和 1.85 D。解释使分子偶极矩差别这么大的原因。

2. 为什么 C_6H_5OH 与 R_2O 之间的作用热明显大于 C_6H_5OH 与 R_2S 的作用热？

3. 为什么 m-$NO_2C_6H_4OH$ 和 p-$NO_2C_6H_4OH$ 有不同的酸强度？哪种更强？为什么？

4. 在某溶剂（A）中，甲醇的 O—H 伸缩峰出现在 $3642cm^{-1}$。在该溶剂中，甲醇与吡啶的反应热为$-36.4kJ \cdot mol^{-1}$。在另一种溶剂（B）中，O—H 伸缩峰出现在 $3620cm^{-1}$，与吡啶的反应热为$-31.8kJ \cdot mol^{-1}$。

（a）写出甲醇和吡啶相互作用的方程式。

（b）解释这些热力学数据，用一个完整标注的热力学循环作为你讨论的一部分。

5. 甲醇和环己烷的沸点分别为 64.7℃和 80.7℃，它们的汽化热分别为 $34.9kJ \cdot mol^{-1}$ 和 $30.1kJ \cdot mol^{-1}$。确定这些液体的汽化熵，解释它们之间的差异。

6. CH_3OH 的沸点为 64.7℃，CH_3SH 的沸点为 6℃。解释这种差异。

7. 不同温度下三种液体的黏度如下：

温度/℃	10	20	30	40	60
$\eta_{C_8H_{18}}$/cP	6.26	5.42	4.83	4.33	2.97
η_{CH_3OH}/cP	6.90	5.93	—	4.49	3.40
$\eta_{C_6H_6}$/cP	7.57	6.47	5.61	4.36（50°）	—

注：$1cP=10^{-3}Pa \cdot s$。

（a）为什么 CH_3OH（分子量为 32）与 C_8H_{18}（分子量为 114）的黏度接近？

（b）为什么 C_6H_6 的黏度比 C_8H_{18} 大，尽管分子量不同？

（c）对每种液体作出一个合适的图，确定黏性流的活化能。

（d）根据分子间作用力解释黏性流活化能的数值。

8. 不同温度下三种液体的黏度如下：

温度/℃	黏度/cP		
	C_6H_{14}	$C_6H_5NO_2$	i-C_3H_7OH
0	4.012	28.2	45.646
20	3.258	19.8	23.602
35	—	15.5	—
40	2.708	—	13.311
60	2.288	—	—
80	—	—	5.292

（a）为什么 C_6H_{14} 的黏度比硝基苯小很多？

（b）为什么 $i\text{-}C_3H_7OH$ 的黏度比 C_6H_{14} 大，尽管分子量明显不同？

（c）对每种液体作出一个合适的图，确定黏性流的活化能。

（d）根据分子间作用力解释黏性流活化能的数值。

9. 为什么乙酸在稀的苯溶液中大量二聚，而当溶剂为水时则不是这样？

10. （a）苯酚 C_6H_5OH 与乙醚$(C_2H_5)_2O$ 和二乙基硫 $(C_2H_5)_2S$ 都能形成氢键。其中一种情况，O—H 伸缩峰位移 $280cm^{-1}$，另外一种情况，位移 $250cm^{-1}$。找出与峰位移对应的电子对给体，给出你的答案。

（b）苯酚与两个电子对给体形成的氢键强度为 $15.1kJ \cdot mol^{-1}$ 和 $22.6kJ \cdot mol^{-1}$。找出与键强度对应的电子对给体，给出你的答案。

11. 为什么 NaCl 在 CH_3OH 中的溶解度为 $0.237g \cdot (100g)^{-1}$，而在 C_2H_5OH 中仅为 $0.0675g \cdot (100g)^{-1}$？估计在 $i\text{-}C_3H_7OH$ 中的溶解度。

12. 利用结构参数解释 SF_4 的沸点为–40℃而 SF_6 在–63.8℃升华的原因。

13. Br_2 和 ICl 分子都有 70 个电子，其中一个物质沸点为 97.4℃，另一个物质沸点为 58.8℃。哪一个沸点更高？给出你的答案。

14. H_2S、Ar 和 HCl 分子都有 18 个电子。这些物质的沸点为–84.9℃、–60.7℃以及–185.7℃。找出与沸点对应的物质，给出你的答案。

15. 为什么 20℃下肼 N_2H_4 的黏度为 0.97cP，而己烷 C_6H_{14} 在同样的温度下黏度为 0.326cP？

16. 尽管氟苯和苯酚的分子量几乎相同，但 60°C下它们的黏度为 2.61cP 和 0.389cP。找出与黏度对应的液体，给出你的答案。

17. 25℃下，NO 在水中的溶解度是 CO 的两倍。根据分子结构的差别解释溶解度的差别。

18. 根据分子结构解释下面气体在水中溶解度的顺序：$C_2H_2 >> C_2H_4 > C_2H_6$。这些溶解度趋势怎样反映了它们的其他化学性质？

19. 画出一个水分子靠近一个 Xe 分子的大概的图。其对氙原子的电子云是怎样影响的？利用这个图解释 Xe-H_2O 对怎样与另一分子水作用。

20. 铵盐（如 NH_4Cl）在沸点以下的一些温度下观察到热容的突变（熵也是）。描述引起这个现象的可能过程。

21. 利用表 6.2 的键距以及 H_2S 的键角为 92.2° 计算这个分子的偶极矩。

22. 假设 O—H 键偶极矩是通过离子性百分比预测得到的。如果键角为 104.4°，计算水分子大概的偶极矩。

23. SiH_3Cl 的偶极矩为 1.31 D，而 CH_3Cl 的偶极矩为 1.87D。解释这种差异。

24. 利用 H 和 Se 的电负性，计算 H—Se 的离子性百分比。如果键长为 146pm，键角为 91°，H_2Se 的偶极矩为多少?

25. 利用分子结构和分子间作用力的原理，解释 20℃下 BrF_3 液体的黏度约是 BrF_5 的 3 倍的原因。

26. 为什么 45℃下 $m\text{-}ClC_6H_4OH$ 和 $p\text{-}ClC_6H_4OH$ 的黏度几乎相等而 $o\text{-}ClC_6H_4OH$ 的黏度只有它们的一半？

27. 为什么 2-戊酮的汽化热为 $33.4kJ \cdot mol^{-1}$ 而 2-戊醇为 $41.4kJ \cdot mol^{-1}$？

28. 1-氯丙烷的黏度只有 1-丙醇的 1/7。根据分子间作用力解释这个差别。

第 7 章

离子键和固体结构

共价分子的几何构型和成键在化学的许多课程包括无机化学中都有覆盖。尽管这些知识对解释无机化合物的性质以及预测它们的反应是必不可少的，但是，一个不能忽视的事实是，大量的无机材料都是固体。第 4 章简要介绍了一些共价的固体，但还有很多的无机材料是金属或者本质上是离子型的晶体。为了了解这些材料的化学性质，熟悉基本的晶体结构和维持结构的作用力是很有必要的。因此，本章将讲述离子键，描述几种类型的晶体，并解释金属的结构。晶体不可能是完美的规则体，因此也有必要讨论发生在离子盐和金属结构中的晶体缺陷的类型。

尽管离子晶体靠静电力维系在一起，但当它溶解时，离子就分离。离子与极性分子带相反电荷的一端强烈地相互吸引。由于固体的溶解最终与它们的化学性质相关，因此与离子固体溶解相关的能量也将在本章讨论。此外，一些阴离子的质子亲和性能够通过固体分解的热力学研究来确定，这也将在本章中阐述。本章将概述无机固体的结构和成键的几个方面的内容。固态下的材料转化是重要的快速发展的领域，因此第 8 章将从过程的速率和机理方面介绍固体的行为。

7.1 晶体形成的能量

通过电子转移形成离子时，根据库仑定律得到的带电物种间的作用力为：

$$F=\frac{q_1q_2}{\varepsilon r^2} \tag{7.1}$$

式中，q_1 和 q_2 是电荷；r 是电荷之间的距离；ε是介电常数，对于真空或者自由空间的值为 1。这个有关力的定律没有方向成分，在任何方向操作都是等价的。因此，我们主要关心离子键形成的能量，尽管在晶格中离子的排列也是相当重要的。

氯化钠由标准态的单质形成时，生成热为–411kJ · mol^{-1}：

$$\mathrm{Na(s)}+\frac{1}{2}\mathrm{Cl_2(g)} \longrightarrow \mathrm{NaCl(s)} \quad \Delta H_\mathrm{f}^\ominus=-411\mathrm{kJ{\cdot}mol^{-1}} \tag{7.2}$$

这个过程可以表示为通过一系列步骤发生，每一步都有一个已知的焓。盖斯（Hess）定律的应用为获得总过程的焓变提供了一个有用的方法，因为它与路径无关。

形成一个化合物的焓变是一个所谓的热力学状态函数，意味着这个值只与体系的始态和终态有关。从单质元素形成晶相的 NaCl 时，可以认为该过程好像是通过一系列步骤发生的，这些步骤可以归纳成一个热力学循环，称为波恩-哈伯（Born-Haber）循环。在这个循环中，总的热变化与始态和终态之间的途径没有关系。尽管反应速率取决于途径，但是焓变却只是始态和终态的函数，而不是它们之间的途径的函数。形成氯化钠的波恩-哈伯循环表示如下：

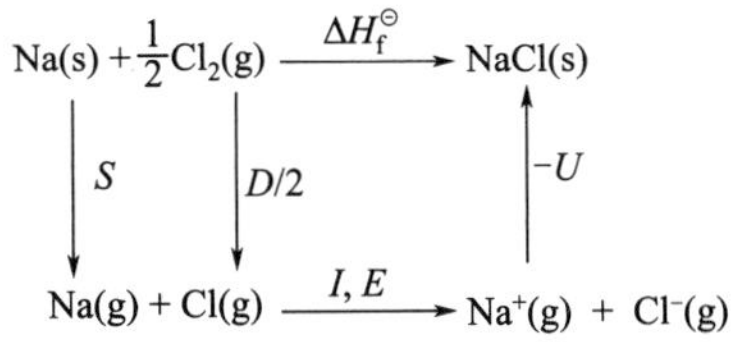

$$
\begin{array}{ccc}
\mathrm{Na(s)} + \frac{1}{2}\mathrm{Cl_2(g)} & \xrightarrow{\Delta H_f^\ominus} & \mathrm{NaCl(s)} \\
\downarrow S \qquad \downarrow D/2 & & \uparrow -U \\
\mathrm{Na(g)} + \mathrm{Cl(g)} & \xrightarrow{I,\ E} & \mathrm{Na^+(g)} + \mathrm{Cl^-(g)}
\end{array}
$$

在这个循环中，S 是 Na 的升华热，D 是 Cl_2 的解离焓，I 是 Na 的电离势，E 是一个电子加到氯原子上放出的能量，U 是晶格能。

有时候，这个循环中未知的物理量就是晶格能 U。从以上所示的循环，我们知道热变化与 NaCl(s)形成的途径没有关系。因此，我们看到：

$$\Delta H_f^\ominus = S + D/2 + I + E - U \tag{7.3}$$

解这个方程，得到 U:

$$U = S + D/2 + I + E - \Delta H_f^\ominus \tag{7.4}$$

使用氯化钠形成的合适的数据，得到 U=109 +121 +496 –349 – (–411)=788kJ・mol^{-1}。尽管这是确定晶体晶格能的有用方法，但原子获得一个电子的电子亲和能在实验上很难测定。事实上，原子获得两个电子的热是无法测量到的，因此第二电子亲和能只能通过计算得到，结果，波恩-哈伯循环通常用于该计算。波恩-哈伯循环的应用将在本章稍后阐明。事实上，一些原子的电子亲和能只能通过这个方法计算得到，不能通过实验测得。

考虑这个过程：1mol Na^+(g)和 1mol Cl^-(g)相互作用，形成 1mol 离子对，而不是通常的三维晶格。当正电荷和负电荷靠近时将会释放能量。这种情形下，当核间距离与在晶体中一样为 279pm (0.279nm)时，离子对形成释放的能量约为–439kJ・mol^{-1}。然而，如果 1mol Na^+(g)和 1mol Cl^-(g)形成 1mol 固体晶体，释放的能量约为–788kJ。晶格能的定义应用于将 1mol 晶体分离成气态离子的过程。因此，如果气态离子形成 1mol 晶体释放的能量为–788kJ，那么 1mol 晶体分离为气态离子所吸收的能量为 788kJ。这个转化与应用于共价键能量的情况完全一样。如果我们把晶格能除以离子对形成时释放的能量，得到–788kJ・mol^{-1}/–439 kJ・mol^{-1}=1.79。这个比值在考虑晶体能量时有很特殊的重要性，称为马德隆（Madelung）常数，后面将会讨论。

就像我们看到的那样，当考虑与晶体形成相关的能量时，几个原子的性质是重要的。电离势和金属的升华热、电子亲和能、非金属的解离能以及碱金属卤化物的生成热如表 7.1 和表 7.2 所示。

表 7.1　碱金属的电离势、升华热以及碱金属卤化物的生成热

元素	I①/kJ・mol^{-1}	S②/kJ・mol^{-1}	卤化物 MX 的 $\Delta H_f^\ominus$/kJ・mol^{-1}			
			X=F	X=Cl	X=Br	X=I
Li	518	160	605	408	350	272
Na	496	109	572	411	360	291
K	417	90.8	563	439	394	330
Rb	401	83.3	556	439	402	338
Cs	374	79.9	550	446	408	351

① 金属的电离势。

② 金属的升华热。

表 7.2　卤素的电子亲和能和解离能

卤素单质	电子亲和能 /kJ・mol^{-1}	解离能/kJ・mol^{-1}	卤素单质	电子亲和能 /kJ・mol^{-1}	解离能/kJ・mol^{-1}
F_2	333	158	Br_2	324	193
Cl_2	349	242	I_2	295	151

当一个具有+1 电荷和一个具有−1 电荷的离子相互靠近时，相互作用的静电能用方程表示为：

$$E=-\frac{e^2}{r} \tag{7.5}$$

其中，e 为电子的电荷，r 为距离。如果每种类型的离子数目增加为阿伏伽德罗常数（Avogadro's number）N_o，释放的能量就是一个离子对能量的 N_o 倍。

$$E=-\frac{N_o e^2}{r} \tag{7.6}$$

很容易利用这个方程确定 1mol Na^+(g)和 1mol Cl^-(g)在距离为 0.279nm(279pm)时相互作用的吸引能。我们首先以 erg 为单位计算这个数值，然后再将它转化为 kJ。由于电子上的电量为 4.8×10^{-10} esu，而 1 esu=1 $g^{1/2}\cdot cm^{3/2}\cdot s^{-1}$，吸引能为：

$$E=\frac{\left(6.02\times10^{23}\right)\left(4.8\times10^{-10}\,g^{1/2}\cdot cm^{3/2}\cdot s^{-1}\right)^2}{2.79\times10^{-8}\,cm}=4.97\times10^{12}\,erg=4.97\times10^{5}\,J=497kJ$$

我们曾经提到氯化钠形成晶格释放的能量是形成离子对释放的能量的 1.79 倍。对氯化钠晶格，这个值也就是马德隆常数(A)，能够并入当从气态的 Na^+(g)和 Cl^-(g)形成 1mol NaCl 晶体时释放的总能量。结果就是：

$$E=-\frac{N_o A e^2}{r} \tag{7.7}$$

将上述得到的离子对的结果乘上 1.79，表示晶格能为 889.63kJ·mol^{-1}，但实际的数值为 788kJ·mol^{-1}。那么要回答这个问题了：为什么形成晶体释放的能量比预期的少？

钠离子周围有 10 个电子，氯离子周围有 18 个电子。尽管钠离子带有正电荷而氯离子带有负电荷，当它们进一步靠近时，两个离子的电子云之间有排斥。结果，计算的吸引能比晶格能大。晶格能的方程应该考虑距离缩短时离子间斥力的增加。这可以通过在表达式中加入吸引能这一项，考虑作为距离函数的排斥。这个排斥表示为：

$$R=\frac{B}{r^n} \tag{7.8}$$

其中，B 和 n 为常数，r 为离子中心的距离。n 值取决于离子周围的电子数，对具有 He、Ne、Ar、Kr 或 Xe 电子构型的离子通常指定为 5、7、9、10 或 12。例如，如果是 NaF 晶体，数值 7 是合适的。如果在晶体中，阳离子具有一种稀有气体的电子构型，而阴离子具有另一种稀有气体的电子构型，就选择平均的 n 值。例如，Na^+具有 Ne 的电子构型（n=7），但是 Cl^-具有 Ar 的电子构型（n=9），因此，计算 NaCl 时用的数值为 8。当包含排斥时，晶格能 U 表示为：

$$U=-\frac{N_o A e^2}{r}+\frac{B}{r^n} \tag{7.9}$$

这个方程中，除了 B 之外，所有量的数值都是已知的。

当正离子和负离子相对远离时，总的静电电荷（导致吸引）占据了相互作用的主导。如果离子被迫相互之间非常靠近，就有排斥。达到一定距离时，能量是最有利的，这意味着在该距离中总能量最小，如图 7.1 所示。

为了找出最小的能量在哪里，我们使用微分 dU/dr，并让其等于 0：

$$\frac{dU}{dr}=0=\frac{N_o A e^2}{r^2}-\frac{nB}{r^{n+1}} \tag{7.10}$$

求解 B，得到：

$$B=\frac{N_o A e^2 r^{n-1}}{n} \tag{7.11}$$

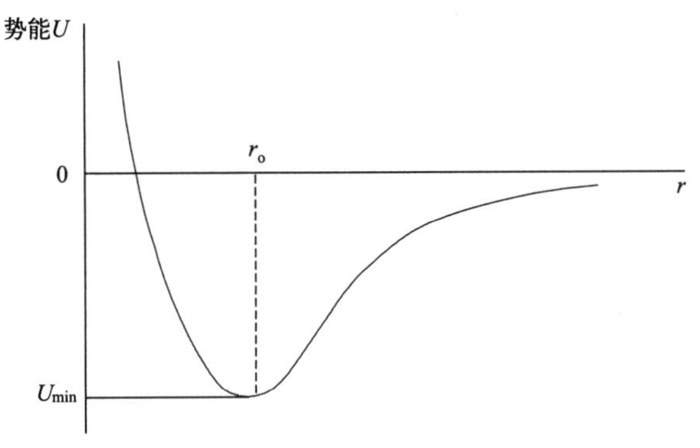

图 7.1　势能随阳离子和阴离子之间距离变化而变化

我们解决这个问题是根据晶格是由离子形成得到的。然而，晶格能定义为将晶格分离为气相离子所需的能量。因此，就像式（7.9）所使用的，U 值是负的，因为在通常的核间距离，吸引能比排斥能大。当我们把 B 值代入式（7.9），改变符号表示晶体分离成气态离子，我们得到：

$$U=\frac{N_oAe^2}{r}\left(1-\frac{1}{n}\right) \tag{7.12}$$

这个方程称为波恩-兰德（Born-Landé）方程，当 A、r 和 n 已知时，这个方程对于计算晶体的晶格能非常有用。如果形成晶格的离子的电荷不是+1 和–1，正离子和负离子的电荷 Z_c 和 Z_a 必须包含在分数中，将 1−1/n 变成$(Z_cZ_aN_oAe^2/r)(1-1/n)$。

7.2　马德隆常数

我们曾经把马德隆常数定义为从气态离子形成 1mol 晶体释放的能量与从离子对形成 1mol 晶体释放的能量的比值。为了理解这个意思，我们将考虑以下例子。假设 1mol Na^+和 1mol Cl^-形成 1mol 离子对，离子之间的核间距为 r。就像早前所展示的，相互作用的能量为$-N_oe^2/r$，其中符号的意义与式（7.12）是一样的。现在让我们把 1mol Na^+和 1mol Cl^-排成链状结构，如图 7.2 所示。

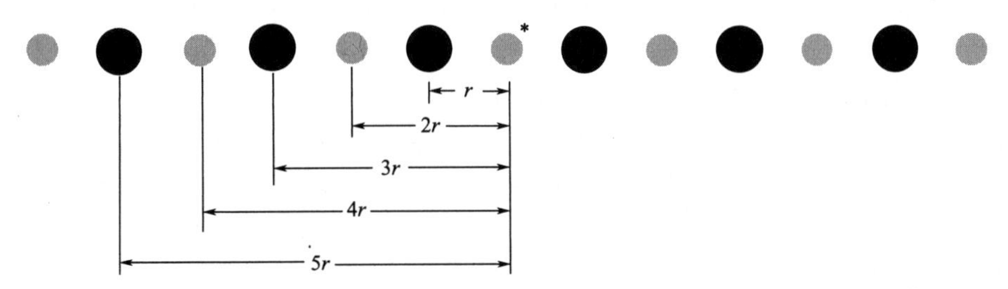

图 7.2　一条包含交替排列的正（灰色）和负（黑色）离子的链组成的“晶格”

现在计算这种排列形式的离子相互作用能。电荷 q 与强度为 V 的带相反电荷的电场的相互作用能为$-V_q$。离子链相互作用能的计算步骤是，先计算电场强度 V，再参考离子+*处其他所有离子产生的电场强度。然后，算出总的能量为 V_e，其中，e 为电子上的电量。在如上所示的离子排列中，标记为+*的阳离子与两个负离子之间的距离为 r，因此电场势能在+*的贡献为$-2e/r$。然而，两个正离子与+*的距离为 $2r$，电场强度的贡献为$+2e/2r$。继续外推，我们找到两个阴离子与+*的距离为 $3r$，场强的贡献为$-2e/3r$。如果我们从参考离子+*外推，我们发现对电场强度的贡献可以表示为一个数列，写为：

$$V=-\frac{2e}{r}+\frac{2e}{2r}-\frac{2e}{3r}+\frac{2e}{4r}-\frac{2e}{5r}+\frac{2e}{6r}-\cdots \tag{7.13}$$

如果我们提出$-e/r$，场强度V可以写为：

$$V=-\frac{e}{r}\left(2-1+\frac{2}{3}-\frac{2}{4}+\frac{2}{5}-\frac{2}{6}+\cdots\right) \tag{7.14}$$

括号内的数列的总和为2ln2或者1.38629。这个数值是对一个包含Na^+和Cl^-的假想的链的马德隆常数。于是，对于离子链，总的相互作用能为$-1.38629N_0e^2/r$，链比离子对更稳定，稳定因子为1.38629，也就是马德隆常数。当然，NaCl不会以链的形式存在，因此存在排列离子的更稳定的方式。

在前述说明中的数列恰好其总和可以被识别出来。更可能的情况是数列各项的加和不是可识别的形式，因此不能快速地相加。在那种情况下，需要找到数列总和的计算方法，我们将使用上述的例子进行描述。这个方法逐步计算加和值，先是第一项（只有一个值，2.0000），然后每次增加一项。在找到几个项的加和值（A）之后，可以得到相邻加和值的平均值，写在另一列中。然后，得到前面几个数值的平均值并写在不同的列中。在每一步都得到比加和值数目少一个的平均值。最终，我们只得到一个平均值，而那就是数列的一个近似总和。这个方法就是一个数值的收敛过程，如下所示，其中A的下标给出包含在加和值中的项的编号。例如，$A_{1,2,3}$表示对数列的第1、2、3项进行加和。

		平均值			
A_1	=2.0000				
		1.5000			
$A_{1,2}$	=1.0000		1.4167		
		1.3384			
$A_{1,2,3}$	=1.6667			1.3959	
			1.3751		1.3896
		1.4167			
$A_{1,2,3,4}$	=1.1667			1.3834	
			1.3917		
		1.3917			
$A_{1,2,3,4,5}$	=1.5667				

注意到在这种情况中只有五项包含在部分总数中，但是这个平均过程产生了一个近似的收敛值为1.3896。这个值与正确的总和值1.38629（早前我们得到的2ln2）只有微不足道的不同。找到一个具有三维晶格的晶体的马德隆常数决不是这么简单的。然而，上述数值收敛技术是一个非常有用的技术。对于三维晶格，确定离子与选定的参考离子之间的距离是更加困难的，参考离子就是用于确定电场强度的初始点。尽管假想的链结构并不与真实晶体对应，但提供了一个方便的模型，展示了怎样获得马德隆常数，但在晶格为三维的情况下更困难。

当一个三维晶格从离子形成时，每个离子被最近的几个离子包围，分布的数目和几何构型取决于晶体结构的类型。马德隆常数考虑了一个离子与其他所有离子的相互作用，而不是仅仅与一个电荷相反的离子的作用。结果是，它的数值取决于晶体结构。考虑如图7.3所示的一个氯化钠排列的离子层。记住该层的下一层的离子与该层的离子电荷相反，而上一层与下一层是一样的。我们从参考离子+*开始，向外运作，确定在该点的电场强度的贡献。

首先，有六个负离子围绕在+*周围，距离为r，四个在所示的层中，一个在纸面上，一个在纸面下。六个负离子产生的电势为$-6e/r$。接着，有12个正离子在距离$2^{1/2}r$的位置，四个在所示的层中，四个在纸面下方，四个在纸面上方。在所示层的上方和下方的八个正离子直接就在所示的四个负离子的上方和下方，与+*接近。这12个正离子对场产生的贡献表示为$12e/2^{1/2}r$。从+*继续朝外，我们遇到八个阴离子在距离$3^{1/2}r$的位置，产生的场的贡献为$-8e/3^{1/2}r$。有六个阳离子的距离为$2r$，产生$6e/2r$的贡献。我们可以继续往外计算，得到数列的许多其他的项。这个表示V的数列写为：

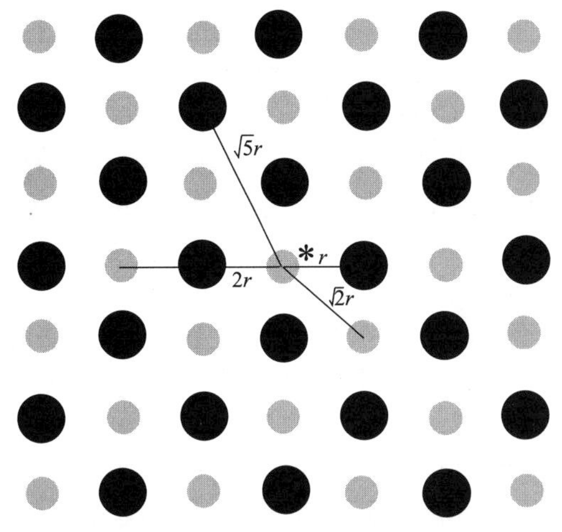

图 7.3　氯化钠晶体结构中的离子层（氯为黑色，钠为灰色）

$$V = -\frac{6e}{r} + \frac{12e}{\sqrt{2}r} - \frac{8e}{\sqrt{3}r} + \frac{6e}{2r} + \cdots \tag{7.15}$$

从中我们得到：

$$V = -\frac{e}{r}\left(6 - \frac{12}{\sqrt{2}} + \frac{8}{\sqrt{3}} - 3 + \cdots\right) \tag{7.16}$$

在这个数列中，项既不能形成一个已知的我们认识的数列，也不能很快地收敛。事实上，确定总和是一个艰难的过程，最后得到的数值为 1.74756。注意到这个数值与之前给出的形成晶体释放的能量与形成离子对释放的能量的比值近似。如上所述，马德隆常数恰恰就是该比值。

对所有常见晶体类型的马德隆常数进行计算的细节超出了本书的范围。当离子的排列与 NaCl 的不同时，起始点离子和其周围围绕的离子数以及它们之间的距离可能很难确定。表示为一个阳离子和阴离子之间的基本距离的因子将更困难，这是肯定的。因此，每个离子排列（晶体类型）的马德隆常数就有不同的数值，几种类型的晶体的数值如表 7.3 所示。

表 7.3　一些常见晶格的马德隆常数

晶体类型	马德隆常数①	晶体类型	马德隆常数①
氯化钠	1.74756	纤锌矿	1.64132
氯化铯	1.76267	金红石	2.408
锌矿	1.63806	萤石	2.51939

① 金红石和萤石的阴离子数是阳离子数的两倍。因子 2 没有包含在所示的数值中。

7.3　卡普斯钦斯基方程

尽管波恩-兰德方程给出了一个计算许多晶体晶格能的简便方法，但它有一些局限。首先，必须知道晶体结构，才能选择合适的马德隆常数。其次，有些离子是非球形的（如 NO_3^- 为平面的，SO_4^{2-} 为四面体的等），因此离子中心之间的距离在不同的方向是不同的。结果是，需要另一种计算晶格能的方法。其中一种最成功的对很多晶体都适用的方法由卡普斯钦斯基（Kapustinskii）方程提供：

$$U = \frac{120200 m Z_c Z_a}{r_c + r_a}\left(1 - \frac{34.5}{r_c + r_a}\right) \tag{7.17}$$

式中，r_c 和 r_a 是阳离子和阴离子的半径；Z_a 和 Z_c 是它们的电荷；m 是化合物分子式中离子的数量。注意到马德隆常数没有出现在卡普斯钦斯基方程中，我们只需要离子半径之和（离子中心之间的距离），而不需要单独的半径。使用卡普斯钦斯基方程不需要知道晶体结构（因此也不需要知道马德隆常数）。对于成键几乎完全是离子型的晶体（如 NaCl、KI 等），这个方程给出一个高度可信的数值。如果有很高的共价成分（如 AgI 和 CuBr），计算的晶格能数值与真实值就不太吻合。在这种类型的化合物中，大的离子很容易变形（极化），因此它们有大部分的吸引来自扭曲引起的电荷分离。如第 6 章所描述的，范德华力在这种类型的离子间是很明显的。尽管有这些限制，卡普斯钦斯基方程还是一个计算晶体能量的有用方法。

卡普斯钦斯基方程的另一个应用可能更重要。对许多晶体，可能可以从其他热力学数据或者波恩-兰德方程得到晶格能数值。这样，通过解卡普斯钦斯基方程就可以得到离子半径之和（r_a+r_c）。当其中一个离子的半径是已知的，对一系列包含该离子的化合物进行计算就可以确定反离子的半径。换句话说，如果我们从其他测量或计算知道 Na^+的半径，并且如果 NaF、NaCl 和 NaBr 的晶格能是已知的，我们就可以确定 F^-、Cl^-及 Br^-的半径。事实上，如果知道了 $NaNO_3$ 的晶格能，就可以确定 NO_3^-的半径。利用这种方法，基于热力学数据，确定离子半径所得到的值称为热力学半径。对于平面离子如 NO_3^- 和 CO_3^{2-} 是一种平均半径或者有效半径，但它仍然是一个很有用的量。表 7.4 所示的很多离子，其半径正是通过这种方法获得。

表 7.4　常见单原子和多原子离子的半径

一价		二价		三价	
离子	半径/pm	离子	半径/pm	离子	半径/pm
Li^+	60	Be^{2+}	30	Al^{3+}	50
Na^+	98	Mg^{2+}	65	Sc^{3+}	81
K^+	133	Ca^{2+}	94	Ti^{3+}	69
Rb^+	148	Sr^{2+}	110	V^{3+}	66
Cs^+	169	Ba^{2+}	129	Cr^{3+}	64
Cu^+	96	Mn^{2+}	80	Mn^{3+}	62
Ag^+	126	Fe^{2+}	75	Fe^{3+}	62
NH_4^+	148	Co^{2+}	72	N^{3-}	171
F^-	136	Ni^{2+}	70	P^{3-}	212
Cl^-	181	Zn^{2+}	74	As^{3-}	222
Br^-	195	O^{2-}	145	Sb^{3-}	245
I^-	216	S^{2-}	190	PO_4^{3-}	238
H^-	208	Se^{2-}	202	SbO_4^{3-}	260
ClO_4^-	236	Te^{2-}	222	BiO_4^{3-}	268
BF_4^-	228	SO_4^{2-}	230		
IO_4^-	249	CrO_4^{2-}	240		
MnO_4^-	240	BeF_4^{2-}	245		
NO_3^-	189	CO_3^{2-}	185		
CN^-	182				
SCN^-	195				

7.4　离子尺寸与晶体环境

从表 7.4 的数据明显看到，有些离子的尺寸相差很大。例如 Li^+的半径为 60 pm，而 Cs^+的半径为 169 pm。当这些离子与半径为 181 pm 的 Cl^-形成晶体时，很容易理解的是，它们的晶体中离子的几何排列是不同的，尽管 LiCl 和 CsCl 的分子式中有相同的阴离子。

当球形物体堆积形成三维阵列（晶格）时，球的相对尺寸确定了什么样的排列类型是可能的。阳离子和阴离子之间静电相互作用稳定了任何离子型的结构。因此，每个阳离子被几个阴离子包围、每个阴离子被几个阳离子包围的排列方式是必要的。这种局部排列很大程度上取决于离子的相对大小。在晶体中，对于给定的离子，周围反离子的数目称为配位数。这事实上不是一个好的术语，因为形成的键并不是配位键（见第 16 章）。对于具体的阳离子，其外围阴离子的数目是有限制的，因为阴离子之间会相互接触。反过来也是一样，但阴离子接触的问题更大，因为大部分阴离子都比阳离子大。

考虑阳离子周围有六个阴离子的离子排列方式，如图 7.4 所示。在这种排列方式中，六个阴离子的中心在阳离子为中心的八面体的 6 个顶点上。有四个阴离子的中心与阳离子的中心处在同一平面上，平面上方和下方还各有一个阴离子。

计算阳离子能与六个阴离子接触的最小尺寸是很简单的问题，此时，六个阴离子刚好相互接触。关键的因素是离子的相对尺寸，这表示为半径比 r_c/r_a。下面的推导认为离子是刚性的球，这并不完全正确。

排列的几何构型如图 7.4 所示，θ为 45°。在这种排列中，展示的四个阴离子刚好接触阳离子，而四个阴离子也刚好相互接触。由于 $S=r_c+r_a$，距离之间的关系式为：

$$\cos 45^\circ = \frac{\sqrt{2}}{2} = \frac{r_a}{S} = \frac{r_a}{r_c + r_a} \tag{7.18}$$

在解出 r_c/r_a 的值为 0.414 之后，方程的右边可以展开。这个值的意义是如果阳离子小于 $0.414r_a$，这种排列是不稳定的，因为阴离子会相互接触，却没有与阳离子接触。为了六个阴离子与阳离子接触，半径比至少要 0.414。可以考虑四个阴离子围绕阳离子，形成四面体排列。进行刚刚描述的类似的计算，可以得到结论是，当 r_c 至少为 $0.225r_a$ 时，阴离子才会与阳离子接触。早前我们展示了，当把两者都看成刚性球的时候，要在阳离子周围围绕六个阴离子，半径比至少为 0.414。因此，可以看出，当 $0.225 < r_c/r_a < 0.414$ 时，将导致阳离子周围围绕四面体排布的阴离子。类似的计算很容易进行，可以确定在其他晶体环境中离子稳定排布的值。记住这仅仅是一个入门，因为离子实际上并不是刚性球。计算的结果总结在表 7.5。

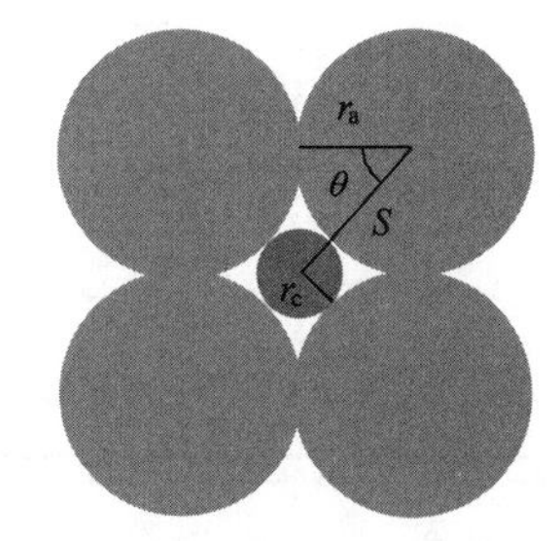

图 7.4　八面体排列中阴离子围绕在阳离子周围（只呈现同平面的四个离子）

表 7.5　从半径比数值预测的离子的稳定性排列

r_c/r_a	阳离子环境	相邻离子数	例子
1.000	fcc 或 hcp①	12	Ni, Ti
0.732～1.000	立方体	8	CsCl
0.414～0.732	八面体	6	NaCl
0.225～0.414	四面体	4	ZnS
0.155～0.225	三角形	3	—
0.155	线形	2	—

① fcc 和 hcp 分别为球的体心立方密堆积和六方密堆积。

基于离子半径，碱金属卤化物中应该有九种不具有氯化钠结构。然而，只有三种，CsCl、CsBr 和 CsI 没有氯化钠结构。这意味着离子排列的刚性球方法是不充分的。应该提到，它在大部分情况下都能预测出离子的准确排列。但它是一个经验，不是一个绝无错误的规则。一个没有包含的因素与离子的电子云具有变形的能力这个事实相关。这个电子极化导致下章将讨论的一种附加力的类型。阴离子电子云的变形使得其部分的电子密度趋向围绕它的阳离子。结果是有一些电子密度共用，因此，键具有部分共价性。

尽管 CsCl 的结构与 NaCl 很不同，但是当温度高于 445℃的时候，CsCl 还是可以转化为氯化钠结构。一些其他的碱金属卤化物在常压下没有氯化钠结构，但在高压的时候转化为氯化钠结构。一些固体材料呈现这种类型的同质多晶性。一个材料从一种结构转化为另一种结构称为相转化。

值得注意的一个有趣的事情是，半径比无法预测正确结构的情况通常发生于半径比数值很靠近两个预测结构的其中一个极限值。当 r_c/r_a 的数值为 0.405 时，非常靠近配位数 4 和 6 的临界值。微妙的因素促使阳离子周围的环境可以是 4 或者 6 配位，甚至尽管严格地说，我们预测配位数为 4。相反，如果 r_c/r_a 为 0.550，我们可以预测阳离子的配位数为 6，几乎在每种情况中，我们都是正确的。当半径比不靠近临界值时，将有超过一个的微妙因素促使结构与预测的不一致。尽管半径比不是总能预测正确的晶体结构，但除了比值与其中一个临界值接近的情况之外，它还是很有效的。

我们可以通过考虑卤化银来看看离子极化是怎么影响晶格能的。当使用卡普斯钦斯基方程计算晶格能时，计算值明显低于实验值，如表 7.6 所示。大部分的不同归因于极化效应，它导致部分共价键以及大的伦敦力（见第 6 章）。

表 7.6　卤化银的晶格能

化合物	晶格能/kJ・mol^{-1}	
	计算值[式(7.17)]	实验值
AgF	816	912
AgCl	715	858
AgBr	690	845
AgI	653	833

尽管我们阐明离子的极化效应时举了效应很大的几个例子，但任何离子的组合都有一些极化效应。然而，有一个更重要的考虑。我们知道，一个给定离子的表观半径多少依赖于离子的环境。例如，一个周围有 4 个反离子的离子，其半径与周围有 6 个反离子的离子的半径不同。我们把离子半径看成一个固定的值，并用于任何类型的晶体环境，而情况不是这样。此外，离子半径从晶体衍射实验中得到，实际上是确定了离子中心的距离。例如，如果 NaF 的离子中心间的距离确定了，而氟离子的半径从其他测试中获得，那么我们就可以推断钠离子的半径。离子半径在一定程度上取决于其他离子给定的数值。事实上，对一些离子，会碰到一个范围的半径的表格值。表 7.4 所示的离子半径对于具体晶体结构中确定的离子可能并不完全正确。

在晶格中，阳离子被一定数量的阴离子包围。相反电荷的离子间存在静电力。如果一个+1 价的阳离子周围有 6 个–1 价的阴离子（大部分+1 价的阳离子相对较大），每个阴离子与其他阳离子接触，得到一个刚性的格子。这样的格子有高熔点的特征。对于小的高电荷的阳离子，配位数更少，每个阴离子与更少数目的阳离子接触。当阳离子的配位数与它的化合价相等时，阳离子与它周围的离子组成孤立的中性结构，因此，就没有强的延伸的力，晶格比较松散地维系在一起，导致熔点较低。例如，NaF、MgF_2 和 SiF_4（分子固体）的熔点分别为 1700℃、2260℃及–90℃。

7.5 晶体结构

通过半径比，我们曾经描述了几种简单晶体的离子周围的局部环境。例如，在氯化钠结构（不仅仅是氯化钠自身）中，每个阳离子周围有 6 个阴离子。NaCl 的晶体结构如图 7.5 所示。

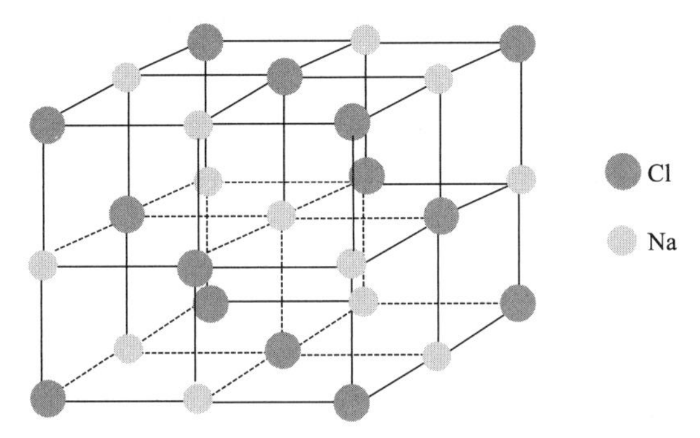

图 7.5　NaCl 的晶体结构

对氯化钠晶体，半径比为 0.54，很好地处在阴离子在阳离子周围八面体排列的范围（0.414～0.732）。然而，由于它是 1∶1 的化合物，有相等数量的阳离子和阴离子，这意味着阳离子在阴离子的周围也有相同的排列。事实上，对于 1∶1 的化合物，每种类型的离子周围的环境是一样的。我们可以看到，从一个重要的概念即静电键特征方面看，确实如此。如果我们预测（发现）6 个 Cl^-围绕一个 Na^+，每个 Na^+和 Cl^-之间的“键”具有的键特征为 1/6，因为钠只有 1 价，6 个“键”的总和必须等于钠的价态。如果每个“键”具有特征 1/6，Cl^-也有 6 个键，因为氯离子也一样具有单位价态（尽管在这种情况下它为负值）。不管考虑哪种离子，每个键都只有单一量级。

静电键特征对于理解晶体结构是一个极其重要的性质。考虑 CaF_2 的结构，其中 Ca^{2+}被 8 个 F^-以立方体排列的方式包围，如图 7.6 所示。由于 CaF_2 中钙的价态为 2，与 F^-形成的 8 个键必须一共有 2 个静电键，因此每个键具有的特征数为 1/4。然而，由于 Ca^{2+}和 F^-之间的每个键都记为 1/4 个键，因此每个 F^-周围只有 4 个键，因为它的价态为 1（当然它是负的，但没有关系）。结果是，在 CaF_2 的晶体中，Ca^{2+}的配位数是 8，而 F^-的配位数是 4。注意到配位数与分子式中氟离子是钙离子的两倍的事实是一致的。

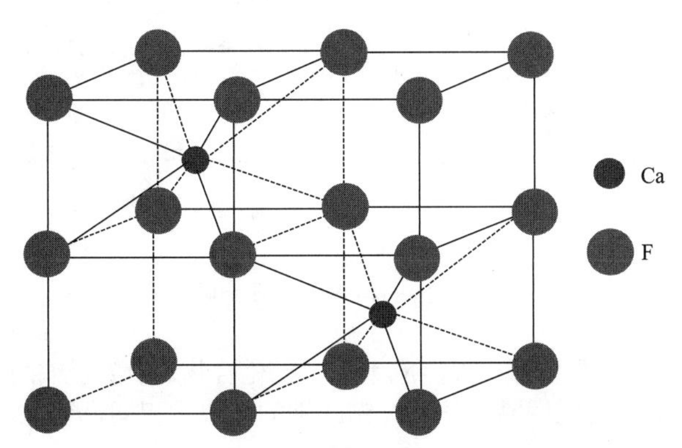

图 7.6　CaF_2 的结构（也称为萤石结构）

萤石结构是离子数为 1∶2 的化合物的常见类型。大量的化合物的分子式中，阳离子的数目是阴离子的两倍，例如 Li_2O 和 Na_2S 等化合物。这些化合物的结构与 CaF_2 的结构相似，但氟化钙中钙阳离子的位置替换为阴离子，而氟阴离子的位置替换为阳离子。这样的结构称为反萤石结构，其中每个阴离子围绕着 8 个阳离子，而每个阳离子围绕着 4 个阴离子。反萤石结构在分子式包含两倍阳离子和一倍阴离子的化合物中是最常见的。

CsCl 的结构如图 7.7 所示，阳离子的配位数为 8。由于它是 1∶1 的化合物，阴离子的配位数也是 8。根据静电键特征的方法，阳离子和阴离子之间的键的键特征为 1/8，因为 8 个键的总和为铯的价态，即 1。氯化铯中氯的价态也是 1，因此 Cl^-周围也有 8 个键。根据这个，CsCl 结构中围绕着每个 Cs^+有 8 个阴离子，分处在立方体的 8 个顶点上。每个顶点为 8 个立方体所公用，而每个立方体包含一个 Cs^+，所以 Cl^-周围也有 8 个 Cs^+。

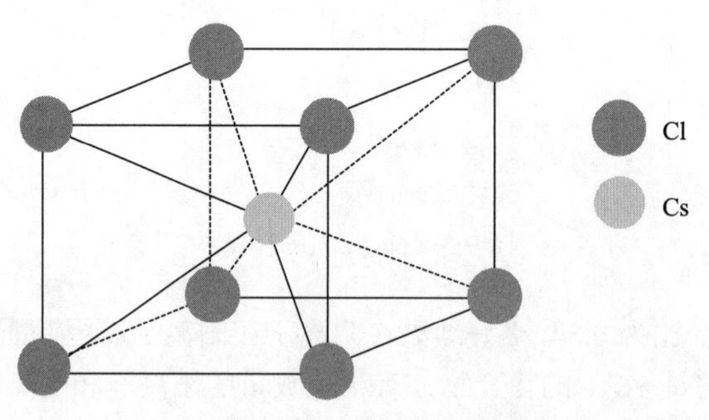

图 7.7　CsCl 的结构

硫化锌有两种形式的结构，称为纤锌矿和闪锌矿。这些结构如图 7.8 所示。使用表 7.4 所示的离子半径数据，我们可以确定 ZnS 的半径比为 0.39，如同预期的一样，每个 Zn^{2+}周围有 4 个 F^-，形成四面体排列。锌在硫化锌中的价态为 2，所以每个键的特征为 1/2，因为 4 个键加和满足价态 2。由于硫也一样具有价态 2，因此每个 S^{2-}周围也有 4 个键。因此，硫化锌的已知的两种结构中，每个阴离子周围有 4 个四面体排列的阳离子，而每个阳离子周围也有 4 个四面体排列的阴离子。结构的不同是由于离子排列的层结构不同。

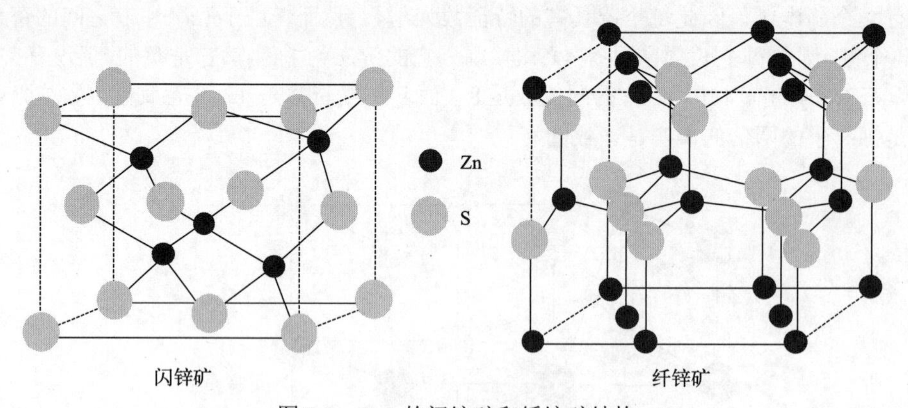

图 7.8　ZnS 的闪锌矿和纤锌矿结构

不能武断地推论上述的晶体结构仅能应用于二元化合物。阳离子或阴离子都可能是多原子物种。例如，很多 NH_4^+ 的化合物的晶体结构与铷或钾的化合物相同，因为 NH_4^+ 的半径（148 pm）与 K^+（133 pm）或者 Rb^+（148 pm）的半径类似。NO_3^- 和 CO_3^{2-} 的半径（分别为 189pm 和 185pm）与 Cl^-的半径（181 pm）接近，因此，许多碳酸盐和硝酸盐的结构与氯化物的结构一致。记住这里展示的结构是普遍类型，不限于二元化合物，也不限于其他相关化合物。

金红石 TiO_2 的结构如图 7.9 所示，是一个重要的化学品，在绘画中大量用作白色不透明涂覆材料。由于 Ti^{4+}很小（56pm），TiO_2 的结构中每个 Ti^{4+}周围只有 6 个 O^{2-}围绕，就像半径比 0.39 所预测的那样。由于 O^{2-}周围形成的 6 个键的总价态与一个 Ti 的价态相等，即为 4，因此，每个 Ti—O 键具有静电键特征 2/3。从 Ti^{4+}到 O^{2-}只有三个键，这三个键给出的总价态为 2（3×2/3=2），与氧的价态相等。

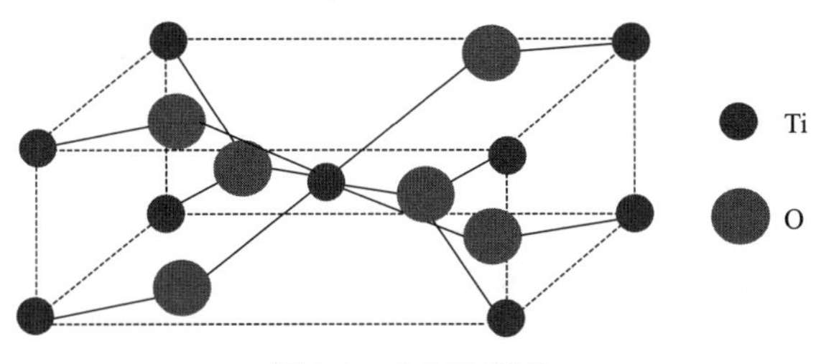

图 7.9　金红石结构

ReO_3 结构的晶格排列（图 7.10）提供了一个应用静电键特征的有趣例子。在 ReO_3 中，铼的价态为 6，在 ReO_3 结构中，每个 Re^{6+}被 6 个 O^{2-}围绕。由于 6 个键的总和必须为铼的价态，也就是 6，因此，每个 Re—O 键的键特征为 1。由于每个键的键特征为 1，因此每个 O^{2-}周围只有两个键。这样，导致的结构就是有 6 个氧离子（按预期的八面体排列）围绕在每个 Re^{6+}周围，但只有两个 Re^{6+}围绕在每个氧原子周围，以直线排列。这也是 AlF_3 的晶体结构，每个 Al^{3+}周围围绕着 6 个 F^-，以八面体排列，每个 F^-的每边各有一个 Al^{3+}。

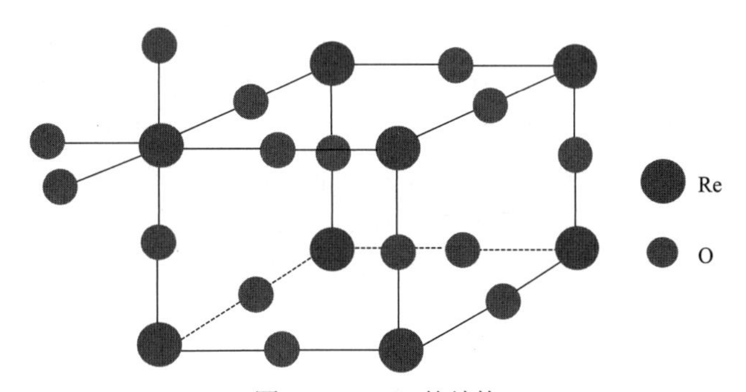

图 7.10　ReO_3 的结构

BeF_2 和 BF_3（熔点为 800℃和–127℃）以及 AlF_3 和 SiF_4（熔点为 1040℃和–96℃）之间物理性质的不同是很引人注目的。尽管 BF_3 主要是离子型的，B^{3+}太小，围绕它的 F^-不能超过 4 个（就如 BF_4^-）。为了形成一个延伸的晶格，B^{3+}需要围绕 6 个 F^-，为了静电键特征总和对 B 为+3，对 F 为–1。但 B^{3+}的小尺寸阻止了这一点，因此 BF_3 是一个单体，即使它主要是离子型的。在 BeF_2 的情况中，4 个 F^-围绕 Be^{2+}，满足它的价态，每个 F^-桥联两个 Be^{2+}。相应地，BeF_2 形成一个延伸的格子，这从它的高熔点得到体现。为了 SiF_4 形成晶格，必须有 8 个 F^-围绕 Si^{4+}，但 Si^{4+}太小不允许。结果是 SiF_4 以有显著离子性的分子的形式存在。我们再次看到鲍林静电键特征方法很好的实用性。尽管没有使用静电键特征，吉莱斯皮（R.J. Gillespie）也写出了上面讨论的氟化物的性质差异（见 J. Chem. Educ. 75，923，1998）。

铝氧化物，它的矿物名为刚玉，是一个具有几种重要用途的固体。由于它能承受很高的温度，因此是一个耐熔的材料。此外，由于它具有较高的硬度，因此通常用作磨蚀剂。刚玉通常含有痕量的其他金属，这使晶体带有颜色。例如，红宝石含有少量的氧化铬，这使得晶体带有红色。通过在刚玉中加入少量合适的其他金属氧化物，可以得到各种颜色的宝石。

商业上，通过电解冰晶石 Na_3AlF_6 生产铝，但铝土矿 Al_2O_3 是常见的铝金属的天然资源。氧化物广泛用作催化剂，它的表面位点可以作为路易斯酸。一种氧化物的形式是活性铝，可以吸附并去除气体。氧化物的其他用途包括制陶、催化、化合物磨光、磨蚀剂以及电绝缘体。

铝与其他金属形成复合氧化物，具有的分子式通式为 AB_2O_4，其中，A^{2+}是+2 价的离子，B^{3+}是+3 价的离子。化合物 $MgAl_2O_4$ 是称为尖晶石的矿物，它给出具有分子式 AB_2O_4 的化合物的通名。这个分子式通式可以写成 $AO \cdot B_2O_3$，所以 $MgAl_2O_4$ 可以写为 $MgO \cdot Al_2O_3$。Mg^{2+}替换为 Fe^{2+}、Zn^{2+}、Co^{2+}、Ni^{2+}或者其他+2 价离子产生了大量已知材料。常见的这种类型的矿石包括花岗岩 $ZnAl_2O_4$、铁尖晶石 $FeAl_2O_4$ 以及锰尖晶石 $MnAl_2O_4$。

尖晶石的一个晶体结构是 O^{2-}以面心立方（fcc）方式排列。在这种类型的结构中，阳离子有两种环境，分别是八面体或四面体排列的阴离子围绕着它们。在尖晶石结构中，+3 价离子处在八面体空腔中，而+2 价离子处在四面体空腔中。这些离子如果占据在不同的空腔中，则可能产生不同的结构。例如，可以有一半+3 价离子处在四面体空腔，而另一半+3 价和+2 价离子处在八面体空腔。为了表示这两种类型的晶格位置的排布，表示化合物组成的化学式先列出占据四面体空腔的那组离子（这样的位置通常被+2 价离子 A^{2+}占据），然后列出占据八面体空腔的离子。因此，为了正确地表示晶格中离子的位置，将化学式 AB_2O_4 写为 $B(AB)O_4$。这种结构与尖晶石相比，其+2 价和+3 价离子在晶格中占据的位置调换了，因此将这种结构称为反尖晶石结构。具有反尖晶石结构的一个化合物是 $LiFeO_2$，它被用于制备锂电池的电极。这个化合物可以通过几种方法合成得到，包括固态反应、离子交换方法，以及微波、加热或者机械压力等影响下含锂、含铁化合物的反应。

尽管许多含有 NH_4^+、NO_3^-、CO_3^{2-} 等的三元化合物结构与那些二元化合物是一致的，但钙钛矿 $CaTiO_3$ 具有不同类型的结构。事实上，它是一种非常重要的结构类型，很多其他化合物体现这种结构类型。$CaTiO_3$ 的结构如图 7.11 所示。察看这个结构，很容易看到 Ti^{4+}处在立方体的中心，每个顶点有一个 Ca^{2+}，O^{2-}处在立方体六个面的中心。很容易看到 Ti^{4+}是与附近的 6 个 O^{2-}成键的。由于这 6 个键的总价态等于 Ti 的价态，也就是 4，因此，每个 Ti—O 键必须具有 4/6 的静电键特征。

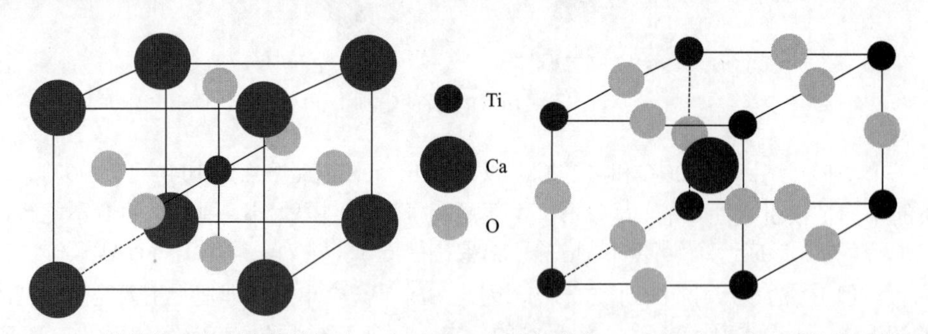

图 7.11　$CaTiO_3$ 的结构（在左边的结构中，表示了 Ti 的配位数为 6，周围有 6 个八面体排列的氧原子。在右边的结构中，表示了 Ca 的配位数为 12，周围有 12 个氧原子，每四个一层，处于三个交错的层中）

现在考虑钙钛矿中每个 O^{2-}的成键情况。首先，有两个与 Ti^{4+}形成键，每个键的特征为 4/6，一共为 4/3。然而，还有 4 个 Ca^{2+}处在 O^{2-}所在的立方体表面的四个顶点上，这四个键的总价数必须为 2/3，这样 O^{2-}周围所有键的价数之和才为 2，与氧的价态吻合。因此，每个 Ca—O 键的静电键特征为 1/6，四个这样的键给出的总价数为 2/3。由此可知，每个 Ca^{2+}必须被 12 个 O^{2-}围绕，得到钙的价态 $12 \times (1/6)=2$。很显然，静电键特征这个概念是理解晶体结构的一个重要工具。

有大量的三元化合物，它们是分子式通式为 ABO_3 的氧化物，其中 A 为 Ca、Sr、Ba 等，B 为 Ti、Zr、Al、Fe、Cr、Hf、Sn、Cl 或者 I。它们中的许多具有钙钛矿结构。

近年来，许多研究致力于几种系列的超导体。其中一种化合物的分子式为 $YBa_2Cu_3O_7$，它的结构如图 7.12 所示。一半的铜原子在图 7.12 所示的结构的顶层及底层，被四个平面正方形排列的氧原子包围。另一半铜原子被五个四方锥排列的氧原子包围。钇原子被八个立方体排列的氧原子包围。这个超导体的临界温度为 93K。

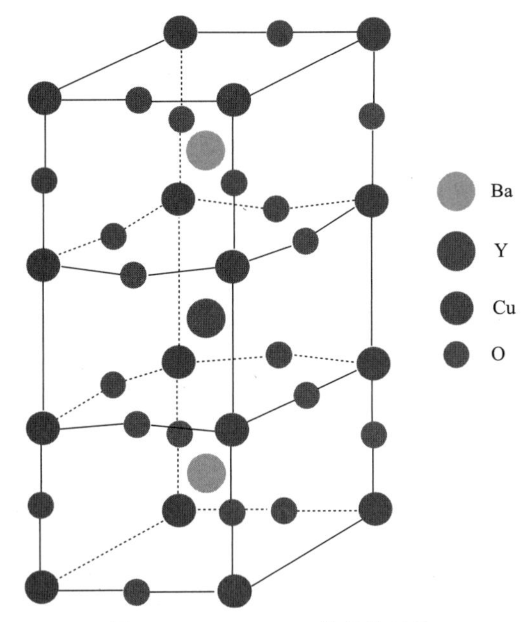

图 7.12　$YBa_2Cu_3O_7$ 的晶胞结构

7.6 离子化合物的溶解度

大量的化学反应是在离子化合物溶解在溶剂中形成的溶液中发生的。为了把离子从维系它们的晶格中分离出来，离子和溶剂分子之间必须有足够强的作用力。离子化合物最常见的溶剂是水，我们的讨论也设定以水为溶剂。

当一个离子化合物溶解在溶剂中，晶格被破坏。当离子分离时，它们与溶剂分子之间有强的离子-偶极力。包围离子的水分子的数量称为水合数。然而，围绕离子的水分子簇构成一个壳，称为第一溶剂化层。这些水分子是运动的，也受水簇周围大量溶剂的吸引。因此，溶剂分子在溶剂化层进进出出，使得水合数不一定是固定的值。因此，习惯上是指一个离子的平均水合数。

从能量的角度来看，分离晶格溶解离子的过程可以通过波恩-哈伯类型的热力学循环关联起来。对于离子化合物 MX，这个循环可以表示如下：

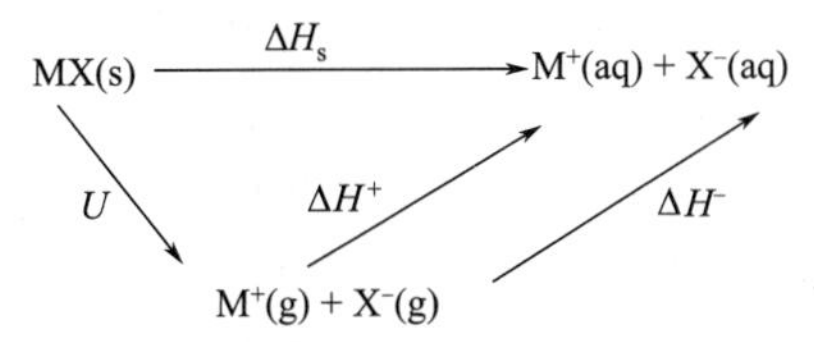

在这个循环中，U 为晶格能，ΔH^+和ΔH^-是气态阳离子和阴离子的水合热，ΔH_s 是溶解焓。在这个循环中，显然：

$$\Delta H_s = U + \Delta H^+ + \Delta H^- \tag{7.19}$$

如同之前的定义，晶格能是正的，而离子的溶剂化是很负的。因此，总的溶解焓可能是正的也可能是负的，取决于将晶格分离成气态离子的能量是否比离子溶剂化释放的能量更多。表 7.7 给出了几种离子的水合热 $\Delta H_{\text{hyd}}^{\ominus}$。

表 7.7　离子水合热 ΔH_{hyd}

离子	r/pm	$\Delta H_{\text{hyd}}^{\ominus}$ /kJ・mol^{-1}
H^+	—	–1100
Li^+	74	–520
Na^+	102	–413
K^+	138	–321
Rb^+	149	–300
Cs^+	170	–277
Mg^{2+}	72	–1920
Ca^{2+}	100	–1650
Sr^{2+}	113	–1480
Ba^{2+}	136	–1360
Al^{3+}	53	–4690
F^-	133	–506
Cl^-	181	–371
Br^-	196	–337
I^-	220	–296

表 7.7 所示的数据表明，对阳离子，水合热取决于离子的电荷和它们的尺寸。对于具有相同电荷的离子，当离子尺寸增加时，水合热降低。这是合理的，因为极性溶剂分子受小的紧凑的且电荷局限在小的空间区域的离子的吸引更强烈。水合热随着离子电荷的增加明显地增加。静电的一个简单原理表明这是事实，因为极性水分子的负的一端将受到更高的正离子的强烈吸引，如库仑定律所示。电荷与尺寸的比值所反映的电荷密度，是决定离子水合热的一个因素。

一个离子的水合热（H）可以表示为：

$$H=-\frac{Ze^2}{2r}\left(1-\frac{1}{\varepsilon}\right) \tag{7.20}$$

其中，Z 是离子的电荷，e 是自然常数，r 是半径，ε 是介质的介电常数（对水为 78.4）。水合热随着离子电荷的增加而增加，而随着离子尺寸的增加而减少。例如，小的阴离子如 F^-具有高的水合热的原因是它们吸引水分子的正电荷中心，也就是氢原子。结果，负离子与水分子正电中心之间只有很小的距离。

离子和溶剂分子之间的相互作用主要是静电作用，因此，溶剂的偶极矩是很重要的考虑因素。然而，溶剂分子的结构也是很重要的。例如，硝基苯具有高的偶极矩（4.22D），比水分子的偶极矩（1.85D）大。硝基苯分子具有大的偶极矩，但是它对于离子盐如 NaCl 是不良溶剂。高的偶极矩是由于电荷有长的距离分离。此外，硝基苯分子太大，不能在小的离子周围有效地堆积，因此，溶剂化数目很少，无法形成强的溶剂化。尽管硝基苯的偶极矩表明它可能是离子化合物的合适的溶剂，但实际并不是这样。

Al^{3+}的水合热很大（–4690 kJ・mol^{-1}），因此导致许多有趣的效应。当 NaCl 溶解在水中并蒸发去溶剂，可以重新得到 NaCl 固体。如果 $AlCl_3$ 溶解在水中，然后蒸去溶剂，则得不到 $AlCl_3$ 固体。Al^{3+}太容易溶剂化以致其他反应比争取溶剂在能量上更有利。这可以表示如下：

$$AlCl_3(s) \xrightarrow{H_2O} Al^{3+}(aq) + 3Cl^-(aq) \tag{7.21}$$

当溶剂蒸发后，得到的固体包含水、铝离子和氯离子。这个固体可以描述为$[Al(H_2O)_6]Cl_3$，尽管水分子的数量可能取决于条件。当加热这个固体时，失去水分子直到形成$[Al(H_2O)_3]Cl_3$。当加热至更高的温度时，这个化合物失去 HCl，而不是水分子。

$$\left[Al(H_2O)_3\right]Cl_3(s) \longrightarrow Al(OH)_3(s) + 3HCl(g) \tag{7.22}$$

当加热到很高的温度时，$Al(OH)_3$ 失去 H_2O 产生 Al_2O_3。

$$2Al(OH)_3(s) \longrightarrow Al_2O_3(s) + 3H_2O(l) \tag{7.23}$$

这个行为的本质是 Al^{3+}和 O^{2-}之间的键很强，除脱水之外的反应更容易发生。当铍的化合物溶解在水中，Be^{2+}强烈地溶剂化，以致它也有这样的行为。Al^{3+}和 Be^{2+}的电荷与尺寸的比值大致相等（分别为+3/53 和+2/30），导致它们的化学行为类似，这称为对角线关系。因为铝在元素周期表中排在铍的下一排，但同时也排在铍的右边一列，成为“对角线”。

考虑 NaCl 的溶解，找到晶格能数据为 786 kJ • mol^{-1}，Na^+的水合热为–413 kJ • mol^{-1},而 Cl^-的水合热为–371 kJ • mol^{-1}，然后利用这些数据，得到溶解热只有 4 kJ • mol^{-1}。这表明当 NaCl 溶解在水中时，基本没有热量吸收或释放。结果是，改变温度对 NaCl 在水中的溶解度几乎没有影响。如果把 NaCl 在水中的溶解度对温度作图，它的斜率几乎为 0。事实上，NaCl 在 0℃的水中的溶解度为 35.7g •（100g）$^{-1}$，而在 100℃的水中，溶解度约为 39.8g •（100g）$^{-1}$。另外，对于一些固体，分离晶格需要的能量比离子水合释放的能量高。在这种情况下，总过程为吸热，因此提高温度对溶解过程有利，以物质溶解度对温度作图得到的曲线就随温度增加而上升。如果固体的离子溶剂化时释放的热比分离晶格吸收的热多，加热溶液就是负效应，随温度增加物质更难溶解。图 7.13 表示了这三种无机盐行为的溶解曲线。

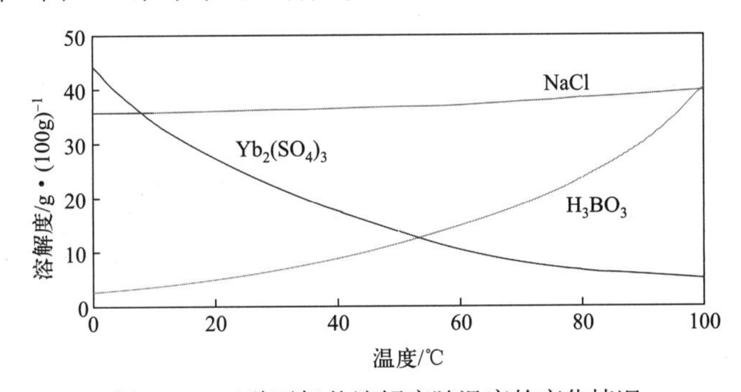

图 7.13　三种无机盐溶解度随温度的变化情况

如果选择不会强烈溶剂化离子的溶剂，晶体就不会溶解，因为晶格能比离子溶剂化的总能量的数量级大。从这些讨论中，很清楚地看到固体化合物的溶解行为也与晶体如何强烈地维系有关。然而，需要记住，离子溶剂化热在大的温度范围内不是一个常数。它们自己就是一个变量，这意味着当考虑一个宽的温度范围时，用这个简单的方法无法精确预测溶解行为。

一个简单的解决温度对溶解度影响的方法能通过考虑图 7.14 所示的情况来说明。增加一个处于平衡的体系的温度会促使其朝吸热的方向移动。在图 7.14（a）中，吸热的方向朝向溶液状态，因此增加温度将会促使溶质的溶解度增加。对于图 7.14（b）阐明的例子，升高温度会促使体系朝向增加溶质量和溶剂量的方向，因此溶解度会降低。在图 7.14（c）中，温度改变不会影响溶解度。

定量上，温度对溶解度的影响可以通过将溶解过程表示为不同能量的布居数状态来解释。玻耳兹曼分布定律将能态 E_1 和 E_2（能量不相等）的布居数 n_1 和 n_2 联系起来，可以写为：

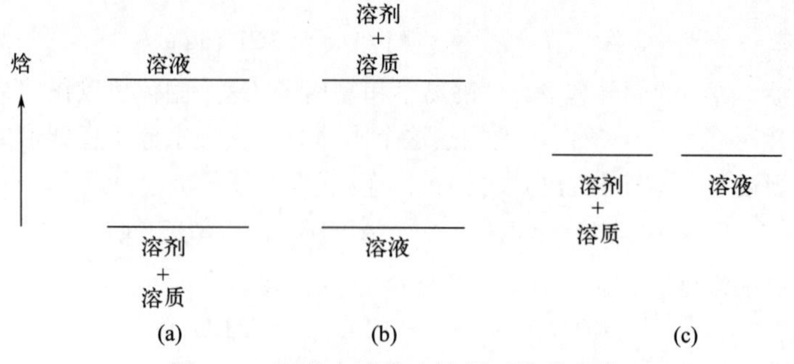

图 7.14　固体在液体中溶解时的热变化

$$\frac{n_2}{n_1}=\mathrm{e}^{-\Delta E/kT} \tag{7.24}$$

其中，k 为玻耳兹曼常数，e 为自然常数，ΔE 为两个状态的能量差，T 为温度。当表示 1mol 时，溶解热为ΔH_s，溶解度随温度变化的表达式变成：

$$\frac{n_2}{n_1}=\mathrm{e}^{-\Delta H_s/RT} \tag{7.25}$$

两边取对数，得到：

$$\ln n_2-\ln n_1=-\frac{\Delta H_s}{RT} \tag{7.26}$$

考虑图 7.14（a）所示的溶解过程，我们看到在饱和之前溶质的量是不重要的。因此，$\ln n_1$ 这一项可以按常数 C 处理，布居数 n_2 可以用溶解度 S 代替，得到：

$$\ln S=-\frac{\Delta H_s}{RT}+C \tag{7.27}$$

从这个方程可以看到，以 $\ln S$ 对 $1/T$ 作图会产生斜率为$-\Delta H_s/R$ 的直线。在几个温度下确定物质的溶解度，溶解热就可以通过这种方式求出。对于图 7.14（a）所示的过程，溶解热是负的，因此直线具有正的斜率。对于图 7.13，对于 NaCl，溶解热很接近 0，结果，溶解度在温度范围 0～100℃几乎是不变的。图 7.15 展示了式（7.27）对于硼酸在水中溶解的应用。线性回归得到斜率为$-2737\mathrm{K}^{-1}$，它等于$-\Delta H/R$。因此，从溶解度的数据得到硼酸的溶解热数据为 $22.7\mathrm{kJ\cdot mol^{-1}}$。

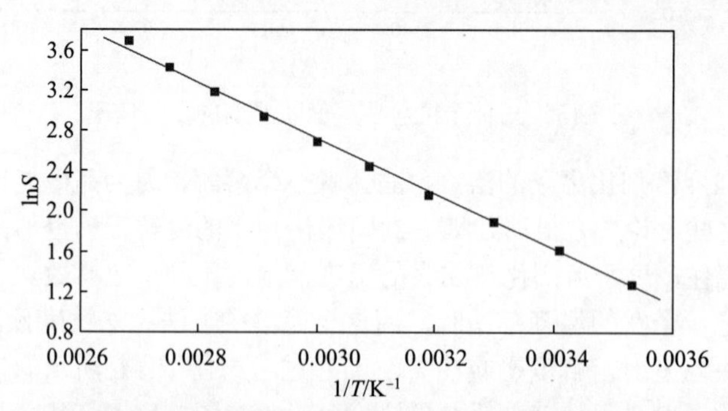

图 7.15　硼酸在水中的 $\ln S$ 与 $1/T$ 的线性关系

7.7 质子和电子亲和能

一些阳离子可以看成由中性分子接受一个氢离子形成。例如，铵离子是从 NH_3 加氢得到的。尽管酸-碱化学将在第 9 章讨论，在本章讨论一个相关的话题也是合适的，因为它与固体的行为有关。这个话题就是碱的质子亲和能。碱的质子亲和能与原子的电子亲和能类似，后者在第 1 章中已经讨论。电子亲和能是将一个电子从气态原子移去所需要的能量，而质子亲和能就是从已获得质子的气态碱移去一个质子所需要的能量，它是气态物质固有碱度的量度，不涉及常常由溶剂引起的复杂效应。

加热时，铵化合物以许多方式分解。对其中的大部分，分解的热量是已知的，或者可以相当容易地通过差示扫描量热法等技术确定。可以使用卡普斯钦斯基方程确定晶格能。通过使用已知的 NH_3 的质子亲和能（866 kJ・mol^{-1}），就可以确定铵化合物中阴离子的质子亲和能。对很多化合物都做了这样的计算，下面以硫酸氢铵和硫酸铵为例进行阐述。

NH_4HSO_4 的分解及确定 HSO_4^- 质子亲和能的合适的热力学循环如下所示：

$$\begin{array}{ccc} NH_4HSO_4(s) & \xrightarrow{\Delta H_{dec}=169\text{kJ}\cdot\text{mol}^{-1}} & H_2SO_4(g)+NH_3(g) \\ \downarrow U_2 & & \uparrow -PA(HSO_4^-) \\ NH_4^+(g)+HSO_4^-(g) & \xrightarrow{PA(NH_3)} & NH_3(g)+H^+(g)+HSO_4^-(g) \end{array}$$

在这个循环中，ΔH_{dec} 是分解热，U_2 是 NH_4HSO_4 的晶格能，$PA(NH_3)$是 $NH_3(g)$的质子亲和能，$PA(HSO_4^-)$是硫酸氢根的质子亲和能。NH_4HSO_4 的分解热已经确定为 169kJ・mol^{-1}，$NH_3(g)$的质子亲和能为 866kJ・mol^{-1}。NH_4^+ 和 HSO_4^- 的离子半径分别为 143pm 和 206pm。通过卡普斯钦斯基方程计算的 NH_4HSO_4 的晶格能为 641kJ・mol^{-1}。通过上述的方程，我们得到：

$$PA\left(HSO_4^-\right)=U_2+PA\left(NH_3\right)-\Delta H_{dec} \tag{7.28}$$

代入已知的数值，得到 HSO_4^- 的质子亲和能为 1338kJ・mol^{-1}。其他–1 价离子的质子亲和能的数值在 I^- 的 1309kJ・mol^{-1} 到 CH_3^- 的 1695kJ・mol^{-1} 之间。因此，HSO_4^- 的质子亲和能 1338kJ・mol^{-1} 与其他–1 电荷的离子的数值一致。

上面展示的步骤也能应用于$(NH_4)_2SO_4$ 的分解，确定 SO_4^{2-} 的质子亲和能。SO_4^{2-} 的半径为 230pm，因此卡普斯钦斯基方程得到的$(NH_4)_2SO_4$ 的晶格能为 1817kJ・mol^{-1}。当加热$(NH_4)_2SO_4(s)$时，产生 $NH_4HSO_4(s)$和 NH_3，分解热为 195kJ・mol^{-1}。使用的热力学循环写为：

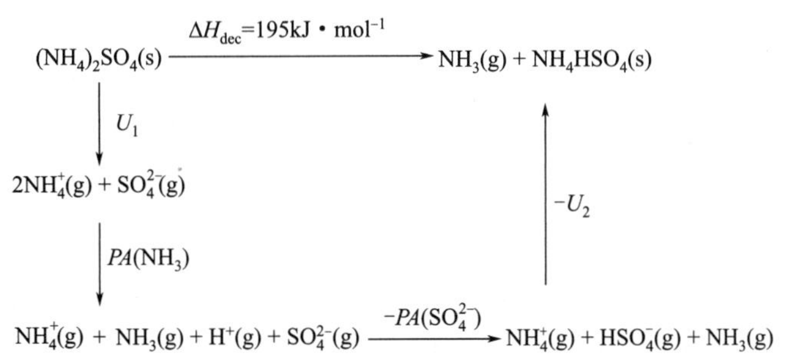

在这个循环中，很显然，有：

$$PA\left(SO_4^{2-}\right)=U_1+PA\left(NH_3\right)-\Delta H_{dec}-U_2 \tag{7.29}$$

其中，U_2 是 NH_4HSO_4 的晶格能，为 641kJ・mol^{-1}。当式（7.29）中的值代为已知数值时，SO_4^{2-} 的质子亲和能为 1847kJ・mol^{-1}。其他–2 价离子的质子亲和能多少比这个值大，但大部分离子的尺寸也更小（见第 9 章）。SO_4^{2-} 中，硫原子和氧原子之间有大量的双键（见第 4 章），这可能降低氧原子提供电子对吸引 H^+ 的能力。毕竟，H_2SO_4 是一个很强的酸，它很容易失去质子。

通过合适的热力学循环，就可能计算出那些实验没有提供数值的物种的质子亲和能。例如，通过上述两个例子采用的方法，诸如 HCO_3^- (g)（1318kJ・mol^{-1}）、CO_3^{2-} (g)（2261kJ・mol^{-1}）等离子的质子亲和能都可以计算。这种类型的研究表明，晶格能在确定其他数据时很重要，卡普斯钦斯基方程是很有用的工具。

在第 1 章中，我们讨论了原子的电子亲和能，以及它们随在元素周期表中位置变化而变化的情况。我们也提到没有一个原子接收两个电子并释放能量。结果是，在 O^-加上第二个电子伴随的能量值只是通过一些方法计算得到的。估算这个过程的能量的一种方法就是使用热力学循环，例如下面所示的热力学循环表示了可以得到 MgO 的生成焓的各个步骤：

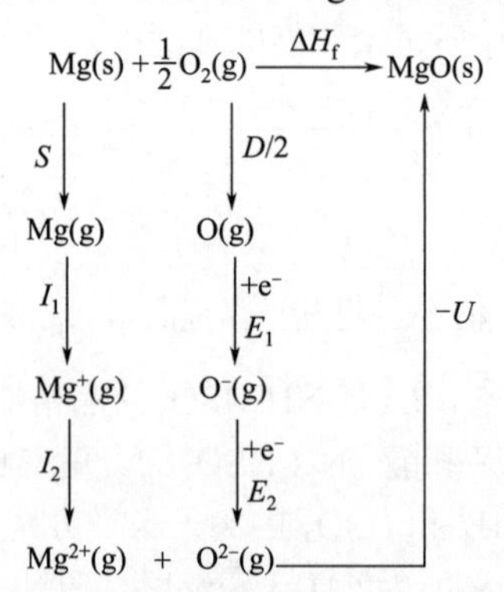

从这个循环中计算 E_2 是可能的，也就是氧原子得到第二个电子的电子亲和能。MgO(s)的生成热和晶格能分别为–602kJ・mol^{-1} 及 3795 kJ・mol^{-1}。对于 Mg(g)，前两个电离势为 738kJ・mol^{-1} 及 1451kJ・mol^{-1}，O_2(g)分解热的 1/2 为 249kJ・mol^{-1}。O(g)的第一电子亲和能为 141kJ・mol^{-1}，因此，加上一个电子伴随的焓为–141kJ・mol^{-1}。知道了这些数值，就可以得到氧原子的第二电子亲和能为 750kJ・mol^{-1}。在能量上，这是一个非常不利的过程。尽管在氧原子中加入第一个电子在能量上有利，但加上两个电子的总能量为 609kJ・mol^{-1}。应该提到，这个计算不可能给出高度精确的数值。方程中的主要项是 MgO 的晶格能，它约为 3800kJ・mol^{-1}，但这个值并不是很确定的。例如，如果晶格能是通过卡普斯钦斯基方程计算得到的，必须记住共价贡献是没有考虑进去的。尽管氧的第二电子亲和能存在相当大的不确定度（第一和第二电子亲和能的加和当然也是），但毫无疑问的是，加上两个电子在能量上是不利的。如果不是存在包含二价阳离子的晶格非常稳定这个事实，可能会认为包含 O^{2-}的化合物是不太可能得到的。这种情况在其他电荷数比–1 更负的离子（如 S^{2-}）中也是存在的。

7.8 金属结构

金属由球状的原子在三维晶格排列构成。这种排列的方式是有限的，仅需要四种类型的结构（图 7.16）就可以展示几乎所有金属中原子的排列。这些球堆积的排列有时称为紧密堆积。球状原子能够排列的一种方式是每个立方体的顶点排列一个原子。这个结构称为简单立方结构。当我们认识到金属中的原子相互键合时，我们看到简单立方结构的一个问题。每个原子只被六个原子包围（配位数），即便当原子接触时，也有大量的自由空间。当立方体堆积时，八个立方体共用一个顶点，每个立方体有八个顶点容纳原子。由于八个立方体共用一个点，因此，对于共用顶点上的原子，每个立方体占用 1/8 个原子。立方体的顶点数为 8，因此每个立方体占用原子的总数为 8×（1/8）=1，即每个立方体只含有一个顶点原子。图 7.16（a）表示了简单立方结构。

我们可以确定简单立方结构（图 7.17 表示了空间填充模型）中空间的量，通过假设它的边

长为 l，是一个原子半径的两倍。因此，每个原子的半径为 $l/2$，因此，每个原子的体积为 $(4/3)\pi(l/2)^3=0.524l^3$，但是立方体的体积为 l^3。从这里我们可以看到由于立方体仅包含一个原子，占有了立方体体积的 52.4%，因此有 47.6%为剩余的空间。由于配位数低，剩余空间大，简单立方结构不能代表空间的有效利用，不能最大化金属原子间成键的数目。因此，简单立方结构不是金属中常见的结构。

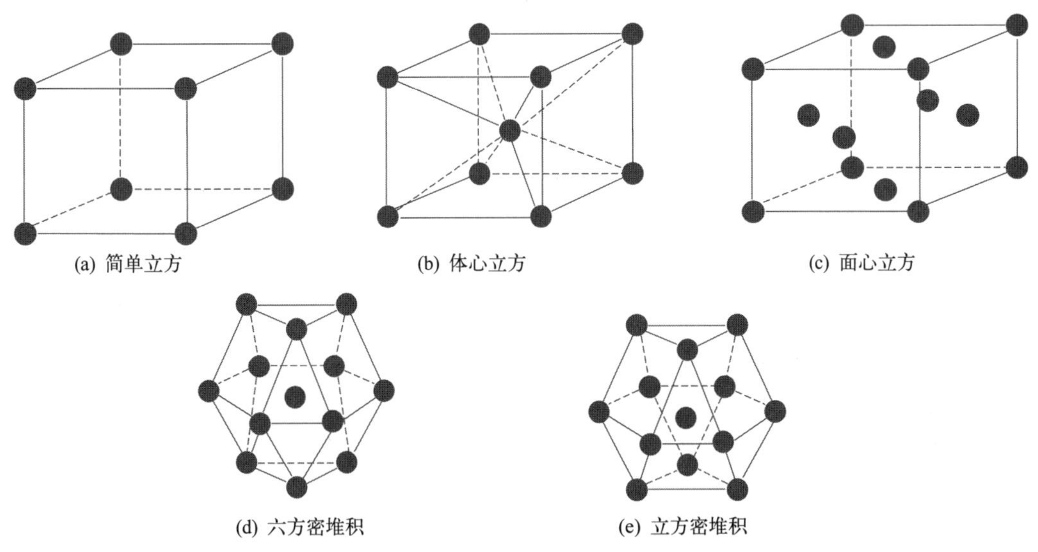

图 7.16　金属最常见的结构

体心立方(bcc)结构包含一个原子在立方体晶胞的中心，立方体的每个角也有一个原子包围着中心原子。在这个结构中，如图 7.16（b）所示，每个晶胞单元有两个原子。中心原子全部处在这个立方体之内，角上的原子，每个原子有 1/8 属于该立方体。当我们认识到原子是相互接触的，我们看到立方体的一条对角线代表一个原子的直径加上原子的半径的两倍。如果立方体的边长为 l，对角线的长度就为 $3^{1/2}l$，它等于原子半径的 4 倍。因此，每个原子的半径为 $3^{1/2}l/4$，两个原子的体积为 $2\times(4/3)\pi r^3$ 或者 $2\times(4\pi/3)(3^{1/2}l/4)^3=0.680l^3$。

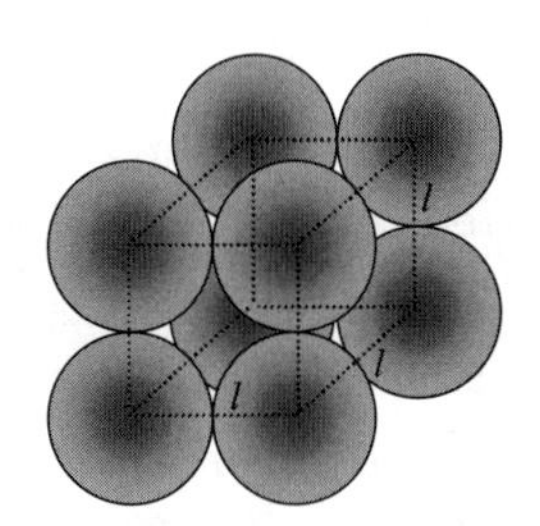

图 7.17　简单立方模式排列的球的空间填充模型

于是我们看到立方体的 68%被两个原子占据，或者晶胞中有 32%的空体积。这不仅对于简单立方在空间利用度上是一个进步，而且，在 bbc 结构中，每个原子被八个相邻原子包围。有几种金属具有 bbc 结构。

除了刚刚讨论的两种结构，另一种在立方晶胞中的原子排列方式是可能的。金属原子是一样的，因此原子尺寸的比值为 1.000，这就允许配位数为 12。一种具有配位数为 12 的结构称为 fcc 结构，每个立方体的角都有一个原子，立方体的六个面的中心也各有一个原子。面上的原子被两个立方体共有，因此每个立方体只拥有其一半。由于有 6 个面，因此每个立方体有 $6\times(1/2)=3$ 个原子来自立方体的面上，除了角上的 $8\times(1/8)=1$ 个原子之外。每个晶胞的总的原子数为 4。fcc 结构（也称为立方密堆积结构）如图 7.16（c）所示。可以指出，这种类型的排列有 26%的自由空间，每个原子的配位数为 12。因此，fcc 排列是目前描述的三种结构中最有效的，许多金属具有这样的结构（表 7.8）。

表 7.8 金属的密堆积结构（一些在常温下发现同质多晶，而另一些在高温时发现）

Li bcc	Be hcp										
Na bcc	Mg hcp										
K bcc	Ca fcc①	Sc hcp fcc	Ti hcp	V bcc	Cr bcc	Mn hcp②	Fe bcc	Co fcc hcp	Ni fcc	Cu fcc	Zn hcp③
Rb bcc	Sr fcc①	Y hcp	Zr hcp	Nb bcc	Mo bcc	Tc hcp	Ru hcp	Rh fcc	Pd fcc	Ag fcc	Cd hcp③
Cs bcc	Ba bcc	La hcp	Hf hcp	Ta bcc	W bcc	Re hcp	Os hcp	Ir fcc	Pt fcc	Au fcc	Hg —

① 钙和锶有其他结构，取决于温度。

② 锰具有变形 hcp 结构，但已知有两种其他复杂结构。

③ 锌和钙具有变形的 hcp 结构，同平面的六个相邻原子具有相同的距离，但上方和下方平面的原子距离更远。

六方密堆积（hcp）也包含 12 的配位数，如图 7.16（d）所示。如果我们察看一个原子周围的环境，就会发现有六个以六边形的方式排列。可以看到这六个原子与中心原子接触，就像它们相互接触的一样。除了同一层的六个原子，每个原子也被包含在上一层和下一层的原子包围。每一层中有三个原子与六边形中心的原子接触。在 hcp 中，上一层的三个原子和下一层的三个原子是对齐的。在所考虑的原子的上一层和下一层是完全相同的，尽管在多数情况下它们比同平面的原子有轻微的远离。如果我们把层称为 A 和 B，那么在 hcp 中重复的模式为…ABAB…。在这种排列中，配位数为 12，fcc 结构中有 26%的自由空间。事实上，hcp 和 fcc 之间的唯一不同是，尽管每种都有一个原子被同一平面的六个原子包围，该平面上方和下方的平面是不同的。在 fcc 中，重复的模式为…ABCABCABC…，其中 C 层的原子与 A 层的原子没有对齐。图 7.16（c）给出了 fcc 结构中层的排列。许多金属具有 fcc 或 hcp 的原子稳定排列。对大量金属，最常见的结构总结在表 7.8 中。

前面指出了 fcc 和 hcp 中配位数和自由空间的百分率都是一样的，于是我们可以推断它们代表两种能量非常相似的原子排列方式。因此可以推测，金属是有可能从一种结构转化为另一种结构的。这种转化在几种金属中被发现，其中一个例子为：

$$\mathrm{Co(hcp)} \xrightarrow{417℃} \mathrm{Co(fcc)} \tag{7.30}$$

其他类型间的结构转化也是可能的。例如，钛从 hcp 转化为 bcc：

$$\mathrm{Ti(hcp)} \xrightarrow{883℃} \mathrm{Ti(bcc)} \tag{7.31}$$

这意味着，在这种情况下配位数发生了变化。能够以一种以上结构存在（同质多晶）在金属中是很常见的。作为普遍规则，具有 fcc 结构的金属（如 Ag、Au、Ni 和 Cu）比具有其他结构的金属更有延展性。具有 hcp 结构的金属（如 W、Mo、V 和 Ti）比较脆，延展性较差，这使它们更难加工成所需的形状和形式。这些性质的不同与金属原子层与层之间相对移动的容易度有关。金属的结构和性质在材料科学领域是很重要的，不过本书中不做详细介绍。

7.9 晶体缺陷

尽管描述了离子和金属的几种类型的晶格，但应该记住没有晶体是完美的。晶体结构中的不规则或者说缺陷有两种常见的类型。第一种类型的缺陷包含晶格中特殊位置的缺陷，它们称为点缺陷。第二种类型的缺陷更普遍，影响晶体中更大的区域。它们是拓展缺陷或者位错。我们首先讨论点缺陷。

一种不能够在固体化合物中全部消除的点缺陷类型是取代离子或杂质缺陷。例如，假如一个大的晶体包括 1mol NaCl，纯度为 99.99%，0.01%的杂质为 KBr。分开来看，K^+和 Br^-都有 0.0001mol，也就是在 1mol NaCl 中，每一种杂质离子都有 6.02×10^{19}个。尽管 NaCl 的纯度级别很高，仍有大量的杂质离子占据了晶格。就算 NaCl 的纯度为 99.9999%，在 1mol 晶体中仍然有 6.02×10^{17}个杂质阳离子和阴离子。换句话说，就是存在取代离子或者杂质缺陷，晶体的每个点上有一些离子不是 Na^+或 Cl^-。由于 K^+比 Na^+大，Br^-比 Cl^-大，晶格就会受到一些张力的影响，更大阳离子和阴离子占据的位置就会变形。这些应变点通常是晶体中的反应部位。

晶体中存在的另一个类似情况不是离子引起的。例如，一块高纯度的金属可能含有 99.9999%的某种金属，但仍然含有 0.0001%的其他金属。在晶格的特殊位置将有其他金属杂质，这将构成缺陷，轻微改变晶格的结构。

一种不同类型的缺陷发生在当晶格位置上没有原子或离子并转移到晶体表面的时候。带相反电荷的一对离子在相对接近的位置同时缺失也是可能的，这允许晶体在该区域是电中性的。缺失离子的缺陷称为肖特基（Schottky）缺陷，如图 7.18 所示。

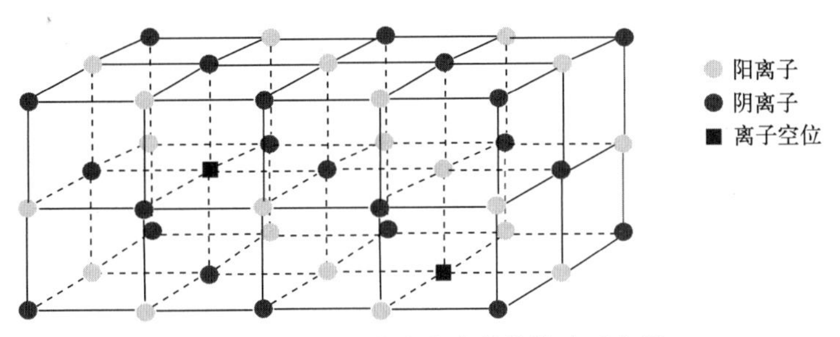

图 7.18 离子晶体中的肖特基缺陷示意图

从晶格位点中移去一个离子或原子，在围绕这个点的原子间留下不平衡的力，因此这种缺陷构成高能位点。在任何给定的温度，当总位点数为 n_1 时，高能位点数为 n_2。事实上，占据的位点数为 $n_1–n_2$，但是在晶格中，空位的数目与总位点数相比很小，因此 n_1 本质上是一个常数。玻耳兹曼分布定律给出了位点数之间的关系：

$$\frac{n_2}{n_1}=e^{-\Delta E/kT} \tag{7.32}$$

其中，ΔE 为占据位点与空位之间的能量差，k 为玻耳兹曼常数，T 为温度。缺陷布居数随着温度的升高而增加。然而，由于形成一个空位的能量在 0.5～1.0eV(50～100kJ・mol^{-1})范围内，空位的布居数就算在高温时也很小。例如，如果形成肖特基缺陷所需的能量为 0.75eV，温度为 750K，肖特基缺陷与总晶格位点的分数 n_2/n_1 为：

$$n_2/n_1=\exp\left[-0.75\text{eV}\times1.60\times10^{-12}\text{erg}\cdot\text{eV}^{-1}/\left(1.38\times10^{-16}\text{erg}\cdot\text{K}^{-1}\times750\text{K}\right)\right]=9.2\times10^{-5}$$

尽管这是很小的分数，但是对于 1mol 晶格位点，肖基特缺陷的总数为 5.6×10^{18}。离子从它的位置移到空位的能力以及创造的新空位是离子能够导电的主要原因。

根据式（7.32），创造一个肖特基缺陷使其布居数比平衡布居数更高是可能的。如果把晶体加热到更高温度，晶格振动会更显著，最终离子开始从它们的晶格位点迁移。如果晶体迅速冷却，离子移动的程度迅速降低，以致从晶格位点移走的离子不能回来。结果是，晶体将比低温时平衡态的布居数具有更多的肖特基缺陷布居数。如果制备 KCl 晶体，会含有一些 $CaCl_2$ 杂质。尽管加入的 Cl^- 能占据阴离子的位置，但在 K^+ 的位置中嵌入一个 Ca^{2+} 往往需要另一个 K^+ 位置空出来，以保持电中性。Ca 和 K 元素的原子量很类似，由于空位的产生，含有 $CaCl_2$ 的 KCl 晶体比每个位置有一个 K^+ 的纯的 KCl 密度更低。

一个有所不同的情况在点缺陷类型中出现，称为弗仑克尔（Frenkel）缺陷。在这种情况下，一个原子或者离子不是在它们通常的位置被找到，而是在节点间隙中被发现，如图 7.19 所示。为了在节点间隙放入一个原子或者离子，它与其他节点粒子的靠近必须是可能的。在卤化银和金属中，当成键中有一些程度的共价性时，这个过程就会得到促进。相应地，弗仑克尔缺陷就是这些类型的固体的主要缺陷。

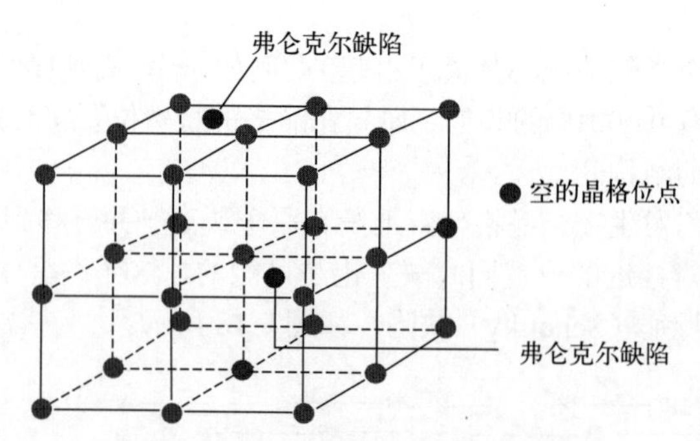

图 7.19　晶体结构中的弗仑克尔缺陷

当有碱金属蒸气通过碱金属卤化物晶体时，碱金属卤化物晶体变成有色的。原因是有一种类型的缺陷导致晶体中形成了光的吸收位点。因为德语颜色的单词为 farbe，所以这种缺陷称为 F 心。这种类型的缺陷是当一个电子占据了通常由阴离子占据的位点时产生的（阴离子“穴”）。这是由下面的反应促使发生的：

$$K(g) \longrightarrow K^+\text{（阳离子位点）}+e^-\text{（阴离子位点）} \tag{7.33}$$

产生的钾离子占据阳离子晶格位点，没有产生阴离子，因此电子占据阴离子的位置。在这种情形中，电子像粒子那样被限制在三维箱中，能够吸收能量跃迁到激发态。有意思的是，吸收带的最大位置对 LiCl 在 4000Å（400nm，3.1eV），但是对 CsCl 约在 6000Å（600nm，2eV）。解释这个现象的一个方法是，对于一个三维箱中的粒子，能级差随着三维箱尺寸变小而增加，这就是 LiCl 的情况。肖特基、弗伦克尔和 F 心缺陷不是仅有的已知点缺陷类型，但它们是最常见和重要的类型。

除了特殊晶格位点发生的点缺陷，还有一些类型的缺陷，称为扩展缺陷，即在整个晶体区域中扩展。三种重要的扩展缺陷为叠层缺陷、刃型位错以及螺型位错。叠层缺陷涉及结构中有额外的或者缺失的原子层。例如，如果原子层表示为 A、B 和 C，在 fcc 结构中通常的层序列为…ABCABCABC…。这类结构的堆积错误可能是…ABCABABC…（缺了 C 层）或者…ABCBABCABC…（多了 B 层）。叠层缺陷通常在金属中出现，它们中所有的原子都是一样的，但层是不同的。

当原子形成的额外平面或者层部分地延伸进入晶体时，发生刃型位错，使得晶体中该区域的原子受到压缩，但是在额外平面没有延伸进去的区域中则舒展开。这种类型的晶体缺陷如图 7.20（a）所示。它与一个没有延伸到整个晶体的叠层缺陷相当类似。刃型位错的一个结果是，与刃型位错垂直的平面更容易产生滑动和移动。因为在晶体的该区域，原子间的键早已多少被拉伸了。

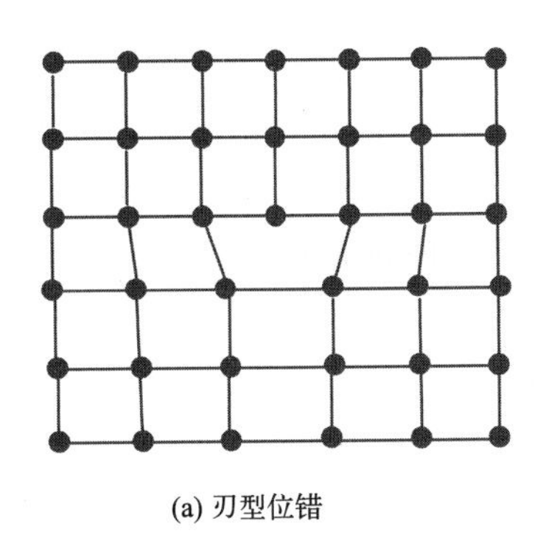

(a) 刃型位错

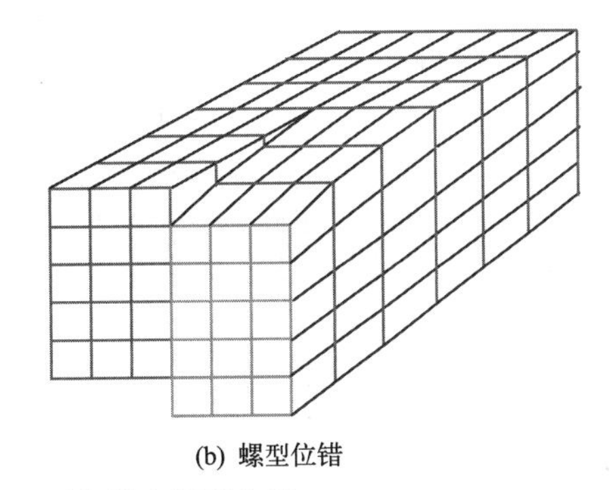

(b) 螺型位错

图 7.20 晶体中的刃型位错和螺型位错

螺型错位如图 7.20（b）所示，当原子平面在晶体的一侧排列，但这些平面不能由晶体另一侧的晶胞扩展得到。假设这本书用这种方法来切割，纸从外边缘到装订线一半的地方切割。然后，转动这样切下来的侧边，使得书的上半部分的第一张纸与下半部分的第二张纸对齐；上半部分的第二张纸与下半部分的第三张纸对齐；上半部分的第 n 张纸与下半部分的第 n+1 张纸对齐。然而，在装订的那些页面的边缘，页面仍然是对齐的，因为位错仅延伸到整本书（晶体）的一部分。这与晶体中的螺型位错是相似的。

7.10 固体中的相转化

在本章中描述了许多无机固体的结构，同时也指出有些物质能从一种结构转化为另一种结构。事实上，同质多晶在无机化学中是比较常见的。例如，碳以石墨或金刚石以及 C_{60} 等其他形式存在，这将在第 13 章描述。大量的金属可以从一种固体结构转变为另一种。许多化合物（举几个例子，如 KSCN、$NaNO_3$、AgI、SiO_2、NH_4Cl 以及 $NH_4H_2PO_4$）经历结构变化。这种相转变经常通过温度或压力的诱导产生。由于无机化学中固态转化的重要性，这里将简要介绍这一主题。

从几个因素考虑相转化的分类。一种相转化类型称为重建性的相转化，涉及结构单元（原子、分子或离子）的大重排。例如，稠环层状结构的石墨向金刚石的转化，其中在四面体排列中每个碳原子与四个其他碳原子成键，要求结构和键模式发生巨大变化。这是一个重建的相转化，在极端的条件下缓慢发生。石墨和金刚石的热力学稳定性差别不大（$C_{石墨} \rightarrow C_{金刚石}$的$\Delta H$ 只有 2kJ・mol^{-1}），但是这个转化没有低能量的途径。这个过程通常在 1000～2000℃和 105bar[1]下进行。

如果结构转化可以不需要断裂键，而是通过改变结构单元的位置来发生的话，就称为位移性的相转化。由于在成键上经常没有大的变化，位移性相转化通常比重建性相转化在更温和的条件下发生。例如，通过加热到 479°C，CsCl 从 CsCl 结构转化成 NaCl 结构，在 145°C, AgI 从纤锌矿结构转化为 bcc 结构。因为金属原子之间的键发生位移但没有完全断裂，因此金属的许多相转变可以通过在中等温度加热金属来诱发。

对无机化合物已知的数以百计的相转化进行完整的讨论显然超出本书的范围。然而，可以对结构转变做一些一般的考察。从上面讨论的热力学原理来看，显然，当通过升高温度诱导相转化时，相转变导致体积增加和熵增加。在更高温度稳定的相通常更混乱，结构具有更低的配位数。另外，如果相转化是通过增加压力发生的，高压相通常更紧密，比低温相具有更规则的结构。石墨向金刚石的转化在这一点上已经被讨论。当预测伴随相转化的结构变化时，这些普

[1] 1bar=10^5Pa。

遍原理适用于许多情况。

当氯化铯加热到479℃时，从CsCl结构转化为NaCl结构。在这种情况下，如预期的一样，配位数从8变成6。另外，当KCl加压到19.6 kbar时，它从NaCl结构（配位数为6）转化为CsCl结构（配位数为8）。这种类型的行为的大量其他例子能够给出来。涉及金属转化的例子在本章前面内容已经给出。相转化的速率是固态过程动力学的相关参数，这个主题将在第8章中讨论。总体上看，相转化的主题与理解固体无机化学和材料科学有关。

7.11 热容

单原子理想气体的热容（也称比热容）是由分子能够在三个平移自由度吸收能量引起的。每个自由度可以吸收 $R/2$，这导致热容约为 $3R/2$。对于双原子分子组成的气体，还有热量吸收用于改变转动能和振动能。对于双原子分子，只有一个振动自由度，为热容贡献 R。对直线分子，振动自由度的数量为 $3N-5$，对非直线分子，为 $3N-6$，其中，N 为原子数目。

尽管晶体中的晶格粒子不能像气体分子那样通过空间移动，但固体中的晶格振动在非常低的温度开始，在室温下全部活化吸收能量。对于1mol单原子物种（如Ag或Cu），热容为 $3R$，因为对晶格中每个粒子都有三个振动自由度。对非常大量的粒子，为 $3N-6\approx3N$。因此，对于一个金属，热容 C_p 应该约为 $3R$ 或者 $6\text{cal}\cdot\text{mol}^{-1}\cdot℃^{-1}$（$25\text{J}\cdot\text{mol}^{-1}\cdot℃^{-1}$）。摩尔热容就是简单地将比热容乘以原子的摩尔质量：

比热容$(\text{cal}\cdot\text{g}^{-1}\cdot\text{K}^{-1})\times$原子的摩尔质量$(\text{g}\cdot\text{mol}^{-1})=C_p$（$\text{cal}\cdot\text{mol}^{-1}\cdot\text{K}^{-1}$）

比热容×原子的摩尔质量$\approx6\ \text{cal}\cdot\text{mol}^{-1}\cdot℃^{-1}\approx25\text{J}\cdot\text{mol}^{-1}\cdot\text{K}^{-1}$

这个规则在1819年由杜隆（Dulong）和珀替（Petit）阐明，表示金属的比热容乘以原子的摩尔质量是一个常数。如果金属的比热容已知的话，这个关系式提供估计原子摩尔质量的方法。这个规则有多好，通过表7.9的金属摩尔热容就可看出。

表7.9　一些金属在常温下的摩尔热容

金属	C_p/J·mol^{-1}·K^{-1}	金属	C_p/J·mol^{-1}·K^{-1}
Sb	25.1	Bi	25.6
Cd	25.8	Cu	24.5
Au	25.7	Ag	25.8
Sn	25.6	Ni	25.8
Pt	26.5	Pd	26.5

表中的数据表明，杜隆-珀替定律对于金属符合得让人吃惊。对于1mol NaCl，有2mol的粒子，因此热容约为 $12\text{cal}\cdot\text{mol}^{-1}\cdot℃^{-1}$ 或者 $50\text{J}\cdot\text{mol}^{-1}\cdot\text{K}^{-1}$。然而，固体的热容不是一个常数，在较低温度下快速降低，图7.21所示的铜就是这样的。对固体热容的一个更完整的解释由爱恩斯坦提出，概述如下。

对谐振子，根据频率 ν 给出平均能量为：

$$E=\frac{1}{2}h\nu+\frac{\sum_n nh\nu \mathrm{e}^{-nh\nu/kT}}{\sum_n h\nu \mathrm{e}^{-nh\nu/kT}} \tag{7.34}$$

其中，h 为普朗克常数，k 为玻耳兹曼常数。简化得：

$$E=\frac{1}{2}h\nu+\frac{h\nu}{\mathrm{e}^{h\nu/kT}-1} \tag{7.35}$$

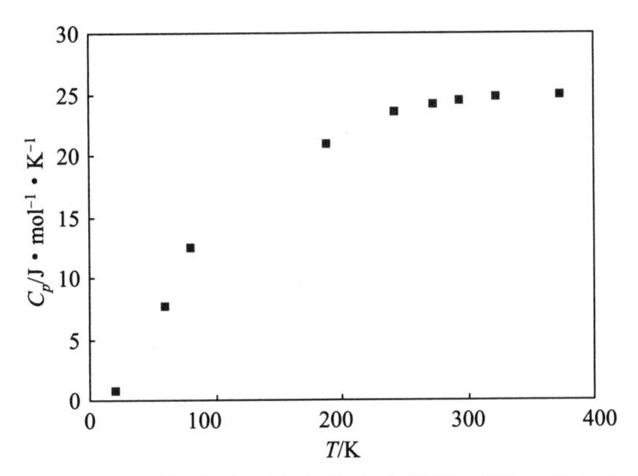

图 7.21　铜的热容与温度的关系（注意热容在低温时随 T 的立方正比例增大，在接近室温时达到杜隆-珀替定律预测的数值）

这可以看成一个特定的原子在一段时间的平均能量或者所有原子在某特定时间的平均能量。考虑两种特殊情形很重要。在低温，$h\nu > kT$，平均能量约为 $h\nu/2$。在高温，$h\nu < kT$，因此 $e^{h\nu/kT}$ 变成约等于 $1 + h\nu/kT$，以致于：

$$E = \frac{1}{2}h\nu + kT \approx kT \tag{7.36}$$

这是经典极限，因为根据 $h\nu$ 表示的能级比振子的平均能量小。

当温度为 $h\nu \approx kT$，上述的极限情况就没有一个可以使用。对许多固体，晶格振动频率的数量级为 10^{13}Hz，以致在 300K 以上热容偏离 $3R$ 的温度。对一些由基本频率的倍数构成的一系列的振动能级，其能量为 0、$h\nu$、$2h\nu$、$3h\nu$ 等。对这些能级，状态的布居数（n_0、n_1、n_2 等）的比例为 $1 : e^{-h\nu/kT} : e^{-2h\nu/kT} : e^{-3h\nu/kT}$ 等。对 N 个原子，因为有三个振动自由度，因此振动状态的总数为 $3N$。因此，从玻耳兹曼定律我们得到：

$$n_1 = n_0 e^{-h\nu/kT},\ n_2 = n_0 e^{-2h\nu/kT},\ n_3 = n_0 e^{-3h\nu/kT} \tag{7.37}$$

因此，晶体的总的热量 Q 可以表示为每个能级布居数乘以该能级能量的加和：

$$Q = n_0\left(h\nu e^{-h\nu/kT} + 2h\nu e^{-2h\nu/kT} + 3h\nu e^{-3h\nu/kT} + \cdots\right) \tag{7.38}$$

原子的总数 N 为布居数的总数：

$$N = n_0 + n_1 + n_2 + n_3 + \cdots \tag{7.39}$$

于是，有：

$$Q = \frac{3Nh\nu}{e^{h\nu/kT} - 1} \tag{7.40}$$

热容为 $\partial Q / \partial T$，因此 C_V 表示为：

$$C_V = \frac{\partial Q}{\partial T} = 3Nk\left(\frac{h\nu}{kT}\right)^2 \frac{e^{h\nu/kT}}{(e^{h\nu/kT} - 1)^2} \tag{7.41}$$

如果我们让 $x = h\nu/kT$，定义 θ，使得 $k\theta = \nu_{max}$，其中，ν_{max} 是最大布居数的频率，总热能可以写为：

$$Q = \frac{9NkT^4}{\theta^3}\int_0^{x_{max}} \frac{x^3}{e^x - 1}dx \tag{7.42}$$

其中，$x_{max} = \theta/T$，$x = h\nu/kT$，θ 也被称为德拜特征温度。热容的表达式变成：

$$C_V = 9R\left(\frac{T}{\theta}\right)^3 \int_0^{x_{max}} \frac{e^x x^4}{\left(e^x - 1\right)^2}dx \tag{7.43}$$

在高温时积分约为$\int x^2 dx$，能量计算结果为$3RT$，因此$C_V=3R$，是杜隆和珀替的经典值。在低温（其中x较大），我们可以估计x约等于∞，因此积分变为$\pi^4/15$。在这种情况下，$C_V=463.9(T/\theta)^3$，可以看到C_V随T^3变化而变化。这与实验中C_V随温度变化而变化的热容曲线陡峭上升的区域相吻合。不同的金属有不同的德拜特征温度值，几种金属的值见表 7.10。

表 7.10　金属的德拜特征温度

金属	θ/K	金属	θ/K
Li	430	Ca	230
Na	160	Pt	225
K	99	Be	980
Au	185	Mg	330
Pb	86	Zn	240
Cr	405	Cd	165

如果我们假定原子振动的完全集合为一个耦合系统，并作为整体而振动，那么只有确定的一些能量是允许的。系统的能量必须通过$h\nu$的倍数的形式来改变，这些振动能量子数包括所有原子的位移。与振动态对应的能量量子称为声子。当温度升高时，原子振动的程度变大，这就是说声子数目增加。固体中的振动产生纵向（压缩）波和横向（垂直）波。在同一相中运动的相邻原子产生所谓的声学模式，而相邻原子在大约 180° 分离的相运动产生光学模式。

在金属中，有些电子的激发态比电离能低。这可以认为是“导带”上的一个电子和空穴相互作用，因而其复合是中性的，但能量不是最低的。这样的激发态称为激子。激子的移动可以是电子-空穴对的扩散，也可以是分子激子向另一个分子的转移。激子回到较低能态可能很慢，因而寿命长于晶格弛豫过程。

7.12　固体的硬度

尽管并不是最常讨论的固体性质之一，但硬度在许多情况下都需要重点考虑，特别是在矿物学领域。本质上，硬度是一个固体抵抗变形和擦伤的能力。它是一个很难准确测量的性质，对一些材料，通常报道的是一个范围的值。由于硬度的这个本质，因此需要一些参照以便比较。经常使用的硬度标度是由奥地利矿物学家莫斯（F. Mohs）在 1824 年发展起来的，因而也被相应地称为莫氏硬度标度。表 7.11 给出标度依据的一些固定点。

表 7.11　莫氏硬度标度的参考材料

矿物	莫氏硬度	修正的数值	矿物	莫氏硬度	修正的数值
滑石粉	1	1.0	正长石	6	6.0
石墨	2	2.0	石英	7	7.0
方解石	3	3.2	黄玉	8	8.2
萤石	4	3.7	刚玉	9	8.9
磷灰石	5	5.2	钻石	10	10.0

莫氏硬度不完全令人满意有几种原因。一个原因是一些矿物在不同的晶体表面有不同的抵抗擦伤和变形的能力。例如，晶状方解石具有高达 0.5 的不同，取决于测试的表面。此外，一些矿物没有固定的组成。例如，磷灰石是所含氯和氟组成量可变的磷酸钙。氟磷灰石为 $Ca_5(PO_4)_3F$，而氯磷灰石为 $Ca_5(PO_4)_3Cl$。自然存在的磷灰石可以写成 $Ca_5(PO_4)_3(F,Cl)$来表明其组成。由于这些困难，一个修改的莫氏硬度被提出来，表 7.11 给出了矿石的参照莫氏硬度的数值。容易看到这些数值没有明显不同。

直觉上，硬度明显与晶体的其他性质相关。作为一般规则，有高硬度值的材料同时也有高的熔点和晶格能。对于离子晶体，硬度也随着离子间距离的下降而增大。这个趋势通过第ⅡA族金属的氧化物和硫化物得到阐明，数据如表 7.12 所示。

表 7.12　第ⅡA 族氧化物和硫化物的硬度

阳离子	氧化物		硫化物	
	r/pm	莫氏硬度	*r*/pm	莫氏硬度
Mg^{2+}	210	6.5	259	4.5
Ca^{2+}	240	4.5	284	4.0
Sr^{2+}	257	3.5	300	3.3
Ba^{2+}	277	3.3	318	3.0

此外，当离子中心之间的距离基本相同时，硬度和离子的高电荷之间有“粗糙”的关联。数据如表 7.13 所示，当考虑几对离子中心的距离大概相同的化合物时，这个关系是明显的。

表 7.13　一些离子晶体的硬度

项目	LiF	MgO	NaF	CaO	LiCl	SrO
r/pm	202	210	231	240	257	257
莫氏硬度	3.3	6.5	3.2	4.5	3.0	3.5
项目	MgS	NaCl	CaS	LiBr	MgS	CuBr
r/pm	259	281	284	275	273	246
莫氏硬度	4.5～5.0	2.5	4.0	2.5	3.5	2.4
项目	ZnSe	GaAs	GeGe			
r/pm	245	244	243			
莫氏硬度	3.4	4.2	6.0			

数据表明，当考虑诸如 LiF 和 MgO 化合物时，即使核间距离类似的时候，物质的硬度也有很大的不同。当然，化合物的熔点和晶格能也有很大的不同。一个类似的情况是比较 NaCl 和 CaS，两者的核间距都约为 280 pm，但是莫氏硬度分别为 2.5 和 4.0。尽管利用这些数据可以对化合物的硬度和一些其他性质进行归纳，但无法从中得到这些性质与结构的定量关系。

过渡金属的硬度有所不同。表 7.14 列出几种金属的硬度和它们的熔点。数据表明，硬度和许多金属的熔点之间有“粗糙”的关联。然而，必须记住硬度标度不是高度准确的（在一些情况中有效数字只有一位），因此不可能发展一个好的定量的关系。尽管有局限，但对无机材料的硬度有一般的理解以及知道该性质与其他性质如何关联是值得的。

表 7.14 一些金属的硬度和熔点

金属	莫氏硬度	熔点/K	金属	莫氏硬度	熔点/K
镉	2.0	594	钯	4.8	1825
锌	2.5	693	铂	4.3	2045
银	2.5～4.0	1235	钌	6.5	2583
锰	5.0	1518	铱	6.0～6.5	2683
铁	4.0～5.0	1808	锇	7.0	3325

本章概述了固体的结构和性质。固态化学为科学的一个重要领域，尽管不完全是，但大部分是与无机物质有关的。要了解该重要领域的更多信息，可以阅读本章末尾的参考资料。

拓展学习的参考文献

Anderson, J.C., Leaver, K.D., Alexander, J.M., Rawlings, R.D., 1974. Materials Science, 2nd ed. Wiley, New York. This book presents a great deal of information on characteristics of solids that is relevant to solid state chemistry.

Borg, R.J., Dienes, G.J., 1992. The Physical Chemistry of Solids. Academic Press, San Diego, CA. A good coverage of topics in solidstate science.

Burdett, J.E., 1995. Chemical Bonding in Solids. Oxford University Press, New York. A higher level book on the chemistry and physics of solids.

Douglas, B., McDaniel, D., Alexander, J., 1994. Concepts and Models of Inorganic Chemistry, 3rd ed. John Wiley, New York. Chapters 5 and 6 give a good introduction to solid state chemistry.

Gillespie, R.R., 1998. A discussion of the properties of fluorides in terms of bonding. J. Chem. Educ. 75, 923.

Julg, A., 1978. Crystals as Giant Molecules. Springer Verlag, Berlin. This is Volume 9 in a lecture note series. It presents a wealth of information and novel ways of interpreting properties of solids.

Ladd, M.F.C., 1979. Structure and Bonding in Solid State Chemistry. John Wiley, New York. An excellent book on solid state chemistry.

Pauling, L., 1960. The Nature of the Chemical Bond, 3rd ed. Cornell University Press, Ithaca, New York. A classic book that presents a good description of crystal structures and bonding in solids.

Raghavan, V., Cohen, M., 1975. Solid-state phase transformations, chapter 2. In: Hannay, N.B. (Ed.), Treatise on Solid State Chemistry.Changes in State, vol. 5. Plenum Press, New York. A mathematical treatment of the subject including a good treatment of the kinetics of phase transitions.

Rao, C.N.R., 1984. Acc. Chem. Res. 17, 83e89. This review, Phase Transitions and the Chemistry of Solids, presents a general overview of phase transitions.

Rao, C.N.R., Rao, K.J., 1967. Phase transformations in solids, chapter 4. In: Reiss, H. (Ed.), Progress in Solid State Chemistry, vol. 4.Pergamon Press, New York. A good introduction to the topic of phase transitions by two of the eminent workers in the field.

Smart, L., Moore, E., 2012. Solid State Chemistry, 4th ed. CRC Press, Boca Raton, FL. An introductory book on solid state chemistry.

West, A.R., 1984. Solid State Chemistry and its Applications. Wiley, New York. One of the best introductory books on solid state chemistry. Chapter 12 in this book is devoted to a discussion of phase transitions.

习题

1. 考虑 2 个 Na^+Cl^-以离子对以头对尾或者反平行的结构排列，离子中心之间的距离为 281pm，计算排列的能量。

2. （a）解释 Li^+的水合数约为 5 而 Mg^{2+}的水合数几乎是它的两倍的原因。

（b）解释 Mg^{2+}的水合数约为 10 而 Ca^{2+}的水合数约为 7 的原因。

3. 利用卡普斯钦斯基方程确定以下晶体的晶格能：

RbCl，NaI，$MgCl_2$，LiF

4. 使用你得到的第 3 题的答案以及表 7.7 的数据，计算这些化合物的溶解焓。

5. $RbCaF_3$ 具有钙钛矿型结构，Ca 在晶胞的中心。每个 Ca—F 键的静电键特征为多少？每个 Ca^{2+}周围应该围绕多少个氟离子？每个 Rb—F 键的静电键特征为多少？每个 Rb^+周围应该围绕多少个氟离子？

6. 镍晶体具有立方密堆积结构，边长为 352.4nm。利用这些信息，计算镍的密度。

7. 在 PdO 中，每个 Pd 被四个氧原子包围，但是不存在平面层。解释与预期的不同的原因。

8. 氟化钾（KF）以氯化钠晶格类型结晶。晶胞的边长（有时称为晶胞参数）为 267pm。

（a）计算 1mol KF 存在的吸引力。

（b）使用卡普斯钦斯基方程，计算 KF 的晶格能。K^+和 F^-的半径分别为 138pm 和 133pm。

（c）计算时为什么（a）和（b）得到的数值不同?

（d）利用从（a）和（b）得到的数值，估算博恩-兰德方程中合适的 n 值。

9. H—H 的键能为 $435kJ \cdot mol^{-1}$，Li 的升华热为 $160kJ \cdot mol^{-1}$，电离能为 $518kJ \cdot mol^{-1}$。Li 的生成热为 $-90.4kJ \cdot mol^{-1}$，晶格能为 $916kJ \cdot mol^{-1}$。利用这些信息以及合适的热力学循环计算 H 的电子亲和能。

10. $PdCl_2$ 的结构涉及直线链，如下所示：

```
\    Cl  \    Cl  \    Cl  \  /
  Pd       Pd       Pd       Pd
/    Cl  /    Cl  /    Cl  /  \
```

考虑这个结构是离子性的，解释链之间没有强的吸引力的原因。

11. 利用半径比预测以下物种的晶体类型。

K_2S，NH_4Br，CoF_2，TiF_2，FeO

12. $KBrO_3$ 在水中的溶解度（S）随温度的变化如下：

温度/℃	10	20	30	50	60
S/g • $(100g)^{-1}$	4.8	6.9	9.5	17.5	22.7

利用这些数据确定 $KBrO_3$ 在水中的溶解焓。

13. Na_2O（具有反萤石结构）晶胞的边长为 555 pm。对于 Na_2O，确定：

（a）钠离子之间的距离。

（b）钠离子与阳离子之间的距离。

（c）阳离子之间的距离。

（d）Na_2O 的密度。

14. 假设在 NaCl 晶体中存在氯离子之间的接触，氯离子与钠离子之间也接触。确定 NaCl 晶体中自由空间的百分比。

15. 尽管 CaF_2 具有萤石结构，但 MgF_2 具有金红石结构。解释这种差别。

16. 从镁原子上移走两个电子是高吸热反应，就像在氧原子上加上两个电子一样。尽管如此，MgO 很容易从单质获得。写出生成 MgO 的热力学循环，从涉及的能量的角度解释这个过程。

17. 溶液中阳离子的有效半径约比晶体中的半径大 75pm。75pm 约是水的半径。已知离子的水合热与 Z^2/r_0 成直线关系，r_0 是有效离子半径，Z 为离子的电荷。借助表 7.4 所示的离子半径数据以及表 7.7 所示的水合热，检验这个关系的有效性。

18. 某金属具有 fcc 结构，边长为 3.75×10^{-8} cm。如果金属的密度为 7.71 g • cm^{-3}，金属的原子量为多少？

第 8 章 无机固体中的动力学过程

尽管气相和溶液中的反应能更好地从分子水平上去理解，但固态中的反应非常普遍和有用。由于许多无机化合物是固体，因此固体科学属于无机化学范畴。然而，固态中的反应可能包含了气相和溶液反应所没有的几个因素。无机固体中的一些反应有经济重要性，其他很多反应揭示了关于无机材料行为的大量信息。在无机化学介绍中，固态中的反应研究往往关注得很少，但人们对许多过程已经有大量的了解。本章将介绍固态中反应的一些基本观念，讨论这个无机化学领域中的一些研究方法。

8.1 固态反应的特点

诱导固态反应有几种方法。热、电磁辐射、压力、超声波或者其他形式的能量都可能诱导固体中物质的转化。几个世纪以来，人们习惯将固体材料加热，以确定它们的热稳定性，研究它们的物理性质，或者将它们从一种材料转化为其他材料。一个用于生产石灰的重要的商业化反应为：

$$CaCO_3(s) \xrightarrow{\triangle} CaO(s) + CO_2(g) \tag{8.1}$$

固态中的反应经常与溶液中发生的反应有很大的不同。由于许多固态中的反应涉及无机材料，在本章中，关于这个重要主题，我们将介绍一些在无机化学领域有应用价值的固态反应原理。重点将在于展示几种反应类型，但并不试图全面展示数以百计的固态中发生的反应。尽管有些反应涉及两种固相的反应，但我们的讨论主要是一种组分的。这种类型的大量反应包括固体分解产生不同的固体以及挥发性产物等，如式（8.1）所示。

溶液中的反应速率通常表示为以反应物浓度为变量的数学函数，即速率方程。对固态中的反应，这不可行，因为任何均匀密度的粒子每单位体积都有相同的物质的量。因此必须选择一个不同的反应变量，最常用的是反应完成的分数α。在反应开始，α=0；在反应完成时，α=1（如果反应彻底的话，但并不总是这样）。剩余的反应物分数为 1−α，因此，速率方程通常根据反应完成分数写出。固态中反应的速率方程经常通过样品的几何结构、活性位点的形成、扩散或者其他因素确定。结果是，很多固态中反应相关的速率方程是基于这些的浓度得到的。在大部分情况下，无法利用通常的关于键断裂和键生成的观念去解释速率方程。而且，尽管反应的速率常数根据阿伦尼乌斯方程而变化，但计算得到的“活化能”可能适用于诸如扩散这样的过程，而不适用于“分子”（固态中常常不存在）的变化。过渡态可能是离子通过晶体势能场产生的运动，而不是拉伸或者弯曲了键的分子。

为了检测速率方程，α必须使用合适的实验技术确定为时间的函数。如果反应涉及挥发性产物的失去，如式（8.1）所示，反应的程度可以通过持续的或者特殊时间点测定样品的质量来确定质量损失。其他技术应用于不同类型的反应，当在不同反应时间确定 α之后，首先做出 α对时间的图表，然后再根据速率方程分析数据。就像即将看到的那样，人们经常通过 α对时间的曲线的一般形式，排除一些速率方程。

图 8.1 给出了三个假设的固态反应的 α对时间的变化曲线，它们应用于产生气体产物的特殊情况。对于一些固态反应物，气体可能在反应之前就吸附在固体中，在反应开始时才快速失去。当检查 α对时间的变化曲线时，就可以看到一个初始的变化，这可能是由于失去吸附在固体中的挥发性物质引起的（图 8.1，曲线Ⅰ中区域 A）。吸附气体的失去看起来像表示反应（曲线Ⅰ）发生，失去了气体产物一样，因此图中出现了一个对横坐标的初始的偏离。这个初始的响应不是化学反应的一部分。这种条件相当不常见，但在一般情况下，假设它可以出现。如果没有失去挥发物，但有一个诱导期（曲线Ⅱ），α值将更快速地增加，如曲线Ⅰ和Ⅱ的区域 B 所示。在这些区域中，反应速率增加（通常是非线性方式），这称为加速期。在区域 C（曲线Ⅰ、Ⅱ、Ⅲ），反应速率最大，在那之后，速率降低（减速或者衰减过程，区域 D），当反应完成或者达到平衡时接近 0。曲线Ⅲ表示的反应没有加速过程，它以最大速率开始反应。必须强调固态中大部分的反应并没有出现所有的这些特征，许多反应只需用曲线Ⅲ表示，并没有诸如气体快速失去或者诱导期之类的复杂特征。

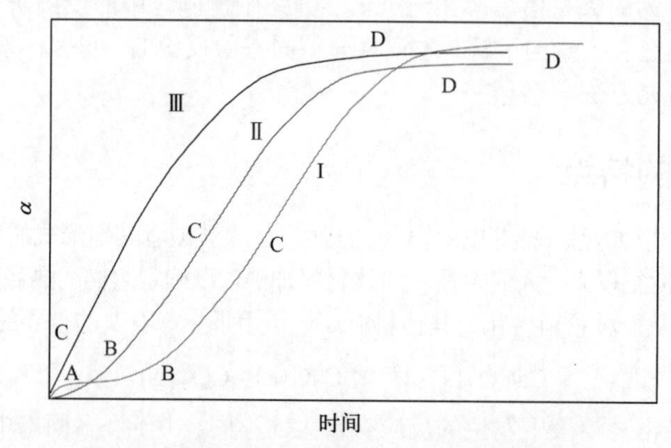

图 8.1　一个假想的固态反应中 α随时间的变化

Ⅰ—气体的释放（A）之后紧接着一个诱导期（B）直到达到最大速率；Ⅱ—反应在达到最大速率之前出现诱导期（B）；Ⅲ—反应一开始就处于最大的速率

对许多反应，反应开始时速率最大（t=0 时反应物的量最多）。作为固态反应，经常是以聚集的表层材料作为表面。高温时，结构单元（原子或离子）的移动性增大，导致表面变圆。这个过程，称为烧结，可以导致孔洞闭合，使单个颗粒聚结。结果是，挥发性产物可能难以从反应固体中释放。这种气体产物通过吸收或者吸附被束缚的情形称为滞留。由于滞留，不能使所有的气态产物逸出，反应可能无法彻底完成。

虽然大部分的固态反应没有出现图 8.1 曲线Ⅰ所展示的所有特征，但经常发生的情形是没有一个单一的速率方程可以关联整个反应过程。拟合诱导区域的数据、速率最大的区域以及减速(衰减)区域都需要不同的方程。应该记住，看图表比单独看数字数据更能明显看到反应的微妙特征。

除了以上所述的因素，其他因素在一些特殊的反应中也很重要。如果一个反应发生在固体表面，降低颗粒尺寸（通过研磨、铣削或振动）将导致表面积增加。一个固体样品通过这种方式处理之后，反应可能比没有处理的样品进行得更快，但在一些情况中，改变颗粒尺寸也不能改变速率。这个发现对于 $CaC_2O_4 \cdot H_2O$ 的脱水确实是这样，在一个宽的 α值范围内，反应与颗粒尺寸无关。

在第 6 章中，我们讲过怎样通过加热让固体产生缺陷。另外，缺陷也可以通过加热晶体再通过退火过程缓慢冷却的方法移除，也就是允许缺陷通过颗粒重排的方式移除。缺陷代表高能位点，也就是反应开始的地方。增加缺陷的浓度通常将增加固态反应的速率。这些发现表明，特殊样品的反应活性可能依赖于样品的前处理。

8.2 固态反应中的动力学模型

固态反应的动力学模型与溶液和气相中的明显不同。因此，简要地描述一些用于无机固体反应的动力学模型是合适的。

8.2.1 一级反应

就如本章前面讨论的，反应级数的概念只用于由分子组成的晶体。然而，多数情况下，反应速率与材料的量成正比。接下来讲述怎样通过简单的方法获得这种速率方程。如果材料在任何时间 t 的量表示为 W，以 W_o 表示初始材料的量，在任何时间，反应的材料的量等于 W_o-W。在一级反应中，速率与材料的量成正比。因此，反应速率表示为：

$$-\frac{dW}{dt}=kW \tag{8.2}$$

积分后，反应物在 t=0 时为 W_o，在 t 时为 W，结果为：

$$\ln\frac{W_o}{W}=kt \tag{8.3}$$

我们需要把速率方程转化为含有 α及反应分数的方程，这需要用到以下关系式：

$$\alpha=\frac{W_o-W}{W_o}=1-\frac{W}{W_o} \tag{8.4}$$

因此，$1-\alpha=W/W_o$，代入式（8.3），得到：

$$-\ln(1-\alpha)=kt \tag{8.5}$$

如果反应的分数为 α，$1-\alpha$就是没有反应的样品量，我们看到，将$-\ln(1-\alpha)$对时间 t 作图，可以得到直线的斜率为 k。不奇怪的是，已知的许多反应在一些区域中的速率方程为一级反应，但在之后的反应状态中，反应是扩散控制的。

8.2.2 抛物线速率方程

气体或液体与固体表面的反应是无机化学中更常见的过程。在固体表面形成一层产物可能阻止其他反应物接触固体。依据产物层如何影响反应物的移动可以存在几种类型的行为，但在此，我们假定速率与产物层的厚度成反比。当反应定律根据产物的厚度 x 写出的时候，结果为：

$$速率=\frac{dx}{dt} \tag{8.6}$$

由于 x 增大，速率下降，速率与 $1/x$ 成正比：

$$\frac{dx}{dt}=k\frac{1}{x} \tag{8.7}$$

重排得到：

$$x\,dx=k\,dt \tag{8.8}$$

t=0 时，x=0，某时刻 t 时层的厚度为 x，在这个局限范围间积分，得到：

$$\frac{x^2}{2}=kt \tag{8.9}$$

由于这种形式的速率方程是一个二次方程，这个速率方程就称为抛物线速率方程。用这个方程解出产物的厚度，我们得到：

$$x=(2kt)^{1/2} \tag{8.10}$$

这就是适用于产物层自然形成防护时的速率方程。

如果产物层没有防护性，移动的反应物进入固体表面。在这种情况下，容易证明速率方程可以表示为：

$$x=kt \tag{8.11}$$

在另一种类型的反应中，移动的反应物的渗透性随 $1/x^2$ 变化而变化，产生所谓的立方速率方程，形式为：

$$x=(3kt)^{1/3} \tag{8.12}$$

就像之后描述的那样，在腐蚀过程中涉及金属氧化的常见和重要的反应类型有时符合这种形式的速率方程。

8.2.3 收缩体积速率方程

下面要描述的速率方程可以表现固体反应的一些特殊性。假设球形的固体粒子只在表面发生反应，这个速率方程可以用来模拟固体粒子在气溶胶中的收缩，以及其他发生在固体粒子表面的反应。

在这个模型中，反应速率通过表面积 $S=4\pi r^2$ 确定，但是反应物的量用体积 $V=4\pi r^3/3$ 确定。反应的固体的量为 $-\mathrm{d}V/\mathrm{d}t$，通过表面积确定。速率方程可以写成：

$$-\frac{\mathrm{d}V}{\mathrm{d}t}=kS=k\left(4\pi r^2\right) \tag{8.13}$$

从体积的表达式，我们可以解出 r^2 为 $(3V/4\pi)^{2/3}$，替换式（8.13）中的 r^2，得到：

$$-\frac{\mathrm{d}V}{\mathrm{d}t}=k\left(4\pi\right)\left(\frac{3V}{4\pi}\right)^{2/3}=k\left(4\pi\right)\left(\frac{3}{4\pi}\right)^{2/3}V^{2/3}=k'V^{2/3} \tag{8.14}$$

其中，$k'=k(4\pi)(3/4\pi)^{2/3}$，因此得到：

$$-\frac{\mathrm{d}V}{\mathrm{d}t}=k'V^{2/3} \tag{8.15}$$

这种类型的过程称为“三分之二”级反应，然而这种称呼并不合适，因为它不是一个“级”类型的反应。积分之后，速率方程变成：

$$V_0^{1/3}-V^{1/3}=\frac{k't}{3} \tag{8.16}$$

为了获得包含 α 的速率方程，我们记住反应了的颗粒的分数为体积的改变除以原始体积，即 $\alpha=(V_0-V)/V_0$。重排得出 $\alpha=1-(V/V_0)$，$V/V_0=1-\alpha$ 为剩下的分数。

式（8.16）两边除以 $V_0^{1/3}$，得到：

$$\frac{V_0^{1/3}-V^{1/3}}{V_0^{1/3}}=1-\frac{V^{1/3}}{V_0^{1/3}}=\frac{k't}{3V_0^{1/3}} \tag{8.17}$$

把上述的 $1-\alpha$ 代入表达式，得到：

$$1-(1-\alpha)^{1/3}=\frac{k't}{3V_0^{1/3}} \tag{8.18}$$

这个方程也可以写成：

$$1-(1-\alpha)^{1/3}=k''t \tag{8.19}$$

其中，$k''=k'/3V_0^{1/3}$。k'' 为表观速率常数，和样品的几何结构有关系，但与通常的过渡态布居数没有关联。如果一个反应假定在立方体固体表面发生，除了表观速率方程考虑其他的几何因子之外，速率方程结果与上述是一样的。尽管没有出现偏离，但如果一个反应涉及面积减小，速率方程将包含$(1-\alpha)^{1/2}$。

就如式（8.15）所示，这个反应是“三分之二”级，但它没有涉及反应分子数的概念。由于反应开始时表面积最大，因此那时的速率最大，之后开始下降。这种类型的速率方程称为减速速率方程。就如将介绍的，有几种速率方程出现这个特征。

8.2.4 成核过程的速率方程

固体在整个样品中通常不具有相同的反应活性。许多固体中的反应从一个活性位点开始，再从该点向外发展。例如，当一个固体发生相转化，这个改变通常从一个可能涉及点缺陷的活性位点开始。当固体从这样的活性位点向外改变结构时，它可能符合这里考虑的速率方程。由于许多固体中的反应类型以及结晶从活性位点出发，因此这种类型的速率方程是经常发生的。显微镜检验和其他技术已被用于跟踪从核开始的反应的传播过程。

固体反应开始传播的活性位点称为核。已经知道核可能在一维、二维或者三维上生长，每种情况导致不同形式的速率方程。如果核在固体内（或者可能在表面）随意的位点上形成，速率方程称为随机成核速率方程，具有这样的形式：

$$[-\ln(1-\alpha)]^{1/n}=kt \tag{8.20}$$

其中，n 为反应指数。显然，“级”的概念在这些情况中不适用。这个速率方程称为阿夫拉米-埃罗费夫（Avrami-Erofeev）速率方程，它一开始就假定反应从核子开始传播并给出了 n 值，为 1.5、2、3 或者 4。相应地，这些速率方程分别被称为 A1.5、A2、A3 以及 A4。尽管这里不做证明，但是 n=1.5 的情况对应于扩散控制的过程。阿夫拉米-埃罗费夫速率方程（有时简单地称为阿夫拉米速率方程）的推导多少有点烦琐，有兴趣的读者可以查阅本章末尾的参考文献（特别是 Young, 1966）。

测试 α对 t 的数据时，目的就是确定合适的 n 值，然后速率常数就能计算出来。知道了几个温度下的速率常数之后，就可以确定活化能。对式（8.20）两边取对数，得到：

$$\frac{1}{n}\ln\left[-\ln\left(1-\alpha\right)\right]=\ln\left(kt\right)=\ln k+\ln t \tag{8.21}$$

这个方程表明，如果 n 值合适，将 $\ln[-\ln(1-\alpha)]$对 $\ln(t)$作图，应得到直线，斜率为 n，截距为 $n[\ln(k)]$。对于一系列的α和 t 数据，可以使用不同的 n 值作为试探值，看哪个值能得到直线。由于数值的特性，通常最好是用式（8.20）作图，通过画出$[\ln(1/(1-\alpha))]^{1/n}$与时间的关系图，测试 n 值。通过计算机用一些数据分析程序进行计算时，数值 n 允许在 1～4 变化。n 通过增加数量进行变化，并反复地进行线性回归，直到获得最高的满足精确度的相关系数。尽管这种过程将为阿夫拉米速率方程找到一个最符合数据的 n 值，但 n 值可能为 2.38 或 1.87，没有任何化学意义或者解释。

对固体反应的数据分析方法多少与那些用于其他类型动力学研究的有些不同。因此，对阿夫拉米类型的速率方程的数据分析将通过数值来阐明。使用的数据如表 8.1 所示，它们包含α和 t，从假定 A2 速率方程中计算得到 k=0.020min^{-1}。

利用表 8.1 所示的数据制作图 8.2。这个关系呈现了 S 形的轮廓，这是自催化或者成核过程的特征。尽管没有给出图，但用这些数据，将$[-\ln(1-\alpha)]^{1/2}$对时间作图可以得到预期的直线。当使用不同的 n 值，将$[-\ln(1-\alpha)]^{1/n}$函数对时间作图时，只有“正确的”数值才可以作出直线。如果试探值的 n 比正确值大，会得到一个凹下的曲线，而如果试探值的 n 比正确值小，那么就会得到凸起的曲线。当分析一个固体反应的数据时，如果将α对时间作图得到 S 形的曲线，那么通常是一个好的指示，表明反应受成核过程控制。

表 8.1　阿夫拉米-埃罗费夫速率方程相符反应的 α 值随时间的变化（n=2，k=0.020min^{-1}）

时间/min	α	时间/min	α	时间/min	α
0	0.000	35	0.387	70	0.859
5	0.010	40	0.473	75	0.895
10	0.039	45	0.555	80	0.923
15	0.086	50	0.632	85	0.944
20	0.148	55	0.702	90	0.960
25	0.221	60	0.763	95	0.973
30	0.302	65	0.815	100	0.982

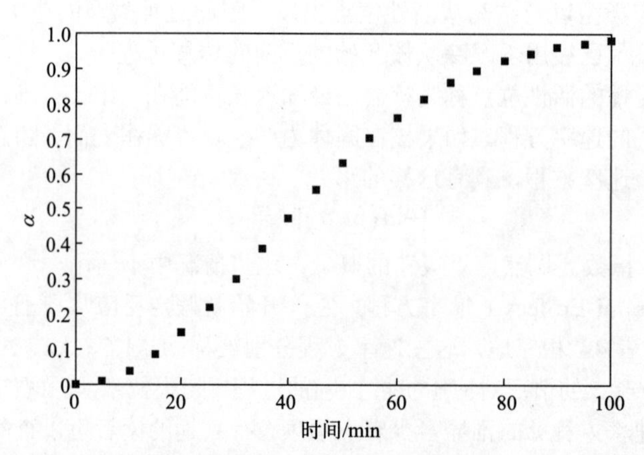

图 8.2　对 n=2、k=0.020 min^{-1} 的阿夫拉米速率方程作出的 α与时间的关系图

大量的无机化合物以水合物的形式结晶。一个最熟悉的例子是五水合硫酸铜，即 $CuSO_4 \cdot 5H_2O$。如同大部分的水合物一样，当加热这个材料时，它失去水，但由于 H_2O 分子用不同的方式成键，因此有一些比其他的更容易失去。因此，当加热固体时，首先观察到的反应为：

$$CuSO_4 \cdot 5H_2O(s) \longrightarrow CuSO_4 \cdot 3H_2O(s) + 2H_2O(g) \tag{8.22}$$

$$CuSO_4 \cdot 3H_2O(s) \longrightarrow CuSO_4 \cdot H_2O(s) + 2H_2O(g) \tag{8.23}$$

当加热到 47～63℃的范围时，第一个反应首先发生，第二个反应在 70.5～86℃的范围发生。当分析数据确定这个过程的速率方程时，发现两者都符合阿夫拉米速率方程，反应在 α=0.1 到 α=0.9 的范围内指标为 2 (Ng et al., 1978)。另一个大部分数据符合阿夫拉米速率方程的反应为：

$$\left[Co(NH_3)_5 H_2O\right]Cl_3(s) \xrightarrow{\triangle} \left[Co(NH_3)_5 Cl\right]Cl_2(s) + H_2O(g) \tag{8.24}$$

对这个反应，最佳的拟合给出 A1.5 速率方程：

$$1-(1-\alpha)^{2/3} = kt \tag{8.25}$$

一个固体配合物的有趣反应是：

$$K_4\left[Ni(NO_2)_6\right] \cdot xH_2O(s) \longrightarrow K_4\left[Ni(NO_2)_4(ONO)_2\right](s) + xH_2O(g) \tag{8.26}$$

其中，发生了脱水和两个亚硝酸盐配体的连接两个过程。对于这个反应，阿夫拉米速率方程提供了动力学数据的最好拟合，但就像经常发生的情况那样，数据的不精确使得无法非常明确地区分 A1.5 和 A2 (House and Bunting, 1975)。这里的讨论是为了说明固体中许多类型的反应符合阿夫拉米速率方程。

上面描述的动力学模型只是少量地用于表示固体反应的模型。此外，有时观察到反应在早期阶段符合一种速率方程，而在后面的阶段可能应用其他的速率方程。应用于固体反应的许多速率方程与研究气体和溶液中反应碰到的很不同，最常用类型的速率方程总结在表 8.2 中。尽管表 8.2 所示的速率方程没有包含所有的固态反应的类型，但它们可以应用于绝大部分情况。

表 8.2 固态反应的一些常见的速率方程

	反应类型	$f(\alpha)=kt$ 的数学形式
基于反应级数的减速型 α-t 曲线		
F1	一级	$-\ln(1-\alpha)$
F2	二级	$1/(1-\alpha)$
F3	三级	$[1/(1-\alpha)]^2$
基于几何模型的减速型 α-t 曲线		
R1	一维压缩	$1-(1-\alpha)^{2/3}$
R2	压缩面积	$1-(1-\alpha)^{1/2}$
R3	压缩体积	$1-(1-\alpha)^{1/3}$
基于扩散的减速型 α-t 曲线		
D1	一维扩散	α^2
D2	二维扩散	$(1-\alpha)\ln(1-\alpha)+\alpha$
D3	三维扩散	$[1-(1-\alpha)^{1/3}]^2$
D4	Ginstling-Brounshtein	$[1-(2\alpha/3)]-(1-\alpha)^{2/3}$
S 型 α-t 曲线		
A1.5	阿夫拉米-埃罗费夫一维核生长	$[-\ln(1-\alpha)]^{2/3}$
A2	阿夫拉米-埃罗费夫二维核生长	$[-\ln(1-\alpha)]^{1/2}$
A3	阿夫拉米-埃罗费夫三维核生长	$[-\ln(1-\alpha)]^{1/3}$
A4	阿夫拉米-埃罗费夫	$[-\ln(1-\alpha)]^{1/4}$
B1	Prout-Tompkins	$\ln[\alpha/(1-\alpha)]$
加速型 α-t 曲线		
	幂次定律	$\alpha^{1/2}$
	指数定律	$\ln\alpha$

用动力学模型对反应完成分数作为时间的函数的数据进行拟合，通常伴随着一些困难。对于一些反应，不可能确定高准确度的 α值，检查表 8.2 中所示的速率方程，发现有一些之间差别并不大。数据的一些细微误差会模糊了速率方程模拟反应的好坏程度的细微差异。例如，对作为时间的函数的 α的一系列数据，因为 A2 和 A3 在数学形式上只有微小的差别，可能它们给出了同样好的拟合结果。在大部分情况下，一个反应不可能跟踪超过几个半衰期，因为如果这样做的话，很有可能反应的早期和后期不能正确地用同一个速率方程模拟。为了降低确定正确速率方程的难度，可以重复几轮动力学实验，数据如上述所描述的进行分析。在大部分情况下，从大多数轮得到的数据可以确定拟合得最好的那个速率方程。固态反应的动力学研究方式比气相和溶液研究更难。

一般来说，对 α和 t 数据拟合最好的函数（如最高的校正系数所表示的）被假定为“正确的”速率方程。然而，如果做了几轮实验，会经常发现不是所有的数据组对同一个速率方程都能给出最好的拟合。

8.2.5 两个固体间的反应

尽管不是特别常见，但有大量的两个固体间发生反应的情况。这经常要通过加热混合固体或者用其他方式提供能量诱使反应发生。人们也发现，当两个固体悬浮在惰性液体中，通过超声波能促使它们反应。在某种程度上，超声波的影响类似于热和压力的瞬间使用，因为粒子随着空穴作用的发生被驱动结合在一起。超声波引起空穴作用，当空穴内爆时，由于可能达到几千个大气压的内压力的作用，悬浮的颗粒被迫剧烈地聚集（见第 6 章）。当发生这种情况时，颗粒间可能发生反应，这种类型的过程的一个例子是：

$$CdI_2 + Na_2S \xrightarrow[\text{十二烷}]{\text{超声波}} CdS + 2NaI \tag{8.27}$$

尽管我们展示了固体反应的几种动力学模型，但没有一种特别适用于两个固体间的反应。有一个用于模拟粉末反应的速率方程称为扬德尔（Jander）方程：

$$\left[1-\left(\frac{100-y}{100}\right)^{1/3}\right]^2 = kt \tag{8.28}$$

其中，y 为反应完成的百分数。方程也可以写为：

$$\left[1-\left(1-\frac{y}{100}\right)^{1/3}\right]^2 = kt \tag{8.29}$$

当 y 为反应完成的百分数时，$y/100$ 为反应分数，等于 α，方程可以写为：

$$\left[1-(1-\alpha)^{1/3}\right]^2 = kt \tag{8.30}$$

这个方程与三维扩散方程（表 8.2）的形式一样。扬德尔方程可以很好地模拟式（8.27）所示的过程。两个固体间的反应从离子的表面开始，向里面继续进行。对于结构中没有各向异性的固体，扩散在所有的方向都应该平等地发生，因此，三维扩散模型看起来应该是合适的。

8.3 热分析方法

从以上对固体反应的讨论中可以清楚地看到，在多数情况下，在动力学反应研究中确定物种的浓度是不实际的。事实上，当样品反应没有分离的必要甚至可能的时候，有必要用连续的方式进行分析。当温度升高时，测量反应过程的实验方法有特别的价值。两种这样的分析技术为热重分析（TGA）和差示扫描量热法（DSC）。这些技术广泛用于固体表征、确定热稳定性、研究相转化等。由于它们在研究固体时很通用，因此将简要地描述这些技术。

热分析方法包括一系列的技术，通过在不同的温度或者持续升温时来确定性质。测试的性质可能包括样品的质量（TGA）、样品的热量（DSC）、样品的磁性或者其他性质，如维数改变等。这些类型的测试给出样品经历的变化的信息，如果跟踪某个变化一段时间，就可能得到转化的动力学信息。

加热时，许多固体会放出气体。例如，大多数碳酸盐加热时释放出二氧化碳。由于有质量变化，就可能通过跟踪样品的质量确定反应的程度。TGA 技术涉及在一个熔炉包围的平底锅中加热样品。样品锅悬挂在一个微量天平上，因此当温度升高时质量可以得到持续的监测（经常为时间的线性函数）。记录过程提供了一个表示质量与温度关系的函数图。根据质量损失的数据，通常可能建立反应的计量学。由于反应的程度可以被跟踪，就能够对数据进行动力学分析。由于质量能合适地被测定，TGA 在研究有蒸气产生的反应过程中很有用。另一种形式的热分析，即热膨胀法，是跟踪当温度改变时样品的体积。如果样品经历相转化，材料的密度经常发生改变，体积也就发生变化。其他性质，如温度变化时样品在磁场中的行为也可以被研究。

差示扫描量热法涉及使用精细的电子电路比较当它们加热时保持样品和参考物维持相同温度的热流量。如果样品经历吸热的转化，那么它比没有反应时需要吸收更多的热，才能维持温度的恒速上升。相反地，如果样品经历一个放热的转化，需要更少的热量就可以保持温度持续上升。这些情况记录下来，就分别出现了一个吸热或者放热方向的峰。峰下面的面积与吸收或放出的热量成正比，因此如果得到标准峰，就可以通过峰面积确定转化的ΔH。在几个不同温度下加热，比较峰下面的面积与反应完成对应的面积，就可以获得反应完成的分数。知道了反应程度与时间或者温度之间的关系，就可以确定转化的速率方程。DSC 可以用于研究没有质量变化而只有吸热和放热转化的过程。因此，它可以用于研究晶体结构的转化以及化学反应。

这里对 TGA 和 DSC 的简要描述是为了表明这种类型的测量是可以做到的。为了看到这些方法在研究固体转变时是有用的，没有必要讨论仪器的操作或者数据分析的细节。在讨论这些技术在研究固体时如何有用的时候，它就变得清楚了。

另一个用于研究特定类型的固体中的变化的技术是红外光谱，样品放在可以被加热的样品池中。通过检测不同温度下的红外光谱，可以跟踪当加热时样品键合模式的改变。这种技术在观察相转变和异构化时很有用。当联合使用 TGA、DSC 以及变温光谱时，可能得到很多关于固体中动力学过程的信息。

8.4 压力的影响

尽管液体和固体中体积变化很小，但还是可以认为高压会对样品做功。一般来说，从一种固体转化为另一种固体通过升高温度来发生。如果两种形式具有不同的体积，增加压力对形成体积小的形式有利。如果样品经历了反应，过渡态可能比初始材料有更小或更大的体积。如果过渡态的体积比反应物小，增加压力对形成过渡态有利，因此增加了反应速率。另外，如果过渡态的体积比反应物大，增加压力就会妨碍过渡态的形成，从而降低反应速率。压力研究提供了关于固体中几种动力学的过程，包括相转变、异构化以及化学反应等的有价值的信息。

为了考虑压力产生的影响，我们考虑以下例子。假设在一个样品中增加 1000atm（1atm=101325Pa）产生 $10cm^3 \cdot mol^{-1}$ 的体积变化。在样品上做功为 $P\Delta V$，即：

$$1000atm \times 0.010L \cdot mol^{-1} = 10L \cdot atm \cdot mol^{-1}$$

当单位取 $kJ \cdot mol^{-1}$，对样品做功只有 $1.01kJ \cdot mol^{-1}$。为了对样品产生显著的功，需要巨大的压力。这个影响通常只在涉及几千巴的压力时才能观察到。在压力变化 10 kbar 时，典型的体积变化的数量级为$\pm 25\ cm^3 \cdot mol^{-1}$。

发生一个化学反应时，与过渡态形成相关的体积变化，被称为活化体积，即$\Delta V^{\ddagger}$，可以表示为：

$$\Delta V^{\ddagger} = V^{\ddagger} - \Sigma V_R \tag{8.31}$$

其中，$V^{\ddagger}$是过渡态的体积，$\sum V_R$ 是反应物摩尔体积的总和。活化自由能为：

$$\Delta G^{\ddagger} = G^{\ddagger} - \Sigma G_R \tag{8.32}$$

其中，$G^{\ddagger}$是过渡态的自由能，$\sum G_R$ 是反应物的摩尔自由能的总和。然而，对于恒温过程来说，有：

$$\left(\frac{\partial G}{\partial P}\right)_T = V \tag{8.33}$$

对于反应物形成过渡态，发现：

$$\left(\frac{\partial G}{\partial P}\right)_T = V^{\ddagger} - \Sigma V_{\mathrm{R}} = \Delta V^{\ddagger} \tag{8.34}$$

从过渡态理论，我们知道形成过渡态的平衡常数（$K^{\ddagger}$）与自由能的关系式为：

$$\Delta G^{\ddagger} = -RT\ln K^{\ddagger} \tag{8.35}$$

速率常数（取决于过渡态的浓度）与压力的变化关系可以表示为:

$$\left(\frac{\partial \ln k}{\partial P}\right)_T = -\frac{\Delta V^{\ddagger}}{RT} \tag{8.36}$$

在常温下，偏微分可以被取代，重排这个方程，得到：

$$\Delta V^{\ddagger} = -RT\frac{\mathrm{d}\ln k}{\mathrm{d}P} \tag{8.37}$$

解这个方程，得到：

$$\mathrm{d}\ln k = -\frac{\Delta V^{\ddagger}}{RT}\mathrm{d}P \tag{8.38}$$

积分，得到：

$$\ln k = -\frac{\Delta V^{\ddagger}}{RT}P + C \tag{8.39}$$

从这个方程我们看到，如果速率常数通过一系列压力确定，将 $\ln k$ 对 P 作图应该得到一条直线，斜率为$-\Delta V^{\ddagger}/RT$。尽管这个方法是有效的，得到的图也可能并非严格的直线，但是对这些情况的解释没有必要在这里讲述。注意到通过研究压力对反应速率的影响可以确定活化体积这一点就够了。

$\Delta V^{\ddagger}$值为负的时候，压力增大将提高反应速率。这已经在键合异构化反应中观察到（见第 20 章）：

$$\left[\mathrm{Co(NH_3)_5ONO}\right]^{2+} \longrightarrow \left[\mathrm{Co(NH_3)_5NO_2}\right]^{2+} \tag{8.40}$$

在这种情况下，负的活化体积解释为—ONO 没有离开金属的配位层，只是通过滑动机理改变了键合模式，导致过渡态的体积比初始配合物小。已知一些配合物的配位数为 5，它们能以三角双锥或者四方锥的结构存在。在一些情况下，从一种结构变成另一种结构是通过高压诱导的。

就像第 7 章所讨论的，有大量的固体以多于一种的形式存在。高压成为结构转化的诱因是经常存在的。一个这样的例子是 KCl，它在常压下具有氯化钠（岩盐）结构，但在高压下转化为氯化铯结构。可以说明压力影响的其他例子遍及本书（第 20 章尤其多）。需要记住的是，涉及压力改变的研究可以得到其他方法不容易得到的关于转化的信息。

8.5 一些固体无机化合物中的反应

经历过某类固态反应的无机固体数量是非常大的，如果包括固体转化为其他固相和挥发性产物的反应，数量就更大了。虽然在固体化合物中发生的反应数量很大，但有一些并不是动力学研究的主题。在本节中，将介绍其中一些过程。许多其他例子将在本书后面几章介绍，特别是在第 13、14 和 20 章中。所有介绍的反应都在高温时发生（有些温度很高），因此要用到加热。需要的温度取决于具体的化合物，因此当有些反应作为一般类型出现时，将不给出需要的温度。

加热金属碳酸盐时，它们分解产生金属氧化物和 CO_2。从经济的角度看，石灰岩 $CaCO_3$ 的分解可能是这类反应中最重要的一个，因为产物石灰用于制造砂浆和混凝土。

$$CaCO_3(s) \longrightarrow CaO(s) + CO_2(g) \tag{8.41}$$

这个类型的另一种反应是加热亚硫酸盐释放出 SO_2：

$$MSO_3(s) \longrightarrow MO(s) + SO_2(g) \tag{8.42}$$

一些盐的部分分解对其他盐的制备很重要。例如，工业上制备焦磷酸四钠涉及 Na_2HPO_4 的加热脱水：

$$2Na_2HPO_4 \longrightarrow H_2O + Na_4P_2O_7 \tag{8.43}$$

其他能被部分分解的化合物包括连二硫酸盐，以下是这个类型的典型反应：

$$CdS_2O_6(s) \longrightarrow CdSO_4(s) + SO_2(g) \tag{8.44}$$

$$SrS_2O_6(s) \longrightarrow SrSO_4(s) + SO_2(g) \tag{8.45}$$

就像第 14 章将讨论的，包含 $S_2O_6^{2-}$ 的固体分解成 SO_4^{2-} 和 SO_2 是连二硫酸盐的一般反应。

当大部分草酸盐被加热时，它们转化为碳酸盐并放出 CO：

$$MC_2O_4(s) \longrightarrow MCO_3(s) + CO(g) \tag{8.46}$$

草酸盐经常以水合物形式存在，因此当加热草酸盐水合物时，第一步反应是水的失去。然而，一些草酸盐的分解反应与式（8.46）所示的很不一样：

$$HO_2(C_2O_4)_3(s) \longrightarrow HO_2O_3(s) + 3CO_2(g) + 3CO(g) \tag{8.47}$$

这个结果也不令人意外，因为许多碳酸盐容易失去 CO_2 形成氧化物。

在一个更不常见的反应中，加热碱金属过二硫酸盐，$S_2O_8^{2-}$ 中的 O—O 脱除，释放出氧气。例如：

$$Na_2S_2O_8(s) \longrightarrow Na_2S_2O_7(s) + \frac{1}{2}O_2(g) \tag{8.48}$$

O—O 键在大部分过氧化物中的能量约为 140 $kJ \cdot mol^{-1}$，这大约是反应的活化能。虽然很容易被误以为过二硫酸盐分解的初始步骤是 O—O 键的断裂，但我们不能只是因为活化能与键能大致相等就肯定这一点。

在本章前面，我们指出前处理和程序变量会影响固体组分反应的动力学。尽管大量的研究被用于分析这些因素的价值，但在这里我们只总结两个这种研究。

铵盐容易分解为气体产物，相当大数量的这种化合物用于动力学研究(Muehling, et al. 1995)。碳酸铵分解得到气体产物：

$$(NH_4)_2CO_3(s) \longrightarrow 2NH_3(g) + CO_2(g) + H_2O(g) \tag{8.49}$$

结果，碳酸铵很方便通过质量损失技术如 TGA 进行研究。在一个研究中，对不同尺寸分布[分别为（302±80）μm、（98±36）μm 及（30±10）μm]的粒子的分解过程进行了多轮重复的动力学研究。发现最大颗粒样品的分解几乎总是符合一级或者三维扩散速率方程。具有中等尺寸的样品采取一级速率方程分解，含有最小颗粒的样品通过三维扩散速率方程分解。

一个用于很多研究的反应是 $CaC_2O_4 \cdot H_2O$ 的脱水：

$$CaC_2O_4 \cdot H_2O(s) \longrightarrow CaC_2O_4(s) + H_2O(g) \tag{8.50}$$

在一个重复多次的动力学研究(House and Eveland, 1993)中，作者研究了新制备的 $CaC_2O_4 \cdot H_2O$ 样品的脱水和放在干燥器中一年的样品的脱水。发现脱水反应的动力学与颗粒尺寸无关，但是新制备和陈放的样品行为很不同。R1（一维收缩）速率方程最适合新制备的材料，而久置的材料在重复动力学研究时有相当大的不同。大部分数据符合 R1 速率方程，但有几轮最好的拟合是 A2 或 A3 速率方程。此外，新制备材料的脱水的活化能为（60.1±6.6）$kJ \cdot mol^{-1}$，但久置的材料活化能为（118±15）$kJ \cdot mol^{-1}$。尽管还可以描述其他无机固体的动力学研究，但这里的讨论只给出这个重要领域有代表性的例子。

8.6 相转化

一个物质从固相变成液相（熔化）是最常见的相变化。然而，尽管没有发生物理状态的变化，一个固体组分从一个固体结构转变成另一个固体结构也称为相转化。在第 7 章，已经描述了金属从一种结构转化为另一种结构的能力。在一些情况下，当金属从一种结构变成另一种结构时，配位数没有发生变化。例如，Co(hcp)转化成 Co(fcc)，这两种结构的配位数都是 12。然而，在 Ti(hcp)转化成 Ti(bcc)时，配位数从 12 变成 8。相转化在所有类型的材料中都有发现。例如，硫在室温下以正交形式存在，但在温度接近熔点时，它就变成单斜形式。尽管大部分相转化都是通过改变温度发生的，但有些相转化也能通过改变压力而发生。当材料改变结构时，体积也几乎总是有一些改变，如同 8.4 节所示，增加作用力对体积更小的相有利。当对 KCl 加压时，它从氯化钠结构转化成氯化铯结构。所需的压力为 19.6kbar，体积变化为$-4.11cm^3 \cdot mol^{-1}$。一种研究相转化的方法是膨胀法，测量作为温度函数的体积变化的仪器是可供使用的。

把 KCl 这样的一个固体从 NaCl 结构转化为 CsCl 结构的结构转化与将石墨转化为金刚石的结构转化有很大的不同。在后者的转化中，碳原子之间的键必须破裂，用完全不同的键合模式代替。这种类型的转化称为重建转化。这种转化通常是慢的，相关的活化能高。大部分离子型的固体从一种晶体结构转化为另一种结构没有涉及所有离子键的断裂，因此这个过程的活化能经常较低，因为结构变化相对较小。这种类型的相转化称为位移性转化。重建和位移性转化都可能涉及主要基团、第一键合环境（最近的）的基团或者次级环境的基团。例如，如果一个固体包含四面体单元，破裂主要的键合环境就需要破坏单元内的键，而扰乱次级环境则涉及破坏单元之间的键。所有这些相转化类型的例子都是已知的。

大量的相转化发生在常见的固体化合物中。例如，硝酸银经历位移性相转化，在大约 162℃下，从正交形式变成六方形式，焓变为 $1.85 kJ \cdot mol^{-1}$。在许多情况下，这些转化的本质是已知的，但在其他情况下，有一些不确定性。此外，焓变和转化温度之间的数据经常不一致。尽管知道大量的这些转化符合阿夫拉米速率方程，但很少从动力学的角度去研究相转化。我们现在将考虑相转化的另一个复杂的特征。

假设一个固体 S 从相Ⅰ$(S_Ⅰ)$转化成相Ⅱ$(S_Ⅱ)$。固体从相Ⅰ转化为相Ⅱ的能量分布曲线与化学反应的类似。考虑图 8.3 所示的能量图。在这种情况下，向前过程（Ⅰ→Ⅱ）的活化能比相反过程低。如果极慢地加热固体（接近平衡条件的极限），相Ⅰ转化为相Ⅱ的向前过程（$S_Ⅰ \rightarrow S_Ⅱ$）的速率与相反过程的速率相等。因此，如果画出在初始阶段样品的分数与温度之间的函数，不管转化的方向怎样，得到的曲线是相同的。这种情况如图 8.4 所示。如果（经常是只有这样）转化是通过以极慢的速率改变温度进行的话，确实是这样。

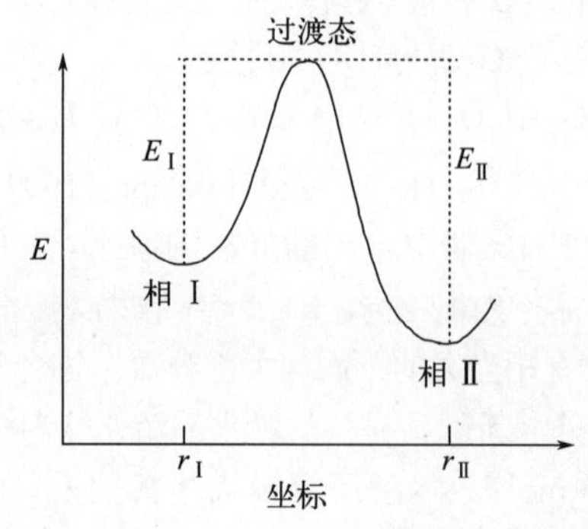

图 8.3　固体从相Ⅰ转化为相Ⅱ的能量分布

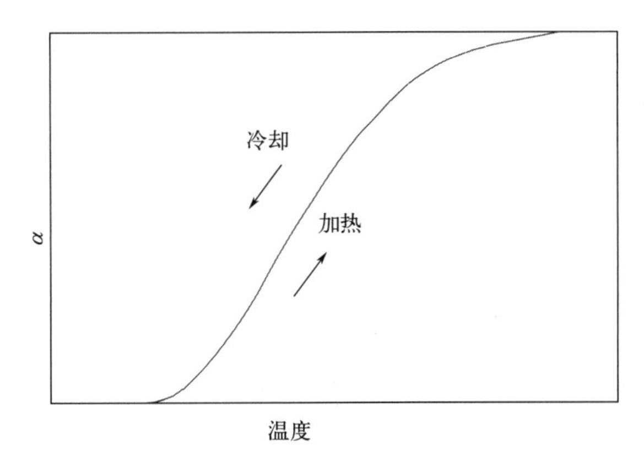

图 8.4 样品分数在Ⅰ→Ⅱ（加热）和Ⅱ→Ⅰ（冷却）时与温度的关系（在这种情况下，没有热滞现象）

在通常的实验中，样品可能以每分钟零点几度的速率加热（或冷却）。在这些条件下，向前和相反两个反应的速率就不相等了。结果可能是加热和冷却曲线给出的α作为温度的函数的曲线是不一致的。这些曲线产生了一个回路，称为热滞现象。在更常见的情况下，在冷却样品时逆反应的速率比正反应的速率低（就像图 8.3 所示的体系的能量分布曲线）。在给定的温度下，当样品冷却时比样品加热时得到的转化的样品分数更低。结果如图 8.5 所示。

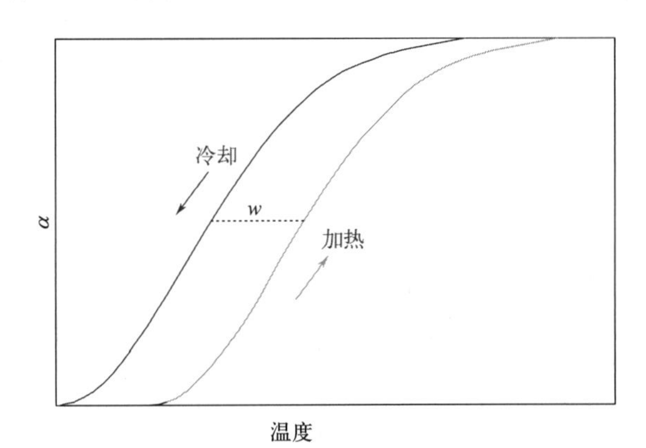

图 8.5 同温下当冷却时相转化的速率低于加热时相转化的速率时发生的热滞现象

在图 8.5 中，w 是加热和冷却曲线在 α=0.5 的点之间的距离，称为迟滞宽度。这个宽度可能很小或者相当于几度，取决于相转化的本质和加热速率。作为相转化的结果，许多物质体现了这种类型的行为。从热力学的观点，我们知道在两相平衡的温度，自由能 G 对两相来说是一样的。因此得到：

$$\Delta G = \Delta H - T\Delta S = 0 \tag{8.51}$$

结果，当发生一个相转化为另一个相时，G 将有一个持续的变化。然而，对一些相转化（已知为一级转化），发现关于压力或温度的 G 的一阶导数是不连续的。可以证明，G 对压力的偏导等于体积，而对温度的偏导等于熵。因此，我们能够如下表示这些关系：

$$\left(\frac{\mathrm{d}G}{\mathrm{d}P}\right) = V \tag{8.52}$$

$$\left(\frac{\mathrm{d}G}{\mathrm{d}T}\right) = -S \tag{8.53}$$

对第一种情况，当加热样品时，样品的体积将有变化，能通过膨胀测定法跟踪。对于熵的改变，使用ΔG=0 和式（8.51）；我们得到：

$$\Delta S=\frac{\Delta H}{T} \tag{8.54}$$

尽管也有其他方法，但最方便和快速的测试ΔH 的方法之一是 DSC。当温度达到发生相转化时，热量是被吸收的，因此更多热量流向样品，以便保持与参照物一样的温度。这产生了一个朝吸热方向的峰。如果转化是很容易可逆的，冷却样品将导致样品释放热量，转化成原来的相，将观察到放热方向的峰。峰面积与样品转变成新相的焓变成正比。在样品全部转化成新相之前，在特定温度下的转化分数能够通过比较截止到那个温度时的那部分峰面积与总面积来确定。分数 α确定为温度的函数，可以作为变量用于转化的动力学分析中。

已知一个不同类型的相转化，其自由能的二次导数是不连续的。这种转化称为二级转化。对于热力学，我们知道，在恒温下，体积随压力的变化为压缩系数β，恒压下体积随温度的变化为热膨胀系数 α。热力学关系式如下所示：

$$\left(\frac{\partial^2 G}{\partial P^2}\right)_T=\left(\frac{\partial V}{\partial P}\right)_T=-\beta V \tag{8.55}$$

$$\left(\frac{\partial^2 G}{\partial P\partial T}\right)=\left(\frac{\partial V}{\partial T}\right)_P=\alpha V \tag{8.56}$$

除了这些关系式，我们知道自由能对温度的二次导数可以表示为下列的关系式：

$$\frac{\partial^2 G}{\partial T^2}=-\left(\frac{\partial S}{\partial T}\right)_P=-\frac{C_P}{T} \tag{8.57}$$

对特定类型的相转化，通过改变这些变量研究这个过程是可能的。

当相转化发生时，晶格有一些类型的变化。单元（分子、原子或离子）变得更有可移动性。如果固体在某种程度上反应，温度处于或者靠近固体发生相转化的温度时，随温度的微小增加，反应速率会快速地增加，因为晶格重组提高了固体的反应能力。两种固体反应，如果温度处于或者靠近其中一种固体的相转化温度，也有类似的情况发生。这种现象有时称为海得华（Hedvall）效应。

8.7 界面反应

几个类型的反应涉及固体与气体或液体的反应，发生在两相的界面上。这种类型的最重要的反应是腐蚀。控制或消除腐蚀的努力涉及从涂料工业到防腐材料的合成和生产的研究。腐蚀造成的经济损失是很大的。尽管有许多类型的反应可以表示为在界面中反应，但我们只描述金属的氧化。图 8.6 表示了金属的氧化。

在界面中，氧原子得到两个电子成氧离子。在金属的表面，金属原子通过失去电子被氧化成金属离子。在这个过程中，发生了电子的转移，但 O^{2-}与 M^{2+}的结合也是可能的，这需要离子的移动。虽然电子通常更有可移动性，但阳离子和阴离子也可以扩散。由于表面的还原性，在气/固界面多少有些负电荷。这导致出现一个电场梯度，促进金属离子的迁移，可能使金属离子比氧离子更有移动性。

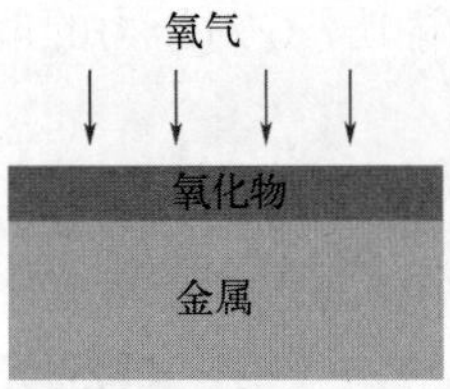

图 8.6　金属的氧化

当反应的金属是铁时，由于铁具有两种氧化态，即+2 和+3，这个过程是复杂的。因此，可能的氧化产物包括众所周知的 Fe_2O_3、Fe_3O_4（为 $Fe_2O_3\cdot FeO$）和 FeO。由于氧在表面是过量的，因此，表面的产物将包括它最高氧化态的金属，意味着产物中离子的成分最低(氧的成分最高)。该产物为 Fe_2O_3。在上述的铁的氧化物中，具有第二高氧成分的产物为

Fe_3O_4，最终，离表面更远的为 FeO，内部为铁。图 8.7 表示了这个氧化过程的特征。

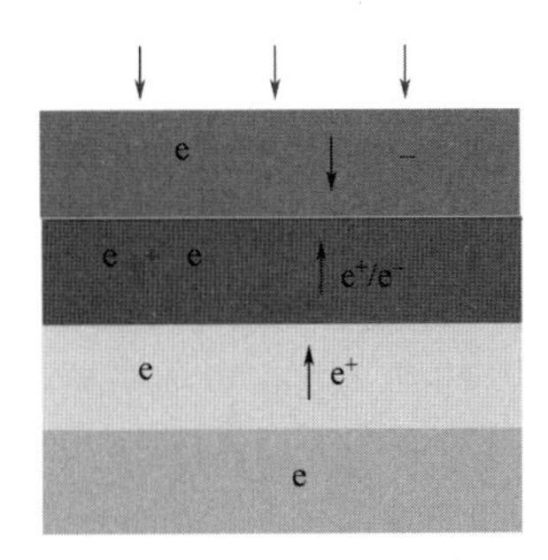

图 8.7 铁腐蚀过程中相和离子迁移示意图（改编自 Borg and Dienes，1988 年，295 页）

由于像这样的反应的发生，这些相就不是通常计量比的化合物。结果存在着空位，Fe^{2+}能够移动进入。已经发现，在腐蚀的早期阶段，速率随氧的分压的变化而变化，当压力低（$P_{O_2}<1$Torr）的时候，速率随 $P_{O_2}^{0.7}$ 的变化而变化。这种速率对氧压力的依赖与氧的化学吸附是决速步骤是一致的。如果这个过程受到氧分子转变成氧离子的速率的控制，速率应该依赖于 $P_{O_2}^{1}$。如果反应涉及 FeO 表面氧分子与氧离子之间的平衡，FeO 的生成速率应该取决于 $P_{O_2}^{1/2}$。这些机理都与观察到的速率对氧分压的依赖性的结果不一致。

在高的温度和高的氧分压（$1\text{Torr}<P_{O_2}<20\text{Torr}$）时，FeO 层的生长速率符合抛物线速率方程。FeO 的生成速率由 Fe^{2+}的扩散速率决定，但 O^{2-}的扩散速率决定了 Fe_2O_3 厚度的增长速率。

8.8 固体中的扩散

尽管固体具有一定的形状，晶格粒子（原子、离子或者分子）本质上是固定在它们的原有位置上的，但仍然有结构单元从它们的晶格位点向其他位置移动。事实上，固体的几个性质取决于固体结构中的扩散。扩散过程有两种主要的类型。自扩散指的是物质在纯样品中的扩散。当一个扩散过程涉及第二相扩散到另一相的时候，这个过程称为异相扩散。金属中的自扩散已被广泛地研究，许多金属的扩散活化能也已经被确定。金属中的扩散涉及原子通过晶格的移动。熔化固体需要一个足够高的温度，让晶格粒子变成可移动的。人们发现，金属的熔点与自扩散的活化能之间有很好的线性关系。

我们知道，如果两种具有不同扩散系数的金属紧密接触（就像焊合在一起那样），界面就有一些扩散。假设两种金属 A 和 B 紧密接触，如图 8.8 所示。

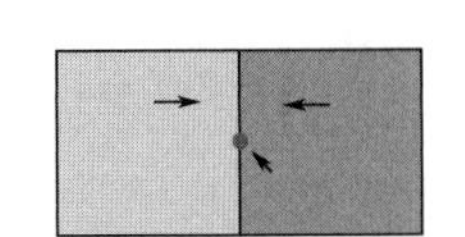

图 8.8 放置在金属 A 和 B 界面的标记电线（M）

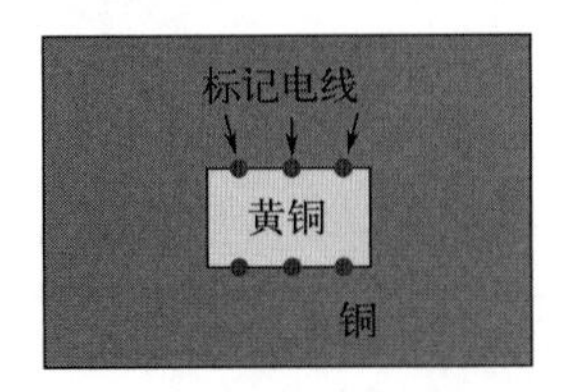

图 8.9 在锌扩散中展示空位移动的实验

每种金属在其他金属中的浓度在界面是最高的，随离界面的距离的增加而降低（通常是指数降低）。如果一根由惰性材料制成的电线（通常称为标记电线）放在界面，不同速率移动的金属将使电线看起来似乎移动了。由于 A 越过标记电线的扩散比 B 的程度大，看起来就好像标记电线朝金属 A 的主体移动。这样，可以鉴定更具移动性的金属。如果金属扩散速率相同，电线就保持静止。这种原理应用于对锌在黄铜中扩散的研究，如图 8.9 所示。

研究这个体系一段时间后，发现标记电线朝相互面对的方向移动。这表明，最广泛的扩散是锌从黄铜（锌和铜的合金）表面到铜的扩散。如果机理只涉及铜和锌的交换，电线不应该移动。这种情况的扩散通过如下描述的空位机理发生，锌从黄铜移动到铜的周围。当锌朝外移动时，会在黄铜中留下空缺，电线就朝内部移动，电线的运动速率与 $t^{1/2}$ 成正比［式（8.10）所示的抛物线速率方程]。这个现象称为柯肯德尔（Kirkendall）效应。

晶格粒子的取代由能量因素和浓度梯度确定。在相当大的程度上，固体中的扩散与空位的存在相关。缺陷的“浓度”（高能位点）可以根据玻耳兹曼分布表示为：

$$N_o = N_x e^{-E/kT} \quad (8.58)$$

其中，N_x 是晶格粒子的总数，k 是玻耳兹曼常数，E 是创造缺陷需要的能量。由于创造一个缺陷多少与将部分晶格分离给出更自由的结构类似，因此 E 与蒸发热差不多。在一些例子中，弗仑克尔缺陷的晶格粒子可以移动到空位或者肖基特缺陷，并通过重组过程移除这两种缺陷。

当加热晶体时，晶格粒子更具移动性。结果是，当它们通过扩散填充时，空位可以被移去。相邻粒子之间的吸引力重建，密度和释放的能量有微小的增加。这将会有脱位的原子的消失，或者也许有位置的重新分配。我们知道，这些现象涉及几种类型的机理。扩散系数 D 表示为：

$$D = D_o e^{-E/RT} \quad (8.59)$$

其中，E 为扩散所需的能量，D_o 为常数，T 为温度。这个方程与阿伦尼乌斯方程的相似性是很明显的，后者为反应速率常数与温度之间的关系。

一种类型的扩散机理称为间隙机理，因为它涉及一个晶格粒子从一个间隙向另一个间隙的移动。当扩散涉及粒子从规则的晶格点向空位移动时，物种移出的位置将成为空位。因此，空位朝晶格粒子移动方向的反方向移动。这种类型的扩散称为空位机理。在某些情况下，一个晶格粒子空出一个晶格位点，该位点同时被其他粒子填充是可能的。实际上，两个晶格粒子会发生“轮换”，因此这种机理也称为扩散的轮换机理。

除了晶体中晶格粒子的移动，粒子在表面的移动也是可能的。这种扩散的类型称为表面扩散。由于晶体经常有晶界、裂缝、位错和孔洞，晶格粒子就会沿着或者在这些扩展的缺陷中移动。当发生扩散时，能量变化如图 8.10 所示。

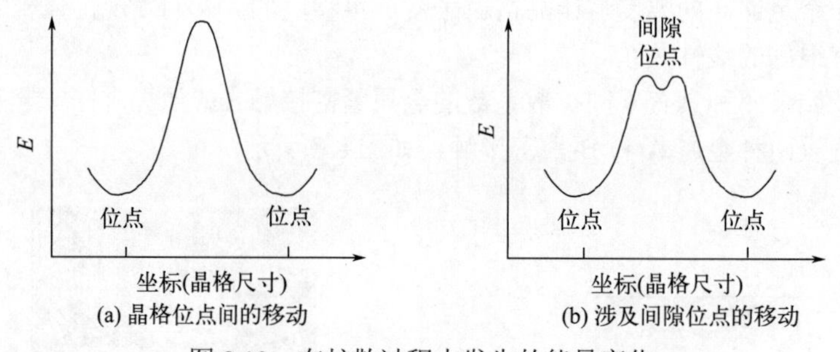

图 8.10 在扩散过程中发生的能量变化

每个内部晶格位点本质上能量是相同的，晶格粒子从一个规则的晶格位点移动到另一个规则的晶格位点，这个过程中扩散物种需要跨越能垒，但初始和最终能量是一样的，如图 8.10（a）所示。当一个晶格粒子从规则的晶格位点移动到间隙位点时，需要克服一个能垒，因此间隙位点比规则的晶格位点能量大，如图 8.10（b）所示。不过，间隙位点的能量比起其紧邻位置来说能量还是较低的，这种能量关系在图 8.10（b）中表现为在势能曲线的顶端有一个能量“井”。当晶格粒子从它的位点移开时能量增大，但当晶格粒子恰好处于间隙位点时，能量比从该位置稍微移动一点距离时更低一些。

8.9 烧结

烧结是重要的制造过程，如粉末冶金和陶瓷制作的基础。粉末材料包括高熔点金属（例如钼和钨）、碳化物、氮化物等可以制成物品。这些材料形成后可以制成机器零件、齿轮、工具、蜗轮叶片及其他一些产品。为了使物品成形，将粉末材料充满模具并加压。对给定质量的微粒固体，尺寸越小，表面积越大。尽管温度可能比材料的熔点低，但当在高温下加热时，物料流动，孔洞消失，得到固体块。塑性流动和扩散使粒子凝聚，形成固体块。通过使用粉末冶金制备出高维数精度的物体，可能比机械加工的方法更经济。

如果考虑一个规则的晶格如 NaCl 结构，可以看到晶体中每个离子被六个带相反电荷的离子包围。然而，晶体表面的每个离子在一边没有相邻的离子，因此配位数为 5。沿着晶体的边的离子的配位数为 4，因为有两边没有相邻的离子。最终，晶体角上的离子有三条边没有被最近的相邻离子包围，因此那些单元的配位数为 3。如果观察一个金属的晶体结构，类似地，也会看到内部、面、边和角上原子配位数的不同。

任何晶格粒子与最近的相邻原子的总的相互作用是由配位数确定的。因此，面、边和角上的晶格粒子处在高能位置，位置的能量按该顺序增加。物体有一个最小化占据高能位置的趋势。在少量的液体中（例如 1 滴），这个趋势体现在形成表面积最小的形状，也就是球，因为对给定的体积，球的表面积最小。当加热一个固体时，固体粒子朝形成最小面积的运动得到放大。这个过程受“表面张力”驱动，随着固体改变结构给出最小面积，这也给出了表面晶格粒子的最小数目。

不是所有的固体都能烧结，但许多可以。烧结伴随着孔洞移除以及边缘变圆。当一个固体由许多小颗粒组成时，样品颗粒将会焊接，样品致密化。对离子化合物，阳离子和阴离子必须迁移，它们可能以不同的速率发生。因此，烧结经常与扩散速率相关，而扩散速率与缺陷的浓度相关。一个增加缺陷浓度的方法是在主成分中加入少量的含有不同电荷的离子的化合物。例如，在 ZnO 中加入少量的 Li_2O（阳离子和阴离子的比为 2∶1）增加阴离子空缺。在 ZnO 中，阴离子空缺决定了扩散和烧结速率。另外，加入 Al_2O_3 降低了 ZnO 的烧结速率，因为两个 Al^{3+} 能取代三个 Zn^{2+}，导致阳离子空位过剩。

在一个能去除某些阴离子的气氛中加热固体，将导致阴离子空位增加。例如，当 ZnO 在氢气氛中加热时，阴离子空位会增加。Al_2O_3 的烧结会受到氧气扩散的限制。将 Al_2O_3 在氢气氛中加热会导致移去一些氧离子，提高烧结的速率。Al_2O_3 的烧结速率依赖于颗粒尺寸，人们发现：

$$\text{速率} \propto \left(\frac{1}{\text{颗粒尺寸}}\right)^3 \tag{8.60}$$

对 0.50μm 和 2.0μm 的颗粒，速率的比例为$(2.0/0.50)^3$ 或者 64，因此，小颗粒可以比大颗粒烧结得更快。

如果烧结的是金属粉末，结果可能得到高强度致密的物体，就好像从金属块得到的一样。这是称为粉末冶金的制造工艺的基础。这是个重要的过程，许多物体如齿轮是通过在一个形状合适的模具中加热并压缩金属粉末得到的。这比起通过传统制造过程成形的物体，在价格上会有明显的降低。

在粉末冶金中，粉末材料压入模具，然后加热增加扩散速率。得到材料流所需要的温度可能明显低于熔点。当粉末变得更致密、孔洞更小时，空位移到表面，形成孔更少、更致密的结构。除了扩散，塑性流动、蒸发冷凝可能对烧结过程也有贡献。当固体发生烧结时，通常通过显微镜可以观察到固体颗粒的角和边更圆。当颗粒经历聚集时，它们融合在一起，在它们之间形成一个“脖子”。最后，固体的颗粒增长形成紧密的块。由于表面张力致使孔洞闭合，样品的表观体积降低。

在粉末冶金的过程中，要压缩的固体可以先通过混合使其更容易烧结来制备。在不同的方案中，组分预先混合，然后加热促使混合物退火，或者通过在主成分的液态中加入少量的共组分进行预混杂。当主成分是铁粉时，粉末可以通过许多方式获得，包括在烧窑中还原矿石，在高压气流中将金属作为液体进行喷雾。为了得到铁合金的物体，在烧结前，混合物压缩成形，烧结是通过在保护气氛中将混合物加热到大约 1100℃实现的。这比铁的熔点（1538℃）有很大的降低，但足够促使扩散发生。颗粒间的键合随着颗粒晶界的消失而发生。

为了得到青铜物体，预混合料包括大约90%的铜、10%的锡以及少量的润滑剂。混合物在主要由氮气组成，但可能含有少量的氢气、氨气或者一氧化碳的保护气氛中，大约在800℃下烧结。粉末冶金制备的物体的性质依赖于混合物中粒子的尺寸分布、预热处理、烧结时间、气氛组分以及气体流速等程序变量。程序改变的结果并不一定都是预先知道的，具体的粉末冶金的过程如何实现是通过实验确定的。

8.10 漂移和导电性

术语漂移在应用于晶体中离子的运动时，是指离子在电场影响下的运动。尽管导带中电子的运动确定了金属的导电性，但在离子化合物中是离子的运动确定了导电性。在离子晶体中没有自由可移动的电子。一个离子的移动性，定义为离子在单位强度的电场中的速率。直观地，在晶体中离子的移动性与扩散系数有关。这是事实，关系式为：

$$D=\frac{kT}{Z}\mu \tag{8.61}$$

其中，Z为离子的电荷，k为玻耳兹曼常数，T为温度。离子电导性σ与晶体中扩散速率D的关系可以表示为：

$$\sigma=\alpha\frac{Nq^2}{kT}D \tag{8.62}$$

在这个方程中，N是每立方厘米中离子的数目，q是离子的电荷，α是取决于扩散机理的取值1～3的因子。由于晶体的导电性取决于缺陷的存在，研究导电性给出了关于缺陷存在的信息。碱金属卤化物由离子引起的导电性已经被研究，实验如图8.11所示。

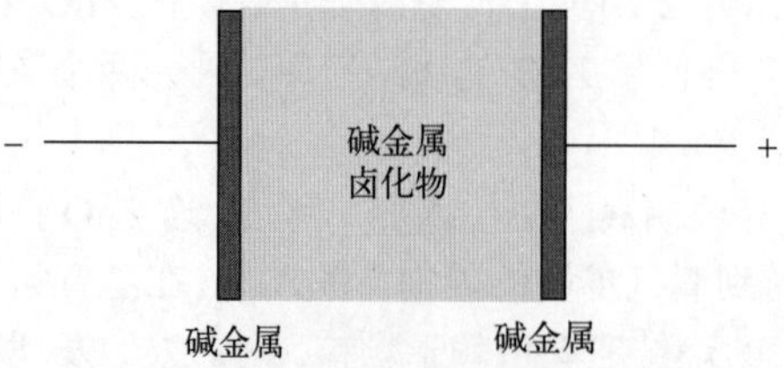

– 碱金属卤化物 +

碱金属 碱金属

图8.11 展示离子迁移的实验

当电流通过这个体系时，随着阳极（正极）收缩，阴极（负极）的厚度增加。在阴极，M^+转化为M原子，导致阴极长大。从这个观察中很明显可以看到，导电性主要由阳离子引起，是空缺类型的机理引起的结果。在这种情况下，正离子空位比涉及阴离子的空位有更高的可移动性。

由于空位的数目控制了导电性，改变条件使空位数增加将提高导电性。一个增加空位数的方法是将晶体掺杂一些不同电荷的离子。例如，如果少量的含有+2离子的化合物加到诸如NaCl等化合物中，+2离子将占据阳离子的位置。由于一个+2离子将取代两个+1离子，而仍然需要保持电中性，因此对应每个+2离子也将有一个空位。结果，Na^+的移动性将由于空位的增加而增加。掺杂虽然在温度较低时有效，但在高温时则不是那么有效。原因是在高的能量态和高温下，空位的数目由玻耳兹曼分布确定，而在高温下，空位的数目已经很大。在本章中，我们描述了涉及速率过程的一些固体转化类型。这是一个有极大实用性的领域，因为许多工业过程涉及无机物质的这些变化，它们是材料科学的基本部分。想要得到对这些重要课题更完整的讨论，可参阅本章末尾提供的参考文献。

拓展学习的参考文献

Borg, R.J., Dienes, G.J., 1988. An Introduction to Solid State Diffusion. Academic Press, San

Diego. A thorough treatment of many processes in solids that are related to diffusion.

Gomes, W., 1961. Nature (London), 192, 965. An article discussing the difficulties associated with interpreting activation energies for reactions in solids.

Hannay, N.B., 1967. Solid-state Chemistry. Prentice-Hall, Englewood Cliffs. An older book that gives a good introduction to solid state processes.

House, J.E., 2007. Principles of Chemical Kinetics, 2nd ed. Elsevier/Academic Press, San Diego. Chapter 7 is devoted to reactions in the solid state.

House, J.E., 1993. Coord. Chem. Rev. 128, 175e191. Mechanistic considerations for anation reactions in the solid state.

House, J.E., 1980. Thermochim. Acta 38, 59e66. A proposed mechanism for the thermal reactions in solid complexes.

House, J.E., 1980. Thermochim. Acta 38, 59. A discussion of reactions in solids and the role of free space and diffusion.

House, J.E., Bunting, R.K., 1975. Thermochim. Acta 11, 357e360.

House, J.E., Eveland, R.W., 1993. J. Solid State Chem. 105, 136e142.

Muehling, J.K., Arnold, H.R., House, J.E., 1995. Thermochim. Acta 255, 347e353.

Ng, W.-L., Ho, C.-C., Ng, S.-K., 1978. J. Inorg. Nucl. Chem. 34, 459e462.

O'Brien, P., 1983. Polyhedron 2, 223. An excellent review of racemization reactions of coordination compounds in the solid state.

Schmalzreid, H., 1981. Solid State Reactions, 2nd ed. Verlag Chemie, Weinheim. A monograph devoted to solid state reactions.

West, A.R., 1984. Solid State Chemistry and Its Applications. Wiley, New York. A very good introduction to the chemistry of the solid state.

Young, D.A., 1966. Decomposition of Solids. Pergamon Press, Oxford. An excellent book that discusses reactions of many inorganic solids and principles of kinetics of solid state reactions.

习题

1. 一个固体化合物 X 在加热到 75℃时转化成 Y。将一个 X 样品快速加热到 90℃，维持很短的时间（没有明显的分解），然后冷却到室温，发现这个样品转化成 Y 的速率是没有预处理的样品的 2.5 倍，两者都在 75℃下加热很长时间。解释这些观察结果。

2. 假设在 200℃加热时，固体化合物 A 转化为 B。一个没有处理的样品 A 没有呈现诱导期，但一个通过中子辐射处理后的样品 A 则呈现了诱导期。在诱导期之后，辐射过的样品与没有处理过的样品的动力学行为类似。解释这些观察结果。

·3. 考虑高温下发生的反应：

$$A(s) \longrightarrow B(s)+C(g)$$

假设晶体 A 转化成 B，烧结 B 转化成圆的玻璃状的颗粒。这个反应的后阶段可能受什么影响？

4. 当 KCN 和 AgCN 混合在一起时，它们反应生成 $K[Ag(CN)_2]$。反应的初始阶段可以表示如下：

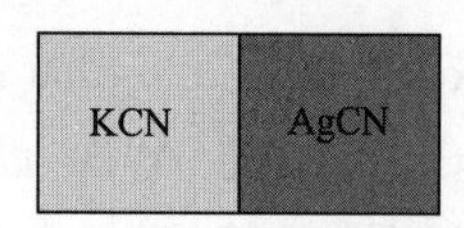

画出反应一段时间后系统的示意图。讨论反应中两种可能出现的极限过程，并说明它们如何改变你画出的图。

5. 描述在 KCl 中加入少量 $MgCl_2$ 对它的导电性的影响。解释导电性改变的具体的原因。

6. 描述在 Fe2O3 中加入少量 MgCl2 对它的烧结速率的影响。解释导电性改变的具体的原因。

7. 假设一个固体为动力学研究（如分解）的主体。将该固体预先用 X 射线或γ射线辐射可能会对固体的动力学行为产生什么样的影响？解释这个影响的根源。

8. 金属表面的锈蚀符合抛物线速率方程。讨论速率常数的单位，与一级反应相比较。假设在不同温度下对锈蚀的速率进行研究并计算得到活化能。对于气相和液相中的反应，活化能有时候根据键的断裂过程进行解释。你怎样解释该固相反应的活化能？

9. 利用阿夫拉米速率方程，取 n 值为 2、3 和 4，用表 8.1 所示的数据画出速率图。

10. 如果表 8.1 的数据只提供反应前 30min 的数据，解释难以确定反应的 n 值的原因。

第三部分　酸碱和溶剂

第9章

酸碱化学

化学研究涉及对很多材料变化和性质的观察。经历了很长时间的探索，这些化学信息才得以结构化，化学研究得以系统化。其中一种结构化方式就是酸碱化学。非水溶剂化学（见第10章）与酸碱化学密切相关。本章将介绍酸碱化学的几个研究部分和其在无机物质反应中的应用。

9.1　阿伦尼乌斯理论

早期用来解释物质在水中反应产生酸和碱的化学现象的理论框架是由阿伦尼乌斯（S. A. Arrhenius）提出的。当时这种方法仅局限于水溶液条件，酸和碱的定义也是基于这些条件提出的。尽管现在我们已经清楚认识到酸碱化学并不局限于水溶液环境，而是适用于更广阔的范围。如果我们考虑气态 HCl 和水的反应：

$$HCl(g)+H_2O(l) \longrightarrow H_3O^+(aq)+Cl^-(aq) \tag{9.1}$$

可以看到溶液中包含有水合氢离子 H_3O^+，亦可称为氧鎓离子。在水溶液条件下，HNO_3 同样能发生电离反应：

$$HNO_3(aq)+H_2O(l) \longrightarrow H_3O^+(aq)+NO_3^-(aq) \tag{9.2}$$

在研究 HCl 和 HNO_3 等物质在溶液中的性质时，阿伦尼乌斯认为这些物质的“酸性”是由于溶液中的 H_3O^+造成的。因此，他提出在水溶液中含有 H_3O^+的物质称为酸，酸在水溶液中的性质表现为 H_3O^+的性质。

这时候应该要诠释一下溶剂化氢离子在水溶液中的特性了。在第 7 章我们看到离子晶体中一个离子周围只能存在有限个数的相反电荷的离子，同样，在水溶液中能使离子溶剂化的水分子的数目（水合数）也是相对确定的。而由于水分子持续不断地发生结合和脱离致使离子的水合数并不总是固定的。对于大多数的金属离子而言，其水合数大约是 6。因为氢离子的半径非常小，其电荷半径比值很大，因此它与极性分子（例如水分子）的负电端发生强的相互作用，此外，$H^+(g)$的水合热是$-1100kJ \cdot mol^{-1}$，这对于+1 价的离子而言是非常高的数值了。尽管为了表示被溶剂化，氢离子在水中常常写成 H_3O^+，但溶剂化层肯定包含不止一个水分子。对于 H^+，其水合数可能最少为 4，尤其是在稀酸溶液中。当四个水分子以四面体堆积方式与一个质子结合时，质子处于四面体中心位置，此物质表示为$H_9O_4^+$。另一个含有溶剂化质子的物种是$H_5O_2^+$，质子位于排列成线形结构的两个水分子中间，这种形式已经被证明在一些固态化合物中作为正电荷离子之一而存在。毫无疑问还会存在其他不同的水合质子形式，这些物种或许在自然界中只会短暂存在和具有不确定的性质，但是它们在酸性溶剂中肯定不会以 H_3O^+这种简单的形式存在。然而，当我们为了表示溶剂化的质子时，

H_3O^+这个表示方式仍将被使用，因为它比使用多年的H^+稍微准确一些。

能与水反应生成H_3O^+的物质有HCl、HNO_3、H_2SO_4、$HClO_4$、H_3PO_4、$HC_2H_3O_2$和很多其他类似的酸。所有这些化合物的水溶液由于含有H_3O^+，所以都具有相似的性质。当然它们还是有区别的，因为有些是强酸，有些是弱酸。这些列举的化合物溶液能导电，能使指示剂变色，能中和碱，也能溶解某些金属。实际上，这些性质都是H_3O^+在水溶液中的特性，而这就称为酸。酸的强弱与其氢离子的电离程度有关。HCl、HNO_3、H_2SO_4和$HClO_4$等是强酸，因为它们在稀的水溶液中几乎能完全电离，因此，这些化合物的水溶液是优良的电导体。相反，乙酸在不同浓度下的电离度只有1%～3%，因此它是弱酸。表9.1列出了一些酸的解离常数。

表 9.1　一些酸的解离常数

酸	共轭碱	解离常数
$HClO_4$	ClO_4^-	完全解离
HI	I^-	完全解离
HBr	Br^-	完全解离
HCl	Cl^-	完全解离
HNO_3	NO_3^-	完全解离
HSCN	SCN^-	完全解离
HSO_4^-	SO_4^{2-}	2.0×10^{-2}
$H_2C_2O_4$	$HC_2O_4^-$	6.5×10^{-2}
$HC_2O_4^-$	$C_2O_4^{2-}$	6.1×10^{-5}
$HClO_2$	ClO_2^-	1.0×10^{-2}
HNO_2	NO_2^-	4.6×10^{-4}
H_3PO_4	$H_2PO_4^-$	7.5×10^{-3}
$H_2PO_4^-$	HPO_4^{2-}	6.8×10^{-8}
HPO_4^{2-}	PO_4^{3-}	2.2×10^{-13}
H_3AsO_4	$H_2AsO_4^-$	4.8×10^{-3}
H_2CO_3	HCO_3	4.3×10^{-7}
HCO_3^-	CO_3^{2-}	5.6×10^{-11}
$H_4P_2O_7$	$H_3P_2O_7^-$	1.4×10^{-1}
H_2Te	HTe^-	2.3×10^{-3}
HTe^-	Te^{2-}	1.0×10^{-5}
H_2Se	HSe^-	1.7×10^{-4}
HSe^-	Se^{2-}	1.0×10^{-10}
H_2S	HS^-	9.1×10^{-8}
HS^-	S^{2-}	约10^{-19}
HN_3	N_3^-	1.9×10^{-5}
HF	F^-	7.2×10^{-4}
HCN	CN^-	4.9×10^{-3}
HOBr	BrO^-	2.1×10^{-9}
HOCl	ClO^-	3.5×10^{-8}
HOI	IO^-	2.3×10^{-11}
$HC_2H_3O_2$	$C_2H_3O_2^-$	1.75×10^{-5}
C_6H_5OH	$C_6H_5O^-$	1.28×10^{-10}
C_6H_5COOH	$C_6H_5COO^-$	6.46×10^{-5}
HCOOH	$HCOO^-$	1.8×10^{-4}
H_2O	OH^-	1.1×10^{-16}

当 NH_3 溶解在水中时，会发生电离，可以用如下反应式表示：

$$NH_3(g)+H_2O(l) \rightleftharpoons NH_4^+(aq)+OH^-(aq) \tag{9.3}$$

此反应的其中一种产物是 OH^-，在水溶液中这是碱性的特征。当 NaOH 溶解在水中时，因为 Na^+和 OH^-已经存在于固体化合物中，反应无须发生电离，是一个溶解的过程。所有在水溶液中包含 OH^-的物质都可称为碱，如 NaOH、KOH、$Ca(OH)_2$、NH_3 和胺类。这些化合物溶解在水中形成的溶液可以导电、使指示剂变色与中和酸，这些就是碱溶液的其中一些性质。在溶于水之前就含有 OH^-，或者与水反应后极易电离从而产生 OH^-的物质就是强碱。氨或胺类物质与水反应导致电离的程度很小，这些物质就是弱碱。

需要指出的是，溶剂化的氢离子需要写成 H_3O^+，而 OH^-不需要这样对待，写成 $OH^-(aq)$即可。尽管如此，OH^-在水中也会与几个极性的水分子发生强的溶剂化作用。

当 NaOH 水溶液中加入 HCl 水溶液时，这两种物质都会发生电离，因而发生以下反应：

$$Na^+(aq)+OH^-(aq)+H_3O^+(aq)+Cl^-(aq) \longrightarrow 2H_2O(l)+Na^+(aq)+Cl^-(aq) \tag{9.4}$$

当氯化钠溶解在水中时也会发生解离反应，但是钠离子和氯离子在水中并不会发生改变，因此在上述反应式中这两种离子可以抵消。因此，净的电离反应式可以写作：

$$H_3O^+(aq)+OH^-(aq) \longrightarrow 2H_2O(l) \tag{9.5}$$

如果溶液中包含其他解离完全的酸和碱时，其反应仍然是与上式一样。因此，根据阿伦尼乌斯理论，式（9.5）即为酸碱中和反应的反应通式。

当我们考察以下反应：

$$NH_3(g)+HCl(g) \longrightarrow NH_4Cl(s) \tag{9.6}$$

并且对比其在水溶液状态下发生的反应：

$$NH_4^+(aq)+OH^-(aq)+H_3O^+(aq)+Cl^-(aq) \longrightarrow 2H_2O(l)+NH_4^+(aq)+Cl^-(aq) \tag{9.7}$$

可以发现氯化铵是两个反应的产物。在后一个反应中，我们可以将水蒸发后得到氯化铵固体。阿伦尼乌斯酸碱化学理论只能解释后一个反应过程，而前一个反应由于反应物没有溶解在水中，不适用阿伦尼乌斯酸碱定义，因此无法解释。为了能解释气相或者非水溶剂中的酸碱反应，需要新的理论方法。

9.2 布朗斯特-罗瑞理论

布朗斯特（J. N. Brønsted）和罗瑞（T. M. Lowry）各自独立地提出的酸碱定义不涉及水。他们认识到酸碱反应的本质是氢离子（质子）从一个物质（酸）转移到另一个物质（碱）的过程。根据这个定义，酸是质子给体，而碱是质子受体。质子的传递是必须有给体和受体的，因此酸和碱不是孤立存在的。按照阿伦尼乌斯的观点，HCl 之所以称为酸是由于其在水溶液中含有 H_3O^+，表明酸可以脱离碱而独立存在。而根据布朗斯特-罗瑞理论，有下列反应：

$$HCl(g)+H_2O(l) \longrightarrow H_3O^+(aq)+Cl^-(aq) \tag{9.8}$$

上述是一个酸碱反应的原因并不是因为溶液中含有 H_3O^+，而是因为反应中质子从 HCl（酸）转移到 H_2O（碱）上。

当一个物质作为质子给体提供质子时，其生成的离子也有可能从另一个质子给体那里接受质子。例如，乙酸根离子通过乙酸与氨发生反应得到：

$$HC_2H_3O_2(aq)+NH_3(aq) \longrightarrow NH_4^+(aq)+C_2H_3O_2^-(aq) \tag{9.9}$$

乙酸根离子也可以与合适的酸反应得到质子，这时乙酸根离子是作为碱起作用的，例如：

$$HNO_3(aq)+C_2H_3O_2^-(aq) \longrightarrow HC_2H_3O_2(aq)+NO_3^-(aq) \tag{9.10}$$

但另外，由于Cl^-是来自于极强的质子给体HCl，它很难作为碱接受质子。根据布朗斯特-罗瑞理论，提供质子后形成的物质称为质子给体的共轭碱。

$$\underset{\text{碱1}}{\overset{\text{酸1}}{HC_2H_3O_2(aq) + NH_3(aq)}} \longrightarrow \underset{\text{酸2}}{\overset{\text{碱2}}{C_2H_3O_2^-(aq) + NH_4^+(aq)}} \quad (9.11)$$

（酸1—碱2：共轭对；碱1—酸2：共轭对）

在这个反应中，乙酸失去一个质子后变为它的共轭碱乙酸根离子，可以接受质子。氨接受一个质子后产生其共轭酸铵根离子，后者可以作为质子给体。可以看出，通过质子转移得到的两种物质是一个共轭对。H_2O的共轭酸是H_3O^+，H_2O的共轭碱则是OH^-。

通过上述几个反应的特点，我们可以总结得出布朗斯特-罗瑞理论关于酸和碱的几个结论。

（1）酸和碱不能单独存在，碱得到的质子必须来源于酸。

（2）酸越强其共轭碱越弱，碱越强其共轭酸也越弱。

（3）酸反应时置换出较弱的酸，较强的碱反应置换出较弱的碱。

（4）水中存在的最强的酸是H_3O^+。如果一种更强的酸置于水中，它将提供质子给水分子形成H_3O^+。

（5）水中存在的最强的碱是OH^-。更强的碱置于水中时，会接受来自水分子的质子，形成OH^-。

水溶液化学中一个非常重要的反应是关于共轭酸碱的。例如，乙酸失去质子后形成的乙酸根离子能从外界接受质子。因此当乙酸钠溶解在水中时，水解反应就会发生：

$$C_2H_3O_2^-(aq)+H_2O(l) \rightleftharpoons HC_2H_3O_2(aq)+OH^-(aq) \quad (9.12)$$

这个反应进行程度不高，这是可以理解的，因为反应产物中同时也存在酸（$HC_2H_3O_2$）和碱（OH^-）。测试可知，0.1mol・L^{-1}的乙酸钠溶液的pH值为8.89，表明溶液是碱性的，但不是那么强。从另一个角度来看这个反应，OH^-是强碱，$HC_2H_3O_2$是弱酸，因此溶液应当是碱性的，事实上确实如此。另外，0.1mol・L^{-1}的NaCl或者$NaNO_3$溶液的pH值为7，因为这个反应发生的水解反应如下面方程所示：

$$NO_3^-(aq)+H_2O(l) \rightleftharpoons HNO_3(aq)+OH^-(aq) \quad (9.13)$$

但是因为这个反应的产物是强酸和强碱，因此实际上这个反应是不会发生的。因此，我们看到强酸的阴离子（极弱碱）在水溶液中是不能有效发生水解反应的，同样我们也能看到一个酸的酸性越弱，其对应的共轭碱的碱性就越强，水解反应就越容易发生。下面考虑一系列的酸：$HC_2H_3O_2$、HNO_2、HOCl和HOI，它们的K_a值分别是1.75×10^{-5}、4.6×10^{-4}、3.5×10^{-8}和2.3×10^{-11}。因此，如果比较它们各自对应的0.1mol・L^{-1}浓度的钠盐的碱度，我们可以发现NaOI溶液的碱性最强，而$NaNO_2$溶液的碱性最弱。同样，由于碳酸是弱酸，Na_2CO_3溶液即为强碱，其反应如下：

$$CO_3^{2-}(aq)+H_2O(l) \rightleftharpoons HCO_3^-(aq)+OH^-(aq) \quad (9.14)$$

$$HCO_3^-(aq)+H_2O(l) \rightleftharpoons H_2CO_3(aq)+OH^-(aq) \quad (9.15)$$

弱碱的共轭酸置于水中也会发生水解反应。例如，当NH_4Cl溶解在水中时，会发生如下水解反应：

$$NH_4^+(aq)+H_2O(l) \rightleftharpoons NH_3(aq)+H_3O^+(aq) \quad (9.16)$$

浓度为0.1mol・L^{-1}的NH_4Cl溶液的pH值约为5.11，显然是酸性的。严格来说，水解（hydrolysis）中的“lysis”是分裂（to split）的意思，而水解的意思就是把水分子分裂开［就像反应式（9.14）中的一样］。在NH_4^+与水反应的例子中，存在着质子给出和接受，但是没有水分子的分裂。

除此之外，还有另一种能导致酸性溶液出现的水解反应类型。例如，当氯化铝溶解在水中时，金属离子会强烈水合。Al^{3+}水合的能量极高，这在第 7 章里已经讨论过了。由于 Al^{3+}具有很高的荷径比，因此它是个高能离子，并且倾向于反应失去部分电荷密度。以下反应就是一种途径：

$$\left[Al(H_2O)_6\right]^{3+} + H_2O \rightleftharpoons H_3O^+ + \left[AlOH(H_2O)_5\right]^{2+} \quad K = 1.4\times10^{-5} \tag{9.17}$$

可以看出，部分 Al^{3+}的电荷通过脱去一个水分子的 H^+释放了。浓度为 $0.10mol \cdot L^{-1}$ 的 $AlCl_3$ 溶液的 pH 值为 2.93，说明了这种水解反应导致溶液的酸性是相当强的。其他的具有高电荷和小半径的离子，例如 Fe^{3+}（K=4.0×10^{-3}）、Be^{2+}、Cr^{3+}（K=1.4×10^{-4}）等，也会发生这种水解反应使溶液变为酸性。

当 H_2SO_4、HNO_3、$HClO_4$ 和 HCl 溶解在大量水中形成稀溶液时，它们都会 100%发生电离而产生 H_3O^+。水是一种足够强的质子受体，因此这些酸在水中几乎都完全电离，酸性的强度也仿佛一样。事实上，这些酸在水中的强度看起来与 H_3O^+的相等。需要指出的是，有时酸的强度要比照 H_3O^+的强度，这个现象被称为“拉平效应”。这个效应的基础在于水是一个足够强的质子受体，能接受这些强酸电离出的质子。如果使用比水的碱性弱的其他溶剂，即使是强酸的电离反应也可能不会完全进行，因为这些酸的强度实际上是不一样的。其中一种适合的溶剂是冰醋酸，尽管它通常不是碱，但当与强酸共存时也能作为碱接受质子：

$$HC_2H_3O_2 + HClO_4 \rightleftharpoons HC_2H_3O_2H^+ + ClO_4^- \tag{9.18}$$

$$HC_2H_3O_2 + HNO_3 \rightleftharpoons HC_2H_3O_2H^+ + NO_3^- \tag{9.19}$$

当深入研究上述反应的反应程度时会发现，$HClO_4$ 的反应比其他酸向右进行的程度更大。通过这种比较法，我们就能将各种酸（即使是在水中强度一样的强酸）的强度按强弱排序，见表 9.1。

回想一下铵离子只是 NH_3 分子接受了一个质子而成，显然 NH_4^+ 是 NH_3 的共轭酸。因此，认为 NH_4^+ 会表现出酸的行为是很正常的，就像式（9.16）显示的那样。然而，NH_4^+ 在其他条件下也能表现为酸。当铵盐，例如 NH_4Cl，升温到其熔点时，铵盐表现出酸性。事实上，这些反应和 HCl 的反应是类似的。例如都能使金属溶解，释放出氢气：

$$2HCl + Mg \longrightarrow MgCl_2 + H_2 \tag{9.20}$$

$$2NH_4Cl + Mg \longrightarrow MgCl_2 + H_2 + 2NH_3 \tag{9.21}$$

当 NH_4^+在这些反应中作为质子给体后，产物 NH_3 以气体的形式脱离体系。HCl 与碳酸盐反应生成 CO_2，与亚硫酸盐反应生成 SO_2，与氧化物反应生成 H_2O。热的铵盐也会以类似的方式发生反应：

$$2NH_4Cl + CaCO_3 \longrightarrow CaCl_2 + CO_2 + H_2O + 2NH_3 \tag{9.22}$$

$$2NH_4Cl + MgSO_3 \longrightarrow MgCl_2 + SO_2 + H_2O + 2NH_3 \tag{9.23}$$

$$2NH_4Cl + FeO \longrightarrow FeCl_2 + H_2O + 2NH_3 \tag{9.24}$$

由于能与氧化物发生反应，NH_4Cl 已经作为焊剂使用了很多年，它能除去物质表面的氧化物，产生强结点。因此，在旧命名法中，NH_4Cl 被称为卤砂。

铵盐表现出酸性没有什么不正常的。事实上，任何一种质子化的胺都能作为质子给体，正因为如此，一些胺盐在合成反应中作为酸来使用。如果使用的是氯化物，它们就是胺盐酸盐。其中一种最早研究的胺盐酸盐是吡啶盐酸盐 $C_5H_5NH^+Cl^-$。熔融态时，这个化合物能进行上述类型的很多反应。

9.3 影响酸碱强度的因素

能表现出酸功能的物质范围是非常广的。熟悉的卤化氢等的二元化合物即包含其中，此外还包括含氧酸，如 H_2SO_4、HNO_3、H_3PO_4 和其他很多酸。酸的强度从极弱的 $B(OH)_3$ 到极强的 $HClO_4$。在这节内容中，我们将介绍一些一般的规则来预测酸的强度。

对于多质子酸（例如 H_3PO_4）而言，需要考虑的一点是其脱去第一个质子比脱去第二个和第三个要容易得多。第一个质子是从一个中性分子中脱去的，而第二个和第三个质子则是从带负电荷的粒子中脱去的，这几步反应表示如下：

$$H_3PO_4 + H_2O \rightleftharpoons H_3O^+ + H_2PO_4^- \qquad K_1 = 7.5\times10^{-3} \tag{9.25}$$

$$H_2PO_4^- + H_2O \rightleftharpoons H_3O^+ + HPO_4^{2-} \qquad K_2 = 6.8\times10^{-8} \tag{9.26}$$

$$HPO_4^{2-} + H_2O \rightleftharpoons H_3O^+ + PO_4^{3-} \qquad K_3 = 2.2\times10^{-13} \tag{9.27}$$

可以看出相邻解离常数之间差别达到大约 10^5 倍。这个关系普遍存在于多元酸的解离平衡体系中，有时被称为鲍林规则（Pauling's rule）。亚硫酸的电离也符合此规则，其 $K_1=1.2\times10^{-2}$，$K_2=1\times10^{-7}$。

在理解酸性强度的另一个重要概念时，我们通过氯代乙酸的解离常数来解释。各种乙酸的解离常数如下：CH_3COOH，$K_a=1.75\times10^{-5}$；$ClCH_2COOH$，$K_a=1.40\times10^{-3}$；$Cl_2CHCOOH$，$K_a=3.32\times10^{-2}$；Cl_3CCOOH，$K_a=2.00\times10^{-1}$。以上的数据明显指出了氯原子取代甲基上的氢原子对解离常数的影响。电负性更高的氯原子的存在会促使整个分子的电荷密度向氯原子方向移动，进一步导致 O—H 基团上的电子对远离氢原子。这种电子的移动是由氯原子诱导的，随着取代氢原子的氯原子增多，酸的强度越强，这种现象称为诱导效应。Cl_3CCOOH 分子内的电荷分离可以用如下所示的结构来表示：

$$\overset{\delta-}{Cl}_3\overset{3\delta+}{C}-C(=O)-O-H$$

氯原子取代不同位置的氢原子对解离常数的影响可通过单氯代丁酸来分析。在这一系列取代丁酸中，氯原子可以处于三个不同的位置。丁酸的解离常数是 1.5×10^{-5}，当一个氯原子取代不同位置的氢原子之后，它们的解离常数是：

$ClCH_2CH_2CH_2COOH$	$CH_3CHClCH_2COOH$	$CH_3CH_2CHClCOOH$
$K_a=3\times10^{-5}$	$K_a=1.0\times10^{-4}$	$K_a=1.4\times10^{-3}$

显然，氯原子取代的位置离羧基最近的，解离常数最大，离羧基最远的，解离常数最小。

氢离子通常不会从 C—H 键上脱离，但也并不是不可能发生。例如，我们知道乙炔是酸性的，在一些化合物中也存在 C_2^{2-}。已经知道，从碳原子上脱去氢离子的难易取决于分子中碳原子的键合方式。炔烃类的 C—H 酸性最强，烷烃类的 C—H 酸性最弱。在这两类物质的中间，芳香类的 C—H 酸性比烯烃类的 C—H 要强。因为 H^+的脱去取决于 C—H 键的电荷分离，因此我们总结出碳原子在以下结构中的电负性大小顺序，并且给出了碳原子的杂化轨道类型。这也是这些化合物酸性强弱的顺序。

键合方式	C（炔烃）–H >	C（芳烃）–H >	C（烯烃）–H >	C（烷烃）–H
碳杂化方式	sp	sp^2	sp^2	sp^3

诱导效应也可以通过 HNO_3 和 HNO_2 的酸性强度来解释。两种分子的结构如下：

HNO_3 分子中有两个未结合氢原子的氧原子，这些氧原子使 H—O 键的电子云密度降低，从而使得氢原子更容易脱去。HNO_2 分子中只有一个未与氢原子结合的氧原子，它使 H—O 键的电子移动能力变弱，最终结果就是硝酸表现出强酸性，亚硝酸表现出弱酸性。下面还会从略有不同的方式比较 HNO_2 和 HNO_3 的酸性强度。

当一个质子从 HNO_2 脱去时，形成的 NO_2^- 会由于下面所示的共振结构而得以稳定存在：

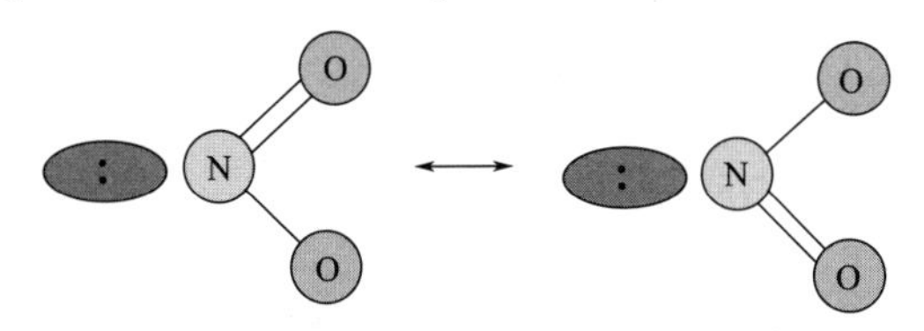

这个离子的–1 电荷分散到整个结构中，导致 NO_2^-接受氢离子的能力并没有预想的强。而对于硝酸来说，情况更加明显，因为 NO_3^- 的–1 电荷分散给了三个氧原子。因此可以画出三个共振结构的 NO_3^- 的碱性没有 NO_2^- 那么强，这就意味着 HNO_3 的酸性比 HNO_2 强。

诱导效应有大量的例子。比如硫酸是强酸，而亚硫酸是弱酸。鲍林提供了将诱导效应分类的一种方法，将含氧酸的化学式写为$(HO)_nXO_m$。因为诱导效应是由 OH 基团之外的氧原子产生的，所以化学式中的 m 值决定了酸的强度。m 值每增加一个单位，含氧酸对应的 K 值就会有大约 10^5 倍的增大。这个规则可通过以下例子解释：

当 m=0 时，极弱酸，$K_1=10^{-7}$ 或更低	$B(OH)_3$，硼酸，$K_1=5.8\times10^{-10}$
	HOCl，次氯酸，$K=3.5\times10^{-8}$
当 m=1 时，弱酸，$K_1=10^{-2}$ 或更低	$HClO_2$，亚氯酸，$K=1\times10^{-2}$
	HNO_2，亚硝酸，$K=4.6\times10^{-4}$
当 m=2 时，强酸，$K_1>10^3$	H_2SO_4，硫酸，K_1 很大
	HNO_3，硝酸，K 很大
当 m=3 时，极强酸，$K_1>10^8$	$HClO_4$，高氯酸，K 极大

HCl、HBr 和 HI 的解离常数是非常大的，但所有卤化氢的解离常数数值范围是从 HF 的 7.2×10^{-4} 到 HI 的 2×10^9。有趣的是，H_2O、H_2S、H_2Se 和 H_2Te 的解离常数从大约 1×10^{-16} 变化到 2.3×10^{-3}。从此结果可知，第Ⅵ族和第Ⅶ族元素的氢化物解离常数从第一个元素到最后一个元素相差大约 10^{13} 倍。

苯酚（C_6H_5OH）是个弱酸，$K_a=1.3\times10^{-10}$，但脂肪醇（例如 C_2H_5OH）在大多数情况下都不是酸性的。从能量角度出发，氢离子要从 O—H 键中脱去所需要的能量在两种醇类中的差别是不会很大的，因此需要考虑的是脱去 H^+之后的结构情况。如图 9.1 所示，苯酚离子 $C_6H_5O^-$存在多种共振结构来维系其结构稳定。这些结构能使带电离子处于较低的能量位置，但乙醇离子却没有类似的共振结构来降低能量。

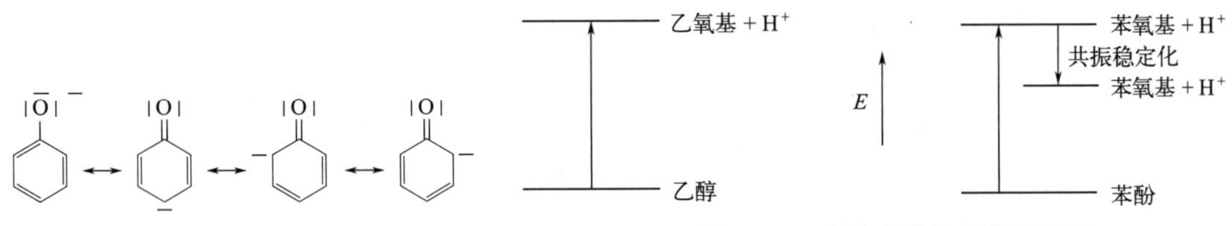

图 9.1　苯酚离子的共振结构

图 9.2　乙醇和苯酚的解离能量图

阴离子的这种共振稳定化作用是通过负电荷的离域化实现的，这种作用能使苯酚电离前后的能量差比乙醇电离前后的能量差小，这种能量的区别体现在图 9.2 中。

这种差别主要来源于所产生阴离子的共振稳定化作用，而不是因为O—H 键的强度有什么大的差别。

脱去质子产生的共轭碱的共振稳定化的另一个实例是乙酰丙酮（2,4-戊二酮），它可发生以下异构化反应：

$$CH_3-\overset{\overset{:\ddot{O}:}{\|}}{C}-CH_2-\overset{\overset{:\ddot{O}:}{\|}}{C}-CH_3 \rightleftharpoons CH_3-\overset{\overset{:\ddot{O}:\cdots H-\ddot{O}:}{\|}}{C}-CH=\overset{|}{C}-CH_3 \tag{9.28}$$

当质子失去后，其共振结构为：

$$CH_3-\overset{\overset{:\ddot{O}:}{\|}}{C}-CH=\overset{\overset{:\ddot{O}:^-}{|}}{C}-CH_3 \longleftrightarrow CH_3-\overset{\overset{^-:\ddot{O}:}{|}}{C}=CH-\overset{\overset{:\ddot{O}:}{\|}}{C}-CH_3$$

这样的共振化能使阴离子稳定，所以乙酰丙酮表现出弱酸性。这个阴离子在很多配位化合物中能与金属离子强烈地结合。阴离子的配位能力是路易斯碱（Lewis base）的一个性质表现（见第 16 和 20 章）。

尽管脂肪醇通常不表现酸性，但是 OH 基团还是能与一些很活泼的金属（如 Na）反应，反应式可以写为：

$$Na(s)+C_2H_5OH(l) \longrightarrow \frac{1}{2}H_2(g)+NaOC_2H_5(s) \tag{9.29}$$

除了剧烈程度小很多之外，这个反应和钠与水的反应是相似的：

$$Na(s)+H_2O(l) \longrightarrow \frac{1}{2}H_2(g)+NaOH \tag{9.30}$$

这两个反应都能产生强碱性的阴离子。

影响碱强度的因素主要归因于物质结合 H^+的能力，这也与静电作用的原理相一致。物质半径越小、负电荷越多，对 H^+的吸引能力就越强。例如，O^{2-}的负电荷数比 OH^-高，因此它的碱性更强。通常在水溶液中反应时不会生成氧化物，由于 O^{2-}的强碱性，它能与水反应生成氢氧化物：

$$CaO+H_2O \longrightarrow Ca(OH)_2 \tag{9.31}$$

虽然 S^{2-}也是一个碱，但由于离子半径比较大，其碱性比 O^{2-}弱。小半径的 H^+更倾向于与离子半径更小且负电荷更集中的 O^{2-}结合。换句话说，氧离子的电荷密度比硫离子的更高。

同样，含氮物质的碱性强度顺序由大到小依次为：$N^{3-}>NH^{2-}>NH_2^->NH_3$。以此类推，$NH_3$的碱性比 PH_3 强，因为氮原子的未成对电子处于更小的分子轨道中，导致与 H^+的结合更强。我们将在本章后面介绍更多这样的例子。

另一种强碱是氢负离子（H^-）。金属氢化物能与水反应生成碱性溶液：

$$H^- +H_2O \longrightarrow H_2+OH^- \tag{9.32}$$

金属氢化物的这种强亲水性使它们可以用作干燥剂，除去有机液体（不含 OH 键）残留的痕量水分。氢化钙 CaH_2 通常用于这一目的。

9.4 氧化物的酸碱性质

在前面的讨论中，显然很多酸含有非金属、氧和氢元素。这提示我们可以用非金属氧化物与水反应作为制备这些酸的一种方法。事实上，这正是很多酸的制备方法。例如：

$$SO_3+H_2O \longrightarrow H_2SO_4 \tag{9.33}$$

$$Cl_2O_7+H_2O \longrightarrow 2HClO_4 \tag{9.34}$$

$$CO_2+H_2O \longrightarrow H_2CO_3 \tag{9.35}$$

$$P_4O_{10}+6H_2O \longrightarrow 4H_3PO_4 \tag{9.36}$$

这类反应的共性在于非金属氧化物与水反应能生成酸性溶液。这类氧化物有时候被称为酸酐。

离子化的金属氧化物包含氧离子，是一种很强的碱。因此将此类氧化物加入水中会发生反应生成碱性溶液：

$$O^{2-} + H_2O \longrightarrow 2OH^- \quad (9.37)$$

因为它们与水反应生成碱性溶液这一特性，这些金属氧化物有时被称为碱酐。以下是这类化合物与水反应的几个例子：

$$MgO + H_2O \longrightarrow Mg(OH)_2 \quad (9.38)$$

$$Li_2O + H_2O \longrightarrow 2LiOH \quad (9.39)$$

在前面所述的例子中，我们会发现有些质子转移的酸碱反应的发生不一定需要水的参与，例如 HCl(g)和 NH_3(g)的反应。这也同样存在于非金属酸性氧化物和金属碱性氧化物之间。在一些条件下它们会直接发生反应，例如：

$$CaO + CO_2 \longrightarrow CaCO_3 \quad (9.40)$$

$$CaO + SO_3 \longrightarrow CaSO_4 \quad (9.41)$$

同时，酸性更强的氧化物能取代酸性较弱的氧化物，例如，SO_3 是比 CO_2 酸性更强的氧化物，因此 $CaCO_3$ 和 SO_3 一起加热时会产生 CO_2：

$$CaCO_3 + SO_3 \longrightarrow CaSO_4 + CO_2 \quad (9.42)$$

此反应可以解释为：一种更强的路易斯酸从较弱的路易斯酸对应的化合物中取代了它。如果我们理解 CO_3^{2-} 是由 CO_2 和一个 O^{2-}组成的，那么此反应表示 SO_3 对于 O^{2-}有更强的亲和力，导致 CO_3^{2-} 脱去 O^{2-}而产生 CO_2。

然而，并不是所有的二元氧化物都能很清楚地定性为酸性或碱性氧化物。例如，Zn 和 Al 的氧化物随着其他反应物的不同，既能表现为酸，也能表现为碱。以下一些反应式能说明这个问题：

$$ZnO + 2HCl \longrightarrow ZnCl_2 + H_2O \quad (9.43)$$

这里 ZnO 作为碱参与反应。但是，对于下面的反应：

$$ZnO + 2NaOH + H_2O \longrightarrow Na_2Zn(OH)_4 \quad (9.44)$$

ZnO 作为酸参与反应生成$[Zn(OH)_4]^{2-}$。这个反应形式上等同于以下的无水反应：

$$Na_2O + ZnO \longrightarrow Na_2ZnO_2 \quad (9.45)$$

ZnO_2^{2-} 称为锌酸根，等同于四羟基合锌（Ⅱ）阴离子 $Zn(OH)_4^{2-}$（见第 16 章）。从以上反应可以看出，ZnO 既能作为酸也能作为碱参与反应，因此这类氧化物被称为两性氧化物。事实上，有些氧化物明显是酸性，有些明显是碱性，有些则介于两者之间。图 9.3 列出了一些元素氧化物酸碱性质的连续过渡。

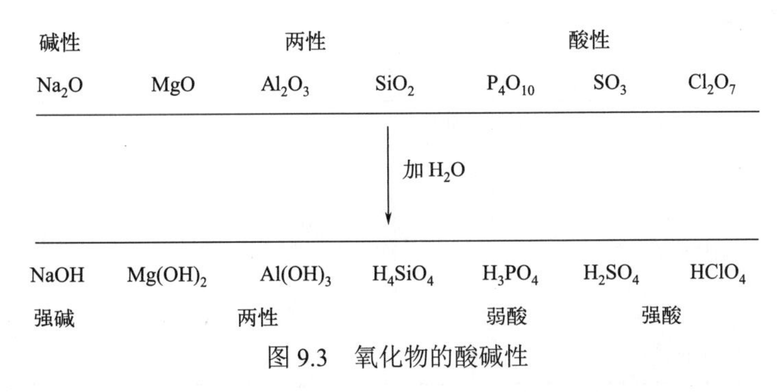

图 9.3 氧化物的酸碱性

9.5 质子亲和能

在第 7 章中，我们介绍了如何利用铵盐分解的焓变来计算阴离子的质子亲和能。质子亲和能是一种气态性质（类似于电子亲和能），用来表示一个物质的固有碱性大小。例如一种碱 B 与 H^+反应可以表示为：

$$B(g)+H^+(g) \longrightarrow BH^+(g) \quad \Delta H=\text{质子结合焓（负数）} \tag{9.46}$$

由于大多数的物质与质子结合都会放出热量，因此质子结合焓为负值。质子亲和能对应的是相反的过程，即质子的脱去，这个值是一个正的焓。因此，物质 B 的质子亲和能定义为下列气态反应的焓变：

$$BH(g)^+ \longrightarrow B(g)+H^+(g) \tag{9.47}$$

H^+与 B 的结合可以通过以下热化学循环表示：

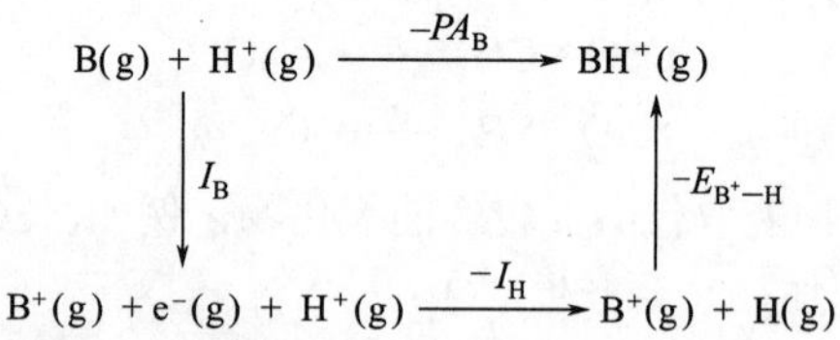

$$\begin{array}{ccc} B(g) + H^+(g) & \xrightarrow{-PA_B} & BH^+(g) \\ \big\downarrow I_B & & \big\uparrow -E_{B^+-H} \\ B^+(g) + e^-(g) + H^+(g) & \xrightarrow{-I_H} & B^+(g) + H(g) \end{array}$$

从这个循环我们可以写出：

$$PA_B = I_H - I_B + E_{B^+-H} \tag{9.48}$$

此等式中，I_H是 H 的电离势（$1312kJ \cdot mol^{-1}$），I_B是碱 B 的电离势，E_{B^+-H} 是 B^+—H 的键能。从 I_H与 I_B的关系中得出，I_B的值越小，质子亲和能越大。由于 B 与 H^+的反应是通过转移 B 上的电子密度发生的，因此转移过程越容易，其 I_B值越小。对于 CH_4、NH_3、H_2O 和 HF 这些分子，其质子亲和能分别是 $527kJ \cdot mol^{-1}$、$841kJ \cdot mol^{-1}$、$686kJ \cdot mol^{-1}$和 $469kJ \cdot mol^{-1}$。这些数值很好地对应着它们的电离势的大小：$NH_3 < H_2O < CH_4 < HF$。

中性分子的质子亲和能一般在 $500 \sim 800kJ \cdot mol^{-1}$ 范围内。–1 价的阴离子的质子亲和能在 $1400 \sim 1700kJ \cdot mol^{-1}$ 的范围内，而–2 价的则在 $2200 \sim 2400kJ \cdot mol^{-1}$ 范围内。已经可以查表获得很多分子和离子的质子亲和能数据。质子亲和能可以作为物质的固有碱性的度量，不考虑溶剂产生的复杂作用的影响。不过，虽然气态质子亲和能可以将绝对的碱强度与分子结构关联起来，但是酸碱化学极少采用这种方式。

因为质子是路易斯硬酸，它倾向于与路易斯硬碱反应。这些物质电荷少，粒径小。对于卤素离子而言，其离子尺寸与它们的质子亲和能的关系是可以预测的。然而，对于大多数的多原子物质而言，由于最根本的位点只在于其中的一个原子，因此其结构差异性必然对质子亲和能产生影响。所以推测的内在规律只适用于具有相似结构和电荷数的物质。表 9.2 中给出了第ⅥA 和ⅦA 族元素的质子亲和能与离子半径的数据。

表 9.2 部分–1 和–2 价阴离子的质子亲和能

离子	r/pm	PA/kJ · mol^{-1}	离子	r/pm	PA/kJ · mol^{-1}
F^-	136	1544	O^{2-}	140	2548
Cl^-	181	1393	S^{2-}	184	2300
Br^-	195	1351	Se^{2-}	198	2200
I^-	216	1314	CO_3^{2-}	185	2270
OH^-	121	1632	SH^-	181	1464

图 9.4 清晰地显示了–1 价单原子离子的离子半径与质子亲和能存在线性关系。尽管不是详细的研究，但这还是可以表明阴离子半径越小（也越硬），其结合质子的能力越强。

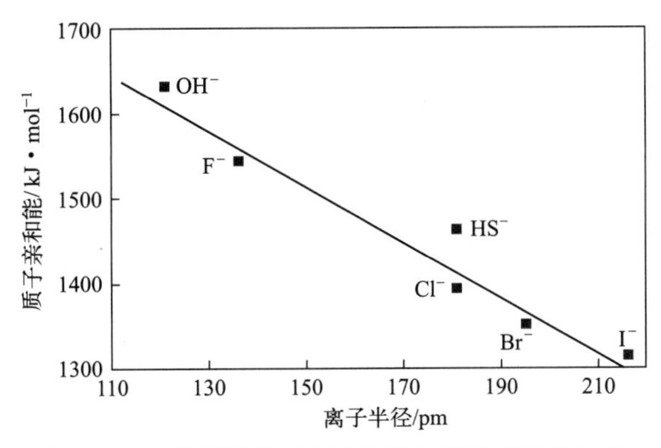

图 9.4　–1 价离子的质子亲和能与离子半径的关系

研究发现，并不是只有阴离子才具有强的质子亲和能，一些中性分子结合质子时也会放出能量。表 9.3 给出了部分结构相似的中性分子的质子亲和能。

表 9.3　中性分子的质子亲和能[①]　　单位：$kJ \cdot mol^{-1}$

CH_4	NH_3	H_2O	HF	Ne
528	866	686	548	201
SiH_4	PH_3	H_2S	HCl	Kr
600	804	711	575	424
	AsH_3	H_2Se	HBr	Xe
	732	711	590	478
			HI	
			607	

① 大部分数据摘自 Portetfield，1993 年，325 页。

有趣的是，即使是饱和分子，如 CH_4，也能对质子产生明显的吸引力。这就说明了处于键合态的电子对也能与 H^+结合。通常化合物的酸性越强（或者碱性越弱），其质子亲和能的值越小。例如，NH_3 的质子亲和能是 $866kJ \cdot mol^{-1}$，而 PH_3 的质子亲和能是 $774kJ \cdot mol^{-1}$，与 PH_3 是弱碱一致。

表 9.2 和表 9.3 中的数据揭示了一些有意思的事实。我们知道 HI 在水溶液中是强酸，但是 $I^-(g)$的质子亲和能是 $1314kJ \cdot mol^{-1}$，而 H_2O 的质子亲和能是 $686kJ \cdot mol^{-1}$，因此，二者的反应是：

$$HI(g) + H_2O(g) \longrightarrow H_3O^+(g) + I^-(g) \tag{9.49}$$

焓变应当是质子远离 $I^-(g)$吸收的能量 $1314kJ \cdot mol^{-1}$ 与质子与 $H_2O(g)$加合放出的能量（$-686kJ \cdot mol^{-1}$）之和。因此，反应式（9.49）要从环境中吸热 $628kJ \cdot mol^{-1}$。但是表 7.7 的数据表明，H^+的水合热是$-1100kJ \cdot mol^{-1}$，I^-的水合热是$-296kJ \cdot mol^{-1}$。考虑到离子的溶剂化，情况会变得有点不同。事实依然是，气态下从 HI（水溶液中的强酸）脱去质子并使之结合 H_2O 并不是一个能量上有利的反应。这些实验结果清楚地说明了溶剂对酸和碱的作用至关重要。

9.6 路易斯理论

到目前为止，我们已经学习了酸碱化学中的质子转移方面的知识。如果我们希望去了解作为碱的 NH_3 是如何接受一个质子的时候，我们会发现氨的氮原子上有一对孤对电子，它正是质

子结合 NH_3 的位点。反过来，当氢离子脱离酸（例如 HCl）时，它会寻找一个负电荷中心，因此它就与 NH_3 分子结合在一起。换言之，碱中孤对电子的存在使得质子发生转移。这种理论，有时称为酸碱电子理论，表明酸碱的基本性质并不总是依赖于质子的转移。酸碱化学中的这种分析方法最早是由路易斯（G.N. Lewis）在 20 世纪 20 年代提出的。

$$HCl(g) + NH_3(g) \longrightarrow NH_4Cl(s) \tag{9.50}$$

当从电子的角度去分析以上反应时，我们会发现 HCl 上的质子是被碱上的负电荷中心所吸引的。氨上氮原子的孤对电子正是此类电荷中心。当质子结合 NH_3 分子时，成键所需的电子全部来自氮原子，因此，这种酸碱反应形成的键称为配位共价键（或简称为配位键）。

路易斯酸碱化学理论为系统分析大量化学反应提供了一个很有用的方法。由于此理论认为酸碱物质行为与质子转移无关，因此很多其他类型的反应也可以归类于酸碱反应。例如：

$$BCl_3(g) + :NH_3(g) \longrightarrow H_3N:BCl_3(s) \tag{9.51}$$

反应中 BCl_3 分子与 NH_3 分子的非共用电子对结合形成一个配位键。因此根据路易斯理论，这个反应属于酸碱反应。反应产物是由两个完整的分子加合得到的，因此也称为酸碱加合物或配合物。BCl_3 是电子对受体，路易斯酸；NH_3 是电子对给体，路易斯碱。根据这些定义，我们可以推测物质类型是路易斯酸或路易斯碱。

以下物质属于路易斯酸。

（1）中心原子电子数少于 8 个的分子（BCl_3、$AlCl_3$ 等）。

（2）带正电荷的离子（H^+、Fe^{3+}、Cr^{3+}等）。

（3）中心原子尽管其电子数是 8 个或更多，但是仍然能接受电子对的分子（$SbCl_3$、PCl_5、SF_4 等）。

以下物质属于路易斯碱。

（1）含有非共用电子对的阴离子（OH^-、H^-、F^-、PO_4^{3-} 等）。

（2）含有非共用电子对的中性分子（NH_3、H_2O、R_3N、ROH、PH_3 等）。

因此我们现在就能写出很多路易斯酸碱反应的例子：

$$SbF_5 + F^- \longrightarrow SbF_6^- \tag{9.52}$$

$$AlCl_3 + R_3N \longrightarrow R_3N:AlCl_3 \tag{9.53}$$

$$H^+ + PH_3 \longrightarrow PH_4^+ \tag{9.54}$$

$$Cr^{3+} + 6NH_3 \longrightarrow Cr(NH_3)_6^{3+} \tag{9.55}$$

路易斯酸碱理论与布朗斯特-罗瑞理论有很多相同的地方。

（1）无碱就不会有酸。电子对必须由一个物质（碱）提供给另一个物质（酸）。

（2）强酸（碱）从一种化合物中取代出弱酸（碱）。

（3）路易斯酸和路易斯碱的作用是一类中和反应，因为反应物的酸碱性质都被去除了。

BF_3 和 NH_3 的酸碱反应很容易进行：

$$BF_3 + NH_3 \longrightarrow H_3N:BF_3 \tag{9.56}$$

但是，当反应产物中加入 BCl_3 时，新的反应会发生：

$$H_3N:BF_3 + BCl_3 \longrightarrow H_3N:BCl_3 + BF_3 \tag{9.57}$$

反应中路易斯酸 BF_3 被一个更强的酸 BCl_3 取代了。那么此反应就带来了两个问题。第一，为什么说 BCl_3 的酸性比 BF_3 更强呢？第二，这种类型的反应是如何发生的？

路易斯酸的强度是通过其吸引路易斯碱的电子对的能力大小来衡量的。氟原子的电负性比氯原子的电负性要强，因此它对硼原子上的电子云密度的吸引能力更强，导致硼原子显正电性更大。相比而言氯原子对硼原子的影响就略显弱了点，我们从这点出发可以认为 BF_3 是更强的路易斯酸。但是，在 BF_3 分子中，硼原子采取 sp^2 轨道杂化方式与氟原子成键，这样就空出了一个与分子平面垂直的 2p 轨道。而氟原子的 2p 轨道与硼原子的这个空 2p 轨道的大小相似，会产生重叠，因此 B—F 键表现出部分双键性质，见图 9.5。由于这种双键结构还存在共振结构，致使硼原子的电子云密度偏离的程度反而没有 BCl_3 分子中的硼原子的强。

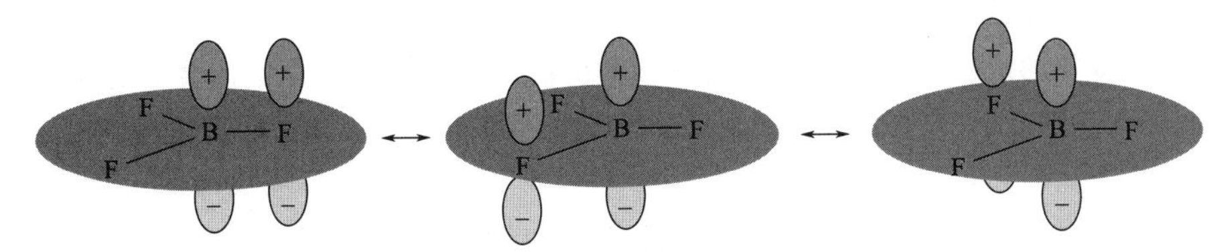

图 9.5　BF_3 分子中的硼和氟原子的 2p 轨道重叠导致硼原子缺电子性质不显著

在回答第二个问题时，我们写出一个反应通式：

$$B:A + A' \longrightarrow B:A' + A \tag{9.58}$$

其中，B 代表路易斯碱，A 和 A′代表路易斯酸。路易斯碱有一对非共用电子，它必然试图与另一个带正电中心的物质作用，因此作为缺电子的 A 就与 B 成键。由于 B 倾向于与正电性位点作用，称为亲核试剂。另外，A 和 A′这种倾向于与含有非共用电子对结合的缺电子物质称为亲电试剂。而上面的反应是一种亲电试剂取代了另一种亲电试剂，称为亲电取代反应。

$$A:B + :B' \longrightarrow A:B' + :B \tag{9.59}$$

而上面这个反应，是一种亲核试剂取代了另一种亲核试剂，则称为亲核取代反应。有两种限制性的方法可以让我们去想象这样的反应是如何发生的。第一种，基团 B 在 B′还没有与 A 成键时就已经先行脱去。反应过程中，断键是一个慢的过程，或者说是反应速率的决定步骤；接下来的 B′与 A 成键的阶段则是一个快的过程。反应过程示意图如下：

$$A:B \xrightleftharpoons{\text{慢}} [A + :B]^{\ddagger} \xrightarrow[:B']{\text{快}} A:B' + :B \tag{9.60}$$

在对这个反应进行动力学研究时，只需要获取慢反应步骤的数据即可。形象地说，当直径为 1in[1]的水管连接到直径为 6in 的水管，水流通过这根水管，需要测算水的流速时，我们只需要知道 1in 水管中水的流速即可。这就是速率决定步骤。只要 B′的浓度在一定的合理范围内，那么上述反应的速率就取决于 A:B 的浓度。这个过程的速率公式如下：

$$\text{速率} = k_1[A:B] \tag{9.61}$$

其中，k_1 代表速率常数，此反应对于 A:B 而言是一级反应。在较宽的范围内改变 B′的浓度对反应速率是没有影响的，这就是一个 S_N1 过程。缩写符号 S_N1 中的字母或数字依次表示取代（substitution）、亲核（nucleophilic）和一级反应。

如果反应的发生方式是第一步（慢反应）B′在 B 脱去前就连接上了 A，那么这个反应可以表示如下：

$$A:B \xrightleftharpoons{\text{慢}} [B\text{---}A\text{---}B']^{\ddagger} \xrightarrow[:B']{\text{快}} A:B' + :B \tag{9.62}$$

在这种情况下，反应速率是由过渡态的形成速率决定的，这个过程需要同时考虑 A:B 和 B′。其速率公式表示如下：

$$\text{速率} = k_2[A:B][B'] \tag{9.63}$$

此时对于 A:B 和 B′而言都是一级反应，这个反应被称为 S_N2 过程（S_N2 的三个符号分别代

[1] 1in=0.0254m。

表取代、亲核、二级反应)。尽管很多亲核取代反应的速率符合上述简单的速率方程中的某一个，但也有很多是不符合的。可以观察到更复杂的速率公式，例如：

$$速率 = k_1[A:B] + k_2[A:B][B'] \tag{9.64}$$

一个路易斯酸取代另一个路易斯酸的取代反应称为亲电取代反应，简单的一级和二级亲电取代过程可以分别表示为 S_E1 和 S_E2。

路易斯酸碱理论最有效、应用最广泛的领域可能是配位化学。配位化合物的形成过程中，一些路易斯酸，如 Cr^{3+}、Co^{3+}、Pt^{2+}和 Ag^+等，与一定数量（通常为 2、4 或 6）的基团以电子对给予和接受的方式结合。典型的电子对给体包括 H_2O、NH_3、F^-、CN^-等分子和离子。反应产物称为配位化合物或配位复合物，可以根据成键理论来预测出它们的准确结构。正是由于配位化学在无机化学中的重要性，本书第 16～22 章将详细介绍这一领域。

9.7 酸碱催化行为

酸和碱的一个性质就是它们能催化某些特定反应的发生。很多年以前，布朗斯特就探索了以解离常数度量的酸的强度和酸催化的反应的速率之间的关系。他提出了以下公式：

$$k = CK_a^n \tag{9.65}$$

在这里，K_a 表示酸的解离常数，k 表示反应速率常数，C 和 n 则是常数。对公式两边取自然对数，得：

$$\ln k = n\ln K_a + \ln C \tag{9.66}$$

或者取常用对数，得到：

$$\lg k = n\lg K_a + \lg C \tag{9.67}$$

酸的 pK_a 值定义为$-\lg K_a$，因此上式可写成：

$$\lg k = -n pK_a + \lg C \tag{9.68}$$

这个关系式的形式表明，$\lg k$ 对 pK_a 的图应该是线性的，斜率为$-n$，截距为 $\lg C$。酸解离得到的产物 A^-在水中接受质子，可以用方程式表示如下：

$$A^- + H_2O \rightleftharpoons HA + OH^- \tag{9.69}$$

该方程式的平衡常数 K_b 的计算公式写成：

$$K_b = \frac{[HA][OH^-]}{[A^-]} \tag{9.70}$$

而平衡常数 K_a 与酸解离反应的自由能（ΔG_a）有关：

$$\Delta G_a = -RT\ \ln K_a \tag{9.71}$$

由此式得到的结果代入式（9.66），解出：

$$\ln k = -\frac{n\Delta G_a}{RT} + \ln C \tag{9.72}$$

式（9.72）称为线性自由能关系。它说明了反应速率常数的对数与酸的解离自由能是呈线性关系的。

碱催化的反应也能写出与上述相似的关系式：

$$\lg k' = n'\lg K_b + \lg C \tag{9.73}$$

该式主要考察的是碱而不是酸。但是酸和碱的 K_a 和 K_b 存在一个联系即 $K_aK_b=K_w$，因此等式（9.73）可写成：

$$\lg k' = n'\lg(K_w / K_a) + \lg C \tag{9.74}$$

尽管这里对线性自由能关系（LFER）不做一般性讨论，但是上面的方法还是能被推广到在有机化学中十分有用的哈梅特（Hammet）参数σ和ρ。如果想了解线性自由能关系在有机化学中的应用的话，可以参考本章末尾的参考文献。上述讨论说明不同酸的催化表现是可以基于酸的强度差别进行预测的。

尽管讨论至今为止还只是关注布朗斯特酸作为催化剂的行为的解释，但酸碱催化发生的反应是大量的。很多重要的有机反应包含着酸和碱的催化。本节将会提到几个反应，但其机理将不在这本关于无机化学的书中讨论。本讨论的目的是说明酸和碱催化反应的范围。

一个非常重要的反应类型即烯醇化反应，就是酸碱同时催化作用的反应。同样，酯的水解反应为：

$$CH_3-\overset{\overset{\displaystyle O}{\|}}{C}-O-CH_3 + H_2O \longrightarrow CH_3COOH + CH_3OH \tag{9.75}$$

也是酸催化的反应，其第一步涉及一个质子加到羰基氧原子的一个非共用电子对上。事实上，很多通过酸催化的有机反应都是涉及非共用电子对加质子的反应。尽管羰基上的氧原子是个非常弱的碱，但对于强酸而言它当然是碱性的。丙酮的烯醇化反应为：

$$CH_3-\overset{\overset{\displaystyle O}{\|}}{C}-CH_3 \longrightarrow CH_2=\overset{\overset{\displaystyle OH}{|}}{C}-CH_3 \tag{9.76}$$

是 OH^-催化的，其第一步是甲基上 H^+的脱去：

$$CH_3-\overset{\overset{\displaystyle O}{\|}}{C}-CH_3 + OH^- \longrightarrow CH_3-\overset{\overset{\displaystyle O}{\|}}{C}-CH_2^- + H_2O \tag{9.77}$$

丙酮是一个非常弱的酸（K_a 约为 10^{-19}），但由于氧原子与邻近的碳原子成键后产生诱导效应，致使丙酮分子上的甲基的酸性比碳氢化合物的酸性强。

另一个碱催化的反应是导致苯炔中间体产生的反应。例如，下面反应的强碱是 NH_2^-：

$$C_6H_5I + NH_2^- \longrightarrow C_6H_4I^- + NH_3 \xrightarrow{-I^-} C_6H_4 \tag{9.78}$$

苯炔中间体上的三重键是一类非常活泼的亲核试剂。乙醛和甲醇反应得到半缩醛的反应也是一个碱催化的反应。反应中甲氧离子 CH_3O^-是碱：

$$CH_3-\overset{\overset{\displaystyle O}{\|}}{C}-H + CH_3O^- \rightleftharpoons CH_3-\underset{\underset{\displaystyle H}{|}}{\overset{\overset{\displaystyle O^-}{|}}{C}}-OCH_3 \xrightarrow{CH_3OH} CH_3-\underset{\underset{\displaystyle H}{|}}{\overset{\overset{\displaystyle OH}{|}}{C}}-OCH_3 + CH_3O^- \tag{9.79}$$

很多重要的反应涉及路易斯酸或碱的催化。其中最重要的反应之一就是查尔斯・弗里德尔（Charles Friedel）和詹姆斯・克拉夫茨（James Crafts）发现的反应，即弗里德尔-克拉夫茨反应。这类反应包含了几种重要的反应过程，其中一个是烷基化反应。可以通过苯和卤代烷在强路易斯酸 $AlCl_3$ 的存在下发生的如下反应来说明：

$$C_6H_6 + RCl \xrightarrow{AlCl_3} C_6H_5R + HCl \tag{9.80}$$

在此反应中，$AlCl_3$ 的作用是生成亲电进攻的碳正离子：

$$AlCl_3 + RCl \rightleftharpoons R^+ + AlCl_4^- \tag{9.81}$$

HF 和 BF_3 的混合物催化以下反应：

$$C_6H_6 + (CH_3)_2C=CH_2 \longrightarrow C_6H_5C(CH_3)_3 \tag{9.82}$$

第一步就是生成了碳正离子$(CH_3)_3C^+$，它随后进攻苯环：

$$HF + BF_3 + (CH_3)_2C=CH_2 \longrightarrow (CH_3)_3C^+BF_4^- \tag{9.83}$$

路易斯酸如 $FeCl_3$ 和 $ZnCl_2$ 等也是很有用的催化剂。例如，Br_2 对苯的溴代反应就是在 $FeBr_3$ 的存在下发生的：

$$\text{C}_6\text{H}_6 + Br_2 \xrightarrow{FeBr_3} \text{C}_6\text{H}_5\text{Br} + HBr \tag{9.84}$$

催化剂在此反应中的作用是分离 Br_2 分子生成 Br^+和 $FeBr_4^-$，或者与 Br_2 分子结合使其极化生成 Br^+-Br^--$FeBr_3$。

另一类依靠酸催化的反应是硝化反应。在这类反应中，H_2SO_4 是催化剂，其作用是生成硝鎓离子 NO_2^+：

$$HNO_3 + H_2SO_4 \rightleftharpoons H_2NO_3^+ + HSO_4^- \tag{9.85}$$

$$H_2NO_3^+ + H_2SO_4 \rightleftharpoons H_3O^+ + NO_2^+ + HSO_4^- \tag{9.86}$$

反应第二步有时也可写成：

$$H_2NO_3^+ \longrightarrow NO_2^+ + H_2O \tag{9.87}$$

但是如果硫酸存在的话，H_2O 肯定会被质子化的。实际的硝化反应过程如下：

$$\text{C}_6\text{H}_6 + NO_2^+ \longrightarrow \text{C}_6\text{H}_5\text{NO}_2 + H^+ \tag{9.88}$$

很多反应是由氧化铝催化的。在其固体表面上存在着强酸性的铝离子位点，可以和电子对给体成键。其中一个反应例子是醇脱水生成烯烃，可以表示如下：

$$\text{H(R)O}\rightarrow\text{Al(O)}_3 \longrightarrow \text{HO}^-\text{–Al(O)}_3 + R^+ \longrightarrow R'CH{=}CH_2 + H_2O + \text{Al(O)}_3 \tag{9.89}$$

这个反应中，催化剂上的酸性位点是与三个氧原子键合的铝原子，它能与醇分子结合。如果氧化铝与碱反应，其酸性位点就被屏蔽，氧化铝将不再是有效的酸催化剂。换言之，当与小分子如 NH_3 等结合后，酸性位点的酸性将会消失。

上述提到的反应只是酸碱催化的大量反应中的一小部分。其中一些反应是具有极高经济价值的反应，它们肯定有利于诠释这类化学并不是只属于有机或无机化学家的研究范畴。

9.8 软硬作用原理

就像我们已经看到的，基于电子对给予和接受的路易斯酸碱作用理论能应用于很多类型的物质，因此，酸碱电子理论遍布整个化学。由于金属配合物的形成属于路易斯酸碱作用的其中一种类型，它首次证实了相似电子特性的物质更易反应这个原则。早在20世纪50年代，阿兰德（Ahrland）、查特（Chatt）和戴维斯（Davies）已经归纳出：如果金属与周期表族中的第一个元素反应形成更稳定的配合物，那么此金属属于 A 类；如果金属与周期表族中更重的元素反应形成更稳定的配合物，那么此金属属于 B 类。这样的分类明显是按照金属倾向成键的电子给体原子的类型决定的。配体的给体强度取决于它们与金属形成配合物的稳定性。表 9.4 概括了一些给体强度。

表 9.4 给体强度

金属	给体强度
A 类金属	N >> P > As > Sb > Bi
	O >> S >Se > Te
	F > Cl > Br > I
B 类金属	N << P > As > Sb > Bi
	O << S ≈ Se ≈ Te
	F < Cl < Br < I

因此，由于 Cr^{3+}和 Co^{3+}与氧原子形成的配合物比与硫原子形成的配合物更稳定，它们属于 A 类金属。而 Ag^{+}和 Pt^{2+}与磷或者硫原子形成的配合物比与氮或氧原子形成的配合物更稳定，它们属于 B 类金属。

这里讨论的酸和碱的软或硬的电子特性是在 20 世纪 60 年代由皮尔逊（R. G. Pearson）首先系统化归类的。根据皮尔逊的解释，软碱是一类具有高极化度、低电负性、空轨道能量低或者易氧化的物质。硬碱则是相反。软酸是一类正电荷数低、离子半径大和外轨道完全充满的物质。硬酸则与软酸相反。基于它们的性质分析，我们能预测一些典型的硬酸，例如 Cr^{3+}、Co^{3+}、Be^{2+}和 H^{+}，它们的电子云变形程度是很小的。软酸物质则包括 Ag^{+}、Hg^{2+}、Pt^{2+}和零价的金属原子，它们都是容易极化的。显然，这种区别方法是一个定性的方法，对于某些物质是不适用的。表 9.5 和表 9.6 列出了一些酸碱根据软硬性质的分类。这两个列表的数据来源于 Pearson, R.G., J. Chem. Educ. 1968, 45, 581。

表 9.5　路易斯碱

硬	软
OH^-, H_2O, F^-	RS^-, RSH, R_2S
SO_4^{2-}, Cl^-, PO_4^{3-}, CO_3^{2-}, NO_3^-	I^-, SCN^-, CN^-, $S_2O_3^{2-}$
ClO_4^-, RO^-, ROH, R_2O	CO, H^-, R^-
NH_3, RNH_2, N_2H_4	R_3P, R_3As, C_2H_4
交界碱	
C_5H_5N, N_3^-, N_2, Br^-, NO_2^-, SO_3^{2-}	

表 9.6　路易斯酸

硬	软
H^+, Li^+, Na^+, K^+, Be^{2+}, Mg^{2+}	Cu^+, Ag^+, Au^+, Ru^+
Ca^{2+}, Mn^{2+}, Al^{3+}, Sc^{3+}, La^{3+}, Cr^{3+}	Pd^{2+}, Cd^{2+}, Pt^{2+}, Hg^{2+}
Co^{3+}, Fe^{3+}, Si^{4+}, Ti^{4+}	$GaCl_3$, RS^+, I^+, Br^+
$Be(CH_3)_2$, BF_3, HCl, $AlCl_3$, SO_3	O, Cl, Br, I,
$B(OR)_3$, CO_2, RCO^+, R_2O, RO^-	零价金属
交界酸	
Fe^{2+}, Co^{2+}, Ni^{2+}, Zn^{2+}, Cu^{2+}, Sn^{3+}, Rh^{3+}, $(BCH_3)_3$, Sb^{3+}, SO_2, NO^+	

对于电子对给体和受体的相互作用的指导原则是，酸和碱具有相似的电子特性时反应更容易发生。与此相符的实验事实是，硬酸倾向于与硬碱作用，软酸倾向于与软碱作用。这与物质作用的方式有关。硬酸与硬碱作用主要通过离子或极性物质的相互作用力来进行。这类相互作用对于高电荷数和半径小的酸和碱更加适合。软酸和软碱反应主要通过共用电子密度来实现，适合于具有高极化度的物质。软酸和软碱相互作用经常涉及中性分子的键合。当酸碱的分子轨道大小和能量相似时，轨道重叠形成共价键是这类作用最有利的发生方式。

约根森（C. K. Jørgensen）改进了软硬酸碱（HSAB）方法，最先用于解释钴配合物的稳定性。通常情况下，Co^{3+}是硬酸，但是当 Co^{3+}与五个氰基成键后，我们发现第六个位点是碘离子时比氟离子更稳定，即$[Co(CN)_5I]^{3-}$比$[Co(CN)_5F]^{3-}$更稳定。如果那五个配体换成 NH_3，那么将会出现相反的结果。氰基配合物的反常结果是由于氰基是软碱，Co^{3+}被软化了。因此硬的 Co^{3+}和五个软配体的集合体表现为软的电子对受体与 I^-结合。五个 CN^-使得配合物中的 Co^{3+}比游离

的 Co^{3+}软得多。虽然 Co^{3+}通常是一个硬的电子对受体，但是结合的五个 CN^-使得 Co^{3+}表现为一个软酸。这种影响称为共生效应（symbiotic effect）。一个物质是硬的还是软的取决于连接基团及其性质。

软硬酸碱原理并不局限于普通类型的酸碱反应。它是对所有作用类型的一个指导原则，相似电子特性的物质最容易相互作用。我们已经看到这个原理的一些应用（例如 HF 和 HI 的相对强弱），但我们现在将讨论另一些类型的应用。

9.8.1 氢键

软硬酸碱原理能应用于定性分析氢键引起的相互作用。当电子给体原子是硬碱时，其电子对是处在一个小且紧凑的轨道中，形成的氢键作用较强。例如，第一长周期的元素的氢化物中形成的氢键就与这些化合物的高沸点有关系（见第 6 章）。氢键在 NH_3、H_2O 和 HF 中的存在比在 PH_3、H_2S 和 HCl 中要强得多。第二周期原子的非共用电子对处在较大的轨道中，与极小的氢原子核之间相互不匹配，作用力就小。

氢键作用的一个典型例子就是乙醇与乙腈和三甲胺的相互作用。乙腈和三甲胺的偶极矩分别是 3.44D 和 0.7D，而腈类是软碱，胺类是硬碱。当乙醇与乙腈和三甲胺形成氢键时，其对应的氢键的键能分别是 $6.3kJ \cdot mol^{-1}$ 和 $30.5kJ \cdot mol^{-1}$，这数据与软硬酸碱理论推测的一致。

当苯酚 C_6H_5OH 与$(C_2H_5)_2O$ 形成氢键时，红外光谱中的 OH 伸缩振动带移动了 $280cm^{-1}$，氢键的键能大约是 $22.6kJ \cdot mol^{-1}$。当苯酚与$(C_2H_5)_2S$ 形成氢键时，上述的两个数值分别是 $250cm^{-1}$ 和 $15.1kJ \cdot mol^{-1}$。因此，醚类是硬碱，而硫醚则是软碱。

如果我们定性预测碱的软硬度是有效的话，那么我们认为苯酚与$(C_6H_5)_3P$ 和$(C_6H_5)_3As$ 形成氢键时也遵循这一趋势。实际上，形成氢键后，OH 的伸缩振动带分别是 $430cm^{-1}$ 和 $360cm^{-1}$，确实与预测的一致。当苯酚与 CH_3SCN 形成氢键时，氢键的键能为 $15.9kJ \cdot mol^{-1}$，OH 带移动 $146cm^{-1}$；当苯酚与 CH_3NCS 形成氢键时，上述两个数值分别是 $7.1kJ \cdot mol^{-1}$ 和 $107cm^{-1}$。通过形成氢键的不同说明硫氰酸根的硫端是软碱，氮端则明显较硬。

9.8.2 键合异构体

SCN^-这样的离子有两个潜在的作为电子给体的原子。当与金属成键时，就需要考虑软硬酸碱的问题。例如，根据之前提到的金属分类法（A 类和 B 类），当 SCN^-与 Pt^{2+}配位时，其配位原子是硫原子；而与 Cr^{3+}配位时，则是氮原子。立体效应会导致形成 Pt^{2+}配合物时配位模式的变化。当 Pt^{2+}与三个非常大的配体如 $As(C_6H_5)_3$ 配位时，立体效应的作用会促使 SCN^-通过氮端与 Pt^{2+}配位。如图 9.6 所示，氮原子配位时形成的键是直线的，但硫原子则不能形成直线配位。

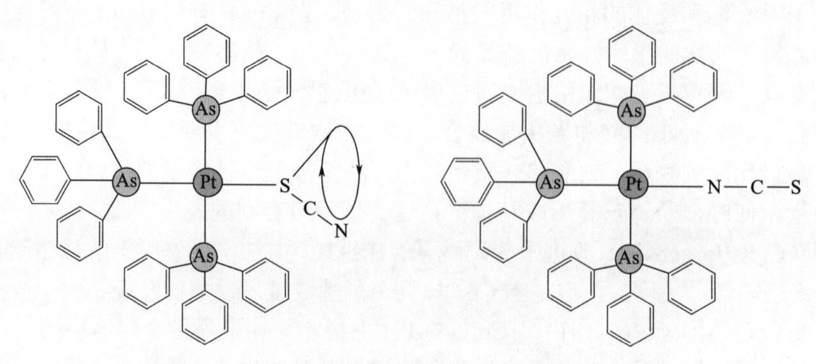

图 9.6 大配体如三苯基胂对 SCN^-键合模式的影响

9.8.3 溶解度

软硬酸碱理论的最简单的应用之一是溶解度问题。“相似相溶”就是对溶质粒子与性质相似的溶剂作用最强的一种描述。半径小、电荷高的粒子或者极性分子在半径小、极性大的分子组成的溶剂中溶解性最好。低极性的大的溶质粒子则最能溶于相似特性的溶剂中。因此，NaCl能溶于水，而 S_8 则不能溶于水中。相反，NaCl 不能溶在 CS_2 里，S_8 则能溶。

在皮尔逊提出软硬酸碱理论之前的很多年时间里，溶解度的原则是“相似相溶”。它的意思是大半径的非极性分子最能溶于大半径非极性的溶剂中。水对于多数离子固体而言是一种优良溶剂，四氯化碳对于大半径非极性的分子而言是一种优良溶剂。同样思路，水和甲醇都是半径小的极性分子，它们的液体是能完全混溶的。另外，尽管都具有 OH 基团，但是含碳原子数超过 5 个的醇就不能完全与水混溶。含有长碳链的醇类的主体部分已经变为长碳链而不是 OH 基团。氯化钠是离子化合物，25℃时它在 100g 水中的溶解度是 35.9g，而在 CH_3OH、C_2H_5OH 和 $i\text{-}C_3H_7OH$ 中的溶解度分别是 $0.237g \cdot (100g)^{-1}$、$0.0675g \cdot (100g)^{-1}$ 和 $0.0041g \cdot (100g)^{-1}$。当醇类的碳链长度增加时，分子的有机部分占的比重也增加，超过 OH 官能团的程度增大，因此这类物质对离子溶质的溶解度也下降。这种方法不如考虑溶剂偶极矩那么简单。硝基苯的偶极矩是 4.22D，但这个大分子并不能有效地包围 Na^+和 Cl^+，因此硝基苯不能溶解氯化钠。

为了能使离子从晶格中脱离，溶剂分子必须是极性的且半径足够小，能让几个溶剂分子包围一个离子。NaCl 能溶于水中，就是因为水分子是极性且半径小的分子。如果溶剂是 CH_3OH 的话，NaCl 的溶解度就大大低于其在水中的溶解度。虽然 CH_3OH 的偶极矩只是稍比水小，但是 CH_3OH 分子的半径大到不能有多个 CH_3OH 分子有效地包围 Na^+和 Cl^-。当用 C_2H_5OH 作溶剂时，NaCl 的溶解度比在 CH_3OH 中的更低。尽管 C_2H_5OH 和 CH_3OH 分子的偶极矩差不多，但是 C_2H_5OH 的分子半径比 CH_3OH 的大得多。因为 Na^+和 Cl^-都是小半径和密堆积的离子，它们与半径较小的 CH_3OH 的作用力相对于更大半径的另一个醇而言要好一些。

软硬作用原理能使我们准确地预测很多实验结果。例如，假设一种水溶液含有 Cs^+、Li^+、F^-和 I^-四种离子，溶液挥发之后，固体产物将会是 CsF 和 LiI 或者 CsI 和 LiF。

$$\underset{Cs^+, Li^+, F^-, I^-}{\text{溶液包含}} \xrightarrow{\text{溶剂挥发}} \text{或} \begin{cases} \nearrow CsI + LiF \\ \searrow CsF + LiI \end{cases} \tag{9.90}$$

基于成键与电负性有关的原理，电负性最高的元素应该优先与电负性最低的元素成键，这意味着上述反应应该生成 CsF。然而，基于软硬作用原理，相似电荷特性的离子相互作用最强，因此半径小的 Li^+与 F^-作用较好，较大的 Cs^+应该与 I^-结合更好，而这个判断与实验结果完全相符。

这样得出的结论是：当水溶液中的离子具有相似的半径大小，并且还具有一样的电荷数时，这样的两种离子最容易形成离子固体从水中沉淀出来。对于下面的反应：

$$M^+(aq) + X^-(aq) \longrightarrow MX(xtl) \tag{9.91}$$

LiF、LiI、CsF 和 CsI 结晶化焓变分别为 0、$66.9kJ \cdot mol^{-1}$、$58.6kJ \cdot mol^{-1}$ 和 $20.9kJ \cdot mol^{-1}$。这些数据可以理解为当溶液中同时含有 Cs^+、Li^+、F^-和 I^-四种离子时，LiF 和 CsI 沉淀物比 LiI 和 CsF 沉淀物更容易生成。我们可以得到的结论是小且硬的 Li^+更倾向于与 F^-结合，大且软的 Cs^+倾向于与 I^-结合。

软硬作用原理应用于沉淀的另一个例子来自于分析化学中一个熟悉的例子。因为具有相似尺寸和电荷大小的离子更易沉淀（相互作用），沉淀 Ba^{2+}所需的好的反离子应当是具有相似大小且电荷数为–2 的离子。据此判断，Ba^{2+}通常以硫酸盐的形式沉淀，因为 SO_4^{2-} 具有适合的半径大小和相同的电荷数。

软硬酸碱理论同样在合成配位化学中有着十分重要的应用。一些配合物只有在使用符合上述原则的反离子沉淀时才是稳定的。例如，$CuCl_5^{3-}$ 在水中是不稳定的，但却能以$[Cr(NH_3)_6][CuCl_5]$的形式分离出来。试图将 $Ni(CN)_5^{3-}$ 以 $K_3[Ni(CN)_5]$形式分离出来时，得到的产物却是 KCN 和 $K_2[Ni(CN)_4]$。但是，当使用反离子 $Cr(NH_3)_6^{3+}$ 或 $Cr(en)_3^{3+}$ 时，就能得到含有 $Ni(CN)_5^{3-}$ 阴离子的固体。

9.8.4 反应位点倾向

我们已经把软硬酸碱理论应用于金属配合物的键合异构问题。这种与键合位点倾向性有关的应用同样可以用于其他体系。例如，当有机化合物与亲核试剂（如 SCN^-或者 NO_2^-）发生反应时，反应同样遵循这一理论：

$$CH_3SCN \xleftarrow{CH_3I} NCS^- \xrightarrow{RCOX} RC(O)NCS \tag{9.92}$$

在这个例子中，酸性物质 RCOX 是一种硬酸，它与 SCN^-的氮端反应生成酰基异硫氰酸酯。软酸的甲基基团则与硫原子结合生成硫氰酸甲酯。考虑以下 NO_2^-的反应：

$$CH_3NO_2 \xleftarrow{CH_3I} NO_2^- \xrightarrow{t\text{-BuCl}} t\text{-BuONO} \tag{9.93}$$

这里，t-Bu^+碳正离子是硬酸，因此产物是由它与氧（较硬）电子给体结合所决定的。而对于 CH_3I 的反应，产物是硝基甲烷，显示出甲基较软的性质。

再来看 PCl_3 和 AsF_3 的反应：

$$PCl_3 + AsF_3 \longrightarrow PF_3 + AsCl_3 \tag{9.94}$$

尽管砷和磷都属于软酸，但砷更软。同样，Cl 比 F 软，因此我们推断将会发生上述的一个交换取代反应。

磷化氢 PH_3 是一个三角锥形的分子，在磷原子上有一对非共用电子对。因此，它既可以是质子受体（布朗斯特碱），又可以是电子对给体（路易斯酸）。现在我们来考虑它接受质子的能力。当氨溶于水时，以下平衡会发生且其平衡常数为 1.8×10^{-5}：

$$NH_3(aq) + H_2O(l) \rightleftharpoons NH_4^+(aq) + OH^-(aq) \tag{9.95}$$

当磷化氢溶于水时，以下类似反应也会发生，但其平衡常数只是约 10^{-26}：

$$PH_3(aq) + H_2O(l) \rightleftharpoons PH_4^+(aq) + OH^-(aq) \tag{9.96}$$

为何作为碱，PH_3 比 NH_3 弱这么多呢？答案就用到软硬酸碱原理（本书中也常称为软硬作用原理，HSIP，因为它还适用于并非酸-碱的相互作用）。其基本思想是相似电子特性的物质相互作用最强。在上面的例子中，H^+是电子对受体。它的半径极小，而且是非极性的，这意味着氢离子是一个硬酸。在 NH_3 分子中，电子对是在碱性位点的氮原子上。氮原子的轨道较小，适合与 H^+成键。而在 PH_3 分子中，H^+是与磷原子的电子对结合的。但磷是第三周期的元素，其原子半径明显比氮原子大。所以，半径小的 H^+与 NH_3 分子的氮原子上更紧密的轨道上的电子对成键比与 PH_3 分子的磷原子上更松散的轨道上的电子对成键更好。因此，尽管 NH_3 是弱碱，但其碱性依然比 PH_3 更强。事实上，PH_3 是一种很弱的碱，以致只有比较大的阴离子（与 PH_4^+大小相符）的强酸盐才是稳定的。因此，PH_4I 是稳定的，但 PH_4F 是不稳定的。在第 20 章配位化合物的合成中，我们还会讨论关于阳离子和阴离子大小匹配的几个重要应用。

上面阐述的软硬酸碱（HSAB）原理是预测能出现多少种作用类型的最有用的化学原理之一。因为它并不局限于酸-碱反应，所以它更适合被称为软硬作用原理（HSIP）。它预测硬酸（高电荷、小尺寸、低极化度）倾向于与硬碱（高电荷、小尺寸、低极化度）反应。因此，反应为：

$$H^+(aq) + OH^-(aq) \longrightarrow H_2O(l) \tag{9.97}$$

比以下反应向右进行得更彻底：

$$H^+(aq)+SH^-(aq) \longrightarrow H_2S(aq) \quad (9.98)$$

换言之，OH^-比 SH^-的碱性更强。氧原子上容纳非共用电子对的轨道比硫原子的轨道小。因此，H^+与 OH^-反应比与 SH^-反应作用更强。HSIP 并不是说硬酸不与软碱成键，而是说硬酸与硬碱间的成键比硬酸与软碱间的成键更有效。相似的表述同样适用于软酸与软碱之间的相互作用。

之前我们已经讨论了为何 PH_3 比 NH_3 的碱性更弱。考虑 H^+与这些分子相互作用时毫无疑问这是对的。但是，如果电子对受体换成 Pt^{2+}时，情况就大不一样了。此时，Pt^{2+}半径大，而且电荷数低，是一个软（易极化）路易斯酸。Pt^{2+}与 PH_3 相互作用形成的键比与 NH_3 形成的键更稳定。换言之，软电子受体 Pt^{2+}与软电子给体 PH_3 成键更好。HSIP 并不是说软路易斯酸不与硬路易斯碱反应。事实上它们也会反应，但是并不是最优的类型。

尽管有时候会称为软硬酸碱理论（theory），但它实际上是原理（principle），与很多类型的化学作用有关。它很好地解释了为何 HF 是一个弱酸。如果 H^+可能与 H_2O 或者 F^-作用时，它倾向成键方式的情况如下：

$$H_2O \xleftarrow{?} H^+ \xrightarrow{?} :F^-$$

在这个例子中，F^-和 H_2O 上与 H^+成键的非共用电子对所处的轨道大小是相似的。此外，氟离子有一个强烈吸引 H^+的负电荷。因此，相对于与 H_2O 成键而言，H^+更倾向于与 F^-成键。这就意味着下面反应只会略有发生：

$$HF(aq)+H_2O(l) \rightleftharpoons H_3O^+(aq)+F^-(aq) \quad (9.99)$$

因为氢离子倾向于与 F^-成键。因此，HF 是一个弱酸。

如果我们考虑 H^+和 Cl^-在水中这样一个类似的情况，H^+会倾向于与哪一个成键呢？

$$H_2O: \xleftarrow{?} H^+ \xrightarrow{?} :Cl^-$$

现在，可能与 H^+成键的物质是 Cl^-或 H_2O。氧原子上的非共用电子对所处的轨道比氯离子的小很多。因此，H^+更倾向于与 H_2O 成键，这也意味着以下反应在稀溶液中几乎完全向右进行：

$$HCl(aq)+H_2O(l) \longrightarrow H_3O^+(aq)+Cl^-(aq) \quad (9.100)$$

在此基础上推断，HBr 和 HI 的酸性比 HCl 更强。

9.8.5 晶格的形成

HSIP 可以定性地解释以下反应平衡远远偏向右边的事实：

$$LiBr(s)+RbF(s) \rightleftharpoons LiF(s)+RbBr(s) \quad (9.101)$$

不过，我们也可以在更定量的基础上证实这一结论。从热力学角度出发，固体的晶格能可通过以下式子得到：

$$U=\frac{N_o A e^2}{r}\left(1-\frac{1}{n}\right) \quad (9.102)$$

式（9.101）中的每一种化合物都具有相同的晶体结构，即 NaCl 结构，因此它们的马德隆常数是一样的。含 $1/n$ 的项可认为对于两对化合物（反应物和生成物）来说是个常数。实际上由于每一个化合物中的离子不可能都具有相同的惰性气体构型，因此一般 n 取平均值。晶格能是 1mol 晶体解离成气态离子时所需的能量。在接下来的讨论中，必须记住反应物的晶格能肯定是外界提供的，而产物的晶格能则是向外界释放的。因此，使用在第 4 章中介绍的键能的计算方法，晶格能的变化可以写成：

$$\Delta E=U_{LiBr}+U_{RbF}-U_{LiF}-U_{RbBr} \quad (9.103)$$

这些化合物的晶格能是很容易计算或在相关的表格中找到的。在式（9.103）中代入数值，得到：

$$\Delta E = 761 + 757 - 1017 - 632 = -131\text{kJ} \qquad (9.104)$$

表明能量有利的产物是 LiF 和 RbBr。

尽管上述的方法证实了我们基于 HSIP 得到的结论，但如果能形成一种通用方法就更方便了。每个化合物的晶格能是与离子中心之间的距离有关的。ΔE 是取正值（不利的）还是取负值（有利的）取决于：

$$\frac{1}{r_{\text{LiF}}} + \frac{1}{r_{\text{RbBr}}} - \frac{1}{r_{\text{LiBr}}} - \frac{1}{r_{\text{RbF}}}$$

这些距离也可以用各个离子的半径来表示：

$$\frac{1}{r_{\text{Li}} + r_{\text{F}}} + \frac{1}{r_{\text{Rb}} + r_{\text{Br}}} - \frac{1}{r_{\text{Li}} + r_{\text{Br}}} - \frac{1}{r_{\text{Rb}} + r_{\text{F}}}$$

其中涉及的四个参数对应的是四个离子的半径。现在需要回答的问题就是前面两个数的加和是否在数值上小于后面两个数的加和。如果这些半径用 a、b、c、d 来代替，当 $b>a$、$d>c$ 时，有：

$$\frac{1}{a+c} + \frac{1}{b+d} > \frac{1}{a+d} - \frac{1}{b+c}$$

这个表述就是正确的。换成离子而言，生成最有利的晶格能加和的产物应该是两种最小半径的离子结合得到的产物。那么必然两种最大的离子也会结合形成另一种产物。因此，上述反应的产物应是 LiF 和 RbBr，这与软硬酸碱理论得到的结果一致。

对于电荷数不是+1 和–1 的离子，相似的方法同样适用。对于电荷数为 c_1 和 c_2 的两种阳离子及电荷数为 a_1 和 a_2 的两种阴离子，能量有利的产物应该是 $c_1 > c_2$、$a_1 > a_2$ 这两个离子结合的产物，通过下式表示：

$$c_1a_1 + c_2a_2 > c_1a_2 + c_2a_1$$

体现以上关系的原则可表述为：半径越小的离子越倾向于与带电荷数越高的反离子结合生成产物。在这些例子中，马德隆常数可能不一样，因此可能要考虑其他的影响因素。然而，这个原则依然能准确地预测出以下反应的产物：

$$2\text{NaF} + \text{CaCl}_2 \longrightarrow \text{CaF}_2 + 2\text{NaCl} \qquad (9.105)$$

$$2\text{AgCl} + \text{HgI}_2 \longrightarrow 2\text{AgI} + \text{HgCl}_2 \qquad (9.106)$$

$$2\text{HCl} + \text{CaO} \longrightarrow \text{CaCl}_2 + \text{H}_2\text{O} \qquad (9.107)$$

在上述最后一个反应中，Ca^{2+}的电荷数比 H^+高，它的半径也更大。尽管对于大量的反应而言预测都是正确的，但是当生成的产物从反应体系中脱离时（生成沉淀或气体），体系将会发生不一样的反应：

$$\text{KI} + \text{AgF} \longrightarrow \text{KF} + \text{AgI(s)} \qquad (9.108)$$

$$\text{H}_3\text{PO}_4 + \text{NaCl} \longrightarrow \text{HCl(g)} + \text{NaH}_2\text{PO}_4 \qquad (9.109)$$

HSIP 能正确地预测很多类型的大量反应的产物。例如以下反应：

$$\text{AsF}_3 + \text{PI}_3 \longrightarrow \text{AsI}_3 + \text{PF}_3 \qquad (9.110)$$

$$\text{MgS} + \text{BaO} \longrightarrow \text{MgO} + \text{BaS} \qquad (9.111)$$

上面的第一个反应中，I 比 F 软，As 比 P 软。因此会发生原子之间的交换，得到软硬性质更加匹配的产物。第二个反应中，Mg^{2+}是一个小而硬的离子，而 Ba^{2+}相对比较大和软。因此，O^{2-}与 Mg^{2+}更好地成键，S^{2-}与 Ba^{2+}成键更有利。HSIP 正确地预测了很多不同类型的反应的进行方向。

尽管软硬作用原理的很多应用例子会在以后的章节中提到，但是在这里我们还是要再介绍两种应用。先考虑路易斯酸 Cr^{3+} 与既能通过硫原子也能通过氮原子提供电子对的路易斯碱 SCN^- 的反应：

$$Cr^{3+} + SCN^- \begin{cases} \xrightarrow{?} Cr^{3+} : SCN^- \\ \xrightarrow{?} Cr^{3+} : NCS^- \end{cases}$$

因为 Cr^{3+} 是一个半径小、电荷数高（硬）的路易斯酸，它倾向于与较小、较硬的路易斯碱成键。在硫氰酸根离子中，氮原子上的电子对处在较小和紧密的轨道中。因此，硫氰酸根与 Cr^{3+} 形成配合物时，成键的原子应该是氮原子，配合物可写成 $[Cr(NCS)_6]^{3-}$。如果金属离子换成 Pt^{2+} 时，将得到相反的结果。因为 Pt^{2+} 是一个半径大、电荷数较低和易极化的离子，它倾向于与硫氰酸根上的硫原子成键，生成的配合物写作 $[Pt(SCN)_4]^{2-}$。在第 16 章，我们将会更详细地讨论类似这样的例子。

9.9 电子极化率

在第 6 章中曾提到，物质的电子极化率 α 在联系很多化学与物理性质方面是非常有用的。每单位（原子、离子或分子）的 α 值通常以 cm^3 来表示。因为原子尺寸通常用 Å 来表示，所以极化率也以 $Å^3$ 表示（1Å=0.1nm）。极化率是衡量物质的电子云变形能力的度量，因此它也与物质的软硬性质定性相关。表 9.7 列出了一些离子和分子的电子极化率。

表 9.7 一些离子和分子的电子极化率① 单位：$Å^3$

具有惰性气体电子构型的离子和原子							
2 电子：	He	Li^+	Be^{2+}	B^{3+}	C^{4+}		
	0.201	0.029	0.008	0.003	0.0013		
8 电子：	Si^{4+}	Al^{3+}	Mg^{2+}	Na^+	Ne	F^-	O^{2-}
	0.0165	0.052	0.094	0.179	0.390	1.04	3.88
18 电子：	Ti^{4+}	Sc^{3+}	Ca^{2+}	K^+	Ar	Cl^-	S^{2-}
	0.185	0.286	0.47	0.83	1.62	3.66	10.2
36 电子：	Zr^{4+}	Y^{3+}	Sr^{2+}	Rb^+	Kr	Br^-	Se^{2-}
	0.37	0.55	0.86	1.40	2.46	4.77	10.5
54 电子：	Ce^{4+}	La^{3+}	Ba^{2+}	Cs^+	Xe	I^-	Te^{2-}
	0.73	1.04	1.55	2.42	3.99	7.10	14.0
分子							
	H_2	O_2	N_2	F_2	Cl_2	Br_2	
	0.80	1.58	1.74	1.16	4.60	6.90	
	HCl	HBr	HI	HCN	BCl_3	BBr_3	
	2.64	3.62	5.45	2.58	9.47	11.87	
	H_2O	H_2S	NH_3	CCl_4			
	1.45	3.80	2.33	10.53			

① 数据来自 C. Kittel, Introduction to Solid State Physics, 6th ed., Wiley, New York, 1986, p. 371; L. Pauling, General Chemistry, third ed., W.H. Freeman, San Francicco, 1970, p. 397，和 Lide, D.R., Handbook of Chemistry and Physics, 72nd ed., CRC Press, BOCa Raton, 1991, pp. 10-197to 10-201。

在第 6 章中，分子的极化率被认为是同时与伦敦力和偶极诱导的偶极矩分子间力有关的一个因子。从表 9.7 中的数据确定了一些物质表现出的物理性质。以 F_2、Cl_2 和 Br_2 为例，极化率增大引起伦敦力增大，导致它们的沸点也随之升高。值得注意的是，一些低极化率的金属离子（Al^{3+}、Be^{3+}等）都是酸性的［如式（9.17）所示］。同样，在第 7 章中我们讨论了离子的极化如何导致其晶格能比单纯基于静电作用预测的能量高。极化率数据表能轻易地让我们看到哪些离子是更容易极化的。尽管我们并不会将物质的电子极化率的所有结果都看一遍，但它确实是一个非常有用且很重要的分子和离子性质，与物质的化学和物理性质都有关。

9.10 德拉格四参数方程

将软硬方法用于很多类型的作用的主要问题之一是它本质上是定性的。事实上，作为优点之一，它对很多反应的进行方式不需要依靠计算去预测。对于大部分反应来说它是正确的，也已经得到了很多软硬度参数，从而可以尝试定量化处理，并且取得了不同程度的成功。德拉格（R. S. Drago）与他的同事提出了一种定量表示路易斯酸碱的分子间的相互作用的方法。根据这个对酸碱作用的解释，路易斯酸和路易斯碱之间形成的配位键是静电作用（离子键）的贡献和共价键的贡献之和。这种方法的要点可以表达成以下等式：

$$-\Delta H_{AB} = E_A E_B + C_A C_B \tag{9.112}$$

其中，ΔH_{AB} 是酸和碱加合产物 AB 生成时的焓变，E_A 和 E_B 是表示酸和碱静电结合能力的参数，C_A 和 C_B 是与酸和碱形成共价键趋势有关的参数。静电参数的乘积给出焓变值中离子成分对键的贡献，而共价参数的乘积则给出共价成分对键的贡献。总的键焓就是这两部分贡献的加和。由此出现的一个困难就是获得这些酸碱特征参数的值。这类似于通过键能来确定电负性的差值。

在四参数等式中，大量酸碱反应的焓值在惰性溶剂中通过量热法进行了测定。在已知的数值中，碘作为路易斯酸的 E_A 和 C_A 都被指定为 1.00。碘与几种路易斯碱分子作用的实验焓通过数据拟合确定了这些碱的 E_B 和 C_B 值。这样就确定了很多酸和碱的四个参数，并能用于式(9.112)以计算作用的焓变。在大多数的例子中，实验测得的焓变与计算得到的值非常吻合。然而，这个四参数方法最初主要还是用于分子物质间的相互作用，尽管后来也拓展到了带电物质的相互作用。表 9.8 列出了一些酸和碱的这些参数。

表 9.8　德拉格四参数方程中使用到的酸和碱的参数

酸	E_A	C_A	碱	E_B	C_B
I_2	1.00	1.00	NH_3	1.15	4.75
ICl	5.10	0.83	CH_3NH_2	1.30	5.88
SO_2	0.92	0.81	$(CH_3)_3N$	0.81	11.5
$SbCl_5$	7.38	5.13	$(C_2H_5)_3N$	0.99	11.1
$B(CH_3)_3$	6.14	1.70	C_5H_5N	1.17	6.40
BF_3	9.88	1.62	CH_3CN	0.89	1.34
C_6H_5SH	0.99	0.20	$(CH_3)_3P$	0.84	6.55
C_6H_5OH	4.33	0.44	$(C_2H_5)_2O$	0.96	3.25
$Al(C_2H_5)_3$	12.5	2.04	$(CH_3)_2SO$	1.34	2.85
$Al(CH_3)_3$	16.9	1.43	C_6H_6	0.53	0.68

定量处理路易斯酸和碱的相互作用时遇到的一个问题是判断溶剂所起的作用。分子的键能是基于分子在气态下的值。但是，很多路易斯酸和碱在气态下的相互作用是不可能研究的，因为形成的加合物不能够稳定地存在于将反应物转变成气态所必需的温度之下。例如，吡啶与苯酚在溶液中由于形成了氢键而发生反应：

$$C_6H_5OH + C_5H_5N: \longrightarrow C_6H_5OH:NC_5H_5 \quad (9.113)$$

但是，这个加合产物在116℃（吡啶的沸点温度）时已经不能稳定存在了。因此这类的反应只能在溶液中研究，虽然气态下键的强度才是需要的。可以设计一个热化学循环来表示在溶液相［用(s)表示］和气相中的酸和碱作用之间的联系：

$$\begin{array}{ccccc} A(s) & + & :B(s) & \xrightarrow{\Delta H'_{AB}} & A:B(s) \\ \uparrow -\Delta H_{s,A} & & \uparrow -\Delta H_{s,B} & & \uparrow \Delta H_{s,AB} \\ A(g) & + & :B(g) & \xrightarrow{\Delta H_{AB}} & A:B(g) \end{array}$$

从路易斯酸和碱在气相中的反应得到 A:B 键的焓ΔH_{AB}，但是在通常情况下我们测量得到的是在溶液相中进行的反应焓变$\Delta H'_{AB}$。

上述的热化学循环图中，如果ΔH_{AB}和$\Delta H'_{AB}$相等的话，那么A(g)和B(g)溶剂化放热的总和必须等于A:B(g)溶剂化放热的值。测量它们大致相等的一种方法是使用一种对它们的溶剂化效果都不强的溶剂。如果A(g)、B(g)和A:B(g)三种溶液的热变化基本为零，这种溶剂就是一种惰性溶剂。当使用这样的溶剂时，ΔH_{AB}将等于$\Delta H'_{AB}$，测量的焓变即是A:B键的焓。这样的溶剂是碳氢化合物，如己烷、环己烷或庚烷。对于某些体系，CCl_4可以作为惰性溶剂，但它并没有碳氢化合物那么好，因为氯原子上面的非共用电子可以与溶质发生相互作用。苯肯定不是一种惰性溶剂，因为它可以通过分子上的π电子体系提供电子。除非溶剂经过仔细选择，否则量热法研究确定的溶液中酸和碱作用的强度肯定会被质疑。但是毫无疑问，德拉格四参数方程提供了大量的分子反应焓的准确数值。当反应焓变是通过特定酸碱对的反应计算得到时，计算结果往往会比实验结果高。出现这种情况的原因是，位阻效应导致分子间相互作用的能量有利程度比预想的低。

多年来，关于软硬作用原理和德拉格四参数方法是存在一些争论的。后者的支持者坚持认为德拉格法可以为路易斯酸和碱反应提供定量的信息。尽管这是正确的，但是由于这种方法优先适用在分子物质上，从而限制了它的应用范围。另外，软硬作用原理的支持者指出这种方法可以适用于几乎所有反应类型。尽管它是定性的（已经尝试发展出定量测定方法），但是它对于大量反应的解释是很有用的。对于关联路易斯酸碱反应的大量现象，四参数法和软硬作用原理都是十分有用的工具。幸运的是，我们并不需要做出二选一的选择，因为在两者都使用的领域，它们得到的结果是一致的。

拓展学习的参考文献

Drago, R.S., Vogel, G.C., Needham, T.E., 1971. *J. Am. Chem. Soc.* 93, 6014. One of the series of papers on the four-parameter equation. Earlier papers are cited in this reference.

Drago, R.S., Wong, N., Ferris, D.C., 1991. *J. Am. Chem. Soc.* 113, 1970. One of the publications that gives extensive tables of values for E_A, E_B, C_A, and C_B. Earlier papers cited in this reference also give tables of values.

Finston, H.L., Rychtman, A.C., 1982. *A New View of Current Acid-Base Theories*. John Wiley, New York. A book that gives comprehensive coverage of all of the significant acid-base theories.

Gur'yanova, E.N., Gol'dshtein, I.P., Romm, I.P., 1975. *Donor-Acceptor Bond*. John Wiley, New York. A translation of a Russian book that contains an enormous amount of information and data on the interactions of many Lewis acids and bases.

Ho, Tse-Lok, 1977. *Hard and Soft Acid and Base Principle in Organic Chemistry*. Academic Press, New York. The applications of the hard-soft acid base principle to many organic reactions.

Lide, D.R., 2003. In: *CRC Handbook of Chemistry and Physics*, 84th ed. CRC Press, Boca Raton, FL. Extensive tables of dissociation constants for acids and bases are available in this handbook.

Luder, W.F., Zuffanti, S., 1946. *The Electronic Theory of Acids and Bases*. John Wiley, New York. A small book that is a classic in Lewis acid-base chemistry. Also available as a reprint volume from Dover.

Pearson, R.G., 1997. *Chemical Hardness*. Wiley-VCH, New York. This book is devoted to applications of the concept of hardness to many areas of chemistry.

Pearson, R.G., 1963. *J. Am. Chem. S*oc. 85, 3533. The original publication of the hard-soft acid-base approach by Pearson. Pearson, R.G., 1966. *J. Chem. Educ.* 45, 581. A general presentation of the hard-soft interaction principle by Pearson.

Pearson, R.G., Songstad, J., 1967. *J. Am. Chem. Soc.* 89, 1827. A paper describing the application of the hard-soft interaction principle to organic chemistry.

Porterfield, W.W., 1993. *Inogranic Chemistry: A Unified Approach*, 2nd ed. Academic Press, San Diego. This book has good coverage of many topics in inorganic chemistry.

习题

1. 完成下列反应方程（如果反应可以发生的话）：

（a）$NH_4^+ + H_2O \longrightarrow$

（b）$HCO_3^- + H_2O \longrightarrow$

（c）$S^{2-} + NH_4^+ \longrightarrow$

（d）$BF_3 + H_3N{:}BCl_3 \longrightarrow$

（e）$Ca(OCl)_2 + H_2O \longrightarrow$

（f）$SOCl_2 + H_2O \longrightarrow$

2. （a）写出 $AlCl_3$ 催化卤代烷与苯反应的化学方程式。

（b）写出 H_2SO_4 催化硝酸与甲苯反应的化学方程式。

（c）解释（a）和（b）中催化剂的作用。

3. 对下面酸的强度由高到低进行排序：

$H_2PO_4^-$，HNO_2，HSO_4^-，HCl，H_2S

4. 完成下列反应方程：

（a）$HNO_3 + Ca(OH)_2 \longrightarrow$

（b）$H_2SO_4 + Al(OH)_3 \longrightarrow$

（c）$CaO + H_2O \longrightarrow$

（d）$NaNH_2 + H_2O \longrightarrow$

（e）$NaC_2H_3O_2 + H_2O \longrightarrow$

（f）$C_5H_5NH^+Cl^- + H_2O \longrightarrow$

5. 完成下列反应方程（如果 NH_3 作为反应物，则认为它是在液氨中反应）：

（a）$NH_4Cl + H_2O \longrightarrow$

（b）$Na_2NH+NH_3 \longrightarrow$

（c）$CaS+H_2O \longrightarrow$

（d）$OPCl_3+H_2O \longrightarrow$

（e）$ClF+H_2O \longrightarrow$

（f）$K_2CO_3+H_2O \longrightarrow$

6. $NH_4Cl(s)$与其他物质加热反应，完成以下有关反应方程：

（a）$NH_4Cl(s)+CaO(s) \longrightarrow$

（b）$NH_4Cl(s)+SrCO_3(s) \longrightarrow$

（c）$NH_4Cl(s)+Al(s) \longrightarrow$

（d）$NH_4Cl(s)+BaS(s) \longrightarrow$

（e）$NH_4Cl(s)+Na_2SO_3(s) \longrightarrow$

7. 解释一下为何 PH_4I 是稳定的，但 PH_4F 和 $PH_4C_2H_3O_2$ 却不稳定。

8. Br^-和 CN^-的离子半径大致相同，为何 NH_4Br 稳定而 NH_4CN 不稳定？

9. 为何 NF_3 的碱性比 NH_3 的碱性更弱？

10. 预测以下反应产物并完成方程：

$$Na_2SO_4+BCl_3 \longrightarrow$$

11. 对于反应$(CH_3)_2O+C_2H_5F \longrightarrow [(CH_3)_2OC_2H_5]^+F^-$，画出其中阳离子的结构。加入 BF_3 对反应有何帮助？

12. 考虑反应$(CH_3)_2S+CH_3I \longrightarrow [(CH_3)_3S]^+I^-$，为何此反应中生成的阳离子比 11 题的反应中生成的阳离子更稳定？

13. 写出完整的配平的方程式来说明下列每种情况下会发生什么反应（如果能发生的话）：

（a）三乙胺加入水中。

（b）在乙酸和乙酸钠的混合物中加入 HCl。

（c）硝酸铵加入水中。

（d）碳酸钠加入水中。

（e）氢化钠加入甲醇中。

（f）在乙酸钠的水溶液中加入硫酸。

14. 写出完整的配平的方程式来说明下列每种情况下会发生什么反应（如果能发生的话）：

（a）乙酸钾加入水中。

（b）在乙酸和乙酸钠的混合物中加入 NaOH。

（c）苯胺（$C_6H_5NH_2$）溶液加入盐酸中。

（d）次氯酸钠加入水中。

（e）硝酸钠加入水中。

（f）氨基钠溶解在水中。

15. 当 BF_3 作为路易斯酸时，它与$(CH_3)_2O$、$(CH_3)_2S$ 和$(CH_3)_2Se$ 生成的反应物的稳定性依次降低。当 $B(CH_3)_3$ 作为路易斯酸与上述三种物质反应时，最稳定的产物是$(CH_3)_2S$，而$(CH_3)_2Se$和$(CH_3)_2O$ 的产物的稳定性相似。请解释一下这些反应产物不同的稳定性。

16. 虽然 $HClO_4$ 和 H_5IO_6 的中心原子氧化态相同，但它们的酸性强弱却完全不同。哪一个酸性更强？为什么？

17. 分子$(CH_3)_2NCH_2PF_2$ 与 BH_3 和 BF_3 的成键是不一样的，解释其差别。

18. 尽管 HF 在水中是弱酸，但在液态 NH_3 中却是强酸。写出反应方程式并解释酸性强度的不同。

19. 尽管 $N(CH_3)_3$ 的碱性比 NH_3 强，但加合物 $H_3N:B(CH_3)_3$ 却比 $(CH_3)_3N:B(CH_3)_3$ 更稳定，为什么？

20. 在下面每对物质中选出更强的酸，并加以解释：

（a）H_2CO_3 或 H_2SeO_4。

（b）$Cl_2CHCOOH$ 或 Cl_2CHCH_2COOH。

（c）H_2S 或 H_2Se。

21.写出熔融的氟化铵与以下物质反应的方程式：

Zn，FeO，$CaCO_3$，NaOH，Li_2SO_3

22. 解释一下 HOX（X 代表卤素）酸的解离常数的变化趋势。

23. 请将以下浓度为 $0.1mol \cdot L^{-1}$ 的溶液按 pH 值由小到大排序：NaOCl、$NaHCO_3$、Na_2CO_3、NaN_3 和 NaHS。

24. $Co(H_2O)_6^{2+}$ 和 $Co(H_2O)_6^{3+}$ 哪个酸性更大？为什么？

25. BF_3 和 I_2 反应的产物是什么？你认为 BF_3 和 Cl_2 会发生相似的反应吗？为什么？

26. $H_4P_2O_7$ 的解离常数 K_1 和 K_2 分别是 1.4×10^{-1} 和 3.2×10^{-2}。请从分子结构的角度说明为何鲍林规则在这个体系中不符合，而在 H_3PO_4 的体系中却符合得很好。

27. 对于一些非常弱的碱，在水中滴定是不可行的。写出适当的方程解释为何苯胺就是这样的碱（K_b=4.6×10^{-10}）。

28. 写出苯胺与冰醋酸的反应方程式，解释为何在此酸中滴定苯胺是可行的。

29. 按酸的强度排序：

$$H_2SeO_3，H_3AsO_3，HClO_4，H_2SO_3，H_2SO_4$$

30. $H_2PO_4^-$结构中有两个氧原子没有氢原子连接，解释一下为何它的酸性还没有 H_2SO_4 强。

31. 画出 SF_4 的结构，推测此分子如何受到路易斯酸的攻击，路易斯碱的攻击又是如何发生的。

32. SO_3 分子的酸性位点是哪个？画出分子结构并解释。

33. 解释以下反应是一个路易斯酸碱反应：

$$CO_2 + OH^- \longrightarrow HCO_3^-$$

34. 对于大多数的路易斯酸而言，为何苯比 CCl_4 是更好的溶剂？

35. 尽管 Br^-和 CN^-有相似的热化学半径，它们的碱性却极大地不同，哪一个是更强的碱？为什么？

36. 利用表 9.7 的数据计算 BF_3、$(CH_3)_3B$ 与 $(CH_3)_3N$、$(CH_3)_3P$ 的反应焓，计算结果说明了什么？

37. 在纯化 ClF_3 时，经常会出现的 HF 可通过加入氟化钠反应除去。解释一下这个过程。

38. 为何 SH^-的质子亲和能是 $1464kJ \cdot mol^{-1}$，但 S^{2-}的却是 $2300kJ \cdot mol^{-1}$？

第 10 章 非水溶剂化学

发生在气相和固相中的反应并不稀少，但是发生在溶液中的反应（本章讨论的对象）更是巨量的。毫无疑问，水作为溶剂的溶液反应是其中的主要组成部分。需要指出的是，大部分的反应在水溶液中和在非水溶液中出现的结果是不一样的。比较重要的一些非水溶剂有 NH_3、HF、SO_2、$SOCl_2$、N_2O_4、CH_3COOH、$POCl_3$ 和 H_2SO_4。其中一些在常温常压下是气体（NH_3、HF 和 SO_2），一些是有剧毒的，某些既是气态的又是具有毒性的。这些溶剂大多数使用起来都不像水那么方便。

考虑到使用非水溶剂的困难，肯定有人会问为何还必须使用这些溶剂呢？这个答案包含了本章中将要介绍的非水溶剂化学的几个重要原理。第一，溶解度不同。某些化合物在一些非水溶剂中比在水中更易溶解。第二，在水溶液中所使用到的最强酸是 H_3O^+。在第 9 章中介绍过，任何比 H_3O^+强的酸都会与水反应生成 H_3O^+。而在其他的溶剂中，有可能与比 H_3O^+酸性更强的溶剂一起反应。第三，在水溶液中最强的碱是 OH^-。任何比 OH^-更强的碱都会与水反应生成 OH^-。而在某些溶剂中，比 OH^-更强的碱是可以存在的，因此在这些溶剂中就可以实现一些在水中无法实现的反应。这些不同的地方就允许在非水溶剂中出现一些在水溶液中不可能出现的合成过程。因此，非水溶剂化学在无机化学中是一个重要的领域，本章也将对这个领域做一个简要的介绍。

10.1 一些常见的非水溶剂

尽管水作为溶剂比其他的液体使用的范围都大得多，但是其他溶剂也可能具有一些重要的优势。例如，如果任何比 OH^-更强的碱置于水中，它都会与水反应生成 OH^-。如果在某些反应中需要使用到比 OH^-更强的碱时，最好的办法就是使用一种比水的碱性更强的溶剂，因为这种溶剂对应的阴离子的碱性会比 OH^-更强。例如，液氨中存在的碱性阴离子是 NH_2^-，它的碱性比 OH^-更强。如果一个反应需要使用比 H_3O^+更强的酸时，这个反应需要在一种比水更酸的溶剂中进行。

某些重要的非水溶剂是需要特殊的条件和仪器去处理的。氨、二氧化硫、氟化氢和四氧化二氮在常温常压下都是气体。某些溶剂如液态氢氰酸是剧毒的。考虑到这些困难，做这么大量的工作才能在非水溶剂中进行反应看起来不是很正常。但是，在很多情况下，优点总是多于缺点。能够在非水溶剂中进行的反应范围确实是很广的，这是因为这些溶剂的性质是如此的不同。表 10.1 列出了一些经常使用的非水溶剂和它们的相关性质。

表 10.1　一些常见的非水溶剂的性质

溶剂	熔点/℃	沸点/℃	偶极矩/D	介电常数
H_2O	0.0	100	1.85	78.5
NH_3	–77.7	–33.4	1.47	22.4
SO_2	–75.5	–10.0	1.61	15.6
HCN	–13.4	25.7	2.8	114.9
H_2SO_4	10.4	338	—	100
HF	–83	19.4	1.9	83.6
N_2H_4	2.0	113.5	1.83	51.7
N_2O_4	–11.2	21.5	—	2.42
CH_3OH	–97.8	65.0	1.68	33.6
$(CH_3)_2SO$	18	189	3.96	45
CH_3NO_2	–29	101	3.46	36
$(CH_3CO)_2O$	–71.3	136.4	2.8	20.5
H_2S	–85.5	–60.7	1.10	10.2
HSO_3F	–89	163	—	—

使用非水溶剂的一个缺点是多数情况下离子固体在非水溶剂中的溶解度都比在水中差。当然，也有例外的。例如，氯化银在水中几乎不溶，但它却能溶于液氨。以后我们将会介绍，某些反应在水中和在非水溶剂中的反应方向是完全相反的。

10.2 溶剂概念

长久以来我们都知道某些物质在水中会发生自电离，我们推测在非水溶剂中物质也会发生类似的反应。尽管氢化钠与水发生的反应被认为是在水以 H^+OH^-形式存在时发生的：

$$NaH + H_2O \longrightarrow H_2 + NaOH \tag{10.1}$$

但实际上并不是这样的。即使水分子会发生微量的自电离，上述反应也能在不需假设水预先电离的情况下发生。类似的情况也发生在非水溶剂中，并且在许多情况下是假定溶剂电离，我们清楚分子的哪一部分以哪种方式进行反应。溶剂不发生自电离是不太可能的。弄清楚特定溶剂中会产生什么物质便于预测反应过程。

水进行自电离的主要证据之一是来自纯水的电导率，相关平衡方程式可写成：

$$2H_2O \rightleftharpoons H_3O^+ + OH^- \tag{10.2}$$

液氨的电导率也是足够高的，表明液氨会发生轻微程度的自电离。为了生成离子，一定有某种物质从一个分子转移到另一个分子，而在水或液氨这样的溶剂中发生的是质子转移。相应地，电离过程可以写作：

$$2NH_3 \rightleftharpoons NH_4^+ + NH_2^- \quad K_{am} = 2\times10^{-29} \tag{10.3}$$

根据酸和碱的阿伦尼乌斯理论，水中的酸性物质是溶剂化的质子（即 H_3O^+）。这表明酸性物质是溶剂的阳离子。在水中，碱性物质是溶剂的阴离子 OH^-。将酸和碱的阿伦尼乌斯定义推广至液氨上，从式（10.3）中显然可以看到，NH_4^+ 是酸性物质，NH_2^- 是碱性物质。显然，在液氨中任何能使 NH_4^+ 的浓度增大的物质是酸，能使 NH_2^- 的浓度增大的物质是碱。对于其他溶剂，它发生自电离（如果能发生的话）时都会导致不同离子的出现，但在任何情况下都会出现一种阳离子和一种阴离子。从对酸碱物质的本质的归纳总结得出：溶剂的阳离子是酸性物质，溶剂的阴离子则是碱性物质。这就是溶剂概念（solvent concept）。中和反应可认为是溶剂的阳离子和阴离子间的反应。例如，阳离子和阴离子反应生成未电离的溶剂：

$$HCl + NaOH \longrightarrow NaCl + H_2O \tag{10.4}$$

$$NH_4Cl + NaNH_2 \longrightarrow NaCl + 2NH_3 \tag{10.5}$$

需要注意溶剂本身实际上并不需要发生自电离。

如果液态的二氧化硫发生自电离，过程可以表示如下：

$$2SO_2 \rightleftharpoons SO^{2+} + SO_3^{2-} \tag{10.6}$$

这个反应并不能发生到可测量的程度，但这不会阻碍我们懂得反应过程中产生的离子有酸性和碱性两种。因此，我们可以推测在液态 SO_2 中 Na_2SO_3 是一种碱，因为它含有 SO_3^{2-}，而 $SOCl_2$ 是一种酸，因为它可以提供 SO^{2+}（如果能解离的话）。所以，Na_2SO_3 和 $SOCl_2$ 将发生以下反应：

$$Na_2SO_3 + SOCl_2 \xrightarrow{液SO_2} 2NaCl + 2SO_2 \tag{10.7}$$

这个反应代表了液态二氧化硫中的一个中和反应。而二氧化硫溶剂不电离或者 $SOCl_2$ 是共价分子并不会产生区别。溶剂概念的用途不是用于准确推测溶剂进行某种自电离，其价值在于能使我们准确推测如果溶剂电离的话，反应将如何发生。注意在上述反应中 $SOCl_2$ 没有电离，但如果它会电离的话，它将会提供 SO^{2+}（溶剂的酸性物质）和 Cl^-。

上面介绍的溶剂概念可以拓展到其他的非水溶剂。例如，液态 N_2O_4 如果发生自电离，将产生 NO^+和 NO_3^-。在这种溶剂中，能提供 NO_3^- 的化合物将是碱，提供（形式上，而不一定是实际提供）NO^+的化合物将是酸。因此，$NaNO_3$ 和 NOCl（实际以 ONCl 方式连接）在液态 N_2O_4 中的反应是一个中和反应：

$$NOCl + NaNO_3 \xrightarrow{液N_2O_4} NaCl + N_2O_4 \tag{10.8}$$

从表面上看，液态 N_2O_4 似乎可以发生另一种自电离，分子分解生成 NO_2^+ 和 NO_2^-：

$$N_2O_4 \rightleftharpoons NO_2^+ + NO_2^- \tag{10.9}$$

然而，在液态 N_2O_4 中反应不会发生，否则会存在 NO_2^+ 和 NO_2^-，但没有证据表明它们存在。在大多数情况下，溶剂如果发生自电离的话是通过 H^+或 O^{2-}的转移实现。

液态 HF 的导电性表明它发生微量自电离，可以表示为：

$$3HF \longrightarrow H_2F^+ + HF_2^- \tag{10.10}$$

在这个例子中，H^+和 F^-都会被 HF 溶剂化，因此没有用简单离子来表示。在液态 HF 中 $H_2F^+SbF_6^-$ 表现为酸，$Br_2F_2^+HF_2^-$ 表现为碱，不过我们不会描述这些物质是如何制备的（见第 15 章）。这个中和反应可以写作：

$$H_2F^+SbF_6^- + BrF_2^+HF_2^- \xrightarrow{液HF} 3HF + BrF_2^+SbF_6^- \tag{10.11}$$

10.3 两性表现

在含有 Zn^{2+}或 Al^{3+}的水溶液中加入 NaOH 时，会形成金属氢氧化物沉淀。继续往里面滴加碱时，沉淀会溶解，这种情况就像往里面滴加酸一样。上述反应的第一个阶段，氢氧化铝可看作碱，第二阶段时氢氧化铝则可看作酸。这种既能作为碱又能作为酸去参与反应的表现称为两性。Zn^{2+}与碱和酸的反应可以表示如下：

$$Zn^{2+} + 2\,OH^- \longrightarrow Zn(OH)_2$$

$$Zn(OH)_2 \xrightarrow{+\,2\,H_3O^+} Zn(H_2O)_4^{2+} \qquad Zn(OH)_2 \xrightarrow{+\,2\,OH^-} Zn(OH)_4^{2-} \tag{10.12}$$

当与碱反应时，$Zn(OH)_2$ 溶解生成配合物 $Zn(OH)_4^{2-}$。当与酸反应时，H_3O^+上的质子转移到氢氧根离子上形成水分子，与 Zn^{2+}配位。

Zn^{2+}在液氨中的表现与其在水中的表现是相似的。首先，当氨基化合物加入时会形成 $Zn(NH_2)_2$ 沉淀，再加入含有 NH_4^+ 或 NH_2^- 的溶液时，沉淀都会溶解。这种表现可以表示如下：

$$Zn^{2+} + 2\,NH_2^- \longrightarrow Zn(NH_2)_2 \qquad Zn(NH_2)_2 \xrightarrow{+\,2\,NH_4^+} Zn(NH_3)_4^{2+} \qquad Zn(NH_2)_2 \xrightarrow{+\,2\,NH_2^-} Zn(NH_2)_4^{2-} \tag{10.13}$$

尽管在这里这种两性表现都是以金属离子为起始物的，但是从金属氧化物或者氢氧化物出发可以写出类似的反应方程式。其他溶剂中的两性表现将在后面介绍。

10.4 配位模式

对于某些非水溶剂，假如发生自电离的话，它的自电离度肯定是非常的低，以至于就像没有离子存在一样。如果溶剂的离子积常数低至 10^{-40}，那么每个离子的浓度将是 $10^{-20}mol\cdot L^{-1}$。这个数据的含义是：1mol 的溶剂含有 6.02×10^{23} 个分子，其中只有大约 1000 个分子发生了电离。痕量的杂质（实际上极难得到完全无水的溶剂）在反应中电离出的离子数都比非水溶剂自电离产生的离子数要多。因此，其他一些理论模型被提出，以排除假定自电离发生的必要性。

当 $FeCl_3$ 加入 $OPCl_3$ 时，分光光度法表明 $FeCl_4^-$存在于溶液中。其中一种解释是溶剂的电离：

$$OPCl_3 \rightleftharpoons OPCl_2^+ + Cl^- \tag{10.14}$$

随后 $FeCl_3$ 就与 Cl^-反应：

$$FeCl_3 + Cl^- \longrightarrow FeCl_4^- \tag{10.15}$$

另一种看似可能的情况就是 $FeCl_3$ 和 $OPCl_3$ 在溶剂自电离前已经反应。这种推测是合理的，因为 $FeCl_3$ 是路易斯酸，而 $OPCl_3$ 分子包含具有非共用电子对的原子。两者的反应如下所示：

$$FeCl_3 + OPCl_3 \rightleftharpoons [Cl_3Fe-ClPOCl_2] \rightleftharpoons OPCl_2^+ + FeCl_4^- \tag{10.16}$$

这表明 $FeCl_3$ 从 $OPCl_3$ 中拉 Cl^-，因此不必发生溶剂的自电离。

在这个过程中，一些氯离子从溶剂中脱离，与 Fe^{3+}配位，根据勒夏特列原理（Le Chatelier’s principle），反应向右进行。尽管这个方案排除了 $OPCl_3$ 发生自电离后 $FeCl_3$ 拉走 Cl^-的假设，但它忽略了这样一个事实：作为与路易斯酸反应的原子，$OPCl_3$ 上的氧原子比氯原子的碱性更强。

在德文·米克（Devon Meek）和德拉格的经典研究中，$FeCl_3$ 被放入不同的溶剂中。磷酸三乙酯 $OP(OC_2H_5)_3$ 溶剂并不包含氯，但是溶液的光谱图却与 $FeCl_3$ 的 $OPCl_3$ 溶液的光谱图是相似的，这说明了前者中依旧含有 $FeCl_4^-$！那么形成 $FeCl_4^-$ 的 Cl^-来源只有 $FeCl_3$ 本身。德拉格解释为：这种情况要发生的话，那么溶剂中的一个分子必须先取代 $FeCl_3$ 上的一个氯离子。换言之，溶剂会先发生一个取代反应，随后释放出的 Cl^-与另一个 $FeCl_3$ 分子反应生成 $FeCl_4^-$。由于 $FeCl_3$ 与溶剂形成的配合物是通过配位键连接的，所以这种溶剂行为的模式被称为配位模式。上述反应的过程如下，其中 X 代表了 Cl 或者乙基：

$$FeCl_3 + OPX_3 \rightleftharpoons [Cl_3FeOPX_3] \rightleftharpoons \left[Cl_{3-x}Fe(OPX_3)_{1+x}\right]^{x+} + x\left[FeCl_4^-\right]\ldots$$

$$\rightleftharpoons \left[Fe(OPX_3)_6\right]^{3+} + 3\left[FeCl_4^-\right] \tag{10.17}$$

随着 Fe^{3+}上的氯离子被取代，反应不断进行，直到变为溶剂化的 Fe^{3+}（配合物 $[Fe(OPX_3)_6]^{3+}$）和氯配合物 $FeCl_4^-$。

配位模式提供了一种解释非水溶剂中很多反应的方法，不必假定溶剂发生自电离过程。式（10.17）表明，产生 $FeCl_4^-$ 的事实是可以通过取代过程而非自电离过程来解释的。然而，就像本章较早前提到的，某些时候假定溶剂概念有效是很有用的，一些反应发生的情况就像溶剂轻微电离成酸和碱一样。

10.5 液氨中的化学

液氨在很多性质上都像水，同样都是极性的，都是包含了大量的氢键。有意思的是，液氨中的氢键数量没有水中的那么多，这是因为水中的氧原子可以与另外的两个水分子形成氢键。这点不同可以通过它们的汽化热来证明，水的汽化热是 40.65kJ • mol^{-1}，而氨的汽化热则只有 23.26kJ • mol^{-1}。尽管特定类型的化合物存在不同，但是液氨和水都能溶解很多类型的固体。液氨的沸点温度是–33.4℃，这意味着使用液氨时必须在低温和高压下进行。如果液氨保存在杜瓦瓶中，它的蒸发速度就会变得足够小，溶液就能保持适当长的时间。

我们已经提到过氯化银能容易地溶解在液氨中。因为液氨跟水相比具有稍小的极性，更低的内聚能，分子间力能使有机分子在液氨中产生空隙。因此，大多数的有机物在液氨中溶解效果都比在水中好。表 10.2 概括了液氨的物理性质。

表 10.2　液氨的物理性质

项目	指标	项目	指标
熔点/℃	–77.7	汽化热/kJ • mol^{-1}	23.26
沸点/℃	–33.4	偶极矩/D	1.47
–33.4℃时的密度/g • cm^{-3}	0.683	介电常数	22
熔化热/kJ • mol^{-1}	5.98	–35℃时的电导率/Ω • m^{-1}	2.94×10^{-7}

因为液氨是碱，所以与酸发生的反应在液氨中通常会比在水中进行得更彻底。例如，乙酸在水中是弱酸，但它在液氨中能完全电离。尽管液氨是碱，但当它与极强的碱（如 N^{3-}、O^{2-}或 H^-）反应时，它也能失去质子。现在我们将讨论在液氨中发生的几个重要的反应类型。

10.5.1 氨合反应

许多溶剂是含有非共用电子对且具有极性的物质，它们可以与金属离子结合或者与阴离子形成氢键。因此，很多固体从溶液中结晶出来时，经常包含一定数量的溶剂分子。当这种现象发生在水溶液时，我们称这种固体为水合物。我们熟知的例子就是五水硫酸铜：

$$CuSO_4 + 5H_2O \longrightarrow CuSO_4 \cdot 5H_2O \qquad (10.18)$$

一个类似的反应类型也可以在 AgCl 和液氨中观察到：

$$AgCl + 2NH_3 \longrightarrow Ag(NH_3)_2Cl \qquad (10.19)$$

因为氨是溶剂，那么其溶剂化物质就被称为氨合物。固体中的溶剂分子并不总是以相同的方式结合的。例如，有些固体可能包含着水合的水分子，但在别的情况下水分子可能是与金属离子配位结合的。在将材料归类为水合物或氨合物时，溶剂结合的方式并不总是只有特定的一种。

10.5.2 氨解反应

本书中很多地方已经强调过非金属和卤素之间的键的反应性，例如以下反应很容易发生：

$$PCl_5 + 4H_2O \longrightarrow 5HCl + H_3PO_4 \qquad (10.20)$$

这些反应中水分子发生分离或者说分解了，因此这类反应被称为水解反应。同样，NH_3 分子被分解的反应也可以称为氨解反应。此反应的几个例子如下：

$$SO_2Cl_2 + 4NH_3 \longrightarrow SO_2(NH_2)_2 + 2NH_4Cl \qquad (10.21)$$

$$CH_3COCl + 2NH_3 \longrightarrow CH_3CONH_2 + NH_4Cl \qquad (10.22)$$

$$BCl_3 + 6NH_3 \longrightarrow B(NH_2)_3 + 3NH_4Cl \quad (10.23)$$

$$2CaO + 2NH_3 \longrightarrow Ca(NH_2)_2 + Ca(OH)_2 \quad (10.24)$$

已经知道还有很多其他涉及氨解的反应，但是上述的这些例子已经诠释了氨解的过程。

10.5.3 复分解反应

为了在水中能发生复分解反应，一些产物必须从反应中除去。通常，这个过程会有沉淀、气体或者非电解质生成。因为在液氨中这些产物的溶解度会有不同，所以这些反应与在水中经常是不一样的。尽管卤化银在水中是不溶的，但在液氨中由于可以与氨形成稳定的配合物，它们是可溶的。因此，有：

$$Ba(NO_3)_2 + 2AgCl \longrightarrow BaCl_2 + 2AgNO_3 \quad (10.25)$$

此反应能在液氨中发生，因为 $BaCl_2$ 在液氨中不溶：

$$BaCl_2 + 2AgNO_3 \longrightarrow Ba(NO_3)_2 + 2AgCl \quad (10.26)$$

而在水中，这个反应能发生也是因为 AgCl 不溶于水。

10.5.4 酸碱反应

尽管非水溶剂的自电离没有必要发生，但是溶剂概念表明溶剂特征阳离子是酸性物质，阴离子则是碱性物质。因此，当同时含有这两种物质时，中和反应会发生。对于液氨体系，NH_4^+ 是酸，NH_2^- 是碱，两者反应式如下：

$$NH_4Cl + NaNH_2 \xrightarrow{\text{液氨}} 2NH_3 + NaCl \quad (10.27)$$

酸碱反应同样包含了那些既能是酸又能是碱的溶剂，例如以下列出的反应。氢化钠与水反应产生碱性溶液：

$$H_2O + NaH \longrightarrow H_2 + NaOH \quad (10.28)$$

相似的反应在液氨中也能发生：

$$NH_3 + NaH \longrightarrow H_2 + NaNH_2 \quad (10.29)$$

正如氧化物在水中是强碱：

$$CaO + H_2O \longrightarrow Ca(OH)_2 \quad (10.30)$$

亚胺和氮离子在液氨中也是碱。这两种离子在液氨中都会由于碱性太强而不能稳定存在，最终会反应生成一种较弱的碱，即 NH_2^-：

$$CaNH + NH_3 \longrightarrow Ca(NH_2)_2 \quad (10.31)$$

$$Mg_3N_2 + 4NH_3 \longrightarrow 3Mg(NH_2)_2 \quad (10.32)$$

氧离子在液氨中也是一种强碱，能脱去氨的质子：

$$2BaO + 2NH_3 \longrightarrow Ba(NH_2)_2 + Ba(OH)_2 \quad (10.33)$$

由于液氨具有碱性，一些在水中是弱酸的物质在液氨中能完全电离。

$$HF + NH_3 \xrightarrow{\text{液氨}} NH_4^+F^- \quad (10.34)$$

这种脱质子反应能在液氨中发生但却不能在水中进行，是因为酸性物质能利用氨基负离子的碱性。以下反应是乙二胺分子（$H_2NCH_2CH_2NH_2$，en）与 Pt^{2+} 形成配合物 $[Pt(en)_2]^{2+}$ 时脱 H^+ 的过程：

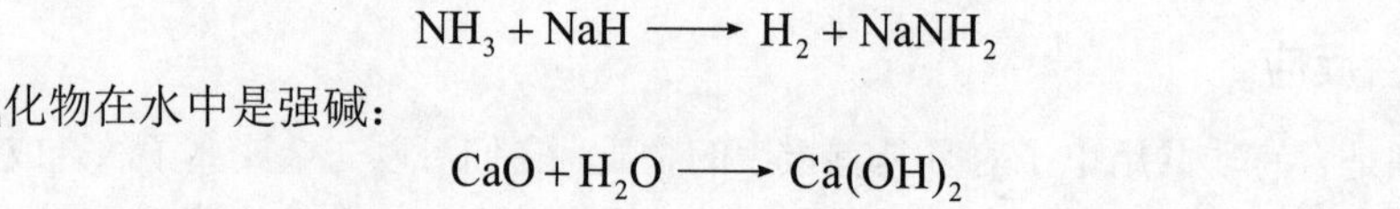

$$[Pt(H_2NCH_2CH_2NH_2)_2] + 2NH_2^- \xrightarrow{\text{液氨}} [Pt(^-HNCH_2CH_2NH^-)(H_2NCH_2CH_2NH_2)] + 2NH_3 \quad (10.35)$$

当脱氢的乙二胺写作 en—H 时，配合物[Pt(en—H)$_2$]是中性的。在液氨中这是一个活泼物质，能发生很多反应。瓦特（Watt）和他的合作者利用它合成了乙二胺的多种衍生物，例如以下反应：

$$[Pt(en-H)_2]+2CH_3Cl \longrightarrow [Pt(CH_3en)_2]Cl_2 \qquad (10.36)$$

这些有趣的反应之所以能发生是因为 NH_2^- 的碱性，而这在水溶液中是行不通的。

10.5.5 金属-液氨

如果在水化学和液氨化学中要有一个根本的区别的话，那么这就是两者对于第ⅠA族金属的行为表现了。当这些金属被放入水中时，剧烈的反应会发生并释放出氢气。

$$2Na+2H_2O \longrightarrow H_2+2NaOH \qquad (10.37)$$

相反，这些金属溶解在液氨中时只会发生非常缓慢的反应。含有碱金属的液氨在140多年前已被人们熟悉，它们具有特殊的性质。这些金属溶解的程度本身就是有趣的，表10.3中列出了碱金属在液氨中的溶解度。

表10.3 碱金属在液氨中的溶解度

金属	温度/℃	饱和溶液的物质的量浓度/mol·L^{-1}
Li	0	16.31
	–33.2	15.66
Na	0	10.00
	–33.5	10.93
K	0	12.40
	–33.2	11.86
Cs	0	—
	–50.0	25.10

碱金属在液氨中溶解并没有发生化学变化，这个可以通过溶液挥发后再回收得到金属的事实验证。如果产物并没有处于热压状态，金属回收的形式是另一种溶质，它的化学式可写成 $M(NH_3)_6$。此外，溶液的密度比溶质密度小。从外观上看，所有的稀溶液都是蓝色的，但当浓度大于1mol·L^{-1}时，溶液颜色变为青铜色。溶液电导率高于1∶1电解质的电导率。虽然其电导率随着金属浓度的上升而下降，但浓溶液的导电性具有金属的特点。还有一个异常之处是溶液是顺磁性的，但对于浓溶液其磁化率却下降。磁化率的大小是与每个金属原子产生一个自由电子一致的。这些溶液的任何理论模型都必须解释这些事实。

已经提出的金属-液氨模型是基于金属原子电离产生溶剂化金属离子和溶剂化电子。溶剂化电子被认为是处于氨中的空隙中，因此可能表现为三维盒子中的一个粒子，具有量子化的能级。能级之间的跃迁会引起光的吸收，这就导致了溶液会出现颜色。溶解过程可表示为：

$$M+(x+y)NH_3 \longrightarrow M(NH_3)_x^+ + e^-(NH_3)_y \qquad (10.38)$$

电子所处的空隙的形状还不清楚，但是有理由认为氢原子以某种方式指向电子，这是因为氢原子带有一点正电荷。尽管可能会有几个氨分子一起形成空隙，但可以合理地用下面的模型来表示：

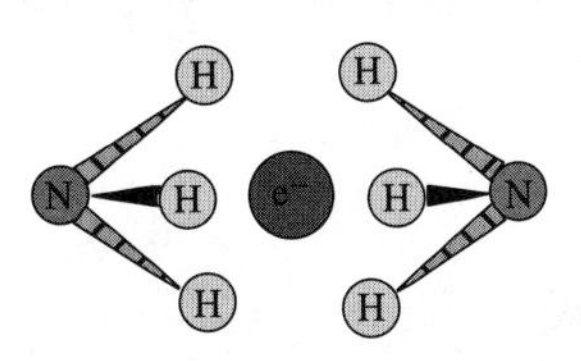

其中带有正的形式电荷的氢原子围绕着电子形成了一个笼子。液氨中溶剂化电子对应的光谱图在 1500nm 左右出现最大值。虽然这几乎不表示盒子中的一个粒子，但如果我们假定它是一个粒子，并且假定光谱中最大的峰带代表着 n=1 和 n=2 两个态之间的电子跃迁，那么我们可以解出盒子的尺寸大小。在这个例子中，能量变化值对应着一个长约 120nm 的盒子，尽管其他估算范围是在 300～600nm 之间。虽然这并不是一个准确的计算，但这个空隙的计算长度至少与处于分子尺寸的小空隙中的电子是匹配的，也与此类型溶液的密度低于纯溶剂的密度这个事实相符。

碱金属的液氨已经通过多种技术进行了研究，其中包括导电性、磁化率、NMR、体积膨胀、光谱（可见光谱和红外光谱）等。获得的数据表明金属溶解时发生电离，金属离子和电子都被溶剂化了。假设同时存在几个平衡，这样可以解释这些溶液的独特性质。这些平衡一般表示如下：

$$M + (x+y)NH_3 \rightleftharpoons M(NH_3)_x^+ + e^-(NH_3)_y \quad (10.39)$$

$$2M^+(am) + 2e^-(am) \rightleftharpoons M_2(am) \quad (10.40)$$

$$2e^-(am) \rightleftharpoons e_2^{2-}(am) \quad (10.41)$$

$$M^+(am) + e_2^{2-}(am) \rightleftharpoons M^-(am) \quad (10.42)$$

$$M^+(am) + M^-(am) \rightleftharpoons M_2(am) \quad (10.43)$$

溶液的膨胀通过考虑电子占据溶剂中的空洞来解释。式（10.41）中的成对电子被认为至少是溶液越浓其顺磁性越低的部分原因。但是，成对也涉及自由电子的除去，如式（10.40）所示。虽然不太可能包含所有的上述反应，但是有可能这些反应的相对重要性取决于溶解的特定金属和溶液的浓度。除了溶解之外，碱金属也会缓慢地发生反应并释放出氢气：

$$2Na + 2NH_3 \longrightarrow 2NaNH_2 + H_2 \quad (10.44)$$

这个反应能被光照加速进行，也能被过渡金属离子催化。

化学物质的还原意味着那种物质得到电子。由于碱金属的液氨含有自由电子，所以它们是极强的还原剂。这已经通过大量的反应被证实。例如，氧可以转化成过氧离子或超氧离子。

$$O_2 \xrightarrow{e^-(am)} O_2^- \xrightarrow{e^-(am)} O_2^{2-} \quad (10.45)$$

碱金属的液氨也能把过渡金属变成不常见的氧化态。例如，碱金属的液氨能把配合物中的金属离子还原成 0 价态。$[Pt(NH_3)_4]Br_2$ 与钾的液氨反应生成$[Pt^0(NH_3)_4]$：

$$[Pt(NH_3)_4]Br_2 + 2K \longrightarrow [Pt^0(NH_3)_4] + 2KBr \quad (10.46)$$

其他的例子如：

$$[Ni(CN)_4]^{2-} + 2e^-(am) \longrightarrow [Ni^0(CN)_4]^{4-} \quad (10.47)$$

$$Mn_2(CO)_{10} + 2e^-(am) \longrightarrow 2[Mn(CO)_5]^- \quad (10.48)$$

一些化合物反应失去氢和生成阴离子。这种反应类型的例子如：

$$2SiH_4 + 2e^-(am) \longrightarrow 2SiH_3^- + H_2 \quad (10.49)$$

$$2CH_3OH + 2e^-(am) \longrightarrow 2CH_3O^- + H_2 \quad (10.50)$$

同样发现，碱金属也能溶解在其他的溶剂中，如甲胺和乙二胺。这些溶液具有一些含氨溶液的特点，因此会发生相似的反应。

10.6 液态氟化氢

与水在很多地方相似的溶剂是液态氟化氢。它的分子是极性的，溶液可部分自电离，对于很多离子固体来说是相当好的溶剂。尽管它的沸点相当低(19.5℃),但是由于大量的氢键存在,它的液态范围还是比得上水的。使用液态 HF 的一个问题在于它腐蚀玻璃,因此存放它的容器必须使用惰性材料制作,比如特氟龙,一种聚四氟乙烯。表 10.4 列出了这种非水溶剂的一些数据参数。

表 10.4　HF 的物理性质

项目	指标	项目	指标
熔点/℃	−83.1	汽化热/kJ · mol^{-1}	30.3
沸点/℃	−19.5	当量电导率/Ω · m^{-1}	1.4×10^{-5}
−19.5℃时的密度/g · cm^{-3}	0.991	0℃时的介电常数	83.6
熔化热/kJ · mol^{-1}	4.58	偶极矩/D	1.83

从相当高的汽化热(处于水和液氨之间)推断,液态 HF 具有超过 100℃的液态范围和相对较高的沸点。

液态 HF 的自电离方程可表示为:

$$3HF \rightleftharpoons H_2F^+ + HF_2^- \tag{10.51}$$

25℃时,水的当量电导率为 $6.0\times10^{-8}\Omega\cdot m^{-1}$,而液态 HF 的当量电导率为 $1.4\times10^{-5}\Omega\cdot m^{-1}$。因此,HF 解离常数约为 8×10^{-12},大于水的解离常数 1.0×10^{-14}。HF_2^- 的结构是对称的直线结构:

$$[F\cdots H\cdots F]^-$$

它代表了氢键中最强的结合方式。这种方式可以理解成一个 HF 分子溶剂化了一个 F^-。H_2F^+中的中心氟原子周围有八个电子,它与水是等电子构型,其离子结构如下:

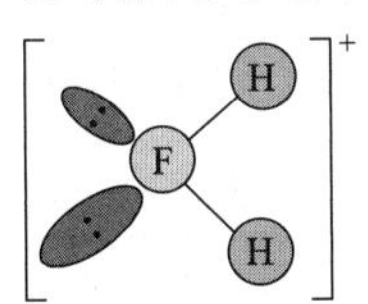

它的介电常数和偶极矩都与水相似,表明 HF 对于无机化合物而言是一个良溶剂,但一些有机化合物也能溶于 HF。通常,+1 价的金属氟化物比+2 或+3 价的金属氟化物在 HF 中更易溶。11℃时,NaF 的溶解度约为每 100g 液态 HF 中能溶解 30g,而 MgF_2 却只能溶 0.025g,AlF_3 只有 0.002g。

HF 的酸性足够大,以至于在很多例子中都可作为一种酸催化剂。当 HF 与能形成稳定氟配合物的强路易斯酸反应时,可得到溶剂特征阳离子 H_2F^+。BF_3 和 AsF_5 的反应就是一个典型的反应:

$$BF_3 + 2HF \longrightarrow H_2F^+ + BF_4^- \tag{10.52}$$

$$AsF_5 + 2HF \longrightarrow H_2F^+ + AsF_6^- \tag{10.53}$$

上述的反应方程可以写成分子形式:

$$AsF_5 + HF \longrightarrow HAsF_6 \tag{10.54}$$

液态 HF 中的碱性物质是氟离子或者溶剂化的氟离子 HF_2^-。就像水中的 OH^-会形成羟配合物一样,液态 HF 中的氟离子也能形成配合物。当与 Zn^{2+}或 Al^{3+}等金属离子作用时,就会导致两性现象的出现。在与 Al^{3+}的反应中,AlF_3 在液态 HF 中相对难溶,因此两性现象可表示如下:

$$\begin{array}{c} Al^{3+} + 3F^- \longrightarrow AlF_3 \\ +3H_2F^+ \swarrow \quad \searrow +3F^- \\ Al^{3+} + 6HF \qquad\qquad AlF_6^{3-} \end{array} \tag{10.55}$$

尽管此示意图中碱性物质写成简单的F^-，但在液态 HF 中实际上应该是溶剂化的物质HF_2^-。

液态 HF 的本质特性是它的酸性和HF_2^-阴离子（代表最强的氢键）的稳定性。因此，在液态 HF 的很多反应中，溶剂表现为一种酸，并生成HF_2^-。这类典型的反应如下：

$$2HF + H_2O \longrightarrow H_3O^+ + HF_2^- \tag{10.56}$$

$$2HF + R_2C=O \longrightarrow R_2C=OH^+ + HF_2^- \tag{10.57}$$

$$2HF + C_2H_5OH \longrightarrow C_2H_5OH_2^+ + HF_2^- \tag{10.58}$$

$$2HF + Fe(CO)_5 \longrightarrow HFe(CO)_5^+ + HF_2^- \tag{10.59}$$

除了这些反应类型，液态 HF 还能将一些氧化物转化成卤氧化物。例如，与高锰酸根的反应可以表示为：

$$5HF + MnO_4^- \longrightarrow MnO_3F + H_3O^+ + 2HF_2^- \tag{10.60}$$

综上所述，液态 HF 显然是一种用途多样的非水溶剂。

10.7 液态二氧化硫

除了已经讨论过的含氢溶剂之外，液态二氧化硫在化学领域已被应用了很多年。尽管SO_2分子具有明显的偶极矩，但它对于很多共价化合物而言还是一种良溶剂。由于有π电子的存在它的分子显示出极性，因此SO_2和溶质之间的伦敦力导致了溶质的溶解。与软硬作用原理一致的是，像$OSCl_2$、$OPCl_3$和PCl_3等化合物是非常易溶的。尽管脂肪烃类在液态SO_2中是不溶的，但是大部分的芳香烃类在液态SO_2中是明显可溶的。这种溶解度的不同提供了一种利用溶剂萃取分离这两种烃的方法。离子化合物在液态SO_2中基本不溶，除非化合物中含有非常大的离子，这样能使其具有大的极性和低的晶格能。液态二氧化硫的物理性质列于表 10.5。后面将会看到二氧化硫是一种有用的溶剂，它能利用超强酸（如$HOSO_2F/SbF_5$的混合物）反应。

表 10.5 液态 SO_2 的物理性质

项目	指标	项目	指标
熔点/℃	−75.5	汽化热/kJ・mol^{-1}	24.9
沸点/℃	−10.0	偶极矩/D	1.63
密度/g・cm^{-3}	1.46	介电常数	15.6
熔化热/kJ・mol^{-1}	8.24	电导率/Ω・m^{-1}	3×10^{-8}

二氧化硫能作为很弱的路易斯酸或者路易斯碱起作用，因此它能形成多种溶剂化产物：

$$SO_2 + SnCl_4 \longrightarrow SnCl_4 \cdot SO_2 \tag{10.61}$$

跟一些极强的路易斯酸反应时，会发生溶剂解反应，生成卤氧化物：

$$SO_2 + NbCl_5 \longrightarrow NbOCl_3 + OSCl_2 \tag{10.62}$$

SO_2分子中的硫原子和氧原子上都有非共用电子对。因此，它能与过渡金属以几种结合方式形成很多配合物。这些结合方式包括硫原子键合、一个氧原子键合、两个氧原子都键合以及多种桥联模式。在多数的情况下，配合物涉及低氧化态的软金属。二氧化硫的另一个重要反应就是插入反应，即它插入到金属与另一个配体之间。这类反应可以表示为（X 和 L 是与金属成键的其他基团）：

$$X_nM{-}L + SO_2 \longrightarrow X_nM{-}SO_2{-}L \tag{10.63}$$

这个反应类型在第 22 章将会更详细讨论。

如果SO_2的自电离会如下面这样发生：

$$2SO_2 \rightleftharpoons SO^{2+} + SO_3^{2-} \tag{10.64}$$

它的进行程度肯定是极微小的。就像其他非水溶剂一样，保持其溶剂纯度和无水性是必要的。这样的一个氧离子的转移是能量不利的过程。值得注意的是，在 $OSCl_2$ 中的放射性 S 和液态 SO_2 中的 S 并没有发生交换。如果自电离会发生，$OSCl_2$ 和 SO_2 都将产生 SO^{2+}，那么预测的结果是放射性硫将会在两种物质中存在。因此，这个事实说明溶剂没有生成离子。

即使液态 SO_2 不发生自电离，但酸性物质应当是 SO^{2+}，碱性物质应当是 SO_3^{2-}。根据溶剂概念预测，中和反应会发生：

$$K_2SO_3 + SOCl_2 \xrightarrow{\text{液态}SO_2} 2KCl + 2SO_2 \tag{10.65}$$

与水溶液中的反应不同，这个反应不能写成以下离子方程式：

$$SO^{2+} + SO_3^{2-} \longrightarrow 2SO_2 \tag{10.66}$$

即使现在知道在一些非水溶剂中溶剂概念并不能体现出实际的反应物质，但它仍然是一个有用的工具。

如果亚硫酰氯发生如下分解反应：

$$SOCl_2 \longrightarrow SOCl^+ + Cl^- \tag{10.67}$$

那么在溶液中必定会有一些自由的 Cl^-。如果另一个氯化合物能溶解在溶剂中时，那么就可能发生氯离子交换。尽管根据至今的讨论结果来看，自电离是不会发生的，但有趣的是当其他含有放射性氯的化合物溶解在 $SOCl_2$ 中时，确实是与 $SOCl_2$ 发生氯交换了。

像液态 SO_2 一样的非水溶剂是一个用途多样的反应介质，以下反应是一个例子：

$$3SbF_5 + S_8 \xrightarrow{\text{液态}SO_2} S_8^{2+}\left(SbF_6^-\right)_2 + SbF_3 \tag{10.68}$$

通过增大 SbF_5 与 S_8 的比例，反应可能生成 S_4^{2+}。PCl_5 和液态 SO_2 的反应可用来生成亚硫酰氯和磷酰氯：

$$PCl_5 + SO_2 \longrightarrow OPCl_3 + OSCl_2 \tag{10.69}$$

Zn^{2+}和 Al^{3+}在某些非水溶剂中的两性表现已经描述过了。这种表现在液态 SO_2 中也有显示。含有溶剂特征阴离子的铝化合物形成沉淀，这个沉淀随后在液态 SO_2 中无论与酸还是与碱反应都能溶解，过程表示如下：

$$2AlCl_3 + 3\left[\left(CH_3\right)_4N\right]_2SO_3 \longrightarrow Al_2\left(SO_3\right)_3 + 6\left[\left(CH_3\right)_4N\right]Cl \tag{10.70}$$

我们已经知道，液态 SO_2 中的 $SOCl_2$ 是一种酸，因此 $Al_2(SO_3)_3$ 沉淀与其反应生成氯化铝和溶剂：

$$3SOCl_2 + Al_2\left(SO_3\right)_3 \longrightarrow 2AlCl_3 + 6SO_2 \tag{10.71}$$

液态 SO_2 中碱性物质是 SO_3^{2-}，因此$[(CH_3)_4N]_2SO_3$ 作为碱溶液能溶解硫酸铝，形成一种硫的配合物，反应方程式如下所示：

$$Al_2\left(SO_3\right)_3 + 3\left[\left(CH_3\right)_4N\right]_2SO_3 \longrightarrow 2\left[\left(CH_3\right)_4N\right]_3Al\left(SO_3\right)_3 \tag{10.72}$$

近年来电池技术得到了巨大的发展。其中一个最有用的电池类型是锂电池，但是它实际上有几种设计方式，这里只描述其中一种。负极是由锂或锂合金组成的，锂电池的名称就是这样得来的。石墨是正极，电解液则是 $Li[AlCl_4]$的亚硫酰氯溶液。在负极上，锂被氧化：

$$Li \longrightarrow Li^+ + e^- \tag{10.73}$$

在正极发生亚硫酰氯的还原反应：

$$2SOCl_2 + 4e^- \longrightarrow SO_2 + S + 4Cl^- \tag{10.74}$$

随着电池放电，氯化锂在负极上生成，并最终使得电池不再有效。锂电池具有长寿命和高的电流-质量比，因此它们在数码相机、手表、起搏器等产品上应用广泛。

除了溶剂也是一种反应物（溶剂解）的反应之外，溶剂在其他很多反应中只是起到分散溶质，使其相互接触反应的作用。即使在这些体系中，溶剂的不同还是会导致溶质的溶解度不同，进而影响最终反应产物。考虑以下复分解反应：

水中： $$AgNO_3 + HCl \longrightarrow AgCl + HNO_3 \tag{10.75}$$

SO_2 中： $$2AgC_2H_3O_2 + SOCl_2 \longrightarrow 2AgCl + OS(C_2H_3O_2)_2 \tag{10.76}$$

NH_3 中： $$NH_4Cl + LiNO_3 \longrightarrow LiCl + NH_4NO_3 \tag{10.77}$$

NH_3 中： $$AgCl + NaNO_3 \longrightarrow AgNO_3 + NaCl \tag{10.78}$$

上述第一个反应之所以能发生是因为 AgCl 在水中难溶。第二个反应发生也是因为 AgCl 在二氧化硫中难溶。第三个反应发生是因为高度离子化的 LiCl 在液氨中不溶。最后一个反应发生是因为 AgCl 在液氨中可溶而 NaCl 不溶。显然，非水溶剂会导致交换反应的结果不同。

本章中讨论到的特定溶剂的化学诠释了非水溶剂的范围和用途。然而，尽管作为补充内容，其他几种非水溶剂也是应该提及的。例如，卤氧化物如 $OSeCl_2$ 和 $OPCl_3$（本章较早之前在配位模型的讨论中提到）作为非水溶剂也有很多应用。另一种大量研究的非水溶剂是硫酸，它能发生自电离：

$$2H_2SO_4 \rightleftharpoons H_3SO_4^+ + HSO_4^- \tag{10.79}$$

这个平衡的离子积常数约为 2.7×10^{-4}。但是，硫酸中还会有其他物质存在，因为会发生如下一些平衡：

$$2H_2SO_4 \rightleftharpoons H_3O^+ + HS_2O_7^- \tag{10.80}$$

$$2H_2SO_4 \rightleftharpoons H_3SO_4^+ + HSO_4^- \tag{10.81}$$

$$SO_3 + H_2SO_4 \rightleftharpoons H_2S_2O_7 \tag{10.82}$$

一缩二硫酸（也称为焦硫酸或发烟硫酸）也会发生分解：

$$H_2SO_4 + H_2S_2O_7 \rightleftharpoons H_3SO_4^+ + HS_2O_7^- \tag{10.83}$$

很多物质在液态硫酸中能发生质子化，即使某些物质在通常情况下不是碱。例如：

$$CH_3COOH + H_2SO_4 \rightleftharpoons CH_3COOH_2^+ + HSO_4^- \tag{10.84}$$

$$HNO_3 + H_2SO_4 \rightleftharpoons H_2NO_3^+ + HSO_4^- \tag{10.85}$$

$$H_2NO_3^+ + H_2SO_4 \rightleftharpoons NO_2^+ + H_3O^+ + HSO_4^- \tag{10.86}$$

硫酸能与金属、金属氧化物、碳酸盐、硝酸盐、硫化物等发生反应。它是一种用途多样的非水溶剂。

10.8 超强酸

在水溶液中，拉平效应会导致酸强度出现一个上限值，即 H_3O^+的强度值，其酸性通常用溶液的 pH 值来定义。但是，H_3O^+的强度并不是酸性的决定极限值，我们完全有可能得到一些更强的酸性介质，它们通常被称为超强酸。超强酸可定义为比 100%硫酸更强的酸。酸度也可使用哈梅特酸度函数 H_o 来定义，此函数可由以下平衡定义：

$$B + H^+ \rightleftharpoons BH^+ \tag{10.87}$$

BH^+的分解平衡常数为：

$$K_{BH^+} = \frac{[B][H^+]}{[BH^+]} \tag{10.88}$$

哈梅特函数由 BH^+的分解来定义：

$$H_o = pK_{BH^+} - \lg\frac{[BH^+]}{[B]} \tag{10.89}$$

对于 100%的硫酸，其 H_o 值为–12（通常写成–H_o=12），而超强酸就是定义为比硫酸更强的酸。例如，FSO_3H 的 H_o 值为–15。尽管 HF 在水中是弱酸，由于 HF_2^-的稳定性高，液态 HF 的 H_o 值是–15.1。强路易斯酸如 SbF_5 可作为氟离子受体，并且能通过以下反应明显增强其酸度：

$$SbF_5 + 2HF \rightleftharpoons H_2F^+ + SbF_6^- \qquad (10.90)$$

超强酸的 H_o 值通常在 10^{-20}～10^{-15} 之间，因此它们的酸强度是硫酸的几个数量级以上。一种获取超强酸的方法是改变含氧酸如 H_2SO_4 分子的外围原子来增强其诱导效应。当硫酸分子中的两个 OH 基团中的一个被替换成氟原子时，生成物 $HOSO_2F$（熔点–89℃，沸点 163℃）是一种比硫酸更强的酸。

一种已经实现工业化应用的超强酸是三氟甲磺酸 CF_3SO_3H。还有其他几种超强酸含有其他的碳氟基团。三种这样的化合物表示在图 10.1 中。

图 10.1　一些含有卤代烷基的超强酸

与三氟甲磺酸相比，超强酸如 $HCF_2CF_2SO_3H$（四氟乙磺酸，TFESA）的优势在于其低挥发性。由于这个优点，四氟乙磺酸已作为一种纯化合物或二氧化硅负载材料实现商业化应用。

超强酸的性质是非水溶剂化学的一个重要方面，因为很多反应在比 H_3O^+更强的酸中能发生。这种特性早在 1927 年就被詹姆斯•拜仁•科南特（James Bryant Conant）认识到。经常使用到的一种强酸介质是 SbF_5 和 HSO_3F 的混合物。当强路易斯酸 SbF_5 加入 $HOSO_2F$ 中时，它接受一对电子（可能从其中一个氧原子处获得），这样就使剩下的 O—H 键上的诱导效应增强。这样的结果使得 $HOSO_2F/SbF_5$ 混合物是一种比 $HOSO_2F$ 更强的酸，这两种成分的相互作用可以表示为：

$$2HSO_3F + SbF_5 \longrightarrow H_2SO_3F^+ + F_5SbOSO_2F^- \qquad (10.91)$$

一种能在此超强酸中使用的非常强的氧化剂是 FO_2SOOSO_2F（二氟化过二硫酰），它的结构是：

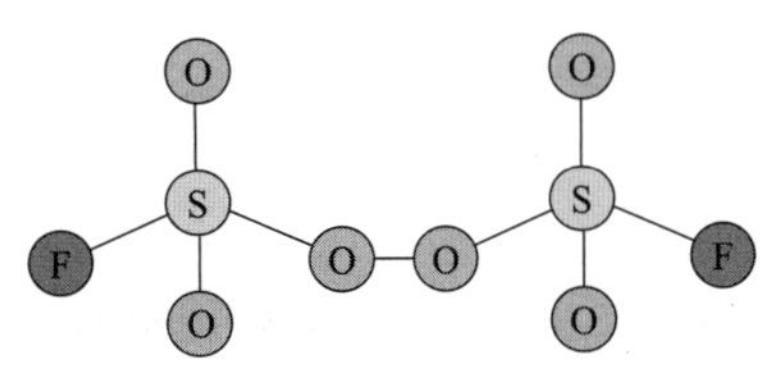

在 $HOSO_2F/SbF_5$ 混合物中，碘能被 $S_2O_6F_2$ 氧化生成多原子阳离子（见第 15 章）。生成 I_3^+ 的反应可以表示为：

$$S_2O_6F_2 + 3I_2 \longrightarrow 2I_3^+ + 2SO_3F^- \qquad (10.92)$$

这个超强酸混合物中的强氧化剂也能把硫氧化成前面提到过的 S_8^{2+} 和 S_4^{2+}（实际上还有其他已知的物质，但这些可能是表征最好的物质）：

$$S_2O_6F_2 + S_8 \longrightarrow S_8^{2+} + 2SO_3F^- \qquad (10.93)$$

$HOSO_2F/SbF_5$ 混合物能溶解石蜡等物质，生成碳正离子。例如，与新戊烷的反应如下：

$$H_2OSO_2F^+ + (CH_3)_4C \longrightarrow (CH_3)_3C^+ + HOSO_2F + CH_4 \qquad (10.94)$$

$H_2SO_3F^+$也是一种强酸，它能质子化卤化磷和碳氢化合物：

$$PX_3 + H_2SO_3F^+ \longrightarrow HPX_3^+ + HSO_3F \qquad (10.95)$$

另一种以类似方式作用的混合物是 HF 和 SbF_5 的混合物，其平衡方程为：

$$HF + SbF_5 \rightleftharpoons H^+ + SbF_6^- \qquad (10.96)$$

这个方程中的 H^+更为准确的写法是溶剂化的 H_2F^+。使用这种超强酸混合物进行反应的合适的溶剂包括液态 HF、SO_2、SO_2FCl 和 SO_2F_2。

超强酸混合物 HF/SbF_5 也能质子化碳氢化合物，生成碳正离子，但是它是一种比 $H_2SO_3F^+$ 弱的酸。在一个有趣的反应中，碳酸能转化成 $C(OH)_3^+$，这种离子与硼酸 $B(OH)_3$ 是等电子结构。超强酸是一种强的质子给体，它能使一些平常不是碱的物质质子化。这些可被质子化的物质包括碳氢化合物、丙酮、有机酸等。超强酸化学可以使一些在其他情况下不能进行的反应成为可能。它们能作为有效的催化剂，在某些情况下使用很少量的这种催化剂就能使反应条件变得更温和，消耗的能量更低。如前所述，这就是非水溶剂化学不可或缺的原因之一。

拓展学习的参考文献

Finston, H.L., Rychtman, A.C., 1982. *A New View of Current Acid-Base Theories*. John Wiley, New York. A useful and comprehensive view of all the major acid-base theories.

Harmer, M.A., Junk, C., Rostovtsev, Carcani, L.E., Vickery, J., Schnepp, Z., 2007. *Green Chem*. 9, 30-37. An article describing the structures and properties of superacids supported on silica substrates.

Jolly, W.L., 1972. *Metal-Ammonia Solutions*. Dowden, Hutchinson & Ross, Inc, Stroudsburg, PA. A collection of research papers that serves as a valuable resource on all phases of the physical and chemical characteristics of these systems.

Jolly, W.L., Hallada, C.J., 1965. In: Waddington, T.C. (Ed.), *Non-Aqueous Solvent Systems*. Academic Press, San Diego. Lagowski, J.J., Moczygemba, G.A., 1967. In: Lagowski, J.J. (Ed.), *The Chemistry of Non-aqueous Solvents*. Academic Press, San Diego.

Meek, D.W., Drago, R.S., 1961. *J. Amer. Chem. Soc*. 83, 432. The classic paper describing the coordination model as an alternative to the solvent concept.

Nicholls, D., 1979. *Chemistry in Liquid Ammonia: Topics in Inorganic and General Chemistry*, vol. 17. Elsevier, Amsterdam. Olah, G.A., Surya Prakash, G.K., Sommer, J., 1985. *Superacids*. Wiley, New York.

Pearson, R.G., 1997. *Chemical Hardness*. Wiley-VCH, New York. An interesting book on several aspects of hardness including the behavior of ions in crystals.

Popovych, O., Tompkins, R.P.T., 1981. *Non-aqueous Solution Chemistry*. Wiley, New York.

Waddington, T.C., 1969. *Non-Aqueous Solvents*. Appleton-Century-Crofts, New York. An older book that presents a lot of valuable information on nonaqueous solvents.

习题

1. 写出在液态硫酸中以下物质的反应方程式：

NaF，$CaCO_3$，KNO_3，$(CH_3)_2O$，CH_3OH

2. 为何当需要一个酸性环境反应时，水比液氨是一种更好的介质，而当需要一个碱性环境时，液氨却比水好？

3. (a)如果 SO_2 连接在$[Ni(PR_3)_4]$ ($R=C_6H_5$)上形成配合物，那么你预测一下是如何连接的，请解释。

（b）如果两个 SO_2 分子要取代配合物$[Mn(OPR_3)_4(H_2O)_2]^{2+}$中的 H_2O，预测一下产物的结构。

（c）假定配合物$[(CO)_4Fe—SO_2—Cr^{2+}(NH_3)_5]$可以制备出来，那么二氧化硫在这个配合物中是如何作为桥联配体的？

4. 解释 HCN 在水中和液氨中酸性的差别。

5. 解释为何不存在 $Co(NH_3)_5H^+$这种类型的氢化物，但存在 $Mo(CO)_5H$ 这种类型的氢化物。

6. 乙酸酐$(CH_3CO)_2O$ 被认为是会进行微弱的自电离。

（a）写出其自电离过程的方程式。

（b）这个溶剂中哪个物质是酸性的？

（c）这个溶剂中哪个物质是碱性的？

（d）写出能够表示在液态乙酸酐中 Zn^{2+}具有两性的方程式。

7. 当 $AlCl_3$ 溶解在 $OSCl_2$ 中时，部分 $AlCl_4^-$ 会生成。

（a）假定应用溶剂概念，请通过方程式解释 $AlCl_4^-$ 是如何生成的。

（b）利用配位模型，写出方程式来表示 $AlCl_4^-$ 是如何生成的。

（c）请解释溶剂概念和配位模型应用在 $AlCl_3$ 和 $OSCl_2$ 的反应上的不同。

8. 请解释 KNO_3 是如何在液态 HF 中作为一种硝化剂被使用的。会出现什么物质？它们是如何反应的？

9. 以下每个反应在水中都能发生。当溶剂变成液氨时，写出相似的反应方程式。

（a）$KOH+HCl \longrightarrow KCl+H_2O$

（b）$CaO+H_2O \longrightarrow Ca(OH)_2$

（c）$Mg_3N_2+6H_2O \longrightarrow 2NH_3+3Mg(OH)_2$

（d）$Zn(OH)_2+2H_3O^+ \longrightarrow Zn^{2+}+4H_2O$

（e）$BCl_3+3H_2O \longrightarrow 3HCl+B(OH)_3$

10. 请解释液态 HF 自电离中的氢键的作用。

11. 写出化学方程式，表示 $TiCl_4$ 是如何在 $OPCl_3$ 中生成 $TiCl_6^{2-}$ 的。

12. 写出化学方程式，表示 $SbCl_4$ 在液态 $OPCl_3$、液态 HF 和液态 BrF_3 中是一种酸。

13. 写出化学方程式，表示以下每个物质如何在液氨中反应：

LiH，NaH_2PO_4，BaO，AlN，$SOCl_2$

14. 写出 Cl_2 与水的化学反应方程式，并写出 Cl_2 与液氨类似的化学反应方程式。

15. 请解释为何 $CaCl_2$ 在液氨中的溶解度比 $CuCl_2$ 小。

16. 如果你尝试在非水溶剂中生成 $N_2F_3^+$，哪种溶剂适合使用？写出在此溶剂中生成 $N_2F_3^+$ 的方程式。

17. 写出方程式表示出在 100%的乙酸中 Zn^{2+}具有两性。

18. 在液氨中，Ir^{3+}在开始加入 $NaNH_2$ 时会形成沉淀，但在加入过量的 NH_2^- 时沉淀会溶解。写出方程式解释这一现象。

19. 写出方程式解释为何 $AlCl_3$ 溶解在水中后的溶液是酸性的。

20. 考虑到 H_2O 和液氖的价电子层都是八个电子，但是它们并没有相似性。描述一下二者的性质不同之处，并解释引起这些性质不同的分子特性。

21. 写出方程式解释在液态 HF 中氟化铵为何是酸。

22. 将 CsF、LiF、BaF_2、CaF_2、KF 等固体按在液态 HF 中的溶解度大小顺序排序，并解释原因。

23. BrF_3和IF_5在液态 HF 中都是碱。写出方程式表示这种表现。

24. 完成并配平以下化学方程式，第二种反应物同时也是反应溶剂。

（a）$AsCl_3+H_2O \longrightarrow$

（b）$AsCl_3+NH_3 \longrightarrow$

（c）$SiCl_4+H_2O \longrightarrow$

（d）$SiCl_4+NH_3 \longrightarrow$

25. 液氨与SO_2Cl_2反应会得到磺酰胺和硫亚胺。写出反应方程式并画出产物结构。

26. 钠的液氨可以溶解锌。为什么？写出反应方程式作为答案的一部分。

第四部分　元素化学

第 11 章　金属元素化学

金属的特性使其在建筑、器械和装饰（如首饰）用途上具有大量需求。金属是如此的重要，以至于红铜时代、铜器时代和铁器时代等这些历史时期都以金属命名。金属具有持久的品质。它们是耐用而有魅力的固体。现在这段话就是使用“标准纯银”（包含 92.5%银和 7.5%铜的合金）制作的笔写成的。金属的魅力将探险者吸引到偏远的地方，金属也曾经是战争的战利品。它们的内在价值已经通过我们穿戴的首饰和货币体系中金属的地位得到了证明。

在已知的 100 多种元素中，超过四分之三是金属元素。这些元素的性质多样，从汞（熔点 –39℃）到钨（熔点 3407℃）。用以从物理上区分金属的特征性质，包括金属光泽、导电性、柔韧性和延展性。定义为金属的元素在这些性质方面通常表现出大的差异。化学性质方面，由于金属具有相对较低的电离电位，因此它们也是还原剂。另一个差别巨大的特点是它们的价格。一些贱金属的售价为几美分每磅，而一些稀有金属的为几千美元每克。

金属的另一个问题是可利用性。例如，钴在美国并没有生产，但是它在大量的合金和最常见的一种锂电池的生产中大量使用。钴的供应对于美国工业的几个部分是至关重要的。例如，正在开发的用于汽车替代能源的电池预期会使用包含钴的锂离子电池。但是，钴并不是唯一的战略性金属，在美国、中国和日本的工业中起重要作用的其他几种金属也是受到关注的。由于资源减少，各国将竞相争夺和储备战略金属。

11.1　金属元素

周期表中第ⅠA 族的金属称为碱金属，第ⅡA 族的金属是碱土金属。在第ⅡA 族和第ⅢA 族之间的金属（所谓的 d 区金属）是过渡金属。在镧（Z=57，f 区金属）之后的系列元素表现为其 4f 层不断填充电子。这些元素以前称为稀土，但由于在周期表中它们是排在镧之后，现在一般称为镧系元素。在镧系元素的下一行元素是锕系元素，因为这些元素是排在锕之后。所有在锕系元素之后的放射性元素都是人工合成的。本章中将不会讨论到锕系元素，因为它们相对稀少，具有放射性，在实际化学中使用有限。当讨论金属化学时，一些论题会不可避免地出现不少重合。例如，在第 12 章中我们会讨论主族金属元素的金属有机化合物化学的大量内容，而在第 21 章的过渡金属元素中也会讨论到金属有机化合物化学。第 14 和 15 章将讨论金属元素如锡、铅、锑和铋及其同族其他元素的化学。第ⅠA 族金属在非水溶剂（例如液氨）中的一些化学性质已在第 10 章介绍过。金属的基本结构、特性和相转变等内容已在第 7 章进行了讨论。

11.2 能带理论

在通常情况下，金属可以看作是一种由正离子形成的规整晶格，这些正离子被可流动的电子“气”或“海”包围。这种简单的模型可以说明金属的很多性质。例如，金属的流动的电子使它们具有良好的导电性。因为金属原子能够在不破坏其晶格排列的情况下移动，所以金属可以改变形状并保持其内聚力。因此，金属有展性（能敲打变形）和延性（能拉长成线）。此外，金属晶格中的原子还可能被另一种金属原子取代，其结果就像一种金属溶解在另一种金属中一样，这称为合金。添加一些非金属原子如碳、氮或磷等进入金属晶格将会导致金属的硬度提高，但同时也会增加易碎性，降低可延展性。

尽管金属通常都是良好的电导体，但是它们对电流依然具有一定的阻碍，这称为金属的电阻率。常温下，金属原子在平均晶格位置附近摆动导致电子流动受到阻碍，这样就产生了电阻。当温度升高时，金属原子的摆动幅度随之增大，进而更加阻碍了电子的流动。因此，金属电导率随着温度的升高而增大。电子在金属中运动是遍布整个结构的。通常我们只会考虑每个原子的少量电子，同时因为在多数结构中（面心立方堆积 fcc 或六方密堆积 hcp），每个原子周围最多有 12 个相邻最近的原子，不可能像形成一般的键那样每个键都需要两个电子。因此，金属原子单独的键通常比那些离子键或共价键要弱一点。由于键的数目很多，金属的内聚力是相当高的。

当金属原子与相邻最近的原子在一个相对较短的距离下相互作用时，轨道的重叠导致两者电子密度发生共享。如前所述，该电子密度离域本质上在由所有原子形成的分子轨道上。贡献出一个轨道来形成分子轨道的原子数目接近原子存在的数目。由于两个原子相互靠近并发生作用，这两个原子轨道被认为是形成了两个分子轨道，一个成键轨道和一个反键轨道，如图 11.1 所示。如果三个原子相互作用，那么将产生三个分子轨道，如此类推。

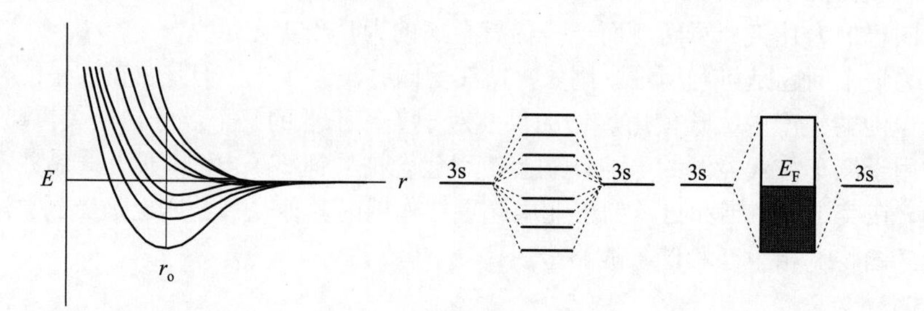

图 11.1　原子轨道相互作用生成四个成键轨道和四个反键轨道［由于原子数量非常大，所以分子轨道出现一个连续区。在这里（描述见正文），假定原子为钠］

这种情况在很多时候与第 5 章描述的休克尔分子轨道类似，其分子轨道的数目与久期行列式的维数相同。休克尔法中的第 k 个轨道的能量可通过以下公式计算：

$$E = \alpha + 2\beta\cos\frac{k\pi}{N+1} \tag{11.1}$$

其中，α是库仑积分 H_{ii}，β是共振积分 H_{ij}，N 接近无穷大。因此，N 个能级横跨一个总宽度接近 4β的能带，N 越大，能级 k 和 k+1 的能量差越接近于零。

分子轨道能量的总体差异取决于原子轨道相互作用的有效性，但随着轨道数的增加，相邻的分子轨道间的差值就变小。当原子数目非常大时，这个差值变得小于热能 kT，其中，k 是玻耳兹曼常数。对于只有两个轨道的情况，图 11.1 已经显示了轨道能量的变化与原子间的距离的关系。对于轨道数非常大的情况，图 11.1 表明连续的大量分子轨道形成一个“能带”。这就是经常与金属键联系在一起的能带理论的起源。当 N 个原子相互作用形成 N 个分子轨道时，每个轨道都能容纳两个电子，而如果每个原子提供一个电子，分子轨道是半充满的。这种情况在图 11.1 中也有解释。

对于金属钠而言，2p 与 3s 原子轨道都形成了重叠带。一般而言，我们可以认为形成一个重叠带所需要的那种原子轨道都是电子占据的。但是，重叠带之间是有能量差的。我们再从钠出发，它的 1s、2s、2p、3s 和 3p 轨道可以形成多种重叠带（尽管 3p 轨道没有被占据），如图 11.2 所示。每种带能容纳 $2(2l+1)N$ 个电子，其中，N 是原子数。

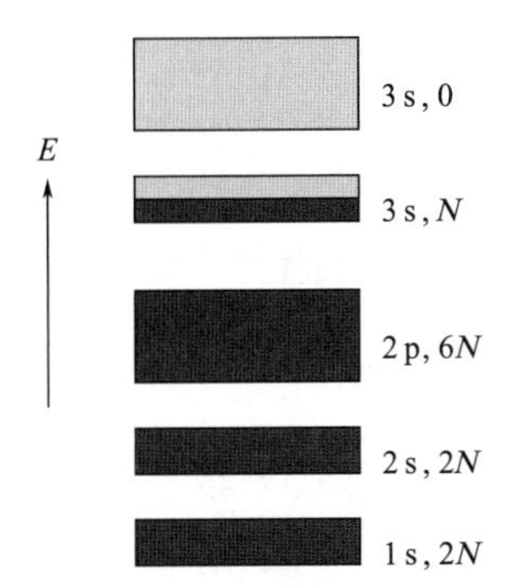

图 11.2 钠原子轨道相互作用形成的能带及其填充数目（黑色的能带是被填充满的，而灰色的能带是空的。3s 轨道的能带只有半充满的原因在于只有一个电子处在 3s 能级上）

由于最高占据能带只是半充满，在导电过程中电子可以转移进这个能带或在能带中移动。可见光区的光子能与电子作用而被吸收，并且在表面发生再发射。就是这个原因造成金属发光的外表或称金属光泽。

在自由电子模型中，电子被认为与原子的结合比较松散，使得它们可以在金属中自由移动。这种模型的发展需要使用到适用于具有半整数自旋的粒子（如电子）的量子统计学。这些粒子，即所知的费米子（Fermions），遵循泡利不相容规则。在一种金属中，电子被视为好像是在金属表面所限制的三维盒子中的粒子一样。考虑立方体盒子体系，粒子的能量可通过以下公式计算：

$$E=\frac{\hbar^2\pi^2}{2mL^2}\left(n_x^2+n_y^2+n_z^2\right) \tag{11.2}$$

其中，n_x、n_y 和 n_z 是相应坐标的量子数。如果这些量子数设定为 1（对应于基态），等式（11.2）简化为：

$$E=\frac{3\hbar^2\pi^2}{2mL^2} \tag{11.3}$$

假定量子数是连续的，每单位体积允许的能态的数值可以通过如下能量函数表示，这个能量在 E 和 $E+\mathrm{d}E$ 之间。

$$g(E)\mathrm{d}E=\frac{8\sqrt{2}\pi m^{3/2}}{h^3}E^{1/2}\mathrm{d}E=C^{1/2}\mathrm{d}E \tag{11.4}$$

符号 $g(E)$经常指的是能态密度。一个电子处于特定能态 E 的概率可以表示如下：

$$f(E)=\frac{1}{\mathrm{e}^{(E-E_\mathrm{F})/kT}+1} \tag{11.5}$$

这个表达式，也称为费米-狄拉克（Fermi-Dirac）分布函数，可以看出当 $T=0$ 时，$f(E)=1$ ($E<E_\mathrm{F}$) 和 $f(E)=0$ ($E>E_\mathrm{F}$)。每单位体积的能量处于 E 和 $E+\mathrm{d}E$ 之间的电子数可以由 $f(E)g(E)\mathrm{d}E$ 得到：

$$N(E)\mathrm{d}E = C\frac{E^{1/2}\mathrm{d}E}{\mathrm{e}^{(E-E_\mathrm{F})/kT}+1} \tag{11.6}$$

每单位体积的电子总数可通过下式计算：

$$\chi = C\int_0^\infty \frac{E^{1/2}}{\mathrm{e}^{(E-E_\mathrm{F})/kT}+1}\mathrm{d}E \tag{11.7}$$

这个表达式可以通过之前提过的特殊条件简化：

$$\chi = C\int_0^{E_\mathrm{F}} E^{1/2}\mathrm{d}E = \frac{2}{3}CE_\mathrm{F}^{3/2} \tag{11.8}$$

替换 C 并简化之后，得到：

$$E_\mathrm{F} = \frac{\hbar^2}{2m}\left(\frac{3\chi}{8\pi}\right)^{3/2} \tag{11.9}$$

费米能量等于满带中的最高能量（图 11.1）。

11.3 第ⅠA 族和第ⅡA 族金属

周期表中前两个主族的金属被称为“s 区”元素，因为它们的最外层电子只含有一个或两个 s 轨道电子。这些电子构型紧跟在稀有气体的闭壳层排列后面，因此外层电子受到对核电荷相当大的屏蔽作用，导致第ⅠA 族的碱金属的电离势是所有元素中最低的。在碱金属化学中，它们最经常出现的就是+1 价的离子，尽管不总是这样。第ⅡA 族的元素也被称为碱土金属，其电子排布为 ns^2，尽管这对应的是一种充满的层排布，但是碱土金属依然是活泼的，这是由于最外层电子所受的屏蔽作用。因为第ⅠA 族和第ⅡA 族元素都是很活泼的，它们在自然界中通常以化合物的形式存在。这些金属的还原需要很强的还原剂，所以古代冶金使用碳作为还原剂是不可能得到这些金属的。因此，这些金属直到 19 世纪早期，当电化学法开始使用时才被合成得到。第ⅠA 族和第ⅡA 族的几种化合物在古代就已经被熟知，它们包括盐、石灰石 $CaCO_3$ 和碳酸钠 Na_2CO_3。在讨论这两个主族元素的化学时，只会选择介绍某些方面，并不可能把整个碱金属和碱土金属的领域通过一章来完整介绍。因此，这里管中窥豹，通过有代表性的部分认识这个化学领域。

11.3.1 通性

周期表中第ⅠA 族和第ⅡA 族的元素具有的外层电子构型分别为 ns^1 和 ns^2。因此，这两个主族的元素预计可以形成的化合价分别为+1 和+2 价。在所有自然存在的含有这些元素的化合物中，它们都是以这个价态出现的。因为钫的同位素最长的半衰期是 21min，所以钫不在这里的讨论范围内。除了表 11.1 中列出的数据之外，离子的荷径比也是很有用的数据。这个数据只是简单地使用离子所带电荷除以其半径，这就是所谓的离子电荷密度。这个数值可以表示由离子-偶极力导致的离子水合能力的强度。它也可以判断物质的硬度大小（见第 9 章）。

大量的第ⅠA 族和第ⅡA 族金属的化合物存在于自然界中（盐、苏打、石灰石等）。这些化合物几千年来都是很重要的，现在依然如此。还有，石灰现在依然通过加热石灰石制备，并且这个产量巨大。

由于电离势的降低，第ⅠA 族和第ⅡA 族金属的反应性沿着主族从上到下增加。这些金属的电负性的范围在大约 0.8 到略大于 1.0 之间（除铍之外，其电负性为 1.6）。它们都是很强的还原剂，与大多数非金属元素能形成二元化合物，甚至与某些具有较高电负性的金属也能形成二元化合物。正如第 10 章介绍的，它们都可在一定程度上溶于液态的氨和胺中，第ⅠA 族金属更特别，第ⅡA 族金属溶解程度小些。这些金属形成的溶液具有很多有趣的性质。

表 11.1 第ⅠA 族、ⅡA 族和铝的有关数据

金属	晶体结构	熔点/℃	沸点/℃	密度 /g·cm^{-3}	$-\Delta H_{水合}$ /kJ·mol^{-1}	$R_{原子}$/pm	$R_{离子}$/pm①
第ⅠA 族							
Li	bcc	180.5	1342	0.534	515	152	68
Na	bcc	97.8	893	0.970	406	186	95
K	bcc	63.3	760	0.862	322	227	133
Rb	bcc	39	686	1.53	293	248	148
Cs	bcc	28	669	1.87	264	265	169
第ⅡA 族							
Be	hcp	1278	2970	1.85	2487	111	31
Mg	hcp	649	1090	1.74	2003	160	65
Ca	fcc	839	1484	1.54	1657	197	99
Sr	fcc	769	1384	2.54	1524	215	113
Ba	bcc	725	1805	3.51	1360	217	135
Ra	bcc	700	1140	5	~1300	220	140
第ⅢA 族							
Al	fcc	660	2327	2.70	4690	143	50

① 这是具有族价态的离子半径数据。

因为第ⅠA 族金属是很强的还原剂且反应性活泼，它们通常是通过电解反应制备。例如，钠是通过电解 NaCl 和 $CaCl_2$ 的混合熔盐制得的。锂是通过电解 LiCl 和 KCl 的混合物制备。钾的制备是使用钠作为还原剂在 850℃下进行的。在这种条件下，钾更容易挥发，因此以下平衡随着钾的脱离而向右进行：

$$Na(g)+K^{+} \rightleftharpoons Na^{+}+K(g) \tag{11.10}$$

因此，尽管通常钾的还原性比钠强，但钾的脱离还是使得反应有效地进行。

11.3.2 负离子

在大多数情况下，第ⅠA 族金属形成的是+1 价，但并不是所有情况下都是如此。因为钠的电离势低，存在着形成 Na^+和 Na^-离子对这样一种不寻常的情况。如果考虑以下反应：

$$Na(g)+Na(g) \longrightarrow Na^{+}(g)+Na^{-}(g) \tag{11.11}$$

我们可以看到从一个钠原子脱去一个电子需要 496kJ·mol^{-1} 的能量（离子势）。往另一个钠原子加一个电子则释放大约 53kJ·mol^{-1} 的能量（电子亲和能的相反值）。

$$Na(g)+e^{-} \longrightarrow Na^{-}(g) \tag{11.12}$$

因此，式（11.11）表示的过程的总焓值为 443kJ·mol^{-1}。但是，如果这个过程在水中进行且没有其他反应发生，Na^+(g)的溶剂化将释放 406kJ·mol^{-1} 能量，这时的总焓值使得电子转移过程更接近能量有利。

$$Na^{+}(g)+nH_2O \longrightarrow Na^{+}(aq) \tag{11.13}$$

Na^-(g)也可以溶剂化，但这个过程出现的热变值比阳离子溶剂化的热值少很多。所有的这些讨论都只是假设的，因为钠会与水发生剧烈反应。那么现在需要的就是找到一种物质，可以使这些离子强烈地溶剂化且不会发生额外的反应。其中一个与钠离子强烈结合的分子是聚醚，其结构如下：

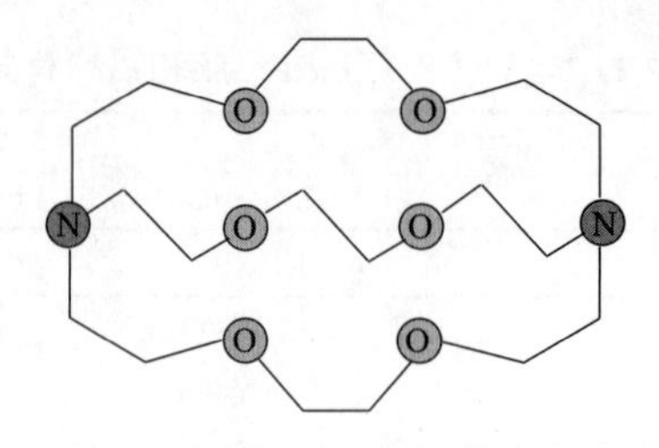

通过将钠溶解于乙二胺中，再加入这种配位试剂［也称为穴醚（cryptand)］，随着溶剂的挥发，一种含有 Na^+(crypt)Na^-的固体可能被分离出。这表明，尽管很少见，但 Na 还是可以填充完 3s 轨道的。当然，这种行为也同样可以出现在 H^-上。

11.3.3 氢化物

第ⅠA 族和第ⅡA 族的多数金属都可以与氢形成含有 H^-（至少形式上）的氢化物。这些化合物将会在第 13 章中的氢化学部分有更详细的介绍。因为它们具有离子化合物的性质（低挥发性的白色固体），这些氢化物被称为类盐氢化物。但是，铍和镁的氢化物却与之非常不同，因为它们的共价性更强（它们的电负性分别为 1.6 和 1.3）。它们的氢化物是聚合的链状结构，金属原子间通过氢原子桥联。这些离子化合物最重要的性质是氢离子的非常强的碱性。离子型氢化物可以将几乎所有含有 OH 键的分子中的质子脱去，包括水、醇类等，可通过以下方程式表示：

$$H^- + H_2O \longrightarrow H_2 + OH^- \tag{11.14}$$

$$H^- + CH_3OH \longrightarrow H_2 + CH_3O^- \tag{11.15}$$

H^-是一种很强的碱，可以使 NH_3 脱质子形成酰胺离子。

$$H^- + NH_3 \longrightarrow H_2 + NH_2^- \tag{11.16}$$

离子型氢化物如 NaH 和 CaH_2 可以用作干燥剂，因为它们能脱去很多溶剂中存在的痕量水中的氢。氢化铝锂 $LiAlH_4$ 是一种高效的还原剂，被用于有机化学的很多反应中。

11.3.4 氧化物和氢氧化物

第ⅠA 族金属与氧发生反应，但其产物却通常不是“常规”氧化物。锂与氧是以预料的方式进行反应的：

$$4Li + O_2 \longrightarrow 2Li_2O \tag{11.17}$$

但是，钠与氧反应得到的产物主要是过氧化物：

$$2Na + O_2 \longrightarrow Na_2O_2 \tag{11.18}$$

O_2^-被称为超氧离子，形成于氧气与钾、铷和铯的反应：

$$K + O_2 \longrightarrow KO_2 \tag{11.19}$$

或许第ⅠA 族的更大原子半径的氧化物的形成会倾向于含有更大尺寸的阴离子。当阴阳离子具有相近的大小和电荷数时，晶格的形成最有利（见第 9 章）。与氧反应时，第ⅡA 族的较轻的金属生成常规氧化物，但钡和镭形成过氧化物。

当第ⅠA 族和第ⅡA 族金属的氧化合物与水反应时，无论是氧化物、过氧化物还是超氧化物，得到的溶液都是强碱性的：

$$Li_2O + H_2O \longrightarrow 2LiOH \tag{11.20}$$

$$Na_2O_2 + 2H_2O \longrightarrow 2NaOH + H_2O_2 \tag{11.21}$$

$$2KO_2 + 2H_2O \longrightarrow 2KOH + O_2 + H_2O_2 \tag{11.22}$$

氢氧化钠，有时称为苛性碱或火碱，可以通过电解氯化钠水溶液大量制备：

$$2NaCl + 2H_2O \xrightarrow{\text{电解}} 2NaOH + Cl_2 + H_2 \tag{11.23}$$

事实上这个反应也同时用于制备氯气，使得它非常重要。但是，氢氧化钠能与氯气发生以下反应：

$$2OH^- + Cl_2 \longrightarrow OCl^- + Cl^- + H_2O \quad (11.24)$$

为了避免这个反应的发生，在电解过程中就要分开两种产物。一种方法是使用隔板，另一种方法是使用汞电池。在汞电池中，汞负极与钠反应形成汞齐，这样就可以不断除去生成的钠。在隔板室中，阴极池和阳极池被石棉制作的隔板分开。含有氢氧化钠的溶液需要在其扩散通过隔板之前就从阴极池中除去。每年都有数十亿磅的 NaOH 被生产出来，被用于很多需要强碱的反应中。

氢氧化钾是通过电解 KCl 水溶液得到的。由于它在有机溶剂中的溶解度比 NaOH 大，所以 KOH 广泛用于特定反应类型中。例如，KOH 被用于制造多种肥皂和除垢剂。铷和铯的氢氧化物相对于钠和钾的氢氧化物而言是不重要的，但它们的碱性更强。

第ⅡA 族金属的氧化物是离子型的，因此它们与水反应也生成氢氧化物：

$$MO + H_2O \longrightarrow M(OH)_2 \quad (11.25)$$

但是，氧化铍是十分不同的，它具有两性性质：

$$Be(OH)_2 + 2OH^- \longrightarrow Be(OH)_4^{2-} \quad (11.26)$$

$$Be(OH)_2 + 2H^+ \longrightarrow Be^{2+} + 2H_2O \quad (11.27)$$

氢氧化镁是一种弱碱，几乎不溶于水，形成的悬浮液称为“镁乳”，是一种常见的抗酸剂。第ⅡA 族金属的氢氧化物的用途有点受限制，因为它们的溶解度都很低[尽管 $Ca(OH)_2$ 是强碱，但 100g 的水只能溶解 0.12g 的 $Ca(OH)_2$]。氢氧化钙通过石灰石的分解大量制备：

$$CaCO_3 \longrightarrow CaO + CO_2 \quad (11.28)$$

上述反应制得的 CaO 继续与水反应即得到氢氧化钙。

$$CaO + H_2O \longrightarrow Ca(OH)_2 \quad (11.29)$$

氢氧化钙也称为熟石灰或消石灰，因为它的价格比 NaOH 或 KOH 便宜，所以它在某些方面大量使用。它与 CO_2 反应生成 $CaCO_3$，这个物质可以将在砂浆和水泥中的沙子和碎石混合在一起。

11.3.5 卤化物

氯化钠可以在盐床、盐卤水和全世界的海水中找到，它也在某些地方以矿的形式存在。因此，氯化钠是大量其他钠化合物的来源。一大部分氯化钠就用于制备氢氧化钠，见式（11.23）。金属钠的制备涉及熔融氯化物（通常是使用与氯化钙形成的共熔混合物）的电解。碳酸钠是一种重要的材料，被用于很多地方，例如制造玻璃。它以前是用 NaCl 通过索尔未法（Solvay process）制得，这种方法的总反应如下：

$$NaCl(aq) + CO_2(g) + H_2O(l) + NH_3(aq) \longrightarrow NaHCO_3(s) + NH_4Cl(aq) \quad (11.30)$$

正如在第 8 章提到的，具有重要工业用途的固体有多种转化，在这里，固体产物就可以加热分解生成碳酸钠：

$$2NaHCO_3(s) \longrightarrow Na_2CO_3(s) + H_2O(g) + CO_2(g) \quad (11.31)$$

尽管索尔未法仍然在世界上某些地方使用，但碳酸钠的主要来源已变为天然碱矿 $Na_2CO_3 \cdot NaHCO_3 \cdot 2H_2O$。

11.3.6 硫化物、氮化物、碳化物和磷化物

第ⅡA 族金属的硫化物通常具有氯化钠结构，但第ⅠA 族金属的硫化物却具有反萤石结构，这是因为阴阳离子比为 1∶2。硫化物溶液是碱性的，因为发生以下水解反应：

$$S^{2-} + H_2O \longrightarrow HS^- + OH^- \quad (11.32)$$

第ⅠA族和第ⅡA族的硫化物的制备涉及H_2S与氢氧化物的反应：

$$2MOH + H_2S \longrightarrow M_2S + 2H_2O \tag{11.33}$$

由于硫的成链倾向，含有硫化物的溶液与硫反应时会生成多硫化物，可表示为S_n^{2-}（见第15章）。第ⅠA族和第ⅡA族金属硫化物也可以通过硫酸盐与碳在高温下反应生成：

$$BaSO_4 + 4C \longrightarrow BaS + 4CO \tag{11.34}$$

锌钡白，一种含有硫酸钡和硫化锌的常用颜料，可以通过以下反应制得：

$$BaS + ZnSO_4 \longrightarrow BaSO_4 + ZnS \tag{11.35}$$

因为$Ca(OH)_2$是碱，H_2S是酸，以下反应可以用于制备CaS：

$$Ca(OH)_2 + H_2S \longrightarrow CaS + 2H_2O \tag{11.36}$$

多数非金属元素与第ⅠA和第ⅡA族的金属反应生成二元化合物。将金属与氮或磷的单质反应会生成金属的氮化物或磷化物：

$$12Na + P_4 \longrightarrow 4Na_3P \tag{11.37}$$

$$3Mg + N_2 \longrightarrow Mg_3N_2 \tag{11.38}$$

尽管这些化学方程式中的产物好像都是简单的离子型二元化合物，但并不是所有的情况都是这样的。例如，一些非金属可以形成含有几个原子以多面体结构排列的簇。其中一个例子是P_7^{3-}簇，其中六个磷原子构成一个三角棱柱的顶点，第七个原子位于棱柱的一个三角面上方位置。当氮化物或磷化物与水反应时，溶液显碱性，因为阴离子会发生水解反应，可以用如下化学方程式表示：

$$Na_3P + 3H_2O \longrightarrow 3NaOH + PH_3 \tag{11.39}$$

$$Mg_3N_2 + 6H_2O \longrightarrow 3Mg(OH)_2 + 2NH_3 \tag{11.40}$$

$$Li_3N + 3ROH \longrightarrow 3LiOR + NH_3 \tag{11.41}$$

类似的反应提供了一种便捷的方式来制备磷、砷、碲、硒等元素的氢化物，因为这些元素不能直接与氢反应，并且其氢化物不稳定。

二元碳化物可通过金属与碳在强热时反应制得。第ⅠA族和第ⅡA族金属的最重要的碳化物是碳化钙CaC_2。这个碳化物实际上是一种乙炔化合物，因为它含有C_2^{2-}且与水反应生成乙炔：

$$CaC_2 + 2H_2O \longrightarrow Ca(OH)_2 + C_2H_2 \tag{11.42}$$

CaO与碳（焦炭）在极高温度下反应生成CaC_2。

$$CaO + 3C \longrightarrow CaC_2 + CO \tag{11.43}$$

乙炔钙CaC_2与N_2在高温下发生反应，可以用于制备氰化钙：

$$CaC_2 + N_2 \xrightarrow{1000℃} CaCN_2 + C \tag{11.44}$$

就像合成氨的哈伯法一样，这个反应代表了一种将单质氮转化成氮化合物的方法（固氮作用）。还有，氰化钙与水蒸气高温反应生成氨：

$$CaCN_2 + 3H_2O \longrightarrow CaCO_3 + 2NH_3 \tag{11.45}$$

氰化钙也是一些肥料的一种组分。

另一种也有很多重要用途的氰化物是氰化钠，它可以用以下反应制备。先通过钠与氨在400℃时反应生成氨基钠：

$$2Na + 2NH_3 \longrightarrow 2NaNH_2 + H_2 \tag{11.46}$$

氨基钠与碳反应可以生成氰氨化钠：

$$2NaNH_2 + C \longrightarrow Na_2CN_2 + 2H_2 \tag{11.47}$$

它与碳也可以继续反应生成氰化钠：

$$Na_2CN_2 + C \longrightarrow 2NaCN \tag{11.48}$$

氰氨化钠的最主要的用途就是制备氰化钠，这是一种大量用于制备金属电镀液的化合物。

NaCN 的另一种用途是利用萃取法从矿中分离出金和银，这是由于 CN^-与金属形成配合物。氰化钠是一种剧毒的化合物，可被用于钢的表面硬化过程中。此过程中需要硬化的物质与氰根反应，在表面生成一层金属碳化物。

11.3.7 碳酸盐、硝酸盐、硫酸盐和磷酸盐

含有第ⅠA 族和第ⅡA 族金属的一些重要化合物是碳酸盐、硝酸盐、硫酸盐和磷酸盐。我们已经提到了天然碱矿是碳酸钠的来源。碳酸钙有多种存在形态，如白垩、方解石、文石、大理石等，也被发现存在于蛋壳、珊瑚和贝壳中。除了作为建筑材料使用之外，磷酸钙可以大量地转化成肥料（见第 14 章）。

镁被发现在菱镁矿中以碳酸盐形式存在，在橄榄石矿中以硅酸盐形式存在。镁也被发现存在于医疗目的的泄盐 $MgSO_4 \cdot 7H_2O$ 中。含有钙和镁的混合碳酸盐矿是白云石，它被用于建筑和抗酸药片中。钙也在石膏 $CaSO_4 \cdot 2H_2O$ 中存在。绿宝石的成分是 $Be_3Al_2(SiO_3)_6$，是一种含铍的矿物。如果矿物里面含有少量的铬，那么宝石就变成了绿翡翠。在其他来源中，钠和钾以硝酸盐形式存在，制备硝酸的一种方法就是将硝酸盐与硫酸一起加热。

$$2NaNO_3 + H_2SO_4 \longrightarrow Na_2SO_4 + 2HNO_3 \qquad (11.49)$$

第ⅠA 族和第ⅡA 族金属的碳酸盐、硫酸盐、硝酸盐和磷酸盐在无机化学里是很重要的材料。第ⅠA 族和第ⅡA 族元素的某些最重要的化合物是有机金属化合物，特别是锂、钠和镁，而这部分内容将在第 12 章中介绍。

11.4 津特尔相

19 世纪末期，研究者发现将铅溶于含有钠的液氨中时可以形成含有两种金属的化合物。在 20 世纪 30 年代，德国的爱杜华·津特尔（Eduard Zintl）对这个体系进行了大量的实验，这些工作被认为是这个领域的基础。就像某人做出了一个重大的发现一样，这类化合物就被称为津特尔化合物或津特尔相。它们是一类同时含有第ⅠA 族或第ⅡA 族金属和更重的第ⅢA、ⅣA、ⅤA 或ⅥA 族金属的化合物。尽管存在一些寻常的二元化合物，例如 Na_2S、K_3As 和 Li_3P，但是一些其他的化合物具有更复杂的化学式和结构。它们含有的阴离子是由几种或很多电负性更大的元素组成的簇。这些簇的化学式包括 Sn_4^{4-}、P_7^{3-}、Pb_9^{4-}、Sb_7^{3-} 等。因为其阳离子经常是第ⅠA 族和第ⅡA 族的金属，津特尔相将伴随着这些金属在本节中介绍。

制备津特尔相的一种最普通的方法是碱金属的液氨与其他单质的反应。但是，很多材料是通过加热单质获得的。例如，加热钡与砷出现以下反应：

$$3Ba + 14As \longrightarrow Ba_3As_{14} \qquad (11.50)$$

通常定义下，津特尔相是含有第ⅠA 族或第ⅡA 族金属与周期表中往后族中的类金属的化合物，但某些材料具有可变的组成。因此，很多津特尔相含有 Bi、Sn、In、Pb、As、Se 或 Te 等类金属。研究发现，这种类型的几个化合物都含有 14 个类金属原子的簇，例如 Ba_3As_{14} 和 Sr_3P_{14}，所有例子的类金属阴离子都是 M_7^{3-} 簇。这些离子的结构是端帽不规则的三角棱柱。

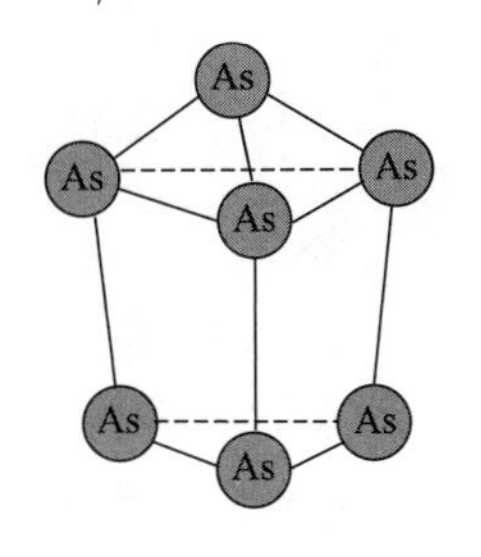

在第 14 章中将会提到，除了空间维度和键角之外，这个结构与 P_4S_3 的结构是一样的。因为硫原子含有的电子数比磷原子的多一个，含有四个磷原子和三个硫原子的结构与 P_7^{3-} 是等电子体。这个例子表明完全有可能制备出含有两种类金属的津特尔相，事实上也是这样的。已经知道很多例子了，典型的就有 $Pb_2Sb_2^{2-}$、$TlSn_8^{3-}$ 和 $Hg_4Te_{12}^{4-}$。

许多津特尔阴离子由硒和碲组成，其中比较主要的物质的结构就是 Se_n^{2-}（n=2，4，5，6，7，9，11）。含有 n=11 的物质结构中含有两个环，其中五元环和六元环通过一个硒原子连接。那些含有较少硒原子的结构通常由 Z 字形链组成。碲形成的大量多聚阴离子可表示为 $NaTe_n$（n=1～4）。一种碲阴离子是 $Hg_4Te_{12}^{4-}$，但其他的阴离子如 $[(Hg_2Te_5)_n]^{2-}$ 也是已知的，就像 Te_{12}^{2-} 阴离子一样，其阳离子是+1 价的金属。

含有第ⅣA 族原子的多聚原子簇是通过在含有一些溶解钠的液氨中单质还原制备。根据软硬作用原理（见第 9 章），含有大尺寸的阴离子物质的分离最好是通过使用相似尺寸的带相同电荷的阳离子进行。当在溶液中加入乙二胺时，Na^+ 可以被溶剂化生成更大的阳离子，例如 $Na_4(en)_5{}^+$ 和 $Na_4(en)_7{}^+$。使用这些+1 价的大阳离子，就可能分离固体中的 $Ge_9{}^-$ 和 $Sn_9{}^-$。其中一个非常有效的 Na^+ 的结合剂是一种称为 18-冠-6 的多醚，其结构如下：

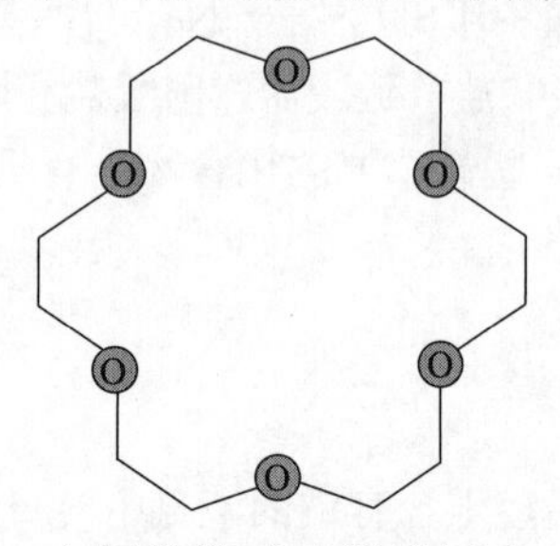

还有一类穴状配体（cryptand，在写化学式时常缩写为 crypt）可以与ⅠA 族金属阳离子形成稳定的配合物，这类配合物称为穴合物（cryptate）。近期有一个被称为 crypt-222 的穴状配体取代了乙二胺作为分离试剂。这个配体的分子结构为：

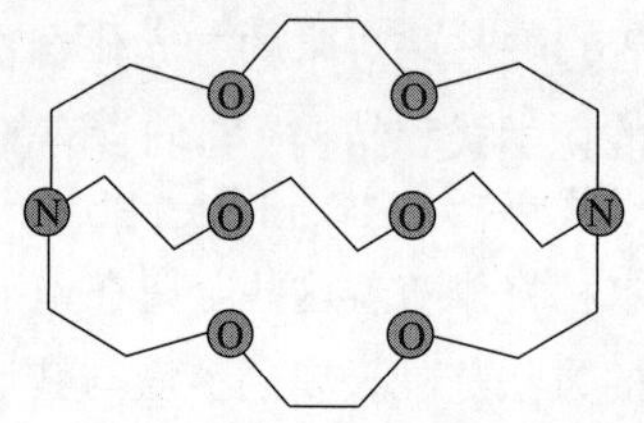

由于具有多个潜在的给体位点，这个分子与ⅠA 族金属阳离子强烈结合。利用这种配位钠离子，很多津特尔相被分离出来，其中包括 $[Na(crypt)^+]_2[Sn_5]^{2-}$、$[Na(crypt)^+]_4[Sn_9]^{4-}$ 和 $[Na(crypt)^+]_2[Pb_5]^{2-}$。五原子阴离子具有三角双锥的结构，但 Sn_9^{4-} 的结构为带帽四方反棱柱：

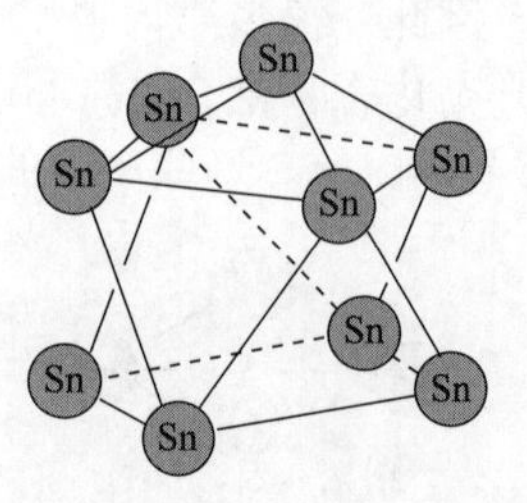

含有 5 个锡原子或铅原子的离子可通过含有钠和穴状配体的溶液分别与钠锡合金或钠铅合金反应制备。需要提到的是，这类材料的很多含有烷基和其他基团的衍生物已经被制备出来了。

尽管许多津特尔相的固体及其结构已经被研究和测定了，但在晶体中的堆积方式和在溶液中溶解方式的不同经常导致簇在这两种情况下是不同的。这里讨论津特尔相的一个目的是表现出碱金属和碱土金属与这个有趣的簇化合物领域中的关系。尽管这些簇也涉及周期表的其他族的原子，但第ⅠA族金属在这类化学中占据主要地位，因为它们在液氨中的溶解本质和作为还原剂的能力。

11.5 铝和铍

因为它们的性质和反应都有很多相似性，所以铝和铍将会在一起被介绍，即使它们在周期表中位于不同族。虽然还不是十分清楚，但是阿尔茨海默病（Alzheimer's disease）可能与大脑中铝的积聚有关，而铍的化合物都是剧毒的。

铝的主要矿源是铝土矿，其主要成分是 AlO(OH)。铝的生产是通过电解溶在冰晶石 Na_3AlF_6 中的 Al_2O_3，但含有 Al_2O_3 的熔融液中含有一些 Na_2O，它与 AlF_3 反应就生成 Na_3AlF_6。

$$4AlF_3 + 3Na_2O \longrightarrow 2Na_3AlF_6 + Al_2O_3 \tag{11.51}$$

天然存在的 Na_3AlF_6 是不足以支持铝的生产的，但它可以通过以下反应制备：

$$3NaAlO_2 + 6HF \longrightarrow Na_3AlF_6 + 3H_2O + Al_2O_3 \tag{11.52}$$

铝的氧化物、氢氧化物和水合氧化物之间存在复杂的关系。由于以下联系，几种相之间的转化是可能的：

$$2Al(OH)_3 \longrightarrow Al_2O_3 \cdot 3H_2O \longrightarrow Al_2O_3 + 3H_2O \tag{11.53}$$

$$2AlO(OH) \longrightarrow Al_2O_3 \cdot H_2O \longrightarrow Al_2O_3 + H_2O \tag{11.54}$$

铝和铍化学强烈地受到其离子的高荷径比影响。+2 价的铍离子的半径为 31pm，而 Al^{3+}的半径是 50pm。因此，两种离子的荷径比分别是 0.065 和 0.060。由于它们在周期表的位置处于对角线位置，Be^{2+}与 Al^{3+}的相似性被称为对角线关系。解释铍和铝的溶液化学相似的一个方法是考察当它们的氯化物溶解在水中，而水蒸发之后会出现的现象。随着水挥发，HCl 会失去，最终的产物不是氯化物，而是氧化物。铝的这个现象可通过以下过程解释：

$$AlCl_3(aq) \xrightarrow{-nH_2O} Al(H_2O)_6Cl_3(s) \xrightarrow{-3H_2O} Al(H_2O)_3Cl_3(s) \xrightarrow{\triangle} 0.5Al_2O_3(s) + 3HCl(g) + 1.5H_2O(g) \tag{11.55}$$

铍由于与氧成键也表现出相似的行为。

$$BeCl_3(aq) \xrightarrow{-nH_2O} Be(H_2O)_4Cl_2(s) \xrightarrow{-2H_2O} Be(H_2O)_2Cl_2(s) \xrightarrow{\triangle} BeO(s) + 2HCl(g) + H_2O(g) \tag{11.56}$$

铍和铝的化合物本质上是共价化合物，这是因为它们的高荷径比导致阴离子的极化作用强和离子的水合热非常高（Be^{2+}，$-2487kJ \cdot mol^{-1}$；Al^{3+}，$-4690kJ \cdot mol^{-1}$）。

铝无论在水溶剂中还是在非水溶剂中都是两性的，这在第 10 章已经解释过。因为 Al^{3+}的高电荷密度，铝盐溶液由于水解是酸性的。

$$Al(H_2O)_6^{3+} + H_2O \longrightarrow Al(H_2O)_5OH^{2+} + H_3O^+ \tag{11.57}$$

由于 OH 桥的形成，很显然存在某些离子聚集体，例如$[(H_2O)_4Al(OH)_2Al(H_2O)_4]^{4+}$。绝大多数的配合物中铝的配位数是 6，但也有配位数是 4 的，例如 $LiAlH_4$。

铝和铍表现的另一个相似之处在于，都是通过氢原子桥连接成多聚氢化物的。氯化铝（二聚物）和氯化铍（聚合链）的结构如图 11.3 所示，这解释了这类化合物的桥联结构形式。

尽管这些键角与四面体配位结构的预想值不相等，但铍还是被认为是使用 sp^3 杂化轨道成键，就像它形成的一些简单配合物一样，如$[BeF_4]^{2-}$、$[Be(OH)_4]^{2-}$等。氯化铝在大多数溶剂中都是可溶的，但其二聚结构在非极性溶剂中得以保持，没有进一步形成配合物。在具有给体性质的溶剂中，其溶解性导致新的配合物的形成，如 S:$AlCl_3$（S 是溶剂分子）。氯化铍在醇、醚和吡啶中可溶，但在苯中微溶。

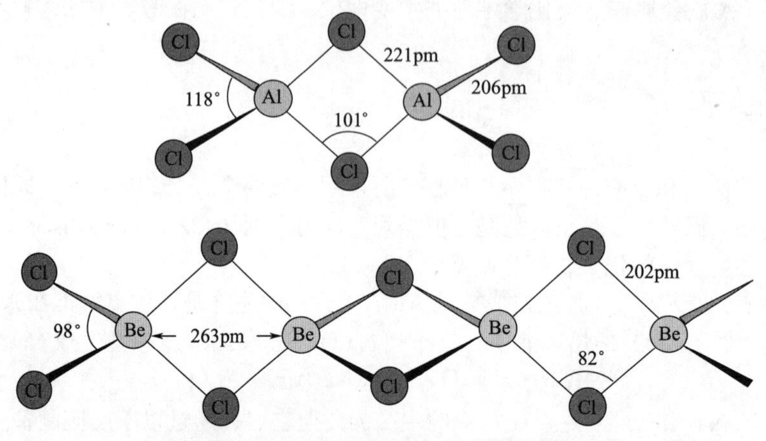

图 11.3 $[AlCl_3]_2$ 和 $[BeCl_2]_n$ 的结构

Be^{2+}和 Al^{3+}具有高荷径比的事实导致它们对于与其成键的分子和离子产生很大的极化效应影响。这导致它们的化合物本质上是共价的。不像 NaCl 溶解在水中时离子发生水合化，$BeCl_2$ 或 $AlCl_3$ 溶解在水中时生成的是共价配合物 $Be(H_2O)_4^{2+}$ 和 $Al(H_2O)_6^{3+}$，这些配合物里面的水分子是不可以轻松脱去的。当化合物 $Be(H_2O)_4Cl_2$ 和 $Al(H_2O)_6Cl_3$ 被强烈加热时，HCl 的脱去是能量有利的过程，而不是水的脱去，这是因为 Be^{2+}和 Al^{3+}与氧形成强键。

含有 Al_2O_3、AlO(OH)和 $Al(OH)_3$ 的体系是非常复杂的。但是，这些化学式的一些衍生物是大量使用的化合物。例如，化学式为 $Al_2(OH)_5Cl$ 的化合物被用于个人护理产品，如防臭剂。氧化铝 Al_2O_3 存在两种不同的结构形式，α-Al_2O_3 和β-Al_2O_3。刚玉是α-Al_2O_3 的矿石。除了这些氧化物，AlO(OH)也是一种重要的物质，它也存在两种形式，α-AlO(OH)或水铝石和γ-AlO(OH)或勃姆石。最后，其氢氧化物也存在两种形式，α-$Al(OH)_3$（三羟铝石）和γ-$Al(OH)_3$（水铝矿）。氧化铝是一种重要的材料，因为它用作色谱柱中的填料介质，并且作为很多反应的重要催化剂。最普通的碳化铝材料 Al_4C_3 被认为是一种甲烷化物，因为它与水反应生成甲烷：

$$Al_4C_3 + 12H_2O \longrightarrow 4Al(OH)_3 + 3CH_4 \quad (11.58)$$

11.6 第一过渡系金属

过渡金属包括三个系列的元素，这些元素在周期表中的位置就是在前两个族和后六个族中间。这些系列的元素的一般特点就是 d 轨道从一个元素到最后一个元素不断被填充。尽管过渡金属化学的某些方面在本章中会被提到，但这些元素涉及的配位化学的有趣和重要的内容将在第 16～22 章中讨论。第一个系列，通常称为第一过渡系金属，涉及填充的轨道是 3d 轨道。第二和第三过渡系金属分别对应的就是 4d 和 5d 轨道被填充的金属。因为一个系列的 d 轨道最多填充 10 个电子，所以每个系列都有 10 种金属。含有过渡金属的族有时会被称为 B 族或者第 3～10 族。在后面的情况，周期表的族就划分为 1～18 个族。

第一过渡系的多数金属与第二和第三过渡系的几种金属是有重要应用的。例如，铁是与第一过渡系其他金属形成大量铁合金的基础。铁基合金的冶金是一个宽泛和复杂的领域。在这些铁合金的类型中就包括生铁、熟铁与各式各样的含有其他金属和碳、其他主族元素的特种钢。铁与其合金覆盖了这些金属使用的 90%以上。镍、锰和钴也是一些制备多种合金的基础金属。

这些特殊合金在很多地方都有使用，包括制造工具、工程元件、催化剂等。其中镍的一种合金是被称为兰尼镍（Raney nickel）的重要的催化剂，这种催化剂可以通过氢还原 NiO 制备。镍同样可以用于具有很多用途的几种合金。例如，蒙奈尔（Monel）是一种含有镍与铜且比例为 2∶1 的合金。铜不仅用作货币金属，还用于多种电子设备和导体。锌也被用作钱币的组成部分、某些电池设备和作为保护层镀在片状金属上（镀锌）。因为其密度低，钛被用于合金中，其对于飞机和宇航设备的制造非常重要。钒和铝与钛制作的合金比纯钛的强度要高，其中一种普通的钛合金含有 6%的铝和 4%的钒。镀铬金属具有防锈作用，所以铬被用于制作多种不锈钢。钪由于其极轻（密度为 2.99g • cm^{-3}）的同时强度又极大，在制备工具和小设备中越来越重要了。简直无法想象工业化社会当中过渡金属不是一种重要的商品的情况。表 11.2 列出了第一过渡系金属的一些有用的数据。

表 11.2　第一过渡系金属的性质

项目	第一过渡系金属									
	Sc	Ti	V	Cr	Mn	Fe	Co	Ni	Cu	Zn
熔点/℃	1541	1660	1890	1900	1244	1535	1943	1453	1083	420
沸点/℃	2836	3287	3380	2672	1962	2750	2672	2732	2567	907
晶体结构	hcp	hcp	bcc	bcc	fcc	bcc	hcp	fcc	fcc	hcp
密度/g • cm^{-3}	2.99	4.5	6.11	7.19	7.44	7.87	8.90	8.91	8.94	7.14
原子半径/pm①	160	148	134	128	127	124	125	124	128	133
电负性	1.3	1.5	1.6	1.6	1.5	1.8	1.9	1.9	1.9	1.6

① 配位数为 12 的情况下，因为多数结构都是 hcp 或 fcc。

所有三个系列的过渡金属化学的几个方面将在介绍配位化合物和有机金属化学内容的第 19～22 章中讨论。11.9 节将会介绍第一过渡系金属化学的几个内容。在元素性质之间有很多联系可以利用来帮助理解过渡金属，而其中一个有趣的关系就是金属的熔点与其所在的过渡系位置的变化。通常而言，熔点反映了金属原子键的强度，因为熔解一个固体需要去克服原子间作用力。图 11.4 表示了不同单质的熔点的变化，并且尽管没有数据列出，但多数第一过渡系金属的熔点与硬度之间也存在一种很好的关联性。

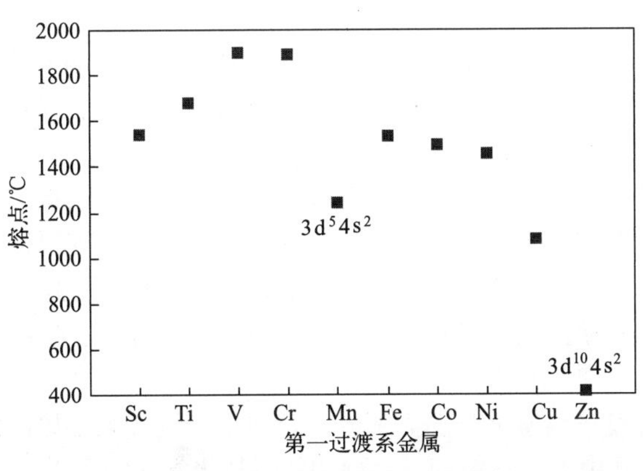

图 11.4　第一过渡系金属的熔点

正如在本章中较早前提到的，金属的成键涉及围绕结构的能带中的电子。因此，过渡系中较前金属单质的熔点的升高对应于参与金属成键的能带中的电子数的增加。在过渡系中间元素之后，额外的电子被迫占据更高的能态，因此原子间成键变得较弱。而到了过渡系的后面元素，填充满的 d 层已经不再是成键的主要因素了，锌原子通过更弱的作用力堆积在一起。图 11.4 同样表示了在 Mn 和 Zn 出现的半充满和全充满构型对熔点的重要影响。

11.7 第二和第三过渡系金属

第二和第三过渡系的某些金属被称为贵金属。它们包括银、钯、铑、铱、锇、金和铂。在写这本书时，金价每盎司超过 1500 美元，银价每盎司超过 25 美元。一些其他的金属例如铑、锇和铼同样也是极其昂贵的。多数第二和第三过渡系金属是作为少数组成部分伴生在其他金属矿中。因此，我们将不列出这些金属的来源、矿产或者获得方法。表 11.3 列出了它们的一些最重要的性质。

表 11.3 第二和第三过渡系金属的性质

项目	第二过渡系金属									
	Y	Zr	Nb	Mo	Tc	Ru	Rh	Pd	Ag	Cd
熔点/℃	1522	1852	2468	2617	2172	2310	1966	1552	962	321
沸点/℃	3338	4377	4742	4612	4877	3900	3727	3140	2212	765
晶体结构	hcp	hcp	bcc	bcc	fcc	hcp	fcc	fcc	fcc	hcp
密度/g·cm⁻³	4.47	6.51	8.57	10.2	11.5	12.4	12.4	12.0	10.5	8.69
原子半径/pm①	182	162	143	136	136	134	134	138	144	149
电负性	1.2	1.4	1.6	1.8	1.9	2.2	2.2	2.2	1.9	1.7
项目	第三过渡系金属									
	La	Hf	Ta	W	Re	Os	Ir	Pt	Au	Hg
熔点/℃	921	2230	2996	3407	3180	3054	2410	1772	1064	–39
沸点/℃	3430	5197	5425	5657	5627	5027	4130	3827	2807	357
晶体结构	hcp	hcp	bcc	bcc	hcp	hcp	fcc	fcc	fcc	—
密度/g·cm⁻³	6.14	13.3	16.7	19.3	21.0	22.6	22.6	21.4	19.3	13.6
原子半径/pm①	189	156	143	137	137	135	136	139	144	155
电负性	1.0	1.3	1.5	1.7	1.9	2.2	2.2	2.2	2.4	1.9

① 配位数为 12。

值得注意的是第三过渡系金属的熔点与其价电子数的变化关系。图 11.5 表示了这种变化趋势。整个第三过渡系金属的能带占据电子数是不断增加的。这个效应可以通过金属的熔点看出，在钨之前熔点普遍升高。在钨之后一直到汞，熔点逐渐下降，而汞在室温时是液态的。这种现象的一个简单的解释就是在固态金属内金属原子与邻近原子成键的数目只需要 6 个电子参与成键，即使邻近原子的数目为 12。如果可用的电子数多于 6，它们被迫占据一些反键轨道，这就降低了净成键效应。因此，它们的熔点将会低于只有 6 个价层电子的金属。图 11.5 清晰地显示了第三过渡系金属的熔点变化趋势。需要注意的是，在第一过渡系中起主要作用的锰的半充满效应在第三过渡系金属中几乎可忽略了。

尽管第二和第三过渡系金属化学的大部分内容与第一过渡系金属的内容相似，但还是有几个有意思的不同之处。其中一个是钼的三元硫化物。其化学通式可以写成 MMo_6S_8（M 为+2 价金属）或 $M_2Mo_6S_8$（M 为+1 价金属）。第一个这种类型的化合物是铅化合物 $PbMo_6S_8$，被称为谢弗雷尔相（Chevrel phases）。最近，其他的金属也被引入，并且还使用硒或碲取代硫。$Mo_6S_8^{2-}$ 的结构是钼原子作为顶点构成一个八面体结构，八个硫原子位于每个三角面上方。谢弗雷尔相的一个主要的有意思的地方是它们表现出超导体性质。

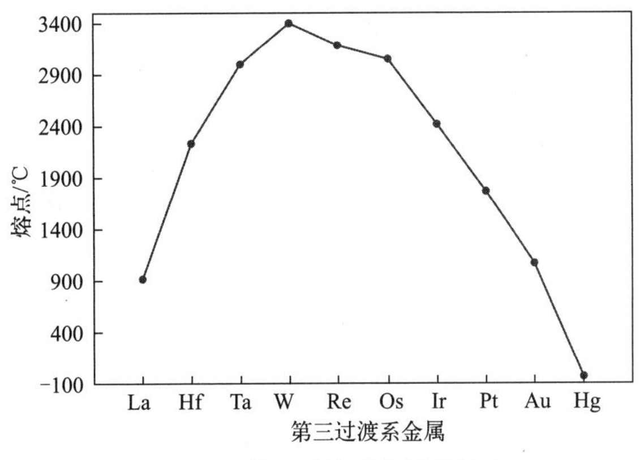

图 11.5　第三过渡系金属的熔点

11.8 合金

之所以金属可以作为多功能材料制造很多物件，是因为其特殊的物理性质，包括可锻造性、延展性和金属强度。金属强度性质已经无须解释。金属的可锻造性和延展性是关系到它们可以被制造成人们所需的形状的关键。不同金属在这些性质上差异很大，一种金属或合金适合某种用途需要，但对于另一种金属或合金就可能完全不适合。

像过渡金属这样，它们可以形成很多重要的合金，这一点大大拓展了金属的用途。在本节里，我们将主要介绍与合金行为相关的一些主要内容。合金的研究是应用科学的一个大领域，为了有效地解释清楚一些理论知识，我们将主要介绍铜和铁合金的行为。一些非过渡金属合金（铅、碲、锡等）将在随后的章节中介绍。适用于特定金属行为的很多原理也适用于其他金属的行为。

合金广义地分为两类：单相合金和多相合金。相定义为在宏观上具有均匀组成、单一结构和与其他相存在明确的界面的部分。冰、液态水和水蒸气的共存物符合这个组成和结构的标准，但两种状态之间存在明确的界面，因此这个存在三种相。当液态金属混合之后，通常一种金属在另一种金属中的溶解度是会存在一些限制的。这个情况的一个例外就是铜和镍的液态混合物，可以形成在纯铜和纯镍之间的任何组成的溶液。这些熔融金属是完全混溶的。当这个混合物冷却时，形成的固体在 fcc 结构中所有原子类型都是随意排布的。这个单固体相构成了两种金属的固体溶液，所以它符合单相合金的标准。

铜锌合金可以直接通过混合熔融金属获得。但是，锌在铜中最高只能溶解 40%左右（总质量）。当铜锌合金含有少于 40%的锌时，冷却这个液态混合物可导致 Zn 和 Cu 均匀分布在 fcc 晶格的固体溶液的形成。当混合物中锌含量超过 40%，冷却这个液态混合物可得到一个含有 CuZn 成分的化合物。这种固态合金含有两个相，一个是含有 CuZn 化合物的相，另一个是 Cu 中含有约 40%的 Zn 的固态溶液。这种类型的合金称为两相合金，但很多合金含有超过三种相（多相合金）。

金属固体溶液的形成是一种改变金属性质的方法（通常是增加强度）。增强金属的这种方法称为固溶强化。两种金属形成固体溶液的能力可以通过一套规则来预测，这个规则称为休谟-罗瑟里（Hume-Rothery）规则，其表述如下。

（1）两种原子的半径必须相似（差距在 15%以内），这样晶格张力才不会超出界限。

（2）两种金属的晶体结构必须是一致的。

（3）为了减小金属形成化合物的趋势，不同金属应当具有相同的化合价和大致相等的电负性。

但是，必须提到的是尽管这些规则是有意义的，但它们在预测溶解度时并不总是成功的。

当第二种金属溶解在主金属中时，物质冷却生成一种固体溶液，这种溶液对比起主金属，其强度增加了。这种情况的发生是因为在常规的晶格中含有相同的原子，这样使原子发生移动相对较易，原子的流动性和电子共享都没有太大的限制。然而，当锌或镍溶解在铜中时，合金强度增加，并且合金强度的增加度大概与金属添加的含量呈直线函数关系。第二种金属的加入影响了原先金属原子所处的位点，破坏了其晶格，而这就限制了原子的运动并导致金属强度增加。但是，铜的原子半径为128pm，而锌和镍的原子半径分别为133pm和124pm。锡的原子半径为151pm，因此如果锡溶解在铜中（假设没超过其最低溶解度），那么合金将会有更大的增强效应，因为在主客体金属原子的半径之间会存在更大的差距。这是实际观察到的影响，青铜（Cu/Sn）的强度比原子半径更相似的黄铜（Cu/Zn）的强度要大。铍的原子半径为114pm，因此铍的加入（在限制溶解度范围内）导致铜的强度增加。事实上，添加一些原子半径比铜小的原子进去导致的增强效应比添加一些原子半径比铜大的原子进去引起的效应更明显，即使当两者的尺寸差值一样时。在两种情况下，合金强度的增加度都是与加入铜中的金属质量比例大约呈直线函数关系的。

晶格中不相似的原子会引起有趣现象这一点可以通过蒙奈尔合金来说明。镍比铜更硬，但当制备含有这两种金属的合金时，合金的硬度又比镍要高。

不可能通过一本书对铁合金的组成、性质和结构进行完整的描述。进一步说，热处理效应和改变合金性质的其他方法构成了一个科学体系。这里对铁冶金学的描述只是这个非常重要的领域的简介而已。

钢是一大类铁基合金。一般的类型包括碳钢（含有0.5%～2.0%的碳和少量其他金属，一般含量少于3%～4%），合金中的其他金属可以是不同含量的镍、锰、钼、铬或钒。这些添加物使得制造的钢具有所需要的特性。钢的性质取决于组成和使用的热处理方法。

如果加入铁中的金属的总含量超过约5%的话，这种合金称为高合金钢。多数不锈钢属于这个范畴，因为铬的含量在10%～25%之间，并且有些类型还含有4%～20%的镍。称之为不锈钢，是因为它们抗腐蚀，它们也有几种类型。铁结构为fcc的称为γ-Fe或奥氏体。有一类不锈钢（含镍）称为奥氏体不锈钢，因为它具有奥氏体（bcc）结构。马氏体不锈钢具有体心正方排列结构，可以从奥氏体结构快速淬火获得。除了这两种类型，铁素体不锈钢也具有bcc结构，但其不含镍。除了不锈钢之外，一大批称为工具钢的合金也是很重要的。正如其名字的含义，这些都是特种合金，用于制作对金属切割、钻孔和装配的工具。这些合金通常包括不同含量的以下某些或全部元素：Cr、Mn、Mo、Ni、W、V、Co、C和Si。在很多时候，合金被设计出具有所需的性质，如抗冲击、抗热、耐磨、抗腐蚀或耐热应力等。对具有所需组成的钢进行热处理可以改变金属的结构，因而优化其特定性质。所以，钢的制造存在很多个可变因素。特种钢的制造是一个重要的冶金领域。当我们开着一辆由几十种不同合金制造的汽车时，可能还无法完全理解。在高温（某些情况下高于1000℃）时能保持高强度的合金称为超合金。属于这一类型的某些材料还具有很高的抗腐蚀（氧化）的性质。这些合金很难合成，含有一些不易获得的金属，并且价格昂贵。它们在一些特殊环境中是必需的，例如飞机发动机需要这些特殊合金，从重量上来说可以达到50%。

一种合金称为超合金是基于其高温时的强度。用这些合金来制造燃气轮机时，高温时的强度是很重要的，因为涡轮机在高温时的效率更高。样品置于还不足以使其失效的压力下时，有可能在比较长的时间对其进行研究。即使样品可能还没断裂，它也可能由于金属的拉伸而变长。金属在压力下的运动称为蠕变。超合金不只是在高温下具有高强度，它们还具有抗蠕变能力，这使得它们在很多用途上有需求。

总的来说，超合金都被赋予特殊的名字，表 11.4 列出了一些较常见的超合金及其组成。由于有几种超合金含有非常少的铁，它们与一些非铁合金有很紧密的联系。一些第二和第三过渡系金属具有很多超合金所需的性质。它们在高温时保持其强度，但可能会在这些条件下有些活泼，与氧气反应。这些金属称为难熔金属，包括铌、钼、钽、钨和铼。

表 11.4　一些超合金的组成

名称	组成（质量分数）/%
16-25-6	Fe 50.7; Ni 25; Cr 16; Mo 6; Mn 1.35; C 0.06
Haynes 25	Co 50; Cr 20; W 15; Ni 10; Fe 3; Mn 1.5; C 0.1
HastelloyB	Ni 63; Mo 28; Fe 5; Co 2.5; Cr 1; C 0.05
Inconel 600	Ni 76; Cr 15.5; Fe 8.0; C 0.08
Astroloy	Ni 56.5; Cr 15; Co 15; Mo 5.5; Al 4.4; Ti 3.5; C 0.6; Fe <0.3
Udimet 500	Ni 48; Cr 19; Co 19; Mo 4; Fe 4; Ti 3; Al 3; C 0.08

11.9　过渡金属化学

尽管过渡金属化学的大部分内容都是与配位化合物相关的，但还是有一些重要的性质表现是与其他类型的化合物有关的。本节对过渡金属化学的简介内容主要集中在第一过渡系金属。

11.9.1　过渡金属氧化物和相关化合物

过渡金属与氧气的反应经常生成一些没有严格化学计量比的产物。部分原因在第 8 章考虑金属与气体反应的动力学性质时已提到。除此之外，我们还经常发现过渡金属经常存在不止一种氧化态，因此它们可能形成混合氧化物。与氧气反应的产物通常是处在较高的氧化态。

尽管钪由于其质轻而强度高的优点，在金属器件的制备中变得越来越重要，但其氧化物 Sc_2O_3 并不是特别有用。相比之下，TiO_2 在很多涂料中是一种重要的组成部分，因为它具有明亮的白色、不透明和具有低毒性。它存在于金红石矿中，当然也就具有金红石晶体结构了。钛也能在三元氧化物中形成配位阴离子。这类化合物中最值得关注的是 $CaTiO_3$，称为钙钛矿。在第 7 章时已经介绍过它的结构了，它是最重要的三元氧化物结构类型之一。另一个钛酸系列的化学式为 M_2TiO_4，其中 M 是一种+2 价的金属。

钛可以通过多种方式制备。例如，TiO_2 被还原得到其金属：

$$TiO_2 + 2Mg \longrightarrow 2MgO + Ti \tag{11.59}$$

它也可以通过钛铁矿 $FeTiO_3$ 制备，反应如下：

$$2FeTiO_3 + 6C + 7Cl_2 \longrightarrow 2TiCl_4 + 2FeCl_3 + 6CO \tag{11.60}$$

金属钛随后由以下反应制得：

$$TiCl_4 + 2Mg \longrightarrow 2MgCl_2 + Ti \tag{11.61}$$

由于 Ti 的+4 氧化态和所造成的键的共价性，TiO_2 表现为酸性氧化物，可以由以下反应体现出来：

$$CaO + TiO_2 \longrightarrow CaTiO_3 \tag{11.62}$$

钒可以形成一系列的氧化物，其中一些的化学式为 VO、V_2O_3、VO_2 和 V_2O_5。最重要的氧化物是 V_2O_5，其最重要的用途是在生产硫酸过程中作为氧化 SO_2 变成 SO_3 的催化剂。但是这并不是 V_2O_5 作为高效催化剂的唯一反应，它还被用于很多其他类型的反应。尽管 V_2O_3 作为一种碱性氧化物参与反应，但 V_2O_5 是一种酸性氧化物，可以生成很多具有不同组成的钒酸盐。其中一些可以用以下简化的化学方程式表示：

$$V_2O_5 + 2NaOH \longrightarrow 2NaVO_3 + H_2O \qquad (11.63)$$

$$V_2O_5 + 6NaOH \longrightarrow 2Na_3VO_4 + 3H_2O \qquad (11.64)$$

$$V_2O_5 + 4NaOH \longrightarrow Na_4V_2O_7 + 2H_2O \qquad (11.65)$$

磷（Ⅴ）氧化物的最简写法是 P_2O_5，因此可以预测到在多种“磷酸盐”和“钒酸盐”中也存在一些相似的地方。事实确实如此，“钒酸盐”的多种形式包括 VO_4^{3-}、$V_2O_7^{4-}$、$V_3O_9^{3-}$、HVO_4^{2-}、$H_2VO_4^-$、H_3VO_4、$V_{10}O_{28}^{6-}$ 等。这些物质表明了钒与同样是第ⅤA 族元素的磷在某些地方是相似的。大量的钒酸盐可通过水解反应获得：

$$VO_4^{3-} + H_2O \longrightarrow VO_3(OH)^{2-} + OH^- \qquad (11.66)$$

这些物质间的平衡取决于溶液 pH 值的大小，就像多种磷酸盐之间的平衡一样（见第 14 章）。不仅仅是多钒酸盐的形成使人想到磷化学，事实上钒也能像磷一样形成卤氧化物，例如 OVX_3 和 VO_2X。

铬铁矿 $Fe(CrO_2)_2$（也可以写成 $FeO \cdot Cr_2O_3$）是含铬的主要矿物。在获得其氧化物之后，铬可通过用铝或硅还原 Cr_2O_3 制得。

$$Cr_2O_3 + 2Al \longrightarrow 2Cr + Al_2O_3 \qquad (11.67)$$

铬酸钠可以在制备 Cr_2O_3 的过程中获得，而这或许是最重要的铬化合物。尽管还有其他一些铬的氧化物，但 Cr_2O_3 是非常重要的，原因在于其催化性质。制备这个氧化物的一个方法是重铬酸铵的分解：

$$(NH_4)_2Cr_2O_7 \longrightarrow Cr_2O_3 + N_2 + 4H_2O \qquad (11.68)$$

或者加热 NH_4Cl 和 $K_2Cr_2O_7$ 的混合物：

$$2NH_4Cl + K_2Cr_2O_7 \longrightarrow Cr_2O_3 + N_2 + 4H_2O + 2KCl \qquad (11.69)$$

Cr_2O_3 因为显绿色而被用作颜料，它是一种两性氧化物，可以通过以下反应方程式来说明：

$$Cr_2O_3 + 2NaOH \longrightarrow 2NaCrO_2 + H_2O \qquad (11.70)$$

$$Cr_2O_3 + 6HCl \longrightarrow 3H_2O + 2CrCl_3 \qquad (11.71)$$

铬的另一种氧化物是 CrO_2，由于 Cr^{4+}和 Ti^{4+}具有相似的大小，所以 CrO_2 也具有金红石结构。CrO_2 是一种磁性氧化物，可使用在磁带中。CrO_3 含有的铬是+6 价的，因此是一种强氧化剂，可使一些有机化合物剧烈反应，产生火焰。它可通过 $K_2Cr_2O_7$ 与硫酸的反应制备：

$$K_2Cr_2O_7 + H_2SO_4(浓) \longrightarrow K_2SO_4 + H_2O + 2CrO_3 \qquad (11.72)$$

并且，由于铬是+6 氧化态，CrO_3 也是一种酸性氧化物：

$$CrO_3 + H_2O \longrightarrow H_2CrO_4 \qquad (11.73)$$

铬（Ⅵ）化合物包括那些含有黄色的铬酸根（CrO_4^{2-}）或橙色的重铬酸根（$Cr_2O_7^{2-}$）的化合物，是很多合成反应中通用的氧化剂。重铬酸钾在分析化学中是基准试剂，在氧化还原滴定中经常被用作氧化剂，其还原产物是 Cr^{3+}。在水溶液中，CrO_4^{2-} 与 $Cr_2O_7^{2-}$ 存在一种平衡，平衡移动取决于溶液的 pH 值，碱性溶液是黄色的，酸性溶液则是橙色的，就是以下反应的结果：

$$2CrO_4^{2-} + 2H^+ \rightleftharpoons Cr_2O_7^{2-} + H_2O \qquad (11.74)$$

除了用作广泛使用的氧化剂之外，铬酸盐和重铬酸盐也被用作颜料和染料，以及用于鞣制皮革（称为铬鞣法）。

当 Cr^{3+}在水溶液中被还原时，其产物是水合物$[Cr(H_2O)_6]^{2+}$，显深蓝色。Cr^{3+}的还原在锌与盐酸的存在下很容易发生。当含有 Cr^{2+}的溶液加入含有乙酸钠的溶液时，将形成砖红色沉淀 $Cr(C_2H_3O_2)_2$。这是不寻常的，因为极少有乙酸盐是不溶的。因为 Al^{3+}和 Cr^{3+}具有相似的荷径比，这两种离子的化学行为有些相似。

锰有三种普通的氧化物，即 MnO、Mn_2O_3（黑锰矿）和 MnO_2，最后一种天然存在于软锰矿。使用氢气还原 MnO_2 可得到 MnO：

$$MnO_2 + H_2 \longrightarrow MnO + H_2O \quad (11.75)$$

很多氢氧化物的分解能得到对应的氧化物，$Mn(OH)_2$ 就是这种例子：

$$Mn(OH)_2 \longrightarrow MnO + H_2O \quad (11.76)$$

尽管 Mn_2O_3 可以通过金属的氧化制得，但锰最重要的氧化物是 MnO_2。实验室制备氯气的常用方法就是使用 MnO_2 作为氧化剂的：

$$MnO_2 + 4HCl \longrightarrow Cl_2 + MnCl_2 + 2H_2O \quad (11.77)$$

Mn_2O_7 是一种危险的化合物，它与包括很多有机化合物在内的还原剂会发生爆炸式反应。锰也可以形成含氧阴离子，其中最常见的就是高锰酸根（MnO_4^-）。高锰酸根在很多反应中被用作氧化剂。锰的氧化物从碱性的 MnO 到酸性的高氧化态锰氧化物，体现了一种过渡性。高锰酸根是深紫色的，而酸性溶液中其还原产物 Mn^{2+} 是几乎无色的，因此高锰酸根可以作为滴定的指示剂。当 MnO_4^- 在酸性溶液中作为氧化剂反应时，Mn^{2+} 是还原产物，但在碱性溶液中反应时，MnO_2 是还原产物。

多年来，MnO_2 的一个用途就是制造电池。在干电池中，锌作为正极，MnO_2 是氧化剂，电解质是含有 NH_4Cl 和 $ZnCl_2$ 的糊状物。在碱性电池中，电解质则是 KOH 的糊状物。碱性电池中发生的反应是这样的：

$$Zn(s) + 2OH^-(aq) \longrightarrow Zn(OH)_2(s) + 2e^- \quad (11.78)$$

$$2MnO_2(s) + H_2O(l) + 2e^- \longrightarrow Mn_2O_3(s) + 2OH^-(aq) \quad (11.79)$$

在更早期的干电池中，酸性铵离子缓慢地腐蚀金属容器，导致漏液。

几个世纪以来，铁氧化物一直被多样化使用。首先，氧化物可以被还原成金属单质。其次，几种形态的铁氧化物可以被用作颜料。三种最常见的铁氧化物有 FeO、Fe_2O_3 和 Fe_3O_4（可以写成 $FeO \cdot Fe_2O_3$）。二价铁氧化物的化学式写成 FeO，但通常铁中存在缺陷，这并不奇怪，因为这是处于最低氧化态的氧化物。它是几个相中离氧最远的氧化物（见第 8 章）。第 8 章已经指出，很多金属碳酸盐和草酸盐可以受热分解生成氧化物。这样的反应提供了一种制备 FeO 的方法：

$$FeCO_3 \longrightarrow FeO + CO_2 \quad (11.80)$$

$$FeC_2O_4 \longrightarrow FeO + CO + CO_2 \quad (11.81)$$

磁铁矿是 Fe_3O_4 在自然界存在的一种形式，由于 Fe^{2+} 和 Fe^{3+} 同时存在，其结构为反尖晶石型结构。

尽管含有 Fe(Ⅲ)的氧化物是 Fe_2O_3，但也以 $Fe_2O_3 \cdot H_2O$ 形式存在，其组成与 FeO(OH)的一样。这种氧化物显两性，与酸性和碱性氧化物都能反应，可以用以下反应方程式来说明：

$$Fe_2O_3 + 6H^+ \longrightarrow 2Fe^{3+} + 3H_2O \quad (11.82)$$

$$Fe_2O_3 + CaO \longrightarrow Ca(FeO_2)_2 \quad (11.83)$$

$$Fe_2O_3 + Na_2CO_3 \longrightarrow 2NaFeO_2 + CO_2 \quad (11.84)$$

铁离子具有相当高的电荷密度，致使铁盐溶液由于下面的反应而显酸性：

$$Fe(H_2O)_6^{3+} + H_2O \longrightarrow H_3O^+ + Fe(H_2O)_5OH^{2+} \quad (11.85)$$

钴只有两种氧化物已经得到表征，即 CoO 和 Co_3O_4（实际上是 $Co^{II}Co_2^{III}O_4$）。后一种氧化物的结构是尖晶石结构，其中 Co^{2+} 位于四面体孔穴，而 Co^{3+} 位于八面体孔穴。$Co(OH)_2$ 或 $CoCO_3$ 分解生成 CoO，而 $Co(NO_3)_2$ 分解可用于制备 Co_3O_4：

$$3Co(NO_3)_2 \longrightarrow Co_3O_4 + 6NO_2 + O_2 \quad (11.86)$$

氢氧化镍或碳酸镍分解都生成 NiO，这是镍的唯一一个重要的氧化物。但是铜也存在两种氧化物，即Cu_2O和CuO。其中，Cu_2O更稳定，当CuO在非常高的温度下受热也能转变成Cu_2O：

$$4CuO \longrightarrow 2Cu_2O + O_2 \tag{11.87}$$

一个著名的糖测试称为费林实验（Fehling test）。当含有Cu^{2+}的碱性溶液与碳水化合物（一种还原剂）反应时，将生成一种红色Cu_2O沉淀。这种氧化物也可以添加入玻璃中，使得其显红色。氢氧化铜或碳酸铜分解可得到CuO。孔雀石矿的组成为$CuCO_3 \cdot Cu(OH)_2$，在合适的温度下可发生以下分解反应：

$$CuCO_3 \cdot Cu(OH)_2 \longrightarrow 2CuO + CO_2 + H_2O \tag{11.88}$$

这种氧化物可用于制造蓝色和绿色的玻璃，用作陶器的釉料，但近年来，制备超导体材料如$YBa_2Cu_3O_7$吸引了更多的关注。其他一些含有混合氧化物的材料也已经被制备出来。

Zn的唯一氧化物是两性的ZnO，可以通过单质直接反应获得。这个氧化物作为碱与H^+反应如下：

$$ZnO + 2H^+ \longrightarrow Zn^{2+} + H_2O \tag{11.89}$$

作为碱性氧化物，ZnO与酸性氧化物反应可生成含氧阴离子，即锌酸盐。化学反应方程式可以写作：

$$ZnO + Na_2O \longrightarrow Na_2ZnO_2 \tag{11.90}$$

当一种碱在水溶液中反应时，反应生成一种羟基配合物，可表示如下：

$$ZnO + 2NaOH + H_2O \longrightarrow Na_2Zn(OH)_4 \tag{11.91}$$

形式上，锌酸盐相当于羟基配合物脱水得到的产物：

$$Na_2Zn(OH)_4 \xrightarrow{\triangle} 2H_2O + Na_2ZnO_2 \tag{11.92}$$

显示两性表现的与酸和碱的反应可归纳如下：

$$Zn^{2+} + 2\,OH^- \longrightarrow Zn(OH)_2$$
$$Zn(OH)_2 \xrightarrow{+\,2\,H_3O^+} Zn(H_2O)_4^{2+} \qquad Zn(OH)_2 \xrightarrow{+\,2\,OH^-} Zn(OH)_4^{2-} \tag{11.93}$$

金属锌在酸和碱中都能溶解，通过以下反应方程式体现：

$$Zn + H_2SO_4 \longrightarrow ZnSO_4 + H_2 \tag{11.94}$$

$$Zn + 2NaOH + 2H_2O \longrightarrow Na_2Zn(OH)_4 + H_2 \tag{11.95}$$

常温下，氧化锌是白色的，但受热时会变黄。化合物受热变色的现象称为热致变色。

11.9.2 卤化物和卤氧化物

四氯化钛是一个重要的化合物，但是+2或+3价钛的氯化物都没有大量使用。$TiCl_4$可通过以下反应制备：

$$TiO_2 + 2C + 2Cl_2 \longrightarrow TiCl_4 + 2CO \tag{11.96}$$

$$TiO_2 + 2CCl_4 \longrightarrow TiCl_4 + 2COCl_2 \tag{11.97}$$

在很多情况下，$TiCl_4$表现得像非金属共价化合物一样。它是强路易斯酸，能与很多路易斯碱反应形成配合物。它在水中能水解，也能与醇形成化学式为$Ti(OR)_4$的化合物。但是，$TiCl_4$（与$[Al(C_2H_5)_3]_2$反应）在乙烯的齐格勒-纳塔（Ziegler-Natta）聚合反应中用作催化剂是这个化合物的最重要的应用（见第22章）。

钒的卤化物中的金属已知具有+2、+3、+4和+5氧化态。正如所料，氟化物是钒(Ⅴ)的卤化物中唯一表征完善的物质。它可以通过以下反应获得：

$$2V + 5F_2 \longrightarrow 2VF_5 \tag{11.98}$$

四卤化物进行歧化反应生成更加稳定的+3和+5价化合物。

$$2VF_4 \longrightarrow VF_5 + VF_3 \qquad (11.99)$$

如前所述，高氧化态的过渡金属表现的行为与某些非金属的行为是类似的。钒(Ⅴ)也是如此，可以形成化学式为 VOX_3 和 VO_2X 的卤氧化物。

两个最常见的铬卤化物系列的化学式为 CrX_2 和 CrX_3（其中 X=F，Cl，Br，I）。但 CrF_6 也是已知的。化学式为 CrX_3 的化合物是路易斯酸，能形成很多配位化合物。例如，$CrCl_3$ 与液氨反应生成 $CrCl_3 \cdot 6NH_3$（可以写成标准记法$[Cr(NH_3)_6]Cl_3$）。以下反应方程式可以用来制备 $CrCl_3$：

$$Cr_2O_3 + 3C + 3Cl_2 \longrightarrow 2CrCl_3 + 3CO \qquad (11.100)$$

$$2Cr_2O_3 + 6S_2Cl_2 \longrightarrow 4CrCl_3 + 3SO_2 + 9S \qquad (11.101)$$

由于 Cr 的最高氧化态为+6，它形成的卤氧化物的化学式为 CrO_2X_2，称为铬酰卤。但是，氟的化合物 $CrOF_4$ 和化学式为 $CrOX_3$ 的卤氧化物也是已知的。一些形成铬酰卤的反应如下所示：

$$CrO_3 + 2HCl(g) \longrightarrow CrO_2Cl_2 + H_2O \qquad (11.102)$$

$$3H_2SO_4 + CaF_2 + K_2CrO_4 \longrightarrow CrO_2F_2 + CaSO_4 + 2KHSO_4 + 2H_2O \qquad (11.103)$$

后一个反应方程式可以通过使用 KCl 或 NaCl 取代 CaF_2 来制备 CrO_2Cl_2。跟预测的一样，像 CrO_2F_2 和 CrO_2Cl_2 这些化合物强烈地与水或醇反应。

氟化合物中已知的铼化合物是+7 价的，锝化合物是+6 价的，但对于锰化合物，其最高氧化态出现在 MnF_4 中。研究发现，较高的氧化态更多出现于过渡系同族元素的较重的元素中。锰(Ⅶ)的卤氧化物已经被制备出来了，不过，虽然已经有 MnO_3F 和 MnO_3Cl，但它们并不是重要的化合物。MnF_4 可以通过单质的反应来制备。

尽管铁的电子构型表示它的氧化态有可能达到+6，但铁没有形成一种氧化态高于+3 的卤化物。铁的卤化物包括 FeX_2 和 FeX_3 系列。但是，Fe^{3+}是一种氧化剂，与 I^-反应得到的 FeI_3 分解成 FeI_2 和 I_2。反应如下：

$$Fe + 2HCl(aq) \longrightarrow FeCl_2 + H_2 \qquad (11.104)$$

生成二氯化物，溶液蒸发后以四水合盐 $FeCl_2 \cdot 4H_2O$ 的形式获得。无水 $FeCl_2$ 可以通过金属与 HCl 气体反应制得：

$$Fe + 2HCl(g) \longrightarrow FeCl_2(s) + H_2(g) \qquad (11.105)$$

铁的三卤化物可以通过以下通用反应制备：

$$Fe + 3X_2 \longrightarrow 2FeX_3 \qquad (11.106)$$

铁的卤氧化物用途不广，但 $FeCl_3$ 是一种路易斯酸，可以在很多反应中作为催化剂。

尽管 CoF_3 已知，但 Co(Ⅲ)的其他卤化物并不稳定，因为 Co(Ⅲ)是强氧化剂，可以氧化卤素离子。事实上，即使氟化物是如此活泼，它有时也作为一种氟化剂。Co^{3+}的路易斯酸性为含有钴的大量配合物的存在提供了基础。

卤化镍局限在 NiX_2 系列，其中 X 是 F、Cl、Br 或 I。尽管在讨论其他类型化合物时不考虑过渡金属族中较重的金属，但应该提到已经得到了 Pd 和 Pt 的四氟化物。这表明同族中更重的金属形成较高氧化态化合物的倾向比第一个金属要强。还需要提到的是，PtF_6 是一种很强的氧化剂，可以与 O_2 反应生成 O_2^+，它也作为反应物生成了氙的第一个化合物。

铜的卤化物包括 Cu(Ⅰ)和 Cu(Ⅱ)的两个系列，其中不存在的只有 CuF 和 CuI_2（不稳定，因为 Cu^{2+}是氧化剂，I^-是还原剂）。Cu^{2+}与 I^-会通过以下反应方程式进行反应：

$$2Cu^{2+} + 4I^- \longrightarrow 2CuI + I_2 \qquad (11.107)$$

基于 $3d^{10}4s^2$ 的电子构型，锌通常是形成+2 价化合物，并且所有化学式为 ZnX_2 的卤化物都是已知的。在纺织工业中得到应用的无水 $ZnCl_2$ 可以通过以下化学方程式制备：

$$Zn + 2HCl(g) \longrightarrow ZnCl_2(s) + H_2(g) \qquad (11.108)$$

在盐酸水溶液中溶解 Zn 之后得到的溶液蒸发得到 $ZnCl_2 \cdot 2H_2O$ 这种固体产物。加热这个化合物并不会形成无水氯化锌，因为存在以下反应：

$$ZnCl_2 \cdot 2H_2O(s) \longrightarrow Zn(OH)Cl(s) + HCl(g) + H_2O(g) \qquad (11.109)$$

这与本章前面讨论的铝的卤化物的表现是类似的，说明了某些情况下水合固体的脱水反应不能作为制备无水卤化物的一种方法。

这里对第一过渡系金属化学的简短介绍只是这个广阔领域的一小部分，但已经可以说明金属之间的一些差异和它们的化学性质从左到右是如何变化的。想要得到更多的详细信息，推荐去看格林伍德和恩肖（Greenwood and Earnshaw，1997）或者科顿等（Cotton et al., 1999）所著的参考书。第 16～22 章将会介绍这些金属的有机金属和配位化学的很多其他方面。

11.10 镧系金属

当量子数之和 $n+l$ 增加时，电子通常填充在原子轨道上。因此，在 Ba 的 6s 轨道（$n+l=6$）充满电子之后，按预测电子接下来要填充的轨道应该是那些 $n+l=7$ 但 n 最低的轨道。对应的就是 4f 轨道。但是镧（$Z=57$）的电子构型为(Xe)$5d^1 6s^2$，说明 5d 轨道先于 4f 轨道被填充。随后的情况又复杂了，铈的电子构型并不是 $5d^2 6s^2$，而是 $4f^1 5d^1 6s^2$。在这之后，4f 层上的电子数一直增加到电子构型为 $4f^7 6s^2$ 的铕（$Z=63$）。因为半充满的 4f 层的稳定性导致钆（$Z=64$）的电子构型为 $4f^7 5d^1 6s^2$，但是铽的电子重新填充在 4f 轨道上而 5d 轨道是空的。在铽之后，增加的电子数继续填充在 4f 能级，直到其轨道完全充满的镱($4f^{14} 6s^2$)。镥的 5d 轨道中存在一个额外的电子，其电子构型为 $4f^{14} 5d^1 6s^1$。除了少数的不规则外，从铈到镥，14 个电子是依次填充在 4f 能级上的。在提及镧系金属而不指出具体原子时，通常使用 Ln 符号表示。表 11.5 列出了镧系元素的有关数据。

表 11.5　镧系金属的性质

金属	结构	熔点/℃	半径(+3)r/pm	$-\Delta H_{hyd}$/kJ · mol^{-1}	前三个电离势之和/kJ · mol^{-1}
Ce①	fcc	799	102	3370	3528
Pr	fcc	931	99.0	3413	3630
Nd	hcp	1021	98.3	3442	3692
Pm	hcp	1168	97.0	3478	3728
Sm	rhmb	1077	95.8	3515	3895
Eu	bcc	822	94.7	3547	4057
Gd	hcp	1313	93.8	3571	3766
Tb	hcp	1356	92.3	3605	3803
Dy①	hcp	1412	91.2	3637	3923
Ho	hcp	1474	90.1	3667	3934
Er	hcp	1529	89.0	3691	3939
Tm	hcp	1545	88.0	3717	4057
Yb①	fcc	824	86.8	3739	4186
Lu	hcp	1663	86.1	3760	3908

① 已知具有两种或更多形态。

半充满和全充满的 4f 轨道的有趣现象可以通过熔点变化图来体现（图 11.6）。尽管没有表示出来，但金属的原子半径变化曲线表明 Eu 和 Yb 的尺寸有一个大的增加。例如，Sm 和 Gd

的半径约为 180pm，而在它们之间的 Eu 的半径却是 204pm。Yb 与其前后原子的半径之差也在 20pm 左右。铕和镱代表半充满和全充满 4f 轨道的原子。这两种金属的相似行为的原因之一就是其他的镧系金属将会提供三个电子到导带上而显+3 价，但 Eu 和 Yb 却只会提供两个 6s 轨道的电子而显+2 价，处于半充满和全充满的电子仍保留着。金属原子间较弱的作用力可以通过其低熔点和大尺寸反映出来。

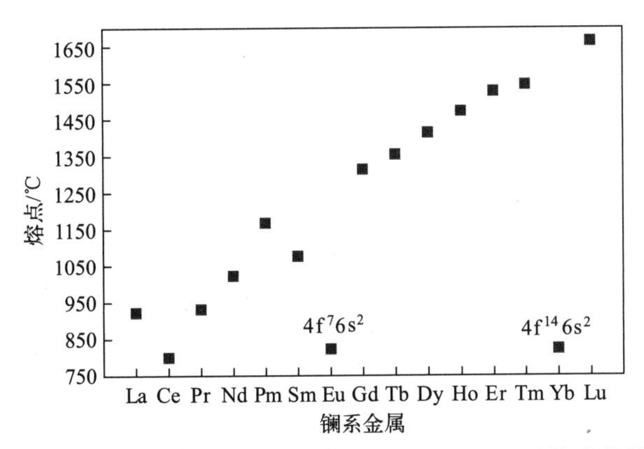

图 11.6　镧系金属的熔点（注意半充满和全充满的 4f 层对熔点的显著影响）

镧系金属的化学性质有一个共性是它们最常见的氧化态是+3 价。但是，由于铈的电子构型为 $5s^25p^64f^26s^2$，这个元素的+2 和+4 价氧化态是最常见的氧化态，这一点是很正常的。其他的镧系金属也表现出+2 和+4 价氧化态，尽管它们的+3 价更加普遍。镧系金属离子的一个有趣的性质是，随着原子序数的增加，+3 价离子的半径或多或少都会发生减小，这就形成了一种称为镧系收缩的现象，如图 11.7 所示，其原因是核电荷持续增大，而 4f 层的屏蔽作用却不是那么有效。

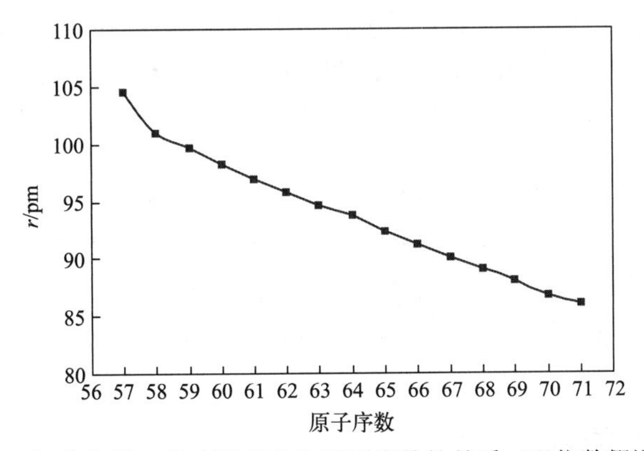

图 11.7　镧系金属+3 价离子半径与原子序数的关系（配位数假设为 6）

具有高荷径比（电荷密度）的金属离子在水中进行水解反应使溶液呈酸性。因此随着镧系金属+3 价离子半径的减小，由以下反应引起的水合离子的酸性也随之增大：

$$\left[\mathrm{Ln}\left(\mathrm{H_2O}\right)_6\right]^{3+} + \mathrm{H_2O} \rightleftharpoons \left[\mathrm{Ln}\left(\mathrm{H_2O}\right)_5\mathrm{OH}\right]^{2+} + \mathrm{H_3O^+} \qquad (11.110)$$

镧系收缩的一个结果就是一些+3 价镧系金属离子与一些第二过渡系金属类似价态的离子尺寸相近。例如，Y^{3+}的半径约为 88pm，与 Ho^{3+}或 Er^{3+}的半径几乎是一样的。如图 11.8 所示，+3 价离子的水合热表现出明显的镧系收缩效应的影响。

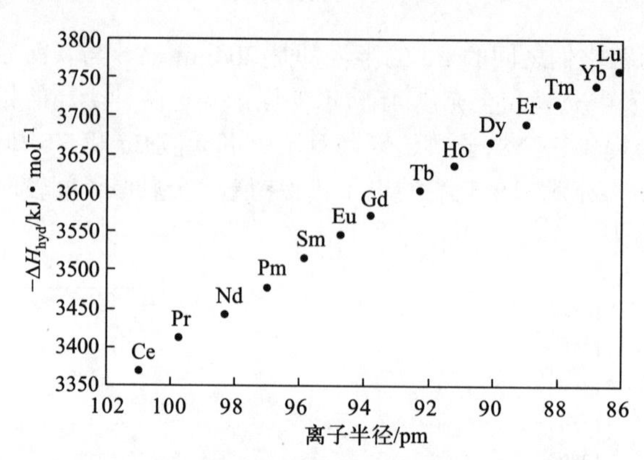

图 11.8　镧系金属离子半径为函数的+3 价离子水合热

镧系金属的+3 价离子半径的减小也是这些离子的配合物稳定性的影响因素，相同的配体形成的配合物通常随着原子序数的增大而变得稳定。但是，与某些螯合试剂配位时，其稳定性先增大，到达一个顶点之后逐渐减小。镧系金属配位化学的另一个特点是配位数通常大于 6。因为这些+3 价离子相对较大，同时具有高的正电荷（相比之下，Cr^{3+}的离子半径为 64pm，Fe^{3+}的为 62pm），配体与其结合通常不会形成一个规则的结构。镧系金属离子通常被认为是硬路易斯酸，倾向于与硬的电子对给体相互作用。

镧系金属是一类相对活泼的金属，其氧化和还原作用的难易可通过它们的还原电位数据看出来。作为对比，镁和钠的还原电位如下：

$$Mg^{2+} + 2e^- \longrightarrow Mg \quad E^\ominus = -2.363V \qquad (11.111)$$

$$Na^+ + e^- \longrightarrow Na \quad E^\ominus = -2.714V \qquad (11.112)$$

镧的还原电位是：

$$La^{3+} + 3e^- \longrightarrow La \quad E^\ominus = -2.52V \qquad (11.113)$$

而其他代表性的镧系金属还原电位值分别是：Ce，–2.48V；Sm，–2.40V；Ho，–2.32V；Er，–2.30 V。因此，镧系金属是相当活泼的，很多反应都是容易预测的。例如，与卤素的反应，其通常的产物是 LnX_3。氧化反应（有时是非常剧烈的）导致化学式为 Ln_2O_3 的氧化物的生成，尽管还有一些复杂的结构。某些镧系金属足够活泼，以至于可以从水中取代氢生成氢氧化物 $Ln(OH)_3$。其氢化物是特别有趣的，即使它们的化学式写成 LnH_2，但镧系金属离子仍被认为是 Ln^{3+}，但结合两个 H^-和一个自由电子，这个电子位于导带中。置于高压下时，多一个氢原子反应生成 LnH_3，这时出现第三个 H^-。硫化物、氮化物和硼化物对于多数镧系金属而言也都是已知的。尽管这里不能介绍太多细节，但是镧系金属的化学内容十分丰富。

拓展学习的参考文献

Bailar, J.C., Emeleus, H.J., Nyholm, R., Trotman-Dickinson, A.F., 1973. *Comprehensive Inorganic Chemistry*, vol. 1. Pergamon Press, Oxford. The chemistry of metals is extensively covered in this five volume set.

Burdett, J.K., 1995. *Chemical Bonding in Solids*. Oxford University Press, New York. An advanced book that treats many of the aspects of structure and bonding in solids.

Cotton, F.A., Wilkinson, G., Murillo, C.A., Bochmann, M., 1999. *Advanced Inorganic Chemistry*, 6th ed. This book is the yardstick by which other books that cover the chemistry of the elements is measured. Several chapters present detailed coverage of the chemistry of metals.

Everest, D.A., 1964. *The Chemistry of Beryllium*. Elsevier Publishing Co., Amsterdam. A general survey of the chemistry, properties, and uses of beryllium.

Flinn, R.A., Trojan, P.K., 1981. *Engineering Materials and Their Applications*. Chapters 2, 5, and 6, 2nd ed. Houghton Mifflin Co., Boston. This book presents an excellent discussion of the structures of metals and the properties of alloys.

Greenwood, N.N., Earnshaw, A., 1997. *Chemistry of the Elements*. Chapters 20-29. Butterworth-Heinemann, Oxford. This book may well contain more descriptive chemistry than any other single volume, and it contains extensive coverage of transition metal chemistry.

Jolly, W.L., 1972. *Metal-Ammonia Solutions*. Dowden, Hutchinson & Ross, Inc., Stroudsburg, PA. A collection of research papers that serves as a valuable resource on all phases of the physical and chemical characteristics of these systems that involve solutions of Group Ⅰ A and Ⅱ A metals.

King, R.B., 1995. *Inorganic Chemistry of the Main Group Elements*. VCH Publishers, New York. An excellent introduction to the descriptive chemistry of many elements. Chapter 10 deals with the alkali and alkaline earth metals.

Mingos, D.M.P., 1998. *Essential Trends in Inorganic Chemistry*. Oxford, New York. This book contains many correlations of data for metals.

Mueller, W.M., Blackledge, J.P., Libowitz, G.G., 1968. *Metal Hydrides*. Academic Press, New York. An advanced treatise on metal hydride chemistry and engineering.

Pauling, L., 1960. *The Nature of the Chemical Bond*, 3rd ed. Chapter 11. Cornell University Press, Ithaca, NY. This classic book contains a wealth of information about metals. Highly recommended.

Rappaport, Z., Marck, I., 2006. *The Chemistry of Organolithium Compounds*. Wiley, New York.

Wakefield, B.J., 1974. *The Chemistry of Organolithium Compounds*. Pergamon Press, Oxford. A book that provides a survey of the older literature and contains a wealth of information.

West, A.R., 1988. *Basic Solid State Chemistry*. John Wiley, New York. A very readable book that is an excellent place to start in a study of metals and other solids.

习题

1. 预测以下哪些金属对能完全混溶，并给出你的解释：

Au/Ag，Al/Ca，Ni/Al，Ti/Al，Ni/Co，Cu/Mg

2. 镉与铋形成一种单一的液相，但在固态时几乎是完全不溶的。解释这个现象。

3. 0.1mol • L^{-1} 的 $Mg(NO_3)_2$ 溶液和 $Fe(NO_3)_3$ 溶液哪个酸性更强？写出化学方程式来解释你的选择。

4. 从镧系金属的性质解释它们的分离是可行但又困难的原因。

5. 从性质解释为何钇通常与镧系元素一起被发现。

6. 氯化铁(Ⅲ)的沸点为315℃。其蒸气的密度在沸点以上随着温度上升而下降，为何会这样？

7. 当 $CoCl_2 \cdot 6H_2O$ 受热时，可以得到无水 $CoCl_2$。但是，当 $BeCl_2 \cdot 4H_2O$ 受热时，却得不到无水氯化铍。解释两者的不同，写出所述过程的化学方程式。

8. 正文中提到 Na^+和 Na^-离子对的形成。讨论 Mg^{2+}和 Mg^{2-}离子对形成的可能性。

9. 利用表 11.2 中的数据，计算锰的密度。

10. 完成并配平以下固体在受热时的反应方程式：

（a） $ZnCO_3 \cdot Zn(OH)_2(s) \longrightarrow$

（b） $Cr_2O_7^{2-} + Cl^- + H^+ \longrightarrow$

（c） $CaSO_3(s) \longrightarrow$

（d） $MnO_4^- + Fe^{2+} + H^+ \longrightarrow$

（e） $ZnC_2O_4(s) \longrightarrow$

11. $0.2mol \cdot L^{-1}$ 的 $Ho(NO_3)_3$ 或 $Nd(NO_3)_3$ 溶液哪个酸性更大？

12. 解释铜在铝中的溶解度非常低的原因。

13. 完成并配平以下物质在加热反应时的方程式。

（a）$MgO+TiO_2 \longrightarrow$

（b）$Ba+O_2 \longrightarrow$

（c）$(NH_4)_2Cr_2O_7 \longrightarrow$

（d）$Cd(OH)_3 \longrightarrow$

（e）$NaHCO_3 \longrightarrow$

14. 完成并配平以下反应。当溶剂不是水或液氨时可能需要加热。

（a）$CrOF_4+H_2O \longrightarrow$

（b）$VOF_3+H_2O \longrightarrow$

（c）$Ca(OH)_2+ZnO \longrightarrow$

（d）$CrCl_3+NH_3(l) \longrightarrow$

（e）$V_2O_5+H_2 \longrightarrow$

15. 计算 bcc 结构中的空隙率。

16. 画出正钒酸盐、焦钒酸盐、偏钒酸盐的结构，并且写出它们相互转化的反应方程式。

17. 哪一种镧系金属是最活泼的？写出你的答案。

18. 从一个镧系元素原子中的 6s、5d 或 4f 轨道上脱去一个电子需要更多的能量吗？写出你的答案并说明可能遇到的任何特殊情况。

19. 当铁受热时，在 910℃发生 bcc 到 fcc 的结构转变。在这些结构形态中，晶胞尺寸分别为 293pm 和 363pm。在相变过程中其体积变化的百分数是多少？密度改变了多少？

20. 尽管熔融的 $CaCl_2$ 是良好的导电体，但熔融的 $BeCl_2$ 却不是。解释这个差别。同时解释熔融的 $BeCl_2$ 液体在加入 NaCl 之后就变成了良好的导电体的原因。

21. 写出以下物质与水的完整反应方程式：

CaH_2，BaO_2，CaO，Li_2S，Mg_3P_2

22. 完成并配平以下反应方程式，假定反应物可能需要加热。

（a）$SrO+CrO_3 \longrightarrow$

（b）$Ba+H_2O \longrightarrow$

（c）$Ba+C \longrightarrow$

（d）$CaF_2+H_3PO_4 \longrightarrow$

（e）$CaCl_2+Al \longrightarrow$

23. 解释 $Cd(OH)_2$ 的碱性比两性物质 $Zn(OH)_2$ 的碱性更强的原因。

24. 基于原子性质的数据，解释铜可以形成晶格位置上原子占有率最多如下所示的固态溶液的原因：Ni 100%，Al 17%，Cr < 1%。

25. 解释 LnF_3 的熔点比对应的氯化物的熔点更高的原因。

26. CrO_4^{2-}中的 Cr—O 键长为 166pm。$Cr_2O_7^{2-}$中的 Cr—O 键长有 163pm 和 179pm 两种。画出这两种离子的结构，并解释这些现象。

27. 写出以下物质与水反应的完整的化学方程式：

$$KNH_2，Al_4C_3，Mg_3N_2，Na_2O_2，R_bO_2$$

28. VO、V_2O_3和V_2O_5的酸性是如何变化的？

29. 钙钛矿中的 Ca—O 键的静电键特性是什么？

30. 当氯化铍与$LiBH_4$在密封管中反应时，产物是BeB_2H_8。画出这个化合物的几个可能结构，并且预测其稳定性。

第12章 主族元素的有机金属化合物

自20世纪50年代起，对有机金属化合物化学的重视度增加是化学研究内容的一大改变。可能将其说成是无机化学已经不大适合，因为它在有机化学方面也有很大的影响。有机金属化合物自从1827年蔡氏盐的发现和1849年爱德华•弗兰克兰（Edward Frankland）爵士制备出金属烷烃开始就被人认识，但随着在20世纪50年代早期，二茂铁和齐格勒-纳塔聚合反应的发现，有机金属化学展示出了另一层次的重要性。在这些发现之后的1955年，二苯铬成功地被制备出。有机金属化学的重要性层次的上升可以这样理解，近年来研究这种类别的化学的文献已经大幅度增长。除了一般的文献，大量的专业专著也被出版，并且也有专门的杂志来发表以有机金属化学为主题的文章。

有机金属化学打破了学科界限（事实上如果存在任何学科界限的话）并且在有机、无机、生物化学、材料化学和化学工程学科都占有重要地位。因为有机金属化学的多范畴，本节将介绍周期表中主族金属的这个领域的相关背景知识。第21和22章会介绍过渡金属的有机金属化学的部分内容，但这些领域肯定是存在重叠内容的。但是，由于过渡金属的有机金属化学过度依赖于配位化学，因此有关这个方向的内容留到配位化学那个章节再做介绍（第16～20章）。第14和15章介绍第ⅣA族和ⅦA族的元素，这些族中的某些重元素的有机金属化学也会在那里提及。然而，锌、镉和汞的电子构型为$nd^{10}(n+1)s^2$，在很多情况下会失去s电子。这时，它们表现的行为很像第ⅡA族金属，因此这些元素的有机金属化学也将简要地介绍。

尽管在任何族中的所有金属元素都存在大量的有机金属化合物，但每族中一般都有一种金属是相对更重要的。例如，第ⅠA族中，锂的有机化合物的数量就比钠或钾的有机化合物的数量更大。因此，往后的讨论更多集中在一或两种具有最广泛有机金属化学内容的元素。

考虑到这个领域的广度和大量的已发表文献，想用一本普通无机化学书中的一或两章内容就把有机金属化学的具体内容都涵盖到是不可能的。因此，我们将集中在这个领域的某些常规方面和重点介绍这个化学领域的本质的少数几个主题。我们将从有机金属化合物的制备方法出发，再介绍一些反应类型，最后介绍特定元素的化合物。这种介绍方式将会出现一些重复的内容，因为一些制备和反应在特定元素中也会涉及到的。但是，这种重复强调从教学角度来看也不是一种缺点。

12.1 有机金属化合物的制备

有机金属化合物正如制备它们的元素一样，其性质和反应性差异很大。这类化合物包括烷基锂、格氏（Grignard）试剂或有机锡化合物。因此，并没有一种普适的方法来制备这些化合物，但我们在这里将会介绍一些大量使用的反应类型。

12.1.1 金属与烷基卤化物的反应

当金属非常活泼时，这种反应是最适合的。我们必须记在脑中的是，即使一种化学式可能写得好像这种物质是一个单体化合物，但有机金属化合物的几种类型是相关的。以下这些反应就是例子：

$$2Li + C_4H_9Cl \longrightarrow LiC_4H_9 + LiCl \tag{12.1}$$

$$4Al + 6C_2H_5Cl \longrightarrow \left[Al\left(C_2H_5\right)_3\right]_2 + 2AlCl_3 \tag{12.2}$$

$$2Na + C_6H_5Cl \longrightarrow NaC_6H_5 + NaCl \tag{12.3}$$

这类反应的最重要的反应是格氏试剂的生成：

$$RX+Mg \xrightarrow{\text{无水乙醚}} RMgX \tag{12.4}$$

四乙基铅可以作为一种汽油添加剂降低发动机爆燃的风险，在这种用途被美国禁止之前，它曾被大量生产。生产这种化合物的一种方法是铅与氯乙烷反应，而铅与钠结合成合金之后也会增强铅的反应活泼性：

$$4Pb/Na\text{ 合金}+4C_2H_5Cl \longrightarrow 4NaCl+Pb(C_2H_5)_4 \tag{12.5}$$

烷基汞也可以通过类似的方法制备，反应中使用的是钠和汞合金。

$$2Hg/Na\text{ 合金}+2C_6H_5Br \longrightarrow Hg(C_6H_5)_2+2NaBr \tag{12.6}$$

我们经常看到当一种金属与另一种金属混合之后，其反应性会变高。这个原则也被应用在别的制备反应中，例如：

$$2Zn / Cu + 2C_2H_5I \longrightarrow Zn\left(C_2H_5\right)_2 + ZnI_2 + 2Cu \tag{12.7}$$

12.1.2 烷基转移反应

一种金属烷基化合物与另一种金属元素的共价卤化物有时可能发生烷基转移反应，得到一种晶态产物。例如烷基钠与 $SiCl_4$ 的反应：

$$4NaC_6H_5 + SiCl_4 \longrightarrow Si\left(C_6H_5\right)_4 + 4NaCl \tag{12.8}$$

氯化钠的形成在这个反应中是一个强的驱动力。由于 Na^+和 Cl^-有利的相互作用，软硬作用原理（见第 9 章）在这种情况下是一个简便的解释。以下是这类反应的其他例子：

$$2Al\left(C_2H_5\right)_3 + 3ZnCl_2 \longrightarrow 3Zn\left(C_2H_5\right)_2 + 2AlCl_3 \tag{12.9}$$

$$2Al\left(C_2H_5\right)_3 + 3Cd\left(C_2H_3O_2\right)_2 \longrightarrow 3Cd\left(C_2H_5\right)_2 + 2Al\left(C_2H_3O_2\right)_3 \tag{12.10}$$

因为汞很容易被还原，二烷基汞化合物是很有用的试剂，通过基团转移反应制备其他金属的烷基化合物。这可通过以下化学方程式体现：

$$3Hg\left(C_2H_5\right)_2 + 2Ga \longrightarrow 2Ga\left(C_2H_5\right)_3 + 3Hg \tag{12.11}$$

$$Hg\left(CH_3\right)_2 + Be \longrightarrow Be\left(CH_3\right)_2 + Hg \tag{12.12}$$

$$3HgR_2 + 2Al \longrightarrow 2AlR_3 + 3Hg \tag{12.13}$$

$$Na\left(\text{过量}\right) + HgR_2 \longrightarrow 2NaR + Hg \tag{12.14}$$

在最后一个反应中，需要使用低沸点的碳氢化合物作为溶剂，因为烷基钠主要是离子性的，它们相对不溶。其他第ⅠA 族金属（化学方程式中以 M 表示）的烷基化合物也可以通过这类反应制备，其中通常使用苯作为溶剂。

$$HgR_2 + 2M \longrightarrow 2MR + Hg \tag{12.15}$$

在某些情况下，一种有机化合物可以与一种金属烷基化物发生取代反应，得到另一种金属烷基化物：

$$NaC_2H_5 + C_6H_6 \longrightarrow NaC_6H_5 + C_2H_6 \quad (12.16)$$

12.1.3 格氏试剂与金属卤化物的反应

尽管格氏试剂通常发生烷基转移反应，它是上一节中经常使用的试剂，但是它们发生的反应是如此重要，在本节中要单独介绍一下这些反应。这是得到金属烷基化物的最简便的大量使用的方法之一。以下是这类反应的典型反应：

$$3C_6H_5MgBr + SbCl_3 \longrightarrow Sb(C_6H_5)_3 + 3MgBrCl \quad (12.17)$$

$$2CH_3MgCl + HgCl_2 \longrightarrow Hg(CH_3)_2 + 2MgCl_2 \quad (12.18)$$

$$2C_2H_5MgBr + CdCl_2 \longrightarrow Cd(C_2H_5)_2 + 2MgBrCl \quad (12.19)$$

需要注意的是，2 个 MgBrCl“单元”形式上等价于 $MgBr_2$ +$MgCl_2$。因此，我们将继续使用这个化学式来简化反应化学方程式，尽管产物可能是简单的两种卤化物的混合物。

下面这个反应生成了含有两种不同的烷基基团的产物：

$$C_2H_5ZnI + n\text{-}C_3H_7MgBr \longrightarrow n\text{-}C_3H_7ZnC_2H_5 + MgBrI \quad (12.20)$$

研究发现，经过一段时间之后，这类化合物会发生一种反应得到两种含有相同烷基基团的产物，ZnR_2 和 ZnR'_2。

$$2n\text{-}C_3H_7ZnC_2H_5 \longrightarrow Zn(n\text{-}C_3H_7)_2 + Zn(C_2H_5)_2 \quad (12.21)$$

格氏试剂的反应是合成化学极其重要的一种类型，并且它们在很多情况下被使用。

12.1.4 烯烃和氢气与金属反应

在某些情况下，金属烷基化物可以直接从金属制备。以下是这类反应的一个重要例子：

$$2Al + 3H_2 + 6C_2H_4 \longrightarrow 2Al(C_2H_5)_3 \quad (12.22)$$

直接合成的不同类型包括金属与一种烷基卤化物的反应：

$$2CH_3Cl + Si \xrightarrow[300℃]{Cu} (CH_3)_2SiCl_2 \quad (12.23)$$

12.2 第ⅠA 族金属的有机金属化合物

第ⅠA 族金属的有机金属化学内容很多，尤其是锂和钠。烷基锂可通过金属与烷基卤化物的反应制备：

$$2Li + RX \longrightarrow LiR + LiX \quad (12.24)$$

在这个过程中，适合的溶剂有碳氢化合物、苯和醚。烷基锂也可以通过金属与烷基汞化合物反应制得：

$$2Li + HgR_2 \longrightarrow 2LiR + Hg \quad (12.25)$$

锂与烷基组成的化合物可以通过丁基锂和一种烷基卤化物反应制备：

$$LiC_4H_9 + ArX \longrightarrow LiAr + C_4H_9X \quad (12.26)$$

锂与乙炔在液氨中反应生成乙炔化一锂和乙炔化二锂，即 $LiC \equiv CH$ 和 $LiC \equiv CLi$，并且释放出氢气，这说明乙炔具有弱酸性。$LiC \equiv CH$ 的一种商业应用是作为维生素 A 的合成的其中一步。

烷基锂可用于聚合反应和很多烷基转移反应中。下面列出了一些例子：

$$BCl_3 + 3LiR \longrightarrow 3LiCl + BR_3 \quad (12.27)$$

$$SnCl_4 + LiR \longrightarrow LiCl + SnCl_3R\text{（和其他产物）} \quad (12.28)$$

$$3CO + 2LiR \longrightarrow 2LiCO + R_2CO \quad (12.29)$$

过渡金属最有趣的有机金属化合物之一是二茂铁（见第 21 章）。丁基锂与二茂铁反应生成单锂化合物和二锂化合物，其结构如下：

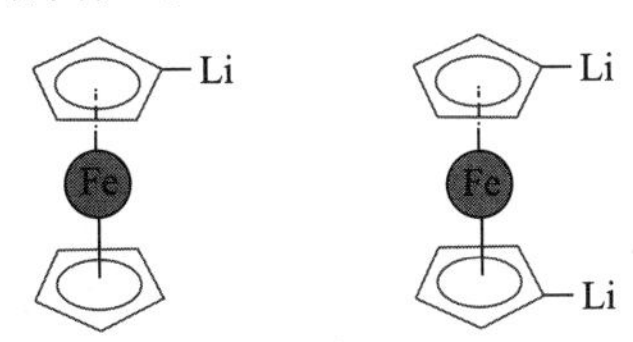

这些活泼的化合物可用于制备很多二茂铁的其他衍生物。正如所料，烷基锂与任何含量的水分反应：

$$LiR + H_2O \longrightarrow LiOH + RH \quad (12.30)$$

这类极其活泼的化合物在空气中也可以自燃。

人们花费了大量的努力才测定了烷基锂的结构。在碳氢化合物溶液中，当烷基基团比较小时，其主要结构是六聚体。在固相时，其结构是体心立方结构，$(LiCH_3)_4$ 单元处于每个晶格点上。每个单元是一个四聚体，四个锂原子处在四面体的顶点，甲基处在三角面的中心上方。烷基的碳原子与三角形顶点的三个锂原子成键。形成的这个结构表示如下（图中只画出了两个甲基基团）：

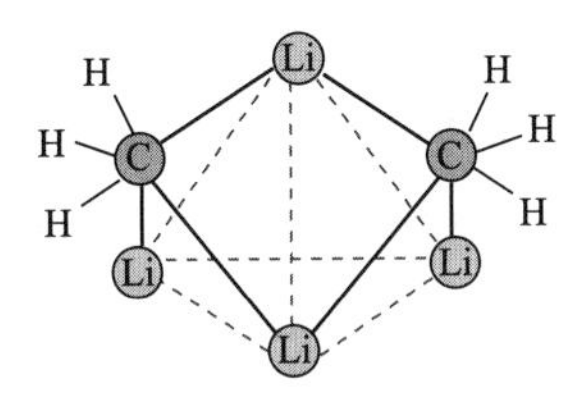

甲基与三个锂原子的键合作用包含了甲基基团上的一个 sp^3 轨道，此轨道与锂原子上的三个轨道瞬间重叠（可能是 2s 轨道或者是 2s 和 2p 的杂化轨道）。这可以通过下图表示：

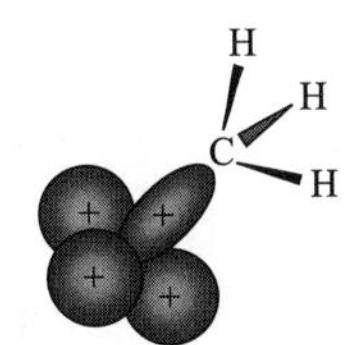

尽管甲基锂中的成键图通常是恰当的，但这有可能是对真实情况的一种过度简化。三中心两电子键存在于很多类型的化合物（如二硼烷）中，但这里或许在锂原子之间还存在某些弱的作用力。

12.3 第ⅡA 族金属的有机金属化合物

尽管钙、钡和锶也有一些有机金属化合物，但它们的数量和重要性还是远远没有铍和镁的有机金属化合物那么多和大。有机金属化学的最重要发现之一就是维克多·格林尼亚（Victor Grignard）在 1900 年合成的有机金属化合物。这个工作非常重要是因为它导致了现今被称为格氏试剂的一类化合物的发展。它们可通过镁与烷基卤化物在无水乙醚溶液中反应制得，其反应过程表示如下：

$$Mg + RX \xrightarrow{\text{无水乙醚}} RMgX \quad (12.31)$$

过量的乙醚挥发导致“醚合物”出现，即镁与溶剂键合。一般而言，这个产物的化学式写作 $RMgX_2 \cdot R_2O$，其结构是畸变的四面体。但是，即使在溶液中，“RMgX”以二聚体的形式为主要的存在形式。

$$2RMgX \rightleftharpoons (RMgX)_2 \quad (12.32)$$

其平衡可能涉及其他物质，其组成取决于作为电子对给体的烷基基团的性质；它们之间的联系被溶剂与RMgX之间的配位结合所妨碍。此外，以下平衡还会使情况变得更复杂：

$$2RMgX \rightleftharpoons MgR_2 + MgX_2 \tag{12.33}$$

这个平衡也称为舒伦克（Schlenk）平衡。二聚体$(RMgX)_2$的结构可表示如下：

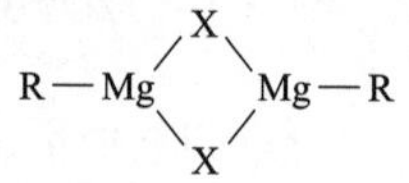

```
         X
       /   \
R — Mg       Mg — R
       \   /
         X
```

尽管这个二聚体的结构也可以表示如下：

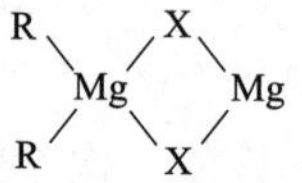

```
R         X
  \     /   \
   Mg        Mg
  /     \   /
R         X
```

还有一些电离反应可以表示如下：

$$2RMgX \rightleftharpoons RMg^+ + RMgX_2^- \tag{12.34}$$

存在于格氏试剂溶液中的物质的性质是一个复杂的问题，还没有单一的表述来表示其真实情况。

由于格氏试剂在合成化学（有机、无机和有机金属化学）中非常重要，这个专题足以写出一部专著。通常格氏试剂与卤素的反应活性大小顺序为：$I > Br > Cl$。同时也发现烷烃化合物的反应活性比芳香化合物的反应活性更大。格氏试剂的反应的一个重要类型是与伯醇反应中使碳链增长：

$$ROH + CH_3MgBr \longrightarrow RCH_3 + Mg(OH)Br \tag{12.35}$$

当使用的是叔醇时，其反应可写成：

$$RR'HCOH + CH_3MgBr \longrightarrow RR'HC—CH_3 + Mg(OH)Br \tag{12.36}$$

格氏试剂与甲醛反应（在往产物中加入HCl之后）生成伯醇：

$$HCHO + RMgX \longrightarrow RCH_2OH + MgClX \tag{12.37}$$

格氏试剂与CO_2的反应可以用来制备羧酸：

$$CO_2 + RMgX \xrightarrow{H_2O} RCOOH + MgXOH \tag{12.38}$$

RMgX与RCHO的反应会生成叔醇，而与醚RCOOR′的反应在其原始产物酸化之后可得到季醇。格氏试剂与硫的反应是复杂的，但它可以通过以下化学方程式体现：

$$8RMgX + S_8 \longrightarrow 4R_2S + 4MgS + 4MgX_2 \tag{12.39}$$

这些只是格氏试剂用于合成的几个例子。

除了镁之外，有机铍化合物也存在大量的化学内容。烷基化合物通过氯化铍与格氏试剂的反应很容易得到：

$$BeCl_2 + 2CH_3MgCl \longrightarrow Be(CH_3)_2 + 2MgCl_2 \tag{12.40}$$

因为二甲基铍是一种路易斯酸，所以它在反应时保持与溶剂醚结合。烷基铍也可以通过氯化物与烷基锂反应制备：

$$BeCl_2 + 2LiCH_3 \longrightarrow Be(CH_3)_3 + 2LiCl \tag{12.41}$$

或者与二烷基汞反应制备：

$$Be + Hg(CH_3)_2 \longrightarrow Be(CH_3)_2 + Hg \tag{12.42}$$

正如其他的大量金属烷基化物一样，烷基铍在空气中也可以自燃，得到氧化铍，其生成热是$-611kJ \cdot mol^{-1}$。二甲基铍也可与水发生爆炸性反应，其他的一些性质与三甲基铝相似。这并不奇怪，因为这两种金属具有相似的荷径比，存在一种强的对角线关系。

二甲基铍的结构与三甲基铝的类似，不过铍化合物形成的是链状结构，而铝化合物形成的是二聚体。图 12.1 表示了二甲基铍的结构。

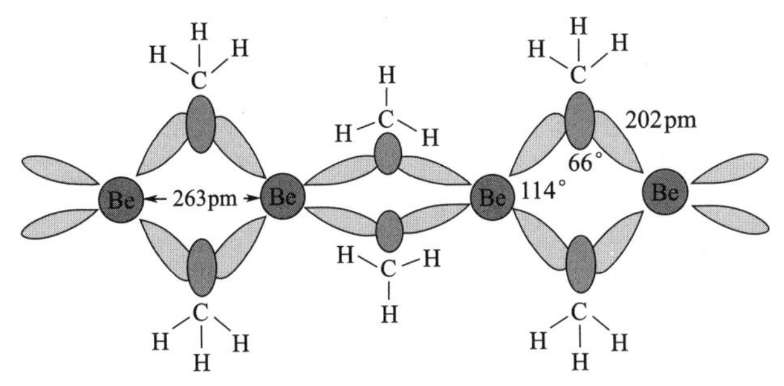

图 12.1　二甲基铍的结构

甲基基团上的一个 sp^3 轨道与铍原子上的一个轨道（可能最好是归属于 sp^3）形成一个二电子三中心键的桥。但是需要注意的是，Be—C—Be 的键角反常地小。因为二甲基铍是一种路易斯酸，当一种路易斯碱加入其中时，形成的多聚物$[Be(CH_3)_2]_n$可被分离。例如与膦的反应：

$$\left[Be(CH_3)_2\right]_n + 2nPH_3 \longrightarrow n\left[(H_3P)_2Be(CH_3)_2\right] \quad (12.43)$$

铍的有机金属化合物的一种不寻常的类型是铍与环戊二烯环配位的化合物：

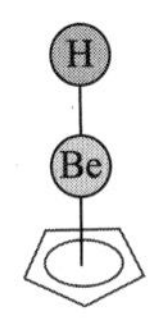

除了氢化合物之外，其他的化合物如含有卤素或一个甲基的化合物已经被制备出了。

12.4　第ⅢA 族金属的有机金属化合物

第ⅢA 族其他成员的有机金属化学内容对比铝的有机金属化学内容而言是相对不重要的。铝存在大量的有机化学内容，并且有些化合物在商业上有其重要性。例如，三甲基铝被用于烯烃的齐格勒-纳塔法共聚反应（见第 22 章）。由于大量的二聚化，烷基铝的化学通式经常写成$[AlR_3]_2$。有趣的是，$B(CH_3)_3$ 并没有进行分子缔合，它的沸点是 26℃。尽管它并不与水反应，$B(CH_3)_3$ 在空气中也会自燃。三甲基镓（沸点为 55.7℃）和三乙基镓（沸点为 143℃）在多数情况下几乎都没有形成二聚体的倾向。对应于三甲基硼和三甲基镓的性质行为，三甲基铝$[Al(CH_3)_3]_2$ 的沸点是 126℃，而$[Al(C_2H_5)_3]$的沸点是 186.6℃，即使铝化合物的分子量更小。

烷基铝与很多物质反应，并且在空气中自燃：

$$\left[Al(CH_3)_3\right]_2 + 12O_2 \longrightarrow 6CO_2 + 9H_2O + Al_2O_3 \quad (12.44)$$

烷基铝可以通过几种方式制备。其中一个方法就是铝与烷基卤化物反应生成 $R_3Al_2Cl_3$（也称为倍半氯化物）：

$$2Al + 3RCl \longrightarrow R_3Al_2Cl_3 \quad (12.45)$$

产物进行再分配生成 $R_4Al_2Cl_2$ 和 $R_2Al_2Cl_4$。铝与 HgR_2 发生烷基转移反应：

$$6HgR_2 + 4Al \longrightarrow 2\left[AlR_3\right]_2 + 6Hg \quad (12.46)$$

混合烷基氢化物可以通过以下反应制得：

$$2Al + 3H_2 + 4AlR_3 \longrightarrow 6AlR_2H \quad (12.47)$$

Al—H 键十分活泼，乙烯可以发生插入反应：

$$R_2AlH + C_2H_4 \longrightarrow R_2AlC_2H_5 \quad (12.48)$$

如前所述，烷基铝广泛地发生二聚。$[Al(CH_3)_2]$的结构在图 12.2 中表示。此时，甲基上的一个轨道与两个铝原子上的轨道形成二电子三中心键。尽管每个铝原子有四个键，键的取向违背了典型的四面体结构。因为铝原子间的距离相对较短，所以它们之间存在部分键合作用。要注意的是，铝原子和两个端位 CH_3 基团的键角与铝原子上的 sp^2 杂化轨道对应的键角十分接近。这使得铝原子剩下的一个 p 轨道可以形成一个σ键。还有需要注意的是，$Al—C_t$ 的键长明显比 $Al—C_b$ 的键长短（b 和 t 分别代表桥联和端位的意思）。

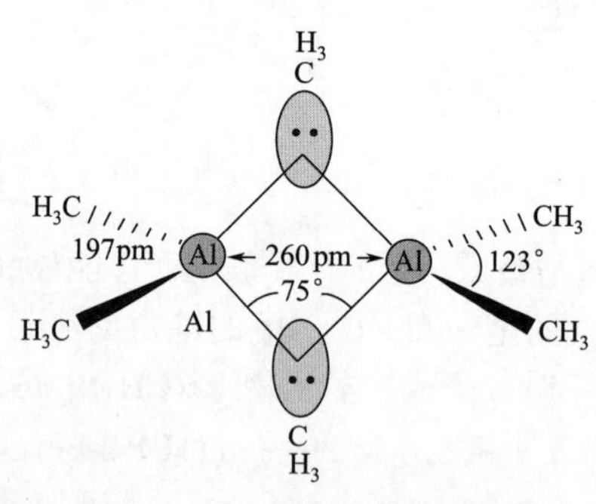

图 12.2　三甲基铝二聚体的结构

我们已经介绍过三甲基铝二聚体的结构，它好像是静止不变的，但其实，即使在室温下也并不是这样的。当这个化合物在甲苯溶液中冷却到–65℃时，其氢谱核磁共振表明存在两种环境的氢原子，桥联和端位甲基基团。但是，在室温时，NMR 谱中只有一个信号，这表明甲基基团发生了改变。我们认为这是甲基基团发生了快速重组，其中一个作为桥的甲基基团发生断裂，$Al(CH_3)_3$ 基团发生旋转之后，原来桥联的那个甲基基团变成了一个新的端位甲基基团。

烷基铝的系列数据提供了说明第 6 章中关于液体性质的一些原理的一个很好的机会。在苯溶液中分子量的测量表明甲基、乙基和正丙基化合物是完全二聚的。但是，$(AlR_3)_2$ 二聚体的解离热随着烷基不同而改变，其数据表示如下：

R	CH_3	C_2H_5	n-C_3H_7	n-C_4H_9	i-C_4H_9
ΔH_{diss}/kJ・mol^{-1}	81.2	70.7	87.4	38	33

正如我们在第 6 章介绍的，溶度参数δ可以作为研究分子解离的一个判断工具。表 12.1 表示了几种烷基铝的一些相关数据。这些溶度参数使用第 6 章中介绍的方法从蒸气压数据中计算得到。

表 12.1　一些铝的烷基化物的物理性质

化合物①	沸点/℃	ΔH_{vap}/kJ・mol^{-1}	ΔS_{vap}/J・mol^{-1}	δ/J$^{1/2}$・cm$^{-3/2}$・mol^{-1}
$Al(CH_3)_3$	126.0	44.92	112.6	20.82
$Al(C_2H_5)_3$	186.6	81.19	176.6	23.75
$Al(n\text{-}C_3H_7)_3$	192.8	58.86	126.0	17.02
$Al(i\text{-}C_4H_9)_3$	214.1	65.88	135.2	15.67
$Al(C_2H_5)_2Cl$	208.0	53.71	111.6	19.88
$Al(C_2H_5)Cl_2$	193.8	51.99	111.1	21.58

① 给出的化学式是单聚体的化学式，但化合物通常以二聚体形式存在。

第 6 章中提到，汽化熵是研究液体与蒸气之间关系的一个很有用的参数。在$[Al(C_2H_5)_3]_2$ 的例子中，其汽化熵（176.6 J・mol^{-1}・K^{-1}）几乎是特鲁顿规则预测的数值（88 J・mol^{-1}・K^{-1}）的两倍。

$$\Delta S_{vap} = \frac{\Delta H_{vap}}{T} \approx 88 J \cdot mol^{-1} \cdot K^{-1} \tag{12.49}$$

这表明汽化 1mol 的液体可以转化成 2mol 蒸气。因此我们认为$[Al(C_2H_5)_3]_2$二聚体是存在于液体中的，但气体中含有的是 $Al(C_2H_5)_3$ 单聚体。对$[Al(C_2H_5)_3]_2$的数据的检验表明汽化熵值为 112.6 J・mol^{-1}・K^{-1}，比特鲁顿规则预测的 88 J・mol^{-1}・K^{-1}大得多，但比两倍的值要小。这个值可解释为液体中只发生部分二聚化，而在汽化过程中却全部转化成单聚体。

然而，对于三甲基铝的汽化熵值却有一个不同的解释。如果液态中全部是以二聚体存在的话，$[Al(C_2H_5)_3]_2$的汽化熵可以解释为全部二聚化的液体物质在汽化过程中只发生部分解离反应。因为三乙基铝很显然符合一种完全二聚化的液体发生完全汽化解离的情况，所以我们需要寻找其他的因素去判断三甲基铝的情况。一个这样的有用的性质就是溶度参数。

三甲基铝和三乙基铝的溶度参数分别为 20.8J$^{1/2}$・cm$^{-3/2}$・mol^{-1} 和 23.7J$^{1/2}$・cm$^{-3/2}$・mol^{-1}。这些数值足够高，表明它们都是以缔合的形式存在于液态中，而且它们大小相当，与这两个化合物只是分子量略有不同相符。从汽化熵角度出发，显然三乙基铝在液相中发生二聚，在气相中发生解离。从两者的溶度参数如此相似的情况分析，三甲基铝同样会在液相中完全二聚。因此，由于其汽化热并不是特鲁顿规则预测的数值的两倍，我们认为三甲基铝是一种完全二聚化的液相，在汽化过程中只发生部分解离。三乙基铝和三甲基铝的不同的一个原因就在于它们具有不同沸点，分别为 186.6℃和 126.0℃。60℃的差距足以使$[Al(C_2H_5)_3]_2$完全解离，但因为$[Al(CH_3)_3]_2$的沸点更低，导致这个过程只有部分解离。

支持这个结论的例子是 $Al(n\text{-}C_3H_7)_3$ 和 $Al(i\text{-}C_4H_9)_3$。这两个化合物的汽化熵分别是 126.0J・mol^{-1}・K^{-1}和 135.2J・mol^{-1}・K^{-1}。这些值都比特鲁顿规则预测的 88 J・mol^{-1}・K^{-1}大，因此汽化过程与分子聚集程度的改变一致。即使丙烯和丁烯衍生物具有更高的分子量，但 $Al(n\text{-}C_3H_7)_3$ 和 $Al(i\text{-}C_4H_9)_3$ 的溶度参数分别为 17.0J$^{1/2}$・cm$^{-3/2}$・mol^{-1}和 15.7J$^{1/2}$・cm$^{-3/2}$・mol^{-1}，比甲基和乙基化合物的对应值都更小。因为溶度参数体现了液体内聚能，所以我们认为 $Al(n\text{-}C_3H_7)_3$ 和 $Al(i\text{-}C_4H_9)_3$ 在液相中只发生部分二聚。因此，高的汽化熵来自部分二聚化的液体转化成完全单聚态的气体。所有的化合物的沸点[$Al(n\text{-}C_3H_7)_3$ 和 $Al(i\text{-}C_4H_9)_3$ 分别是 192.8℃和 214.1℃]都比汽化时完全解离的$[Al(C_2H_5)_3]_2$的沸点高。因此，我们认为$[Al(n\text{-}C_3H_7)_3]_2$和$[Al(i\text{-}C_4H_9)_3]_2$应该也在气相中完全解离，但它们在液相中必须只有部分二聚。较低烷基的铝化合物的性质被归纳在下面。发生聚集时，这些数据都是纯化合物的数据，并非溶解在溶剂（如苯）中的数据。

状态	单聚体化学式			
	$Al(CH_3)_3$	$Al(C_2H_5)_3$	$Al(n\text{-}C_3H_7)_3$	$Al(i\text{-}C_4H_9)_3$
液态	二聚体	二聚体	二聚体+单聚体	二聚体+单聚体
气态	二聚体+单聚体	单聚体	单聚体	单聚体

聚集的其他类型在别的金属烷基化物中也存在。例如，$Ga(CH_3)_3$ 是一个二聚物，在汽化过程中发生解离，但含有更大烷基基团的类似的化合物却是单聚体。

对于这几种四 n-烷基锗烷的溶度参数而言，其测定值分别为 $Ge(CH_3)_4$，13.9J$^{1/2}$・cm$^{-3/2}$・mol^{-1}；$Ge(C_2H_5)_4$，17.6J$^{1/2}$・cm$^{-3/2}$・mol^{-1}；$Ge(n\text{-}C_3H_7)_4$，18.0J$^{1/2}$・cm$^{-3/2}$・mol^{-1}；$Ge(n\text{-}C_4H_9)_4$，20.3J$^{1/2}$・cm$^{-3/2}$・mol^{-1}；$Ge(n\text{-}C_5H_{11})_4$，21.5J$^{1/2}$・cm$^{-3/2}$・mol^{-1}。注意到，所有这些数据都比 $Al(CH_3)_3$ 或 $Al(C_2H_5)_3$ 的值要小。因此结论就是液态四烷基锗的性质表明了液相是非聚集态的，这个结

论也可通过其他证据证明。

我们已经提到铝的混合烷基卤化物发生二聚，表 12.1 中列出的这些化合物的溶度参数与这个结论是一致的。三乙基硼和二乙基锌的溶度参数分别是 $15.4 J^{1/2} \cdot cm^{-3/2} \cdot mol^{-1}$ 和 $18.2 J^{1/2} \cdot cm^{-3/2} \cdot mol^{-1}$。这些数值表明其液相并没有发生强烈的聚集，这也是我们已知的事实。

铝的其他有机金属化合物包括氢化铝 R_2AlH。这些化合物的分子聚集化导致了环状四聚体的生成。当二聚体和三聚体化合物溶解在碱性的非质子溶剂中时，由于铝与溶剂分子的未共用电子对的成键作用导致这些聚集体解离。对于三甲胺这样的路易斯碱而言，烷基铝是强的路易斯酸（就像卤化铝一样）：

$$[AlR_3]_2 + 2:NR_3 \longrightarrow 2R_3Al:NR_3 \qquad (12.50)$$

这是溶液中分子聚集作用受溶剂性质影响的一般原则的一个特殊例子而已。

烷基铝在聚合过程中起到重要作用，其本身就能促进聚合化。烷基铝的一个重要反应是双键的加成反应：

$$C_2H_4 + AlR_3 \longrightarrow R_2AlCH_2CH_2R \qquad (12.51)$$

随后另一个插入反应发生，是碳氢链增长，导致聚合化。在这种反应中，链中含有相对较少的碳原子。当上述反应继续发生，而 $R=C_2H_5$ 时，其产物是包含了三个碳原子数目不同的烷基基团的化合物 $AlRR'R''$。

烷基铝最重要的反应是通过齐格勒-纳塔法进行的烯烃共聚化作用。在反应过程中，$Al(C_2H_5)_3$ 作为 $TiCl_4$ 的烷化剂，烷化后的物质进行反应使乙烯分子插入到 Ti 和乙烷基团之间，起到增长链的作用（见第 22 章）。因为聚合物如聚乙烯和聚丙烯的产量巨大，并且具有很多重要用途，齐格勒–纳塔反应在工业上非常重要。

烷基铝可以发生很多典型的共价化合物的反应。含有甲基、乙基和丙基的化合物在空气中自燃。当烷基基团的碳原子数为四个或更少时，其与水会发生爆炸性反应：

$$Al(C_2H_5)_3 + 3H_2O \longrightarrow Al(OH)_3 + 3C_2H_6 \qquad (12.52)$$

烷基铝与醇的反应同样也是剧烈的，但这个反应可以在惰性溶剂中通过稀释来调节反应的发生：

$$AlR_3 + 3R'OH \longrightarrow Al(OR')_3 + 3RH \qquad (12.53)$$

烷基铝也会进行烷基转移反应：

$$2Al(C_2H_5)_3 + 3ZnCl_2 \longrightarrow 3Zn(C_2H_5)_2 + 2AlCl_3 \qquad (12.54)$$

这一类反应也可以与其他的金属卤化物发生。

12.5 第ⅣA 族金属的有机金属化合物

锡的有机金属化学也有极大的发展，其中一些化合物在工业生产中有大量的使用。例如，化合物$[C_8H_{17}SnOC(O)CH{=}CHC(O)O]_n$ 作为稳定剂用于 PVC 聚合物、食品包装、木材保护涂层、几种食物的真菌控制和大量其他产品的生产中。锡化合物具有非常低的毒性，因此它们非常适合于使用在与食物制品相关的产品中。有机锡化合物是合成一些其他化合物的重要反应物。

烷基锡可以通过 $SnCl_4$ 与格氏试剂反应制备：

$$SnCl_4 + 4RMgCl \longrightarrow SnR_4 + 4MgCl_2 \qquad (12.55)$$

烷基也可以通过另一个金属烷基化物如 LiR 或 AlR_3 转移得到：

$$4LiR + SnCl_4 \longrightarrow SnR_4 + 4LiCl \qquad (12.56)$$

$$4AlR_3 + 3SnCl_4 \longrightarrow 3SnR_4 + 4AlCl_3 \qquad (12.57)$$

四烷基锡烷的化学行为与烷基铝化合物存在本质的不同，其反应性远没有后者的活泼。锡化合物在空气中稳定，不与水反应且不能形成酸-碱产物。四甲基锡（26.5℃）和四苯基锡（228℃）具有足够的稳定性和反应惰性，因此它们可以被蒸馏提纯而没有大的分解或氧化作用。在某些情况下，金属锡与烷基卤化物直接反应生成混合的烷基卤化物。

$$Sn + RX \longrightarrow R_2SnX_2\text{(和其他产物)} \tag{12.58}$$

二氯甲基硅烷和锗烷都比四烷基化合物更活泼，可以发生水解反应：

$$(CH_3)_2GeCl_2 + H_2O \longrightarrow (CH_3)_2GeO + 2HCl \tag{12.59}$$

二烷基二氯化硅（沸点 70℃）的重要用途是作为硅聚合物制备的中间体。

$$x(CH_3)_2SiCl_2 + xH_2O \longrightarrow [(CH_3)_2SiO]_x + 2xHCl \tag{12.60}$$

烷基锡化合物与四卤化锡反应生成一系列的具有分子通式为 R_nSnX_{4-n} 的产物。这些化合物与 $LiAlH_4$ 反应生成锡氢化物。锡的有机化学的其他方面内容在第 14 章中有介绍。

12.6 第ⅤA 族元素的有机金属化合物

砷、锑和铋的有机金属化合物有很多，这些系列化合物的化学性质非常不同。化合物的稳定性通常变化顺序是 As > Sb > Bi，这与元素原子和碳原子的半径差值的不断增大一致。砷化合物包括脂肪族衍生物和杂环衍生物，如砷杂苯：

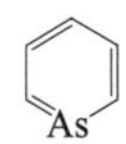

类似的铋化合物相对没有那么稳定。六元环和五元环的配位化学已经被研究了，作为最不寻常的化合物之一，配合物 $[Fe(AsC_4H_4)_2]$ 中含有一个 AsC_4H_4 五元环，具有二茂铁的结构。三烷基砷化合物的砷原子上有一对未共用电子对，因此它们可以作为路易斯碱与金属离子作用。最终，有很多以 AsR_3 分子为配体的配位化合物存在。随着第ⅤA 族元素的金属性的不断降低，As > Sb > Bi，其与金属结合形成烷基配合物的趋势也逐渐下降。

很多有机砷化合物可以通过 $AsCl_3$ 与烷基转移剂如格氏试剂、烷基锂或烷基铝等反应制备。典型的反应如下：

$$3RMgBr + AsCl_3 \longrightarrow AsR_3 + 3MgBrCl \tag{12.61}$$

$$AsCl_3 + 3LiR \longrightarrow AsR_3 + 3LiCl \tag{12.62}$$

三氯化砷也可以与含有极性 OH 基团的醇分子反应：

$$AsCl_3 + 3ROH \longrightarrow As(OR)_3 + 3HCl \tag{12.63}$$

另一个在历史上存在其重要性的砷的有机化合物是在 1901 年由埃里克（P. Ehrlich）发现的。这个化合物被称为胂凡纳明或洒尔佛散，其结构为：

这个化合物对治疗梅毒和非洲嗜睡病很有效，尽管随后更有效的药物已经被研发出来。除了洒尔佛散的命名之外，这个化合物在《化学物理手册》中也以“606”的名字出现，这是埃里克和同事验证的一系列化合物中的排序。

12.7 Zn、Cd 和 Hg 的有机金属化合物

尽管锌、镉和汞并不是通常所说的主族金属元素，但由于它们具有通常不参与成键的充满的 d 轨道，它们的性质也是相似的。因为在封闭的 d 层外具有填充的 s 轨道，它们与第ⅡA 族元素相似。锌是一种必需的痕量元素，在羧肽酶 A 和碳酸酐酶中起重要作用（见第 23 章）。第一种酶是蛋白质的水解催化酶，而第二种则是二氧化碳和碳酸氢根的平衡反应的催化剂：

$$H_2O + CO_2 \rightleftharpoons HCO_3^- + H^+ \qquad (12.64)$$

这个反应过程涉及血液中的CO_2的除去，生成碳酸氢根，并且在肺部中释放CO_2。镉和汞是剧毒的。重金属（由于大尺寸和低电荷，其表现为软）具有毒性，并且其毒性随着软度的增加而增加。另外，被认为是硬的金属（如Mg^{2+}、Ca^{2+}、Fe^{3+}）通常是无毒的。在毒性行为方面，重金属与蛋白质和酶中的—SH 基团成键。

锌可以形成大量的有机金属化合物，其中二烷基化合物是最重要的。尽管这些化合物不发生缔合生成聚集体，但它们会自燃。卤化锌与格氏试剂的反应被用于制备这些化合物：

$$ZnBr_2 + 2C_2H_5MgBr \longrightarrow Zn(C_2H_5)_2 + 2MgBr_2 \qquad (12.65)$$

其他烷基化合物也可以通过转移反应得到，例如与BR_3的反应：

$$3Zn(CH_3)_2 + 2BR_3 \longrightarrow 3ZnR_2 + 2B(CH_3)_3 \qquad (12.66)$$

这个反应能发生是由于三甲基硼的稳定性导致的。烷基转移也可以在以下反应中发生：

$$Zn + HgR_2 \longrightarrow ZnR_2 + Hg \qquad (12.67)$$

根据它们的化学行为，二烷基锌化合物通常可以发生反应将烷基转移给其他金属。镉的二烷基化合物通常由卤化镉与格氏试剂反应制得：

$$CdX_2 + 2RMgX \longrightarrow CdR_2 + 2MgX_2 \qquad (12.68)$$

混合烷基卤化物可以通过二烷基镉与卤化镉反应生成：

$$CdR_2 + CdX_2 \longrightarrow 2RCdX \qquad (12.69)$$

在本章中，我们简要地介绍了一些主族元素的有机金属化合物的化学内容。更多的有机金属化学内容将在第 14 和 15 章中提到，特别是对于这些族中更重的元素。有机金属化学是一个广泛和重要的领域，相关的内容可以通过阅读更多的参考资料去了解。

拓展学习的参考文献

Advances in Organometallic Chemistry, vol. 55, 2007. This series of 55 volumes has had many editors over the many years of publication.

Coates, G.E., 1960. *Organo-Metallic Compounds*. Wiley, New York. One of the classic books in the field of organometallic chemistry.

Cotton, F.A., Wilkinson, G., Murillo, C.A., Bochmann, M., 1999. *Advanced Inorganic Chemistry*, 6th ed. John Wiley, New York. This reference text contains a great deal of information on organometallic chemistry of main group elements.

Crabtree, R.H., Mingos, D.M.P. (Eds.), 2007. *Comprehensive Organometallic Chemistry* III. Elsevier, Amsterdam.

Greenwood, N.N., Earnshaw, A., 1997. *Chemistry of the Elements*, 2nd ed. Butterworth-Heinemann, Oxford Because this 1341 page book deals with chemistry of all elements, a great deal of it concerns their organometallic chemistry.

Rappaport, Z., Marck, I., 2006. *The Chemistry of Organolithium Compounds*. Wiley, New York.

Rochow, E.G., 1964. *Organometallic Chemistry*. Reinhold, New York. This small book has an elementary introduction to the field and includes a great deal of history.

Suzuki, H., Matano, Y., 2001. *Organobismuth Chemistry*. Elsevier, Amsterdam.

Thayer, J.S., 1988. *Organometallic Chemistry, An Overview*. VCH Publishers, Weinheim.

Wakefield, B.S., 1976. *The Chemistry of Organolithium Compounds*. Pergamon Press, Oxford.

习题

1. 完成并配平以下反应：

（a）$LiC_2H_5+PBr_3 \longrightarrow$

（b）$CH_3MgBr+SiCl_4 \longrightarrow$

（c）$NaC_6H_5+GeCl_4 \longrightarrow$

（d）$LiC_4H_9+CH_3COCl \longrightarrow$

（e）$Mg(C_2H_5)_2+MnCl_2 \longrightarrow$

2. 写出以下过程的反应方程式：

（a）丁基锂的制备

（b）丁基锂与水的反应

（c）铍溶解在氢氧化钠中

（d）苯基钠的制备

（e）乙醇与氢化锂的反应

3. 完成并配平以下反应：

（a）$C_4H_9OH+CH_3MgCl \longrightarrow$

（b）$C_3H_7Cl+Na \longrightarrow$

（c）$Zn(C_2H_5)_2+SbCl_3 \longrightarrow$

（d）$NaC_6H_5+C_2H_5Cl \longrightarrow$

（e）$B(CH_3)_3+O_2 \longrightarrow$

4. 写出以下反应的完整的化学方程式:

（a）丁基锂与氯化镉的反应

（b）溴化乙基镁与乙醛的反应

（c）甲基锂与溴的反应

（d）三乙基铝与甲醇的反应

（e）三乙基铝与乙烷的反应

5. 从你知道的 $B(CH_3)_3$ 和 $Al(CH_3)_3$ 的数据出发，$B(CH_3)_3$ 的溶度参数的一个合理的值大约是多少？请做出合理解释。

6. 假设 C_2H_5MgCl 在二氧六环和苯中的浓度一样，估算一下其在两种溶剂中的聚集度。如果它们是不同的话，请解释原因。

7. 尽管二乙基锌通常不发生聚集，但 C_2H_5ZnCl 在非极性溶剂中却会发生部分聚集，生成一种四聚体。$Zn(C_2H_5)_2$ 和 C_2H_5ZnCl 的不同之处在哪里？推测一下$[C_2H_5ZnCl]_4$的结构。

8. 完成并配平以下反应：

（a）$Na_2S+RCl \longrightarrow$

（b）$AsCl_3+Na+C_6H_5Cl \longrightarrow$

（c）$(C_6H_5)_2TeCl_2+LiC_6H_5 \longrightarrow$

（d）$i\text{-}C_3H_7OH+C_2H_5MgCl \longrightarrow$

（e）$SiH_4+CH_3OH \longrightarrow$

9. 当烷基铝与$(CH_3)_2X$（X=O，S，Se，Te）发生反应时，配合物的稳定性随着 O 到 Te 的顺序不断降低。解释这些配合物的稳定性顺序。

10. $(CH_3)_2CCl_2$ 不与水发生反应，$(CH_3)_2SnCl_2$ 可以发生水解作用。解释两者的不同。

11. 在浓度约为 $1g \cdot mol^{-1}$ 的四氢呋喃溶液中，C_2H_5MgBr 几乎是以单聚体的形式存在的。但是，在同等浓度的乙醚溶液中，其主要形式是二聚体。解释其不同。

12. 第ⅣA 族元素的烷基化合物基本在空气中都是稳定的，但第ⅢA 族元素的烷基化合物却是极其活泼。对于这个行为的不同，请给出一个理由。

13. 根据物质在液相和气相中的数据，解释表 12.1 中 $Al(C_2H_5)_2Cl$ 和 $Al(C_2H_5)Cl_2$ 的汽化熵。

14. 在室温下，核磁共振谱不能用来区分 R_2MgX 和 RMgX，这表明了什么？对这个过程提出一种机理来解释这个现象。

第 13 章 非金属元素化学 I——氢、硼、氧和碳

非金属元素横跨了几个族，从极其活泼的氟族元素到相对不活泼的主族元素如碳和氮。其中一种元素硫已经被熟知了数千年，但一些其他的元素如卤素要等到 18 世纪初伴随着电化学的发展才被我们认识。非金属元素包含了大约 20 种元素，这些元素位于元素周期表的右上角的位置。少数的几种元素（如锗和碲）同时具有典型的金属和非金属性质。在这章和下一章中，我们将概述其中一些重要的非金属元素的化学。必须指出的是，这样的概述肯定是不完整的，因此章节后面提供的参考资料就能帮助读者全面了解它们的信息。

13.1 氢

当从原子个数的角度出发时，氢元素是宇宙中含量最丰富的元素。地球上氢元素大约占了所有原子总数的 15.4%，但由于其本身原子质量很小的缘故，其质量只占总质量的 0.9%。它有三种同位素：^{1}H、^{2}H（氘）和 ^{3}H（氚）。氧化氘 D_2O 即熟知的重水，由于普通的水更容易电解，所以它通过电解反应制备得到。很多化合物会发生氢和氘的交换反应，例如当 CH_3OH 放入 D_2O 中时，OH 基团上的氢原子就会发生交换，而甲基上的氢却不会与氘发生交换。同样，当 CH_3CH_2COOH 置入 D_2O 中时，羧酸根上的氢原子也会快速地发生交换。总而言之，形成极性键的氢原子容易发生交换，而处在有机片段上（与碳成键）的氢原子则不会发生交换。同位素交换反应在分子结构和反应机理的解释方面有着重要的作用。

因为氢原子的电离势大于 $1300kJ\cdot mol^{-1}$，所以几乎没有可能有化合物能稳定包含 H^+阳离子。从 H—H 键获取氢原子之后发生电离也是不可取的，因为 H—H 键的键能约为 $435kJ\cdot mol^{-1}$。尽管氢离子在能量上是不稳定的，但是也有一些水合离子能稳定存在于固体中，如 $H_5O_2^+$ [即$(H_2O)_2H^+$] 和 $H_9O_4^+$ [即$(H_2O)_4H^+$]。$H_9O_4^+$ 的结构表示如下：

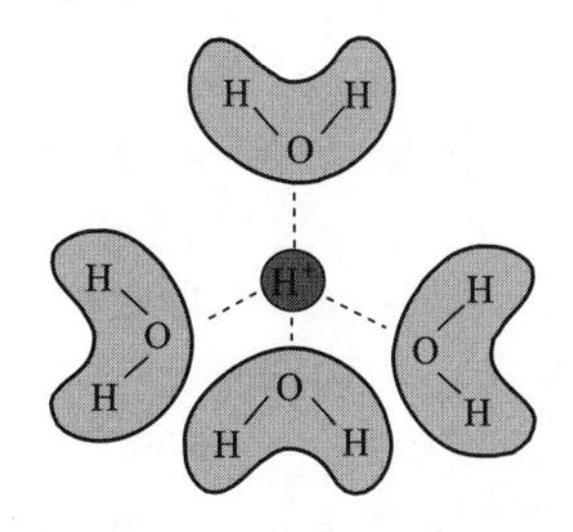

尽管氢元素+1 价的氧化态是最普通的状态，但是H^+并不存在于化合物中。

当一个电子结合到气态的氢原子上时，这个过程会放出 $74kJ \cdot mol^{-1}$ 的能量，这意味着生成 H^-能量上是有利的。这导致了存在很多含有 H^-的稳定化合物。氢与活泼金属如钠的反应就会生成这一类化合物：

$$2Na+H_2 \longrightarrow 2NaH \tag{13.1}$$

这类氢化物包含了一个带负氧化态的氢，这意味着另外的元素必须具有比氢更低的电负性。我们应该看到，氢化物可以分成三类：离子型、共价型和间充型。多数的氢化合物中包含的氢既不失去也不得到电子。这可以说明大部分的氢化合物是共价型的。在本节中，我们将对这种最简单的元素做一个概述。

13.1.1 氢气的制备

氢气的商业化生产必须使用一种最经济的方式进行。因为水是大量且廉价的，所以在某些时候它是制氢的原料。大规模使用的一个反应就是碳和水在高温时的反应：

$$C+H_2O \longrightarrow CO+H_2 \tag{13.2}$$

蒸气改良法是甲烷和高温蒸气在镍催化剂存在时反应。这些反应是：

$$CH_4+2H_2O \xrightarrow{Ni} CO_2+4H_2 \tag{13.3}$$

$$CH_4+H_2O \xrightarrow{Ni} CO+3H_2 \tag{13.4}$$

反应产物包含 H_2、CO_2、CO 和水蒸气。这些气体被送入一个转换炉，继续发生以下反应：

$$CO+H_2O \longrightarrow CO_2+H_2 \tag{13.5}$$

由于从饱和碳氢化合物中脱氢时会得到大量的不饱和有机物，这个过程在氢气的商业化制备中也是非常重要的。例如，这些碳氢化合物中己烷可通过以下反应得到环己烷：

$$C_6H_{14} \xrightarrow{催化剂} C_6H_{12}+H_2 \tag{13.6}$$

环己烷还能继续脱氢生成苯：

$$C_6H_{12} \xrightarrow{催化剂} C_6H_6+3H_2 \tag{13.7}$$

其他大规模进行的脱氢反应是从丁烷制备 1,3-丁二烯和从苯乙烷制备苯乙烯的反应：

$$C_4H_{10} \xrightarrow{催化剂} CH_2=CH-CH=CH_2+2H_2 \tag{13.8}$$

$$C_6H_5CH_2CH_3 \xrightarrow{催化剂} C_6H_5CH=CH_2+H_2 \tag{13.9}$$

苯乙烯和丁二烯都是在合成聚合物中大量使用的单体。

制备氢气时还有两个重要的电化学过程，第一个是水的电解：

$$2H_2O \xrightarrow{电解} 2H_2+O_2 \tag{13.10}$$

这种方法中得到的两种气体是在不同隔间产生的，所以它们是高纯的气体。

在这个过程中，重水 D_2O 是更缓慢电解的，因此水中更重的同位素会慢慢富集。制备氢气的另一个电解过程是氯化钠溶液的电解：

$$2Na^++2Cl^-+2H_2O \xrightarrow{电解} H_2+Cl_2+2Na^++2OH^- \tag{13.11}$$

反应的这三种产物都是商业上十分重要的。这个反应是最常用的制备氯气和氢氧化钠的反应，因此它也大规模地使用着。这也意味着它是氢气的一个重要来源。

还有很多小规模制备氢气的反应，包括具有比氢的还原电势更高的金属（M）与酸（HA）的置换反应：

$$2M+2HA \longrightarrow H_2+2MA \tag{13.12}$$

另一种置换反应类型是金属如铝或锌与强碱的反应，例如：

$$2Al+2NaOH+6H_2O \longrightarrow 2Na[Al(OH)_4]+3H_2 \tag{13.13}$$

作为布朗斯特碱的氢负离子的反应也会导致氢气的生成。典型的反应如下：

$$CaH_2+2H_2O \longrightarrow Ca(OH)_2+2H_2 \quad (13.14)$$

$$CH_3OH+NaH \longrightarrow NaOCH_3+H_2 \quad (13.15)$$

金属氢化物作为有效的除水剂，常常被用于溶剂中除去微量水。

13.1.2 氢化物

含有氢元素和另一种比氢的电负性更低的元素的化合物称为氢化物。有大量的氢化物存在，并且通常被分组为三类。第一种类型是离子型或类盐型氢化物，其中氢的表现形式为 H^-。尽管氢的电子亲和能是 74kJ・mol^{-1}，但是除非两种离子相互作用形成晶格，否则电子从金属转移到氢上是不利的。这类化合物包含氢元素和一种非常低电负性的金属元素。一般来说，这些金属位于周期表的第ⅠA 族和第ⅡA 族。在大多数情况下，在高温下直接将两种单质混合在一起，发生反应形成化合物。当 M 是第ⅠA 族金属时，化学方程式如下：

$$2M+H_2 \longrightarrow 2MH \quad (13.16)$$

一些金属氮化物与氢气反应生成金属氢化物。

$$Na_3N+3H_2 \longrightarrow 3NaH+NH_3 \quad (13.17)$$

第ⅠA 族金属氢化物的性质列于表 13.1 中。

表 13.1　第ⅠA 族金属氢化物的性质

化合物	$\Delta H_f^\omines$ /kJ・mol^{-1}	U /kJ・mol^{-1}	半径 /pm	H 的表观电荷	氢化物密度 /g・cm^{-3}	金属密度 /g・cm^{-3}
LiH	–89.1	916	126	–0.49	0.77	0.534
NaH	–59.6	808	146	–0.50	1.36	0.972
KH	–63.6	720	152	–0.60	1.43	0.859
RbH	–47.7	678	153	–0.63	2.59	1.525
CsH	–42.6	644	154	–0.65	3.41	1.903

离子型氢化物的最重要的性质就是它们是强的布朗斯特碱。氢负离子能和多数含有与高电负性原子相连的氢原子的分子反应。这类分子包括水、乙醇和氨等，反应如下：

$$H^- + H_2O \longrightarrow OH^- + H_2 \quad (13.18)$$

$$H^- + ROH \longrightarrow RO^- + H_2 \quad (13.19)$$

$$H^- + NH_3 \longrightarrow NH_2^- + H_2 \quad (13.20)$$

氢负离子的尺寸与 I^-差不多，并且由于它有未成对的电子，可以表现为路易斯酸。很多已知的配合物包含氢负离子作为配体与过渡金属连接。因为氢负离子是一种软的路易斯酸，多数配合物中的金属原子或离子的电荷数较低，并且来自于第二或第三过渡系（见第 16 和 22 章）。其他包含氢化配体的配合物是 AlH_4^- 和 BH_4^-，这些离子经常在 $LiAlH_4$ 和 $NaBH_4$ 化合物中。已知的氢化锂铝和硼氢化钠是非常有用的还原剂，它们经常被用于合成有机化学中。

当氢与其他元素的电负性差别不大时，氢化物以共价键形式结合。尽管铍和镁是处于周期表中的第ⅡA 族，但是它们的电离势和电负性都比此主族中的其他元素更高。因此，氢化铍和氢化镁是共价聚合物材料，它们的结构是一维链结构，其中氢原子桥连着两个金属原子。结构示意图如下：

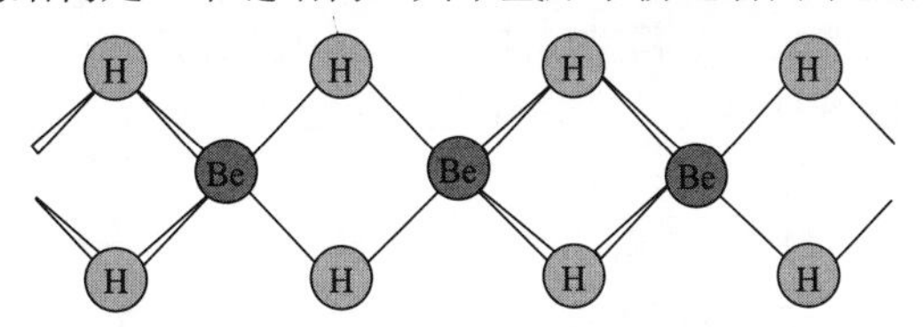

与每个铍原子连接的四个氢原子的排列构型近似为四面体构型。

镁与硼反应生成硼化镁，化学式可写成 MgB_2 或 Mg_3B_2。

$$3Mg + 2B \longrightarrow Mg_3B_2 \tag{13.21}$$

我们将在后面介绍到，硼化物（氧化物、硝化物或者碳化物也一样）与水反应会生成非金属氢化合物。因此，硼化镁与水发生的反应预计会生成硼烷 BH_3，但实际上此反应产物是乙硼烷 B_2H_6（熔点为–165℃，沸点为–92.5℃）。这种有趣的共价氢化物具有两个 B—H—B 三中心键，结构如下。这种键的本质将在本章往后的内容中介绍。

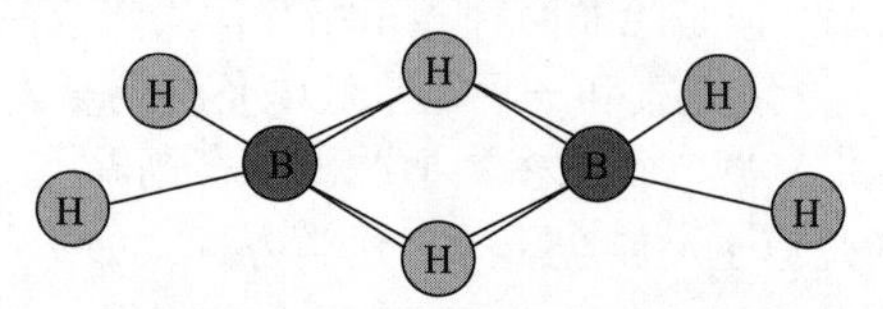

每个硼原子周围连接着四个氢原子，其构型近似为四面体构型。乙硼烷同样可以通过 BF_3 与 $NaBH_4$ 的反应制备：

$$3NaBH_4 + BF_3 \longrightarrow 3NaF + 2B_2H_6 \tag{13.22}$$

硼与氢能够形成多种化合物，其中某些化合物还表现出不寻常的结构形式。表 13.2 列出了几种硼烷的性质。共价氢化物通常是一类低沸点的化合物。因此，它们经常被称为挥发性氢化物。

表 13.2　一些共价氢化物的性质

名称	分子式	熔点/□	沸点/□
二硼烷	B_2H_6	–165.5	–92.5
四硼烷	B_4H_{10}	–120	18
五硼烷-9	B_5H_9	–46.6	48
五硼烷-11	B_5H_{11}	–123	63
六硼烷	B_6H_{10}	–65	110
九硼烷	B_9H_{15}	2.6	—
十硼烷	$B_{10}H_{14}$	99.7	213
硅烷	SiH_4	–185	–119.9
二硅烷	Si_2H_6	–132.5	–14.5
三硅烷	Si_3H_8	–117	54
锗烷	GeH_4	–165	–90
二锗烷	Ge_2H_6	–109	29
三锗烷	Ge_3H_8	–106	110
膦	PH_3	–133	–87.7
二膦	P_2H_4	–99	–51.7
胂	AsH_3	–116.3	–62.4
锑化氢	SbH_3	–88	–18

在某些情况下，一些元素的电负性太低，以至于还不能与氢形成离子键，而这些元素倾向于不与氢反应，也不能直接结合在一起生成氢化物。在这些情况下，上面介绍的反应就能用于制备氢化物。例如，氢化硅 SiH_4（也称之为硅烷）可通过以下反应制得：

$$2Mg + Si \longrightarrow Mg_2Si \tag{13.23}$$

$$Mg_2Si + 4HCl \longrightarrow SiH_4 + 2MgCl_2 \tag{13.24}$$

硅烷也能通过 $SiCl_4$ 和 $LiAlH_4$ 的反应制得：

$$SiCl_4 + LiAlH_4 \longrightarrow SiH_4 + LiCl + AlCl_3 \quad (13.25)$$

硅可与氢形成多种氢化物，这些氢化物与碳氢化合物系列性质相似。但是，硅烷的命名是根据硅的原子数命名的。例如，Si_2H_6称为乙硅烷，Si_3H_8是三硅烷。氢化锗与氢化硅相似。

当金属磷化物发生水解时，其产物是磷化氢 PH_3。例如：

$$Mg_3P_2 + 6HCl \longrightarrow 2PH_3 + 3MgCl_2 \quad (13.26)$$

磷化氢同样可通过白磷与氢氧化钠溶液反应制得：

$$P_4 + 3NaOH + 3H_2O \longrightarrow PH_3 + 3NaH_2PO_2 \quad (13.27)$$

但是，PH_3 并不是磷的唯一一种氢化物，它也并不是上述反应的唯一一种产物。磷的其他的氢化物是二磷烷 P_2H_4。这种化合物在空气中自燃，并且能点燃磷。

$$4PH_3 + 8O_2 \longrightarrow 6H_2O + P_4O_{10} \quad (13.28)$$

硼化氢、硅烷、磷化氢和其他的共价氢化物都是可燃的，其中某些还可以发生自燃。

氨与磷化氢有许多相似之处，但是后者是一种更弱的碱（见第 9 章）。实际上，磷盐可以通过与一些强酸共轭对的大的阴离子结合稳定化。因此，最常见的磷盐是碘化磷、溴化磷、四氟硼酸磷等。磷化氢和取代磷化氢对于软路易斯酸而言是优良的路易斯碱，很多这种类型的配位化合物已被我们所熟知。

尽管活泼金属形成离子型氢化物，但一些其他的金属却并不会这样反应。它们在氢气气氛下发生反应时，其产物在间隙位置包含着氢原子。这种类型的氢化物被称为间充型氢化物。由于包含氢原子的间隙位置的数目不是由化学键的具体数目决定的，因此这类氢化物的化学式往往很复杂。典型的组成式如 $CuH_{0.96}$、$LaH_{2.78}$、$TiH_{1.21}$、$TiH_{1.7}$ 或者 $PdH_{0.62}$。这种类型的氢化物也常被称为非计量氢化物。

尽管离子型氢化物的形成往往是放热的，但间充型氢化物的形成却可以有正的焓值。间充型氢化物的物理性质是由间隙位置上的氢原子促使晶格膨胀但却只是极少的质量贡献的这种特性决定的。因此，虽然它们的晶体结构是一样的，但间充型氢化物的密度通常比纯金属的密度低。当间隙位置填充了氢原子之后，金属导带中的电子流动会受到阻碍，因此，其导电性比纯金属的要差。由于金属原子在结构中可流动，金属通常都是有延展性的和可锻造的，但当间隙位置包含了氢原子之后，金属原子在结构中的流动性也受限，因此金属氢化物的这两种性质也相应降低，通常也比纯金属硬。

过渡金属的电负性在 1.4～1.7 之间时，其组成的氢化物是非离子型的，金属原子与间隙中的氢原子形成的键也不是真正的共价键。促使氢原子进入间隙位置是需要能量把 H_2 分子分开的（键能为 $432.6kJ \cdot mol^{-1}$），并且这个能量不能通过氢和金属之间形成离子键或者共价键来补偿。因此，间充型氢化物的生成热通常是正的。对于某些情况下，我们可以适当地将间充型氢化物理解为原子化的氢金属溶液。溶解氢原子通常包含着分解 H_2 分子，因此，金属通常可以作为加氢反应的有效催化剂。

因为 H_2 分子必须与金属表面结合，金属预处理对于氢化物的形成影响很大。开裂、孔洞和其他的缺陷有助于氢的吸附，但这些很容易被加热和冷却或者辐射去除。活性位点可以通过表面的物理变化形成。以上所有的这些因素都会影响氢化物的形成。由于固体上的气体吸附是与气体分压和温度有关，因此，这些因素影响了氢原子占据的一部分有效位点。总之，氢化物的计量化学依赖于其形成的条件。

NH_3 的键角约为 107°，这意味着氮原子采取的是 sp^3 杂化，其键角略微减小是氮原子上的非共用电子对引起的。PH_3 的键角只有大约 93°，这说明磷的轨道不是 sp^3 杂化。尽管 sp^3 杂化能够降低电子对之间的排斥力，但是磷原子上的 p 轨道是足够大的，通过杂化来增大它们的大小将降低其与氢 1s 轨道的重叠的有效性。AsH_3 和 SbH_3 的键角比 PH_3 的还要略小，这可以推测出 As 和 Sb 也是使用 p 轨道与氢成键的。因此，键角数据表明尽管在 NH_3 中氮原子是采用 sp^3 杂化，但这并不适用于第ⅤA 族的更重的元素。第ⅥA 族的氢化合物的键角也遵循这一规律。

13.2 硼

尽管硼元素的丰度排在 48 位，但是自然界中还没发现单质硼。最常见的硼矿是四硼酸钠或四硼酸钙。硼砂 $Na_2B_4O_7 \cdot 10H_2O$ 是硼的最重要的来源，在南加利福尼亚州发现的大型硼矿床提供了全世界四分之三的硼需求。

硼砂作为助焊剂已经被使用了几个世纪了。它最初是由 20 只骡子拉动的货车从矿山中运出来的，这也是命名洗衣用品的品牌“20-骡队”的来源。

13.2.1 单质硼

硼最先由汉弗莱·戴维（Humphrey Davy）爵士在 1808 年通过电解熔融的硼酸制得。盖吕萨克（Gay-Lussac）和德纳（Thenard）也在 1808 年提出了钾还原硼酸的制备方法，而莫瓦桑（Moissan）在 1895 年使用了镁还原 B_2O_3 的方法：

$$B_2O_3 + 3Mg \longrightarrow 3MgO + 2B \tag{13.29}$$

但是，固体还原剂参与的还原反应通常会造成产物不纯。这种方法制得的硼含量约为 80%～95%，其余的还掺杂着镁和氧化硼。这种方法制得的硼的颜色为棕黑色，密度为 $2.37g \cdot cm^{-3}$。

纯硼可通过三氯化硼在钨丝加热的条件下被氢气还原的方法少量制备：

$$2BCl_3 + 3H_2 \longrightarrow 6HCl + 2B \tag{13.30}$$

黑色的晶体硼的密度为 $2.34g \cdot cm^{-3}$。晶体硼的每个基本单元为二十面体结构，其中 20 个面都是等边三角形，并且共用 12 个顶点（硼原子）。

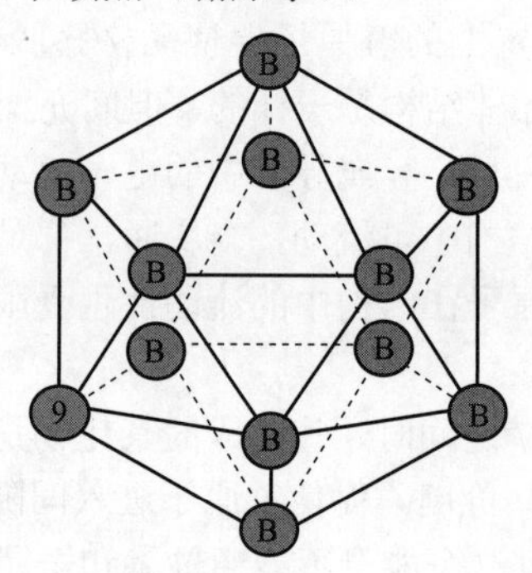

接近球形的 B_{12} 单元在空间中有几种连接方式，其中已知的三种硼晶体是四面体、α-菱形和β-菱形。所有这些结构都是刚性极大的，这也导致了硼晶体的莫氏硬度达到了 9.3（金刚石为 10.0）。

自然存在的硼含有 20%的 ^{10}B 和 80%的 ^{11}B，所以它的原子质量为 10.8 amu。因为 ^{10}B 对于吸收慢（热）中子具有相对较大的截面，所以它作为控制棒被用在核反应和防护屏中。为了得到可以制作合适形状的材料，我们将碳化硼与铝融合。

我们知道 ^{10}B 在脑瘤中的富集程度远大于普通组织，现在已有研究利用 ^{10}B 来治疗脑瘤。使用慢中子轰击肿瘤会产生阿尔法粒子（$^4He^{2+}$）和锂原子核，这个核具有足够的能量去破坏异常组织。

$$^{10}_{5}B + ^{1}_{0}n \longrightarrow ^{7}_{3}Li + ^{4}_{2}He + \gamma \tag{13.31}$$

硼也被用于制作很多物质。硼纤维加入树脂中得到的复合材料比铝轻，但其强度却可媲美钢。这些复合材料可被加工成钓竿、网球拍等。

13.2.2 硼化合物中的键

硼原子的电子结构为 $1s^22s^22p^1$，那么我们会预测硼将失去三个电子，形成含有 B^{3+}的化合物。但是，失去三个电子是需要超过 6700kJ • mol^{-1} 的能量，这个能量太高了，使得形成的硼化合物不能完全离子化。化合物中的键存在极性共价键，其分子轨道可认为是采取了 sp^2 的杂化轨道。然而，硼完全燃烧生成 B_2O_3，这是一种稳定的氧化物，其生成热为–1264kJ • mol^{-1}。

需要清楚的是，我们认为硼可以形成三个等价的共价键，其键角为 120°。因此，卤化硼具有以下三角平面结构（D_{3h} 对称性）：

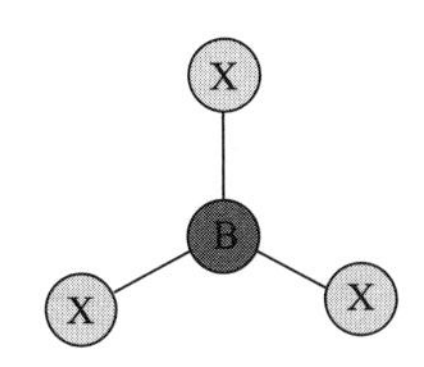

在这种分子结构中，硼原子周围只有六个电子，因此它可以轻易地与一些电子对给体作用。例如，当 F^-与 BF_3 反应时，产物 BF_4^- 的硼原子采取了 sp^3 杂化，所以这个物质是四面体结构的（T_d 对称性）。大多数情况下，含硼分子都是采取这些成键类型中的一种。但氢化硼却表现出一种特殊的成键方式，这将在后面介绍。

13.2.3 硼化物

硼与多数金属反应时会生成一种或多种硼化物。例如，镁与硼反应生成硼化镁 Mg_3B_2：

$$3Mg + 2B \longrightarrow Mg_3B_2 \tag{13.32}$$

这个产物与酸会发生反应生成乙硼烷 B_2H_6：

$$Mg_3B_2 + 6H^+ \longrightarrow B_2H_6 + 3Mg^{2+} \tag{13.33}$$

尽管这个反应的产物应该是 BH_3，但是它以单原子独立单元存在时并不能稳定存在。它与一些路易斯酸作用时，能以加合物的形式稳定存在。某些金属与硼反应会产生含有六硼基团（B_6^{2-}）的硼化物，其中典型的例子就是六硼化钙 CaB_6。总而言之，这种化合物的结构中的八面体 B_6^{2-} 与金属离子是处在立方晶格里面的。大多数的六硼化物都是耐火材料，它们的熔点都超过 2000℃。

13.2.4 卤化硼

如前所述，卤化硼是一类缺电子分子。因此，它们倾向于作为强的路易斯酸接受很多路易斯碱的电子对，形成稳定的酸碱加合物，如氨、吡啶、胺、醚和其他类型的化合物。作为强的路易斯酸，卤化硼在多种重要的有机反应中起到酸催化剂的作用（见第 9 章）。

卤化硼的所有分子结构都是平面结构，键角为 120°，表明硼原子轨道采取的是 sp^2 杂化。但是，B—X 键长的实验数据比通过原子共价单键半径计算的键长数据要短。以 BF_3 为例，我们可以理解为由于π键的出现导致了部分 B—X 具有部分双键的性质。这个π键的出现是因为卤素原子的填充的 p 轨道向硼原子的空的 p 轨道中提供电子密度。比预计的键长更短的另一个原因可能来自于对 B—X 键的离子贡献。键长变短的程度可以通过休梅克-史蒂文森（Shoemaker-Stevenson）方程估算：

$$r_{ab} = r_a + r_b - 9.0(X_a - X_b) \tag{13.34}$$

其中，r_{ab} 为实际键长，r_a 和 r_b 为原子 a 和 b 的共价单键半径，X_a 和 X_b 是原子 a 和 b 的电负性。表 13.3 列出了上述等式计算的卤化硼的键长数据。

表 13.3 卤化硼的键长数据

成键类型	共价单键半径之和/pm	式（13.34）中计算的 r_{ab}/pm	实验值 r_{ab}/pm
B—F	152	134	130
B—Cl	187	179	175
B—Br	202	195	187

表 13.3 提供的数据表明，键长变短程度最大的是 B—F 键。这个结果是在预想之内的，因为 F 和 B 的原子大小相近，从 F 贡献电子密度给 B 更有效。下面的共轭结构图表示了 B 和 F 之间的 p 轨道是如何形成多重键的：

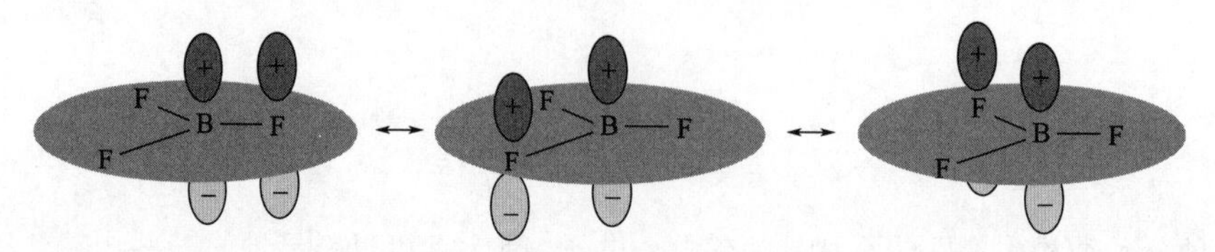

通过多重键的形成来增加硼原子的电子密度的方式将会导致其接受路易斯碱的电子密度的倾向下降。据此，当与吡啶反应时，卤化硼作为受体的结合强度顺序为 BBr_3>BCl_3>BF_3。上述提到的键长变短有时也可以通过这种共轭结构的贡献来解释。因为卤化硼是路易斯酸，它们也能形成 BX_4^- 的配合物，例如：

$$MCl + BCl_3 \longrightarrow M^+BCl_4^- \tag{13.35}$$

BX_4^- 是四面体结构的，因为第四个 X^-基团的加入意味着在硼原子周围必须容纳一对额外的电子对。

除了作为路易斯酸之外，卤化硼还能进行很多类型的反应。正如多数含有非金属和卤素共价连接的化合物一样，卤化硼与水发生剧烈反应生成硼酸和对应的卤化氢。

$$BX_3 + 3H_2O \longrightarrow H_3BO_3 + 3HX \tag{13.36}$$

BX_3 化合物也能与其他的质子溶剂如乙醇反应生成硼酯。

$$BX_3 + 3ROH \longrightarrow B(OR)_3 + 3HX \tag{13.37}$$

一种不寻常的产物环硼氮烷来自于 BCl_3 与 NH_4Cl 的反应：

$$3NH_4Cl + 3BCl_3 \longrightarrow \underset{\text{三氯环硼氮烷}}{B_3N_3H_3Cl_3} + 9HCl \tag{13.38}$$

四卤化二硼 B_2X_4 也是已知的，它们可以用不同方法制备，其中之一就是 BCl_3 与汞的反应：

$$2BCl_3 + 2Hg \xrightarrow{\text{汞弧}} B_2Cl_4 + Hg_2Cl_2 \tag{13.39}$$

13.2.5 氢化硼

包含硼和氢的化合物有很多种，它们有一个统一的名称叫氢化硼。阿尔弗雷德·斯托克（Alfred Stock）在 1910～1930 年使用盐酸和 B_2O_3 与镁少量制得的硼化镁反应得到了六种氢化硼。

$$6HCl + Mg_3B_2 \longrightarrow 3MgCl_2 + B_2H_6 \tag{13.40}$$

由于氢化硼极为活泼（某些在空气中能自燃），斯托克发明了一些方法来处理这些空气敏感的物质。他制得的六种氢化硼包括 B_2H_6、B_4H_{10}、B_5H_9、B_5H_{11}、B_6H_{10} 和 $B_{10}H_{14}$，其中最有意思的产物是 B_2H_6。因为它只有 12 个价层电子，所以不可能所有原子之间都形成双电子键。我们曾经认为硼烷 BH_3 应该是更稳定的化合物，因为其路易斯结构如下：

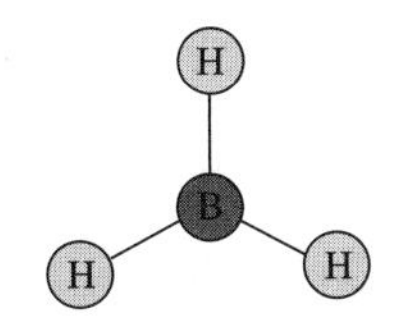

但是，斯托克经过无数次尝试之后发现根本不可能分离出单独的硼烷。

乙硼烷中的 B—B 键长与预想的双键键长相似。这并不能通过典型的路易斯结构完美地计算出来，如今测定的乙硼烷结构如下：

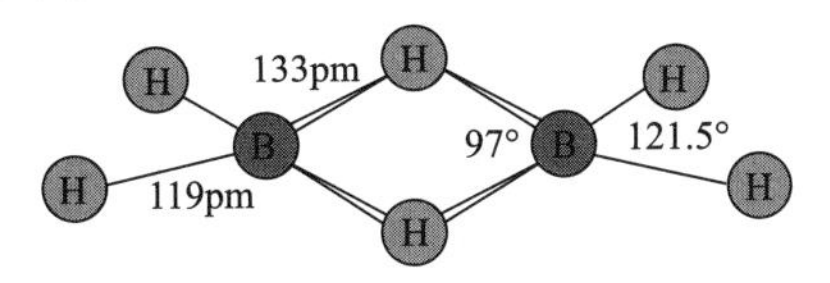

四个氢原子与两个硼原子处于同一平面，另外两个氢原子（形成桥）位于平面的一上一下位置，这样硼原子周围的四个氢原子形成了四面体构型。桥联的氢原子并不是与硼原子形成两个共价键，而是同时与两个硼原子的 sp^3 杂化轨道重叠，这种键称为三中心键，如图 13.1 所示。

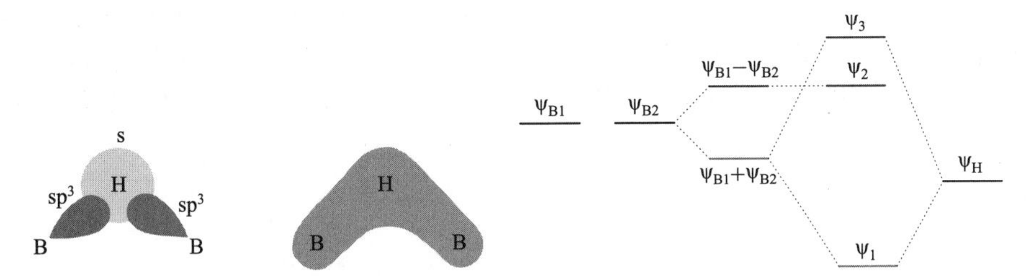

图 13.1　B_2H_6 中的三中心 B—H—B 键

图 13.2　二硼烷的三中心键的分子轨道图（硼的 ψ_{B1} 和 ψ_{B2} 轨道组的对称性与氢原子轨道的对称性吻合，它与氢轨道结合形成一个成键轨道 ψ_1）

图 13.2 以分子轨道的形式表示了三中心键的硼和氢轨道的结合。利用这种成键方式，其他氢化硼的结构也可以得到解释。

得益于斯托克的前期工作，其他的氢化硼也被合成得到，其中一些产物被用于石油添加剂，一些在高能火箭燃料中得以应用。然而，由于 $B_2O_3(s)$ 是其中一个反应产物，这种材料在使用过程中会造成一些问题的出现。氢化硼充分燃烧后的产物是 B_2O_3 和水：

$$B_2H_6 + 3O_2 \longrightarrow B_2O_3 + 3H_2O \qquad (13.41)$$

一些氢化硼和其他的挥发性氢化物的性质已经在表 13.2 中列出了。一个非常有趣的反应是乙硼烷与碳氢化合物中的双键的反应。此反应表示如下：

$$B_2H_6 + 6RCH = CH_2 \longrightarrow 2B(CH_2CH_2R)_3 \qquad (13.42)$$

这个反应称为硼氢化反应，这是由布朗（H. C. Brown）发明的用于硼烷有机衍生物的合成的方法。

13.2.6　多面体硼烷

在大量的硼氢化合物中，硼原子都是以一种规则的多面体方式（八面体、四方反棱柱、双帽四方反棱柱、二十面体等）排列的。这些结构中的硼原子通常以四配位、五配位或六配位的形式存在。最常见的结构是 $B_{12}H_{12}^{2-}$ 表现的二十面体，结构中包含了一个 B_{12} 的二十面体，每个硼原子连接了一个氢原子，整个分子呈现为–2 价。它由 B_2H_6 和起到脱氢作用的碱反应制得：

$$6B_2H_6 + 2(CH_3)_3N \xrightarrow{150℃} [(CH_3)_3NH]_2B_{12}H_{12} + 11H_2 \tag{13.43}$$

像 $Cs_2B_{12}H_{12}$ 这样的化合物可以稳定在几百摄氏度的高温下，并且不能像 BH_4^- 那样作为还原剂参与反应。$B_{12}H_{12}^{2-}$ 的大量衍生物是通过全部或部分氢被其他基团取代制得，如 Cl、F、Br、NH_2、OH、CH_3、OCH_3、COOH 等。

多面体硼烷的结构可归为几类。如果结构中的硼原子可以组成完整多面体，那么它们称为闭合式硼烷（closo，希腊语，意思是“闭合”）。如果结构中的多面体的角出现缺失，那么它们称为巢式硼烷（nido，拉丁语，意思是“巢”）。这种结构中，n 个角的多面体有 n–1 个角被硼原子占据。如果有两个角没有被硼原子占据的硼烷称为网式硼烷（arachno，希腊语，意思是“网”）。当然还有其他一些类型的硼烷按别的方式分类，但那是少数，这里就不介绍了。

B_{12} 二十面体的衍生物具有 $B_{12}H_{12}^{2-}$ 化学式，是完整的多面体构型，每个角都被硼原子占据且连接了一个氢原子，因此它代表了闭合式结构。另一种类型是 $B_{10}H_{10}^{2-}$，其结构的描述如下。因为具有相同化学式的两种氢化硼有可能具有不同的结构，所以这些命名通常在名字前面加上前缀，即经常会遇到巢-B_5H_9、网-B_4H_{10} 等名字。

具有网状结构的相对简单的氢化硼是 B_4H_{10}，其结构如图 13.3（a）所示。戊硼烷 B_5H_9 的结构中五个硼原子形成了四方锥构型，每个硼原子上连接了一个端基氢原子，同时四方平面上的每条边上的两个硼原子还通过一个氢原子桥联，如图 13.3（b）所示，因为这种结构可认为是八面体结构缺了一个顶点，所以我们把它归为巢式硼烷。

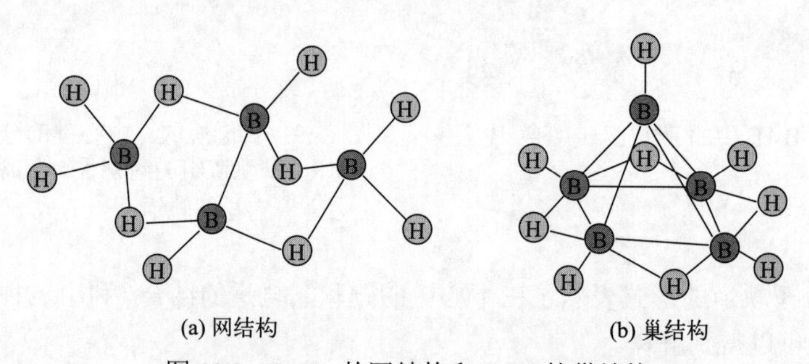

图 13.3　B_4H_{10} 的网结构和 B_5H_9 的巢结构

闭合式 $B_6H_6^{2-}$ 的结构也是相对简单的，它包含了一个八面体构型的硼原子，其中每个硼原子上连接了一个氢原子。图 13.4（a）中表示的是闭合式 $B_9H_9^{2-}$，其结构中的六个硼原子位于三角棱柱上的顶点，剩余的三个硼原子位于棱柱的三个矩形的上方，形成了一个“带帽”的结构。

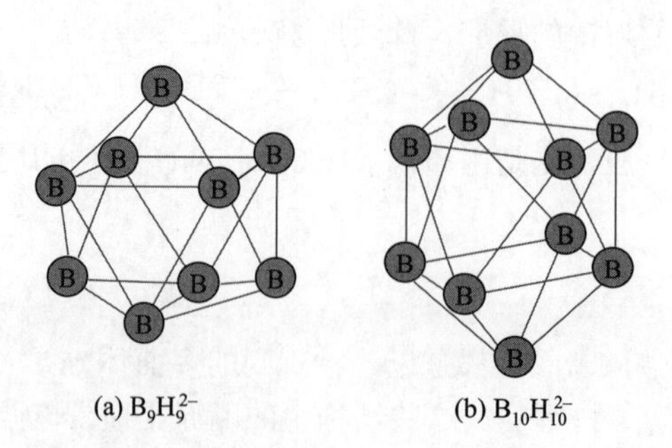

图 13.4　$B_9H_9^{2-}$ 和 $B_{10}H_{10}^{2-}$ 的硼原子排列（氢原子没有表示出来）

每个硼原子都有一个氢原子与之相连。$B_{10}H_{10}^{2-}$ 的闭合式结构有八个硼原子位于四方反棱柱［阿基米德（Archimedes）棱柱］的顶点上，剩下的两个硼原子位于水平面的上下两个面上方，每个氢原子与一个硼原子连接，如图 13.4（b）所示。除此之外，硼烷还有大量的基本多面体单元的衍生物存在，并且硼化学的很多方面都与其结构和反应有关。

为了介绍清楚 B_{12} 或 $B_{12}H_{12}^{2-}$ 的二十面体结构，这里有必要把结构中的原子或取代基的位置标示出来。因此，按照数字标示法将二十面体结构标示如下：

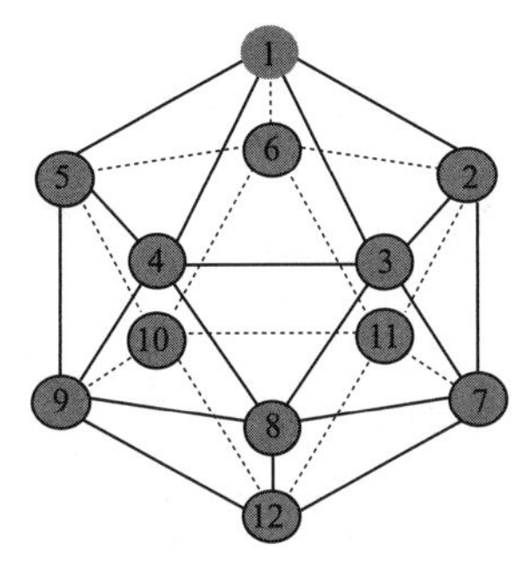

$B_{12}H_{12}^{2-}$ 的一个著名的衍生物是碳硼烷 $B_{10}C_2H_{12}$。应注意到这个物质是中性的，因为每个碳原子比硼原子多了一个电子。由于碳原子可以位于二十面体上的任意两个位置，所以碳硼烷具有三种同分异构体，如图 13.5 所示。

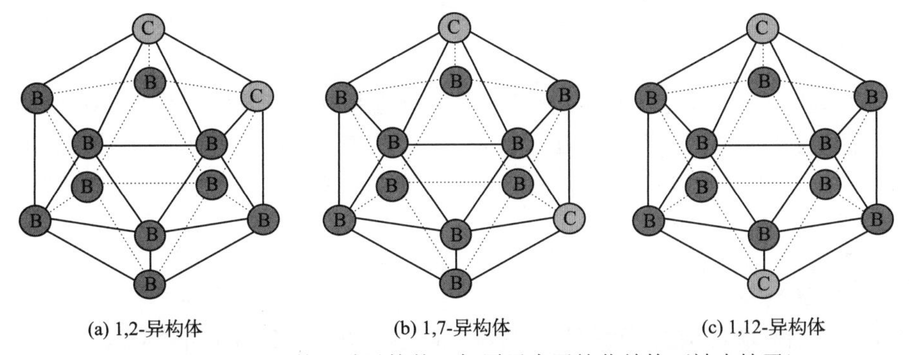

图 13.5　$B_{10}C_2H_{12}$ 的三种异构体（氢原子为了简化结构而被去掉了）

$B_{10}C_2H_{12}$ 的一个衍生物是 $B_9C_2H_{11}^{2-}$，即在二十面体结构上的一个顶点位置的 B—H 基团缺失了。其结果是这个离子上有一个空的成键位置，而这个位置是可以连接金属离子的。因此，它可以形成大量的金属碳硼烷结构，例如与接有 C_5H_5 的 Fe^{2+} 连接生成的 $C_5H_5FeB_9C_2H_{11}$，其结构如下：

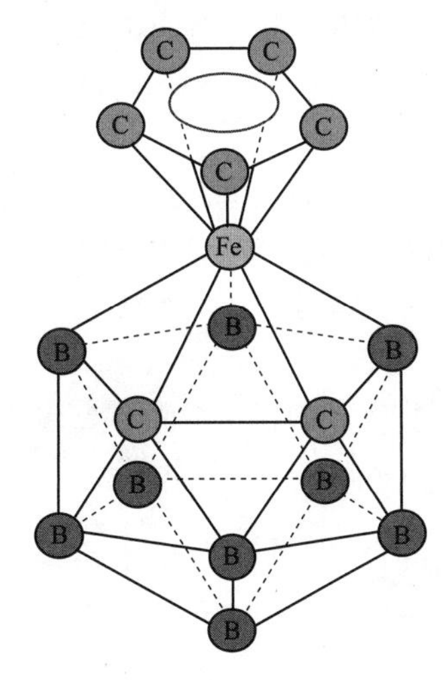

其他的配合物如$[Co(B_9C_2H_{11})_2]^-$，其中的钴是三价钴离子，这个有趣的结构如下：

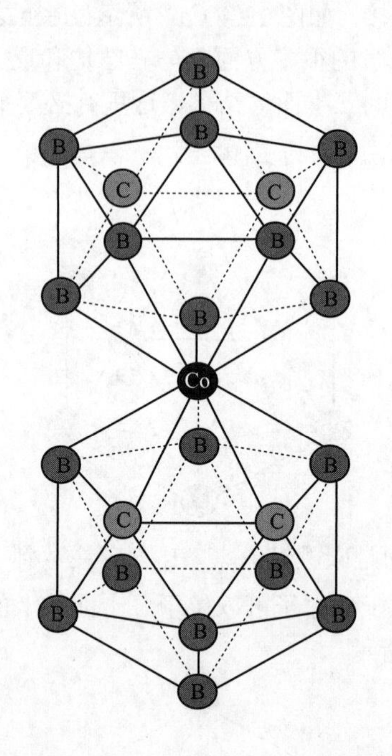

其中每个硼原子和碳原子上连接一个氢原子，上图中所有的氢原子都没有画出。

多面体硼烷和碳硼烷的化学领域在近年来得到了快速的发展。因此，这里的简单归纳并不能包含这个有趣的化合物的所有方面。对于想得到更多的关于多面体硼烷的知识的读者，可以参考本章最后的文献。

13.2.7 氮化硼

由于硼原子有三个价层电子而氮原子有五个价层电子，那么 BN 分子就与 C_2 分子是等电子体。同样，碳的同素异形体（石墨和金刚石）也会在$(BN)_x$化学式的材料中找到。具有石墨状结构的$(BN)_x$ 的形成在很多方面与石墨是相似的。它的结构由六角环状的层组成，每个六角环由硼原子和氮原子交替组成。与石墨不同的是，氮化硼的层与层之间的堆积是线性直接排列的，而不是错开排列的，其结构如图 13.6 所示。

在$(BN)_x$结构中，层与层之间的范德华力更强，因此氮化硼不能像石墨一样具有润滑油的作用。然而，由于氮化硼的化学稳定性高，已经有人开始研究在高温下将氮化硼作为润滑油使用。

在高温高压下，氮化硼可以转化成立方晶型。立方晶型的$(BN)_x$就是硼钴（borazon），它的结构与金刚石相似。硬度也与金刚石差不多，并且它能在更高的温度下稳定存在。如此极端的硬度表现不仅来自于 B—N 键，像 C—C 键一样具有共价强度，更是由于硼和氮原子的电负性差异导致的部分离子稳定化作用。

硼与氮也能形成其他一些化合物，其中一个最有意思的当属环硼氮烷 $B_3N_3H_6$（熔点–58℃，沸点 54.5℃）。下图就是环硼氮烷的结构，与苯环相似。事实上，环硼氮烷有时也被称为“无机苯”。

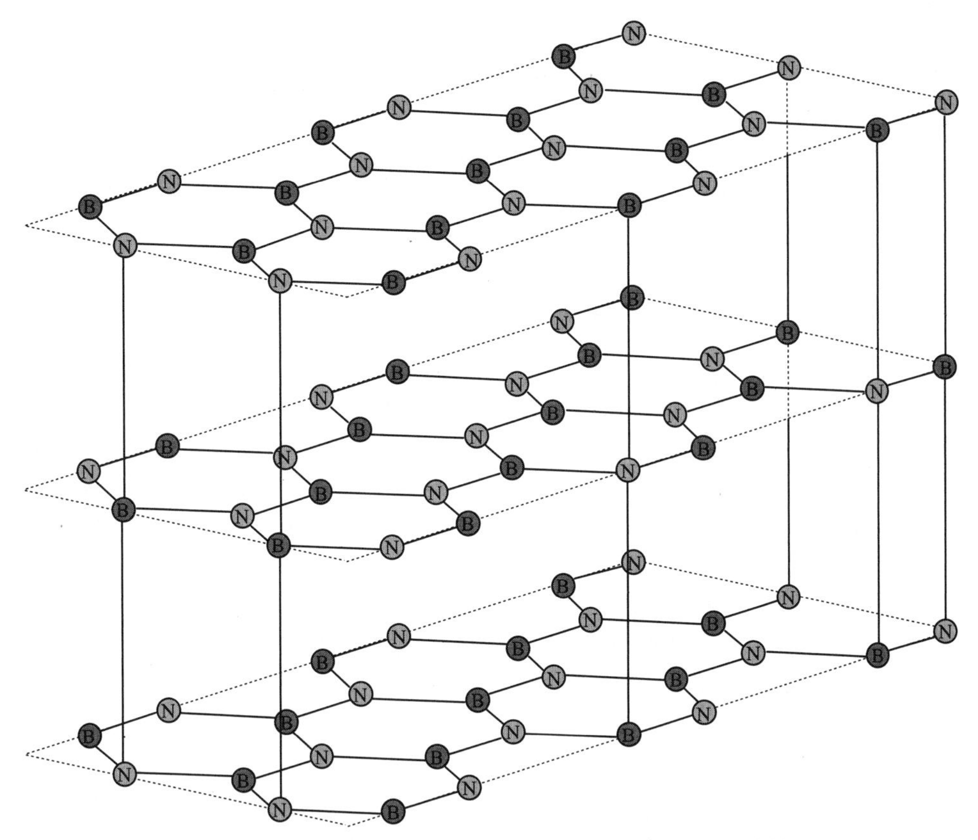

图 13.6　氮化硼的层状结构（将此结构与图 13.7 中的石墨结构做对比）

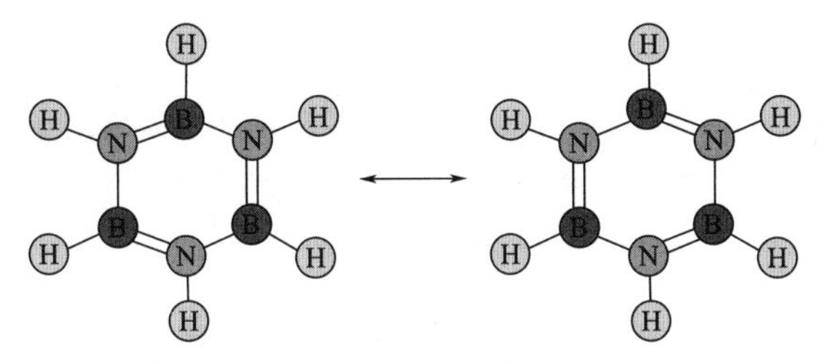

当在真空环境下加热时，环硼氮烷会脱去氢原子并发生聚合反应，生成联硼氮烷和氮杂蒽，它们的结构分别类似于联苯和萘。

环硼氮烷分子是 D_{3h} 对称性的，而苯是 D_{6h} 对称性的。B—N 键的键长在 $H_3N—BF_3$ 分子中是 160pm，但在环硼氮烷中是 144pm。尽管环硼氮烷在某些方面的性质很像苯，但是其电子结构是很不一样的。理论计算表明，尽管在环硼氮烷中电子密度也有一些离域化，但并没有像苯那样完全离域化。其中一个原因在于氮原子的电负性比硼原子更高，导致氮原子上的电子密度更高。电子密度是同时取决于π键和σ键的，它们都是极性键，方向相反。

环硼氮烷最先在 1926 年通过 B_2H_6 和 NH_3 的反应制得：

$$B_2H_6 + 2NH_3 \longrightarrow 2H_3N:BH_3 \tag{13.44}$$

$$3H_3N:BH_3 \xrightarrow{200℃} B_3N_3H_6 + 6H_2 \tag{13.45}$$

但是，它也能通过以下反应制备：

$$3NH_4Cl+3BCl_3 \xrightarrow[140\sim150℃]{C_6H_5Cl} B_3N_3H_3Cl_3+9HCl \tag{13.46}$$

$$6NaBH_4 + 2B_3N_3H_3Cl_3 \longrightarrow 2B_3N_3H_6 + 6NaCl + 3B_2H_6 \tag{13.47}$$

环硼氮烷的大规模生产是在氨气气氛下$(NH_2)_2CO$和$B(OH)_3$高温反应得到的。三氯环硼氮烷$B_3N_3Cl_3H_3$的结构如下：

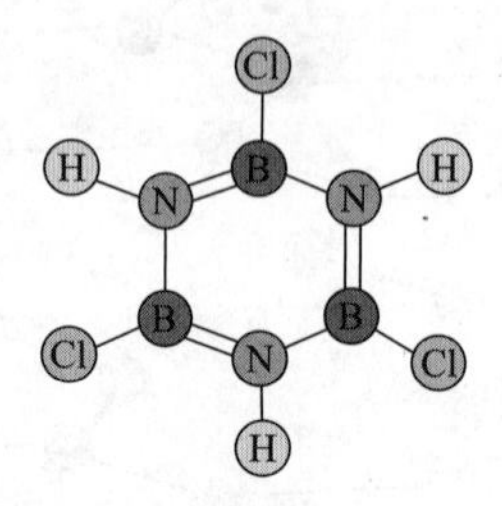

由于电负性不同的原因，氯原子是连接在硼原子上的。

尽管硼形成大量的不寻常的化合物，但很多得到充分了解的化合物是很重要并得到广泛使用的。例如，氧化物B_2O_3大量在玻璃制造中使用。硼硅酸盐玻璃、玻璃棉、玻璃纤维由于具有化学惰性和在不同温度下不易断裂的优点得到大量应用。30%～35%的硼消耗在玻璃制造中。硼砂在洗涤用品（除垢剂、软水剂、肥皂等）中的使用已经有悠久历史了。硼酸［H_3BO_3，更确切地说是$B(OH)_3$］是个非常弱的酸，可以用于清洗眼睛，也可以用作阻燃剂。硼纤维复合材料可用来制作很多物件，如网球拍、飞机部件和自行车架。像钛、锆、铬金属的硼化物可用来制作涡轮叶片和火箭喷管。尽管硼是一种比较稀有的元素，但硼及其化合物是十分重要和使用甚多的。

13.3 氧

氧在空气中的含量大约是21%，水含有89%的氧。巨量的矿物材料如硅酸盐、磷酸盐、硝酸盐、碳酸盐和硫酸盐都含有氧。事实上，氧化学的范围可被扩展到所有的生物体系中，因为生命是需要氧来维持生存的。化学合成中用量最大的硫酸和石灰是化学工业中两种重要的原料，它们都含有氧。因此，氧及其化合物的化学组成了一个广泛的研究领域，这个领域包含很多原理、反应和结构。

13.3.1 单质氧

空气中大约含有21%的氧气（沸点–183℃）和78%的氮气（沸点–196℃）。所有的气体都是无色无臭无味的，在水中都是微溶的。25℃时氧气的溶解度是$2.29\times10^{-5}g\cdot mol^{-1}$，而氮气的是$1.18\times10^{-5}g\cdot mol^{-1}$。尽管这个溶解度很低，但对于水生生物而言已经足够了。像其他气体一样，氧气和氮气的溶解度随着压力的增大而升高，随着温度的升高而降低。氧气在一些有机溶剂中是可溶的。氧气是植物通过光合作用产生的。

氧元素有三种同位素，即^{16}O、^{17}O和^{18}O，它们的丰度分别是99.762%、0.038%和0.200%，原子量分别为15.994915、16.999134和17.999160。无论是气体还是水中富集较重的同位素都是可行的，它们在动力学研究和分子结构的测定方面十分有用。氧化学的另一个重要方面是它可与金属形成配合物。在这部分内容中，我们在这里必须提到氧和铁在血红细胞中的生命作用，这个作用导致了生命体系中氧气的输运。但是，氧配合物的形成并不仅仅局限于往后章节介绍到的范围。

氧原子的电子基态是$^3P_2$，与$2p^4$组态上的两个未成对电子一致。与大多数顺磁性原子不同，O_2分子也是顺磁性的。尽管它的结构表示为：

$$\overline{\underline{O}} = \overline{\underline{O}}$$

但这个结构不能说明分子具有顺磁性的原因。实际上，分子轨道理论应用到成键的成功之处就是图 3.8 中的轨道图准确地说明了 O_2 分子的双键和顺磁性。

从分子轨道能级图可以看出键级可以这样计算：B.O.=$(N_b - N_a)/2 = (8 - 6)/2 = 2$，相当于一个双键的分子轨道。图 3.8 中的轨道示意图对于预测 O_2 的化学性质也是有帮助的。例如，显然 $\pi^*_{2p_x}$ 和 $\pi^*_{2p_y}$ 轨道存在两个空位，可以接受一个或两个电子形成 O_2^- 或者 O_2^{2-}。这两个离子都是已知的，并且推测的键级分别是 1.5 和 1。很显然，如果π*的电子失去一个，那么生成的 O_2^+（双氧离子）的键级增加到 2.5。因为 O_2 分子的电离势约为 12.06eV（1163kJ • mol^{-1}），所以 O_2^+ 是一个化学上可以得到的物质。液氧是一种淡蓝色的物质，其颜色来自于从三重基态到更高能量的单重态的电子跃迁。表 13.4 归纳了几种双氧物质的键性质。

表 13.4　不同的双氧物质的键性质

性质	O_2^+	O_2	O_2^-	O_2^{2-} ①
键长/pm	112	121	128	149
键能/kJ • mol^{-1}	623	494	—	213①
力常数/mdyn • Å^{-1}	16.0	11.4	5.6	4.0
键级	2.5	2	1.5	1

① 在 H_2O_2 中。

注：1. 1dyn=10^{-5}N。

2. 1Å=0.1nm。

13.3.2　臭氧

1785 年，范马隆（Van Marum）注意到当电火花穿过氧气时，一种独特的气味会出现。这种刺鼻的气味来自于臭氧 O_3。实际上，通过其强烈的气味，臭氧可以在非常低的浓度就能被检测出来，希腊语“臭（ozein）”是臭氧命名（ozone）的来源。范马隆同样注意到这种气体可以与汞反应，而在 1840 年，舒恩贝恩（Schönbein）发现此气体能与碘化钾反应释放出碘。臭氧（熔点–193℃，沸点–112□）的生成热是 143kJ • mol^{-1}，所以对比 O_2 来说它是不稳定的。臭氧和氧气的混合物是易爆物。

O_3 分子与 SO_2、NO_2^-和其他含有 18 价层电子的三原子物质是等电子体，因此，其共振结构可表示如下（C_{2v} 对称性）：

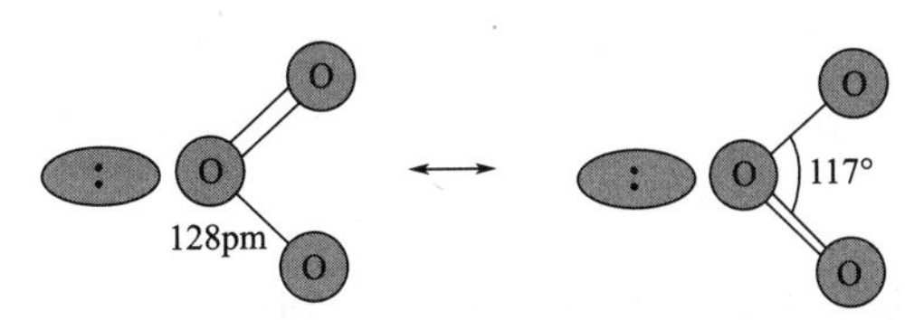

O_3 分子的弯曲振动导致在 1103cm^{-1}（对称伸缩）、701cm^{-1}（弯曲）和 1042cm^{-1}（不对称伸缩）处存在红外吸收。

当用分子轨道理论考虑臭氧的成键时，我们可以看到每个氧原子提供一个 p 轨道形成了三个分子轨道。轨道重叠组合可写出以下波函数：

$$\psi_a = \frac{1}{2}\left(\psi_1 - \sqrt{2}\psi_2 + \psi_3\right)$$

$$\psi_n = \frac{\sqrt{2}}{2}\left(\psi_1 - \psi_3\right)$$

$$\psi_b = \frac{1}{2}\left(\psi_1 + \sqrt{2}\psi_2 + \psi_3\right)$$

只有成键ψ_b和非键ψ_n轨道是双重填充的，其轨道重叠可表示如下：

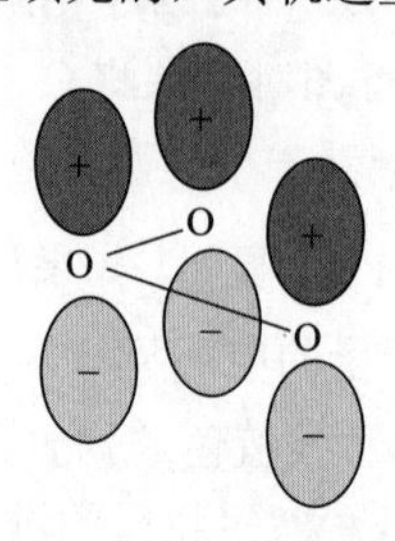

臭氧的偶极矩为0.534D，大部分来自于中间原子的未共享电子对。其生成热是143kJ・mol⁻¹，所以对比氧气来说它是不稳定的。它在催化剂或紫外线作用下会爆炸性分解。可导致臭氧分解的催化剂有Na_2O、K_2O、MgO、Al_2O_3和Cl_2。臭氧的真正价值在于它处在大气层的上层，能够吸收紫外辐射。其最大的吸收带是在255nm。我们认为作为冷冻气体和气溶胶推进剂的氟利昂会导致臭氧层变薄。这就需要大量的研究和论述来推动终止氟利昂的大范围使用。

在实验室中使用时，臭氧一般是根据使用的时间和地点通过臭氧机来制备的。这种设备是利用低频电子振荡（亦称无声放电器）在流动系统中轰击氧气制备臭氧的。流出气体中含有百分之几的O_3，这些气体直接传送至反应器中，反应如下：

$$3O_2 \xrightarrow{\text{放电}} 2O_3 \qquad (13.48)$$

臭氧分子能够接受一个电子形成臭氧离子O_3^-。最常见的稳定臭氧化物之一是KO_3，它是一种很强且用途较广的氧化剂。它在60℃以下能保持稳定，但可以与水反应：

$$4KO_3 + 2H_2O \longrightarrow 4KOH + 5O_2 \qquad (13.49)$$

臭氧本身也是一种有用的强氧化剂，氧化能力可比拟氟和氧原子。它在需要“清洁的”氧化剂的情况下特别适合，因为其还原产物只有氧气。水的纯化就是这样的一种情况，臭氧是一种高效的杀菌剂。它也可以氧化某些有毒物质，以降低它们的危害。例如，它可以与氰化物、氰酸盐和其他阴离子反应。与氰酸盐的反应如下：

$$2OCN^- + H_2O + 3O_3 \longrightarrow 2HCO_3^- + 3O_2 + N_2 \qquad (13.50)$$

臭氧同样可以将金属转换成它们最高级的氧化态，这通常在分离时是需要的。

臭氧在有机反应中是一种有用的氧化剂，尤其是涉及双键的反应。这类反应的产物称为臭氧化物，反应可表示如下：

$$>C=C< + O_3 \longrightarrow >C\langle{}^{O}_{O-O}\rangle C< \qquad (13.51)$$

这类反应中间体在制备其他化合物时是一种有用的前驱体。

13.3.3 氧气的制备

空气是氧气最常见的来源，就单独的化学产品而言，氧气排在第三位。当蒸馏液态空气时，由于氮气的沸点（−196℃）比氧气（−183℃）低，所以它先被分离掉。电解水同时得到氢气和氧气，30%的过氧化氢的分解也是一种有效的制备技术。

当实验室需要制备氧气时，常规的方法是分解一些含氧化合物。历史上实验室中曾用如HgO的金属氧化物分解制备氧气：

$$2HgO \xrightarrow{\text{加热}} 2Hg + O_2 \qquad (13.52)$$

加热时，过氧化物分解生成氧化物和氧气。例如：

$$2BaO_2 \xrightarrow{加热} 2BaO + O_2 \tag{13.53}$$

在普通化学实验室里已经使用了几个世纪的制备氧气的经典实验是$KClO_3$在MnO_2的存在下分解出氧气：

$$2KClO_3 \xrightarrow[加热]{MnO_2} 2KCl + 3O_2 \tag{13.54}$$

这个方程式看似简单，但反应其实是很复杂的。研究发现，部分MnO_2可以转化成高锰酸钾，最终会发生以下的分解反应：

$$2KMnO_4 \longrightarrow K_2MnO_4 + MnO_2 + O_2 \tag{13.55}$$

盛放$KClO_3$的玻璃容器必须严格保持干净，远离任何易燃材料。熔融的$KClO_3$是一种极强的氧化剂，很多材料与它接触会发生爆炸性的反应。式（13.55）表明，即便MnO_2是一种反应物，但反应中它会再生。尽管式（13.54）中的分解反应看起来比较简单，但实际上是相当复杂的。

当含有氢氧化物的溶液被电解时，氢氧根离子在阳极脱去电子发生氧化反应：

$$4OH^- \xrightarrow{放电} 2H_2O + O_2 + 4e^- \tag{13.56}$$

13.3.4 氧的二元化合物

当考虑离子氧化物的形成时，我们必须记住添加两个电子是一个不利的过程。加入第一个电子时会释放142kJ • mol^{-1}的能量，但添加第二个电子生成O^{2-}时却要吸收703kJ • mol^{-1}的能量。因此，以下过程并不是一个能量有利的过程：

$$O + 2e^- \longrightarrow O^{2-} \tag{13.57}$$

离子之间的相互作用是产生晶格而使离子氧化物得以存在的原因。尽管几乎所有元素都有其氧化合物，但是软金属的氧化物不是很稳定，像银和汞的氧化物是很容易分解的。另外，含有硬阳离子的氧化物是其中一些已知的最稳定的化合物，如Mg^{2+}、Fe^{3+}、Al^{3+}、Be^{2+}或Cr^{3+}，这些化合物的晶格能都非常高。

尽管多数金属与氧反应生成氧化物，但是第ⅠA族的金属与其反应并不总是生成以下反应所预料的那种产物：

$$4Li + O_2 \longrightarrow 2Li_2O(普通氧化物) \tag{13.58}$$

$$2Na + O_2 \longrightarrow Na_2O_2(过氧化物) \tag{13.59}$$

$$K + O_2 \longrightarrow KO_2(超氧化物) \tag{13.60}$$

铷和铯都能与氧气反应生成超氧化物。第ⅡA族金属也遵循类似的规律，Be、Mg、Ca和Sr生成氧化物，而Ba则生成过氧化物。镭在不同的反应条件下会生成过氧化物或超氧化物。要重点记住的是，当氧气与金属反应时，金属表面的氧气浓度是比较高的。因此，形成的氧化物中其金属在表面上会具有最高的氧化态，在表面以下其氧化态会低一点，所以很多氧化物在组成上并不是化学计量的。

由于地球表面上布满了空气，这就不奇怪一些矿中的金属元素是以氧化物的形式存在的了。因为其具有不同的晶格能和还原电势，所以金属取代反应是可能发生的，其中一个有趣的反应是：

$$Fe_2O_3 + 2Al \longrightarrow Al_2O_3 + 2Fe \tag{13.61}$$

这个反应也称为铝热反应，反应过程是大量放热的，导致生成的铁是熔融态的。在这个反应里，Fe^{3+}被Al^{3+}取代是非常有利的，因为Al^{3+}是一个更小、更硬且极化率更小的离子，所以这个反应符合软硬酸碱理论（见第9章）。

由于其具有高负电密度，氧离子是一种非常强的布朗斯特碱。因此，一种离子型氧化物放入水中会发生质子转移生成氢氧根离子：

$$Na_2O + H_2O \longrightarrow 2NaOH \tag{13.62}$$

$$CaO + H_2O \longrightarrow Ca(OH)_2 \tag{13.63}$$

很多金属的氢氧化物是不溶的。例如，将 MgO 制备成泥浆状，其白色悬浮液称为镁乳。氧化钙（石灰）是通过高温加热石灰石制备而成的：

$$CaCO_3 \xrightarrow{\text{加热}} CaO + CO_2 \tag{13.64}$$

当这种氧化物加入水中时，产物是我们常说的“熟石灰”或者“消石灰”。石灰是砂浆和水泥的组成成分之一，因此它的产量是巨大的。当 $Ca(OH)_2$ 与空气中的 CO_2 反应时，会生成碳酸钙，它与混凝土颗粒结合在一起。

当水与金属氧化物反应时会生成氢氧化物，但这种反应不一定会全部进行到底。因此，如果金属具有+3 价，其产物可能是 M_2O_3、$M(OH)_3$、$M(OH)_x^{z-}$ 和 $M_2O_3 \cdot xH_2O$ 的混合物。混合物的第一种是氧化物，第二和第三种是氢氧化物，最后一种是水合氧化物。在很多情况下，产物是包含上面所有种类的混合物，所以金属氧化物与水反应得到的产物在不同的组成下会有不同的性质。

几种元素一起会形成多种类型的聚阴离子。聚合的类型取决于溶液的浓度和 pH 值。这些聚阴离子物质可以被认为是额外的金属氧化物加入母体酸溶液中引起的（就像 SO_3 溶解在 H_2SO_4 中生成 $H_2S_2O_7$ 一样，其包含了聚硫酸根 $S_2O_7^{2-}$）。聚阴离子的其中一种类型是同多聚离子，即它除氧之外只包含一种元素。异聚阴离子是不同的金属氧化物聚合而成的。几种金属的聚阴离子已经有详细的研究了，特别是含有钨和钒的，其中一些离子包括 $V_2O_7^{2-}$、$W_2O_8^{4-}$、$W_4O_{16}^{8-}$、$W_{10}O_{32}^{4-}$ 等。在很多情况下，更大离子的结构的边上都含有 MO_6 组成的八面体结构单元。

13.3.5 共价氧化物

当氧与非金属元素结合时，会生成共价氧化物。同样也存在大量的含有与金属氧共价键合的多原子离子。这些离子包括阴离子如 MnO_4^-、CrO_4^{2-} 和 VO_4^{3-}，也包括大量阳离子如 VO^{3+}、UO_4^{2+}、CrO^{3+}等。在很多情况下，非金属直接与氧反应生成共价氧化物。通常，如果反应是在空气中进行（氧气过量），那么产物中的非金属元素的价态处于最高态。例如：

$$P_4 + 5O_2 \longrightarrow P_4O_{10} \tag{13.65}$$

$$C + O_2 \longrightarrow CO_2 \tag{13.66}$$

但有一个例外是氧与硫反应，生成的产物是 SO_2 而不是 SO_3。

$$S + O_2 \longrightarrow SO_2 \tag{13.67}$$

当非金属过量时，产物中就会包含一些较低氧化态的物质，例如以下反应所示：

$$2C + O_2 \longrightarrow 2CO \tag{13.68}$$

$$P_4 + 3O_2 \longrightarrow P_4O_6 \tag{13.69}$$

几种非金属氧化物的结构已经在第 4 章中讨论过了，其他的非金属氧化物也会在相应的中心原子所属章节中讨论。

在第 9 章中提到过，共价氧化物与水反应生成酸。其中一些例子如下：

$$SO_3 + H_2O \longrightarrow H_2SO_4 \tag{13.70}$$

$$P_4O_{10} + 6H_2O \longrightarrow 4H_3PO_4 \tag{13.71}$$

$$CO_2 + H_2O \rightleftharpoons H^+ + HCO_3^- \tag{13.72}$$

酸性和碱性的氧化物经常可以直接反应生成盐，因为它们可以被认为是酸和碱的酐。

$$CaO + SO_3 \longrightarrow CaSO_4 \tag{13.73}$$

$$BaO + CO_2 \longrightarrow BaCO_3 \tag{13.74}$$

13.3.6 两性氧化物

尽管当金属和非金属氧化物与水反应时通常认为它们会各自生成碱和酸，但是还是有一些其他的氧化物会同时具有两种特性。这些就是两性氧化物，其中锌和铝的氧化物就属于此类型。如 ZnO 可进行以下反应：

$$ZnO + 2HCl \longrightarrow ZnCl_2 + H_2O \tag{13.75}$$

$$ZnO + 2NaOH + H_2O \longrightarrow Na_2Zn(OH)_4 \tag{13.76}$$

第一个反应是一个典型的碱性氧化物的反应，而第二个反应中 Zn^{2+}是作为一种酸来参与反应。当以氢氧化物作为起始物时，其等价方程式可写成：

$$Zn(OH)_2 + 2H^+ \longrightarrow Zn^{2+} + 2H_2O \tag{13.77}$$

$$Zn(OH)_2 + 2OH^- \longrightarrow Zn(OH)_4^{2-} \tag{13.78}$$

在第 9 章中曾提到，第二周期元素的氧化物横跨了最强碱酐到最强酸酐。在中间存在少数的几种既不是酸也不是碱的溶液，即两性的情况。同样有趣的是同一族中元素由上到下的酸碱性变化趋势。例如，CO_2 是一种弱酸性氧化物，而 PbO_2 是一种弱碱性氧化物。这与同族元素由上到下的金属性变强一致。

尽管 CO 和 N_2O 是非金属氧化物，但它们溶于水中时并不是酸性溶液。然而，它们形式上却分别是甲酸和次硝酸的酸酐。

$$CO + H_2O \longrightarrow H_2CO_2(HCOOH,甲酸) \tag{13.79}$$

$$N_2O + H_2O \longrightarrow H_2N_2O_2(次硝酸) \tag{13.80}$$

13.3.7 过氧化物

如前所述，碱金属与氧气反应时，氧气过量的话并不会生成简单的氧化物，在一些情况下，会得到过氧化物。过氧化物与水反应会生成过氧化氢。

$$Na_2O_2 + 2H_2O \longrightarrow H_2O_2 + 2NaOH \tag{13.81}$$

在市场上能买到的最常见的 H_2O_2 是浓度为 3%的溶液，这种溶液是一种有效的消毒剂。通过蒸馏可以将其浓度提升到 30%。当达到这个浓度时，其分解速率已经非常快，使得不可能出现更浓的溶液了。过氧化氢的分解可以被微量的过渡金属离子催化，这种现象很容易看到，例如往流血的伤口上滴加 3%的 H_2O_2。存放浓 H_2O_2 的容器必须是干净且不含金属化合物的。含有 90%的 H_2O_2 的溶液是一种非常强的氧化剂，这种溶液被用在火箭上作为氧化剂。过氧化氢的分解反应如下：

$$2H_2O_2 \longrightarrow 2H_2O + O_2 \qquad \Delta H = -100\text{kJ} \cdot \text{mol}^{-1} \tag{13.82}$$

过氧化氢的结构很有趣，就像一本打开的书一样：

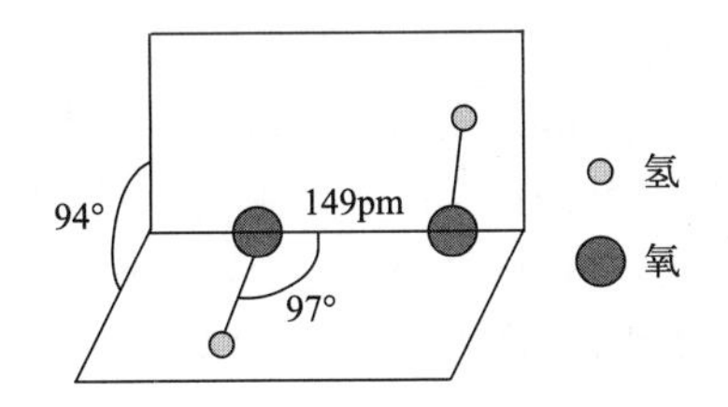

H_2O_2（熔点–0.43℃，沸点 150.2℃）的制备方法之一是将硫酸转变成过二硫酸，这个过程是通过电解冷的浓硫酸完成的。H_2O_2 通过过二硫酸的水解获得：

$$H_2S_2O_8 + 2H_2O \longrightarrow H_2O_2 + 2H_2SO_4 \qquad (13.83)$$

随后通过蒸馏法被浓缩。目前，H_2O_2 是通过使用兰尼镍作为催化剂将溶解在酯和碳氢化合物混合溶剂里的 2-乙基蒽醌还原的反应制备的。在将醌还原成酚后，除去催化剂，酚又会重新被氧化成醌。H_2O_2 通过萃取分离得到。过氧化氢有很多用途，从纸浆的漂白到聚合物产品都可以用到。

氧气与醚的反应可生成有机过氧化物，即 R—O—O—R。

$$2R—O—R + O_2 \longrightarrow 2R—O—O—R \qquad (13.84)$$

有机过氧化物非常敏感易爆，只要几毫克的量就能产生巨大的能量，导致严重的伤害。某些意外就是由于存放醚类的罐子打开了，在盖子周围产生了少量的过氧化物引起的爆炸。

13.3.8 氧正离子

除了到目前为止讨论过的氧化合物系列之外，氧还可能有正的氧化态。可以想到，这种情况只会出现在含有氟元素的共价化合物中，因为只有氟的电负性比氧高。含有氟和氧的几种化合物中最有名的就是二氟化氧 OF_2。它是一种淡黄色的有毒气体，沸点是–145□。二氟化氧可通过氟气与氢氧化钠的稀溶液反应制得：

$$2F_2 + 2NaOH \longrightarrow OF_2 + 2NaF + H_2O \qquad (13.85)$$

正如所预料的一样，OF_2 是一种非常强的氧化剂，也是氟化剂，可以用于制备其他元素的氧化物和氟化物。其他的一些含有氟和氧的化合物还有 O_2F_2 和 O_4F_2。

除了氟化合物含有正氧化态的氧之外，还有一些化合物也含有氧正离子。氧原子的电离势为 13.6 eV（1312kJ · mol^{-1}），而 O_2 分子的电离势只有 12.06 eV（1163kJ · mol^{-1}）。NO 分子在 π*轨道上有一个电子，并且其电离势为 9.23 eV（891kJ · mol^{-1}），但是却有很多含有 NO^+的化合物存在。所以完全有理由相信，在适当的条件下，一个 O_2 分子也能失去一个电子。所需要的是一种非常强的氧化剂，而 PtF_6 就是这样一个化合物。反应如下：

$$PtF_6 + O_2 \longrightarrow O_2PtF_6 \qquad (13.86)$$

产物中含有的 O_2^+（双氧基）正离子的大小与 K^+很接近，所以 O_2PtF_6 与 $KPtF_6$ 是同构体。其他含有 O_2^+的化合物还有 O_2AsF_6 和 O_2BF_4，其反应如下：

$$O_2 + BF_3 + \frac{1}{2}F_2 \xrightarrow[-78℃]{h\nu} O_2BF_4 \qquad (13.87)$$

有趣的是，氙的电离势为 12.127eV（1170kJ · mol^{-1}），与 O_2 分子的非常接近。有鉴于此，在很多年以前就有科学家推测应该可以制备出含有氙元素的化合物。这个设想被证明是正确的，在 20 世纪 60 年代早期，尼尔 · 巴特莱特（Neil Bartlett）完成了这样的反应并得到了含有氙元素的一个产物。

13.4 碳

除了碳化合物的有机化学之外，碳元素的无机化学也是很重要的。近年来，富勒烯 C_{60} 及其衍生物的化学研究已成为无机和有机化学新领域中最活跃的研究内容之一。尽管很多年来有机和无机化学被认为是独立的，但现在这两个研究领域已经没有明显的界限了。在 1828 年，弗里德里希 · 维勒（Friedrich Wöhler）将氰酸铵转化成尿素：

$$NH_4OCN \longrightarrow (H_2N)_2CO \tag{13.88}$$

这个反应表明有机化合物并不一定是通过生物体产生的。随着金属有机化学的巨大发展，无机和有机化学之间的区别越发变小了。

13.4.1 单质

最广泛出现的碳化合物是煤炭、石油、天然气和动植物中的有机材料。相比之下以石墨和金刚石形式存在的碳总量就相对较小，但是这些化合物都是重要的材料。当考虑所有的碳源时，碳元素的丰度排在第十四位。周期表中第ⅣA 族的元素清晰地表明了该族元素由上到下的金属性不断增强。碳是非金属性的，硅和锗是两性金属，锡和铅是金属性的。

自然界中碳有两种同位素：^{12}C（98.89%）和 ^{13}C（1.11%）。宇宙射线产生的中子与上层大气中的 ^{14}N 反应可生成 ^{14}C 和质子：

$$^{14}N + n \longrightarrow {}^{14}C + p \tag{13.89}$$

^{14}C 的半衰期是 5570 年。由于生命有机体能够不断地补充 ^{14}C，有机体内含有相对恒量的 ^{14}C，当有机体死亡之后就没有了 ^{14}C 的吸收，所以我们能够通过测定 ^{14}C 的含量来判断有机体的死亡时间。这种放射性碳元素测龄法也为推测非生命材料的年代提供了一种便利的方法。

碳原子能自成键生成多原子结构，这种能力是其他元素不可比拟的。如连锁一样，这种能力可以组装出多种同素异形体。碳元素的最常见的形式是石墨，这是一种层状结构，如图 13.7 所示。

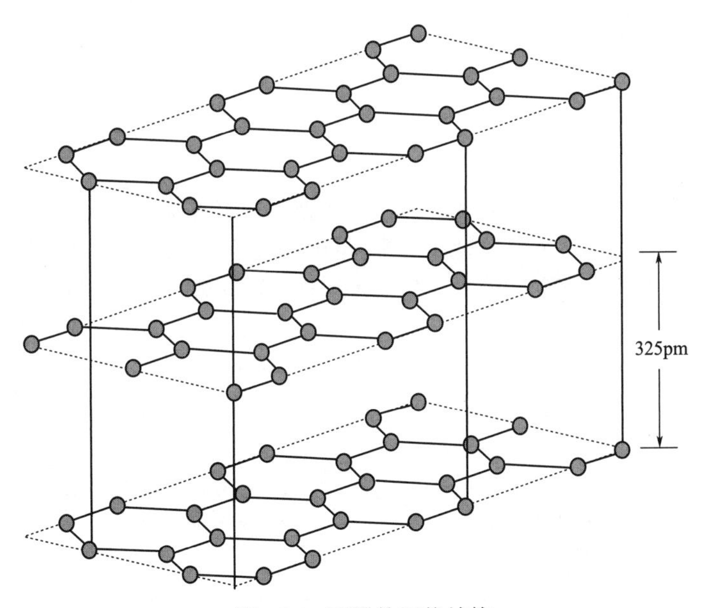

图 13.7 石墨的层状结构

石墨经常用作锁的固体润滑剂，因为其层与层之间是以范德华力连接，导致其容易滑动。石墨的层间可含有多种基团，形成“插入”化合物。这种插入可通过两种方式进行，首先，原子层稍微移动分开，但保持平面状态。其次，层发生变形或弯曲，部分的π键体系受到影响。尽管石墨与氟在高温时的反应会生成 CF_4，但是在低温时两者反应生成的是$(CF)_n$的化合物。$(CF)_n$的结构是非平面的层结构，这就是因为π键体系受到干扰，层上的碳原子与氟原子成键导致的。层上的每个碳原子都与一个氟原子形成 C—F 键，并且氟原子交替地分布在层上下两侧。因此，这种层间的距离比石墨的（约 800pm）大得多，但不同的层之间也能相对滑动，所以这种材料是一种润滑剂。

由于π轨道上的电子具有流动性，石墨是一种电导体。它同样是热力学标准状态的碳形式。另外，金刚石是碳原子与其他四个碳原子成键的结构，所以所有的电子都处于定域键中。它是一种非电导体，结构如图 13.8 所示。

金刚石的密度是 $3.51g \cdot cm^{-3}$，而石墨的是 $2.22g \cdot cm^{-3}$。虽然在 300K、1atm 时以下反应的$\Delta H = 2.9kJ \cdot mol^{-1}$，但是并没有一种低能量的转化方法，所以这个过程是很难进行的：

$$C（石墨）\longrightarrow C（金刚石） \tag{13.90}$$

然而，人工金刚石可以在高温高压下（3000K 和 125kbar）大量生产。石墨到金刚石的转化是可以通过多种金属（如铬、铁和铂）在液态时催化的。转化过程中应该是熔融的金属溶解了少量的石墨，因为金刚石不能溶于液态金属，所以它就结晶出来。金刚石是极其坚硬的，所以带有金刚石尖端的工具在生产过程中是相当重要的。

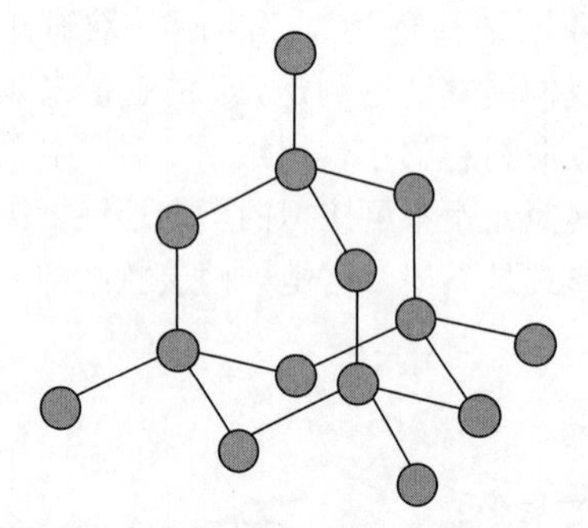

图 13.8 金刚石结构（每个碳原子与另外的四个碳原子形成共价键）

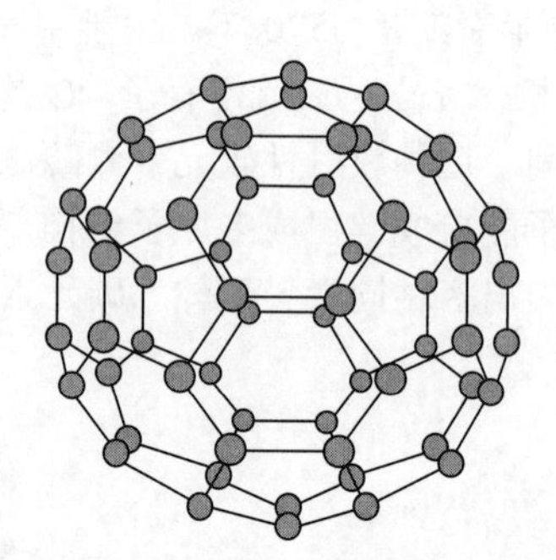

图 13.9 巴克敏斯特富勒烯 C_{60} 的结构（由五元环和六元环组成）

1985 年，斯莫利（Smally）、克罗托（Kroto）及其同事首次制备出了化学式为 C_{60} 的碳。由于 C_{60} 的结构与巴克敏斯特 · 富勒设计的著名的网格球顶结构很像，所以这个分子也称为富勒烯或巴克敏斯特富勒烯，而其大量的衍生物也统称为富勒烯类。当在氦气气氛下一束高密度电流穿过石墨棒时，产生的煤烟部分溶于甲苯中。而这部分溶于甲苯的煤烟的质谱中在 720 amu 的位置出现了一个峰，即含有 C_{60} 分子结构。这些混合物中同样测定出了其他的微量的碳原子聚集体，如 C_{70} 等。C_{60} 的结构如图 13.9 所示，碳原子以五边形和六边形排列，就像网格球顶一样。

当石墨被高能激光冲击时，大量的碎片会产生，这些碎片中含有一些从 44 个碳原子到 90 个碳原子的分子。一些更小的直线形和环状结构的聚集体也能被识别，其中一些是无定形碳。

像石墨一样，C_{60} 也能转化成金刚石，但其条件不需要那样严格。研究发现，C_{60} 在低温下可成为超导体。另一个有趣的性质是，制备 C_{60} 时如果有特定金属存在的话，生成的笼子中会包含一个金属原子。在某种情况下，其他材料以缩聚缠绕的方式封装进 C_{60} 笼子里，形成“配合物”，被称为内嵌配合物。同样可能制备出含有金属-碳键的配合物，$(C_6H_5P)_2PtC_{60}$ 就是这种类型的化合物。

除了石墨、金刚石和 C_{60} 之外，碳还可存在几种无定形体，包括木炭、煤烟、灯黑和焦煤等，其中一些还是重要的工业原料：

$$煤 \longrightarrow C（焦炭）+挥发物 \tag{13.91}$$

$$木材 \longrightarrow C（木炭）+挥发物 \tag{13.92}$$

已经知道这些碳的结构形式也是具有一定规则的，并不是完全的无定形。通过适当的处理（也称为活化），活性炭具有巨大的比表面积，因此它可以吸附很多物质，包括气体和液体。在第 11 章中提到，焦煤作为还原剂在金属制备过程中被大量使用。无定形碳可以通过电流轰击无定形碳棒的艾奇逊法（Acheson process）转化成石墨。

13.4.2 工业碳

复合材料是由两种或两种以上具有不同性质的材料组成的。这些结合在一起（多数情况是化学键合的）产生的新材料的性能比任何单独一种材料的性能都要优秀。这类复合材料的其中一个例子就是玻璃纤维，它是通过一种聚酯结合在一起的。

所谓的先进复合材料通常被用于树脂材料的领域，树脂可以被碳纤维、硼纤维、玻璃纤维或者其他高抗张强度的材料纤维加固。这类材料可被做成不同层以满足各种需求。复合材料的一种常见类型是碳纤维单独加固或者碳纤维与玻璃纤维共同加固的多层环氧树脂。这种材料坚硬，质量小，具有优异的减震能力（抗疲劳性）。事实上，它的抗疲劳性比钢和铝材料都要好。这样的性质使得它适合用于飞机与汽车的零部件、网球拍、高尔夫球杆、滑雪板、自行车零件、钓鱼竿等。

纤维在加固复合材料中的长度是不同的。有的材料中的纤维是长的、连续的，并且是平行排列的，而有的却是不连续的短纤维，并且在树脂中还是随意排放的。那么复合材料的性质就取决于它们的构造了。碳纤维和树脂的复合材料具有高的强度质量比和大的刚性。其耐化学品性也很高，通常不与碱反应。因此我们就有可能制造出与钢一样厚，但强度和硬度更强，并且质量还能少 50%～60%的材料。

由于碳纤维的直径可变，同时复合材料的构造参数也可调，所以我们完全有可能设计出需要的不同性质的复合材料。通过改变纤维的堆积方向、浓度和类型，就能得到特定应用需求的材料。纤维可以堆放不同方向角度的层，这样可以减少各向异性对性质的影响。同时，纤维层可以被植入环氧树脂中，在树脂聚合之前形成片状。

由于它的刚度大、强度高和质量小的特点，碳纤维在飞机和航空器制造上有大量应用，如嵌板、货物门等。同时，因为它的高温稳定性和润滑性，它们也被用于轴承、泵等。碳纤维使用的一个限制是它的制造成本高昂，达每磅几百美元。因此军事和航空应用成为了碳纤维复合材料的最大使用领域。

除了在复合材料中的碳纤维使用之外，碳在其他工业生产过程中也有大量使用。例如，焦炭和石墨粉的混合物生成之后能与碳结合成键。通常，碳加入这种混合物里面时是作为一种黏合剂，就像煤焦油、沥青或者树脂一样。这类混合物可以通过压模或者挤出法变成各种所需的形状。在高温（高达 1300℃）无氧的条件下，燃烧目标物会使黏合剂转变成聚集在一起的碳。最终产物的耐磨性和润滑性可根据焦炭、石墨和黏合剂的组成和性质调节。但是，这个过程得到的物质或许会有孔洞。金属、树脂、熔盐或者玻璃的注入有时会填充了这些孔洞。这样做的话，物质的性质就能往某个方向调控了。机械化制造这些材料也可能达到所需精度。这种方式生产的材料也是一种良好的热和电导体。由于石墨的存在，它们也是一种自润滑材料，对于多数酸、碱等溶剂而言是惰性的。高温下，氧气缓慢地腐蚀这些材料，同时它们会与浓硝酸等氧化剂缓慢反应。尽管碳/石墨材料比较易碎，但是它们在高温下（2500～3000℃）的强度却比在低温时的要高。

以上介绍的性质使得人造的碳材料成为一种非常有意义的材料，它能应用于轴承、阀门座、印章、模具、工具、压模、固定装置等。最终物质的特定用途需要制备出优化特定性质的材料。而人造碳材料能够制造成各种形状，如棒状、环状、片状、管状等，这样就使得它们能机械制造出多种类型的部件。人造碳材料代表了一系列有许多重要的工业用途的材料。

13.4.3 单质碳的化学性质

或许单质碳的最重要的用途是作为还原剂，因为它是大规模使用的最便宜的还原剂。这方面的两个主要应用是生产铁和磷：

$$Fe_2O_3 + 3C \longrightarrow 2Fe + 3CO \tag{13.93}$$

$$2Ca_3(PO_4)_2 + 6SiO_2 + 10C \longrightarrow P_4 + 10CO + 6CaSiO_3 \tag{13.94}$$

利用碳单质（木炭）从矿中还原出金属的方法已经使用了很多个世纪。使用碳单质作为还原剂的一个弊端在于碳单质是固体，当过量使用时（这对于要在合适的时间内反应完全是必需的）产品中会含有一些碳单质。它不是一种“清洁的”还原剂，如氢气那样本身和氧化产物都是气体。但是，当需要考虑成本时，正如在所有的大规模工业生产中，碳单质仍然是还原剂的选择。碳单质的另一种用途是作为吸附剂，因为在活性炭形式时它能吸附很多种物质。碳元素形成的大量二元化合物的性质是多变的，从气态的 CO 和 CO_2 到作为难熔磨料的碳化钨。

13.4.4 碳化物

含有负氧化态的碳化合物应该称为碳化物，很多这类化合物是已知的。类似于氢和硼，碳也能形成三种类型的二元化合物：离子型碳化物、共价型碳化物和间充型碳化物。

如果碳与电负性低的金属成键，形成的键可认为是离子键，碳离子带负电荷。这类金属包括第ⅠA 和第ⅡA 族金属、Al、Cu、Zn、Th、V 等。由于碳是带负电的，这些化合物与水反应会生成碳氢化合物。在某些情况下，生成的碳氢化合物是甲烷，而在其他情况时会生成乙炔。因此，碳化物有时也分别称为甲烷化物和乙炔化物。其中一个最有用的乙炔化物是乙炔钙，即 CaC_2，或称为碳化钙，其结构如图 13.10 所示。

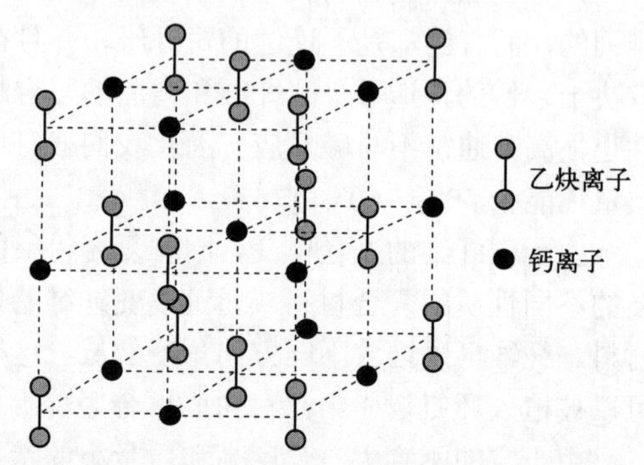

图 13.10 CaC_2 的结构（注意这个立方排列方式与 NaCl 的类似，只是换成了双原子 C_2^{2-}）

乙炔离子 C_2^{2-} 与 N_2、CO 和 CN^- 是等电子体。碳化钙生成乙炔的反应如下：

$$CaC_2 + 2H_2O \longrightarrow Ca(OH)_2 + C_2H_2 \tag{13.95}$$

当水滴在 CaC_2 上会释放出乙炔气，这种气体是可燃的：

$$2C_2H_2 + 5O_2 \longrightarrow 4CO_2 + 2H_2O \tag{13.96}$$

制作可携带光源的一种方式就是使用两个储存室，上面一个放水，下面一个放 CaC_2，上下室之间通过一条带有控制滴水速度阀门的管连接。生成的乙炔可以通过反射器中间的孔道排出，这样当乙炔燃烧发光时，光线可被反射出来。这种灯称为“电石气灯”或者“矿灯”，以前是矿工经常使用的光源。

碳化钙可直接通过碳单质和金属钙或者氧化钙反应制得：

$$CaO + 3C \longrightarrow CaC_2 + CO \tag{13.97}$$

其他的碳化物，如 Be_2C 和 Al_4C_3，因为含有 C^{4-}，它们与水反应会生成 CH_4。

$$Al_4C_3 + 12H_2O \longrightarrow 4Al(OH)_3 + 3CH_4 \tag{13.98}$$

$$Be_2C + 4H_2O \longrightarrow 2Be(OH)_2 + CH_4 \tag{13.99}$$

当碳元素与一些电负性相近的元素（Si、B 等）形成化合物时，形成的键倾向于共价型。化合物，特别是 SiC，具有高硬度、不反应的耐火材料的特性。碳化硅的结构与金刚石类似，大量被作为研磨材料使用，可通过二氧化硅和碳单质的反应制得：

$$SiO_2 + 3C \longrightarrow SiC + 2CO \tag{13.100}$$

当多数过渡金属与碳单质被加热时，晶格发生膨胀，碳原子就占据了一些空隙位置。这样的金属变得更硬，具有更高的熔点，但也变得更脆。例如，当一块铁放置在碳原子源处加热（过去是用木炭或石油），在其表面就会生成一些碳化铁 Fe_3C。如果铁块快速冷却（退火），碳化物仍然主要在表面上。这样一个坚硬的耐用层就形成了。这个表面硬化的过程在现代钢材的热处理过程发展之前是非常重要的。其他的碳化物，如 ZrC、TiC、MoC 和 WC，时常用来制作切割、钻孔和打磨工具。

13.4.5 一氧化碳

碳单质与氧气反应可以生成不同的产物，当氧气量不足时，产物为一氧化碳：

$$2C + O_2 \longrightarrow 2CO \tag{13.101}$$

一氧化碳也可以通过碳单质与二氧化碳反应得到：

$$C + CO_2 \longrightarrow 2CO \tag{13.102}$$

由于非金属氧化物是酸酐，所以 CO 形式上是甲酸的酸酐：

$$CO + H_2O \longrightarrow HCOOH \tag{13.103}$$

尽管这个反应不容易发生，但是甲酸分解的产物确实是 CO：

$$HCOOH \xrightarrow{H_2SO_4} CO + H_2O \tag{13.104}$$

因为 CO 是弱的酸性氧化物，它可以与碱反应生成甲酸根：

$$CO + OH^- \longrightarrow HCOO^- \tag{13.105}$$

我们之前提到过，碳单质是一种很重要的还原剂，而其氧化产物经常就是 CO[见式（13.93）和式（13.94）]。碳单质与水蒸气在高温时反应也会生成 CO。

$$C + H_2O \longrightarrow CO + H_2 \tag{13.106}$$

这个反应就是本章之前讨论过的水汽法的基础，也与氢气的制备相联系。

CO 分子与 N_2、CN^-和 C_2^{2-} 是等电子体，其结构如下：

$$|\overset{-}{C}\equiv\overset{+}{O}|$$

分子的碳端带有负的形式电荷，这是分子的电子富集端，当与金属形成配合物（金属羰基化合物）时，与金属结合的原子就是碳原子（见第 22 章）。在某些情况下，CO 可以作为桥联分子连接两个金属原子。只有少数金属能直接与 CO 结合成为金属羰基化合物。

$$Ni + 4CO \longrightarrow Ni(CO)_4 \tag{13.107}$$

$$Fe + 5CO \xrightarrow{T,P} Fe(CO)_5 \tag{13.108}$$

金属羰基化合物的化学式取决于金属原子达到下一个稀有气体原子的电子数所需的电子对数量。因此，镍的稳定的羰基化合物含有四个 CO 分子，而铁有五个 CO 分子，铬则有六个 CO 分子。这类配合物的成键将在第 16 章中详细讨论。

一氧化碳是一种剧毒气体，它能与血液中的血红细胞中的铁结合形成稳定的配合物，并且它与铁结合的能力比氧气与铁结合的能力要强，所以一氧化碳阻碍了氧气的成键，破坏了血液作为氧气载体的能力。还有，CO 是一种累积性毒物，因为它成键后脱去需要一段很长的时间。当有人暴露在 CO 环境中中毒时，一般的处理方式是根据勒夏特列原理将人转移到氧气浓度高的环境中增加O_2与铁成键的机会。

一氧化碳是一种还原剂，容易燃烧：

$$2CO + O_2 \longrightarrow 2CO_2 \qquad \Delta H = -283\text{kJ} \cdot \text{mol}^{-1} \tag{13.109}$$

除了在金属制备时作为还原剂之外，CO 还能通过以下反应制备甲醇：

$$CO + 2H_2 \xrightarrow[\text{催化剂}]{250℃,\ 50\text{atm}} CH_3OH \tag{13.110}$$

此反应中通常使用的催化剂是 ZnO 和 Cu。因为甲醇是一种使用广泛的溶剂和燃料，所以这个反应有重要的经济价值。

13.4.6 二氧化碳和碳酸盐

我们最熟悉的碳氧化物是CO_2。固体CO_2在−78.5℃升华，因为这个过程不出现液态，所以固体CO_2也被称为干冰，被大量用于冷却操作。它是碳单质在有充足氧气时燃烧制得：

$$C + O_2 \longrightarrow CO_2 \tag{13.111}$$

或者碳酸根与酸反应：

$$CO_3^{2-} + 2H^+ \longrightarrow H_2O + CO_2 \tag{13.112}$$

二氧化碳的反应对于生命是必需的，植物的光合作用将CO_2转变成葡萄糖。此过程可归纳为：

$$6CO_2 + 6H_2O \xrightarrow{h\nu} C_6H_{12}O_6 + 6O_2 \tag{13.113}$$

但是这个过程是非常复杂的，涉及几种中间体，例如叶绿素（不止一种类型）。叶绿素分子是含有镁元素的卟啉基化合物。植物是空气中氧气的制造者，同时也是食物和天然纤维的来源。

CO_2分子的结构是直线形的，表示如下：

$$\underline{\overline{O}}=C=\underline{\overline{O}}$$

可见它是非极性的。它是碳酸H_2CO_3的酸酐，所以CO_2的溶液略显酸性：

$$2H_2O + CO_2 \rightleftharpoons H_3O^+ + HCO_3^- \tag{13.114}$$

同时，CO_2也能与金属氧化物生成碳酸盐：

$$CO_2 + O^{2-} \longrightarrow CO_3^{2-} \tag{13.115}$$

空气中的二氧化碳对于矿的生成是有一定影响的。有机物的分解会产生CO_2，而它与金属氧化物会生成碳酸盐。例如：

$$CaO + CO_2 \longrightarrow CaCO_3 \tag{13.116}$$

$$CuO + CO_2 \longrightarrow CuCO_3 \tag{13.117}$$

因为碳酸根离子可作为碱反应，所以它与水反应会产生氢氧根离子，并且H^+与CO_3^{2-}反应生成碳酸氢根离子：

$$CO_3^{2-} + H_2O \longrightarrow HCO_3^- + OH^- \tag{13.118}$$

因此，作为一种氧化物矿的晴雨表，碳酸氢盐可能来源于金属氧化物和水及CO_2的反应。最终，OH^-的存在会促使金属矿物转变为金属氢氧化物，并且大多数的金属氧化物都能与水反应生成氢氧化物的，例如：

$$CaO + H_2O \longrightarrow Ca(OH)_2 \tag{13.119}$$

结果是一种金属氧化物会转变成含有金属碳酸盐和金属氢氧化物的物质，这种物质也称为碱式碳酸盐。孔雀石矿$CuCO_3 \cdot Cu(OH)_2$或$Cu_2CO_3(OH)_2$就属于这种类型。蓝铜矿也是类似的，

它的组成是 $2CuCO_3 \cdot Cu(OH)_2$ 或 $Cu_3(CO_3)_2(OH)_2$。孔雀石矿和蓝铜矿经常是伴生的，因为它们都是 CuO 受侵蚀过程产生的二级矿。这种侵蚀过程也解释了为什么有时候金属是在化学式不寻常的化合物中被发现的。

除了作为碱之外，碳酸根离子同样可作为电子对给体与金属作用生成配合物（见第 16 章）。它在金属周围可以形成一个位点或两个位点配位的模式，或者作为桥连接两个金属离子。

一些碳酸盐有重要的应用。其中一种最重要的碳酸盐是碳酸钙，它在很多矿物中都被发现存在，例如方解石。碳酸钙最大量出现的形式是石灰石。这种材料在自然界分布很广，并且已经作为建筑材料使用了数千年。当温度升高时，大部分的碳酸盐会失去二氧化碳转变成氧化盐。其中最重要的反应就是碳酸钙加热脱去二氧化碳（称为煅烧）生成石灰（另一种有用的材料 CaO）。这个生成石灰的过程有时称为煅烧石灰，这种生产方式已经使用了数千年。

$$CaCO_3 \longrightarrow CaO + CO_2 \qquad (13.120)$$

CO_2 的失去对应着 44%的质量失去，但是在古代，当失去的质量达到了原来的 1/3 时，材料就被认为是可以使用了。石灰在制造砂浆、玻璃等方面大量被使用并生成氢氧化钙（熟石灰）。尽管 $Ca(OH)_2$ 只是微溶于水，但它是一种强碱，并且比 NaOH 的成本更低，所以它作为强碱被大量使用。

砂浆是一种石灰、沙和水的混合物，已经被用作建筑材料使用数千年。如亚壁古道、一些早期的罗马和希腊建筑和中国的长城都是使用含有石灰的砂浆建造的。在西半球，印加人和玛雅人也在砂浆中使用石灰。砂浆的组成是可以变化很大的，但一般的组成是 1/4 的石灰，3/4 的沙，还有加入少量的水使混合物成为黏稠状。石灰和沙这种基本的固体原料是需要与水反应转化成 $Ca(OH)_2$ 的：

$$CaO + H_2O \longrightarrow Ca(OH)_2 \qquad (13.121)$$

氢氧化钙与二氧化碳反应可生成碳酸钙 $CaCO_3$：

$$Ca(OH)_2 + CO_2 \longrightarrow CaCO_3 + H_2O \qquad (13.122)$$

因此固体颗粒是通过 $CaCO_3$ 固定在一起而形成坚硬耐用的物质的。本质上，人造石灰石就是根据 $Ca(OH)_2$ 和 CO_2 反应改良的。

混凝土是一种大量使用的人造材料，它通过一些在世界上随处可见的廉价材料制备而成。其原料通常都在建筑地点有大量储备，包括一些集料（沙、碎石、碎岩石等）和黏合剂。石灰用于黏合剂的制造，波特兰水泥是最常见的一种类型，它还包括沙（SiO_2）和其他氧化物（硅酸铝）原料。集料颗粒的表面越粗糙，其键合效果越好，这样在颗粒的各个方向都会有优良的黏合力。一个好的混合体不能是所有颗粒的大小都一样，应该是由不同大小的颗粒组成的，因为这样的话小的颗粒可以填充到大颗粒堆积时出现的空隙当中。玄武质岩、粉碎的石灰石和石英岩是常见的集料。

波特兰水泥是碳酸钙、沙、硅酸铝和氧化铁在 870℃左右加热制备得到的。高岭土、黏土和页岩粉是硅酸铝的来源。剧烈加热时，这种混合物会脱去水和二氧化碳形成固体物质。当这些物质被粉碎之后加入少量的硫酸钙。现今使用的砂浆包含沙、石灰、水和黏合剂。混凝土通常含有集料、沙和黏合剂。这些黏合剂的作用就是通过与水反应将材料结合在一起，形成一种雪硅钙石凝胶。这种材料是由层状晶态材料和水组成的，水分散在层与层之间。为了提高材料的强度，水的含量必须准确。如果水少了，那么空气就会被包含在其中，使得材料出现孔结构。如果水过多，水挥发之后将会出现孔洞。这两种情况下制备的混凝土强度都不够高。在某些应用时，混凝土通过包裹金属棒或金属线得到加固。混凝土变硬这个复杂的化学反应在这里就不讨论了，但是有必要强调的是氢氧化钙与 CO_2 发生的反应在混凝土、砂浆和相关材料中的重要作用。

另一种不可缺少的碳酸盐是碳酸钠，也称为苏打灰。几个世纪以前，不纯的碳酸钠是在浓盐水挥发之后的湖泊沉积矿中得到的。现在苏打灰的主要来源又回归了自然矿资源，但是在1985年之前，它是通过大规模合成得到的。其合成过程最常用的是氨制碱法，化学方程式如下：

$$NH_3 + CO_2 + H_2O \longrightarrow NH_4HCO_3 \tag{13.123}$$

$$NH_4HCO_3 + NaCl \longrightarrow NaHCO_3 + NH_4Cl \tag{13.124}$$

$$2NaHCO_3 \longrightarrow Na_2CO_3 + H_2O + CO_2 \tag{13.125}$$

每年都会制备巨量的 Na_2CO_3，因为它被广泛用于玻璃、洗涤用品、软水剂、造纸、发酵粉和用于以下反应生产氢氧化钠：

$$Na_2CO_3 + Ca(OH)_2 \longrightarrow 2NaOH + CaCO_3 \tag{13.126}$$

在美国，碳酸钠来源于天然碱矿，其化学式为 $Na_2CO_3 \cdot NaHCO_3 \cdot 2H_2O$。碳酸氢钠 $NaHCO_3$ 的存在并不会令人意外，因为碳酸盐能与水和二氧化碳反应生成碳酸氢钠。

$$Na_2CO_3 + H_2O + CO_2 \longrightarrow 2NaHCO_3 \tag{13.127}$$

如式（13.125）所示，加热碳酸氢盐能使其脱去水和 CO_2 生成碳酸盐。世界上最大的天然碱矿被发现在怀俄明州，但在墨西哥、肯尼亚和俄罗斯也发现了天然碱矿。怀俄明州的天然碱矿床储量预计有1000亿吨，占了整个美国产量的90%，世界产量的30%。

天然碱通过压碎成小颗粒之后在旋转炉中加热制备得到碳酸钠：

$$2Na_2CO_3 \cdot NaHCO_3 \cdot 2H_2O \longrightarrow 3Na_2CO_3 + 5H_2O + CO_2 \tag{13.128}$$

在大多数情况下使用的 Na_2CO_3 必须是纯化过的。这个纯化过程是将其溶解在水中之后过滤掉一些坚硬的不溶物。有机不纯物可以通过活性炭吸附脱去。加热蒸发掉多余的水，浓缩溶液可以制得水合晶体 $Na_2CO_3 \cdot H_2O$。水合晶体在旋转炉中加热得到无水碳酸钠：

$$Na_2CO_3 \cdot H_2O \longrightarrow Na_2CO_3 + H_2O \tag{13.129}$$

13.4.7 二氧化三碳

这种名为二氧化三碳 C_3O_2 的氧化物（熔点–111.3℃，沸点7℃）包含的碳的氧化态是+4/3。因为它的氧化态都低于 CO 和 CO_2，所以这种氧化物也称为低氧化碳。分子结构是直线形的，表示如下：

$$\underline{O}=C=C=C=\underline{O}$$

分子中的三个碳原子连在一起，因此这就暗示了一种除去含有三碳原子的有机酸中的水的方法。由于 C_3O_2 形式上是马来酸 HOOC—CH_2—COOH 的酸酐，制备二氧化三碳的方法之一就是利用强脱水剂如 P_4O_{10} 将马来酸脱水：

$$3C_3H_4O_4 + P_4O_{10} \longrightarrow 3C_3O_2 + 4H_3PO_4 \tag{13.130}$$

C_3O_2 与水反应生成马来酸，也能与 NH_3 反应：

$$C_3O_2 + 2NH_3 \longrightarrow H_2C(CONH_2)_2 \tag{13.131}$$

与 HCl 反应生成二酰氯：

$$C_3O_2 + 2HCl \longrightarrow H_2C(COCl)_2 \tag{13.132}$$

尽管低氧化碳在低温时稳定，但它还是易燃的，加热时会发生聚合，生成的是二氧化五碳，但与二氧化三碳一样没什么重要的用途。

13.4.8 卤化碳

在碳的卤化物当中，最重要的是 CCl_4（沸点77℃），它作为溶剂被广泛使用。然而，完全卤代的化合物经常被认为是甲烷的衍生物，因此它们起初经常被认为是有机物。四氯化碳可通过以下反应制得：

$$CS_2 + 3Cl_2 \longrightarrow CCl_4 + S_2Cl_2 \quad (13.133)$$

其中得到的 S_2Cl_2 有很多用途，包括橡胶的硫化等。甲烷与氯气同样可以制备 CCl_4：

$$CH_4 + 4Cl_2 \longrightarrow CCl_4 + 4HCl \quad (13.134)$$

不像卤素与非金属之间形成的多数共价键那样，C—Cl 键并不会在水中发生分解。即使它仍然是一种有用的溶剂，但是 CCl_4 已经不像以前那样用作干燥清洗剂了。卤氧化物 $X_2C═O$ 由于具有非常活泼的 C—X 键，可以发生很多反应。虽然它在第一次世界大战中曾作为军用毒气使用，但是光气 $COCl_2$ 也是一种工业上用途多样的氯化剂。金属溴化物是在一个密封管中 $COBr_2$ 与金属氧化物反应得到的。

13.4.9 氮化碳

最常见的含有碳和氮的化合物是氰$(CN)_2$。氰根离子 CN^-是一种类卤素离子，意味着它与卤素离子的性质相似，可以形成难溶的银化合物，被氧化成 X_2 物质。氰最早是盖吕萨克在 1815 年通过加热重金属氰化物得到的。

$$2AgCN \longrightarrow 2Ag + (CN)_2 \quad (13.135)$$

$$Hg(CN)_2 \longrightarrow Hg + (CN)_2 \quad (13.136)$$

它也可以通过氮气氛围下炭电极放电合成。我们已知的有大量氰的衍生物存在，包括卤化氰 XCN。这类化合物形成三聚体，如氰脲酰卤素，其环状结构如下：

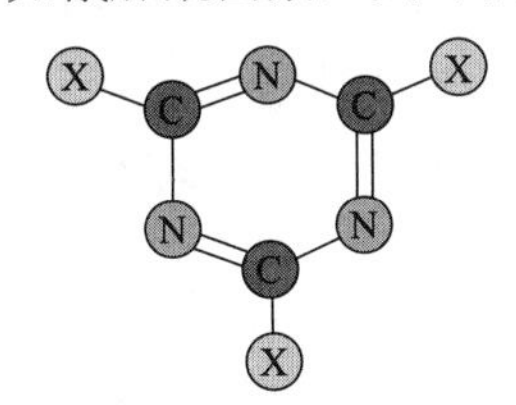

$(CN)_2$ 分子结构是直线形的 $D_{\infty h}$ 结构：

116pm 137pm

$|N{\equiv}C{-}C{\equiv}N|$

这是一种无色的剧毒气体，燃烧时发出紫色火焰，生成 CO_2 和 N_2：

$$(CN)_2 + 2O_2 \longrightarrow 2CO_2 + N_2 \quad (13.137)$$

氰聚合生成多聚氰：

$$n/2(CN)_2 \xrightarrow{400\sim500℃} (CN)_n \quad (13.138)$$

其结构为：

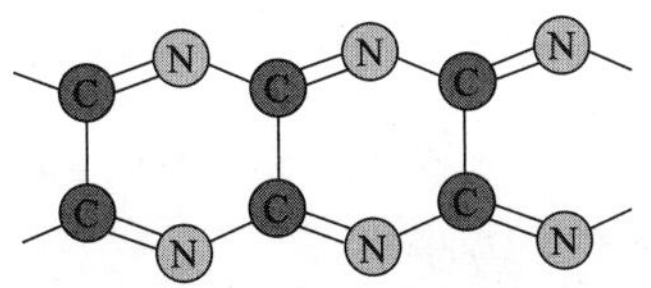

尽管只含有碳和氮的化合物相对较少，但是像氰化物这种衍生物是具有重要的商业用途的。还有氰氨化钙 $CaCN_2$ 可通过以下反应制备：

$$CaC_2 + N_2 \longrightarrow CaCN_2 + C \quad (13.139)$$

这是一个重要的反应过程，因为它反映了一种直接利用氮气转化成化合物的有效方法。由

于 $CaCN_2$ 与水反应生成氨，因此它曾被用作肥料：

$$CaCN_2 + 3H_2O \longrightarrow 2NH_3 + CaCO_3 \quad (13.140)$$

现在 $CaCN_2$ 的使用已经没有之前那么广泛了。CN_2^{2-} 有 16 个价电子，因此其结构如下：

$$\overline{N}=C=\overline{N}$$

当这个离子加上两个质子形成母体化合物时，产物即是 $H_2N—C≡N$（氨腈）。这个化合物可以三聚，形成三聚氰酰胺，也就是三聚氰胺，结构如下：

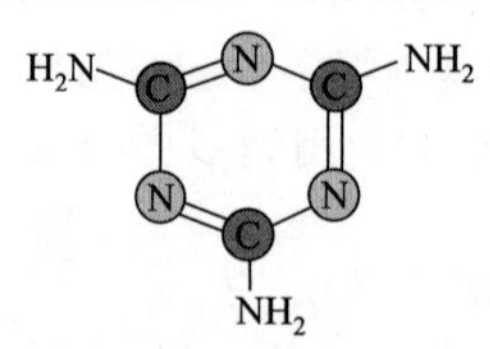

氰氨化物可以与碳单质发生反应转化成氰化物：

$$CaCN_2 + C \longrightarrow Ca(CN)_2 \quad (13.141)$$

$$CaCN_2 + C + Na_2CO_3 \longrightarrow CaCO_3 + 2NaCN \quad (13.142)$$

氰化物是剧毒的，酸化含有 CN^- 的溶液可产生 HCN：

$$CN^- + H^+ \longrightarrow HCN \quad (13.143)$$

氰化氢（沸点 26℃）是一种剧毒气体，它是一种弱酸（$K_a = 7.2\times10^{-10}$），因此含氰根离子的溶液由于其水解显碱性：

$$CN^- + H_2O \rightleftharpoons HCN + OH^- \quad (13.144)$$

CN^- 是一种良配体，它能与很多金属生成稳定的配合物（见第 16 章）。尽管通常是离子的碳端参与配位，但是当氰根离子作为桥联配体时，其氮端也会参与配位的。—CN 基团（氰基）在有机化合物中是一个重要的基团。

氰酸盐（OCN^-）可通过氰化物的氧化生成，例如：

$$KCN + PbO \longrightarrow KOCN + Pb \quad (13.145)$$

另一种跟它具有相同的原子组成，但性质完全不同的物质是雷酸盐，其阴离子是 CNO^-。很多已知的化合物含有 R—N═C═O（异氰酸盐）。氰化物与硫可发生加成反应生成硫氰酸盐。

$$KCN + S \longrightarrow KSCN \quad (13.146)$$

与 HCN 不同，HSCN 是一种强酸（与 HCl 相当），它可以生成一种稳定的化合物，即硫氰酸铵（$R_3NH^+SCN^-$），这是一种与盐酸胺类似的物质。在熔融态时，这类酸性盐与氧化物（如碳酸盐等）反应，在某些情况下会生成硫氰酸的金属配合物。就像氰根离子一样，SCN^- 也是一种良配体，它可以用硫原子与一些软金属（Pt^{2+} 或 Ag^+ 等）配位，也可以用氮原子与一些硬金属（Cr^{3+} 或 Co^{3+}）配位（见第 9 章）。

13.4.10 硫化碳

碳和硫的化合物最常见的就是二硫化碳 CS_2（沸点 46.3℃）。它可以通过碳和硫在电熔炉里反应或者将硫蒸气与热的碳单质反应制备：

$$4C + S_8 \longrightarrow 4CS_2 \quad (13.147)$$

硫与甲烷在高温和合适的催化剂（SiO_2 或 Al_2O_3）作用下也可以生成 CS_2。

$$S_8 + 2CH_4 \longrightarrow 2CS_2 + 4H_2S \quad (13.148)$$

CS_2 对于很多物质而言是一种良好的溶剂，例如硫、磷和碘。这个化合物的密度较大

（1.3g·mL⁻¹），在水中微溶，而与乙醇、乙醚和苯混溶。它也是一种剧毒、高闪点的物质，与空气能形成易爆混合物。正如本章较早前提到的，它还用于制备 CCl_4。CS_2 的一个有趣的反应就是与金属氧化物发生反应时和 CO_2 类似，例如：

$$BaO + CO_2 \longrightarrow BaCO_3 \tag{13.149}$$

$$BaS + CS_2 \longrightarrow BaCS_3 \tag{13.150}$$

CS_3^{2-} 被称为硫代碳酸根离子，它的结构是三角平面结构。

我们必须提到另外两个含碳和硫的化合物，第一个是一硫化碳 CS，这种化合物有报道是通过 CS_2 与臭氧反应制得的。第二个化合物是 COS 或者更准确的是 OCS（熔点–138.2℃，沸点–50.2℃），它可通过以下化学方程式制备：

$$CS_2 + 3SO_3 \longrightarrow OCS + 4SO_2 \tag{13.151}$$

与 CS_2 不同，CS 和 OCS 都没有大规模的工业应用。

拓展学习的参考文献

Bailar Jr., J.C., Emeleus, H.J., Nyholm, R., Trotman-Dickinson, A.F., 1973. *Comprehensive Inorganic Chemistry*. Pergamon Press, Oxford. This is a five volume reference work in inorganic chemistry.

Billups, W.E., Ciufolini, M.A., 1993. *Buckminsterfullerenes*. VCH Publishers, New York. A useful survey of the early literature. Cotton, F.A., Wilkinson, G., Murillo, C.A., Bochmann, M., 1999. *Advanced Inorganic Chemistry*, 6th ed. Chapter 5. John Wiley, New York. A 1300 pages book that covers an incredible amount of inorganic chemistry. Several chapters are devoted to the elements described in this chapter.

Garrett, D.E., 1998. *Borates*. Academic Press, San Diego, CA. An extensive reference book on the recovery and utilization of boron compounds.

Greenwood, N.N., Earnshaw, A., 1997. *Chemistry of the Elements*, 2nd ed. Butterworth-Heinemann, Oxford. Probably the most comprehensive single volume on the chemistry of the elements.

Hammond, G.S., Kuck, V.J. (Eds.), 1992. *Fullerenes*. American Chemical Society, Washington, D.C. This is ACS Symposium Series No. 481, and it presents a collection of symposium papers on fullerene chemistry.

King, R.B., 1995. *Inorganic Chemistry of the Main Group Elements*. VCH Publishers, New York. An introduction to the descriptive chemistry of many elements.

Kroto, H.W., Fisher, J.E., Cox, D.E., 1993. *The Fullerenes*. Pergamon Press, New York. A reprint collection with articles on most phases of fullerene chemistry.

Liebman, J.F., Greenberg, A., Williams, R.E., 1988. *Advances in Boron and the Boranes*. VCH Publishers, New York. A collection of advanced topics on all phases of boron chemistry.

Muetterties, E.F. (Ed.), 1975. *Boron Hydride Chemistry*. Academic Press, New York. One of the early standard references on boron chemistry.

Muetterties, E.F., Knoth, W.H., 1968. *Polyhedral Boranes*. Marcel Dekker, New York. An excellent introduction to the chemistry of boranes.

Muetterties, E.F. (Ed.), 1967. *The Chemistry of Boron and Its Compounds*. John Wiley, New York. A collection of chapters on different topics in boron chemistry.

Niedenzu, K., Dawson, J.W., 1965. *Boron-Nitrogen Compounds*. Academic Press, New York. An early introduction to boron- nitrogen compounds that contains a wealth of relevant information.

Razumovskii, S.D., Zaikov, G.E., 1984. *Ozone and Its Reactions with Organic Compounds*. Elsevier, New York. Volume 15 in a series, Studies in Organic Chemistry. A good source of information on the uses of ozone in organic chemistry.

Zingaro, R.A., Cooper, W.C. (Eds.), 1974. *Selenium*. Van Nostrand Reinhold, New York. An extensive treatment of selenium chemistry.

习题

1. 如果 O_3 只是含有氧原子，那么这个分子是极性的吗？请解释原因。

2. 写出以下过程完全平衡的化学方程式：

（a）溴化镁与水的反应。

（b）B_2H_6 的燃烧。

（c）BCl_3 与 C_2H_5OH 的反应。

（d）环硼氮烷的制备。

（e）H_3BO_3 与 CH_3COCl 的反应。

3. 请解释 O_2 分子的电子亲和能是 0.451eV 而 C_2 的电子亲和能是 3.269eV 的原因。

4. 描述一下 BO 分子的成键。

5. $FB(OH)_2$ 的酸性比硼酸强还是弱？请解释原因。

6. 根据其结构，解释硼酸是一种可以与 OH^- 配位的弱酸的原因。画出这个产物的结构。

7. 如果 BF_3 和 $B(CH_3)_3$ 与以下分子反应，你认为其产物是什么？为什么？

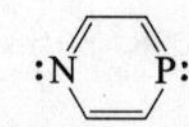

8. 当制备乙醚与 $B(CH_3)_3$ 的加合物时，吡啶不能作为溶剂，但当制备吡啶与 $B(CH_3)_3$ 的加合物时，乙醚却可以作为溶剂，解释其中的不同之处。

9. 写出反应方程式，显示出 Zn^{2+} 在水溶液中的两性表现。

10. 解释氯化铁水溶液显酸性的原因。

11. 本章中介绍了 O_2 与 PtF_6 的反应，你认为 N_2 也会发生类似的反应吗？为什么？

12. O_2 的电离势是 12.06eV，O_3 的电离势是 12.3eV。如果你想得到 O_3^+，你将如何操作？

13. 确定以下物质的光谱态：

$$B_2,\ O_2^+,\ C_2$$

14. 仔细考虑 BF_3 和 BH_3，即使后者不能单独稳定存在。它们其中一个与 $(C_2H_5)_2S$ 形成强的化学键，另一个则与 $(C_2H_5)_2O$ 键合。解释这些分子是如何优先成键的。

15. 画出以下物质的结构，列出所有的对称元素，确定每种物质的点群：

$$ONF,\ NCN^{2-},\ OCN^-,\ C_3O_2$$

16. 在特定条件下（如星际空间中），可以观察到 OH 自由基。建立这种物质的分子轨道图，确定其键级和含有未成对电子的轨道类型。

17. 建立 SO 分子的分子轨道能级图，推测出其键的本质和分子的其他特性。

18. BF_3 分子中的 B—F 键长是 130pm，但 BF_4^- 的是 145pm。解释两者的 B—F 键长差别。

19. 当反应物溶解在惰性溶剂中时，$(C_2H_5)_3N$ 或 $(C_2H_5)_3P$ 是否会与 BCl_3 反应更快？为什么？

20. 完成以下化学方程式并配平：

（a） $C_2H_5OH + CaH_2 \longrightarrow$

（b） $Al + NaOH$ (在水中) $\longrightarrow$

（c） $SiCl_4 + LiAlH_4 \longrightarrow$

（d） $BCl_3 + C_2H_5MgBr \longrightarrow$

（e） $Fe_2O_3 + Al \longrightarrow$

21. 描述氧气最主要的工业应用，如必要时可写出化学方程式。

22. 一个氧原子结合两个电子的过程需要吸收能量 652kJ • mol^{-1}，为什么还有这么多的氧化物呢？

$$O(g) + 2e^- \longrightarrow O^{2-}(g)$$

23. 写出配平的化学方程式来表示甲烷化物和乙炔化物与水反应时的不同。

24. CO 与 BH_3 是如何成键的？

25. 解释 BF_3 的酸性比 BCl_3 弱的原因。

26. 写出以下反应过程的化学方程式：

（a） $B_3N_3H_6$ 的制备。

（b） $(C_2H_5)BH_2$ 的制备。

（c） $NaBH_4$ 的制备。

（d） 乙硼烷的燃烧。

（e） $(C_6H_5)_3B$ 的制备。

27. 描述制备 H_2O_2 的过程。

28. 很多碳酸盐在加热时会分解，那么产物是什么？假设 $CaCS_3$ 被剧烈加热，会发生什么情况呢？

29. 当一个–1 价的离子包含 C、S 和 P 各一个原子时，画出这个离子的正确结构。为何其他的构型都是错的？

30. 写出以下过程完整的配平的化学方程式：

（a） BaO 与 SO_3 的反应。

（b） 氰氨化钙的制备。

（c） 氰化钾被 H_2O_2 氧化的反应。

（d） 硒化氢的制备。

31. H_3^+ 是三角平面结构，根据电子密度来合理化其结构。如果在 H_3^+ 上继续加入一个、两个或者三个 H_2 分子，它们将是如何成键的？在哪个地方成键？画出它们的结构。

第 14 章 非金属元素化学Ⅱ——第ⅣA、第ⅤA族

前面提到过，周期表中每一族的第一个元素的化学性质与其他元素的是非常不一样的。在上一章中我们已经介绍过碳化学了，那么在本章中我们将关注第ⅣA 族中的其他元素，重点是硅和锡。氮化学是范围广泛的，所以我们在介绍第ⅤA 族的其他元素之前就单独把它讨论了。而第ⅤA 族中的其他元素的重点是介绍磷。在第 15 章中将要介绍的是第ⅥA 族元素（重点是硫）、卤素和稀有气体，这样使得非金属化学的研究变得圆满。

14.1 第ⅣA 族元素

硅元素是在 1824 年时由伯奇利厄斯（Berzelius）发现的，锗元素则是由温克勒（Winkler）在 1886 年发现的，而与这两种元素不同，锡和铅早在远古时期就已在使用了。青铜器时代从公元前 2500 年一直持续到公元前 1500 年。青铜是一种锡和铜的合金，这种合金是在铁器时代之前的那段时期使用的最主要的材料。其中最重要的一种含锡矿是锡石 SnO_2。加热时，它可以被木炭还原成金属。在早期制备金属只能采取一些当时可用的简单技术来完成。但简单的技术无法获得所需的温度，此外，缺乏有效的还原剂限制了金属的获得。对于锡和铅（存在于方铅矿 PbS 中），它们可以在相对较低的温度下被木炭还原制备得到。

尽管硅的化合物在最早期的时候就已经被使用了，但是单质直到技术进步之后才制备得到。含硅的矿物有着大量的分布，包括沙和硅酸盐等（硅大约占了地壳质量的 23%），它们被用于制造玻璃、陶器和砂浆已经好几个世纪了。除了这些应用之外，硅现今可被高度纯化并用于集成电路（芯片）和具有多种用途的杜里龙高硅钢合金。硅是金刚石结构，密度是 $2.3g \cdot cm^{-3}$。

在锗元素还是未知的时候，门捷列夫（Mendeleev）就根据其他元素的性质预测了这个缺失元素（他称之为类硅）的性质。当分析硫银锗矿时，温克勒发现其包含了 7%的未知元素，而这种元素被证实是锗。现在在制备生产锌的残渣中作为副产物得到这种元素。副产物用浓 HCl 处理，可以使锗转化成 $GeCl_4$。像其他卤化物一样，这种化合物可以水解：

$$GeCl_4 + 2H_2O \longrightarrow GeO_2 + 4HCl \tag{14.1}$$

氧化物随后被氢气还原：

$$GeO_2 + 2H_2 \longrightarrow Ge + 2H_2O \tag{14.2}$$

锗是用于制造半导体的元素之一。当与磷、砷或锑（具有五个价电子）结合时，一种 n 型半导体形成；当与镓（具有三个价电子）结合时，一种 p 型半导体形成。

尽管锡通常是一种软的银色金属，但是金属锡的形态取决于温度。白锡（密度 7.28g・cm^{-3}）在 13.2℃以上是稳定形态，是具有金属外观和性质的。在 13.2℃以下时，锡的稳定形态是灰锡，弄碎之后形成灰色粉末。从白锡到灰锡的相转变在 13.2℃以下都能缓慢进行。锡的这种从高度灵活的白色形态到灰色粉末形态的转变被称为“锡病”或“锡瘟”。锡的第三种形态是脆锡（密度 6.52g・cm^{-3}），它可以将白锡在 161℃以上加热制备得到。就像其名字暗示的那样，这种形态表现出非金属性，当被捶打时易碎。

锡的很多应用也是铅的应用，因为这两种金属可形成有用的合金。当铅与少量的锡形成合金时，它变得更硬和更耐用。尽管还有其他组成比例的合金生成，但常用的焊料含有相同含量的锡和铅。一种已知的合金包含 82% Pb、15% Sb 和 3% Sn，而白镴含有大约 90%铅、铜和锑合金。巴氏合金是一种用于制造轴承的合金，含有 90% Sn、7% Sb 和 3% Cu。锡也用于包裹其他金属来减缓金属腐蚀，锡铌合金被用在超导磁体上。

铅（熔点 328℃，密度 11.4g・cm^{-3}）已被使用数千年了，它的化学符号就来自其拉丁名字 plumbum。一些铅是单质态的，但大多数被发现的都是以硫化物的形式存在，如方铅矿。制备单质铅是将矿物烘烤变成氧化物，再使用 C 将氧化物还原。

$$2PbS + 3O_2 \longrightarrow 2PbO + 2SO_2 \tag{14.3}$$

$$PbO + C \longrightarrow Pb + CO \tag{14.4}$$

这种金属在古罗马时期被广泛用于管道工程、屋顶盖及用于存放食物和水的容器。铅化合物也曾因为其鲜亮的颜色而被用作涂料。在世界上某些地方，铅化合物依旧被用于制作陶器所用的颜料和釉料。大多数情况，画画时用的白色颜料氧化铅已经被二氧化钛所取代。尽管已经不再使用了，但四乙基铅作为燃油添加剂使用了很多年。如今使用的铅中大约有 40%都是从废料中回收的。铅被用于汽车电池中，制造电池板的合金含有 88%～93% Pb 和 7%～12% Sb。

14.1.1 第ⅣA 族元素的氢化物

除了硅之外，+2 和+4 价对于这族元素来讲是非常常见的价态。含有 Sn^{2+}的化合物有聚合固体 SnF_2 和 $SnCl_2$，含有+2 价锗的化合物有 GeO、GeS 和 GeI_2。如果将第ⅣA 族元素表示为 E，其重要的氢化物是共价的或挥发性的化合物，可以写成 EH_4。化合物的稳定性按照 Si、Ge、Sn 和 Pb（不稳定，如 PbH_2）的顺序逐渐减弱。EH_4 化合物的命名分别是硅烷、锗烷、锡烷和铅烷。核心原子配位数更高的氢化物如 Si_2H_6 命名为二硅烷等。

在第 13 章讨论过，氢气与某些单质并不能直接反应，所以必须通过其他方式来生成氢化物。阿尔弗雷德・斯托克制备氢化硅的方法是：先生成镁化合物，再将化合物与水反应。

$$2Mg + Si \longrightarrow Mg_2Si \tag{14.5}$$

$$Mg_2Si + H_2O \longrightarrow Mg(OH)_2 + SiH_4, Si_2H_6 \cdots \tag{14.6}$$

其他用于制备硅烷的反应如下：

$$SiO_2 + LiAlH_4 \xrightarrow{150\sim175℃} SiH_4 + LiAlO_2(Li_2O + Al_2O_3) \tag{14.7}$$

$$SiCl_4 + LiAlH_4 \xrightarrow{乙醚} SiH_4 + LiCl + AlCl_3(LiAlCl_4) \tag{14.8}$$

含有多于两个硅原子的氢化硅是不稳定的，容易分解生成 SiH_2、Si_2H_6 和 H_2。这些化合物在空气中会自燃。

$$SiH_4 + 2O_2 \longrightarrow SiO_2 + 2H_2O \tag{14.9}$$

SiO_2 的生成热是–828kJ・mol^{-1}，因此这个反应是剧烈放热的。硅烷和二硅烷不轻易与水反应，但是在碱性溶液中会发生以下反应：

$$SiH_4 + 4H_2O \longrightarrow 4H_2 + Si(OH)_4(SiO_2 \cdot 2H_2O) \tag{14.10}$$

锗烷可通过氧化物与 $LiAlH_4$ 的反应制得：

$$GeO_2 + LiAlH_4 \longrightarrow GeH_4 + LiAlO_2 \quad (14.11)$$

而锡烷也可以用氯化锡通过类似的反应制备：

$$SnCl_4 + LiAlH_4 \xrightarrow{-30℃} SnH_4 + LiCl + AlCl_3 \quad (14.12)$$

14.1.2 第ⅣA 族元素的氧化物

尽管 SiO（键能 765kJ·mol^{-1}）与 CO（键能 1070kJ·mol^{-1}）分子式类似，但是它并不是一种重要的化合物。硅在氧气不足时可形成 SiO，也可以通过 C 还原 SiO_2 制备。

$$SiO_2 + C \longrightarrow SiO + CO \quad (14.13)$$

由于二氧化硅非常稳定，因此一氧化硅发生歧化。

$$2SiO \longrightarrow Si + SiO_2 \quad (14.14)$$

SiO_2 的主要结构特征是每个硅原子以四面体的形式与四个氧原子连接。

锗、锡和铅的一氧化物和二氧化物都是已知的。尤其是当得到的产物是沉淀物时，这些氧化物是含有水的混合物，其中含有氧化物、氢氧化物和水合氧化物。例如，GeO、GeO·xH_2O 和 $Ge(OH)_2$（也可写成 GeO·H_2O）都存在于反应平衡中或混合物中。GeO 可通过以下反应制备：

$$GeCl_2 + H_2O \longrightarrow GeO + 2HCl \quad (14.15)$$

在高温时，它发生歧化生成二氧化物。

$$2GeO \longrightarrow Ge + GeO_2 \quad (14.16)$$

$SnCl_2$ 水解生成 $Sn(OH)_2$：

$$SnCl_2 + 2H_2O \longrightarrow Sn(OH)_2 + 2HCl \quad (14.17)$$

加热脱水后得到 SnO：

$$Sn(OH)_2 \longrightarrow SnO + H_2O \quad (14.18)$$

氧化锡（Ⅳ）阴离子 SnO_3^{2-} 和 SnO_4^{4-}（锡酸盐）可通过 SnO 在碱性溶液中歧化得到：

$$2SnO + 2KOH \longrightarrow K_2SnO_3 + Sn + H_2O \quad (14.19)$$

$$2SnO + 4KOH \longrightarrow Sn + K_4SnO_4 + 2H_2O \quad (14.20)$$

一氧化铅（红色）和铅黄（黄色）都是颜料，其结构式为 PbO，通过铅和氧气反应制得：

$$2Pb + O_2 \xrightarrow{\triangle} 2PbO(黄) \xrightarrow{\triangle} 2PbO(红) \quad (14.21)$$

第ⅣA 族元素的+4 价氧化物通常都是酸性（如 CO_2）或者两性的。就像在这里举例的 CO_2 一样，酸性氧化物可形成氧合阴离子：

$$CaO + CO_2 \longrightarrow CaCO_3 \quad (14.22)$$

第ⅣA 族元素的+4 价氧化物可生成大量的硅酸盐、锡酸盐等。

SiO_2 的化合物形态已经达到了约 20 种，其中，石英、鳞石英和方石英中的结构是以α和β形态出现的。CO_2 的结构为：

$$\overline{O}=C=\overline{O}$$

其中包含着双键（806kJ·mol^{-1}），其强度是 C—O 单键（360kJ·mol^{-1}）的两倍多。相比之下，Si═O 双键（642kJ·mol^{-1}）就没有两个 Si—O 键（2×460=920kJ·mol^{-1}）那么强了，所以从能量有利而言，Si 倾向于形成四条单键，而不是形成两条双键。这也导致了 Si 与 O 以单键相连形成 SiO_4 四面体之后，能以多种方式排列组合成多种形态，并且多种相变在高温下可以发生。

SiO_2 的常规形态包括沙、燧石、玛瑙和石英。尽管 SiO_2 的熔点是 1710℃，但其中一些 O—

Si—O 键会在较低温度时断裂，导致材料变软而成为玻璃。当石英受压时，因为压电效应它可以产生电流。对晶体施加电压可使之随着与电流频率共振的频率摆动。石英的这种特性就是为何它可用于制造手表和电子设备。石英玻璃是通过熔融石英之后冷却获得的，因为它在大范围波段下都不会吸收电磁辐射，所以它被用于制造光学设备。

制备 GeO_2 有多种方法，其中一些如下：

$$Ge + O_2 \longrightarrow GeO_2 \tag{14.23}$$

$$3Ge + 4HNO_3 \longrightarrow 3GeO_2 + 4NO + 2H_2O \tag{14.24}$$

$$GeCl_4 + 4NaOH \longrightarrow GeO_2 + 2H_2O + 4NaCl \tag{14.25}$$

GeO_2 是一种弱酸性的氧化物，它与水可生成酸性溶液。

$$GeO_2 + H_2O \longrightarrow H_2GeO_3 \tag{14.26}$$

$$GeO_2 + 2H_2O \longrightarrow H_4GeO_4 \tag{14.27}$$

SnO_2（锡石）的天然形态是金红石结构（见第 7 章），通过以下化学方程式可知，它是一种两性氧化物：

$$SnO_2 + 2H_2O \longrightarrow H_4SnO_4[\text{或}Sn(OH)_4] \tag{14.28}$$

$$H_4SnO_4 + 4NaOH \longrightarrow Na_4SnO_4 + 4H_2O \tag{14.29}$$

$$Sn(OH)_4 + 2H_2SO_4 \longrightarrow Sn(SO_4)_2 + 4H_2O \tag{14.30}$$

氧合阴离子 SnO_4^{4-} 和 SnO_3^{2-} 都被认为是锡酸盐，这是由于它们含有的锡都是四价的。采用与磷的氧合阴离子相似的命名，锡酸根也可分为正锡酸离子和异锡酸离子。

与 SnO_2 一样，PbO_2 也是金红石结构，但是它是一种强氧化剂，可通过以下反应制备：

$$PbO + NaOCl \longrightarrow PbO_2 + NaCl \tag{14.31}$$

在铅蓄电池中，PbO_2 是氧化剂，铅作为还原剂。电池的化学原理可用以下化学方程式归纳：

$$Pb + PbO_2 + 2H_2SO_4 \underset{\text{放电}}{\overset{\text{充电}}{\rightleftharpoons}} 2PbSO_4 + 2H_2O \tag{14.32}$$

这种电池含有铅电极和灌注了 PbO_2 的海绵铅电极。硫酸是电解液，电池电压大约是 2.0V。根据串联的电池数多少，其总电压可达到 6V 或者 12V（较常见的电池类型）。

另一种铅的氧化物是 Pb_2O_3（有时也写成 $PbO \cdot PbO_2$）。这个化合物是一种铅酸铅 $PbPbO_3$，包含了 Pb(Ⅱ)和 Pb(Ⅳ)。用于制备晶体的氧化物是 Pb_3O_4，这种物质也被用于红色颜料。这种氧化物的化学式准确的写法应该是 $2PbO \cdot PbO_2$ 或者 Pb_2PbO_4，它可通过 PbO 在空气中 400℃ 时制备得到。

14.1.3 玻璃

玻璃已经出现了至少 5000 年。我们还不清楚制造玻璃的工艺是如何被发明的，但是我们知道以前的制造工艺是加热沙、碳酸钠和石灰石。常见的玻璃类型（称为碱石灰）的典型组成约是 62.5% SiO_2、25% Na_2CO_3 和 12.5% CaO。当冷却时，玻璃是透明且坚硬的，但当加热时，它可以通过转动、吹气或者模具改变形状。这种玻璃被用于制作窗户和瓶子。在变成所需的形状之后，这个热玻璃被放入火炉之中缓慢退火冷却。如果玻璃冷却过于缓慢，大量的—Si—O—Si—O—连接键重新形成而导致玻璃易碎。其中平板玻璃的制备方法是，将熔融的玻璃放在装有熔融锡的大而浅的容器中，当冷却时，平面的玻璃就形成了。

玻璃中含有的硅原子周围以四面体构型围绕着四个氧原子。这些四面体通过桥联两个硅原子的氧原子连接在一起。当玻璃受热变软时一些连接键断裂，当玻璃冷却时再重新连接。硼玻璃是一种可以承受温度快速改变而连接键不断裂的玻璃，它可通过往玻璃混合物中加入 B_2O_3 制得。铅晶质玻璃和含铅玻璃是一种非常致密和高折射率的玻璃，其制备是将石灰换成 PbO 和 Pb_3O_4。有色玻璃是加入了一些其他物质，例如，加入 CoO 可得到蓝色玻璃，加入 FeO 得到绿色玻璃，加入 CaF_2 得到不透明的白色玻璃。

因为玻璃是一种稳定的用途多样的材料，并且可以通过廉价的原料制得，所以它被用于很多地方。它可以被做成片状或多种形状，可锻造，可做成具有特殊性质的特种玻璃。硬质玻璃或者钢化玻璃是一种有用的建筑材料，因为金属变得越加缺乏和昂贵，所以建筑物已经逐渐开始使用以金属框架支撑的玻璃建造了。因此玻璃每年有数百万吨的产量就一点都不令人惊讶了。

14.1.4 硅酸盐

我们已经提到过 SiO_2 存在多种形态。SiO_2 的广泛分布和它与其他物质（尤其是氧化物）相互作用的特殊环境条件共同导致了大量地方天然存在着硅酸盐。SiO_2 的酸性本质导致其可发生以下反应：

$$SiO_2 + 2O^{2-} \longrightarrow SiO_4^{2-} \qquad (14.33)$$

文献中报道矿物信息时，经常只是以氧化物组成来表现其组成。例如，蓝锥矿的组成被描述为 36.3% BaO、20.2% TiO_2 和 43.5% SiO_2。因此，很多硅酸盐形式上就被归于氧化物的结合物，这体现在表 14.1 中。

表 14.1 一些硅酸盐矿物的组成

复合的氧化物	等价的矿物
$CaO + TiO_2 + SiO_2$	$CaTiSiO_5$，榍石
$1/2K_2O + 1/2Al_2O_3 + 3SiO_2$	$KAlSi_3O_8$，正长石
$2MgO + SiO_2$	Mg_2SiO_4，镁橄榄石
$BaO + TiO_2 + 3SiO_2$	$BaTiSi_3O_9$，蓝锥矿

因为本书介绍的是无机化学的很多领域的内容，所以这里不详细讨论硅酸盐。尽管硅酸盐化学是一个非常复杂的领域，但是还是有一些普适性的原则。首先需要提到的是，一种氧化物可以轻易地与水反应生成氢氧化物：

$$O^{2-} + H_2O \longrightarrow 2OH^- \qquad (14.34)$$

并且一种氧化物（碱）能与二氧化碳（酸）生成碳酸盐：

$$O^{2-} + CO_2 \longrightarrow CO_3^{2-} \qquad (14.35)$$

此外，碳酸盐可以与水形成碳酸氢盐。

$$CO_3^{2-} + H_2O \longrightarrow HCO_3^- + OH^- \qquad (14.36)$$

这些过程是可以自然发生的，并且是发生在一种矿物变成另一种矿物的过程中（也称为侵蚀）。

四面体 SiO_4^{4-} 也称为正硅酸离子。它被认为是多数硅酸盐配合物的基本结构单元。几种矿物包括硅铍石 Be_2SiO_4 和硅锌矿 Zn_2SiO_4 都含有这种离子。所有这些矿物都含有 SiO_4^{4-} 的四面体结构围绕着金属离子，其结构如下：

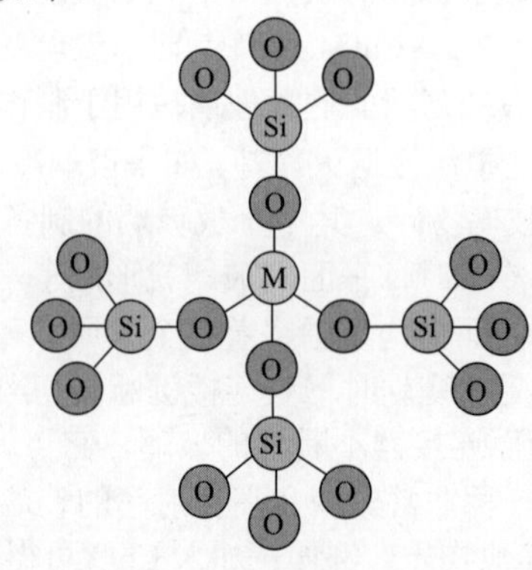

并不是所有的含有SiO_4^{4-}单元的结构都是四个这样的单元围绕着一个金属离子。在Mg_2SiO_4和Fe_2SiO_4（橄榄石形态）中，金属的配位数是6，锆石$ZrSiO_4$结构中Zr的配位数是8。

四面体结构可以通过一个角或者一条边连接，因此四面体的数目和连接方式决定了其整体结构。图14.1列出了硅酸盐结构的一些有效连接方式。SiO_4^{4-}的结构如图14.1（a）所示，这种表示法是从四面体单元上方俯视的图，外圈的大圆表示纸面上方的氧原子，内圈的小圆代表这个氧原子正下方的硅原子，三角形的每个顶点代表了其他三个氧原子。这些多种多样的硅酸盐结构就是通过共享一个或多个角或者四面体上氧原子桥处的边形成的。

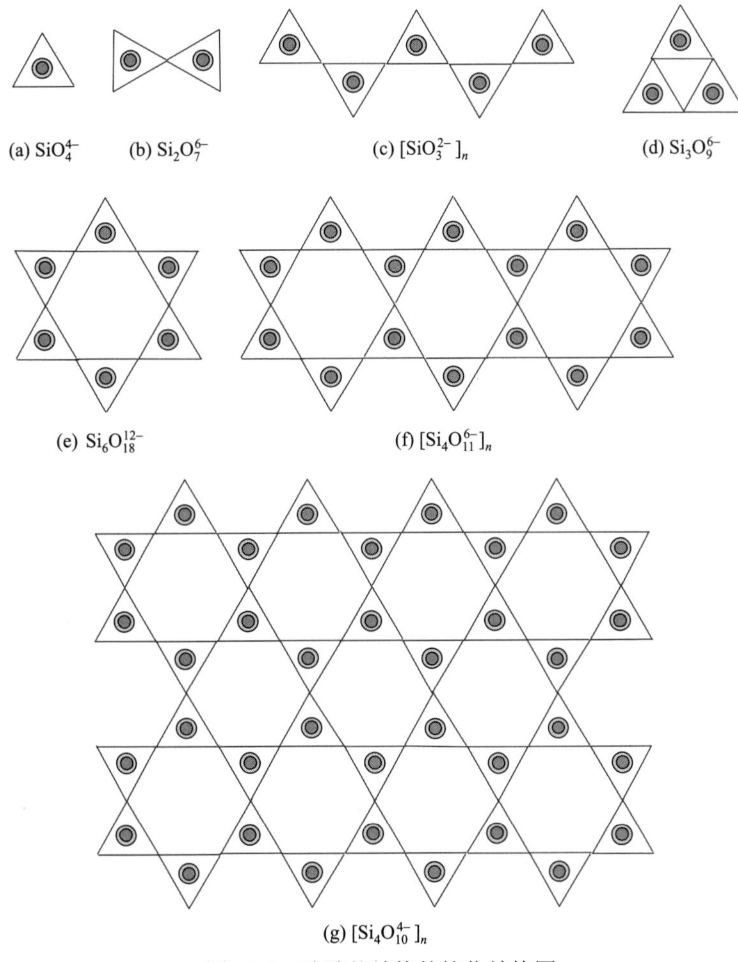

图14.1　硅酸盐结构的简化结构图

由两个四面体单元通过一个角连接的硅酸盐结构称为焦硅酸盐或者二硅酸盐离子［图14.1（b）］。

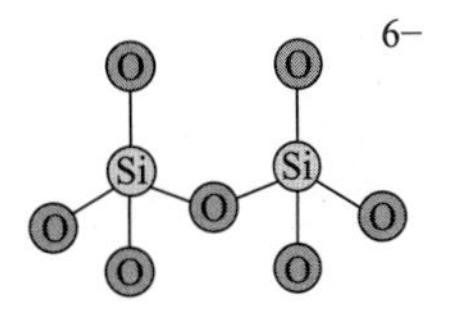

需要指出的是，这个离子与$P_2O_7^{4-}$、$S_2O_7^{2-}$和Cl_2O_7是等电子的，出现在钪钇石$Sc_2Si_2O_7$和异极矿$Zn_4(OH)_2Si_2O_7$等矿物中。除了SiO_4单元是−4价，而PO_4单元是−3价之外，聚磷酸盐和

聚硅酸盐是存在很多相似性的。如果三个SiO_3^{2-}（偏硅酸盐）连成一个圆，形成的这个环状的$Si_3O_9^{6-}$中的每个硅原子都是由四个氧原子以四面体构型围绕的［图14.1（d）］。

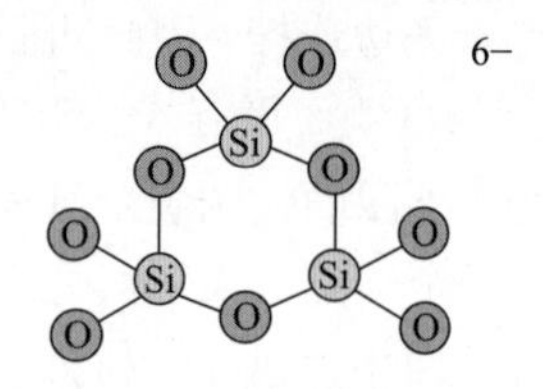

这个结构类似于$P_3O_9^{3-}$和S_3O_9（SO_3的三聚体）的结构，它出现在蓝锥矿$BaTiSi_3O_9$中。当六个SiO_3^{2-}形成一个 Si 和 O 交替连接的 12 元环时，形成的这个$Si_6O_{18}^{12-}$出现在绿宝石矿$Be_3Al_2Si_6O_{18}$中［图14.1（e）］。

辉石的结构是由SiO_3^{2-}重复单元连成的一条直线长链结构，这种材料的大致结构如下［图14.1（c）］：

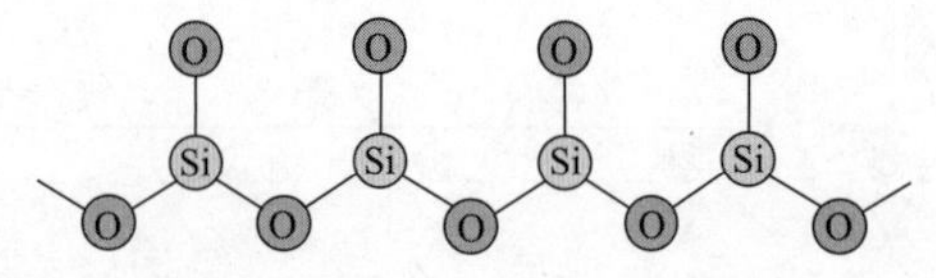

阳离子处于链与链之间，起到稳定化作用。其中一些辉石种类有透辉石$CaMgSi_2O_6$、铁钙辉石$Ca(Fe,Mg)Si_2O_6$和锂辉石$LiAlSi_2O_6$。

闪石结构中出现了另一种链结构［图14.1（f）］。金属离子位于链与链之间，将它们连接在一起，但是一半的硅原子共享两个氧原子，而另一半硅原子共享三个氧原子。透闪石$Ca_2Mg_5Si_8O_{22}(OH)_2$和角闪石$CaNa(Mg,Fe)_4(Al,Fe,Ti)_2Si_6(O,OH)_2$就属于这种结构类型。当多条链通过共享三个氧原子连接在一起时，一种片状结构就形成了，这种结构也称为云母［图14.1（g）］。白云母$KAl_3Si_3O_{10}(OH)_2$和黑云母$K(Mg,Fe)_3Al_3Si_3O_{10}(OH)_2$就属于这类结构。在这些化学式中，金属离子是可以被替换的。例如，如果化学式需要两个Mg^{2+}，它有可能在某些晶格位点被Fe^{2+}占据。这表明化学式中写出的(Mg,Fe)只是表示有两种金属离子，但是它们可以是Mg^{2+}或者Fe^{2+}，因此这个组成是可变的。类似地，一个+3 价的离子如Al^{3+}可以被一个+2 价和一个+1 价的离子取代（如Mg^{2+}和Na^+），所以这种化学式可以写成Al[X]或(Mg,K)[X]，这时依然满足电中性。

硅铝酸盐是硅酸盐中的一种，它的结构中的一些Si^{4+}被Al^{3+}取代了。此类型的一种重要的矿物是高岭土$Al_2Si_2O_5(OH)_4$（也可以写成39.5% Al_2O_3、46.5% SiO_2和14.0% H_2O）。高岭土是一种非常有用的材料，主要用于制造陶器和瓷器的黏土。正长石$KAlSi_3O_8$同样用于制作陶器和某些种类的玻璃。白榴石$KAlSi_2O_6$是肥料中钾的来源。

14.1.5 沸石

被称为沸石的含水矿物［沸石（zeolites）这个词来自于希腊语 zeo（意思是“沸腾”）和 lithos（意思是“石头”）］是在火成岩中形成的次生矿物。沸石是带负电荷的硅铝酸盐，由于有通道穿过其中的缘故，沸石是多孔的结构。尽管天然存在的沸石已经发现了大约 30 种，但是人工制备的沸石数量是这个数字的几倍。沸石的分子通用式是$M_{a/z}[(AlO_2)_a(SiO_2)_b]\cdot xH_2O$，其中 M 是一种带+$z$电荷的阳离子。因为$H_2O$和$SiO_2$是中性的，$AlO_2^-$的电荷数必须与 M 的电荷数平衡。当 M 是+1 价时，AlO_2^-和 M 的数量是相等的。当 M 是+2 价时，AlO_2^-的数量是 M 的两倍。这个a/z∶a的比值就是 M 和AlO_2^-的数量比。一些最常见的天然沸石结构如下：

方沸石	$NaAlSi_2O_6 \cdot H_2O$
钡沸石	$BaAl_2Si_3O_{10} \cdot 4H_2O$
堇青石	$(Mg,Fe)_2Mg_2Al_4Si_5O_{18}$
辉沸石	$(Ca,Na)_3Al_5(Al,Si)Si_{14}O_{40} \cdot 15H_2O$
菱沸石	$(Ca,Na,K)_7Al_{12}(Al,Si)_2Si_{26}O_{80} \cdot 40H_2O$
方钠石	$Na_2Al_2Si_3O_{10} \cdot 2H_2O$

某些沸石具有以钠交换钙的能力，因此它们可以用作软水剂从水中除去 Ca^{2+}。在沸石结构中的 Ca^{2+}达到饱和时，它可以通过在浓 NaCl 溶液中洗涤再生。沸石还能用于制作离子交换树脂，用作分子筛和催化剂。

作为硅酸盐结构的其他种类，沸石结构也是由 SiO_4 或者 AlO_4 的四面体单元组成的。由于 Si 和 Al 的电荷差异，Al^{3+}出现时还必须有一个+1 价的阳离子存在。$Si_6O_{18}^{12-}$ 是很多沸石结构中的基本单元。六个 Si（和/或 Al）离子形成六边形结构，这些六边形如图 14.2（a）所示的那样结合在一起。这种单元也称为方钠石结构，或者β笼子。八个方钠石单元可以如图 14.2（b）所示连在一起，组成立方结构。此结构中的方钠石单元是通过四元环面连接的。这种结构含有通道，这就使它可以用作分子筛。图 14.2（c）表示了一种近似相关的结构，八个方钠石单元通过桥联氧原子连接成一种称为 zeolite-A 的结构。这种结构含有相等数量的 Al^{3+}和 Si^{4+}，其化学式为 $Na_{12}(AlO_2)_{12}(SiO_2)_{12} \cdot 27H_2O$ 或者写成 $Na_{12}Al_{12}Si_{12}O_{48} \cdot 27H_2O$。

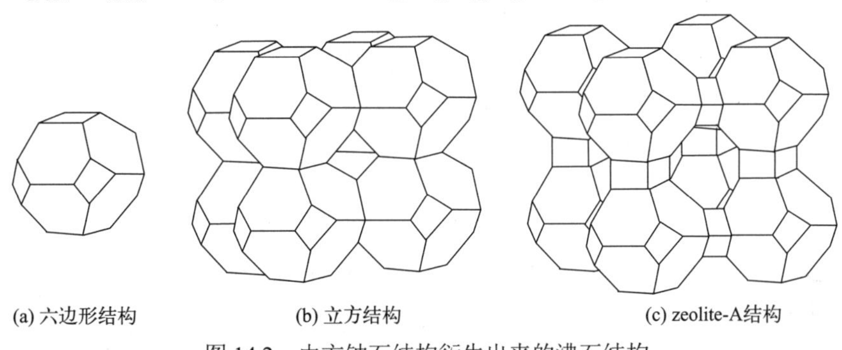

(a) 六边形结构　　(b) 立方结构　　(c) zeolite-A结构

图 14.2　由方钠石结构衍生出来的沸石结构

某些沸石是有用的催化剂，因为它们具有非常大的比表面积，并且某些位点上的氧原子被 OH 基团替换了。这些位点就是一些潜在的质子给体位点，因此它们也被称为布朗斯特位点。一些沸石在裂解碳氢化合物方面是非常高效的催化剂。从矿物学到有机反应，硅酸盐化学都涉及其中。

14.1.6 第ⅣA 族元素的卤化物

第ⅣA 族的元素都能形成二卤化物和四卤化物，还有少数的硅化合物是 E_2X_6 类型的，这是因为硅具有较大的成链倾向。+2 价的卤化物由于其键的性质更趋向于离子型，因此它们的熔点和沸点都比+4 价的卤化物的高。表 14.2 列出了这些化合物的熔点和沸点。

表 14.2　第Ⅳ族元素卤化物的熔点和沸点

化合物		EX_2		EX_4	
		熔点/℃	沸点/℃	熔点/℃	沸点/℃
Si	X=F	分解	—	−90.2	−86 升华
	X=Cl	分解	—	−68.8	57.6
	X=Br	—	—	5.4	153
	X=I	—	—	120.5	287.5

续表

化合物		EX_2		EX_4	
		熔点/℃	沸点/℃	熔点/℃	沸点/℃
Ge	X=F	111	分解	–37 升华	—
	X=Cl	分解	—	–49.5	84
	X=Br	122 分解	—	–26.1	186.5
	X=I	分解	—	144	440 分解
Sn	X=F	704 升华	—	705	–
	X=Cl	246.8	652	–33	114.1
	X=Br	215.5	620	31	202
	X=I	320	717	144	364.5
Pb	X=F	855	1290	—	—
	X=Cl	501	950	–15	105 爆炸
	X=Br	373	916	—	—
	X=I	402	872	—	—

气态的二卤化物是具有一定角度的结构，但固态的二卤化物多数都是卤素原子桥联的配合物结构。EX_4 分子是一个四面体结构，为非极性，在有机溶剂中的溶解度比 EX_2 化合物更大。

EX_4 卤化物是路易斯酸，与卤素离子能形成配合物：

$$SnCl_4 + 2Cl^- \longrightarrow SnCl_6^{2-} \tag{14.37}$$

$$GeF_4 + 2HF(aq) \longrightarrow GeF_6^{2-} + 2H^+(aq) \tag{14.38}$$

酸性更弱的+2 价的卤化物的这种倾向更低。硅和锗的二卤化物是一种含有卤素原子桥联的聚合固体。锡和铅的二卤化物更偏向离子型，尽管它们也存在延展的结构。硅的二卤化物不稳定，容易发生歧化反应：

$$2SiX_2 \longrightarrow Si + SiX_4 \tag{14.39}$$

二卤化硅是链状结构，如下所示：

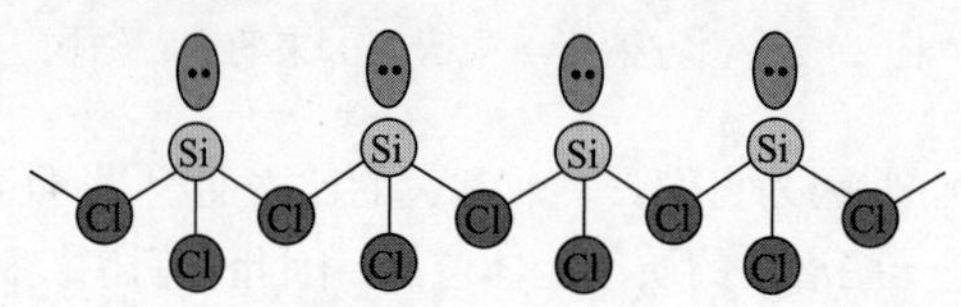

SnX_2 分子中的锡原子周围只有三个电子对，因此它们可作为路易斯酸与卤素离子反应生成配合物：

$$SnX_2 + X^- \longrightarrow SnX_3^- \tag{14.40}$$

这些配合物的结构是金字塔结构，如下所示：

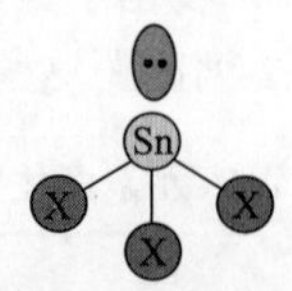

大的阳离子与这些卤化物的阴离子比较匹配，所以根据软硬作用原理，已分离出来的盐包含了像 R_4P^+ 这些离子。由于它带有非共用电子对，SnX_3^- 配合物可作为路易斯碱反应。

$$SnCl_3^- + BCl_3 \longrightarrow Cl_3B:SnCl_3^- \tag{14.41}$$

尽管可以直接通过单质结合而成，但是二卤化锗的制备通常以这个反应进行：

$$Ge + GeX_4 \longrightarrow 2GeX_2 \tag{14.42}$$

二溴化锗通过以下反应制得：

$$Ge + 2HBr \longrightarrow GeBr_2 + H_2 \tag{14.43}$$

$$GeBr_4 + Zn \longrightarrow GeBr_2 + ZnBr_2 \tag{14.44}$$

这是一种不稳定的化合物，当受热时容易发生歧化反应：

$$2GeBr_2 \longrightarrow GeBr_4 + Ge \tag{14.45}$$

锡和铅的二卤化物是离子型金属化合物，它们的性质在这里就不再深入讨论了。

第ⅣA族元素的四卤化物的性质存在着很大的差异。尽管硅化合物是稳定的，但是+4价的铅是一种强氧化剂，可以氧化 Br^- 和 I^-，所以 $PbBr_4$ 和 PbI_4 是极不稳定的化合物。$PbCl_4$ 也不是一种稳定的化合物，受热时会发生爆炸。硅与卤素反应会生成四卤化硅。四氟化硅可与氟离子发生反应生成配合物：

$$SiF_4 + 2F^- \longrightarrow SiF_6^{2-} \tag{14.46}$$

但是氯、溴和碘的化合物都不能发生这个反应，这或许是因为硅周围的大的阴离子的排斥作用导致的。第ⅣA族的更重的元素会形成六卤化物。四卤化物是路易斯酸，可以与很多电子对给体形成配合物。

锗和溴在加热时会生成四溴化锗。

$$Ge + 2Br_2(g) \xrightarrow{220℃} GeBr_4 \tag{14.47}$$

第ⅣA族元素的四卤化物的水解可以生成氧化物、氢氧化物、水合氧化物或者是以上产物的混合物［EO_2、$E(OH)_4$ 和 $EO_2 \cdot 2H_2O$］。以下反应就是一个典型的反应：

$$GeF_4 + 4H_2O \longrightarrow GeO_2 \cdot 2H_2O + 4HF \tag{14.48}$$

$$SnCl_4 + 4H_2O \longrightarrow Sn(OH)_4 + 4HCl \tag{14.49}$$

对于硅而言，它的成链倾向性导致其卤化物可以制备出化学式为 Si_2X_6 的化合物。其氯化物可通过以下反应制备：

$$3SiCl_4 + Si \longrightarrow 2Si_2Cl_6 \tag{14.50}$$

14.1.7 有机化合物

第ⅣA族元素有大量的有机化学内容，并且已经有大量的书致力于这个主题。所以这里我们只是介绍一些比较常见的结构和反应类型。通常这里列出的反应类型都是为了说明这个主族的其他有机化合物和其他元素表现出来的性质特点。

第ⅣA族元素制备有机衍生物的最常见的反应类型之一就是利用格氏试剂转移烷基。$SnCl_4$ 的烷基化反应表示如下：

$$SnCl_4 + RMgX \longrightarrow RSnCl_3 + MgClX \tag{14.51}$$

使用恰当比例的格氏试剂可以使烷基化过程一步步进行，直到产物是 R_4Sn。烷基化过程也可以通过烷基锂实现。

$$GeCl_4 + 4LiR \longrightarrow R_4Ge + 4LiCl \tag{14.52}$$

四烷基锡与卤素反应可以得到混合的烷基卤化物。

$$R_4Sn + X_2 \longrightarrow R_3SnX + RX \tag{14.53}$$

亚硫酰氯是一种优良的氯化试剂，它与 R_4Sn 的反应方程式如下：

$$R_4Sn + 2SO_2Cl_2 \longrightarrow R_2SnCl_2 + 2SO_2 + 2RCl \tag{14.54}$$

R_4Sn 和 SnX_4 可发生置换反应生成混合的烷基卤化物。

$$R_4Sn + SnX_4 \longrightarrow RSnX_3, R_2SnX_2, R_3SnX \tag{14.55}$$

就像很多有机反应一样，金属钠与 R_3SnX 可发生偶联反应：

$$2R_3SnX + 2Na \longrightarrow R_3Sn-SnR_3 + 2NaX \tag{14.56}$$

高温时，硅与 HCl 反应生成一种很有用的中间体 $HSiCl_3$。

$$Si + 3HCl \longrightarrow HSiCl_3 + H_2 \tag{14.57}$$

$HSiCl_3$ 和 $HGeCl_3$ 都可以发生被称为施派尔（Speier）反应的双键加成反应。这个反应表示如下：

$$HSiCl_3 + CH_3CH=CH_2 \longrightarrow CH_3CH_2CH_2SiCl_3 \tag{14.58}$$

$$HGeCl_3 + CH_2=CH_2 \longrightarrow CH_3CH_2GeCl_3 \tag{14.59}$$

未完全烷基化的衍生物会发生水解，并且能与大量有机化合物反应。这些产物对于合成大量衍生物而言是一些极其有用的试剂。以下反应说明了这种化学反应类型：

$$R_2SnCl_2 + 2H_2O \longrightarrow R_2Sn(OH)_2 + 2HCl \tag{14.60}$$

$$R_2Sn(OH)_2 + 2R'COOH \longrightarrow R_2Sn(OOCR')_2 + 2H_2O \tag{14.61}$$

$$R_2Sn(OH)_2 + 2R'OH \longrightarrow R_2Sn(OR')_2 + 2H_2O \tag{14.62}$$

烷基氢化锡可通过氢化锂铝与对应的卤化物反应生成。

$$4RSnX_3 + 3LiAlH_4 \longrightarrow 4RSnH_3 + 3LiX + 3AlX_3 \tag{14.63}$$

通过这一系列反应类型，第ⅣA 族元素的有机化学就成为了无机和有机化学的联系区域。

锡化学的另一个方面需要提及一下，这就是含有 Sn—Sn 键的不寻常环状锡化合物的制备。这些有趣的化合物中就包含了一种三元环化合物 $(R_2Sn)_3$，其制备方程式如下所示：

$$6RLi + 3SnCl_2 \xrightarrow{THF} (R_2Sn)_3 + 6LiCl \tag{14.64}$$

锡化学的这种特质已经拓展出了很多新的化合物，其中最不寻常的化合物之一就是 Sn_6H_{10}，结构如下：

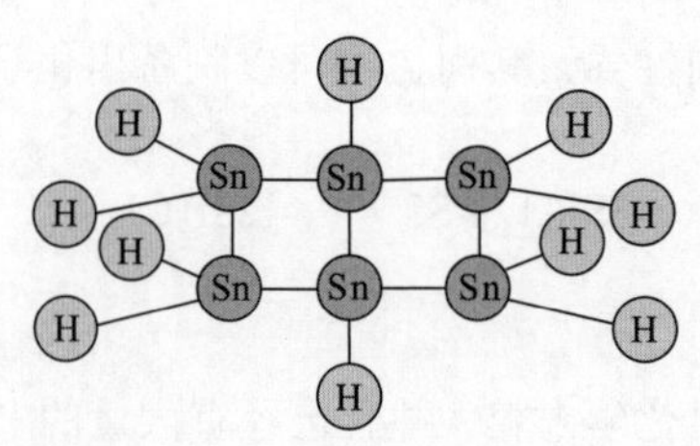

即使铅的有机化学并没有被提及，但是它已经在商业上应用多年了。尽管四乙基铅已经不再用作汽油添加剂，但是当时的使用量达到大约 $25000t \cdot a^{-1}$。

铅的有机化学在此就不再详细描述了，但是以下的反应可以制备铅的有机化合物：

$$4R_3Al + 6PbX_2 \longrightarrow 3R_4Pb + 3Pb + 4AlX_3 \tag{14.65}$$

$$Pb + 4Li + 4C_6H_5Br \longrightarrow (C_6H_5)_4Pb + 4LiBr \tag{14.66}$$

$$2PbCl_2 + 2(C_2H_5)_2Zn \longrightarrow (C_2H_5)_4Pb + 2ZnCl_2 + Pb \tag{14.67}$$

$$2RLi + PbX_2 \longrightarrow PbR_2 + 2LiX \tag{14.68}$$

就像第ⅣA 族的其他元素一样，铅的混合烷基卤化物和芳香基卤化物也是已知的，它们与水、醇、胺等的反应都可用于制备大量衍生物。

14.1.8 其他化合物

除了到目前为止讨论的化合物之外，第ⅣA 族的元素还可以形成其他几种有趣的化合物。硅具有较强的非金属性，所以它可以与一些金属反应生成二元硅化物。其中一些化合物被认为是硅和金属的合金，例如化学式为 Mo_3Si 和 $TiSi_2$ 的化合物。Si_2^{2-} 中的 Si—Si 键长与元素单质中的键长是一样的，同时它的结构也是金刚石结构。碳化钙中含有 C_2^{2-}，是一个炔烃化物，因此硅化物也与之类似。

碳化硅 SiC（或称为金刚砂）具有金刚石结构，广泛用于砂轮中的磨蚀剂。这是通过粉碎 SiC 后加入黏土，一起在模具中高温加热成形的。碳化硅可通过以下反应制备：

$$3C + SiO_2 \xrightarrow{1950℃} SiC + 2CO \quad (14.69)$$

在电炉中加热硅和氮气可以生成氮化硅 Si_3N_4。

$$3Si(g) + 2N_2(g) \longrightarrow Si_3N_4 \quad (14.70)$$

氮化锗 Ge_3N_2 是从碘化锗与氨反应得到的亚胺化物 GeNH 制备得来的。

$$GeI_2 + 3NH_3 \longrightarrow GeNH + 2NH_4I \quad (14.71)$$

$$3GeNH \xrightarrow[\text{真空}]{300℃} NH_3 + Ge_3N_2 \quad (14.72)$$

铅是在硫化物中被发现的，但是同主族的其他元素也能与硫形成化合物。尽管 PbS 具有氯化钠晶体结构，具有经验化学式 SiS_2 的硫化硅是一条链结构，结构中的硅原子与四个硫原子成键，结构如下：

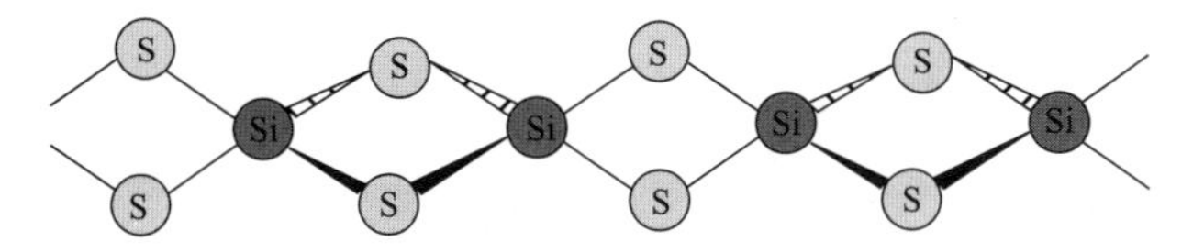

我们还知道有两个锗的硫化物，它们可通过以下反应制备：

$$GeCl_4 + 2H_2S \longrightarrow GeS_2 + 4HCl \quad (14.73)$$

$$GeS_2 + Ge \longrightarrow 2GeS \quad (14.74)$$

锡酸盐可以通过以下反应先在碱性溶液中制备出锡的羟基化合物：

$$SnO + OH^- + H_2O \longrightarrow Sn(OH)_3^- \quad (14.75)$$

这个 $Sn(OH)_3^-$足够稳定，可以形成含有此离子的固态化合物。在+4 价时，$Sn(OH)_6^{2-}$ 就会形成，但形成固体化合物时，此离子会发生脱水而生成锡酸盐。

$$K_2Sn(OH)_6 \longrightarrow K_2SnO_3 + 3H_2O \quad (14.76)$$

硅与卤代烷烃在高温时反应生成二烷基二氯硅烷。

$$Si + 2CH_3Cl \xrightarrow{300℃} (CH_3)_2SiCl_2 \quad (14.77)$$

Si—Cl 键将会像卤素与非金属形成的共价键一样发生典型的反应，其中一种反应类型如下：

$$nH_2O + n(CH_3)_2SiCl_2 \longrightarrow [(CH_3)_2SiO—]_n + 2nHCl \quad (14.78)$$

如果 $n = 3$，那么将会形成环状化合物，其结构如下：

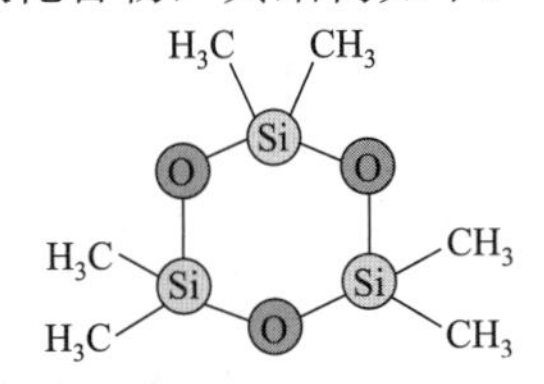

当式（14.78）的反应发生在稀硫酸溶液中时，得到的反应产物是含有氧桥联的直线形聚合物，结构如下：

当这种链之间通过氧原子桥联起来之后，生成的聚合物称为聚硅氧烷，是具有多种用途的合成油。

14.2 氮

氮是在 1772 年被发现的，它是一种如此多用途的元素，以至于许多著作都在致力于氮化学的研究。它占据了 78%的空气，同样它也存在于一些天然材料之中，例如硝酸盐、氨基酸等。

14.2.1 氮元素

氮元素以非常稳定的双原子分子的形式存在。它只有两种同位素，分别是 ^{14}N（99.635%）和 ^{15}N。鉴于只有极少几个奇-奇核是稳定的事实，以 ^{14}N 为主要存在形式是有点不寻常的。N_2 分子因为形成了强的三键（945kJ·mol^{-1}）将原子结合在一起，导致其键长只有 110pm（1.10Å），分子尺寸小。这种非常强和稳定的键（力常数为 22.4mdyn·$Å^{-1}$）是某些氮化合物具有爆炸性的部分原因。图 3.8 表示的就是 N_2 的分子轨道能级图，这表明这种极其稳定的分子的键级是 3。

事实上大气中含有 78%的氮气也表明，这种元素其实并不是非常活泼的。氮是一种非金属元素，电负性为 3.0 这个事实又让我们很惊讶，但是前面提到氮气具有强的 N≡N 键，意味着对于这种元素的多数反应都是没有低能量方式的。

空气可被液化，而液氮的沸点是–195.8℃，液氧的沸点是–183℃，所以氮气先蒸发。实验室制备氮气的方法之一是叠氮化钠的分解：

$$3NaN_3 \xrightarrow{\text{加热}} Na_3N + 4N_2 \tag{14.79}$$

氮气也可以通过亚硝酸铵的小心分解制得：

$$NH_4NO_2 \xrightarrow{\text{加热}} N_2 + 2H_2O \tag{14.80}$$

如果磷在密闭容器中燃烧，它可以与氧气结合，剩下不纯的氮气。空气中的氧气也可以使用焦酚除去，剩下氮气。

14.2.2 氮化物

高温时，一些金属可以与空气中的氮气反应生成金属氮化物，例如：

$$3Mg + N_2 \longrightarrow Mg_3N_2 \tag{14.81}$$

根据金属元素的类型，氮化物也像氢化物、碳化物和硼化物一样分为离子型、共价型和间充型。我们已知道氮化硼具有金刚石或者石墨的结构（这些材料在第 13 章已讨论过）。由于 N_2 并不是非常活泼，所以已知的含有氮和其他元素的多数二元化合物都不能通过元素的直接结合制备得到。如果氮与其他元素的电负性差值在 1.6 或更大时，形成的化合物将表现出离子性，那么这些化合物就可以上面的化学方程式直接结合制得。

氢氧化物分解得到氧化物，类似地，加热氨化物也能生成氮化物，化学方程式如下：

$$3Ba(NH_2)_2 \xrightarrow{\text{加热}} Ba_3N_2 + 4NH_3 \tag{14.82}$$

含有 N^{3-}的化合物是一种极强碱，几乎可以与任何质子给体反应生成 NH_3。例如：

$$Mg_3N_2 + 6H_2O \longrightarrow 3Mg(OH)_2 + 2NH_3 \tag{14.83}$$

非金属“氮化物”大量存在。由于称之为氮化物，这就意味着结合的其他元素的电负性是比氮的要低。因此，NO_2、NF_3、N_2F_2 等都不能称为氮化物，因为其他元素是比氮的电负性要高。剩下的大量化合物是共价型氮化物，例如 HN_3、S_4N_4、$(CN)_2$ 等。这些化合物的化学性质是十分不同的，我们在后面也会提到，制备它们的方法也有很大不同。

由过渡金属和氮组成的化合物可通过金属在 N_2 或 NH_3 中高温加热制备。氮原子填充在金属晶体的间隙之中，因此这类“化合物”的组成通常偏离确定的化学计量比。相反，其组成取决于反应的温度和压力。正如间充型氢化物那样，在间隙位置上放入氮原子可以预料到金属的性质会发生特定的变化。例如，这种材料将会是硬、脆、高熔点、具有金属光泽的固体。某些这种类型的金属氮化物在制作切割工具和钻头方面十分重要。

14.2.3 氨和水的化合物

氨和水具有很多相似之处（见第 10 章）。它们都能作为质子给体或者质子受体，能取代烃基上的氢原子生成含有—OH 和—NH_2 基团的有机化合物。表 14.3 列出了一些氨和水的衍生物。

表 14.3 氨和水系列化合物

氨系列	水系列
NH_4^+	H_3O^+
NH_3	H_2O
NH_2^-	OH^-
NH^{2-}	O^{2-}
N^{3-}	—
$H_2N—NH_2$	HO—OH
RNH_2	ROH
RNHR	ROR
R_3N	—
HN═NH	—
NH_2OH	—

14.2.4 氢化合物

氨的产量是巨大的，它是到目前为止氮和氢最常见也是最重要的化合物。每年大约有 300 亿磅（lb[1]）的 NH_3 被消耗，其中一大部分是用于肥料或者硝酸的制备。氨通过哈伯法（Haber Process）制备，化学方程式表示如下：

$$N_2+3H_2 \xrightarrow[\text{催化剂}]{300\text{atm},450℃} 2NH_3 \quad (14.84)$$

虽然这个反应在高温下反应更快，但是 NH_3 的生成热是–46kJ・mol^{-1}，因此高温时 NH_3 的稳定性降低。在煤高温转化成焦炭过程中，含氮的有机物的分解也会产生氨气。

对于少量的氨气制备，一种简便的方法就是将铵盐与强碱一起加热：

$$(NH_4)_2SO_4+2NaOH \longrightarrow Na_2SO_4+2H_2O+2NH_3 \quad (14.85)$$

在前面的章节中提到，几种非金属氢化物可以通过往非金属的金属二元化合物中加水获得。那么对于制备氨气，Na_3N 由于能与水反应，所以是一种适合的起始原料：

$$Na_3N+3H_2O \longrightarrow 3NaOH+NH_3 \quad (14.86)$$

氨气是一种无色且有特殊气味的气体（熔点–77.8℃，沸点–33.35℃）。由于 N—H 键是极性键，在液态和固态中存在大量的氢键。尽管为了方便我们经常把氨水写成 NH_4OH，但这并不意味着它是个稳定的分子。氨在水中极其稳定，只有微量的电离（$K_b=1.8\times10^{-5}$）：

$$NH_3 + H_2O \rightleftharpoons NH_4^+ + OH^- \quad (14.87)$$

[1] 1lb=0.45359237kg。

氨也可作为质子给体与强的布朗斯特碱如氧离子反应：

$$NH_3 + O^{2-} \longrightarrow NH_2^- + OH^- \quad (14.88)$$

液氨作为非水溶剂的使用具有大量的化学应用（见第 10 章）。由于它的介电常数为 22，偶极矩为 1.46D，因此能溶解很多离子型和极性物质。但是，物质在氨溶剂中的反应与水溶剂里的反应经常是不一样的，这是因为物质在两者中的溶解度不同。例如，在水中，因为 AgCl 不溶，所以以下反应可以发生：

$$BaCl_2 + 2AgNO_3 \longrightarrow 2AgCl(s) + Ba(NO_3)_2 \quad (14.89)$$

但在液氨中，AgCl 是可溶的，而 $BaCl_2$ 是不溶的，所以以下反应将发生：

$$Ba(NO_3)_2 + 2AgCl \longrightarrow BaCl_2(s) + 2AgNO_3 \quad (14.90)$$

水和液氨的差异之一还包括第ⅠA 族金属的反应性差别。例如，钾与水会发生剧烈的反应：

$$2K + 2H_2O \longrightarrow H_2 + 2KOH \quad (14.91)$$

但类似的反应在液氨中却十分缓慢地发生：

$$2K + 2NH_3 \longrightarrow 2KNH_2 + H_2 \quad (14.92)$$

由于 NH_2^-比 OH^-的碱性更强，所以某些需要在强碱溶液中发生的反应在液氨中比在水中的反应更好（见第 10 章）。

铵盐是一类重要且有用的化合物。其中很多化合物的结构与钾、铷化合物的相同，因为这些离子的半径大小相似（K^+为 133pm，Rb^+为 148pm，NH_4^+为 148pm）。硝酸铵大量用于制作肥料，它同时含有氧化性离子 NO_3^- 和还原性离子 NH_4^+，因此它也是一种高能量的爆炸物。将它在 200℃以下小心加热，其会分解生成 N_2O：

$$NH_4NO_3 \xrightarrow{170\sim220℃} N_2O + 2H_2O \quad (14.93)$$

氨也是制备硝酸的起始原料，第一步就是通过奥斯特瓦尔德法（Ostwald process）氧化氨：

$$4NH_3 + 5O_2 \xrightarrow{Pt} 4NO + 6H_2O \quad (14.94)$$

联氨的结构是 $H_2N—NH_2$，可以理解成过氧化氢 HO—OH 的氮类似物。尽管联氨不稳定（生成热为 50kJ·mol⁻¹），但是它可作为二元弱碱参与反应（K_{b1}=8.5×10⁻⁷，K_{b2}=8.9×10⁻¹⁶）。联氨容易被氧化，并且与强氧化剂剧烈反应，例如：

$$N_2H_4+O_2 \longrightarrow N_2+2H_2O \quad (14.95)$$

联氨、甲基联氨和不对称的二甲基联氨$(CH_3)_2N—NH_2$与氧化剂液态 N_2O_4 一起被用作火箭燃料。联氨分子（μ=1.75D）的结构如下：

$N_2H_5^+$中的 N—N 键变短，这是因为非共用电子对连接 H^+之后可以有效地降低两对非共用电子对的排斥作用。

联氨可通过拉西法（Raschig process）制备，这里面的第一步就是氯胺 NH_2Cl 的制备。这种方法可以用下列化学方程式概括：

$$NH_3+NaOCl \xrightarrow{明胶} NaOH+NH_2Cl \quad (14.96)$$

$$NH_2Cl + NH_3 + NaOH \longrightarrow N_2H_4 + NaCl + H_2O \quad (14.97)$$

但是，在这个过程中会伴有另一个竞争反应：

$$2NH_2Cl + N_2H_4 \longrightarrow 2NH_4Cl + N_2 \quad (14.98)$$

这个反应可被少量的金属离子催化，所以一般会加入明胶来使这种可能性降到最低。联氨有时在银镜反应中用作还原剂。

另一种含氮和氢的化合物是二亚胺 N_2H_2，结构为 HN═NH。这个化合物可分解生成 N_2 和 H_2，但我们认为它在某些反应中是一种转瞬即逝的物质。以下反应归纳了一些制备二亚胺的方法：

$$H_2NCl + OH^- \longrightarrow HNCl^- + H_2O \tag{14.99}$$

$$HNCl^- + H_2NCl \longrightarrow Cl^- + HCl + HN{=}NH \tag{14.100}$$

叠氮化氢（叠氮酸）是一种易挥发的化合物（熔点–80℃，沸点 37℃），并且是弱酸，$K_a = 1.8\times10^{-5}$。它是危险易爆的（含有 98%的氮），也是剧毒的。一般来说，共价型叠氮化物或者那些大体上共价型叠氮化物都是易爆的。像 $Pb(N_3)_2$ 和 AgN_3 这样的叠氮化物还对震动敏感，所以它们还被用作起爆器（雷管）。相反，离子型叠氮化物是稳定的，加热时只会缓慢分解：

$$2NaN_3 \xrightarrow{300℃} 2Na + 3N_2 \tag{14.101}$$

离子型和共价型叠氮化物的稳定性区别有时可以通过其结构共振来解释。叠氮离子 N_3^- 有三种共振结构：

$$\overset{\ominus}{\underline{\bar{N}}}{=}\overset{\oplus}{N}{=}\overset{\ominus}{\underline{\bar{N}}} \longleftrightarrow |\overset{0}{N}{\equiv}\overset{\oplus}{N}{-}\overset{-2}{\underline{\bar{N}}}| \longleftrightarrow |\overset{-2}{\underline{\bar{N}}}{-}\overset{\oplus}{N}{\equiv}\overset{0}{N}|$$

Ⅰ　　　　Ⅱ　　　　Ⅲ

结构Ⅰ是三种结构中最重要的一种。共价型叠氮化物如 HN_3（偶极矩为 1.70D）的共振结构表示如下：

$$\text{H}{-}\overset{\ominus}{N}{-}\overset{\oplus}{N}{\equiv}\overset{0}{N}| \longleftrightarrow \text{H}{-}\overset{0}{N}{=}\overset{\oplus}{N}{=}\overset{\ominus}{\underline{\bar{N}}} \longleftrightarrow \text{H}{-}\overset{\oplus}{N}{\equiv}\overset{\oplus}{N}{-}\overset{-2}{\underline{\bar{N}}}|$$

Ⅰ　　　　Ⅱ　　　　Ⅲ

结构Ⅲ实质上是不会出现的，因为在邻近的原子上存在正的形式电荷，并且还有一个更高的形式电荷存在是不可取的。在 HN_3 分子中，键长如下所示：

$$\text{H}{-}N_A \overset{124\text{pm}}{-} N_B \overset{113\text{pm}}{-} N_C \quad (\angle \text{H}N_AN_B = 109°)$$

氮原子之间的键长通常是：N—N，145pm；N═N，125pm；N≡N，110pm。因为 HN_3 的结构Ⅰ在 N_A 和 N_B 中表现的是单键，结构Ⅱ是双键，那么实际的键长应该在两者之间（125pm 和 145pm）才是对的，但是实际的键长却与双键的键长基本一样，这就表明结构Ⅰ和Ⅱ的贡献并不是均等的，而是结构Ⅱ更重要。由于 HN_3 分子偶极矩是 1.70D，而 H—N 键的偶极矩只有 1.33D，所以这说明 N_C 上带有负电荷的结构Ⅱ是主要的。因此，这表明对 HN_3 真实结构有重要影响的只有一种共振结构，而在 N_3^- 结构中三种共振结构都有贡献。大致得出的结论是参与贡献的共振结构数越多，物质（能量越低）越稳定，离子型的叠氮化物比共价型的叠氮化物更稳定。这种分析还是过于简单化的，因为 N_B 和 N_C 之间的距离与结构Ⅰ中预料的三键的距离非常接近。

一些叠氮化物是有用的，而叠氮化钠可通过以下反应制备：

$$3NaNH_2 + NaNO_3 \xrightarrow{175℃} NaN_3 + 3NaOH + NH_3 \tag{14.102}$$

$$2NaNH_2 + N_2O \longrightarrow NaN_3 + NaOH + NH_3 \tag{14.103}$$

当亚硝酸溶液与肼盐反应时可以得到叠氮酸的溶液：

$$N_2H_5^+ + HNO_2 \longrightarrow HN_3 + H^+ + 2H_2O \tag{14.104}$$

配位化学涉及大量的关于叠氮离子作为配体的研究。像 CN^- 一样，叠氮离子也是一种类卤素离子，这意味着它可与银盐形成不溶于水的物质；存在 H—X 酸；X—X 是挥发性的；它也可与其他的类卤素离子结合形成 X—X′。尽管类卤素 $(CN)_2$ 可从 CN^- 的氧化获得：

$$2CN^- \longrightarrow (CN)_2 + 2e^- \qquad (14.105)$$

但是 N_3—N_3 还是未知物。由于 N_2 具有极高稳定性，氮的同素异形体$(N_3)_2$ 被认为是一种极不稳定的物质。然而，一些卤素叠氮化物是已知的（ClN_3、BrN_3 和 IN_3）。叠氮化氯是一种有毒的挥发性化合物，可由 OCl^-和 N_3^-反应制得。其他的叠氮化物如含有—SO_2—基团的化合物也是已知的。其中的两种是 FSO_2N_3 和 $O_2S(N_3)_2$，后者的结构如下：

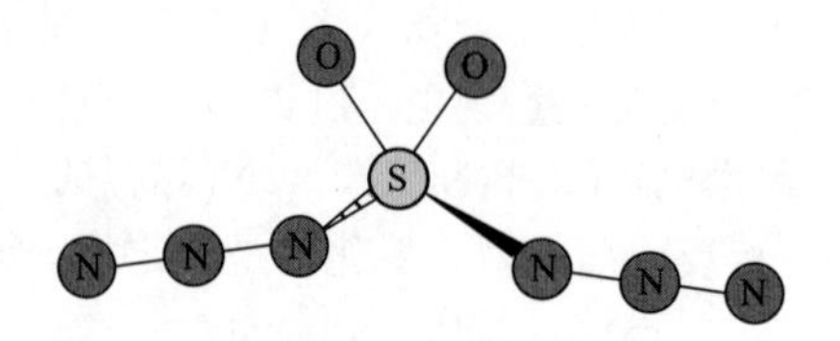

正如所料，这个化合物是危险的爆炸物。

14.2.5 卤化氮

卤化氮有一个通式 NX_3，但与磷的情况不同，氮的五价化合物 NX_5 是不稳定的。一些混合的卤化物已被研究，例如 NF_2Cl。这些化合物也能形成 N_2F_4 和 N_2F_2（这个将在后面讨论），是与肼和二亚胺类似的氟化物。除了 NF_3（沸点–129℃）之外，这些化合物都是易爆的，并且用途极少。

NF_3 的生成热是–109kJ·mol^{-1}，是一种稳定的化合物，并不像其他多数非金属卤化物一样易发生水解，如三氯化氮：

$$NCl_3 + 3H_2O \longrightarrow NH_3 + 3HOCl \qquad (14.106)$$

在这个反应里，三氯化氮中的氮原子表现得好像具有负的氧化态。可能存在争议的是，因为氮和氟原子的电负性差值在 1.0 左右，NF_3 并不是典型的共价卤化物。氮和氯原子的电负性基本相同，所以 NCl_3 就像是共价化合物一样反应，其生成热为 232kJ·mol^{-1}，易剧烈爆炸。

三氟化氮是一种具有有趣化学性质的化合物。由于 HF_2^- 具有较高稳定性，氟化铵与 HF 反应生成 $NH_4F·HF$，这是一种离子型化合物，可写成 $NH_4^+HF_2^-$。当化合物在熔融态电解时，会生成 NF_3，尽管氟与氮气会发生反应生成多种产物，例如 NF_3、N_2F_4、N_2F_2 和 NHF_2。有趣的是，NH_3 的分子极性（μ=1.47D）比 NF_3 的分子极性（μ=0.24D）要大。分析二者的分子结构发现，NF_3 的键矩之和的方向与氮原子上的孤对电子的方向是相反的，而 NH_3 上的方向是相同的。

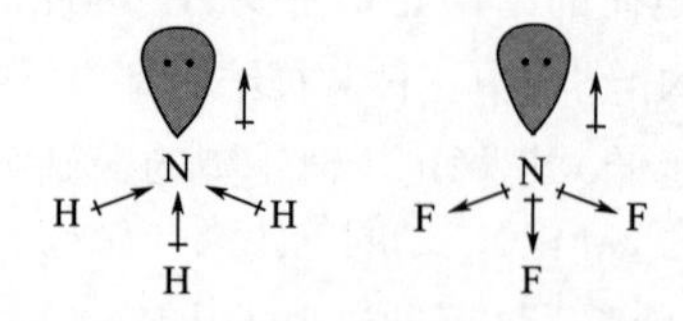

因此，非共用的电子对在 NH_3 分子中对键矩起到了增强的作用，而在 NF_3 分子中却起了削弱的作用。正因为氟原子把非共用电子对往氮原子方向拉，所以 NF_3 几乎不倾向于作为碱参与反应。

四氟化二氮 N_2F_4（沸点–73℃）可通过 NF_3 与铜反应制得。N_2F_4 分子在气态时会分解成为·NF_2 自由基。

$$N_2F_4 \longrightarrow 2 \cdot NF_2 \qquad \Delta H = 84kJ \cdot mol^{-1} \qquad (14.107)$$

二氟化二氮或称二氟二嗪有两种可能的结构，表示如下：

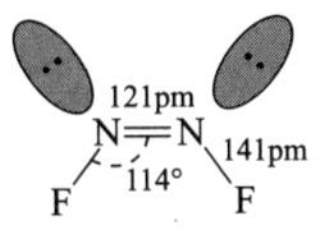

Z 或顺, C_{2v}

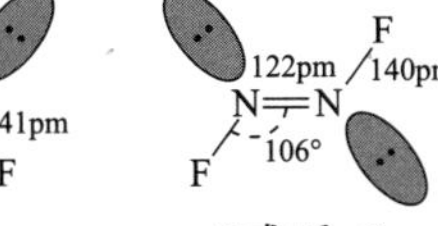

E 或反, C_{2h}

N_2F_2 的 *Z* 型（顺式）结构的反应活性比 *E* 型（反式）结构的大得多，所以 *Z* 型结构会缓慢地与玻璃反应生成 SiF_4。由于其反应活性，很多化合物都能被 Z-N_2F_2 以以下方程式进行氟化：

$$N_2F_2 + SO_2 \longrightarrow SO_2F_2 + N_2 \tag{14.108}$$

$$N_2F_2 + SF_4 \longrightarrow SF_6 + N_2 \tag{14.109}$$

在与强的路易斯酸如具有氟离子亲和力的路易斯酸反应时，N_2F_2 失去一个氟离子，生成 N_2F^+：

$$N_2F_2 + SbF_5 \longrightarrow N_2F^+SbF_6^- \tag{14.110}$$

同样也可能制备出系列具有 NH_nX_{3-n} 通式的化合物来，但是只有氯胺 $ClNH_2$ 和 HNF_2 被很好地表征出来了。

14.2.6 卤氧化物

一些气态的氮的卤氧化物是已知的，包括 XNO（卤化亚硝鎓或卤化亚硝酰，X=F，Cl，Br）和 XNO_2（卤化硝酰，X=F，Cl）。亚硝酰卤可由卤素和 NO 反应制备：

$$2NO + X_2 \longrightarrow 2XNO \tag{14.111}$$

氯化硝酰则通过以下反应制得：

$$ClSO_3H + HNO_3(\text{无水}) \longrightarrow ClNO_2 + H_2SO_4 \tag{14.112}$$

14.2.7 氧化氮

氮的氧化物和其性质在表 14.4 中已经详细列出。一氧化二氮（熔点–91℃，沸点–88℃）是一个 16 电子的三原子分子，具有直线形结构。它有三种共振结构，表示如下：

$$\overset{\ominus}{\bar{N}}=\overset{\oplus}{N}=\overset{0}{\bar{O}} \longleftrightarrow |\overset{0}{N}\equiv\overset{\oplus}{N}-\overset{\ominus}{\bar{O}}| \longleftrightarrow |\overset{-2}{\bar{N}}-\overset{\oplus}{N}\equiv\overset{\oplus}{O}|$$

I　　　　II　　　　III

表 14.4　氮的氧化物

化学式	名称	性质
N_2O	氧化二氮	无色气体，弱氧化剂
NO	一氧化氮	无色气体，顺磁性
N_2O_3	三氧化二氮	蓝色固体，气态时解离
NO_2	二氧化氮	棕色气体，平衡混合物
N_2O_4	四氧化二氮	无色气体
N_2O_5	五氧化二氮	固体时为 $NO_2^+NO_3^-$，不稳定的气体

在 4.2 节中，基于分子结构表现出的键长和偶极矩分析表明，结构 I 和 II 对于实际结构的贡献是相等的。一氧化二氮作为氧化剂可以与 H_2 发生爆炸性的反应：

$$N_2O + H_2 \longrightarrow N_2 + H_2O \tag{14.113}$$

并且它可以氧化金属。例如，镁在 N_2O 中可以燃烧：

$$Mg + N_2O \longrightarrow N_2 + MgO \tag{14.114}$$

乙炔与 N_2O 的混合物是易燃的，所以它们被用于焊接操作：

$$5N_2O + C_2H_2 \longrightarrow 2CO_2 + 5N_2 + H_2O \tag{14.115}$$

一氧化二氮在水中相对可溶，它被用于罐装生奶油的推进气，也被用作麻醉剂（笑气）。

一氧化氮（熔点–163ºC，沸点–152℃）是一种重要的化合物，因为它是亚硝酸的前驱体，它可通过奥斯特瓦尔德法制备：

$$4NH_3+5O_2 \xrightarrow{Pt} 4NO+6H_2O \tag{14.116}$$

在实验室中可通过以下反应制备得到：

$$3Cu+8HNO_3(稀) \longrightarrow 3Cu(NO_3)_2+2NO+4H_2O \tag{14.117}$$

$$6NaNO_2+3H_2SO_4 \longrightarrow 4NO+2H_2O+2HNO_3+3Na_2SO_4 \tag{14.118}$$

NO 分子的成键为解释分子的几种性质提供了基础。从分子轨道图（图 3.9）可以看出，在一条π*轨道上有一个单电子。具有单电子的分子通常是二聚的，但与 NO_2 不一样，NO 在气态时并不发生二聚。从分子轨道图中可看出，NO 的键级是 2.5，如果去掉一个电子，那么这个电子就是来自于π*轨道，NO^+的键级变为 3。NO 的电离势是 9.2eV（$88kJ \cdot mol^{-1}$），因此它很容易就失去一个电子生成与 N_2、CN^-和 CO 等电子体的 NO^+。NO^+是一个良配体，很多配合物都含有这种配体（见第 16 章和第 21 章）。它作为一个三电子给体与金属结合，其中一个电子提供给金属，另外两个电子形成配位键。

卤素与 NO 反应生成亚硝酰卤 XNO：

$$2NO+X_2 \longrightarrow 2XNO \tag{14.119}$$

并且 NO 很容易通过以下化学方程式被氧化：

$$2NO+O_2 \longrightarrow 2NO_2 \tag{14.120}$$

这个反应是 NH_3 制备 HNO_3 的其中一步反应。如前所述，NO 不发生二聚是一个不寻常的情况，从分子轨道图中得出，NO 的键级为 2.5。如果它发生二聚时，其结构表示如下：

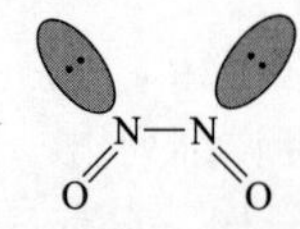

这个结构总共包含了五条化学键，每个 NO 分子平均 2.5 条键。因此，二聚体的键数目对于单独的 NO 分子而言并没有净增长，这就导致了没有足够的能量优势使得 NO 分子二聚。NO 的熔点为–164℃，沸点为–152℃。这个低沸点和窄的液态范围（约 12℃）意味着分子间的作用力非常弱。其路易斯结构表示如下：

$$\overset{0}{\underset{\cdot}{\bar{N}}}=\overset{0}{\underline{\bar{O}}}$$

这个结构显示分子基本是非极性的（μ=0.159D），由于它的分子量很低，它的窄的液态范围与 N_2 的非常接近（熔点–210℃，沸点–196℃）。

在一些情况下，N_2O_3（熔点–101℃）可认为是 NO 和 NO_2 的 1∶1 的混合物。在气态时，它会分解为 NO 和 NO_2：

$$N_2O_3 \longrightarrow NO+NO_2 \tag{14.121}$$

在–20℃到–30℃，此反应的逆反应可用于制备 N_2O_3。N_2O_3 的两种结构形式表示如下：

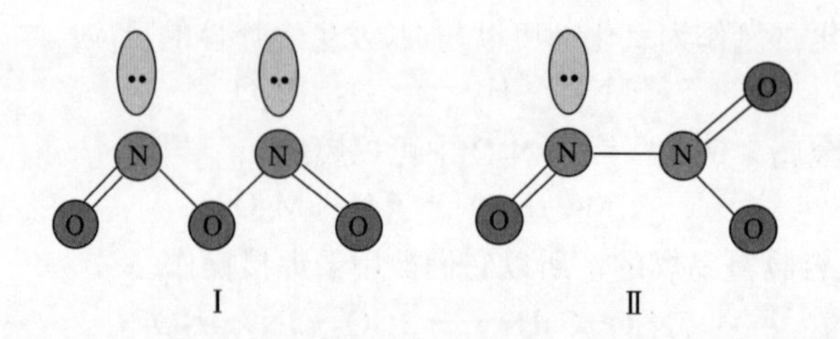

其主要的形式是结构Ⅱ，这种氧化物与水反应生成亚硝酸溶液：

$$H_2O+N_2O_3 \longrightarrow 2HNO_2 \tag{14.122}$$

当N_2O_3与强酸如$HClO_4$反应时会生成一种含有NO^+的化合物：

$$N_2O_3+3HClO_4 \longrightarrow 2NO^+ClO_4^-+H_3O^++ClO_4^- \tag{14.123}$$

NO_2分子的键角为134°，与NO不同，它大量地发生二聚：

$$\underset{\text{棕色}}{2NO_2} \rightleftharpoons \underset{\text{淡黄色}}{N_2O_4} \tag{14.124}$$

在135℃，混合物里只含有1%的N_2O_4，但是在25℃时，却含有80%的N_2O_4。N_2O_4的结构表示如下：

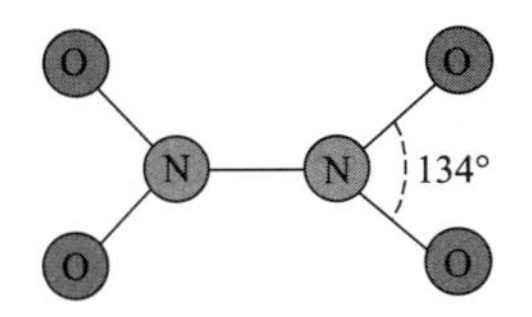

同时$NO^+NO_3^-$、$ONONO_2$等的结构也被确认了。上面的这个结构中的N—N键很长（约175pm），而N_2H_4中的这个键只有147pm。

二氧化氮是一种有毒气体，通过NO的氧化制得：

$$2NO+O_2 \longrightarrow 2NO_2 \tag{14.125}$$

当加热一些重金属硝酸盐如$Pb(NO_3)_2$时也会分解出NO_2：

$$2Pb(NO_3)_2 \xrightarrow{\text{加热}} 2PbO+4NO_2+O_2 \tag{14.126}$$

这个化合物的最重要用途是与水反应制备硝酸：

$$2NO_2+H_2O \longrightarrow HNO_3+HNO_2 \tag{14.127}$$

NO_2衍生的硝鎓离子NO_2^+在硝化反应中是一种进攻基团（见第9章）。同样，液态的N_2O_4作为一种非水溶剂也被大量研究，其发生的部分自电离可表示如下：

$$N_2O_4 \rightleftharpoons NO^++NO_3^- \tag{14.128}$$

因此，在液态N_2O_4中像NOCl（实际结构为ONCl）这种化合物是酸，硝酸盐是碱。因此以下反应在液态N_2O_4中是一个中和反应：

$$NaNO_3+NOCl \longrightarrow NaCl+N_2O_4 \tag{14.129}$$

金属与N_2O_4反应生成硝酸盐：

$$M+N_2O_4 \longrightarrow MNO_3+NO \tag{14.130}$$

液态N_2O_4还是一种用于火箭燃料如联氨的氧化剂。

五氧化二氮N_2O_5是硝酸的酸酐，它可以在低温下通过硝酸的脱水制得：

$$4HNO_3+P_4O_{10} \longrightarrow 2N_2O_5+4HPO_3 \tag{14.131}$$

它也可以通过NO_2被臭氧氧化制得：

$$O_3+2NO_2 \longrightarrow N_2O_5+O_2 \tag{14.132}$$

由于N_2O_5是一种离子酸，即$NO_2^+NO_3^-$，这表明一个含有NO_2^+的分子和一种硝酸盐就可以生成N_2O_5，例如以下反应：

$$AgNO_3+NO_2Cl \longrightarrow N_2O_5+AgCl \tag{14.133}$$

N_2O_5是一种白色的离子化物质，在32℃时升华。在直线形的NO_2^+中的N—O键长为115pm。N_2O_5的分子结构是：

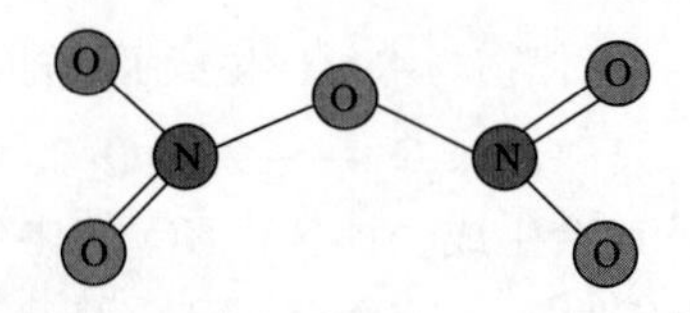

这个化合物也是一种优良的氧化剂，这与其中氮的氧化态是+5 相符。还有一些证据表明 NO_3 存在于 N_2O_5 和臭氧的混合物中。

14.2.8 氮的含氧酸

连二次硝酸 $H_2N_2O_2$ 通过反应制备：

$$2NH_2OH+2HgO \longrightarrow H_2N_2O_2+2Hg+2H_2O \tag{14.134}$$

$$NH_2OH+HNO_2 \longrightarrow H_2N_2O_2+H_2O \tag{14.135}$$

当 $Ag_2N_2O_2$ 溶液在 HCl 的乙醚溶液中反应时，可以得到连二次硝酸 $H_2N_2O_2$：

$$Ag_2N_2O_2+2HCl \xrightarrow{\text{乙醚}} 2AgCl+H_2N_2O_2 \tag{14.136}$$

乙醚挥发就可得到固体 $H_2N_2O_2$，它是一种易爆化合物。即使在水溶液中，它也可以发生分解：

$$H_2N_2O_2 \longrightarrow H_2O+N_2O \tag{14.137}$$

尽管 N_2O 从形式上看是 $H_2N_2O_2$ 的酸酐，但是它却不能通过 N_2O 和水反应得到。此酸在空气中被氧化得到硝酸和亚硝酸：

$$2H_2N_2O_2+3O_2 \longrightarrow 2HNO_3+2HNO_2 \tag{14.138}$$

硝酸或硝酸盐在水存在的条件下被钠汞齐还原可制备得到连二次硝酸盐：

$$2NaNO_3+8(H) \xrightarrow{Na/Hg} Na_2N_2O_2+4H_2O \tag{14.139}$$

$N_2O_2^{2-}$ 存在两种形式，表示如下：

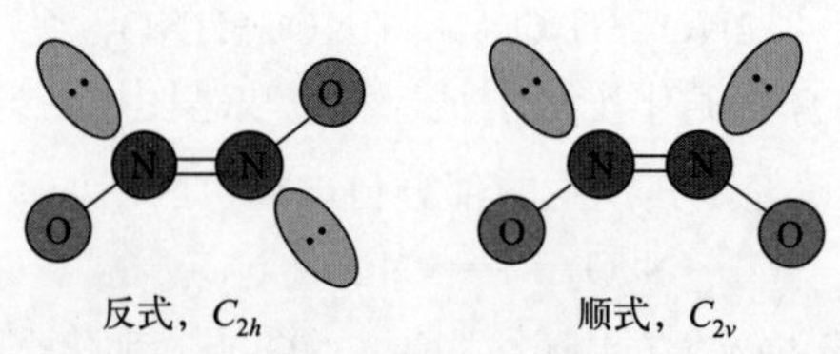

反式，C_{2h}　　　　顺式，C_{2v}

反式会更稳定，也是上述反应的产物。亚硝酸的酸酐是 N_2O_3，但是这种不稳定的酸是通过其盐的酸化得到的。例如下面这个易于进行的反应：

$$Ba(NO_2)_2+H_2SO_4 \longrightarrow BaSO_4+2HNO_2 \tag{14.140}$$

$BaSO_4$ 由于不溶于水，很容易被分离。第ⅠA 族金属的硝酸盐受热会发生分解反应得到亚硝酸盐：

$$2KNO_3 \xrightarrow{\text{加热}} 2KNO_2+O_2 \tag{14.141}$$

在低温时，亚硝酸会缓慢分解形成硝酸和 NO：

$$3HNO_2 \longrightarrow HNO_3+2NO+H_2O \tag{14.142}$$

但在高温时，会发生歧化反应生成 NO 和 NO_2：

$$2HNO_2 \longrightarrow NO+NO_2+H_2O \tag{14.143}$$

亚硝酸的结构可以写成几种形式，但通常认为是下面的这种结构形式：

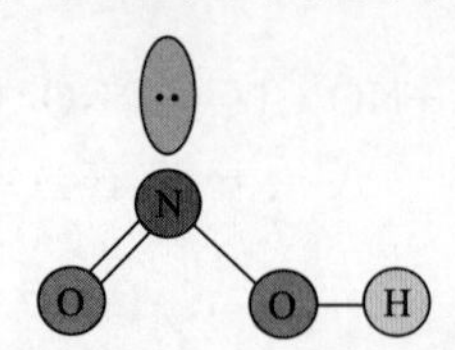

亚硝酸是一种弱酸，K_a=4.5×10^{-4}。由于它含有处于过渡氧化态的氮，所以它既是氧化剂又是还原剂：

$$2MnO_4^- + 5HNO_2 + H^+ \longrightarrow 5NO_3^- + 2Mn^{2+} + 3H_2O \qquad (14.144)$$

$$HNO_2+Br_2+H_2O \longrightarrow HNO_3+2HBr \qquad (14.145)$$

$$2HI+2HNO_2 \longrightarrow 2H_2O+2NO+I_2 \qquad (14.146)$$

这个酸与氨反应生成 N_2。

$$NH_3+HNO_2 \longrightarrow [NH_4NO_2] \longrightarrow N_2+2H_2O \qquad (14.147)$$

如下面的结构所示，NO_2^-在氧和氮原子上都具有非共用电子对：

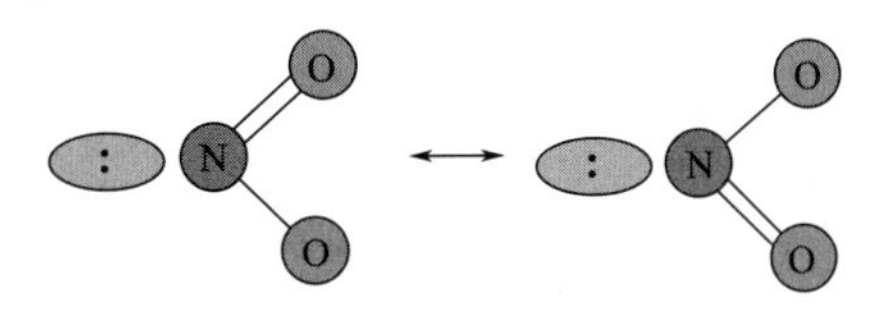

这样每个原子都可以作为电子对给体，与金属发生作用可生成 M—ONO 或 M—NO_2 的连接或者作为连接桥与两个金属中心作用（M—ONO—M）。这种连接异构体最早已知的例子就是19 世纪 90 年代乔根森(S. M. Jørgensen)研究的$[Co(NH_3)_5NO_2]^{2+}$和$[Co(NH_3)_5ONO]^{2+}$。

硝酸是到目前为止最重要的含氮酸，并且使用量巨大（约每年 300 亿磅），应用于制造爆炸物、推进剂、肥料、有机硝基化合物、染料和塑料等。由于化学式$(HO)_aXO_b$中的 $b = 2$，它是一种强酸，同时它也是一种强氧化剂。尽管大家认为其制备的时间应该会是更早，但有报道的制备方法最早是 1650 年格劳伯(J. R. Glauber)通过以下反应制备出硝酸：

$$KNO_3+H_2SO_4 \xrightarrow{加热} HNO_3+KHSO_4 \qquad (14.148)$$

纯硝酸（熔点–41.6℃，沸点 82.6℃）的密度是 1.503g·cm^{-3}。它与水能形成一种恒沸点混合物（68%的 HNO_3，沸点 120.5℃），其密度为 1.41g·cm^{-3}。它有几种已知的水合物，如 $HNO_3 \cdot H_2O$ 和 $HNO_3 \cdot 2H_2O$。浓硝酸或许会呈现淡黄棕色，这是因为它会少量分解生成 NO_2：

$$4HNO_3 \longrightarrow 2H_2O+4NO_2+O_2 \qquad (14.149)$$

多年来硝酸是通过硝酸盐和硫酸加热制备得到的：

$$NaNO_3+H_2SO_4 \xrightarrow{加热} NaHSO_4+HNO_3 \qquad (14.150)$$

在 20 世纪早期，人们发现氨可以在铂催化剂的作用下被氧化（奥斯特瓦尔德法）：

$$4NH_3+5O_2 \xrightarrow{Pt} 4NO+6H_2O \qquad (14.151)$$

这是制造硝酸的第一步。一氧化氮是反应活泼的气体，很容易被氧化：

$$2NO+O_2 \longrightarrow 2NO_2 \qquad (14.152)$$

NO_2 在水中歧化生成硝酸：

$$2NO_2+H_2O \longrightarrow HNO_3+HNO_2 \qquad (14.153)$$

硝酸可通过蒸馏浓缩至质量分数约 68%的浓溶液。上述制得的 HNO_2 可分解为 N_2O_3：

$$2HNO_2 \longrightarrow H_2O+N_2O_3 \qquad (14.154)$$

$$N_2O_3 \longrightarrow NO+NO_2 \qquad (14.155)$$

这样氮的氧化物就继续循环反应。

尽管硝酸根离子是平面型的（D_{3h}），但 HNO_3 的分子结构如下：

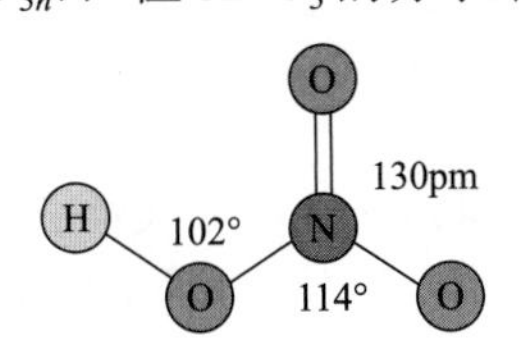

由于它既是强酸也是强氧化剂，所以硝酸可以溶解多数金属。然而，金属铝在其表面可形成一层氧化物，这阻断了金属的进一步反应。硫在硝酸的作用下被氧化成硫酸，而其还原产物是一氧化氮：

$$S_8+16HNO_3 \longrightarrow 8H_2SO_4+16NO \qquad (14.156)$$

硫化物也可以被浓硝酸氧化成硫酸盐：

$$3ZnS+8HNO_3 \longrightarrow 3ZnSO_4+4H_2O+8NO \qquad (14.157)$$

含有一体积浓硝酸和三体积浓盐酸的混合物称为王水，它甚至能将金和铂溶解。

硝酸和硝酸盐是重要的化学品。例如，黑火药（也称为有烟火药）已经被使用数个世纪了，这是一种含有 75% KNO_3、15% C 和 10% S 的混合物。这种混合物在湿的时候制作成片状，之后干燥。除了海军舰艇上的枪炮之外，现在的火药已经被硝化纤维粉末（无烟火药）取代了，这种火药同样也含有少量特定添加物。

甲苯硝化是在硝酸和硫酸的混合酸中发生的，生成物被称为 TNT（三硝基甲苯），是一种易爆物。总的反应表示如下：

$$C_6H_5CH_3 + HNO_3 \xrightarrow{H_2SO_4} C_6H_2(CH_3)(NO_2)_3 + H_2O \qquad (14.158)$$

这个爆炸物对于撞击是非常稳定的，因此它需要一种高能物质去引爆。当存在另一种爆炸物爆炸引发时，硝酸铵也会发生爆炸，NH_4NO_3 和 TNT 的混合物就是军用阿马托炸药（AMATOL）。

在炸药工业中，必须精确控制温度、混合时间、浓度、加热和冷却速度等。安全生产这些材料是需要精密的设备和技术来实施的，尽管这个化学反应看起来简单。如果不在最佳的条件下，一些副产物如 2,3,5-三硝基甲苯、3,5,6-三硝基甲苯和 2,4,5-三硝基甲苯也能产生，并且它们比 2,4,6-TNT 更不稳定。这些爆炸物的稳定性就等同于最不稳定的那种成分。研究爆炸物需要在专门为了这个目的而设计的特殊的仪器设备中进行。由于没有这些精密的仪器和来自于专业经验的知识，非专业人士不要轻易使用这些材料。

正如前面所述，很多氮的化合物是炸药或推进剂，这就是为何硝酸和硝酸盐在几个世纪中都是重要的化合物的原因之一。

14.3 磷、砷、锑和铋

第ⅤA 族的元素具有广泛的用途，同一族元素由上到下的金属性递增。每种元素都可能具有–3 到+5 的化学价态，但不是每个价态都有稳定存在的化合物。磷和砷的有机化学与锑的金属有机化学都是内容丰富的。

所有元素都是很重要的，它们在很多化合物中存在。某些磷化合物是最有用和最基本的物质之一。因此，磷化学的内容是相当大量的，在本章的讨论中也给予了它更多的篇幅。其他元素的化学内容更多的是与磷化学的相似知识进行比较，但是我们需要清楚的是 As 和 Sb 的金属性更强。

14.3.1 存在

磷化合物广泛存在于自然界中，其最常见的形式是磷矿、骨头、牙齿等。磷矿包括磷酸钙 $Ca_3(PO_4)_2$、磷灰石 $Ca_5(PO_4)_3OH$、氟磷灰石 $Ca_5(PO_4)_3F$ 和氯磷灰石 $Ca_5(PO_4)_3Cl$。元素磷最先是由布兰德（H. Brand）发现的，它的名称来源于两个意思分别是“光”和“我忍受”的希腊语，因为白磷缓慢氧化会出现磷光。

有几种矿是含有砷的，但最重要的矿是硫化物矿（雌黄 As_2S_3、雄黄 As_4S_4 和含砷黄铁矿 FeAsS）与氧化物矿（砷华 As_4O_6）。锑同样存在于硫化物矿辉锑矿 Sb_2S_3 中，这种硫化物已经被用于染料、特种玻璃生产和烟火制造。其他的含锑矿包括锑硫镍矿 NiSbS、黝铜矿 Cu_3SbS_3 和其他一些硫化物矿。铋相对比较稳定，因此它有时会以单质形式存在。它也存在于铋华 Bi_2O_3 和辉铋矿 Bi_2S_3 中。

14.3.2　单质的制备和性质

磷可进行大规模工业制备，主要通过还原天然存在的磷酸盐而来。将粉碎的磷钙石、焦炭和硅石（SiO_2）在电熔炉中加热到 1200～1400℃，得到的磷可通过蒸馏提纯：

$$2Ca_3(PO_4)_2+6SiO_2+10C \xrightarrow{1200\sim1400℃} 6CaSiO_3+10CO+P_4 \quad (14.159)$$

在 800℃以下，磷主要是以 P_4 四面体分子形式存在：

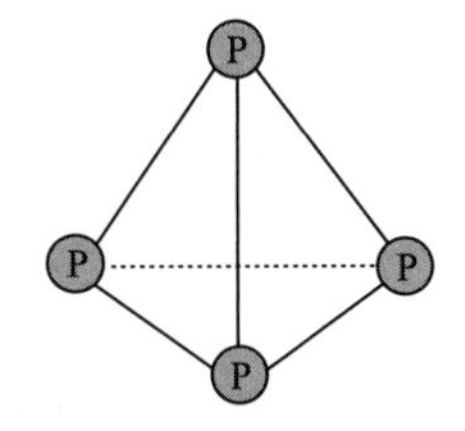

但在高温时，一些 P_4 分子会分解成 P_2。

已知磷有几种同素异形体，最常见的就是白磷、红磷和黑磷。在 400℃加热白磷，将会使其转变成红磷，而红磷也有几种结构形式。一种非晶态的红磷可将白磷以紫外线辐射制得。在加热过程中，有几种物质（I_2、S_8 和 Na）可以催化磷的形态转变。黑磷也具有四种可识别的结构形式，它可以通过白磷在高温、高压下转化而来。磷大量地被使用在制备磷酸和其他的化学物质上。白磷大量用于生产引火剂，而红磷则用于制造火柴。

在空气中焙烧硫化砷可得到氧化砷，砷单质可通过氧化砷被碳单质还原得到：

$$As_4O_6+6C \longrightarrow As_4+6CO \quad (14.160)$$

尽管其他砷的形态也是已知的，但是砷的稳定态是灰砷或金属砷。快速冷却砷蒸气可得到黄砷，而在汞存在的条件下压缩砷蒸气可得到八面体结构的砷。砷化合物用于杀虫剂、除草剂、医药和颜料，而砷也被用于制造铜和铅的合金。少量的砷可以增大铅的表面张力，这就使小滴熔融态的铅呈现为球状，而这种现象也被用于制作铅粒。

锑可通过铁还原硫化锑制备得到：

$$Sb_2S_3+3Fe \longrightarrow 2Sb+3FeS \quad (14.161)$$

或者可以通过在空气中加热硫化锑生成氧化物，之后用碳单质还原。锑的稳定态是菱形结构，尽管在高压下它可以转变成立方结构和六方密堆积结构。锑同样也具有几种非晶态形式。少量的锑加入铅中可生成更硬更强的合金，汽车电池中的铅板就是使用这种合金制作的。这些合金在冷却时会膨胀，这样使得铸造时不会在模具中发生收缩。由于这个原因，锑在很长一段时间里都被用于制作印刷活字的金属。

14.3.3　氢化物

周期表的第ⅤA 族元素与氢形成二元化合物，其中一些与氮的氢化物（NH_3、N_2H_4 和 N_2H_2）是类似的。但是，更重元素的氢化物相比 NH_3 而言碱性更弱，也更不稳定。在氮化合物中，非共用的电子对表现为硬碱的作用（见第 9 章），并且它们是优良的质子受体。在 PH_3、PR_3、AsH_3、AsR_3 等化合物中，非共用电子对处于更大的轨道中，因此它们是软碱，对于质子给体具有更低的碱性。据此，PH_3（$K_b=1\times10^{-28}$）是一种远比 NH_3（$K_b=1.8\times10^{-5}$）更弱的布朗斯特碱。稳定鳞盐的形成需要酸很强，并且阴离子的半径足够大，这样可使阴阳离子的尺寸匹配。这样的条件都满足的是 HI 的反应：

$$PH_3+HI \longrightarrow PH_4I \tag{14.162}$$

但是，与一些软的电子对受体如 Pt^{2+}、Ag^+、Ir^+等结合时，膦是比 NH_3 和胺更强的路易斯碱，因此膦和胂比胺与副族金属反应活性更好。总体而言，膦和胂与处于低氧化态的第二和第三过渡系金属形成稳定的配合物。

砷、锑和铋通常不能以质子化的形式，如 AsH_4^+、SbH_4^+ 和 BiH_4^+，形成稳定的化合物，尽管我们已知的少数化合物是存在的，如$[AsH_4]^+[SbF_6]^-$和$[SbH_4]^+[SbF_6]^-$。这些化合物是通过氢化物与超强酸 HF/SbF_5 反应制得的（见 10.8 节）。

膦是一种比 NH_3 更不稳定的化合物，因为磷和氢原子的轨道重叠性相比氮和氢原子而言更差。P、As、Sb 和 Bi 的氢化物（磷化氢、砷化氢、锑化氢和铋化氢）的热稳定性依次降低，而 SbH_3 和 BiH_3 在室温下不稳定。相似的变化规律也同样适用于第ⅣA、第ⅥA 和第ⅦA 族元素的氢化物。表 14.5 列出了第ⅤA 族较重元素的氢化物的物理性质，同时也给出了 NH_3 的相关性质以作对比。NH_3 中的氢键影响是很明显的。

表 14.5　第ⅤA 族元素的 EH_3 化合物的性质

项目	NH_3	PH_3	AsH_3	SbH_3	BiH_3
熔点/℃	−77.7	−133.8	−117	−88	—
沸点/℃	−33.4	−87.8	−62.5	−18.4	17
$\Delta H_f^\ominus$ /kJ · mol⁻¹	−46.11	−9.58	66.44	145.1	277.8
H—E—H 角/(°)	107.1	93.7	91.8	91.3	—
μ/D	1.46	0.55	0.22	0.12	—

PH_3、AsH_3 和 SbH_3 的键角对比 NH_3 而言是有趣的。NH_3 的键角约等于由 sp^3 杂化的氮原子的非共用电子对造成的小幅度下降的键角，而第ⅤA 族的其他元素的氢化物的键角非常接近 90°，这意味着中心原子基本上是采用 p 轨道与氢原子成键的。这可能是因为更重原子的 sp^3 杂化轨道不能有效地与氢原子的 1s 轨道发生重叠导致的。相似的变化趋势也出现在第ⅥA 族元素的化合物上。但是，另一种解释则是基于 NH_3 的氮原子的共用电子对非常接近氮原子，因此导致非共用电子对对键角的影响变小。在 PH_3 中，价键电子平均共享（电子更靠近氢原子），因此电子密度离磷原子远了，非共用电子对的影响变大。

肼的类似物 P_2H_4、As_2H_4 和 Sb_2H_4 都是有毒且不稳定的，从 P_2H_4 表现出的空气中自燃性质可知。而磷化氢也能燃烧。

$$4PH_3+8O_2 \longrightarrow P_4O_{10}+6H_2O \tag{14.163}$$

剧毒的第ⅤA 族的较重原子的三氢化物通常不是直接由单质反应得到的。它们通常是先制备得到金属化合物，之后氢化得到的，例如：

$$6Ca+P_4 \longrightarrow 2Ca_3P_2 \tag{14.164}$$

$$Ca_3P_2+6H_2O \longrightarrow 3Ca(OH)_2+2PH_3 \tag{14.165}$$

磷化氢同样可来源于磷与热的强碱溶液反应。

$$P_4+3NaOH+3H_2O \longrightarrow PH_3+3NaH_2PO_2 \tag{14.166}$$

砷化钠可以通过单质直接反应制得，随后它通过以下化学方程式与水反应制得砷化氢。

$$Na_3As+3\ H_2O \longrightarrow 3NaOH+AsH_3 \tag{14.167}$$

砷化氢同样可以通过 As_2O_3 和 $NaBH_4$ 反应制备。

$$2As_2O_3+3NaBH_4 \longrightarrow 4AsH_3+3NaBO_2 \tag{14.168}$$

砷、锑和铋的氢化物在升温时都不稳定。马氏试砷法就是基于它的不稳定性，将砷化氢通过热的试管时将会有砷镜出现。

$$2AsH_3 \longrightarrow 2As+3H_2 \tag{14.169}$$

14.3.4 氧化物

尽管我们也知道第ⅤA 族元素的一些较不重要的氧化物，但是这个主族中的元素只有氧化态为+3 和+5 的化合物才是重要的。当氧气量控制适当时，磷可以被氧化形成磷（Ⅲ）氧化物。

$$P_4+3O_2 \longrightarrow P_4O_6 \tag{14.170}$$

P_4O_6 分子中的磷原子依然保持着四面体的排列，其结构如图 14.3（a）所示。尽管虚线显示的是磷原子的排列，但它们之间是没有成键的。

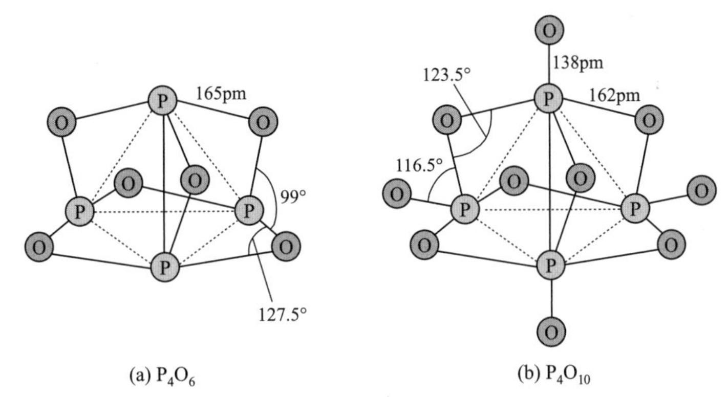

图 14.3　P_4O_6 和 P_4O_{10} 的结构（虚线部分是 P_4 的原始四面体结构）

这种氧化物（熔点 23.9℃，沸点 175.4℃）与冷水反应生成亚磷酸 H_3PO_3，其中的原子排布方式是 $HP(O)(OH)_2$。当与热水反应时，会发生歧化反应，生成磷化氢、亚磷酸和磷酸。当加热到其沸点以上时，P_4O_6 会分解成磷和一些通式为 P_nO_{2n} 的复杂的氧化物。

氧化物 As_4O_6 和 Sb_4O_6 的结构与 P_4O_6 相似，它们可以通过其单质在空气中燃烧制得。As 和 Sb 的化合物的氧化态是+5，但铋只能形成 Bi_2O_3。固态的 As_4O_6 和 Sb_4O_6 存在几种结构形式，这些结构中的氧原子处在连接位置上。

尽管 P_4O_{10} 是一种重要的材料，但是+5 价的砷、锑和铋的氧化物却不是很重要。+5 价的磷的氧化物的化学式是 P_4O_{10}，而不是 P_2O_5，尽管这个经验写法也经常被使用。P_4O_{10} 的结构在图 14.3（b）中显示，它也是 P_4 四面体结构的衍生结构，其中六个氧原子作为桥联原子，剩下的四个氧原子位于端点位置。至少有三种 P_4O_{10} 的结构是已知的，其中六方形态或 *H* 型是最常见的，剩下的两种都是正交型，分别为 *O* 型和 *O′* 型，后两类形态的反应活泼性都不如 *H* 型。将 *H* 型在 400℃下加热 2h，可以转化成 *O* 型，而在 450℃下加热 24h 则可以转化成 *O′* 型。

磷（Ⅴ）氧化物或十氧化四磷 P_4O_{10} 是系列磷酸的酸酐。它可通过磷的燃烧制备，是生产 H_3PO_4 的第一步反应：

$$P_4+5O_2 \longrightarrow P_4O_{10} \qquad \Delta H=-2980\text{kJ}\cdot\text{mol}^{-1} \tag{14.171}$$

这是一种强的脱水剂，它能用于脱去适合的酸中的水而制备特定的氧化物。例如，$HClO_4$

脱水生成 Cl_2O_7：

$$12HClO_4+P_4O_{10} \longrightarrow 6Cl_2O_7+4H_3PO_4 \quad (14.172)$$

当用作干燥剂时，氧化物以以下反应除去水：

$$P_4O_{10}+6H_2O \longrightarrow 4H_3PO_4 \quad (14.173)$$

有机磷可以通过 P_4O_{10} 与醇类反应制备：

$$P_4O_{10}+12ROH \longrightarrow 4(RO)_3PO+6H_2O \quad (14.174)$$

但是一些单烷基和双烷基的衍生物也会生成。当 $OPCl_3$ 与醇类反应时也会生成磷脂。烷基磷脂具有多种用途，如作为催化剂、润滑剂和用于制备防火化合物。

砷（Ⅴ）氧化物和锑（Ⅴ）氧化物可通过单质与浓硝酸反应制得：

$$4As+20HNO_3 \longrightarrow As_4O_{10}+20NO_2+10H_2O \quad (14.175)$$

一些锑的化合物也会出现+4 的氧化态。例如，已知的一种化学式为 Sb_2O_4 的氧化物，但是这个氧化物实际上是含有等量的Sb(Ⅲ)和Sb(Ⅴ)。氯化物 $Sb_2Cl_{10}^{2-}$ 同样是含有 Sb(Ⅲ)和Sb(Ⅴ)，而非 Sb(Ⅳ)。

14.3.5 硫化物

升高温度时，磷、砷和锑都能与硫发生反应生成多种二元化合物。对于磷的硫化物，如 P_4S_{10}、P_4S_7、P_4S_5 和 P_4S_3，已有不少的研究。除了硫取代了氧的位置以外，P_4S_{10} 的结构与 P_4O_{10} 的结构是一样的。磷的其他硫化物的结构都含有 P—P 键和 P—S—P 键。图 14.4 表明，这些硫化磷的结构都可以认为是 P_4 四面体的边插入桥联的硫原子而衍生得到的，其中磷与磷之间是不成键的。

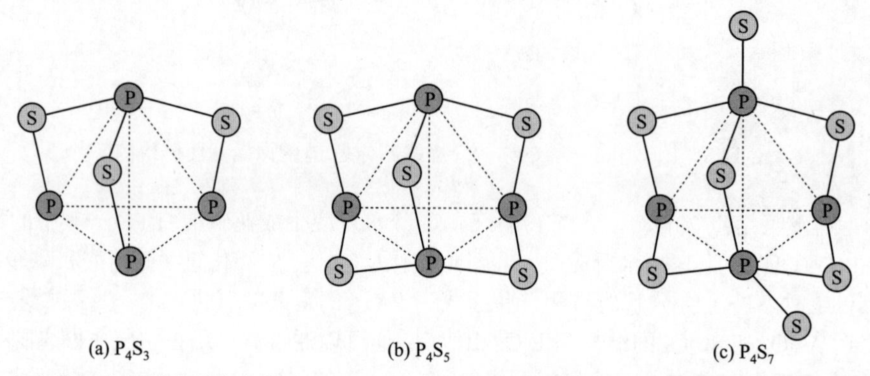

图 14.4　含有磷和硫的最重要化合物 P_4S_3、P_4S_5 和 P_4S_7 的结构［注意 P_4 原子的四面体轮廓图（虚线）］

三硫化四磷 P_4S_3，也称为倍半硫化磷，可以通过在惰性气氛和 180℃下加热化学当量的硫和磷得到。这个化合物（熔点 174℃）可溶于甲苯、二硫化碳和苯，与氯化钾、硫和氧化铅一起用于制作火柴。

五硫化四磷 P_4S_5 的制备是 P_4S_3 与硫的 CS_2 溶液在 I_2 的存在下反应生成。七硫化四磷 P_4S_7 是硫和磷在密封管里加热反应的产物之一。P_4S_5 和 P_4S_7 在商业角度都不是重要的物质。十硫化四磷 P_4S_{10} 可通过化学当量的硫和磷直接反应得到：

$$4P_4+5S_8 \longrightarrow 4P_4S_{10} \quad (14.176)$$

这个硫化物与水的反应如下：

$$P_4S_{10}+16H_2O \longrightarrow 4H_3PO_4+10H_2S \quad (14.177)$$

混合硫氧化磷 $P_4O_6S_4$ 的结构与 P_4O_{10} 是相似的，只是其中的端基氧的位置被硫取代了。

砷、锑和铋能与硫形成多种硫化物，包括 As_4S_4（雄黄）、As_2S_3、Sb_2S_3 和 Bi_2S_3，这些都是常见的矿物中的成分。某些硫化物是可以从水溶液中沉淀出来的，因为 As(Ⅲ)、As(Ⅴ)、Sb(Ⅲ)和 Bi(Ⅲ)的硫化物是不溶于水的。就像磷一样，砷也能形成倍半硫化物 As_4S_3，它的结构与图 14.4（a）中的 P_4S_3 是一样的。As_4S_4 和 As_4S_6 的结构如图 14.5 所示。砷和锑的硫化物是亮黄色的，这也使它们可用于染料中。某些砷和锑的硫化物、硒化物和碲化物也可用作半导体材料。

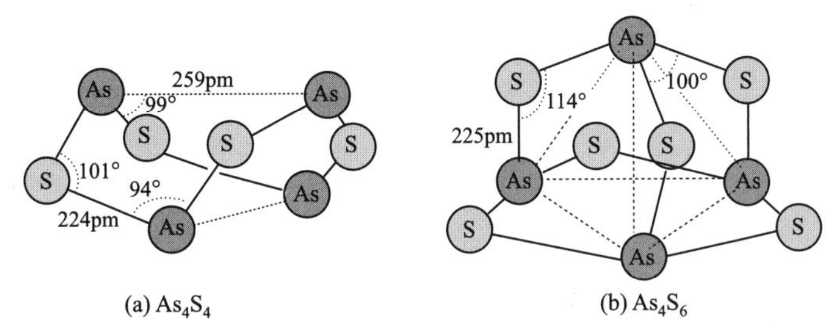

图 14.5　As_4S_4 和 As_4S_6 的结构

14.3.6　卤化物

第ⅤA 族元素的+3 和+5 价卤化物都含有活泼的非金属-卤素键。因此，它们可以用作制备其他化合物的起始原料。第ⅤA 族元素的卤化物的结构通式为 E_2X_4，它们相对而言不是很重要的化合物，尽管其氯化物和碘化物也被我们熟知，但是只有磷的氟化物将被介绍。P_2F_4 可通过汞促使 PF_2I 发生偶联反应制备而成：

$$2PF_2I+2Hg \longrightarrow Hg2I_2+P_2F_4 \tag{14.178}$$

PCl_3 和 H_2 的混合物发生放电反应生成 P_2Cl_4，而溶在二硫化碳中的白磷与 I_2 反应生成 P_2I_4。第ⅤA 族元素的所有三卤化物都是已知的，尽管还有其他的制备手段，但是它们可以直接通过单质的反应制备。氟化物可通过以下反应制备：

$$PCl_3+AsF_3 \longrightarrow PF_3+AsCl_3 \tag{14.179}$$

$$As_4O_6+6CaF_2 \longrightarrow 6CaO+4AsF_3 \tag{14.180}$$

$$Sb_2O_3+6\ HF \longrightarrow 3H_2O+2SbF_3 \tag{14.181}$$

往含有 Bi^{3+}的溶液中加入过量的 F^-可以得到 BiF_3 沉淀。

三氯化磷可以通过过量的磷与氯气反应得到：

$$P_4+6Cl_2 \longrightarrow 4PCl_3 \tag{14.182}$$

As、Sb 和 Bi 的氧化物和硫化物都可以在浓 HCl 的作用下转化成氯化物。

$$As_4O_6+12HCl \longrightarrow 6H_2O+4AsCl_3 \tag{14.183}$$

$$Sb_2S_3+6HCl \longrightarrow 2SbCl_3+3H_2S \tag{14.184}$$

$$Bi_2O_3+6HCl \longrightarrow 2BiCl_3+3H_2O \tag{14.185}$$

表 14.6 列出了第ⅤA 族元素的三卤化物的物理性质。

表 14.6　第ⅤA 族元素的三卤化物的物理性质

化合物	熔点/℃	沸点/℃	μ /D	X—E—X 角/（°）
PF_3	–151.5	–101.8	1.03	104
PCl_3	–93.6	76.1	0.56	101
PBr_3	–41.5	173.2	—	101
PI_3	61.2	分解	—	102
AsF_3	–6.0	62.8	2.67	96.0

续表

化合物	熔点/℃	沸点/℃	μ /D	X—E—X 角/（°）
$AsCl_3$	–16.2	103.2	1.99	98.4
$AsBr_3$	31.2	221	1.67	99.7
AsI_3	140.4	370	0.96	100.2
SbF_3	292	—	—	88
$SbCl_3$	73	223	3.78	99.5
$SbBr_3$	97	288	3.30	97
SbI_3	171	401	1.58	99.1
BiF_3	725	—	—	—
$BiCl_3$	233.5	441	—	100
$BiBr_3$	219	462	—	100
BiI_3	409	—	—	—

列在表 14.6 中的某些化合物的熔点和沸点比较低，这也表明了它们是由离散的共价分子组成的。但是，其他高熔点的化合物就说明它们的分子处于固态晶格中。总体而言，其键角是处在中心原子的纯 p 轨道和 sp^3 杂化轨道的理论键角之间。由于分子的中心原子有一对非共用电子对，所以锥形（C_{3v}）的三卤化物表现为路易斯碱。但是，因为中心原子不是来自第一长周期，所以这些三卤化物是软电子对给体，它们更倾向于与软路易斯酸配位，例如低氧化态的第二和第三过渡系金属。正如 CO 在血液中与铁结合一样，PF_3 同样可以形成类似的配合物，这就使得它表现出剧毒性。一些含有两种类型的卤素的三卤化物也是存在的，当两种相同元素的三卤化物混合在一起时，卤素原子就会发生交换：

$$PBr_3+PCl_3 \longrightarrow PBr_2Cl+PCl_2Br \tag{14.186}$$

$$2AsF_3+AsCl_3 \longrightarrow 3AsF_2Cl \tag{14.187}$$

由于与卤素原子形成的共价键很活泼，第ⅤA 族元素的所有三卤化物在水中都能水解。同时发现，其水解速率的快慢顺序为 P>As>Sb>Bi，这与中心原子的金属性不断增强导致共价键成分降低的顺序一致。并不是所有的三卤化物都以同样的方式水解，例如三卤化磷是按以下化学方程式反应的：

$$PX_3+3H_2O \longrightarrow H_3PO_3+3HX \tag{14.188}$$

当卤化磷是 PI_3 时，此反应是一种制备 HI 的简便方式。三卤化砷也会以相似的方式水解，但锑和铋的三卤化物水解则会产生卤氧化物：

$$SbX_3+H_2O \longrightarrow SbOX+2HX \tag{14.189}$$

氯化锑酰（也称为氧氯化锑）是一种“碱性氯化物”，在水中不溶，但如果存在足量的 HX 来抑制其水解时，还是能够得到这种三卤化物的水溶液的。加水降低酸的浓度就会导致氧氯化物沉淀生成。

从使用角度考虑，PCl_3 是最重要的三卤化物。除了水解反应，PCl_3 还能与氧和硫分别反应生成 $OPCl_3$ 和 $SPCl_3$。

$$2PCl_3+O_2 \longrightarrow 2OPCl_3 \tag{14.190}$$

氯化磷（熔点 105℃）已经被大量作为非水溶剂使用（见第 10 章）。PCl_3 与其他的卤素反应可得到混合的五卤化物。

$$PCl_3+F_2 \longrightarrow PCl_3F_2 \tag{14.191}$$

这个反应类型同时包含了基团的氧化和加成，因此称为氧化加成反应。PCl_3 的烷基化衍生物就可通过格氏试剂和金属烷基化物以如下化学方程式反应制得：

$$PCl_3+RMgX \longrightarrow RPCl_2+MgXCl \qquad (14.192)$$

$$PCl_3+LiR \longrightarrow RPCl_2+LiCl \qquad (14.193)$$

如果烷基化物与 PX_3 的比例升高，二烷基磷或三烷基磷同样能得到。在高温时，苯与 PCl_3 反应可得到苯基二氯化磷 $C_6H_5PCl_2$，这是制备对硫磷的中间产物：

$$C_6H_6+PCl_3 \longrightarrow HCl+C_6H_5PCl_2 \qquad (14.194)$$

有机磷化合物包含很多种，而亚磷酸酯更是特别有用的。这类化合物可以通过 PCl_3 与醇类反应制得：

$$PCl_3+3ROH \longrightarrow (RO)_2HPO+2HCl+RCl \qquad (14.195)$$

因为 HCl 是产物之一，因此碱的存在可以促进反应的发生。如果碱是胺的话，那么将生成盐酸胺化合物，反应表示如下：

$$PCl_3+3ROH+3RNH_2 \longrightarrow (RO)_3P+3RNH_3^+Cl^- \qquad (14.196)$$

胺的存在使得 HCl 的生成在能量上更加有利，因为这会生成离子化的盐酸胺类化合物。

P、As、Sb 和 Bi 与 F、Cl、Br 和 I 结合能够产生十六种可能的五卤化物。尽管所有的五氟化物都能制备得到，但是没有一种五碘化物是稳定的。五氯化物和五溴化物对于磷而言是已知的，锑可形成五氯化锑。在固相中，PCl_5 是以 $[PCl_4^+][PCl_6^-]$ 的形式存在的，而 PBr_5 则是 $[PBr_4^+][Br^-]$ 这种形式。在固态 $[PCl_4^+][PCl_6^-]$ 中，阳离子的 P—Cl 键长为 198pm，而阴离子中的键长为 206pm。固态 $SbCl_5$ 以 $SbCl_4^+Cl^-$ 形式存在。PCl_5 分子具有 D_{3h} 结构：

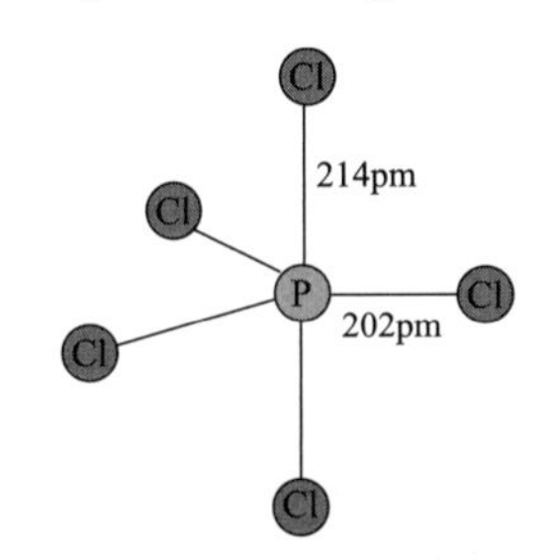

PF_5 的结构同样是三角双锥结构，轴向的键长为 158pm，水平方向的键长为 152pm。通过 ^{19}F NMR 研究发现，一个单峰由于 ^{31}P 的耦合作用分裂成二重峰。因此，这说明了五个氟原子都是等效的，这也意味着轴向和水平方向的原子存在着快速的交换。贝里（R. S. Berry）对这种现象进行了解释，即贝里假旋转理论，这个机理认为三角双锥（D_{3h}）可变为四方锥结构（C_{4v}，如果在底部的所有原子都是一样的），如图 14.6 所示。

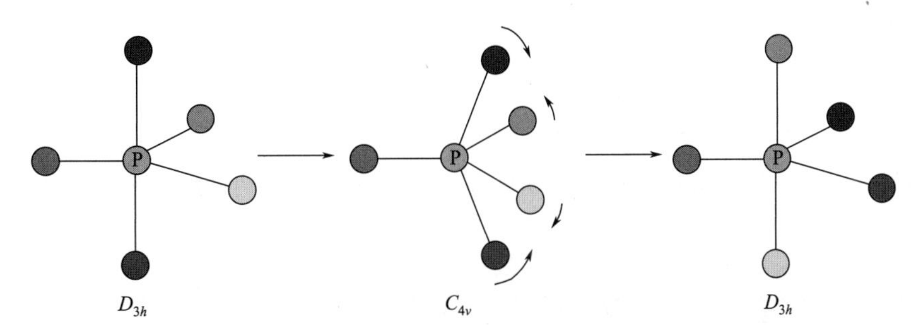

图 14.6　贝里假旋转导致的轴向基团和水平基团的相互交换（由于所有五个外围原子假设是一样的，所以不同颜色的球只代表基团的不同位置）

这种行为类似于 NH_3 分子（C_{3v}）的转化会通过变为平面结构（D_{3h}）的方式。

五氯化磷可通过 P_4 或 PCl_3 的氯化反应得到。

$$P_4+10Cl_2 \longrightarrow 4PCl_5 \tag{14.197}$$

$$PCl_3+Cl_2 \longrightarrow PCl_5 \tag{14.198}$$

五溴化磷也可以相似的反应制得。如前所述，已知有几种混合卤素的化合物存在，如 PCl_3F_2、PF_3Cl_2、PF_3Br_2 等。这类化合物的制备可通过一种卤素与含另一种卤素的三卤化物进行氧化加成反应得到［式（14.191）］。这类化合物的结构证实了三角双锥结构中的非等价位置。正因为轴向和水平方向的位置的不同，PCl_3F_2 结构就有三种可能的异构体，如图 14.7 所示。

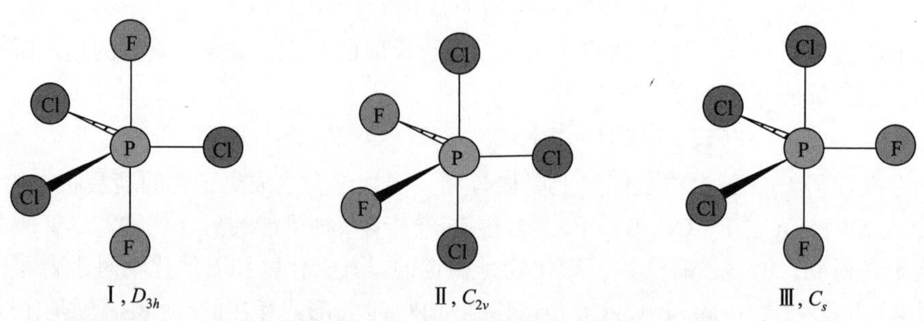

图 14.7　PCl_3F_2 的不同异构体结构

我们已经看到未共用电子对占据了三角双锥结构中的水平方向的位置。因此，更大的氯原子应该如上面的结构Ⅰ中一样占据水平方向的位置，并且 PCl_3F_2 如预测一样具有 D_{3h} 对称性。根据同样的理由，我们认为 PF_3Cl_2 的结构应该具有 C_{2v} 对称性，而非 D_{3h}，如下所示：

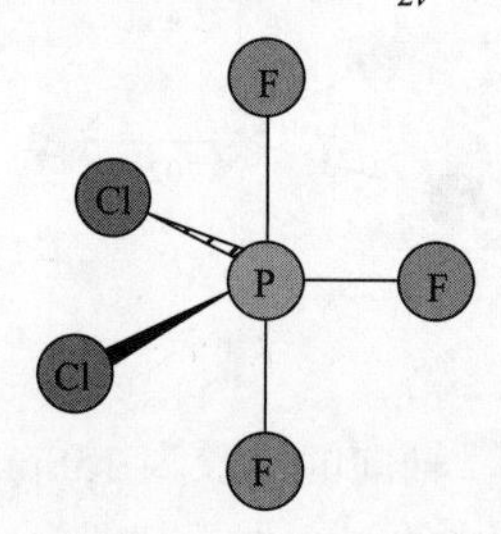

第ⅤA 族元素的五卤化物都是强的路易斯酸，与电子对给体如卤素离子容易发生反应生成配合物：

$$PF_5 + F^- \longrightarrow PF_6^- \tag{14.199}$$

这种反应倾向非常有用，因为它提供了一种制备卤间阳离子如 ClF_2^+的途径，如以下反应所示：

$$ClF_3 + SbF_5 \xrightarrow{\text{液态}ClF_3} ClF_2^+SbF_6^- \tag{14.200}$$

因为它们是强的路易斯酸，所以 PCl_5、PBr_5、$SbCl_5$ 和 SbF_5 是一些有效的反应催化剂，如弗里德尔-克拉夫茨反应（见第 9 章）。五卤化物对于大量的无机和有机底物而言也可作为卤素转移剂反应。这种反应就可以生成很有用的中间体如卤氧化物。例如，亚硫酰氯和氯化氧磷可通过以下反应制得：

$$SO_2+PCl_5 \longrightarrow SOCl_2+OPCl_3 \tag{14.201}$$

五卤化物的部分水解同样可导致含有活化的 P—Cl 键的中间体卤氧化物的形成。

$$PCl_5+H_2O \longrightarrow OPCl_3+2HCl \tag{14.202}$$

若水过量，PCl_5 会完全水解生成 H_3PO_4 和 HCl。氯化氧磷同样可以通过 PCl_3 的氧化或者 P_4O_{10} 与 PCl_5 的反应制得：

$$2PCl_3+O_2 \longrightarrow 2OPCl_3 \quad (14.203)$$

$$6PCl_5+P_4O_{10} \longrightarrow 10OPCl_3 \quad (14.204)$$

$OPCl_3$ 的 C_{3v} 结构表示如下：

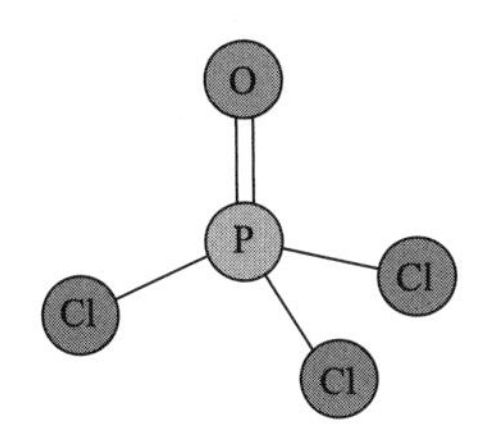

磷-卤键会与水和醇类发生反应：

$$OPCl_3+3H_2O \longrightarrow H_3PO_4+3HCl \quad (14.205)$$

$$OPCl_3+3ROH \longrightarrow (RO)_3PO+3HCl \quad (14.206)$$

磷酸酯$(RO)_3PO$ 具有非常广泛的工业应用。$OPCl_3$ 和 $OP(OR)_3$ 都是路易斯碱，能与路易斯酸通过端基氧原子结合。氧卤化磷的硫代物 $SPCl_3$ 和其他几种混合卤氧化物如 $OPCl_2F$ 和 $OPCl_2Br$ 都已被制备得到了。而砷、锑和铋的卤氧化物也被制得，但它们没有磷的化合物那么有用。

第ⅤA 族的更重的元素由于其金属性越来越强，同样具有强的形成配合物的能力。例如，在 HCl 溶液中，$SbCl_5$ 可与 Cl^-形成六氯化物。

$$SbCl_5 + Cl^- \longrightarrow SbCl_6^- \quad (14.207)$$

有证据表明，当 $SbCl_5$ 和 $SbCl_3$ 混合在一起时它们会发生反应形成一种配合物：

$$SbCl_5+SbCl_3 \rightleftharpoons Sb_2Cl_8 \quad (14.208)$$

在 HCl 的水溶液中，$SbCl_5$ 和 $SbCl_3$ 都是以 $SbCl_6^-$ 和 $SbCl_4^-$ 的配合物离子形式存在。这两种离子存在以下平衡反应：

$$SbCl_6^- + SbCl_4^- \rightleftharpoons Sb_2Cl_{10}^{2-} \quad (14.209)$$

$Sb_2Cl_{10}^{2-}$ 的结构可能具有桥联的氯离子：

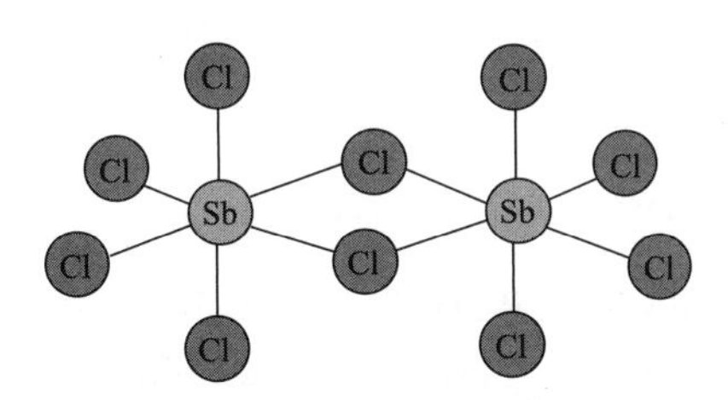

大量的配离子如 AsF_6^- 、SbF_6^- 和 PF_6^- 已经被表征了。

14.3.7 膦嗪化合物

虽然有很多化合物都含有磷和氮，但是膦嗪化合物是很特别的。这是因为氮和磷原子都具有五个价层电子，这就有可能出现磷原子连接另外两个原子的六元杂环分子。具有直线形或环形的膦嗪分子已被制备得到。历史上，首次制备出的这类化合物是化学式为$(PNCl_2)_n$ 的氯化物，是 1832 年冯•李比希(J. von Liebig)使用 NH_4Cl 和 PCl_5 制得的：

$$nNH_4Cl+nPCl_5 \longrightarrow (NPCl_2)_n+4nHCl \quad (14.210)$$

这个反应可以在密封管中进行，也可以在 $C_2H_2Cl_4$、C_6H_5Cl 或 $OPCl_3$ 等溶剂中进行。下面所示的环状三聚体是广泛研究的一类。

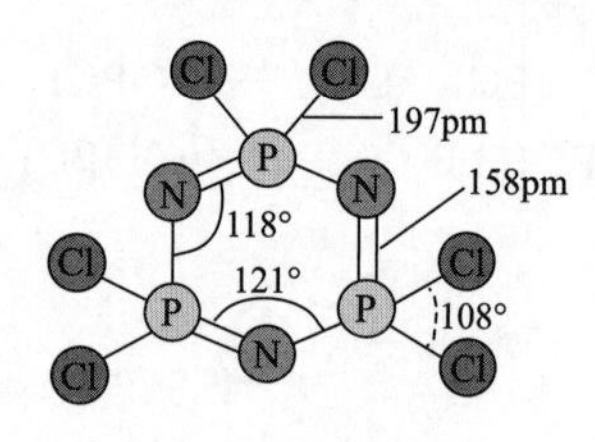

环中存在明显的多重键特征，比如P—N键的键长约为158pm，这比P—N单键的键长（175pm）短得多。由于共振现象，结构中只有一种P—N键长。四聚体$(PNCl_2)_4$的环状结构会出现褶皱，而五聚体$(PNCl_2)_5$的结构则是平面环状结构。利用P—Cl键的反应活性，$(PNCl_2)_3$的很多衍生物可制备得到。例如，水解反应生成P—OH键，后者会发生后续反应生成很多衍生物。

$$(NPCl_2)_3 + 6H_2O \longrightarrow [NP(OH)_2]_3 + 6HCl \qquad (14.211)$$

如果一个反应发生后导致两个氯原子被取代，那么这些基团可以都连接在同一个磷原子上或者连接在不同磷原子上。当进入的基团连接在同一个磷原子上时，产物就具有孪位结构。如果基团连接在不同磷原子上时，它们可能是处于环的同一侧（顺式产物）或处于环的两侧（反式产物）。图14.8列出了这些产物的结构。

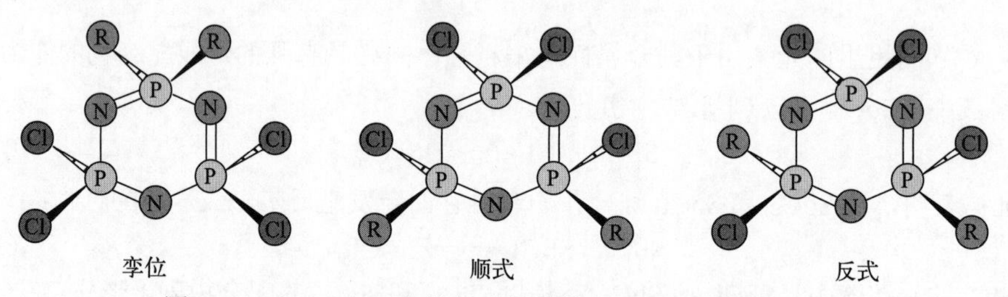

图14.8　$(NPCl_2)_3$二取代之后得到的$N_3P_3Cl_4R_2$的可能结构

利用取代反应，含有烃氧基、烃基、氨基和其他基团的衍生物可被制备得到，可以通过以下化学方程式说明：

$$(NPCl_2)_3 + 6NaOR \longrightarrow [NP(OR)_2]_3 + 6NaCl \qquad (14.212)$$

$$(NPCl_2)_3 + 12RNH_2 \longrightarrow [NP(NHR)_2]_3 + 6RNH_3Cl \qquad (14.213)$$

$$(NPCl_2)_3 + 6LiR \longrightarrow (NPR_2)_3 + 6LiCl \qquad (14.214)$$

$$(NPCl_2)_3 + 6ROH \longrightarrow [NP(OR)_2]_3 + 6HCl \qquad (14.215)$$

除了$P_3N_3X_6$分子之外，X是卤素或有机部分。叠氮衍生物具有以下结构：

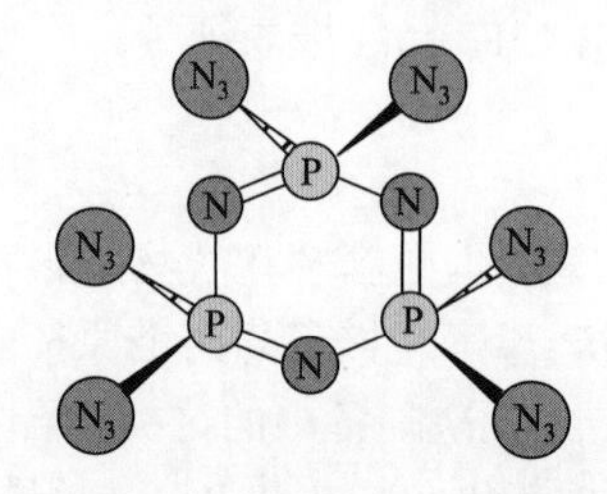

当双功能分子如乙二醇发生反应时，还有几种产物是可能得到的。例如，可以形成一个磷原子参与成环的结构，也可以形成含有P—N—P单元的大环结构。这两种结构表示如下：

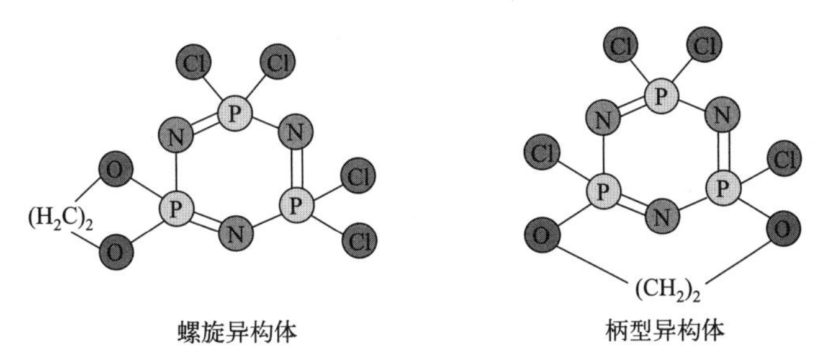

螺旋异构体　　　　柄型异构体

这些反应是在碱性条件下发生的，产物组成取决于所用溶剂和碱的性质。近年来，有报道指出其他一些有趣的膦嗪衍生物是通过 $P_3N_3Cl_6$ 与二醇 $HO(CH_2)_nOH$ 反应得到的，其中 n=2～10。除了与上述介绍的结构相似的产物之外，单桥联、双桥联和三桥联的结构也被制得。其中双桥联的结构表示如下：

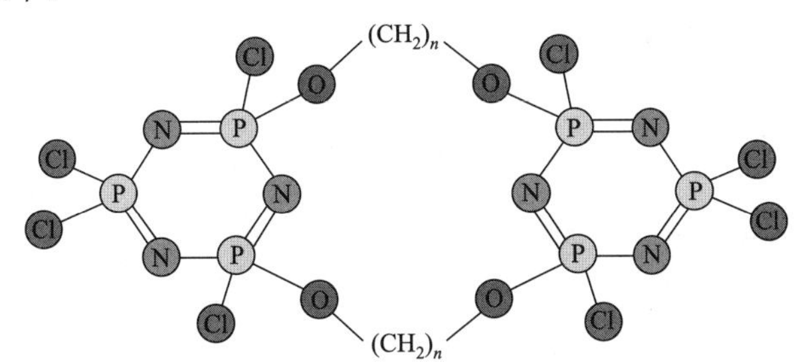

从 $P_3N_3Cl_6$ 出发，与 $F(C_6H_4)CH_2NH(CH_2)_nNHR$（其中 n=3 或 4）反应，制备得到的环状衍生物具有二次环结构，其中一种产物结构如下：

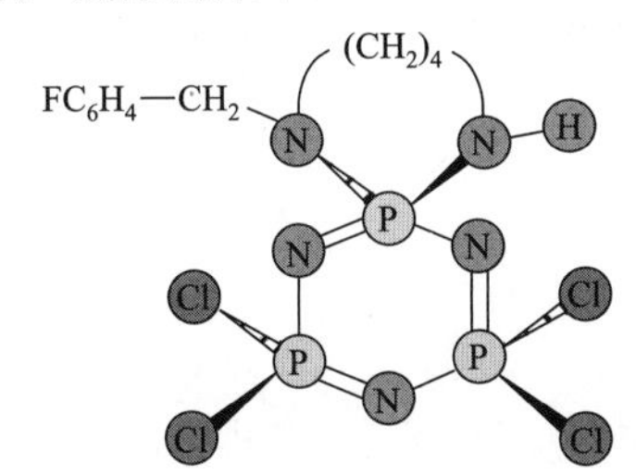

这些化合物表明 $P_3N_3Cl_6$ 分子可与大量的有机化合物发生反应，具有很强的反应活泼性。

当$(PNCl_2)_3$加热到 250℃时，分子会发生聚合反应生成含有 15000 个单体的聚合物：

$$n/3(NPCl_2)_3 \xrightarrow{250℃} (NPCl_2)_n \tag{14.216}$$

通过进行上述类型的反应，大量的膦嗪被制得。除了合成研究之外，很多理论研究的工作也在进行，用来解释膦嗪的成键问题。

14.3.8 酸和盐

当考虑第ⅤA 族元素的酸时，第一个进入我们脑海里的酸或许是磷酸 H_3PO_4。磷酸是其中一种大规模生产的化学品，并且在很多工业过程中使用。但是，还是有一些含有第ⅤA 族元素的其他酸存在，尽管相对于磷酸而言没有一种酸是非常重要的。砷酸 H_3AsO_4 在很多地方与磷酸是相似的，但对于铋酸而言就几乎不存在什么相似性了。铋酸的化学式是 H_3BiO_3，也可以写成 $Bi(OH)_3$，这也说明它是一种非常弱的酸。磷（Ⅲ）也能形成酸，即 H_3PO_3，但其分子结构是 $OP(H)(OH)_2$。第ⅤA 族元素的酸的讨论多数集中在含有磷的酸上面。

亚磷酸 H_3PO_3 可通过 P_4O_6 与水反应制得：

$$P_4O_6+6H_2O \longrightarrow 4H_3PO_3 \tag{14.217}$$

也可以通过 PCl_3 的水解生成：

$$PCl_3+3H_2O \longrightarrow H_3PO_3+3HCl \tag{14.218}$$

尽管它的化学式有时写成 H_3PO_3，但它是一种二元酸，结构如下：

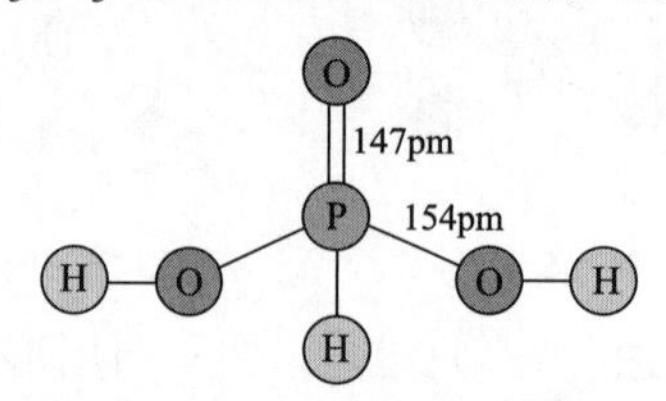

从它的解离常数 $K_{a1}=5.1\times10^{-2}$ 和 $K_{a2}=1.8\times10^{-7}$ 可以看出，它是一个弱酸。因为两个解离常数之间具有 10^{-5} 的数量级差别，有可能脱去一个质子生成酸式盐，如 NaH_2PO_3。

亚磷酸酯被用于多种用途，例如在合成中作为溶剂和作为中间体。我们已知有两类化合物，它们的化学式分别是 $(RO)_2P(O)H$ 和 $(RO)_3P$，其结构如下：

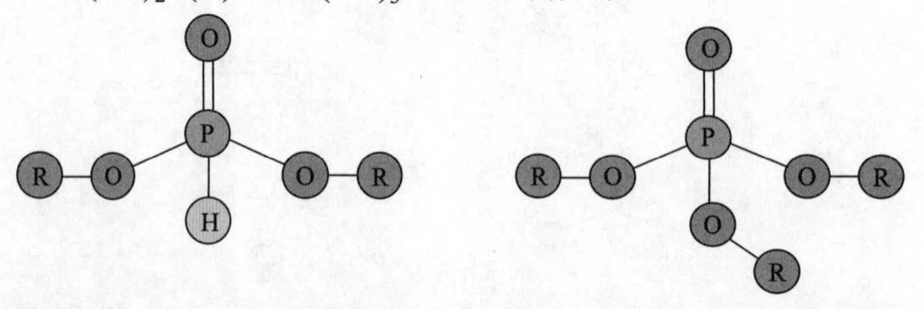

在二烃基亚磷酸酯中的氢原子可被氯原子取代生成二烃基氯代亚磷酸酯：

$$(RO)_2P(O)H+Cl_2 \longrightarrow (RO)_2P(O)Cl+HCl \tag{14.219}$$

部分水解反应可导致单烃基亚磷酸酯的生成，但完全水解的话将生成磷酸。磷原子上连接的氢原子同样可被钠通过以下反应取代，这说明氢原子表现出弱的酸性：

$$2(RO)_2P(O)H+2Na \longrightarrow 2(RO)_2PO^-Na^++H_2 \tag{14.220}$$

PCl_3 的 P—Cl 键对于很多含有 OH 基团的化合物而言是反应活泼的。因此，醇类与 PCl_3 反应可得到三烃基亚磷酸酯：

$$PCl_3+3ROH \longrightarrow (RO)_3P+3HCl \tag{14.221}$$

二烃基磷酸酯可通过控制好醇类与 PCl_3 的比例制得。卤素与烃基亚磷酸酯反应可得到含有与磷原子成键的卤素原子的产物：

$$(RO)_3P+X_2 \longrightarrow (RO)_2P(O)X+RX \tag{14.222}$$

当三烃基亚磷酸酯与 PX_3 反应时，会发生卤素转移的反应，表示如下：

$$(RO)_3P+PX_3 \longrightarrow (RO)_2PX+ROPX_2 \tag{14.223}$$

正如三卤化磷的反应一样，加入氧、硫或硒时，三烃基亚磷酸酯中的磷原子也会发生加成反应。后两者是以单质形式反应，但合适的氧源是过氧化氢：

$$(RO)_3P+H_2O_2 \longrightarrow (RO)_3PO+H_2O \tag{14.224}$$

尽管它们具有毒性，但是烃基亚磷酸酯还是被大量用于润滑油添加剂、腐蚀抑制剂和抗氧化剂。除了它们在合成化学中作为中间体的应用之外，有机磷化合物也被用在溶剂萃取法中分离重金属。曾经大量使用的几种杀虫剂就是磷酸酯的衍生物。其中的两种化合物是马拉息昂和帕拉息昂。

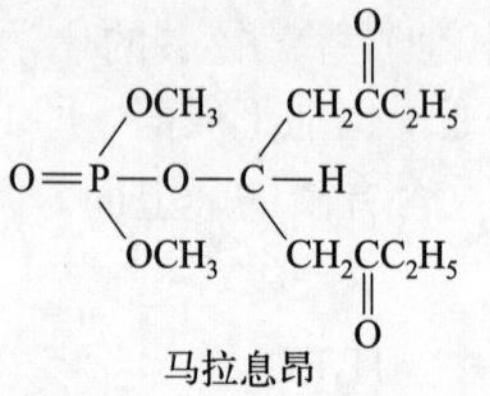

马拉息昂 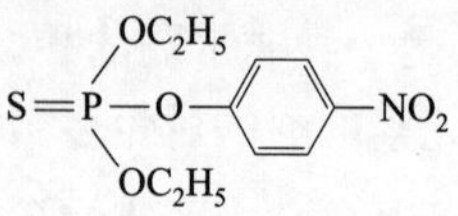　　帕拉息昂

正是由于使用这些化合物的危险性，在美国帕拉息昂自从 1991 年就被禁用了。另一种有毒的有机磷化合物是沙林（结构如下），这是一种为军事用途制备的神经气体。

```
        F         CH3
       /         /
O═P—O—C—H
       \         \
        CH3       CH3
```

尽管这些磷酸酯衍生物都是高毒性的，这个性质还被以多种方式开发使用，但是很多磷酸酯化合物在化学工业中具有重要的应用。

14.3.9 磷酸和磷酸盐

磷（Ⅴ）可形成多种酸，这些酸可看成是假想化合物 $P(OH)_5$ 部分脱水的产物。例如，如果化合物脱去一个水分子，那么对应的酸就是 H_3PO_4：

$$P(OH)_5 \longrightarrow H_2O + H_3PO_4 \tag{14.225}$$

H_3PO_4 也称为正磷酸，结构如下：

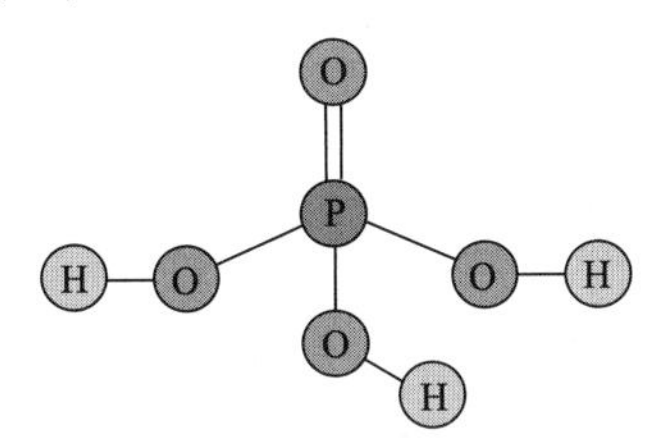

脱去另一分子水得到的产物是 HPO_3，称为偏磷酸。从另一个角度看，磷酸可被看作水和 P_2O_5（P_4O_{10} 的经验式）按比例组成。如果水与 P_2O_5 的比例是 5∶1 的话，反应可写成：

$$5H_2O + P_2O_5 \longrightarrow 2P(OH)_5 \tag{14.226}$$

如果比例为 3∶1 或 1∶1 的话，分别有以下化学方程式：

$$3H_2O + P_2O_5 \longrightarrow 2H_3PO_4 \tag{14.227}$$

$$H_2O + P_2O_5 \longrightarrow 2HPO_3 \tag{14.228}$$

从前面提到的例子知道，虽然 H_2O/P_2O_5 的比值可以达到 5，但是现实中形成的酸最大的比值只能达到 3（H_3PO_4）。当水从 H_3PO_4 中脱去时，在磷酸分子之间会形成氧桥，而生成的产物称为聚磷酸。从一个 H_3PO_4 分子中脱去一个水分子形成的酸称为偏磷酸 HPO_3，这是一种强酸。我们可以将 $H_4P_2O_7$（二磷酸或焦磷酸）的生成看作是在 H_3PO_4 中加入 P_2O_5 或者两个 H_3PO_4 分子脱去一个水分子。第一种过程可写成：

$$4H_3PO_4 + P_2O_5 \longrightarrow 3H_4P_2O_7 \tag{14.229}$$

而聚合的过程可表示如下：

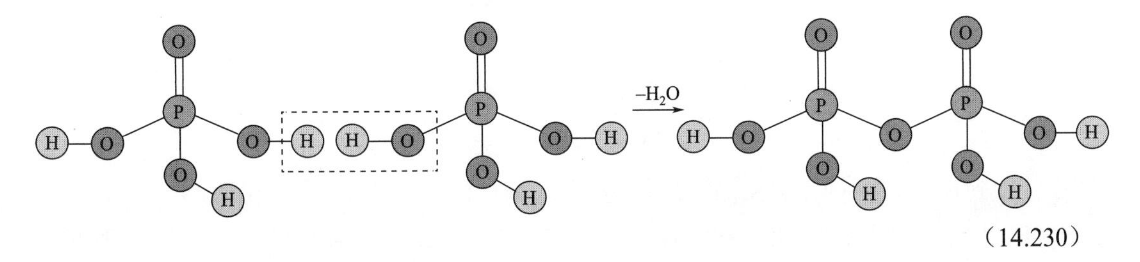

（14.230）

焦磷酸表示了 H_2O/P_2O_5 的比值是 2∶1，它有四个解离常数：$K_{a1}=1.4\times10^{-1}$；$K_{a2}=1.1\times10^{-2}$；$K_{a3}=2.9\times10^{-7}$；$K_{a4}=4.1\times10^{-10}$。前两个常数非常接近，并且比后面的两个数值大得多。因此，两个质子相对比较容易被取代，而剩余的两个可以与金属形成酸式盐 $M_2H_2P_2O_7$（M 是一价离子）。

其中一个常见的例子是 $Na_2H_2P_2O_7$，它是一种固体酸，与 $NaHCO_3$ 一起用作发酵粉。然而，并不是所有的盐都能通过中和反应制备，例如 $Na_4P_2O_7$ 就是通过 Na_2HPO_4 的热分解制得：

$$2Na_2HPO_4 \xrightarrow{\triangle} H_2O+Na_4P_2O_7 \tag{14.231}$$

如果碱的浓度足够高，$H_4P_2O_7$ 的最后两个质子也能被脱去生成 $M_4P_2O_7$ 的盐。如 $Na_4P_2O_7$ 被用作洗涤剂、制作奶酪的乳化剂、涂料分散剂和软水剂。钾盐则用作液态洗发剂和去垢剂、涂料的颜料分散剂与合成橡胶制造。钙盐 $Ca_2P_2O_7$ 可用作牙膏中的软质磨料。化学式为 $MH_3P_2O_7$ 和 $M_3HP_2O_7$ 的盐很少见，并且用途也少。这种类型的化合物之一是 NaH_2PO_4，通过脱水反应被用于制备 $Na_2H_2P_2O_7$。

$$2NaH_2PO_4 \xrightarrow{\triangle} Na_2H_2P_2O_7+H_2O \tag{14.232}$$

磷酸分子进一步脱水会形成含有多个磷酸单元的多聚磷酸。这些酸本身并没有多大用处，但对应的盐却被大量使用。三磷酸（或称为三聚磷酸）$H_5P_3O_{10}$ 可认为是以下反应的产物：

$$10H_2O+3P_4O_{10} \longrightarrow 4H_5P_3O_{10} \tag{14.233}$$

但它也可以认为是 $H_4P_2O_7$ 和 H_3PO_4 脱水生成的。其结构是：

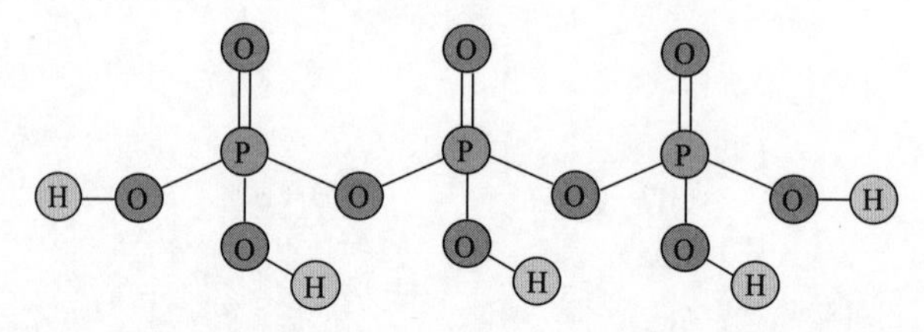

它是一种相当强的酸，因此在水中第一步解离是很彻底的。其他的多聚磷酸的分子通式为 $H_{n+2}P_nO_{3n+1}$，它们都可以认为是 n–1 酸和 H_3PO_4 脱去一个水分子得到的。这些多聚磷酸的结构可表示如下：

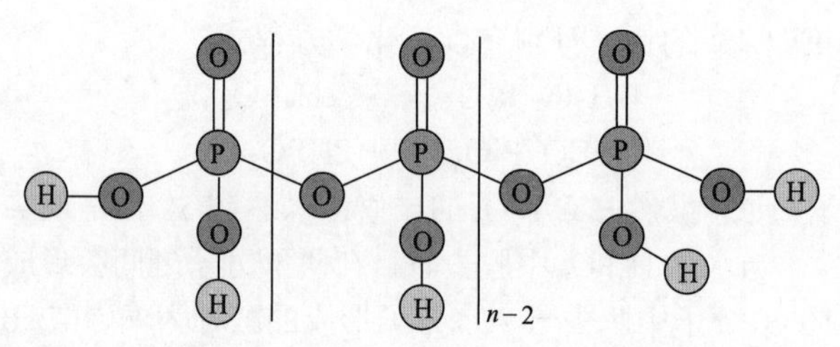

三聚磷酸钠 $Na_5P_3O_{10}$ 是多磷酸盐中最重要的一种。它被用作磺酸盐的分散剂，因其在硬水中与 Ca^{2+}和 Mg^{2+}螯合配位，防止形成不溶性的硬脂酸盐。

另一种“磷酸”三偏磷酸，是 HPO_3 的三聚体，表现的 H_2O/P_2O_5 的比值是 1。$H_3P_3O_9$ 的结构如下：

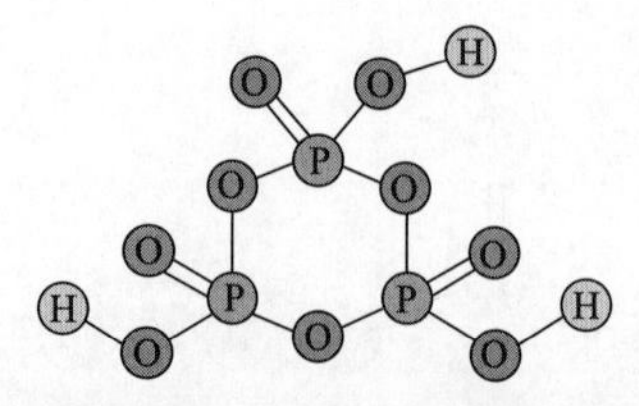

注意到 $P_3O_9^{3-}$ 与$(SO_3)_3$ 和 $Si_3O_9^{6-}$ 是等电子体，同样也是环状结构。当化学式 $H_3P_3O_9$ 写成$[(HO)PO_2]_3$时，可以发现它是一种强酸。三偏磷酸的某些盐被用在食品和化妆品中。这种酸可以看成是 H_3PO_4 部分脱水生成的：

$$3H_3PO_4 \longrightarrow (HPO_3)_3+3H_2O \tag{14.234}$$

也可以看作是 P_2O_5 的水化产物：

$$3P_2O_5+3H_2O \longrightarrow 2(HPO_3)_3 \tag{14.235}$$

尽管环状四聚体也是已知的，但它不是一种重要的化合物。

含磷的最重要的酸是正磷酸 H_3PO_4，它在大多数情况下提及的时候名称是磷酸。每年生产出来的磷酸约有 300 亿磅。其商品化形式通常是 85%的酸。生产磷酸的过程是与磷酸的用途相关的。如果准备用在食品中，那么制备方法是燃烧磷，并将其溶解在水中：

$$P_4+5O_2 \longrightarrow P_4O_{10} \tag{14.236}$$

$$P_4O_{10}+6H_2O \longrightarrow 4H_3PO_4 \tag{14.237}$$

肥料级别的产物则是使用硫酸处理磷矿石：

$$3H_2SO_4+Ca_3(PO_4)_2 \longrightarrow 3CaSO_4+2H_3PO_4 \tag{14.238}$$

液态 H_3PO_4 黏度高，通过大量的氢键缔合。

往硫酸中通入 SO_2 可以得到 $H_2S_2O_7$，其稀释之后可以得到 100%的硫酸。但是，当 P_4O_{10} 加入 85%的磷酸中时，会发生缩聚反应，生成复杂的混合物，包括 H_3PO_4、$H_4P_2O_7$、更高缩聚的酸和痕量的水。因此，如果加入足量的 P_4O_{10} 来生成理论上 100%的 H_3PO_4 时，那么约有 10%的 P_4O_{10} 用于生成其他物质了，尤其是 $H_4P_2O_7$。

磷酸$(HO)_3PO$ 是一种弱酸，其解离常数为 $K_{a1} = 7.5\times10^{-3}$、$K_{a2} = 6.0\times10^{-8}$ 和 $K_{a3} = 5\times10^{-13}$。已知对应的盐的化学式为 M_3PO_4、M_2HPO_4 和 MH_2PO_4，其中 M 为一价离子。这些盐溶解在水中时会由于水解而得到碱性的溶液：

$$PO_4^{3-} + H_2O \longrightarrow HPO_4^{2-} + OH^- \tag{14.239}$$

$$HPO_4^{2-} + H_2O \longrightarrow H_2PO_4^- + OH^- \tag{14.240}$$

磷酸在很多方面都有用处，如食品、饮料等。它也被用于金属表面清洁、电镀、肥料、制造防火材料与化学工业中的其他过程，这些用途使得磷酸成为最重要的商业化学品之一。

14.3.10 肥料生产

养活超过 60 亿的世界人口需要用到所有类型的工具。不单是农业机械重要，农业化学品也是很重要的。有效使用肥料对于增加食物产量是十分必要的，尤其是目前耕种面积在不断减少（至少在美国是这样的）。磷在很多种类的肥料中都是一种重要的成分，它们的生产主要涉及无机化学。

天然存在的磷酸钙是制造肥料的主要来源。它在很多地方都存在，并且赋存量大。将这些不溶材料转化成可溶物需要将磷酸盐转化成其他一些溶解度较高的化合物。在 $Ca_3(PO_4)_2$ 中，离子的电荷分别为+2 和−3，因此晶格能高，这类化合物一般在水中较难溶。因为磷酸根是碱性的，$Ca_3(PO_4)_2$ 能与酸反应生成 $H_2PO_4^-$（过程已给出）。随着离子电荷变低，化合物的溶解度也增大。对于这种转化，最廉价的强酸即硫酸被利用上了，发生的反应方程式如下：

$$Ca_3(PO_4)_2+2H_2SO_4+4H_2O \longrightarrow Ca(H_2PO_4)_2+2CaSO_4\cdot 2H_2O \tag{14.241}$$

产物 $Ca(H_2PO_4)_2$ 比磷酸盐的溶解度大得多。硫酸是一种比任何化合物的产量都要大的物质，它的年产量达到了 1000 亿磅。这个产量的大约 2/3 被用于制造肥料。这种含有磷酸二氢钙和硫酸钙（石膏）的混合物被称为过磷酸钙，它含有磷的比例比磷酸钙的要高。

氟磷灰石 $Ca_5(PO_4)_3F$ 有时与 $Ca_3(PO_4)_2$ 伴生，也能与硫酸反应：

$$2Ca_5(PO_4)_3F+7H_2SO_4+10H_2O \longrightarrow 3Ca(H_2PO_4)_2\cdot H_2O+7CaSO_4\cdot H_2O+2HF \tag{14.242}$$

这是氟化氢的来源之一，当然氟化氢也可以通过萤石 CaF_2 与硫酸反应生成。

另一种肥料的制备就是用磷酸代替硫酸，其反应如下：

$$Ca_3(PO_4)_2+4H_3PO_4 \longrightarrow 3Ca(H_2PO_4)_2 \tag{14.243}$$

$$Ca_5(PO_4)_3F+5H_2O+7H_3PO_4 \longrightarrow 5Ca(H_2PO_4)_2\cdot H_2O+HF \tag{14.244}$$

产物 $Ca(H_2PO_4)_2$ 含有更高含量的钙，它也经常被称为三过磷酸钙。

植物需要的养分通常还含有氮。本章在之前讨论过，硝酸铵是一种重要的肥料，它可通过以下化学方程式制备：

$$HNO_3+NH_3 \longrightarrow NH_4NO_3 \tag{14.245}$$

每年制备的大量的硝酸铵主要用于肥料，还有部分用于炸药。硫酸铵、磷酸铵和尿素也是一些含氮的肥料。它们通过以下化学方程式制备：

$$2NH_3+H_2SO_4 \longrightarrow (NH_4)_2SO_4 \tag{14.246}$$

$$3NH_3+H_3PO_4 \longrightarrow (NH_4)_3PO_4 \tag{14.247}$$

$$2NH_3+CO_2 \longrightarrow (NH_2)_2CO+H_2O \tag{14.248}$$

同时含磷和氮的肥料可由以下化学方程式制得：

$$Ca_3(PO_4)_2+4HNO_3 \longrightarrow Ca(H_2PO_4)_2+2Ca(NO_3)_2 \tag{14.249}$$

无机化学在食物生产方面起了重要作用。上面介绍的材料都是大规模生产的，它们对我们的生活方式和生活质量很重要。保守估计到 2030 年时，全世界人口将有 120 亿，这种重要性是不会降低的。

拓展学习的参考文献

Allcock, H.R., 1972. *Phosphorus-Nitrogen Compounds*. Academic Press, New York. A useful treatment of linear, cyclic, and polymeric phosphorus-nitrogen compounds.

Bailar, J.C., Emeleus, H.J., Nyholm, R., Trotman-Dickinson, A.F., 1973. *Comprehensive Inorganic Chemistry*, vol. 3. Pergamon Press, Oxford. This is one volume in the five volume reference work in inorganic chemistry.

Carbridge, D.E.C., 1974. *The Structural Chemistry of Phosphorus*. Elsevier, New York. An advanced treatise on an enormous range of topics in phosphorus chemistry.

Cotton, F.A., Wilkinson, G., Murillo, C.A., Bochmann, M., 1999. *Advanced Inorganic Chemistry*, sixth ed. John Wiley, New York. A 1300 pages book that has chapters dealing with all main group elements.

Glockling, F., 1969. *The Chemistry of Germanium*. Academic Press, New York. An excellent introduction to the inorganic and organic chemistry of germanium.

Goldwhite, H., 1981. *Introduction to Phosphorus Chemistry*. Cambridge University Press, Cambridge. A small book that contains a lot of information and organic phosphorus chemistry.

Gonzales-Moraga, G., 1993. *Cluster Chemistry*. Springer-Verlag, New York. A comprehensive survey of the chemistry of clusters containing transition metals as well as cages composed of main group elements such as phosphorus, sulfur, and carbon.

King, R.B., 1995. *Inorganic Chemistry of the Main Group Elements*. VCH Publishers, New York. An excellent introduction to the reaction chemistry of many elements.

Liebau, F., 1985. *Structural Chemistry of Silicates*. Springer-Verlag, New York. Thorough discussion of this important topic.

Mark, J.E., Allcock, H.R., West, R., 1992. *Inorganic Polymers*. Prentice Hall, Englewood Cliffs, NJ. A modern treatment of polymeric inorganic materials.

Rochow, E.G., 1946. *An Introduction to the Chemistry of the Silicones*. John Wiley, New York.

An introduction to the fundamentals of silicon chemistry.

Toy, A.D.F., 1975. *The Chemistry of Phosphorus*. Harper & Row, Menlo Park, CA. One of the standard works on phosphorus chemistry.

Van Wazer, J.R., 1958. *Phosphorus and Its Compounds*, vol. 1. Interscience, New York. This is the classic book on all phases of phosphorus chemistry. Highly recommended.

Van Wazer, J.R., 1961. *Phosphorus and Its Compounds*, vol. 2. Interscience, New York. This volume is aimed at the technology and application of phosphorus-containing compounds.

Walsh, E.N., Griffith, E.J., Parry, R.W., Quin, L.D., 1992. *Phosphorus Chemistry*, Developments in American Science. American Chemical Society, Washington, D.C. This is ACS Symposium Series No. 486, a symposium volume that contains 20 chapters dealing with many aspects of phosphorus chemistry.

习题

1. 写出 AsF_5 与以下化合物反应的平衡化学方程式：

H_2O，H_2SO_4，CH_3COOH，CH_3OH

2. 完成并配平以下反应，其中某些反应需要加热：

（a）$As_2O_3+HCl \longrightarrow$

（b）$As_2O_3+Zn+HCl \longrightarrow$

（c）$Sb_2S_3+O_2 \longrightarrow$

（d）$AsCl_3+H_2O \longrightarrow$

（e）$Sb_2O_3+C \longrightarrow$

3. 完成并配平以下反应：

（a）$AsCl_3+LiC_4H_9 \longrightarrow$

（b）$PCl_5+P_4O_{10} \longrightarrow$

（c）$OPCl_3+C_2H_5OH \longrightarrow$

（d）$(NPCl_2)_3+LiCH_3 \longrightarrow$

（e）$P(OCH_3)_3+S_8 \longrightarrow$

4. 从单质磷出发，写出一系列化学方程式来合成以下物质：

$P(OCH_3)_3$，$OP(OC_2H_5)_3$，$SP(OC_2H_5)_3$

5. 25℃、1atm 时，为何 N_2O 在水中的溶解度比 N_2 的要大将近 40 倍？

6. 氧化三氟氨 F_3NO 的偶极矩为 0.039D，而 NF_3 的偶极矩为 0.235D，请问为何不同？

7. 尽管 N 和 O 的电负性差值比 C 和 O 的差值小，但是 NO 分子的偶极矩为 0.159D，而 CO 分子的偶极矩为 0.110D，为何会这样？

8. 描述一下 OPR_3（R 为烃基）分子中的 P—O 键的成键形式，来说明导致其键长比普通的 P—O 单键的键长短的原因。

9. 假设一种−1 价的离子，其中氮、磷、碳原子数各为一个。请描述这个离子的结构，并详细介绍其中的成键和共振类型。

10. 乙酸鏻可能稳定吗？解释你的答案。

11. 有一个化合物是已知的亚硝酰基叠氮 N_4O，请画出它的结构，并讨论其成键。具有这种化学式的结构还有哪些？评论一下它的稳定性。

12. NO 被氧化成 NO_2 的过程中可能涉及一个中间产物 N_2O_2。描述一下这个化合物的结构。人们普遍认为还存在一种较不稳定的异构体，请画出这个异构体的结构。

13. 当 NO 与 $ClNO_2$ 反应时，产物为 ClNO 和 NO_2。这个反应可以由两种方式进行。写出相应的化学方程式来说明其机理。为何使用放射性同位素可以说明其机理？

14. 完成并配平以下在液氨中反应的化学方程式：

（a）$NH_4Cl+NaNH_2 \longrightarrow$

（b）$Li_2O+NH_3 \longrightarrow$

（c）$CaNH+NH_4Cl \longrightarrow$

15. 在亚硝酸分子中的 N—O 键有两种距离，即 143pm 和 118pm。画出分子的结构，并解释键长的不同。

16. 亚磷酸在高温时歧化生成磷化氢，那么其他的产物是什么？写出这个反应的化学方程式。

17. 氟原子在 PCl_4F 分子中的位置在哪里？请给出你的判断依据。

18. 在汞的金属偶联反应过程中脱去卤素原子是很正常的，那么汞与 PF_2I 发生偶联反应时的产物是什么？

19. 画出 P_4O_{10} 的结构图。在这个分子中有两个不同的 P—O 键长。请问哪个长、哪个短？然后从成键角度解释键长的差别。

20. 当燃烧的镁被放入充满 N_2O 的瓶子中时，镁继续燃烧。写出反应的化学方程式。这样的反应是如何与 N_2O 的结构一致的？

21. 写出以下过程配平的化学方程式：

（a）三乙基磷的制备。

（b）PCl_5 与 NH_4Cl 的反应。

（c）肼的制备。

（d）P_4O_{10} 与 i-C_3H_7OH 的反应。

22. 膦嗪环中的氮原子会发生什么类型的反应？

23. 高温下，砷溶解在熔融的氢氧化钠中并释放出氢气。写出这个反应的化学方程式。

24. SbF_5 的存在是如何增大液态 HF 溶剂体系的酸度的？

25. 在 H_3PO_4 分子中，P—O 键的键长分别为 152pm 和 157pm。画出分子结构，指出键长，并讨论成键的不同。

26. 尽管亚磷酸的化学式为 H_3PO_3，但是用氢氧化钠滴定时得到的却是 Na_2HPO_3。为什么？

27. 尽管 H_3PO_4 是一种含磷的稳定酸，但是并没有对应的 H_3NO_4。解释为何这是对的。

28. 即使 H_3NO_4 不稳定，但是 Na_2O 与 $NaNO_3$ 在高温时反应能生成 Na_3NO_4。那么 NO_4^{3-} 的结构是怎样的？

29. N—O 键的键长正常是 146pm，在 NO_4^{3-} 中，其键长为 139pm。请解释这种不同。记住 NO_3^- 中的 N—O 键的键长为 124pm。

30. P═P 键的键能是 493kJ·mol^{-1}，P—P 键的键能是 209kJ·mol^{-1}。利用这些数据分析说明磷单质的构成与氮单质的构成不同的原因。

31. 写出以下过程配平的反应方程式：

（a）$(CH_3)_3PO$ 的制备。

（b）从 P_4 出发制备 POF_3。

（c）P_4 与 NaOH 的反应。

（d）过磷酸钙肥料的制备。

32. 完成并配平以下反应：

（a）$NaCl+SbCl_3 \longrightarrow$

（b）$Bi_2S_3+O_2 \longrightarrow$

（c）$Na_3Sb+H_2O \longrightarrow$

（d）$BiBr_3+H_2O \longrightarrow$

（e）$Bi_2O_3+C \longrightarrow$

33. 请解释为何 NH_3 的极性比 NCl_3 的极性大。

34. 连二次硝酸和硝酰胺都具有相同的化学式 $H_2N_2O_2$。画出这些分子的结构，并解释它们在酸碱性质上的不同。

35. 使用以下键能数据，解释为何 CO_2 是以游离态分子存在，而 SiO_2 却不能，估计 Si═O 的强度：

C—O，335kJ・mol^{-1}；C═O，707kJ・mol^{-1}；Si—O，464kJ・mol^{-1}

36. 解释为何 $SnCl_2$ 的沸点是 652℃，而 $SnCl_4$ 的沸点是 114℃。

37. 完整写出以下过程的化学方程式并配平：

（a）硅烷的燃烧。

（b）PbO_2 的制备。

（c）CaO 与 SiO_2 在高温时的反应。

（d）$GeCl_2$ 的制备。

（e）$SnCl_4$ 与水的反应。

（f）四乙基铅的制备。

第 15 章 非金属元素化学Ⅲ——第ⅥA到第ⅧA族

学习无机化学时，显然必须考虑化学性质差异很大的元素。尽管磷和氙都是非金属，它们的性质非常不同，但是这两种元素的某些化合物也会以相似的方式进行反应。即使在某些特定族内，这些元素也有巨大的不同。这就是为何氧要和本章介绍的第ⅥA族剩余的硫属元素分开讨论的原因。在卤素元素中，氟的化学性质与本族中的其他元素性质类似，因此整个第ⅦA族会在本章一起介绍。所以，本章中介绍的内容包括第ⅥA族（除氧之外）、第ⅦA族和稀有气体。对于每种元素的内容已经有很多专著介绍了，因此这里我们只会对这些元素进行一个简单的介绍。

15.1 硫、硒和碲

硫化学是一个很大的领域，包括硫酸（最大产量的化合物）和一些不寻常的含氮、磷和卤素的化合物。虽然硒和碲化学也有大量的研究，但是大多数都是合乎逻辑地与硫化学相近，只需要考虑越重的元素金属性越高就可以了。所有的钋的同位素都是放射性的，所以这个元素的所有化合物都不能商品化，或者没有很多用途。因此，硫化学将介绍得更详细一些。

15.1.1 元素的存在形式

硫已经被人们熟知和使用了几千年，原因是这种元素在地球很多有活火山存在的地方都能被找到，并且它是未化合的形态。这样的地方包括地中海、墨西哥、智利和日本等。这些地方的人类记录的历史表明，硫以几种形式被利用。许多矿物中也含有硫，例如方铅矿 PbS、闪锌矿 ZnS、朱砂 HgS、黄铁矿 FeS、石膏 $CaSO_4$ 和黄铜矿 CuS_2。黑火药是一种硫、木炭和硝酸钾的混合物，已被人们熟知大约一千年了，它在火器上的应用影响了人类历史的进程。

碲在 1782 年由巴伦·穆勒·范·莱希茵斯泰恩（Baron F.J. Müller von Reichenstein）发现，而硒则是由伯齐利厄斯在 1817 年发现的。这个族中的最后一个元素是在 1898 年由居里夫人发现的，钋这个名字就是来源于她的祖国波兰。碲的命名来自拉丁语 tellus，意思是“土”；而硒的名字是来自希腊语 selene，意思是“月亮”。含有硫的矿中也会含有少量的硒和碲，这也是这些元素的主要来源。在铜的电解精炼中，阳极泥就含有一些硒和碲。硫可以通过弗拉施（Frasch）法，利用三个同心管将来自路易斯安那州和田纳西州的地下的大量硫元素沉淀出来。在这个过程中，硫（119℃熔化）被通入一根管内的过热水中而熔化，压缩空气也被压入另一根管中。熔融的硫就在第三根管中被压出地表。

15.1.2 硫、硒和碲单质

硫存在的通常形式是斜方硫，可以稳定到 105℃。在这个温度以上，单斜结构的硫是稳定的。硫的塑性形态可以通过将液态硫通入水中快速冷却得到，但如果持续一段时间后，它也会转变成斜方硫。在分子水平，元素是以 S_8 环的形式存在的，其结构如下：

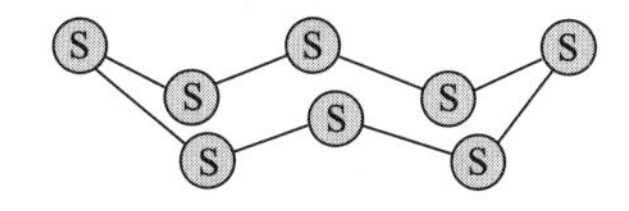

硫蒸气是多种物质的混合物，包括 S_8、S_6、S_4 和 S_2（像 O_2 一样具有顺磁性）。因为 S_8 分子是非极性的，它能溶在一些非极性溶液中，例如 CS_2 和 C_6H_6。硒也是由 8 原子的环状分子组成的，而碲在性质上偏向金属。它们的蒸气中也含有 2 原子、6 原子或 8 原子的物质。它们都可用作半导体，而硒还被用在整流器中。因为随着光照强度的增大，硒的导电性也增大，硒被用于光束控制的电子开关。硒也被用于光计量器中，虽然其他类型的计量器已经可用且灵敏度更高。表 15.1 归纳了第ⅥA 族元素的部分性质。

表 15.1 第ⅥA 族元素的部分性质

项目	O	S	Se	Te	Po
熔点/℃	−218.9	118.9①	217.4	449.8	—
沸点/℃	−182.96	444.6	648.8（升华）	1390	—
原子半径/pm	74	104	117	137	152
离子半径(X^{4+})/pm	—	51	64	111	122
离子半径(X^{2-})/pm	126	170	184	207	—
电负性	3.5	2.5	2.4	2.1	—
电离势/eV	13.62	10.36	6.54	9.01	8.42

① 单斜形态。

液态硫的黏度有点不寻常，随着温度的上升，黏度也上升，在 170～180℃达到最大值。在更高的温度时，黏度随着温度的上升而下降。当 S_8 分子断裂时，形成的长链会相互作用，生成更大的聚集体。这种聚集体没有环状结构那么好的流动性。温度再升高时，长链也发生断裂，这时黏度变低。硒的黏度并没有表现出这样的不寻常。

尽管硫的很多反应和使用将被介绍到，但是约 85%的硫都被用于制备硫酸，约 2/3 的硫酸被用于制造肥料（见第 14 章）。硫是相当活泼的，所以它能与大多数的元素反应。当它在空气中燃烧时，会发出蓝色的火焰：

$$S_8+8O_2 \longrightarrow 8SO_2 \quad (15.1)$$

当它使银失去光泽时，生成了一层黑色表层：

$$16Ag+S_8 \longrightarrow 8Ag_2S \quad (15.2)$$

硫与磷和卤素反应时，也可以生成二元化合物：

$$4P_4+5S_8 \longrightarrow 4P_4S_{10} \quad (15.3)$$

$$24F_2+S_8 \longrightarrow 8SF_6 \quad (15.4)$$

硫也会与几种类型的物质发生加成反应。例如，硫代硫酸盐可通过亚硫酸和硫反应制得：

$$8SO_3^{2-}+S_8 \longrightarrow 8S_2O_3^{2-} \quad (15.5)$$

硫氰酸根可通过硫加成到氰根中制得：

$$S_8+8CN^- \longrightarrow 8SCN^- \quad (15.6)$$

它也可以加合到多种分子中的磷原子上，化学方程式表示如下：

$$8(C_6H_5)_2PCl+S_8 \longrightarrow 8(C_6H_5)_2PSCl \quad (15.7)$$

$$8PCl_3+S_8 \longrightarrow 8SPCl_3 \quad (15.8)$$

由于其成链倾向，硫与硫化物溶液反应会生成多硫化物：

$$S^{2-}+(x/8)S_8 \longrightarrow S-S_{x-1}-S^{2-} \quad (15.9)$$

根据这种反应，硫也可以与碘以相似的方式结合，形成多碘化物。硫也可以从碳氢化合物中脱去氢原子，形成 H_2S 和碳碳双键。硫溶解在热的浓硝酸中，其被氧化的反应方程式如下：

$$S_8+32HNO_3 \longrightarrow 8SO_2+32NO_2+16H_2O \quad (15.10)$$

在下面的反应中，硒和碲表现出的行为与硫有点相似：

$$Se_8+8O_2 \longrightarrow 8SeO_2 \quad (15.11)$$

$$3Se_8+16Al \longrightarrow 8Al_2Se_3 \quad (15.12)$$

$$Se_8+24F_2 \longrightarrow 8SeF_6 \quad (15.13)$$

$$Te+2Cl_2 \longrightarrow TeCl_4 \quad (15.14)$$

但是，硒和碲并不能与氢反应，所以它们的氢化物的制备是要先与金属反应，得到的产物再与酸反应。硒和碲与氰根也会发生加成反应，生成硒氰根和碲氰根。

$$8KCN+Se_8 \longrightarrow 8KSeCN \quad (15.15)$$

15.1.3 氢化合物

到目前为止，含有第ⅥA 族元素和氢的最常见的化合物的结构通式为 H_2E。这些化合物的性质归纳于表 15.2 中，为了对比，水的性质也包含在其中。这些氢化合物都是剧毒的。

表 15.2 第ⅥA 族元素的氢化合物的性质

性质	H_2O	H_2S	H_2Se	H_2Te
熔点/℃	0	−85.5	−65.7	−51
沸点/℃	100.0	−60.7	−41.3	−2.3
$\Delta H_f^\ominus$ (气态)/kJ · mol^{-1}	−242	−20	66.1	146
偶极矩/D	1.85	0.97	0.62	0.2
酸 K_{a1}	1.07×10^{-16}	1.0×10^{-9}	1.7×10^{-4}	2.3×10^{-3}
酸 K_{a2}	—	1.2×10^{-15}	1.0×10^{-10}	1.6×10^{-11}
键角/(°)	104.5	92.3	91.0	89.5
H—X 键能/kJ · mol^{-1}	464	347	305	268

由于硫原子间可以成键，所以就存在几种氢化物，这类化合物的结构中硫原子是成链的，氢原子与最末端的硫原子连接，例如 H_2S_2（熔点−88℃，沸点 74.5℃）和 H_2S_6。这类化合物也被称为硫烷。

表 15.2 中的数据显示了 H_2E 分子的几种有趣的性质。它们的沸点比水低很多，表明后者的结构中存在强的氢键作用。从生成热的数据看出，同族元素越往下，其化合物的稳定性降低得越多。据推测是由于原子半径的增大，导致原子与氢原子的 1s 轨道重合度下降。键角表明水中的氧原子是 sp^3 杂化的，而其他元素的键角离 90° 却并不远。这可能是由于在这些原子中因为中心原子的轨道更大导致其杂化并不明显，而这种趋势也与第ⅤA 族元素的化合物相似。

硫化氢的制备可以通过多种方式进行。其中一种最简单的方法就是金属硫化物与酸反应，例如方铅矿的反应表示如下：

$$PbS+2H^+ \longrightarrow Pb^{2+}+H_2S \quad (15.16)$$

硫化氢可以从单质硫出发制得，但由于生成 H_2Se 和 H_2Te 的反应不易进行，这说明直接单质结合的制备方法对于这两种物质而言不是一种有效的路径。所以，它们是先得到硒化物和碲化物，之后再与酸反应。

$$Mg+Te \longrightarrow MgTe \quad (15.17)$$

$$MgTe+2H^+ \longrightarrow Mg^{2+}+H_2Te \quad (15.18)$$

所有的 H_2E 化合物在水中都是微弱解离的，但第二步的解离度非常小。由于这些酸都是弱酸，含有 E^{2-}的溶液因水解而显碱性：

$$S^{2-}+H_2O \rightleftharpoons HS^-+OH^- \quad (15.19)$$

存在一系列的硫氢盐，它们在溶液中也是显碱性的，因为 H_2S 的第一步解离就是微弱的：

$$HS^-+H_2O \rightleftharpoons H_2S+OH^- \quad (15.20)$$

15.1.4 多原子物质

具有化学式为 H_2S_n（n 为 2～8）的化合物被称为硫烷，根据下标中的硫原子个数来命名（H_2S_3 是三硫烷，H_2S_6 是六硫烷）。含有更长硫原子链的硫烷可通过 H_2S_2 与二氯化二硫 S_2Cl_2（也称为一氯化硫）反应制得。

$$3H_2S_2+S_2Cl_2 \longrightarrow 2H_2S_4+2HCl \quad (15.21)$$

硫链的长度可以通过持续与 S_2Cl_2 反应增加：

$$2H_2S_2+S_nCl_2 \longrightarrow H_2S_{n+4}+2HCl \quad (15.22)$$

硫烷通过热力学有利的反应分解成 H_2S 和硫：

$$H_2S_n \longrightarrow H_2S+(n-1)S \quad (15.23)$$

尽管第ⅥA 族元素的很多化合物是共价的，或含有作为阴离子的元素，但含有硫、硒和碲的阳离子也已有研究。溶液中的硫离子与硫反应生成的多原子阴离子称为多硫化物。当这些溶液被酸化时，会形成一系列的含有硫原子链的化合物。反应可表示如下：

$$S_n^{2-} + 2H^+ \longrightarrow H_2S_n \quad (15.24)$$

几种金属多硫化物可以通过金属与过量的硫在液氨中反应制得，或者在熔融的金属硫化物中与硫在加热条件下反应制得。多硫离子与金属发生配位反应形成配位化合物，这种化合物以两个硫原子与金属结合（因此称为二齿配体）。一个例子是含有 S_5^{2-} 的一种不寻常的钛配合物，这种配合物可通过下面的化学方程式制得（η的使用表示环戊二烯离子的配位模式，解释见第 16 章）：

$$\left(\eta^5\text{-}C_5H_5\right)_2TiCl_2+\left(NH_4\right)_2S_5 \longrightarrow \left(\eta^5\text{-}C_5H_5\right)_2TiS_5+2NH_4Cl \quad (15.25)$$

尽管 H_2S 通常是一种弱酸，但它在一些超强酸溶液中也是可以作为碱的，例如液态 HF 中的 HF/SbF_5。生成的产物是 H_3S^+，虽然固态 $H_3S^+SbF_5^-$ 已被制备出，但是这类化合物还是相当少的。

只含有 S、Se 或 Te 的阳离子已经被人们认识很多年了。其中最常见的离子之一就是 S_4^{2+}，它的结构就是下所示的平面四边形结构。这种结构也是 Se_4^{2+} 和 Te_4^{2+} 的结构，下面还列出了不同的尺寸。

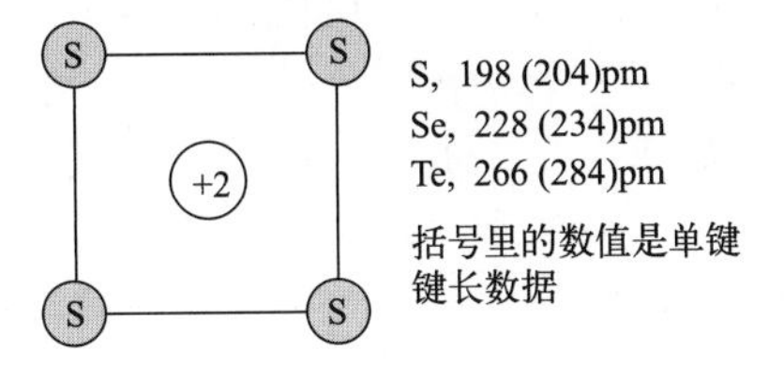

S、Se 和 Te 的多原子阳离子可通过以下化学方程式制备：

$$S_8 + 6AsF_5 \xrightarrow{\text{液}SO_2} 2S_4^{2+}\left(AsF_6^-\right)_2 + 2AsF_3 \quad (15.26)$$

$$S_8 + 3AsF_5 \xrightarrow{\text{液}SO_2} S_8^{2+}\left(AsF_6^-\right)_2 + AsF_3 \quad (15.27)$$

$$TeCl_4 + 7Te + 4AlCl_3 \xrightarrow{AlCl_3} 2Te_4^{2+}\left(AlCl_4^-\right)_2 \quad (15.28)$$

$$Se_8 + 3AsF_5 \longrightarrow Se_8^{2+}\left(AsF_6^-\right)_2 + AsF_3 \quad (15.29)$$

这些反应本质上与它们在超强酸体系中（含有 SbF_5、AsF_5 等）的反应是等价的。尽管 S_4^{2+}、Se_4^{2+} 和 Te_4^{2+} 是平面四边形结构，但 S_8^{2+}、Se_8^{2+}、Te_8^{2+} 的结构却是折叠环。

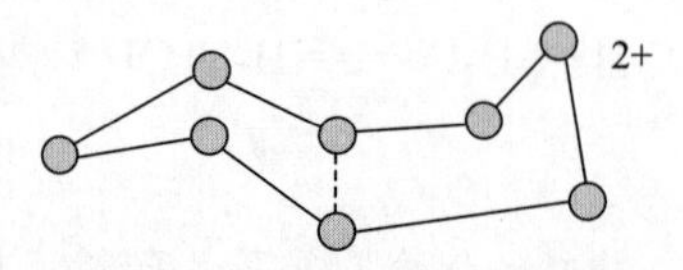

含有两个和八个原子的离子是常见的，但第ⅥA 族元素绝不是只包含这些阳离子。碲形成 Te_6^{4+}，其结构是稍畸变的三方柱。Se_{10}^{2+} 已被提到过，硫形成的 S_{19}^{2+} 具有一个五原子链，链的两端原子各连接了一个七元环结构。非水溶剂和超酸溶液的使用使得很容易出现很多不寻常和有趣的物质。

15.1.5 硫、硒和碲的氧化物

我们知道硫可以形成很多种氧化物，包括 S_2O、S_6O、S_8O、S_7O_2 和 SO，这些物质没有重要的用途。含有多个硫原子的氧化物的结构通常是环状的，其中的硫原子与氧原子依次连接。这种结构与硒和碲的氧化物结构不一样，但所有元素的二氧化物都有大量的化学内容。表 15.3 列出了第ⅥA 族元素的二氧化物的性质。

表 15.3 第ⅥA 族元素的二氧化物的性质

性质	SO_2	SeO_2	TeO_2
熔点/℃	−75.5	340	733
沸点/℃	−10.0	升华	—
$\Delta H_f^\ominus$ /kJ·mol^{-1}	−296.9	−230.0	−325.3
$\Delta G_f^\ominus$ /kJ·mol^{-1}	−300.4	−171.5	−269.9

二氧化硫是一种商业上很重要的气体，它可以用作制冷剂、消毒剂和保存食物用的还原气。尽管它也用于制造其他含硫的化合物，但是 SO_2 最重要的应用还在于作为制备亚硫酸的前驱体。它能通过燃烧硫黄制得，也能通过很多其他反应制备。亚硫酸盐与酸反应释放出 SO_2：

$$2H^+ + SO_3^{2-} \longrightarrow SO_2 + H_2O \quad (15.30)$$

当焙烧硫化物矿制备出氧化物时，会产生 SO_2：

$$4FeS_2 + 11O_2 \xrightarrow{\text{加热}} 2Fe_2O_3 + 8SO_2 \quad (15.31)$$

在燃烧含硫的煤炭时，二氧化硫被释放出。现在工业废水中大部分的气体都被除去并用于制造亚硫酸。Se 和 Te 的二氧化物可以从单质与浓 HNO_3 反应后的残余物中回收。

尽管 SO_2 的沸点是−75.5℃，但 SeO_2 和 TeO_2 的沸点分别是 340℃和 733℃。这几乎无须说明这些分子中的成键存在巨大的不同。气态的 SO_2 分子的结构可以表示为两对共振结构。

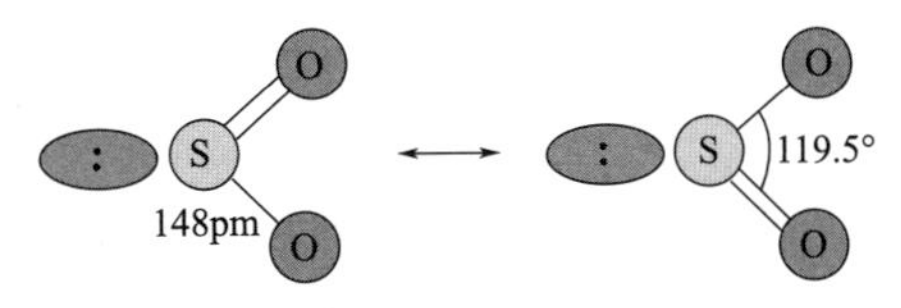

与 SO_2 不同，SeO_2 和 TeO_2 是固态形式，它们的结构是拓展的网络结构。液态 SO_2（μ=1.63D）是一种很有用的非水溶剂（见第 10 章），而且它对很多类型的有机物是良溶剂，芳香烃的溶解性比脂肪烃的溶解性要大得多。根据溶剂概念，SO_2 的电离程度是几乎可以忽略的，它主要通过形成配合物参与反应。它同时可以作为路易斯酸和碱，可以与金属形成配合物，尤其是第二和第三周期的氧化数低的过渡金属，在反应中 SO_2 可以通过硫原子、氧原子或者作为桥联金属基团反应。SO_2 与 PCl_5 反应生成 $OPCl_3$ 和亚硫酰氯 $SOCl_2$。硫酰氯可通过 SO_2 和 Cl_2 反应得到。

$$SO_2+Cl_2 \longrightarrow SO_2Cl_2 \tag{15.32}$$

SO_2 被催化氧化得到 SO_3，与水反应即生成硫酸，并且溶于硫酸中可得到二硫酸或发烟硫酸 $H_2S_2O_7$。固态 SO_3 的结构存在三聚体$(SO_3)_3$，但这种结构有不同的结晶结构。

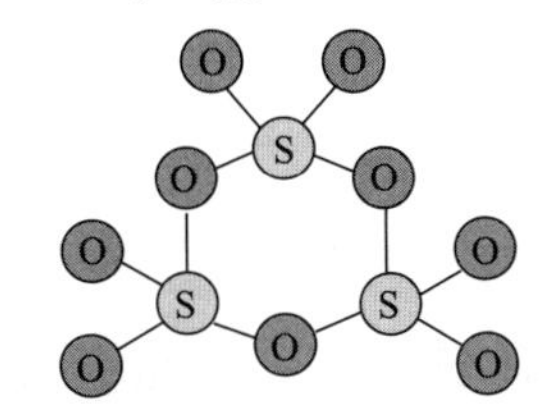

这个结构与 $(SiO_3)_3^{6-}$ 和 $(PO_3)_3^{3-}$ 是等电子体。气态 SO_3 是平面三角形结构，而且具有多个共振结构。当结构画成只有一个双键时，硫原子价态为+2 价，而这个价态随着结构中有两个双键而消除。因此，硫和氧原子之间的多重成键是大量的。

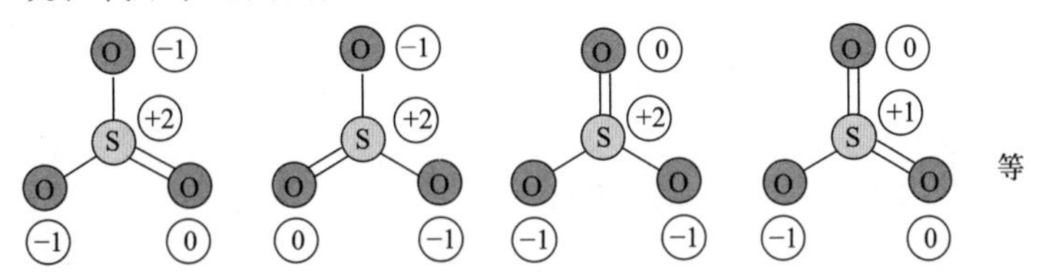

三氧化硒对比于二氧化硒而言是不稳定的。

$$SeO_3(s) \longrightarrow SeO_2(s)+\frac{1}{2}O_2(g) \quad \Delta H=-54\text{kJ}\cdot\text{mol}^{-1} \tag{15.33}$$

它可由 H_2SeO_4 脱水得到或者这个酸与 SO_3 反应制得。三氧化硒能溶于有机溶剂。$Te(OH)_6$ 脱水得到 TeO_3，其在固态时存在两种形式。无论 SeO_3 还是 TeO_3 都没有大规模的商业使用。

15.1.6 卤化物

第ⅥA 族元素的卤化物数量相当多，但是大部分的化合物都是氟化物和氯化物。表 15.4 归纳了大部分的第ⅥA 族元素卤化物的性质数据。

表 15.4 第ⅥA 族元素的卤化物

化合物	熔点/℃	沸点/℃
S_2F_2	−133	15
SF_4	−121	−38
SF_6	−51（2 atm）	−63.8（升华）
S_2F_{10}	−52.7	30
SCl_2	−122	59.6

续表

化合物	熔点/℃	沸点/℃
S_2Cl_2	−82	137.1
S_3Cl_2	−45	—
SCl_4	−31（分解）	—
S_2Br_2	−46	90（分解）
SeF_4	−9.5	106
SeF_6	−34.6（1500 torr）	34.8（945 torr）
Se_2Cl_2	−85	127（733 torr）
$SeCl_4$	191（升华）	—
Se_2Br_2	−146	225 d
TeF_4	129.6	194 d
TeF_6	−37.8	−38.9（升华）
Te_2F_{10}	−33.7	59
$TeCl_2$	208	328
$TeCl_4$	224	390
$TeBr_4$	380	414（分解）

S_2F_2的结构与H_2O_2相似，其二面角是 88°，而SF_4结构是不规则的四面体结构，SF_6是规则的八面体结构。所有的这些氟化硫的结构都在图 15.1 中列出了。

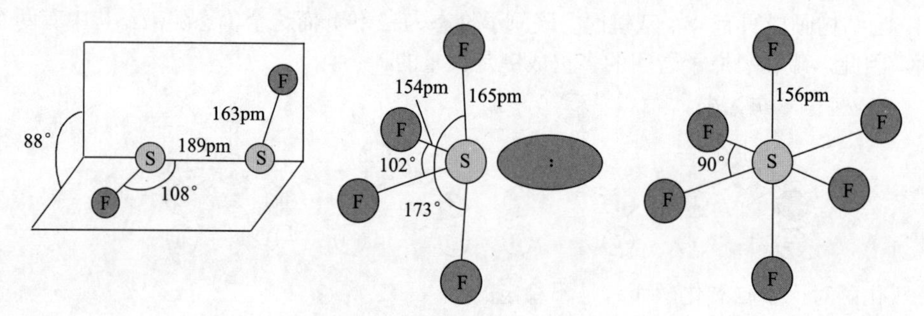

图 15.1　最重要的氟化硫结构

除了这些有名的氟化物，还有其他的氟化物存在，包括S_2F_2形式的氟化亚硫酰硫SSF_2、SF_2和两个SF_5分子通过 S—S 键连接的S_2F_{10}。

氟化硫的制备涉及大量反应。六氟化物可以通过使用ClF_3、BrF_3或F_2将硫氟化。当使用氟时，一些副产物如SF_4和S_2F_{10}也会生成。六氟化物由于具有惰性，实际上在非金属氟化物中是独立存在的。因为惰性，它在普通条件下几乎没有可以进行的反应，被用作气体绝缘物。其惰性的原因在于 S—F 键的稳定性和硫原子被六个氟原子包围屏蔽，导致没有低能量的反应途径。相比之下，其他的氟化硫可以与水反应。

$$SF_4+3H_2O \longrightarrow 4HF+H_2O+SO_2 \tag{15.34}$$

四氟化硫是一种氟化剂，可以进行很多有用的反应，下面的反应就是其中的一些例子：

$$P_4O_{10}+6SF_4 \longrightarrow 4POF_3+6SOF_2 \tag{15.35}$$

$$P_4S_{10}+5SF_4 \longrightarrow 4PF_5+15S \tag{15.36}$$

$$UO_3+3SF_4 \longrightarrow UF_6+3SOF_2 \tag{15.37}$$

$$CH_3COCH_3+SF_4 \longrightarrow CH_3CF_2CH_3+SOF_2 \tag{15.38}$$

四氟化硫可以通过一些氟化剂如 IF_7 进行制备：

$$7S_8+32IF_7 \xrightarrow{100\sim200^\circ C} 56SF_4+16I_2 \tag{15.39}$$

以下的偶联反应可用于制备 S_2F_{10}：

$$H_2+2SF_5Cl \xrightarrow{h\nu} S_2F_{10}+2HCl \tag{15.40}$$

这个氟化物比 SF_6 还活泼，在 150℃时，它分解为 SF_4 和 SF_6。

SeF_6 和 TeF_6 这两个六氟化物与 SF_6 很相似，但是它们更容易反应。可能的原因在于硒和碲与氟的化学键极性更大，其原子半径更大，导致六个氟原子对其的屏蔽作用更小。SeF_6 和 TeF_6 与水都能缓慢反应。

$$SeF_6+4H_2O \longrightarrow H_2SeO_4+6HF \tag{15.41}$$

$$TeF_6+4H_2O \longrightarrow H_2TeO_4+6HF \tag{15.42}$$

SF_4 也可以作为路易斯碱参与反应，但在某些情况下，氟原子是电子对给体。与强路易斯酸如 BF_3 和 SbF_5 作用时，反应生成 SF_3^+ 阳离子。SF_4 也可能与路易斯碱反应，最终扩充了价电子层的电子数。当与 F^- 反应时，生成的是 SF_5^-。

硒和碲的四氟化物在结构和反应活泼性上都很相似。但是，聚集态的成键是不同的，也导致结构的不同。四氟化硒可以直接通过元素的结合制得，也可以通过 SeO_2 与 SF_4 在高温下反应制得。碲化合物的制备方法是 SeF_4 与 TeO_2 在 80℃下反应。

硫与氯的最重要的二元化合物是 S_2Cl_2 和 SCl_2。这两种物质在很多地方都被大量使用，但 S_2Cl_2 的最重要的应用之一是橡胶的硫化。这个化合物可通过硫的氯化制得：

$$S_8+4Cl_2 \longrightarrow 4S_2Cl_2 \tag{15.43}$$

S_2Cl_2 的结构与图 15.1 中的 S_2F_2 是类似的。其他硫的氯化物中的硫原子呈链状，氯原子连接在端基的硫原子上，它们可通过 S_2Cl_2 与硫反应制得：

$$S_2Cl_2+n/8S_8 \longrightarrow S_{n+2}Cl_2 \tag{15.44}$$

S_2Cl_2 与硫烷反应生成氯代硫烷：

$$2S_2Cl_2+H_2S_x \longrightarrow S_{x+4}Cl_2+2HCl \tag{15.45}$$

尽管 SCl_4 不稳定，但是 $SeCl_4$ 和 $TeCl_4$ 是稳定的，这可能是由于中心原子尺寸更大和成键的极性更大的原因。气态中，$SeCl_4$ 分解，但 $TeCl_4$ 可以稳定到 500℃。Se 和 Te 的四氯化物的结构与 SCl_4 的结构类似。当加热到熔融时，$TeCl_4$ 变为一种优良的电导体，可能与其电离反应有关。

$$TeCl_4 \longrightarrow TeCl_3^+ +Cl^- \tag{15.46}$$

第ⅥA 族元素还有很多类型的卤化物，也有很多离子物质从它们中衍生出来。由于篇幅有限，不能完全把所有的化合物都列举出来，但是这里介绍的内容已经包含了它们的大部分性质。

15.1.7 硫和硒的卤氧化物

硫属元素的卤氧化物组成了一类活泼的有用的化合物。正如所料，硫化合物具有更大的用途，但是 $SeOF_2$ 和 $SeOCl_2$ 对于很多材料而言是良溶剂，这使得它们可以作为非水溶剂（见第 10 章）。最重要的两种卤氧化物是 EOX_2 和 EO_2X_2 系列化合物，表 15.5 归纳了这些类型的化合物的相关数据。

表 15.5 硫和硒的卤氧化物的性质

化合物	熔点/℃	沸点/℃	μ/D
SOF_2	−110.5	−43.8	—
$SOCl_2$	−106	78.8	1.45
$SOBr_2$	−52	183	—

续表

化合物	熔点/℃	沸点/℃	μ/D
SOClF	−139.5	12.1	—
$SeOF_2$	4.6	124	—
$SeOCl_2$	8.6	176.4	—
$SeOBr_2$	41.6	分解	—
SO_2F_2	−136.7	−55.4	1.12
SO_2Cl_2	−54.1	69.1	1.81
SO_2ClF	−124.7	7.1	1.81

亚硫酰氯和硫酰氯的结构中氧原子和氯原子都与硫连接。即使它们的化学式通常写成 $SOCl_2$ 和 SO_2Cl_2，但其实正确的写法应该是 $OSCl_2$ 和 O_2SCl_2。这些分子分别具有 C_s 和 C_{2v} 对称性。亚硫酰氯可以通过 SO_2 的氯化制得：

$$PCl_5+SO_2 \longrightarrow POCl_3+SOCl_2 \tag{15.47}$$

或者通过 SO_3 与 S_2Cl_2 或 SCl_2 反应制得：

$$SO_3+SCl_2 \longrightarrow SOCl_2+SO_2 \tag{15.48}$$

混合的卤化物如 SOClF 可以通过以下的反应制备：

$$SOCl_2+NaF \longrightarrow SOClF+NaCl \tag{15.49}$$

SeO_2 和 $SeCl_4$ 的交换反应生成二氯氧化硒：

$$SeO_2+SeCl_4 \longrightarrow 2SeOCl_2 \tag{15.50}$$

尽管这个反应肯定只会少量地发生，但是我们认为亚硫酰氯和二氯氧化硒的自电离会生成 $EOCl^+$ 和 $EOCl_3^-$。这些分子在气态时都是锥形结构，在固态 $SeOCl_2$ 结构中存在大量的键桥。

亚硫酰氯参与反应时可作为路易斯酸，也可作为路易斯碱，所有的 S 和 Se 化合物对于其他很多材料而言都是非常活泼的。水解反应很容易发生，$SOCl_2$ 是一种亲水性很强的物质，因此可被用于除水剂。

$$SOCl_2+H_2O \longrightarrow SO_2+2HCl \tag{15.51}$$

当除去化合物中的水分时，如金属氯化物，气态的反应产物使得它很容易从无水化合物中分离。

$$CrCl_3\cdot 6H_2O+6SOCl_2 \longrightarrow CrCl_3+6SO_2+12HCl \tag{15.52}$$

亚硫酰氯也被用于转化金属氧化物或氢氧化物成为氯化物，也可以与很多有机化合物反应。以下的反应是醇类与它的反应。

$$2ROH+SOCl_2 \longrightarrow (RO)_2SO+2HCl \tag{15.53}$$

氯是一种强氧化剂，可以将 SO_2 氧化为硫酰氯 SO_2Cl_2。反应中，硫被氧化，而氯被加成，所以这个反应是一个氧化加成反应。

$$SO_2+Cl_2 \longrightarrow SO_2Cl_2 \tag{15.54}$$

SO_2Cl_2 分子可以被认为是硫酸中的 OH 基团被 Cl 取代，生成的酸性氯化物。跟预想的一致，它可进行溶剂分解反应，以下几个反应可说明：

$$SO_2Cl_2+2H_2O \longrightarrow H_2SO_4+2HCl \tag{15.55}$$

$$SO_2Cl_2+2NH_3 \longrightarrow SO_2(NH_2)_2+2HCl \tag{15.56}$$

硫酰氟可以通过 SO_2 或 SO_2Cl_2 与 F_2 反应制备。

$$SO_2+F_2 \longrightarrow SO_2F_2 \tag{15.57}$$

$$SO_2Cl_2+F_2 \longrightarrow SO_2F_2+Cl_2 \tag{15.58}$$

SF_6和SO_3的交换反应也能生成硫酰氟。

$$SF_6+2SO_3 \longrightarrow 3SO_2F_2 \tag{15.59}$$

即使硫酰氯和硫酰氟被认为是硫酸的双卤取代物，但其单卤取代物也是很有用的化合物，它们由于 OH 基团的反应活性，因而可以进行很多反应。单卤取代物可以通过以下反应制得：

$$HCl+SO_3 \longrightarrow ClSO_3H \tag{15.60}$$

$$PCl_5+H_2SO_4 \longrightarrow POCl_3+ClSO_3H+HCl \tag{15.61}$$

$$SO_3+HF \longrightarrow FSO_3H \tag{15.62}$$

$$ClSO_3H+KF \longrightarrow KCl+FSO_3H \tag{15.63}$$

$ClSO_3H$和FSO_3H都能与水和醇类发生快速反应。

$$FSO_3H+H_2O \longrightarrow HF+H_2SO_4 \tag{15.64}$$

氟硫酸可被用于氟化反应，也可以在烷基化反应和聚合反应中作为催化剂。$ClSO_3H$和FSO_3H的最重要的反应之一就是作为磺化剂往大量的有机物质中引入SO_3H基团。

15.1.8 氮化合物

由于硒和碲的氮化合物比起硫的氮化合物而言，重要性较低，所以本节将只提到硫的氮化合物。含硫和氮的二元化合物具有多种不寻常的结构和性质，这使得它们成为有趣的系列物质。四氮化四硫S_4N_4或许是被研究得最多的一类化合物，它可通过以下反应制备：

$$6S_2Cl_2+4NH_4Cl \longrightarrow S_4N_4+S_8+16HCl \tag{15.65}$$

$$6S_2Cl_2+16NH_3 \longrightarrow S_4N_4+S_8+12NH_4Cl \tag{15.66}$$

一些在加热时发生颜色改变的化合物被称为热致变色化合物，而四氮化四硫就具有这种性质。它在非常低的温度时是无色的，温度升高到25℃时变为橙色，到100℃时变为深红色。这种化合物能溶于有机溶剂中，但不溶于水。尽管S_4N_4在某些条件下是稳定的，但是它的生成热为460kJ • mol^{-1}，部分原因是N_2分子的稳定性很高。因此，如果它受到撞击，那么就会发生爆炸。S_4N_4分子的结构是一个不寻常的环状结构，其中的四个氮原子处于一个平面上。

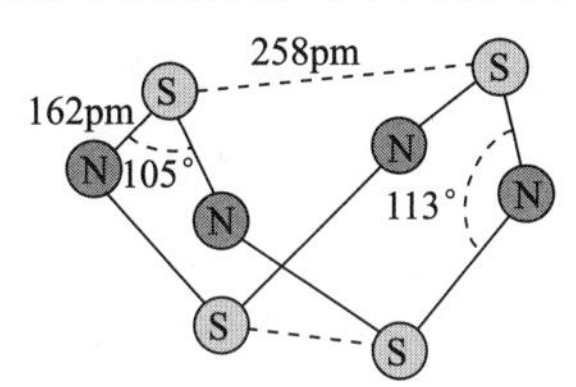

硫原子之间的距离明显比范德华半径之和（约 330 pm）要小，这表明硫原子之间存在一定的相互作用。然而，典型的 S—S 单键键长为 210 pm，因此这个相互作用是很弱的。这个结构存在几种共振结构，其中的几个表示如下（N 和 S 上的未共用电子对去掉了）：

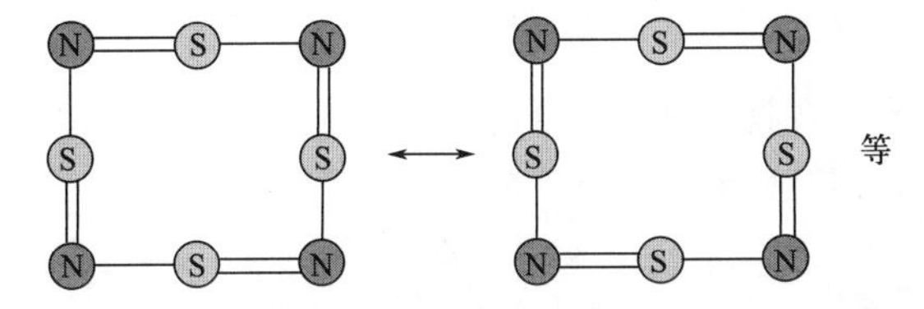

通过考虑整个结构的电子离域化作用，分子轨道计算被用于描述这个结构的成键。

四氮化四硫通过大量的反应被用于制备很多环状结构，包括一些具有桥联结构的环。需要指出的是，当S_4N_4在碱性溶液中水解时，氮原子由于具有更高的电负性，最终会变为负的氧化态，形成NH_3。

$$S_4N_4+6OH^-+3H_2O \longrightarrow S_2O_3^{2-}+2SO_3^{2-}+4NH_3 \tag{15.67}$$

S_4N_4发生的反应包括：一些反应是加入 S 或 N 的化合物时，环能保持的；还有一些反应是加入别的原子种类的化合物时，环发生变化的。其他反应还可使环完全崩塌，因此这个有趣的分子具有很广泛的化学内容。在与 Cl_2 和 Br_2 的卤化反应中，产物 $S_4N_4Cl_4$ 保持了 S_4N_4 的环状结构，氯原子与硫原子连接。

$$S_4N_4 + 2Cl_2 \xrightarrow{CS_2} S_4N_4Cl_4 \tag{15.68}$$

由于其具有未共用电子对，S_4N_4 可以作为路易斯碱发生加成反应。例如，与 BCl_3 的反应如下：

$$S_4N_4 + BCl_3 \longrightarrow S_4N_4:BCl_3 \tag{15.69}$$

正如以下化学方程式所示，S_4N_4 可以在乙醇溶剂中被 $SnCl_2$ 还原。

$$S_4N_4 \xrightarrow[C_2H_5OH]{SnCl_2} S_4(NH)_4 \tag{15.70}$$

在 CCl_4 溶剂中 AgF_2 与 S_4N_4 反应，氟原子可以被加入 S_4N_4 环中形成$(F—SN)_4$（氟原子与硫原子连接）。

当 S_4N_4 与 $SOCl_2$ 反应时，其中一种产物是$(S_4N_3)^+Cl^-$：

$$S_4N_4 \xrightarrow{SOCl_2} (S_4N_3)^+Cl^- \tag{15.71}$$

S_4N_4 与 S_2Cl_2 的反应也可以生成$S_4N_3^+$环：

$$3S_4N_4 + 2S_2Cl_2 \longrightarrow 4(S_4N_3)^+Cl^- \tag{15.72}$$

一硫三聚氮化硫离子（thiotrithiazyl）$S_4N_3^+$环具有平面环状结构，表示如下：

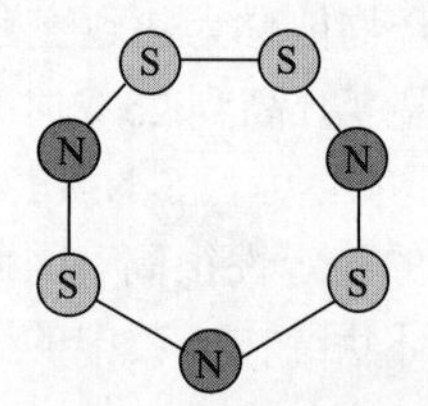

S—N 单元是氮化硫基团（thiazyl），$S_4N_3^+$ 含有三个这种基团外加一个硫原子，因此使用上面的命名。当 S_4N_4 与 NOCl 反应时，生成的是一个五元环：

$$S_4N_4 + 2NOCl + S_2Cl_2 \longrightarrow 2(S_3N_2Cl)Cl + 2NO \tag{15.73}$$

$S_3N_2Cl^+$阳离子中，氯原子与硫原子连接，其结构如下：

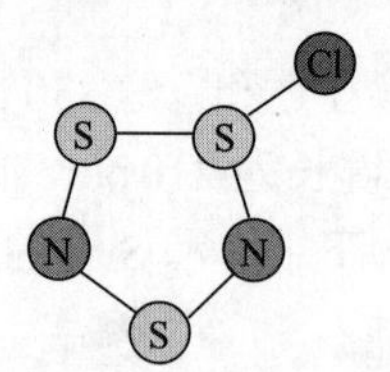

另一种硫和氮的二元化合物是易爆化合物二氮化二硫（S_2N_2），300℃时将 S_4N_4 气体通过银丝可以制得这种化合物，其结构表示如下：

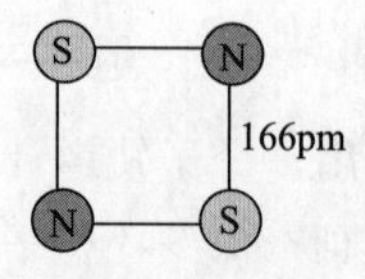

结构中键角非常接近 90°。含有双键的几种共振结构是可能存在的。尽管这是一种路易斯碱，S_2N_2 有趣的地方集中在它可以聚合生成$(S_2N_2)_n$，这是一种青铜色的材料，具有金属特性，称为聚氮化硫（polythiazyl）。聚合完成之后的材料可以在室温下或低于室温时稳定存在几天。

这些材料已被认识了接近一个世纪。

除了已经讨论的硫氮化合物之外，还有很多其他已被研究的物质。四氮化四硫是制备这些化合物的起始物，更多的反应已被研究。含有硒或碲与氮的二元化合物并没有硫与氮的二元化合物那样被表征完善，但 Se_4N_4（一种橙色的爆炸性化合物）和氮化碲已经被制备出来。一些含有硒和氮的阳离子物质也是存在的。尽管这些后面不再介绍，但已讨论的例子表现了这个领域的主要性质。

15.1.9 硫的含氧酸

对于硫的含氧酸，完全可以写一整本书来单独介绍它们。事实上，一整本介绍硫酸的书已经被发表了。硒和碲的含氧酸相对不太重要。因此，这节中大部分的内容还是关于硫的含氧酸。正如其他地方提到的，硫酸的产量是所有其他化合物中最大的，它在工业化学中的使用是非常广泛的，其使用量被视为化学工业的晴雨表。尽管硫酸到目前为止是硫的含氧酸中最常见和最重要的，但还是有其他硫的含氧酸存在，表 15.6 就列出了大多数的含氧酸。

表 15.6　硫的主要的含氧酸①

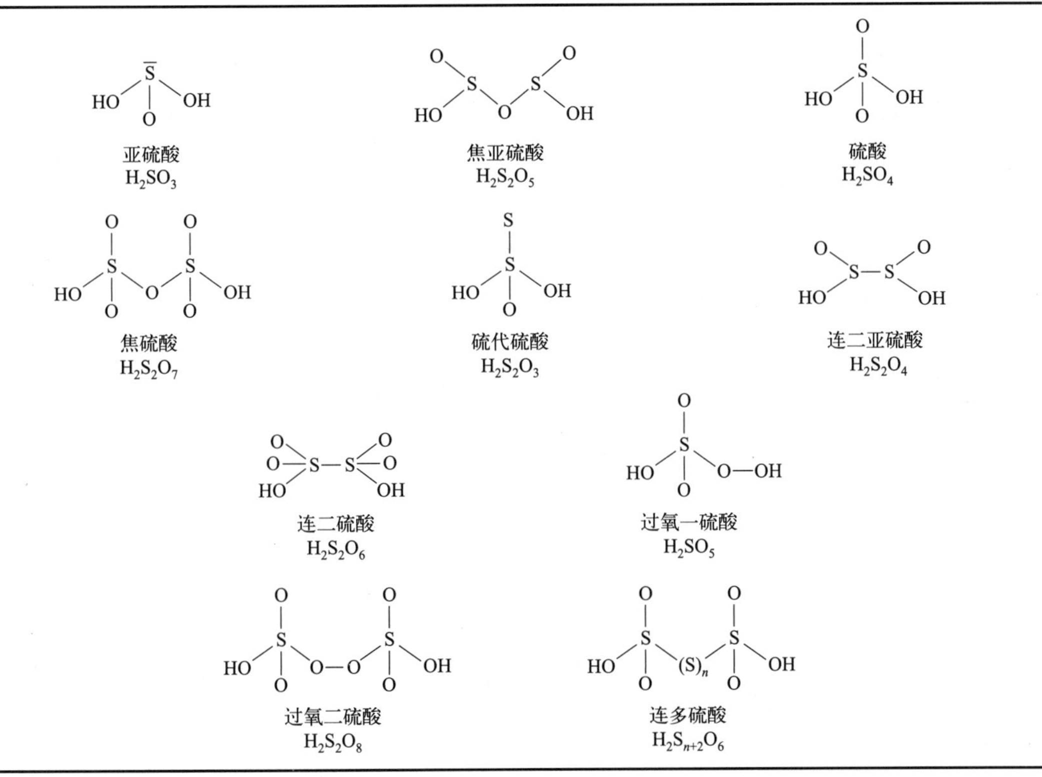

① 对于亚硫酸、连二硫酸和连二亚硫酸而言，只存在盐。

15.1.10 亚硫酸和亚硫酸盐

亚硫酸的酸酐是二氧化硫，在水中非常易溶。虽然这种气体溶解在水中，但是如以下化学方程式所示，电离程度较低：

$$2H_2O + SO_2 \rightleftharpoons H_3O^+ + HSO_3^- \qquad (15.74)$$

$$HSO_3^- + H_2O \rightleftharpoons H_3O^+ + SO_3^{2-} \qquad (15.75)$$

在溶液中，SO_2 还有很低的倾向与 SO_3^{2-} 结合生成少量的 $S_2O_5^{2-}$，这种离子也可以通过以下脱水反应制得：

$$2HSO_3^- \longrightarrow H_2O + S_2O_5^{2-} \tag{15.76}$$

尽管亚硫酸不是一种重要的化合物，但很多亚硫酸盐被大量地使用。亚硫酸盐与硫反应生成硫代硫酸盐[见式（15.5）]，同时亚硫酸盐是一种被大量使用的还原剂，特别是在制造纸浆中使用。亚硫酸盐可被氧化剂氧化成硫酸盐，例如 MnO_4^-、Cl_2、I_2 和 Fe^{3+}。大多数的亚硫酸氢盐是带有+1 价的大尺寸阳离子的化合物。

亚硫酸盐可通过以下反应制得：

$$NaOH+SO_2 \longrightarrow NaHSO_3 \tag{15.77}$$

$$2NaHSO_3+Na_2CO_3 \longrightarrow 2Na_2SO_3+H_2O+CO_2 \tag{15.78}$$

从两个 H_2SO_3 分子中脱去一个水分子得到的酸是二亚硫酸（焦硫酸）$H_2S_2O_5$。即使这种酸不稳定，但还是有少量的含有 $S_2O_5^{2-}$ 的盐存在，其结构如下：

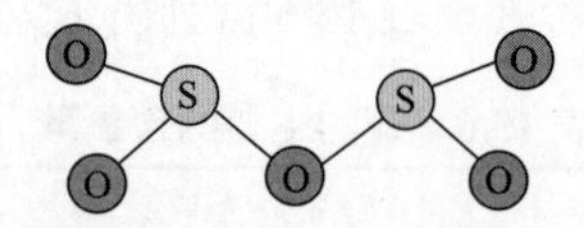

当 SO_2 被加入含有亚硫酸盐的溶液中时，可以生成 $S_2O_5^{2-}$，那么此时溶液中就含有焦硫酸的盐。在水溶液中加入酸时，这种离子会发生分解：

$$S_2O_5^{2-} + H^+ \longrightarrow HSO_3^- + SO_2 \tag{15.79}$$

15.1.11 连二亚硫酸和连二亚硫酸盐

其中一种不稳定的硫的含氧酸是连二亚硫酸 $H_2S_2O_4$，其中硫的氧化态为+3。+4 价的硫被还原生成连二亚硫酸盐可通过以下化学方程式发生：

$$2HSO_3^- + SO_2 + Zn \longrightarrow ZnSO_3 + S_2O_4^{2-} + H_2O \tag{15.80}$$

$S_2O_4^{2-}$ 的这种有趣的重叠或“锯木架”结构（C_{2v}）表示如下：

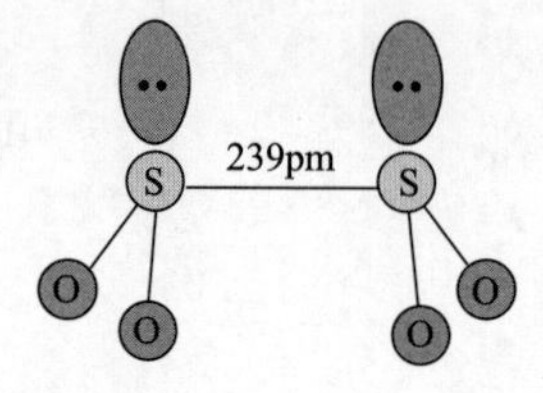

其中 O—S—O 键角为 108°。这种离子是活泼的离子，同位素实验可证明，将标记的 SO_2 加入含有连二亚硫酸盐的溶液中时，硫原子会发生交换。典型的 S—S 单键键长为 210pm，这个离子的 239pm 的键长表明硫原子间是一个弱键，也是一个具有反应活性的键，可通过以下反应阐释：

$$2S_2O_4^{2-} + H_2O \longrightarrow S_2O_3^{2-} + 2HSO_3^- \tag{15.81}$$

我们认为 $S_2O_4^{2-}$ 会发生以下平衡：

$$S_2O_4^{2-} \rightleftharpoons 2\cdot SO_2^- \tag{15.82}$$

连二亚硫酸钠 $Na_2S_2O_4 \cdot 2H_2O$ 是一种在很多反应中广泛使用的还原剂。

15.1.12 连二硫酸和连二硫酸盐

这是另一种不稳定的硫的含氧酸，硫的表面氧化态为+5。这种离子的结构如下：

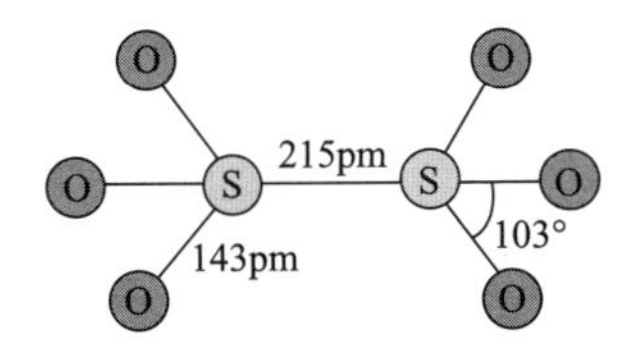

其化学式写成$(HO)S(O_2)—S(O_2)(OH)$，表明这是一种强酸。S—S 键比典型的单键略长，但 S—O 键键长却与硫酸中的键非常接近。亚硫酸盐可被氧化生成连二硫酸盐。

$$2SO_3^{2-} + MnO_2 + 4H^+ \longrightarrow Mn^{2+} + S_2O_6^{2-} + 2H_2O \qquad (15.83)$$

当受热时，连二硫酸盐会分解生成硫酸盐和 SO_2：

$$MS_2O_6 \longrightarrow MSO_4 + SO_2 \qquad (15.84)$$

连二硫酸根离子是一种优良的配位体，可以形成稳定的螯合物。除了连二硫酸，其他分子通式为 $H_2S_nO_6$ 的多硫酸也是已知的，这些结构中的硫链含有多于 2 个的硫原子。

15.1.13 过氧二硫酸和过氧单硫酸

过氧二硫酸（$H_2S_2O_8$）是一种固态酸，熔点为 65℃。这种酸和对应的盐都是强氧化剂，一些易燃物可被它们引燃。通常大量作为氧化剂使用的盐类包括钠盐、钾盐和铵盐。硫酸氢盐的电解氧化反应是制备这种酸的常用方法：

$$2HSO_4^- \longrightarrow H_2S_2O_8 + 2e^- \qquad (15.85)$$

$H_2S_2O_8$ 水解生成 H_2O_2 和硫酸：

$$H_2S_2O_8 + 2H_2O \longrightarrow 2H_2SO_4 + H_2O_2 \qquad (15.86)$$

式（15.85）和式（15.86）组成了制备过氧化氢的基本反应。当受热时，固态过氧二硫酸盐分解释放出氧气：

$$K_2S_2O_8(s) \xrightarrow{\text{加热}} K_2S_2O_7(s) + \frac{1}{2}O_2(g) \qquad (15.87)$$

过氧一硫酸[以前也称为卡罗酸（Caro′s acid）]H_2SO_5，可通过过氧二硫酸与限量的水反应制得：

$$H_2S_2O_8 + H_2O \longrightarrow H_2SO_4 + HOOSO_2OH \qquad (15.88)$$

或者通过 H_2O_2 与氯代硫酸反应制备：

$$H_2O_2 + HOSO_2Cl \longrightarrow HCl + HOOSO_2OH \qquad (15.89)$$

15.1.14 硒和碲的含氧酸

硒和碲的含氧酸也是已知的，但它们和对应的盐没有硫的化合物那么重要。当四卤化硒和四卤化碲水解时，溶液中就含有硒酸和碲酸：

$$TeCl_4 + 3H_2O \longrightarrow 4HCl + H_2TeO_3 \qquad (15.90)$$

以硒为例，其酸和盐都是稳定的。硒酸盐可通过以下反应制得：

$$CaO + SeO_2 \longrightarrow CaSeO_3 \qquad (15.91)$$

$$2NaOH + SeO_2 \longrightarrow Na_2SeO_3 + H_2O \qquad (15.92)$$

几种多碲酸盐（$Te_4O_9^{2-}$、$Te_6O_{13}^{2-}$ 等）都是一些稳定的固体盐。

尽管硒酸和碲酸的中心原子价态都是+6 价，它们也是非常不同的。硒酸 H_2SeO_4 的性质与硫酸非常相近，很多盐的性质也是相似的。Te 的+6 价含氧酸是碲酸 H_6TeO_6，也可以写成 $Te(OH)_6$。这种酸可通过 Te 或 TeO_2 被适当的氧化剂氧化制得，它可以直接以固态水合物的形式生成。从它的化学式可以推测，尽管碲酸分子中的几个质子可以被替换而形成一些对应的盐，但碲酸还是一种弱酸。

15.1.15 硫酸

硫酸是一种至关重要的化学品，每年超过900亿磅的硫酸被消耗这个事实已经强调了这一点。硫酸之所以能如此大规模地使用，是因为它可被用在多种地方，并且价格便宜。H_2SO_4的一些重要的化学性质将在这节中介绍。

我们认为H_2SO_4最早是在10世纪被发现的。在1800年，多数的硫酸是通过铅室法制备的，尽管也有通过$FeSO_4 \cdot xH_2O$的高温分解制备的。

今天，硫酸的制备是使用一种称为接触法的制备方法，原理是将SO_2氧化成SO_3，随后与水反应生成硫酸。SO_2的氧化需要适当的催化剂，例如海绵铂或钒酸钠。在很多情况下，SO_3是溶解在98%的硫酸中制成焦硫酸（发烟硫酸），这种酸可以被运输，稀释之后依然可以得到100%的硫酸。商品化的发烟硫酸中SO_3的含量在10%～70%之间。

$$SO_3 + H_2SO_4 \longrightarrow H_2S_2O_7 \tag{15.93}$$

$$H_2S_2O_7 + H_2O \longrightarrow 2H_2SO_4 \tag{15.94}$$

浓硫酸的浓度约为98%，相当于$18mol \cdot L^{-1}$的溶液。浓硫酸中含有大量的氢键，这从其高黏度和高沸点可以看出。硫酸与水的反应是放热的，因此其稀释操作应该是一边搅拌一边将酸加入水中。由于它对水的亲和力，硫酸是一种强的除水剂。几种硫酸的水合物已被确定，其中包括$H_2SO_4 \cdot H_2O$（熔点8.5℃）、$H_2SO_4 \cdot 2H_2O$（熔点−39.5℃）和$H_2SO_4 \cdot 4H_2O$（熔点−28.2℃）。硫酸的某些性质如下：

熔点	10.4℃
沸点	290℃（分解）
介电常数	100
密度（25℃）	$1.85g \cdot cm^{-3}$
黏度（25℃）	$24.54mPa \cdot s$

H_2SO_4分子的结构表示如下：

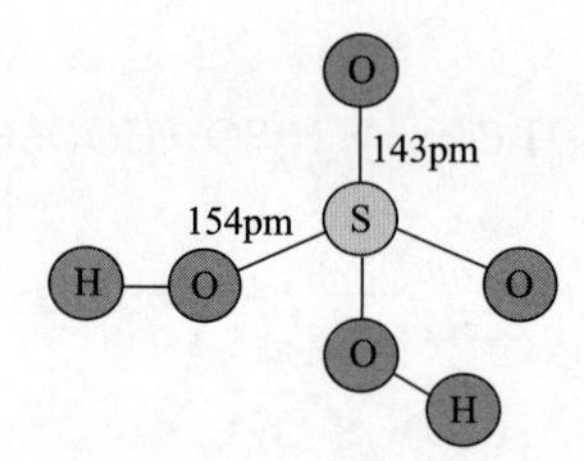

硫与没有连接氢原子的氧原子形成的S—O键键长明显比连接有氢原子的氧原子的S—O键键长要短，这个现象表明前者形成了π键。如果结构中只含有单键的话，那么硫是+2价，这两种S—O键不会相差如此之大。为了降低正的形式电荷，与氧原子就形成多重键，这就缩短了键长。通过H_2SO_4分子作为质子给体反应之后得到的HSO_4^-结构说明这个理解是对的。

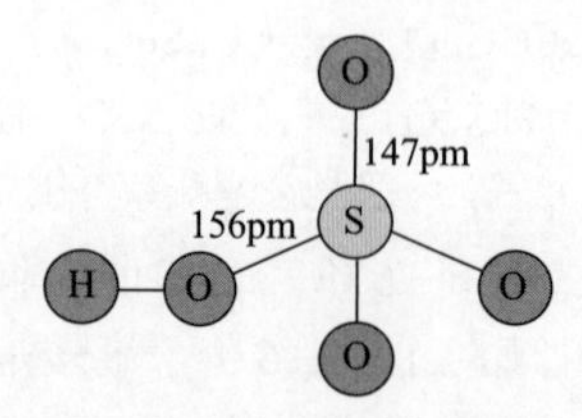

可以注意到这个结构中硫和OH基团之间的键与硫酸中的键并没有太大的不同，但其他三个S—O键比硫酸中的S—O键变长了。这可能是由于π键平均到三个氧原子上了，而不是像硫酸那样只是平均到两个原子上的原因。

H_2SO_4的化学性质主要与其酸性有关。第一级解离为：

$$H_2SO_4+H_2O \longrightarrow H_3O^++HSO_4^- \quad (15.95)$$

在稀溶液中可认为是完全的，而第二级解离表示如下：

$$HSO_4^-+H_2O \rightleftharpoons H_3O^++SO_4^{2-} \quad (15.96)$$

在 18℃时的解离常数 K_{a2} 为 1.29×10^{-2}。除了酸性之外，具有重要用途的硫酸盐和硫酸氢盐的数目也是巨大的。硫酸大量地作为非水溶剂使用，由于其介电常数（约为 100）和极性较高，它可以溶解很多物质。硫酸的一些应用将在本节后面的内容中介绍。

H_2SO_4的盐包括通常的硫酸盐（含SO_4^{2-}）和酸式硫酸盐或硫酸氢盐（含HSO_4^-）。当硫酸氢盐溶于水中时，溶液是略显酸性，这是因为HSO_4^-如式（15.96）那样发生电离。硫酸氢盐可通过以下化学方程式进行制备：

$$NaOH+H_2SO_4 \longrightarrow NaHSO_4+H_2O \quad (15.97)$$

$$H_2SO_4+NaCl \longrightarrow HCl+NaHSO_4 \quad (15.98)$$

某些反应类型是可以用于制备硫酸盐的，例如：

$$Ca(OH)_2+H_2SO_4 \longrightarrow CaSO_4+2H_2O \quad (15.99)$$

$$Zn+H_2SO_4 \longrightarrow ZnSO_4+H_2 \quad (15.100)$$

$$CaCl_2+H_2SO_4 \longrightarrow CaSO_4+2HCl \quad (15.101)$$

硫化物、亚硫酸盐和其他的含硫化合物都可以被适合的氧化剂在一定条件下氧化成硫酸盐。高温时，浓硫酸作为氧化剂发生反应，可以溶解铜：

$$2H_2SO_4(\text{热浓溶液})+Cu \longrightarrow CuSO_4+SO_2+2H_2O \quad (15.102)$$

硫酸氢盐，如$NaHSO_4$，可以高温脱水生成二硫酸盐（焦硫酸盐）：

$$2NaHSO_4 \xrightarrow{\text{加热}} Na_2S_2O_7+H_2O \quad (15.103)$$

硫酸作为非水溶剂时，由于在 100%的H_2SO_4中存在自电离，会发生质子转移：

$$2H_2SO_4 \longrightarrow HSO_4^-+H_3SO_4^+ \quad (15.104)$$

溶剂中离子物质的存在可通过电导率来确定。它是一种强酸性的溶剂，可以质子化醇类、醚类和乙酸。这些物质都不是通常意义的碱，但它们具有未共用电子对，因此可以作为质子受体：

$$(C_2H_5)_2O+H_2SO_4 \rightleftharpoons HSO_4^-+(C_2H_5)_2OH^+ \quad (15.105)$$

在与硝酸的反应中，可生成硝鎓离子NO_2^+：

$$HNO_3+2H_2SO_4 \rightleftharpoons H_3O^++NO_2^++2HSO_4^- \quad (15.106)$$

这个离子在硝化反应中是作为进攻物质的。硫酸增加了这种正电进攻物质的浓度，而这也是酸催化剂的本质（见第 9 章）。硫酸还存在很多有用的衍生物。这里面就包括了作为去垢剂的烷基磺酸盐，如$CH_3(CH_2)_nC_6H_4SO_3^-Na^+$、氯代硫酸$ClSO_3H$和硫酰氯。后者可通过以下反应制备：

$$HCl+SO_3 \longrightarrow ClSO_3H \quad (15.107)$$

$$Cl_2+SO_2 \longrightarrow SO_2Cl_2 \quad (15.108)$$

硫酸每年的产量是巨大的，约为 900 亿磅。在 20 世纪中期（当时的产量还不到现在的一半），大约 1/3 的产量是用于制造肥料，但这个用量到 20 世纪末期时已经上升到了 2/3。在这段时间内，世界人口也从约3×10^9增加到6×10^9。

肥料的制造已经在第 14 章介绍过了。以硫酸将磷石溶解，$CaCO_3$被转化成更易溶解的含有更高比例的磷酸盐形式。硫酸在烷基化反应、石油提纯、去垢剂制备、颜料、染料、纤维等的制造中被用作催化剂。它也在汽车的常用电池即铅酸电池中被用作电解液。硫酸是一种极其重要的化学品，如果没有了它，几乎整个化学工业都无法正常运行。

15.2 卤素

第ⅦA 族元素被称为卤素（halogens），这个词源自希腊语 halos（意思是“盐”）和 genes（意思是“孕育”或者“形成”）。换言之，卤素的意思就是“盐的形成者”，这也部分说明了它们的化学性质。卤素是一类性质活泼的元素，因此它们经常以结合态的方式被发现。事实上，一些卤素化合物是如此地稳定，以至于它们无法转变成单质。因此，游离的卤素直到相对近代的时候才被获得。

氯单质在 1774 年由谢勒（Scheele）通过 HCl 和 MnO_2 的反应而制得，但它的名字是由汉弗莱·戴维（Humphrey Davy）爵士根据希腊语 chloros（意思是“黄绿色的”）命名的。溴元素是在 1826 年由巴拉德（Balard）发现的，这个元素的名字也是来自于希腊语 bromos（意思是“恶臭”）。碘单质是在 1812 年由库尔图瓦（Courtois）从海带中获得，其名字来自于希腊语 iodides（意思是“紫色”）。尽管氟单质在数个世纪前还不能得到，但是常见的含氟的矿是氟石或萤石 CaF_2。当其与硫酸一起加热时，可生成氟化氢，这是一种被认知很久的可腐蚀玻璃的气体。氟是一种很强的氧化剂，以至于直到电化学法被发明之前都没有一种合适的方法将其从化合物转变成游离的单质，尽管近几年也出现了一些化学法制备氟单质的报道。因此，直到 1886 年莫瓦桑才成功制备出了氟单质。所有砹（于 1940 年被发现）的同位素都是放射性的，所以这种元素的化学内容我们在这里就不讨论了。

15.2.1 存在

许多矿物中都含有卤素。含有氟的矿有萤石矿（CaF_2）、冰晶石（Na_3AlF_6）和氟磷灰石 [$Ca_5(PO_4)_3F$]。正如第 14 章介绍的，氟磷灰石是与磷酸钙伴生的，可用于生产肥料。萤石矿被发现于美国东南部的伊利诺伊州和西北部的肯塔基州。冰晶石则在格陵兰岛上被发现，尽管由于它用于电化学制造铝而可以合成方法来生产。

含氯化合物有很多天然的来源，氯是在自然界中丰度排名第 20 位的元素。盐和盐水在自然界是广泛存在的，大盐湖含有 23%的盐，而死海则含有 30%的盐。因为盐是如此大量存在，所以多数的含氯矿物由于经济原因都不是氯的重要来源。溴化合物被发现在一些卤水盐和海水中，而碘化合物也是如此。

15.2.2 单质

尽管氟单质的最常见的来源是 CaF_2，但氟单质并不是直接从萤石中制备的。当 HF（在萤石中加入硫酸制得）加入含有氟化钾的溶液中时，F^-与 HF 形成氢键得到 HF_2^-。如果过量的 HF 足够反应的话，其他盐如 KF·2HF 和 KF·3HF 也能被制得。钾盐 KHF_2 的熔点为 240℃，而 CaF_2 的熔点则是 1430℃。含有溶质和 HF 的混合物的熔点甚至会更低，因为这个混合物可以熔融而 CaF_2 很难熔融，这就使得 KHF_2/HF 混合物的电解变得可行。

化学法制备氟单质在之前的多年没有成功实现，一直到 1986 年才通过利用以下反应成功了：

$$K_2MnF_6+2SbF_5 \longrightarrow 2KSbF_6+MnF_3+\frac{1}{2}F_2 \qquad (15.109)$$

这个反应之所以能够制备出 F_2，是因为 MnF_4 在热力学上不稳定。因此如果非常强的路易斯酸 SbF_5 将 MnF_6^{2-} 脱去两个氟原子，形成的物质就是 MnF_4，而它进一步分解生成 F_2 和 MnF_3。

制备氯气则基于以下电解反应：

$$2Na^+ + 2Cl^- + 2H_2O \xrightarrow{\text{电解}} 2Na^+ + 2OH^- + Cl_2 + H_2 \tag{15.110}$$

这个方法不仅能生产氯气，还可以得到大量的副产物氢氧化钠。该方法需要两种电解池。第一种，也是目前最重要的，是引入一个隔板将阳极和阴极部分隔开。第二种电解池是利用汞作为阴极，使其与钠形成汞合金：

$$Na^+ + 2Cl^- \xrightarrow{Hg} Na/Hg + Cl_2 \tag{15.111}$$

另一种不太常用的工业制备反应是使用氮氧化物作为催化剂的 HCl 氧化反应：

$$4HCl+O_2 \longrightarrow 2Cl_2+2H_2O \tag{15.112}$$

熔融 NaCl 的电解反应以工业化规模生产氯气，虽然这个反应更为重要的作用是制备钠：

$$2NaCl(l) \xrightarrow{\text{电解}} 2Na(l) + Cl_2(g) \tag{15.113}$$

氯气的实验室制备方法是利用合适的氧化剂将 Cl^-氧化。1774 年谢勒使用的方法就是将 MnO_2 与热 HCl 溶液反应：

$$MnO_2+4HCl \longrightarrow 2H_2O+MnCl_2+Cl_2 \tag{15.114}$$

由于氯气可以氧化 Br^-生成 Br_2，因此将氯气通入海水中可以得到 Br_2，随后将空气通入溴水中即可以将 Br_2 带出。在实验室中 Br^-可以通过很多反应被氧化。I_2 的制备主要也是来自海水氧化，这种方法类似于 Br_2 的制备。但是，由于 I^-比 Br^-更容易被氧化，所以在氧化剂的选择方面就更有余地。砹是利用辐射化学技术制备的，使用α粒子撞击 ^{209}Bi：

$$^{209}Bi+^{4}He^{2+} \longrightarrow 2n+^{211}At \tag{15.115}$$

表 15.7 归纳了卤素的一些重要性质。

表 15.7 卤素的性质

性质	F_2	Cl_2	Br_2	I_2
熔点/℃	−219.6	−101	−7.25	113.6
沸点/℃	−188	−34.1	59.4	185
X—X 键能/kJ·mol^{-1}	153	239	190	149
X—X 距离/pm	142	198	227	272
电负性（鲍林）	4.0	3.0	2.8	2.5
电子亲和能/kJ·mol^{-1}	339	355	331	302
单键半径/pm	71.0	99.0	114	133
阴离子（X^-）半径/pm	119	170	187	212

氟元素只是存在 ^{19}F，但氯元素存在 75%的 ^{35}Cl 和 25%的 ^{37}Cl。溴元素的两种同位素 ^{79}Br 和 ^{81}Br 含量几乎相等，而碘元素只存在 ^{127}I。卤素的氧化能力按顺序依次减弱：$F_2 > Cl_2 > Br_2 > I_2$。正如所料，卤素可以与很多物质发生反应，它们生成大量共价化合物和离子化合物。氟与水反应会释放出氧气：

$$2F_2+2H_2O \longrightarrow O_2+4H^++4F^- \tag{15.116}$$

其他的卤素与水则发生歧化反应生成次卤酸和卤素离子：

$$X_2+H_2O \longrightarrow H^++X^-+HOX \tag{15.117}$$

15.2.3 卤间化合物分子和离子

卤素的有趣性质之一是不同种类的原子之间容易形成化学键。当氯气与氟在一起加热时，它们发生反应生成 ClF，这种化合物称为卤间化合物：

$$Cl_2 + F_2 \xrightarrow{250℃} 2ClF \tag{15.118}$$

因为卤素原子具有七个价层电子，当两个原子间成键时外层将被填满，但是当一个未共用电子对被分离的话，另外两个额外的成键位置也被激活。因此，如果 ClF 与额外的 F_2 反应，理论产物是 ClF_3。如果另一个未共用电子也是孤立的，那么将会有五个成键位点，产物可以是 ClF_5。含有两种卤素的化合物的分子通式为 XX'_n，其中，X′是更轻的卤素，n 是一个奇数。n 的最大值为 7，但只有 IF_7 这个化合物才能达到。当 n=5 时，已知的化合物有 ClF_5、BrF_5 和 IF_5，没有一种五氯化物是稳定的。毫无疑问这是由于氯原子的半径大，并且它的氧化能力比氟原子要小。其他卤素原子与氟原子形成的键也是极性更大，而原子上局部带电荷也会使结构更加稳定。综上所述，唯一的 XX'_7 化合物就只有 IF_7 了。表 15.8 归纳了卤间化合物的一些性质。

表 15.8　卤间化合物的性质

项目	化学式	熔点/℃	沸点/℃	μ/D
XX′型	ClF	−156	−100	0.88
	BrF	−33	20	1.29
	IF	—	—	—
	BrCl	−66	−5	0.57
	ICl	27	97	0.65
	IBr	36	116	1.21
XX_3'型	ClF_3	−83	12	0.56
	BrF_3	8	127	1.19
	IF_3	—	—	—
	ICl_3	101（16 atm）	—	—
XX_5'型	ClF_5	−103	−14	—
	BrF_5	−60	41	1.51
	IF_5	10	101	2.18
XX_7'型	IF_7	6.45（三相点）	—	0

最简单的卤间化合物分子是双原子分子 XX′。所有的 X′=F 的卤间化合物分子都是存在的，并且它们通常都可以直接通过元素的结合得到。ClF 的制备之前已提到，BrF 的制备是在 10℃时单质的直接反应，这时的单质是需要被氮气稀释的。

$$Br_2 + F_2 \xrightarrow{10℃} 2BrF \tag{15.119}$$

BrF 可以发生歧化反应，生成 Br_2 和 BrF_3 或者 BrF_5。IF 的性质我们了解得很少，因为它非常不稳定，易歧化成 I_2 和 IF_5。由于 Ag^+与 I^-的有利的软硬相互作用，IF 可以通过以下反应制得：

$$AgF+I_2 \longrightarrow IF+AgI \tag{15.120}$$

氯化卤素当然只限于在卤素为 Br 和 I 时才会形成，但是尽管 BrCl 存在于 Cl_2 与 Br_2 的平衡中，但它非常不稳定而无法获得纯化合物。一氯化碘是稳定得多的化合物，存在两种结构类型，α型是宝石红色的针状结构，β型是红褐色的固体。这两种结构类型的不同主要是由于固体 ICl 分子间的作用力不同导致。

XX′卤间化合物可发生的反应是大量的，过程中一般都包括卤化反应，其中卤间化合物是作为非水溶剂或路易斯酸碱反应。以下介绍的内容主要集中在氟化物，因为这类化合物的反应更多、更重要。XX′与水可按以下反应进行：

$$XX'+H_2O \longrightarrow H^++X'^-+HOX \tag{15.121}$$

具有较低电负性的卤素形成次卤酸，因为它的氧化态为+1。单氟化物是一类强的氟化剂，可以发生很多卤素典型的反应。例如，硫酰氯可以从 SO_2 与 Cl_2 的反应中得到，而一个混合卤素的化合物也可以从 SO_2 与 ClF 的反应中得到：

$$ClF+SO_2 \longrightarrow ClSO_2F \tag{15.122}$$

氧化加成反应也可以在与别的物质的反应中发生，例如：

$$ClF+CO \longrightarrow ClCOF \tag{15.123}$$

$$ClF+SF_4 \longrightarrow SF_5Cl \tag{15.124}$$

在与强路易斯酸如 AsF_5 反应时，ClF 作为路易斯碱参与反应，这时氟原子作为电子对给体，结果 F^- 发生转移：

$$2ClF+AsF_5 \longrightarrow Cl_2F^+[AsF_6]^- \tag{15.125}$$

ClF 也可以作为路易斯酸参与反应，接受一个氟离子，这可以通过以下反应说明：

$$ClF+KF \longrightarrow K^+[ClF_2]^- \tag{15.126}$$

可能的 XX'_3 中只有三种是重要的（ClF_3、BrF_3 和只在低温时稳定的 IF_3）。BrF_3 的结构可以表示为：

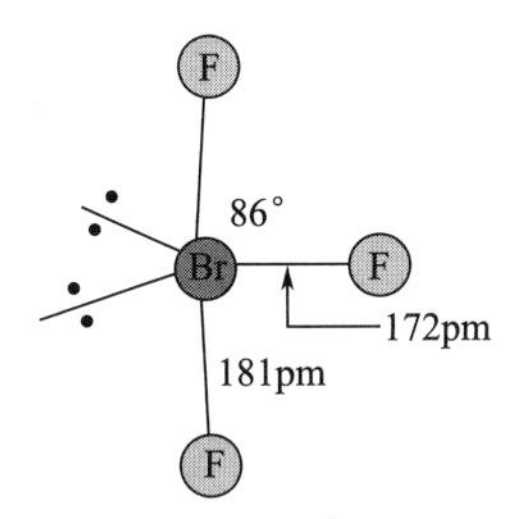

ClF_3 的结构与之相似，但键角为 87.5°，水平方向和轴向的键长分别为 160pm 和 170pm。ClF_3 可以大量生产并作为氟化剂使用，即使它在很多情况下的反应很剧烈。

$$Cl_2+3F_2 \xrightarrow{250℃} 2ClF_3 \tag{15.127}$$

ClF_3 的其中一个用途是制备 UF_6，反应如下：

$$3ClF_3+U(s) \longrightarrow UF_6(l)+3\ ClF(g) \tag{15.128}$$

很多有机化合物有时与 ClF_3 会发生爆炸性反应，它是一种很强的氟化剂，以至于可以被用于制备别的卤间化合物：

$$2ClF_3+Br_2 \longrightarrow 2BrF_3+Cl_2 \tag{15.129}$$

$$10ClF_3+3I_2 \longrightarrow 6IF_5+5Cl_2 \tag{15.130}$$

$$Br_2+3F_2 \xrightarrow{200℃} 2BrF_3 \tag{15.131}$$

就像 ClF 一样，三氟化物也能同时作为氟离子的受体和给体，以下在液态 ClF_3 中发生的反应可以说明：

$$ClF_3+AsF_5 \longrightarrow ClF_2^+[AsF_6]^- \tag{15.132}$$

$$ClF_3+NOF \longrightarrow NO^+[ClF_4]^- \tag{15.133}$$

三氟化溴也可以作为非水溶剂参与一些反应，根据以下化学方程式，它的电离程度很低：

$$2BrF_3 \rightleftharpoons BrF_2^+ + BrF_4^- \tag{15.134}$$

但有趣的是，液态 BrF_3 的电导率比液态 ClF_3 的电导率（自电离几乎是不发生了）大了 6 个数量级。在液态 BrF_3 中，SbF_5 是一种酸，因为它形成了 BrF_2^+：

$$SbF_5+BrF_3 \rightleftharpoons BrF_2^+ + SbF_6^- \tag{15.135}$$

因为 $KBrF_4$ 含有 BrF_4^-，所以它是碱。因此，以下反应在液态 BrF_3 中是一个中和反应：

$$BrF_2^+SbF_6^- + KBrF_4 \longrightarrow 2BrF_3 + KSbF_6 \tag{15.136}$$

由于 ClF_3 与其他物质的反应很剧烈，而 BrF_3 是一种性质相对温和的氟化剂，所以它被大量地用于从金属或其氧化物中制备金属氟化物。

具有化学式 XX'_5 的化合物，只有 Cl、Br 和 I 的氟化物被研究得较透彻。氯的化合物可以通过 Cl_2 与过量的 F_2 在高温、高压下制得：

$$Cl_2+5F_2 \longrightarrow 2ClF_5 \quad (15.137)$$

反应相似但不需要这么严格的条件就可以制备出 BrF_5。IF_5 可以直接在室温下制得。唯一的七氟化物是 IF_7，它需要在 250～300℃下与过量的 F_2 反应制得。所有的这些五氟化物和七氟化物都是极强的氟化剂。中心原子周围有 12 个电子，导致其结构是四方锥结构。五氟化物 IF_5 的结构如下：

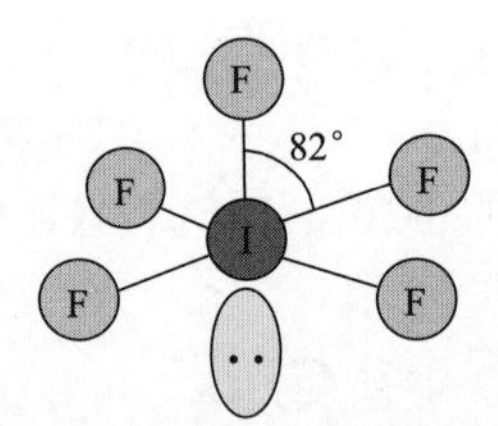

这个结构中，碘离子位于锥体底面的下方，这是由于未共用电子对的排斥力造成的。IF_7 的结构是五角双锥：

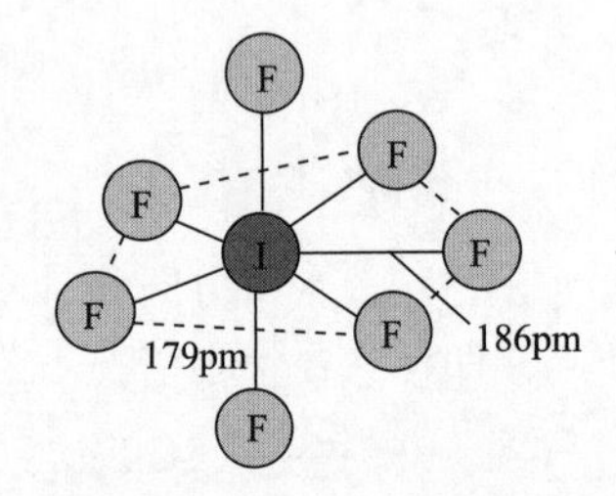

三种五氟化物能与很多物质发生反应，且反应都是非常剧烈的。以 ClF_5 为例，它与水的反应如下：

$$ClF_5+2H_2O \longrightarrow 4HF+FClO_2 \quad (15.138)$$

如果水被一些反应活性差的溶剂如乙腈稀释的话，那么 BrF_5 与水反应生成 HF 和 $HBrO_3$。IF_5 与水反应生成 HF 和 HIO_3。

$$IF_5+3H_2O \longrightarrow 5HF+HIO_3 \quad (15.139)$$

液态 IF_5 的低电导率是由于其轻微的电离造成的：

$$2IF_5 \rightleftharpoons IF_4^+ + IF_6^- \quad (15.140)$$

并且每种产物离子所对应的化合物已经被分离出了。IF_5 在约 101℃时沸腾，在这个温度下可与 KF 反应生成 IF_6^-：

$$KF+IF_5 \longrightarrow KIF_6 \quad (15.141)$$

尽管 IF_5 很稳定，但加热到 500℃时，它还是会歧化分解成 I_2 和 IF_7。

由于碘原子的原子尺寸较大，并且容易被氧化成+7 价，IF_7 是唯一的 XX'_7 卤间化合物。这个物质可在高温下通过 IF_5 和 F_2 反应得到。像其他氟化卤素一样，它也是一种强的氟化剂。它与水反应时，产物是 HF 和 HIO_4：

$$IF_7+4H_2O \longrightarrow HIO_4+7HF \quad (15.142)$$

像 ClF_3、BrF_3 和 IrF_5 这些卤间化合物可以制备出几乎任何的氟化物。金属、非金属和很多化合物都可以转化为氟化物，而为了使反应变得不那么剧烈，经常需要在反应中加入一些稀释剂。如果反应是发生在气态情况下，一种相对反应惰性的气体如氮气或稀有气体会被添加。在大多数情况下，非金属的氟化反应生成的非金属氟化物中的非金属都是处于其最高氧化态。例如，磷转化成 PF_5，硫转化成 SF_6，尽管有时可以通过控制反应物的比例来限制氟化反应的进行。当 ClF_3 或 BrF_3 作为氟化剂时，生成的产物中往往含有单氟化卤素。例如：

$$B_{12}+18\ ClF_3 \longrightarrow 12\ BF_3+18\ ClF \qquad (15.143)$$

氟化卤素可以将氧化物转化成氟化物或氟氧化物。以下反应说明了这种类型：

$$P_4O_{10}+4ClF_3 \longrightarrow 4POF_3+2Cl_2+3O_2 \qquad (15.144)$$

$$SiO_2+2IF_7 \longrightarrow 2IOF_5+SiF_4 \qquad (15.145)$$

$$6NiO+4ClF_3 \longrightarrow 6NiF_2+2Cl_2+3O_2 \qquad (15.146)$$

ClF 与 NOF（并非典型的氧化物）的反应如下：

$$NOF + ClF \longrightarrow NO^+ClF_2^- \qquad (15.147)$$

NO^+在很多情况下都会产生，别处已有描述，但 ClF_2^- 是卤间化合物阴离子的一个代表。聚卤素阴离子并不是稀有的，因为当 I_2 溶于含有 I^-的溶液中时，I_3^- 就会形成：

$$I^- + I_2 \longrightarrow I_3^- \qquad (15.148)$$

X_3^- 和 $X'X_2^-$ 类型的阴离子都是直线形的，中心原子周围具有三对未共用电子对。在 ClF_2^- 中，氯原子是中心原子。

卤间化合物的阳离子有很多例子，这些物质很多都是已知其性质的。这些物质中被研究较充分的只有一种类型的卤素离子，如 I_3^+、Br_3^+ 和 Cl_3^+。总体而言，这类离子的制备需要相当严格的条件，需要在非水溶剂中进行。例如，发生在无水硫酸中的制备 I_3^+ 的反应表示如下：

$$8H_2SO_4 + 7I_2 + HIO_3 \longrightarrow 5I_3^+ + 3H_3O^+ + 8HSO_4^- \qquad (15.149)$$

以下生成 Br_3^+ 的反应需要在超强酸 $HSO_3F/SbF_5/SO_3$ 体系中进行：

$$3Br_2+S_2O_6F_2 \longrightarrow 2Br_3^+ +2SO_3F^- \qquad (15.150)$$

但 Br_3^+ 也能通过以下反应进行制备：

$$2O_2^+AsF_6^- + 3Br_2 \longrightarrow 2Br_3^+AsF_6^- + 2O_2 \qquad (15.151)$$

同样涉及强路易斯酸 AsF_5 的反应生成 Cl_3^+：

$$Cl_2 + ClF + AsF_5 \longrightarrow Cl_3^+AsF_6^- \qquad (15.152)$$

到目前为止讨论的阳离子只是含有一种卤素，但有几种已知的阳离子是含有不同卤素原子的。这些阳离子通常是 XY_2^+ 型，但 XYZ^+型的离子也是可能存在的。尽管有很多可能存在的离子，但研究最全面的离子是 ClF_2^+、BrF_2^+、IF_2^+ 和 ICl_2^+，所有这些离子都具有 C_{2v} 弯曲结构。非水溶剂中三卤化物的分解（尽管微量）会导致这种阳离子的生成：

$$2BrF_3 \rightleftharpoons BrF_2^+ + BrF_4^- \qquad (15.153)$$

生成的阳离子在溶剂中是酸性物质，因此可以预测的是要生成这样一种酸性物质是需要使用到非常强的路易斯酸的。正如以下化学方程式表示的，这个方法是成功的：

$$ClF_3 + SbF_5 \longrightarrow ClF_2^+SbF_6^- \qquad (15.154)$$

$$BrF_3 + SbF_5 \longrightarrow BrF_2^+SbF_6^- \qquad (15.155)$$

$$IF_3 + AsF_5 \longrightarrow IF_2^+AsF_6^- \qquad (15.156)$$

$$ICl_3 + AlCl_3 \longrightarrow ICl_2^+AlCl_4^- \qquad (15.157)$$

Cl_2F^+是已知存在的。当 AsF_5 与 ClF 反应时，生成物的化学式为 $2ClF \cdot AsF_5$，含有一个同时存在氯和氟原子的阳离子。这个阳离子结构是 $ClClF^+$而非 $ClFCl^+$。$XX_3'^+$ 结构中，键角是取决于阴离子的性质的。例如，在 $ClF_2^+SbF_6^-$ 和 $ClF_2^+AsF_6^-$ 结构中，F—Cl—F 的键角分别为 95.9° 和 103.2°，在阳离子与 SbF_6^- 和 AsF_6^- 阴离子之间存在氟原子桥。这种行为也存在于其他的 $XX_2'^+$

离子中。

液态 IF_5 的微量自电离可通过电导率来证明。

$$2IF_5 \rightleftharpoons IF_4^+ + IF_6^- \tag{15.158}$$

因为溶剂中的阳离子是 IF_4^+，这就有理由相信这种离子也会出现在别的溶液中。到目前为止介绍的聚多原子离子中，选择的反应都是利用强路易斯酸如 SbF_5 来脱去 F^-，而这种方法在卤间化合物中也能用于制备 ClF_4^+ 和 BrF_4^+。

$$ClF_5 + SbF_5 \longrightarrow ClF_4^+SbF_6^- \tag{15.159}$$

$$BrF_5 + SbF_5 \longrightarrow BrF_4^+SbF_6^- \tag{15.160}$$

$$IF_5 + SbF_5 \longrightarrow IF_4^+SbF_6^- \tag{15.161}$$

当 IF_7 与 SbF_5 或 AsF_5 反应时，IF_6^+ 就能被生成。

之前提到过 I_2 溶于含 I^-的溶液中生成 I_3^- 的例子。但是，当 I_2 的浓度升高时，随着 I_2 的加入会形成更为复杂的配合物离子：

$$I^- \xrightarrow{I_2} I_3^- \xrightarrow{I_2} I_5^- \xrightarrow{I_2} I_7^- \tag{15.162}$$

同样的行为也发生在其他卤素中，只是聚合度更小。例如：

$$Cl^- + Cl_2 \longrightarrow Cl_3^- \tag{15.163}$$

一些含有两种卤素的阴离子也可以通过类似的反应生成。

$$Br^- + Cl_2 \longrightarrow BrCl_2^- \tag{15.164}$$

$$BrCl_2^- + Cl_2 \longrightarrow BrCl_4^- \tag{15.165}$$

$BrCl_2^-$、I_3^- 和 Cl_3^- 是直线形（$D_{\infty h}$）的，但 ICl_4^- 和 $BrCl_4^-$ 是平面正方形（D_{4h}）的，中心原子上有两对未共用电子对。在这些结构中，具有较低电负性的卤素原子是中心原子。含有这些阴离子的固体已经被合成得到了，几乎所有固体都含有+1 价的大尺寸的阳离子。

以下反应很有趣：

$$Br^- + Br_2 \rightleftharpoons Br_3^- \tag{15.166}$$

其平衡常数由溶剂种类决定。例如，在 H_2O 中，K=16.3；在 CH_3OH 和 H_2O 的 1∶1 混合溶剂中，K=58；在纯 CH_3OH 中，K=176。含有小的极性分子的溶剂更容易使离子溶剂化，因此，Br^-在水中更容易溶剂化，这样就阻碍了 Br_3^- 的生成。

卤素可以表现为路易斯酸，而卤间化合物也能表现出这种行为，例如 ICl 和 IBr 与吡啶的反应可说明：

$$C_5H_5N + ICl \longrightarrow C_5H_5NICl \longrightarrow C_5H_5NI^+ + ICl_2^- \tag{15.167}$$

在一些会生成带电荷物质的反应中，溶剂通常会有很大的影响。因为反应生成离子，离子物质的溶剂化只有在极性溶剂中才是能量有利的。因此，这类反应只有在可以强烈溶剂化产物离子的溶剂中才能发生。这对于一些取代反应也同样适合，例如：

$$CH_3I + Cl^- \longrightarrow CH_3Cl + I^- \tag{15.168}$$

这个反应的反应速率在甲醇中较慢，而在 *N,N*-二甲基甲酰胺中则快得多，两者相差了 10^6 倍。Cl^-的强溶剂化作用阻碍了反应过渡态的形成，而使得反应不能发生。尽管式（15.167）中的产物是离子型的，但是当溶剂是 $CHCl_3$ 时，第二步反应就不能发生。在吡啶与 IBr 的反应中，离子化作用好像牵涉到 IBr_2^- 的产生。

$$2C_5H_5NIBr \rightleftharpoons (C_5H_5N)_2I^+ + IBr_2^- \tag{15.169}$$

当反应在 HBr 水溶液中进行时，产物的性质（光谱法识别）取决于酸的浓度。当酸的浓度很稀时，产物是 C_5H_5NIBr，而当浓度在 1mol · L^{-1} 以上时，产物则是 $C_5H_5NH^+IBr_2^-$。

15.2.4 卤化氢

卤化氢是所有卤化物中最有用的化合物。碘化氢不是很稳定，它不能通过直接的元素结合进行有效的制备。相反，与 Te、P 和其他元素反应时很容易就能得到含碘的化合物，随后就可以进行水解反应。例如：

$$P_4+6I_2 \longrightarrow 4PI_3 \tag{15.170}$$

$$PI_3+3H_2O \longrightarrow 3HI+H_3PO_3 \tag{15.171}$$

HF 的性质显示有强的氢键作用，即使在气态时仍然存在。正因为它的高极性和介电常数，液态 HF 能溶解很多离子型化合物。HF 作为非水溶剂的一些化学内容已经在第 10 章介绍了。表 15.9 归纳了卤化氢的一些性质。

表 15.9　卤化氢的性质

性质	HF	HCl	HBr	HI
熔点/℃	−83	−112	−88.5	−50.4
沸点/℃	19.5	−83.7	−6.7	−35.4
键长/pm	91.7	127.4	141.4	160.9
偶极矩/D	1.74	1.07	0.788	0.382
键能/kJ・mol^{-1}	574	428	362	295
$\Delta H_f^\ominus$ /kJ・mol^{-1}	−273	−92.5	−36	26
$\Delta G_f^\ominus$ /kJ・mol^{-1}	−271	−95.4	−53.6	+1.6

所有的卤化氢都易溶于水，并形成酸性溶液。尽管 HF 是一种弱酸，但其他的都是强酸，在稀溶液中完全电离。HCl、HBr 和 HI 与水可以形成恒沸点混合物，其混合物中含有的酸的比重分别为 20.2%、47.6%和 53%。

卤化氢可以通过很多种方法制备。加热含有卤素离子的盐与非挥发性酸的混合物是实验室制备 HF、HCl 和 HBr 的常用方法。

$$2NaCl+H_2SO_4 \longrightarrow 2HCl+Na_2SO_4 \tag{15.172}$$

$$KBr+H_3PO_4 \longrightarrow HBr+KH_2PO_4 \tag{15.173}$$

$$CaF_2+H_2SO_4 \longrightarrow 2HF+CaSO_4 \tag{15.174}$$

因为 HI 相对不稳定，这种方法不适合制备其化合物。相反，如上面提到的，HI 更适合通过水解反应来制备。如果卤化盐与一种具有氧化性的酸反应时，这时会发生氧化还原反应，生成 I_2：

$$8HI+H_2SO_4 \longrightarrow H_2S+4H_2O+4I_2 \tag{15.175}$$

$$2HI+HNO_3 \longrightarrow HNO_2+I_2+H_2O \tag{15.176}$$

除了碘的化合物之外，其他的卤化氢都可以直接通过元素反应得到，但这类反应是爆炸性的反应。因为 Cl_2 分子能被光分解生成 Cl・，所以 H_2 和 Cl_2 的混合物被光引发了反应之后会发生爆炸。H_2 和 Cl_2 的反应是一个典型的自由基反应。大量的水解反应可以生成卤化氢：

$$SOBr_2+2H_2O \longrightarrow 2HBr+H_2SO_3 \tag{15.177}$$

$$SiCl_4+3H_2O \longrightarrow 4HCl+H_2SiO_3 \tag{15.178}$$

$$PI_3+3H_2O \longrightarrow 3HI+H_3PO_3 \tag{15.179}$$

在工业化规模，HCl 也可通过碳氢化合物的氯化反应制备。

15.2.5 卤素氧化物

含有氟和氧的化合物实际上是氟化物，尽管 O_2F_2 和 OF_2 将会被介绍，但它们并没有重要的应用。有些氯和氧的化合物在商业上很重要，但它们都是易爆物。因此，对卤素氧化物的讨论将更侧重于含氯化合物。

二氟化氧 OF_2（熔点–223.8℃，沸点–145℃）是一种淡黄色的有毒气体。这个分子具有弯曲结构（C_{2v}），键角为 103.2° 。OF_2 的制备可通过氟与稀 NaOH 反应或者含有 HF 和 KF 的水溶液的电解反应。OF_2 在水中的反应表示如下：

$$H_2O+OF_2 \longrightarrow O_2+2HF \tag{15.180}$$

OF_2 与 HCl 的反应生成 HF 并释放出氯气：

$$4HCl+OF_2 \longrightarrow 2HF+H_2O+2Cl_2 \tag{15.181}$$

当加热到 250℃以上时，OF_2 会分解成为 O_2 和 F_2。

二氟化二氧 O_2F_2 是一种橙黄色的固体，其熔点为–163℃。它的分子结构表示如下：

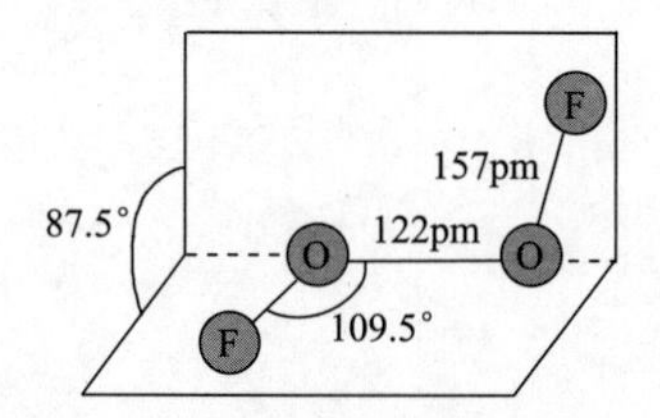

这个化合物通过 O_2 和 F_2 在–190～–180℃时进行辉光放电反应制得。可以预料，O_2F_2 是一种极其活泼的氟化剂。在制备 OF_2 的条件下，少量的 O_3F_2 和 O_4F_2 也可以生成。但这些不稳定的化合物即使在液氮温度下也会发生分解。

氯的氧化物比氟的氧化物种类更多，用途更广。这些氧化物包括几种重要的酸的酐与次氯酸根、氯酸根和高氯酸根这些酸的氧负离子。第一种氯的氧化物 Cl_2O（熔点–20℃，沸点+2℃）中的 Cl 是+1 价。它可以通过以下反应制得：

$$2HgO+2Cl_2 \longrightarrow HgCl_2 \cdot HgO+Cl_2O \tag{15.182}$$

这个氧化物可以溶于水，并与之反应生成次氯酸。

$$H_2O+Cl_2O \longrightarrow 2HOCl \tag{15.183}$$

这个弯曲分子（C_{2v}）的键角为 110.8° 。Cl_2O 的一个有趣的反应是以下与 N_2O_5 的反应：

$$Cl_2O+N_2O_5 \longrightarrow 2ClNO_3 \tag{15.184}$$

但取决于反应条件，其他产物也能得到。Cl_2O 将 SbF_5 转化成氧氯化物：

$$Cl_2O+SbCl_5 \longrightarrow SbOCl_3+2Cl_2 \tag{15.185}$$

二氧化氯 ClO_2（熔点–60℃，沸点 11℃）是一种爆炸性气体（$\Delta H_f^\ominus$=105kJ·mol^{-1}），被用作木浆、织物和面粉的气体漂白剂和水净化的杀菌剂。对于多数的工业应用，ClO_2 都是现场配制的。这个分子具有弯曲的结构，键角为 118° 。在可以用于制备 ClO_2 的反应中，以下反应是其中之一：

$$2HClO_3+H_2C_2O_4 \longrightarrow 2ClO_2+2CO_2+2H_2O \tag{15.186}$$

SO_2 作为还原剂与 ClO_3^- 反应得到 ClO_2：

$$2NaClO_3+H_2SO_4+SO_2 \longrightarrow 2ClO_2+2NaHSO_4 \tag{15.187}$$

在碱性溶液中，ClO_2 歧化生成亚氯酸根和氯酸根离子：

$$2ClO_2+2OH^- \longrightarrow ClO_2^-+ClO_3^-+H_2O \tag{15.188}$$

在工业环境中，ClO_2 可从 $NaClO_3$ 溶液中制备：

$$2ClO_3^-+4HCl \longrightarrow 2ClO_2+Cl_2+2H_2O+2Cl^- \tag{15.189}$$

上述反应存在一个竞争反应，表示如下：

$$ClO_3^- + 6HCl \longrightarrow 3Cl_2 + 3H_2O + Cl^- \quad (15.190)$$

因此，总的反应有时表示如下：

$$8ClO_3^- + 24HCl \longrightarrow 6ClO_2 + 9Cl_2 + 12H_2O + 8Cl^- \quad (15.191)$$

在式（15.187）中，ClO_2的制备是通过SO_2还原ClO_3^-的。在工业化规模，这个还原反应使用的还原剂是气态的甲醇：

$$2NaClO_3+2H_2SO_4+CH_3OH \longrightarrow 2ClO_2+2NaHSO_4+HCHO+2H_2O \quad (15.192)$$

当固态$NaClO_3$与氯气反应时，生成的产物是ClO_2：

$$4NaClO_3+3Cl_2 \longrightarrow 6ClO_2+4NaCl \quad (15.193)$$

ClO_2在低温时光分解生成几种产物，其中一种是Cl_2O_3，其结构为：

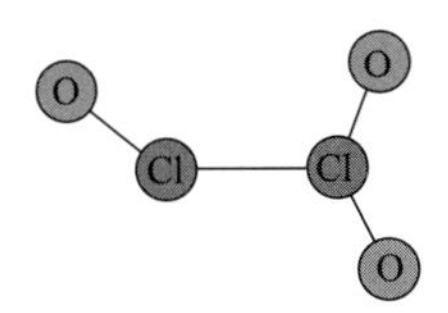

这个化合物是一种危险的爆炸品。当氯磺酸与高氯酸盐反应时，产物就是Cl_2O_4，它更准确的写法应该是$ClOClO_3$，即高氯酸氯：

$$CsClO_4+ClOSO_2F \xrightarrow{-45℃} CsSO_3F+ClOClO_3 \quad (15.194)$$

高氯酸氯虽然看起来是氧化氯，但不是太重要。当臭氧与二氧化氯反应时，生成的产物是六氧化二氯Cl_2O_6：

$$2O_3+2ClO_2 \longrightarrow Cl_2O_6+2O_2 \quad (15.195)$$

这个化合物基于它的反应有时写成$[ClO_2^+][ClO_4^-]$。还有一种氯的氧化物需要提到，它就是七氧化二氯（熔点–91.5℃，沸点 82℃），可通过$HClO_4$被P_4O_{10}脱水反应制得：

$$4HClO_4+P_4O_{10} \longrightarrow 2Cl_2O_7+4HPO_3 \quad (15.196)$$

溴和碘的氧化物不是很多，并且它们也不是特别重要。一氧化溴Br_2O可通过以下反应制得：

$$2HgO+2Br_2 \longrightarrow HgO \cdot HgBr_2+Br_2O \quad (15.197)$$

这个氧化物也可以被臭氧氧化生成BrO_2：

$$4O_3 + 2Br_2O \xrightarrow{-78℃} 3O_2 + 4BrO_2 \quad (15.198)$$

已经报道的碘的氧化物中，最常见的是I_2O_5，它可由HIO_3脱水生成：

$$2HIO_3 \xrightarrow{>170℃} I_2O_5 + H_2O \quad (15.199)$$

I_2O_5结构如下：

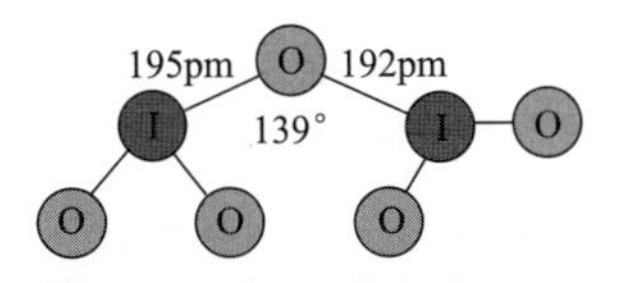

I_2O_5相对稳定，但在 300℃时分解。它是一种强氧化剂，可用于定量检测 CO，反应产物为CO_2：

$$I_2O_5+5CO \longrightarrow I_2+5CO_2 \quad (15.200)$$

I_2O_5与水反应生成碘酸HIO_3。尽管I_2O_4、I_4O_9和I_2O_7也有报道，但它们不是太重要。

15.2.6 卤氧化物

硫、氮和磷的卤氧化物都是很重要的化合物，并且已经在其他章节中介绍了。对于第ⅦA族的元素的卤氧化物而言，化合物数量最多的元素是氟。已知的化合物包括 $FClO_2$、F_3ClO、$FClO_3$、ClO_3OF、$FBrO_2$、$FBrO_3$、FIO_2、F_3IO、FIO_3、F_3IO_2 和 F_5IO。这些化合物多数都是作为强氧化剂或氟化剂反应。它们可以发生水解反应，例如：

$$FClO_2+H_2O \longrightarrow HClO_3+HF \tag{15.201}$$

正如在其他例子中曾提到的，强路易斯酸能将其他类型的分子脱去 F^-，生成阳离子。这也是卤氧化物的例子：

$$FClO_2+AsF_5 \longrightarrow ClO_2^+AsF_6^- \tag{15.202}$$

氟化高氯酸可以稳定到 500℃，并且它水解很缓慢，其结构为四面体（C_{3v}）结构。

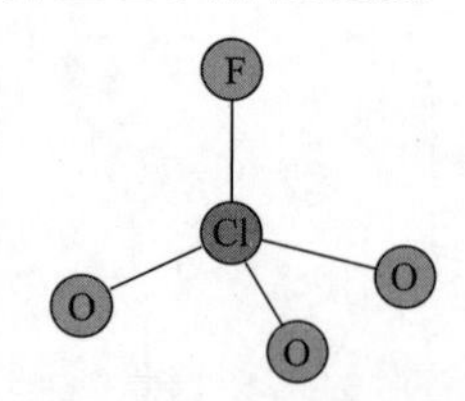

15.2.7 次卤酸和次卤酸盐

当卤素溶解于水中时，一定程度的水解反应会发生：

$$H_2O+X_2 \rightleftharpoons H^++X^-+HOX \tag{15.203}$$

化学式为 HOX 的弱酸是次卤酸（HOCl、HOBr 和 HOI 的 K_a 值分别为 3×10^{-8}、2×10^{-9} 和 1×10^{-11}）。它们对应的盐是氧化剂。HOF（熔点−117℃）已经被制备得到，但是它不稳定且没有重要的用途。它可以与氟反应生成 OF_2 和 HF：

$$HOF+F_2 \xrightarrow{H_2O} HF+OF_2 \tag{15.204}$$

尽管次卤酸溶液可以通过卤素溶解于水中制备，但是这个过程必须在低温下进行。次卤酸也可以通过卤素溶解在碱性溶液中得到：

$$X_2+OH^- \longrightarrow HOX+X^- \tag{15.205}$$

但是，如果碱性溶液是热的话，次卤酸会发生歧化反应生成 XO_3^- 和 X^-：

$$3HOX \longrightarrow HXO_3+2HX \tag{15.206}$$

因此，碱性溶液中的卤素反应的产物取决于 pH 值、温度和反应物的浓度。次卤酸是不稳定的酸，可以发生两种方式的分解反应：

$$2HOX \longrightarrow O_2+2HX \tag{15.207}$$

$$3HOX \longrightarrow HXO_3+2HX \tag{15.208}$$

尽管次氯酸钠溶液是很有用的氧化剂，但它的固体并不是很稳定。次氯酸钙被用在漂白、泳池处理等方面。OCl^-的分解可以通过含有过渡金属的化合物催化发生：

$$2OCl^- \longrightarrow 2Cl^-+O_2 \tag{15.209}$$

这个反应已经从动力学上研究，分析表明当存在固体催化剂时，其反应速率取决于催化剂的比表面积[催化剂 CoO 和/或 Co_2O_3 可通过往 NaOCl 溶液中加入 $Co(NO_3)_2$ 制备得到]。次溴酸和次碘酸是优良的氧化剂，尽管它们的使用比次氯酸少。NaOBr 的用途之一是分析中使用它来氧化尿素和 NH_4^+ 生成 N_2：

$$2NH_4Cl+3NaOBr+2NaOH \longrightarrow 3NaBr+2NaCl+5H_2O+N_2 \tag{15.210}$$

$$CO(NH_2)_2+3NaOBr+2NaOH \longrightarrow 3NaBr+Na_2CO_3+3H_2O+N_2 \tag{15.211}$$

15.2.8 亚卤酸和亚卤酸盐

在化学式为 HXO_2 的酸中，只有氯的化合物是足够稳定而被大量使用的。亚氯酸钠是一种有用的氧化剂，可由二氧化氯与氢氧化钠反应制得：

$$2NaOH+2ClO_2 \longrightarrow NaClO_2+NaClO_3+H_2O \tag{15.212}$$

将亚氯酸盐酸化就可以得到 $HClO_2$ 溶液。亚卤酸盐主要用于漂白。

15.2.9 卤酸和卤酸盐

卤酸在工业上可能不是重要的，但它们的盐却是非常重要。氯酸钠被大量生产，并且由于它的强氧化能力而被用于漂白，这种用途之一就是造纸。氯酸钾还被用作火柴的氧化剂。氯酸钾的分解在第 14 章的实验室制备氧气中已经有介绍过。

卤酸分子通式$(HO)_aXO_b$中 $b=2$，所以可以预判卤酸是强酸，但它们的纯化合物并不稳定。其阴离子与 SO_3^{2-} 是等电子体，它们具有 C_{3v} 结构：

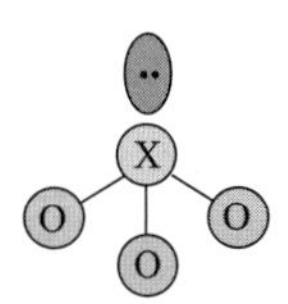

在阴离子 ClO_3^- 和 BrO_3^- 中，观察到的键角都是 106°，而在 IO_3^- 中根据对应阳离子的性质，其键角为 98°～100°。

大量的反应可以用于制备含有+5 价卤素的酸和盐。如前所述，下面的歧化反应就是这样一个反应：

$$3HOX \longrightarrow HXO_3+2HX \tag{15.213}$$

卤素歧化反应的另一种重要的类型可以通过以下通式说明：

$$3X_2+6OH^- \longrightarrow XO_3^-+5X^-+3H_2O \tag{15.214}$$

对于制备溴酸盐，用次氯酸盐氧化是个很有用的反应：

$$Br^-+3OCl^- \longrightarrow BrO_3^-+3Cl^- \tag{15.215}$$

经常是通过金属卤酸盐溶液的酸化得到相应的酸，并且只能得到它们的水溶液。以下反应很有用，因为反应的其他产物 $BaSO_4$ 是不溶于水的：

$$Ba(ClO_3)_2+H_2SO_4 \longrightarrow BaSO_4+2HClO_3 \tag{15.216}$$

氯酸钠的工业化生产是 NaCl 的水溶液电解，反应表示如下：

$$NaCl+3H_2O \xrightarrow{电解} NaClO_3+3H_2 \tag{15.217}$$

但这个化学方程式只是一个过度简单化的化学方程式，因为反应过程是涉及几个步骤的。在温度接近或高于熔点时，氯酸盐发生歧化反应：

$$4ClO_3^- \longrightarrow 3ClO_4^-+Cl^- \tag{15.218}$$

但是，酸的分解反应也会发生，化学方程式表示如下：

$$4HBrO_3 \longrightarrow 2H_2O+5O_2+2Br_2 \tag{15.219}$$

$$8HClO_3 \longrightarrow 4HClO_4+2H_2O+3O_2+2Cl_2 \tag{15.220}$$

氯酸盐、溴酸盐和碘酸盐都是强氧化剂，被用于很多工业反应和合成过程中。

15.2.10 高卤酸和高卤酸盐

氯和溴的+7 价含氧酸是非常强的酸，这可以通过其分子通式$(HO)_aXO_b$中的 $b=3$ 看出。这类酸对应的酸酐是氧化物 X_2O_7，但碘的情况与其他卤素有点不同。I_2O_7 与过量的水反应生成的酸的化学式为H_5IO_6，其分子结构为C_{4v}结构，表示如下：

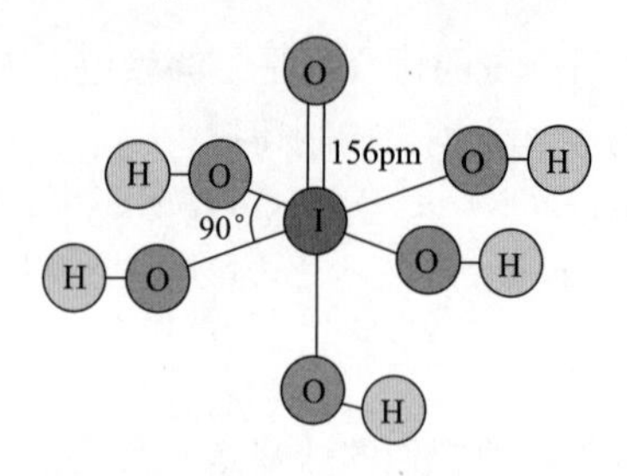

但是，当I_2O_7与水反应时，一系列的反应会发生，表示如下：

$$I_2O_7 \xrightarrow{H_2O} HIO_4 \xrightarrow{H_2O} H_4I_2O_9 \xrightarrow{H_2O} H_3IO_5 \xrightarrow{H_2O} H_5IO_6 \quad (15.221)$$

即使是这一系列的反应也只是一个过度简单化的版本。因为反应中有些酸会发生脱质子和脱水反应，这时会导致类似于多磷酸盐（见第 14 章）的离子出现。形成的“高碘酸”随I_2O_7与水的比例而变。出现这种行为的一个原因在于碘原子的相对较大的半径。HIO_4和H_5IO_6通常称为偏高碘酸和正高碘酸。含有IO_4^-和IO_6^{5-}的固态化合物是已知存在的。高碘酸盐通常指的是含有IO_4^-的盐，例如高碘酸钾。高碘酸盐是非常强的氧化剂，并被广泛应用于无机和有机化学领域中。

高氯酸和高溴酸是强酸。尽管高氯酸可以得到纯的化合物，但通常我们得到的都是含有 70%高氯酸的溶液。高氯酸和固态的高氯酸盐都是强氧化剂，它们会爆炸性地氧化很多易燃的材料。即使反应不是立即发生的，但它可以稍后被触发，随后发生爆炸性的反应。高氯酸可以从高氯酸盐制备，而高氯酸盐则可以通过氯酸盐的电解氧化制得。如果$HClO_4$脱水的话（例如与P_4O_{10}一起），会生成Cl_2O_7，其结构如下：

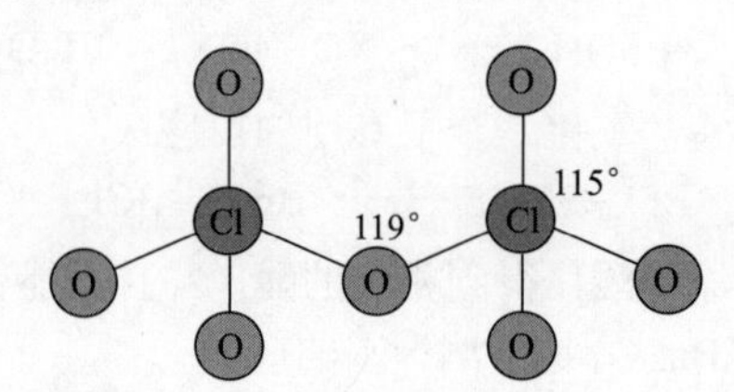

高溴酸最先是在 1969 年以一种非常不寻常的方法制备出来的。这种方法就是利用β衰变将^{83}Se变成^{83}Br。^{83}Se是以类似硫酸根的形式存在$^{83}SeO_4^{2-}$，当衰变发生时就变成了$^{83}BrO_4^-$。现在比较完善的制备高溴酸根的方法是利用XeF_2或F_2氧化BrO_3^-。

在ClO_4^-分子中存在重要的多重键。如果这个结构画成四条 Cl—O 单键的话，那么氯原子的价态为+3。

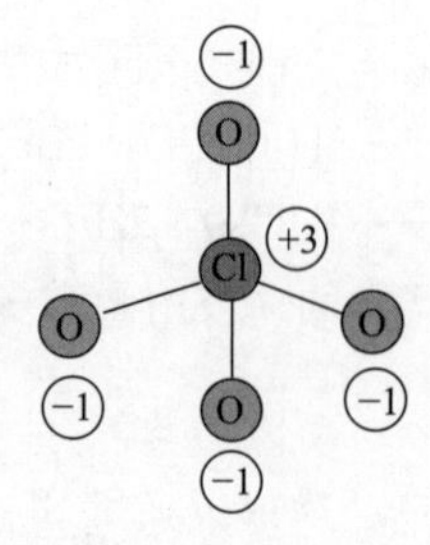

如果存在多重键的结构，那么会存在以下几种共振结构：

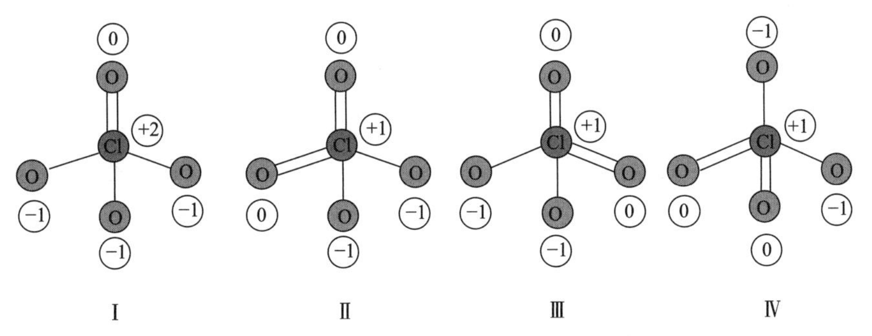

这些结构中的氯原子的价态会变低。因此，观察到的键长是稍微比 Cl—O 单键短，所以这些共振结构对 ClO_4^- 的结构都存在贡献。

15.3 稀有气体

稀有气体都不是很活泼，这是因为它们的价层电子数为 8，而我们认为八电子构型是很多分子成键本质的基础和最终稳定的电子组态。实际上，稀有气体曾被称为惰性气体，但只是相对的反应惰性而已，有些元素（特别是氙）并不是惰性的。这些气体具有高电离能，但只有氡和氙的电离能不是特别高，还是有可能发生化学反应。在 1962 年以前，一些固体晶格内部（例如石墨）含有稀有气体的材料人们就已经熟悉了，但这些材料并不是传统意义的化合物[它们称为包合物（clathrates）]。但是，巴特莱特和洛曼（D. H. Lohmann）在 1962 年进行了一个反应，导致了第一个真正的稀有气体化合物的出现。

这个著名的实验是从氧气与非常强的氧化剂 PtF_6 的反应得到启发的：

$$O_2(g)+PtF_6(g) \longrightarrow O_2^+\left[PtF_6\right]^-(s) \tag{15.222}$$

上述的反应如此有意义是因为 O_2 分子的电离势为 $1177kJ \cdot mol^{-1}$（对比一个氢原子的电离势为 $1312kJ \cdot mol^{-1}$），而 Xe 的电离势为 $1170kJ \cdot mol^{-1}$。这就证明，如果 PtF_6 能脱去 O_2 的一个电子的话，那么它也能使氙原子脱去电子。在尝试这个反应时，一种橙黄色的固体生成了，它被认为是 $Xe^+[PtF_6]^-$（后来被证明不太正确）。这种产物随后被证实为 $XeF^+[Pt_2F_{11}]^-$，但从此之后更多的 Xe 化合物就被得到。其他的一些氟化物如 XeF_4、XeF_2 和 XeF_6 被制备出来，而结构表征也揭示了这些有趣的化合物的详细信息。这些年来，其他更多的氙化合物已经被得到了，稀有气体化学也已经拓展到一些氪化合物。下面主要重点介绍的还是氙化学。

15.3.1 单质

氦长期以来一直与核化学联系在一起，因为α粒子（α为 $^4He^{2+}$）形成于一些重原子核的衰变过程，例如：

$$^{238}U \longrightarrow {}^{234}Th+{}^4He^{2+} \tag{15.223}$$

一个α粒子可以从其他原子或分子中得到两个电子形成一个氦原子（氦原子具有所有原子中最高的电离势，所以这个过程是没法阻止的）。氦也是恒星的组成物质，它是由核聚变反应产生的：

$$4{}^1H \longrightarrow {}^4He+2e^++2\nu\text{（中微子）} \tag{15.224}$$

早在 1868 年人们就由太阳光谱线中得知这种元素了。这种元素被命名为氦（helium），来源于太阳的希腊语 helios。几年之后发现火山气体的光谱线跟这种元素的光谱线是一样的。氩是 1885 年威廉 • 拉姆塞(William Ramsay)在空气除去了氧气和氮气的剩余气中发现的。它的名字（argos）来自于希腊语 argos，意思是“不反应”。氩可以由 ^{40}K 的电子俘获衰变获得：

$$^{40}K \xrightarrow{E.C.} {}^{40}Ar \quad (15.225)$$

在1898年，氖（neon）、氪（krypton）和氙（xenon）都在除去了氮气和氧气的液态空气中分离得到了。它们的名字分别来自希腊语的neos（新的）、kryptos（神秘的）和xeneos（陌生人）。氡来自于三种自然存在的物质衰变：^{235}U、^{238}U和^{232}Th。每一种衰变在得到一种稳定的核之前都经过很多步的反应，但每种物质最终的产物都是氡：

$$\text{From}^{238}U: \quad ^{223}Ra \longrightarrow {}^{219}Rn + {}^{4}He^{2+} \ (t_{1/2}=11.4d) \quad (15.226)$$

$$\text{From}^{232}Th: \quad ^{224}Ra \longrightarrow {}^{220}Rn + {}^{4}He^{2+} \ (t_{1/2}=3.63d) \quad (15.227)$$

$$\text{From}^{235}U: \quad ^{226}Ra \longrightarrow {}^{222}Rn + {}^{4}He^{2+} \ (t_{1/2}=1600a) \quad (15.228)$$

氡的所有同位素都是放射性的，并且通过以下化学方程式表示的α衰变生成钋的同位素：

$$^{219}Rn \longrightarrow {}^{215}Po + {}^{4}He^{2+} \ (t_{1/2}=3.96s) \quad (15.229)$$

$$^{220}Rn \longrightarrow {}^{216}Po + {}^{4}He^{2+} \ (t_{1/2}=55.6s) \quad (15.230)$$

$$^{222}Rn \longrightarrow {}^{218}Po + {}^{4}He^{2+} \ (t_{1/2}=3.825d) \quad (15.231)$$

因为氡是一种重的气体，沉积在地下室和矿井中，所以它造成一个严重的问题。当吸入体内之后，氡会在需要低渗透的地方衰变导致组织损伤。α和β衰变不是高渗透类型，但是在肺部里面，这不需要高渗透都能造成伤害。表15.10表示了稀有气体的部分性质。

表15.10　稀有气体的部分性质

性质	He	Ne	Ar	Kr	Xe	Rn
熔点/K	0.95	24.5	83.78	116.6	161.3	202
沸点/K	4.22	27.1	87.29	120.8	166.1	211
$\Delta H_{熔融}$/kJ·mol^{-1}	0.021	0.324	1.21	1.64	3.10	2.7
$\Delta H_{蒸发}$/kJ·mol^{-1}	0.082	1.74	6.53	9.70	12.7	18.1
电离势/kJ·mol^{-1}	2372	2081	1520	1351	1170	1037
原子半径①/pm	122	160	191	198	218	220
密度②/g·L^{-1}	0.1785	0.900	1.784	3.73	5.88	9.73
H_2O中的溶解度/$10^3 \times X$③	7.12	8.73	30.2	57.0	105	230

① 范德华半径。

② 在0℃和1atm下。

③ X是溶液中气体的摩尔分数。

只有非常弱的色散力作用的分子组成的化合物具有典型的非常窄的液态温度区间。稀有气体对这个结论诠释得极其完美，这是由于任何一种稀有气体的液态温度区间都只有约9℃。稀有气体的极性沿着族由上到下递增，偶极引力作用导致了在水中的溶解度也增加（见第6章）。

一些稀有气体具有大量的应用。在第1章中，我们讨论了具有特定核子数的原子核的稳定性。由于第一层的质子和中子都充满了，氦是一个稳定的排列，同样具有相同质子数和中子数的^{20}Ne也是一样。一部分是这种稳定性的原因，在宇宙范围内氦和氖的含量是相当丰富的。氦的密度只有约0.18g·L^{-1}，它被用于轻型飞机，也被用作冷却剂，尤其是在超导体方面。氖被用于氖灯，氩被用在焊接过程中作为惰性保护气。

15.3.2　氟化氙

尽管所有的稀有气体都具有很多有趣的性质，但在这里我们只讨论它们的化学性质。氪的一些化合物将会被提到，但是这里最重要的还是氙化学。莱纳斯·鲍林在1933年时就预测有可能制备出XeF_6，而这之前已经介绍过相关情况了。前面提到的氧气与PtF_6的反应表明了具有相似电离势的氙的相似反应也可能发生。很显然如果氙的反应能发生，它需要一种极强的氧化剂，而 F_2 是一种合适的选择。据此，二氟化氙与四氟化氙可以通过加热两种物质的混合物或者利用电磁辐射的方法制备得到：

$$Xe(g)+F_2(g) \longrightarrow XeF_2(s) \tag{15.232}$$

当制备 XeF_4 时，氟与氙的比例为 5∶1 的混合物被加热并置于几个大气压的环境中：

$$Xe(g)+2\ F_2(g) \longrightarrow XeF_4(s) \tag{15.233}$$

当使用氟氙比例更高的混合物时，可以制得 XeF_6。

氙与氪的电离势的差别（$1170kJ \cdot mol^{-1}$ 与 $1351kJ \cdot mol^{-1}$）表明氪的反应性更差一点。这种差异可以从键能的不同显示，Xe—F 键能为 $133kJ \cdot mol^{-1}$，而 Kr—F 键能只有 $50kJ \cdot mol^{-1}$。因此，XeF_2 是一种相对稳定的二氟化物，而 KrF_2 则非常活泼。二氟化氪只有将混合物在低温下放电制备。当紫外线照射液氪与氟的混合物时，反应生成 KrF_2。正如推测的一样，二氟化氡也可以制备得到，但因为氡的所有同位素都会快速衰变，所以这个化合物并没有太多的意义。这样对稀有气体的化学性质分析之后就会发现，我们主要关注的还是氙化合物的性质，包括与 F、Cl、O 或 N 构成的化合物。

XeF_2 的中心原子周围有 10 个电子，因此两个氟原子处于三角双锥的直线位置，而三对未共用电子对位于赤道面上（$D_{\infty h}$ 对称性）。

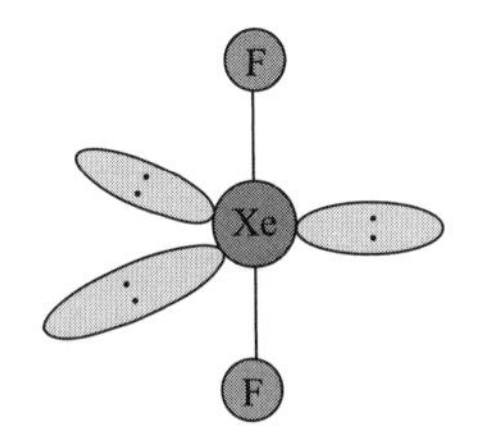

然而，分子轨道理论也提出了 XeF_2 的另一种成键方式：氙原子的两条 p 轨道与两个氟原子的 p 轨道结合形成一条三中心四电子的直线键。实际上，三个原子轨道形成三个分子轨道，但只有成键和反键轨道是被占据的。这种轨道占据的结果使得反键电子密度处于氟原子上，形成了极性的 Xe—F 键。

XeF_4 分子与 IF_4^- 是等电子体（12 个电子围绕着中心原子），它的结构也为平面四边形（D_{4h}）。

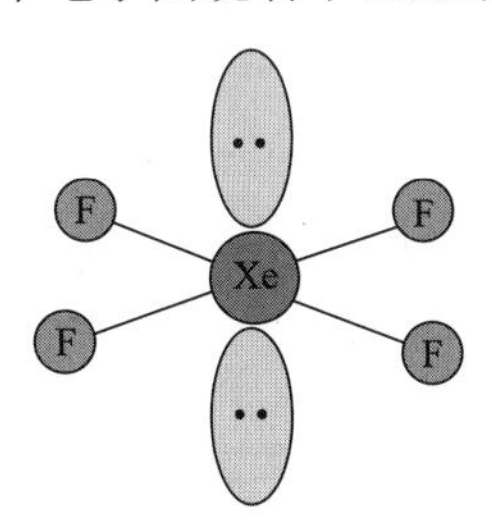

XeF_6 分子中的中心原子周围有 14 个电子，这就出现了 6 条键和一对未共用电子对。尽管 IF_7 的中心原子周围也有 14 个电子，但所有的电子都成键了，其分子结构为五角双锥。由于这个未共用电子对的影响，XeF_6 分子是一个不规则的非刚性结构，具有 C_{3v} 对称性，结构表示如下：

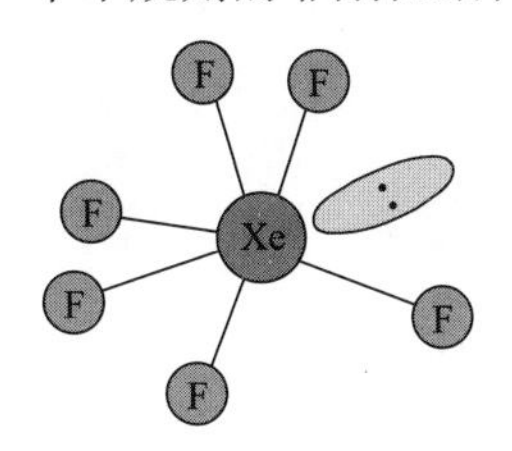

六氟化氙已知是以聚集体形式存在，并且以一种平衡混合物的方式存在的，表示如下：

$$4XeF_6 \rightleftharpoons [XeF_5^+F^-]_4 \tag{15.234}$$

这个四聚体结构比较复杂，包含一些氟离子桥联，正如固态 XeF_6 中存在的六聚体也包含氟离子桥一样。

总的来说，分子间力是与分子结构有关的（见第 6 章）。XeF_2 和 XeF_4 都是极性的，因此有意思的是 XeF_2、XeF_4 和 XeF_6 的熔点分别是 129℃、117℃和 50℃，但它们的固体都容易升华。当考虑分子间作用力时溶度参数（见第 6 章的讨论）是很有用的，这里就是很好的例子。从二卤化物和四卤化物的蒸气压来看，XeF_2 和 XeF_4 的计算溶度参数分别是 $33.3J^{1/2} \cdot cm^{-3/2} \cdot mol^{-1}$ 和 $30.9J^{1/2} \cdot cm^{-3/2} \cdot mol^{-1}$。对比其他非极性共价分子而言，这些数值是挺高的了，值得注意的是，越重的分子具有越低的溶度参数。为了提供对比基础，$SnCl_4$（$260.5g \cdot mol^{-1}$）和 $SiBr_4$（$347.9g \cdot mol^{-1}$）的溶度参数分别是 $17.8\ J^{1/2} \cdot cm^{-3/2} \cdot mol^{-1}$ 和 $18.0\ J^{1/2} \cdot cm^{-3/2} \cdot mol^{-1}$。这些数值遵循伦敦分散力引起的分子相互作用的变化趋势。可以预测 XeF_4 分子间的伦敦力会比 XeF_2 分子间的伦敦力更强。但是，氟化氙的键是极性的。在 XeF_2 中，Xe 和 F 上的剩余电荷会比 XeF_4 分子的两种原子的剩余电荷要高，因为 XeF_4 分子的电荷密度都平均分布到四个方向了。因此，尽管分子不是极性的，但在分子内部的键是极性的，而可以推测 XeF_2 中的键的极性会更大些。这会导致更强的分子间吸引力，而这个事实从 XeF_2 的溶度参数比 XeF_4 的大可以看出。

15.3.3 氟化氙和氟氧化物的反应

氟化氙进行的很多反应在某些地方是与卤间化合物的反应相似的。但是，氙的氟化物在反应活泼性方面差距很明显，XeF_2 的反应活泼性比 XeF_4 和 XeF_6 要差很多。二氟化物与水只是缓慢地反应：

$$2XeF_2+2H_2O \longrightarrow 2Xe+O_2+4HF \tag{15.235}$$

但在碱性条件下，一种不同的反应将快速进行，表示如下：

$$2XeF_2+4OH^- \longrightarrow 2Xe+O_2+2H_2O+4F^- \tag{15.236}$$

四氟化氙与水快速地进行歧化反应：

$$6XeF_4+12H_2O \longrightarrow 2XeO_3+4Xe+3O_2+24HF \tag{15.237}$$

+4 价的 Xe 转变成+6 价的氙和单质 Xe。氙的氧化物是一种爆炸性化合物，是由 XeF_6 的水解反应制得，反应如下：

$$XeF_6+3H_2O \longrightarrow XeO_3+6HF \tag{15.238}$$

上述水解反应还会生成 $XeOF_4$ 的中间物：

$$XeF_6+H_2O \longrightarrow XeOF_4+2HF \tag{15.239}$$

$$XeOF_4+2H_2O \longrightarrow XeO_3+4HF \tag{15.240}$$

正如其他地方介绍的一样，像 SbF_5 或 AsF_5 这类强路易斯酸有能力从大量的氟共价化合物中脱去 F^-，生成多原子阳离子。类似的反应在氟化氙和强路易斯酸之间发生，生成的产物包括 $XeF^+Sb_2F_{11}^-$、$XeF^+SeF_6^-$ 和 $Xe_2F_3^+SbF_6^-$。含有两个氙原子的阳离子结构是氟离子在它们之间起到桥联作用。例如，$Xe_2F_3^+$ 的结构是：

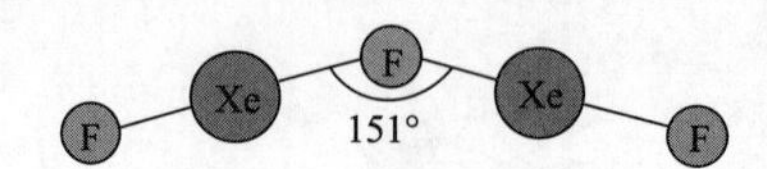

XeF^+阳离子与 SbF_6^- 阴离子成键生成的配合物的结构如下：

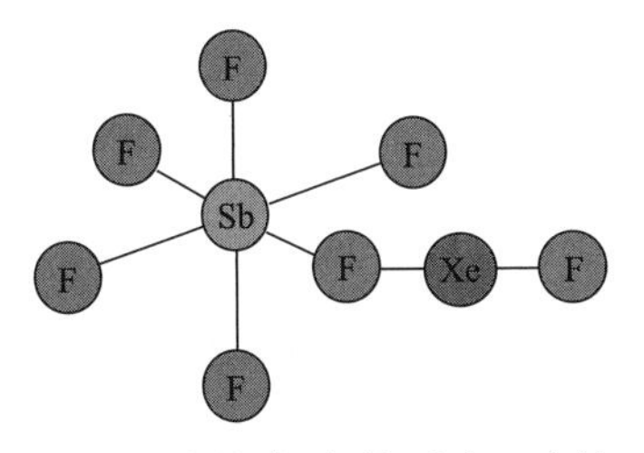

四氟化氙进行的反应类似于卤间化合物发生的反应。例如，XeF_3^+ 阳离子可通过 XeF_4 与强的路易斯酸如 BiF_5 反应制得：

$$XeF_4 + BiF_5 \longrightarrow XeF_3^+BiF_6^- \qquad (15.241)$$

固态中 PCl_5 和 PBr_4 都是以离子化合物形式存在。类似地，固态 XeF_6 含有 XeF_5^+ 阳离子，离子之间通过氟离子桥联。XeF_5^+ 可通过 XeF_6 与 RuF_5 反应生成：

$$XeF_6 + RuF_5 \longrightarrow XeF_5^+RuF_6^- \qquad (15.242)$$

含有两个氙原子的阳离子 $Xe_2F_{11}^+$ 也是已知的，它的结构可以表示成 $F_5Xe^+\cdots F^-\cdots XeF_5^+$。含氙的多原子阴离子可以形成是因为 XeF_6 本身就是一种路易斯酸。这种类型的反应例子表示如下：

$$XeF_6 + MF \longrightarrow MXeF_7 \qquad (15.243)$$

其中 M 是+1 价阳离子。近年来，卤化氙作为高效氟化剂参与反应的能力得到了深入研究。更高氟含量的氟化物 XeF_4 和 XeF_6 是非常有力的氟化剂，但二氟化物是相对较差，尽管它也可以氟化有机化合物，如烯烃。

$$\mathrm{>C{=}C<} + XeF_2 \longrightarrow \mathrm{-\overset{F}{C}-\overset{F}{C}-} + Xe \qquad (15.244)$$

对于 XeF_2 作为一种氟化剂的一个有趣的应用就是氟化尿嘧啶，其结构如下：

XeF_2 与尿嘧啶的反应生成 5-氟衍生物，它可以适时地治疗一些皮肤疾病，包括某些皮肤癌。这个反应可表示如下：

$$+ XeF_2 \longrightarrow \quad + Xe + HF \qquad (15.245)$$

使用 XeF_2 作为氟化剂的一个吸引人的地方在于其他产物，即 Xe 和 HF，可以轻易地除去，而使用另一些氟化剂时这一点很难做到。

我们还已知一些氙的氧化物，就像氙的其他化合物一样，它们可通过氟化物制备得到。式（15.237）和式（15.238）已经列出了形成 XeO_3 的两个反应。XeO_3 的生成热约为 $400kJ \cdot mol^{-1}$，因此毫无疑问这个化合物是一个非常敏感的易爆物。XeO_3（与 SO_3^{2-} 和 ClO_3^- 是等电子体）的结构可表示如下：

$$\mathrm{O{-}\overline{Xe}(-O){-}O} \longleftrightarrow \mathrm{O{-}\overline{Xe}(=O){-}O} \longleftrightarrow \mathrm{O{=}\overline{Xe}(-O){-}O}\text{, etc.}$$

在第一个结构中只表示出单键，此时 Xe 的原电荷是+3，因此表示双键的结构的贡献是主要的。

在碱性溶液中，OH^-与 XeO_3 可发生反应，表示如下：

$$XeO_3 + OH^- \longrightarrow HXeO_4^- \qquad (15.246)$$

$HClO_3$ 进行的其中一个反应是歧化反应，生成高氯酸和氯气：

$$8HClO_3 \longrightarrow 4HClO_4+2H_2O+3O_2+2Cl_2 \qquad (15.247)$$

$HXeO_4^-$ 在碱性溶液中的反应非常相似，可表示如下：

$$2HXeO_4^- + 2OH^- \longrightarrow XeO_6^{4-} + Xe + O_2 + 2H_2O \qquad (15.248)$$

这导致了高氙酸离子 XeO_6^{4-} 的生成。这只是氙化合物与卤素化合物的很多类似反应之一。几种含有高氙酸离子的固体已经被分离出来了，这个离子是弱酸 H_4XeO_6 的共轭碱。因此，对应的盐水解得到的是碱性溶液：

$$XeO_6^{4-} + H_2O \rightleftharpoons HXeO_6^{3-} + OH^- \qquad (15.249)$$

$$HXeO_6^{3-} + H_2O \rightleftharpoons H_2XeO_6^{2-} + OH^- \qquad (15.250)$$

高氙酸根中的 Xe 的氧化态为+8，因此它们应该是非常强的氧化剂。

在第 14 章中介绍过磷的卤氧化物可以通过其氧化物与卤化物反应制得。其中一个反应如下：

$$6PCl_5+P_4O_{10} \rightleftharpoons 10OPCl_3 \qquad (15.251)$$

相似地，氙的卤氧化物也可以通过以下反应得到：

$$XeF_6+2XeO_3 \longrightarrow 3XeO_2F_2 \qquad (15.252)$$

$$2XeF_6+XeO_3 \longrightarrow 3XeOF_4 \qquad (15.253)$$

尽管早期多数的氙化合物都是含有氟和氧的，但大量的含有其他元素的化合物已经得到。其中一个最先知道的含有机基团的化合物是 C_6H_5XeF。但是，下面这个反应可以生成二苯基化合物：

$$2C_6H_5XeF+Cd(C_6H_5)_2 \longrightarrow 2\,Xe(C_6H_5)_2+CdF_2 \qquad (15.254)$$

当 C_6H_5XeF 与一种对 F 有很强亲和力的分子反应时，其中的氟原子失去，形成含 $C_6H_5Xe^+$ 离子的化合物。另一种有趣的化合物含有氙碳键，可以通过 C_6H_5XeF 与$(CH_3)_3SiCN$ 反应制得：

$$C_6H_5XeF+(CH_3)_3SiCN \longrightarrow C_6H_5XeCN+(CH_3)_3SiF \qquad (15.255)$$

含有 H—Xe 键的稀有气体化合物在 1995 年就被确认。在极端条件下，如紫外线光解，以 Xe 为基质，将 Xe 与 HCl、HF 或 HCN 的混合物在非常低的温度下光解，此时得到的化合物被确认含有 HXeCN、HXeF 和 HXeCl。在这些条件下，像 HXeH 和 HXeCCXeH 这些化合物也被确认得到，而与乙炔反应得到的产物是 HXeCCH。这些不稳定的产物都是通过红外光谱法确认的。

正如之前提到的，氪也可以形成几种化合物，但它们的种类较少，并且比起氙化合物而言表征并不完善。氪的二氟化物可以通过低温下 Kr 与 F_2 混合物的放电反应获得。如二氟化氙一样，二氟化氪也能与强的路易斯酸 SbF_5 反应形成阳离子。

$$KrF_2 + SbF_5 \longrightarrow KrF^+SbF_6^- \qquad (15.256)$$

这个阳离子与另一个 KrF_2 分子存在某种联系，反应生成 $Kr_2F_3^+$。

可以预料到，KrF_2 比 XeF_2 更不稳定，所以它是一种更强的氟化剂，通过以下反应可看出：

$$3KrF_2+Xe \longrightarrow XeF_6+3Kr \qquad (15.257)$$

$$I_2+7KrF_2 \longrightarrow 2IF_7+7\,Kr \qquad (15.258)$$

二氟化氪的其他很多反应也是已知的，但这里就不再赘述了。尽管氪化学已经得到确认，但其内容对比氙化学而言还是少很多的。尽管稀有气体化学已经取得了相当大的发展，但是最大量的研究还是集中在氙化合物。

拓展学习的参考文献

Bailar, J.C., Emeleus, H.J., Nyholm, R., Trotman-Dickinson, A.F., 1973. *Comprehensive Inorganic Chemistry*, Vol. 3. Pergamon Press, Oxford. This is one volume in the five volume reference work in inorganic chemistry.

Bartlett, N., 1971. *The Chemistry of the Noble Gases*. Elsevier, New York. A good survey of the field by its originator.

Claassen, H.H., 1966. *The Noble Gases*. D. C. Heath, Boston. A very useful introduction to the chemistry of noble gas compounds and structure determination.

Cotton, F.A., Wilkinson, G., Murillo, C.A., Bochmann, M., 1999. *Advanced Inorganic Chemistry*, 6th ed. John Wiley, New York. Chapter 14, A 1300 pages book that covers an incredible amount of inorganic chemistry. Chapter 14 deals with the noble gases.

Greenwood, N.N., Earnshaw, A., 1997. *Chemistry of the Elements*, 2nd ed. Butterworth-Heineman, Burlington, MA. Chapter 18 of this comprehensive book is devoted to the noble gases.

Holloway, J.H., 1968. *Noble-Gas Chemistry*. Methuen, London. A thorough discussion of some of the early work on noble gas chemistry. A good introductory reference.

King, R.B., 1995. *Inorganic Chemistry of the Main Group Elements*. VCH Publishers, New York. An excellent introduction to the descriptive chemistry of many elements. Chapter 7 deals with the chemistry of the noble gases.

Khriachtchev, L., Tanskanen, H., Lundell, J., Pettersson, M., Kiljunen, H., Rasanen, M., 2003. *J. Am. Chem. Soc.* 125, 4696e4697.A report on xenon compounds formed by photolysis at low temperature.

习题

1. 画出 S_2N_2 的结构，表示出所有价层电子。
2. XeF_2 的什么性质导致它对于有机化合物而言是一种可取的氟化剂？
3. 你认为哪一种物质更稳定，$NaIF_4$ 还是 $CsIF_4$？解释原因。
4. 完成并配平以下反应：

（a）$Cl_2+H_2O \longrightarrow$

（b）$ICl_3+H_2O \longrightarrow$

（c）$RbF+IF_3 \longrightarrow$

（d）$SiO_2+ClF_3 \longrightarrow$

（e）$AsBr_3+H_2O \longrightarrow$

5. 写出以下完整的平衡化学方程式：

（a）$XeF_4+PF_3 \longrightarrow$

（b）$XeOF_4+H_2O \longrightarrow$

（c）$XeF_4+SOF_2 \longrightarrow$

（d）$XeF_2+S_8 \longrightarrow$

（e）$XeF_4+SF_2 \longrightarrow$

6. 如果 Kr—F 键焓值为 $50kJ \cdot mol^{-1}$，F—F 键焓值为 $159kJ \cdot mol^{-1}$，那么从气态的单质出发得到气态的 KrF 的生成热是多少？

7. 某些化合物的生成热是正值，那我们假设 $ArF_2(g)$的生成热为$+100kJ \cdot mol^{-1}$。因此如果 F—F 键焓为 $159\,kJ \cdot mol^{-1}$，而生成热不能超过$+100\,kJ \cdot mol^{-1}$的时候，那么 Ar—F 键的能量是多少的时候才可能生成 $ArF_2(g)$？

8. 请解释为何$(SCl)_4N_4$具有的结构与 $S_4(NH)_4$ 的结构是不同的。

9. 画出 $S_2O_6F_2$ 的结构，预测这个化合物可以进行的一些反应。

10. 含有硫和氮原子的一个环结构的阳离子是 $S_3N_2Cl^+$。画出这个离子的结构并表示出其重要的共振结构。

11. 补充完整以下反应中缺失的反应物和/或产物：

（a）SO_2+____ ⟶ SO_2Cl_2+____

（b）HCl+____ ⟶ HF+H_2O+____

（c）SO_2Cl_2+____ ⟶ $SO_2(NH_2)_2$+____

（d）NiS+____ ⟶ NiO+____

（e）$HOSO_2Cl+H_2O_2$ ⟶ ____+____

12. 分析原因，解释为何以下反应可以发生：

$$KF+ClSO_3H \longrightarrow KCl+FSO_3H$$

13. 画出以下物质的结构：

（a）XeO_6^{4-}

（b）XeO_4

（c）XeF_3^+

（d）XeF_8^{2-}

（e）XeF_5^+

14. SO_2 与 BF_3 反应的方式和它与 $N(CH_3)_3$ 反应的方式是不同的。写出上述反应方程式并解释两种情况的本质区别。

15. 画出以下每个分子的结构：

（a）$SeCl_4$

（b）过氧二硫酸

（c）连二硫酸

（d）SF_4

（e）SO_3

16. 写出问题 15 列出的每种化合物与水的反应化学方程式。

17. 计算气态的 XeF_2 和 XeF_4 的生成热，其中 Xe—F 键焓为 $133kJ \cdot mol^{-1}$，F—F 键焓为 $159kJ \cdot mol^{-1}$。

18. 写出以下反应过程的化学方程式：

（a）硫酰氯与甲醇的反应

（b）四氟化硫与硼的反应

（c）硫与三氯化磷的反应

（d）硫与五氟化砷在液态二氧化硫中的反应

（e）焙烧硫化砷(Ⅲ)

（f）氯化氢与三氧化硫的反应

19. 推测一些反应方式，说明当形成配合物时，$S_2O_5^{2-}$ 能确定是与金属离子成键的。

20. 如果化合物 S_4P_4 能制备得到，那么它的结构将会与 S_4N_4 有什么不同？如果 S_4P_4 在碱性溶液中水解，推测一下反应产物将会是什么？

21. 以下反应的焓变是多少？其中 $XeF_4(s)$的晶格能为 $62kJ \cdot mol^{-1}$。

$$Xe(g)+2F_2(g) \longrightarrow XeF_4(s)$$

22. 写出下列过程的反应方程式：

（a）五氯化磷与水的反应

（b）NaOCl 的制备

（c）ClF_3 与 NOF 的反应

（d）OCl^-的歧化反应

（e）氢氧化钠稀溶液的电解反应

23. 解释为何以下反应可以发生：

$$2ClF_3+Br_2 \longrightarrow 2BrF_3+Cl_2$$

24. 画出以下分子的结构：

（a）硫代硫酸

（b）亚硫酰氟

（c）S_2Cl_2

（d）H_2S_4

（e）二氟焦硫酸

25. 通过查看表 15.6，说出哪种硫的含氧酸是强酸。

26. 请以两种方式解释 $SOCl_2$ 是如何表现为路易斯酸的。

27. 完成并配平以下反应：

（a）$SO_2Cl_2+C_2H_5OH \longrightarrow$

（b）$KBF_4+SeO_3 \longrightarrow$

（c）$H_2S_2O_7+H_2O \longrightarrow$

（d）$HOSO_2Cl+H_2O_2 \longrightarrow$

（e）$Sb_2S_3+HCl \longrightarrow$

28. 画出 SO 的分子轨道能级图。你推测这个分子有什么性质？

29. 完成并配平以下反应：

（a）$HNO_3+S_8 \longrightarrow$

（b）$S_2Cl_2+NH_3 \longrightarrow$

（c）$S_4N_4+Cl_2 \longrightarrow$

（d）$SO_2+PCl_5 \longrightarrow$

（e）$CaS_2O_6 \xrightarrow{\triangle}$

30. 完成并配平以下反应：

（a）$ONF+ClF \longrightarrow$

（b）$Sb_2S_3+HCl \longrightarrow$

（c）$Na_2CO_3+S \longrightarrow$

（d）$HClO_3+P_4O_{10} \longrightarrow$

（e）$KMnO_4+HCl \longrightarrow$

31. 写出氯气与水反应的化学方程式，以及相似的氯气与液氨反应的化学方程式。

第五部分　配位化合物化学

第 16 章 配位化学导论

配位化合物化学包括了从化学键的理论到有机金属化合物的合成等内容广泛的化学领域。配位化合物的基本特征是都含有路易斯酸、碱之间形成的配位键。金属原子或离子是路易斯酸，而路易斯碱（电子对给体）的范围包括含有一个或更多个未共享电子对的几乎任意物种。电子对给体包括中性分子如H_2O、NH_3、CO、磷化氢（PH_3）、吡啶、N_2、O_2、H_2、乙二胺（$H_2NCH_2CH_2NH_2$）等。大多数阴离子，例如OH^-、Cl^-、$C_2O_4^{2-}$、H^-等，含有未共享电子对，可以提供给路易斯酸形成配位键。配位化学实际上是研究范围非常宽广的交叉学科。

一些重要的配位化合物存在于生物体系中（例如血红素和叶绿素）。配位化合物作为催化剂也有很多重要的应用。配位化合物的形成研究是一些分析化学技术的基础。由于配位化学与多学科相关，理解配位化学的基本理论和原则对于化学的很多相关领域的研究是非常重要的。下面几章将介绍配位化合物化学的基本原理。

16.1 配位化合物的结构

配位化合物的基本特征是存在配位键，即提供电子对的配体与接受电子对的金属原子或离子之间形成的化学键。金属原子或离子所接受的电子对的数目称为配位数。虽然存在很多配位数是 3、5、7、8 的配合物，但大多数配合物的配位数是 2、4、6。

金属离子必须要有空的轨道以接受配体所给予的电子对。这种情况与共价键不同，因为共价键是由成键的两个原子各提供一个电子而形成的。描述配位键的形成，首先要找到金属能够提供的轨道类型。如果金属离子是Zn^{2+}，其电子构型为$3d^{10}$。因此，4s 和 4p 轨道是空的，可以杂化形成四个空的sp^3杂化轨道。这组杂化轨道可以接受配体提供的四个电子对，所形成的配位键指向四面体的四个顶角。因此可以预计配位化合物$[Zn(NH_3)_4]^{2+}$应为四面体结构，这与事实相符。

1893 年，阿弗雷德·维尔纳（Alfred Werner）提出一个理论，用以解释诸如$CoCl_3 \cdot 6NH_3$、$CoCl_3 \cdot 4NH_3$、$PtCl_2 \cdot 2NH_3$、$Fe(CN)_3 \cdot 3KCN$等配位化合物的存在。他从假设一个金属离子有两种类型的化合价入手。首先是主价，由配体的负电荷平衡金属的正电荷得到满足。例如，$CoCl_3 \cdot 6NH_3$中钴的+3 主价由三个Cl^-满足。其次是副价，用以结合特定数目的配体。上例中，六个NH_3配体满足钴的副价，所以钴的配位数是 6。由于NH_3分子直接与钴离子成键，这个配合物的分子式现在写成$[Co(NH_3)_6]Cl_3$，其中方括号用以表示由金属和直接相连的配体所组成的实际的配合物单元。

在配位化合物 $CoCl_3 \cdot 4NH_3$ 中，钴的配位数 6 由直接与钴相连的四个 NH_3 分子和两个 Cl^- 实现。还有一个 Cl^-满足钴的部分主价，但它不是直接与钴离子相连，不能计为副价。这个配合物的分子式写为$[Co(NH_3)_4Cl_2]Cl$。为了证明这些观点，可以将配合物溶解在水中，加入含有 Ag^+的溶液。对于 $CoCl_3 \cdot 6NH_3$ 或$[Co(NH_3)_6]Cl_3$，所有氯离子立即沉淀为 AgCl。对于 $CoCl_3 \cdot 4NH_3$ 或$[Co(NH_3)_4Cl_2]Cl$，只有 1/3 的氯离子沉淀为 AgCl，因为有两个氯离子通过配位键，即副价结合了钴离子。这两个氯离子既满足了钴的主价，又满足了钴的副价，而第三个氯离子只满足了主价，没有满足副价。对于配合物$[Co(NH_3)_3Cl_3]$，加入 Ag^+时没有氯离子沉淀出来，因为所有的氯离子都通过配位键与钴离子结合。

上述配合物溶液的电导率实验可以为配合物结构提供进一步的证明。例如，当$[Co(NH_3)_3Cl_3]$溶解于水中，配合物表现为非电解质，没有离子存在，因为 Cl^-都是配合物的配位结构的一部分。而$[Co(NH_3)_6]Cl_3$、$[Co(NH_3)_5Cl]Cl_2$ 和$[Co(NH_3)_4Cl_2]Cl$ 分别表现为 1∶3、1∶2 和 1∶1 型的电解质。相似情况存在于$[Pt(NH_3)_4Cl_2]Cl_2$ 中，它表现为 1∶2 型电解质，加入 Ag^+时只有一半氯离

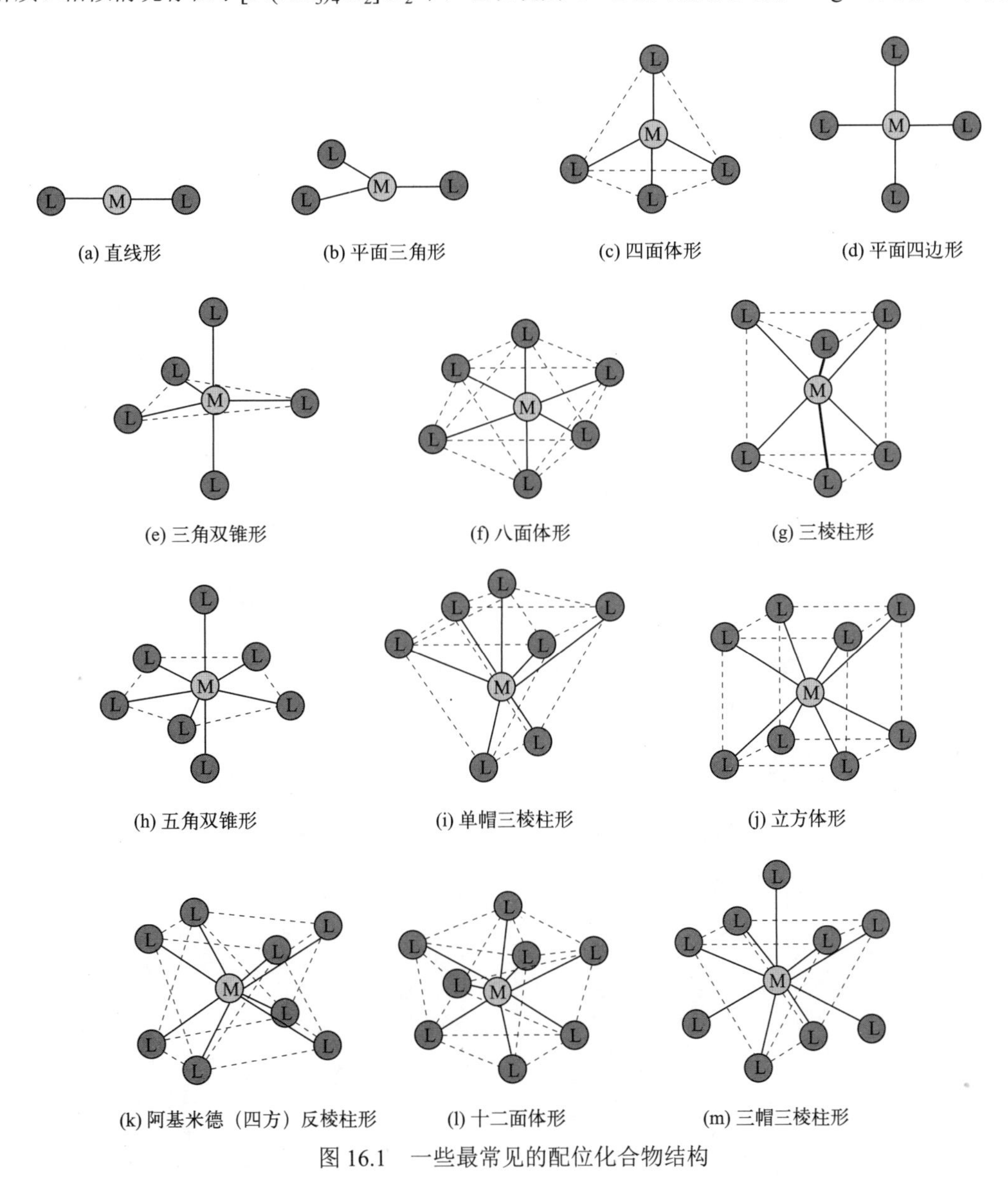

图 16.1　一些最常见的配位化合物结构

子沉淀出来。大量化合物具有类似于 $FeCl_3 \cdot 3KCl$ 的化学式，通常被称为复盐，因为其中含有两个完整的化学式，但实际上其中大多数化合物是配位化合物，可以用类似于 $K_3[FeCl_6]$的化学式表示。

就像下面显示的，许多配合物的配位数为 2（直线形配合物，如$[Ag(NH_3)_2]^+$）、4（四面体配合物，如$[CuCl_4]^{2-}$，或平面四边形配合物，如$[Pt(NH_3)_4]^{2+}$）或 6（八面体配合物，如$[Co(NH_3)_6]^{3+}$）。数量较少的配合物具有的配位数为 3（平面三角形）、5（三角双锥形，或四方锥形）、7（五角双锥形，或带帽三棱柱形）或 8（立方体形，或反立方体形，后者亦称阿基米德反棱柱形）。图 16.1 列出了这些结构的示意图。

在四面体结构中，环绕中心原子的所有位置是等价的，所以不存在几何或顺反异构。如果与金属相连的四个基团都不同，会产生旋光异构体。配合物如$[Pt(NH_3)_2Cl_2]$如果是四面体结构，那么就只有一种结构。然而，如下所示，这个配合物存在两种异构体，因为金属周围的配位键是平面四边形排列的。

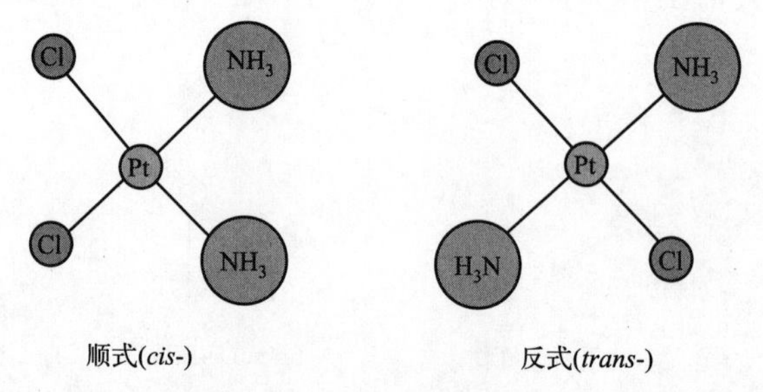

阿弗雷德·维尔纳分离出这两种异构体，据此推断这个配合物是平面四边形而不是四面体形。顺式异构体现在有一个知名的商品名称——顺铂，可以用于治疗某些类型的癌症。

如果配合物的配位数为 6，那么配体环绕中心原子有几种排列方式。化学键通常不会形成完全随机的排列方式。含有六个配体的配合物可能形成三种规则的几何构型。六个配体可能排列成平面六角形（类似于苯），也可能排列成三棱柱形或八面体形结构。对于化学式为 MX_4Y_2 的配合物，这些排列会产生不同数目的异构体，如图 16.2 所示。

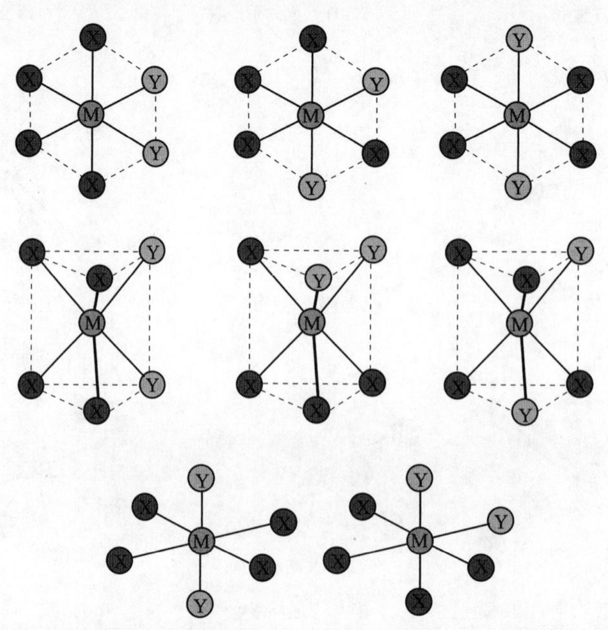

图 16.2　平面六角形、三棱柱形、八面体形 MX_4Y_2 配合物的几何异构体

现代实验技术已经能够明确无误地确定一个化合物的结构，但是，100 年前只能使用一些化学手段来分析结构。只能分离出两种异构体的事实很好地证明了化学式为 MX_4Y_2 的配合物为八面体结构。不过，这个证明也有问题，因为可能存在第三种异构体，但合成化学家制备不了，或者虽然制备出来了，但是由于太不稳定而无法分离。

尽管大多数配合物的结构为直线形、四面体形、平面四边形或八面体形，也有一些三角双锥形的配合物，其中最值得注意的是 $Fe(CO)_5$、$[Ni(CN)_5]^{3-}$、$[Co(CN)_5]^{3-}$。一些配位数为 5 的配合物的结构为四方锥形，包括$[Ni(CN)_5]^{3-}$。配位数为 8 虽然不是特别常见，但存在于$[Mn(CN)_8]^{4-}$中，其结构为立方体形，CN^-配体位于立方体的顶点上。

配位键是路易斯酸、碱作用的产物，能与金属离子形成配合物的物种的数目是很大的。路易斯碱，例如 H_2O、NH_3、F^-、Cl^-、Br^-、I^-、CN^-、SCN^-、NO_2^-等，都能形成很多配合物。而胺类、胂类、膦类、羧酸类也都是可能的配体。乙二胺分子 $H_2NCH_2CH_2NH_2$ 可以形成很多非常稳定的配合物，因为每个氮原子都有一对未共享电子可以提供给一个金属离子。这导致乙二胺分子以两个氮原子与金属离子连接，形成一个五元环状结构，金属离子是其中一元。这种类型的环称为螯合环，含有一个或多个螯合环的配合物称为螯合配合物，简称螯合物。很多被称为螯合试剂的其他配体可以用两个位置螯合中心原子。表 16.1 示出了一些常见配体，包括几种螯合配体。

表 16.1　一些最常见的配体

配体	化学式	名称
水（water）	H_2O	水（aqua）
氨（ammonia）	NH_3	氨（ammine）
氯离子（chloride）	Cl^-	氯（chloro）
氰根离子（cyanide）	CN^-	氰基（cyano）
氢氧根离子（hydroxide）	OH^-	羟基（hydroxo）
硫氰酸根离子（thiocyanate）	SCN^-	硫氰酸根（thiocyanate）
碳酸根离子（carbonate）	CO_3^{2-}	碳酸根（carbonate）
亚硝酸根离子（nitrite）	NO_2^-	亚硝酸根（nitrito）
草酸根离子（oxalate）	$C_2O_4^{2-}$	草酸根（oxalato）
一氧化碳（carbon monoxide）	CO	羰基（carbonyl）
一氧化氮（nitric oxide）	NO	亚硝酰（nitrosyl）
乙二胺（ethylenediamine）	$H_2\ddot{N}CH_2CH_2\ddot{N}H_2$	乙二胺（ethylenediamine）
乙酰丙酮基（acetylacetonate）	$H_3C-C(=O)-CH=C(-O)-CH_3$	乙酰丙酮基（acetylacetonato）
2,2′-联吡啶（2,2′-dipyridyl）	[structure]	2,2′-联吡啶（2,2′-dipyridyl）
1,10-菲咯啉（1,10-phenanthroline）	[structure]	1,10-菲咯啉（1,10-phenanthroline）

16.2　金属-配体键

虽然配合物的稳定性将在第 19 章才更详细地讨论，但是在这里关注金属-配体键的一般特点还是合适的。最相关的原理之一是软硬作用原理。金属-配体键是路易斯酸、碱作用，所以 9.6

节和 9.8 节中的原理是适用的。配位原子是 S 或 P 的软配体与软的金属离子如 Pt^{2+}和 Ag^{+}或者金属原子可以形成更稳定的配合物。硬的电子给体如 H_2O、NH_3、F^-与硬金属离子如 Cr^{3+}、Co^{3+}通常形成稳定配合物。

很多配体（例如 H_2O、NH_3、CO_3^{2-} 、$C_2O_4^{2-}$ ）在画出结构后，确定哪个原子是电子对给体是没有问题的。而像 CO 和 CN^-这样的配体一般是通过给出碳原子上的一个电子对与金属配位的，这些物质在画出结构并表示出形式电荷之后就容易看出为什么是用碳原子的电子对来配位：

$$\overset{\ominus}{|C}\equiv\overset{\oplus}{O|} \qquad \overset{\ominus}{|C}\equiv\overset{\oplus}{N|}$$

在两种情况下碳原子的形式电荷均为负值，因此碳原子是结构中的富电子端。而且，CO 和 CN^-都有反键轨道可以接受来自于金属非键 d 轨道的电子（见 16.10 节）。这两个配体的特点也使其常常作为桥联配体同时结合两个金属原子或离子。

正电荷高、半径小的金属离子是路易斯硬酸，最容易与硬的电子给体结合。$[Co(NH_3)_6]^{3+}$、$[Cr(H_2O)_6]^{3+}$等配合物就是硬酸、硬碱作用的结果。而 CO 是软碱配体，与硬酸 Cr^{3+}形成的配合物$[Cr(CO)_6]^{3+}$是不稳定的。正电荷少的金属离子或者不带正电荷的金属原子是软酸，与类似于 CO 的软碱配体形成稳定的配合物。一般来说（不过有很多例外），硬酸和硬碱容易形成稳定的配合物，软酸和软碱也容易形成稳定的配合物。不过需要记住的是，当描述电子给予或接受电子的能力时，术语“硬”和“软”只是相对的。

在表 16.1 所列配体中，硫氰酸根离子具有明显不同的键合模式，因为其中的两个电子对给体原子具有不同的软-硬性质：

$$\overline{S}=C=\overline{N}$$

就像第 9 章中提到过的，SCN^-通常以氮原子键合第一系列的过渡金属，而以硫原子键合第二和第三系列的过渡金属。然而，第一系列过渡金属离子的硬酸性质可以受其他配体的影响而改变。例如，在$[Co(NH_3)_5NCS]^{2+}$中，硫氰酸根通过较硬的氮原子配位，而在$[Co(CN)_5SCN]^{3-}$中，硫氰酸根通过较软的硫原子配位。第一个例子中，五个硬的 NH_3 分子不会改变 Co^{3+}的硬酸特点。第二个例子中，与五个软的 CN^-配体结合使得硬的 Co^{3+}因共生效应（symbiotic effect）而变软。能够用不同配位原子成键的配体称为两可配体。

预测配合物是否稳定是非常重要的，因此有必要从电性角度了解配体和金属中哪些是软的，哪些是硬的。表 16.2 列出了按软、硬特性分类的部分配体，其中一些配体被列为交界酸或交界碱，因为它们不适合简单归为硬类或者软类。

表 16.2　金属（路易斯酸）和配体（路易斯碱）的软-硬分类

路易斯酸		路易斯碱	
硬	软	硬	软
Al^{3+}，Be^{2+}	Ag^+，Cu^+	NH_3，OH^-	CO，I^-
Cr^{3+}，H^+	Pd^{2+}，Cd^{2+}	F^-，Cl^-	SCN^-，CN^-
Co^{3+}，Mg^{2+}	Hg^{2+}，Pt^{2+}	H_2O，SO_4^{2-}	RSH，R_2S
Fe^{3+}，Ti^{4+}	Au^+，Ir^+	ROH，PO_4^{3-}	C_2H_4，R_3P
Li^+，BF_3	Cr^0，Fe^0	RNH_2，en	R_3As，$SeCN^-$
交界酸：Fe^{2+}，Co^{2+}，Ni^{2+}，Zn^{2+}，Cu^{2+}			
交界碱：C_5H_5N，N_3^-，Br^-，NO_2^-			

16.3 配合物的命名

由于配合物数量众多，有必要对配合物进行系统命名。很多年以前，一些配合物是以它们的发现者的名字命名的，例如，$K[C_2H_4PtCl_3]$被称为蔡氏盐，$NH_4[Cr(NCS)_4(NH_3)_2]$被称为雷纳克盐（Reinecke′s salt），$[Pt(NH_3)_4][PtCl_4]$被称为马格努斯绿盐（Magnus′ green salt），$[Pt(NH_3)_3Cl]_2[PtCl_4]$被称为马格努斯粉红盐（Magnus′pink salt）。这种方法无法满足大量配合物的命名要求。就像其他化学领域一样，国际纯粹与应用化学联合会（IUPAC）制定了一套系统命名无机化合物的方法。其中在命名配位化合物时，考虑到了很多在无机化学学习初期不是经常见到的配位化合物，以保证正式命名规则的全面性。这里对命名规则只做简要介绍，可以满足多数场合下的需要（译者：配合物的 IUPAC 命名与中国化学会命名之间存在着一定差异，尤其是在配体顺序的规定方面差别很大，此处按原文直译或保留原文，可以帮助读者熟悉 IUPAC 命名法）。

只要使用较少数目的规则就可以命名大多数配合物。以下列出这些规则并通过几个例子加以说明。

（1）命名配位化合物时，阳离子先命名，然后再命名阴离子。这两种离子中的一个或者两个可以是配离子。

（2）命名配离子的时候，配体按字母顺序依次命名。用以表示配体数目的前缀不能看作是配体名称的一部分。例如，trichloro 在命名时的顺序是由 chloro 这个名称确定的。然而，如果配体是 diethylamine，即$(C_2H_5)_2NH$，前缀“di”就是配体名称的一部分，可以用于字母顺序排位。

① 配位阴离子的名称均以 o 结尾。例如，Cl^-的名称是 chloro，CN^-是 cyano，SCN^-是 thiocyanato 等。

② 中性配体命名时使用它们通常的化学名称。例如，$H_2NCH_2CH_2NH_2$ 是 ethylenediamine，C_5H_5N 是 pyridine 等。这个规则有四个例外：H_2O 命名为 aqua，NH_3 命名为 ammine，CO 命名为 carbonyl，而 NO 则命名为 nitrosyl。表 16.1 列举了几种常见配体的名称。

③ 阳离子配体都以 ium 结尾。这种类型的例子很少遇到，但是在使用诸如肼 N_2H_4（结构为 NH_2NH_2）这样的配体时会出现这种情况。其一端可以接受一个质子，而另一端则可以与金属配位。这种情况下，$NH_2NH_3^+$ 可以命名为 hydrazinium。

（3）使用前缀 di、tri、tetra 等指明某个配体的数目。如果配体的名称本身包含这样的前缀，配体的数目则用前缀 bis、tris、tetrakis 等指明。例如，两个 ethylenediamine 配体用 bis(ethylenediamine)，而不是 diethylenediamine 来表示。

（4）命名配体之后，紧接着给出金属的名称，其氧化数以罗马数字表示，放在括号中，括号与金属名称之间不留空格。

（5）如果含有金属的配合物离子是阴离子，金属的名称以 ate 结尾。

对于某些类型的配合物（尤其是有机金属化合物），需要用到其他规则，但是大多数配合物可以用上述不多的几条规则来正确地命名。在配合物$[Co(NH_3)_6]Cl_3$中，阳离子是$[Co(NH_3)_6]^{3+}$，它首先被命名。配位的 NH_3 分子命名为 ammine，其数目用前缀 hexa 表示。因此，这个配合物的名称为 hexaamminecobalt(Ⅲ) chloride。阳离子名称中没有空格。$[Co(NH_3)_5Cl]Cl_2$ 有五个 NH_3 分子和一个 Cl^-与 Co^{3+}配位。用上述规则可以得出其名称为 pentaamminechlorocobalt(Ⅲ) chloride。Potassium hexacyanoferrate(Ⅲ)是 $K_3[Fe(CN)_6]$。雷纳克盐 $NH_4[Cr(NCS)_4(NH_3)_2]$应当命名为 ammonium diamminetetrathiocyanatochromate(Ⅲ)。在马格努斯绿盐$[Pt(NH_3)_4][PtCl_4]$中，阳离子和阴离子都是配离子。配合物的名称为 tetraammineplatinum(Ⅱ)tetrachloroplatinate(Ⅱ)。化合物

$[Co(en)_3](NO_3)_3$ 则命名为 tris(ethylenediamine)cobalt(Ⅲ) nitrate。

一些配体中可以用作电子对给体的原子不止一个。例如，SCN^-以氮原子与一些金属离子成键，而以硫原子与另一些金属离子成键。在一些例子中，这种情况用名称 thiocyanato-*N*-和 thiocyanato-*S*-表示。在一些出版物中，连接模式在名称之前指明，即 *N*-thiocyanato 和 *S*-thiocyanato。

一些配体含有不止一对电子可以提供给金属离子，因此有可能同一配体同时键合两个金属中心。换句话说，这些配体是桥联配体。桥联配体在配体名称前面加上μ作为标识，并且用连字号将该配体与配合物的其他部分分隔开。$[(NH_3)_3Pt(SCN)Pt(NH_3)_3]Cl_3$ 命名为 hexaammine-μ-thiocyanatodiplatinum(Ⅱ) chloride。

命名法的另一个补充是通过名称后面括号中的数字来表示配阳离子或配阴离子的电荷。这些表示电荷的数字被称为尤恩斯-巴塞特（Ewens-Bassett）数字。下面列出的一些例子显示了标识电荷和氧化数的两种方法：

$[Fe(CN)_6]^{3-}$	hexacyanoferrate(3–) 或 hexacyanoferrate(Ⅲ)
$[Co(NH_3)_6]^{3+}$	hexaamminecobalt(3+) 或 hexamminecobalt(Ⅲ)
$[Cr(H_2O)_6][Co(CN)_6]$	hexaaquachromium(3+) hexacyanocobaltate(3–) 或 hexaaquachromium(Ⅲ) hexacyanocobaltate(Ⅲ)

如果想要了解更详细的命名规则，可以参考胡希等所著的书籍（Huheey, et al., 1993）的其中一个附录。

16.4 异构现象

配位化合物化学的一个有趣之处是异构体的存在。一个化合物的异构体含有相同数目和类型的原子，但是拥有不同的结构。实验证明了几种类型异构体的存在，不过这里只描述最重要的几种异构类型。

16.4.1 几何异构

最重要的几何异构类型涉及平面四边形和八面体形配合物的顺反异构体。如果配合物 MX_2Y_2 是四面体，那么就只有一种异构体，因为四面体的四个配体位置是等价的。如果配合物 MX_2Y_2 是平面四边形，那么就有顺式和反式两种可能的异构体，如下所示：

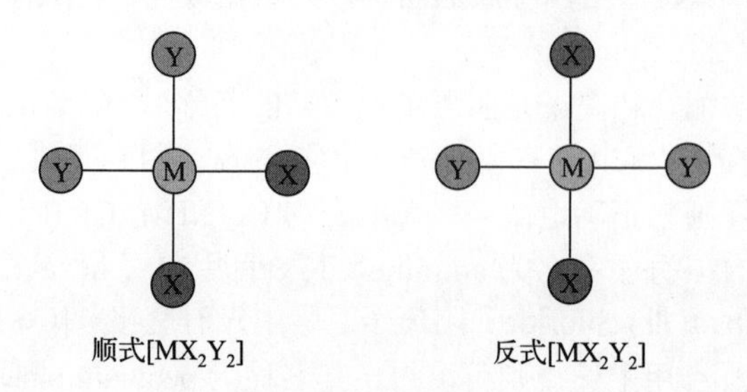

对于一个八面体配合物，所有六个配体位置是等价的，所以化学式为 MX_5Y 的配合物只有一种结构，而化学式为 MX_4Y_2 的配合物则有两种异构体。例如$[Co(NH_3)_4Cl_2]^+$就有如下两种可能的异构体：

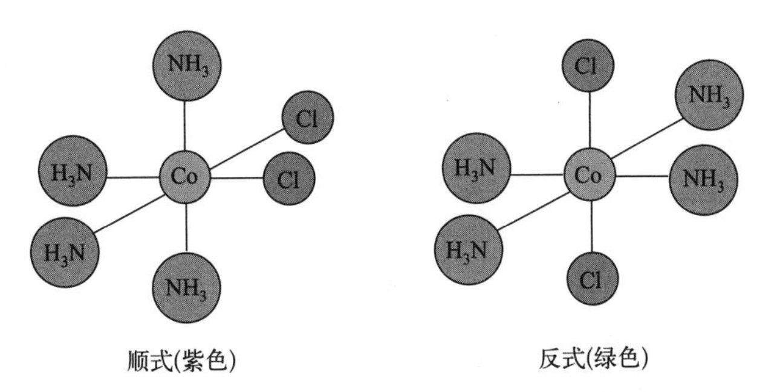

顺式(紫色)　　　　反式(绿色)

如果八面体配合物的化学式为MX_3Y_3，也有两种可能的异构体。八面体配合物中的配体位置可以用数字进行编号以区分开来，通常采用如下所示的编号系统：

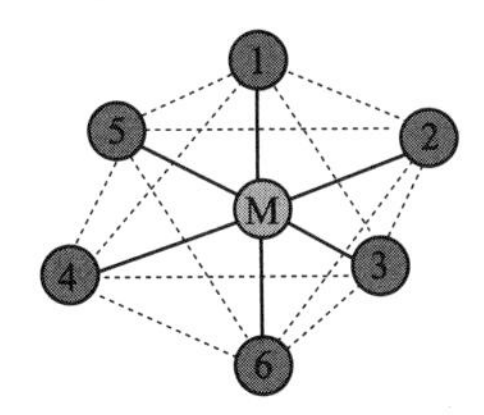

$[Co(NH_3)_3Cl_3]$的两种异构体的结构示意图为：

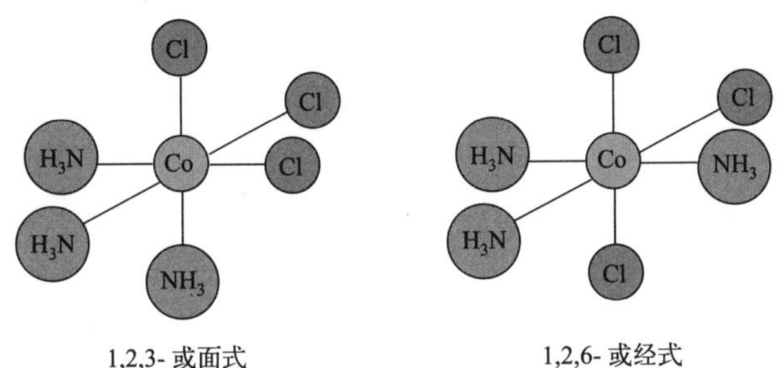

1,2,3- 或面式　　　　1,2,6- 或经式

在面式异构体中，三个氯离子位于八面体的一个三角面的顶角位置，而在经式异构体中，三个氯离子则是位于八面体的边缘（子午线）。IUPAC 的命名体系不采用这种方法，其命名方法可以参考 Huheey 等（1993）编著的书。

四方锥形结构的配合物存在几何异构体。例如，下面就是化学式为MLX_2Y_2的配合物的顺式和反式两种异构体的结构，这些结构表明处于四边形底部的配体存在顺式和反式两种不同的排列方式：

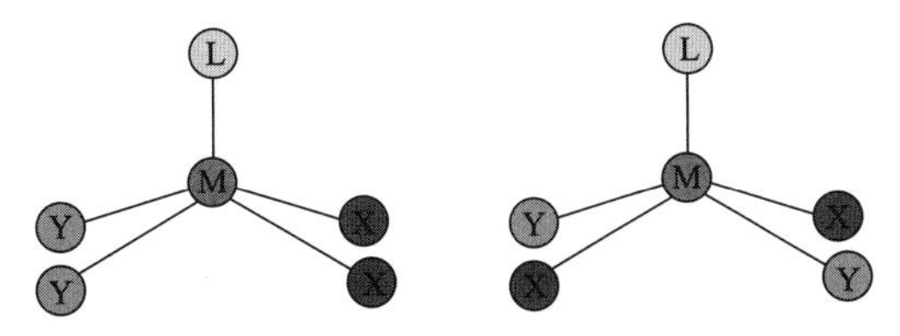

16.4.2　旋光异构

没有对称面的分子结构，镜像是不会重叠的。这样的结构称为手性结构，手性分子能使偏振光束发生旋转。如果偏振光束向右旋转（沿光束传播的方向观察），那么物质就被称为是右旋性的，用符号(+)表示。相应地，使偏振光束向左旋转的物质被称为是左旋性的，用符号(−)表示。两种形式等量存在的混合物称为外消旋混合物，对偏振光不会产生净的旋转作用。

二氯二（乙二胺）合钴（Ⅱ）离子存在两种几何异构体。对反式异构体来说，有一个对称面平分钴离子和乙二胺配体，而氯离子分布在这个对称面的两边。但是顺式异构体没有对称面，因而存在两种旋光异构体。$[Co(en)_3]^{3+}$也存在旋光异构体，如图 16.3 所示。

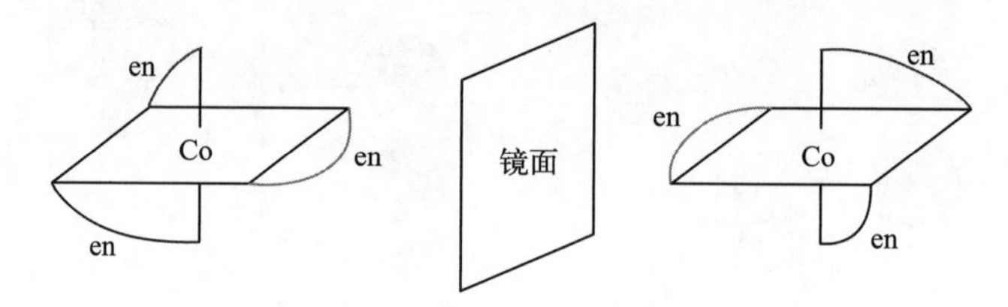

$[Co(en)_3]^{3+}$不可重叠的镜像

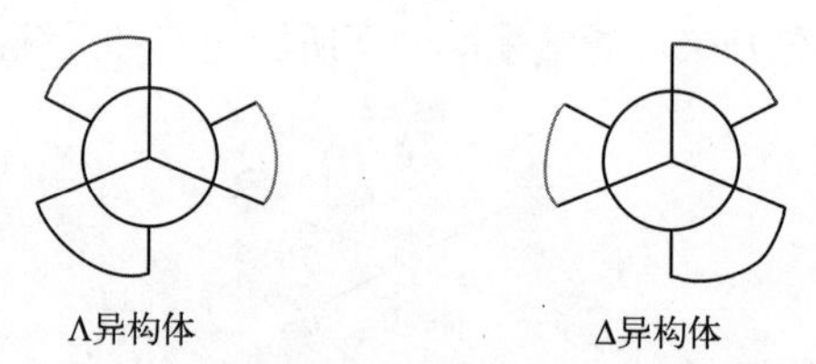

图 16.3　$[Co(en)_3]^{3+}$的旋光活性异构体（上）和命名（下）

光包含了在环绕传播路线的所有方向上振动的光波。偏振光可以看作沿一个向量方向传播，并能分解为两个圆向量。如果偏振光平面不旋转，那么沿每个向量的运动是等价的，因而绕圆移动相同的距离，如图 16.4 所示。

如果偏振光经过一个旋光活性的介质，那么沿一个圆向量的运动速度比另一个慢，由此产生的向量与初始向量相差某个角度，记为ϕ。图 16.5 示出向量模型，其中相位差值就是ϕ，而α是相位差的一半。

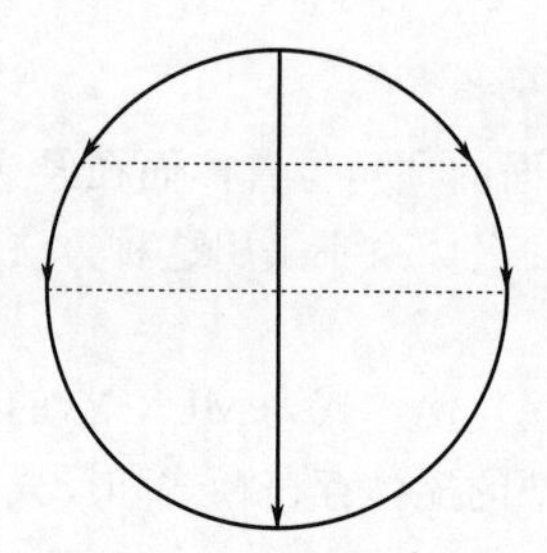

图 16.4　没有旋转的矢量表示的偏振光

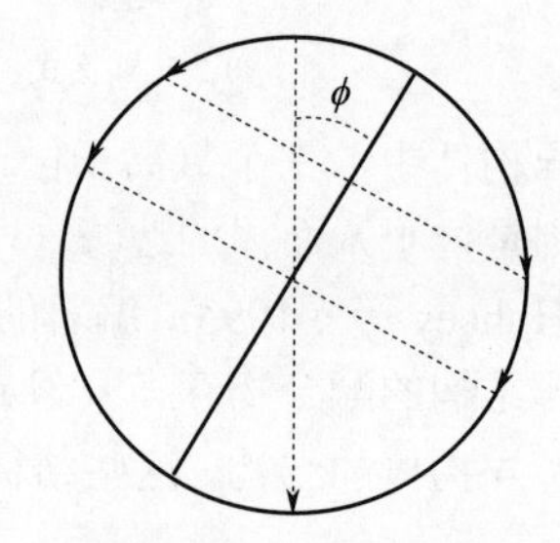

图 16.5　以旋转的矢量表示的偏振光的旋转

介质的折射率 n 是光在真空中的速度 c 与光在该介质中的速度 v 的比值：

$$n=\frac{c}{v} \tag{16.1}$$

如果一种材料对圆向量的右手和左手组分的折射率不同，那么左、右两个方向上的速度就不同，于是产生偏振光平面的旋转。对左手和右手向量，折射率为：

$$n_l=\frac{c}{v_l},\ n_r=\frac{c}{v_r} \tag{16.2}$$

因此得到这样的关系式：

$$\frac{v_l}{v_r}=\frac{n_r}{n_l} \tag{16.3}$$

如果偏振光在样品中的路径长度用 d 表示，两个方向的相位差用 ϕ 表示，那么可以得到：

$$\phi = \frac{2\pi d\nu}{v_r} - \frac{2\pi d\nu}{v_l} \tag{16.4}$$

光的速度和频率的关系是：

$$\lambda\nu = c \tag{16.5}$$

因此，简化以后可以得到：

$$\phi = \frac{2\pi d}{\lambda_o}\left(n_r - n_l\right) \tag{16.6}$$

其中，λ_o是转动的光的波长。以 α表示时，关系式为：

$$\alpha = \frac{\phi}{2} = \frac{\pi d}{\lambda_o}\left(n_r - n_l\right) \tag{16.7}$$

于是得到关于折射率差值的解为：

$$n_r - n_l = \frac{\alpha\lambda_o}{\pi d} \tag{16.8}$$

研究溶液时，温度为 t 时波长为λ的光的偏转角度记为$[\alpha]_\lambda^t$，定义为：

$$[\alpha]_\lambda^t = \frac{\alpha}{ds} = \frac{\alpha}{d\sigma\rho} \tag{16.9}$$

这个关系式中，α为观察到的旋转角度，d 为光径长度，s 为以 $g \cdot mL^{-1}$ 表示的溶液浓度，σ为以 g/g 表示的溶液浓度，ρ为溶液的密度。最常用的光源为波长λ = 589nm 的钠灯，因此特定的光转动角度用类似于$(+)_{589}$-$[Co(en)_3]^{3+}$等的符号表示。

以上讨论应用到光的旋转角度与折射率的关系。然而，光的旋转角度随光的波长而变化，折射率同样如此。研究发现，光的旋转角度随波长变化的曲线（旋光色散，ORD）在电子吸收光谱（见第 18 章）的峰值附近斜率变化最大。图 16.6 是吸收峰附近旋光角度变化的示意图。在吸收波长处旋光角度快速变化的现象最初是在 1895 年由科顿（A. Cotton）发现的，因此被称为科顿效应。

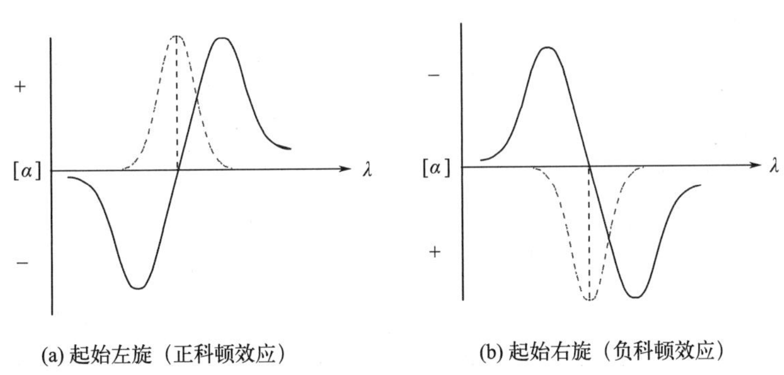

(a) 起始左旋（正科顿效应）　　(b) 起始右旋（负科顿效应）

图 16.6　偏转角在吸收峰附近（以虚线表示）随波长的变化曲线

图 16.6 中的正科顿效应是指吸收峰处波长增大时，偏转角从负值变为正值的现象。而负科顿效应则对应于吸收峰处波长增大时，偏转角从正值变为负值。

具有相同旋光构型的化合物表现出相似的科顿效应。如果已知一个旋光活性化合物的绝对构型（例如用 X 射线衍射确定），另一个化合物如果具有相似的科顿效应，那就表明它的旋光构型与已知化合物的相同。换句话说，如果两个化合物的电子跃迁显示相同的科顿效应（都是正的，或者都是负的），那么这两个化合物具有相同的手性或者旋光构型。虽然还有其他研究配合物绝对构型的方法，但是这里描述的方法还是被广泛使用，具有重要的历史意义。参考本章结尾的文献，可以了解科顿效应和旋光色散方面的更多详情。

16.4.3 键合异构

当配体可以用不止一种方式与金属离子结合时，就会产生键合异构体。这样的配体即两可配体，包括像NO_2^-、CN^-、SCN^-这样的电子对给体，它们在两个位置上都有未共用电子对。NO_2^-可以通过氮和氧原子与金属离子键合。第一例涉及键合异构体的研究是 1890 年约根森（S. M. Jørgensen）做出的，配合物是$[Co(NH_3)_5NO_2]^{2+}$和$[Co(NH_3)_5ONO]^{2+}$。第二个配合物（含有 Co—ONO 键）比较不稳定，在溶液中或者固体状态下通过加热或暴露于紫外线下都可以转化为—NO_2异构体：

$$\underset{\text{红色，亚硝酸根}}{[Co(NH_3)_5ONO]^{2+}} \longrightarrow \underset{\text{黄色，硝基}}{[Co(NH_3)_5NO_2]^{2+}} \quad (16.10)$$

对于这个反应已经进行了很多的研究。这个反应的一些不寻常的特点将在第 20 章描述。注意在写键合异构体的化学式时，习惯上把作为电子对给体的原子（配位原子）写得更靠近金属离子。第 20 章还将特别考虑氰配合物，因为CN^-也是一个两可配体。

第 9 章描述的软硬作用原理可以用于指导我们了解电子给体和受体如何成键。这个原则在涉及键合异构的一些例子中特别有用。例如，SCN^-可以通过硫或氮原子键合金属离子。如果制备出的配合物的金属离子是Cr^{3+}或Fe^{3+}（硬路易斯酸），配位原子将是氮原子（较硬的电子对给体）。这种以氮原子作配位原子的方式有时称为异硫氰酸根配位。相反地，硫氰酸根与Pd^{2+}和Pt^{2+}（软路易斯酸）配位是通过硫原子（较软的电子对给体）成键。硫氰酸根离子的配位方式可以在某些条件下发生改变，但与金属配位的其他配体因为空间位阻或电子效应的存在可能起到决定性作用。电子效应的影响将在本章稍后讨论。

画SCN^-的路易斯结构式时，主要的共振结构为：

$$\underline{\overline{S}}=C=\underline{\overline{N}}$$

含SCN^-的配位化合物则可能涉及以下这样的共振结构：

$$|\underline{\overline{S}}-C\equiv N|$$

这个结构以 S 配位成键时，形成角形构型，以 N 配位成键则形成直线形构型。SCN^-与金属离子的成键结果可以表示如下：

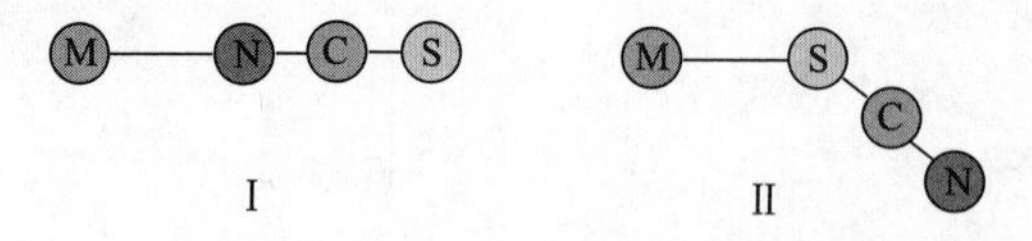

对于直线形的以 N 配位的SCN^-，M—L 键的转动不需要考虑空间位阻，但对于 S 配位的SCN^-，即结构Ⅱ，情况就不同了，这时的 M—L 键转动可以表示为：

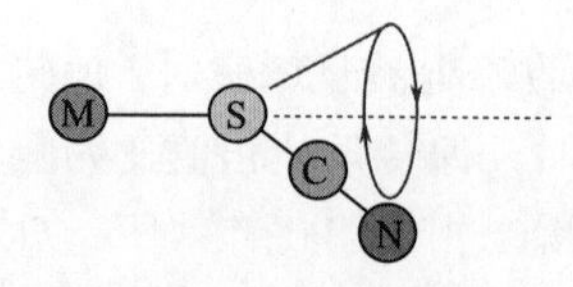

转动的结果是扫出一个锥形空间（有时称为回转锥面）。大位阻配体的存在会阻止这种转动，引起SCN^-键合方式的改变。有一个这样的例子是$[Pt((C_6H_5)_3As)_3SCN]^+$，其中含有三苯基胂这样体积大的配体，因此很容易转变成$[Pt((C_6H_5)_3As)_3NCS]^+$。

16.4.4 电离异构

虽然配合物$[Pt(en)_2Cl_2]Br_2$和$[Pt(en)_2Br_2]Cl_2$具有相同的经验化学式，但它们是差别很大的化合物。例如，第一个配合物溶于水时电离出Br^-，而第二个配合物则是给出Cl^-。因为在第一个配合物中，Cl^-是与Pt^{4+}配位，而第二个配合物中是Br^-与金属离子配位。类似这样的异构现象称为电离异构。显然有很多对配位化合物可以被视为电离异构体，下面几对就是例子：

$$[Cr(NH_3)_4ClBr]NO_2 \text{ 和 } [Cr(NH_3)_4ClNO_2]Br$$

$$[Cr(NH_3)_4Br_2]Cl \text{ 和 } [Cr(NH_3)_4ClBr]Br$$

$$[Cr(NH_3)_5Cl]NO_2 \text{ 和 } [Cr(NH_3)_5NO_2]Cl$$

16.4.5 配位异构

配位异构现象是指几个配体在两个金属中心周围分布不同而造成的异构。例如，有几种方式把六个CN^-和六个NH_3分子分布到两个氧化数总和为+6的金属离子周围。一种方式是$[Co(NH_3)_6][Co(CN)_6]$，而$[Co(NH_3)_5CN][Co(NH_3)(CN)_5]$、$[Co(NH_3)_4(CN)_2][Co(NH_3)_2(CN)_4]$也具有相同的组成。其他配位异构的例子还有：

$$[Co(NH_3)_6][Cr(CN)_6] \text{和} [Cr(NH_3)_6][Co(CN)_6]$$

$$[Cr(NH_3)_5CN][Co(NH_3)(CN)_5] \text{和} [Co(NH_3)_5CN][Cr(NH_3)(CN)_5]$$

16.4.6 水合异构

大量的金属配合物是通过水溶液中的反应制备的，因此固体配合物经常是以水合物的形式得到的。水也是可以作为配体的，所以得到的配合物中水可能以两种方式同时存在。例如，$[Cr(H_2O)_4Cl_2]Cl \cdot 2H_2O$和$[Cr(H_2O)_5Cl]Cl_2 \cdot H_2O$化学式相同，但它们显然是不同的化合物。第一个配合物中两个氯离子配位，一个氯离子以阴离子存在，而在第二个配合物中，相应的数目则反过来。已经发现还有其他很多水合异构的实例。

16.4.7 聚合异构

聚合物是由较小单元（单体）键合在一起形成的高分子量材料。在配位化学中，两个或多个配合物可能经验化学式相同，但分子量不同。例如，$[Co(NH_3)_3Cl_3]$含有一个高钴离子、三个氨分子和三个氯离子。这个比例同样存在于$[Co(NH_3)_6][CoCl_6]$，不过后者的分子量是$[Co(NH_3)_3Cl_3]$的两倍。其他配合物如$[Co(NH_3)_5Cl][Co(NH_3)Cl_5]$和$[Co(NH_3)_4Cl_2][Co(NH_3)_2Cl_4]$等也具有相同的经验化学式。这些配合物称为$[Co(NH_3)_6][CoCl_6]$的聚合异构体，不过这种聚合异构与单体聚合为高分子量材料是不同的。虽然聚合异构这个术语已经使用很多年了，但用它描述这些配合物并不是很准确。

16.5 配位键的简单价键理论描述

在分子水平上描述一个结构的目标之一就是用原子轨道解释化学键是如何形成的。简单价键理论可以成功地用于解释配位化合物的一些特征。这个方法将金属离子的空轨道组成足够数量的杂化轨道以容纳配体给出的电子对。通常第一系列过渡金属形成的配合物含有六个配位键，尤其是当金属离子的电荷为+3的时候。原因是+3价金属离子的荷径比大，对电子对的吸引能力强。如果金属离子的电荷数为+2，有时会发现只有四个配体与金属离子成键，当然这还与金属离子的可用空轨道数目有关。这种情况下，荷径比较小（电荷只有高值+3的67%，而半径通常更大），所以金属离子对电子对的亲和能力会小很多。这就是像Cu^{2+}和Zn^{2+}等+2价离子会形成很多配位数为4的配合物的原因，虽然后面我们会看到还有其他一些原因。

描述配合物结构的问题简单来说就是确定杂化轨道的类型，从而容纳配体的电子对并对应配合物的已知结构。与特定杂化轨道类型相关的一些结构表示在图 4.1 中，但在金属离子的配合物中还存在其他一些类型。配合物除了规则的几何构型之外，还有大量的不规则几何构型，其中有一些偏离理想几何构型的结构是由姜-泰勒畸变（Jahn-Teller distortion）引起的（见第 17 章）。尽管比较困难，了解杂化轨道类型与配合物不同结构的关联还是有用的。表 16.3 归纳了适用于配合物的主要的杂化轨道类型。

表 16.3　配合物中的杂化轨道类型

原子轨道	杂化类型	轨道数目	结构
s，p	sp	2	直线形
s，d	sd	2	直线形
s，p，p	sp^2	3	平面三角形
s，p，p，p	sp^3	4	四面体形
s，d，d，d	sd^3	4	四面体形
d，s，p，p	dsp^2	4	平面四边形
d，s，p，p，p	dsp^3	5	三角双锥形
s，p，p，d，d	sp^2d^2	5	四方锥形
d，d，s，p，p，p	d^2sp^3	6	八面体形
s，p，p，p，d，d	sp^3d^2	6	八面体形
s，p，d，d，d，d	spd^4	6	三棱柱形
s，p，p，p，d，d，d	sp^3d^3	7	五角双锥形
s，p，p，p，d，d，d，d	sp^3d^4	8	十二面体形
s，p，p，p，d，d，d，d	sp^3d^4	8	阿基米德反棱柱形
s，p，p，p，d，d，d，d，d	sp^3d^5	9	带帽三棱柱形

注：dsp^2 杂化使用 $d_{x^2-y^2}$ 轨道，sp^2d^2 和 d^2sp^3 杂化使用 $d_{x^2-y^2}$ 和 d_{z^2} 轨道。

Zn^{2+}形成如$[Zn(NH_3)_4]^{2+}$这样的配合物时，容易根据杂化轨道合理解释成键方式。Zn^{2+}的电子构型为 d^{10}，而 4s 和 4p 轨道是空的，因此可以产生四个空的 sp^3 轨道。如下所示，这四个空轨道可以接受配体提供的四对电子。

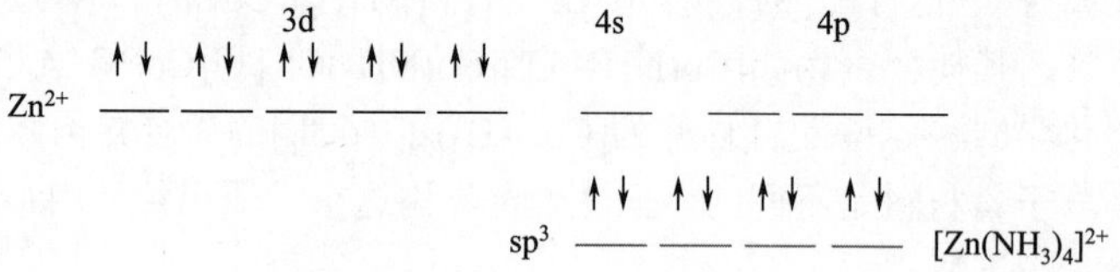

3d　　　　4s　　　　4p

Zn^{2+}　↑↓ ↑↓ ↑↓ ↑↓ ↑↓　　—　　— — —

sp^3　↑↓ ↑↓ ↑↓ ↑↓　$[Zn(NH_3)_4]^{2+}$

同样，也容易解释 Ag^+（d^{10} 离子）是如何与两个配体如 NH_3 形成直线形配合物的：

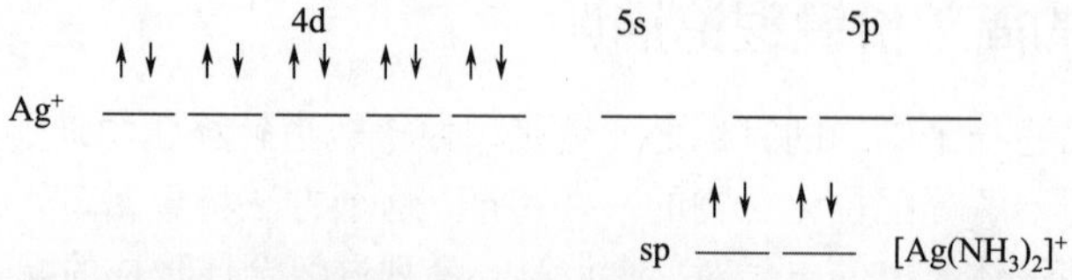

4d　　　　5s　　　　5p

Ag^+　↑↓ ↑↓ ↑↓ ↑↓ ↑↓　　—　　— — —

sp　↑↓ ↑↓　$[Ag(NH_3)_2]^+$

检查上述图式，容易看出如果用到两个 5p 轨道，那么就会产生一组 sp^2 杂化轨道，接纳三个配体的电子对。并不奇怪只有少量的配位数为 3 的 Ag^+配合物。如果全部 5p 轨道都用于杂化，产生的 sp^3 杂化轨道将能接纳四对电子，形成四面体配合物。尽管在 CN^-浓度高的溶液中已证实存在配合物$[Ag(CN)_3]^{2-}$和$[Ag(CN)_4]^{3-}$，但这样的配合物不常见，稳定性也低。大多数 Ag^+配合物的配位数为 2，是直线形结构。部分原因是银离子相对较大，电荷较低，电荷密度因而较小。这样的离子不会像电荷密度大的金属离子一样从更多的配体那里接受电子。

构型为 d^0、d^1、d^2 或 d^3 的金属离子，总有两个 d 轨道是空的，可以形成 d^2sp^3 杂化轨道。因此，这些金属离子生成八面体配合物。以 Cr^{3+}为例，配合物的形成可以表示为：

3d　4s　4p

Cr^{3+} ↑ ↑ ↑ —— —— —— —— ——　——　—— —— ——

d^2sp^3 ↑↓ ↑↓ ↑↓ ↑↓ ↑↓ ↑↓　$[Cr(H_2O)_6]^{3+}$

对八面体配合物设置坐标时，将配体放在坐标轴上。d 轨道中波瓣在坐标轴上的是 $d_{x^2-y^2}$ 和 d_{z^2} 轨道。d_{xy}、d_{yz} 和 d_{xz} 轨道伸展方向位于坐标轴之间，可认为是非键轨道。不能推断 Cr^{3+}只会形成八面体配合物。虽然在溶液中 Cr^{3+}的高电荷密度使它不会生成四面体配合物，但固体$[PCl_4][CrCl_4]$含有四面体形的 $CrCl_4^-$。因为 4s 和 4p 轨道是空的，因此 sp^3 杂化是容易形成的。

如果 d 轨道的电子数为 4，比如在 Mn^{3+}中就是这样，杂化轨道的类型将有多种可能。例如，如果电子在 d 轨道中保持不成对，那么就只有一个空的 d 轨道。形成八面体配合物时金属离子所需 sp^3d^2 杂化轨道中的两个 d 轨道就将由 4d 轨道提供，如下所示：

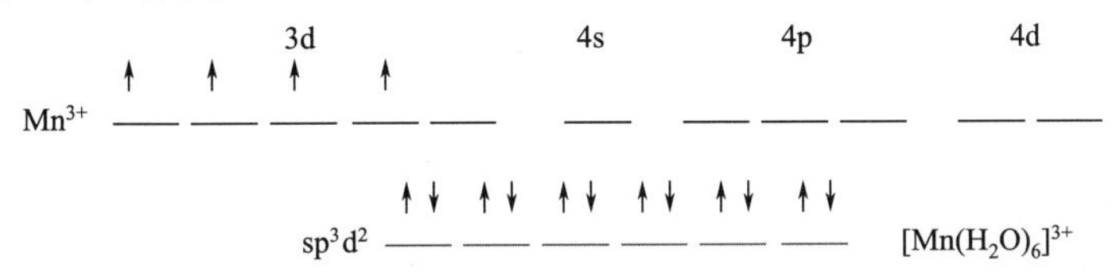

这样的成键方式导致 3d 轨道中有四个未成对电子。某些配体配位时会产生不同的情况，通过电子成对，两个 3d 轨道可以空出来参与杂化，成键方式如下所示：

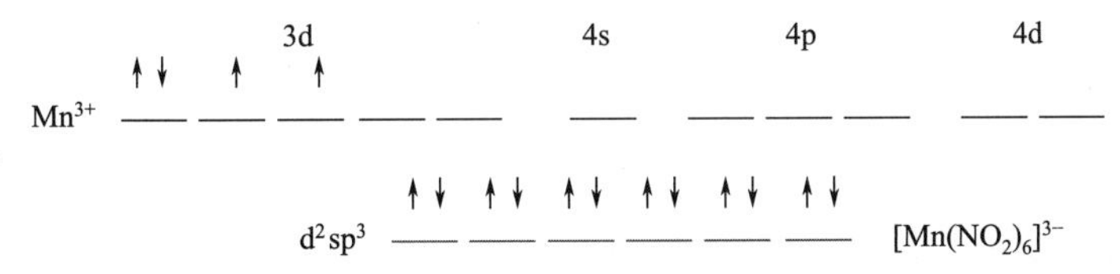

这个配合物中只有两个未成对电子。下一节将会讲到，这两种不同类型的锰配合物可以通过磁性质的测量区分开来。我们还没有解释为什么某些配体存在时会发生电子成对，其他配体则不会，这个将在第 17 章全面讨论。

在$[Mn(H_2O)_6]^{3+}$配合物中，参与杂化的 4d 轨道位于通常的价层（包括 3d、4s 和 4p 轨道）之外，因此这样的配合物常常称为外轨配合物。为了明确杂化轨道来源，使用符号 sp^3d^2 表示其中的 d 轨道来源于 n=4 的壳层，填充顺序在 s 和 p 轨道之后。在$[Mn(NO_2)_6]^{3-}$配合物中，参与杂化的 d 轨道位于价层，这样的配合物称为内轨配合物，杂化轨道类型规定为 d^2sp^3，以表示其中 d 轨道的主量子数小于 s 和 p 轨道的主量子数。另一种区分这两类配合物的方法是使用术语高自旋和低自旋。$[Mn(H_2O)_6]^{3+}$中有四个未成对电子，而$[Mn(NO_2)_6]^{3-}$中只有两个未成对电子，因此，前者称为高自旋配合物，而后者属于低自旋配合物。

对于像 Fe^{3+}这样的 d^5 离子，五个电子可以不成对地排布在五个 d 轨道中，也可以是两对电子占据两个 d 轨道，一个轨道被一个单电子占据。$[Fe(H_2O)_6]^{3+}$配合物是第一种成键模式（五个不成对电子，高自旋，外轨）的典型代表，而$[Fe(CN)_6]^{3-}$则是第二种成键模式（一个不成对电子，低自旋，内轨）的典型代表。三个轨道可以容纳六个电子，所以像 Co^{3+}这样的 d^6 离子可以形成两种类型的配位化合物。一种配合物是六个电子占据全部五个 d 轨道，其中两个电子占据一个轨道，剩下的轨道则是每个轨道填充一个电子。$[CoF_6]^{3-}$就是这样的高自旋配合物，在最外层 d 轨道中有四个未成对电子。另一种配合物则是低自旋的内轨配合物，如$[Co(NH_3)_6]^{3+}$那样，没有不成对电子，因为所有六个 3d 电子都是成对地填充在三个轨道中。

考虑 d^7 和 d^8 电子构型，形成成键轨道时有更多可能性。七或八个电子填充在五个轨道中，不可能有两个空的 3d 轨道，所以要形成八面体配合物的话，一定是高自旋、外轨型的。Co^{2+}（d^7）和 Ni^{2+}（d^8）都有很多这种类型的配合物。所有 3d 轨道都有电子占据（不需要充满）的情况下，有可能只用 4s 和 4p 轨道进行杂化，形成四面体配合物。$[CoCl_4]^{2-}$和$[Ni(NH_3)_4]^{2+}$配合物就是四面体结构。虽然不可能有两个空的 3d 轨道，但是有可能有一个 3d 轨道是空的，从而可以形成 dsp^3 杂化轨道。Co^{2+}使用的轨道如下所示：

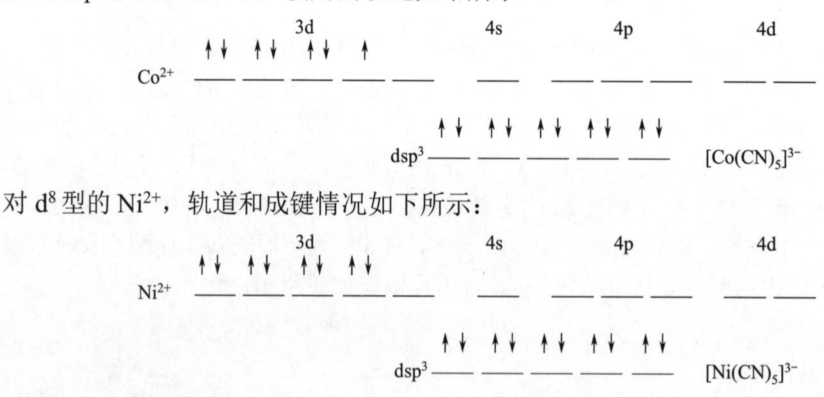

对 d^8 型的 Ni^{2+}，轨道和成键情况如下所示：

如果配合物的配位数为 4，只用到两个 4p 轨道形成 dsp^2 杂化轨道，这是平面四边形配合物的特征。对 Ni^{2+}，这种成键如下所示：

3d　4s　4p　4d

Ni^{2+}

dsp^2　$[Ni(CN)_4]^{2-}$

Co^{2+}和 Ni^{2+}都能以另一种方式将 4s、4p 和 4d 轨道杂化为 sp^2d^2 轨道，形成四方锥形的结构。实验发现，$[Ni(CN)_5]^{2-}$既有三角双锥结构，也有四方锥结构。

虽然用简单价键方法处理配位化合物中的成键情况有很多不足，但作为解释很多配合物结构的初步尝试还是有用的。某些配体会使电子成对，其中的原因将在第 17 章讨论。高自旋和低自旋配合物显然具有不同的磁性质，下面就来考察磁性结果的解释。

16.6 磁性

在前面几节中，我们已经看到，d^4 构型金属离子如 Mn^{3+}的配合物既可以用 sp^3d^2 杂化轨道，也可以用 d^2sp^3 杂化轨道形成配合物。第 17 章将会描述为什么配体的类型决定成键的方式。现在我们主要关注两种类型配合物中不成对电子数目的差别。在以 sp^3d^2 杂化轨道成键的 Mn^{3+}配合物中，没有用到 3d 轨道，所以全部四个 d 电子在五个 d 轨道中保持不成对状态。如果配合物使用 d^2sp^3 杂化轨道成键，那么五个 3d 轨道中的两个空轨道用于杂化，两个电子占据一个 3d 轨道，剩下两个 3d 轨道各被一个单电子占据。结果 d^2sp^3 成键方式下有两个不成对电子，而 sp^3d^2 成键方式则有四个不成对电子。我们现在必须找到从配合物的磁性来确定不成对电子数的关系式。

为了确定一个化合物样品的磁性，需要在没有磁场和有磁场两种情况下用天平对样品进行称重。如果样品中有未成对电子，那么它会与磁场发生作用，因为自旋的电子也会产生磁场。如果样品被磁场吸引，它就是顺磁性的。没有未成对电子的样品会受到磁场微弱的排斥作用，称为是反磁性的。任何物质放置在磁场中，都会产生方向相反的诱导磁场，因此要扣除所谓的反磁贡献所带来的微弱排斥作用。这样测量得到的样品磁性用摩尔磁化率χ_M表示，它和磁矩μ之间有这样的关系：

$$\mu = (3k/N_o)/\chi_M T \tag{16.11}$$

其中，N_o是阿伏伽德罗常数，k是玻耳兹曼常数，T是温度。测量的磁性以玻尔磁子（Bohr magneton）μ_o（BM）作为单位，后者定义为：

$$\mu_o=eh/4\pi mc \tag{16.12}$$

其中，e和m分别是电子的电荷和质量，h是普朗克常数，c是光速。电子的固有自旋量子数为1/2，它所产生的磁矩为：

$$\mu_s=g[s(s+1)]^{1/2}=2\times[1/2\times(1/2+1)]^{1/2} \tag{16.13}$$

这个方程中，μ_s为一个自旋电子的磁矩，g是兰德（Landé）g因子或旋磁比，即自旋磁矩与自旋角动量向量值$[s(s+1)]^{1/2}$的比值。对一个自由电子来说，g为2.00023，通常取为2.00。所以，一个电子的磁矩μ_s的值为：

$$\mu_s=2\times[1/2\times(1/2+1)]^{1/2}=3^{1/2}=1.73 \tag{16.14}$$

轨道运动会产生额外的磁效应，把这点考虑进去就得到一个电子的全部磁矩：

$$\mu_{s+l}=[4s(s+1)+l(l+1)]^{1/2} \tag{16.15}$$

其中，s是电子自旋量子数，l是电子角动量量子数。一个物种含有一个以上的电子时，总的磁矩要用到总自旋量子数S和轨道贡献L，通过罗素-桑德斯（Russell-Saunders）或L-S耦合得到：

$$\mu_{S+L}=[4S(S+1)+L(L+1)]^{1/2} \tag{16.16}$$

尽管这个方程给出了最大磁矩值，但是测量值通常比理论值略小一些。对很多配合物来说，轨道对磁性的贡献小到可以忽略，这样得到的所谓自旋磁矩足够分析磁性以得到配合物中的未成对电子数。如果忽略轨道贡献，总的自旋量子数S=n/2，n代表未成对电子数，那么自旋磁矩μ_S就是：

$$\mu_S=\mu_0[n(n+2)]^{1/2} \tag{16.17}$$

按照这个方程，可以把配合物的理论磁矩及其相应的不成对电子数列在表16.4中。

在很多情况下，自旋磁矩与实验值之间有一定的差别，特别是当配合物中含有像氰根这样能够形成强的反馈π键的配体的时候。轨道的变化使得实际得到的磁矩值通常小于只考虑自旋贡献计算出的磁矩值。

表16.4　仅由自旋贡献产生的磁矩

未成对电子	S	μ_s计算值/BM	配合物实例	μ实验值/BM
1	1/2	1.73	$(NH_3)_3TiF_6$	1.78
2	1	2.83	$K_3[VF_6]$	2.79
3	3/2	3.87	$[Cr(NH_3)_6]Br_3$	3.77
4	2	4.90	$[Cr(H_2O)_6]SO_4$	4.80
5	5/2	5.92	$[Fe(H_2O)_6]Cl_3$	5.90

16.7　第一系列过渡金属配合物概述

人们已经熟悉的配合物种类繁多，有时让人觉得似乎任何金属都有可能形成任何类型的配合物。事实未必如此，需要遵守一些通用的规则。必须强调的是，这些规则是粗略的，有许多例外。配合物是由金属离子对配体（电子对给体或亲核试剂）上电子对的吸引作用形成的。最重要的考虑之一是金属离子用什么类型的轨道来接受电子对。如果金属离子有至少两个空的 d 轨道，那么就有可能形成一组 d^2sp^3 杂化轨道以容纳六对电子。因此，对于 d^0、d^1、d^2 和 d^3 构型的金属离子来说，形成配位数为 6 的八面体配合物是常见现象。

形成配合物时第二个需要重点考虑的是金属离子的荷径比。高电荷、小尺寸即高电荷密度的金属离子对电子对的亲和力最强，可以容纳由接受电子对而引起的更大的负电荷氛围。作为一个通用规则，高电荷的金属离子倾向于形成配位数更高的配合物，尤其当金属离子是较大的第二和第三系列的过渡金属离子的时候。在第 8 章中我们已经知道，高电荷、小尺寸的金属离子是硬路易斯酸，更容易与硬路易斯碱结合。

基于过渡金属离子形成配合物时杂化轨道的数量和类型，可以将每种金属离子可能形成的最重要的配合物类型做个归纳。虽然有很多例外，但表 16.5 所汇总的可以作为考虑第一系列过渡金属配合物类型的有用起点。

表 16.5　第一系列金属离子配合物类型汇总

电子数	常见离子	常见几何构型	杂化轨道	实例
0	Sc^{3+}	八面体	d^2sp^3	$Sc(H_2O)_6^{3+}$
1	Ti^{3+}	八面体	d^2sp^3	$Ti(H_2O)_6^{3+}$
2	V^{3+}	八面体	d^2sp^3	VF_6^{3+}
3	Cr^{3+}	八面体	d^2sp^3	$Cr(NH_3)_6^{3+}$
4①	Mn^{3+}	八面体（高自旋）	sp^3d^2	$Mn(H_2O)_6^{3+}$
4①	Mn^{3+}	八面体（低自旋）	d^2sp^3	$Mn(CN)_6^{3-}$
5	Fe^{3+}	八面体（高自旋）	sp^3d^2	$Fe(H_2O)_6^{3+}$
5	Fe^{3+}	八面体（低自旋）	d^2sp^3	$Fe(CN)_6^{3-}$
5	Fe^{3+}	四面体	sp^3	$FeCl_4^-$
6	Co^{3+}	八面体（高自旋）	sp^3d^2	CoF_6^{3-}
6	Co^{3+}	八面体（低自旋）	d^2sp^3	$Co(H_2O)_6^{3+}$
7	Co^{2+}	八面体（高自旋）	sp^3d^2	$Co(H_2O)_6^{2+}$
7	Co^{2+}	三角双锥	dsp^3	$Co(CN)_5^{3-}$
7	Co^{2+}	四面体	sp^3	$CoCl_4^{2-}$
7	Co^{2+}	平面四边形	dsp^2	$Co(CN)_4^{2-}$
8	Ni^{2+}	四面体	sp^3	$Ni(NH_3)_4^{2+}$
8	Ni^{2+}	八面体	sp^3d^2	$Ni(NH_3)_6^{2+}$
8	Ni^{2+}	三角双锥	dsp^3	$Ni(CN)_5^{3-}$
8	Ni^{2+}	四方锥	sp^2d^2	$Ni(CN)_5^{3-}$
8	Ni^{2+}	平面四边形	dsp^2	$Ni(CN)_4^{2-}$
9①	Cu^{2+}	八面体	sp^3d^2	$CuCl_6^{4-}$
9①	Cu^{2+}	四面体	sp^3	$Cu(NH_3)_4^{2+}$
10	Zn^{2+}	八面体	sp^3d^2	$Zn(H_2O)_6^{2+}$
10	Zn^{2+}	四面体	sp^3	$Zn(NH_3)_4^{2+}$
10	Ag^+	直线形	sp	$Ag(NH_3)_2^+$

① 姜-泰勒畸变引起结构不规则。

16.8 第二、第三过渡系金属的配合物

本章前面所述原则大部分同样可以很好地适用于第二和第三系列过渡金属。不过，由于第二、第三过渡系金属原子或离子的半径比第一过渡系的大，因此还是普遍存在着一些差别。例如，第二、第三过渡系金属离子由于半径较大（与相同氧化态的第一过渡系金属离子相比较），生成的配位数大于 6 的配合物更多。铬的配位数通常为 6，而钼会生成$[Mo(CN)_8]^{4-}$和其他配位数为 8 的配合物。第二、第三过渡系金属配合物的其他常见配位数是 7 和 9。

由于半径较大，外层与原子核之间充满电子的壳层更多，第二、第三过渡系金属的电离能比第一过渡系的更小。因此这些重金属更容易达到更高的氧化态，也因此更容易形成更高的配位数。通常重金属更容易形成金属-金属键，所以会有很多含有金属原子或离子簇的配合物，其中的金属来源于第二和第三过渡系。这个会在后面几章更详细地讲到。

第一过渡系金属配合物和第二、第三过渡系金属配合物的另一个显著差别涉及电子对。本章前面讲到，对 d^4 构型的 Mn^{3+}，有两个系列的配合物，一种是全部四个电子都不成对，可以解释为用 sp^3d^2 杂化轨道成键。另一个系列的配合物中只有两个不成对的电子，杂化轨道类型是 d^2sp^3 杂化轨道。这个差别的原因将在下一章解释。然而，第二和第三过渡系金属因为半径更大，价轨道也更大，使电子成对消耗的能量更低，因此在第一过渡系金属配合物中不会使电子成对的配体在第二、第三过渡系金属配合物中可能会使电子成对。例如，配合物$[CoF_6]^{3-}$是高自旋的，而$[RhF_6]^{3-}$则是低自旋的。普遍来说，与第一过渡系金属相比，第二、第三过渡系金属的配合物中高自旋配合物要少得多。对 d^8 构型的 Ni^{2+}，四面体（sp^3 杂化轨道）和平面四边形（dsp^2 杂化轨道）配合物都是存在的。Pd^{2+}和 Pt^{2+}（都是 d^8 构型）的配合物则是平面四边形的，因为电子更容易成对，更容易空出一个 d 轨道参与 dsp^2 杂化。这个差别将在下一章讨论配体场理论时用配体对 d 轨道的影响来解释。

16.9 18 电子规则

惰性气体 Kr 共有 36 个电子，这个数字代表了稳定的电子构型。考察第一过渡系金属原子的配合物时发现，在很多情况下金属原子所接受的电子数就是使电子总数为 36 所需要的数目。电子总数 36 表明充满的外层轨道（3d、4s 和 4p 轨道）电子数为 18。例如，当 Ni 与羰基配体（CO）键合时，稳定的配合物是 $Ni(CO)_4$。镍原子本身有 28 个电子，所以加上 8 个电子（四个 CO 配体提供四对电子）就使镍原子上的电子总数达到 36。铁原子有 26 个电子，所以加上 10 个电子将使铁原子达到像氪那样的饱和构型。结果，Fe 与 CO 配体形成配合物时，最稳定的产物是 $Fe(CO)_5$。铬原子含有 24 个电子，所以加上六个 CO 配体提供的 12 个电子就会使铬原子上的电子总数为 36，稳定产物是 $Cr(CO)_6$。当然，不需要所有情况下都用 CO 作为配体。

考虑锰原子（$Z = 25$）时，我们看到加上五个 CO 分子会使电子总数变为 35，而加上六个 CO 配体则使电子总数变为 37。两种情况下都不符合 18 电子规则，与此相应，$Mn(CO)_5$和 $Mn(CO)_6$都不是稳定的配合物。稳定的配合物是$[Mn(CO)_5]_2$，有时写作 $Mn_2(CO)_{10}$，结构如下所示：

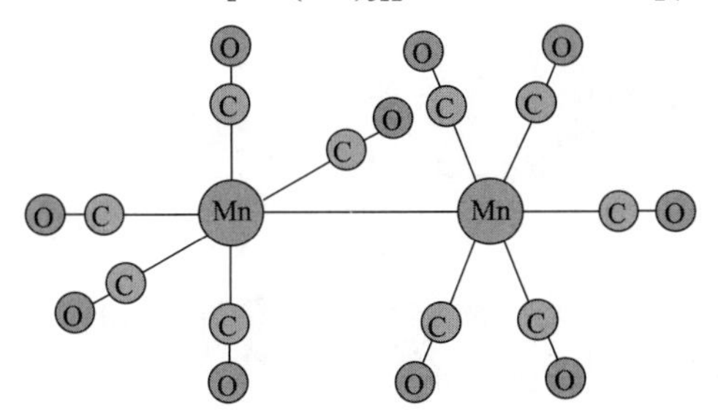

其中有一个 Mn—Mn 键，这使得结构符合 18 电子规则。

尽管 18 电子规则并不总是被严格遵守，但有一个很强的趋势，即金属原子所结合配体的数目是为了使金属的电子构型与同周期惰性气体的构型相同，对于中性金属原子的配合物来说，尤其如此。过渡金属离子的配合物这方面就不是很有规律。例如，Fe^{3+}为 d^5 构型（23 个电子），但它形成很多不遵守 18 电子规则的化学式为 FeX_6 的稳定配合物。另外，Co^{3+}为 d^6 构型（24 个电子），加上六个配体的六对电子后电子总数为 36，因此很多低自旋的化学式为 CoX_6 的 Co^{3+} 配合物是遵守 18 电子规则的。应当强调的是，对于由中性金属原子和软配体（如 CO、烯烃等）组成的配合物，18 电子规则最为有效。

处理那些含有像环庚三烯（C_7H_8，简称 cht）这样的配体时，18 电子规则特别有用。这个配体的结构如下所示，它能以多种方式与金属键合，因为每个双键都能提供两个电子：

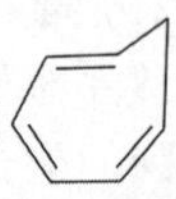

对于配位化合物$[Ni(CO)_3cht]$，是 18 电子规则决定 cht 配体怎样与镍原子键合的。由于三个 CO 配体向镍原子提供六个电子，而镍原子只需要八个电子使它的电子总数达到 36，因此只有两个电子由 cht 提供。所以，cht 配体表现为两电子给体，只有一个双键与镍原子键合，形成如下结构：

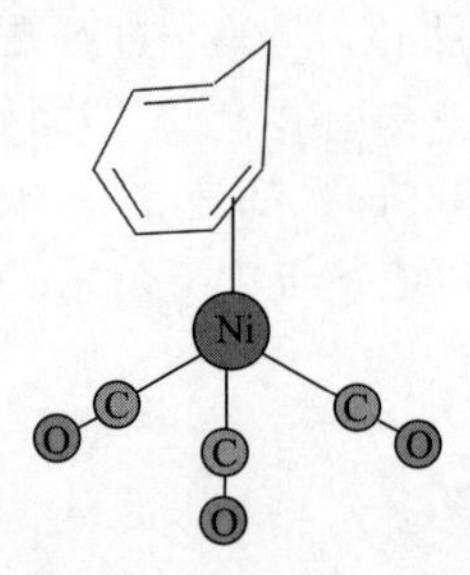

对于配合物$[Ni(CO)_2cht]$，cht 是四电子给体，所以两个双键给出电子对，结构为：

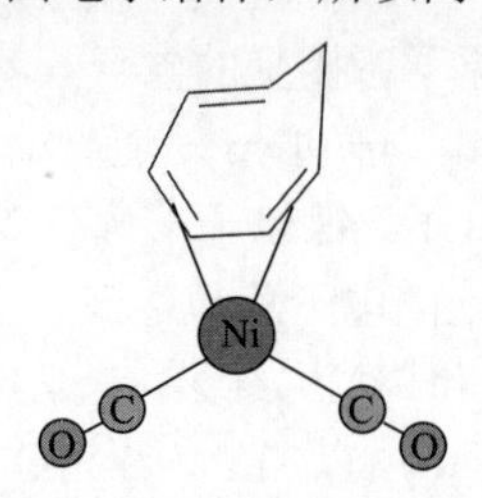

在配合物$[Cr(CO)_3cht]$中，cht 配体表现为六电子给体，因为三个 CO 配体提供六个电子，而铬原子需要 12 个电子以达到总数 36。因此，这个配合物的结构为：

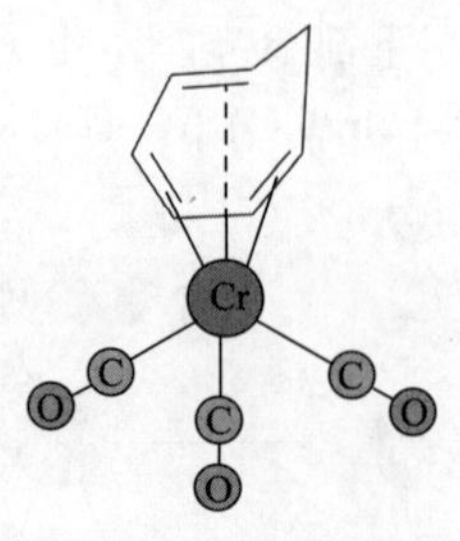

以 18 电子规则为最重要成键条件的配合物的数量是很大的。它是解释有机金属化合物成键的基本工具，后面几章将多次用到。

因为有一些像 cht 这样的分子作为配体时能够提供多种不同数目的电子对，这些配体的成键方式必须标明。键合方式用“连接数”（hapticity，源于希腊语 haptein，意为“系牢、紧握”）表示，缩写为 h 或η。在符号右上角加上上标表示与金属连接成键的原子（很多情况下是碳原子）的数目。如果双键作为电子对给体，那么以双键相连的两个碳原子就被认为是与金属连接成键，因此连接数为 2，记为η^2。因此，在上述$[Ni(CO)_3cht]$结构中，cht 是η^2 配体，而在$[Ni(CO)_2cht]$中，cht 的键合方式为η^4。在铬配合物$[Cr(CO)_3cht]$中，cht 用了三个双键，因此键合方式为η^6。

含有连接数可变的配体的配位化合物在命名的时候，要把配体的键合方式包括在名称中。例如，$[Ni(CO)_3cht]$命名为三羰基•（η^2-环庚三烯）镍，$[Ni(CO)_2cht]$命名为二羰基•（η^4-环庚三烯）镍，而三羰基•（η^6-环庚三烯）铬是$[Co(CO)_3cht]$的名称。所有这些结构都符合 18 电子规则。

另一个遵守 18 电子规则的配合物是二茂铁，即二（环戊二烯基）合铁（Ⅱ）。环戊二烯和钠反应得到环戊二烯基阴离子，随后与氯化亚铁反应得到二茂铁：

$$2NaC_5H_5+FeCl_2 \longrightarrow Fe(C_5H_5)_2+2NaCl \tag{16.18}$$

二茂铁也可以写为 $Fe(cp)_2$，其中铁的表观氧化态为+2，环戊二烯基配体带有一个负电荷，是六电子配体。Fe^{2+}是 d^6 构型离子，要加上从两个配体获得的 12 个电子才能使 Fe 上的电子总数为 36，所以符合 18 电子规则。因为环戊二烯基的整个五元环都是π系统部分，因此这个配体对铁的成键方式用η^5 表示。虽然上面描述了η^5-环戊二烯基的成键方式，但环戊二烯基也能以其他方式成键。如果仅以一个碳原子形成σ键，那么这个配体就命名为η^1-环戊二烯基。

NO 分子是一个有趣的配体，可以用来说明配合物中键的一些特别之处。NO 中的成键情况用分子轨道表示（不计 1s 轨道上的电子）为$\sigma_g^2\sigma_u^2\sigma_g^2\pi_u^2\pi_u^2\pi_g^1$，显示有一个电子位于反键轨道（用$\pi_g$ 表示）。这个分子的键级为 2.5。当反键轨道上的那个电子失去时，得到 NO^+，键级为 3，与 CO 和 CN^-是等电子的。由于 NO 的电离能只有 9.25 eV，以 NO 为配体的配合物涉及电子从π_g 轨道转移到金属（这样会使键级增大），同时 NO^+向金属给出电子对。这个过程可以表示为：

$$NO+L_5M \longrightarrow [NO^++L_5M^-] \longrightarrow L_5MNO \tag{16.19}$$

如果发生配体取代，那么：

$$NO+L_5MX \longrightarrow [NO^++L_5M^-+X] \longrightarrow L_5MNO+X \tag{16.20}$$

其中 L 和 X 是与金属成键的其他配体。在这个过程中，NO 分子表现为三电子给体。一个电子从π^*（或者表示为π_g）轨道转移到金属，另两个电子提供给金属形成σ配位键。

由于配位方式不同寻常，NO 与各种金属都能形成配合物，尤其是那些能够接受它的π_g 轨道电子的金属。钴有 27 个电子，加上整数个两电子给体显然无法使电子总数达到 36。但是，如果加上一个 NO 分子配体，钴原子上的电子数将变成 30，因此再加上三个 CO 配体就能使电子总数达到 36。所以，$[Co(CO)_3NO]$是遵守 18 电子规则的稳定配合物。显然，像 $Mn(CO)_4(NO)$、$Fe(CO)_2(NO)_2$ 和 $Mn(CO)(NO)_3$ 都遵守 18 电子规则。

16.10 反馈作用

配体是路易斯碱，通过向金属原子或离子提供电子对与金属形成配合物。确定一个原子的形式电荷时，两个成键原子之间的电子对平分给每个原子。当一个金属离子接受六对电子时，这个金属离子实际上获得六个电子。如果这个金属原来的电荷为+3，那么接受六对电子后，形式电荷将变为–3。如果金属原来有+2 个电荷，它形成配位数为 6 的配合物后，形式电荷将是–4。

很多配体除了向金属提供电子对的充满电子的轨道之外，还有一些空的轨道。例如，图 16.7 表示等电子配体 CN^-、NO^+和 CO 的分子轨道的排布情况。由 2s 原子轨道组合形成的σ_g 和σ_u 分

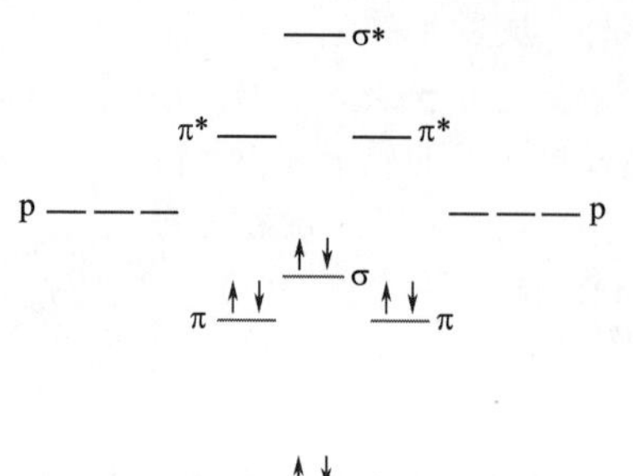

图 16.7　一些常见双原子配体的分子轨道图

子轨道上面能量更高的充满分子轨道是$(\sigma_g)^2(\pi_u)^2(\pi_u)^2$。然而，$CN^-$上面有一个反键轨道（表示为π*或$\pi_g$），如下所示：

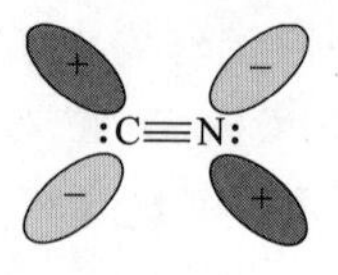

π_g分子轨道和金属上面的d_{xy}、d_{yz}或d_{xz}轨道对称性匹配，因而可以重叠。除了d^0构型之外，金属上的这些非键d轨道都含有一定数量的电子。由于接受配体的电子对，金属带有负的形式电荷，这种不利影响通过把金属离子非键d轨道上的电子密度反馈给CN^-配体的反键轨道而得到部分缓解。这种情况就称为反馈作用，可以用下面的结构表示：

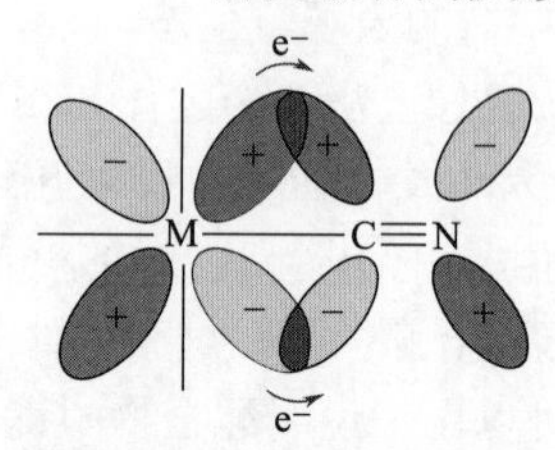

这个例子中，反馈作用有时写作d→π，以表示电子密度流动的方向。

由于电子密度是从金属流向配体，这种电子给予称为反馈作用，方向上与通常形成配位键时的电子给予是相反的。反馈作用有时称为反馈键。电子给予的基本特点是必须要有一个受体，这里就是配体。由于配体是以π_g轨道接受金属的电子密度，因此被称为π受体。反馈作用使得金属和配体之间的键级增大，因此加强了键的强度。

金属向配体反馈电子密度给配合物带来几个影响。首先，金属和配体之间的键有更多的共享电子密度，增强了M—L键的键级，因此，金属和配体之间的键与没有反馈作用相比变得更强，键长更短。键增强和键长变短的程度与反馈作用的程度有关。反馈作用还会使得金属-配体键伸缩振动引起的红外吸收峰向高波数移动。

增加CN^-配体反键轨道上的电子密度会降低C—N键的键级。键级等于$(N_b-N_a)/2$，所以哪怕只有微小的增加，增大N_a的值也会使键级降低到小于3。随着键级降低，C—N键的键长会增大，C—N伸缩振动对应的吸收峰会向低波数方向移动。事实上，红外光谱中C—N伸缩振动吸收峰的位置是反馈作用发生程度的最好指示之一。

有意思的例子是$[Fe(CN)_6]^{3-}$和$[Fe(CN)_6]^{4-}$中C—N伸缩振动峰位置的差别。第一个配合物中，铁是+3价，因此形式电荷为−3；第二个配合物中，铁是+2价，形式电荷为−4。因此，第二个配合物的反馈作用的程度更大。这种差别反映在C—N伸缩振动峰的位置分别是$2135cm^{-1}$和$2098cm^{-1}$。实际情况并不是这么简单，因为可以观察到三个归属于C—N伸缩振动的峰，这里列出的波数对应的是最高能量的峰。

随着反馈作用增强，金属-碳键变得越来越强，也越来越短。例如，在化学式为$[M(CN)_6]^{3-}$的一系列配合物中，M为Cr^{3+}（d^3构型）、Mn^{3+}（d^4）、Fe^{3+}（d^5）、Co^{3+}（d^6）时，M—C键长分别为208pm、200pm、195pm、189pm。随着键长缩短，相应地M—C伸缩振动频率增大，依次为$348cm^{-1}$、$375cm^{-1}$、$392cm^{-1}$、$400cm^{-1}$。d轨道中可以提供给配体的电子数越多，反馈作用程度就越大。显然，Sc^{3+}不会产生反馈作用，因为这个离子的电子构型为d^0。

虽然反馈作用在上述例子中容易观察到，但并不意味着反馈作用局限于氰配合物。产生反馈作用的要求是配体有空的对称性合适的轨道与金属的非键 d 轨道重叠。CO 当然是另一个能接受反馈金属电子反馈的配体。而且，CO 通常与中性或低氧化态的金属形成配合物，因为这样的金属有较大的形式负电荷，反馈作用更加显著。气态 CO 中 C—O 的伸缩振动峰出现在 $2143cm^{-1}$，但在很多金属羰基配合物中，这个频率更低，具体数值取决于反馈作用的程度。

比较一系列金属羰基配合物中 C—O 的伸缩振动频率可以看到有趣的趋势。下列配合物都遵守 18 电子规则，但结合的 CO 配体的数目不同。由于配位数不同，金属原子的电子密度增加的程度并不相同。

$Ni(CO)_4$	$2057cm^{-1}$
$Fe(CO)_5$	$2034cm^{-1}$
$Cr(CO)_6$	$1981cm^{-1}$

对于这些配合物，随着 CO 配体的数目增加，反馈作用增大，CO 伸缩频率也移向较低波数。类似的趋势也存在于下列配合物（都遵守 18 电子规则）中，从中能看到金属离子上电荷的影响。

$V(CO)_6^-$	$1859cm^{-1}$
$Cr(CO)_6$	$1981cm^{-1}$
$Mn(CO)_6^+$	$2090cm^{-1}$

第一个配合物中，钒电荷数为–1，加上六个 CO 配体后，趋向于通过强烈的反馈作用释放部分负电荷。这种趋势在 $Cr(CO)_6$ 中减小，在金属电荷为正值的 $Mn(CO)_6^+$ 中更小。

像 NH_3、H_2O、en、F^-这样的配体没有适当能量或对称性的空轨道用以接受金属离子的 d 轨道电子密度反馈，因此考虑图 16.8 所示的配合物时会出现有趣的情况。

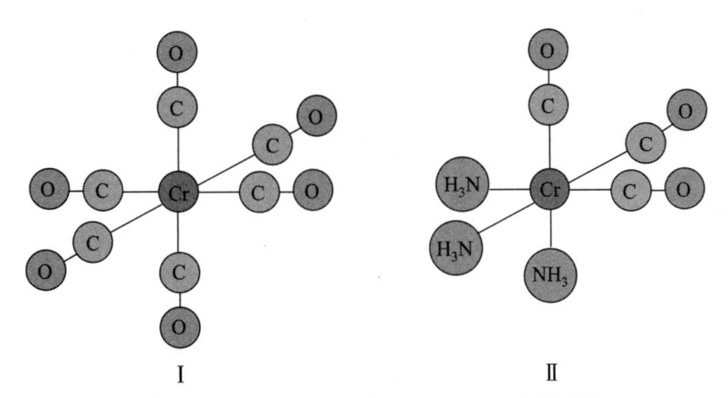

图 16.8 $[Cr(CO)_6]$和$[Cr(NH_3)_3(CO)_3]$的结构

两个配合物中，Cr 的形式电荷都是–3，存在反馈作用。然而，因为 NH_3 没有适当的接受金属电子密度的轨道，配合物Ⅱ中所有的反馈都指向三个 CO 配体，而在配合物 I 中，反馈的电子密度分散于六个 CO 配体。由于这个差别，$Cr(CO)_6$配合物中的 CO 伸缩振动出现在 $2100cm^{-1}$，而在 $Cr(CO)_3(NH_3)_3$ 配合物中则是出现在 $1900cm^{-1}$。

对于 CN^-和 CO 这样的配体，电子密度是从金属转移到配体的**π***反键轨道中。其他配体适合接受金属电子密度的轨道包括空的 d 轨道。配位原子为磷、砷或硫的配体有空的 d 轨道，所以 PR_3、AsR_3、R_2S 和其他很多配体都有可能通过反馈作用形成多重键。这些配体是软的路易斯碱，通常与半径较大、电荷较低的软金属离子键合。结果，金属离子上的电子是容易极化的，可以相对容易地向配体转移。

用光谱方法研究不同配体如何作为π受体，发现接受电子密度的能力按下列顺序变化：

$$NO^+ > CO > PF_3 > AsCl_3 > PCl_3 > As(OR)_3 > P(OR)_3 > PR_3$$

NO^+接受电子密度的能力非常强，这点并不奇怪，因为这个配体不但有适当对称性的π*轨道，而且还有正电荷，对金属非键 d 轨道电子的吸引作用更强。

蔡氏盐阴离子$[Pt(C_2H_4)Cl_3]^-$中有强烈的反馈作用，因为 C_2H_4 有对称性匹配的π*轨道。图 16.9 示出金属与配体轨道的作用。由于π*轨道上电子聚集数增大，C═C 键的伸缩振动频率从气态 C_2H_4 的 $1623cm^{-1}$ 降低到蔡氏盐中的 $1526cm^{-1}$。

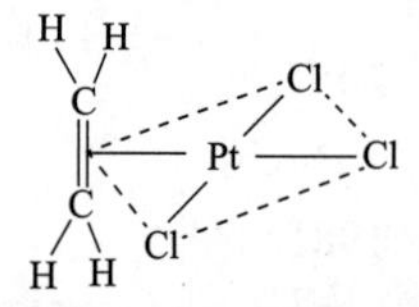

(a) 蔡氏盐阴离子的结构和成键

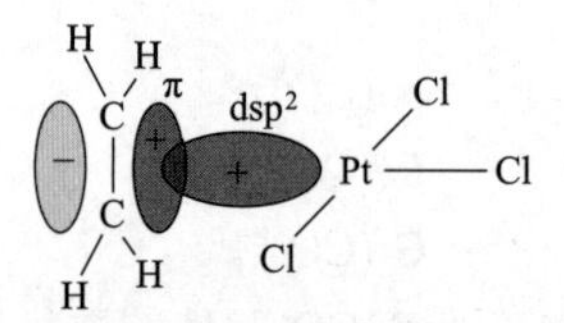

(b) 金属的dsp²杂化轨道与乙烯的π轨道重叠形成σ键

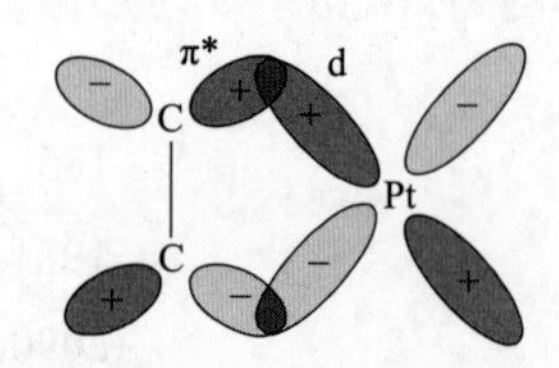

(c) 金属d轨道向乙烯π*轨道的反馈作用形成π键

图 16.9 蔡氏盐阴离子的结构和成键、金属的 dsp² 杂化轨道与乙烯的π轨道重叠形成σ键及金属 d 轨道向乙烯π*轨道的反馈作用形成π键

在不存在空间位阻的情况下，两可配体（如 SCN^-）依然可以用不同方式成键，部分原因在于反馈作用带来的π键的影响。例如，SCN^-配体在稳定的配合物顺$[Pt(NH_3)_2(SCN)_2]$和顺$[Pt(PR_3)_2(NCS)_2]$的键合方式是不同的，第一个配合物中的键合方式如下所示：

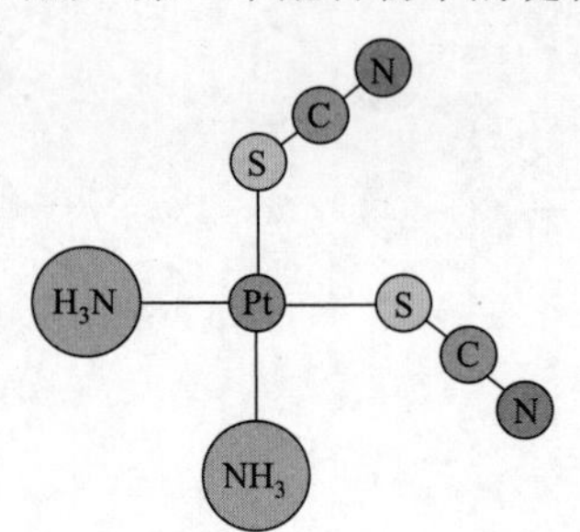

而第二个配合物中成键情况是这样的：

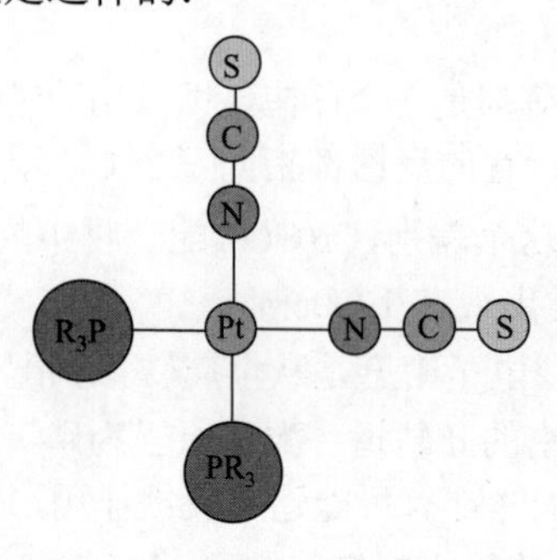

因为 NH_3 没有对称性合适的低能量轨道，Pt 和 NH_3 之间不会形成π键。硫有合适的 d 轨道

可以接受来自于 Pt^{2+}的电子密度。因此，π键发生在 SCN^-的硫末端。NH_3 对位的 SCN^-与 Pt^{2+}是通过硫原子成键的。

第二种情况下，膦上的磷原子也有空的 d 轨道可以接受来自 Pt^{2+}的电子密度。事实上，这方面它比 SCN^-的硫原子更加有效。因此，当 PR_3 在反位上时，SCN^-是通过氮原子与金属配位。大体上，反位上π键配体的存在竞争反馈电子会引起配合物的稳定性降低。就像在第 20 章要讨论的，这种现象（反位效应）对于配合物取代反应有显著的影响。

16.11 双氮、双氧和双氢配合物

前面在考察配位化合物时，用到了几种类型的配体来加以说明。进一步研究配位化学课题时，还将描述更多其他类型的配合物，尤其是在第 21 章讨论过渡金属的有机金属化合物的时候。为了丰富本章介绍的配位化合物，需要把其他类型的配体也包括进来。其中一个配体是氧分子 O_2（配体名“双氧”），这是个有趣的配体，有几个原因。一个原因是动物使用双氧与铁的配合物传输氧气。由 O_2 的分子轨道能级图[图16.10(a)]可以看出，π*轨道是半充满的。因此，氧分子含有能与金属 d 轨道有效重叠的轨道，可以形成配合物。O_2 形成配合物时，键长略有增大，伸缩振动频率向低波数方向移动。O_2 和 N_2 的分子轨道能级图如图 16.10 所示。

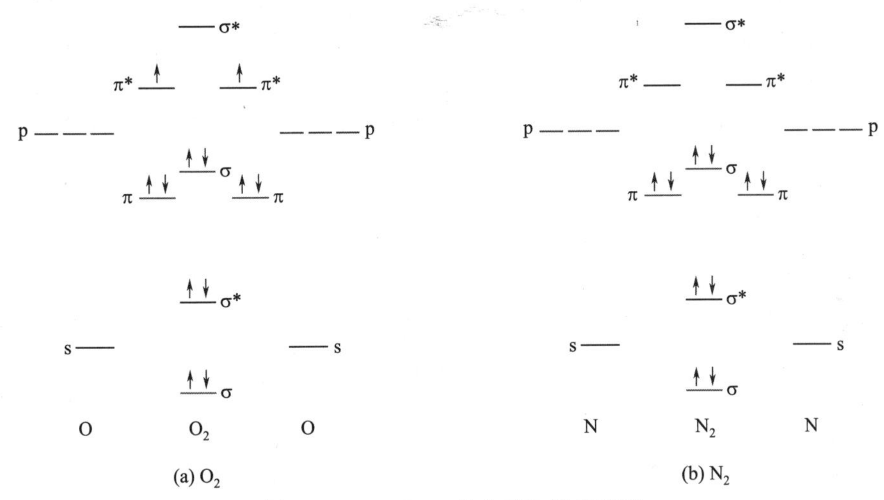

图 16.10　O_2 和 N_2 的分子轨道能级图

瓦斯卡（Vaska, 1963）利用下面的反应第一次制备出含有双氧的配合物：

$$Ir(CO)Cl(P\phi_3)_2 + O_2 \longrightarrow Ir(O_2)(CO)Cl(P\phi_3)_2 \qquad (16.21)$$

其中，ϕ代表苯基，即—C_6H_5，$P\phi_3$ 就是三苯基膦。上式中的反应产物结构如下所示：

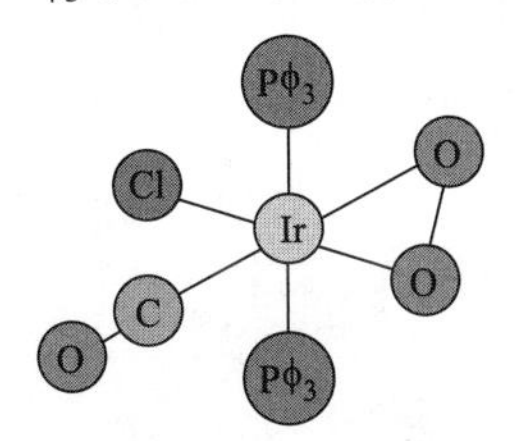

双氧与金属配位时，成键方式不止一种，最常见的几种示于下图中。如果 O_2 分子只以一端与金属配位，氧原子上涉及π*轨道的键就不会是直线形的。有一种成键方式分类方法已经用于将各种键合方式的双氧配合物的性质联系起来，如图 16.11 所示。

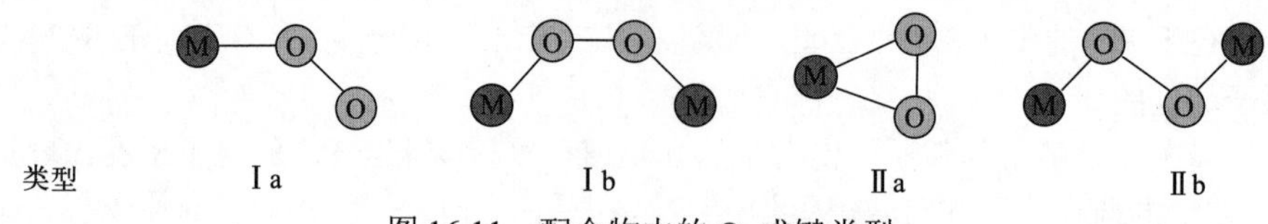

图 16.11　配合物中的 O_2 成键类型

虽然 X 射线衍射是确定结构和键长的决定性的方法，但是其他技术也是有用的。就像 CO 和乙烯配合物那样，光谱学研究已经提供了 O_2 配合物的键的信息。一般来说，Ⅰa 和Ⅰb 类配合物中的 O—O 伸缩振动峰出现在相似的范围，大致为 1100～1200cm^{-1}。而Ⅱa 和Ⅱb 类配合物中，O—O 伸缩振动峰的位置约为 800～900cm^{-1}。Ⅰ类配合物中的键合方式可视为超氧化物键合。作为对比，超氧离子 O_2^- 的伸缩振动频率约在 1100cm^{-1}，而过氧离子 O_2^{2-} 的约在 825cm^{-1}，它们的具体数值都与阳离子的性质有关。因为 O_2 分子的π*轨道有两个电子，充满的σ*轨道不大可能用于向金属提供电子对而形成σ键。因此，这种在 CO 或 CN$^-$配合物中起重要作用的键合方式，在双氧配合物中是不重要的。解释 O_2 对金属键合方式的部分问题是从电荷的角度来看，$M^{2+}—O_2^0$ 与 $M^{3+}—O_2^-$ 和 $M^{4+}—O_2^{2-}$ 是等价的。自从 1963 年第一次报道双氧配合物之后，大量的其他双氧配合物也已经被制备出来并得到表征。

人们对双氮配合物很感兴趣，因为固氮酶是一种大大促进植物中氮的固定过程的酶，通过双氮与铁或钼形成配合物而起作用。虽然 N_2 分子（双氮）是与 CO 和 CN$^-$等电子的[图 16.10(b)]，但通过提供电子对形成配位键的活性比那些配体小得多。但是，1965 年艾伦（A.D. Allen）和塞诺夫（C.V. Senoff）报道了第一个含有双氮的配位化合物。它是由氯化钌和水合肼反应生成的，不过产物钌配合物也可以用下列反应得到：

$$[Ru(NH_3)_5H_2O]^{2+}+N_2 \longrightarrow [Ru(NH_3)_5N_2]^{2+}+H_2O \qquad (16.22)$$

自从第一个化合物制备出来以后，成百上千个其他化合物也被制备出来，一个曾经被认为是近乎“惰性”的分子却能够形成许许多多配合物。虽然提出过 N_2 在配合物中的几种键合方式，最常见的两种键合方式是 N_2 分子作为σ给体或作为桥联配体，可以表示为 M—N≡N 和 M—N≡N—M。因此，M—N—N 排列是直线形的，或者很接近于直线形。在双氮配合物中，N—N 键长一般在 110～113pm 范围，与气体 N_2 分子中的键长差不多，但是伸缩振动吸收峰的位置移动 100～300cm^{-1}。因为 N_2 分子在π*轨道没有填充电子，它主要是一个σ给体。这与 O_2 以π*轨道电子提供给金属形成配位键有很大的不同。然而，游离 N_2 分子 N≡N 伸缩振动吸收峰出现在 2331cm^{-1}，而在$[Ru(NH_3)_5N_2]^{2+}$中移到 2140cm^{-1}，表明 N_2 配体的π*轨道还是有一些电子填充。在桥联的$[(NH_3)_5Ru—N≡N—Ru(NH_3)_5]^{4+}$配合物中，这个伸缩振动信号的位置在 2100cm^{-1}。

配位化学的另一个里程碑是在 1980 年库巴斯（G. J. Kubas）报道了第一个含有双氢配体的配位化合物。氢气与$[W(CO)_3(Pchx_3)_2]$反应得到$[W(H_2)(CO)_3(Pchx_3)_2]$（其中，chx 为环己基，$Pchx_3$ 为三环己基膦），该配合物的结构为：

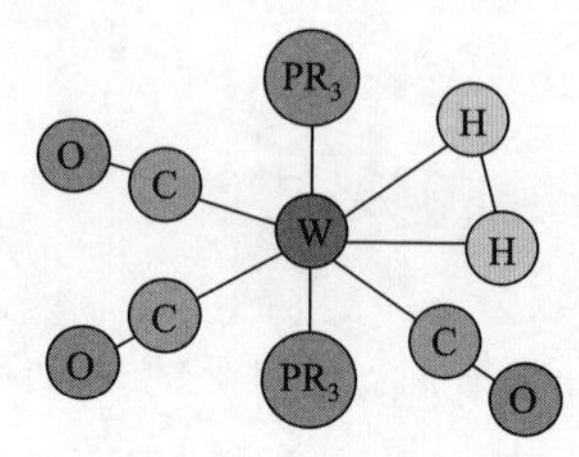

这种类型的配合物中的配位键相信是由σ键轨道提供电子形成的。这与 H_2 和 H^+生成 H_3^+

（见第 5 章）某种程度上是相似的。然而，相信也存在着金属 d 轨道向 H_2 的σ*轨道的一定的反馈作用。这些成键特点可以用图 16.12 来说明。当反馈作用发生时，金属的电子密度转移到 H_2 的σ*轨道，削弱 H—H 键。随着键的削弱，H—H 键更容易解离。这可能是某些金属配合物能够作为加氢反应催化剂（见第 22 章）的原因。随后发生的 H^- 的配位导致一些氢化合物的形成，可以看作是金属的氧化反应。

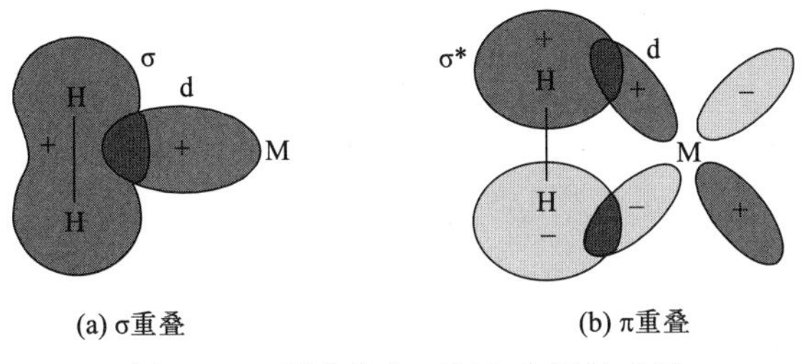

图 16.12　配合物中双氢与金属的成键

本章考察了配位化合物化学，重点介绍了配位键、命名和异构现象等几方面的基础知识。讨论了含有双氧、双氮和双氢配体的配合物，不仅展示了这些有趣化合物的一些特征，也显示了配位化合物化学的动态发展特性。自从 18 世纪初蔡氏盐的制备和一个世纪以前阿弗雷德・维尔纳开创性的工作以来，配位化学已经走过了一段漫长的发展之路。配位化合物在生命过程中，在无数的工业生产过程中，都起到重要的作用。因为这个原因，后面几章将分别介绍配位化合物的化学键、光谱、稳定性和反应。这些知识合起来将为今后更进一步的学习提供必要的基础。

拓展学习的参考文献

Bailar, J.C., 1956. *The Chemistry of Coordination Compounds*. Reinhold Publishing Co., New York. A classic in the field by the late Professor Bailar (arguably the most influential figure in coordination chemistry in the last half of the 20th century) and his former students.

Cotton, F.A., Wilkinson, G., Murillo, C.A., Bochmann, M., 1999. *Advanced Inorganic Chemistry*, 6th ed. John Wiley, New York. One of the great books in inorganic chemistry. In almost 1400 pages, an incredible amount of inorganic chemistry is presented.

DeKock, R.L., Gray, H.B., 1980. *Chemical Structure and Bonding*. Benjamin/Cummings, Menlo Park, CA. Chapter 6 presents a good introduction to bonding in coordination compounds.

Greenwood, N.N., Earnshaw, A., 1997. *Chemistry of the Elements*, 2nd ed. Butterworth-Heinemann, Oxford. A monumental reference work that contains a wealth of information about many types of coordination compounds.

Huheey, J.E., Keiter, E.A., Keiter, R.L., 1993. *Inorganic Chemistry: Principles of Structure and Reactivity*, 4th ed. Harper Collins College Publishers, New York. Appendix I consists of 33 pages devoted to nomenclature in inorganic chemistry.

Kettle, S.F.A., 1969. *Coordination Chemistry,* Appleton, Century. Crofts, New York. The early chapters of this book give a good survey of coordination chemistry.

Kettle, S.F.A., 1998. *Physical Inorganic Chemistry: A Coordination Approach*. Oxford University Press, New York. An excellent book on the chemistry of coordination compounds.

Porterfield, W.W., 1993. *Inorganic Chemistry-A Unified Approach*, 2nd ed. Academic Press, San Diego, CA. Chapters 10-12 give a good introduction to coordination chemistry.

Szafran, Z., Pike, R.M., Singh, M.M., 1991. *Microscale Inorganic Chemistry*: *A Comprehensive Laboratory Experience.* John Wiley, New York. Chapter 8 provides synthetic procedures for numerous transition metal complexes. This book also provides a useful discussion of many instrumental techniques.

Vaska, L., 1963. *Science*, 140, 809. A report on an oxygen complex with iridium.

习题

1. 画出下列离子的结构，标出总的电荷数：

（a）顺二氯·二（乙二胺）合钴（Ⅲ）

（b）顺二氟·二（草酸根）合铬（Ⅲ）

（c）反二亚硝酸根·四硝基合镍（Ⅱ）

（d）顺四硫氰酸根·二氨合铬（Ⅲ）

（e）三氯·乙烯合铂（Ⅱ）

2. 命名下列化合物：

（a）$[Co(en)_2Cl_2]Cl$

（b）$K_3[Cr(CN)_6]$

（c）$Na[Cr(en)C_2O_4Br_2]$

（d）$[Co(en)_3][Cr(C_2O_4)_3]$

（e）$[Mn(NH_3)_4(H_2O)_2][Co(NO_2)_2Br_4]$

3. 为下列化合物命名，不需考虑配合物的顺反异构问题：

（a）$K_4[Co(NCS)_6]$

（b）$[Pt(en)Cl_2]$

（c）$[Cr(NH_3)_3(NCS)_2Cl]$

（d）$[Pd(py)_2I_2]$

（e）$[Pt(en)_2Cl_2]Cl_2$

（f）$K_4[Ni(NO_2)_4(ONO)_2]$

4. 指出下列各化合物是否稳定，说明原因：

（a）$Ni(CO)_3NO$

（b）$Cr(CO)_3(NO)_2$

（c）$Fe(CO)_3(\eta^2\text{-cht})$

5. 画出 $S_2O_3^{2-}$ 的结构。它如何与 Pt^{2+}成键？如何与 Cr^{3+}成键？分析如何用红外光谱确定 $S_2O_3^{2-}$ 的键合方式。

6. 画出具有以下化学式的三角双锥形配合物的所有几何异构体的结构示意图（AA 代表双齿配体）：

（a）MX_4Y

（b）MX_3Y_2

（c）$MX_3(AA)$

7. 化学式为$[Zn(py)_2Cl_2]$（py 为吡啶）的化合物只有一个，但是化学式为$[Pt(py)_2Cl_2]$的化合物却有两个。解释这些事实，并描述每个配合物中的成键情况。

8. SO_4^{2-} 作配体可以形成两种类型的配合物。解释硫酸根如何以两种方式与金属离子成键。

9. 对银与氰根形成的系列配合物，观察到如下所示的 C—N 伸缩振动吸收峰。含有三或四个氰根离子的物种只有在较高浓度 CN^-的溶液中才能观察到。

10. 假设有一个立方体配合物，化学式为 MX_5Y_3，其中 X 和 Y 是不同的配体。画出所有可能的几何异构体。

11. 一个镍配合物的化学式为 NiL_4^{2+}：

（a）这个配合物可能的结构有哪些？

（b）解释如何用磁矩测量来确定配合物的结构。

12. 配合物$[NiX_2(PR_3)_2]$（X 为卤素离子，R 为烃基）的偶极矩接近于 0。当 R 被芳基取代时，偶极矩会增大很多。解释产生差别的原因。

13. 画出$(CO)_2(NO)Co(cht)$的结构。cht 的连接数是多少？

14. 画出$(C_6H_6)Cr(CO)_4$ 的结构。C_6H_6 的连接数是多少？

15. 假设 SCN^-两可配位，画出$[Co(en)_2ClNCS]^+$的所有异构体的结构。

16. 化合物$[Co(NH_3)_6]Cl_3$ 是橙黄色的，而$[Co(H_2O)_3F_3]$是蓝色的。讨论它们为什么有这样的差别。

17. 描述如何用一个简单的化学实验区分$[Co(NH_3)_5Br]SO_4$ 和$[Co(NH_3)_5SO_4]Br$。

18. 按要求写出化学式或画出结构：

（a）$[Pd(NH_3)_2Cl_2]$的一个聚合异构体

（b）顺二氯·二（草酸根）合铬（Ⅲ）离子的结构

（c）$[Zn(NH_3)_4][Pt(NO_2)_4]$的一个配位异构体的化学式

（d）二硫氰酸根·二氨合铂（Ⅱ）的结构

19. 对下列每个配合物，给出杂化轨道类型和不成对电子的数目：

（a）$[Co(H_2O)_6]^{2+}$

（b）$[FeCl_6]^{3-}$

（c）$[PdCl_4]^{2-}$

（d）$[Cr(H_2O)_6]^{2+}$

20. 对下列每个配合物，给出杂化轨道类型和磁矩的估计值：

（a）$[Co(en)_3]^{3+}$

（b）$[Ni(H_2O)_6]^{2+}$

（c）$[FeBr_6]^{3-}$

（d）$[Ni(NH_3)_4]^{2+}$

（e）$[Ni(CN)_4]^{2-}$

（f）$[MnCl_6]^{3-}$

21. $[Co(py)_2Cl_2]$的磁矩是 5.15BM。这个化合物的结构是怎样的？

22. 画出$[Co(en)_2NO_2Cl]^+$的所有可能异构体的结构图。

23. 讨论下列配合物中配体 cht（环庚三烯）如何与金属成键：

（a）$[Ni(CO)_3cht]$

（b）$[Fe(CO)_3cht]$

（c）$[Co(CO)_3cht]$

24. 假设配合物 MLX_2Y_2 的结构为四方锥形，所有配体都能结合在配位层的各个位置，那么它有多少可能的异构体？

25. 画出$[Nb(\eta^5\text{-}C_5H_5)(CO)_3(\eta^2\text{-}H_2)]$的结构。

26. 化合物$[Co(CO)_2(\eta^2\text{-}H_2)(NO)]$是否遵守 18 电子规则，解释你的答案。

27. 近期的一项研究分离出化学式为$[Nb(\eta^6\text{-}1,3,5\text{-}(CH_3)_3C_6H_3)NO]^+ PF_6^-$ 的化合物。画出其中阳离子的结构，并讨论 18 电子规则是否适用于它。

第 17 章 配体场和分子轨道

前面一章介绍了配位化合物中有关键合本质的基本观点。鉴于这个化学领域的重要性，更完整地描述其中的化学键是必不可少的。就像我们已经在一些例子中看到的那样，电磁辐射与物质的相互作用提供了化学键信息的实验基础。下一章将会把与配合物研究有关的光谱的解释作为主要目标。通过对配合物光谱的研究，我们获得有关能级状态的信息以及配体的存在如何影响金属离子的轨道。对配合物磁性的研究则可以给出有关不成对电子的信息，但是上一章所描述的价键方法不能充分解释为什么一些情况下电子会成对，而另一些情况下则不会。这一章将会使用配体场和分子轨道方法更全面地解决上述一些问题。

17.1 八面体场中 d 轨道的分裂

配位化合物有几个特点不能用简单价键方法令人满意地解释。比如，$[CoF_6]^{3-}$的磁矩表明这个配合物有四个未成对电子，而$[Co(NH_3)_6]^{3+}$的磁矩表明这个配合物没有未成对电子，虽然在两种情况下 Co^{3+}都是 d^6 构型的离子。上一章中我们认为这些配合物在成键时分别用到 sp^3d^2 和 d^2sp^3 杂化轨道，但并没有解释为什么两种情况下会有这样的差别。用简单价键方法不能充分解释的另一个地方是配合物光谱中吸收峰的数目。解释这些问题的最成功方法之一是晶体场理论。

晶体中一个金属离子被阴离子包围时，阴离子会产生一个静电场，可以改变金属离子的 d 轨道能量。这种静电场称为晶体场。晶体场理论是 1929 年汉斯 • 贝特（Hans Bethe）在试图解释晶体中金属离子的光谱特征的时候发展出来的。人们很快发现晶体中阴离子对金属离子的围绕与配合物中配体（很多是阴离子）对金属离子的围绕是很相似的。配体不是阴离子的时候，有可能是极性分子，偶极的负端指向金属离子，产生静电场。严格来说，晶体场方法是一种基于点电荷之间相互作用的纯静电方法，对过渡金属离子的配合物并不完全适用。考虑到配位键是由配体提供电子对产生的，有一些共价成分，因此用配体场这个词描述配合物中配体所产生的静电场效应。20 世纪 30 年代范弗莱克（J. H. Van Vleck）通过改进晶体场方法，考虑金属离子和配体之间作用的共价性，发展出配体场理论。在认识金属离子周围配体场的影响之前，有必要搞清楚金属离子 d 轨道空间伸展方向的图像。图 17.1 示出了五个 d 轨道的图像，对气态离子，这五个轨道是简并的。

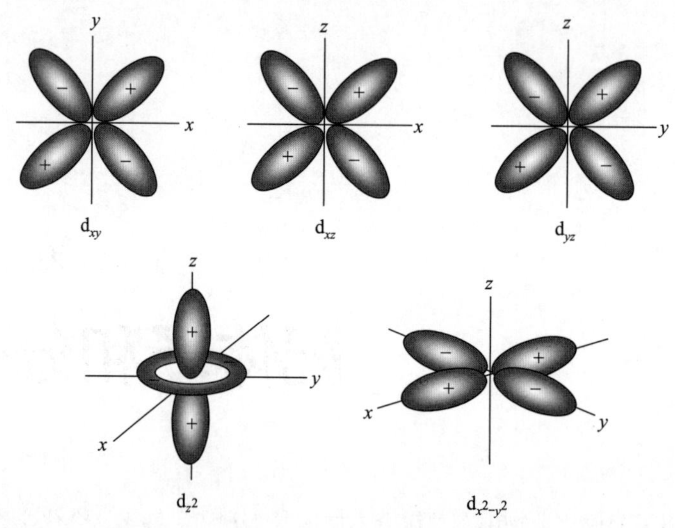

图 17.1　过渡金属五个 d 轨道的空间伸展方向

如果金属离子被球形静电场包围，五个 d 轨道的能量都将会升高，但是升高的程度都相同。如下所示，八面体配合物可以看作是金属离子被位于坐标轴上的六个配体围绕所形成的结构：

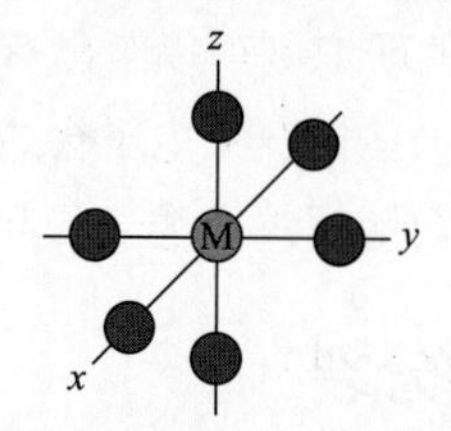

六个配体围绕金属离子的时候，d 轨道的简并性不再存在，因为 d_{xy}、d_{yz}、d_{xz} 三个轨道在坐标轴之间伸展，而另外两个轨道 $d_{x^2-y^2}$ 和 d_{z^2} 则沿轴的方向指向配体。因此，配体轨道中的电子与 $d_{x^2-y^2}$、d_{z^2} 轨道的排斥作用要比它与 d_{xy}、d_{yz}、d_{xz} 轨道的排斥作用更大。所以配体产生的静电场使所有 d 轨道的能量都升高，但其中两个 d 轨道比另外三个 d 轨道能量升高得更多，各 d 轨道的能量可以用图 17.2 表示。

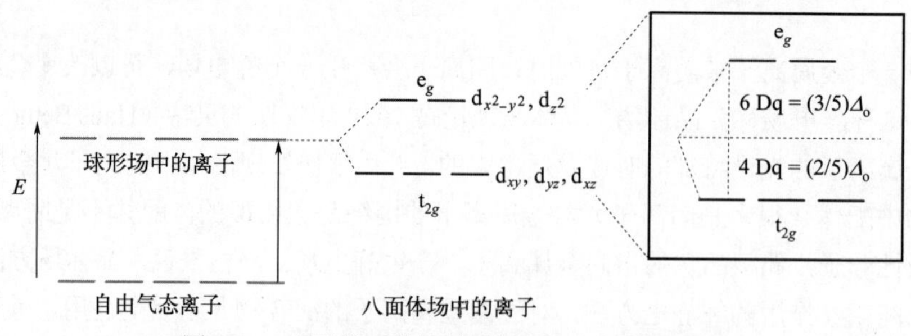

图 17.2　八面体对称性的晶体场中 d 轨道的分裂

两个较高能量的轨道指定为 e_g 轨道，三个能量较低的轨道则指定为 t_{2g} 轨道。这种指定方法将在后面详细描述。下标“g”代表轨道是中心对称的（在 O_h 对称性的结构中存在着对称中心），“t”代表一组三重简并轨道，而“e”代表一组二重简并轨道。两组轨道的能量差值称为晶体（或配体）场分裂能，以 Δ_o 表示。图 17.2 中指出的 d 轨道能量的分裂发生时，总能量保持不变，“能量的中心”保持不变。因此 e_g 轨道能量相对于重心的升高值是 t_{2g} 轨道能量降低值的 1.5 倍。八面体场的 d 轨道分裂能除了以Δ_o表示以外，有时也以 10 Dq 表示，其中 Dq 是一个特定配合物的能量单位。两个 e_g 轨道相对于能量中心升高的能量为$(3/5)\Delta_o$，而三个 t_{2g} 轨道的能量降低$(2/5)\Delta_o$。如果用 Dq 单位表示，相对于能量中心 e_g 轨道升高 6Dq，而 t_{2g} 轨道降低 4 Dq。

晶体场分裂的影响容易从$[Ti(H_2O)_6]^{3+}$吸收光谱的研究中看出来，因为 Ti^{3+}的 3d 轨道只有一个单电子。在六个水分子形成的八面体场中，3d 轨道发生如图 17.2 所示的能量分裂。可能发生的唯一跃迁是电子从 t_{2g} 组轨道中的一个跃迁到 e_g 组轨道中的一个。这个跃迁应当产生一个单吸收带，其最大值直接对应于Δ_o表示的能量。与预想的相同，吸收光谱中出现一个宽的单峰，中心位于 $1/\lambda = 20300\text{cm}^{-1}$，这就是$\Delta_o$。这个峰有关的能量计算如下：

$$E = h\nu = hc/\lambda = 6.36\times10^{-27}\,\text{erg}\cdot\text{s}^{-1}\times3.00\times10^{10}\,\text{erg}\cdot\text{s}^{-1}\times20300\text{cm}^{-1}$$

$$E = 4.04\times10^{-12}\,\text{erg}$$

我们可以把每个分子的这个能量转化为以 $\text{kJ}\cdot\text{mol}^{-1}$ 为单位：

$$4.04\times10^{-12}\,\text{erg}\cdot\text{分子}^{-1}\times6.02\times10^{23}\,\text{分子}\cdot\text{mol}^{-1}\times10^{-7}\,\text{J}\cdot\text{erg}^{-1}\times10^{-3}\,\text{kJ}\cdot\text{J}^{-1}$$
$$= 243\ \text{kJ}\cdot\text{mol}^{-1}$$

一个金属离子被六个配体包围时产生的这个能量（$243\text{kJ}\cdot\text{mol}^{-1}$）大得足够可以造成其他一些影响。然而，只有对于 d^1 构型的离子这个光谱解释才这么简单。当 d 轨道中有不止一个电子时，电子之间会发生自旋-轨道耦合。多个电子存在的情况下，一个电子从 t_{2g} 轨道到 e_g 轨道的任何一个跃迁都伴随着耦合方式的改变。我们将在第 18 章看到，这时候解释光谱以确定配体场分裂能比起 d^1 要复杂得多。

八面体场中金属离子的能级顺序使得我们容易看到不同配体存在时高自旋和低自旋配合物是如何形成的。如果金属离子 3d 轨道中的电子数是 3 或更少，那么这些电子会以一个电子占据一个轨道的方式填充在 t_{2g} 轨道上。如果金属离子为 d^4 构型（例如 Mn^{3+}），只有发生电子成对才能使所有电子都填充在 t_{2g} 轨道上，这需要Δ_o 在数值上比迫使电子成对的能量更大才行。这样就形成了低自旋配合物，有两个不成对电子。如果Δ_o比电子成对能小，第四个电子将出现在一个 e_g 轨道上，产生高自旋配合物，有四个不成对电子。这些情况可以用下面的图来表示：

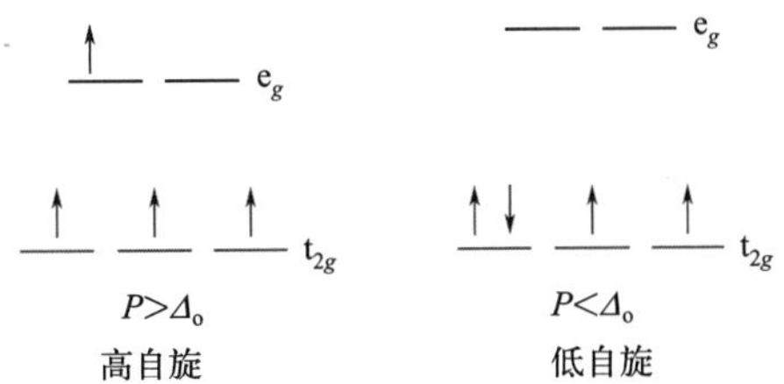

当然，我们还没有关注影响配体场分裂能大小的全部因素。配体引起的 d 轨道分裂取决于金属离子和配体的性质，以及反馈作用和配体π成键的程度。这些问题将会在 17.3 节和第 18 章更充分地讨论。

17.2 其他对称性场中的 d 轨道分裂

虽然八面体对称性场对 d 轨道的影响前面已经描述过了，但我们必须记得不是所有配合物都是八面体形的，也不全部是六个配体与金属离子键合。例如，很多配合物有四面体对称性，所以我们有必要确定四面体场对 d 轨道的影响。图 17.3 表示一个外接立方体的四面体配合物，同时显示的还有 d_{z^2} 轨道的两片波瓣和 $d_{x^2-y^2}$ 轨道的两片波瓣（伸展于 x 轴的部分）。

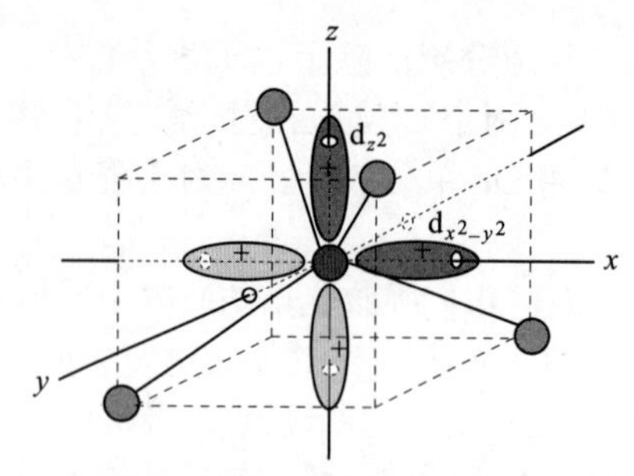

图 17.3　四面体配合物及坐标系示意图

（图中显示 d_{z^2} 轨道沿 z 轴的两片波瓣，$d_{x^2-y^2}$ 轨道沿 x 轴的两片波瓣）

注意在这种情况下没有哪个 d 轨道直接指向配体。不过，波瓣沿轴伸展的轨道（$d_{x^2-y^2}$ 和 d_{z^2}）指向立方体表面对角线的中点，那个点与最近配体的距离为$(2^{1/2}/2)l$。波瓣在坐标轴之间伸展的轨道（d_{xy}、d_{yz} 和 d_{xz}）直接指向立方体棱边的中点，与配体的距离只有 $l/2$。结果，d_{xy}、d_{yz} 和 d_{xz} 轨道的能量比 $d_{x^2-y^2}$ 和 d_{z^2} 的高，因为它们与配体之间接近的程度有差别。换句话说，八面体场中的轨道分裂方式在四面体中反过来了。四面体场中的分裂能以 Δ_t 表示，各轨道的能量关系示于图 17.4 中。

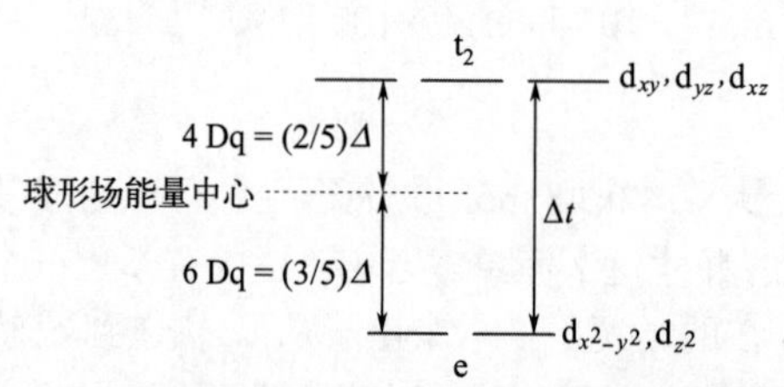

图 17.4　四个配体产生的四面体场的轨道分裂方式

八面体场和四面体场之间有很多不同。不仅是两组轨道的能量反转，而且四面体场中的分裂远远小于八面体场中的分裂。首先，四面体配合物只有四个配体产生场，而不是像八面体配合物中有六个配体产生场。其次，四面体场中没有哪个 d 轨道直接指向配体，而八面体场中有两个 d 轨道直接指向配体，三个指向配体之间。结果，八面体场中能量分裂对 d 轨道的影响更大。实际上，如果配体相同，金属到配体的距离也相同，那么$\Delta_t = (4/9)\Delta_o$。由于四面体场分裂能不足以迫使电子成对，结果四面体配合物没有低自旋的。再有，因为四面体场中只有四个配体围绕在金属离子周围，与八面体配合物相比，所有 d 轨道平均能量的提高较小。下标“g”不出现在轨道子项上，因为四面体结构没有对称中心。

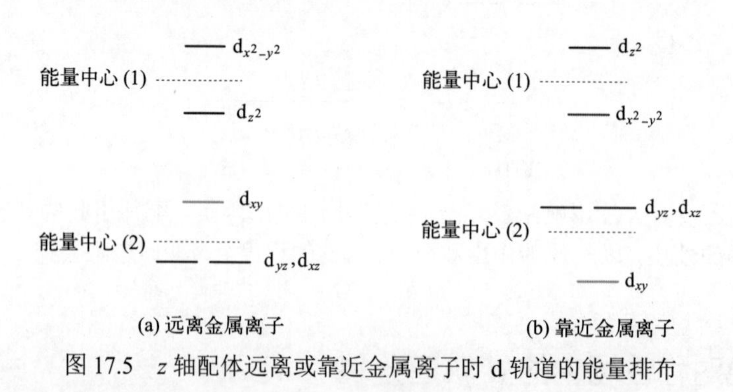

图 17.5　z 轴配体远离或靠近金属离子时 d 轨道的能量排布

假设我们从八面体配合物开始，让 z 轴上的配体远离金属离子。结果 d_{z^2} 轨道受到的排斥力变小，能量将会降低。然而，不仅是五个 d 轨道要遵守“重心”规则，每组轨道也有一个能量中心，就像那一组的球形对称性场能量一样。因此，如果 d_{z^2} 轨道能量降低，那么 $d_{x^2-y^2}$ 轨道能量就必须升高，这样 e_g 组轨道总的能量变化才等于零。d_{xz} 和 d_{yz} 轨道有 z 成分，伸展方向在

z 轴和其他轴之间，因此会使得 z 轴上的配体离金属离子远一些，减小了与配体之间的排斥力。结果 d_{xz} 和 d_{yz} 轨道的能量降低，也意味着 d_{xy} 轨道能量升高以保持 t_{2g} 组轨道的能量中心（2）不变。全部 d 轨道的排布示于图 17.5（a）中。随着 z 方向上金属与配体之间的键长变得更长，配体场变成 z 拉长的四角场。如果 z 轴上的配体受迫更靠近金属离子，产生 z 压缩的四角场，那么两组轨道将会反转过来，如图 17.5（b）所示。

从第 16 章关于配位化学的探讨可以看到，存在着很多配合物，其中配体分布在以金属离子为中心的平面四边形上。一个平面四边形配合物可以看作是 z 轴上的配体离金属离子无限远的四角配合物。这种配合物中 d 轨道的排布就像前面所说的 z 拉长的四角场那样，不过分裂更加显著，以至于 d_{xy} 能量位于 d_{z^2} 之上。平面四边形场中 d 轨道的能级示于图 17.6。其中显示 d_{xy} 和 $d_{x^2-y^2}$ 轨道的能量差恰好就是 Δ_o，即八面体场中 t_{2g} 和 e_g 轨道的能量差。

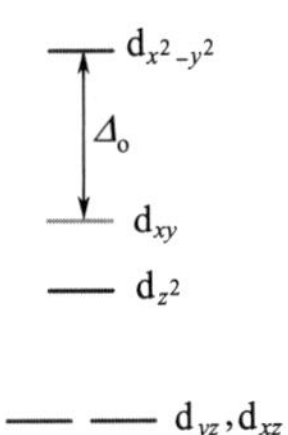

图 17.6　四个配体产生的平面四边形场中的 d 轨道能量

在第 16 章，我们看到像 Ni^{2+}、Pd^{2+}、Pt^{2+} 这样的 d^8 构型离子形成反磁性的平面四边形配合物。从图 17.6 所示的轨道能级图，很容易找到其中的原因。八个电子能在低能量的四个轨道中成对，剩下的 $d_{x^2-y^2}$ 轨道则用以形成一组 dsp^2 杂化轨道。如果 d_{xy} 和 $d_{x^2-y^2}$ 轨道的能量差值不足以迫使电子成对，那么没有哪个 d 轨道是没有电子占据的，含有四个配位键的配合物只能使用 sp^3 杂化轨道，形成四面体结构。

用量子力学讨论 d 轨道能量是有趣的。现在简单地描述一下这种方法。那些壳层全充满的离子（如 Na^+、F^-、Ca^{2+}、O^{2-} 等）有球形对称性，过渡金属离子不是这样。d 轨道的角度（或方向性）特点使得它们在与按特定几何构型分布在金属离子周围的配体相互作用时是不等价的。在金属离子周围以不同方式分布的配体会对 d 轨道产生不同的影响，从而使 d 轨道的能量不同。这种影响是金属 d 轨道上的电子被配体（可以看作是空间的点）的电荷静电排斥的表现。对金属离子 d_{z^2} 轨道上的一个电子，能量可以使用量子力学积分表达，与计算力学量的平均值或期望值的方法相同。这里的计算涉及轨道波函数和势能 V 的算符：

$$E = \int_{\text{全部空间}} \Psi^*\left(d_{z^2}\right) V \Psi\left(d_{z^2}\right) d\tau \tag{17.1}$$

对积分求值给出的结果可以用以下因子来表示：

$$35qe^2/4R^5 \quad 和 \quad (2/105)\langle a^4\rangle$$
$$\text{D} \qquad 和 \qquad \text{q}$$

通常写成 D 和 q 相乘的结果，也就是能量单位 Dq：

$$\text{Dq} = \frac{qe^2\langle a^4\rangle}{6R^5} \tag{17.2}$$

如果用晶体场分裂能Δ_o表示，结果就是：

$$\Delta_o = 10\text{Dq} = \frac{5qe^2\langle a^4\rangle}{3R^5} \tag{17.3}$$

将 Dq 值与一个考虑各轨道角向依赖性的因子相乘就得到轨道能量。八面体场中的 d 轨道角向因子是+6 或−4（与考虑的 d 轨道有关）。因此，d 轨道的能量是+6 Dq（d_{z^2} 和 $d_{x^2-y^2}$ 轨道）或−4 Dq（d_{xy}、d_{yz} 和 d_{xz} 轨道）。如果配体是极性分子，电荷 q 用偶极矩μ代替。

对四面体场中的金属离子，只有四个配体，没有一个是在轴上。因为4/6=2/3，八面体场中的势能算符V要用上2/3这个因子。同样，积分求值得到的波函数角向部分对d_{z^2}和$d_{x^2-y^2}$轨道给出的因子是−2/3，而d_{xy}、d_{yz}和d_{xz}轨道是+2/3。一起相乘得到因子−4/9，所以四面体场中的轨道能量是−4/9×(+6 Dq)=−2.67 Dq（d_{z^2}和$d_{x^2-y^2}$轨道）或−4/9×(−4 Dq)=1.78 Dq（d_{xy}、d_{yz}、d_{xz}轨道）。四面体和八面体配合物的这些结果与前面得到的结果是相符的。对其他对称性场进行类似的计算，得到如表17.1所示的轨道能量。这些能量是基于轨道分裂方式的不同得到的对球形场能量中心的相对值。

表 17.1　配体场中以 Dq 为单位表示的 d 轨道能量

配位数	对称性	d_{z^2}	$d_{x^2-y^2}$	d_{xy}	d_{xz}	d_{yz}
2	直线形①	10.28	−6.28	−6.28	1.14	1.14
3	三角形②	−3.21	5.46	5.46	−3.86	−3.86
4	四面体	−2.67	−2.67	1.78	1.78	1.78
4	平面四边形②	−4.28	12.28	2.28	−5.14	−5.14
5	三角双锥形	7.07	−0.82	−0.82	−2.72	−2.72
5	四方锥形	0.86	9.14	−0.86	−4.57	−4.57
6	八面体	6.00	6.00	−4.00	−4.00	−4.00
6	三棱柱	0.96	−5.84	−5.84	5.36	5.36
8	立方体	−5.34	−5.34	3.56	3.56	3.56

① 配体位于z轴（最高对称性的轴）。

② 配体位于xy平面。

轨道能量对于比较不同结构的配合物的稳定性是有用的。照例，电子先从最低能量的轨道开始排布。我们将有机会应用轨道能量来考虑配合物反应时过渡态结构与起始配合物不同带来的影响（见第20章）。

17.3 影响分裂能的因素

因为晶体场分裂是由配体与金属轨道作用引起的，可以预期分裂的程度取决于金属离子和配体的性质。本章前面对$[Ti(H_2O)_6]^{3+}$的讨论解释了吸收光谱图中的单峰峰值直接对应于Δ_o的数值。如果制备出不同配体的Ti^{3+}配合物，吸收峰的位置将会随着配体性质不同移向高波数或低波数。用这种方法有可能按照引起配体场分裂大小的顺序排列配体。这样得到的一系列配体称为光谱化学序列，配体顺序如下所示：

$$CO>CN^->NO_2^->en>NH_3\approx py>NCS^->H_2O>ox>OH^->F^->Cl^->SCN^->Br^->I^-$$

强场　　　　　　　　　　　　　　　　　　　　　　弱场

在这个序列里相邻的配体引起的配体场分裂相差较小。这个顺序在某些情况下是近似的，尤其是考虑不同的金属离子或在周期表中不同周期的金属离子的时候。例如，当金属离子来自第二过渡系的时候，卤素离子的顺序会改变，这与软硬作用原理是一致的。光谱化学序列是一个非常有用的指南，因为其中分得较开的配体，例如NO_2^-和NH_3，不可能发生顺序反转。上述配体场大小顺序的反转有时可以观察到发生在相隔很近的配体之间。迫使电子成对的配体称为强场配体，这些配体预期可以和第一过渡系金属离子形成低自旋的八面体配合物。弱场配体如F^-和OH^-通常只有和第二、第三过渡系的金属才能形成低自旋的八面体配合物。

通常，第一过渡系金属的水配合物的配体场分裂能对+2 价离子的配合物即$[M(H_2O)_6]^{2+}$来说，是 8000～10000cm^{-1}，而对+3 价离子的配合物即$[M(H_2O)_6]^{3+}$来说，是 14000～21000cm^{-1}。大多数情况下，相同金属的+3 价离子配合物与+2 价离子配合物相比，Δ_o值增大 50%～100%。例如，$[Co(H_2O)_6]^{3+}$的Δ_o值为 22870cm^{-1}，而$[Co(H_2O)_6]^{2+}$的Δ_o值仅为 10200cm^{-1}。表 17.2 列出了第一过渡系金属离子与 H_2O、NH_3、F^-、CN^-等配体形成的配合物的有代表性的Δ_o值。要指出的是，$[CoF_6]^{3-}$的Δ_o值仅为 13000cm^{-1}，但 Co^{3+}的电子成对能大约是 20000cm^{-1}，因此，$[CoF_6]^{3-}$是一个高自旋配合物。$[Co(NH_3)_6]^{3+}$的Δ_o值为 22870cm^{-1}，足以使电子成对，所以$[Co(NH_3)_6]^{3+}$是一个低自旋配合物。

表 17.2　第一过渡系金属离子的八面体配合物的Δ_o值

金属离子	分裂能/cm^{-1}			
	F^-	H_2O	NH_3	CN^-
Ti^{3+}	17500	20300		23400
V^{3+}	16100	18500		26600
Cr^{3+}	15100	17900	21600	35000
Fe^{3+}	14000	14000		34800
Co^{3+}	13000	20800	22900	33800
Fe^{2+}		10400	11000	32200
Co^{2+}		9300	10200	
Ni^{2+}		8500	10800	

在相同的 d^n 构型和氧化态的情况下，从第一过渡系金属到第二过渡系金属，配合物的Δ_o值增大 30%～50%，而从第二过渡系金属到第三过渡系金属，配合物的Δ_o值也是增大 30%～50%。表 17.3 列出了一些配合物的数据，可以说明这个变化趋势。在某些情况下，过渡元素变到下一个周期时，分裂能几乎翻倍。第二、第三过渡系金属离子大得多的配体场分裂能的结果是几乎所有这些金属的配合物都是低自旋的。这样的配合物发生取代反应时，几乎总是被取代的配体先离去，然后进入配体再配位，而产物具有与起始配合物相同的构型。

表 17.3　随周期而变的Δ_o值（显示在配合物化学式下方）　　单位：cm^{-1}

$[Fe(H_2O)_6]^{3+}$	$[Fe(ox)_3]^{3-}$	$[Co(H_2O)_6]^{3+}$	$[Co(NH_3)_6]^{3+}$
14000	14140	20800	22900
$[Ru(H_2O)_6]^{3+}$	$[Ru(ox)_3]^{3-}$	$[Rh(H_2O)_6]^{3+}$	$[Rh(NH_3)_6]^{3+}$
28600	28700	27200	34000
			$[Ir(NH_3)_6]^{3+}$
			41200

根据与表 17.3 相似但更加完整的数据，可以按照相同配体时 d 轨道分裂能的大小将金属离子排序，得到如下常见金属离子序列：

$$Pt^{4+}>Ir^{3+}>Pd^{4+}>Ru^{3+}>Rh^{3+}>Mo^{3+}>Mn^{3+}>Co^{3+}>Fe^{3+}>V^{2+}>Fe^{2+}>Co^{2+}>Ni^{2+}$$

这个序列清楚地说明了前面描述过的电荷和周期表中的位置的影响。

就像早先描述过的那样，四面体场分裂能通常只有八面体场分裂能的 4/9。例如，四面体配合物$[Co(NH_3)_4]^{2+}$的分裂能为Δ_t=5900cm^{-1}，而八面体配合物$[Co(NH_3)_6]^{2+}$的分裂能为Δ_o=10200cm^{-1}。与 Co^{2+}配位时，Cl^-、Br^-、I^-和 NCS^-对应的配合物的Δ_t分别是 3300cm^{-1}、2900cm^{-1}、2700cm^{-1} 和 4700cm^{-1}。一般来说，第一过渡系金属离子所需的电子成对能的范围是 250～

300kJ·mol^{-1}（20000～25000cm^{-1}），因此，四面体场中配体引起的分裂能不足以使电子成对，第一过渡系金属离子没有低自旋的四面体配合物。

17.4 晶体场分裂的影响

d 轨道能量分裂除了引起 d—d 跃迁这样的光谱变化以外，还会产生其他一些影响。假设一个气态金属离子放在水中，离子被六个溶剂水分子结合。如果考虑+2 价的第一过渡系金属离子，水合能一般从左到右增大，这是因为从左到右核电荷数增加，引起离子半径减小，如下所示：

离子	Ca^{2+}	Ti^{2+}	V^{2+}	Cr^{2+}	Mn^{2+}	Fe^{2+}	Co^{2+}	Ni^{2+}	Cu^{2+}	Zn^{2+}
半径/pm	99	90	88	84	80	76	74	69	72	74

离子的水合过程可以用下式表示：

$$M^{z+}(g)+6H_2O(l) \longrightarrow [M(H_2O)_6]^{z+}(aq) \quad (17.4)$$

离子的水合热与离子的半径和电荷数有关（见第 7 章）。然而，在这里水配合物的形成引起 d 轨道能量分裂，如果金属离子 d 轨道上有电子，它们将会占据能量较低的 t_{2g} 轨道。这样一来，在特定大小和电荷的离子的水合热之外，还有额外的能量释放出来。高自旋（弱场）的水配合物通常由第一过渡系金属离子水合产生。实际释放的能量取决于 d 轨道中的电子数。对 d^1 离子，水合热会增大 4Dq（图 17.2）。如果电子构型是 d^2，在那种大小和电荷的离子的水合热之外，还会增加 8Dq。d 轨道电子数增加引起的水合热增大的结果列于表 17.4 中。

表 17.4 配体场稳定化能

电子数	弱场/Dq	强场/Dq
0	0	0
1	4	4
2	8	8
3	12	12
4	6	16
5	0	20
6	4	24
7	8	18
8	12	12
9	6	6
10	0	0

金属离子的水合产生的焓变值是与离子的大小和电荷以及表 17.4 弱场项的 Dq 数相称的。对于 d^0、d^5 和 d^{10} 离子，没有配体场稳定化能，因此不会为水配合物增加额外的稳定性。图 17.7 是第一过渡系的+2 价金属离子的水合能图。图中显示的双峰外形反映的事实是随着价电子构型从 d^0 到 d^5，水配合物的配体场稳定化能从 0 开始增大到 12 Dq，然后降低到 0，而价电子构型从 d^6 到 d^{10} 时又会重复这个变化趋势（表 17.4）。

气态离子形成晶格时[式(17.5)]，在固体中阳离子被阴离子包围，反过来阳离子也被阴离子包围。

$$M^{2+}(g)+2X^-(g) \longrightarrow MX_2(s) \quad (17.5)$$

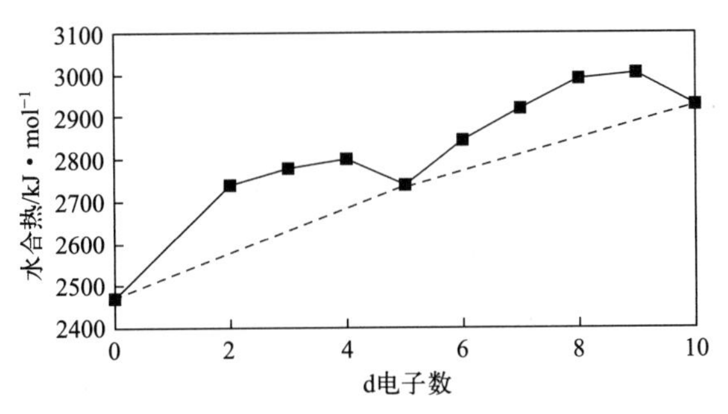

图 17.7　第一过渡系+2 价金属离子的水合热

如果阳离子被六个阴离子以八面体分布的方式包围，d 轨道将会发生能量分裂，如前所述。当 d 轨道中有一个或多个电子时，形成晶格时释放的能量将会更多一些，多出的那部分就是与 d 轨道电子数相应的配体场稳定化能。第一过渡系金属+2 氧化态的氯化合物的晶格能示于图 17.8 中。这个图与表示金属离子水合能的图总体形状是相同的。这是因为围绕金属离子的配体场稳定水合物和晶格的方式都是同样地依赖于 d 轨道的电子数。

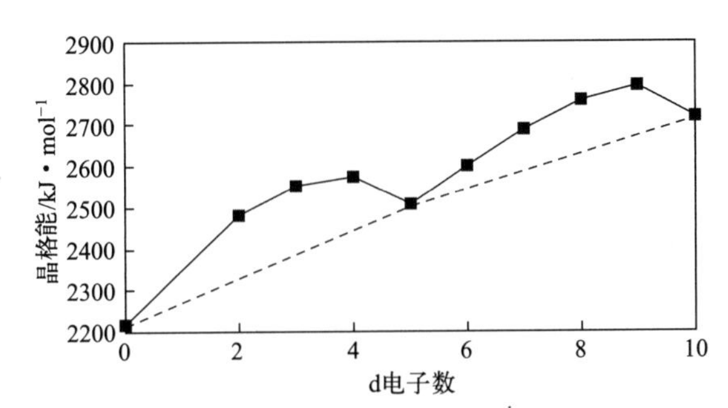

图 17.8　第一过渡系+2 价金属离子的氯化合物的晶格能

虽然对于特定电荷和大小的离子可以计算其水合热（或晶格能），但是以实际测量的水合热（或晶格能）与计算值的差值来确定配体场稳定化能的方法并不是很好。配体场稳定化能大到足以产生明显的影响，但无论是与+2 价金属离子的水合热，还是与固体离子化合物的晶格能相比，都还是小的。因此，从两个大的数值相减得到小的差值作为 Dq 不是一个好方法。第 18 章将会描述如何用光谱学技术来确定配体场参数。

17.5　姜-泰勒畸变

虽然基本的配体场理论已经足以解释配合物的很多性质，但是还有其他因素在一些情况下起作用。一种情况涉及配合物的结构偏离规则的对称性。铜（Ⅱ）配合物是最常见的显示这种畸变的一类配合物。

Cu^{2+}的电子构型为 d^9。如果六个配体按规则的八面体结构分布，这些电子将按图 17.9（a）所示的方式排布。三个电子占据两个简并的 e_g 轨道。如果 z 轴上的配体远离 Cu^{2+}，d_{z^2} 轨道的能量将会降低，而 $d_{x^2-y^2}$ 轨道的能量将会升高相同的数值。d_{xy}、d_{yz} 和 d_{xz} 轨道会分裂，但因为它们充满了电子，分裂不会引起净的能量变化。然而，$d_{x^2-y^2}$ 和 d_{z^2} 轨道中的两个电子会占据 d_{z^2} 轨道，只有一个电子占据较高能量的 $d_{x^2-y^2}$ 轨道。结果这种电子排布的能量将会低于 O_h 对称性的配合物相应的能量。两组轨道（e_g 和 t_{2g}）的分裂是不相等的。$d_{x^2-y^2}$ 和 d_{z^2} 轨道能量的变化值都是 δ，但 d_{xz} 和 d_{yz} 降低的能量数值用 δ' 表示，而 d_{xy} 轨道能量升高 $2\delta'$，如图 17.9（b）表示。

记住在这个图中的分裂并不是按比例作出来的。配合物沿 z 轴拉长变形的结果是总能量按姜-泰勒原理降低δ。这个原理指出，如果一个系统的简并轨道电子占据不均匀，系统将会变形以解除简并性。简并性解除时，低能量的状态将会更多地被占满。最终的 d 轨道分裂方式如图 17.9（b）所示。

这个现象的一个实验证明是键长。在 $CuCl_2$ 中 Cu^{2+}被六个 Cl^-包围，赤道上的 Cu—Cl 键的键长是 230pm，而轴向上的键长是 295pm。很多其他铜（Ⅱ）化合物中的键长也能被用来说明姜-泰勒畸变。

并不是只有 d^9 构型才有畸变导致能量降低。例如，d^4 高自旋构型会把一个电子放在四个低能量的轨道上，结果由于 $d_{x^2-y^2}$ 和 d_{z^2} 轨道分裂，能量会降低。Cr^{2+}的构型为 d^4，所以我们可以预期这个离子的配合物会发生某种畸变，实验事实确实如此。此外，d^1 或 d^2 离子预期也会有畸变，因为有可能会在两个能量最低的轨道中找到电子。然而，δ'的值比δ小得多，因为涉及的轨道的方向是指向坐标轴之间，而不是指向配体。这些是非键轨道，因此其 z 轴配体远离金属离子的影响小得多。这些构型的金属有关的畸变是很弱的。

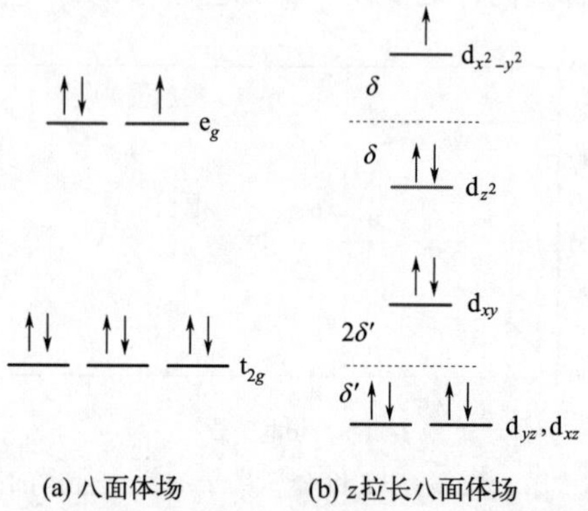

(a) 八面体场　　(b) z拉长八面体场

图 17.9　八面体场和姜-泰勒效应引起的 z 拉长八面体场中 d^9 离子的 d 轨道能量

17.6　光谱带

一个物质如果吸收可见区波段范围的光，这个物质就会显示出颜色。大多数过渡金属配合物是有颜色的。这些配合物吸收可见光的原因是 d 轨道之间的能量差适合发生电子跃迁。这些轨道按照我们前面描述的方式分裂。吸收不仅发生在可见区范围，有些也会出现在紫外区和红外区。然而，$[Ti(H_2O)_6]^{3+}$和氢原子之间的光吸收有着很显著的差别。我们在第 1 章已看到，氢原子的电子跃迁发射显示的是线状光谱。而$[Ti(H_2O)_6]^{3+}$的吸光显示为一个宽带，其峰值位于 $20300cm^{-1}$。

在简单晶体场理论中，电子跃迁被认为是发生于不同能级的两组 d 轨道之间。我们已经提到过这样的事实，当不止一个电子存在于 d 轨道时，有必要考虑电子之间的自旋-轨道耦合作用。在配体场理论中，这些影响以及表示电子之间排斥力的参数都被考虑到了。事实上，下一章将会详细处理这些影响因素。

关于吸收谱带宽的一个非常简单化的观点是考虑 ML_6 化学式的配合物振动的时候发生了什么。晶体场在振动时发生瞬时的变化，为了简化，我们将考虑保持配合物 O_h 对称性的对称伸缩振动。配体靠近或离开金属离子的结果是，伴随着振动，配体移动小的距离，Δ_o会发生微小的变化。因为电子跃迁发生的时间尺度比相应的振动小得多，跃迁实际上是在振动时引起的微小变化的配体场状态之间发生的。因此，吸收的是一段范围的能量，表现为光谱带，而不是像气态原子或离子那样表现为一条单线。

d—d 类型的跃迁已经知道是电偶极跃迁。不同多重态之间的跃迁是禁阻的，但是在某些情况下依然可以看到，只是比较弱。例如，Fe^{3+}的基态为 ^6S，而所有的激发光谱态都有不同的多重态。结果，含有 Fe^{3+}的溶液几乎是无色的，因为跃迁是自旋禁阻的。为了使电偶极能够发生，需要使下列积分不为零：

$$\int \psi_1 r \psi_2 \mathrm{d}\tau$$

其中，ψ_1 和 ψ_2 是发生跃迁的两个轨道的波函数。在八面体场中，所有 d 轨道都是“g”，它要求积分为零。拉波特（Laporte）选择定则要求允许的跃迁发生于不同对称性的状态之间。因此，g 对称性场中的 d—d 跃迁是拉波特禁阻的。禁阻的跃迁通常有较低的强度，在这些情况下一定有其他因素起作用。

对一个处于最低电子能级的最低振动态的特定键（比如在双原子分子中的），有一个平衡核间距离 R_0。假设吸收电磁辐射后变到高电子能态。键（或分子）的激发态没有与基态相同的平衡核间距离。电子跃迁发生的时间尺度太短，以至于原子核还来不及重新定位到不同的平衡距离。因此，在电子态从基态变到激发态的时候，产生的分子的核间距离并不是激发态的。如果特定键的能量用核间距离的函数来代表，那么就会得到如图 17.10 所示的势能曲线。

图中显示，电子基态有几个振动态。这样的势能曲线也存在于激发态，除了位置移动到比基态略大一点的平衡核间距离以外。因为到激发态的电子跃迁不允许核间距调整，跃迁发生时的 R 值是不变的，也就是垂直跃迁。因此，可能性最大的跃迁发生于电子基态的最低振动能级与激发态的较高振动能级之间，这个现象称为弗兰克-康登原理（Franck-Condon principle），示意于图 17.10 中。事实上，几个振动能级的重叠积分值不为零，使几个能级的吸收靠得很近。

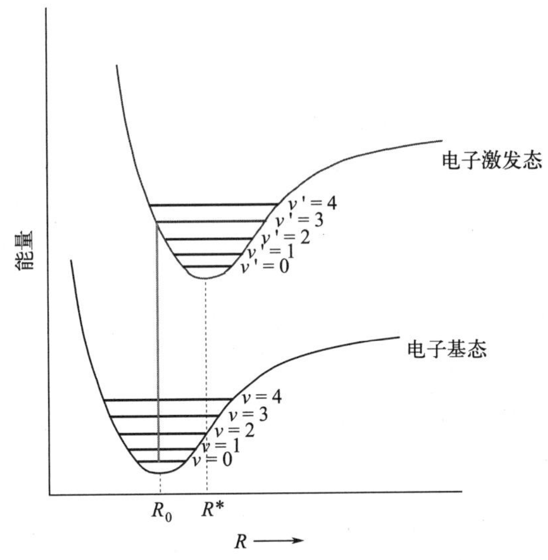

图 17.10 弗兰克-康登原理示意图
（这里电子从基态的 $v = 0$ 振动态跃迁到激发态的 $v'=3$ 振动态）

上面描述的电子跃迁的强度主要取决于振动能级的变化。因为振动和电子的变化都涉及，这种类型的跃迁被称为电子振动跃迁。虽然我们不会在这里深入探讨这个理论的细节，但是可以证明如果配合物通过一些变化暂时改变它的对称性，电子偶极跃迁将成为可能。一种这样的变化是电子振动耦合，这是振动和电子波函数组合的结果。这些波函数的解必须考虑所有振动模式，其中一些模式会通过移除对称中心（下标 g 不再适用）改变配合物的对称性。拉波特选择定则不再适用，所以一些跃迁不再是禁阻的。另一个与电子振动耦合相关的因素涉及一个允许的跃迁，其能量与禁阻的激发光谱态的能量近似。激发态的振动产生的对称性允许波函数组合，使得跃迁积分不再为零。

我们已经看到，过渡金属配合物的吸收光谱带是宽带。为了使吸收频率范围大，能级必须是“混合”而不是分立的。本章前面我们看到了改变配合物对称性的一种手段是姜-泰勒畸变。这种畸变效应可以移除两组 d 轨道在配体场中存在的简并性。另一个导致吸收宽带的原因是当电子能量改变时，振动能量也会改变，因此会引起一系列能量被吸收，不是产生一条分立的谱线。谱带虽然是宽的，但依然为过渡金属配合物的光谱分析提供了基础，可以从中提取出有关配体场和电子相互作用的信息。这个重要的问题还将在下一章讨论。

17.7 配合物中的分子轨道

前面对配合物中键合作用的讨论，重点是配体场理论及其在解释配合物结构和磁性方面的应用。不同的配体产生的影响有很大的不同，比如较软的、更易被极化的配体会产生更大的影响，这种类型的配体与金属离子结合的键共价性更大，形成π键的趋势更大。晶体场理论开始提出来的时候是处理特定几何构型的场中点电荷之间的静电相互作用。虽然配体被看作是电荷，但金属是从量子力学解释的观点以轨道来描述的。因此，晶体场理论的最简单方法是并不处理那些配位键共价成分多的配合物。这一节将会用分子轨道方法来描述配合物中的成键，先把配体看作是纯σ给体，然后进一步考虑配体也会形成π键的情况。但不会尝试去把键合理论发展到解释和应用它们时感到晦涩的程度。纯理论的化学键理论更适合在其他领域的化学教科书上描述。

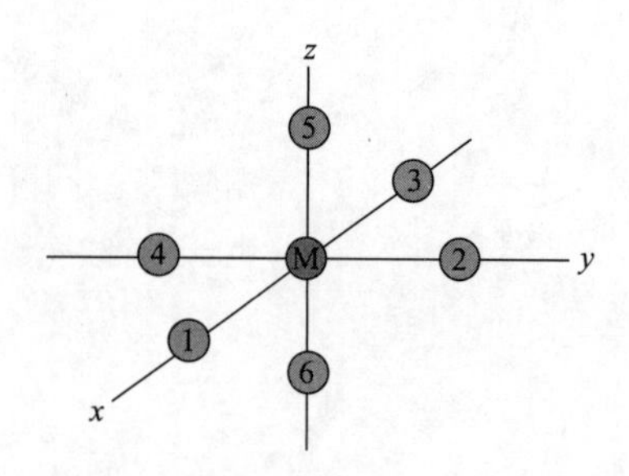

图 17.11　构建八面体配合物分子轨道所需轨道的坐标体系

我们用分子轨道描述配合物时，先要建立一个模型，以便确定金属和配体所用的轨道。我们先考虑八面体配合物，将配体的位置放置在如图 17.11 所示的坐标体系中，并按照配体与指定位置相应的编号来指派配体。

波函数组合为分子轨道的基本方法已在第 5 章中描述，这里的处理方式扩展了那些方法。处理第一过渡系金属原子和离子的配合物中的配位键时，通常认为金属轨道能量顺序为 3d<4s<4p。虽然有九个价轨道可用，但 3d 组可用于形成σ键的轨道是 d_{z^2} 和 $d_{x^2-y^2}$。对于 p 轨道和 d 轨道，要用到的是那些波瓣沿轴伸展的轨道。d_{xy}、d_{yz} 和 d_{xz} 轨道的波瓣位于坐标轴之间，因此，它们与位于轴上、波瓣单方向伸展的配体不发生作用。如果配体与金属离子形成π键，这些轨道也会成为成键轨道体系的一部分。如果只考虑σ键，d_{xy}、d_{yz} 和 d_{xz} 轨道就是非键轨道。

如果我们考虑六个 H_2O 或 NH_3 这样的配体与金属离子结合，应用分子轨道方法的第一个任务就是推导分子波函数的形式。H_2O 或 NH_3 这样的配体不会形成π键，所以这种类型的配合物需要考虑的细微因素极少。每个配体贡献一个轨道中的一对电子，我们假设那个轨道是σ轨道。这时，配体轨道的实际类型（sp^3、p 等）不重要，只要它不形成π键就行。对一个第一过渡系金属，价层轨道中用于成键的是 $3d_{z^2}$、$3d_{x^2-y^2}$、4s 和三个 4p 轨道。就像图 17.12（a）中显示的，s 轨道要求配体轨道的波函数的符号为正值。

金属的 4s 轨道为正值，与方向无关。配体轨道的组合，被称为对称性调节的线性组合（SALC）或配体群轨道（LGO）。与 s 轨道的对称性匹配的是六个配体波函数的加和ϕ_i，即：

$$\frac{1}{\sqrt{6}}(\phi_1+\phi_2+\phi_3+\phi_4+\phi_5+\phi_6)$$

因此，波函数组合得到的第一个分子轨道是：

$$\psi(\sigma_{4s})=a_1\phi_{4s}+a_2\left[\frac{1}{\sqrt{6}}(\phi_1+\phi_2+\phi_3+\phi_4+\phi_5+\phi_6)\right] \tag{17.6}$$

其中，a_1、a_2是权重系数，ϕ_{4s}是金属4s轨道的波函数，ϕ_i是一个配体轨道的波函数。将配体群轨道与金属的p轨道组合时，需要按照金属轨道的对称性将配体轨道组合起来以相互匹配。图17.12（c）～（e）提供了满足这个要求的示意图。

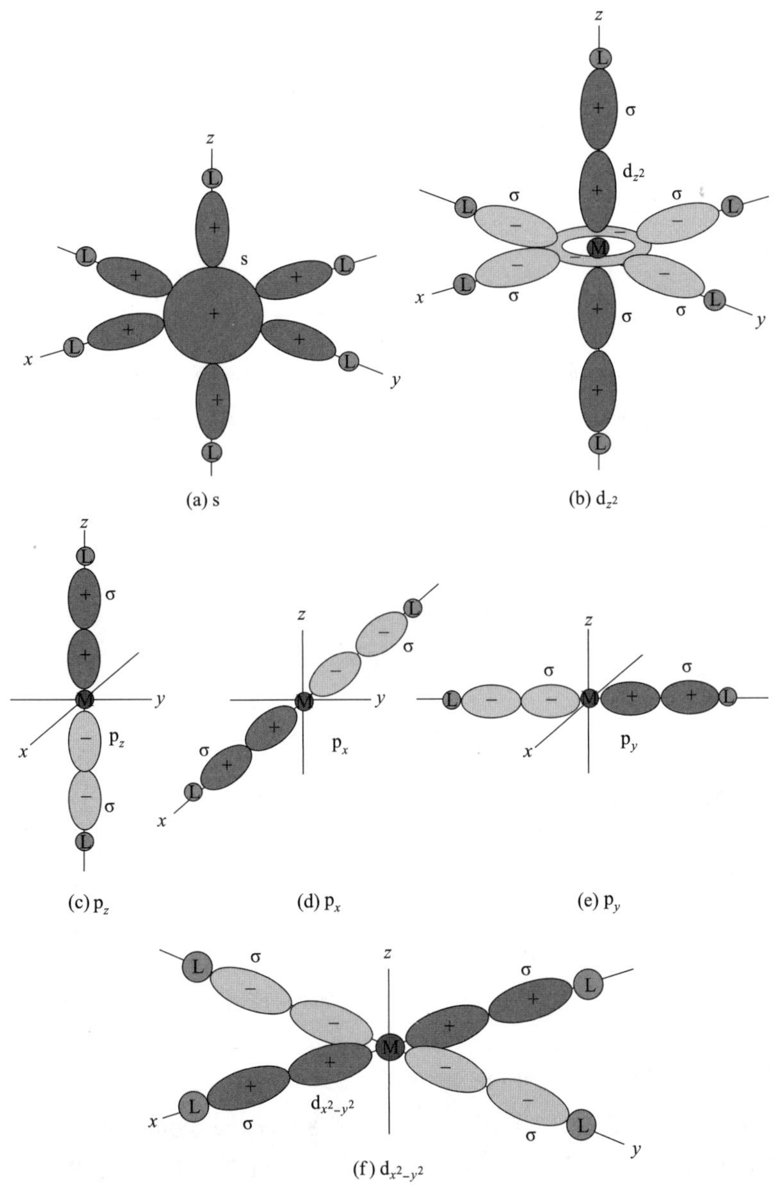

图17.12　配体轨道与金属离子s、p_x、p_y、p_z、d_{z^2}、$d_{x^2-y^2}$轨道的组合

因为p_x轨道在向着配体1的方向是正的，向着配体3的方向是负的，配体轨道的适当组

合是：

$$\frac{1}{\sqrt{2}}(\phi_1-\phi_2)$$

因此，用到 p_x 轨道的分子波函数可以表达为：

$$\psi\left(\sigma_{p_x}\right)=a_3\phi_{p_x}+a_4\left[\frac{1}{\sqrt{2}}(\phi_1-\phi_2)\right] \tag{17.7}$$

类似地，我们得到配体群轨道与金属离子的 p_y、p_z 轨道组合的波函数如下：

$$\psi\left(\sigma_{p_y}\right)=a_3\phi_{p_y}+a_4\left[\frac{1}{\sqrt{2}}(\phi_3-\phi_4)\right] \tag{17.8}$$

$$\psi\left(\sigma_{p_z}\right)=a_3\phi_{p_z}+a_4\left[\frac{1}{\sqrt{2}}(\phi_5-\phi_6)\right] \tag{17.9}$$

注意涉及 p_x、p_y、p_z 轨道的这三个波函数是相同的，除了用下标表示的方向特征以外。因此，它们一定是表示一组三重简并的轨道（t_{2g}，后面将会更加明确）。

观察 $d_{x^2-y^2}$ 轨道，我们看到 x 方向上的波瓣是正值，y 方向上是负值，如图 17.12（f）所示。$d_{x^2-y^2}$ 轨道与对称性匹配的配体群轨道组合后的波函数为：

$$\psi\left(\sigma_{d_{x^2-y^2}}\right)=a_5\phi_{d_{x^2-y^2}}+a_6\left[\frac{1}{2}(\phi_1-\phi_2+\phi_3-\phi_4)\right] \tag{17.10}$$

观察 d_{z^2} 轨道，我们注意到它在 z 方向上的波瓣为正的，而 xy 平面上的环是负的，如图 17.12(b)所示。因为 d_{z^2} 轨道在 z 轴方向上的波瓣是正的，配体在该轴正、负两个方向上的符号也是正的。由于 d_{z^2} 轨道“环”的负对称性，xy 平面上的配体轨道前面都要加上负号。标以 d_{z^2} 的轨道实际上是 $d_{2z^2-x^2-y^2}$，之所以用后者是为了确定波函数中各轨道的系数。与该轨道对称性匹配的配体轨道组合可以写成：

$$\frac{1}{2\sqrt{3}}(2\phi_5+2\phi_6-\phi_1-\phi_2-\phi_3-\phi_4)$$

因此，这个组合与 d_{z^2} 轨道形成的分子轨道写为：

$$\psi\left(\sigma_{z^2}\right)=a_7\phi_{z^2}+a_8\left[\frac{1}{2\sqrt{3}}(2\phi_5+2\phi_6-\phi_1-\phi_2-\phi_3-\phi_4)\right] \tag{17.11}$$

构建分子轨道能级图时，我们用到这样的事实，就是金属（设为第一序列金属）原子轨道的能量顺序为 3d<4s<4p，而且，H_2O、NH_3 或 F^-这样的配体的给电子轨道通常在能量上低于金属列出来的任何轨道。对上述配体来说，电子位于 2p 轨道或者由 2s 和 2p 轨道组成的杂化轨道（H_2O 和 NH_3 中就是 sp^3 杂化轨道）。所以，构建能级图时，金属这一边的轨道按原顺序排列，而配体那一边的轨道将低于金属轨道。结果形成如图 17.13 所示的分子轨道图。

从图 17.13 可以直观地看到几个现象。第一，晶体场分裂能Δ_o是以三重简并的 t_{2g} 轨道组和二重简并的 e_g 轨道组的能量差表示的。然而，按照分子轨道方法，那些轨道分别是非键轨道 $3d_{xy}$、$3d_{yz}$ 和 $3d_{xz}$ 以及来自 $3d_{xy}$ 和 $3d_{z^2}$ 的 e_g*反键轨道。第二，如果六个配体向金属离子提供六对电子，它们将占据 a_{1g}、e_g 和 t_{1u} 分子轨道。因为成键分子轨道能量上离配体轨道更近，它们更像是配体轨道而不是金属轨道。非键的 t_{2g} 和反键的 e_g*轨道能量上更像是金属价轨道。从分子轨道图我们可以看到，对含有 1 个、2 个或 3 个电子的金属离子的配合物，可以用非键轨道来填充电子（在六个成键轨道被配体提供的电子充满之后），分别得到构型$(t_{2g})^1$、$(t_{2g})^2$、$(t_{2g})^3$。金属离子含 4 个电子时，配合物中的电子构型则由Δ_o 的大小决定是$(t_{2g})^4$ 还是$(t_{2g})^3(e_g^*)^1$。这与用配体场方法处理得到的结论是一样的。另一个值得关注的有趣之处是，没有电子占据反键轨道时，能够容纳的最大电子数为 18。很明显，18 电子规则对应于成键分子轨道的闭壳层排布。

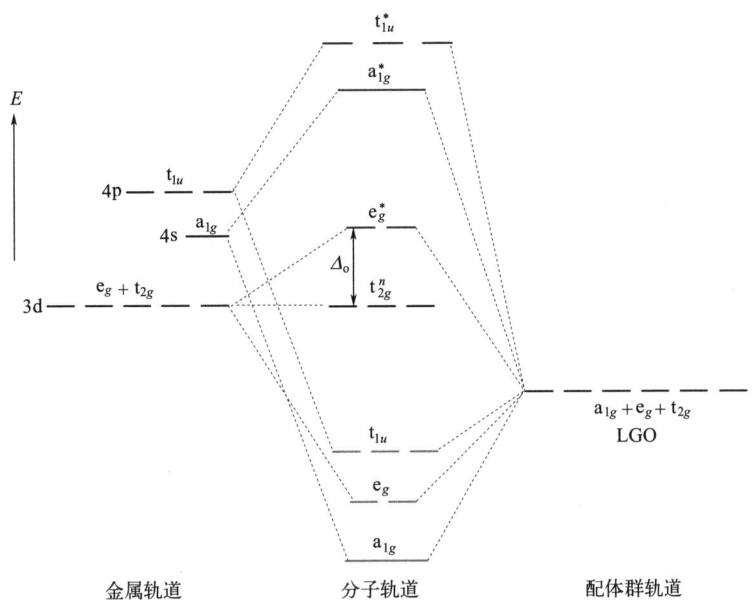

图 17.13　八面体配合物的分子轨道能级图

本章前面已提到过，当四个配体在金属周围形成四面体分布时，d 轨道分裂为两组，即 t_2（含 d_{xy}、d_{yz} 和 d_{xz} 轨道）和 e（含 $d_{x^2-y^2}$ 和 d_{z^2} 轨道）。这些金属（只考虑第一过渡系金属）和配体的轨道相互作用，按照对于配体群轨道对称性的不同要求进行组合。四个配体可以看作是交替排布在以金属为中心的立方体的顶角上，如图 17.14 所示。该图中还可以看到与金属轨道作用的四个配体的轨道。配体轨道假设为 p 轨道并用正或负的波瓣代表，但它们也可以是其他类型的σ键轨道，比如 NH_3 分子的 sp^3 轨道。依次放上每个 d 轨道可以看到金属轨道和配体群轨道是如何组合的。

就像第 5 章（表 5.2）指出的，s 和 p 轨道在四面体对称性下分别变为 a_1 和 t_2。因为金属的 4s 轨道在所有方向上都是对称的，与四个配体群轨道（给出一个 a_1 轨道和一组 t_2 轨道）给出σ轨道。但是，$3d_{x^2-y^2}$ 和 $3d_{z^2}$ 轨道的波瓣位于坐标轴上，指向配体轨道之间。例如，在图 17.14 中，配体 1 的正轨道指向金属，因而向着 d_{z^2} 轨道。这被配体 3 指向 d_{z^2} 轨道的负波瓣抵消掉了。结果，配体和 d_{z^2} 轨道之间没有净的重叠，因此 d_{z^2} 是非键性质的。从图 17.14 观察配体和金属轨道的相互作用，我们发现 $3d_{x^2-y^2}$ 轨道也是非键的。$3d_{xy}$ 和 $3d_{z^2}$ 轨道合称为 e 轨道。注意四面体没有对称中心，所以不使用“*g*”下标。

考虑 $4p_x$ 轨道，我们看到它的正波瓣投影在轴的 *x* 方向。要和该波瓣匹配形成适当的组合，配体轨道也要是正的。投射在负的 *x* 轴上的波瓣在两个配体之间伸展，所以在立方体相距最近的两个顶角（3 和 4）上的配体的组合必须是负的。类似地，我们可以进一步发现，在八面体配合物中是非键轨道的 d_{xy}、d_{yz} 和 d_{xz} 轨道形成σ键，但它们也能够与配体轨道组合形成π键。虽然我们不会像对待八面体配合物那样写出分子波函数，但是在图 17.15 中画出了定性的分子轨道图。

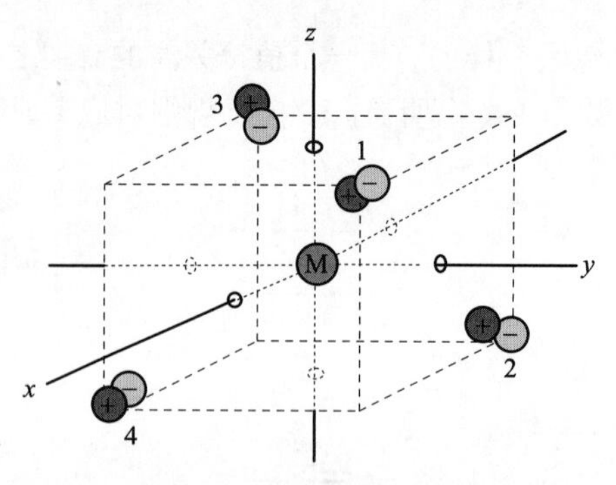

图 17.14　四面体配合物示意图（金属离子的非键 3 $d_{x^2-y^2}$ 和 3 d_{z^2} 轨道的波瓣指向配体之间，配体 1 和 2 的轨道正波瓣指向金属，配体 3 和 4 的负波瓣指向金属）

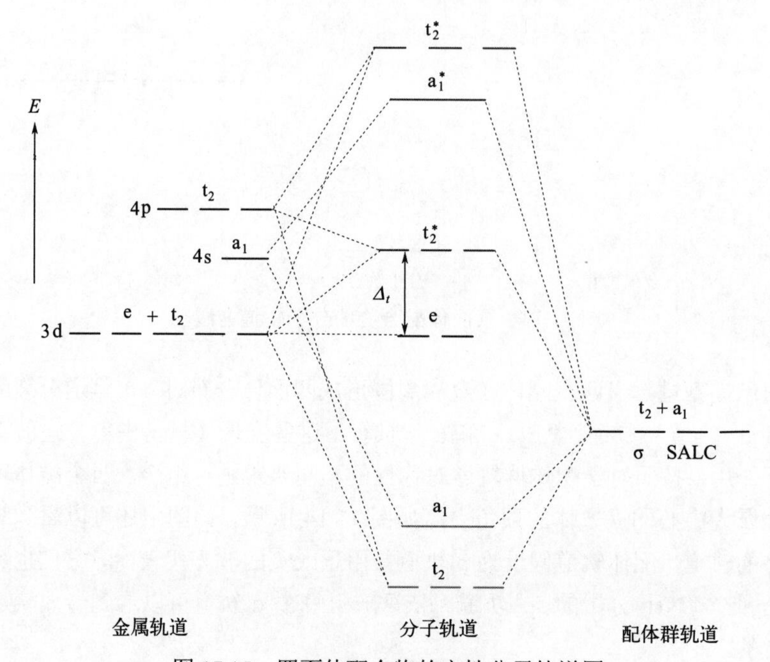

图 17.15　四面体配合物的定性分子轨道图

考虑配体和金属轨道的重叠，显然在八面体配合物中（金属轨道指向配体）的重叠比在四面体配合物中（金属轨道指向配体之间）的重叠有效得多。结果，四面体配合物中 e 和 t_2*轨道间的能量差比八面体配合物中 t_{2g} 和 e_g 轨道间的能量差小得多。就像我们用配体场理论考虑两种类型的配合物时看到的，大多数情况下Δ_t只有Δ_o的大约一半那么大。

配合物除了八面体和四面体几何构型外，还有很多平面四边形配合物的例子。就像我们在第 16 章看到的，这样的配合物普遍存在于 d^8 金属离子、强场配体。考虑金属和配体轨道的重叠时，有时可以方便地将平面四边形配合物看作是 z 轴上配体被移去的八面体配合物。考虑金属轨道如何与平面上四个配体相互作用时，这种方法是有用的。注意这四个配体的编号与图 17.11 中显示的一样，除了位置 5 和 6 被删除。在 D_{4h} 对称性 d 轨道分裂为 b_{1g}（3 $d_{x^2-y^2}$）、b_{2g}（d_{xy}）、a_{1g}（d_{z^2}）和 e_g（d_{xz} 和 d_{yz}）四组。p_x 和 p_y 轨道直接指向配体，在 D_{4h} 对称性构成 e_u 轨道组。p_z 轨道有 a_{2u} 对称性，配体的四个σ轨道给出 a_{1g}、e_u 和 b_{1g} 对称性。因此，b_{2g}、e_g 和 a_{2u} 表现为非键轨道。

八面体配合物所用的形象化方法在这里也能使用，以确定配体群轨道的对称性质。我们先考虑与金属 s 轨道作用的配体，与 s 轨道对称性匹配的配体群轨道组合为：

$$(\phi_1+\phi_2+\phi_3+\phi_4)$$

虽然没有画出来，但是 p_x 和 p_y 轨道指向配体，与 $3d_{x^2-y^2}$ 轨道的波瓣一样，不过，p 轨道在各个轴上既有正的波瓣，也有负的波瓣，而不是像 $3d_{x^2-y^2}$ 轨道那样在 x 轴上是正的，在 y 轴上是负的。

考察四个配体和 d_{z^2} 金属轨道的相互作用时，可以看到 d_{z^2} 沿 z 轴伸展的正波瓣与配体σ轨道没有作用，但是负对称性的“环”与四个配体发生作用。考虑到金属轨道的对称性，配体轨道相应的适当组合可以写作：

$$(-\phi_1-\phi_2-\phi_3-\phi_4)=-(\phi_1+\phi_2+\phi_3+\phi_4)$$

四个配体位于 x 和 y 轴上（图 17.16），$3d_{x^2-y^2}$ 轨道的正波瓣沿 x 轴伸展，负波瓣沿 y 轴伸展，因此，与 $3d_{x^2-y^2}$ 轨道对称性匹配的配体轨道组合为：

$$\left[\frac{1}{2}(\phi_1-\phi_2+\phi_3-\phi_4)\right]$$

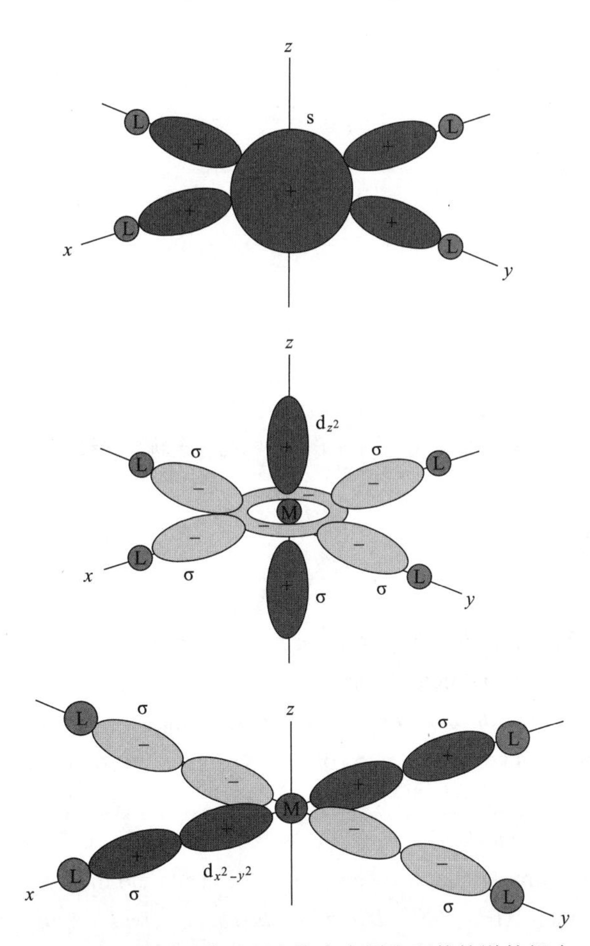

图 17.16　平面四边形配合物中金属和配体轨道的组合

虽然我们不会像对待八面体配合物那样写出全部波函数，但可以得到如图 17.17 所示的分子轨道能级图。从该图可以看出，以 e_g、a_{1g}、b_{1g}*表示的轨道对应于图 17.16 的晶体场图中所

示的 d_{xz}、d_{yz}、d_{z^2}、d_{xy}。在晶体场模型中，Δ代表 d_{xy} 和 $d_{x^2-y^2}$ 轨道能量之间的差值。在分子轨道模型中，Δ代表 e_g 和 a_{1g} 轨道能量之间的差值。图中分子轨道的排布也显示出 d^8 离子容易形成平面四边形配合物，因为它们代表了一种闭壳层的排布，因为 a_{1g} 轨道和所有更低能量的轨道都是充满的。虽然同样的结论本章早先已经以不同方式得到，但令人满意的是，即使在初级程度上，用配体场方法和分子轨道方法都可以得到相似的结论。不过，需要注意的是，分子轨道方法学已经发展到一个比这里的初步阐述高得多的水平。高水平的计算现在被认为是常规工作。

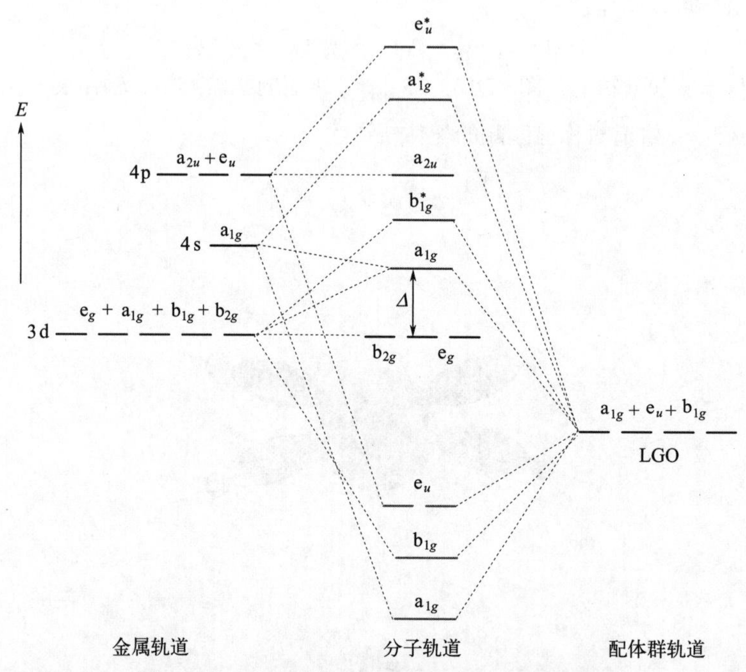

图 17.17 平面四边形配合物的分子轨道能级图

拓展学习的参考文献

Ballhausen, C.J., 1962. *Introduction to Ligand Field Theory*. McGraw-Hill, New York. One of the early classics on crystal and ligand field theory.

Drago, R.S., 1992. *Physical Methods for Chemists*. Saunders College Publishing, Philadelphia. This book presents high level discussion of many topics in coordination chemistry. Highly recommended.

Figgis, B.N., 1987. *Ligand field theory*. In: Wilkinson, G. (Ed.), *Comprehensive Coordination Chemistry*. Pergamon, Oxford. Higher level coverage of ligand field theory.

Figgis, B.N., Hitchman, M.A., 2000. *Ligand Field Theory and Its Applications*. John Wiley, New York. An advanced treatment of ligand field theory.

Jørgensen, C.K., 1971. *Modern Aspects of Ligand Field Theory*. North Holland, Amsterdam. An excellent, high level book.

Kettle, S.F.A., 1969. *Coordination Chemistry,* Appleton, Century, Crofts, New York. A good introductory book that presents crystal field theory in a clear manner.

Kettle, S.F.A., 1998. *Physical Inorganic Chemistry: A Coordination Approach*. Oxford University Press, New York. An excellent book on coordination chemistry that gives good coverage to many areas, including ligand field theory.

Porterfield, W.W., 1993. *Inorganic Chemistry: A Unified Approach*, 2nd ed. Academic Press, San Diego. Chapter 11 presents a good introduction to ligand field theory.

习题

1. 考虑一个直线形配合物，两个配体位于 z 轴上。画出 d 轨道的分裂方式示意图。

2. 对下列每个配合物，给出杂化轨道类型和未成对电子数：

（a）$[Co(H_2O)_6]^{2+}$

（b）$[FeCl_6]^{3-}$

（c）$[PtCl_4]^{2-}$

（d）$[Cr(H_2O)_6]^{2+}$

（e）$[Mn(NO_2)_6]^{3-}$

3. 如果配合物$[Ti(H_2O)_4]^{3+}$存在，Dq 近似值将是多少?

4. 对下列每个配合物，画出 d 轨道排布的示意图并适当地放入电子：

（a）$[Cr(CN)_6]^{3-}$

（b）$[FeF_6]^{3-}$

（c）$[Co(NH_3)_6]^{3+}$

（d）$[Ni(NO_2)_4]^{2-}$

（e）$[Co(CN)_5]^{3-}$

5. 对问题 4 中的每个配合物，将配体换成某个其他配体，金属离子相同，要求 d 轨道排布不同，写出这样得到的配合物的化学式。

6. 对下列每个配合物，画出 d 轨道排布的示意图并适当地放入电子：

（a）$[Mn(NO_2)_6]^{3-}$

（b）$[Fe(H_2O)_6]^{3+}$

（c）$[Co(en)_3]^{3+}$

（d）$[NiCl_4]^{2-}$

（e）$[CoF_5]^{3-}$

7. 对问题 6 中的每个配合物，将配体换成某个其他配体，金属离子相同，要求 d 轨道排布不同，写出这样得到的配合物的化学式。

8. 对下列每个配合物，给出 d 轨道分裂的方式和电子在轨道中的排布，指出杂化轨道类型并预测磁矩：

（a）$[Mn(ox)_3]^{3-}$

（b）$[Ti(NH_3)_6]^{2+}$

（c）$[Co(CN)_4]^{2-}$

（d）$[Pd(H_2O)_4]^{2+}$

（e）$[NiF_4]^{2-}$

9. 下列配合物哪个会产生姜-泰勒畸变：

（a）$[FeCl_6]^{3-}$

（b）$[MnCl_6]^{3-}$

（c）$[CuCl_6]^{4-}$

（d）$[CrCl_6]^{3-}$

（e）$[VCl_6]^{4-}$

10.（a）Fe^{3+}与几个弱场配体形成的配合物颜色浅，并且对不同配体颜色差别不大。以晶体场理论解释为什么会这样。

（b）Fe^{3+}与强场配体形成的配合物颜色深，并且配体对颜色的影响很大。以晶体场理论解释这个现象。

11. 画出立方体配合物的示意图（从四面体配合物开始，再加上四个配体）。分析每个 d 轨道的排斥作用，画出立方体场可能存在的分裂方式。

12. 姜-泰勒畸变对四面体配合物的影响是否像对八面体配合物那么大？什么电子构型会发生姜-泰勒畸变？

13. 假设四面体配合物中存在低自旋配合物（虽然实际上并不存在），确定 d^0～d^{10} 离子在四面体配合物中的晶体场稳定化能。

14. 解释为什么 Co^{2+}的四面体配合物比 Ni^{2+}的更稳定。

15. 虽然 Ni^{2+}会形成一些四面体配合物，但是 Pd^{2+}和 Pt^{2+}不会。解释这个差别。

16. $[Co(py)_2Cl_2]$的磁矩是 5.15 BM。描述这个配合物的结构。

第 18 章 光谱解析

前一章介绍了配位化合物的光谱学研究，但仅仅是简要地与配体场理论相联系，解释与光谱有关的一些问题。这一章将更全面地描述配合物光谱解析的过程。正是从光谱分析我们才能获得有关金属离子光谱态的信息以及不同配体对 d 轨道的影响。但是，首先有必要知道的是各种金属离子都有些什么合适的光谱态。然后才能进一步分析金属离子的光谱态怎样受到配体的影响，以及如何从光谱数据得到配体场参数。

18.1 光谱态的分裂

就像我们已经看到过的，为了确定各种电子构型（d^n）存在的光谱态，理解自旋-轨道耦合是必不可少的（见 2.6 节）。含有简并轨道的 d^n 离子通过自旋-轨道耦合得到的光谱态本章中经常需要用到，因此归纳小结在表 18.1 中。

表 18.1 d^n 电子构型的气态离子的光谱态①

离子	光谱态
d^1，d^9	^2D
d^2，d^8	^3F，^3P，^1G，^1D，^1S
d^3，d^7	^4F，^4P，^2H，^2G，^2F，2^2D，^2P
d^4，d^6	^5D，^3H，^3G，2^3F，^3D，2^3P，^1I，2^1G，^1F，2^1D，2^1S
d^5	^6S，^4G，^4F，^4D，^4P，^2I，^2H，2^2G，2^2F，3^2G，3^2D，^2P，^2S

① 2^3F 表示两个不同的 ^3F 光谱项，其他情况类似。

表 18.1 中列出的光谱态是由所谓自由或气态离子产生的。配位化合物中，一个金属离子被配体包围时，那些配体产生的静电场会移除 d 轨道的简并性。结果产生 e_g 和 t_{2g} 轨道组。因为 d 轨道不再是简并的，自旋-轨道耦合发生变化，表 18.1 中的光谱态不再适用于配合物中的金属离子。然而，就像 d 轨道的能量发生分裂一样，配体场中光谱态也是分裂的。光谱态分裂后的组分的多重度与其初始自由离子状态的多重度是相同的。气态离子的 d 轨道中是一个单电子时，产生 ^2D 谱项，但在八面体场中，电子位于 t_{2g} 轨道，t_{2g}^1 构型的光谱态为 $^2T_{2g}$。如果电子被激发到一个 e_g 轨道，那么光谱态就是 ^2E_g。因此，$^2T_{2g}$ 和 ^2E_g 状态之间的跃迁不是自旋禁阻的，因为两个状态都是二重态的。注意小写字母用以描述轨道，而大写字母表示光谱态。

具有 d^2 构型的气态离子由于自旋-轨道耦合产生 ^3F 基态。在八面体配体场中，t_{2g}^2 构型会产生三个不同的光谱态，记为 $^3A_{2g}$、$^3T_{1g}$ 和 $^3T_{2g}$，不过这里不做推导。这些状态常常被称为配体场状态。这三个状态的能量取决于配体场的强度，但它们之间的关系并不简单。配体场分裂能越大，金属离子的配体场状态之间的能量差就越大。我们现在暂时假设两者之间的关系是线性的，后面有必要时再对这个观点做出修正。由六个配体形成的八面体场使金属离子的气态光谱项分裂产生的光谱态归纳在表 18.2 中。

表 18.2 配体场中光谱态的分裂①

气态离子光谱态	八面体场组分	总的简并度
S	A_{1g}	1
P	T_{1g}	3
D	$E_g + T_{2g}$	5
F	$A_{2g} + T_{1g} + T_{2g}$	7
G	$A_{1g} + E_g + T_{1g} + T_{2g}$	9
H	$E_g + 2T_{1g} + T_{2g}$	11
I	$A_{1g} + A_{2g} + E_g + T_{1g} + 2T_{2g}$	13

① 配体场状态与其来源光谱态的多重度相同。

图 18.1 大致表示了所有 d^n 离子的配体场光谱态的能量与配体场强度的关系。这个图中，假设状态是Δ_o的线性函数，但在配体场强度范围较大时并不正确。对 d^1 离子，^2D 基态在配体场中分裂为 $^2T_{2g}$ 和 ^2E_g 两个状态。当配体场强度Δ_o 增大时，$^2T_{2g}$ 和 ^2E_g 状态的能量中心保持不变，这与 t_{2g} 和 e_g 轨道组的能量中心不变是完全相同的。因此，为了没有净的能量变化，^2E_g 状态的直线斜率为$+(3/5)\Delta_o$，而 $^2T_{2g}$ 状态的直线斜率为$-(2/5)\Delta_o$。

注意 d^n 离子（除 d^5 和 d^{10} 外）的基态都是 D 或者 F 谱项，另外，状态发生分裂以保持能量中心不变。对于那些由 ^3F 谱项（源自 d^2 构型）分裂产生的配体场状态，能量中心也是保留的，虽然有三个配体场状态。从表 18.2 可以看到，从气态离子的 D 和 F 基态分裂得到的所有状态都有 T、E 或 A 符号。在描述八面体场中的 d 轨道分裂时（见第 17 章），见到“t”轨道是三重简并的，而“e”轨道是二重简并的。我们可以认为配体场中的光谱态与轨道的多重度是相同的，这样就有可能保留能量中心。例如，代表 $^2T_{2g}$ 和 ^2E_g 的两条直线的斜率分别为$-(2/5)\Delta_o$ 和 $+(3/5)\Delta_o$。考虑状态的多重度，两个分组能量的加和是：

$$3\times[-(2/5)\Delta_o]+2\times[+(3/5)\Delta_o]=0$$

这个结果显示，虽然两个状态的能量依赖于晶体场分裂能的大小，但总的能量变化等于 0。为了确定能量中心，“A”状态可以看作是单重态的。当 d^2 构型对应的 ^3F 状态分裂为 $^3A_{2g}$、$^3T_{1g}$ 和 $^3T_{2g}$，这些直线的斜率必须使得总的能量变化为 0。这样，直线的斜率和多重度有如下关系：

$$\underset{(T)}{3\times[-(3/5)\Delta_o]}+\underset{(T)}{3\times[+(1/5)\Delta_o]}+\underset{(A)}{1\times[+(6/5)\Delta_o]}=0$$

这个式子表示三个配体场状态得到的 ^3F 气态离子状态是能量中心。

从图 18.1 的几个图可以看到，d^4 离子的分裂方式与 d^1 离子的相似，不过顺序颠倒，并且状态多重度变成合适值。类似地，d^3 离子的分裂方式与 d^2 离子的也是相似的，除了顺序颠倒、多重度不同以外。这种相似性是由“电子-空穴”引起的，在考虑 p^1 和 p^5 这种构型的光谱态时能看到。这两种构型都会产生 ^2P 光谱态，只有 J 值是不同的。图 18.1 的几个图中显而易见的是，d^1 和 d^6、d^2 和 d^7 等的配体场分裂方式是相同的，只有多重度不同。事实上，容易看到这个适用于任何 d^n 和 d^{5+n} 构型。另一个显而易见的是，d^5 和 d^{10} 构型的 S 态产生的单重简并的“A”状态在配体场中不会分裂。所有配体场组分和它们在八面体场中的能量列于表 18.3 中。

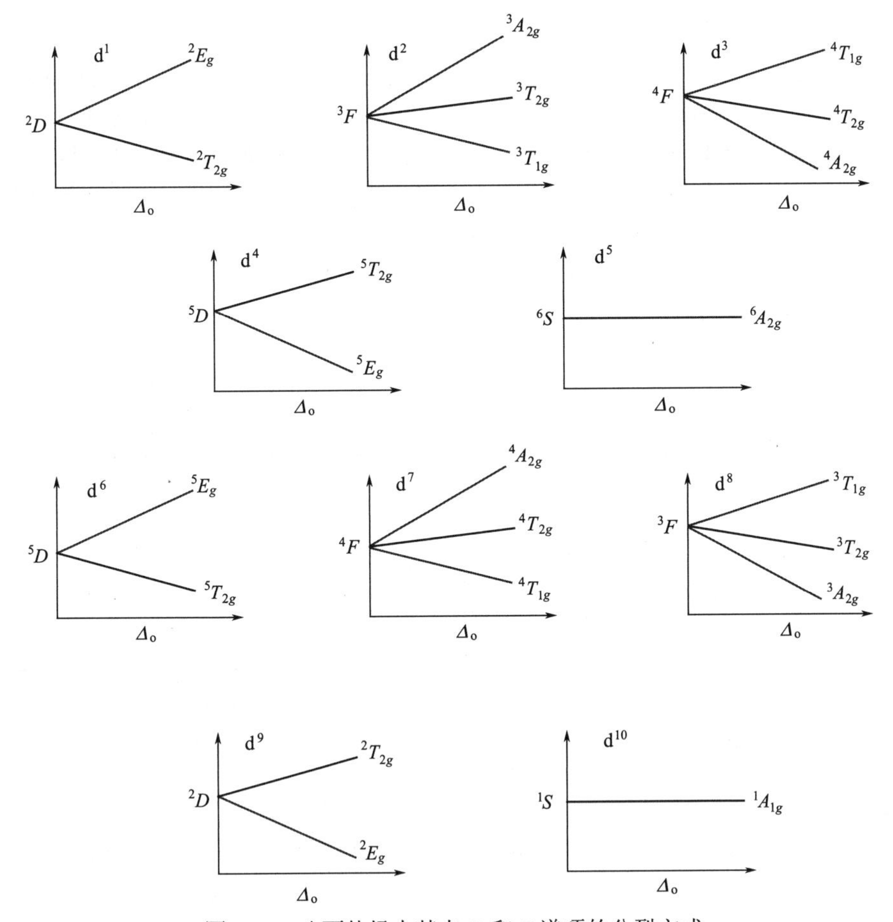

图 18.1 八面体场中基态 D 和 F 谱项的分裂方式

表 18.3 八面体晶体场状态的能量

离子	状态	八面体场状态	八面体场能量
d^1	^2D	$^2T_{2g}+^2E_g$	$-(2/5)\Delta_o$，$+(3/5)\Delta_o$
d^2	^3F	$^3T_{1g}+^3T_{2g}+^3A_{2g}$	$-(3/5)\Delta_o$，$+(1/5)\Delta_o$，$+(6/5)\Delta_o$
d^3	^4F	$^4A_{2g}+^4T_{2g}+^4T_{1g}$	$-(6/5)\Delta_o$，$-(1/5)\Delta_o$，$+(3/5)\Delta_o$
d^4	^5D	$^5E_g+^5T_{2g}$	$-(3/5)\Delta_o$，$+(2/5)\Delta_o$
d^5	^6S	$^6A_{1g}$	0
d^6	^5D	$^5T_{2g}+^5E_g$	$-(2/5)\Delta_o$，$+(3/5)\Delta_o$
d^7	^4F	$^4T_{1g}+^4T_{2g}+^4A_{2g}$	$-(3/5)\Delta_o$，$+(1/5)\Delta_o$，$+(6/5)\Delta_o$
d^8	^3F	$^3A_{2g}+^3T_{2g}+^3T_{1g}$	$-(6/5)\Delta_o$，$-(1/5)\Delta_o$，$+(3/5)\Delta_o$
d^9	^2D	$^2E_g+^2T_{2g}$	$-(3/5)\Delta_o$，$+(2/5)\Delta_o$
d^{10}	^1S	^1A_g	0

注：最低能量的晶体场状态列在前面，能量值按相同顺序排列。

过渡金属离子被配体包围产生四面体场时，与八面体场相比，d 轨道的分裂方式颠倒过来。结果，e 轨道位于 t_2 下面（注意没有下标“g”，因为四面体没有对称中心）。进一步的结果是，表 18.3 所示的配体场光谱态的能量顺序与八面体场的顺序也是反过来的。例如，在八面体场中，d^2 离子产生的状态（按能量增大的顺序）为 $^3T_{1g}$、$^3T_{2g}$ 和 $^3A_{2g}$，见表 18.3。在四面体场中，

d^2 离子产生的能量依序增大的状态为 $^3A_2$、$^3T_2$ 和 $^3T_1$。

对一个特定的 d^n 电子构型，通常有几个光谱态的能量高于基态，但是它们可能没有与基态相同的多重度。当自由离子的光谱态在八面体场中分裂的时候，每个配体场组分与基态的多重度都是相同的（表 18.3）。不同多重度的光谱态之间的跃迁是自旋禁阻的。因为配体场中的 T_{2g} 和 E_g 光谱态具有和产生它们的基态相同的多重度，可以看到 $T_{2g} \rightarrow E_g$ 跃迁是 D 基态离子唯一允许的跃迁。当基态是 F 时，有一个更高能量的 P 态有相同的多重度。后者产生一个 T_{1g} 态 [记为 $T_{1g}(P)$]，有着和基态 T_{1g} 相同的多重度。因此，配体场中从基态到 P 谱项产生的 T 态的光谱跃迁是可能发生的。所以，对于具有 T 和 A 基态的离子，八面体场中自旋允许的跃迁如下所示：

八面体场			
T 基态		A 基态	
ν_1	$T_{1g} \rightarrow T_{2g}$	ν_1	$A_{2g} \rightarrow T_{2g}$
ν_2	$T_{1g} \rightarrow A_{2g}$	ν_2	$A_{2g} \rightarrow T_{1g}$
ν_3	$T_{1g} \rightarrow T_{1g}(P)$	ν_3	$A_{2g} \rightarrow T_{1g}(P)$

四面体场中具有 T 和 A 基态的离子，自旋允许的跃迁如下所示：

四面体场			
T 基态		A 基态	
ν_1	$T_1 \rightarrow T_2$	ν_1	$A_2 \rightarrow T_2$
ν_2	$T_1 \rightarrow A_2$	ν_2	$A_2 \rightarrow T_1$
ν_3	$T_1 \rightarrow T_1(P)$	ν_3	$A_2 \rightarrow T_1(P)$

如上所示，八面体和四面体配合物都有三个预期的吸收谱带。很多配合物确实在吸收光谱中有三个谱带。但是，电荷转移（charge transfer，CT）吸收使得有些情况下不可能看到所有三个谱带。所以光谱分析常常必须在一个或两个实测谱带的基础上进行。

18.2 俄歇图

表 18.3 所示的光谱态的分裂方式可以简化为两张图中表示。这些图是由俄歇（L. E. Orgel）发展出来的，因此被称为俄歇图。图 18.2 显示的是适用于产生 D 基态的离子的俄歇图。

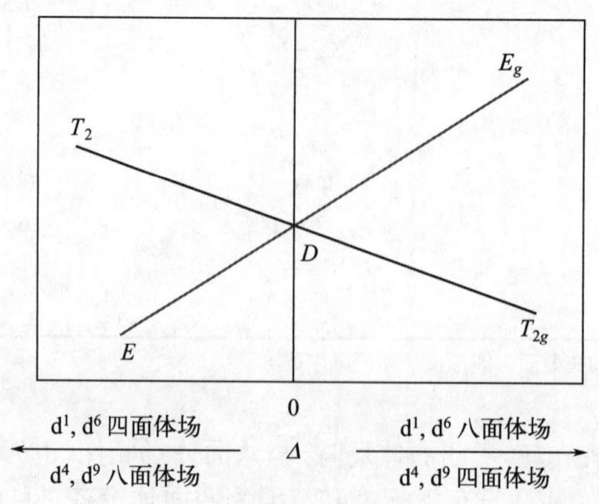

图 18.2　具有 D 光谱基态的离子的俄歇图（D 态的多重度没有指定，因为它是由金属离子 d 轨道的电子数决定的）

在俄歇图中，能量在垂直维度上表示，而图中央的竖线代表没有配体场（Δ）的气态离子。注意图的右边适用于八面体场中的 d^1 和 d^6 离子或者四面体场中的 d^4 和 d^9 离子。之所以出现这种情况是由于这两种配体场中的状态是相反的，此外，电子-空穴形式也会导致轨道颠倒。因此，八面体场中的 d^1 离子和四面体场中的 d^4 离子具有相同的配体场状态。

图 18.2 中俄歇图的左边适用于八面体场中的 d^4 和 d^9 离子或者四面体场中的 d^1 和 d^6 离子。注意图的左边已经删去了下标“g”。虽然图的左右两边都可以在某些情况下用于四面体或八面体配合物，习惯上还是在图的一边显示“g”，而另一边不显示。这并不意味着图的一边适用于四面体配合物，而另一边适用于八面体配合物。两边都适用于两种配合物。另外要记住的是，对两种类型的配合物，分裂能的大小有相当大的不同，因为Δ_t大约是$(4/9)\Delta_o$。

适用于具有 F 光谱基态的离子的俄歇图示于图 18.3 中。P 态也包含在这个图中，它的能量更高，在八面体场中它变成一个 T_{1g} 态（四面体场中则是 T_1 态），具有与基态相同的多重度。因此，从基态到 P 态所产生的激发态的光谱跃迁是自旋允许的。

对于 d^2 和 d^7 离子的八面体配合物，基态为 T_{1g}，我们记为 $T_{1g}(F)$ 以表示它是由自由离子的 F 基态而不是 P 态产生的。注意俄歇图中代表 $T_{1g}(F)$ 和 $T_{1g}(P)$ 的两条线是曲线，并且弯曲程度随Δ增大而增大。这些状态是具有相同符号的量子力学状态，类似这样的状态有个特点是它们不能有相同的能量。因此，这些状态之间作用强烈，互相排斥。这个现象常常被称为不相交规则。

前面已经指出，配体场状态的多重度与它的来源基态的多重度相同。因此，d^2 离子产生 ^3F 基态，在八面体场中分裂为 $^3T_{1g}$、$^3T_{2g}$ 和 $^3A_{2g}$ 态。从图中我们可以看到，可能的光谱跃迁是从 $^3T_{1g}$ 态到较高能量的三个配体场状态的跃迁。基于这个原理，我们可以用俄歇图预测八面体场中 d^2 离子的光谱中将能观察到三个谱带。不过，这样的配合物的光谱中谱带数经常少于三个，将谱带归属为哪个跃迁存在着一些不确定之处。不能明确归属的一个原因是电荷转移的谱带可能出现在相同的光谱范围内（见 18.8 节）。这些电荷转移谱带常常较强，可能会遮蔽所谓的 d—d 跃迁。可能使谱带归属复杂的另一个原因是一些谱带相当弱，当存在其他强谱带时将难以分辨。关键的一点是，对很多配合物来说，将实验中观察到的光谱带与俄歇图匹配不一定是一件简单直接的事情。而且，俄歇图只是定性的，如果我们能够计算获得Δ值和其他配体场参数的话，我们需要更加定量的方法。

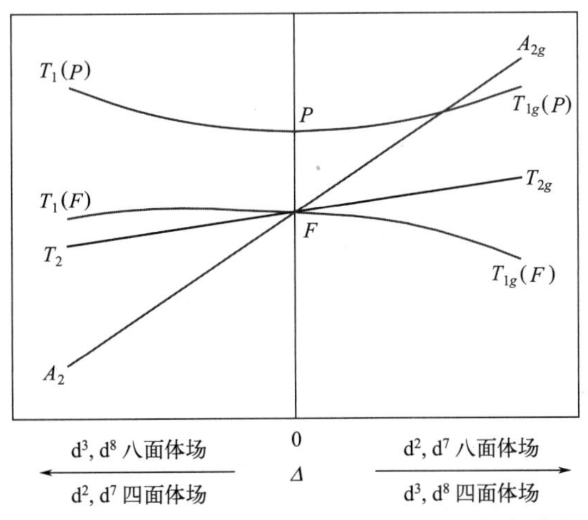

图 18.3　具有 F 光谱基态的金属离子的俄歇图（F 态的多重度没有指定，与基态多重度相同的 P 态也显示在图中）

在前面的讨论中，只考虑了那些与自由离子的基态和激发态都具有相同多重度的配体场状态。然而，自由离子还存在其他一些光谱项（表 18.1）。例如，考虑 d^2 离子，基态为 ^3F，但其他状态有 ^3P、^1G、^1D 和 ^1S。考虑光谱跃迁时，我们只关心 ^3F 和 ^3P 状态。我们需要理解由于不交叉规则，一些光谱态的能量将会偏离Δ的线性函数。d^2 电子构型对应于 Ti^{2+}、V^{3+}和 Cr^{4+}，但是即使对于自由离子，光谱态也有不同的能量。对自由离子，光谱态的能量如表 18.4 所示。

表 18.4　气态 d^2 离子光谱项的能量

光谱项	光谱态能量/cm^{-1}		
	Ti^{2+}	V^{3+}	Cr^{4+}
^3F	0	0	0
^1D	8473	10540	13200
^3P	10420	12925	15500
^1G	14398	17967	22000

注：$349.8cm^{-1}=1kcal \cdot mol^{-1}=4.184kJ \cdot mol^{-1}$。

表 18.4 所示的能量清楚表明，d^2 离子在八面体场中完整的能级图与所考虑的特定金属离子有关。而且，那些具有相同符号的状态的能量遵守不交叉规则，因而它们随配体场强度的变化是非线性的。

18.3 拉卡参数和定量方法

从以上讨论，我们清楚地了解到不管金属离子是什么 d^n 构型，最多会有三个自旋允许的跃迁。因为自旋-轨道耦合，电子之间的相互排斥对配体场中各种光谱态是不同的。电子在一系列简并轨道中的排列和电子间的排斥作用是需要重点考虑的（见第 2 章）。使用量子力学处理方法，这些能量可以表示为积分。一种方法用到称为拉卡（Racah）参数的积分。有 A、B、C 三个参数，但是只要考虑能量差值，参数 A 就不需要。参数 B 和 C 分别与库仑积分和交换积分有关，是电子成对的结果。对一个 d^2 构型的离子，可以证明 ^3F 态具有的能量可以表示为 $A-8B$，而 ^3P 态的能量为 $A+7B$。相应地，两个状态的能量差可以只用参数 B 来表示，因为参数 A 抵消掉了。考虑与基态不同多重度的状态时，能量差要同时用 B 和 C 表示。

虽然表 18.4 显示的只是第一过渡系 d^2 离子的光谱态能量，但也存在着所有气态金属离子的数据汇编。标准参考材料是由美国国家标准局出版的一个多卷系列（C. E. Moore, Atomic Energy Levels, National Bureau of Standards Circular 467, Vol. Ⅰ, Ⅱ, and Ⅲ）。表 18.5 列出了自由离子用拉卡参数 B 和 C 表示的光谱态能量。

表 18.5　自由离子用拉卡参数 B 和 C 表示的光谱态能量

d^2，d^8		d^3，d^7		d^5	
^1S	$22B+7C$	^2H	$9B+3C$	^4F	$22B+7C$
^1G	$12B+2C$	^2P	$9B+3C$	^4D	$17B+5C$
^3P	$15B$	^4P	$15B$	^4P	$7B+7C$
^1D	$5B+2C$	^2G	$4B+3C$	^4G	$10B+5C$
^3F	0	^4F	0	^6S	0

自由离子的基态是 F 谱项的时候，基态和具有相同多重度的第一激发态（P 谱项）之间的

能量差值定义为 15B，也就是 $(A+7B)-(A-8B)$。这与配体场中 d 轨道分裂的能量差用 10Dq 表示相似。参数 B 只是一个能量单位，其具体数值取决于所要考虑的特定离子。对 d^2 和 d^8 离子来说：

$$15B = {}^3F \rightarrow {}^3P \tag{18.1}$$

其中 ${}^3F \rightarrow {}^3P$ 代表两个状态之间的能量差。对于 d^3 和 d^7 离子：

$$15B = {}^4F \rightarrow {}^4P \tag{18.2}$$

从表 18.5 可以看到，所有多重度不同于基态的激发光谱态都具有同时用 B 和 C 表示的能量。我们在前面的讨论中已经看到，自旋允许的跃迁只发生于具有相同多重度的状态之间。因此，在分析配合物的光谱时，只有 B 必须确定。对一些配合物发现 $C\approx 4B$，这个近似值在很多应用中已经足够。

目前的讨论关注了气态离子的拉卡参数。例如，d^2 离子 Ti^{2+}具有 ${}^3P$ 态，能量比 ${}^3F$ 基态高出 10420cm^{-1}，所以 15B=10420cm^{-1}，对这个离子来说 B 就是 695cm^{-1}。用这个 B 值可以估计气态离子的 C 值为 2780cm^{-1}。对于第一过渡系金属的+2 价离子的很多配合物，B 的范围是 700～1000cm^{-1}，C 估计为 2500～4000cm^{-1}。而对于第一过渡系金属的+3 价离子来说，B 的范围通常是 850～1200cm^{-1}。对第二和第三过渡系金属离子，B 通常为 600～800cm^{-1}，因为较大离子的电子间排斥作用较小。

考虑金属离子的配位化合物时，情况会变得更加复杂。配体场中的能态差值不仅与拉卡参数有关，而且也和Δ（或 Dq）的大小有关。因此，三个光谱带的能量必须同时用 Dq 和拉卡参数来表示。因为观察到的光谱带代表的是具有相同多重度的状态之间的能量差，所以拉卡参数中只需要用到 B。即使这样，B 不是一个常数，因为它随配体对金属 d 轨道的影响（配体场分裂）大小而变。配合物的光谱解析涉及对那个配合物的 Dq 值和 B 值的确定。当然，Δ=10Dq，而我们到目前为止更多的是用Δ来描述轨道分裂。处理光谱解析时，也可以用 Dq 来进行讨论。

对于具有 d^2、d^3、d^7 和 d^8 构型的金属离子，基态是 F 态，但是有一个激发 P 态有和基态相同的多重度。对八面体场中的 d^2 和 d^7 离子，光谱态是相同的（除多重度外），也相当于四面体场中的 d^3 和 d^8 离子。因此，预期的光谱跃迁对两种类型的配合物来说将是相同的。三个谱带指派如下 [$T_{1g}(F)$ 指的是由 F 光谱态得到的 T_{1g} 态]:

$$\nu_1 = T_{1g}(F) \rightarrow T_{2g}$$
$$\nu_2 = T_{1g}(F) \rightarrow A_{2g}$$
$$\nu_3 = T_{1g}(F) \rightarrow T_{1g}(P)$$

对于 d^2 和 d^7 金属离子的八面体配合物（或者 d^3 和 d^8 离子的四面体配合物），ν_1、ν_2、ν_3 所对应的能量可以表示为：

$$E(\nu_1) = 5\mathrm{Dq} - 7.5B + (225B^2 + 100\mathrm{Dq}^2 + 180\mathrm{Dq}B)^{1/2} \tag{18.3}$$

$$E(\nu_2) = 15\mathrm{Dq} - 7.5B + (225B^2 + 100\mathrm{Dq}^2 + 180\mathrm{Dq}B)^{1/2} \tag{18.4}$$

$$E(\nu_3) = (225B^2 + 100\mathrm{Dq}^2 + 180\mathrm{Dq}B)^{1/2} \tag{18.5}$$

第三个谱带对应于由 F 和 P 态分别分裂得到的 $T_{1g}(F)$和 $T_{1g}(P)$态之间的能量差。在 Dq = 0 的极限情况下（也就是自由离子），能量简化为$(225B^2)^{1/2}$，也就是 15B。这就是 F 和 P 光谱态之间准确的能量差值。

对于八面体场中的 d^3 和 d^8 离子（或者四面体场中的 d^2 和 d^7 离子），光谱跃迁的相应能量为：

$$E(\nu_1) = 10\mathrm{Dq} \tag{18.6}$$

$$E(\nu_2) = 15\mathrm{Dq} - 7.5B - 1/2\times(225B^2 + 100\mathrm{Dq}^2 - 180\mathrm{Dq}B)^{1/2} \tag{18.7}$$

$$E(\nu_3) = 15\mathrm{Dq} + 7.5B + 1/2\times(225B^2 + 100\mathrm{Dq}^2 + 180\mathrm{Dq}B)^{1/2} \tag{18.8}$$

对这些配合物，第一个谱带直接对应于 10Dq。对光谱中观察到的所有三个谱带，可以证明：

$$\nu_3 + \nu_2 - 3\nu_1 = 15B \tag{18.9}$$

以上讨论适用于弱场情况下的配合物。强场情况下的光谱解析有所不同，这里不做讨论。对于强场配合物的全面的光谱解析，可以参看本章结尾参考文献中列出的利威尔（A. B. P. Lever）所著的《无机电子光谱》（*Inorgnic Electronic Spectroscopy*）一书。

当光谱中可以分辨出两个或更多个谱带时，可以通过解式（18.3）～式（18.8）获得 Dq 和 B 值。由此得到的 Dq 和 B 作为谱带频率的函数的方程式列于表 18.6 中。

表 18.6　由光谱计算 Dq 和 *B* 值的方程式

已知谱带	方程式
基态为 T 的离子	
ν_1，ν_2，ν_3	$\mathrm{Dq} = (\nu_2 - \nu_1)/10$
	$B = (\nu_2 + \nu_3 - 3\nu_1)/15$
ν_1，ν_2	$\mathrm{Dq} = (\nu_2 - \nu_1)/10$
	$B = \nu_1(\nu_2 - 2\nu_1)/(12\nu_2 - 27\nu_1)$
ν_1，ν_3	$\mathrm{Dq} = [(5\nu_3^2 - (\nu_3 - 2\nu_1)^2)^{1/2} - 2(\nu_3 - 2\nu_1)]/40$
	$B = (\nu_3 - 2\nu_1 + 10\mathrm{Dq})/15$
ν_2，ν_3	$\mathrm{Dq} = [(85\nu_3^2 - 4(\nu_3 - 2\nu_2)^2)^{1/2} - 9(\nu_3 - 2\nu_2)]/340$
	$B = (\nu_3 - 2\nu_2 + 30\mathrm{Dq})/15$
基态为 A 的离子	
ν_1，ν_2，ν_3	$\mathrm{Dq} = \nu_1/10$
	$B = (\nu_2 + \nu_3 - 3\nu_1)/15$
ν_1，ν_2	$\mathrm{Dq} = \nu_1/10$
	$B = (\nu_2 - 2\nu_1)(\nu_2 - \nu_1)/(15\nu_2 - 27\nu_1)$
ν_1，ν_3	$\mathrm{Dq} = \nu_1/10$
	$B = (\nu_3 - 2\nu_1)(\nu_3 - \nu_1)/(15\nu_3 - 27\nu_1)$
ν_2，ν_3	$\mathrm{Dq} = [(9\nu_2 + \nu_3) - (85(\nu_2 - \nu_3)^2 - 4(\nu_2 + \nu_3)^2)^{1/2}]/340$
	$B = (\nu_2 + \nu_3 - 30\mathrm{Dq})/15$

注：引自 Y. Dou, J. Chem. Educ. 1990, 67, 134。

虽然表 18.6 中的等式可以用来得到 Dq 和 B 值，但至少要先知道两个谱带的位置并正确归属。历史上，曾经发展了其他方法来测算配体场参数，现在还是有用的。本章后面将描述其他方法。在很多情况下，由于电荷转移谱带、配体吸收、姜-泰勒畸变（见第 17 章）导致的非理想对称性等原因，对光谱进行正确无误的解析是困难的。后面的讨论将做详细介绍，不过想知道光谱解析完整细节的话，还请查阅参考文献中列出的巴尔豪森（Ballhausen）、约根森（Jørgensen）和利威尔（Lever）的著作。

18.4 电子云扩展效应

配合物中金属离子被配体包围时，指向金属离子的配体轨道会引起金属离子的整体电子环境的变化。一个结果是迫使电子成对的能量发生了改变。虽然一个气态离子中使电子成对所需的能量可以通过查找已制成表的有关光谱态的能量值而获得，但是那些值不适用于配合物中的金属离子。配体与金属离子结合时，金属离子上的轨道会扩散到更大的空间范围。这种情况用分子轨道的术语来讲就是电子在配合物中比在自由离子中变得更加离域。电子云的这种扩展被称为电子云扩展效应。

作为电子云扩展效应的结果，配合物中金属离子的电子成对能比自由离子的电子成对能稍微小一些。像 CN^-这样的配体存在时，电子云扩展效应相当大，因为这些配体具有接受金属反馈π键的能力。就像第 17 章中讨论的，CN^-的反键轨道有合适的对称性与金属离子的非键 d 轨道形成π键。所以，金属离子的拉卡参数 B 和 C 是可变的，其确切值取决于与金属离子结合的配体的性质。自由离子 B 值的变化表示为电子云扩展比，用β表示，定义为：

$$\beta = \frac{B'}{B} \tag{18.10}$$

其中，B 是自由金属离子的拉卡参数，B'是配合物中金属离子的拉卡参数。约根森（C.K. Jørgensen）设计了一个关系式，用代表配体特性的一个参数 h 和另一个代表金属离子特性的参数 k 的乘积来表示电子云扩展效应。数学关系式为：

$$1-\beta=hk \tag{18.11}$$

用 B'/B 取代β以后，等式可以写为：

$$B' = B - Bhk \tag{18.12}$$

从这个式子，我们看到配合物中金属离子的拉卡参数 B'是气态离子的拉卡参数值减去电子云扩展效应的校正值（表示为 Bhk）。像预期的一样，电子云扩展效应是特定金属离子和配体性质的函数。因此，配合物光谱解析必须同时确定 Dq 和 B（对配合物实际上是 B'）。表 18.7 列出了金属离子和配体的电子云扩展效应参数。

表 18.7　金属离子和配体的电子云扩展效应参数①

金属离子	k 值	配体	h 值
Mn^{2+}	0.07	F^-	0.8
V^{2+}	0.1	H_2O	1.0
Ni^{2+}	0.12	$(CH_3)_2NCHO$	1.2
Mo^{3+}	0.15	NH_3	1.4
Cr^{3+}	0.20	en	1.5
Fe^{3+}	0.24	ox^{2-}	1.5
Rh^{3+}	0.28	Cl^-	2.0
Ir^{3+}	0.28	CN^-	2.1
Co^{3+}	0.33	Br^-	2.3
Mn^{4+}	0.5	N_3^-	2.4
Pt^{4+}	0.6	I^-	2.7
Pd^{4+}	0.7		
Ni^{4+}	0.8		

① 引自 C.K. Jørgensen, Oxidation Numbers and Oxidation States, Springer Verlag, New York, 1969, p.106。

表 18.7 中的数据表明，配体产生电子云扩展效应的能力随配体软度的增大而增大。较软的配体如 N_3^-、Br^-、CN^-或 I^-与金属离子键合时显示出更大程度上的共价性，因而能够更有效地使电子密度离域化。另一个明显之处是金属离子的电荷越高，电子云扩展效应越大。这与预期的相符，因为与电荷较低的更大离子相比，这些更小、更硬的金属离子通过电子云扩展

使电子间排斥作用减小的程度更大。表中数据显示，电子云扩展效应与软硬作用原理符合得相当好。

18.5 田边-菅野图

俄歇图是定性的能级图，其中代表光谱态能量的各条线之间的垂直距离是配体场分裂能的函数。尽管它们可以用于归纳金属配合物可能的跃迁，但不能做出定量的解析。B 值与配体场分裂能有关的问题使得难以绘制出一个给定金属离子的能级图。田边（Y. Tanabe）和菅野（S. Sugano）部分绕开了这个问题，不是基于光谱能量和Δ绘制能级图，而是以 E/B 和Δ/B 为变量来制图。用这种方法制图的时候，基态能量变为横轴，所有其他状态的能量用曲线表示，位于基态之上。图 18.4 表示的是一个 d^2 离子完整的田边-菅野图。虽然田边-菅野图的轴有数字刻度（不同于俄歇图），但是它们仍然并非准确定量的。一个原因是 B 值不是一个常数。电子云扩展比 B'/B 在 0.6～0.8 之间变化，与配体性质有关。由于电子成对，一些光谱态具有不同于基态的多重度。那些状态的能量是拉卡参数 B 和 C 两者的函数。然而，C/B 比值不是一个严格的常数，绘制田边-菅野图所用的计算是基于一个特定的 C/B 值进行的，通常在 4～4.5 这个范围内。

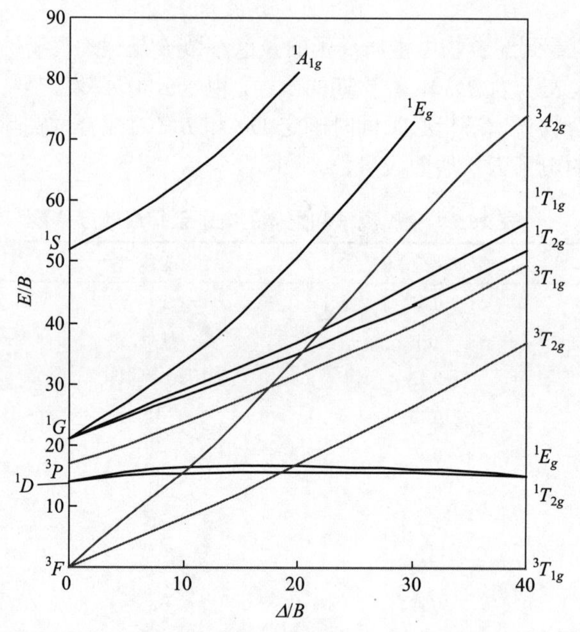

图 18.4 八面体场中 d^2 离子完整的田边-菅野图［$\Delta = 0$ 时，示于纵轴上的光谱项是自由气态离子的，光谱跃迁发生于具有相同多重度的状态（用灰色显示）之间］

在表 18.2 和表 18.3 中，我们看到对大多数金属离子，在配体场中都有相当大的光谱态数。完整的田边-菅野图用所有这些状态的能量绘出 E/B 对Δ/B 的关系图。但是，在分析配合物的光谱时，通常只需要考虑那些与基态相同多重度的状态。因此，归属光谱跃迁时只有少量的状态是必须考虑的。本章中列出的田边-菅野图不包括某些激发态，而是只显示那些参与 d—d 跃迁的状态，结果得到不是那么杂乱的图，但仍然提供了光谱解析所需要的详细信息。d^3～d^8 离子的简化的田边-菅野图示于图 18.5 中。注意 d^4、d^5、d^6 和 d^7 离子的图中有一条竖线，通常出现于Δ/B 为 20～30 范围内，配体场强到超过此线时电子自旋成对。

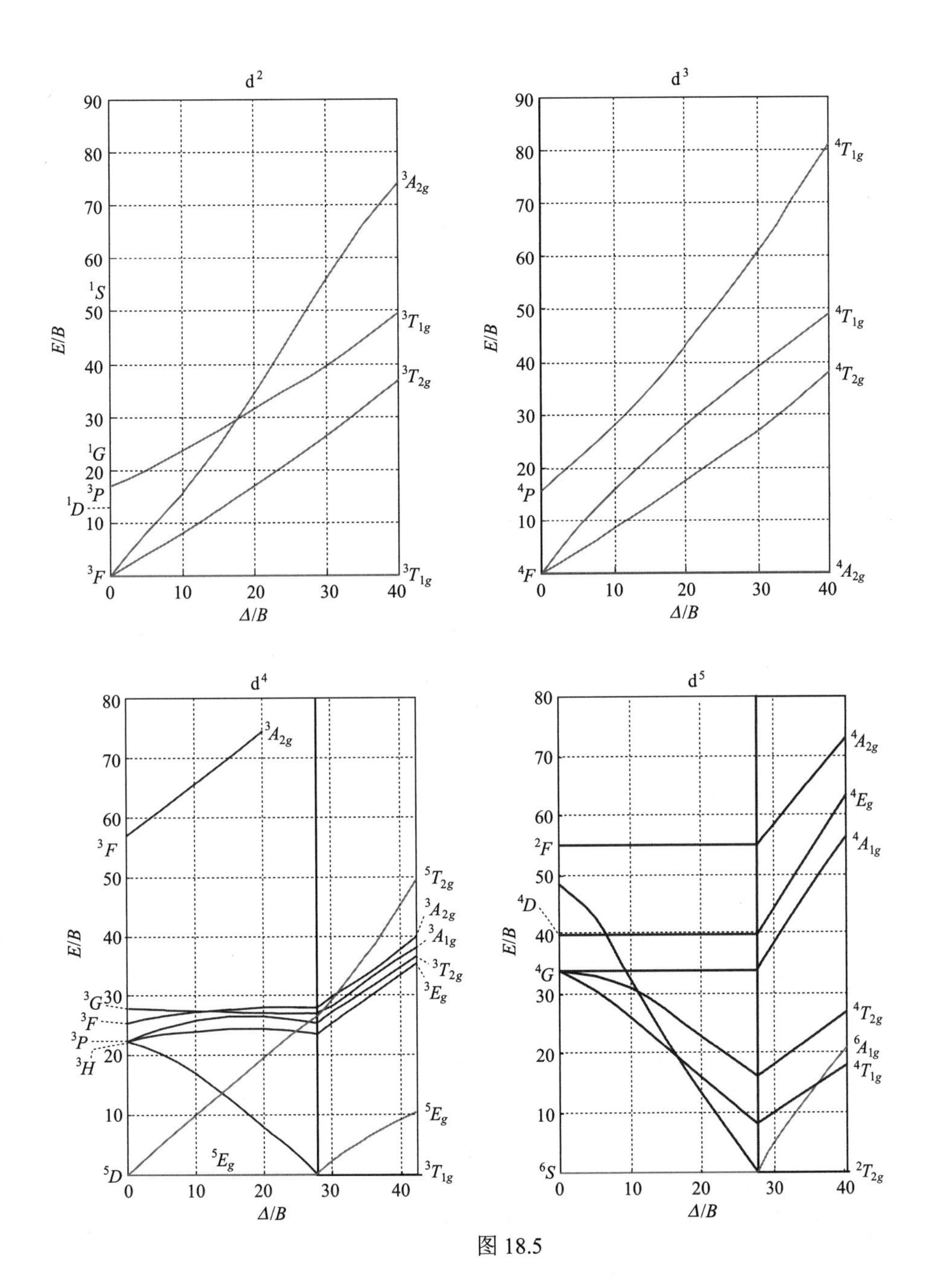

d2
E/B
Δ/B
^1S
^1G
^3P
^1D
^3F
$^3A_{2g}$
$^3T_{1g}$
$^3T_{2g}$
$^3T_{1g}$
d3
^4P
^4F
$^4T_{1g}$
$^4T_{1g}$
$^4T_{2g}$
$^4A_{2g}$
d4
^3F
^3G
^3F
^3P
^3H
^5D
^5E_g
$^3A_{2g}$
$^5T_{2g}$
$^3A_{2g}$
$^3A_{1g}$
$^3T_{2g}$
^3E_g
^5E_g
$^3T_{1g}$
d5
^2F
^4D
^4G
^6S
$^4A_{2g}$
^4E_g
$^4A_{1g}$
$^4T_{2g}$
$^6A_{1g}$
$^4T_{1g}$
$^2T_{2g}$

图 18.5

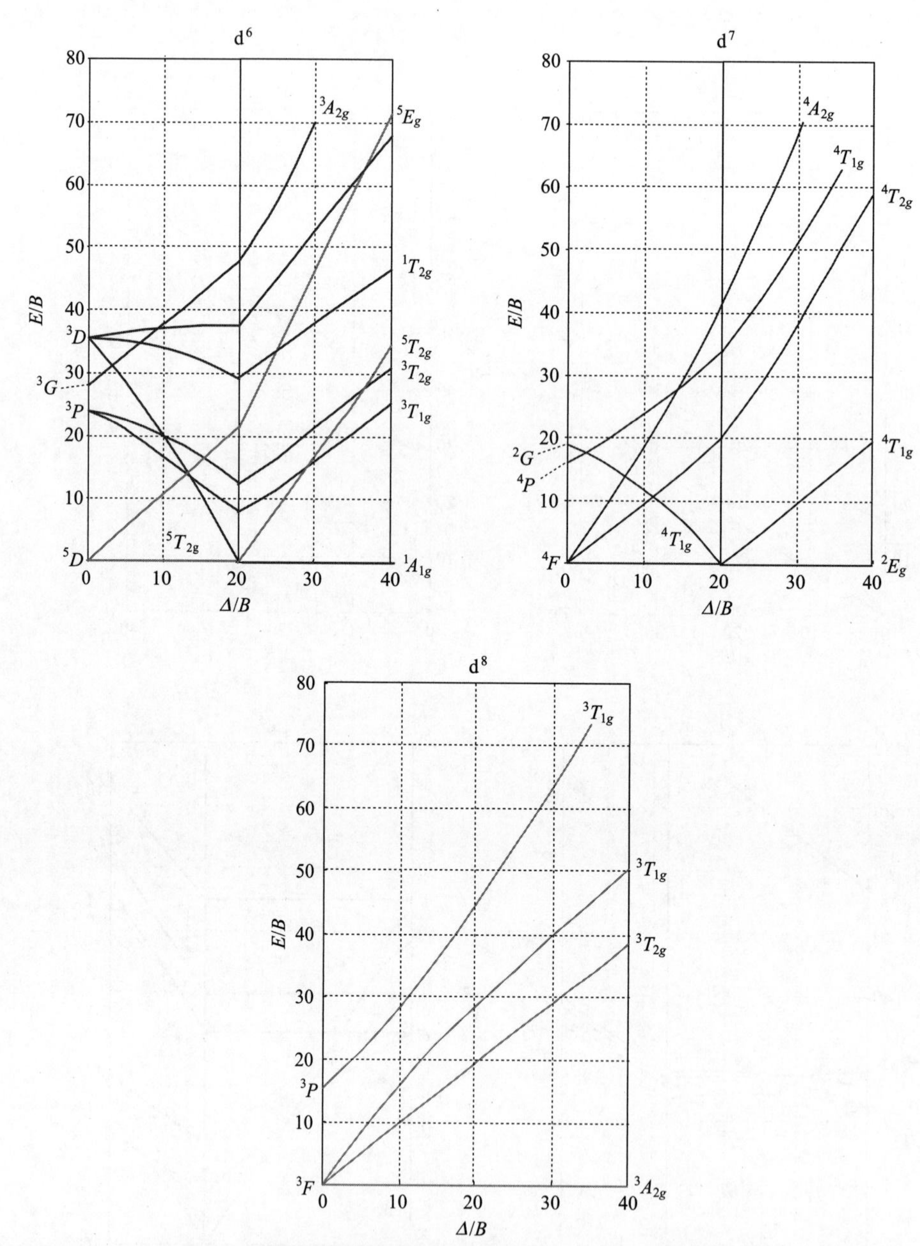

图 18.5　八面体场中 d^n 金属离子简化的田边-菅野图（简化方法是省略了几个状态，其多重度不允许发生自旋允许的跃迁）

田边-菅野图用于光谱分析相对较为简单。图 18.6 是 d^3 金属离子简化并放大的田边-菅野图。$^4A_{2g}$ 基态和多重度相同的激发态之间的跃迁可以用横轴与代表激发态的线之间的竖线来表示。假设一个配合物 CrX_6^{3-} 的吸收光谱中两个谱带的能量为 ν_1=11000cm^{-1}，ν_3=26500cm^{-1}，并且想从图 18.6 确定 Dq 和 B 值。对于这个配合物，ν_3/ν_1=2.4，代表第三和第一个跃迁的两条线的长度比值必须和这个数相同。因为代表激发态的线随着Δ变化而有不同的分离，在横轴上只有一个点可以满足比值为 2.4。基态（横轴）到第三和第一个激发态的距离的比值为 2.4 的位置就是所需要的Δ/B 值。问题是找到Δ/B 轴上正确的点。

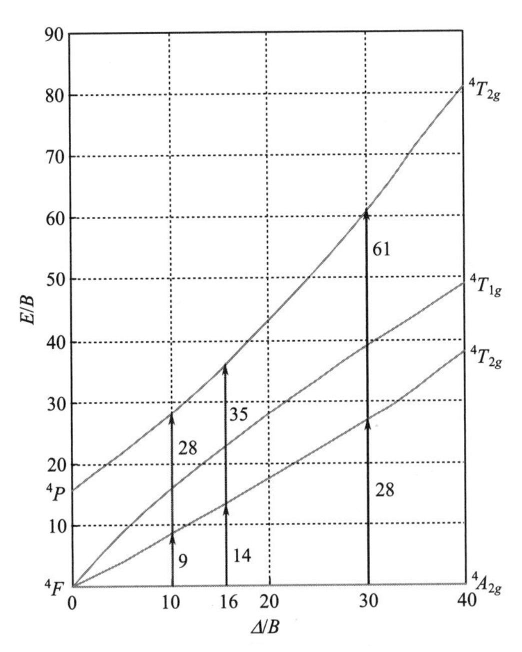

图 18.6　八面体场中 d^3 离子的简化田边-菅野图及其在确定晶体场参数上的应用
（在图上Δ/B 为 10 处，ν_3/ν_1=28/9=3.11；在Δ/B 为 30 处，ν_3/ν_1=61/28=2.19；
在Δ/B 为 16 处，ν_3/ν_1=35/14=2.50，这几乎就是正确的值，因此，16 大致是正确的Δ/B 值）

图 18.6 中，显示出试探值Δ/B=30 及该处代表ν_3和ν_1的竖线。测出两条竖线的长度比值为 2.19，比实验光谱能量的比值低一些。在另一个试探值Δ/B=10（也显示在图上），两条线长度的比值为 3.11，高于光谱能量比值。仔细测量与跃迁相应的竖线长度，发现正确的Δ/B 值大约是 16。这个值对应于 E_1/B 值约为 14，E_3/B 值约为 35（纵轴上读出）。因为已知ν_1谱带的能量为 E_1=11000cm^{-1}，则有：

$$\frac{E_1}{B}=14=\frac{11000\text{cm}^{-1}}{B} \qquad (18.13)$$

所以，B 值约为 780cm^{-1}。我们已经确定了Δ/B 值大约是 16，所以现在可以推算出Δ约为 12000～13000cm^{-1}。如果用数据 E_3=26500cm^{-1} 和Δ/B=16 来重复上述计算，可以得到 B 和Δ值分别大约是 760cm^{-1} 和 12100cm^{-1}。对 Cr^{3+}，自由离子的 B 值是 1030cm^{-1}，所以 CrX_6^{3-} 配合物的 B 值不出所料的是自由离子该值的约 75%。

如前所述，我们假设ν_2或者观察不到，或者能量未知。发现Δ/B=16 之后，我们可以从田边-菅野图中读到对应于这个Δ/B 值的 $^4T_{1g}$态的能量，找到 E_2/B=23，这表示第二个谱带的能量应该约为 16500cm^{-1}。

因为 E/B 值可以直接从图中读到，而光谱中谱带的能量是已知的，所以 B 值就可以确定。确定出 B 和Δ/B 值以后，Δ就容易得到了。不过要注意的是，这种测量方法不是特别精确，也就是说不能很准确地确定Δ/B。实际上，田边-菅野图通常不用于定量地确定Δ值和 B 值，但它们用作光谱解析的基础是很有用的。通常用表 18.6 中的关系式或者其他作图或计算方法确定Δ值和 B 值。下面要描述的就是其中一种作图方法。

18.6 利威尔方法

利威尔（A. B. P. Lever，1968）描述的方法是一种极为简单快速地测定金属配合物的 Dq 和 B 值的方法。这个方法在较宽的 Dq/B 范围内用 $E(\nu_1)$、$E(\nu_2)$和 $E(\nu_3)$的方程式计算出ν_3/ν_1、ν_3/ν_2和ν_2/ν_1。原始文献中用这些值和ν_3/B 比值一起得到大量表格，但它们也可以用作图的方法表示在图 18.7（适用于 A 基态离子）和图 18.8（适用于 T 基态离子）中。

使用利威尔方法时，实验谱带最大值被用于计算ν_3/ν_1、ν_3/ν_2和ν_2/ν_1。然后将这些比值定位于图上适当的线，向下读横轴，确定 Dq/B 的值。只要ν_i/ν_j比值定好位，ν_3/B 的值也能通过向右边的纵轴读数来确定，不管ν_3是否能从光谱图中获得。知道 Dq/B 和ν_3的值以后，计算 Dq 和 B 就是一件简单的事情了。使用利威尔方法时，最好是使用原始的数据表，或者是放大的有网格线的图，以便能更准确地读数。

下面将以 CrX_6^{3-} 为例来说明利威尔方法的使用程序，这个配合物在前面曾经用田边-菅野图描述过。这里，吸收谱带假设观察到出现在 11000cm^{-1}和 26500cm^{-1}，分别代表ν_1和ν_3。因此，ν_3/ν_1=2.41。因为 Cr^{3+}是一个 d^3 离子，基态是 $^4A_{2g}$，所以适用图 18.7。从纵轴对应的ν_3/ν_1=2.41 得到横轴 Dq/B 的值约等于 1.6。类似地，ν_3/B 的值约为 38.5，也就是：

$$\mathrm{Dq}/B=1.6 \qquad (18.14)$$

$$\nu_3/B=38.5 \qquad (18.15)$$

所以，B=Dq/1.6，$B=\nu_3/38.5$。从式（18.14）和式（18.15）我们得到：

$$\mathrm{Dq}=\nu_3\times1.6/38.5=26500\mathrm{cm}^{-1}\times1.6/38.5=1100\mathrm{cm}^{-1}$$

由此得到 B 的值约为 690cm^{-1}。这些值与使用田边-菅野图估算到的 Dq 和 B 值即 1200cm^{-1}和 760cm^{-1} 符合得相当好。因为气态 Cr^{3+}的 B 值为 1030cm^{-1}，这个配合物的电子云扩展比为 β=690cm^{-1}/1030cm^{-1}=0.67，是这个参数的典型取值。

使用利威尔方法时，很自然地会出现这样的问题：光谱中谱带的归属是未知的。假设我们不知道观察到的谱带实际上是ν_1 和ν_3，从前面的例子中我们计算得到ν_i/ν_j=2.41。显然这个比值不可能是ν_2/ν_1，因为这个比值的整个范围是 1.2～2.4。如果 2.41 这个值是代表ν_3/ν_2的话，图中指示 Dq/B 约为 0.52。从我们前面的讨论中已经看到，对第一过渡系+3 价金属离子，Δ_o为 15000～24000cm^{-1}（Dq 为 1500～2400cm^{-1}），具体值与配体有关。我们也看到第一过渡系金属的 B 值通常为 800～1000cm^{-1}。所以，这样处理得到的 Dq/B 比值 0.52 显然不可能出现于这种类型的八面体配合物中。因为这个原因，与谱带能量比 2.41 相符的只能是把谱带归属为ν_3 和ν_1。可以证明对其他配合物同样可以使用类似的方法。在大多数情况下，使用利威尔方法确定 Dq 和 B 时，实际上并不需要知道谱带的归属。假设配合物具有现实的 Dq 和 B 值，最终只可能有一套可能的谱带归属。同样，只有两个谱带位置是需要知道的，因为它们的比值会从图中给出 Dq/B 和ν_3/B 两个值。

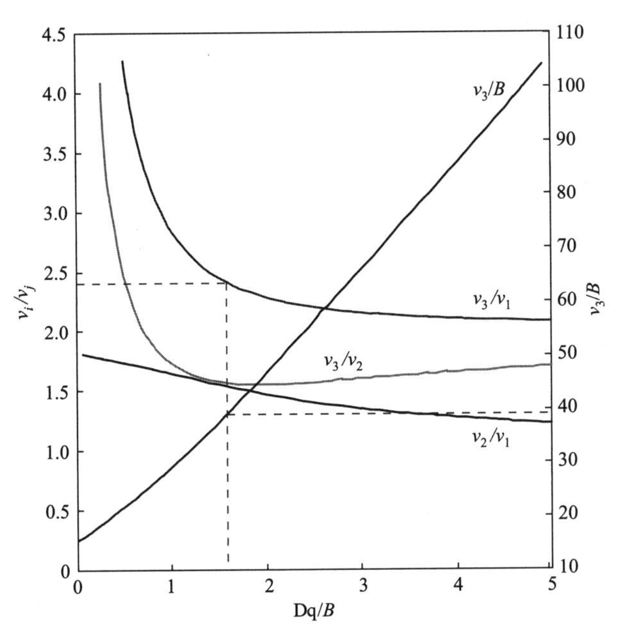

图 18.7 确定 A 基态离子 Dq 和 B 值的利威尔方法用图 [使用文献（Lever, 1968）中的数据绘制]

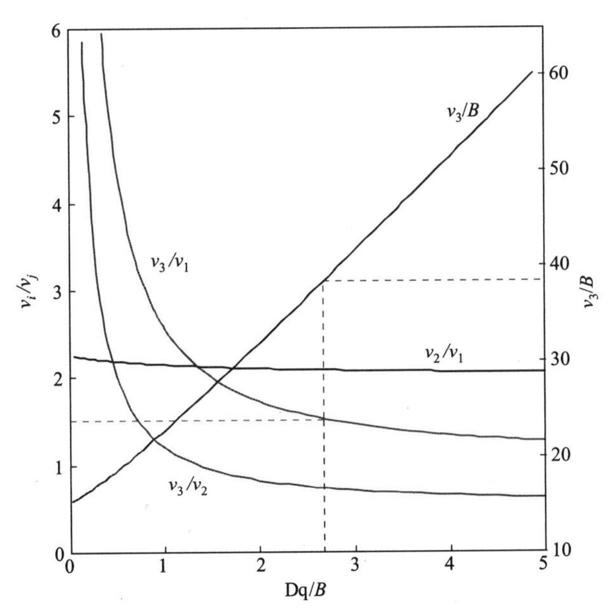

图 18.8 确定 T 基态离子 Dq 和 B 值的利威尔方法用图 [使用文献（Lever，1968）中的数据绘制]

让我们考虑 VF_6^{3-}，它的谱带在 14800cm^{-1} 和 23000cm^{-1}。因为 V^{3+}是一个 d^2 离子，基态谱项为 $^3T_{1g}$，在这个例子中ν_3/ν_1=1.55。从图 18.8 中的虚线可以看到，ν_3/ν_1=1.55 这个值对应于 Dq/B=2.6，ν_3/B=38。因此，用这些数值可以得到：

$$B=\nu_3/38=\mathrm{Dq}/2.6 \tag{18.16}$$

进而得到 Dq = 23000cm^{-1}×2.6/38=1600cm^{-1}，B=600cm^{-1}。Dq 和 B 的这些数值与使用其他方法从该配合物得到的数值是一致的。

从本章前面的讨论中，我们了解到 16000cm^{-1} 是第一过渡系+3 价离子的大多数配合物常见的Δ_o值。对 V^{3+}，自由离子的 B 值为 860cm^{-1}，所以在配合物 VF_6^{3-} 发现的 600cm^{-1} 这个值表明电子云扩展比β为 0.70。这些值都是第一过渡系金属离子配合物的常见取值。因此，即使谱带归属还不能肯定，光谱解析得到的 B 和 Dq 值的合理性也会有利于正确指派谱带。

前面这个离子中，假如不正确地假设那两个谱带代表ν_2和ν_1，能量比值 1.49 将会表明 Dq/B 的值只是 0.90。使用这个值和实验谱带能量会得到对+3 价第一过渡系金属离子的配合物来说不切实际的 Dq 和 B 值。因而，即使谱带归属有几种可能性，但计算得到的配体场参数只有在某一种谱带归属时才会与这类配合物的常见 Dq 和 B 取值范围保持一致。利威尔方法是一个可以从过渡金属配合物的光谱分析中提取出配体场参数的简单、快速的有用方法。它对四面体配合物也是适用的，使用与金属离子正确的基态谱项对应的图即可。

18.7 约根森方法

克里斯汀 • 克里克斯布尔 • 约根森（Christian Klixbüll Jørgensen）给出了一个对指定金属离子和配体预测其晶体场分裂能的有趣方法。在约根森的方法中，用来预测八面体场中的配体场分裂能Δ_o的方程式为：

$$\Delta_o(\text{cm}^{-1}) = fg \tag{18.17}$$

其中，f是表示配体特性的参数，g是表示金属离子特性的参数。指定配体水的f值为 1，其他配体的f值通过使光谱数据与已知晶体场分裂能相符来确定。表 18.8 列出了有代表性的几种金属离子和配体的参数f和 g。

表 18.8　用于约根森方程式的一些参数 f和 g

金属离子	g	配体	f
Mn^{2+}	8000	Br^-	0.72
Ni^{2+}	8700	SCN^-	0.73
Co^{2+}	9000	Cl^-	0.78
V^{2+}	12000	N_3^-	0.83
Fe^{3+}	14000	F^-	0.9
Cr^{3+}	17400	H_2O	1.00
Co^{3+}	18200	NCS^-	1.02
Ru^{2+}	20000	py	1.23
Rh^{3+}	27000	NH_3	1.25
Ir^{3+}	32000	en	1.28
Pt^{4+}	36000	CN^-	1.7

注：选自 C. K. Jørgensen, Modern Aspects of Ligand Field Theory, North Holland Publishing Co., Amsterdam, 1971, pp. 347-8. York, 1969, p. 106。

式（18.17）预测的Δ_o值与用更稳健方法确定的Δ_o值符合得很好。在很多情况下，配体场分裂能的近似值已经能够满足需要，这种方法给出的就是一个最省力的Δ_o快速估计值。

18.8 电荷转移吸收

到目前为止，光谱的讨论都是与配体场中金属离子的光谱态之间的跃迁有关的。然而，配合物中并不只是发生这些跃迁。配体与金属离子键合，本质上来说是向金属轨道的那些轨道提供电子对。过渡金属也有来自于 d 轨道的非键 e_g 和 t_{2g} 轨道（假设为八面体配合物），可能是部分填充电子的，而配体也可能有空的非键或反键轨道能够接受来自金属的电子密度。例如，CO 和 CN^-都有空的π*轨道可以参与到这种类型的作用（见第 16 章）。电子密度从金属轨道向配体轨道的移动，或者相反过程，都被称为电荷转移。伴随这种电子密度移动的吸收谱带被称为电荷转移谱带。

电荷转移（CT）谱带常在光谱的紫外区观察到，不过在某些情况下，它们出现在可见区，结果与 d—d 类型的跃迁重叠，甚至遮盖住后者。电荷转移谱带是自旋允许的，所以强度高。如果金属处于低氧化态且容易氧化，那么电荷转移更容易是金属到配体电荷转移类型的，记为 $M \rightarrow L$。出现这种类型电荷转移的一个例子是 $Cr(CO)_6$，这个配合物容易从金属原子（氧化态为零）移去电子密度，特别是因为 CO 配体已经向 Cr 提供了六对电子。CO 配体上的空轨道是π*轨道。在这里，转移的电子是金属非键 t_{2g} 轨道上的，所以跃迁归属为 $t_{2g} \rightarrow \pi^*$。在其他情况下，e_g*轨道中的电子被激发到配体的空的π*轨道。图 18.9 在改进的八面体配合物分子轨道图上示出了这些情况。CO 是一个含有π*接受轨道的配体，这种类型的其他配体还包括 NO、CN^-、烯烃、吡啶等。

MnO_4^- 的深紫色是由出现在大约 18000cm^{-1} 的电荷转移谱带引起的，电荷是从氧转移到 Mn^{7+}。这个例子中，电荷转移标记为 $L \rightarrow M$，电子密度从氧原子上充满的 p 轨道移动到 Mn 上的 e 空轨道。一般来说，如果金属容易氧化，电荷转移将是 $M \rightarrow L$；如果金属容易还原，电荷转移就是 $L \rightarrow M$。因此，不奇怪 $Cr(CO)_6$ 中 Cr^0 的电子密度会从金属移向配体，而 Mn^{7+}会使电子密度从配体移向金属。电子密度从配体移向金属的难易程度一般来说与配体离子化或极化的难易程度有关。

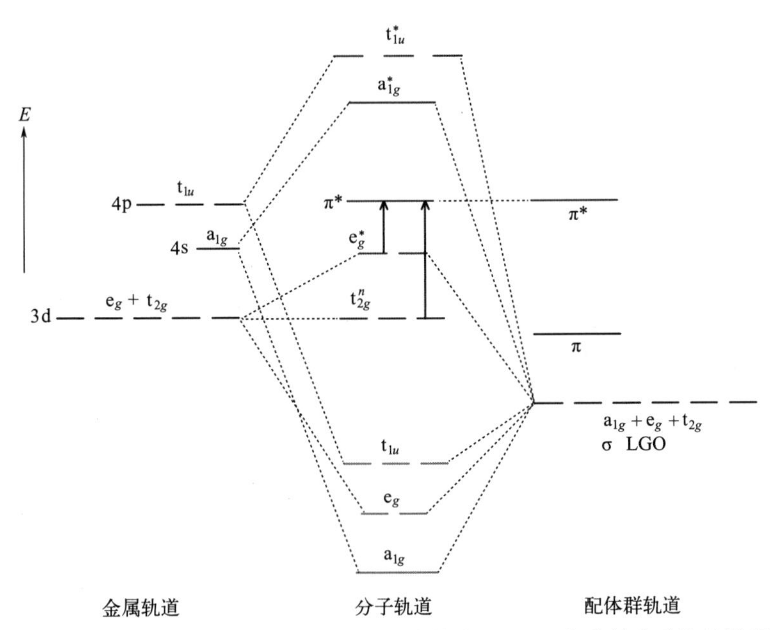

图 18.9 改进的分子轨道图对八面体配合物中 $M \rightarrow L$ 电荷转移吸收的解释
（跃迁是从金属的 e_g*或 t_{2g} 轨道到配体的π*轨道）

我们还没有处理配合物中配体的吸收这个重要问题。对很多类型的配合物来说，这一类光谱研究（通常是红外光谱）为配合物的结构和化学键详情方面提供有用的信息。这个问题将在后面与含有特定配体（如 CO、CN^-、NO_2 和烯烃）的几种类型的配合物相结合来讨论。

18.9 溶致变色

对于溶液中进行的反应，很多年以来就知道溶剂的性质对反应速率有很大的影响。溶剂效应虽然是在有机化学中研究得更多，但在无机反应中也可能是明显的。以下将概述几个例子来说明这些影响的本质。

一个物质溶解在不同溶剂中显示不同颜色时，原因在于溶致变色。这个术语是指由于溶剂与溶质相互作用而导致的颜色变化。光谱带的移动已经被用于关联溶剂对反应速率的影响（Reichardt, 2003；House, 2007）。通常，复杂的染料被用于建立表示溶剂效应的数值标度，但是简单的小分子如 I_2 也会显示出溶致变色现象（见第 6 章）。此外，也有大量的研究金属配合物溶剂效应的文献。一个这样的化合物是 $CoCl_2$，在配位能力不强的有机溶剂中为四面体配位（蓝色溶液），但在水中为八面体配位（以粉红色为特征）。文献（Wagner-Czauderna, et al., 2004）研究了 $CoCl_2$ 在含有水和丙酮、二甲基甲酰胺（DMF）、二甲基乙酰胺（DMA）或者二甲基亚砜（DMSO）的混合溶剂中的溶致变色现象，获得了在几种水/有机溶剂混合物中的平衡常数：

$$K=\frac{[\text{八面体配合物}]}{[\text{四面体配合物}]} \tag{18.18}$$

对所用的每种有机溶剂（丙酮、DMF、DMA 和 DMSO），发现 $\lg K$ 与混合溶剂中水的摩尔分数（χ_w）呈线性关系。通过分析平衡常数值与 χ_w 和温度的关系，观察到除了水/DMSO 混合溶剂之外，平衡的 ΔH 和 ΔS 都会随 χ_w 增大而变得更负。所以，焓变有利于八面体配位，而熵变则不利于八面体配位。

很多其他类型的配合物也表现出溶致变色现象。其中几个示于图 18.10 中（Burgess, et al., 1998）。其溶致变色现象是由金属到配体（M → L）电子迁移导致的电荷转移谱带的移动引起的。另外，随着压力在 1～1250bar 范围内增大，电荷转移谱带也会发生向高波数比较小的移动。光谱性质随压力改变而变化的现象被称为压致变色。

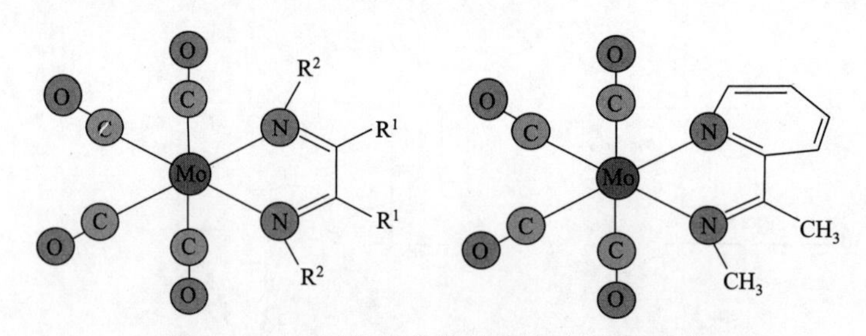

图 18.10　显示溶致变色现象的两个钼配合物

通式为 $[Fe(CN)_5L]^{3-}$ 的配合物的 M→L 电荷转移谱带也存在溶致变色。这种类型的配合物（其中 L 为 3,5-二甲基吡啶或 3-氰基吡啶）在水/有机混合溶剂中的溶致变色和取代反应的速率也得到研究（Alshehri, 1997）。使用的有机溶剂是甲醇、乙醇、1,2-乙二醇和 1,2-丁二醇。在多数情况下，发现随着混合溶剂中有机成分的摩尔分数增大，M→L 电荷转移谱带向更低波数移动。而且，下面反应的速率常数也与溶剂组成有关：

$$[Fe(CN)_5L]^{3-}+CN^- \longrightarrow [Fe(CN)_6]^{4-}+L \tag{18.19}$$

当溶剂是水和 1,2-乙二醇的混合物时，发现 L 取代反应（L 为 4-氰基吡啶、3-氰基吡啶、4,4′-联吡啶、3,5-二甲基吡啶或者 4-苯基吡啶）的速率常数降低。另外，L 为 3,5-二甲基吡啶时，取代反应速率总体上随混合溶剂中醇（甲醇或乙醇）的摩尔分数增大而增大，但是对于某些离去配体，观察到的是相反的趋势。对于含有 1,2-乙二醇和 1,2-丁二醇的混合溶剂，在电荷转移谱带移动的程度和溶剂中有机成分增大的百分比之间存在着相当普遍的联系。当 L 为 3-氰基吡啶或 3,5-二甲基吡啶时，发现取代反应速率是降低的。

关于这一点的讨论产生的问题比答案更多。显然，溶剂对光谱性质和反应速率的影响还没有得到清楚的理解。但是，清楚的是溶剂在配位化学中并不只是无关紧要的旁观者。这个有趣而重要的领域还需要更多的研究工作。

拓展学习的参考文献

Alshehri, S., 1997. *Transition Met. Chem.* 22, 553-556. An article dealing with solvatochromism.

Burgess, J., Maguire, S., McGranahan, A., Parsons, S.A., 1998. *Transition Met. Chem.* 23, 615-618. An article dealing with the solvatochromism in molybdenum carbonyl complexes.

Cotton, F.A., Wilkinson, G., Murillo, C.A., Bochmann, M., 1999. *Advanced Inorganic Chemistry*, 6th ed. John Wiley, New York. This reference text contains a large amount of information on the entire range of topics in coordination chemistry.

Douglas, B., McDaniel, D., Alexander, J., 2004. *Concepts and Models of Inorganic Chemistry*, 3rd ed. John Wiley, New York. A respected inorganic chemistry text.

Drago, R.S., 1992. *Physical Methods for Chemists*. Saunders College Publishing, Philadelphia. This book presents high level discussion of many topics in coordination chemistry.

Figgis, B.N., Hitchman, M.A., 2000. *Ligand Field Theory and Its Applications*. John Wiley, New York. An advanced treatment of ligand field theory and spectroscopy.

Harris, D.C., Bertolucci, M.D., 1989. *Symmetry and Spectroscopy*. Dover Publications, New York. A good text on bonding, symmetry, and spectroscopy.

House, J.E., 2007. *Principles of Chemical Kinetics*, 2nd ed. Elsevier, New York. Chapters 5 and 9 deal with solvent effects on reaction rates.

Kettle, S.F.A., 1969. *Coordination Chemistry*. Appleton, Century, Crofts, New York. A good introduction to interpreting spectra of coordination compounds is given.

Kettle, S.F.A., 1998. *Physical Inorganic Chemistry: a Coordination Approach*. Oxford University Press, New York. An excellent book on coordination chemistry that gives good coverage to many areas, including ligand field theory and spectroscopy.

Lever, A.B.P., 1968. *J. Chem. Educ.*, 45, 711. An article describing a novel method for determining Dq and B.

Lever, A.B.P., 1984. *Inorganic Electronic Spectroscopy*, 2nd ed. Elsevier, New York. A monograph that treats all aspects of absorption spectra of complexes at a high level. This is perhaps the most through treatment available in a single volume. Highly recommended.

Reichardt, C., 2003. *Solvents and Solvent Effects in Organic Chemistry*, 3rd ed. VCH, Weinheim. The standard reference on solvent effects. Highly recommended.

Solomon, E.I., Lever, A.B.P. (Eds.), 2006, *Inorganic Electronic Spectroscopy and Structure*, vols. I and II. Wiley, New York Perhaps the ultimate resource on spectroscopy of coordination compounds. Two volumes total 1424 pages on the subject.

Szafran, Z., Pike, R.M., Singh, M.M., 1991. *Microscale Inorganic Chemistry: a Comprehensive Laboratory Experience*. John Wiley, New York. Several sections of this book deal with various aspects of synthesis and study of coordination compounds. A practical, “hands on” approach.

Wagner-Czauderna, E., Boron-Cegielkowska, A., Orlowska, E., Kalinowski, M.K., 2004. *Transition Met Chem.* 29, 61-65. A report on solvatochromism in $CoCl_2$.

习题

1. 对下列高自旋离子，描述可能的电子跃迁，将它们按能量增大的顺序排列：

（a）$[Ni(NH_3)_6]^{2+}$

（b）$[FeCl_4]^-$

（c）$[Cr(H_2O)_6]^{3+}$

（d）$[Ti(H_2O)_6]^{3+}$

（e）$[FeF_6]^{4-}$

（f）$[Co(H_2O)_6]^{2+}$

2. 对下列配合物，用约根森方法确定Δ_o值：

（a）$[MnCl_6]^{4-}$

（b）$[Rh(py)_6]^{3+}$

（c）$[Fe(NCS)_6]^{3-}$

（d）$[Co(NH_3)_6]^{2+}$

（e）$[PtBr_6]^{2-}$

3. $[Cr(NCS)_6]^{3-}$的光谱中谱带出现于 17700cm^{-1} 和 32400cm^{-1}。用利威尔方法确定这个配合物的 Dq 和 B。第三个谱带会出现在哪里？对应着哪个跃迁？

4. 某个第一过渡系金属原子的光谱基态为 $^6S_{5/2}$。这是什么原子？这个金属的+2 和+3 价离子的光谱基态是什么？

5. 已知拉卡参数 B 的一些值为 918cm^{-1}、766cm^{-1} 和 1064cm^{-1}。这些值与离子 Cr^{3+}、V^{2+}和 Mn^{4+}之间如何对应？解释你的指派原因。

6. 配合物 $[Co(H_2O)_6]^{2+}$的光谱中谱带出现在 8350cm^{-1} 和 19000cm^{-1}。用利威尔方法确定这个配合物的 Dq 和 B。缺失的那个谱带会出现在哪里？对应着哪个跃迁？

7. 配合物 VL_6^{3+}在 11500cm^{-1} 和 17250cm^{-1} 有两个最低能量的跃迁。

（a）用符号表示指派这些跃迁。

（b）用利威尔方法确定这个配合物的 Dq 和 B。

（c）第三个谱带会出现在哪里？

8. 用约根森方法确定 $[Co(en)_3]^{3+}$的 Dq 和 B。三个光谱带的大概位置会在哪里？

9. 在 264nm 和 378nm 观察到 $[Cr(CN)_6]^{3-}$的吸收峰。这个配合物的 Dq 和 B 值是多少？

10. 对配合物 $[Cr(acac)_3]$（其中 acac 为乙酰丙酮基离子），观察到ν_1 出现在 17860cm^{-1}，ν_2 出现在 23800cm^{-1}。用这些数据确定这个配合物的 Dq 和 B。

11. 对配合物 $[Ni(en)_3]^{2+}$(其中 en 为乙二胺)，观察到ν_1 出现在 11200cm^{-1}，ν_2 在 18450cm^{-1}，ν_3 在 29000cm^{-1}。用这些数据确定这个配合物的 Dq 和 B。

12. 对配合物 $[Cr(NCS)_6]^{3-}$，观察到前两个吸收谱带出现在 17800cm^{-1} 和 23800cm^{-1}。第三个谱带会出现在哪里？

13. 估计下列每个配合物是否有电荷转移吸收。对于那些你预期会有电荷转移吸收的配合物，解释电荷转移吸收跃迁的类型。

（a）$[Cr(CO)_3(py)_3]$

（b）$[Co(NH_3)_6]^{3+}$

（c）$[Fe(H_2O)_6]^{2+}$

（d）$[Co(CO)_3NO]$

（e）CrO_4^{2-}

第 19 章 配合物的组成和稳定性

金属和配体之间的配位键导致很多不同类型条件下配合物的形成。在有些情况下配合物在气相中生成，而已知的固态配合物数量巨大。不过，在溶液中配合物的形成具有很多更重要的作用。例如，定性分析中，将 HCl 溶液加入含 Ag^+的溶液中会产生 AgCl 沉淀。加入氨水时，由于配合物的形成则沉淀溶解：

$$AgCl(s) + 2NH_3(aq) \longrightarrow Ag(NH_3)_2^+(aq) + Cl^-(aq) \tag{19.1}$$

通过以金属配位为基本反应的滴定，有可能确定某些金属离子的浓度。通常，使用像乙二胺四乙酸（EDTA）这样的螯合剂，因为其配合物是非常稳定的。溶液中配合物的特定组成常常与反应物的浓度有关。作为学习配位化合物化学的一部分，系统处理溶液中配合物的组成和稳定性方面的问题是必须关注的。本章就将致力于探讨这些问题。

19.1 溶液中配合物的组成

虽然已经熟知最常见到的配位数是 2、4、6，但是我们能预料到，对于一些配体和金属离子，在某些情况下可能会出现不同的或者未知的配体与金属离子比值。如果形成几种不同的配合物，确定组成可能是相当复杂的问题。为了使问题简化，我们将假定在金属和配体之间只生成一种配合物，或者生成的其他配合物的量与主要配合物相比可以忽略。

金属 A 和配体 B 生成配合物的方程式可以写为：

$$nA + mB \rightleftharpoons A_nB_m \tag{19.2}$$

其平衡常数就是：

$$K = \frac{[A_nB_m]}{[A]^n[B]^m} \tag{19.3}$$

解式（19.3）得到配合物的浓度为：

$$[A_nB_m] = K[A]^n[B]^m \tag{19.4}$$

这个方程两边取对数得到：

$$\lg[A_nB_m] = \lg K + n\lg[A] + m\lg[B] \tag{19.5}$$

为了获得这个方程所用到的数据，可以制备一系列溶液，其中 B 的浓度保持恒定，只改变 A 的浓度。对每个这样的溶液，测量配合物 $[A_nB_m]$ 的浓度与 [A] 的关系。对很多配合物来说，其浓度可以用分光光度法测量，因为很多配合物的吸收波长不同于单独金属离子或者配体的（见第 18 章）。当 [B] 保持不变时，式（19.5）简化为：

$$\lg[A_nB_m]=n\lg[A]+C \tag{19.6}$$

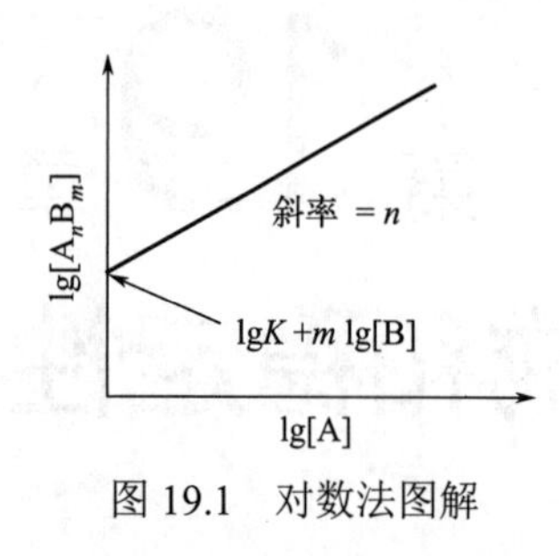

图 19.1 对数法图解

其中，$C=\lg K+m\lg[B]$=常数。如图 19.1 所示，可以作出 $\lg[A_nB_m]$ 对 lg[A] 的关系图，该图是一条直线，斜率为 n。

固定 A 的浓度，改变 B 的浓度，重复上述过程，可以得到不同 B 浓度下的$[A_nB_m]$，进而画出 $\lg[A_nB_m]$ 对 lg[B] 的直线图，斜率为 m。我们用这种方法可以确定 n 和 m，它们分别是配合物化学式中金属离子和配体的数目。一旦知道了 m 和 n 的值，就能获得 K 的值，因为两个图的截距分别为 $\lg K+m\lg[B]$ 和 $\lg K+n\lg[A]$。

虽然这个方法原理上简单，但是如果生成的配合物不止一种的话会出现一些问题。A 和 B 的相对浓度是变化的，很有可能由于质量作用效应会出现这样的情况，图或许不是直线，配合物可能在不同的波长有吸收。不管怎样，应当指出这个方法并不只是局限于包含金属离子和配体的配位化合物。它适用于几乎任何类型的物种形成复合体的情况，只要与复合体浓度成比例的一种性质能够被测量就可以。第 6 章中讨论的分子缔合经常可以用这种方法进行研究。

19.2 乔布连续变化法

另一个确定溶液中配合物组成的方法被称为乔布法（Job's method）或者连续变化法。假设金属 A 和 m 个配体 B 生成配合物，可以用下式表示：

$$A+mB \rightleftharpoons AB_m \tag{19.7}$$

这个反应的平衡常数可以写为：

$$K=\frac{[AB_m]}{[A][B]^m} \tag{19.8}$$

可以制备一系列溶液使得金属和配体的总浓度是一个常数 C：

$$[A]+[B]=C \tag{19.9}$$

但是我们允许改变每个组分的浓度。例如，我们可以配制总浓度为 $1\text{mol}\cdot\text{L}^{-1}$ 且组成如下的一些溶液：$0.1\text{mol}\cdot\text{L}^{-1}$(A) 和 $0.9\text{mol}\cdot\text{L}^{-1}$(B)、$0.2\text{mol}\cdot\text{L}^{-1}$(A) 和 $0.8\text{mol}\cdot\text{L}^{-1}$(B)、$0.3\text{mol}\cdot\text{L}^{-1}$(A) 和 $0.7\text{mol}\cdot\text{L}^{-1}$(B) 等。如果形成配合物使得离子强度发生改变，可以通过溶解像 $KClO_4$ 这样的盐来使离子强度几乎保持不变。一般来说，ClO_4^- 不会与其他配体竞争，盐的高离子浓度意味着形成配合物造成的离子浓度小的变化不会显著地改变总的离子强度。接着，我们来选择由配合物展现，但金属或未配位配体很大程度上不会展现的某种物理性质。这种性质如果与配合物的浓度呈线性关系，处理起来就更简单了。由于这个原因，还因为很多过渡金属配合物有明显的颜色，在配合物有吸收的特定波长处溶液的可见光吸收经常用作那种性质。

现在来绘制那种物理性质（实际上是配合物浓度）与比值 [B]/([B]+[A])（或者有时用 [B]/[A]）的关系图（称为乔布图）。当成分比值与配合物化学式中的一致时，曲线上会出现最大值或最小值（取决于测量性质的类型）。图 19.2 显示了按上面描述的方法绘制的一个图。

容易证明表示所测性质的曲线在与配合物组成相同的浓度比值处会表现出最大值或最小值。我们可以把平衡常数的表达式重排为：

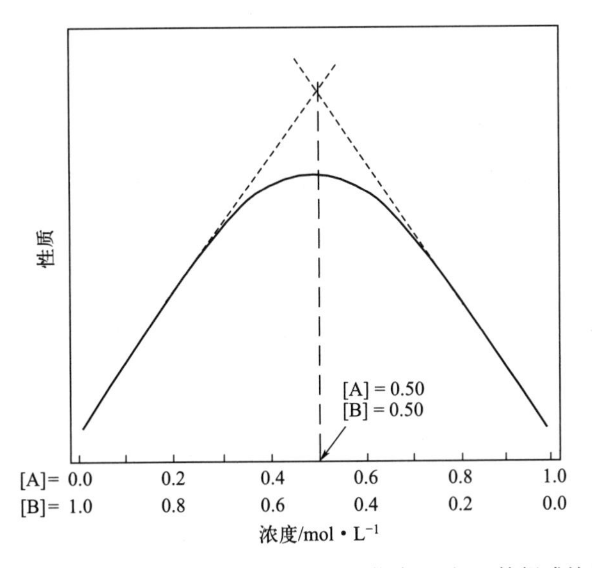

图 19.2 乔布法使用示意图（这个例子的配合物中 A 和 B 的组成比为 1∶1）

$$[AB_m] = K[B]^m[A] \tag{19.10}$$

但是因为 [A]+[B]=C，我们可以写出 [A]=C−[B]，取代上式中的 [A]，得到：

$$[AB_m] = K[B]^m\{C - [B]\} = KC[B]^m - K[B]^{m+1} \tag{19.11}$$

因为要找出随着 B 浓度的变化，配合物的浓度变化是否会经过一个最大值或最小值，我们需要对上式求导，并令其为 0：

$$\frac{d[AB_m]}{d[B]} = 0 = mKC[B]^{m-1} - (m+1)K[B]^m \tag{19.12}$$

这个方程式右边两项相减为零，所以它们是相等的。除以 $K[B]^{m-1}$，我们得到：

$$(m+1)[B] = mC \tag{19.13}$$

展开左式，并代入 C=[A]+[B]，我们发现：

$$m[B] + [B] = m\{[B] + [A]\} = m[B] + m[A] \tag{19.14}$$

从而得到：

$$[B] = m[A] \tag{19.15}$$

或者：

$$m = \frac{[B]}{[A]} \tag{19.16}$$

这个结果表示由固定总浓度的 A 和 B 形成配合物时，在溶液中 A、B 量的比值与配合物组成相同时，配合物的量会出现最大值。

应用这个方法已经成功地确定了溶液中很多配合物的组成。有可能把这个方法延伸到不止一个配合物存在时的情形，但应用起来相当困难。像对数法一样，乔布法也可以应用于其他分子作用的情况，并不局限于配位化合物的形成。两种方法都是基于一个假设，即一种配合物在平衡混合物中是主要的。人们还设计了其他很多方法来确定配合物中金属离子和配体的数目，但这些内容超出了这里对这个问题的介绍范围。

19.3 配位平衡

在前一节中我们描述了经常用于确定溶液中配合物组成的两种方法。我们现在把注意力转移到考虑配合物形成时同时存在的几个平衡。这里描述的被广为使用的方法是詹尼克·贝伦（Jannik Bjerrum）很多年前提出来的，被称为贝伦法。

如果考虑一个用化学式 AB_m 表示的配合物，我们可以把它看作是经过 m 个步骤形成的，用下面的方程式来表示：

$$\text{Step 1：} A+B \rightleftharpoons AB \tag{19.17}$$

$$\text{Step 2：} AB+B \rightleftharpoons AB_2 \tag{19.18}$$

$$\vdots \qquad \vdots$$

$$\text{Step } m\text{：} AB_{m-1}+B \rightleftharpoons AB_m \tag{19.19}$$

对这些反应，我们可以写出如下平衡常数（称为逐级形成或稳定常数）：

$$K_1 = \frac{[AB]}{[A][B]} \tag{19.20}$$

$$K_2 = \frac{[AB_2]}{[AB][B]} \tag{19.21}$$

$$\vdots$$

$$K_m = \frac{[AB_m]}{[AB_{m-1}][B]} \tag{19.22}$$

但在水溶液中，水分子往往用来完成配合物中金属的配位层，使达到一定的配位数，通常是2、4、6。因此，配合物的形成可以用下面的方程式来表示：

$$A(H_2O)_m + B \rightleftharpoons AB(H_2O)_{m-1} + H_2O \tag{19.23}$$

$$AB(H_2O)_{m-1} + B \rightleftharpoons AB_2(H_2O)_{m-2} + H_2O \tag{19.24}$$

$$\vdots$$

$$AB_{m-1}(H_2O) + B \rightleftharpoons AB_m + H_2O \tag{19.25}$$

我们暂时忽略溶剂起作用的事实，用式（19.17）～式（19.19）来表示各级配合物的形成过程。然而，我们不应该忘记，在水溶液中，金属的总配位数为 m，如果 x 个位置与水分子键合，y 个位置结合配体，那么 $x+y=m$。因为常数 K_1、K_2……K_m 表示配合物的形成，它们被称为形成常数。形成常数越大，配合物越稳定。结果，这些常数通常称为稳定常数。

需要注意的是，形成配合物如 AB_3 的逐级平衡常数可以表示为乘积β_3，即：

$$\beta_3=K_1K_2K_3 = \frac{[AB]}{[A][B]} \times \frac{[AB_2]}{[AB][B]} \times \frac{[AB_3]}{[AB_2][B]} = \frac{[AB_3]}{[A][B]^3} \tag{19.26}$$

因此，各个步骤的累积稳定常数β_i 可以表达为几个逐级稳定常数 K_i 的乘积，比如$\beta_2=K_1K_2$，$\beta_4=K_1K_2K_3K_4$。

经常地，人们对配合物的解离比形成更感兴趣。例如：

$$AB_m \rightleftharpoons AB_{m-1} + B \tag{19.27}$$

$$AB_{m-1} \rightleftharpoons AB_{m-2} + B \tag{19.28}$$

$$\vdots$$

$$AB \rightleftharpoons A+B \tag{19.29}$$

显然，这些反应的平衡常数越大，配合物越不稳定。因此，这些反应的平衡常数被称为解离常数或不稳定常数。要记住 AB_m 的第一步解离对应于其最后一步形成反应的逆反应。所以，

如果我们以 k_i 代表不稳定常数，总共涉及六个反应步骤，那么 k_i 与 K_i 值之间的关系为：

$$K_1 = 1/k_6, K_2 = 1/k_5, \cdots, K_6 = 1/k_1 \tag{19.30}$$

要确定溶液中一系列配合物的稳定常数，我们必须确定几个物种的浓度。然后我们必须解比较复杂的方程组来推算平衡常数。有几种实验技术经常用于确定配合物的浓度。例如分光光度法、极谱法、溶解度测量、电势测定法等都可以用，但选择什么实验方法要考虑所要研究的配合物的性质。但基本上我们可以继续如下分析。把每个金属离子结合的配体的平均数定义为 N，表达式为：

$$N = \frac{C_B - [B]}{C_A} \tag{19.31}$$

其中，C_B 为存在于溶液中的配体的总浓度，[B]为自由或未配位的配体的浓度，C_A 为金属离子 A 的总浓度。C_B–[B] 表示在平衡混合物中结合在所有配合物里面的 B 的浓度。因为 1mol [AB_2] 中含有 2mol B，1mol [AB_3] 中含有 3mol B，以此类推，所以结合 B 的浓度可以写作：

$$C_B - [B] = [AB] + 2[AB_2] + 3[AB_3] + \cdots \tag{19.32}$$

金属的总浓度是自由金属的浓度加上在各种配合物中结合的所有金属的浓度：

$$C_A = [A] + [AB] + [AB_2] + [AB_3] + \cdots \tag{19.33}$$

因此，将式（19.32）中的 C_B–[B] 和式（19.33）中的 C_A 代入 N 的表达式，得到：

$$N = \frac{[AB] + 2[AB_2] + 3[AB_3] + \cdots}{[A] + [AB] + [AB_2] + [AB_3] + \cdots} \tag{19.34}$$

计算稳定常数的下一步就是用各个配合物的形成平衡常数来表示其浓度。我们从每个平衡常数表达式求解得到配合物的浓度。例如，第一步的平衡常数为：

$$K_1 = \frac{[AB]}{[A][B]} \tag{19.35}$$

因此解得配合物的浓度为：

$$[AB] = K_1[A][B] \tag{19.36}$$

对配合物 AB_2：

$$K_2 = \frac{[AB_2]}{[AB][B]} \tag{19.37}$$

因此：

$$[AB_2] = K_2[AB][B] = K_1K_2[A][B]^2 \tag{19.38}$$

用同样的方法可以证明：

$$[AB_3] = K_1K_2K_3[A][B]^3 \tag{19.39}$$

其他配合物的浓度表达式可以用类似的方法得到。这些表达式可以代入式（19.34）中，得到：

$$N = \frac{K_1[A][B] + 2K_1K_2[A][B]^2 + 3K_1K_2K_3[A][B]^3 + \cdots}{[A] + K_1[A][B] + K_1K_2[A][B]^2 + K_1K_2K_3[A][B]^3 + \cdots} \tag{19.40}$$

这个式子的分子、分母中的每一项都除以[A]，得到一个更有用的式子：

$$N = \frac{K_1[B] + 2K_1K_2[B]^2 + 3K_1K_2K_3[B]^3 + \cdots}{1 + K_1[B] + K_1K_2[B]^2 + K_1K_2K_3[B]^3 + \cdots} \tag{19.41}$$

从这个式子可以看到每个金属离子结合的平均配体数仅仅取决于各配合物的稳定常数和自由或未配位的配体在溶液中的浓度 [B]。要计算 m 个稳定常数（K_1、K_2……K_m），我们需要 m 个 N 值，每个在不同但确定的[B]时测得。结果产生有 m 个未知数（稳定常数）的 m 个方程，可以用标准的数值、图解或计算机等技术进行解答。历史上，这个数据分析工作表现出相当大的挑战性，特别是考虑到实验数据使用方面的局限性。现在可以获得高精确度的数据，用先进的可编程计算器解答这一系列的方程变得容易处理，但并不总是如此。

一系列的稳定常数可以看作是相关配合物稳定性顺序的度量，不过在此之前还要进一步考虑一个问题。这个问题源自这样的事实，如果考虑一个配合物，比如 $M(H_2O)_N$，有 N 个可能的配位点可供第一个配体 B 进入。因此，B 进入一个配位点的可能性与 N 成正比。也就是说，第一个进入配体有 N 个配位点可与金属配位。第二个配体只有 $N-1$ 个配位点，而在随后的取代过程的某一时刻，配合物可以写作 $MB_m(H_2O)_{N-m}$。如果配体进入所有配位点的可能性相同（也就是没有立体位阻），那么下一个配体进入金属配位层的概率与 $N-m$ 成正比。第一个、第二个、第三个……最后一个配体进入配位层的概率可以用下列分数来表示：

$$\frac{N}{1},\frac{N-1}{2},\cdots,\frac{N-m+1}{m},\frac{N-m}{m+1},\cdots,\frac{2}{N-1},\frac{1}{N} \tag{19.42}$$

记住在这个例子中，配位点的总数为 N。两个连续 K 值与相应配合物的形成概率差别是互相关联的，因此，我们可以写出：

$$\frac{K_m}{K_{m+1}}=\frac{(N-m+1)(m+1)}{m(N-m)} \tag{19.43}$$

各个配合物的形成平衡常数在扣除形成概率的差别之后应当是相等的。K_m 所反映的最终配合物的稳定性与中间配合物的形成概率不相等没有关系。如果我们把扣除掉形成概率差别后的平衡常数用 K'表示，那么我们会发现：

$$K_1K_2\cdots K_m=K_1'K_2'\cdots K_m' \tag{19.44}$$

从这个方程我们发现平衡常数的平均值 K 可以用两种平衡常数之中任一种的乘积的 m 次方根来表示：

$$K=(K_1K_2\cdots K_m)^{1/m}=(K_1'K_2'\cdots K_m')^{1/m} \tag{19.45}$$

然而，理论上经统计学校正的平衡常数值 K'各步都是相同的，因此：

$$(K_1K_2\cdots K_m)^{1/m}=K_1'=K_2'=\cdots=K_m' \tag{19.46}$$

我们现在有足够数量的条件来确定测量的平衡常数 K_1、K_2……K_m 和统计学校正的平衡常数 K_1'、K_2'…… K_m' 之间的关系。适用于大多数常见配位数时实验稳定常数的统计学校正因子列于表 19.1 中。

表 19.1 统计学校正的稳定常数

配位数 N	校正稳定常数 K'					
	K_1'	K_2'	K_3'	K_4'	K_5'	K_6'
2	$K_1/2$	$2K_2$				
4	$K_1/4$	$2K_2/3$	$3K_3/2$	$4K_4$		
6	$K_1/6$	$2K_2/5$	$3K_3/4$	$4K_4/3$	$5K_5/2$	$6K_6$

一系列配合物的稳定常数与其他性质之间有很多联系。例如，配体的碱性、离子半径、偶极矩和其他性质已知与配合物的稳定常数有关。但是，在进行比较之前，稳定常数应该进行统计学校正，以考虑连续形成的配合物形成概率不相同的事实。

另外还有一个问题，解决起来不是这么简单。考虑一个金属离子 M^{3+}的水配合物$[M(H_2O)_6]^{3+}$与 Cl^-的反应，其第一步和最后一步的反应式为：

$$[M(H_2O)_6]^{3+} + Cl^- \longrightarrow [M(H_2O)_5Cl]^{2+} + H_2O \tag{19.47}$$

$$[M(H_2O)Cl_5]^{2-} + Cl^- \longrightarrow [MCl_6]^{3-} + H_2O \tag{19.48}$$

注意在第一个反应中，Cl^-是接近一个总电荷为+3 的水配合物。在第二个反应中，Cl^-接近的一水五氯合配合物已经带有负电荷（−2），这在静电作用上是不利的。因此，即使是对稳定常数做了统计学校正，$[M(H_2O)_5Cl]^{2+}$和$[MCl_6]^{3-}$形成的可能性（K_1 和 K_6 值）还是有很大差别。

这是一个难题。首先，带电荷的物种被水分子隔开，被介电常数为ε的介质分开的带电离子之间的作用力是：

$$F = \frac{q_1 q_2}{\varepsilon r^2} \tag{19.49}$$

其中，q_1 和 q_2 是粒子上的电荷，ε是分隔粒子的介质的介电常数，r 是分隔距离。但是，金属离子被配位水分子包围，这些水分子的介电常数与大量溶剂水的介电常数是不同的，因为配位水分子以特别的方式排列，而且，金属离子的高电荷密度会诱导配位水分子产生更大的电荷分离。这样一来，对 $[M(H_2O)_5Cl]^{2+}$ 和 $[MCl_6]^{3-}$ 形成趋势的差别进行补偿现在成了我们一个棘手的问题。事实上，虽然有必要知道存在着那样的差别，但是详细处理这个问题超出了本书的范围。

19.4 分布图

如果我们知道一个金属离子和几个配体之间形成的一系列配合物的稳定常数，我们就获得了计算平衡中所有物种浓度的必需信息。例如，我们可以假定金属离子 M 与配体 X 在平衡时形成了几种配合物。这里还假设金属离子的配位数为 4，其他配位数的配合物处理程序与下面阐述的相同。我们可以按前述方法获得每个配合物的浓度，也就是：

$$[MX] = K_1[M][X] \tag{19.50}$$

$$[MX_2] = K_1K_2[M][X]^2 \tag{19.51}$$

$$[MX_3] = K_1K_2K_3[M][X]^3 \tag{19.52}$$

$$[MX_4] = K_1K_2K_3K_4[M][X]^4 \tag{19.53}$$

金属离子的总浓度 C_M 是自由（未配位）的金属离子和所有配合物中结合的金属离子的加和。可以表示为：

$$C_M = [M] + [MX] + [MX_2] + [MX_3] + [MX_4] \tag{19.54}$$

代入式（19.50）～式（19.53）中各配合物的浓度，得到：

$$C_M = [M] + K_1[M][X] + K_1K_2[M][X]^2 + K_1K_2K_3[M][X]^3 + K_1K_2K_3K_4[M][X]^4 \tag{19.55}$$

累积平衡常数是截止到该步骤的各个逐级稳定常数的乘积，用β_i表示，与 K 值的相关性如下列方程式所示：

$$\beta_1 = K_1 \tag{19.56}$$

$$\beta_2 = K_1K_2 \tag{19.57}$$

$$\beta_3 = K_1K_2K_3 \tag{19.58}$$

$$\beta_4 = K_1K_2K_3K_4 \tag{19.59}$$

代入式（19.55）中的稳定常数乘积并提取出因子 [M]，得到：

$$C_M = [M]\left(1+\beta_1[X]+\beta_2[X]^2+\beta_3[X]^3+\beta_4[X]^4\right) \quad (19.60)$$

金属离子结合于各配合物中的分数以及自由金属离子的分数现在可以计算出来了。自由金属离子没有配体配位，所以用 α_0 表示，而键合一个配体的表示为 α_1，依此类推。因此：

$$\alpha_0 = \frac{\text{自由金属浓度}}{\text{金属总浓度}} = \frac{[M]}{[C_M]} \quad (19.61)$$

取代之后，得到：

$$\alpha_0 = \frac{1}{1+\beta_1[X]+\beta_2[X]^2+\beta_3[X]^3+\beta_4[X]^4} \quad (19.62)$$

虽然这个分数对应的金属离子不在配合物中，但是各个配合物中金属离子的分数可以表达为：

$$\alpha_1 = \frac{[MX]}{C_M} = \beta_1[X]\alpha_0 \quad (19.63)$$

$$\alpha_2 = \frac{[MX_2]}{C_M} = \beta_2[X]^2\alpha_0 \quad (19.64)$$

$$\alpha_3 = \frac{[MX_3]}{C_M} = \beta_3[X]^3\alpha_0 \quad (19.65)$$

$$\alpha_4 = \frac{[MX_4]}{C_M} = \beta_4[X]^4\alpha_0 \quad (19.66)$$

这些方程式中 [X] 是自由配体的浓度。通过这五个关于自由金属离子和配合物的分数的表达式，可以改变 [X] 并计算出每个配位环境状态下金属离子的分数。

表示每个含金属物种与自由配体浓度的关系的图称为分布图。作为说明分布图绘制的一个例子，我们来考虑 Cd^{2+}与 NH_3 反应建立的平衡。忽略反应中的水，各步骤可以表示如下：

$$Cd^{2+} + NH_3 \rightleftharpoons Cd(NH_3)^{2+} \quad (19.67)$$

$$Cd(NH_3)^{2+} + NH_3 \rightleftharpoons Cd(NH_3)_2^{2+} \quad (19.68)$$

$$Cd(NH_3)_2^{2+} + NH_3 \rightleftharpoons Cd(NH_3)_3^{2+} \quad (19.69)$$

$$Cd(NH_3)_3^{2+} + NH_3 \rightleftharpoons Cd(NH_3)_4^{2+} \quad (19.70)$$

形成镉氨配合物的这四个步骤的平衡常数为：K_1=447，K_2=126，K_3=27.5，K_4=8.51。使用这些数值，得到累积稳定常数为：β_1=447，$\beta_2=5.63\times10^4$，$\beta_3=1.55\times10^6$，$\beta_4=1.32\times10^7$。通过设定一系列自由 NH_3 的已知浓度，可以用式（19.63）～式（19.66）计算含金属物种的分数 α_i。配体浓度的范围必须仔细地根据稳定常数值来选择。在这个例子中，NH_3 浓度范围是从 10^{-5}mol・L^{-1} 到 1mol・L^{-1}，并用 pNH_3 表示，相应范围是从 5 到 0。这些计算得到的值示于表 19.2 中。Cd^{2+}-NH_3 系统中各个平衡形成的配合物的分布图示于图 19.3 中。

表 19.2　含 NH_3 溶液中 Cd^{2+}配合物的平衡浓度

pNH_3	α_0	α_1	α_2	α_3	α_4
5.00	0.996	0.004	0.0	0.0	0.0
4.50	0.986	0.014	0.0	0.0	0.0
4.00	0.957	0.043	0.0	0.0	0.0
3.50	0.872	0.123	0.005	0.0	0.0
3.00	0.665	0.297	0.037	0.001	0.0
2.75	0.505	0.401	0.090	0.004	0.0
2.50	0.330	0.467	0.186	0.016	0.0

续表

pNH_3	α_0	α_1	α_2	α_3	α_4
2.40	0.265	0.472	0.237	0.026	0.001
2.25	0.179	0.450	0.319	0.049	0.002
2.00	0.079	0.350	0.441	0.121	0.010
1.75	0.027	0.217	0.485	0.237	0.036
1.60	0.013	0.145	0.458	0.317	0.068
1.50	0.007	0.106	0.421	0.367	0.099
1.25	0.002	0.041	0.291	0.451	0.216
1.00	0.0	0.013	0.162	0.446	0.379
0.75	0.0	0.0	0.075	0.367	0.555
0.50	0.0	0.0	0.030	0.262	0.707
0.25	0.0	0.0	0.011	0.171	0.818
0.00	0.0	0.0	0.004	0.105	0.891

注：$pNH_3=-\lg[NH_3]$。如果 $pNH_3=2.00$，则$[NH_3]=10^{-2}mol\cdot L^{-1}$；$pNH_3=0.50$，则$[NH_3]=0.316mol\cdot L^{-1}$。

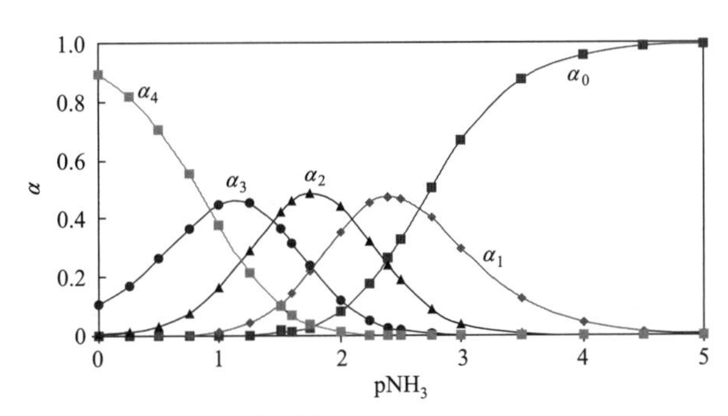

图 19.3　用表 19.2 中的数据绘制的 Cd^{2+}配合物与 NH_3 关系的分布图

这个分布图显示，在非常低浓度的 NH_3 的时候，Cd^{2+}几乎完全以自由离子的形式存在。另外，当 NH_3 浓度为 $1mol\cdot L^{-1}$ 时，主要物种是 $[Cd(NH_3)_4]^{2+}$。对中间浓度的 NH_3，几种物种都存在，但它们的分数加和必须为 1，即 Cd^{2+}的全部分数，因为各个配合物中所有的 Cd^{2+}都必须考虑。按照勒夏特列原理，增大 NH_3 的浓度会使得反应平衡式（19.67）～式（19.70）表示的系统向右移动。上面描述的过程也可以用来构建多元酸如 H_3PO_4 解离反应的分布图，也就是确定 H_3PO_4、$H_2PO_4^-$、HPO_4^{2-} 和 PO_4^{3-} 的浓度与 $[H^+]$ 或 pH 值的关系。应当指出确定配合物的稳定性很多年以来一直是一个重要的研究领域，有大量这方面的研究文献。多年来被奉为经典的一本研究专著是由罗塞蒂和罗塞蒂（Rossotti and Rossotti，1961）所著的一本书，见本章结尾的参考文献部分。

19.5 影响配合物稳定性的因素

配位键的形成是电子对给予和接受的结果。这个结果本身提示我们，如果一个特定的电子给体与一系列金属离子（电子受体）反应，配位键的稳定性将会随着金属离子的酸性不同而有一些变化。相反地，如果考虑一个特定的金属离子，它与一系列电子对给体（配体）形成的配合物的稳定性也会有差异。事实上，有几个因素会影响金属离子和配体形成的配合物的稳定性，现在我们来描述其中一些因素。

建立配合物稳定性与金属离子和配体性质之间的关联并不是一件新鲜事。早前建立的一个关联显示，对很多类型的配体来说，它们与第一过渡系金属的+2 价离子形成的配合物的稳定性按下列顺序变化：

$$Mn^{2+} < Fe^{2+} < Co^{2+} < Ni^{2+} < Cu^{2+} > Zn^{2+}$$

图 19.4 表示这些金属离子与其 $EDTA^{4-}$配合物形成常数 K_1 的对数之间的关系。图中显示，这些配合物的稳定性的总体顺序和上述金属离子顺序是一致的。这个与金属离子有关的配合物稳定性顺序称为欧文-威廉姆斯序列（Irving-Williams series）。这些金属离子与很多其他类型配体形成的配合物在稳定性上显示出相似的趋势。

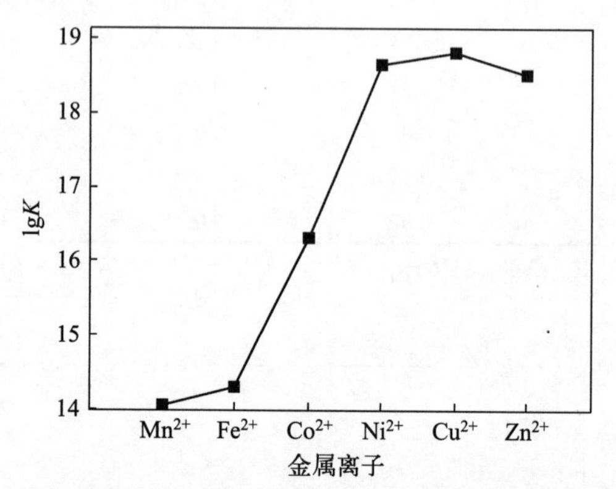

图 19.4　金属离子的性质对其 $EDTA^{4-}$配合物稳定性的影响

金属离子路易斯酸性的一个测量方法是它与电子对的亲和力，这种亲和力越大，金属离子形成配合物的稳定性就越大。然而，从金属原子移去电子生成离子与金属原子对电子的吸引能力也是相关的。所以，寻找几种金属和一个给定配体的配合物的稳定常数与产生金属离子所需的离子化总能量之间的关联是合理的。第一过渡系金属离子在溶液中和乙二胺（en）反应形成稳定配合物。我们将只考虑配合物形成过程的前两步，可以用下式表示：

$$M^{2+} + en \rightleftharpoons M(en)^{2+} \qquad K_1 \tag{19.71}$$

$$M(en)^{2+} + en \rightleftharpoons M(en)_2^{2+} \qquad K_2 \tag{19.72}$$

以 $\lg K_1$ 对金属第一和第二电离能的加和作图，结果如图 19.5 所示。显然，对于除 Zn^{2+}之外的其他金属离子来说都是线性关系，Zn^{2+}配合物的稳定性比 Cu^{2+}配合物的稳定性低得多。这些结果与前面描述的欧文-威廉姆斯序列是相符的。用 $\lg K_2$ 对总电离能作图时，得到特征完全相同的图，示于图 19.6 中。

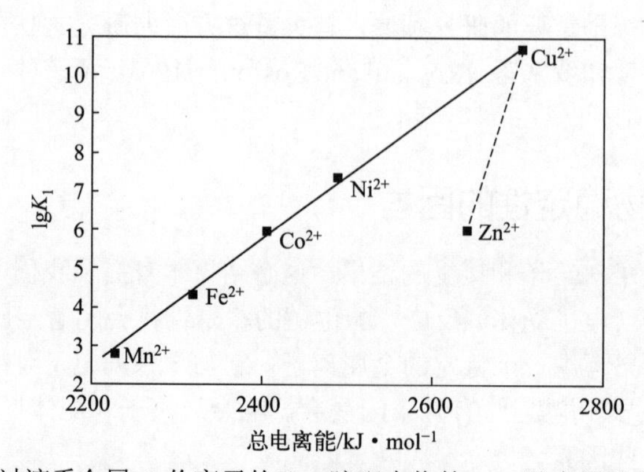

图 19.5　第一过渡系金属+2 价离子的乙二胺配合物的 $\lg K_1$ 随金属总电离能的变化图

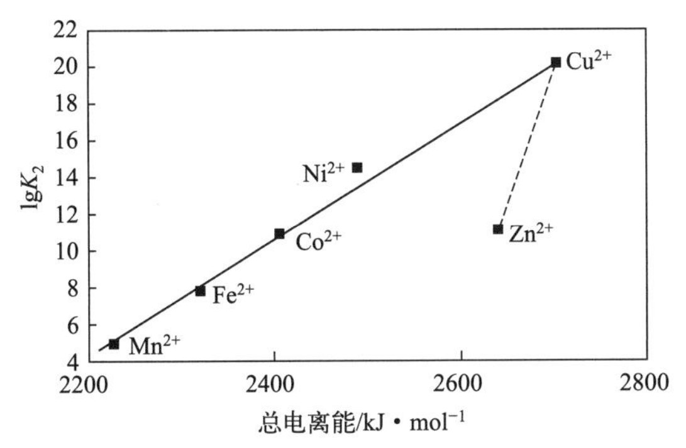

图 19.6　第一过渡系金属+2 价离子的 $M(en)_2^{2+}$配合物的 $\lg K_2$ 随金属总电离能的变化图

涉及一个金属离子与一系列配体的另一类关联是由 Ag^+和很多胺类的配合物确定的，相应的反应如下所示：

$$Ag^+ + :B \rightleftharpoons Ag^+ :B \qquad K_1 \tag{19.73}$$

$$Ag^+ :B + :B \rightleftharpoons B:Ag^+ :B \qquad K_2 \tag{19.74}$$

其中 B 是一个胺类配体。像胺类配体这样的碱，其给出电子对的能力决定了它对 H^+的碱性：

$$H^+ + :B \rightleftharpoons H^+ :B \qquad K_B \tag{19.75}$$

所以在碱的 K_B 值与其银配合物的稳定常数之间应当有某种关联。考虑一系列具有相似结构的胺类配体的碱性，发现在 K_B 与 K_1 之间有相当好的关联性。这表明配体对 H^+的碱性越强，它与 Ag^+形成的配合物越稳定。伯胺和仲胺通常遵循这个关联规律。但是，如果考虑一个不同类型的配体，例如吡啶，它对 H^+的碱性和它形成 Ag^+配合物的稳定性之间就没有关联。一个原因是 H^+是硬路易斯酸，但 Ag^+是软的，所以不同特性的碱是在用两种类型的平衡常数衡量。实际上，吡啶和 Ag^+之间的键有相当大的共价性和π键特点，对 H^+来说则不可能是这样。虽然我们讨论的平衡常数关联性涉及的是 Ag^+配合物，但对其他金属配合物的关联性也做出过（或者尝试过）讨论。

影响一系列金属的配合物的稳定常数趋势的另一个因素是晶体场稳定化能。如第 17 章所述，第一过渡系金属的+2 价离子的水配合物的水合热比基于离子大小和电荷预测的水合热更高，反映了晶体场稳定化能的影响。像在 17.4 节讨论的那样，晶体场稳定化能也会引起水以外其他配体的配合物稳定性增大。这是普遍存在于很多类型配合物的稳定性影响因素。通过反馈作用形成π键的配体通常也是强场配体，这也成为考虑配合物总的稳定性时额外需要考虑的。

第 9 章讨论了软硬酸碱（HSAB）原理，以及这个原理的众多应用。这个原理在配位化学中也是很重要的。高氧化态的第一过渡系金属具有硬路易斯酸的特点（小尺寸、高电荷），因此类似于 Cr^{3+}、Fe^{3+}和 Co^{3+}的离子是硬的路易斯酸，最适合与硬的路易斯碱成键。如果有机会与 NH_3 或 PR_3 成键，这些金属离子将与较硬的碱 NH_3 形成更稳定的键。而 Cd^{2+}则与 PR_3 形成更强的键，因为这是更有利的软酸、软碱相互作用。

硫氰酸根离子为上述观点提供了一个有趣的检验。在 SCN^-中，硫原子被认为是一个软的电子给体，而氮原子是一个硬得多的电子给体。因此，Pt^{2+}键合 SCN^-的硫原子，而 Cr^{3+}键合氮原子。不带电荷的金属原子被认为是软的电子受体，它们与软的配体如 CO、H^-和 PR_3 形成配合物。我们在后面几章将会看到很多这样的配合物实例。另外，我们可以预期不带电荷的金属原子和 NH_3 形成的配合物是不稳定的。

有关这些稳定性变化趋势的实验观察进行了很多年，在 20 世纪 50 年代，阿兰德（S. Ahrland）、查特（J. J. Chatt）和戴维斯（M. Davies）提出了一种基于对配位原子的选择性结合的金属分类方法。A 类金属优先与配位原子在周期表第一长周期的配体作用。例如，它们倾向于结合 N 而不是 P 配位原子。B 类金属是那些与第二长周期配位原子结合更好的金属。例如，一个 B 类金属与 P 的成键比与 N 的成键更好。下面汇总了金属原子按这个分类法的表现：

	配位原子强度
A 类金属	$N \gg P > As > Sb > Bi$
	$O \gg S > Se > Te$
	$F > Cl > Br > I$
B 类金属	$N \ll P > As > Sb > Bi$
	$O \ll S \approx Se \approx Te$
	$F < Cl < Br < I$

可见，软硬酸碱原理表现方式的分类方法在时间上比软硬酸碱原理的发现早了将近一个世纪，现在看起来似乎已经是很显然的事情了。

与软硬酸碱原理明显矛盾的一个例子涉及配合物 $[Co(NH_3)_5NCS]^{2+}$和 $[Co(CN)_5SCN]^{3-}$。第一个配合物中，硫氰酸根离子通过氮原子与 Co^{3+}键合，就像预期的那样。但是在第二个配合物中，SCN^-通过硫原子与 Co^{3+}键合，并且这种键合方式是稳定的。这些配合物的差别在于其他五个配体对金属离子的影响上。在 $[Co(NH_3)_5NCS]^{2+}$ 中，Co^{3+}是硬路易斯酸，五个 NH_3 分子是硬碱，因此，Co^{3+}作为硬的电子对受体的特性没有改变。在 $[Co(CN)_5SCN]^{3-}$ 中，五个 CN^-配体是软碱，以至于 Co^{3+}与这些软碱的结合会改变 Co^{3+}的特性，对 SCN^-表现为软的电子对受体。换句话说，键合五个软配体的 Co^{3+}不同于键合五个硬配体的 Co^{3+}。这种作用称为共生效应。

有趣的是，虽然 NH_3（$K_b=1.8\times10^{-5}$）是比吡啶（$K_b=1.7\times10^{-9}$）更强的碱，但是它们的配合物的稳定常数往往并没有像碱常数那样表现出那么大的差别，当金属来自于第二或第三过渡系时尤其如此。似乎对于吡啶来说，它是一个软的电子对给体，与金属配位时有形成双键的趋势，成键时环上的电子分布类似于醌类结构。这种趋势对 NH_3 来说是不可能的，因为它没有其他电子对可用于形成多重键，也没有空的低能量轨道以接受电子。

虽然 NH_3 和乙二胺 $H_2NCH_2CH_2NH_2$ 的碱性是相似的，但是 en 形成的配合物稳定得多。这意味着反应式（19.76）所生成的螯合物比反应式（19.77）生成的配合物更稳定：

$$M^{2+} + 2en \rightleftharpoons M(en)_2^{2+} \tag{19.76}$$

$$M^{2+} + 4NH_3 \rightleftharpoons M(NH_3)_4^{2+} \tag{19.77}$$

因为乙二胺形成螯合环，其配合物相对于 NH_3 配合物增大的稳定性被称为螯合效应。两个配体的配位原子都是氮原子，配合物稳定性的差别与金属离子和氮原子之间键的强度是无关的。

反应的平衡常数和自由能之间有如下关系式：

$$\Delta G = \Delta H - T\Delta S = -RT\ln K \tag{19.78}$$

从这个方程式中显然可以看到，ΔH 负得越多，ΔG 也会负得越多，K 值则会越大。由于两种类型的配合物中金属离子和配体之间的键数目相等，强度相当，因此ΔH 大致是相等的，不论配合物中配体是 NH_3 还是 en。不同的是熵变ΔS。当四个 NH_3 分子进入金属离子的配位层时，四个水分子离开配位层，因此，配合物形成前后“自由”分子的数目相等，ΔS 大约为 0。而当两个 en 分子进入金属离子的配位层时，四个水分子被取代，自由分子的数目增大，系统的混乱程度（熵）增大。这个正的ΔS 值（出现于$-T\Delta S$ 项）引起ΔG 值更负（K 值更大）。因此，螯合效应是单齿配体被取代而形成螯合环时ΔS 为正值导致的结果，是一个熵效应。作为螯合效应的结果，下面的反应的平衡常数大约为 10^9，尽管ΔH 值很小：

$$[Ni(NH_3)_6]^{2+} + 3en \rightleftharpoons [Ni(en)_3]^{2+} + 6NH_3 \tag{19.79}$$

因为螯合效应，可以从金属配位层中取代两个或更多个水分子的配体通常形成稳定的配合物。形成非常稳定配合物的一个配体是乙二胺四乙酸根阴离子（$EDTA^{4-}$）：

$$(^{-}OOC-CH_2)_2\ddot{N}CH_2CH_2\ddot{N}(CH_2-COO^{-})_2$$

这个离子有六个配位点，所以在水溶液中进行反应时，一个 $EDTA^{4-}$取代六个水分子，形成的配合物具有非常大的稳定常数。这个配体广泛应用于分析化学，通过配位滴定确定金属离子的浓度。因为结合金属离子非常牢固，$EDTA^{4-}$（以 Na_4EDTA、$Na_2CaEDTA$ 或 Ca_2EDTA 的形式）被加入沙拉酱中。金属离子催化氧化反应，导致食物腐败，但 $EDTA^{4-}$加入后，与金属离子非常有效地结合，使它们不能扮演不需要的氧化反应的催化剂的角色。很多金属离子，包括主族金属离子，例如 Mg^{2+}、Ca^{2+}和 Ba^{2+}，可以有效地被 $EDTA^{4-}$或 H_2EDTA^{2-}配位（或屏蔽）。

注意螯合环的存在是决定配合物稳定性的一个因素，而且环的大小也是重要的。研究表明，五元或六元螯合环通常比其他多元环更稳定。例如，化学式为 $H_2N(CH_2)_nNH_2$（n=2,3,4）的系列配体与同一金属离子形成配合物时，最稳定的配合物是乙二胺（$n = 2$）形成的，它所形成的是五元螯合环。如果是 n=3 的 1,3-二氨基丙烷，形成的配合物具有六元环，稳定性比 en 配合物差。n=4 的配体（1,4-二氨基丁烷）更不稳定。类似的情况存在于二羧酸阴离子$^{-}OOC-(CH_2)_n-COO^{-}$（其中 n=0,1,⋯）的配合物中。

环的大小重要，环的结构也是重要的。乙酰丙酮（2,4-戊二酮）会采取烯醇化反应：

$$CH_3-\overset{\overset{:O:}{\|}}{C}-CH_2-\overset{\overset{:O:}{\|}}{C}-CH_3 \rightleftharpoons CH_3-\overset{\overset{:O:\cdots H-\ddot{O}:}{\|\qquad\quad |}}{C-CH=C}-CH_3 \tag{19.80}$$

使一个质子很容易除去而产生乙酰丙酮基阴离子（简称为 acac）：

$$CH_3-\overset{\overset{:O:}{\|}}{C}-CH=\overset{\overset{:\ddot{O}:^{-}}{|}}{C}-CH_3$$

这个阴离子用两个氧原子键合一个金属离子时，形成一个平面六元环，其中有两个双键，如果结合金属离子的键有一个具有某种双键特点的话，将会形成共轭体系，如下所示：

$$H_3C-C(=O\rightarrow M)-CH=C(-O-M)-CH_3 \longleftrightarrow H_3C-C(-O=M)=CH-C(=O\rightarrow M)-CH_3 \tag{19.81}$$

这些结构都只显示了一个螯合环，但是配合物中通常会有两个或三个环，取决于金属是+2 还是+3 价以及配位数是 4 还是 6。这些环有相当大的芳环性质，使配合物稳定。而且，这样的配合物通常是电中性的，没有其他阴离子存在。这对稳定性也是有贡献的，因为没有阴离子（往往是潜在的配体，某些情况下，可以作氧化剂或还原剂）与 acac 配体竞争。所有这些因素导致配合物如此稳定，以至于其中有些配合物甚至可以在汽化时不产生严重分解。另外，螯合环足够稳定到允许在环上发生反应而不会影响配合物。其中一种反应是溴化作用，如下所示：

$$Br_2 + \begin{array}{c} H_3C \\ \diagdown \\ C{=}O \\ \diagup \quad \diagdown \\ HC \qquad M \\ \diagdown\diagdown \quad \diagup\diagup \\ C{-}O \\ \diagup \\ H_3C \end{array} \longrightarrow \begin{array}{c} H_3C \\ \diagdown \\ C{-}O \\ \diagup\diagup \quad \diagdown\diagdown \\ BrC \qquad M \\ \diagdown \quad \diagup \\ C{=}O \\ \diagup \\ H_3C \end{array} + HBr \qquad (19.82)$$

类似这样的反应是亲电取代反应，其他亲电试剂如 NO_2^-、CH_3CO^-、CHO^-等可以在环上被取代而不会破坏配合物。这种化学行为说明这类配合物极为稳定。显然螯合环中键的性质与环的大小同样重要。后面几章还将看到配体的其他反应。

拓展学习的参考文献

Christensen, J.J., Izatt, R.M., 1970. *Handbook of Metal Ligand Heats*, Marcel Dekker, New York. A compendium of thermodynamic data for the formation of an enormous number of complexes.

Connors, K.A., 1987. *Binding Constants: The Measurement of Molecular Complex Stability*, Wiley, New York. An excellent discussion of the theory of molecular association as well as the experimental methods and data treatment. Deals with the association of many types of species in addition to metal complexes. Highly recommended.

Furia, T.E., 1972. *Sequestrants in foods in CRC Handbook of Food Additives*, 2nd ed., CRC Press, Boca Raton, FL. Chapter 6, Comprehensive tables of stability constants for many complexes of organic and biochemical ligands of metals.

Leggett, D.J. (Ed.), 1985. *Computational Methods for the Determination of Formation Constants*, Plenum Press, New York. A high level presentation of the theory of complex equilibria and computer programs for mathematical analysis.

Martell, A.E. (Ed.), 1971. *Coordination Chemistry*, vol. 1, Van Nostrand-Reinhold, New York. This is one of the American Chemical Society Monograph Series. Chapter 7 by Hindeman, J.C., and Sullivan, J.C. and Chapter 8 by Anderegg, G., deal with equilibria of complex formation.

Martell, A.E., Motekaitis, R.J., 1992. *Determination and Use of Stability Constants*, 2nd ed., John Wiley, New York. An excellent treatment of stability constants including methods of calculation and computer programs.

Pearson, R.G., 1968. *J. Chem. Educ.* 45, 581, 643. Two elementary articles on applications of the hard-soft interaction principle by its originator.

Rossotti, F.J.C., Rossotti, H., 1961. *Determination of Stability Constants*, McGraw-Hill, New York. Probably the most respected treatise on stability constants and experimental methods for their determination.

Rossotti, H., 1978. *The Study of Ionic Equilibria in Aqueous Solutions*, Longmans, New York. A wealth of information on the equilibria of complex formation.

www.adasoft.co.uk/scdbase/scdbase.htm An IUPAC data base of stability constants and distribution diagrams. This is just one of many web sites where tables of stability constants can be found.

习题

1. 对下列每个金属离子，预测可以与哪个配体形成更稳定的配合物，解释你的选择：

（a）Cr^{3+}与 NH_3 或 CO

（b）Hg^{2+}与$(C_2H_5)_2S$ 或$(C_2H_5)_2O$

（c）Zn^{2+}与 $H_2NCH_2CH_2NH_2$ 或 $H_2N(CH_2)_3NH_2$

（d）Ni^0 与$(C_2H_5)_2O$ 或 PCl_3

（e）Cd^{2+}与 Br^-或 F^-

2. 乙酰丙酮基离子与很多金属离子形成非常稳定的配合物，但是乙酸根离子不会。解释它们在配位表现上的差别。

3. 你估计 $S_2O_3^{2-}$ 怎样与 Cr^{3+}成键？假设其他配体都是 H_2O。假如其他配体都是 CN^-，情况有什么不同？解释你的答案。

4. 对于氨与 Ag^+形成的配合物，$K_1=6.72\times10^3$，$K_2=2.78\times10^3$。当自由 NH_3 的浓度是 $3.50\times10^{-4}mol \cdot L^{-1}$时，每个金属离子结合的配体的平均数目是多少？

5. 对 Ag^+与 NH_3 形成的配合物，使用第 4 题给出的信息，当每个金属离子结合的配体平均数为 1.65 时，确定自由 NH_3 的浓度。

6. 下面所示为乙二胺的金属配合物的稳定常数：

金属离子	$\lg K_1$	$\lg K_2$	$\lg K_3$
Co^{2+}	5.89	4.83	3.10
Ni^{2+}	7.52	6.28	4.27
Cu^{2+}	10.55	9.05	−1.0

7. 对于下列每对配体，预测哪个可以和给定金属形成更稳定的配合物：

（a）Cr^{3+}与 $C_6H_5—O^-$或 o-$O^-—C_6H_4—CHO$

（b）Fe^{2+}与$(C_2H_5)_2O$ 或$(C_2H_5)_2S$

（c）Zn^{2+}与 $CH_3C(O)CH_2C(O)CH_3$ 或 $CH_3C(O)CH_2CH_2C(O)CH_3$

（d）Cr^{3+}与 NR_3 或 PR_3（R 为烃基）

（e）Ni^0 与 C_5H_5N 或 PR_3

8. 下列每对配体中，哪个可以和第一过渡系金属，如 Cr^{3+}，形成更稳定的配合物：

（a）$H_2NCH_2CH_2NH_2$ 或 $H_2NCH_2CH_2CH_2NH_2$

（b）$(CH_3)_3N$ 或 $H_2NCH_2CH_2NH_2$

（c）$H_2PCH_2CH_2PH_2$ 或 $H_2NCH_2CH_2NH_2$

（d）$CH_3C(O)CH_2C(O)CH_3$ 或 $H_2NCH_2CH_2NH_2$

9. 吡啶（C_5H_5N）与 Ag^+形成配合物，如下所示：

$$Ag^+ + py \rightleftharpoons Ag(py)^+ \quad K_1 = 2.40\times10^2$$

$$Ag(py)^+ + py \rightleftharpoons Ag(py)_2^+ \quad K_2 = 9.33\times10^1$$

当自由 py 的浓度为 2.50×10^{-4} mol • L^{-1}时，每个金属离子结合的配体平均数是多少？

10. 一个配合物按下列反应方程式形成：

$$xA + yB \rightleftharpoons A_xB_y$$

在不同的 A 和 B 浓度时，测得配合物的浓度如下：

[A]/mol • L^{-1}	[B]/mol • L^{-1}	$[A_xB_y]$/mol • L^{-1}
0.200	0.250	0.0467
0.200	0.400	0.191
0.200	0.750	1.26
0.240	0.220	0.0459
0.420	0.220	0.141
0.700	0.220	0.391

使用这些数据，确定配合物的 x 和 y 值。

11. 当 Cd^{2+}与 Cl^-形成配合物时，稳定常数为：K_1=20.9；K_2=7.94；K_3=1.23；K_4=0.355。使用本章所描述的方法确定氯离子浓度在 10^{-4}～10mol • L^{-1} 时的$[Cd^{2+}]$、$[CdCl^+]$、$[CdCl_2]$、$[CdCl_3^-]$和$[CdCl_4^{2-}]$。将结果以配合物分布图的形式表示出来。

12. 关于两个配合物 AgL^+和 AgL_2^+的形成，当自由配体浓度为 1.50×10^{-4}mol • L^{-1} 时，每个金属离子结合的配体数为 0.495；当自由配体浓度为 5.75×10^{-4}mol • L^{-1} 时，相应的配体数为 1.475。确定两个配合物的稳定常数。

第20章 配位化合物的合成和反应

配位化合物的制备以及配位化合物从一种形态到另一种形态的转变形成了合成无机化学的一大基础。一些情况下的反应涉及一个或多个配体被替换的取代反应。另一些情况下，反应可能是在结合金属离子的配体上面发生的，金属-配体键没有被破坏。这些往往与有机化合物相关的反应构成了配位后配体反应这样一个研究领域。有机分子在与金属离子键合后，某些反应有可能进行得容易一些。另一种类型的与配位化合物有关的反应中，电子在金属离子之间转移。这个过程常常受到金属离子外围配体性质的影响。最后，重要的是初步了解怎样制备配位化合物。

本章将考察配位化合物反应这一非常广泛的研究领域，介绍一些基本的反应机理。但是，配位化合物的反应范围太广，这一章（就像其他任何一章一样）只能初步介绍这个领域的基本概念。更多的详细内容可以在本章后面列出的文献中找到。这个领域的两本经典书籍是由巴索罗和皮尔森（Basolo and Pearson，1974）及威尔金斯（Wilkins，1991）编著的，对文献进行了非常好且详细的评述。从本章开始我们先介绍一些有用的配位化合物合成方法。

20.1 配位化合物合成

用各种方法产生配位化合物至少已经有两个世纪了。蔡氏盐 $K[Pt(C_2H_4)Cl_3]$，可以追溯到19世纪，维尔纳经典的钴配合物合成是一个多世纪以前描述的。用于制备配位化合物的合成技术从简单地混合反应物发展到应用非水溶剂化学。这一节将简要回顾几类通用的合成方法。第21章将介绍过渡金属的有机金属化学，与之相关的更多制备方法也将在那一章里描述。

20.1.1 金属盐与配体的反应

简单地将反应物混合起来，是产生配位化合物的技术之一。一些反应可以在溶液中进行，其他的可能是将液态或气态配体直接加入金属化合物中。以下是属于这种类型的几个反应：

$$NiCl_2 \cdot 6H_2O(s)+3en(l) \longrightarrow [Ni(en)_3]Cl_2 \cdot 2H_2O(s)+4H_2O \quad (20.1)$$

$$Cr_2(SO_4)_3(s)+6en(l) \longrightarrow [Cr(en)_3]_2(SO_4)_3(s) \quad (20.2)$$

第二个反应中得到的产物 $[Cr(en)_3]_2(SO_4)_3(s)$，是一个固体物质。已经发现更好的方法是将乙二胺溶解在具有高沸点的惰性液体（例如甲苯）中，一边回流溶液，一边慢慢地加入 $Cr_2(SO_4)_3$ 固体，这样会得到细小分散的产物，更易过滤分离，容易提纯。这个技术可以应用于无数其他类型配合物的制备。在这种情况下，改变反应介质给出的产物可以更方便地用于后续工作中。

使用非水溶剂进行合成的一个例子是用于制备 $[Cr(NH_3)_6]Cl_3$ 的一个常用方法。反应为：

$$CrCl_3+6NH_3 \xrightarrow{liq.\ NH_3} [Cr(NH_3)_6]Cl_3 \quad (20.3)$$

已经发现这个反应被氨基钠 $NaNH_2$ 催化。催化剂的作用似乎涉及 Cl^-被 NH_2^- 取代，后者是更强的亲核试剂。一旦 NH_2^- 结合 Cr^{3+}，它将迅速从一个溶剂分子中移去一个质子，将其转移到一个配位的 NH_3 分子上。就像本章后面会讲到的，这种类型的表现也是水溶液中配位 OH^-的特点。

一些烯烃会和金属盐反应，形成的配合物涉及来自双键的电子给予。这类配合物的一个典型例子是蔡氏盐的形成。然而，如果烯烃具有不止一个可能的配位点，那么就可能形成桥联配合物。丁二烯就是这样的一个配体，它和 CuCl 形成有趣的桥联结构。反应在−10℃进行，CuCl 直接加入液体丁二烯中：

$$2CuCl + C_4H_6 \longrightarrow [ClCuC_4H_6CuCl] \quad (20.4)$$

乙酰丙酮（2,4-戊二酮）进行如下异构化反应：

$$CH_3-\overset{\overset{:\ddot{O}:}{\|}}{C}-CH_2-\overset{\overset{:\ddot{O}:}{\|}}{C}-CH_3 \rightleftharpoons CH_3-\overset{\overset{:O:\cdots H-\ddot{O}:}{\|\qquad\quad |}}{C-CH=C}-CH_3 \quad (20.5)$$

平衡与溶剂有很大的关系。如果有少量氨存在，羟基上的质子会被除去形成乙酰丙酮基阴离子：

$$CH_3-\overset{\overset{:O:}{\|}}{C}-CH=\overset{\overset{:\ddot{O}:^-}{|}}{C}-CH_3$$

这是一个很好的螯合试剂，简称为 acac，可以和很多金属离子反应形成稳定的配合物。这类反应的一个例子是：

$$CrCl_3 + 3C_5H_8O_2 + 3NH_3 \longrightarrow Cr(C_5H_7O_2)_3 + 3NH_4Cl \quad (20.6)$$

含有 acac 的配合物特别稳定，因为它们以中性配合物存在，例如 $M(acac)_3$ 和 $M(acac)_2$，其中金属离子分别为+3 和+2 价。还有很多其他反应是以配体和金属化合物作用的方式进行的。很多情况下，用无水金属化合物作为起始原料更好，有时可以用 $SOCl_2$ 反应来达到脱水的目的。

20.1.2 配体取代反应

一个配体被另外一个配体取代是配位化合物反应的最常见类型，这种类型的反应数量巨大。有些是在水溶液中进行，有些是在非水介质中进行，还有一些可以在气相中进行。这样的一个反应是：

$$Ni(CO)_4 + 4PCl_3 \longrightarrow Ni(PCl_3)_4 + 4CO \quad (20.7)$$

当八面体配合物如 $[Cr(CO)_6]$ 与吡啶反应时，只有三个 CO 配体被取代。产物 $[Cr(CO)_3(py)_3]$ 中，CO 和 py 配体互为反位。取代反应是重要的，因为往往一种配合物容易制备，然后可以转变为另一种不容易得到的配合物。气相丁二烯与 $K_2[PtCl_4]$水溶液反应给出一个桥联配合物，其中 Cl 配体被取代：

$$2K_2[PtCl_4] + C_4H_6 \longrightarrow K_2[Cl_3PtC_4H_6PtCl_3] + 2KCl \quad (20.8)$$

有大量的合成涉及取代反应。

20.1.3 两个金属化合物的反应

有一些反应过程涉及两个金属盐的反应。这类反应的一个著名例子如下所示：

$$2AgI + HgI_2 \longrightarrow Ag_2[HgI_4] \quad (20.9)$$

有几种方式进行这个反应，其中一种独特的方法涉及将超声波作用于两个固体反应物在十二烷中形成的悬浊液。超声波振动在液体中产生空洞，内爆后使固体颗粒高速相撞。这样的条件下，很大程度上固体就像是被加热一样反应，但是如果形成一个不稳定的产物，这个产物不会发生热分解。

这类反应有一个变异的情况是已经含有配体的金属配合物与简单的金属盐反应，配体重新分配。例如：

$$2[Ni(en)_3]Cl_2 + NiCl_2 \longrightarrow 3[Ni(en)_2]Cl_2 \quad (20.10)$$

20.1.4 氧化还原反应

很多配位化合物可以用金属化合物在配体存在时的还原或氧化得到。草酸是一个还原剂，同时也提供良好的螯合剂草酸根离子。这类反应的一个有趣例子是重铬酸盐用草酸还原，示于下面的方程式中：

$$K_2Cr_2O_7 + 7H_2C_2O_4 + 2K_2C_2O_4 \longrightarrow 2K_3[Cr(C_2O_4)_3] \cdot 3H_2O + 6CO_2 + H_2O \quad (20.11)$$

其他反应中，配合物形成时金属可能被氧化。很多Co(Ⅲ)配合物是由Co(Ⅱ)溶液氧化得到的。这个对金属为钴的时候特别有用，因为Co^{3+}是强氧化剂，如果不是通过配位作用稳定的话，会与水发生反应。下面的反应中，en是乙二胺$H_2NCH_2CH_2NH_2$：

$$4CoCl_2 + 8en + 4en \cdot HCl + O_2 \longrightarrow 4[Co(en)_3]Cl_3 + 2H_2O \quad (20.12)$$

$$4CoCl_2 + 8en + 8HCl + O_2 \longrightarrow 4\textit{trans}\text{-}[Co(en)_2Cl_2]Cl \cdot HCl + 2H_2O \quad (20.13)$$

加热第二个反应的产物时失去HCl，生成反 $[Co(en)_2Cl_2]Cl$。将反 $[Co(en)_2Cl_2]Cl$ 溶解在水中，加热蒸发溶剂，得到顺 $[Co(en)_2Cl_2]Cl$，发生了异构化反应。

20.1.5 部分分解

挥发性配体如 H_2O 和 NH_3 在加热时失去的反应会引发其他配合物的形成。一般来说，这些反应使用的是固体，一些过程会在本章后面描述。一个挥发性配体被赶走后，另一个配体可以进入金属的配位层中。其他情况下，已有配体的成键方式可能发生变化。例如，SO_4^{2-} 可能变成双齿配体使金属配位层完整。$[Co(NH_3)_5H_2O]Cl_3(s)$ 的合成相当简单，加热后这个配合物通过下列反应转变为 $[Co(NH_3)_5Cl]Cl_2(s)$：

$$[Co(NH_3)_5H_2O]Cl_3(s) \longrightarrow [Co(NH_3)_5Cl]Cl_2(s) + H_2O(g) \quad (20.14)$$

包含不同阴离子的其他配位化合物通过以下反应得到：

$$[Co(NH_3)_5Cl]Cl_2 + 2NH_4X \longrightarrow [Co(NH_3)_5Cl]X_2 + 2NH_4Cl \quad (20.15)$$

这个复分解反应可以在水溶液中进行，利用溶解性的差别来实现。

另外两个代表部分分解的反应如下所示：

$$[Cr(en)_3]Cl_3(s) \longrightarrow \textit{cis}\text{-}[Cr(en)_2Cl_2]Cl(s) + en(g) \quad (20.16)$$

$$[Cr(en)_3](SCN)_3(s) \longrightarrow \textit{trans}\text{-}[Cr(en)_2(NCS)_2]SCN(s) + en(g) \quad (20.17)$$

这些反应被发现已经差不多100年了，并进行了大量的研究工作。每个反应都可以用相应的铵盐催化，不过其他质子化的胺类也可以作为催化剂。似乎催化剂的作用是提供H^+，帮助迫使乙二胺分子的一端远离金属。

20.1.6 应用软硬作用原理的沉淀

根据软硬作用原理，相似大小和电荷值的离子相互之间的作用力最大。这种作用力包括沉淀的形成。在分离相对不稳定的配合物离子时有可能用到这个原理。一个广为人知的例子是$[Ni(CN)_5]^{3-}$的分离，含有Ni^{2+}的水溶液中也含有过量的CN^-时就会产生这个配合物离子。加入K^+来分离得到 $[Ni(CN)_5]^{3-}$ 的努力是不成功的，因为得到的是 $K_2[Ni(CN)_4]$ 和 KCN。使用带有+3电荷的大阳离子时才在固体产物中得到五氰合镍（Ⅱ）离子。用到的+3大阳离子是 $[Cr(en)_3]^{3+}$

时，固体产物是 $[Cr(en)_3][Ni(CN)_5]$。下列方程式描述了整个过程：

$$Ni^{2+} + 4CN^- \longrightarrow [Ni(CN)_4]^{2-} \quad (20.18)$$

$$[Ni(CN)_4]^{2-} + CN^- \longrightarrow [Ni(CN)_5]^{3-} \quad (20.19)$$

$$[Ni(CN)_5]^{3-} \xrightarrow{K^+} K_2[Ni(CN)_4] + KCN$$

$$[Ni(CN)_5]^{3-} \xrightarrow{[Cr(en)_3]^{3+}} [Cr(en)_3][Ni(CN)_5]$$

这本书在很多地方都描述了软硬作用原理的应用。在这里，选择合适的阳离子使得分离出相对不稳定的配合物离子成为可能，因为这样可以形成晶体环境，有助于配合物的稳定。与结构和稳定性相关的基本原理的应用在合成化学中也是有用的。

20.1.7 金属化合物与胺盐的反应

很多年以前，奥德里斯（L.F. Audrieth）研究了胺类盐酸盐的很多反应。这些化合物含有的阳离子是质子化的胺，可以作为质子给体。因此，其熔融盐是酸性的，作为酸进行很多反应。这种表现也是氯化铵和吡啶盐酸盐（或氯化吡啶鎓）的性质。很多金属氧化物和碳酸盐容易与熔融胺盐反应，就像下面的方程式所表示的那样：

$$NiO(s) + 2NH_4Cl(l) \longrightarrow NiCl_2(s) + H_2O(l) + 2NH_3(g) \quad (20.20)$$

硫氰酸（古时又名绕丹酸）HSCN，是一个强酸，所以容易与胺反应制备稳定的胺类硫氰酸盐。例如哌啶 $C_5H_{11}N$（简称为 pip）是挥发性较差的碱，在反应中取代挥发性的弱碱 NH_3：

$$NH_4SCN(s) + pip(l) \longrightarrow pipH^+SCN^-(s) + NH_3(g) \quad (20.21)$$

生成的盐 pipHSCN，称为硫氰酸哌啶鎓或哌啶硫氰酸盐，熔点为 95℃。当金属化合物加入这个熔融盐时，就产生金属硫氰酸根配合物。例如，在过量的哌啶硫氰酸盐存在时，下列反应可以在 100℃进行：

$$NiCl_2 \cdot 6H_2O(s) + 6pipHSCN(l) \longrightarrow (pipH)_4[Ni(SCN)_6](s) + 2pipHCl(l) + 6H_2O(g) \quad (20.22)$$

$$CrCl_3 \cdot 6H_2O(s) + 6pipHSCN(l) \longrightarrow (pipH)_3[Cr(NCS)_6](s) + 3pipHCl(l) + 6H_2O(g) \quad (20.23)$$

有些情况下，得到的金属配合物中，哌啶和硫氰酸根同时都作为配体，如下所示：

$$CdCO_3(s) + 2pipHSCN(l) \longrightarrow [Cd(pip)_2(SCN)_2](l) + CO_2(g) + H_2O(g) \quad (20.24)$$

除了上述使用熔融 pipHSCN 的反应以外，还有几个反应是在低温下对金属盐和 pipHSCN 进行超声波处理的情况下发生的。使用超声波得到的产物纯度比使用熔融盐的更高。这可能是因为有些产物在熔融盐温度（100℃）时不是很稳定，结果得到的是混合物。进行反应时，哌啶硫氰酸盐和金属化合物悬浮在十二烷中，施加脉冲超声波。下列反应是典型的这类制备反应：

$$MnCO_3(s) + 6pipHSCN(s) \longrightarrow (pipH)_4[Mn(NCS)_6](s) + 2\,pip(l) + CO_2(g) + H_2O(l) \quad (20.25)$$

$$MnCl_2 \cdot 4H_2O(s) + 4pipHSCN(s) \longrightarrow (pipH)_2[Mn(NCS)_4](s) + 2pipHCl + 4H_2O(l) \quad (20.26)$$

$$Fe_2O_3(s) + 12pipHSCN(s) \longrightarrow 2(pipH)_3[Fe(NCS)_6](s) + 6pip(l) + 3H_2O(l) \quad (20.27)$$

$$NiCO_3(s) + 4pipHSCN(s) \longrightarrow (pipH)_2[Ni(NCS)_4](s) + 2pip(l) + CO_2(g) + H_2O(l) \quad (20.28)$$

每种情况下都是通过方便的一步合成反应得到了高纯度的产物。虽然超声波还没有在无机化学中大量使用，但在有机合成中是一个广为人知的技术。

除了以热、光、超声波作为能量来源之外，微波也已经被应用于配位化合物的合成。这个技术已经被广泛地用于进行有机反应，在无机化学中也是有用的。用这个技术进行合成的例子有道普克和欧姆克（Dopke and Oemke，2011）报道的铂配合物的合成，其中用到的配体是 $(C_6H_5)_2PCH_2CH_2P(C_6H_5)_2$，即二(二苯基膦基)乙烷（dppe）和三苯基膦。将含有 $K_2[PtCl_4]$ 和配体的溶液置于微波中制备得到配合物 $[Pt(dppe)Cl_2]$ 和顺 $[Pt(P(C_6H_5)_3)_2Cl_2]$。与加热溶液引起反应相比，使用微波时反应时间缩短了，产物纯度也提高了。尽管微波辅助合成在无机化学中用得还不普遍，但是这项技术无疑值得更广泛地得到使用。

我们仅是初步介绍了范围很广的合成配位化学。上面描述的方法显示多种多样的技术已经被用到，它们有可能连续地组合起来发展出创新的合成路线。建议读物里面列出的综述汇编文献值得进一步参考学习。几种无机化学期刊至少部分是致力于材料合成方面的，所以这个领域正以很快的速度成长。

20.2 八面体配合物的取代反应

配位化合物进行很多反应，但是大量的反应可以被分类为数量不大的反应类型。当一个配体取代另一个配体时，反应称为取代反应。例如，当氨加入含有 Cu^{2+}的水溶液中时，Cu^{2+}配位层的水分子被 NH_3 分子取代。配体之所以与金属离子结合在一起，是因为它们是电子对给体（路易斯碱）。路易斯碱是亲核试剂（见第 9 章），所以一个亲核试剂被另一个亲核试剂所取代的反应是亲核取代反应。这样的反应可以用下式来说明：

$$L_nM—X + L' \longrightarrow L_nM—L' + X \tag{20.29}$$

其中，X 为离去基团，L′为进入基团。在不同类型的反应中，也有可能以一个金属离子（路易斯酸）取代另一个金属离子。路易斯酸是亲电试剂，所以这种类型的反应是亲电取代，可以表示为：

$$ML_n + M' \longrightarrow M'L_n + M \tag{20.30}$$

因为所有的配体都是离开一个金属离子，结合另一个金属离子，所以这种类型的反应有时被称为配体争夺。

亲核取代反应的速率变化很大，例如，以下反应的速率非常慢：

$$[Co(NH_3)_6]^{3+} + Cl^- \longrightarrow [Co(NH_3)_5Cl]^{2+} + NH_3 \tag{20.31}$$

以下反应的速率非常快：

$$[Ni(CN)_4]^{2-} + {}^{14}CN^- \longrightarrow [Ni(CN)_3({}^{14}CN)]^{2-} + CN^- \tag{20.32}$$

取代非常慢的配合物被称为是惰性的，而那些取代快的配合物被称为是活性的。这些定性的术语很多年来已经被用于描述取代反应。事实上，配合物取代反应进行得很慢可能表明反应没有低能量的反应途径，即使取代反应产物可能是非常稳定的。

虽然活性和惰性作为术语使用已经超过 50 年，但是它们仅仅是关于取代速率的定性描述。描述速率更合适的方法是格雷和朗福德（Gray and Langford，1968）给出的，将金属离子按照在大量溶剂中配位水分子与溶剂水分子的交换速率来分类。四类金属离子示于表 20.1 中。

表 20.1 基于水交换速率的金属离子分类

类型	k/s^{-1}	例子
Ⅰ	约 10^8	Li^+, K^+, Na^+, Ca^{2+}, Ba^{2+}, Cu^+, Hg^{2+}, Cd^{2+}
Ⅱ	10^4～10^8	Mg^{2+}, Fe^{2+}, Mn^{2+}, Zn^{2+}
Ⅲ	10^0～10^4	Be^{2+}, Al^{3+}, Fe^{3+}
Ⅳ	10^{-9}～10^{-1}	Co^{3+}, Cr^{3+}, Pt^{2+}, Pt^{4+}, Rh^{3+}, Ir^{3+}

通常，前两类离子被认为是活性的，而后两类离子是惰性的。活性配合物被看作是那些完成反应的时间与反应物溶液混合的时间相当的配合物。这样的反应可以用流技术或 NMR 谱线增宽来研究。惰性配合物是那些可以用传统动力学技术跟踪的配合物。

有时认为前两类离子通过静电力结合溶剂，而第Ⅳ类离子主要通过共价键结合。这个观点不是很现实，虽然与交换反应速率可能是相符的。从过渡态的角度考虑取代反应时，可以看到具有空的 d 轨道的金属离子容易形成一个杂化轨道组，容纳一个额外的配体。因此，在反应进行的途径中，过渡态需要扩大配位层，这样的反应是快速的。与此观点相符的是，Sc^{3+}（d^0）、Ti^{3+}（d^1）和 V^{4+}（d^2）的配合物是活性的。含有 d^3、d^4、d^5、d^6 离子的配合物需要在进入配体结合金属前一个配体先离开（S_N1），或者用更外层的 d 轨道形成第七个键。两种情况下，与活性配合物相比反应都会比较慢。与这个简单观点一致的是，V^{2+}、Cr^{3+}、Mn^{4+}（都是 d^3 离子）的配合物，Co^{3+}、Fe^{2+}、Ru^{2+}、Rh^{3+}、Ir^{3+}、Pd^{4+}、Pt^{4+}（都是 d^6 离子）的低自旋配合物，以及 Mn^{3+}、Re^{3+}、Ru^{4+}的低自旋配合物都是惰性的。

20.2.1 取代反应的机理

取代反应的机理有时用两个极限情况来描述。第一种情况下，离去基态先离开金属配位层，然后进入基团再与金属结合，因此，过渡态配合物的配位数低于反应物。这时，进入基团在很宽的浓度范围内不影响反应速率。过渡态只和配合物有关，所以，反应速率对配合物是一级反应，过渡态配合物比反应物少一个配位数。这个过程可以表示为：

$$ML_nX \xrightleftharpoons{\text{慢}} [ML_n + X]^{\ddagger} \xrightarrow{\text{快}, +Y} ML_nY + X \tag{20.33}$$

为了方便对这个过程进行动力学分析，我们把反应步骤分开并指定各步速率常数，如下所示：

$$ML_nX \underset{k_{-1}}{\overset{k_1}{\rightleftharpoons}} ML_n + X \tag{20.34}$$

$$ML_n + Y \xrightarrow{k_2} ML_nY \tag{20.35}$$

ML_nY 的形成速率可以表示为：

$$\text{速率}=\frac{d[ML_nY]}{dt}=k_2[ML_n][Y] \tag{20.36}$$

按照稳态近似，过渡态（有时称为中间体，如果其寿命足够长的话）的形成速率与其消失速率是相同的。因此过渡态浓度与时间的关系可以表示为：

$$\frac{d[ML_n]}{dt}=k_1[ML_nX]-k_{-1}[ML_n][X]-k_2[ML_n][Y]=0 \tag{20.37}$$

从这个方程式我们得到：

$$k_1[ML_nX]=k_{-1}[ML_n][X]+k_2[ML_n][Y] \tag{20.38}$$

解得 $[ML_n]$ 为：

$$[ML_n]=\frac{k_1[ML_nX]}{k_{-1}[X]+k_2[Y]} \tag{20.39}$$

代入式（20.36）中的 $[ML_n]$，得到：

$$\text{速率}=k_2[ML_n][Y]=\frac{k_1k_2[ML_nX][Y]}{k_{-1}[X]+k_2[Y]} \tag{20.40}$$

在解离机理中，过渡态 ML_n 的浓度通常很低，与 X 复合形成起始配合物比起与 Y 的反应来说是微不足道的。这意味着 $k_2[Y] \gg k_{-1}[X]$，式（20.40）中右边分母的第一项可以忽略不计，得到：

$$\text{速率} \approx \frac{k_1k_2[ML_nX][Y]}{k_2[Y]} \approx k_1[ML_nX] \tag{20.41}$$

因为是 M—X 键的解离决定了取代反应的速率，速率定律只和起始配合物 ML_nX 的浓度有关。

具有上述这些特点的反应称为是遵循解离或 S_N1 途径。这个机理的特征是离去基团的配位键先断裂，进入配体的配位键后形成。一些作者，例如巴索罗和皮尔森（Basolo and Pearson, 1974），定义了两种类型的 S_N1 取代反应。如果具有较低配位数的过渡态确证存在，那么机理称为 $S_N1(lim)$，也就是所谓极限情况。这也可以称为“严格的”或者“完美的”S_N1 情况。一个配位数较低的过渡态尚未确证，但所有其他因素符合 S_N1 机理的反应，标以 S_N1。解离途径的能量曲线如图 20.1 所示。有趣的是，我们注意到对于反应：

$$[Co(NH_3)_5H_2O]^{3+} + X^- \longrightarrow [Co(NH_3)_5X]^{2+} + H_2O \tag{20.42}$$

25℃时在一个较大范围改变配体 X，测定了反应速率常数，其中几个配体对应的速率常数如下所示：

X^-=	Cl^-	Br^-	NO_3^-	NCS^-	NH_3
$k/\times10^{-6}mol\cdot L^{-1}\cdot s^{-1}$	2.1	2.5	2.3	1.3	2

这些数据的基本特征是速率与进入配体的性质无关，这是 S_N1 取代机理的特点。

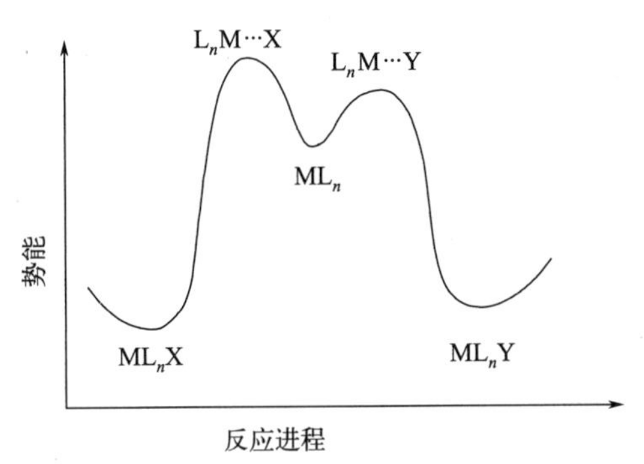

图 20.1　解离机理中 Y 取代 X 的能量曲线

如果进入配体与金属成键先于离去配体退出配位层，那么取代反应可以用下式表示：

$$ML_nX+Y \xrightleftharpoons{慢} [Y\cdots ML_n\cdots X]^{\ddagger} \xrightarrow{快, -X} ML_nY + X \tag{20.43}$$

如果用基元反应步骤来写，则反应过程可以表示为：

$$ML_nX+Y \underset{k_{-1}}{\overset{k_1}{\rightleftharpoons}} ML_nXY \tag{20.44}$$

$$ML_nXY \xrightarrow{k_2} ML_nY+X \tag{20.45}$$

产物的形成速率可以用过渡态的浓度表示为：

$$速率=\frac{d[ML_nY]}{dt} = k_2[ML_nXY] \tag{20.46}$$

现在有必要表示出过渡态的浓度与时间的关系。过渡态在第一个反应中形成，也在第一步的逆反应和第二步反应中消耗掉。因此，由稳态近似得到：

$$\frac{d[ML_nXY]}{dt} = k_1[ML_nX][Y] - k_{-1}[ML_nXY] - k_2[ML_nXY] = 0 \tag{20.47}$$

进一步得到：

$$k_1[ML_nX][Y] = k_{-1}[ML_nXY] + k_2[ML_nXY] \tag{20.48}$$

解这个方程得到中间体的浓度为：

$$[ML_nXY]=\frac{k_1[ML_nX][Y]}{k_{-1}+k_2} \tag{20.49}$$

将这个结果代入式（20.46），得到反应速率方程为：

$$速率 \approx \frac{k_1k_2[ML_nX][Y]}{k_{-1}+k_2} \approx k_{obs}[ML_nX][Y] \quad (20.50)$$

这种情况下过渡态的形成同时与 ML_nX 和 Y 有关，所以速率方程中包含了这两个物质的浓度项。

如果反应速率是配合物和进入配体两个物质的浓度的函数，那么速率方程描述的是缔合或 S_N2 过程。缔合途径的特征是进入基团的配位键形成时，离去基团的配位键还保持完整。过渡态中金属的配位数大于反应物或产物中金属的配位数。在 S_N2 机理中，过渡态是这样一个配合物，随着进入基团成键先于离去基团完全解离，配位数增大。有时认为这两个过程可以或多或少地以相等的程度发生（同时存在于交换机理的过渡态中，后面会加以讨论）。这个情况下，机理描述为 S_N2，但这个标记也用于描述第二类缔合过程。如果产生过渡态时 Y 配位键的形成比 X 配位键的断裂重要得多，那么机理描述为 S_N2(lim) 或"严格的" S_N2 过程。这种情况下，过渡态是这样一个配合物，进入和离去配体两者都位于金属的配位层中。

在水溶液中，水分子可以结合活化配合物以完成配位层。形成的配合物 $[ML_nH_2O]$ 有一定的稳定性，所以它的能量比过渡态 $[ML_n]$ 低。因此，配合物 $[ML_nH_2O]$ 称为中间体，因为它比 H_2O 进入之前或离去之后的过渡态更加稳定。图 20.2 表示遵循缔合机理的取代反应的能量曲线。

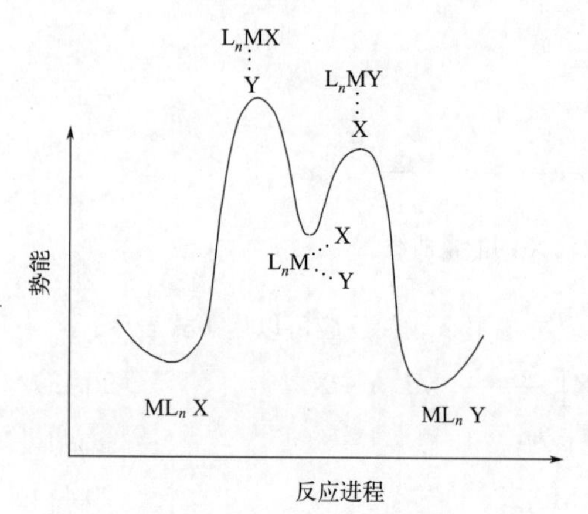

图 20.2 缔合机理中 Y 取代 X 的能量曲线

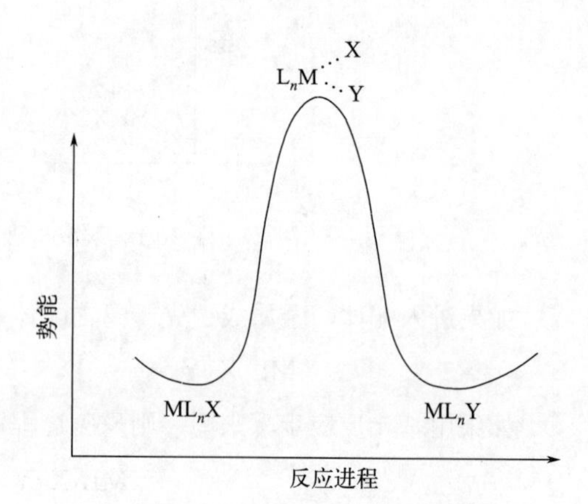

图 20.3 取代反应的交换机理

如果进入配体的配位键开始形成的同时离去配体的配位键正在断裂，那么这样的途径被称为交换机理（I）。这是一个进入配体和离去配体的配位键同时存在的中间体过程。某些情况下，新键的形成可能比离去配体配位键的断裂更加重要。因此，交换机理是一种一步反应过程，其中进入配体与金属配位的时候，离去配体正在移出配位层。如果键的形成本质上先于离去配体配位键的断裂，这样的交换称为缔合交换（I_a），在早期文献中被称为 S_N2(lim)。但是，如果离去配体配位键的完全断裂先于进入配体的配位键形成，那么这样的交换称为解离交换（I_d），类似于较早术语中的 S_N2。两种交换机理都可以看作是 S_N2，只是新键形成和旧键断裂发生的时间重叠的程度不同。这个过程的能量曲线示于图 20.3 中。

20.2.2 影响取代反应的一些因素

取代反应发生时，一个金属-配体键断裂，另一个不同的配体与金属成键，因此可以预期取代反应与金属和配体的性质是有关联的。所以，取代反应发生时，有一些（很大程度上是可以预测的）由进入配体和离去配体的不同大小和电荷以及金属离子的大小和电荷带来的影响。例如，如果取代反应按 S_N1 机理进行，增大配合物中其他配体的尺寸有助于“压迫”离去配体，使配合物活性更大。另外，在 S_N2 过程中，大的配体会阻碍进入配体形成配位键，结果会使速率降低。

增大金属离子上的电荷使得离去配体更难离去，所以金属上电荷增大时反应速率会减小。与此相反，更高电荷的金属离子吸引进入配体的能力更强，所以在 S_N2(lim) 情况下（进入配体配位键的形成是主导因素）反应速率会增大。在 S_N2 机理中，配位键的断裂（金属离子电荷较高时会受到抑制）和形成都会受到影响，但影响的方式是相反的，所以不能得到明确的结论。

被取代配体的大小影响取代反应的速率，这种影响可以用如下的方式理解。大的离去配体使离去更容易，所以 S_N1 反应的速率会随配体尺寸增大而增大。较大的配体一般会阻碍 S_N2(lim) 过程中进入配体与金属的结合，所以较大的离去配体一般反应速率较低。在 S_N2 过程中，离去配体的尺寸的影响是相反的，因为进入配体和离去配体都涉及其中。

金属离子的大小应当也会影响取代反应的速率。金属离子越大，离去配体的结合就越是不那么强，所以较大的金属离子的 S_N1 过程应该有较高的反应速率。在 S_N2 或 S_N2(lim) 过程中，进入配体的配位键形成时立体位阻较小，所以较大的金属离子的速率会增大。

增大离去配体的电荷会阻碍 S_N1、S_N2 或 S_N2(lim) 机理中过渡态的形成。另外，增大进入配体的电荷（或极性）对 S_N1 机理没有影响，但是会促进 S_N2 或 S_N2(lim)机理中配位键的形成，因而增大取代反应的速率。

预期的影响最多只能是定性的。在预测金属和配体的各种性质如何影响取代反应速率时还必须考虑其他因素。例如，增大金属离子的尺寸预期会有助于 S_N1、S_N2 或 S_N2(lim) 机理中过渡态的形成。然而，Co^{3+}、Rh^{3+}、Ir^{3+}配合物的反应速率表明第二和第三过渡系的金属比第一过渡系的反应速率慢得多。考虑到过渡态的形成需要损失部分配体场稳定化能，可以预期第一过渡系（不只是较小）的离子需要的能量较小，因为对于一个给定配体来说，第一过渡系金属离子的 Dq 小得多。即使这样还不能完全解决所有问题，因为大家知道配体形成π键的能力也是一个影响因素。如果就像通常那样，金属离子具有非键 d 轨道，它们可能会参与进入配体所形成的配位键，这会促进 S_N2 或 S_N2(lim) 过程中配位键的形成。所有这些因素综合起来得到的以上预测的趋势有一些实际应用意义，不过也不能过于刻板。配体场稳定化能的影响也不是与实践经验符合得很好，因为有关成键的配体场方法来自于配合物中配位键的不充足的描述。

另一个棘手的因素是溶剂的影响。很多情况下，如果两个过程的活化能相当，溶剂对过渡态稳定性的影响就可能达到相当大的程度，使得反应机理由溶剂引起的$\Delta H^{\ddagger}$或$\Delta S^{\ddagger}$的细小差别所控制。一般来说，具有高内聚力（溶度参数大）的溶剂有利于电荷产生或分离的过渡态的形成，而内聚力低（溶度参数小）的溶剂有利于电荷分散的过渡态的形成。离子对（和偶极关联）在较低内聚力的溶剂中更多，而高内聚力（通常为高极性）的溶剂对离子的溶解能力一般会更强，从而阻止形成离子对。基于配体、金属离子和溶剂的性质对配位化合物的反应速率做出预测，总体上是动力学上的一个棘手问题，只有部分一般性的趋势是可以观测到的。

20.3 配体场效应

与配体的几种几何排布构型有关的配体场稳定化能在第 17 章中做了介绍。在八面体配合物的取代反应过程中，过渡态中金属的配位键数可以是 5（S_N1 机理）或 7（S_N2 机理）。不管哪种情况，配体场稳定化能都与起始配合物的不同。因此，反应所需的活化能部分可以归属为形成过渡态所损失的配体场能量。由各种可能过渡态时的轨道能量可以计算出配体场能量，结果列于表 17.1 中。

让我们首先考虑强场中 d^6 离子例如 Co^{3+}的配合物的取代反应。如果反应是通过 S_N1 过程发生的，5 个配位键的过渡态可以推测具有三角双锥形或四方锥形的结构。轨道能量可以如下确定：

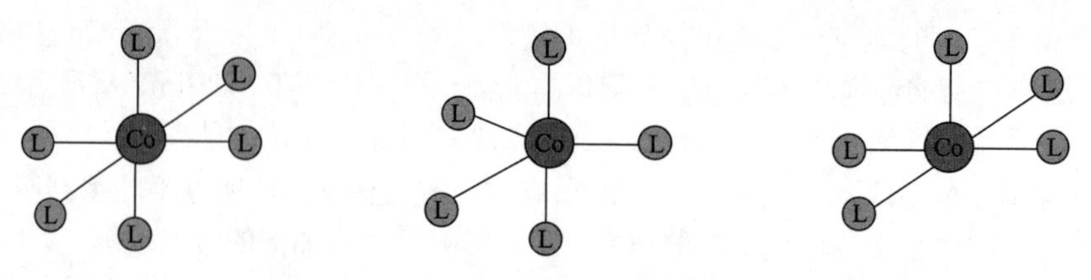

项目	起始八面体配合物	三角双锥	四方锥
d_{z^2}	6.00×0=0	7.07×0 = 0	0.86×0 = 0
$d_{x^2-y^2}$	6.00×0=0	−0.82×1= −0.82	9.14×0 = 0
d_{xy}	−4.00×2= −8.00	−0.82×1= −0.82	−0.86×2= −1.72
d_{yz}	−4.00×2= −8.00	−2.72×2= −5.44	−4.57×2= −9.14
d_{xz}	−4.00×2= −8.00	−2.72×2= −5.44	−4.57×2= −9.14
总能量	= −24.00Dq	= −12.52Dq	= −20.00Dq
CFSE 损失		= 11.48Dq	= 4Dq

从这个例子中可以看出形成四方锥形的过渡态引起的损失只有 4Dq，而形成三角双锥形的过渡态引起的损失为 11.48Dq。在 Dq 值相当大的情况下，这个差别是相当可观的，意味着四方锥形的过渡态能量上比三角双锥形的更加有利。因此，一个配体失去，由另一个配体取代后导致的产物和起始配合物的构型相同，与过渡态为四方锥形是一致的。虽然对于第一过渡系 d^6 离子来说，Dq 值可能不是足够大，不能克服可能有利于三角双锥形过渡态的其他因素，但是对于第二或第三过渡系的 d^6 离子来说，Dq 值几乎可以肯定是足够大的。因此，这些离子的配合物为了避免过高的晶体场稳定化能损失，采取的 S_N1 取代过程是通过四方锥形的过渡态进行的，所以取代反应发生后配合物构型不变。Pt^{4+}、Rh^{3+}和 Ir^{3+}的配合物确实如此，其典型的反应如下：

$$trans\text{-}\left[Pt(en)_2Cl_2\right]^{2+} + 2Br^- \longrightarrow trans\text{-}\left[Pt(en)_2Br_2\right]^{2+} + 2Cl^- \quad (20.51)$$

$$cis\text{-}\left[Ru(en)_2Cl_2\right]^{+} + 2I^- \longrightarrow cis\text{-}\left[Ru(en)_2I_2\right]^{+} + 2Cl^- \quad (20.52)$$

因此，第二和第三过渡系金属的配合物在进行取代反应时没有异构化现象的事实与过渡态为四方锥形是相符的。如图 20.4 所示，取代反应给出的产物具有与起始配合物相同的几何构型。

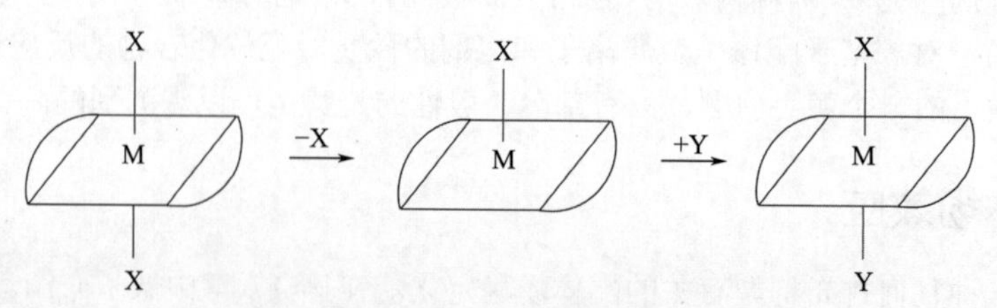

图 20.4 过渡态为四方锥形的取代反应

虽然在上面的情况下合理推断出过渡态应为四方锥形，但是我们应当注意在很多情况下，过渡态看起来像是三角双锥形，这可以从取代反应发生时伴随构型的变化得知。根据前面的讨论，我们可以预测这会发生于第一过渡系金属，因为如果必须损失 11.48Dq 的话，Dq 较小的时候（第一过渡系金属即是如此）更容易发生。如果形成三角双锥形过渡态，那么可能会有不止一种产物，这可以用图 20.5 来说明。但是，要记住很多三角双锥形结构不是刚性的，有可能会产生某种重排。

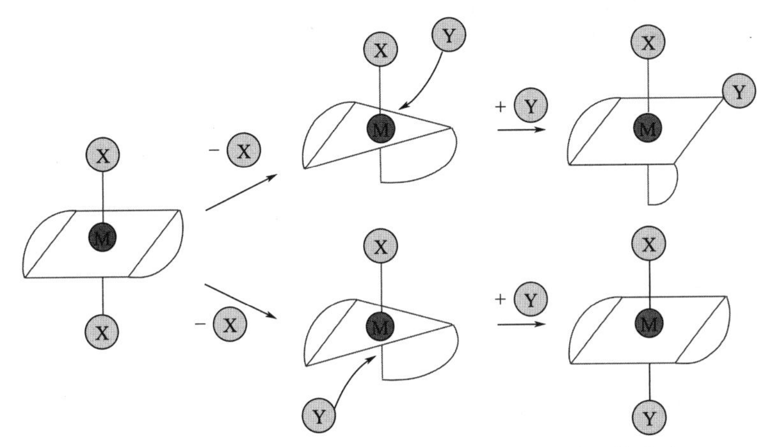

图 20.5　S_N1 取代反应过程中对三角双锥形过渡态的进攻

对第一过渡系金属，损失的 Dq 单位的数目与第二和第三过渡系金属的相同，但是 Dq 的大小要小一些。因此，有可能在取代反应发生时，出现某种重排。所以，产物可能是顺式和反式异构体的混合物。

$$trans\text{-}[ML_4AB]+Y \longrightarrow cis,\ trans\text{-}[ML_4AY]+B \qquad (20.53)$$

如果反应是通过四方锥形过渡态发生，产物的构型将是反式的。但是如果过渡态是三角双锥形，进入配体 Y 可以进入 A 的顺位或反位。

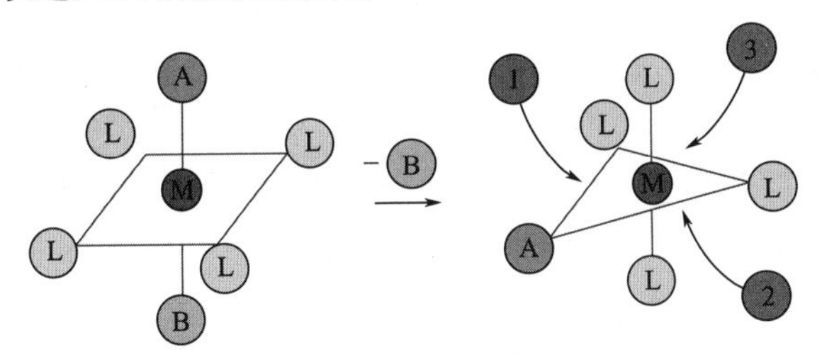

在这个图式中，假设有更多的空间使进入配体可以沿三角面的一条边形成配位键。从该图式中可以看到 Y 在位置 1 和 2 的进攻导致 Y 位于 A 的顺位，而在位置 3 的进攻则使 Y 处于 A 的反位。因此，如果 A 是在赤道位置，那么有两种途径得到顺式产物，而只有一种途径得到反式产物。不过，下面的图式表明，如果 A 是在过渡态的轴向位置的话，情况是不同的。

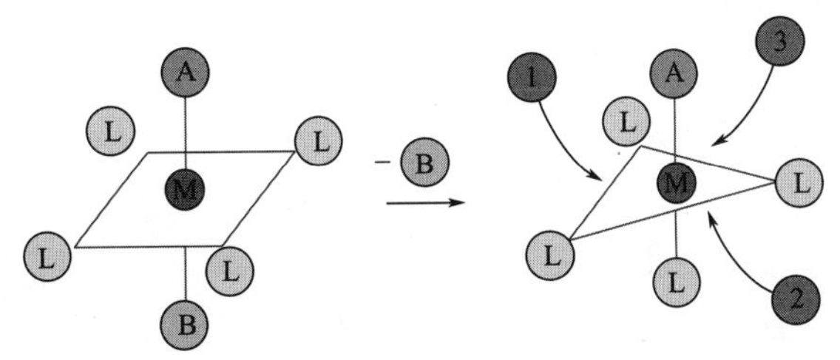

我们还是假设进入配体是沿三角面的一条边进攻，所有三个进攻位点将完成四方平面排列，但是它们都是把 Y 放置在 A 的顺位。因此，我们预测如果 A 是在过渡态的一个轴向位置的话，产物将全部是顺式异构体。在 A 占据过渡态的一个赤道位置的情况下，预测产物将会有 2/3 是顺式，1/3 为反式。接下来，我们必须考察如果 A 在轴向或赤道位置的概率相等的情况下将会是什么样的产物。那种情况下，过渡态将是 A 在轴向或赤道位置的结构的等量混合物。我们再次假设所有沿三角双锥的边进攻的概率是相等的。这样一来，我们可以预测产物包含 5/6 的顺式异构体和 1/6 的反式异构体。必须强调的是这些是理想的情况，在实际的配合物中会同时存在两个问题。第一，过渡态中 A 出现在轴向和赤道位置的概率不太可能是相等的。第二，因为 A 和 L 是不同的配体，在三角平面的任何一边进入概率都相等的情况是不太可能的，空间位阻差别可能会使得 Y 在三条边进入的概率不相同。

配体场稳定化能只是过渡态形成的一个方面。因为反应是在溶液中进行的，过渡态和进入配体的溶剂化可能对于特定过渡态的形成有足够大的影响。此外，一些配体（不论在取代反应中是否被取代）可以形成π键的事实可能会影响到活化能。考虑到这些因素，再加上配体场模型实际上不能充分描述配位键，以上的讨论当然只是近似的。不过，上面描述的简单方法与取代反应的实验观测结果真的是一致的。

20.4 酸催化的配合物反应

在化学的很多领域中，配位化合物的反应实际上并不是像它们看起来那样。例如下面的反应：

$$\textit{trans}\text{-}[Co(en)_2F_2]^+ + H_2O \longrightarrow [Co(en)_2FH_2O]^{2+} + F^- \qquad (20.54)$$

看起来像是一个 H_2O 置换 F^-的取代反应。但是，这个反应的速率与 pH 值有强烈的相关性，说明该反应不同于 Co^{3+}配合物通常的反应模式。大多数 Co^{3+}配合物的取代反应与进入配体的性质无关，表明它们形式上是 S_N1 机理。H^+与反应有关的事实说明反应不是通过解离机理进行的，相反地，反应是按如下过程进行的：

$$[Co(en)_2F_2]^+ + H^+ \rightleftharpoons [Co(en)_2F(HF)]^{2+} \qquad (20.55)$$

第一步，反应通过配位 F^-的质子化产生配合物的共轭酸，随后共轭酸按解离途径发生取代反应：

$$[Co(en)_2F(HF)]^{2+} + H_2O \longrightarrow [Co(en)_2FH_2O]^{2+} + HF \qquad (20.56)$$

共轭酸的浓度是速率决定因素，因为是共轭酸的解离才导致产物的形成。因此，反应速率方程可以写为：

$$\text{速率} = k_1[\text{配合物}] + k_2[\text{共轭酸}] \qquad (20.57)$$

从式（20.55）可以得到平衡常数为：

$$K_{eq} = \frac{[\text{共轭酸}]}{[H^+][\text{配合物}]} \qquad (20.58)$$

其中共轭酸的浓度可以表示为：

$$[\text{共轭酸}] = K_{eq}[H^+][\text{配合物}] \qquad (20.59)$$

代入反应速率方程式（20.57），得到：

$$\text{速率} = k_1[\text{配合物}] + k_2K_{eq}[H^+][\text{配合物}] \qquad (20.60)$$

显示了速率对酸浓度的依赖性。

酸催化常见于含有碱性配体（可以接受质子）或者能形成氢键的配体的配合物的反应。这类配合物包括 $[Co(NH_3)_5CO_3]^+$、$[Fe(CN)_6]^{4-}$和 $[Co(NH_3)_5ONO]^{2+}$。易受酸催化反应影响的其他配合物含有碱性配体，与 H^+结合后会被逐出配合物，而不再与金属离子键合。这类反应的特点是固态下 130℃可以发生。

$$[Cr(en)_3](SCN)_3(s) \xrightarrow{NH_4SCN(s)} trans\text{-}[Cr(en)_2(NCS)_2]SCN(s)+en(g) \qquad (20.61)$$

虽然这个反应将在后面讨论，这里关注它是因为它被固体酸如 NH_4SCN 所催化，后者提供 H^+与电子对键合，使其与金属的结合松动。在相当宽的催化剂浓度范围内，反应速率与固体催化剂的量线性相关。一旦 NH_4^+ 给出质子，就会失去 NH_3，质子化的乙二胺分子作为留下来的酸继续催化反应。虽然碱催化的配合物反应可能了解得更多，但也有很多酸催化的反应。

20.5 碱催化的配合物反应

以下反应看起来是一个典型取代反应：

$$[Cr(en)_3](SCN)_3(s) \xrightarrow{NH_4SCN(s)} trans\text{-}[Cr(en)_2(NCS)_2]SCN(s)+en(g) \qquad (20.62)$$

但是，与大多数 Co^{3+}配合物的取代反应不同，这个反应进行得很快，而且反应速率与 OH^-浓度呈线性依赖关系。

这个反应的机理涉及 OH^-与配合物反应，通过如下所示的快速平衡从配位 NH_3 分子脱除质子，得到其共轭碱：

$$[Cr(en)_3](SCN)_3(s) \xrightarrow{NH_4SCN(s)} trans\text{-}[Cr(en)_2(NCS)_2]SCN(s)+en(g) \qquad (20.63)$$

下一步是解离步骤，失去 Cl^-：

$$[Co(NH_3)_4NH_2Cl]^+ \xrightleftharpoons{慢} [Co(NH_3)_4NH_2]^{2+}+Cl^- \qquad (20.64)$$

然后快速地与水分子加合，水分子向配位 NH_2^- 给出质子，并提供 OH^-完成钴的配位层：

$$[Co(NH_3)_4NH_2Cl]^+ +H_2O \xrightleftharpoons{快} [Co(NH_3)_5OH]^{2+}+Cl^- \qquad (20.65)$$

在这个机理中，速率决定步骤涉及共轭碱的解离反应。因此，这个机理被称为 S_N1CB 机理，其取代反应是一级反应，但针对的是共轭碱。总的反应速率与共轭碱的浓度成正比，所以有：

$$速率=k[共轭碱] \qquad (20.66)$$

共轭碱形成的平衡常数可以写为：

$$K_{eq}=\frac{[共轭碱]}{[OH^-][配合物]} \qquad (20.67)$$

据此得到共轭碱的浓度为：

$$[共轭碱]=K_{eq}[OH^-][配合物] \qquad (20.68)$$

因此反应速率可以表示为：

$$速率=kK_{eq}[OH^-][配合物] \qquad (20.69)$$

这个表达式显示反应速率与$[OH^-]$成正比。如果 OH^-的浓度控制为常数，则反应速率方程可以写成：

$$速率=k'[配合物] \qquad (20.70)$$

其中 $k'=kK_{eq}[OH^-]$。这是一个拟一级速率方程。

S_N1CB 机理也在下列反应中得到证实：

$$[Pd(Et_4dien)Cl]^+ +OH^- \longrightarrow [Pd(Et_4dien)OH]^+ +Cl^- \qquad (20.71)$$

其中 Et_4dien 是 $Et_2NCH_2CH_2NHCH_2CH_2NEt_2$，即四乙基二乙三胺，包含三个具有未共享电子对的氮原子，是一个三齿配体。反应的第一步是从一个快速达到平衡的反应中的一个配体中脱除一个质子：

$$[Pd(Et_4dien)Cl]^+ +OH^- \xrightleftharpoons{快} [Pd(Et_4dien\text{-}H)Cl]+H_2O \qquad (20.72)$$

这个过程中，Et_4dien-H 代表一个被脱除一个质子的配体。在这一步，配体的反应可以表示为：

$$(Et_2NCH_2CH_2)_2NH + OH^- \rightleftharpoons (Et_2NCH_2CH_2)_2N^- + H_2O \quad (20.73)$$

其中可以用碱脱除的氢原子所在的唯一位置是中间的氮原子。随着 H^+的脱除，Cl^-也在解离步骤中失去：

$$[Pd(Et_4dien\text{-}H)Cl] \xrightleftharpoons{\text{快}} [PdEt_4dien\text{-}H]^+ + Cl^- \quad (20.74)$$

质子的脱除使得 Cl^-离开位置的对位上产生一个负电荷，通过反位效应（见 20.9 节）促进了上述过程。过渡态在 Cl^-解离出去以后，与水的反应是快速的。H_2O 中的一个质子替代中间氮原子失去的质子，剩下的 OH^-完成 Pd^{2+}的配位层：

$$[Pd(Et_4dien\text{-}H)]^+ + H_2O \xrightleftharpoons{\text{快}} [Pd(Et_4dien)OH]^+ \quad (20.75)$$

将配体换成中间氮原子上没有质子的，研究相应的反应，证明了上面的反应机理。这个配体是 $(Et_2NCH_2CH_2)_2NC_2H_5$，其中那个氢原子被一个乙基替换。研究配合物 $[Pd(Et_2dienC_2H_5)Cl]^+$的反应时，发现 Cl^-被取代的反应速率与 OH^-浓度无关。这种情况下，不可能形成共轭碱。

20.6 补偿效应

虽然是$\Delta G^\ddagger$决定了过渡态浓度以及反应速率，但是也有可能反应以显著不同的速率进行，尽管$\Delta G^\ddagger$值基本上相同。这种情况可能出现是因为$\Delta G^\ddagger$是由$\Delta H^\ddagger$和$\Delta S^\ddagger$两部分构成的，如下式所示：

$$\Delta G^\ddagger = \Delta H^\ddagger - T\Delta S^\ddagger \quad (20.76)$$

如果进行一系列反应，有可能会出现这样的情况，两个过程的$\Delta H^\ddagger$和$\Delta S^\ddagger$是不同的，但它们的值互补，以至于$\Delta G^\ddagger$基本相同。这个情况可以用一个例子来解释。假设在溶剂中进行一个反应，反应物和过渡态发生溶剂化作用。对两个不同的反应，有两个不同的过渡态，即 TS_1 和 TS_2，我们假设过渡态是带电荷的或者是极性的，电荷的大小顺序为 $TS_2 > TS_1$。如果溶剂是极性的，那么它溶剂化 TS_2 比溶剂化 TS_1 更强烈，这可以从过渡态的溶剂化热反映出来，$\Delta H_2^\ddagger$ 会比 $\Delta H_1^\ddagger$ 负得更多。由于受到带电荷过渡态的吸引，溶剂会在两个过渡态附近变成有序的或有组织的（更低的或者是负的$\Delta S^\ddagger$）。在 TS_2 附近，由于电荷更高，这种现象会更加明显，于是 $\Delta S_2^\ddagger$ 会比 $\Delta S_1^\ddagger$ 负得更多。因此，如果 $\Delta H_2^\ddagger$ 比 $\Delta H_1^\ddagger$ 负得更多，而且 $\Delta S_2^\ddagger$ 比 $\Delta S_1^\ddagger$ 负得更多，则两种情况下的$\Delta G^\ddagger$就有可能是近似相等的。换句话说，考虑到$\Delta H^\ddagger$和$\Delta S^\ddagger$两者的定量联系公式，$\Delta H^\ddagger$和$\Delta S^\ddagger$的作用互相抵消。这就是补偿效应。对一系列反应（比如一系列配体的取代反应），有可能$\Delta G^\ddagger$大约为常数，因而得到：

$$\Delta H_1^\ddagger - T\Delta S_1^\ddagger = \Delta H_2^\ddagger - T\Delta S_2^\ddagger = C \quad (20.77)$$

对一系列多个反应：

$$\Delta H_i^\ddagger = T\Delta S_i^\ddagger + C \quad (20.78)$$

$\Delta H_i^\ddagger$ 对 $\Delta S_i^\ddagger$ 作的图应当是直线形的，斜率为 T。这种关联被称为等动力学关系，而温度 T 被称为等动力学温度。

以下系列反应（其中 X 为 Cl^-、Br^-、I^-、SCN^-等）曾被萨修斯（Thusius，1971）研究过：

$$[Cr(H_2O)_5OH]^{2+} + X^- \longrightarrow [Cr(H_2O)_5X]^{2+} + OH^- \quad (20.79)$$

图 20.6 表示等动力学关系。考虑到配体的性质变化范围广，图中 $\Delta H_i^\ddagger$ 和 $\Delta S_i^\ddagger$ 之间的关系是令人满意的。这个情况下的配体取代反应遵循的机理是先失去 OH^-，然后 X^-进入金属配位层。这种图显示为直线被认为是适合于所有取代反应的一种常见机理的标识。

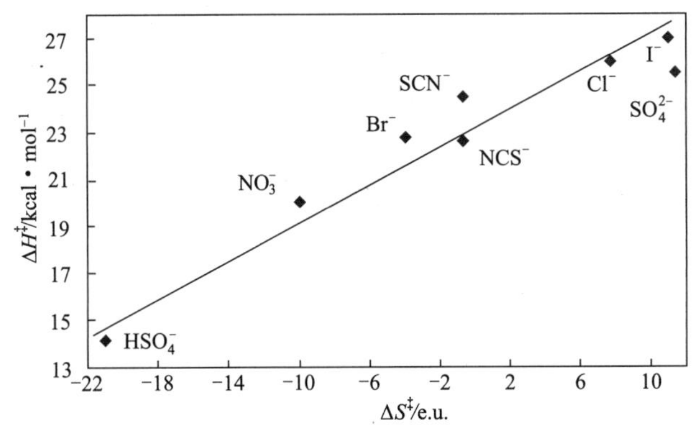

图 20.6 $[Cr(H_2O)_5X]^{2+}$被 OH^-取代的等动力学图
（绘制此图的数据来源为：D. Thusius, Inorg Chem., 1971, 10, 1106）

为了简化起见，我们假设过渡态是带电荷的。然而，没有必要这样做，因为唯一的要求是形成过渡态时熵的差别被活化焓的差别所抵消。过渡态可以有不同的极性，而得到的结果是相同的。事实上，过渡态不需要有大的极性。形成电荷分离减少的过渡态可能导致与非极性溶剂更强的溶剂化作用。对于一系列反应，如果要存在等动力学关系，只需要$\Delta H^‡$和$\Delta S^‡$相互关联，使得$\Delta G^‡$大致不变。

20.7 键合异构化

键合异构化过程是能够与金属离子以多种方式成键的一个或多个配体改变成键模式的过程。具有这种能力的配体是 CN^-、SCN^-、NO_2^-、SO_3^{2-} 和 SO_4^{2-}。键合异构的第一个例子是五氨・硝基合钴（Ⅲ）和五氨・亚硝酸根合钴（Ⅲ）离子。这个例子中的两个配合物中，硝基配合物更加稳定。亚硝酸根键合转变为硝基键合是几项研究工作的目标，已经弄清楚了这个转变过程的很多问题。这个例子中，高压下的反应研究结果尤其重要。

反应的活化能表示反应物转变为产物时必须跨越的能量壁垒。确定反应速率常数（k）与温度的关系，作出 $\ln k$ 对 $1/T$ 的图，从所得直线的斜率（$-E/R$）得到 E。过渡态的形成可以看作是反应物和过渡态之间的平衡。过渡态比反应物的能量更高，所以提高温度会增大过渡态的浓度，并因此增大反应速率。研究压力对反应速率的影响比起研究温度的影响要少得多。从反应物形成过渡态时，大多数情况下存在体积变化。按照勒夏特列原理，增大压力会使物种在较小的体积内浓度增大。如果过渡态占据的体积比反应物小，增大压力（在恒定温度下）会导致反应速率增大。如果增大压力减小反应速率，则过渡态占据的体积比反应物大。一般来说，涉及键断裂-键形成步骤的反应的过渡态占据的体积大于反应物。分子内过程通常经过一个体积小于反应物的过渡态。

键合异构化反应为：

$$[Co(NH_3)_5ONO]Cl_2 \xrightarrow{\triangle,\ h\nu} [Co(NH_3)_5NO_2]Cl_2 \qquad (20.80)$$

此反应在溶液和固态下都会发生，只要起始异构体受热或受紫外线辐射即可。关于反应如何发生，可以假定金属-配体键断裂，然后配体以更稳定的硝基配位的形式重新配位：

$$\left[Co(NH_3)_5ONO\right]^{2+} \rightleftharpoons \left[Co(NH_3)_5^{3+} + ONO^-\right]^‡ \longrightarrow \left[Co(NH_3)_5NO_2\right]^{2+} \qquad (20.81)$$

但是，如果反应以这种途径进行，过渡态应当比反应物占据的体积大，所以增大压力会减小反应速率。但是与此相反，在一系列高压下研究这个反应时，发现反应速率随压力增大而增大。

可以推导出下列方程式，将反应速率常数与外加压力联系起来：

$$\ln k = \frac{\Delta V^{\ddagger}}{RT} P + 常数 \tag{20.82}$$

作出 $\ln k$ 对 P 的图，就可以确定活化体积$\Delta V^{\ddagger}$。对于式（20.81）所示的键合异构，活化体积为$(-6.7\pm0.4)\text{cm}^3 \cdot \text{mol}^{-1}$。因此，可以下结论说式（20.81）中的反应机理是不正确的。事实上，负的活化体积表明，在过渡态中，NO_2^-没有从金属离子分离。已证明机理涉及亚硝酸根离子移动而形成过渡态，过程可以用图 20.7 描述。

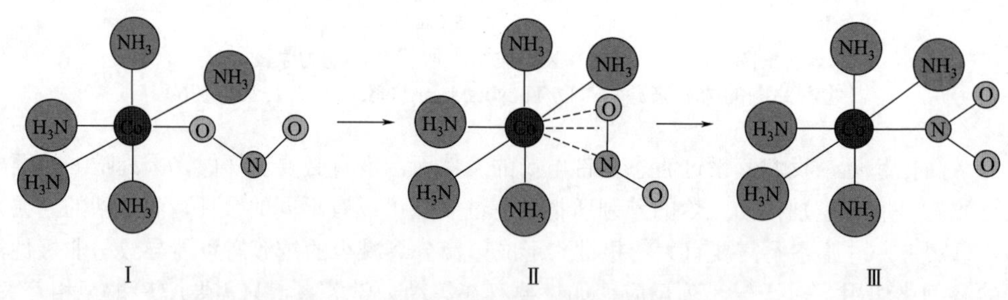

图 20.7 —ONO 到—NO_2 的异构化反应机理

过渡态（Ⅱ）比起始配合物占据的体积小，所以压力的增大会引起反应速率的增大。一般而言，过渡态体积小于反应物体积的反应随压力增大而速率加快。相反地，解离反应在过渡态产生两个分开的物种，增大压力会使反应受到阻滞。

当键合异构反应在固态进行，并且在很低温度下终止时，观察到混合物的红外光谱包含的谱带既不能归属为 Co—NO_2 键合，也不能归属为 Co—ONO 键合。这些谱带与上图所示的那种亚硝酸根键合方式的过渡态相符。除了上述钴配合物之外，Rh^{3+}和 Ir^{3+}的配合物也会进行异构化反应，活化体积分别为$(-7.4\pm0.4)\text{cm}^3 \cdot \text{mol}^{-1}$和$(-5.9\pm0.6)\text{cm}^3 \cdot \text{mol}^{-1}$。这表明这些配合物的键合异构反应发生时同样没有键断裂步骤。

关于钴配合物的反应，还有一些实验与下面的反应有关：

$$[Co(NH_3)_5{}^{18}OH]^{2+} + N_2O_3 \longrightarrow [Co(NH_3)_5{}^{18}ONO]^{2+} + HNO_2 \tag{20.83}$$

由于 ^{18}O 在反应前和反应后都是与钴离子相连，因此可以合理地推断 Co—O 键在反应过程中没有断裂过。相信反应涉及如下所示的过渡态：

$(NH_3)_5Co$——^{18}O——H

O—N——ONO

它会导致产物为$[Co(NH_3)_5{}^{18}ONO]^{2+}$。$^{18}O$ 一直没有离开钴的配位层。另外，Co—^{18}ONO 可以被诱导发生键合异构化反应，就像不含 ^{18}O 的亚硝酸根那样。

20.8 平面四边形配合物的取代反应

大多数平面四边形配合物含有 d^8 金属离子，其中最常见的是 Ni^{2+}、Pd^{2+}和 Pt^{2+}，虽然一些含有 Au^{3+}的配合物也得到研究。这些配合物发生取代反应时，速率大小的一般趋势为 $Ni^{2+} > Pd^{2+} > Pt^{2+} < Au^{3+}$。对于这个序列中的前三个金属离子，反应速率与配体场能量相反，与预期的一致。Au^{3+}配合物的取代反应之所以比 Pt^{2+}的快得多，是因为 Au^{3+}的电荷较高，对潜在配体的吸引力

更强。Pt^{2+}配合物已经得到广泛研究，下面的讨论大多集中于这些配合物。

因为铂的大多数配合物是相当稳定的，其取代反应的速率一般是低的。对于下面的反应：

$$[PtL_2XY]+A \longrightarrow [PtL_2XA]+Y \tag{20.84}$$

其速率方程的形式为：

$$速率=k_1[配合物]+k_2[配合物][A] \tag{20.85}$$

因此，其表观一级反应速率常数 k_{obs} 为：

$$k_{obs}=k_1+k_2[A] \tag{20.86}$$

虽然式(20.85)中的第一项看起来对配合物是一级反应，但它通常代表的是一个与溶剂(通常为亲核试剂）有关的二级反应过程。上述关系表明，如果作出 k_{obs} 对[A]的图，那么结果是一条直线，斜率为 k_2，截距为 k_1。因此，取代反应过程可以看作以两种途径发生。这种情况可以用图 20.8 来描述。

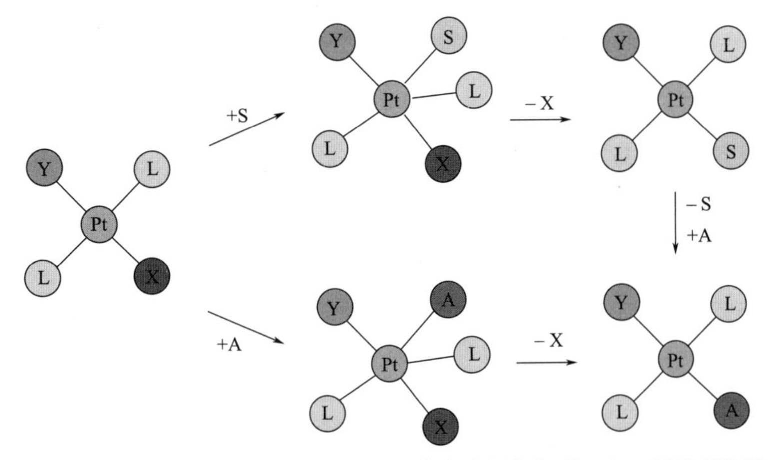

图 20.8　平面四边形配合物中的取代反应（其中溶剂参与到一个二级反应步骤中）

经常发现平面四边形配合物的取代反应速率随着溶剂性质不同而有很大的变化。反应速率方程中看起来与进入配体无关的那一项事实上与溶剂相关（溶剂的浓度基本上是恒定的)。因此，反应速率方程中的 k_1 值与溶剂有关。溶剂影响取代反应速率的另一个方式与进入配体的溶剂化程度有关。例如，如果进入配体在一系列溶剂中溶剂化程度不同，那么它进入金属配位层的反应速率可能随着溶剂对配体的溶剂化能力增强而减小。配体为了结合在配合物中，必须变成部分“去溶剂化”，溶剂与配体结合越强，去溶剂化就越困难。

取代反应的速率随离去配体的性质不同也有相当大的差别。对于反应(其中 dien 为二乙三胺，$H_2NCH_2CH_2NHCH_2CH_2NH_2$)：

$$[Pt(dien)X]^{+}+py \longrightarrow [Pt(dien)py]^{2+}+X^{-} \tag{20.87}$$

当 X= NO_3^- 时反应速率非常快，而 X=CN^-时 k_{obs} 的值为 $1.7\times10^{-8}s^{-1}$。对一系列配体，发现 X 失去的速率按下列顺序变化：

$$NO_3^- > H_2O > Cl^- > Br^- > I^- > N_3^- > SCN^- > NO_2^- > CN^-$$

之前我们描述过对一系列配体的取代反应以$\Delta H^‡$对$\Delta S^‡$作图，这种关系被称为等动力学图。研究了一系列配体 L 的下列反应：

$$[Pt(dien)X]^{+}+L \longrightarrow [Pt(dien)L]^{+}+X \tag{20.88}$$

以活化焓和熵的值作图时，得到图 20.9。

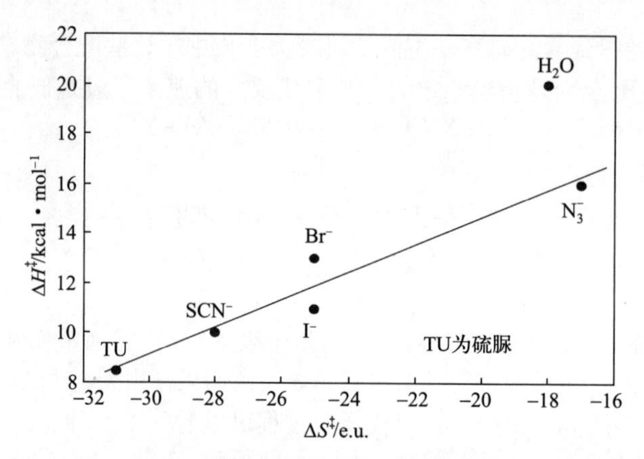

图 20.9 [Pt(dien)Cl]Cl 对各种配体的取代反应的等动力学图［其中 dien 是二乙三胺，$H_2NCH_2CH_2NHCH_2CH_2NH_2$（绘图数据来自 Basolo and Pearson, 1974, p. 404）］

虽然数据拟合为直线并不是很完美，但考虑到数据的精确程度，这已经足够了。因为对应 H_2O 的点远离通过其他点的直线，可以推断相应的机理是不同的。取代反应是在水中进行的事实使得这个解释更加有道理，因为溶剂过量非常多。因此，在式（20.85）所示的反应速率方程中，大量存在的水可能导致以溶剂配位作为显著特征的取代反应的发生。了解了平面四边形配合物的取代反应的一些性质之后，我们现在来看看这些反应的主要特点。

20.9 反位效应

平面四边形配合物的取代反应极具吸引力的一个特点可以用下面的反应方程式表示：

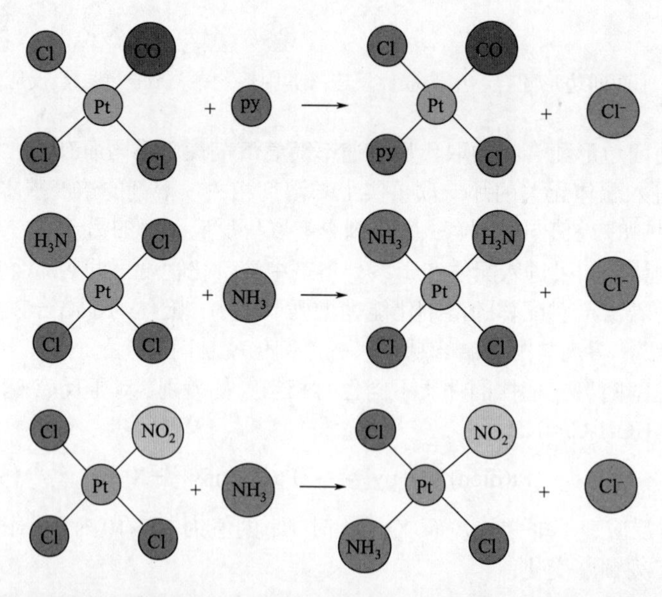

在第一个反应中，吡啶配体都是进入 CO 的反位位置。如果三个氯离子被取代的趋势相等，那么产物就将含有 2/3 的顺式、1/3 的反式$[Pt(CO)(py)Cl_2]$。实际产物只含有反式异构体，说明 CO 以某种方式指引取代反应发生在它的反位位置。这种影响被称为反位效应。在第二个反应中，没有一个 NH_3 进入 NH_3 的反位位置。因为所有的 NH_3 进入配位 Cl^-的对位，我们推断 Cl^-一定比 NH_3 具有更强的反位影响。在最后一个反应中，产物为反 $[Pt(NH_3)(NO_2)Cl_2]$ 的事实表

明 NO_2^- 配体对进入配体 NH_3 的进攻位置产生了影响。否则，一些被取代的 Cl^-将来自 NO_2^- 的顺位位置。因此，可以推断 NO_2^- 在这个配合物的反位位置上发挥某种影响。在一些著作中，反位效应和反位影响两种用语是有区别的。前面那个用语是用来描述对反应速率的（动力学的）影响，而后者是用于静态的（热力学的）影响（如同键长或金属-配体键的伸缩振动频率）。这些现象某种程度上是互相关联的，所以这里不做区别。

从以上所示的反应，显然可以知道 NH_3 对其反位位置的影响小于 Cl^-。另外，第一个反应表明 CO 的反位效应强于 Cl^-，最后一个反应则表明 NO_2^- 的反位效应比 Cl^-大。进行类似的反应，可以确定一系列配体的相对反位效应大小。对几种常见配体，存在以下顺序：

$$C_2H_4 \approx CO \approx N_3^- > (CH_3)_3P \approx H^- > NO_2^- > I^- > SCN^- > Br^- > Cl^- > py > NH_3 > OH^- > H_2O$$

配体反位效应对平面四边形配合物除了影响其立体化学反应产物之外，还有很多其他影响。其中一个是影响配合物中的键长。考虑下列结构：

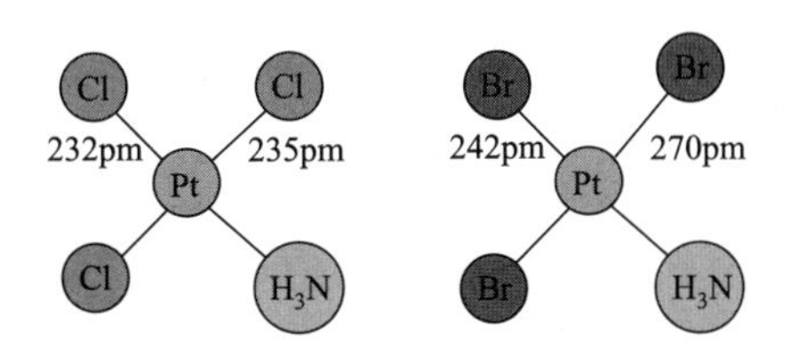

我们看到在 $K[Pt(NH_3)Br_3]$ 中 Pt—NH_3 键对位的 Pt—Br 键的长度约为 242pm，而另一个 Br 对位的 Pt—Br 键长为 270pm。类似的结果也可在 $K[Pt(NH_3)Cl_3]$ 中看到，但这时键长差别更小，因为 Cl^-的反位效应弱于 Br^-。对于蔡氏盐阴离子$[Pt(C_2H_4)Cl_3]^-$：

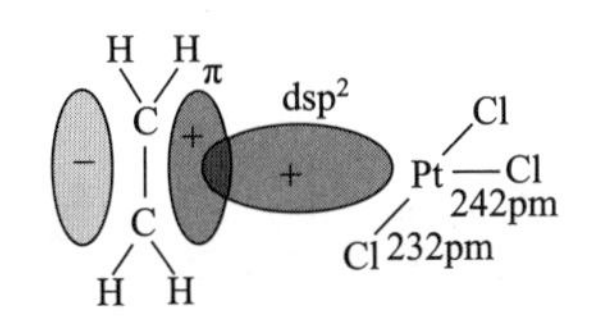

C_2H_4 对位的 Pt—Cl 键的长度为 242pm，而 Cl 对位的 Pt—Cl 键长为 232pm。这些值表明 C_2H_4 分子对其对位的 Pt—Cl 键的削弱和拉长作用比 Cl^-大。这个观察结果与上述反位效应顺序一致。

六十多年前，查特等（Chatt，et al., 1958）证明了一个配体对其对位上的 Pt—配体键的伸缩振动频率的影响。虽然其他配合物也受到研究，但是通过改变反式 $[PtA_2LH]$（其中 A 为 PEt_3）系列配合物中的 L 用红外光谱证明了反位效应对于 Pt—H 伸缩振动频率的影响。Pt—H 伸缩振动频率随 L 的不同变化如下：CN^-，2041cm^{-1}；SCN^-，2112cm^{-1}；NO_2^-，2150cm^{-1}；I^-，2156cm^{-1}；Br^-，2178cm^{-1}；Cl^-，2183cm^{-1}。这些代表配体对位的 Pt—H 键伸缩振动谱带的位置表明当 L 是 CN^-时，Pt—H 键受到的影响很大，而 Cl^-在 Pt—H 键反位时的影响较小。这些观察结果与前面描述的反位效应的顺序是相符的。

对于一系列可以用下式表示的反应：

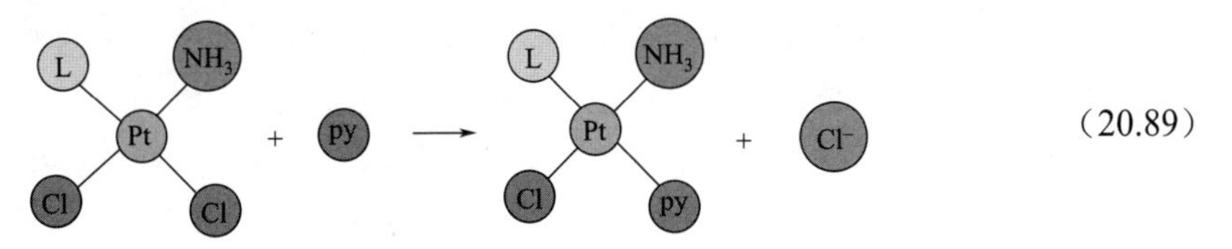

发现当配体 L 为 Cl^-、Br^-或 NO_2^-时，反应活化能分别为 79kJ・mol⁻¹、71kJ・mol⁻¹ 和 46kJ・mol⁻¹，反应速率常数分别为 6.3×10^{-3}mol・L⁻¹・s⁻¹、18×10^{-3}mol・L⁻¹・s⁻¹ 和 56×10^{-3}mol・L⁻¹・s⁻¹。配体 L 对于反位位置的影响清楚地反映在取代反应速率和相关的活化能上面。

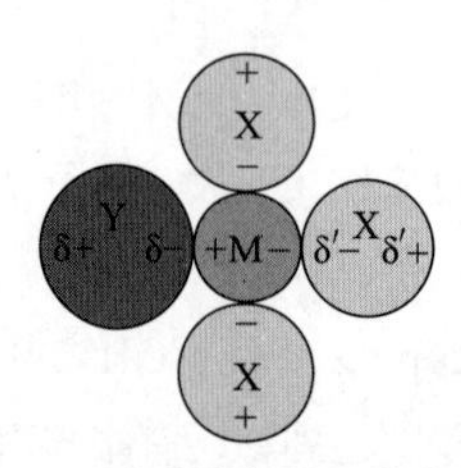

图 20.10　平面四边形配合物 MX_3Y
（其中的配体是可极化的）

解释平面四边形配合物中的反位效应的一种方法被称为极化模型。这种方法的基本原理是金属离子和配体会相互极化，导致即便是球形的离子和配体也有某种小的电荷分离。假设配合物的组成为 MX_3Y，Y 比 X 更容易被极化。这种情况用图 20.10 表示。

因为 Y 比 X 更易被极化，这些配体中的电荷分离情况是不同的。按照极化性，$|\delta|>|\delta'|$，这会引起金属上面的电荷这样分布：正电荷更多的一侧指向 Y，而正电荷较少的一侧指向 X。这样分布使得 X 与金属的结合削弱，更容易被移除。因此，X 被取代的容易程度应当随 Y 的极性增大而增大。一般来说，卤素配体的反位效应的顺序为 $I^- > Br^- > Cl^-$。因为金属也在一定程度上被极化，对 d^8 离子观察到的反位效应的变化顺序为 $Pt^{2+} > Pd^{2+} > Ni^{2+}$。

对反位效应产生原因的另一种解释与金属和配体形成π键的能力有关。如果配体要有接受电子反馈的能力，就必须有空轨道，并且对称性与金属 d 轨道匹配。配体如 CO、C_2H_4、CN^-等具有这样的反键轨道（见第 16 章）。与氰根离子的键合可以表示为：

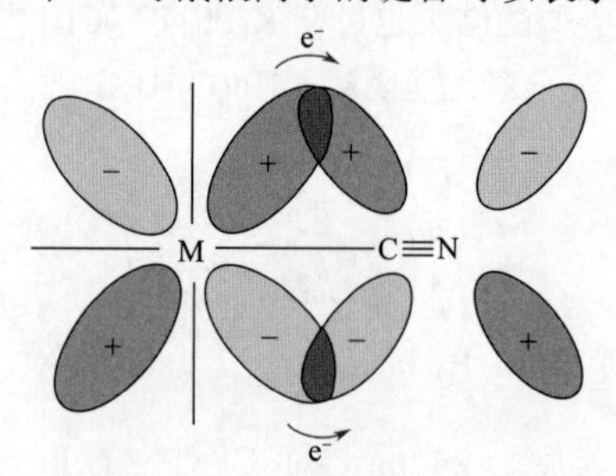

如果一个配体发生反馈作用，接受来自金属的电子密度，那么相反方向上的电子密度就会更少。对位配体提供电子对形成σ键受此影响似乎不大。而由π键形成得到的五配位键（三角双锥）过渡态的稳定似乎主要受此影响。容易形成π键的配体包括一些反位效应最大的配体。

显然配体以完全不同的过程产生反位效应。例如，大而软的配体如 H^-产生强的反位效应，但这不可能是反馈π键的结果。巴索罗和皮尔森（Basolo and Pearson, 1974）认为反位效应包含σ和π两种特点的贡献。几种配体的研究结果如下所示（S 表示强，W 表示弱，M 表示中等……）：

配体	C_2H_4	CO	CN^-	PR_3	H^-	NO_2^-	I^-	NH_3	Br^-	Cl^-
σ效应	W	M	M	S	VS	W	M	W	M	M
π效应	VS	VS	S	M	VW	M	M	VW	W	VW

这个序列表明一些配体给出的反位效应包含不同类型影响的贡献，但是给出大的反位效应的配体通常只有一种主要影响，可以是σ键影响，也可以是π键影响。

现在可以关注八面体配合物中反位效应的一些证据，但只是简要地进行描述。$Mo(CO)_6$与吡啶反应时，只有三个 CO 配体被取代，产物结构为：

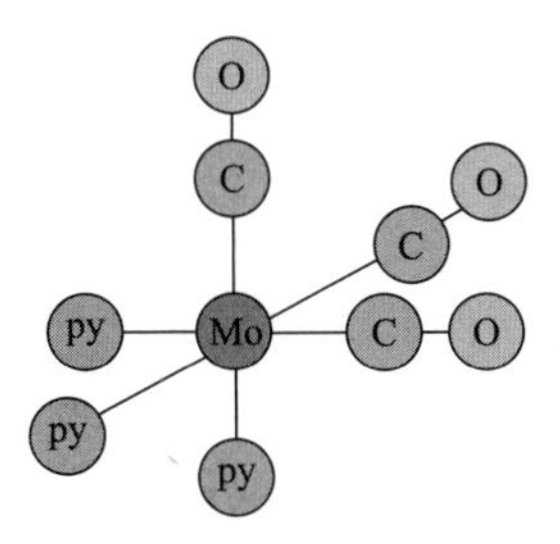

显然，这是 CO 表现出反位效应的结果。这种类型的反应还有其他一些实验结果。

八面体配合物反位效应的证据还有 $[Co(NH_3)_5SO_3]^+$ 的 NH_3 交换取代研究，用到 $^{15}NH_3$ 追踪反应。发现只有 SO_3^{2-} 反位的 NH_3 才会发生交换，得到反式 $[Co(NH_3)_4(^{15}NH_3)SO_3]^+$。类似的研究还有顺式 $[Co(NH_3)_4(SO_3)_2]^-$ 有关的 NH_3 交换取代反应，发现产物的结构为：

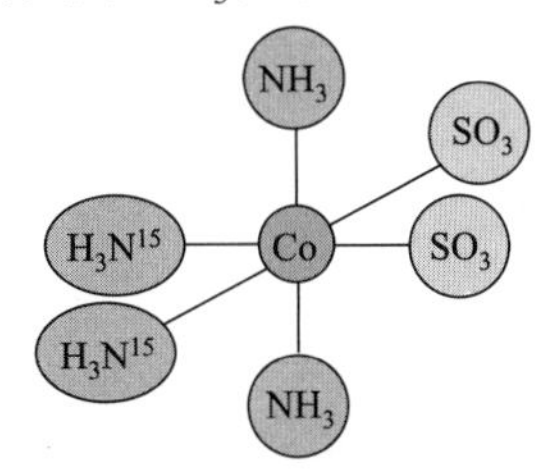

这些取代反应的动力学分析表明它们遵循解离机理。也发现 $[Cr(H_2O)_5I]^{2+}$ 中的两个水分子会与标记的水分子发生交换。有趣的是一个交换是快速的，发生于 I^-离去之前。但是，Cl^-配合物就不会发生这种反应。因此，碘离子似乎可以使其对位的水分子活化，而氯离子则不行。

八面体配合物的反位效应除了以上所述的标志特点之外，还有键长和光谱数据等形式的结构信息，与前面描述的平面四边形配合物的情形类似。虽然八面体配合物中的反位效应不像平面四边形配合物那样表现明显，但毫无疑问存在着这样一种效应。

20.10 电子转移反应

含有两种不同金属离子的配合物的水溶液可能会发生氧化还原反应，这时电子从被氧化的金属离子转移到被还原的金属离子上，例如：

$$Cr^{2+}(aq) + Fe^{3+}(aq) \longrightarrow Cr^{3+}(aq) + Fe^{2+}(aq) \qquad (20.90)$$

这个反应中一个电子从 Cr^{2+}转移到 Fe^{3+}，这样的反应通常称为电子转移或者电子交换反应。电子转移反应也可以发生于只涉及一种金属离子的情形，例如：

$$[^*Fe(CN)_6]^{4-} + [Fe(CN)_6]^{3-} \longrightarrow [^*Fe(CN)_6]^{3-} + [Fe(CN)_6]^{4-} \qquad (20.91)$$

表示一个电子从 $[^*Fe(CN)_6]^{4-}$（这里$^*Fe$ 是铁的不同同位素）转移到 $[Fe(CN)_6]^{3-}$ 中的 Fe^{3+}。这是一个电子转移反应，其中产物与反应物的不同之处仅在于 Fe 的一种不同同位素包含在+2和+3 氧化态的配合物中。

配合物的金属离子之间的电子转移可以两个不同的方式发生，与所给金属配合物的性质有关。如果配合物是惰性的，那么比取代反应快的电子转移反应发生时一定不会出现金属和配体之间配位键的断裂。这样的电子转移发生过程被称为外层机理。因此，每个金属离子保留与起始的配体相结合，电子是通过金属离子的配位层进行转移的。

第二种情况下，配体取代反应比电子转移反应更快。如果是这样的话（惰性配合物即是如此），配体可能离开一个金属离子的配位层，被取代后利用第二个金属离子的配体形成桥。然后通过桥联配体发生电子转移，这个过程被称为内层机理。

对于外层电子转移反应，每个配合物离子的配位层保持不变。因此，转移的电子必须通过两个配位层。下面的反应就属于这种类型（*代表不同的同位素）：

$$[{}^{*}Co(NH_3)_6]^{2+}+[Co(NH_3)_6]^{3+}\longrightarrow[{}^{*}Co(NH_3)_6]^{3+}+[Co(NH_3)_6]^{2+} \tag{20.92}$$

$$[Cr(dipy)_3]^{2+}+[Co(NH_3)_6]^{3+}\longrightarrow[Co(NH_3)_6]^{2+}+[Cr(dipy)_3]^{3+} \tag{20.93}$$

在式（20.93）表示的反应中，含有 Cr^{2+}的 d^4 配合物由于电子成对，处于低自旋状态，因此是惰性的。随着给定配体的性质不同，反应速率从非常慢到非常快，变化极大，速率常数可以从 $10^{-6}mol\cdot L^{-1}\cdot s^{-1}$ 变到 $10^{8}mol\cdot L^{-1}\cdot s^{-1}$。

锰酸根（MnO_4^{2-}）和高锰酸根（MnO_4^-）在碱性溶液中发生电子交换：

$$^{*}MnO_4^-+MnO_4^{2-}\longrightarrow{}^{*}MnO_4^{2-}+MnO_4^- \tag{20.94}$$

反应速率方程为：

$$速率=k\,[^{*}MnO_4^-][MnO_4^{2-}] \tag{20.95}$$

当溶剂中含有 H_2O^{18} 时，没有 ^{18}O 进入产物 MnO_4^- 中。因此，推测反应没有经历形成氧桥的过程。但是，溶液中存在的阳离子的性质对反应速率影响大。反应速率随阳离子的变化顺序为 $Cs^+>K^+\approx Na^+>Li^+$。这个事实支持了一个观点，即过渡态一定涉及某种结构，例如：

$$^{-}O_4Mn\cdots M^+\cdots MnO_4^{2-}$$

可以假定 M^+的作用是作为“垫子缓冲”两个负离子的相互排斥。更大更软的 Cs^+起这种作用时比更小更硬的离子，如 Li^+或 Na^+，更加有效。同样，为了形成这些桥联过渡态，溶剂分子必须从阳离子的溶剂化层中移除。对于 Li^+和 Na^+来说，由于它们的体积较小，溶剂化作用更强，移除溶剂分子的过程需要更多的能量。而 Cs^+形成有效的桥，电子交换速率与 Cs^+的浓度呈线性关系。

类似的结果也发现存在于$[Fe(CN)_6]^{3-}$和$[Fe(CN)_6]^{4-}$之间的电子交换中。这时加速作用随阳离子的变化顺序为 $Cs^+>Rb^+>K^+\approx NH_4^+>Na^+>Li^+$，与上面讨论的体积和溶剂化作用是相符的。对+2 价离子，加速作用的顺序为 $Sr^{2+}>Ca^{2+}>Mg^{2+}$，与这些物种的软度下降顺序一致。这些外层机理的电子交换相信涉及桥联物种的形成，其中包含可能没有全溶剂化的阳离子。

在水溶液中，Cr^{2+}是一个强的还原剂，还原 Co^{3+}为 Co^{2+}。涉及这些金属的很多电子转移反应得到了研究。Cr^{2+}（d^4）的高自旋配合物是动力学活性的，和 Co^{2+}（d^7）的高自旋配合物一样。但是，Cr^{3+}（d^3）的配合物和 Co^{3+}（d^6）的低自旋配合物是动力学惰性的。对于交换反应（O^*代表 ^{18}O）：

$$[Co(NH_3)_5H_2O^*]^{3+}+[Cr(H_2O)_6]^{2+}\longrightarrow[Co(NH_3)_5H_2O]^{2+}+[Cr(H_2O)_5H_2O^*]^{3+} \tag{20.96}$$

发现反应速率方程为：

$$速率=k\left[Co\left(NH_3\right)_5H_2O^{*3+}\right]\left[Cr\left(H_2O\right)_6^{2+}\right] \tag{20.97}$$

H_2O^*定量地转移到 Cr^{3+}的配位层中。因此，电子从 Cr^{2+}转移到 Co^{3+}，而随着还原反应的发生，H_2O^*从 Co^{3+}转移到 Cr^{2+}。看起来电子转移的进行是通过一个桥联过渡态，其结构可能是：

$$(NH_3)_5Co^{3+}\cdots\underset{\textstyle H}{\overset{\textstyle H}{\overset{|}{\underset{|}{O}}}}\cdots Cr(H_2O)_5^{2+}$$

H_2O 形成桥，最终成为动力学惰性的 Cr^{3+}的配位层的一部分。

有很多与上面的反应类似的反应得到了详细研究，比如这样的反应：

$$[Co(NH_3)_5X]^{2+}+[Cr(H_2O)_6]^{2+}+5H^++5H_2O\longrightarrow[Co(H_2O)_6]^{2+}+[Cr(H_2O)_5X]^{2+}+5NH_4^+ \tag{20.98}$$

其中 X 是一个阴离子，例如 F^-、Cl^-、Br^-、I^-、SCN^-或 N_3^-。产物中的 Co^{2+}写为 $[Co(H_2O)_6]^{2+}$，因为 Co^{2+}（d^7）的高自旋配合物是活性的，会与大大过量的溶剂分子发生快速的交换取代反应。

上述反应中，发现电子转移完成后，X 定量地从 Co^{3+}配合物转移到 Cr^{2+}配合物中。因此，很可能电子转移是通过桥联配体进行的，这个桥联配体同时是两个金属离子的配位层的一部分，最终保留在惰性配合物产物的配位层中。电子就这样通过那个桥联配体传递。电子转移速率与 X 的性质有关，变化顺序为 $I^- > Br^- > Cl^- > F^-$。但是，对其他反应可以观察到相反的趋势。毋庸置疑，这里涉及几个因素，比如 F^-形成最强的桥，但 I^-是电子转移最好的“导体”，因为 I^-电子云变形要容易得多（I^-更易被极化，电子亲和能力更低）。在不同的反应中，这些因素起作用时所占的权重可能不同，导致电子转移速率并非按照阴离子相关的特定顺序而变化。

20.11 固态配位化合物的反应

迄今为止描述的都是溶液中发生的几种反应过程。但是，对固态配位化合物反应的研究提供了与这些材料的性质有关的大量信息。已经知道了有几种类型的固态配合物反应，但是这里只讨论四个常见类型的反应。

20.11.1 阴离子配体化反应

配位化合物最常见的反应是配体取代。本章部分内容已经描述了这些反应以及影响反应速率的因素。固态的配位化合物最常见的反应是配合物受热释放出挥发性气体。这个反应发生时，另一个电子对给体结合在空的配位位置。这个给体可能是配位层外的阴离子，或者也可能是某个改变了成键方式的其他配体。当反应涉及阴离子进入金属配位层时，这个反应被称为阴离子配体化反应（anation）。下式所示的一类阴离子配体化反应曾被广泛研究：

$$[Cr(NH_3)_5H_2O]Cl_3(s) \xrightarrow{\triangle} [Cr(NH_3)_5Cl]Cl_2(s) + H_2O(g) \qquad (20.99)$$

其中挥发性配体 H_2O 失去并被 Cl^-取代，这个离子起初是位于晶格中其他位置的阴离子。已经研究了几种不同金属的很多该类反应。

在对五氨・水合钌（Ⅲ）配合物的脱水反应进行的有趣研究中，通过像第 8 章描述的那样测量配合物的质量减少进行动力学分析，得到可以用来模拟反应过程的速率方程为：

$$\lg[M_0/(M_0 - M_t)] = kt \qquad (20.100)$$

其中，M_0 为样品的初始质量，M_t 为时间 t 时样品的质量。下列反应的活化能由小到大的顺序为 $NO_3^- < Cl^- < Br^- < I^-$。

$$[Ru(NH_3)_5H_2O]X_3(s) \longrightarrow [Ru(NH_3)_5X]X_2(s) + H_2O(g) \qquad (20.101)$$

这种由不同阴离子引起的反应速率差异被称为“阴离子效应”。表 20.2 列出了与这些钌配合物及其相应的铬、钴配合物的反应动力学有关的数据。

表 20.2 水合配合物的阴离子配体化反应的动力学数据①

配合物	E_a/kJ・mol^{-1}	$\Delta S^{\neq}$/e.u.	k/×10^{-4}s^{-1}	
$[Cr(NH_3)_5H_2O]Cl_3$	110.5	−2.53	2.41	(65℃)
$[Cr(NH_3)_5H_2O]Br_3$	124.3	9.2	2.43	(76℃)
$[Cr(NH_3)_5H_2O]I_3$	136.8	15.4	1.61	(82℃)
$[Cr(NH_3)_5H_2O](NO_3)_3$	101.7	−2.49	1.38	(55℃)
$[Co(NH_3)_5H_2O]Cl_3$	79	—	4.27	(86℃)
$[Co(NH_3)_5H_2O]Br_3$	108	—	4.79	(85℃)
$[Co(NH_3)_5H_2O](NO_3)_3$	130	—	2.51	(85℃)
$[Ru(NH_3)_5H_2O]Cl_3$	95.0	−7.1	1.12	(43℃)
$[Ru(NH_3)_5H_2O]Br_3$	97.9	−5.2	0.77	(40℃)
$[Ru(NH_3)_5H_2O]I_3$	111.7	5.8	0.71	(40℃)
$[Ru(NH_3)_5H_2O](NO_3)_3$	80.8	−15.9	2.38	(41℃)

① 数据取自 A. Ohyoshi, et al., 1975。

表 20.2 中的数据可以用两种可能的机理进行解释。

机理Ⅰ（“S_N1”）：

$$[Ru(NH_3)_5H_2O]X_3(s) \xrightarrow{慢} [Ru(NH_3)_5]X_3(s) + H_2O(g) \tag{20.102}$$

$$[Ru(NH_3)_5]X_3(s) \longrightarrow [Ru(NH_3)_5X]X_2(s) \tag{20.103}$$

机理Ⅱ（“S_N2”）：

$$[Ru(NH_3)_5H_2O]X_3(s) \xrightarrow{慢} [Ru(NH_3)_5H_2OX]X_2(s) \tag{20.104}$$

$$[Ru(NH_3)_5H_2OX]X_2(s) \longrightarrow [Ru(NH_3)_5X]X_2(s) + H_2O(g) \tag{20.105}$$

在机理Ⅰ中，配合物失水是速率决定步骤，但是水从金属离子的配位层中脱除应当与阴离子的性质无关，因为阴离子并不是金属离子配位层的一部分。与此相反，如果机理Ⅱ是正确的，那么 X 进入金属配位层应当与阴离子的性质有关，因为不同的阴离子会以不同的速率进入配位层中。因为观察到存在阴离子效应，可以推断阴离子配体化反应肯定是一个 S_N2 反应。不过，还不清楚的是当配合物阳离子和阴离子都是同一化学式的一部分时，一个反应怎么会是二级反应。就像第 8 章中讨论过的，适合于溶液反应的动力学方法并不一定总是同样适合于模拟固体中的反应。

离子离开晶格位置进入金属配位层需要形成肖特基缺陷。形成这类缺陷所需的能量可以用下式表示：

$$E_s = U\frac{1-\left(1-\dfrac{1}{\varepsilon}\right)}{A\left(1-\dfrac{1}{n}\right)} \tag{20.106}$$

其中，U 是晶格能，ε 是介电常数，A 是马德龙常数，n 是波恩-兰德方程中排斥项的指数。产生缺陷、失去配合物稳定化能需要的能量预计会使得活化能非常高。而且，随着阴离子体积增大，晶格能减小，但是对于比较大的阴离子，活化能比较大。

关于阴离子配体化反应更实际的观点是认为挥发性配体离开金属是初始步骤。但是配体必须去到某处，在晶体中，合理的去处是间隙位置。自由的挥发性配体从那里离开晶体时必定有自己的方式。容易证明，对一个固体晶格，阴离子与阳离子之间的体积差别增大时，间隙更大。因此，假定存在大阳离子，活化能随阴离子体积增大而增大，与观察到的趋势一致。硝酸根配合物失水的活化能不符合这个变化趋势，可能因为硝酸根不是球形离子。平面 NO_3^- 允许水比球形离子更易通过晶体，这与观察到的活化能大小相符。在这个机理中，释放出的挥发性配体产生一个缺陷，通过晶格扩散。已发现许多失去挥发性配体的阴离子配体化反应的速率与基于缺陷扩散机理的预测是一致的。

一种特别的阴离子配体化反应发生时，水脱除后接下来配位的是已存在于另一金属的配位层中的配体，这样的一个反应是：

$$[Co(NH_3)_5H_2O][Co(CN)_6] \xrightarrow{140℃} [(NH_3)_5Co—NC—Co(CN)_5] + H_2O \tag{20.107}$$

这会导致在两个 Co^{3+} 之间形成一个氰根桥。因为与五个 NH_3 配体结合的 Co^{3+} 是一个硬路易斯酸，而结合氰根配体的相同金属离子是软路易斯酸，式中的 Co—NC—Co 桥联方式与氰根离子两端的软硬性质匹配。但是，下列反应所产生的 CN 桥以配体较软的一端（C）结合那个较硬的 Co^{3+}：

$$[Co(NH_3)_5CN]^{2+} + [Co(CN)_5H_2O]^{2-} \longrightarrow [(NH_3)_5Co—CN—Co(CN)_5] + H_2O \tag{20.108}$$

即使两个钴离子的电荷数都是+3，被 CN^-配体围绕的钴还是由于共生效应而表现为软酸。研究了涉及两个不同金属的该类型反应，如下所示：

$$[Co(NH_3)_5H_2O][Fe(CN)_6](s) \longrightarrow [(NH_3)_5Co—NC—Fe(CN)_5](s)+H_2O(g) \quad (20.109)$$

类似的反应可以用来制备含有硫氰酸根桥的配合物。以上的例子只是大量阴离子配体化反应中的几个。

20.11.2 外消旋化反应

在第 16 章中，我们描述了配位化合物中的对映异构现象。这种类型的旋光活性化合物有时会转变为外消旋混合物，甚至在固体状态也会如此。某些情况下外消旋反应是热诱导的，但也可以由高压产生。虽然其他类型的配合物也存在旋光异构体，但对八面体配合物的外消旋化反应的研究是最多的。已经确定了两种类型的过程：配体与金属分离以及金属-配体键不断裂（分子内反应）。

如果八面体配合物中螯合环的一端从金属脱离，那么五配位的过渡态可以看作是一个流变分子，存在某种位置交换。螯合环解开时，可能采取不同的取向，从而导致外消旋化。如果螯合环是不对称的（例如 1,2-二氨基丙烷，而不是乙二胺），也可能产生异构化。在配位能力较强的溶剂中反应时，螯合剂的一端空出来时，溶剂分子可能在那个空位与金属结合，这样的反应类似于解离和取代反应。

许多外消旋化反应发生时，形成过渡态的过程中显然没有键的断裂。虽然提出了几种不同的机理来解释这些观察到的实验事实，但两种最可能和重要的模型涉及扭转机理。在一个规则的八面体结构中，C_3 轴穿过结构中上、下两半的三角面的中心。如果一个三角面绕 C_3 轴相对于另一个三角面旋转，就得到三棱柱体。但是，对于一个三螯合配合物，有两种途径（实际上有四种，但最有特征性的两种最重要）使得螯合环（保持与金属结合）可以定向。一种途径中，三个螯合环沿矩形面的三条纵向棱边分布。这个“三角扭转”被称为贝勒扭转（Bailar，1958）。在第二种三角扭转中，过渡态是这样的三角棱柱体，一个螯合配体位于一个矩形面的纵向边上，而另外两个沿着形成矩形面的两个三角面的边结合在金属上。这个机理称为雷（Ray）-达特（Dutt）扭转。这些机理示于图 20.11 中。

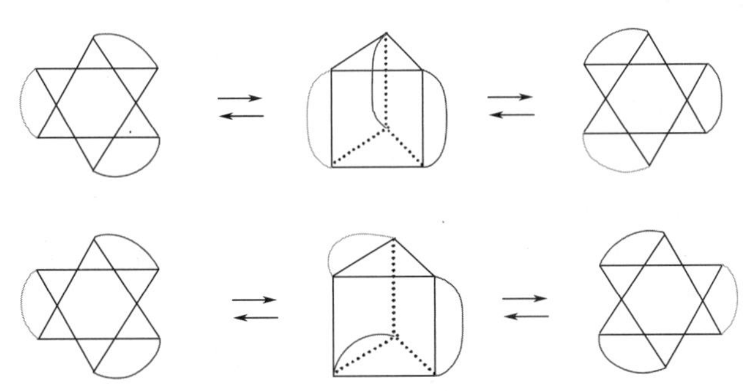

图 20.11　贝勒（上）和雷-达特（下）三角扭转机理（注意三棱柱过渡态中螯合环的取向）

如果通过扭转机理形成过渡态导致晶格的某种扩展，那么可以预测较高的晶格能会阻碍外消旋化。在一个关于 (+)-$[Co(en)_3]X_3 \cdot nH_2O$（X 为 Cl^-、Br^-、I^-或 SCN^-）外消旋化反应的很详细的研究（Kutal and Bailar, 1972）中，发现反应速率随阴离子的性质而变化。速率降低的顺序为$I^- > Br^- > SCN^- \gg Cl^-$。还发现配合物水合反应的程度影响外消旋化反应的速率。一般来说，水合配合物反应速率比无水样品更快。另外，减小颗粒体积会增大外消旋化反应的速率，不过当碘化合物和水在密封管中受热时，外消旋化反应速率比那些水可以从中逸出的水合固体的速率低。水合样品外消旋化更快的事实可能证明了是水合-阴离子配体化机理，但是密封管实验的结果与此不符。

如果过渡态的产生构成一个点缺陷，需要晶格轻度膨胀，那么氯化合物的反应速率是最低的，因为较小的离子会引起晶格能较高。碘化合物的反应速率是最高的，因为大的阴离子会使得晶格能较低。外消旋化反应随阴离子性质的变化顺序和这个分析判断是一致的。外消旋化反应在失水时进行得更快的事实可能是因为水通过晶体扩散时晶格略有膨胀，使得形成过渡态更容易。基于缺陷和扩散的机理与其他外消旋化反应是一致的（见 O'Brien, 1983），这里不再描述。

20.11.3 几何异构化反应

配位化合物在溶液中发生异构化反应是常见的，固态配合物的这类反应也得到了研究。一般来说，金属离子所处的晶体场环境改变的时候，配合物的颜色会有变化。因此，配合物受热时的颜色变化有时可能表明发生了异构化反应，但是极少有固态配合物的几何异构化反应得到详尽研究。一个被研究过的反应如下所示：

$$\underset{\text{绿色}}{trans\text{-}[Co(NH_3)_4Cl_2]IO_3 \cdot 2H_2O(s)} \xrightarrow{75\sim90℃} \underset{\text{紫色}}{cis\text{-}[Co(NH_3)_4Cl_2]IO_3(s)} + 2H_2O(g) \quad (20.110)$$

这个反应有几个有趣的实验事实。异构化反应速率与脱水速率相同。对初始配合物的所有脱水处理结果都导致异构化。根据这个事实以及其他证据提出的反应机理涉及配合物的水合以及随后的阴离子配体化。这个过程中，首先水取代配位层中的 Cl^-，然后又通过疑似 S_N1 机理被 Cl^-所取代。三角双锥形过渡态可以解释 Cl^-重新进入配位层给出顺式产物。这个反应的速率方程的形式为：

$$-\ln(1-\alpha) = kt + c \quad (20.111)$$

式中 c 为常数，这是一个一级反应速率方程，如前所述（LeMay and Bailar, 1967）。

其他产生异构化变化的化合物包括反式 $[Co(pn)_2Br_2](H_5O_2)Br_2$、反式 $[Co(pn)_2Cl_2](H_5O_2)Br_2$ 和反式 $[Co(pn)_2Br_2](H_5O_2)Cl_2$。所有这些化合物含有形式为 $H_5O_2^+$的水合质子。这些化合物在受热时失去水和卤化氢分子，转变为顺式结构。

平面四边形配合物的异构化反应也已为人所知。由于反位效应，对很多配合物来说，合成其反式异构体比起合成顺式异构体更加容易。下面的反应得到的产物则与通常所预见的不同：

$$[(C_2H_4)PtCl_3]^- + CO \longrightarrow [PtCl_3CO]^- + C_2H_4 \quad (20.112)$$

$$[PtCl_3CO]^- + RNH_2 \longrightarrow trans\text{-}[PtCl_2(CO)RNH_2] + Cl^- \quad (20.113)$$

反式化合物在大约 90℃熔化，持续加热则导致异构化为顺式结构。几何异构化反应也会导致配合物结构的变化。例如，实验发现配合物 $[Ni(P(C_2H_5)(C_6H_5)_2)_2Br_2]$ 可以从平面四边形变为四面体形结构。

20.11.4 键合异构化反应

最早得到详细研究的键合异构化反应是：

$$\underset{\text{绿色}}{[Co(NH_3)_5ONO]Cl_2} \xrightarrow{\triangle} \underset{\text{紫色}}{[Co(NH_3)_5NO_2]Cl_2} \quad (20.114)$$

它在 19 世纪 90 年代由约根森开始研究，其后又得到其他人研究。这个反应在溶液和固态下都会发生，已经在第 16 章和本章前面进行了一定程度的讨论。

与氰根配合物有关的键合异构化反应，人们了解已经很多年了。一般来说，制备一个配合物时，CN^-的碳端键合一个金属离子，加入的另一个金属离子就只能键合氮端，这种成键模式下会发生键合异构化反应。如果金属的软硬性质与 CN^- 的软硬性质不匹配（碳原子是较软的一端），那就有可能导致成键模式改变，CN^- 翻转过来以使得软硬性质匹配。例如，将含 Fe^{2+} 的溶液加入含有 $K_3[Cr(CN)_6]$（氰根以 C 键合 Cr^{3+}）的溶液，得到化学式为 $KFe[Cr(CN)_6]$ 的固体产物。这个化合物在 100℃短时间受热时，颜色从砖红色变为绿色，还有另一个显著的变化。红外光谱中在 $2168cm^{-1}$ 处观察到的吸收峰归属为 $KFe[Cr(CN)_6]$ 中 CN 的伸缩振动。事实上，对于 CN^- 键合第一过渡系的+3 价离子所形成的几乎所有配合物，大约在这个位置都会观察到 CN 伸缩谱带。加热固体后，$2168cm^{-1}$ 的红外谱带强度降低，在 $2092cm^{-1}$ 处出现新的谱带。如果加热持续，$2168cm^{-1}$ 的谱带消失，只观察到 $2092cm^{-1}$ 的谱带。这个谱带位置是 CN 与+2 价金属离子键合时的 CN 伸缩振动的特征。原因是 CN^- 改变了成键模式（称为氰根翻转）：

$$Cr^{3+}—CN—Fe^{2+} \longrightarrow Cr^{3+}—NC—Fe^{2+} \quad (20.115)$$

这个反应式只显示了一个 CN^- 配体。这个产物实际上是一个三维网络结构，其中 CN^- 桥联在 Cr^{3+} 和 Fe^{2+} 之间。但是，在这个排列中，较硬的电子给体氮与较软的金属离子 Fe^{2+} 键合，而较软的电子给体碳则是与较硬的金属离子 Cr^{3+} 键合。CN^- 起初是通过碳端键合 Cr^{3+} 这个事实并不奇怪，因为负的形式电荷位于碳原子上。但是，当固体 $KFe[Cr(CN)_6]$ 受热时，氰根离子通过翻转使得排列方式与软硬作用原理相符，倾向于 $Cr^{3+}—NC—Fe^{2+}$ 键合方式。这个类型的其他反应中也有与第二过渡系金属有关的。例如，将含有 Cd^{2+} 的溶液加入含有 $K_3[Cr(CN)_6]$ 的溶液中，得到的固体产物为 $KCd[Cr(CN)_6]$。这种情况下，因为碳原子已经与 Cr^{3+} 结合，Cd^{2+} 被迫与氰根离子的氮端结合，在固体中形成 $Cr^{3+}—CN—Cd^{2+}$ 键合方式。加热时，氰根翻转发生，键合方式变为 $Cr^{3+}—NC—Cd^{2+}$，与软硬作用原理一致。不过，按照 CN 伸缩谱带的强度，只有 2/3 的氰根离子改变成键模式。这可能是因为 Cd^{2+} 的配位数为 4，而 Cr^{3+} 的配位数为 6，所以两个氰根没有翻转。

有点不寻常的键合异构化反应发生于 $K_4[Ni(NO_2)_6] \cdot H_2O$ 受热的时候。这个配合物容易制备，将过量的 KNO_2 加入含 Ni^{2+} 的溶液中即可，这时 NO_2^- 是通过氮原子与 Ni^{2+} 配位。固体 $K_4[Ni(NO_2)_6] \cdot H_2O$ 的红外光谱显示在 $1325cm^{-1}$ 和 $1347cm^{-1}$ 有两个吸收谱带，归属为$—NO_2$ 键合的 N—O 振动。固态化合物加热时除去水合水分子，红外光谱中在 $1387cm^{-1}$ 和 $1206cm^{-1}$ 出现新的谱带。这些是 M—ONO 键合的特征吸收。根据光谱学方法确定的配体场强度减小，脱水后的产物的化学式为 $K_4[Ni(NO_2)_4(ONO)_2]$。因此，脱水和键合异构化反应可以写为：

$$K_4[Ni(NO_2)_6] \cdot H_2O(s) \xrightarrow{\triangle} K_4[Ni(NO_2)_4(ONO)_2](s) + H_2O(g) \quad (20.116)$$

每个 $Ni—NO_2$ 转变为 Ni—ONO 的焓变确定为 $14.6kJ \cdot mol^{-1}$。这个值比固态 $[Co(NH_3)_5NO_2]Cl_2$ 转变为 $[Co(NH_3)_5ONO]Cl_2$ 所需的 $8.62kJ \cdot mol^{-1}$ 稍高。Co^{3+} 是硬路易斯酸，与五个 NH_3 配体结合使它保持为硬酸。另外，Ni^{2+} 是一个交界酸，但是加入的六个 NO_2^- 是软的，可以形成π键，表明在共生效应的影响下，配合物中的 Ni^{2+} 是软酸。因此，可以预测改变 NO_2^- 与 Ni^{2+} 的键合方式所需的能量比软的 NO_2^- 键合 Co^{3+} 所需的更大。

将含有 Ag^+ 的溶液加入含有 $[Co(CN)_6]^{3-}$ 的溶液中，产生的固体中是 $Ag^+—N\equiv C—Co^{3+}$ 键合方式，因为氰根离子的碳端与 Co^{3+} 连接：

$$K_3[Co(CN)_6] + 3AgNO_3 \xrightarrow{H_2O} Ag_3[Co(CN)_6] \cdot 16H_2O + 3KNO_3 \quad (20.117)$$

产物的软硬性质不匹配，因为 Ag^+ 是软的，但 CN^- 的氮端是较硬的电子对给体。对于 $Ag^+—N\equiv C—Co^{3+}$ 键合方式，观察到 CN 伸缩谱带出现在 $2128cm^{-1}$。当 $Ag_3[Co(CN)_6] \cdot 16H_2O$ 受热时，发生脱水，新的谱带出现在 $2185cm^{-1}$，这是 $Ag^+—C\equiv N—Co^{3+}$ 键合方式的特征。当 $Ag_3[Co(CN)_6] \cdot 16H_2O$ 在室温、环境光线下放置 24h 后，发生部分脱水，红外光谱显示发生了完全的键合异构化反应。异构化反应的动力学研究显示异构化反应符合一维收缩速率方程 R1

（见第 8 章）。$Ag_3[Co(CN)_6]\cdot 16H_2O$ 的键合异构化反应也可以由超声波引发。键合异构化反应证明了软硬作用原理对于预测稳定的成键方式的重要性。

配位化合物化学是一个包括很多种研究工作的宽广领域。这个领域的许多内容与溶液化学有关，以至于容易忘记配位化合物还有很多固体化学方面的研究。这里给出的简要叙述表明，关于一些固态配合物反应的研究已有很多，但还需要做很多工作以理解其他很多反应。

拓展学习的参考文献

Atwood, J.E., 1997. *Inorganic and Organometallic Reaction Mechanisms,* 2nd ed. Wiley-VCH, New York. An excellent book on mechanistic inorganic chemistry.

Bailar, J.C., Jr., 1958. *J. Inorg. Nucl. Chem. 8*, 165. The paper describing trigonal twist mechanisms for racemization.

Basolo, F., Pearson, R.G., 1967. *Mechanisms of Inorganic Reactions,* 2nd ed. John Wiley, New York. A classic reference in reaction mechanisms in coordination chemistry.

Cosmano, R.J., House, J.E., 1975. *Thermochim. Acta, 13,* 127-131. Paper describing the thermally induced linkage isomerization in $KCd[Fe(CN)_6]$.

Dopke, N.C., Oemke, H.E., 2011. *Inorg. Chim. Acta, 376,* 638-640. An article describing the use of microwaves in synthesis of platinum complexes.

Espenson, J.H., 1995. *Chemical Kinetics and Reaction Mechanisms,* 2nd ed. McGraw-Hill, New York. A book on chemical kinetics much of which is devoted to reactions of coordination compounds. Highly recommended.

Fogel, H.M., House, J.E., 1988. *J. Thermal Anal., 34,* 231-238. The paper describing the thermally induced changes in trans- dichlorotetramminecobalt(Ⅲ) complexes.

Gray, H.B., Langford, C.H., 1968. *Chem. Eng. News,* April 1, p. 68. A excellent survey article, “Ligand Substitution Dynamics,” that presents elementary concepts clearly.

House, J.E., 1980. *Thermochim. Acta, 38,* 59. A discussion of reactions in solids and the role of free space and diffusion.

House, J.E., 2007. *Principles of Chemical Kinetics,* 2nd ed. Academic Press/Elsevier, San Diego. A kinetics book that presents a discussion of several types of reactions in the solid state as well as solvent effects.

House, J.E., Bunting, R.K., 1975. *Thermochim. Acta,* 11, 357-360.

House, J.E., Kob, N.E., 1993. *Inorg. Chem., 32,* 1053. A report on the linkage isomerization in $KCd[Fe(CN)_6]$ induced by ultrasound.

House, J.E., Kob, N.E., 1994. *Transition Metal Chemistry, 19,* 31. A report on isomerization in $Ag_3[Co(CN)_6]$.

Kutal, C., Bailar, J.C., Jr., 1972. *J. Phys. Chem., 76,* 119. An outstanding paper on the racemization of a complex in the solid state. LeMay, H.E., Bailar, Jr., J.C., 1967. *J. Am. Chem. Soc., 89,* 5577.

O’Brien, P., 1983. *Polyhedron,* 2, 223. An excellent review of racemization reactions of coordination compounds in the solid state.

Taube, H., 1970. *Electron Transfer Reactions of Complex Ions in Solution,* Academic Press, New York. One of the most significant works on the subject of electron transfer reactions.

Wilkins, R.G., 1991. *Kinetics and Mechanisms of Reactions of Transition Metal Complexes,* VCH Publishers, NY. Contains a wealth of information on reactions of coordination compounds.

习题

1. 2mol $P(C_2H_5)_3$ 与 1mol $K_2[PtCl_4]$ 反应，产生的产物有一个结构与 2mol $N(C_2H_5)_3$ 的反应不同。画出两个反应的产物，解释其差别。

2. 顺式 $[Pt((CH_3)_3As)_2Cl_2]$的 Pt—Cl 伸缩振动谱带出现在 $314cm^{-1}$，但是在反式异构体中则出现在 $375cm^{-1}$。解释这两个异构体的谱带位置差别。

3. 解释为什么过渡金属离子的四面体配合物的大多数取代反应发生得很快。

4. 解释为什么 Be^{2+}的四面体配合物的取代反应速率慢。

5. 预测下列每个取代反应的产物：

（a）$[PtCl_3NH_3]^- + NH_3 \longrightarrow$

（b）$[PtCl_3NO_2]^{2-} + NH_3 \longrightarrow$

（c）$[Pt(NH_3)_3Cl]^+ + CN^- \longrightarrow$

6. 假设制备了一系列反式 $[Pt(NH_3)_2LCl]$ 配合物，其中 L 为 NH_3、Cl^-、NO_2^-、Br^-或吡啶。如果确定了每个产物的 Pt—Cl 伸缩振动谱带的位置，那么波数降低的顺序是什么？解释你的答案。

7. 考虑文中描述的 Cr^{3+}—CN—$Fe^{2+} \longrightarrow Cr^{3+}$—NC—$Fe^{2+}$键合异构化反应。使用配体场理论（以 Dq 表示大小）证明这个过程应该在能量上是有利的。

8. 顺式 $[Co(en)_2BrCl]$ 与 H_2O 的反应给出的产物是 100%的顺式异构体。解释这说明了是什么机理。

9. 为什么 Cr^{3+}水配合物的水交换速率大约是 Rh^{3+}水配合物的 100 倍？

10. 反式 $[IrCl(CO)(P(p\text{-}C_6H_4Y)_3)_2]$ 与 H_2 在 30℃的反应与苯基上 Y 基团的性质有关。$\Delta H^{\ddagger}$和$\Delta S^{\ddagger}$随几个配体的变化如下：

Y	OCH_3	CH_3	H	F	Cl
$\Delta H^{\ddagger}$/kcal • mol^{-1}	6.0	4.3	10.8	11.6	9.8
$\Delta S^{\ddagger}$/e.u.	−39	−45	−23	−22	−28

检验这些数据，确定是否存在等动力学关系，评价这些结果。

11. 发现 $Mn(CO)_5Br$ 和 $As(C_6H_5)_3$ 之间的取代反应速率随溶剂不同而有所变化。40℃的反应速率常数在环己烷溶剂中是 $7.44\times10^{-8}s^{-1}$，而在硝基苯溶剂中是 $1.08\times10^{-8}s^{-1}$。根据第 6 章中描述的原理，这个实验结果表明反应机理是怎样的？如果溶剂是氯仿的话，你预测反应速率常数的合理值是什么？参考表 6.7。

12. 配体二乙三胺 $H_2NCH_2CH_2NHCH_2CH_2NH_2$ 与 Pt^{2+}形成稳定的配合物。当配合物$[Pt(dien)X]^+$与吡啶反应时，X 为 Cl^-、I^-、NO_2^-时的反应速率常数分别为 $3.5\times10^{-5}s^{-1}$、$1.0\times10^{-5}s^{-1}$、$5.0\times10^{-8}s^{-1}$。这些取代反应的机理是什么？给出这些反应速率差别的一个解释。对 X 为 Br^-时的反应速率常数做出合理估计，解释你的答案。

13. 参阅表 17.1，计算 Pd^{2+}的平面四边形配合物采用缔合机理（过渡态为三角双锥形）进行取代反应时的配体场活化能。如果配合物的 Dq 值为 $1200cm^{-1}$，活化能是多少（单位 kJ • mol^{-1}，只考虑配体场效应）？

14. 当反式 $[Rh(en)_2Cl_2]$ 进行取代反应，Cl^-被两个配体 Y 取代，Y 为 I^-、Cl^-或 NO_2^- 时反应速率常数分别为 $5.2\times10^{-5}s^{-1}$、$4.0\times10^{-5}s^{-1}$ 和 $4.2\times10^{-5}s^{-1}$，单位未指定。讨论这些取代反应的机理。Y 为 NH_3 时的合理 k 值应为多少？

15. 比较下列反应的速率和产物：

（a）反式 $[Pt(H_2O)_2ClI]+X \longrightarrow$

（b）顺式 $[Pt(NH_3)_2ClBr]+X \longrightarrow$

（c）顺式 $[Pt(NO_2)_2ClBr]+X \longrightarrow$

（d）反式 $[Pt(NH_3)(H_2O)Cl_2]+X \longrightarrow$

16. 解释八面体配合物以缔合机理和解离机理分别进行取代反应时相邻配体体积影响的差别。

17. 虽然很多四面体配合物的取代反应速率快，但金属离子是 Be^{2+}时却出现例外。解释为什么会这样。

18. 你预测 Mg^{2+}和 Al^{3+}的配合物的取代反应速率该如何比较？解释你的答案。

19. 假设 d^3 离子的一个八面体配合物按解离机理进行取代反应。两种可能的过渡态是什么？两种可能途径的配体场活化能有何差别？假如溶剂与能量上较不利的过渡态（基于配体场活化能判断）作用时的溶剂化能比起与另一过渡态的要低 $25kJ \cdot mol^{-1}$，那么如果只涉及配体场和溶剂化能，配合物的 Dq 值为多少才能使两种途径具有相同的活化能？讨论这种情况对于取代反应机理的意义。这种情况下，第三过渡系金属配合物与第一过渡系的有何不同？

20. 反应物为平面四边形或四面体配合物时，配体场的影响是否会使它们更容易形成三角双锥形过渡态？

21. 虽然配体都含有氮配位原子，但 $[Ni(NH_3)_4]^{2+}$的反应速率比 $[Ni(en)_2]^{2+}$的大 20 倍以上。解释这个实验事实。

22. 为什么配合物 $[Co(NH_3)_5Cl]^{2+}$的氯离子交换速率与 $[Co(NH_2CH_3)_5Cl]^{2+}$的不同？哪一个的 Cl^-交换速率更快？

23. 活化体积和活化熵在确定取代反应是解离机理还是交换机理时有何作用？

24. $[Cr(H_2O)_5F]^{2+}$的水合在较低 pH 值时加速，而 $[Cr(H_2O)_5NH_3]^{2+}$的水合则不是这样。解释这个差别。

25. 为什么配体离开低自旋 Fe^{2+}配合物的配位层时的反应速率不同于高自旋 Fe^{2+}配合物？

26. $[ML_5A]^{3+}$、$[ML_5B]^{3+}$、$[ML_5C]^{3+}$的取代反应给出的$\Delta H^{\ddagger}$和$\Delta S^{\ddagger}$值分别是：$23.2mol \cdot L^{-1}$ 和 $-8e.u.$；$30.3mol \cdot L^{-1}$ 和 $9e.u.$；$26.5mol \cdot L^{-1}$ 和 $-1e.u.$。反应是否可能采取同一种机理？

27. 如果顺式 $[Co(NH_3)_4(H_2O)_2]_2(SO_4)_3 \cdot 3H_2O$（s）受热，首先最可能发生什么变化？如果在高温下继续加热，会发生什么其他变化？画出每个分解步骤产物的结构。

28. 将化学式为反式 $[Pt(NH_3)_2LCl]$（其中 L 为 NH_3、Cl^-、Br^-、NO_2^- 或 py）的配合物用红外光谱研究，以确定 Pt—Cl 伸缩振动谱带的位置。对于不同的配体 L，谱带波数增大的顺序是怎样的？

29. 新制备的 $KCd[Fe(CN)_6]$ 红外吸收峰在 $2155cm^{-1}$。这个固体产物在 100℃加热几分钟，在 $2065cm^{-1}$ 出现新的谱带。解释开始时那个谱带出现的原因，$2065cm^{-1}$ 谱带说明配合物发生了什么变化？

30. 考虑配合物 $ML_6^{z\pm}$，其中 M 是一个+3 价金属离子。如果其取代反应是以 S_N2 机理发生，进入配体为 Cl^-、CN^-、Br^-、NH_3 和 NCS^-时，反应速率增大的顺序可能是怎样的？解释你的答案。

第 21 章 含有金属-碳和金属-金属键的配合物

在前面的章节中，我们已经呈现了大量关于配位化合物结构和成键的知识。这一章将用来描述范围广阔的有机金属配合物和存在金属-金属键的化合物的一些重要化学知识。这些专题中的每一类都有大量的文献报道，这里只概述基本概念和一般性评述。

本章涉及的主题之间有很多重叠，认识到这一点是重要的。例如，金属羰基配合物与金属-烯烃配合物有紧密的联系，因为两类配体都是软碱，而且很多配合物同时含有羰基和烯烃配体。另外，它们通过第 22 章讨论的配合物与催化之间建立了紧密的联系，因为一些最有名的催化剂是金属羰合物，涉及烯烃的反应。所以，这些主题之间的界限并不清晰。金属配合物的催化涉及了金属羰合物和金属-烯烃配合物化学的大部分内容。

21.1 二元金属羰合物

由金属原子与一氧化碳成键所形成的金属羰合物是非常有趣的一类配位化合物。这些化合物的一个显著特点是因为配体是中性分子，金属以零氧化态存在。虽然开始的讨论将限制在二元化合物，即只含金属和 CO，但已知有很多混配配合物含有 CO 和其他配体。受其他配体净电荷的影响，金属的氧化态可能是零，也可能不是零。任一情况下，金属羰合物中的金属以低氧化态存在，因为软配体（路易斯碱）倾向于和低氧化态的金属（软路易斯酸）结合。

一般来说，形成稳定羰合物的金属是从 V 到 Ni 的第一过渡系金属、从 Mo 到 Rh 的第二过渡系金属以及从 W 到 Ir 的第三过渡系金属。这些金属最常出现在羰合物中有几个原因。首先，这些金属有一个或多个未填充的 d 轨道，可以接受σ电子给体的电子对。其次，d 轨道含有一些电子，可以参与向 CO 配体π*轨道的反馈作用。再有，金属一般是零氧化态，或者至少是低氧化态，因此它们表现为软路易斯酸，倾向于与软路易斯碱如 CO 成键。

第一个金属羰合物 $Ni(CO)_4$ 是蒙德（Mond）于 1890 年制备的。这个毒性极大的化合物的制备首先是用氢气还原氧化镍：

$$NiO+H_2 \xrightarrow{400℃} Ni+H_2O \qquad (21.1)$$

然后用 CO 处理 Ni：

$$Ni+4CO \xrightarrow{100℃} Ni(CO)_4 \qquad (21.2)$$

因为 $Ni(CO)_4$ 是挥发性的（沸点 43℃），而钴在这些条件下不发生反应，所以这个过程提供了一个从 Co 分离出 Ni 的方法，现在称为蒙德法。虽然已知有很多配合物同时包含羰基和其他配体（混配羰合物），但是只含有一种金属和羰基配体的配合物的数目是很少的。它们被称为二元金属羰合物，列于表 21.1 中，大多数这些配合物的结构示于图 21.1～图 21.3 中。

表 21.1　二元金属羰合物

单核化合物	熔点/℃	双核化合物	熔点/℃	多核化合物	熔点/℃
$Ni(CO)_4$	–25	$Mn_2(CO)_{10}$	155	$Fe_3(CO)_{12}$	140（分解）
$Fe(CO)_5$	–20	$Fe_2(CO)_9$	100（分解）	$Ru_3(CO)_{12}$	
$Ru(CO)_5$	–22	$Co_2(CO)_8$	51	$Os_3(CO)_{12}$	224
$Os(CO)_5$	–15	$Rh_2(CO)_8$	76	$Co_4(CO)_{12}$	60（分解）
$Cr(CO)_6$	升华	$Tc_2(CO)_{10}$	160	$Rh_4(CO)_{12}$	150（分解）
$Mo(CO)_6$	升华	$Re_2(CO)_{10}$	177	$Ir_4(CO)_{12}$	210（分解）
$V(CO)_6$	70（分解）	$Os_2(CO)_9$		$Rh_6(CO)_{16}$	200（分解）
$W(CO)_6$	升华	$Ir_2(CO)_8$		$Ir_6(CO)_{16}$	
				$Os_5(CO)_{16}$	
				$Os_6(CO)_{18}$	

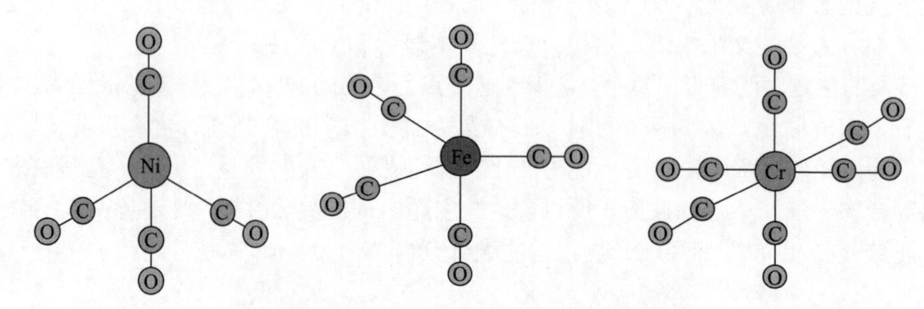

图 21.1　镍、铁、铬的单核羰合物的结构

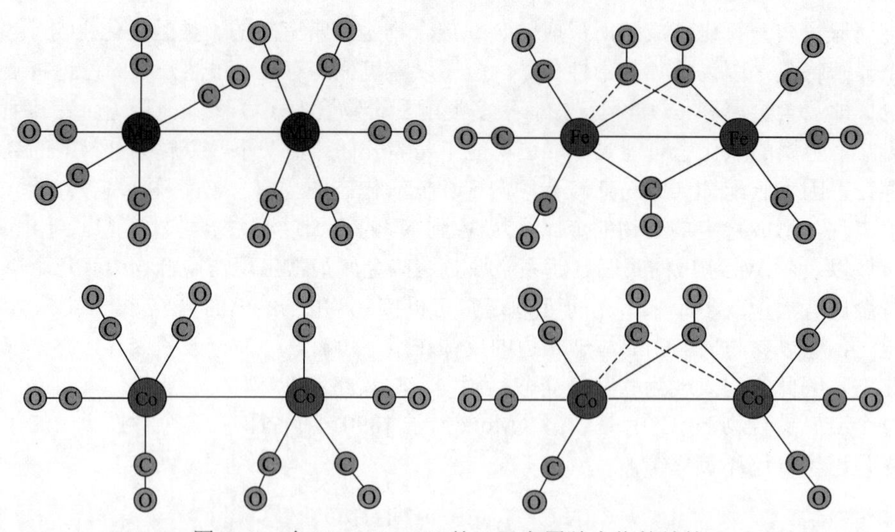

图 21.2　含 Mn、Fe、Co 的二元金属羰合物的结构

二元金属羰合物的命名方法（英文命名方法）是给出金属的名称，然后给出羰基名称“carbonyl”，用合适的前缀表示羰基的数目。例如，$Ni(CO)_4$ 的名称为 nickel tetracarbonyl（四羰基合镍），而 $Cr(CO)_6$ 为 chromium hexacarbonyl（六羰基合铬）。如果有一个以上的金属存在，使用前缀表示其数字。因此，$Co_2(CO)_8$ 命名为 dicobalt octacarbonyl（八羰基合二钴），而 $Fe_2(CO)_9$ 的名称是 diiron nonacarbonyl（九羰基合二铁）。

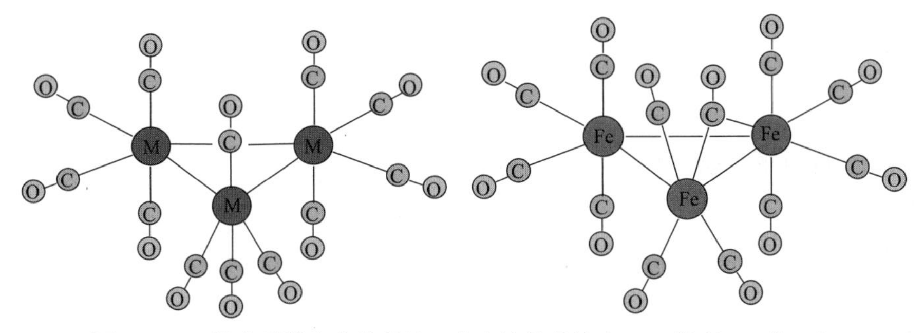

图 21.3　三核金属羰合物的结构（在左边的结构中，M 代表 Ru 或 Os）

有效原子序数（EAN）规则（又称为 18 电子规则）在第 16 章简短描述过，但在这里我们再来考虑这个规则，因为它在讨论羰基和烯烃配合物的时候非常有用。稳定的二元金属羰合物的组成大部分可以用 EAN 规则或 18 电子规则来预测。最简单地来说，EAN 规则预测零或其他低氧化态的金属会从足够数目的配体那里获得电子，达到它后面那个惰性气体元素的电子构型。对第一过渡系金属来说，这种构型就是氪的构型，电子总数为 36。

实际上，有一个简单的证据可以表明 EAN 规则在很多其他情况下也是适用的。例如，在 $[Zn(NH_3)_4]^{2+}$中 Zn^{2+}有 28 个电子，并再接受 8 个电子（4 个配体各提供两个电子），因此共有 36 个电子环绕 Zn^{2+}。类似地，在 $[Co(CN)_6]^{3-}$中，Co^{3+}有 24 个电子和来自 6 个配体的 6 对电子，使电子总数为 36。大多数含有 Co^{3+}的配合物与此类似。换成 Cr^{3+}的情况下，Cr^{3+}有 21 个电子，获得 6 对电子，因此总共只有 33 个电子环绕铬离子。对金属离子的配合物，过渡系中排在后面的那些金属更遵守 EAN 规则。

上述 Cr^{3+}的例子表明 EAN 规则并不总是正确的。但是，对于含有软配体如 CO、PR_3、烯烃等的零氧化态金属的配合物来说，用 EAN 规则预测的配体数有利于配合物稳定的趋势很强。因为镍原子有 28 个电子，那么可以预测其稳定配合物需要再加上来自 4 个配体的 8 个电子。果然，稳定的镍羰合物为 $Ni(CO)_4$。对于含有 24 个电子的铬（0），按照 EAN 规则，其稳定的羰合物为 $Cr(CO)_6$。来自 6 个 CO 配体的 6 对电子使得环绕铬原子的电子数目为 36。

锰原子有 25 个电子。加上五个羰基会使电子总数为 35，比氪的构型少一个电子。如果锰原子上的那个成单电子可以和另一个锰原子上的成单电子形成金属-金属键，我们就得到化学式$(CO)_5Mn—Mn(CO)_5$ 或者$[Mn(CO)_5]_2$，这就是遵守 EAN 规则的锰的羰合物。

钴有 27 个电子，再加上 8 个电子（4 个 CO 配体各提供一对电子），使得总电子数为 35。于是，用剩余的那个未成对电子形成金属-金属键将给出稳定的羰合物 $[Co(CO)_4]_2$，或者写为 $Co_2(CO)_8$。就像我们看到的那样，$Co_2(CO)_8$ 有两种可能的结构，都满足 EAN 规则。基于 EAN 规则，可以预计 $Co(CO)_4$ 不会稳定存在，但是由 $Co(CO)_4$ 加上一个电子得到的 $Co(CO)_4^-$ 是稳定的。实际上，$Co(CO)_4^-$ 已经广为人知，已经制备出了含有它的几种衍生物。

EAN 规则也适用于金属簇的羰基化合物。例如，在 $Fe_3(CO)_{12}$ 中，三个 Fe(0) 原子的价层各有 8 个电子，共有 24 个电子。而 12 个 CO 配体每个贡献一对电子，共提供 24 个电子，因此电子总数为 48。这样，每个铁原子平均有 16 个电子，缺少的电子一定是由金属-金属键提供的。因为每个铁原子提供一个电子成键，因此一个铁原子需要与其他铁原子形成两个键，才能给出 18 个电子环绕每个铁原子。就像在图 21.3 看到的那样，$Fe_3(CO)_{12}$ 的结构中，三个铁原子形成三角形，每一个铁原子都与另外两个铁原子成键。类似地，$Co_4(CO)_{12}$ 有 12 个 CO 配体，每个贡献两个电子，总共贡献 24 个电子，而四个钴原子，每个有 9 个电子，共有 36 个电子。这两种来源的电子总数为 60，但是对四个金属原子，每个的电子数为 15。因此，每个钴原子为了达到 18 个电子，必须与其他三个钴原子成键，得到的结构如图 21.4 所示，四个钴原子以四面体的方式排列。

虽然 EAN 规则并不总是适用，但它确实提供了一个合理的基础可以预测很多配合物的组成。这里讨论的当然可以延伸到第二和第三过渡系元素。EAN 规则对于预测含有羰基和其他配体的稳定配合物的化学式也是有用的，这些配合物可以由配体取代反应产生。如果一个配体（比如含有几个双键的烯烃）可能提供几个不同的电子数，与金属达到同周期稀有气体元素构型所需的电子数有关。

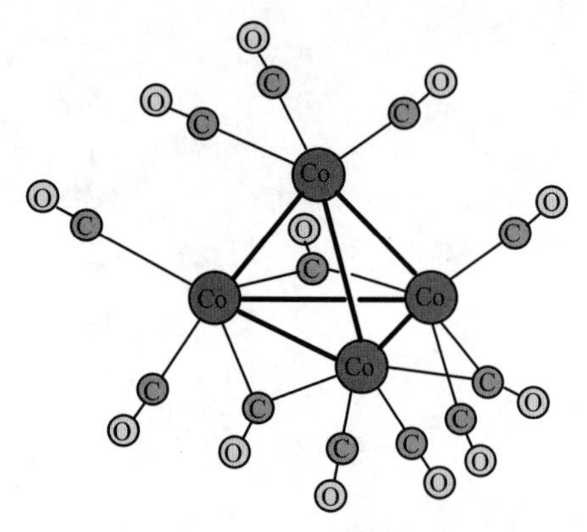

图 21.4　$Co_4(CO)_{12}$ 的结构（Rh 和 Ir 的化合物结构与此相同）

21.2　金属羰合物的结构

单核金属羰合物只含有一个金属原子，它们的结构相对简单。例如，四羰基合镍是四面体形的。五羰基合铁（或钌、锇）是三角双锥形的，而六羰基合钒（或铬、钼、钨）是八面体形的。这些结构示于图 21.1 中。双核金属羰合物（含有两个金属原子）要么有金属-金属键，要么有桥联羰基，或者也可能两者都有。例如，$Fe_2(CO)_9$ 即九羰基合二铁含有三个 CO 配体，在铁原子之间形成桥，每个铁原子还结合三个其他 CO 配体。

同时结合两个金属原子的羰基配体称为桥联羰基，而那些只结合一个金属原子的称为端位羰基配体。$Mn_2(CO)_{10}$、$Tc_2(CO)_{10}$ 和 $Re_2(CO)_{10}$ 的结构实际上只有一个金属-金属键，所以化学式可以更准确地写为$(CO)_5M—M(CO)_5$。$Co_2(CO)_8$ 已知有两个异构体：一个是在钴原子之间有一个金属-金属键；另一个有两个桥联 CO 配体和一个金属-金属键。图 21.2 示出了双核金属羰合物的结构。$Mn_2(CO)_{10}$ 的结构有时画出来好像四个 CO 配体在锰原子周围形成一个平面四边形结构。事实上，这四个 CO 配体不会与锰原子处在同一平面上，而是离含有 Mn 的平面有大约 12pm 的距离，并位于金属-金属键的相反那一侧。

三核、四核和更多核的化合物结构可以看作是金属簇，含有金属-金属键，或者桥联羰基配体。某些情况下，两种类型的键同时存在。$Ru_3(CO)_{12}$ 和 $Os_3(CO)_{12}$ 的结构示于图 21.3 中。同样示于图 21.3 的 $Fe_3(CO)_{12}$ 的结构含有呈三角排列的铁原子，但也含有一个桥联羰基配体。

金属簇中含有四个金属原子的羰合物是由 Co、Rh、Ir 形成的，这些金属原子以四面体方式排列，有 12 个 CO 配体，其中九个在端位，三个是桥联配体，结构如图 21.4 所示。

21.3　一氧化碳与金属的成键

一氧化碳的价键结构表示为：

$$|C\equiv O|$$

其中，在 C 和 O 之间有一个三键。氧原子上的形式电荷为+1，而碳原子上的是−1。虽然氧的电负性比碳大很多，这些形式电荷与偶极矩小（0.12D）且碳位于偶极的负端是相符的。因此 CO 分子的碳端是较软的电子给体，正是碳原子与金属结合。CO 的分子轨道能级图示于图3.9 中。这个分子的键级（B.O.）用成键轨道中的电子数（N_b）和反键轨道中的电子数（N_a）表示为：

$$B.O.=\frac{N_b-N_a}{2} \tag{21.3}$$

对于 CO，键级为(8−2)/2=3，对应为三键。对于存在三键的气相 CO，C—O 的伸缩振动谱

带出现在 $2143cm^{-1}$。而在金属羰合物中，端位 CO 配体的典型 C—O 伸缩谱带出现在 1850～$2100cm^{-1}$。与金属配位导致的 CO 伸缩谱带的移动反映了键级的微弱减小，原因是电子密度从金属向 CO 的反馈作用。然而，桥联羰基配体通常显示的吸收谱带在 1700～$1850cm^{-1}$ 范围内。$Fe_2(CO)_9$ 由于同时含有端位和桥联 CO 配体，其红外光谱在这些位置上都有显著的谱带。

CO 的分子轨道的电子排布如图 3.9 所示，分子是反磁性的。但是最低未占分子轨道是π^*轨道。通过接受来自配体的几对电子，金属羰合物中的金属获得负的形式电荷。因此，在 $Ni(CO)_4$ 中，金属的形式电荷是−4。为了从金属部分移除这种负电荷，电子密度从金属反馈到配体的π^*轨道。CO 上的π^*轨道具有合适的对称性，可以有效地接受这个电子密度，使得金属—CO 键略有增强，而 CO 配体的三键略有削弱。允许反馈作用发生的轨道作用可以用下图表示：

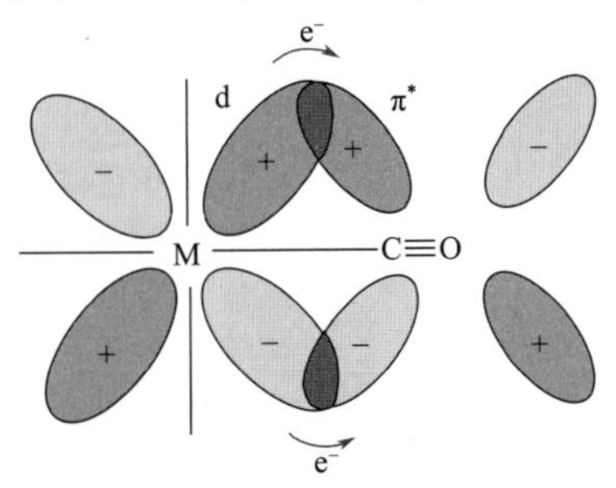

用价键方法处理这里的多重键可以用下面的共振结构来表示：

$$\mathrm{M{-}C{\equiv}O \longleftrightarrow M{=}C{=}O}$$

在 $Fe(CO)_5$ 中，铁的形式电荷为−5，而在 $Cr(CO)_6$ 中，铬的形式电荷为−6。我们可以预期这两个化合物中的反馈作用会比 $Ni(CO)_4$ 中的更大。由于反馈作用越大，C—O 键级就越小，这些化合物的红外光谱会显示出这种效应。CO 伸缩谱带的位置如下所示：

$Ni(CO)_4$	$2057cm^{-1}$
$Fe(CO)_5$	$2034cm^{-1}$
$Cr(CO)_6$	$1981cm^{-1}$

对于等电子系列金属羰合物，当金属的氧化态降低的时候，也会发生类似的 C—O 键级减小。考虑下列羰合物的 CO 伸缩谱带的位置：

$Mn(CO)_6^+$	$2090cm^{-1}$
$Cr(CO)_6$	$1981cm^{-1}$
$V(CO)_6^-$	$1859cm^{-1}$

在这个系列中，金属逐渐增多的负电荷通过反馈作用得到部分释放。

桥联两个金属原子的 CO 的成键情况最合适的描述是认为碳与氧双键结合。如果认为碳是 sp^2 杂化，那么碳的一个 sp^2 轨道与氧原子的一个 p 轨道重叠导致碳与氧之间形成一个σ键。碳与氧之间的π键是由碳原子的未杂化的 p 轨道与氧原子的一个 p 轨道重叠形成的。这样还剩下两个 sp^2 轨道，可以同时与两个金属原子成键。就像下面所显示的，桥联 CO 中的 C—O 键更像是酮中的双键，而不像是气态 CO 中的三键。

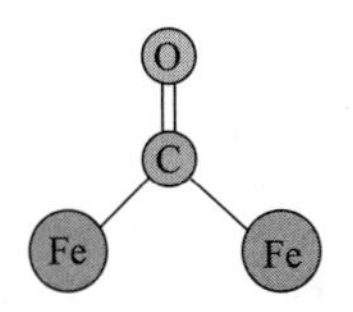

实验发现，桥联 CO 的伸缩谱带出现于酮的特征区域，在 1700～$1800cm^{-1}$。因此，$Fe_2(CO)_9$

的红外光谱显示的吸收谱带出现在 2000cm^{-1}（端位羰基伸缩振动）和 1830cm^{-1}（桥联羰基伸缩振动）。对大多数含羰基桥的化合物，C—O 伸缩振动谱带出现在 1850cm^{-1} 左右。关于金属羰合物中成键情况的很多已知信息是通过各种光谱项技术，尤其是红外光谱得到的。不过，还有一件重要的事情需要记住，羰基给出一对电子以形成σ键对于它的伸缩振动谱带也有一定的影响。

虽然我们已经描述了 CO 在端位和桥位上的成键情况，但已知 CO 与金属还有其他一些成键方式。部分键合方式如下所示：

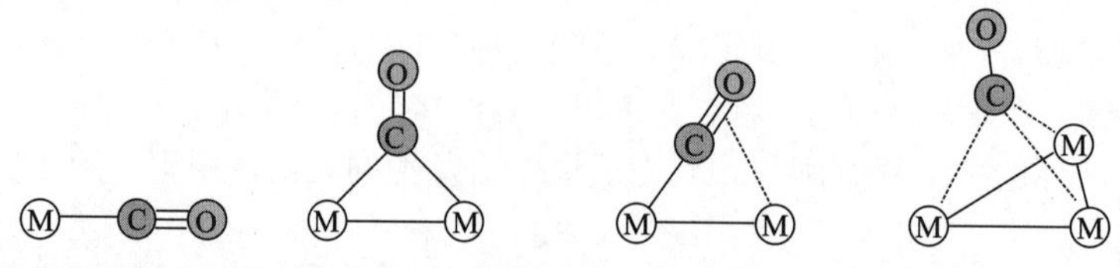

如果有其他配体存在，那么 C—O 伸缩振动还会发生进一步变化。例如，$Cr(CO)_6$ 中的 CO 伸缩振动谱带出现于 2000cm^{-1}，而 $Cr(NH_3)_3(CO)_3$ 中则是出现于大约 1900cm^{-1}。下面的化合物每个 CO 配体的反位上都有一个 NH_3：

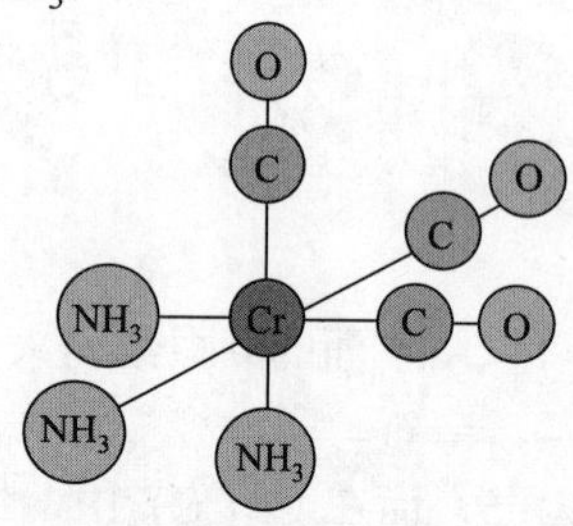

由于所有 NH_3 配体都处在 CO 分子的反位，这种情况下的化合物是面式异构体。氨不会和金属形成π键，因为它没有合适能量或对称性的轨道接受电子密度。因此，$Cr(NH_3)_3(CO)_3$ 中来自 Cr 的反馈作用只会给予三个 CO 分子，使其键级降低得比 $Cr(CO)_6$ 中更多，后者六个 CO 配体均匀地受到反馈作用。当然，相比于 $Cr(CO)_6$，在 $Cr(NH_3)_3(CO)_3$ 中 Cr—C 键级和伸缩振动频率增大。在对很多混配羰合物研究的基础上，可以比较各种配体接受反馈作用的能力。据此得到接受反馈作用的能力降低的顺序为：

$$NO^+ > CO > PF_3 > AsCl_3 > PCl_3 > As(OR)_3 > P(OR)_3 > PR_3$$

NO^+的位置不奇怪，因为它不仅有合适对称性的π*轨道，而且带有正电荷。

金属羰合物的化学表现受其他配体的影响。M—C 键级的增大导致 C—O 键级的减小。如果有不能接受电子密度的其他配体存在，那么 CO 将会接受更多的反馈作用，因而 M—C 将会增强，CO 被取代的反应将会受到抑制。如果有其他的良好π受体存在，CO 接受的反馈作用就会比较少，因而被活化，取代反应增强。

21.4 金属羰合物的制备

就像我们在前面描述过的，$Ni(CO)_4$ 可以通过镍和一氧化碳的反应直接制备。然而，大多数列在表 21.1 中的二元金属羰合物不能用这种类型的反应得到。有很多制备技术被用于制备金属羰合物，这里只描述一些一般性的方法。

21.4.1 金属与一氧化碳的反应

一氧化碳与 Ni 和 Fe 的反应在低的温度和压力下可以快速进行：

$$Ni+4CO \longrightarrow Ni(CO)_4 \quad (21.4)$$

$$Fe+5CO \longrightarrow Fe(CO)_5 \quad (21.5)$$

对大多数其他金属，需要用高温高压才能制备金属羰合物。用这种直接的反应，在合适的

条件下已经制备出 $Co_2(CO)_8$、$Mo(CO)_6$、$Ru(CO)_5$ 和 $W(CO)_6$。

21.4.2 还原羰基化

这种类型的反应是在 CO 存在时还原金属化合物。还原剂可以是很多材料，与要进行的特定合成有关。例如，合成 $Co_2(CO)_8$ 时，氢气被用作还原剂：

$$2CoCO_3+2H_2+8CO \longrightarrow Co_2(CO)_8+2H_2O+2CO_2 \tag{21.6}$$

锂铝氢 $LiAlH_4$ 在从 $CrCl_3$ 制备 $Cr(CO)_6$ 时被用作还原剂。金属如 Na、Mg、Al 也被用作还原剂，制备 $V(CO)_6^-$ 的反应可以用下式表示：

$$VCl_3+4Na+6CO \xrightarrow[\text{二甘醇二甲醚}]{\text{高压，}100℃} [(diglyme)_2Na][V(CO)_6]+3NaCl \tag{21.7}$$

由反应混合物所得产物与 H_3PO_4 发生水解反应得到 $V(CO)_6$，它在 45～50℃升华，分离出 $V(CO)_6$。CoI_2 的还原可以用作制备 $Co_2(CO)_8$ 的途径：

$$2CoI_2+8CO+4Cu \longrightarrow Co_2(CO)_8+4CuI \tag{21.8}$$

21.4.3 取代反应

金属化合物和 CO 直接反应已经用于制备一些金属羰合物，因为 CO 是一种还原剂。例如：

$$2IrCl_3+11CO \longrightarrow Ir_2(CO)_8+3COCl_2 \tag{21.9}$$

$$Re_2O_7+17CO \longrightarrow Re_2(CO)_{10}+7CO_2 \tag{21.10}$$

21.4.4 光化学反应

$Fe(CO)_5$ 光解导致 CO 的部分脱除，产生九羰基合二铁：

$$2Fe(CO)_5 \xrightarrow{h\nu} Fe_2(CO)_9+CO \tag{21.11}$$

21.5 金属羰合物的反应

金属羰合物与很多化合物反应产生混合羰基配合物。大量的这些反应涉及使用取代反应替换一个或多个羰基。其中一些反应的动力学已经得到研究。

21.5.1 取代反应

很多取代反应发生于金属羰合物和其他可能配体之间。例如：

$$Cr(CO)_6+2py \longrightarrow Cr(CO)_4(py)_2+2CO \tag{21.12}$$

$$Ni(CO)_4+4PF_3 \longrightarrow Ni(PF_3)_4+4CO \tag{21.13}$$

$$Mo(CO)_6+3py \longrightarrow Mo(CO)_3(py)_3+3CO \tag{21.14}$$

金属羰合物的取代反应经常反映出配体成键性质的差别。例如 $Mn(CO)_5Br$ 的取代反应，放射化学示踪研究表明，只有四个 CO 与 ^{14}CO 发生交换：

$$Mn(CO)_5Br+4^{14}CO \longrightarrow Mn(^{14}CO)_4(CO)Br+4CO \tag{21.15}$$

$Mn(CO)_5Br$ 的结构可以表示为：

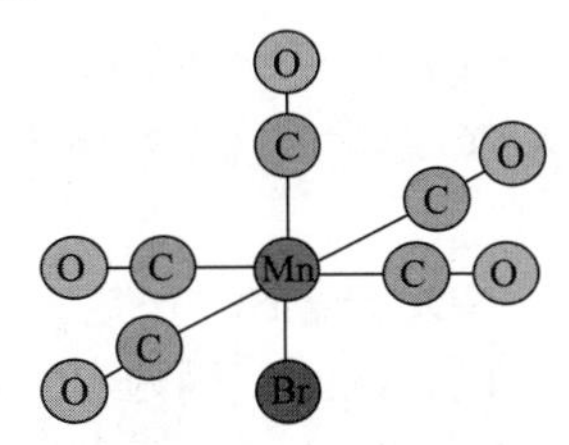

其中四个发生交换反应的 CO 分子位于同一平面，每个的反位都有其他 CO。这说明处于 Br 反位的 CO 结合得更牢固，因为 Br 不会参与竞争来自 Mn 的π键电子密度。而对于其他四个 CO 配体，由于这些配体都是良好的π受体，彼此竞争的结果使得它们被活化。前面提到过 $Mn(CO)_6$ 与 py 反应生成 $Mn(CO)_3(py)_3$，其结构为：

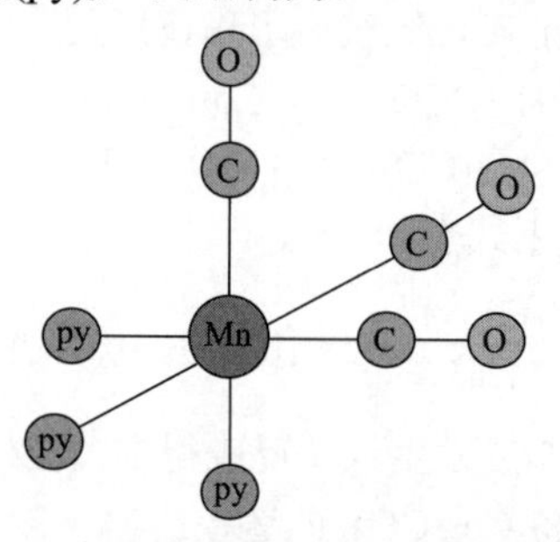

其中三个 CO 配体都是处于 py 的对位。这个结构使得三个 CO 的π电子接受程度最大，反映了 CO 和 py 在与金属 d 轨道形成π键时接受电子密度的能力大小的差别。良好的π受体作为配体进入的情况下，所有的 CO 配体都可能会被取代，就像 $Ni(CO)_4$ 与 PF_3 反应时那样。这些取代反应表明 CO 的π受体性质影响取代反应。

21.5.2 与卤素的反应

金属羰合物与卤素反应时，通过取代反应或者断裂金属-金属键形成羰基卤素配合物。下面的反应涉及 Mn—Mn 键断裂，然后每个 Mn 都加上一个 Br：

$$[Mn(CO)_5]_2+Br_2 \longrightarrow 2Mn(CO)_5Br \qquad (21.16)$$

下面的反应中，铁结合的一个 CO 被两个碘原子取代，因此铁的配位数增大到 6。这些羰基卤化物的化学式遵守 EAN 规则：

$$Fe(CO)_5+I_2 \longrightarrow Fe(CO)_4I_2+CO \qquad (21.17)$$

CO 与某些金属卤化物的反应直接生成金属羰基卤化物，如下面的例子所示：

$$PtCl_2+2CO \longrightarrow Pt(CO)_2Cl_2 \qquad (21.18)$$

$$2PdCl_2+2CO \longrightarrow [Pd(CO)Cl_2]_2 \qquad (21.19)$$

其中 $[Pd(CO)Cl_2]_2$ 的结构为：

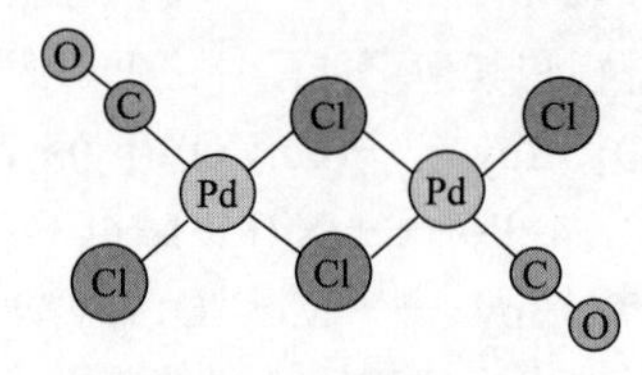

在这类桥联结构中，卤素作为桥联配体，围绕每个钯原子的成键环境基本上是平面四边形的。这样的化合物反应时通常会断裂桥键，然后发生配体加成或取代反应。

21.5.3 与 NO 的反应

NO 分子有一个未成对电子位于一个反键π*分子轨道上。如果移除那个电子，那么键级就从 2.5 增大到 3，所以与金属配位时，NO 通常表现得好像给出三个电子。这个结果形式上就如同失去一个电子给金属：

$$NO \longrightarrow NO^{+}+e^{-} \qquad (21.20)$$

随后与 CO 和 CN^- 等电子的 NO^+ 与金属配位。因为 NO^+ 是亚硝酰离子，所以含有一氧化氮和一氧化碳的产物被称为羰基亚硝酰化合物。如下所示的是典型的产生这类化合物的反应：

$$Co_2(CO)_8+2NO \longrightarrow 2Co(CO)_3NO+2CO \quad (21.21)$$

$$Fe_2(CO)_9+4NO \longrightarrow 2Fe(CO)_2(NO)_2+5CO \quad (21.22)$$

$$[Mn(CO)_5]_2+2NO \longrightarrow 2Mn(CO)_4NO+2CO \quad (21.23)$$

值得指出的是，这些反应的产物遵守 EAN 规则。钴有 27 个电子，它从三个 CO 配体获得六个电子，从 NO 获得三个电子，因此总电子数为 36。容易看出 $Fe(CO)_2(NO)_2$ 和 $Mn(CO)_4NO$ 也遵守 EAN 规则。因为 NO 被认为是一个三电子给体，两个 NO 配体通常取代三个 CO 配体。不过这一点在有些情况下可能不是理所当然的，因为在进行取代反应时可能还存在金属-金属键的断裂。

21.5.4 歧化反应

很多金属羰合物在存在其他配体时进行歧化反应。例如，在胺类存在时，$Fe(CO)_5$ 发生如下反应：

$$2Fe(CO)_5+6Amine \longrightarrow [Fe(Amine)_6]^{2+}[Fe(CO)_4]^{2-}+6CO \quad (21.24)$$

发生这个反应的原因是羰合阴离子容易形成，并且有利于 Fe^{2+}的配位。$Co_2(CO)_8$ 与 NH_3 的反应是类似的：

$$3Co_2(CO)_8+12NH_3 \longrightarrow 2[Co(NH_3)_6][Co(CO)_4]_2+8CO \quad (21.25)$$

形式上，在这些例子中，歧化反应都是产生一个氧化态为正值的金属离子和一个氧化态为负值的金属离子。羰基配体结合的是较软的金属物种，即阴离子，而以氮配位的配体（硬路易斯碱）结合的是较硬的金属物种，即阳离子。这些歧化反应在制备各种羰合阴离子配合物时相当有用。例如，$[Ni_2(CO)_6]^{2-}$可以用下列反应制备：

$$3Ni(CO)_4+3phen \longrightarrow [Ni(phen)_3][Ni_2(CO)_6]+6CO \quad (21.26)$$

可以引起歧化反应的配位试剂范围相当广，其中包括异氰类化合物，RNC：

$$Co_2(CO)_8+5RNC \longrightarrow [Co(CNR)_5][Co(CO)_4]+4CO \quad (21.27)$$

21.5.5 羰合阴离子

我们已经看到几种羰合阴离子，例如 $Co(CO)_4^-$、$Mn(CO)_5^-$、$V(CO)_6^-$、$Fe(CO)_4^{2-}$，都是遵守 EAN 规则的。合成这些离子的一种方法是让金属羰合物与容易失去电子的试剂即强还原剂反应。活泼金属是强还原剂，所以金属羰合物与碱金属的反应可以产生羰合阴离子。$Co_2(CO)_8$ 与 Na 在–75℃的液氨中发生如下所示的反应：

$$Co_2(CO)_8+2Na \longrightarrow 2Na[Co(CO)_4] \quad (21.28)$$

下列反应与此类似：

$$Mn_2(CO)_{10}+2Li \xrightarrow{THF} 2Li[Mn(CO)_5] \quad (21.29)$$

虽然 $Co(CO)_4$ 和 $Mn(CO)_5$ 不遵守 EAN 规则，但是它们的阴离子 $Co(CO)_4^-$ 和 $Mn(CO)_5^-$ 是遵守 EAN 规则的。

第二种产生羰合阴离子的反应是金属羰合物与强碱的反应。例如：

$$Fe(CO)_5+3NaOH \longrightarrow Na[HFe(CO)_4]+Na_2CO_3+H_2O \quad (21.30)$$

$$Cr(CO)_6+3KOH \longrightarrow K[HCr(CO)_5]+K_2CO_3+H_2O \quad (21.31)$$

对于 $Fe_2(CO)_9$，其反应为：

$$Fe_2(CO)_9+4OH^- \longrightarrow Fe_2(CO)_8^{2-}+CO_3^{2-}+2H_2O \quad (21.32)$$

21.5.6 羰基氢合物

羰基氢合物的一些反应将在第 22 章说明。这样的物质与催化过程有关，其中金属羰合物作为加氢催化剂。一般来说，羰基氢合物的获得途径是酸化含有相应羰合阴离子的溶液，或者将金属羰合物与氢反应。下列反应表示出这些过程：

$$Co(CO)_4^- + H^+(aq) \longrightarrow HCo(CO)_4 \quad (21.33)$$

$$[Mn(CO)_5]_2 + H_2 \longrightarrow 2HMn(CO)_5 \quad (21.34)$$

$Na[HFe(CO)_4]$的制备示于式（22.30）中，这个化合物可以酸化得到 $H_2Fe(CO)_4$：

$$Na[HFe(CO)_4] + H^+(aq) \longrightarrow H_2Fe(CO)_4 + Na^+(aq) \quad (21.35)$$

通常来说，羰基氢合物是弱酸性的，就像 $H_2Fe(CO)_4$ 所表现的那样：

$$H_2Fe(CO)_4 + H_2O \longrightarrow H_3O^+ + HFe(CO)_4^- \qquad K_1 = 4\times10^{-5} \quad (21.36)$$

$$HFe(CO)_4^- + H_2O \longrightarrow H_3O^+ + Fe(CO)_4^{2-} \qquad K_2 = 4\times10^{-14} \quad (21.37)$$

按照软碱作用原理（见第 9 章）可以预测，大而软的阳离子与这些阴离子会形成不溶性的化合物。与此相符，这些阴离子与 Hg^{2+}、Pb^{2+}、Ba^{2+}反应时形成沉淀。

一些金属羰基氢合物可以由金属与 CO 和 H_2 直接反应制备，下面所示的就是一个典型的反应：

$$2Co + 8CO + H_2 \xrightarrow[50\ atm]{150℃} 2HCo(CO)_4 \quad (21.38)$$

我们现在来描述部分这类化合物中的结构和成键。基于 HSAB（软硬酸碱原理）可以估计，其他配体（和金属）是软的。一般来说，两个氢原子取代一个 CO 配体，或者对于具有奇数个电子的金属，适当数目的 CO 存在时，氢原子贡献一个电子，使电子总数达到 36。由于锰有 25 个电子，那么加上五个 CO 配体提供的 10 个电子和氢原子提供的 1 个电子，电子总数达到 36。因此，Mn 的一个稳定的羰基氢合物是 $HMn(CO)_5$，其结构中平面上的四个羰基的位置略低于锰：

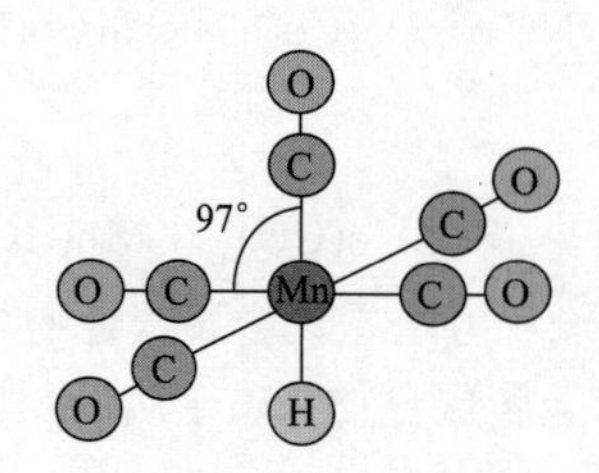

这个化合物表现为弱酸，溶于水中给出 $Mn(CO)_5^-$，反应如下：

$$HMn(CO)_5 + H_2O \longrightarrow H_3O^+ + Mn(CO)_5^- \quad (21.39)$$

其他羰基氢合物包括 $H_2Fe(CO)_5$、$H_2Fe_3(CO)_{11}$ 和 $HCo(CO)_4$。一些羰基氢合物如 $[Cr_2(CO)_{10}H]^-$ 中，氢原子位于桥联位置，结构如下所示：

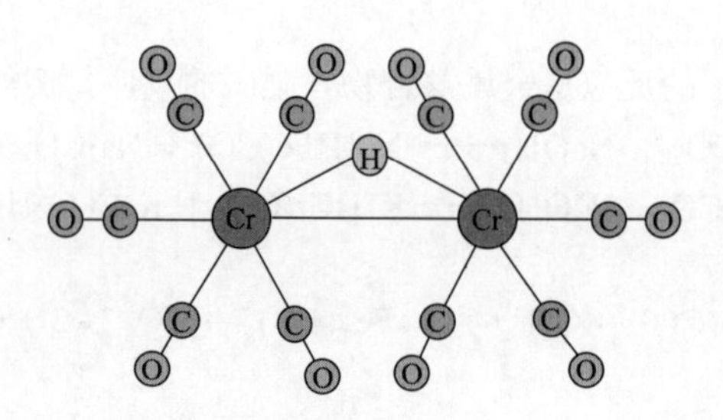

一些羰基氢合物中存在两个氢桥，可以用$[H_2W_2(CO)_8]^{2-}$阴离子的结构来说明：

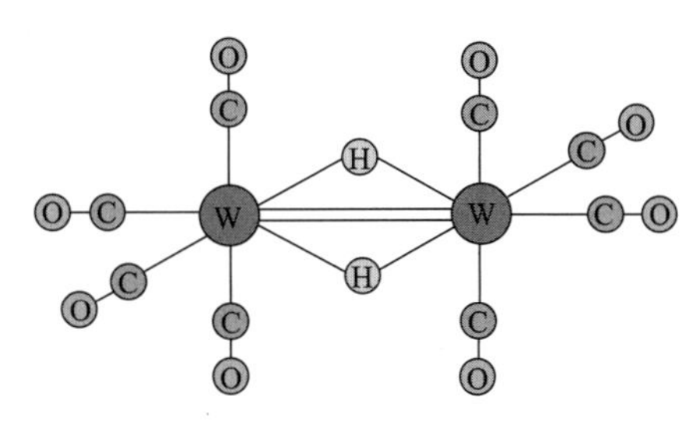

在这个结构中，W—W 的键长距离短于典型单键的键长，所以用双键表示。可以估计到这也是$[H_2Re_2(CO)_8]$配合物的结构，它与$[H_2W_2(CO)_8]^{2-}$是等电子的。

21.6 金属-烯烃配合物的结构和成键

金属的烯烃配合物组成一类重要的配位化合物。其中的金属一般是以低氧化态存在，因为这样更有利于与软的π电子给体作用。大多数金属-烯烃配合物也包含其他配体，虽然已知很多配合物只含有金属和有机配体。就像我们后面将会看到的，含有烯烃的配合物对于解释一些配合物用作催化剂的原因是重要的。

第一个金属-烯烃配合物可能是蔡氏盐 $K[Pt(C_2H_4)Cl_3]$，或者桥联化合物 $[PtCl_2(C_2H_4)]_2$。这些化合物是在大约 1825 年时由蔡氏制备的。人们也已经认识了这些化合物的钯类似物。大量的金属-烯烃配合物已经为人所知，这里将描述这些材料的部分化学性质。

蔡氏盐已经被熟知很多年，因此这个化合物的结构特点成为很多人研究的对象并不奇怪。虽然已在第 16 章介绍过，但是我们在这里还是要讨论这个重要的话题，因为其中的很多观点对于描述其他有机金属化合物中的成键是有用的。在蔡氏盐阴离子中，乙烯分子垂直于包含 Pt^{2+} 和三个 Cl^-的平面，如图 21.5（a）所示。杜瓦（Dewar）在 20 世纪 50 年代早期首先提出，以 C_2H_4 分子的一个π轨道作为电子对给体，与金属形成通常的σ键，如图 21.5（b）所示。

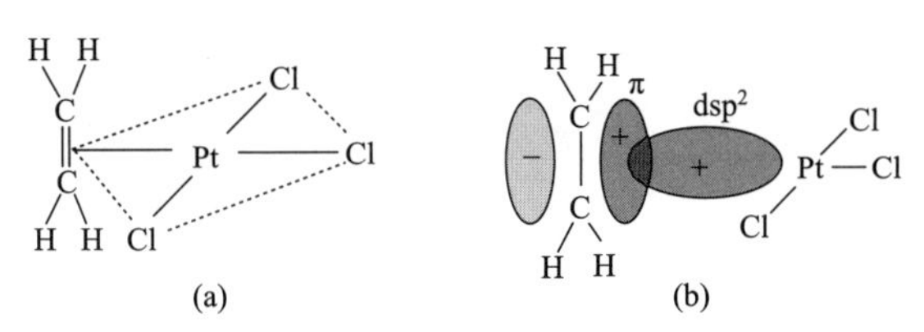

图 21.5　蔡氏盐中 C_2H_4 对 Pt 的成键

然而，C_2H_4 的π*轨道是空的，可以接受来自金属的电子密度反馈。这个π*轨道具有合适的空间伸展方向和对称性，可以有效地与金属离子的非键 d_{xz} 轨道作用，从而减少金属上面的形式负电荷。因此，金属-配体键有相当程度的多重键性质。金属和配体之间的π键可以表示为 C_2H_4 的π*轨道与金属上一个 d 轨道的重叠。其他烯烃配合物的成键也可以用这种方法来描述：

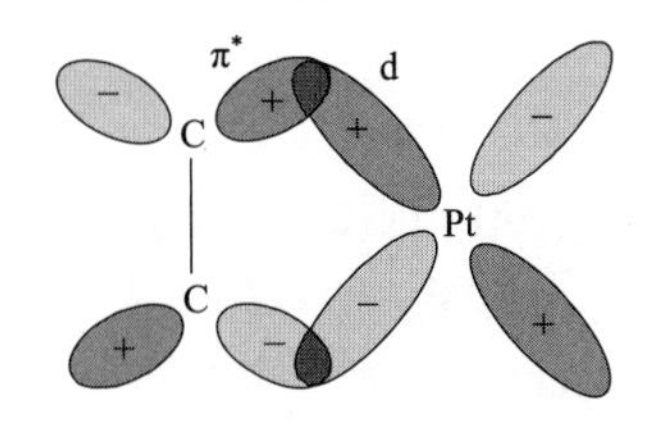

典型的 C══C 键长大约为 134pm，而在蔡氏盐阴离子中，C—C 键长为 137.5pm。虽然乙烯的这个键长略有增大，但是没有形成两个金属-配体σ键那样大的变化程度。因此，如果从共振结构的角度考虑这个配合物的成键情况，可以表示为：

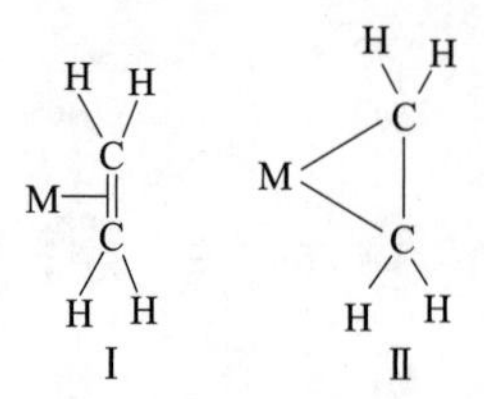

结构Ⅱ对成键的贡献很小。但是，C—C 伸缩振动谱带向低波数方向移动了约 $100cm^{-1}$，原因是反馈作用削弱了这个键。因为烯烃是软的电子给体（以及π受体），它们具有强的反位效应（见第 20 章），表现在蔡氏盐阴离子中乙烯反位的 Pd—Cl 键长约为 234pm，而顺位的 Pd—Cl 键长为 230pm。虽然蔡氏盐阴离子中含有那两个σ键的结构似乎贡献很小，但是如果烯烃是四氰基乙烯 $(CN)_2C{=\!=}C(CN)_2$，其他配体是三苯基膦，情况就不同了。那种情况下，结构可以表示为：

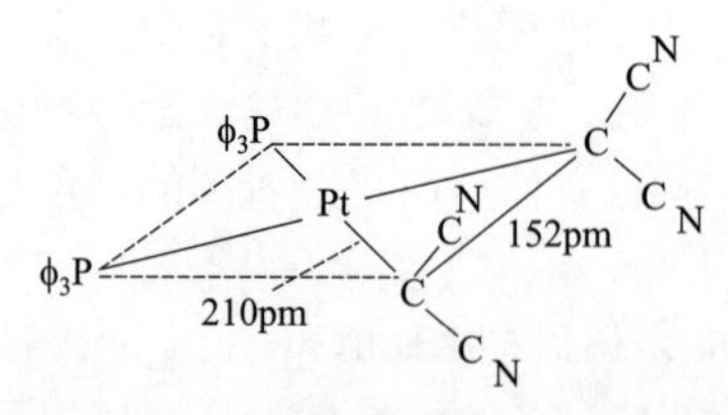

这个例子中，碳原子之间的键和 C—C 单键几乎相同。而且，不像蔡氏盐阴离子，碳原子处于铂和其他配体形成的平面上。这显然和常见的烯烃配合物有很大的不同。实际上，形成了三元 C—Pt—C 环。这个例子中金属-碳σ键的形成看起来是由三苯基膦配体形成π键的能力和四个 CN 基引起的烯烃π键的变化引起的。

在 $[PtCl_2(C_2H_4)]_2$ 中，烯烃双键也垂直于其他配体的平面。在这个桥联化合物中，两个氯离子作为桥联配体，乙烯分子互为反位，如下面的结构所示：

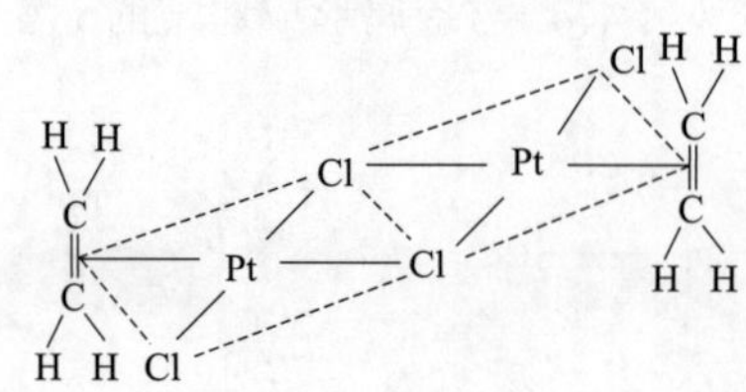

可以预计，两个具有很强反位效应的配体将会位于像 Cl^-那样反位效应较弱的配体的相反位置上。

最有趣的一些金属烯烃配合物中含有 CO 和烯烃配体。而且，金属羰合物往往作为起始配合物，通过取代反应得到烯烃配合物。EAN 规则使得我们可以预测出多烯配体用于形成配合物的电子总数。本质上，每个与金属配位的双键就像是一个电子对给体。1,3,5-环庚三烯（cht）是一个具有多个键合位点的配体，含有三个可以作为电子对给体的双键：

在图 21.6 所示的配合物 $Ni(CO)_3(cht)$、$Fe(CO)_3(cht)$ 和 $Cr(CO)_3(cht)$ 中，cht 配体有多种成键方式。第一个配合物中，Ni 有 28 个电子，所以为了满足 EAN 规则，它需要得到 8 个电子。由于 6 个电子来自于三个 CO 分子，cht 中只有一个双键与 Ni 成键。在铁和铬配合物中，也有来自于三个 CO 分子的 6 个电子。但是，按照 EAN 规则，铁需要获得总共 10 个电子，所以 cht 要用两个双键参与配位。而对于铬配合物，所有三个双键都参与配位以满足 EAN 规则（图 21.6）。

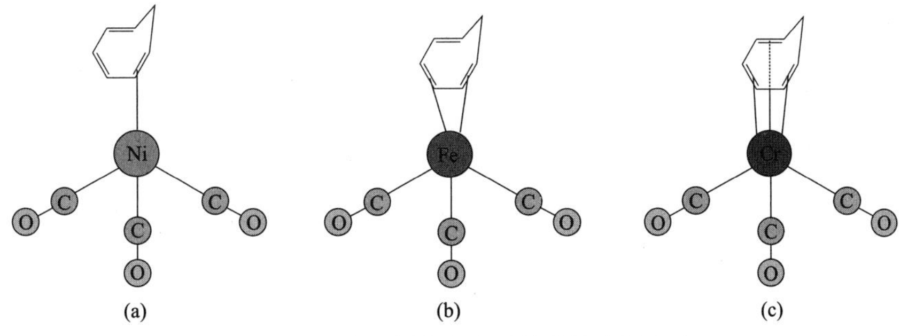

图 21.6 环庚三烯作为电子给体的成键方式

配体的“成键容量（bonding capacity）”称为它的连接数。为了区分图 21.6 中 cht 的三种成键模式，配体的连接数用术语 hapto 表示，记作 h 或η。如果一个有机配体只通过一个碳原子σ键上的电子与金属配位，那么这种键合称为单连接配位（monohapto），记作 h^1 或η^1。在大多数情况下，我们指派配体的连接数时使用η。如果乙烯的π键作为电子对给体，那么两个碳原子都与金属成键，这个键记为 h^2 或η^2。图 21.6（a）显示 cht 通过连接两个碳原子的一个双键与 Ni 键合，所以这种键合就是η^2。在图 21.6（b）中，跨越四个碳原子的两个双键作为电子对给体，所以该键合被认为是η^4。最后，在图 21.6（c）中，所有三个双键都是电子对给体，因而 cht 的键合方式是η^6。配体的连接数表示在配合物的化学式和名称中。例如，η^2-chtNi(CO)$_3$ 命名为三羰基二连接环庚三烯合镍（0）。上述铁配合物的化学式η^4-chtFe(CO)$_3$ 命名为三羰基四连接环庚三烯合铁（0）。

其他有机配体也可以多种方式成键。例如，烯丙基可以用一个碳原子与金属形成一个σ键（η^1），或者作为π给体，使用全部三个碳原子（η^3）：

$CH_2{=}CH{-}CH_2{-}Mn(CO)_5$　　　　H_2C / HC —— $Mn(CO)_4$ / H_2C

η^1-烯丙基　　　　η^3-烯丙基

在第 22 章将会说明成键方式的某种变化（可能是 η^1 到 η^3，或者相反）相信是 1-丁烯在用金属配合物催化进行异构化反应时的一个步骤。一般来说，烯丙基成键方式的变化伴随着另一个配体的失去，往往是由加热或者光照引起的。有趣的是，含有两个烯丙基配体的配合物存在着不同的异构体。一个这样的例子是 Ni(η^3-C_3H_5)$_2$ 的两种异构形式，如下所示：

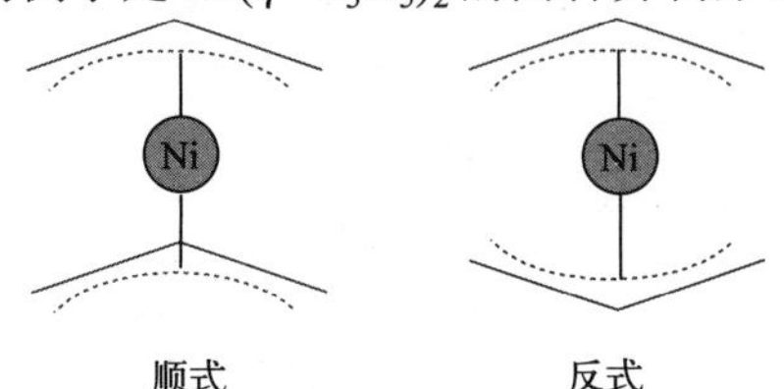

顺式　　　　反式

丁二烯可以作为四电子给体，形成非定域键。这类配合物的一个例子是 Fe(CO)$_3$(η^4-C_4H_8)，其结构为：

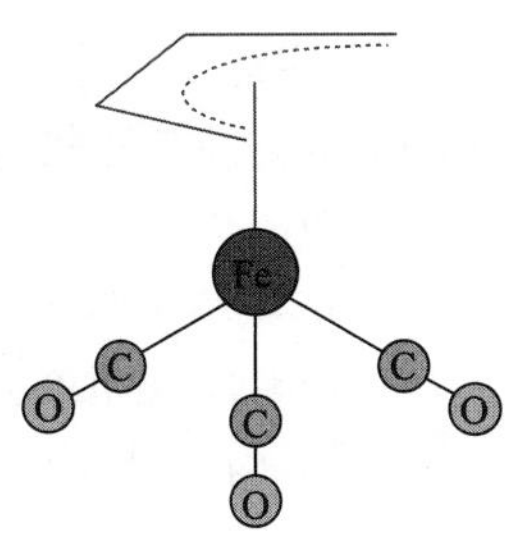

环辛四烯 C_8H_8（cot）是一个有趣的配体，它不是芳香性的，因为它不遵守 $4n+2$ 规则（见第 5 章）。这个分子的结构是：

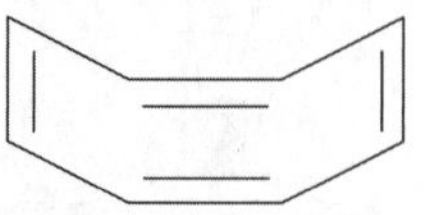

由于铁原子有 26 个电子，它要从配体获得 10 个电子，以遵守 18 电子规则。因此，cot 和铁之间的稳定配合物是 $Fe(cot)_2$，其结构可以用下式表示：

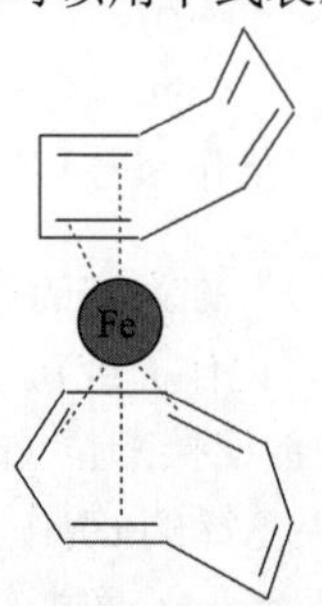

应当注意一个 cot 配体是 η^4，而另一个是 η^6，所以化学式写作 $Fe(\eta^6\text{-cot})(\eta^4\text{-cot})$。除了只含有一个铁原子的这个配合物之外，另一个体现 cot 配体多变性的例子是配合物 $Fe_3(cot)_3$，其中三个铁原子形成一个三角形，就像在 $Fe_3(CO)_{12}$ 中那样。这个配合物的结构中，每个 cot 配体都以 η^5 和 η^3 方式与铁成键：

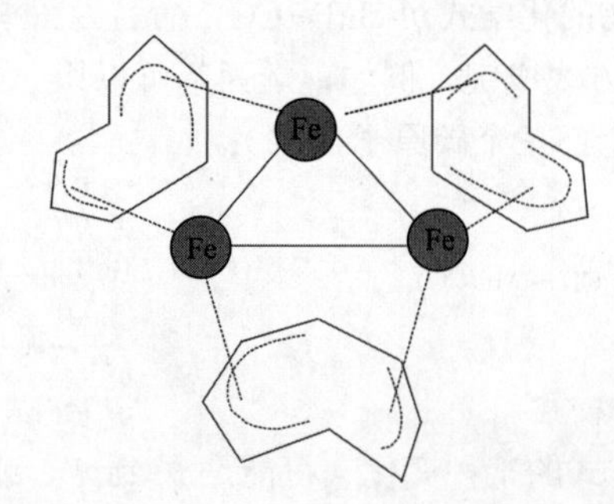

这个化合物 $Fe_3(\eta^5,\eta^3\text{-}C_8H_8)_3$，可以从前述的 $Fe(\eta^6\text{-cot})(\eta^4\text{-cot})$ 制得。这个结构和其他含有 cot 配体的配合物的详细情况可以在近期的一篇论文（Wang，Sun，Xie，King，and Schaefer，2011）中找到。

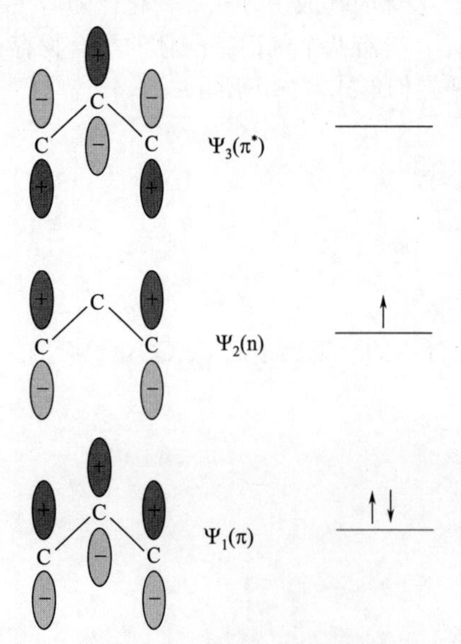

图 21.7　烯丙基的分子轨道（见 5.6 节）

有机金属化合物的成键相当有趣而重要。如果我们想要理解金属和配体是如何作用的，适当的方法是从回顾配体内部的成键和可用的轨道类型着手。对于烯丙基配体，其分子轨道已经在第 5 章用休克尔分子轨道方法描述过了。它的三个分子轨道（成键、非键和反键）示于图 21.7 中。金属轨道就是必须与这些轨道作用才能形成配合物。将 z 轴作为竖直方向，金属从那个方向接近时其 d_{z^2}、d_{yz} 和 d_{xz} 轨道（即那些在 z 轴方向有投影的轨道）与烯丙基配体 ψ_1 轨道的波瓣接触。这些轨道具有相同的对称性，所以成键分子轨道由烯丙基配体的最低轨道

与 d_{z^2} 金属轨道组合而成。这种作用示于图 21.8（a）。

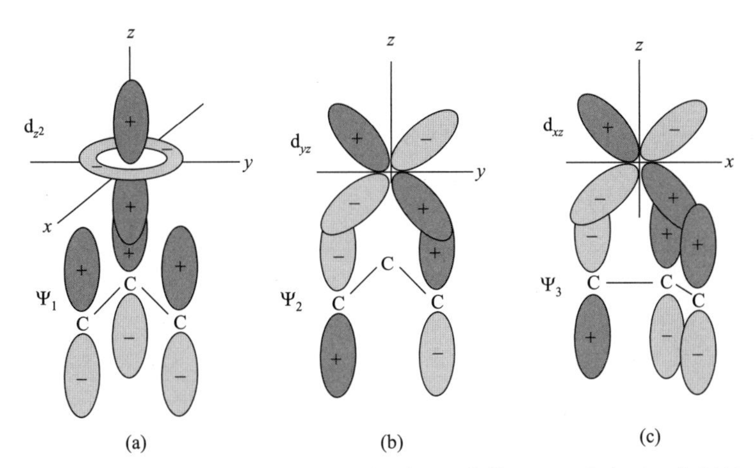

图 21.8　金属 d 轨道与烯丙基分子轨道之间的作用（注意金属 d 轨道的对称性如何匹配它所作用的烯丙基的分子轨道）

对应于 ψ_2 的轨道在中间的碳原子处有一个节面。金属和配体轨道的对称性适合于金属的 d_{yz} 轨道与 ψ_2 作用，其作用方式显示于图 21.8（b）。金属 d_{xz} 轨道与烯丙基 ψ_3 轨道的组合示于图 21.8（c）。其他具有 π 系统的分子和金属的成键情况与此类似。

虽然烯烃配合物倾向于含有不带电荷的金属，但已知有大量的配合物，其中的金属离子是 Pd^{2+}、Fe^{2+}、Cu^{+}、Ag^{+}和 Hg^{2+}。我们将会了解到，这些金属以及其他金属的烯烃配合物的形成发生于金属催化配体的某些反应时。

自从关于蔡氏盐的早期工作以来，很多具有化学式 $[PtL(C_2H_4)X_2]$（其中 L 为喹啉、吡啶、氨等，X 为 Cl^-、Br^-、I^-、NO_2^-等）的配合物被制备出来。类似的含有 C_2H_4 以外烯烃的化合物也制备出来了。很多含有二烯、三烯或四烯配体的配合物也含有羰基配体。事实上，金属羰合物往往是作为起始配合物，通过取代反应得到烯烃配合物。

21.7　金属-烯烃配合物的制备

很多合成方法对于制备金属烯烃配合物是有用的。这里将描述其中一些更通用的方法，如果想知道更多详情，可以参阅本章末尾的建议读物。

21.7.1　醇和金属卤化物的反应

这是可以用于制备乙烯配合物蔡氏盐 $K[Pt(C_2H_4)Cl_3]$的方法之一。实际上，双核配合物 $[Pt(C_2H_4)Cl_2]_2$ 最先得到，这个双核配合物的浓溶液用 KCl 处理时得到钾盐：

$$2PtCl_4+4C_2H_5OH \longrightarrow 2CH_3CHO+2H_2O+4HCl+[Pt(C_2H_4)Cl_2]_2 \quad (21.40)$$

$$[Pt(C_2H_4)Cl_2]_2+2KCl \longrightarrow 2K[Pt(C_2H_4)Cl_3] \quad (21.41)$$

其他的含有几种不饱和化合物配体的金属配合物可以用类似的反应制备得到。

21.7.2　金属卤化物与烯烃在非水溶剂中的反应

这个通用类型的反应包括下面的例子：

$$2PtCl_2+2C_6H_5CH{=}CH_2 \xrightarrow{\text{冰醋酸}} [Pt(C_6H_5{=}CH_2)Cl_2]_2 \quad (21.42)$$

$$2CuCl+CH_2{=}CH{-}CH{=}CH_2 \longrightarrow [ClCuC_4H_6CuCl] \quad (21.43)$$

21.7.3 气相烯烃与金属卤化物溶液的反应

蔡氏盐 $K[Pt(C_2H_4)Cl_3]$的经典合成是这类反应的一个实例：

$$K_2PtCl_4+C_2H_4 \xrightarrow[15天]{3\%\sim5\%HCl} K[Pt(C_2H_4)Cl_3]+KCl \tag{21.44}$$

21.7.4 烯烃取代反应

这个反应的基础是不同烯烃的配合物有不同的稳定性。对于几种常见的烯烃，与蔡氏盐相似的配合物的稳定性顺序为：

苯乙烯 > 丁二烯≈乙烯 > 丙烯 > 丁烯

据此可以发生很多取代反应，其中典型的一个反应如下所示：

$$[Pt(C_2H_4)Cl_3]^-+C_6H_5CH{=\!=}CH_2 \longrightarrow [Pt(C_6H_5CH{=\!=}CH_2)Cl_3]^-+C_2H_4 \tag{21.45}$$

21.7.5 金属羰合物与烯烃的反应

$Mo(CO)_6$ 与环辛四烯的反应是这类反应的一个实例：

$$Mo(CO)_6+C_8H_8 \longrightarrow Mo(C_8H_8)(CO)_4+2CO \tag{21.46}$$

21.7.6 金属化合物与格氏试剂的反应

这类反应的一个例子是 $Ni(\eta^3\text{-}C_3H_5)_2$ 的制备。这个反应可以表示为：

$$2C_3H_5MgBr+NiBr_2 \longrightarrow Ni(\eta^3\text{-}C_3H_5)_2+2MgBr_2 \tag{21.47}$$

类似的反应可以用于制备铂和钯的烯丙基配合物。在这个例子中，产物可能存在两个异构体，早前已经描述过。相似的反应可以用来制备几种金属的三烯丙基配合物。

21.8 环戊二烯基及其相关配合物的化学

除了那些电子密度从定域 σ 键给予金属的配合物之外，还有很多配合物，其中电子是从芳香族分子提供给金属的。这里将简要地介绍这些有趣化合物的化学性质。不过，这个领域范围宽广，有兴趣的读者通过本章结尾处所列的参考文献可以进一步了解详情。

环戊二烯环上的氢原子带有非常弱的酸性。因此，金属汞与溶解在四氢呋喃（THF）中的环戊二烯反应释放出氢气，在溶液中留下环戊二烯基钠：

$$2Na+2C_5H_6 \longrightarrow H_2+2Na^+\,C_5H_5^- \tag{21.48}$$

这个产物与 $FeCl_2$ 发生如下所示的反应：

$$2NaC_5H_5+FeCl_2 \longrightarrow 2NaCl+Fe(C_5H_5)_2 \tag{21.49}$$

得到橙色的固体（熔点 173～174℃），不溶于水，但是溶于有机溶剂。这个产物为二茂铁 $Fe(C_5H_5)_2$，也可以通过其他途径制备。例如，将 $FeCl_2\cdot 4H_2O$ 溶液加入环戊二烯的碱性溶液中时，发生下面的反应：

$$8KOH+2C_5H_6+FeCl_2\cdot 4H_2O \longrightarrow Fe(C_5H_5)_2+2KCl+6KOH\cdot H_2O \tag{21.50}$$

如前所述，环戊二烯环上的氢原子是微弱酸性的，KOH 促进 H^+的移除，留下 $C_5H_5^-$。二茂铁首次制备是在 1951 年，并迅速成为许多有机金属化学研究的焦点。

二茂铁更正确的名称是二(η^5-环戊二烯基)合铁（Ⅱ），这个分子的结构可以表示如下：

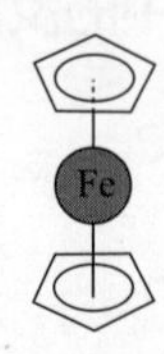

这个结构被称为“三明治”结构。固体状态下，低温时两个环的取向如图所示为交错构象。但是，由于旋转势垒很小（仅为约 $4kJ \cdot mol^{-1}$），所以室温下如果没有受阻旋转的晶体堆积存在，那么就存在着自由旋转。存在自由旋转的事实已经得到证明，因为在制备每个环上都有一个取代基的衍生物时，发现只有一种产物。如果分子锁定为交错构象且不发生自由旋转，那么将会有三个可能的产物，结构如图 21.9 所示。

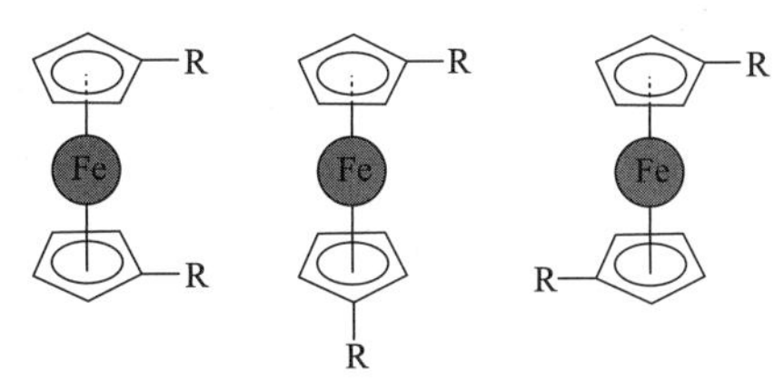

图 21.9　环戊二烯基类配体不能自由旋转时的二茂铁类产物

除了含有两个环戊二烯基环的化合物之外，还有其他的化合物只有一个环戊二烯基环与金属成键，其余配位点被其他配体占据。这样的化合物被称为“半夹心”结构，一个例子是$[(\eta^5\text{-}C_5H_5)Fe(CO)_2(olefin)]^+$，其结构为：

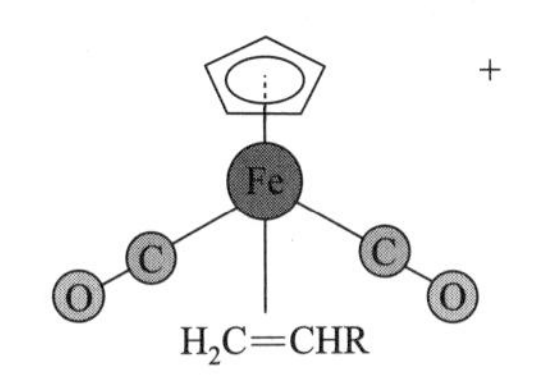

第 7 章简短地关注过铁酸锂 $LiFeO_2$ 在锂电池中的应用。近期的研究工作（Khanderi and Schneider，2011）涉及铁酸锂的一种合成方法，由一个含有环戊二烯、环辛二烯、二甲氧基乙烷和锂的半夹心化合物分解得到。

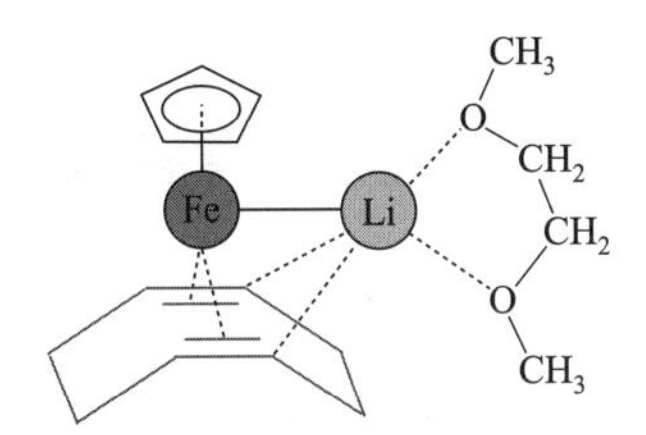

这个化合物的热分解是这种方法制备 $LiFeO_2$ 的第一步。这类研究说明的重要一点是某一化学领域合成的化合物常常会在另一领域得到应用。第 23 章还会显示这一点，其中将会描述有机金属化合物在医疗上的应用。

不平常的$[Ni_2(C_5H_5)_3]^+$是另一种类型的三明治结构。这个离子的结构为：

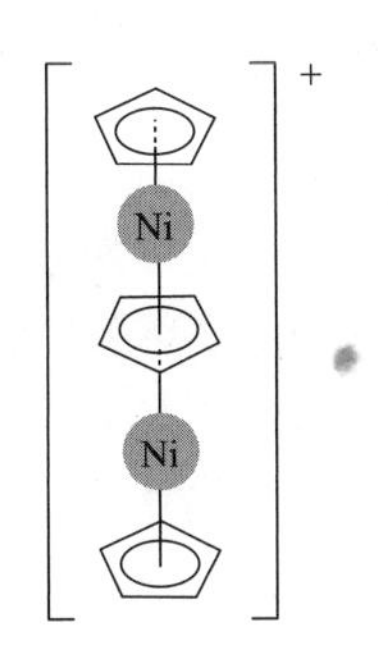

这个结构有时被称为“三层”三明治。

在二茂铁和类似的配合物中，$C_5H_5^-$ 表现为芳环电子给体。为了让一个有机环状结构达到芳香性，必须要有 2 个、6 个或 10 个电子以形成 π 电子系统（$4n+2$，其中 $n=0$，1，2，…，n 为原子数）。苯是芳香环，形成配合物时表现为好像有三个双键，提供总共六个电子。对于环戊二烯，加上一个电子形成的阴离子 $C_5H_5^-$ 具有芳香性。形式上，二茂铁中配体被看作负离子，而铁是 Fe^{2+}。Fe^{2+}有 24 个电子，每个配体表现为六电子给体，使得环绕 Fe 的电子总数为 36，与 18 电子规则一致。如果铁是 Fe^0，每个配体是五电子给体，同样会得到相同数目的电子总数。

在二茂铁中，环戊二烯基用整个 π 系统与铁成键，因此是 η^5-$C_5H_5^-$。其他情况下，$C_5H_5^-$ 可以用一个定域的 σ 键与金属成键，所以键合方式为 η^1。这类配合物中有一个是 $Hg(C_5H_5)_2$，其结构为：

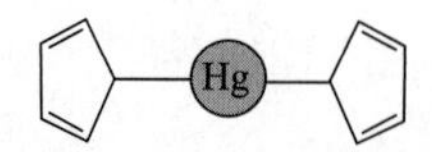

另一个有趣的显示环戊二烯不同成键能力的化合物是 $Ti(C_5H_5)_4$。在这个化合物中，就像在二茂铁中，有两个环戊二烯基离子以 η^5-C_5H_5 成键。另外两个则是只有一个 σ 键碳原子与金属成键（η^1 成键方式）。这个化合物的结构为：

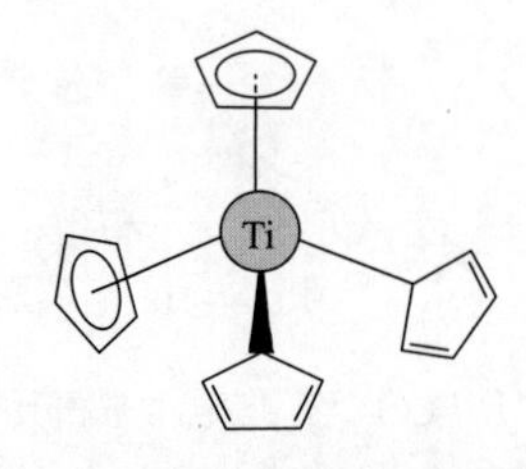

因此，化合物的化学式写作$(\eta^5\text{-}C_5H_5)_2(\eta^1\text{-}C_5H_5)_2Ti$，表示出配体成键方式的差别。

与二茂铁相似的配合物中，已知有几种是含有其他金属的。它们一般被称为金属茂，通式为 Mcp_2，其中一些显示于表 21.2 中。

表 21.2　部分常见的金属茂

化合物	熔点/□	颜色
$Ticp_2$	—	绿色
Vcp_2	167	紫色
$Crcp_2$	173	深红色
$Mncp_2$	172	琥珀色
$Fecp_2$	173	橙色
$Cocp_2$	173～174	紫色
$Nicp_2$	173～174	绿色

已经得到了大量的同时含有环戊二烯基和其他配体的混配配合物，很多情况下遵守 EAN 规则。二茂钴不遵守 EAN 规则，但它容易被氧化为遵守 EAN 规则的$(\eta^5\text{-}C_5H_5)_2Co^+$。其他衍生物如 $(\eta^5\text{-}C_5H_5)Co(CO)_2$ 和 $(\eta^5\text{-}C_5H_5)Mn(CO)_3$ 也遵守 EAN 规则。因为环戊二烯基离子的电荷数为−1，很多配合物中也存在其他的负电荷配体，这样的化合物包括 $(\eta^5\text{-}C_5H_5)TiCl_2$、$(\eta^5\text{-}C_5H_5)_2CoCl$（其中 Co 被认为是+3 价）和 $(\eta^5\text{-}C_5H_5)VOCl_2$。一些化合物中，金属配位单元为阴离子。例如：

$$Na^+ C_5H_5^- + W(CO)_6 \longrightarrow Na^+[(\eta^5\text{-}C_5H_5)W(CO)_5]^- + CO \tag{21.51}$$

虽然有几种方法制备二茂铁和类似化合物，但是最有用的可能是式(21.49)所代表的反应。在第二种方法中，首先用下述反应制备环戊二烯基铊：

$$C_5H_6 + TlOH \longrightarrow TlC_5H_5 + H_2O \tag{21.52}$$

这表明 TlOH 是一个强碱。TlC_5H_5 与 $FeCl_2$ 反应得到二茂铁：

$$FeCl_2 + 2TlC_5H_5 \longrightarrow (\eta^5\text{-}C_5H_5)_2Fe + 2TlCl \tag{21.53}$$

第三种制备金属茂的方法涉及金属卤化物与环戊二烯基溴化镁的反应：

$$MX_2 + 2C_5H_5MgBr \longrightarrow (\eta^5\text{-}C_5H_5)_2M + 2MgXBr \tag{21.54}$$

21.9 二茂铁中的成键

环戊二烯基体系可以进行休克尔分子轨道计算，第 5 章中对此已经做了阐述。如图 5.21 所示，环戊二烯的弗罗斯特-穆素林（Frost-Musulin）图表明五个分子轨道的能量为 $\alpha+2\beta$、$\alpha+0.618\beta$（2）和 $\alpha-1.618\beta$（2）。因为环戊二烯基阴离子有六个电子，所以只有三个能量最低的能级是电子占据的，这些轨道与铁的轨道相互作用。图 21.10 显示了环戊二烯基阴离子的轨道。

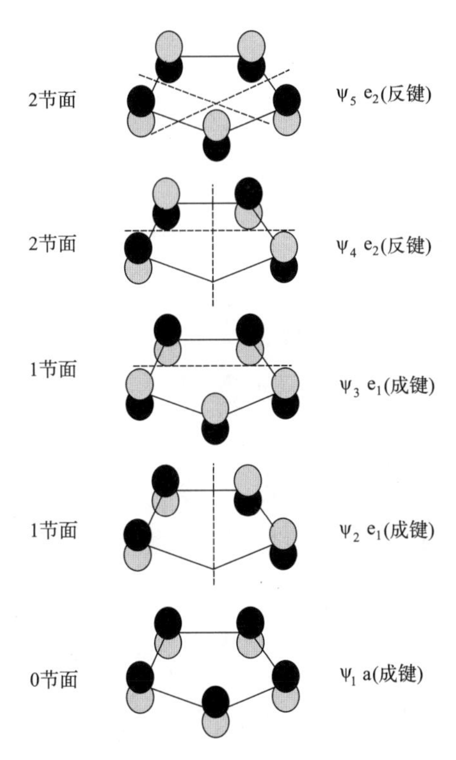

图 21.10 环戊二烯基阴离子的五个波函数（黑色波瓣表示正号，灰色波瓣表示负号）

金属的 s 和 d_{z^2} 轨道与环戊二烯基阴离子轨道的作用可以用下图表示。开始时我们把金属的轨道置于两个配体之间，这些配体的轨道波瓣的取向与金属轨道的波函数的符号相匹配。因此，Fe^{2+}的 s 和 d_{z^2} 轨道与配体轨道的组合可以显示如下（正的轨道波瓣以黑色表示，负的波瓣以灰色表示）：

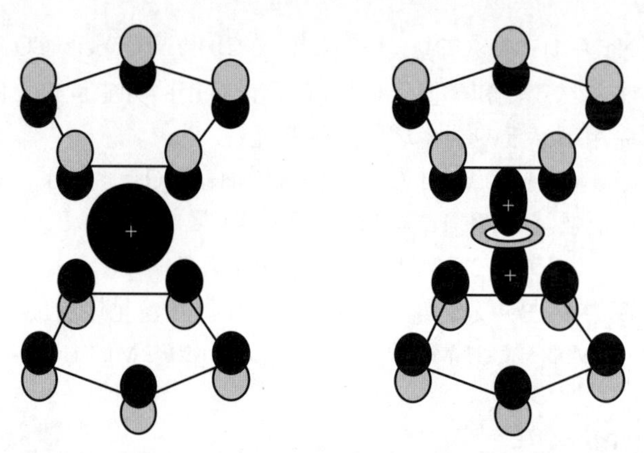

这些例子中，指向配体（沿 z 轴）的轨道是正的，这就要求两个配体轨道的正波瓣向内指向金属。这些组合具有 a_{1g} 对称性，导致形成以前阐释过的轨道组合。因为每个环戊二烯基配体（在金属离子上面或下面）都有五个分子波函数，有必要考虑这些波函数与金属轨道的组合。对于其他的金属轨道也可使用前述过程处理，但只能微弱地结合，这并不奇怪，因为那些轨道需要匹配配体轨道的对称性，但它们在配体所处的 z 轴方向没有分量。

如果这些配体的两个 ψ_1 波函数与金属的 p_z 轨道组合，p_z 轨道波瓣的符号要求下面的配体的负波瓣指向上方，如图 21.11 所示。d_{yz} 轨道可以与配体波函数 ψ_2 组合为 e_{1g} 分子轨道。d_{xz} 和 ψ_3 的组合也给出一个 e_{1g} 分子轨道。但是，虽然我们不会展示具体的图，但是如果金属的 d_{xy} 和 $d_{x^2-y^2}$ 轨道置于两个配体之间，那么明显地它们必须与有两个节点的配体轨道组合为 e_{2g}。我们现在来看看金属的 p_x 和 p_z 轨道与配体轨道组合的情形。因为这些轨道的空间伸展方向，它们形成成键分子轨道，但是就目前讨论的金属轨道来说，这种键合不是那么有效（图 21.11）。是 ψ_2 与 p_y 轨道相互作用，而 ψ_3 则与 p_x 轨道发生组合。这些组合给出的分子轨道都具有 e_{1u} 对称性。

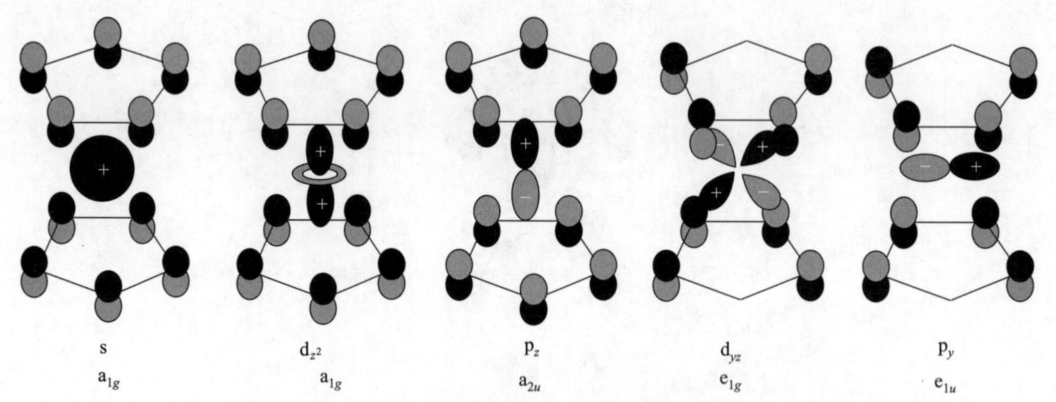

图 21.11　Fe 的 s、p、d 轨道与环戊二烯基分子轨道的重叠（轨道正的区域用黑色表示，负的区域用灰色表示，Fe 的轨道视为在两个环戊二烯基中间）

我们现在已经确定了二茂铁中分子轨道的形式。二茂铁的分子轨道图示于图 21.12 中。对二茂铁分子，每个配体贡献六个电子，Fe^{2+}有六个价电子，因而总共有 18 个电子位于分子轨道上。二茂铁的分子轨道图显示 18 个电子占据在强成键的 a_{1g} 和 a_{2u} 能态及较强成键的几个 e 能态上。虽然两个电子占据非键的 a_{1g} 能态，但是没有电子被迫填充在非简并的 e_{1g}*轨道上。二茂钴的情况与此不同，它有 19 个电子，其中 1 个被迫要占据 e_{1g}*反键轨道。因此，二茂钴稳定性相当差，比二茂铁更容易被氧化，虽然 $[Co(\eta^5\text{-}C_5H_5)_2]^+$与一些阴离子形成的固体是非常稳定的。二茂镍总共有 20 个电子，所以有两个电子被迫占据 e_{1g}*轨道，所以二茂镍和二茂钴都是容易被氧化的。铬和钒的化合物［$Cr(\eta^5\text{-}C_5H_5)_2$］和［$V(\eta^5\text{-}C_5H_5)_2$］分别有 16 个和 15 个电子，所以它们的反应活性很高，容易再和其他配体成键，以遵守 18 电子规则。

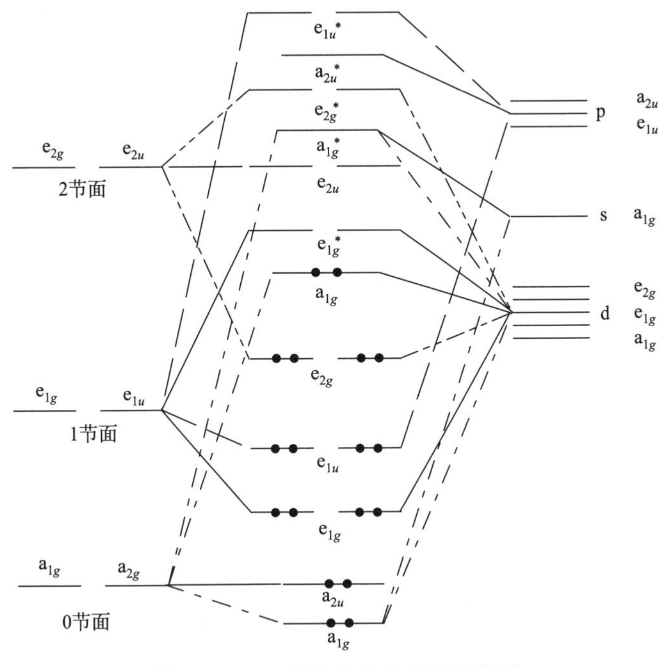

图 21.12　二茂铁的定性分子轨道图

21.10　二茂铁和其他金属茂的反应

已经研究了二茂铁类配合物的很多化学性质。虽然这里的讨论大多数是针对二茂铁本身，但是其中的很多反应其他金属茂类配合物同样也可以进行，不过，反应条件有可能是不相同的。

二茂铁是一个非常稳定的化合物，在 173℃熔化，可以在不破坏该金属配合物的情况下升华。二茂铁所展现的很多反应实际上是芳香有机化合物的反应。例如，二茂铁的磺化反应可以通过如下途径实现：

$$Fe(C_5H_5)_2 + H_2SO_4 \xrightarrow{\text{冰水浴}} Fe(C_5H_5)(C_5H_4SO_3H) + H_2O \tag{21.55}$$

酰化可以由弗里德尔-克拉夫茨（Friedel-Crafts）反应来实现：

$$Fe(C_5H_5)_2 + 2CH_3COCl \xrightarrow{AlCl_3} Fe(C_5H_4COCH_3)_2 + 2HCl \tag{21.56}$$

虽然上面显示的是二取代产物，但是也得到了一些单取代产物。在这个过程中，$AlCl_3$ 可能是和 CH_3COCl 反应产生 $CH_3C{=}O^+$进攻试剂。也可以通过二茂铁和乙酸酐在磷酸催化下反应而引入一个乙酰基，在这个反应中，不需要比较苛刻的条件，主要的产物是单取代衍生物：

$$Fe(C_5H_5)_2 + (CH_3CO)_2O \xrightarrow{H_3PO_4} Fe(C_5H_5)(C_5H_4COCH_3) + CH_3COOH \tag{21.57}$$

通过一系列反应可以将两个环戊二烯基环连接起来。使用 $C_2H_5OCOCH_2COCl$ 作为起始酰氯，可以将酰基端与一个 C_5H_5 环结合在一起。水解除去乙基，将末端转化为酰氯，然后通过另一个弗里德尔-克拉夫茨反应，产物发生还原得到下面的物质：

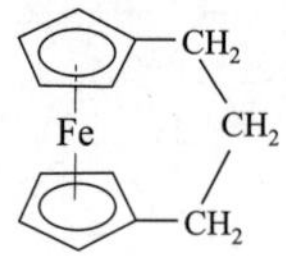

CH_2 Fe CH_2 CH_2

合成衍生物时二茂铁最有用的反应之一是金属化反应。在这个反应中，首先二茂铁与丁基锂反应制备锂衍生物，这表明环戊二烯的氢原子是弱酸性的：

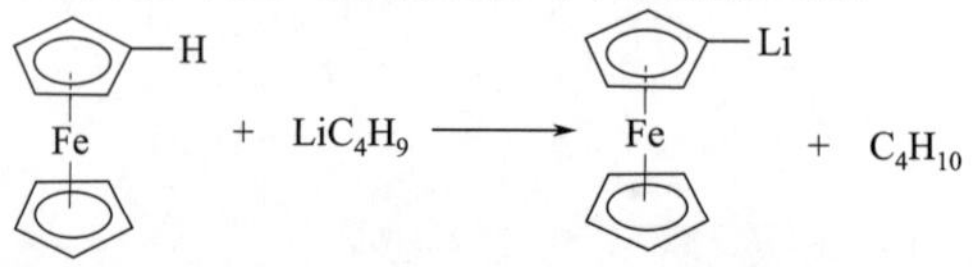

H Fe + LiC_4H_9 ⟶ Li Fe + C_4H_{10} （21.58）

含有两个锂原子的衍生物也可以通过后续反应制得：

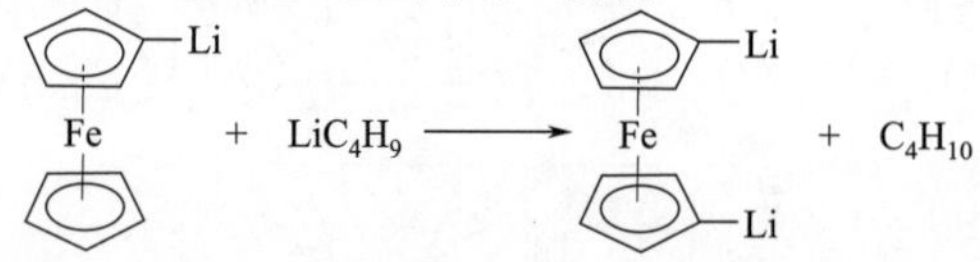

Li Fe + LiC_4H_9 ⟶ Li Fe Li + C_4H_{10} （21.59）

使用极性溶剂并在四甲基乙二胺之类的胺存在时，可以得到更好的产率，也会促进二锂化合物的形成。这些锂衍生物能发生大量的反应，可以用来制备为数众多的二茂铁衍生物。我们不展示大量的反应，只在表 21.3 中列出一些常见的反应物及其引入环戊二烯基环上的取代基。

表 21.3　从锂衍生物获得的一些二茂铁衍生物

反应物	取代基
N_2O_4	$—NO_2$
CO_2，H_2O	—COOH
$B(OR)_3$，H_2O	$—B(OH)_2$
$H_2NOCH_2C_6H_5$	$—NH_2$

另一个衍生物，用作合成其他衍生物的有用中间体的是汞化合物，可以由二茂铁与乙酸汞在含有氯离子的溶液中反应得到：

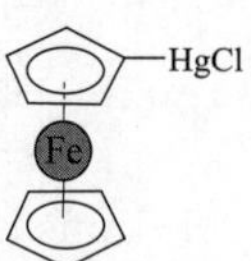

硼酸酯类化合物与锂化合物反应得到 $(\eta^5\text{-cp})Fe(\eta^5\text{-cp-}B(OR)_2)$，它可以水解制得 $(\eta^5\text{-cp})Fe(\eta^5\text{-cp-}B(OH)_2)$。这个化合物能够进行很多反应，产生其他的二茂铁衍生物。例如，它与 CH_3ONH_2 反应制得氨基二茂铁。硼酸衍生物与 AgO 发生偶联反应，得到双二茂铁，如下所示：

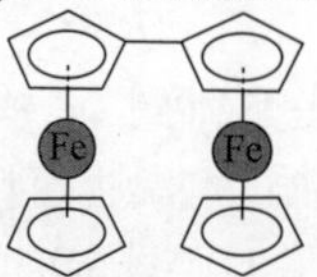

这个产物也可以用碘与前述的汞化合物反应制得。碘与镁反应制备出一个格氏产物$(\eta^5\text{-cp})Fe(\eta^5\text{-cp-MgI})$，它通过一个偶联反应得到双二茂铁。大量的反应可以用于制备二茂铁衍生物，也可以通过氧化剂除去一个电子，产生+1 价的二茂铁基碳正离子。

有几种二茂铁衍生物可以用下面的双核配合物制备：

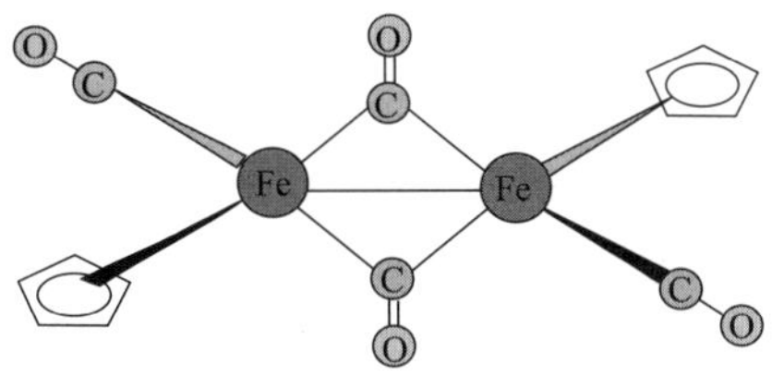

加热这个化合物即得到二茂铁。在这个结构中，两个铁原子和两个桥联羰基位于一个平面，关于这个平面 cp 环是顺式或反式的（反式的如图所示）。这个化合物的溶液中似乎存在顺式和反式的混合物，以及一些只用金属-金属键将两等份连接起来的化合物。如果用汞齐处理，还原得到$(C_5H_5)Fe(CO)_2^-$：

$$[(C_5H_5)Fe(CO)_2]_2+2Na \xrightarrow{Na/Hg} 2(C_5H_5)Fe(CO)_2^-+2Na^+ \quad (21.60)$$

$(C_5H_5)Fe(CO)_2^-$阴离子在很多反应中表现为亲核试剂，据此可以制备许多新奇的产物。例如，它在 THF 中与 CH_3I 的反应可以表示为：

$$(C_5H_5)Fe(CO)_2^- +CH_3I \longrightarrow (C_5H_5)Fe(CO)_2CH_3+I^- \quad (21.61)$$

乙酰氯与$(C_5H_5)Fe(CO)_2^-$反应得到一个乙酰衍生物：

$$(C_5H_5)Fe(CO)_2^- +CH_3COCl \longrightarrow (C_5H_5)Fe(CO)_2COCH_3+Cl^- \quad (21.62)$$

通式为$(C_5H_5)Fe(CO)_2COR$和$(C_5H_5)Fe(CO)_2X$（其中 X 为 Cl^-、Br^-、I^-、SCN^-、OCN^-、CN^-等）的很多其他衍生物已经为人所知。

二茂铁和其他金属茂的化学性质得到了广泛的研究。这里的介绍旨在使读者认识这一领域的一般研究范围和特点，更多的详情可以在本章结尾所列的参考文献中找到。

21.11 苯和相关芳环的配合物

我们已经考虑了很多以 $C_5H_5^-$作为六电子给体的化合物，苯也是一个六电子给体，因此，两个各给出六个电子的苯分子可以将初始电子数为 24 的金属的总电子数提高到 36。金属是 Cr^0 的时候就是这种情况。所以，$Cr(\eta^6\text{-}C_6H_6)_2$ 遵守 EAN 规则，其结构为：

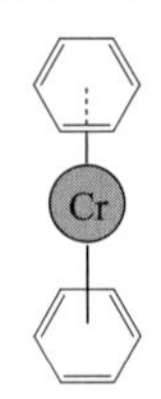

这个化合物已经用多种方法制得，包括下面的这些反应：

$$3CrCl_3+2Al+AlCl_3+6C_6H_6 \longrightarrow 3[Cr(\eta^6\text{-}C_6H_6)_2]AlCl_4 \quad (21.63)$$

$$2[Cr(C_6H_6)_2]AlCl_4+S_2O_4^{2-}+4OH^- \longrightarrow 2[Cr(\eta^6\text{-}C_6H_6)_2]+2H_2O+2SO_3^{2-}+2AlCl_4^- \quad (21.64)$$

二苯铬（0）容易被氧化，通过取代反应得到混合配体配合物。例如：

$$Cr(CO)_6+C_6H_6 \longrightarrow C_6H_6Cr(CO)_3+3CO \quad (21.65)$$

二苯三羰基合铬（0）的结构可以表示如下：

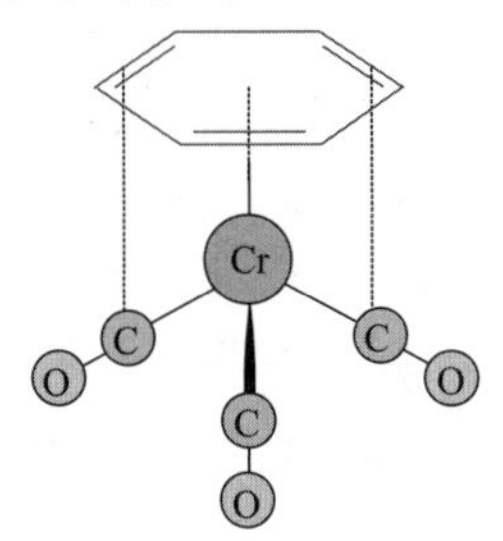

其中苯以 η^6 方式成键。注意在这个例子中，三个羰基配体相对于苯环上的碳原子来说处在交错的位置上（用竖直点线表示）。类似的含有 Mo 和 W 的化合物也已经制备出来了。甲基取代的苯，例如均三甲苯（即 1,3,5-三甲基苯）、六甲基苯和其他的芳香环分子，已经被用于制备几种零氧化态金属的配合物。例如，$Mo(CO)_6$ 会与 1,3,5-$C_6H_3(CH_3)_3$（1,3,5-三甲基苯）反应，后者取代三个羰基配体：

$$Mo(CO)_6 + 1,3,5\text{-}C_6H_3(CH_3)_3 \longrightarrow 1,3,5\text{-}C_6H_3(CH_3)_3Mo(CO)_3 + 3CO \qquad (21.66)$$

产物的结构可以表示为：

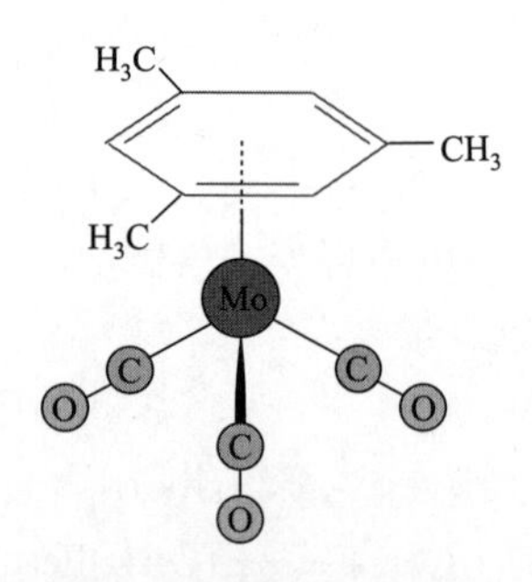

虽然铬化合物最为人熟知的，但是其他金属也会与苯及其衍生物形成相似的配合物。

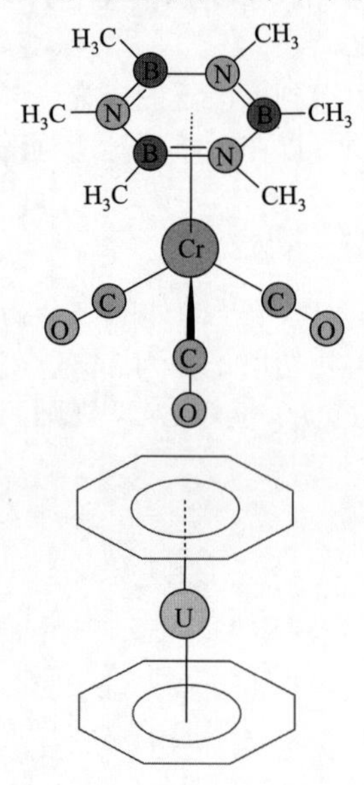

$$2C_8H_8^{2-} + UCl_4 \xrightarrow{THF} U(\eta^8\text{-}C_8H_8)_2 + 4Cl^- \qquad (21.67)$$

21.12 含有金属-金属键的化合物

含有金属-金属键的化合物（常被称为簇合物，因为在近距离之内包含多个金属原子）的化学研究开始于大约一个世纪前的 $Ta_6Cl_{14}\cdot 7H_2O$。其他的具有“不寻常”化学式的化合物也得到描述，并在 20 世纪 30 年代确定了 $K_3W_2Cl_9$ 的结构。$[W_2Cl_9]^{3-}$有两个共享一个面的八面体，W—W 键长约为 2.4Å，比金属钨中的原子中心之间的距离短。我们可以看到，很多金属簇合物的一个特点是金属原子之间有多重键，并导致键长缩短。虽然其后也报道了其他簇合物，但直到 1963 年，$[Re_3Cl_{12}]^{3-}$的结构才由科顿（F.A.Cotton）及其同事阐释清楚（图 21.13）。这个结构显示出簇合物的常见特点，含有三个金属原子，这些原子呈平面三角形排列。在$[Re_3Cl_{12}]^{3-}$

中 Re—Re 键长为 247pm，虽然小于单键的键长，但是比已知的三键键长要大。

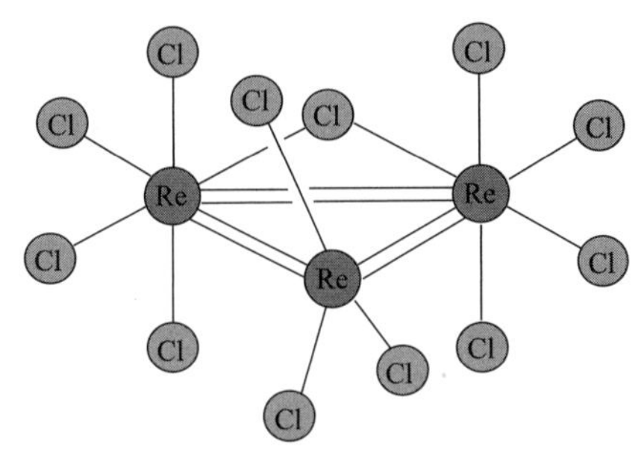

图 21.13　$[Re_3Cl_{12}]^{3-}$的结构（显示有三个双键）

在对$[Re_3Cl_{12}]^{3-}$的结构进行描述之后，最重要的簇合物之一$[Re_2Cl_8]^{2-}$的结构也得到了解释，其中 Re—Re 键长仅为 224pm，表明铼原子之间的作用特别强。这个有趣物质的结构可以表示如下：

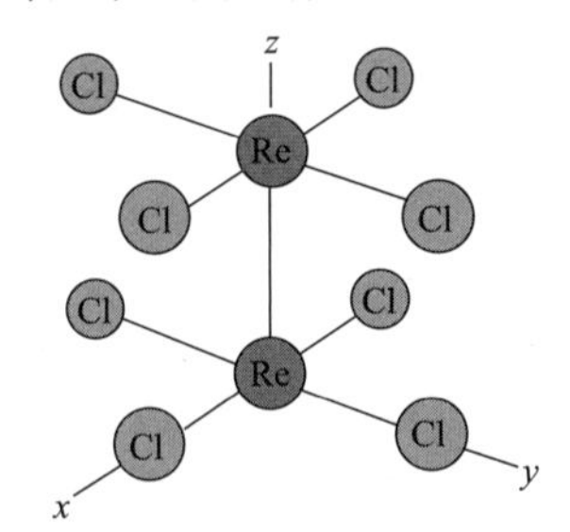

对这个常见离子中成键情况进行解释时产生了一些特别的概念。在描述一个物质中的成键时，那些具有相同对称性的轨道才能有正的叠加，键能与重叠积分的数值有关。解释$[Re_2Cl_8]^{2-}$结构（$[Tc_2Cl_8]^{2-}$结构类似）中的成键时引入四重键的概念，这个键可以想象为以如下方式形成。金属原子位于 z 轴，Cl 配体位于 x 轴和 y 轴上分子的末端。如图 21.14 所示，金属原子的 d_{z^2} 轨道的重叠给出 σ 键。基于轨道的重叠角和几何构型，首尾相接的重叠方式最好，所以 d_{z^2} 轨道的重叠是最有效的。在 z 轴空间伸展方向有一定组分的 d 轨道，即 d_{xz} 和 d_{yz} 轨道，分别重叠给出两个 π 轨道。d_{xz} 轨道的相互作用示于图 21.14 中，d_{yz} 轨道虽然没有显示，但其作用情况与 d_{xz} 轨道的相似。这些轨道的重叠没有 d_{z^2} 轨道重叠那么有效。

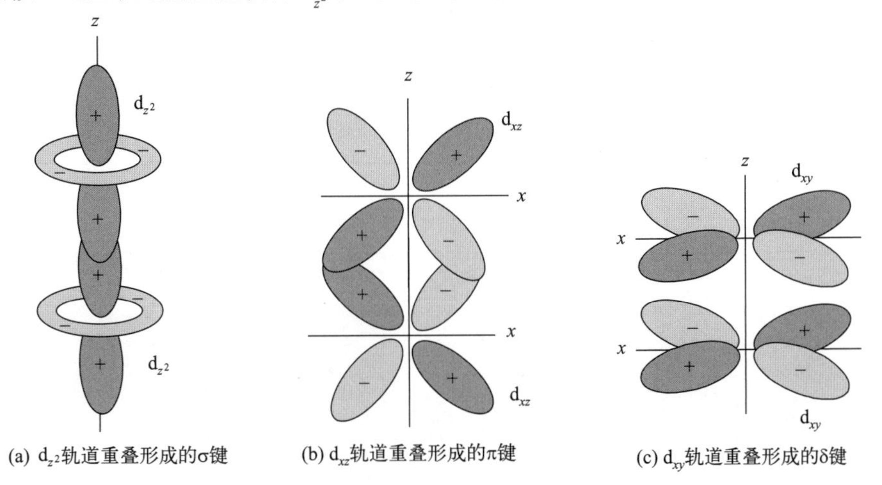

图 21.14　d_{z^2}、d_{xz} 和 d_{xy} 轨道重叠分别导致 σ、π 和 δ 键的形成（d_{yz} 轨道的重叠与 d_{xz} 轨道的重叠相似，没有表示出来）

因为氯原子位于 x 轴和 y 轴上，因此波瓣位于这些轴之间的 d_{xy} 轨道不会用于与这些配体成键。所以，两个铼原子的 d_{xy} 轨道在四个空间区域轻微重叠。这样的键被称为 δ 键（在一个和两个区域重叠的分别以 σ 和 π 命名的延伸）。虽然这种重叠的效果差于上述其他类型的重叠，不过它正是 $[Re_2Cl_8]^{2-}$ 具有重叠构型的原因。实际上，可以证明如果其中一个轨道相对于其他轨道发生转动，重叠积分的值会减小，在转动角度达到 45° 的时候接近于零。这可以从图 21.15 看出来。因此，最后可以分析得出这样的结论，四重键包含一个 σ 键、两个 π 键和一个 δ 键。氯原子位置覆盖时的构型中重叠最大。从上述比较直接的分析，可以画出定性的分子轨道图，如图 21.16 所示，可用来描述 Re—Re 键。

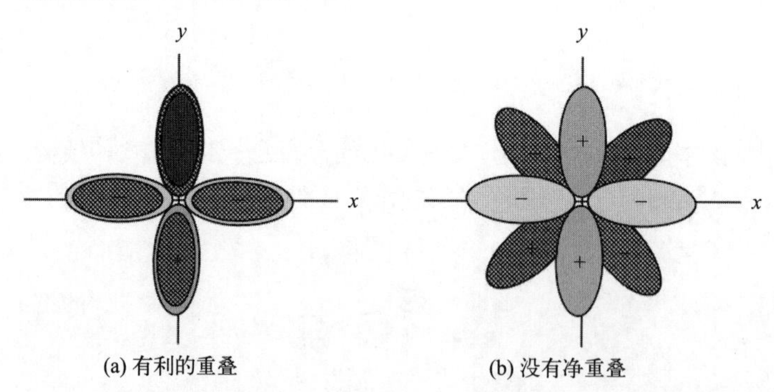

图 21.15　$[Re_2Cl_8]^{2-}$ 中沿 Re—Re 键方向 d_{xy} 轨道的重叠（显示为阴影线的波瓣沿 z 轴远离读者，左边为同号波瓣重叠排列，这种情况下的重叠是正的，右边是远端转动 45° 的排列，这时 d_{xy} 轨道的净重叠为零）

σ^*

π^*

δ^*

δ

π

σ

图 21.16　$[Re_2Cl_8]^{2-}$ 简化的分子轨道图（因为 Re^{3+} 的电子构型为 $5d^4$，有 8 个电子位于成键轨道中）

在分子轨道图的基础上可知金属-金属键的构型为 $\sigma^2\pi^4\delta^2$，因而键级为 4。图 21.16 所示的能级图也可以用于描述其他金属簇合物中的成键情况。例如，Os^{3+} 的电子构型为 $5d^5$，形成的一些化合物中有 Os—Os 键。这种情况下，轨道中要放置 10 个电子，因此电子构型为 $\sigma^2\pi^4\delta^2\delta^{*2}$，相当于在锇离子之间形成三重键，与这些键的性质相符。在 $Rh_2(RCOO)_4$ 类型的簇合物中（其中的羧基形成桥，与下面所示的 $[Re_2(OOCCH_3)_4X_2]$ 结构类似），Rh 的 d^7 价电子构型导致有 14 个电子排布于分子轨道中，由此产生的 $\sigma^2\pi^4\delta^2\delta^{*2}\pi^{*4}$ 构型表明 Rh—Rh 键为单键。

解释了 $[Re_2Cl_8]^{2-}$ 的结构之后，接下来的工作是通过引入同时与两个铼原子配位的配体，把结构的两半连接在一起。下面所示的就是这样一个结构，以乙酸根离子（图中 R 代表 CH_3）作为连接配体。

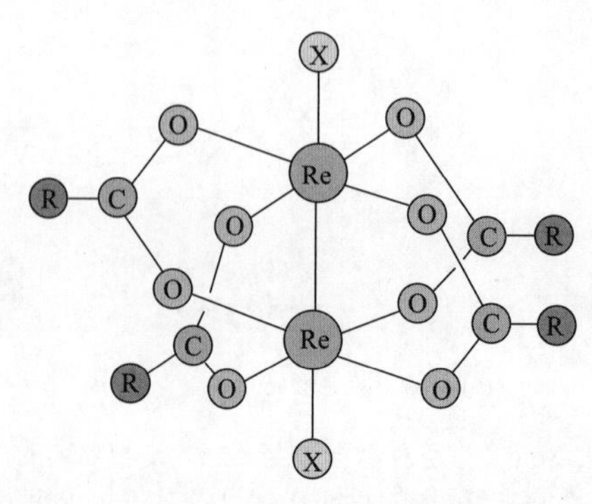

在已经制备出来的一个这类化合物中，X 为二甲基亚砜$(CH_3)_2SO$，显然通过硫原子与 Re 键合。

已经发现第一过渡系金属之间存在四重键的一些例子，虽然其数量少于更重的过渡金属的配合物。这类配合物中一个非常有趣的例子是$[Cr_2(CO_3)_4(H_2O)_2]$，其中碳酸根离子在两个金属原子之间形成桥，给出如下所示的结构：

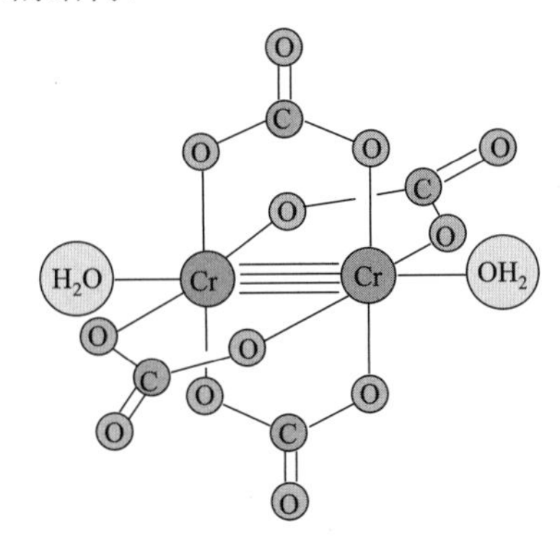

已知有很多簇合物中的金属原子是以单键结合在一起的。本章前面部分讨论了金属羰合物，其中包括$[Mn(CO)_5]_2$，其结构为：

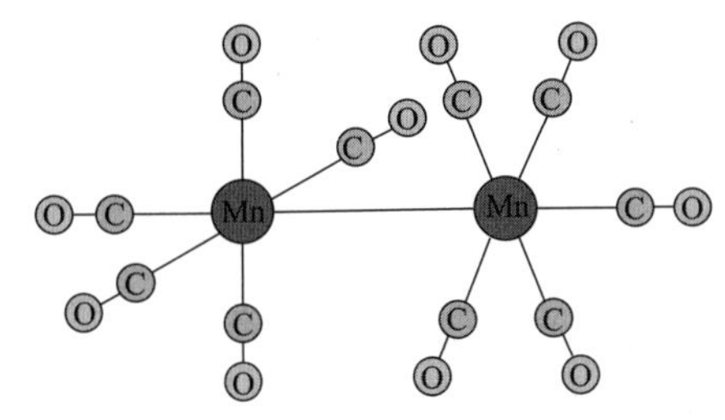

一般来说，只含有单键的簇合物是较大的单元，含有几个金属原子。$[Mo_6Cl_8]^{4+}$就是这类簇合物中一个好的例子。

金属-金属键是一些配合物，例如$(OC)_5Mn—Mn(CO)_5$和$[Re_2Cl_8]^{2-}$等结构形成的原因，这些金属中心之间没有桥联配体。这些典型的配合物是极端情况的代表，在$(OC)_5Mn—Mn(CO)_5$中 Mn—Mn 单键长度为 292pm，强度小于 $100kJ \cdot mol^{-1}$。与此相反，$[Re_2Cl_8]^{2-}$中四重键长度为 224pm，强度为几百千焦每摩尔。在钼的很多配合物中，Mo—Mo 键的平均键长为 270pm。但是在含有三重键的结构中，键长只有大约 220pm，四重键的长度更是只有约 210pm。

在本章中，我们考察了无机化学的一些最活跃和重要的领域。这些领域中的已出版文献数量惊人，作为一本必须介绍很多领域的无机化学通用教材，全面覆盖是无法做到的。有兴趣的读者如果想知道本章所涉及材料的详细情况，可以参阅下面所列出的参考文献。

拓展学习的参考文献

Atwood, J.D., 1985. *Inorganic and Organometallic Reaction Mechanisms*. Brooks/Cole, Pacific Grove, CA. A good, readable book that contains a wealth of information.

Coates, G.E., 1960. *Organo-Metallic Compounds*. Wiley, New York. Chap. 6. This book is a classic in the field and Chapter 6 gives an introduction of over a hundred pages to this important field.

Cotton, F.A., Wilkinson, G., Murillo, C.A., Bochmann, M., 1999. *Advanced Inorganic Chemistry*,

6th ed. John Wiley, New York (Chapter 5). A 1300 pages book that covers a great deal of organometallic chemistry of transition metals.

Crabtree, R.H., 1988. *The Organometallic Chemistry of the Transition Metals*. Wiley, New York. A standard book on organometallic chemistry.

Greenwood,N.N., Earnshaw, A., 1997. *Chemistry of the Elements*, 2nd ed. Butterworth-Heinemann,Oxford. This 1341 pages book may well contains the most inorganic chemistry of any single volume. The wealth of information available makes it a good first reference.

Khanderi, J., Schneider, J.J., 2011. *Inorg. Chim. Acta* 370, 254-259. A report on a method to produce lithium ferrite.

Lukehart, C.M., 1985. *Fundamental Transition Metal Organometallic Chemistry*. Brooks/Cole, Pacific Grove, CA. This book is an outstanding text that is highly recommended.

Powell, P., 1988. *Principles of Organometallic Chemistry*. Chapman and Hall, London. A valuable resource in the field.

Purcell, K.F., Kotz, J.C., 1980. *An Introduction to Inorganic Chemistry*. Saunders College Pub., Philadelphia. This book provides an outstanding introduction to organometallic transition metal chemistry.

Wang, H., Sun, Z., Xie, Y., King, R.B., Schaefer III, H.F., 2011. *Inorg. Chem.* 50, 9256-9265.

习题

1. 下列物质哪个最稳定，解释你的答案：

$Fe(CO)_2(NO)_3$，$Fe(CO)_6$，$Fe(NO)_3$，$Fe(CO)_2(NO)_2$，$Fe(NO)_5$

2. 画出下列每个反应的产物：

（a）$Mo(CO)_6$ 与过量吡啶反应。

（b）钴与 CO 在高温高压下反应。

（c）$Mn_2(CO)_{10}$ 与 CO 反应。

（d）$Fe(CO)_5$ 与环庚三烯反应。

3. 假设一个混合金属羰合物含有一个锰原子、一个钴原子。在其稳定化合物中有多少个 CO 分子？结构是怎样的？

4. 用红外光谱研究 $Cr(NH_3)_3(CO)_3$、$Cr(CO)_6$、$Ni(CO)_4$ 时，所得三个光谱中 CO 伸缩振动谱带出现在 $1900cm^{-1}$、$2060cm^{-1}$ 和 $1980cm^{-1}$，但是光谱未做标记。将光谱与化合物对应起来，解释你的答案。

5. 预测下列化合物哪个最稳定，解释你的答案：

$Fe(CO)_4NO$，$Co(CO)_3NO$，$Ni(CO)_3NO$，$Mn(CO)_6$，$Fe(CO)_3(NO)_2$

6. $Co(CO)_2(NO)(cot)$ 的结构是什么（清楚画出所有键）？其中 cot 是环辛三烯。

7. 在化合物 $Cr(CO)_3(C_6H_6)$ 中，苯是如何与 Cr 结合的？解释你的答案。

8. $Mn(CO)_2(NO)(cht)$的结构是什么（清楚画出所有键）？

9. 对配合物 $M(CO)_5L$，在 1900～$2200cm^{-1}$ 范围观察到两个谱带。这个事实有什么意义？假设 L 是 NH_3 或 PH_3，当 L 从 NH_3 变到 PH_3，有一个谱带的位置发生了移动。它会移动到较高还是较低的波数？解释之。

10. 描述下列化合物的结构和成键，其中 C_4H_6 是丁二烯，C_6H_6 是苯：

（a）$Ni(C_4H_6)(CO)_2$

（b）$Fe(C_4H_6)(CO)_4$

（c）$Cr(C_6H_6)(CO)(C_4H_6)$

（d）$Co(C_4H_6)(CO)_2(NO)$

11. $Ni(CO)_4$、$CO(g)$、$Fe(CO)_4^{2-}$和$Co(CO)_4^-$的红外光谱在$1790cm^{-1}$、$1890cm^{-1}$、$2143cm^{-1}$、$2060cm^{-1}$处有吸收峰，这些峰分别对应什么物质？解释之。

12. 画出下列物质的结构（清楚表示出所有键），其中C_8H_8是环辛四烯：

（a）$Fe(CO)_3(C_8H_8)$

（b）$Cr(CO)_3(C_8H_8)$

（c）$Co(CO)(NO)(C_8H_8)$

（d）$Fe(CO)_3(C_8H_8)Fe(CO)_3$

（e）$Ni(CO)_2(C_8H_8)$

（f）$Fe(NO)_2(C_8H_8)$

（g）$Cr(CO)_4(C_8H_8)$

（h）$Ni(CO)_3(C_8H_8)Cr(CO)_4$

13. 预测下列反应的产物，反应方式可能不止一种：

（a）$Fe_2(CO)_9+NO \longrightarrow$

（b）$Mn_2(CO)_{10}+NO \longrightarrow$

（c）$V(CO)_6+NO \longrightarrow$

（d）$Cr(CO)_6+NO \longrightarrow$

14. 以二茂铁为原料，你如何制备下列物质：

（a）$(C_5H_5)Fe(C_5H_4CH_3)$

（b）$(C_5H_5)Fe(C_5H_4NO_2)$

（c）$(C_5H_5)Fe(C_5H_4COOH)$

（d）$(C_5H_5)Fe(C_5H_4NH_2)$

15. 当NO与金属形成配合物时，可能形成实际为线形的M—N—O键，其中N—O伸缩振动的吸收峰在$1650\sim1900cm^{-1}$范围。这个键在其他情况下是角形的，NO振动范围为$1500\sim1700cm^{-1}$。用成键差异解释这样的现象。

16. 考虑下列配合物的CO伸缩振动谱带并给予解释：

trans-$[Ir(CO)Cl(P\phi_3)_2]$，$1967\ cm^{-1}$；*trans*-$[Ir(CO)Cl(O_2)]$，$2015cm^{-1}$

第22章 催化配合物

在前导性化学课程中，催化剂被定义为一种可以改变化学反应速率而自身不会发生永久性变化的物质。配位化合物作为催化剂参与反应可以在反应开始和结束的时候以同一种金属配合物存在。在反应过程中，催化剂可能在配位数、键合方式或几何构型等方面发生很多变化，配体可能进入或离开金属配位层。作为催化剂的配合物会发生变化，如果反应在过程中的某个瞬间停止的话，催化剂可能与反应开始时明显不同。事实上，它可能以不同的配合物形式回收。但是，在反应流程中，配合物在某一点以原来的形式再生。过程实际上是系列反应步骤，其中金属配合物促进一个物质向另一个物质的转化。因为催化剂在一系列步骤之后重新生成，因此这样的过程经常被称为催化循环。

虽然对部分催化过程已经了解了很多，但是对某些催化过程，或者至少是过程中的一些步骤可能还不能完全理解。就像玻恩-哈伯循环用于表示金属和卤素转变为金属卤化物的过程那样，这个过程表示为一系列的步骤，包括金属的升华、卤素的分解、金属的电离、卤素的电子亲和、气态离子形成晶格的结合。这些步骤将反应物变为产物，我们知道每一步伴随的能量，但是反应很可能并不是确实按照这些步骤进行的。配合物作为催化剂的反应图式按已知的反应类型写出来，某些情况下中间体得到独立于催化过程的研究。另外，溶剂也可能在结构和中间体反应中有一定的作用。本章中，我们将讨论在配位化学中起到关键作用的一些最重要的催化过程。

配位化学的另一个研究领域将在第 23 章描述，与其在一些生物化学过程中的作用有关。有大量这样的过程需要一些金属离子存在才能有效进行。生物无机化学领域近年来得到很大的发展，而由于涉及金属离子，对无机化学家、生物化学家和有机化学家来说研究课题被认为是“公平游戏”。然而，因为这个研究领域很多被生物化学的课程覆盖，第 23 章呈现的内容将只关注一些最常见类型的结构和反应。

即使是能量上有利的反应，也可能只能慢慢地发生，因为可能没有低能量的反应途径。化学反应速率取决于过渡态的浓度，而过渡态的浓度是由形成时所需的能量决定的。通常来说，催化剂的作用是提供具有较低能量的过渡态的形成途径。气态反应物在金属表面的吸附是一个途径，可以改变反应的能量势垒。例如，加氢反应可以在使用金属催化剂如铂、钯或镍时进行，这样的反应已经在工业上应用很多年了。即使在使用催化剂的时候，这样的异相反应也需要相当严格的条件。在大规模进行的工业过程中，能量消耗可能是显著的，所以找到成本效益更好的进行方式是重要的。大气压和室温下在溶液中均相进行的一些反应就是这种情况。

无论经济上还是理论上，配合物催化几种重要类型反应的能力是非常重要的。例如，异构化反应、加氢化反应、聚合反应和烯烃的氧化反应都可以用配位化合物作为催化剂来进行。而且，一些反应可以在室温下、水溶液中进行，而不是在更严苛的气相反应条件下进行。在很多情况下，催化过程中反应体系里瞬态的配合物物种无法被分离出来而单独研究。因此，过程的一些细节可能无法确切地知道。

虽然我们不是完全清楚配合物作为催化剂参与反应的所有方面，但一些过程我们还是可以根据一系列代表已知反应的步骤写出来。催化过程的发生表示为涉及已知反应的几个步骤。实际过程可能不等同于这些建议的步骤的集合，但是这些步骤代表已被了解清楚的化学过程。有趣的是，从那些被固体催化剂表面所吸附的物质的反应发展出的动力学模型推导出的反应速率方程在形式上同那些描述酶所结合的底物的反应速率方程完全一致。非常广泛地存在的一般方式是，涉及配位化合物的一些催化过程需要反应物通过配位键与金属结合，所以所有这些过程的动力学行为都有一些相似之处。在考虑催化过程之前，我们先来描述构成反应顺序中具体步骤的一些类型的反应。

22.1 催化过程中的基元步骤

配位化合物作为催化剂时，反应过程中通常有几个步骤。这几个步骤的集合就构成反应的机理。在描述几种重要的催化过程之前，我们先描述常常构成基元步骤的反应类型。

22.1.1 配体取代

与配位化合物有关的催化过程本质上就是反应物、其他配体和溶剂分子必须进入和离开金属的配位层。为了使其快速完成，配合物的稳定性应当较低，不能像 $Cr(en)_3^{3+}$或 $Co(acac)_3$ 那样。可以看到在大多数情况下，过渡金属来自第二或第三过渡系，通常以低氧化态作为初始状态，因此可以推断这些金属物种性质上一般是软的。事实上，低氧化态的 d^8 金属离子在这些反应中经常会遇到。含有 Pt(Ⅱ)、Pd(Ⅱ)、Rh(Ⅰ) 的配合物通常是平面四边形的。硬的金属的稳定配合物不太可能发生配体随便进出配位层的过程。很多情况下，硬的金属离子，例如 Cr^{3+}、Al^{3+} 或 Ti^{4+}，只有一种氧化态（或者至少可以说是占优势的氧化态只有一种），它们很难改变氧化态。在均相过程中起催化剂作用的金属一般是那些容易改变氧化态的。现实情况中一些这样的金属也是非常昂贵的。例如，铑的报价超过每盎司 1000 美元。大约 60%的铑产自于南非，不过俄罗斯也是铑的一个重要的生产国。有些时候，贵重金属的获取和价格会受到政治因素的影响。

配合物作为催化剂时，经常需要一个配体进入金属配位层，而另一个配体离开配位层（在配体进入之前或进入之时离开）。这些过程就是取代反应，在第 20 章已经较详细地讨论了。在阐明催化过程时，可以看到有一些基元步骤是取代反应。一个取代反应可以用下面的通式表示：

$$L_nM—X+Y \longrightarrow L_nM—Y+X \qquad (22.1)$$

其中，L 是不参与配体，n 是这些配体的数目。

在各种均相催化过程中，溶剂可能与金属配位，或者可能仅仅是作为大量存在的溶剂。一个配体离开金属配位层时，可能是在缔合或解离过程中被一个溶剂分子所取代。没有通用的方法预测哪种机理是有效的，所以在一些例子中我们将结合具体的过程讨论取代反应。因为取代反应已经在第 20 章中讨论过，构成催化过程中各步骤的其他一些类型的反应将会更加详细地讨论。

22.1.2 氧化加成

氧化加成是这样一种过程，一个原子在被氧化的同时，它形成的键的数目也随着配体的加入而增多。这种过程不限于配位化合物，在其他化学研究中也很容易找到很多例子。在本书先前的章节中可以找到以下例子，另外还有很多其他例子：

$$PCl_3+Cl_2 \longrightarrow PCl_5 \qquad (22.2)$$

$$2SOCl_2+O_2 \longrightarrow 2SO_2Cl_2 \qquad (22.3)$$

$$ClF+F_2 \longrightarrow ClF_3 \tag{22.4}$$

在每个这样的反应中，中心原子在键数增加的同时氧化态增加 2。很多情况下，因为中心原子展现出来的氧化态，其键数增加 2。例如，在式（22.2）中磷的氧化态从+3 变到+5，因为+4 氧化态不利于该原子。在式（22.4）中，氯从+1 被氧化为+3，因为氯的+2 氧化态一般是得不到的。这样在每个这样的反应中，中心原子增加的成键数为 2。在式（22.3）所示的反应中，硫的氧化态从+4 增大到+6，而且还多形成了一根键（具有很多双键性质）。

配位化合物的氧化加成反应的一个例子是：

$$PtF_4+F_2 \longrightarrow PtF_6 \tag{22.5}$$

其中铂从+4 价被氧化为+6 价，同时增加了两个键。一个重要的有催化剂作用的配合物是威尔金森（Wilkinson）催化剂，即 $Rh(P\phi_3)_3Cl$（其中ϕ为苯基，C_6H_5）。这个配合物的一个很重要的性质是它可以和氢气发生氧化加成反应：

$$Rh(P\phi_3)_3Cl+H_2 \longrightarrow Rh(P\phi_3)_3ClH_2 \tag{22.6}$$

反应产物的结构为：

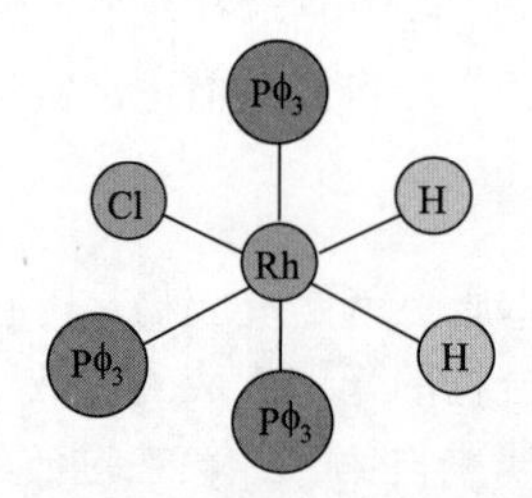

其中铑的表观氧化态为+3，氢为 H^-。在很多氧化加成反应中，H_2 以两个 H^-加成到顺式位置，好像氢分子接近配合物时 H—H 键断裂的同时以原子形式加成。气态 HCl 也是如此，通常在顺位加成 H 和 Cl。而在水溶液中，HCl 大部分解离，加成不局限于顺位，所以产物中氢和氯原子既有顺位的，也有反位的。产物的立体化学取决于溶剂，如果溶剂的极性较大，产物将是顺式和反式异构体的混合物。如果溶剂性质是非极性的，那么产物中氢和卤素处于顺式位置。

另一个这样的配合物是反式$[Ir(P\phi_3)_2COCl]$，它被称为瓦斯卡化合物（Vaska's compound）。这个配合物可以发生大量氧化加成反应，因为 Ir^+容易被氧化为 Ir^{3+}，形成很多稳定的八面体配合物。加成 CH_3I 时，八面体产物中的 CH_3 和 I 处于反位，而其他配体处于一个平面上，如下所示：

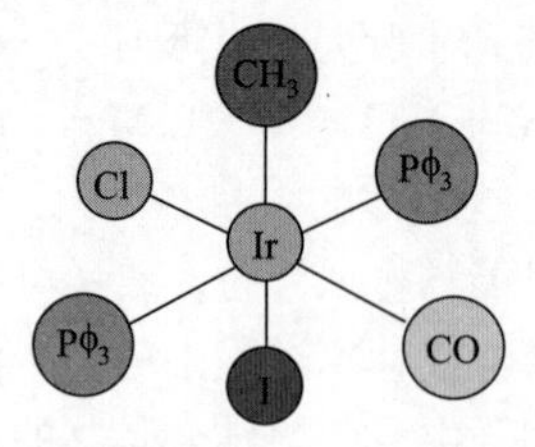

这个氧化加成反应对配合物和 CH_3I 都是一级，活化熵是大的负值。相信反应是经过一个离子形式的过渡态，其中 CH_3 加在 Ir 的一对电子上，随后 I^-加在反位位置。

氧化加成反应的性质一般要求满足以下条件。

（1）金属的氧化态必须是可以改变的。一般，金属的氧化态以 2 个单位改变，但是有两个金属可以 1 个单位改变，如式（22.10）和式（22.11）所示。

（2）金属的配位数必须能够增加 2，除了式（22.10）和式（22.11）所示的情况以外。

（3）双原子分子如 H_2、Cl_2 或 HCl 在气态或非极性溶剂中反应时，分子裂分未受到辅助作用，加成在顺位。在极性溶剂中，解离的分子不局限于进入到顺式位置。

$Co(CN)_5^{3-}$ 也是主要以在催化过程中表现突出最让人感兴趣的配合物之一。因为 Co^{2+}是一个 d^7 离子，电子成对使得有一个轨道只有一个电子占据，另一个轨道是空的。这样就可能形成 dsp^3 杂化轨道，配合物确实如预想的这样是三角双锥形的。那个单电子占据的轨道使得配合物的性质不同寻常，能够表现为自由基。事实上，$Co(CN)_5^{3-}$ 可以进行很多类似于其他自由基的反应。与预期一致，存在着如下所示的耦合反应：

$$2Co(CN)_5^{3-} \rightleftharpoons Co_2(CN)_{10}^{6-} \tag{22.7}$$

已经观察到 $Co(CN)_5^{3-}$ 与很多物质都能发生反应。例如，它与卤代烃的反应如下所示：

$$RX + Co(CN)_5^{3-} \longrightarrow Co(CN)_5X^{3-} + R\bullet \tag{22.8}$$

$$R\bullet + Co(CN)_5^{3-} \longrightarrow RCo(CN)_5^{3-} \tag{22.9}$$

这些反应是典型的氧化加成反应，因为钴的表观氧化态从+2 变到+3。很多其他分子，例如 H_2、H_2O_2、Br_2、O_2、C_2H_2 等，在与 $Co(CN)_5^{3-}$ 的反应中发生均裂。例如，$Co(CN)_5^{3-}$ 与 H_2 发生如下式所示的反应：

$$H_2 + 2Co(CN)_5^{3-} \longrightarrow 2HCo(CN)_5^{3-} \tag{22.10}$$

这些反应表明金属有一个未成对电子和可以让第六个配体加入的空位的时候，存在着作为自由基的趋势。

$Co(CN)_5^{3-}$ 配合物对一些反应，尤其是烯烃的异构化反应是有效的催化剂。对于一些反应已经发展出更新、更有效的催化剂，但是五氰合钴（Ⅱ）离子的催化性质从历史的视角来看同样是很重要的。在诸如式（22.10）所示的那样的反应中，两个 Co^{2+}在氧化态上增加一个单位，而不是更常见的那种情况，即一个金属离子氧化态增加两个单位。钴配合物也会与 CH_3I、Cl_2 和 H_2O_2 反应，它们在下式中以 X—Y 表示：

$$2[Co(CN)_5]^{3-} + X—Y \longrightarrow [XCo(CN)_5]^{3-} + [YCo(CN)_5]^{3-} \tag{22.11}$$

机理研究表明式（22.10）表示的反应是一个一步过程，遵守的速率方程为：

$$速率=k[H_2][Co(CN)_5^{3-}]^2 \tag{22.12}$$

而 $Co(CN)_5^{3-}$ 与 H_2O_2 的反应为自由基机理。$Co(CN)_5^{3-}$ 化学的其他方面本章后面还将加以说明。

有一种不同类型的氧化加成反应涉及氢原子从配体向金属转移，接着（或者同时）发生提供氢原子的那个配体的键合方式的改变。这可以用下述例子说明，其中 ϕ 代表苯基，即 C_6H_5：

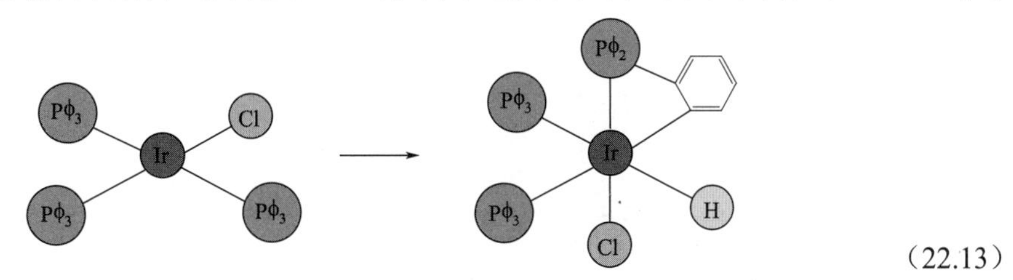

（22.13）

这种类型的反应有时被称为邻位金属化反应，因为转移到金属的氢原子来自于邻位。

22.1.3 氧化加成反应的机理考虑

第 20 章用很大篇幅描述了配位化合物的反应机理，重点是取代反应。因为氧化加成反应在很多方面与取代反应不同，我们将在这一节简要讨论氧化加成反应中的一些机理问题。

瓦斯卡化合物的氧化加成反应机理已经得到相当多的研究。已经了解到溶剂在这些反应中有一定的作用，不过溶剂效应的本质并不总是清楚的。例如，当一系列配合物反式 $[IrX(P\phi_3)_2(CO)]$（其中 X 为 Cl、Br 或 I）与 H_2 在苯中发生氧化加成反应时，反应速率随 X 的

变化顺序为 $I^- > Br^- > Cl^-$。与此相反，当这个配合物是与 CH_3I 反应时，速率变化顺序为 $Cl^- > Br^- > I^-$。对这两类反应，活化熵都是负值，这被解释为说明了反应物是通过缔合形成过渡态。就像第 20 章描述过的，补偿效应（反映为线性等动力学图）在考虑一系列相关反应时是重要的。使用阿特伍德（Atwood，1985）报道的数据绘出的等动力学图如图 22.1 所示。

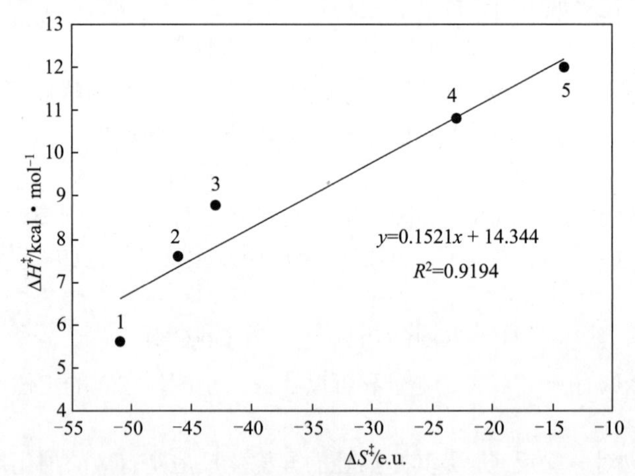

图 22.1　H_2 和 CH_3I 氧化加成到 $IrX(CO)(P\phi_3)_2$ 的等动力学图（点 1、2 和 3 分别代表 X 为 Cl、Br 和 I 时 CH_3I 的氧化加成，点 4 和 5 分别表示 X 为 Cl 和 Br 时 H_2 的氧化加成）

必须强调的是，一个线性等动力学图并不能证明一个共性机理在起作用，但是它确实对那个结论给出一些证据。这样一个图也不能说明可能是什么样的机理。这个例子中显然数据的拟合不完美，但已经相当好了。引人注目的一件事情是活化熵是负值，活化焓也很低。H_2 分子的键能大约是 435kJ • mol^{-1}（104kcal • mol^{-1}），所以这很好地表明与金属成键和 H_2 分子中键的断裂一样重要。H_2 与金属配合物氧化加成的一个可能的机理可以用图 22.2 形象地表示。这个机理经常被称为协调加成。

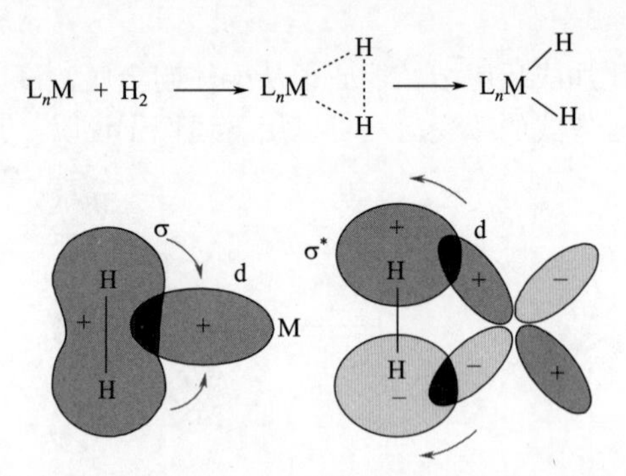

图 22.2　H_2 氧化加成到金属配合物的可能机理（过渡态下 H_2 分子在解离之前的成键用深颜色表示，灰色箭头指示电子流动的方向）

H_2 在配合物中的成键在第 16 章描述过。关于氧化加成反应，这种成键不是静电型的，可以推测 H_2 分子上的 σ 轨道作为电子对给体，向金属原子的一个轨道提供电子。同时，由于反馈作用，H_2 分子上的 σ*轨道接受金属原子上电子占据的 d 轨道的电子密度。结果，在一个活化能很低的过程中 H—H 键被打断，形成两个 M—H 键。

瓦斯卡化合物有一系列衍生物反式 $IrCl(CO)L_2$，其中 L 为 $P\phi_3$、$PEt\phi_2$、$PEt_2\phi$、$P(p\text{-}C_6H_4CH_3)_3$、

$P(p\text{-}C_6H_4F)_3$ 或 $P(p\text{-}C_6H_4Cl)_3$，它们与 CH_3I 的氧化加成反应已获得动力学数据。作出 $\Delta H^‡$和 $\Delta S^‡$值的等动力学图，得到的结果示于图 22.3 中。

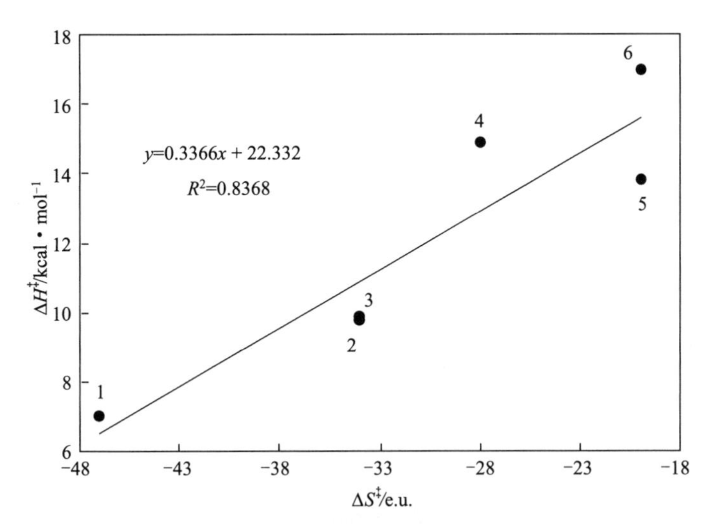

图 22.3　$IrCl(CO)L_2$ 与 CH_3I 氧化加成反应的等动力学图［点 1 到 6 分别对应于 L 为 $P\phi_3$、$PEt\phi_2$、$PEt_2\phi$、$P(p\text{-}C_6H_4CH_3)_3$、$P(p\text{-}C_6H_4F)_3$ 或 $P(p\text{-}C_6H_4Cl)_3$］

图 22.3 中的点表现出显著的离散，但是拟合已经足够好，表明有关反应可能遵守一个共性机理。在这个例子中，进攻物种为 CH_3I，但是对位位置上的配体是不同的。对于图 22.3 列出的相关配体，最低的速率常数（所有数值均对应 25℃下的反应）出现于当 P 上的基团是 $p\text{-}C_6H_4Cl$ 的时候（$k = 3.7\times10^{-5}mol \cdot L^{-1} \cdot s^{-1}$），而该基团是 $p\text{-}C_6H_4CH_3$ 时出现最高的速率常数（$k = 3.3\times10^{-3}mol \cdot L^{-1} \cdot s^{-1}$）。还不清楚原因到底是电子还是立体效应，但是值得注意的是，当 P 上的基团是 $p\text{-}C_6H_4F$ 时的速率常数（$k = 1.5\times10^{-4}mol \cdot L^{-1} \cdot s^{-1}$）介于前两者之间。如果速率常数的差别是由于立体效应不同的话，那么可以预计含 Cl 配体的速率常数最小，这与观察到的 k 值是一致的。如果速率常数的差别是由于金属的电子密度不同的话，那么甲基推电子、氟吸电子的事实将会使得配体含 CH_3 时金属的电子密度更大，而配体含 F 时金属的电子密度更小。实验得到的速率常数与此趋势一致，但是对位含 Cl 配体对应的速率常数与此不符，因为 Cl 的吸电子能力不像 F 那样。

在另一项研究中（参见 Atwood，1985，第 168 页），在 30℃进行甲基碘与反式 $[IrCl(CO)(P(p\text{-}C_6H_4Y)_3)_2]$ 的一系列氧化加成反应。膦配体对位上 Y 的成分示于图 22.4 中，该图表示反应的活化焓与活化熵之间的关系。

图 22.4 所示的等动力学图表示的线性关系与实验数据符合得非常好。在这里，配体对氧化加成反应速率的影响与其对金属电子密度的改变有关。当 Y 是推电子基团时，金属上的电子密度增大，氧化加成反应速率增大。这样的关系提供了清晰的证据，表明反应的机理是不变的，不随立体效应不同而有显著差异。这个过程的动力学数据与配体的亲核进攻是一致的。哈米特（Hammett）σ 参数是取代基吸电子或推电子性质的度量。用于绘制图 22.4 的动力学数据与哈米特 σ 参数原本是有关联的，速率常数的对数值与对位取代基的 σ 值之间存在着线性关系。因此可以得出结论，不同取代基产生的作用是与它们改变金属原子上电子密度的能力相关的。

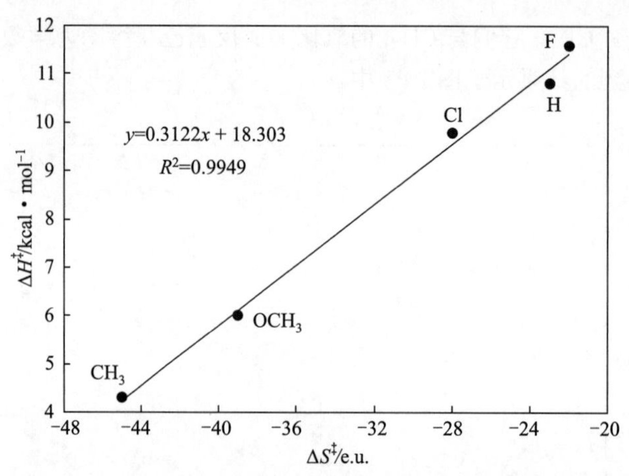

图 22.4　反式 $[IrCl(CO)(P(p\text{-}C_6H_4Y)_3)_2]$ 反应的等动力学图（Y 的成分示于图中每个点上）（数据取自 Atwood，1985，第 168 页）

CH_3I 对一系列含有取代 β-二酮和亚磷酸三苯酯$[P(OC_6H_5)_3]$的铑（Ⅰ）配合物的氧化加成反应已经得到研究（Conradie，Erasums，and Conradie，2011）。这项有趣研究的结果显示出 β-二酮上取代基的性质对反应动力学有影响。另外，还测定了反应的活化体积。研究表明，$\Delta H^{\ddagger}$值较小，而 $\Delta S^{\ddagger}$和 $\Delta V^{\ddagger}$为负值，对应的机理涉及缔合以及 CH_3 和 I 同时加入金属配位层。

氧化加成反应速率被发现与 CH_3I 的浓度成正比例关系。但是，也观察到起始配合物的反应活性随 β-二酮上取代基 R^1 和 R^2 的性质不同而改变。这是由于配体中不同的 R^1 和 R^2 导致 Rh 上电子密度的差异。氧化加成反应速率的变化顺序如下所示（其中 β-二酮 R^1—COCHCO—R^2 表示为 R^1—β—R^2，Fc 是二茂铁基团）：

$$CF_3—\beta—CF_3 < CF_3—\beta—C_6H_5 < CF_3—\beta—CH_3 < C_6H_5—\beta—C_6H_5 < CF_3—\beta—Fc$$
$$< CH_3—\beta—C_6H_5 < CH_3—\beta—CH_3 < CH_3—\beta—Fc < Fc—\beta—Fc$$

研究还发现，CH_3I 对$[Rh(CF_3COCHCOFc)(P(OCH_3)_3)_2]$的加成过程可以分为两个步骤，第一步是金属与 CH_3^+的作用，接着是 I^-的加入。虽然研究得到的 $\Delta V^{\ddagger}$是负值，但它们在数值上小于按照键断裂形成三个物种（与一分子 CH_3I 加成到金属有些相似）所预测的。对那九个 β-二酮化合物，$\Delta H^{\ddagger}$从 30kJ · mol^{-1} 变到 62kJ · mol^{-1}，而 $\Delta S^{\ddagger}$的变化范围为–51.6J · K^{-1} · mol^{-1} 到 –145.4J · K^{-1} · mol^{-1}，这可以认为是缔合机理的证明。因此，反应机理可以解释为紧密的两步 S_N2 过程。作者还报道了其他研究者更早的研究数据，表明活化参数的变化对 $\Delta G^{\ddagger}$没有大的影响，不过变化幅度为 68kJ · mol^{-1} 到 94kJ · mol^{-1}。$\Delta G^{\ddagger}$不变表明存在着补偿效应，因而一系列反应有着共性机理。

孔瑞笛（Conradie）等得到的上述数据，连同他们引用的其他数据提供了像 20.6 节描述的那样用 $\Delta H^{\ddagger}$对 $\Delta S^{\ddagger}$作图来检验补偿效应的基础。作出这样的图以后，发现如果忽略配体 CH_3—β—C_6H_5 和 CF_3—β—CF_3 对应的点的话，数据拟合是很好的。因此，CH_3I 对 $[Rh(CF_3COCHCOFc)(P(OCH_3)_3)_2]$ 的氧化加成反应是有共性机理的。

从本章对于氧化加成反应的简短讨论，可以清楚地看到对于这种反应的机理已经认识了很多，但显然还有很多需要进一步去了解。

22.1.4　还原消除

在后面要描述的催化流程中，将会看到反应物变为配体，经常以某种方式发生变化（通常是加入或移除一个原子，或者改变一个键的位置）。发生这些变化之后，被改变的分子必须释放出来。这类变化的一种重要途径被称为还原消除，与氧化加成是相反的。金属的配位数减小（通常减小两个单位），同时氧化态也降低。以下反应表示的是 C_2H_6 的还原消除，这是使用威尔金森催化剂进行的加氢反应的一个步骤：

$$\text{Rh}^{III}(\text{P}\phi_3)_3(\text{CH}_2\text{CH}_3)(\text{H})\text{Cl} \xrightarrow{-C_2H_6} \text{Rh}^{I}(\text{P}\phi_3)_3\text{Cl} \qquad (22.14)$$

注意在这个例子中，还原消除涉及氢原子从顺位转移到烃基配体。这是这类反应发生的一个典型条件。类似的反应发生于 $RhCl(P\phi_3)_3$ 催化的烯烃异构化反应过程中：

$$\text{Rh}^{III}(\text{P}\phi_3)_3(\text{H})\text{Cl}(\text{CHR}{=}\text{CH}{-}\text{CH}_3) \overset{-HCl}{\rightleftharpoons} \text{Rh}^{I}(\text{P}\phi_3)_3(\text{CHR}{=}\text{CH}{-}\text{CH}_3) \qquad (22.15)$$

在催化过程中，还原消除反应对于从金属配位层移除产物是至关重要的。

22.1.5 插入反应

在插入反应中，进入配体与金属和一个配体成键，位置处于它们之间。形式上这样的反应可以表示为：

$$L_nM{-}X+Y \longrightarrow L_nM{-}Y{-}X \qquad (22.16)$$

其中进入配体 Y 插入到 M 和 X 之间，与两者都成键。O_2、CS_2、CO、C_2H_4、SO_2 和 $SnCl_2$ 等分子都可以发生插入反应。

如果进入配体含有不止一个原子，那么在发生插入反应时会有两个可能的结果。例如，当双原子分子进入配合物时，可能发生 1,1-加成或者 1,2-加成。这些过程可以表示为下面的反应方程式：

$$L_nM{-}X+AB \longrightarrow L_nM{-}A{-}B{-}X \qquad (22.17)$$

$$L_nM{-}X + AB \longrightarrow L_nM{-}\overset{\overset{\displaystyle B}{|}}{A}{-}X \qquad (22.18)$$

在第一个过程中，A 和 B（分子中的第 1 位和第 2 位原子）都和其他基团成键，所以称为 1,2-加成。第二个过程中，只有 A（第 1 位原子）与金属和其他配体成键，所以称为 1,1-加成。

已知能够发生的插入反应数量庞大。不过，按照反应位点处金属和其他配体的成键情况可以把它们划分为很少数量的反应类型。以下方程式可以说明这些反应类型。一个非常简单的插入反应是格氏试剂（Grignard reagent）的形成，其中镁原子插入到 R 和 X 之间：

$$Mg+R{-}X \longrightarrow RMgX \qquad (22.19)$$

更典型的配位化合物插入反应是如下所示的反应：

$$M{-}H+H_2C{=}CH_2 \longrightarrow M{-}CH_2{-}CH_2{-}H \qquad (22.20)$$

$$HCo(CO)_4+F_2C{=}CF_2 \longrightarrow HCF_2CF_2Co(CO)_4 \qquad (22.21)$$

这些反应是 1,2-加成的例子。除了像上面那样插入到 M—H 键之间以外，这类反应还发生于金属-卤素键和金属-碳键之间。以下反应式显示的一个例子表明插入发生于金属和卤素之间：

$$(\eta^5\text{-}C_5H_5)Fe(CO)_2Cl+SnCl_2 \longrightarrow (\eta^5\text{-}C_5H_5)Fe(CO)_2SnCl_3 \qquad (22.22)$$

这个反应涉及的插入是 1,1-加成，是以 $SnCl_2$ 中的锡原子与 Fe 和 Cl 同时成键。CO 有关的很多插入反应中的一个如下所示：

$$CO+RPtBr(PR_3)_2 \longrightarrow RCOPtBr(PR_3)_2 \qquad (22.23)$$

产物中 CO 配体的碳原子同时与 Pt 和 R 成键，所以是 1,1-加成。

插入反应并不只是局限于那些过渡金属配合物。近期的一项研究工作（Steward，Dickie，Tang，and Kemp，2011）表明，锡化合物例如 $Sn(N(CH_3)_2)_2$，与 CO_2、CS_2 和 SCO 可以发生插入反应。产物可能与螯合物的形成有关，只涉及一个锡原子。当插入分子是 CS_2 时，产物的结构为：

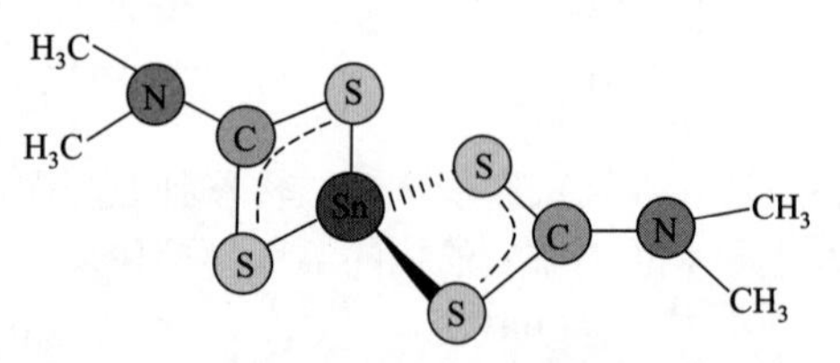

其他例子中得到更复杂的结构，其中插入分子中的硫和氧原子在相邻单元的锡原子之间形成桥。

研究最多、了解最深的“插入”反应之一可以表示为：

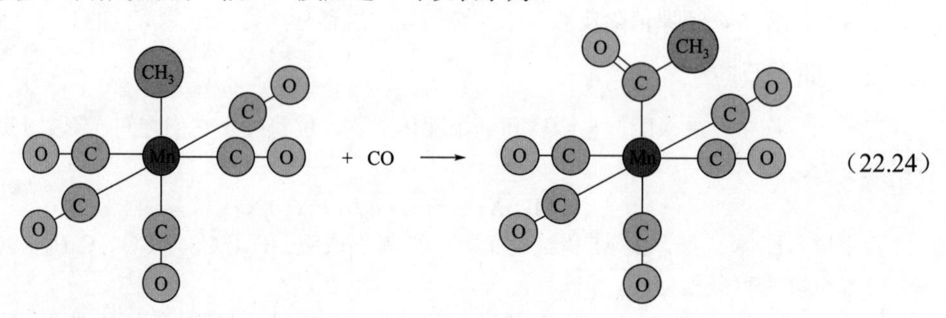

（22.24）

这个反应是很多研究的对象。在反应过程中很可能形成的三个过渡态示于图 22.5 中，这些过渡态是以下面的方式产生的。

（1）进入 CO 直接插入到 Mn 和 CH_3 之间。

（2）邻位位置 CO 的插入发生于新进 CO 的取代。

（3）CH_3 向邻位 CO 的迁移留出空位和 CO 在该空位处的成键。

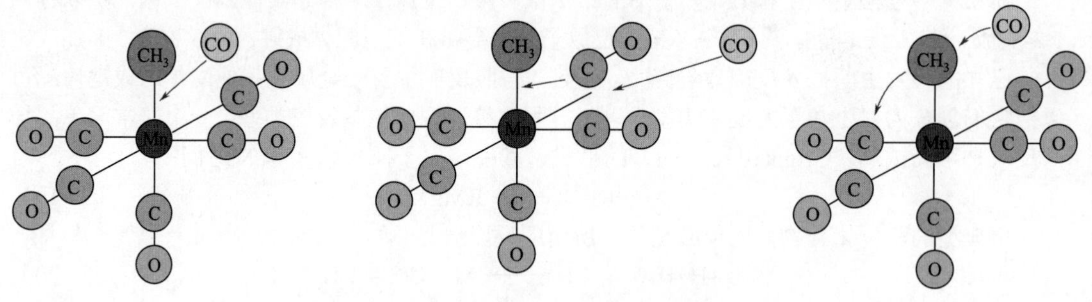

图 22.5　式（22.24）所示反应的可能的过渡态

如果所有的 CO 分子是相同的，那就不可能把它们分辨出来。需要某种方法把这些 CO 配体区分开来，同位素标记就是这样一种技术。

与式（22.24）所示反应的机理有关的很多问题已经通过使用 ^{13}CO 得到了解答。结果表明当进入的一氧化碳是 ^{13}CO 时，酰基配体中没有 ^{13}CO。相反地，在酰基配体顺位的位置上出现标记的 CO，所以这个反应可以表示为：

$$CH_3Mn(CO)_5 + {}^{13}CO \longrightarrow cis\text{-}CH_3C(O)Mn(CO)_4({}^{13}CO) \qquad (22.25)$$

因此，可以推断反应不是通过过渡态Ⅰ进行，这个过渡态会导致 ^{13}CO 进入酰基配体。不过，这还不能解决是 CH_3 迁移到顺位的 CO，还是 CO 从顺位迁移到 Mn—CH_3 键并插入到 Mn 和 CH_3 之间这样的问题。与微观可逆性原理一致，失去 CO 的反应应当通过与配体加入时相同的过渡态进行。分子的结构和脱羰基反应的预测产物显示于图 22.6 中。

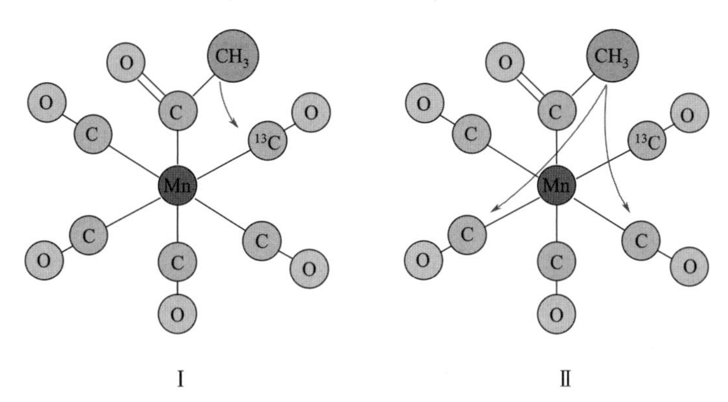

图 22.6　脱羰基反应中 CH_3 转移的可能途径（在结构Ⅱ中只显示 CH_3 迁移到 ^{13}CO 顺位的两个途径中的一个）

如果形成酰基配体的反应发生时伴随甲基迁移，那么脱羰基反应形成过渡态时也应当通过甲基迁移发生。甲基迁移时可以移动到分子的平面四边形部分的四个位置中的任何一个。如果反应按结构Ⅰ所示的进行，甲基将会取代 ^{13}CO 形成 Mn—CH_3 键，产物中将没有 ^{13}CO。甲基转移到那个位置有 25%的可能性。结构Ⅱ表示的甲基迁移会导致 ^{13}CO 保留在产物中，甲基处于 ^{13}CO 顺位位置有两种可能，而处于 ^{13}CO 反位位置的可能性是一种。考虑所有可能的产物，^{13}CO 处于 CH_3 顺位的产物量两倍于反位的产物量。脱羰基反应的产物分布与此分析相符。因此，CO 在 $CH_3Mn(CO)_5$ 中的"插入"实际上是甲基迁移的结果。

溶剂对甲基迁移速率的影响也得到了研究。从一个配位位点移除甲基并放置于配位 CO 上会导致出现一个比起始配合物体积小的过渡态。高压或者内部压力高的溶剂有利于形成一个比反应物体积小的过渡态。因此，可以预测速率会随着一系列溶剂的溶度参数或者凝聚能（见第 6 章）增大而增大。阿特伍德（Atwood，1985）研究得到的相对速率数据（以均三甲苯、正丁醚、正辛基氯和二甲基甲酰胺为溶剂）证明了这一点。但是，那些数据也表明平衡常数随着溶剂而变化。这被解释为说明了烃基和酰基配合物的溶剂化取决于溶剂的性质。

还可以采取一个略有不同的方法，使用巴索罗和皮尔森（Basolo and Pearson，1967）的数据，其中给出了形成中间体 $CH_3COMn(CO)_4S$ 的速率常数，假设溶剂分子 S 占据 CH_3 移动后留下的空位。图 22.7 表示 $\ln k$ 与溶剂的溶度参数之间的关系。

虽然还远不完美，但一般来说，$\ln k$ 随着溶剂的溶度参数增大而增大。溶剂的凝聚能高对于形成较小体积的过渡态有辅助作用。在早期研究中，这种变化趋势被归为溶剂分子占据空位，或者极性溶剂分子对极性过渡态的稳定化作用。然而，观察到的速率随溶剂的变化与具有较小体积的过渡态的形成也是一致的。这可能可以解释前面所提到的高凝聚能溶剂具有较大平衡常数的实验事实。值得注意的是，对于图 22.7 中由数据点代表的六种溶剂里的四种，线性拟合是相当好的。代表四氢呋喃（THF）和二甲基甲酰胺（DMF）的点远离直线的事实可能表明，它们涉及的过渡态溶剂化是与金属形成配位键（见第 6 章）。虽然作用的本质还不清楚，但很可能这六种溶剂在促进过渡态形成时并非扮演同一角色。THF 的配合物 $CH_3Mn(CO)_4THF$ 已经得到证实，所以推测 THF 和 DMF 的作用方式不同于其他溶剂并不是没有根据的。对溶剂影响的更多研究可以提供关于配位配体的这个反应和其他反应的机理的更多深入了解。

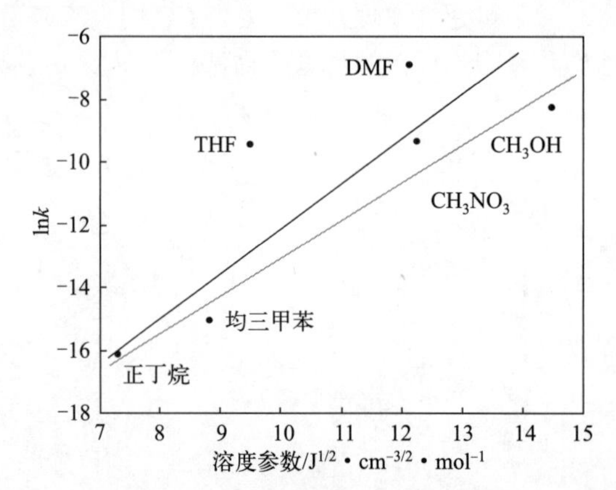

图 22.7　式（22.24）所示反应的速率常数随溶度参数的变化（灰线表示对除 THF 和 DMF 外的数据点的拟合）（数据引自 Basolo and Pearson.1967，p. 584）

22.2　均相催化

很少有其他化学领域像配位化合物均相催化这样变化如此快速。均相催化不仅多变，而且还非常实用。在常温常压或者接近于常温常压的条件下就可以进行加氢、异构化和其他反应的能力使得这个学科有足够的动力迅速发展。情况确实如此。从一些相当稀少的反应开始这个领域已经得到很好的发展，正在快速成长。与这种发展相应的是该领域文献的增长，已经出版了很多该领域的书籍，其中一些在本章结尾列为参考文献。作为一本教科书，只能描述最重要的一些反应类型，说明这个领域的一般性质。感兴趣的读者可以参考更多资料来熟悉催化过程的详细情况。下面的几节内容将描述几种反应类型，说明配合物作为催化剂的作用。记住每个图式都是由一系列步骤组成的，其中大多数与前面描述的一些反应是相同的。

22.2.1　加氢反应

为了能够作为加氢反应的催化剂，配合物必须能够与氢和烯烃成键。这就要求配合物能够在氧化加成反应中加氢，这个过程是低氧化态金属的特点。氢和烯烃成为金属配位层的组成部分之后，肯定就会有温和的手段使它们发生反应。总的反应可以写为：

$$H_2 + \text{烯烃} \longrightarrow \text{烷烃} \tag{22.26}$$

符合加氢反应催化剂要求的一个配合物是 $RhCl(P\phi_3)_3$，其中 ϕ 是苯基，即 C_6H_5。这个配合物是配位不饱和的 16 电子物种，已经以威尔金森催化剂的名字而闻名，因为它是由已故的杰弗里·威尔金森爵士（Sir Geoffrey Wilkinson，他也因为在二茂铁结构方面的研究工作而获得 1973 年的诺贝尔化学奖）发现的。这个通用的催化剂对于几种类型的化合物包括烯烃和炔烃的加氢反应都是有效的。图 22.8 显示了烯烃加氢反应的过程。虽然这个催化流程图阐释的似乎只是乙烯的加氢反应，但是更有用的反应涉及较长烯烃链的加氢。事实上，乙烯在这些条件下不会很快地发生加氢反应，但是用烃基 R 取代 C_2H_4 上的一个氢原子会使这个流程图适合一般情况。

总的催化过程可以看作是包含了一系列步骤。第一步涉及氢的氧化加成，得到八面体配合物。烯烃的加入可以缔合或者解离（一分子 $P\phi_3$ 离去）的方式发生。然而，根据 NMR 研究结果，人们相信少量的这个配合物发生一个 $P\phi_3$ 的离去，得到五配位的配合物。还可以相信这个

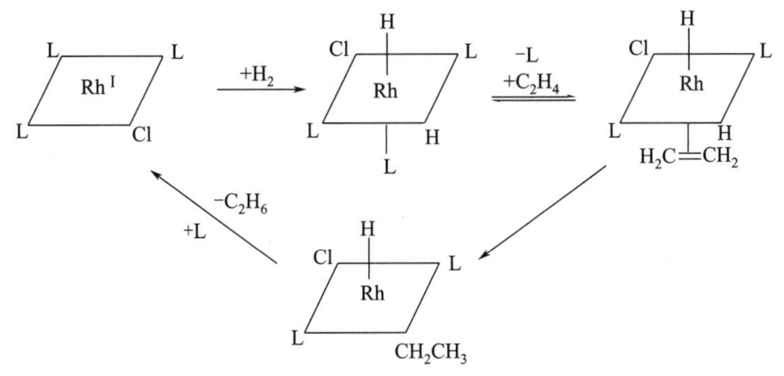

图 22.8　使用威尔金森催化剂的烯烃加氢反应［L 是 $P(C_6H_5)_3$，或者也许是一个溶剂分子］

中间体的流变性使得它的结构可能会在三角双锥和四方锥结构之间互变［如式（22.27）所示］。有可能在反位效应的影响下 H 对位的 $P\phi_3$ 配体能更快地离去。烯烃配体就是结合在这个中间体上的。为了形成反应中间体，一个配体必须离去，$P\phi_3$ 配体的体积大似乎是促进其解离的一个因素。

（22.27）

图 22.8 所示的反应流程包含的一系列步骤代表了前面描述过的基元反应类型。第一步是氢的氧化加成反应，两个氢原子占据在顺式位置。接着，一个氢原子迁移到烯烃，一分子三苯基膦进入到配位层中。随后发生另一个氢原子的迁移，连同烷烃的还原消除，造成催化剂的再生。这个加氢流程有趣和实用的部分原因是它基本上可以在常温常压条件下进行。这代表了与以往金属催化剂用于加氢反应时需要高温高压条件的根本性的不同。图 22.8 所示的机理仅为至少三种推测机理中的一种，而且有可能在一些细节上偏离了实际的机理（见下面的结构Ⅰ和Ⅱ）。记住表示为空位的那些位置有可能是被配位溶剂分子占据的。

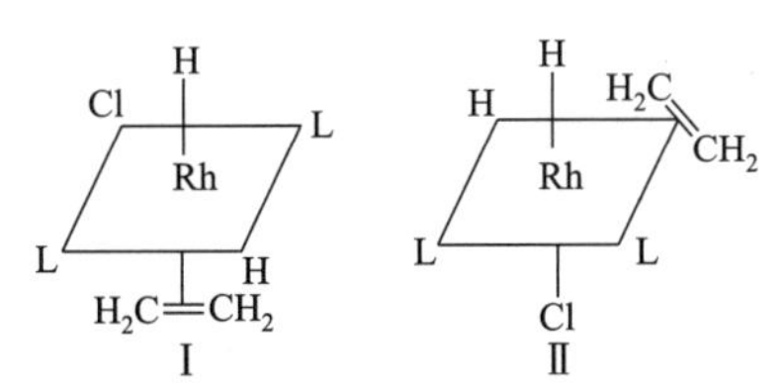

在图 22.8 所示的流程图中，速率决定步骤是烯烃插入（一些人视之为氢迁移）。因为氢负离子是一个亲核试剂，反应可以看作是亲核进攻，会受到烯烃的电子密度的影响。关于这个问题的一项最为有趣而重要的研究（Nelson Li，Brammer，2005）报道了一系列烯烃的电离势（电子密度和得电子能力的度量）与反应的相对速率有关。用作比较速率的参考指标的烯烃是 $CH_2{=}CHCH_2CH_2CH_2CH_3$，它的 k 值被设定为 100。其他烯烃的反应速率（表示为 k_{rel} 值）与这个值相比，范围从 $(CH_3)_2C{=}C(CH_3)_2$ 的 1.4 变到 $CH_2{=}CH{-}CH_2OH$ 的 410。以电离势对 $\lg k_{rel}$ 作的图一般是直线形的，对一系列端烯烃来说尤其如此。直线的斜率是负值，与氢负离子亲核进攻烯烃导致烯烃的配位成键方式从 η^2 变为 η^1 是一致的。烯烃加氢反应的相对速率与最低未占分子轨道能量之间也建立起了良好的关联。尽管这些关联不能从可能的过渡态来区分反应机理，但是它们证明了氢负离子对烯烃的亲核进攻是反应的决速步骤。

关于过渡态的结构（H 或 $P\phi_3$ 是否在烯烃的反位）以及溶剂分子是否占据明显空的位置存在着一些不同观点。尽管有这些细节方面的不确定性，但是关于使用威尔金森催化剂时烯烃的催化加氢反应的主要问题，人们还是了解得相当好的。

随着威尔金森催化剂的成功应用，其他具有相似性质的配合物也得到了研究，包括 $RhH(P\phi_3)_3$、$RhHCl(P\phi_3)_3$ 和 $RhH(CO)(P\phi_3)_3$。后两个是 18 电子配合物，因此需要有一个配体离去以便和一个反应烯烃分子成键。氢负离子配合物含有一个氢原子，可以迁移到烯烃（或者 H 可以迁移到的其他配体）上形成一个烷基配体。迁移之后，与气态氢发生反应重新形成氢负离子配合物，而第二个氢迁移时发生烷烃的还原消除反应，完成了整个反应。设计了一些催化剂，含有不同的 $P\phi_3$ 对铑的比例，另一些得到研究的催化剂含有不同的膦配体，与 $P\phi_3$ 的碱性不同。这些催化剂和其他含有碱性更大的膦配体的催化剂，并没有发现比式（22.27）所示的中间体更有效。烯烃的性质也是催化过程的一个影响因素。

威尔金森催化剂的另一项重要的应用是制造旋光活性的材料（被称为对映选择加氢反应）。如果膦配体是手性分子，并且烯烃可以和金属配位形成具有 *R* 或 *S* 手性的结构，那么有两个可能的配合物，代表两种不同的能量状态。其中一个反应活泼性更大，所以加氢反应的产物主要只含有一种对映异构体。

$Co(CN)_5^{3-}$ 虽然有很多有趣的化学性质，但本章只考虑它在均相系统中作为催化剂的作用。因为 $Co(CN)_5^{3-}$ 具有裂分 H_2 分子的能力［如式（22.10）所示］，因此它在加氢反应中用作催化剂并不奇怪。1,3-丁二烯的加氢反应示于图 22.9 中。

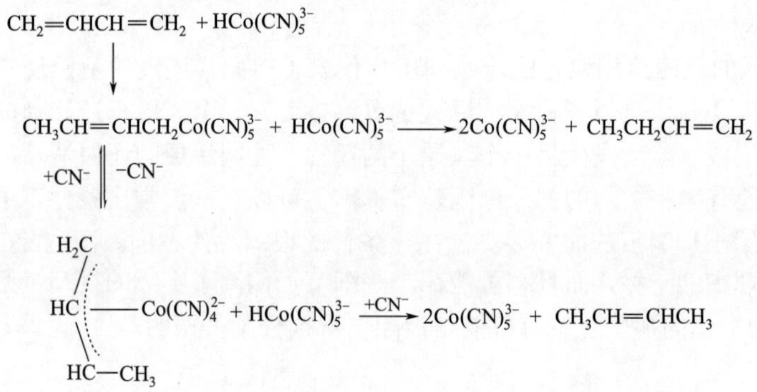

$$CH_2{=}CHCH{=}CH_2 + HCo(CN)_5^{3-}$$

$$\downarrow$$

$$CH_3CH{=}CHCH_2Co(CN)_5^{3-} + HCo(CN)_5^{3-} \longrightarrow 2Co(CN)_5^{3-} + CH_3CH_2CH{=}CH_2$$

$$+CN^- \Updownarrow -CN^-$$

$$(\eta^3\text{-}H_2C{\cdots}HC{\cdots}HC{-}CH_3)Co(CN)_4^{2-} + HCo(CN)_5^{3-} \xrightarrow{+CN^-} 2Co(CN)_5^{3-} + CH_3CH{=}CHCH_3$$

图 22.9　$Co(CN)_5^{3-}$ 催化的 1,3-丁二烯加氢反应的可能机理

如前所述，$Co(CN)_5^{3-}$ 具有裂分 H_2 分子的能力，原因是发生了氧化加成反应：

$$H_2+2\,Co(CN)_5^{3-} \longrightarrow 2\,HCo(CN)_5^{3-} \qquad (22.28)$$

因此，$HCo(CN)_5^{3-}$ 才是在加氢反应中起催化作用的物质。在图 22.9 所示过程的第一步，烯烃与 $HCo(CN)_5^{3-}$ 配位，由于一个氢原子加在分子上，所以只有一个双键得以保留，这个单烯与钴以 η^1 方式成键。在第二步，另一个 $HCo(CN)_5^{3-}$ 将氢原子转移给烯烃，发生还原消除，转化得到 1-丁烯。

这个过程有趣的一点是产物的性质与溶液中 CN^- 的浓度有关。如果 CN^- 的浓度高，产物就是 1-丁烯；如果 CN^- 的浓度低，产物则为 2-丁烯。这个差别的原因似乎是当氰根离子的浓度低的时候，烯烃的成键方式从 η^1 变为 η^3 以完成金属离子的配位层。结果是来自第二个 $HCo(CN)_5^{3-}$ 的氢原子加到 η^3 成键烯烃的端位碳原子上，得到产物 2-丁烯。过量 CN^- 存在时，烯烃保留 η^1 成键方式，来自第二个 $HCo(CN)_5^{3-}$ 的那个氢原子加到甲基邻位的碳原子上，产生 1-丁烯。

22.2.2 烯烃的异构化

烯烃的异构化是工业上很重要的一个反应，可以用于制备特定结构的异构体，用作聚合反应的单体。异构化反应的一个步骤涉及烯烃成键方式的改变。例如，过渡态中烯烃的成键方式从 η^2 变为 η^3 时，1-烯烃就可能会发生异构化，变为 2-烯烃。这个机理可以用下式来表示：

$$\underset{\text{M}}{\text{RCH}_2-\text{CH}{=}\text{CH}_2} \rightleftharpoons \text{HC}(\text{H}_2\text{C})(\text{RCH}_2)-\text{M} \rightleftharpoons \underset{\text{M}}{\text{RCH}{=}\text{CH}-\text{CH}_3} \tag{22.29}$$

烯烃异构化反应的一个有效催化剂是 Rh^+的一个平面四边形配合物。这个配合物的配位层上的一个配体发生取代反应，其反应流程表示在图 22.10 中。这个异构化过程可以看作是以一系列步骤发生的，涉及烯烃替换一个配体 L 的取代反应，然后 H^+和 L 加入形成一个六键配合物。氢原子迁移将烯烃的成键方式从 η^2 变为 η^1，而当配体 L 进入金属配位层，烷基变为 2-烯时，成键方式又从 η^1 变回 η^2。失去 L 和 H^+的还原消除反应形成一个平面四边形配合物，其中烯烃以 2-烯的形式存在。L 进入配位层时 $RCH{=}CHCH_3$ 消去，得到产物，催化剂回到原来的形式。

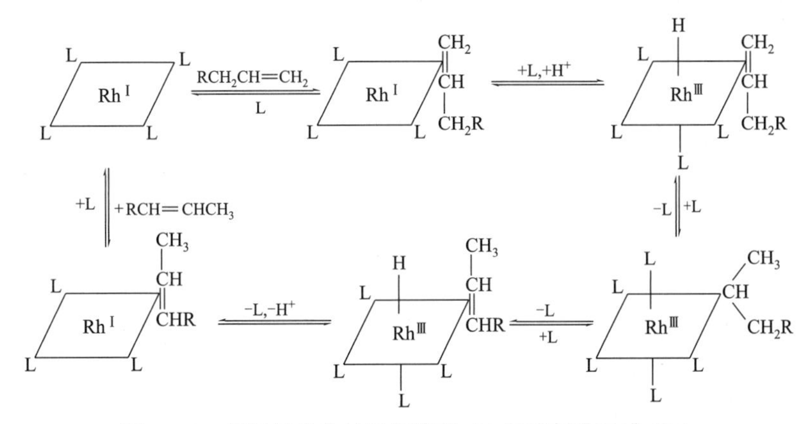

图 22.10 烯烃异构化的反应流程（L 是溶剂分子或 Cl^-）

22.2.3 烯烃的聚合（齐格勒-纳塔过程）

乙烯和丙烯是使用量巨大的两个单体，用于制造聚乙烯和聚丙烯。这些聚合物用于制造各种各样的容器和其他物品。因此，人们对于得到这些聚合物的反应多年以来一直有浓厚的兴趣。

烯烃的聚合是配位化学参与其中的一个重要反应，被称为齐格勒-纳塔（Ziegler-Natta）过程。虽然烯烃的聚合反应可以在高温高压下进行，但是 1952 年卡尔•齐格勒（Karl Ziegler）发现在室温和大气压下可以完成这个反应，过程中用到碳氢化合物溶剂中的 $TiCl_4$ 和 $Al(C_2H_5)_3$。随后居里奥•纳塔（Giulio Natta）发现使用其他催化剂组合时，可以得到具有立构规整性的聚合物。齐格勒和纳塔因为他们所做的这些非常重要的工作而获得了 1963 年的诺贝尔化学奖。

使用金属卤化物和金属烷烃的其他组合也可以发生聚合反应。一般而言，钛、钒或铬的卤化物可以和铍、铝或锂的烷基化合物组合起来使用。虽然这个过程的细节还没有完全弄清楚，但是机理中的起始步骤涉及氯离子被乙基或者结合在空位的乙基取代。一个乙烯分子与钛配位后，发生迁移，插入到 Ti 和 C_2H_5 之间。另一个乙烯分子又在 Ti 的配位层的空位配位，接着又发生另一个插入反应，使链的长度增大，以此类推。图 22.11 所示的反应流程阐明了这个过程，其中决定性的步骤是插入反应，碳氢链因此而增长。

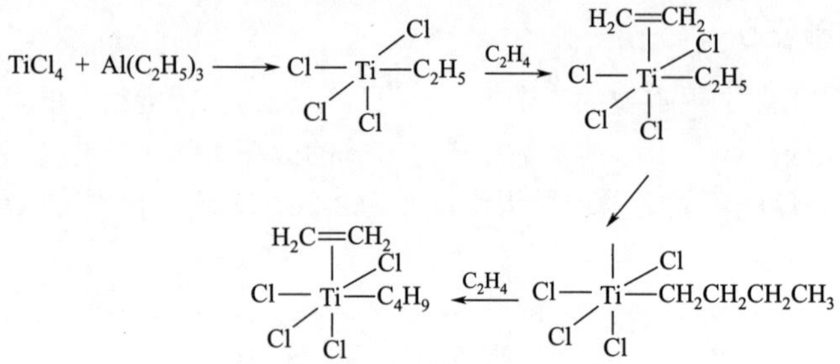

$$TiCl_4 + Al(C_2H_5)_3 \longrightarrow Cl_4Ti{-}C_2H_5 \xrightarrow{C_2H_4} (H_2C{=}CH_2)Cl_4Ti{-}C_2H_5 \longrightarrow Cl_4Ti{-}CH_2CH_2CH_2CH_3 \xrightarrow{C_2H_4} (H_2C{=}CH_2)Cl_4Ti{-}C_4H_9$$

图 22.11　齐格勒-纳塔聚合催化流程

另一个把烯烃结合起来的反应是烯烃的二聚化。这个反应可以用铑配合物 $RhClL_3$ 来催化，如图 22.12 所示。这个过程的第一步是氧化加成反应。第二步是一个氢原子转移到配位的乙烯分子上，使其转变为乙烷基。第三步是 C_2H_4 这样的配体加入后发生插入反应，得到配位的丁基。

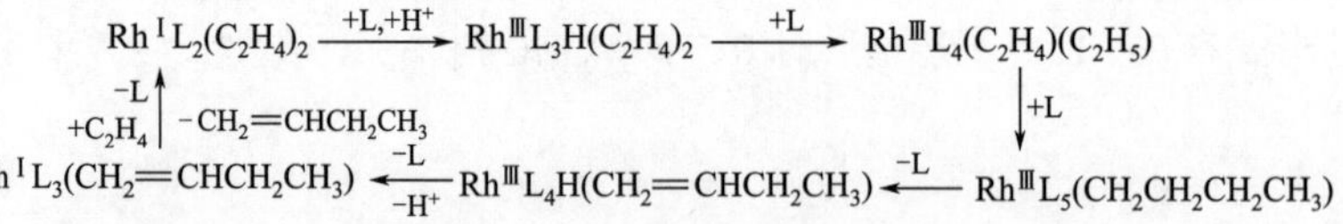

$$Rh^{I}L_2(C_2H_4)_2 \xrightarrow{+L,+H^+} Rh^{III}L_3H(C_2H_4)_2 \xrightarrow{+L} Rh^{III}L_4(C_2H_4)(C_2H_5) \xrightarrow{+L} Rh^{III}L_5(CH_2CH_2CH_2CH_3)$$

$$Rh^{III}L_5(CH_2CH_2CH_2CH_3) \xrightarrow{-L} Rh^{III}L_4H(CH_2{=}CHCH_2CH_3) \xrightarrow[-H^+]{-L} Rh^{I}L_3(CH_2{=}CHCH_2CH_3) \xrightarrow[-CH_2{=}CHCH_2CH_3]{-L,\ +C_2H_4} Rh^{I}L_2(C_2H_4)_2$$

图 22.12　乙烯二聚化的可能机理

22.2.4　氢甲酰化反应

氢甲酰化反应也称为羰基合成或氢羰基化反应，是由烯烃、氢气和一氧化碳制造醛的一个途径。这个反应为人所知已经有大约 70 年了，现在依然还具有重要的经济意义，因为用这种方法可以大规模地生产有用的化合物。这个反应可以用下列方程式来概括：

$$4RCH{=}CH_2+5H_2+4CO \longrightarrow 2RCH_2CH_2CHO+2RCH_2CH(O)CH_3 \qquad (22.30)$$

图 22.13 表示用于描述氢甲酰化反应的流程。活性催化剂是 $HCo(CO)_3$，这是一个 16 电子的物种，配位不饱和。这个物种产生以后，催化过程的第一步涉及烯烃对催化剂的加成。下一步发生插入反应，烯烃插入到 CO 和 H 之间（H^-对烯烃的亲核进攻会得到同样的结果，如前所述），成键方式从 η^2 改变为 η^1。然后，CO 迁移到 Co 和烷基之间，产生 RC(O)—Co 键合。随着 H_2 的氧化加成和醛的还原消除，完成整个过程。虽然使用羰基钴催化剂的反应是有用的，但它需要大约 150℃的温度和 200atm 的压力，而且一般来说，支链醛产生的量比直链醛更多。这是一个很大的不利因素，因为线形的醛转变为线形的醇，被用于洗涤剂制造。羰基合成对于聚氯乙烯之类聚合物的前驱体的生产也是很重要的。

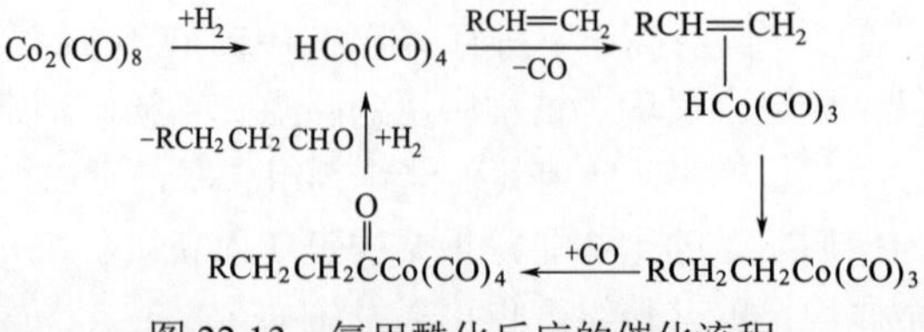

$$Co_2(CO)_8 \xrightarrow{+H_2} HCo(CO)_4 \xrightarrow[-CO]{RCH{=}CH_2} (RCH{=}CH_2)HCo(CO)_3 \longrightarrow RCH_2CH_2Co(CO)_3 \xrightarrow{+CO} RCH_2CH_2C(O)Co(CO)_4 \xrightarrow[-RCH_2CH_2CHO]{+H_2} HCo(CO)_4$$

图 22.13　氢甲酰化反应的催化流程

更现代的催化过程中，具有下面结构的铑配合物是催化循环的起始配合物：

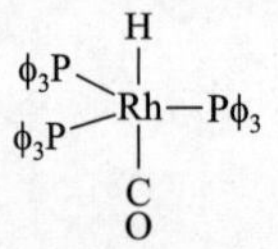

$$HRh(CO)(P\phi_3)_3$$

完整的催化循环如图 22.14 所示。

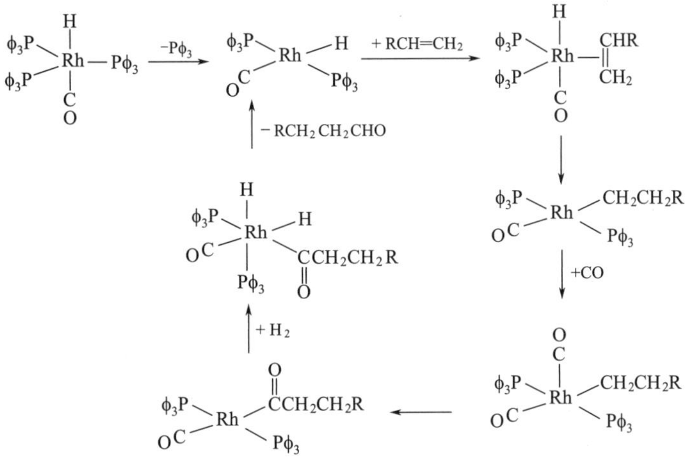

图 22.14　使用铑催化剂的氢甲酰化反应

使用铑催化剂的氢甲酰化反应的第一步是失去一个 $P\phi_3$ 配体，随后烯烃配位。然后氢原子转移，烯烃的成键方式从 η^2 变为 η^1。CO 加入到空位得到五键配合物之后，CO 迁移并插入到金属和碳之间，形成 M—C(O)CH_2CH_2R。H_2 氧化加成以及随后 RCH_2CH_2CHO 还原消除完成整个过程。氢甲酰化反应是配合物起催化剂作用的最重要反应之一。

22.2.5　瓦克反应

瓦克（Wacker）反应是将乙烯转化为乙醛，是重要的工业反应之一。这个反应把氧加到烯烃上，总的反应可以用下列方程式表示：

$$C_2H_4+H_2O+PdCl_2 \longrightarrow CH_3CHO+Pd+2HCl \qquad (22.31)$$

这个反应的进行相信是 C_2H_4 与钯结合，形成配合物：

$$PdCl_4^{2-}+C_2H_4 \longrightarrow [PdCl_3C_2H_4]^-+Cl^- \qquad (22.32)$$

这个配合物中，可能水与配位的 C_2H_4 反应产生 σ-键合的 CH_2CH_2OH 基团，而不是 OH 的插入反应。H^+失去时形成醛，也得到金属钯，如式（22.31）所示。通过与 $CuCl_2$ 反应可以回收氯化钯催化剂（目前钯的价格超过每盎司 500 美元）：

$$2CuCl_2+Pd \longrightarrow PdCl_2+2CuCl \qquad (22.33)$$

为了完成催化循环过程，氯化亚铜发生氧化反应：

$$4CuCl+4HCl+O_2 \longrightarrow 4CuCl_2+2H_2O \qquad (22.34)$$

瓦克法是 20 世纪 50 年代末发展起来的，没有广泛使用，因为其他反应更加有效。

22.2.6　孟山都反应

乙酸是巨量生产的一种大宗有机化学品，被用于很多反应中，包括生产作为聚合反应前驱体的单体、制造溶剂以及很多其他工业用途。孟山都（Monsanto）反应是生产乙酸最重要的反应之一。这个方法使用一种铑催化剂，它是由涉及 RhI_3 的反应制备的：

$$RhI_3+3CO+H_2O \longrightarrow [RhI_2(CO)_2]^-+CO_2+2H^++I^- \qquad (22.35)$$

这个过程的决速步骤相信是 CH_3I 对铑配合物的加成产生一个+3 价铑的八面体配合物。第二步是插入反应，CO 插入到金属和 CH_3 基团之间。这一步也可能是 CH_3 迁移到邻近的 CO，得到 Rh—C(O)CH_3 键合或者 CO 的移除。加上一分子 CO 之后，CH_3COI 还原消除，产生最初的铑配合物。这一系列的步骤可以用图 22.15 所示的流程表示。整个过程最后一步释放的乙酰碘与水反应产生乙酸：

$$CH_3COI+H_2O \longrightarrow CH_3COOH+HI \qquad (22.36)$$

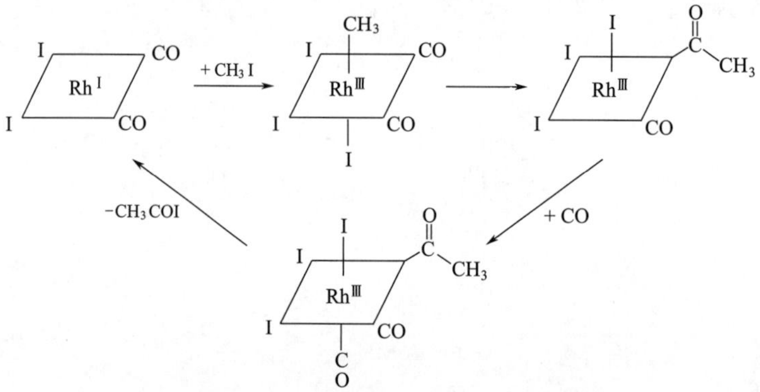

图 22.15 制造乙酸的孟山都反应流程

另一种方法使用甲醇作溶剂，可以将乙酰碘转变为乙酰甲酯：

$$CH_3COI+CH_3OH \longrightarrow CH_3COOCH_3+HI \qquad (22.37)$$

甲基碘通过下列反应再生：

$$CH_3OH+HI \longrightarrow CH_3I+H_2O \qquad (22.38)$$

这个反应很有效，因为 CH_3 和 I 之间为软-软作用，而硬-硬作用产生水。就像其他一些催化过程那样，图 22.15 所示的理想流程并不需要表示出过程的全部细节。已知的其他产物包括二甲醚和乙酸甲酯。

上面描述的配位化合物在催化中的应用并不是仅有的重要例子。事实上，有数目众多的化学反应，均相催化构成其中很多反应的基础。从本章给出的例子可以看出这显然是一个广阔的快速发展的领域，从经济的角度来说也是重要的。虽然本章已经描述了催化的基本原理，但与催化相关的文献有很多。如果要进一步了解详情和更全面的文献综述，可以参考下面所列的参考文献。

拓展学习的参考文献

Atwood, J.D., 1985. *Inorganic and Organometallic Reaction Mechanisms*. Brooks/Cole, Belmont, CA. A good introductory survey of the field that contains many references. A second edition (1997) was published by Wiley-VCH, New York.

Basolo, F., Pearson, R. G. 1967. *Mechanisms of Inorganic Reactions*, 2nd ed., John Wiley, New York. A classic reference in reaction mechanisms in coordination chemistry.

Bhaduri, S., Mukesh, D., 2000. *Homogeneous Catalysis: Mechanisms and Industrial Applications*. Wiley-Interscience, New York.

Conradie, M.M., Erasmus, J.J.C., Conradie, J., 2011. *Polyhedron* 30, 2345-2353. An article dealing with oxidative addition of methyl iodide to rhodium complexes.

Cotton, F.A., Wilkinson, G., Gaus, P.L., 1999. *Advanced Inorganic Chemistry*, 6th ed. John Wiley, New York. One of the great books in inorganic chemistry. It also contains a great deal of material on organometallic chemistry and catalysis.

Gray, H.B., Stifel, E.I., Valentine, J.S., Bertini, I., 2006. *Biological Inorganic Chemistry: Structure and Reactivity*. University Science Books, Sausilito, CA.

Greenwood, N.N., Earnshaw, A., 1997. *Chemistry of the Elements*, 2nd ed. Butterworth-Heinemann, Oxford. A monumental reference work that contains a wealth of information about many types of coordination compounds.

Heaton, B., 2005. *Mechanisms in Homogeneous Catalysis: A Spectroscopic Approach*. Wiley-VCH, New York.

Jordan, R.B., 2007. *Reaction Mechanisms of Inorganic and Organometallic Systems*. Oxford University Press, New York.

Lukehart, C.M., 1985. *Fundamental Transition Metal Organometallic Chemistry*. Brooks/Cole, Belmont, CA. Contains good coverage on a broad range of topics.

Nelson, D.J., Li, R., Brammer, C., 2005. *J. Org. Chem.* 70, 761. Article dealing with the correlation of hydrogenation of alkenes with ionization potentials.

Stewart, C.A., Dickie, D.A., Tang, Y., Kemp, R.A., 2011. *Inorg. Chim. Acta* 376, 73-79. A report on insertion reactions in tin amides.

Szafran, Z., Pike, R.M., Singh, M.M., 1991. *Microscale Inorganic Chemistry: A Comprehensive Laboratory Experience*. John Wiley, New York. Chapters 8 and 9 provide procedures for syntheses and reactions of numerous transition metal complexes including Wilkinson's catalyst. This book also provides a useful discussion of many instrumental techniques.

Torrent, M., Solá, M., Frenking, G., 2000. *Chem. Rev.* 100, 439. A 54 pages high level paper dealing theoretical aspects of processes in which metal complexes function as catalysts.

Van Leeuwen, P.W., 2005. *Homogeneous Catalysis: Understanding the Art*. Springer, New York.

习题

1. 解释加热 $Rh(CH_3)(P\phi_3)_3$ 为什么能产生 CH_4。

2. 写出下列反应的化学方程式：

（a）CH_3I 对 $RhCO(P\phi_3)_3$ 的氧化加成。

（b）氢从 $HCo(CO)_6$ 还原消除。

（c）CH_3I 对 $Co(CN)_5^{3-}$ 的氧化加成。

3. 写出化学方程式，表示使用催化剂 $HCo(P\phi_3)_3$ 的丙烯加氢反应。

4. 写出下列反应的化学方程式，画出产物的结构（部分情况下，产物可能不止一种）：

（a）RNC 插入到 Mn—CH_3 键之间。

（b）CS_2 插入到 M—C 键之间。

（c）$F_2C{=}CF_2$ 插入到 M—H 键之间。

（d）RNC 插入到 M—X 键之间。

（e）SO_2 插入到 M—M 键之间。

5. 解释为什么含有 Mn(Ⅰ)的配合物比相应的 Mn(Ⅲ) 配合物更有可能是一个好的催化剂。

6. 考虑下面的反应（L 为三苯基膦）：

$$RuCl_2L_3+H_2 \longrightarrow HRuClL_3+X$$

三乙胺存在时对该反应有促进作用，解释原因，并说明在那种情况下另一个反应产物 X 会是什么。

7. 下面的反应是氧化加成还是还原消除，或者两者都是？说明理由。

$$Fe(CO)_5+I_2 \longrightarrow cis\text{-}[Fe(CO)_4I_2]+CO$$

8. 下面的反应中配体 X 被 CO 取代：

$$trans\text{-}[Cr(CO)_4XL]+CO \longrightarrow [Cr(CO)_5L]+X$$

对其反应速率进行研究发现速率随 L 有如下变化：

L	$\Delta S^{\ddagger}$/e.u.	$\Delta H^{\ddagger}$/kcal · mol^{-1}
$P(O\phi)_3$	0	32
CO	23	40
$P\phi_3$	12	36
$As\phi_3$	22	36

你如何解释这些实验结果？

9. 你会怎样向一个化学基础有限的人解释$[Co(CN)_6]^{3-}$和$[Co(CN)_5]^{3-}$作为可能的催化剂在实际表现上的差别？

10. 解释为什么 $CH_3Mn(CO)_5$ 中的甲基迁移反应在以 DMF 为溶剂时的速率大约是以均三甲苯为溶剂时的 50 倍。对溶剂为 $CHCl_3$ 时的相对速率给出一个合理的估计。对溶剂为 $n\text{-}C_6H_{14}$ 时的相对速率也给出一个合理的估计。可以参考表 6.7。

11. 对于下面的反应［其中在不同的实验中，L 为 PBu_3、$P(OBu)_3$、$P\phi_3$ 或 $P(O\phi)_3$］：

$$L+CH_3Mn(cp)(CO)_3 \longrightarrow CH_3C(O)Mn(cp)(CO)_2L$$

发现当溶剂是四氢呋喃（THF）时，反应速率几乎与进入配体的性质无关。从取代反应机理解释原因。当溶剂是甲苯时，反应速率比溶剂是 THF 时低得多，并且速率随进入配体的不同而有相当大的差别［L 为 PBu_3 时的速率大约是 L 为 $P(O\phi)_3$ 时的 16 倍］。怎样解释这些实验事实。

12. 当 $CH_3Mn(CO)_5$ 与 $AlCl_3$ 之间发生反应时，产物的结构中有一个环。画出产物的结构。当 $AlCl_2C_2H_5$ 存在时，反应速率小于 $AlCl_3$ 存在时速率的 1%。解释观察到的这个事实。

13. 对于下面的反应：

$$L+cpRh(CO)_2 \longrightarrow cpRh(CO)L+CO$$

取代速率与进入配体的性质有关。例如，当 L 是 PBu_3 时 $k = 4.3\times10^{-3}mol \cdot L^{-1} \cdot s^{-1}$，而当 L 是 $P(O\phi)_3$ 时 $k = 7.5\times10^{-5}mol \cdot L^{-1} \cdot s^{-1}$，从取代反应机理解释其意义。

14. 从 Ir 和 Rh 两种金属的配位化学的差别来解释 Ir 为什么不像 Rh 那样得到广泛使用。

15. 关于 CH_3I 对一系列含有 β-二酮的铑（Ⅰ）配合物进行的氧化加成反应，文献（Conradie，Erasmus，Conradie，2011）报道了下列数据，其中有的来自于以前的研究。检查这些数据是否符合补偿效应。那些 β-二酮记为 $R^1—COCH_2CO—R^2$，表中指出了 R^1 和 R^2，表中的 Fc 代表二茂铁基：

R^1	R^2	$\Delta S^{\ddagger}$/J · K^{-1} · mol^{-1}	$\Delta H^{\ddagger}$/kJ · mol^{-1}
CF_3	CF_3	−126	56
C_6H_5	CF_3	−123	51
CF_3	CH_3	−129	47
Fc	CF_3	−145.4	40
C_6H_5	CH_3	−127	30
CH_3	CH_3	−128	40
C_6H_5	C_6H_5	−115	49
Fc	CH_3	−51.6	62.3
Fc	Fc	−104	46.4

第23章 生物无机化学

随着确定分子结构的分析方法和技术越来越精细，人们也已经清楚了解到结构中的小细节对物质性能的重大影响。现在越来越清楚地了解到，这样的小细节有可能反映了金属离子的存在。因此，无机化学和生物化学之间的联系已经发展为生物无机化学这样一门公认的学科，也出版了一些专门报道这个交叉学科研究结果的学术期刊。化学各领域已经不再有明显界限，虽然有时还会做出很多区分。例如，将一个无机的氯原子加入一个苯分子中，产生氯苯，不会使产物成为“无机”化学的一部分。但是如果分子量为30000的一个酶含有一个锌原子，那就会突然变成“生物无机”结构，因为锌的存在可能引起酶的结构和功能的很大变化。的确，分子含有一个金属离子，但是分子的绝大部分性质还是“生物化学”的，大多数反应是生物化学反应。然而，即使是在无机化学著作中，至少从几个方面说明金属离子对生物化学功能的影响还是合适的。

首先要说明的是，要在一本普通无机化学图书的一章之中覆盖像生物无机化学这种广博学科的重要部分的任何企图很显然是不会成功的。已经有关于这个学科的整卷本（甚至多卷本）著作。描述这一领域工作的论文发表在与无机化学、生物化学和交叉学科如有机金属化学等相关的很多学术期刊上。即使是将如此巨量的信息组织起来也是一件令人生畏的任务。虽然一个人可能做不到吃掉整块饼，但是吃掉其中一块也可以知道饼的风味和特点。对待像生物无机化学这种学科的巨量材料时也是如此。本章采取的方法是选择性地关注几个系统来品尝这个学科的风味和特点，而不去试图概括该学科的整个研究领域。本章结尾处建议的参考文献中的一些专著可供读者进一步地学习。

23.1 一些生物体系中金属的作用

关注生物无机化学时，通常金属是关注的中心。大多数情况下，金属结合在某种配合物中，其中配体是大分子，含有氧、氮或其他原子作为路易斯碱。因此，本章将专注于金属配合物的性质而非其生物化学功能。

23.1.1 酶中金属的作用

分析金属（这个词语也用于代表金属离子）的作用时，发现它们的功能可以被归为几大类。金属在生物化学结构中起作用的一种方式是酶的活性。酶是高分子量的蛋白质（多肽），通过提供较低能量的反应途径促进反应的进行。它一般是与反应结构（称为底物）结合，使得酶-底物复合物的反应活性比单独的底物更大。事实上，没有酶的参与，底物甚至可能不会发生反应。以下几个分类概括了酶起催化剂作用的几种方式。

（1）绝对专一性，这时酶只催化一个反应。

（2）基团专一性，这时酶只催化一种类型的基团的反应。

（3）键合专一性，这时酶只改变一种特定类型的键的反应活性。

（4）立体化学专一性，这时酶只催化化合物的一种立体异构体的反应。

酶可能不能很好地起作用，或者完全起作用，除非存在某种称为辅因子的其他物种。单独的酶称为脱辅酶，酶与辅因子的复合物称为全酶。功能为辅因子的物种包括与酶相互作用的有机化合物。如果有机部分与酶结合很强，就称为辅基；如果与酶结合得松散，就称为辅酶。这里讨论的最有趣的辅因子是金属离子。大约 1/4 的已知酶需要金属离子才能起作用。取决于酶的类型，合适的金属离子辅因子可能是 Zn^{2+}、Mg^{2+}、Ca^{2+}、K^{+}、Fe^{2+}或 Cu^{2+}。相当大数量的酶有时称为金属酶，因为它们的活性部位含有一个金属离子。维生素是很多酶的金属离子来源。

有一些底物的存在可能会阻碍酶的活动，这样的物质称为抑制剂。一些情况下，抑制剂可能是金属。不需要描述抑制剂降低酶活性的所有途径，但是其中有一种途径是抑制剂与底物结合，这被称为竞争性抑制，适用于抑制剂和底物竞争与酶结合。在非竞争性抑制中，抑制剂结合酶，改变酶的结构，使其不能再结合底物。一些情况下，某些金属离子会起到酶活性抑制剂的作用，这可能是产生毒性的一个原因，将在 23.1.2 节中描述。

锌是在酶化学中起作用的最重要金属之一。有几种含有该金属的重要的酶，其中包括羧肽酶 A 和 B、碱性磷酸酶、乙醇脱氢酶、醛缩酶和碳酸酐酶。这些酶大多数是催化生物化学反应的，但是碳酸酐酶参与的过程本质上是无机化学反应。其脱辅酶（不含金属离子）不能作为反应催化剂。二氧化碳转变为碳酸氢根可以表示为：

$$CO_2+H_2O \xrightarrow{\text{碳酸酐酶}} H^+ + HCO_3^- \tag{23.1}$$

这个反应产生碳酸氢根缓冲体系，对于维持血液 pH 值恒定是至关重要的。碳酸酐酶在结构中含有一个锌原子，分子量约为 30000。酶中所含的 Zn^{2+}与组氨酸结合，组氨酸的结构为：

该催化剂的确切作用还不清楚，但相信涉及用下列方程式表示的水解反应：

$$h_3ZnOH_2+H_2O \longrightarrow H_3O^++h_3ZnOH^- \tag{23.2}$$

其中 h 代表的是配位的组氨酸基团。随着产物碱性增强，可以促进它与 CO_2（酸性氧化物）的反应：

$$h_3ZnOH^-+CO_2 \longrightarrow HCO_3^- +h_3Zn \tag{23.3}$$

图 23.1 是这个酶中锌配合物的结构示意图。涉及碳酸酐酶作用的反应机理示于图 23.2 中。锌离子的作用是使得 O—H 键极性增大，从而使得 CO_2 能够与 OH 中的氧原子结合。虽然这个机理还没有完全搞清楚，但式（23.3）所示的反应速率在酶的作用下可以提高几个数量级（高至 10^9 倍）。还发现如果将 Zn^{2+}用 Co^{2+}或 Mn^{2+}取代，会导致催化剂效力下降。酶的活性会被诸如 H_2S、CN^-和其他一些与金属结合能力强的物种抑制。虽然碳酸酐酶作用中涉及的金属离子是 Zn^{2+}，但还有其他酶含有 Mg、Mn、K、Cu、Fe、Ni 以及

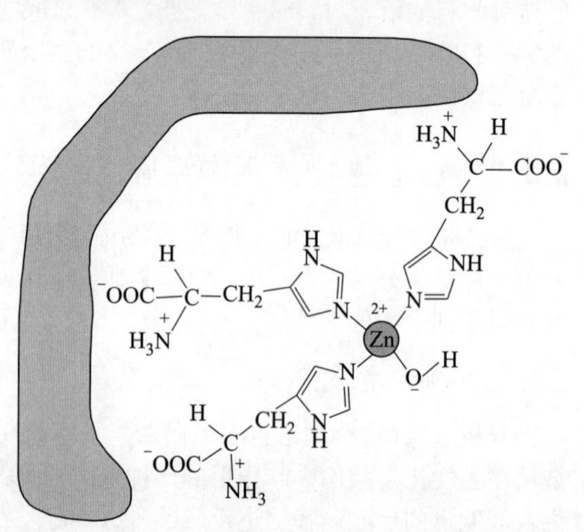

图 23.1 碳酸酐酶的结构示意图（该结构中，锌被三个组氨酸分子和一个氢氧根离子或水分子以四面体配位方式包围）

Mo 等的离子。

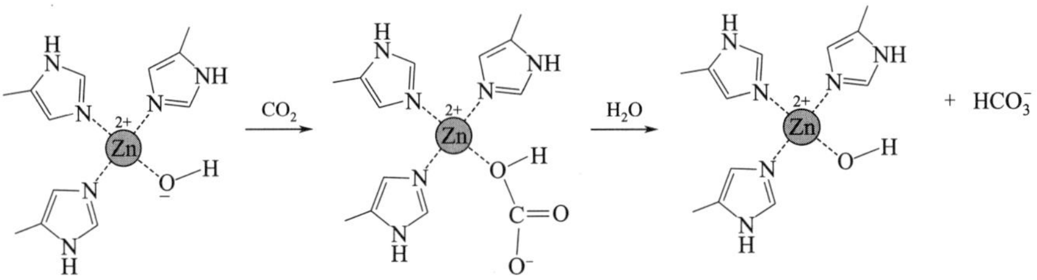

图 23.2　碳酸酐酶将二氧化碳转变为碳酸氢根离子的机理（只显示组氨酸残基的配位部分）

23.1.2　金属和毒性

金属起作用的大多数生物化学过程只涉及数量相对较少的金属，包括 Na、K、Mg、Ca、Mo，或者从 V 到 Zn 的第一过渡系金属。只有钼可以被看作“重”金属。还应注意到这些金属离子在硬度上可以看作是硬的或者交界的。具有低电荷（即“软”）的重金属离子一般来说是毒性的，包括 Hg、Pb、Cd、Tl 等。一些重金属与酶的巯基（—SH）相结合，从而破坏酶以正常方式促进反应的能力。事实上，很多金属的软度和毒性之间存在着相当好的关联。不过，铍是不软但非常毒的金属。

金属的毒性来自于受毒性物质影响而产生的不同生物化学作用。对金属来说，其毒性产生的一个途径是取代另一个金属。这种方式的一个相关例子是镉的毒性，它可以取代存在于几种酶系统的锌。这种情况发生时，酶失去其活性。相信这也是铍具有毒性的一个原因，铍可以取代一些结构中的镁。有很多有毒性的非金属物种，其中一些最引人注意的包括氰类、一氧化碳和第ⅤA、ⅥA 族较重元素的氢化合物。这些物质的毒性与它们作为配体结合特定结构中的金属有关，这种结合使得金属不能发挥正常功能。这种行为最为人熟知的例子可能是一氧化碳，它与血红蛋白和肌红蛋白中的铁结合，使其不能结合氧分子，丧失作为氧载体的能力。在其他一些例子中，毒性物质的作用是结合到一些分子上，使其结构发生变化。因为毒素有几种方式起作用，并且可以和很多生物化学物种相互影响，因此毒性物质的清单是很长的。

上面列出的具有生物化学功能的主要金属中，有一些（例如 Mg 和 Zn）很少改变氧化态，因此这样一些金属参与的过程不发生氧化还原反应，而是以其他一些方式起作用。与此不同，像 Fe、Mn、Mo、Cu 这样的金属可以更容易地改变氧化态，因而会参与氧化还原反应。例如，氧载体中铁的功能要求其与氧结合，因此至少在形式上在反应过程中表现为被氧化。还有其他一些类似的例子。先前已经提及过，参与绝大部分生物化学过程的金属并不会特别地多。

23.1.3　光合作用

植物将水和二氧化碳转变为碳水化合物和氧气的过程是我们熟知的生命化学的基础。这个过程产生呼吸需要的氧气，以及各种生物赖以生存作为食物的碳水化合物。当以葡萄糖作为产物，以电磁辐射作为需要的能量时，总的反应可以归纳为：

$$6CO_2+6H_2O \xrightarrow{h\nu} C_6H_{12}O_6+6O_2 \tag{23.4}$$

因为这个反应需要光能，因而称为光合作用。这个反应式看起来简单，但是光合作用绝不简单。负责吸收光以利用其能量的结构为叶绿素，它含有卟啉类配体。卟啉结构是从称为卟吩的基本单元衍生出来的，卟吩的结构为：

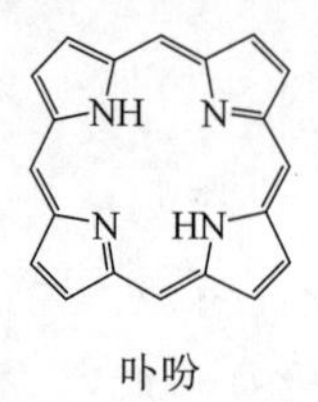

叶吩

这个结构表明有四个氮原子可以提供电子对与金属成键。叶绿素由一系列成员组成，其中三个是叶绿素 a、叶绿素 c 和叶绿素 d，它们的结构都是从一个称为绿素（chlorin）的分子衍生出来的，绿素的结构为：

绿素

叶绿素 a 的结构示于图 23.3 中，镁离子与四个氮原子不是共平面的，而是比这些氮原子组成的平面高出 30～50pm，而且它还通常与至少一个其他配体例如水结合。

植醇侧链　叶绿素a

图 23.3　叶绿素 a 的结构

叶绿素 a 单元排列成层状，分子主要通过与层间水分子形成氢键结合在一起。

光被吸收，向光合作用提供能量的机理是复杂的，但是一些步骤已经理解清楚了。叶绿素在两个区域吸收可见光最强，产生两个吸收谱带，红色光区域的称为 Q 带，接近蓝色到紫外区域的称为索雷（Soret）带。这些谱带对大多数含有卟啉环的结构是常见的吸收。这些吸收与卟啉环中的电子激发后从 π 轨道跃迁到 π*轨道有关。因为接近可见光谱中段的区域（对应于绿色）代表了低吸收的区域，叶子呈现为绿色。多组分子围在细胞膜中，完成吸光的功能，这种与光合作用有关的细胞器称为叶绿体。光合作用中有两个吸光中心，称为光系统Ⅰ和光系统Ⅱ。

叶绿体是叶片的类囊体膜中含有光吸收物种的细胞器。整个过程中有两个功能系统。光系统Ⅰ（有时称为 P700）是过程的一部分，代表叶绿素 a 和其他色素对波长为 600～700nm 光的吸收。光系统Ⅱ（有时称为 P680）涉及叶绿素 a 和叶绿素 b 对 680nm 光的吸收。植物有光系统Ⅰ和Ⅱ同时起作用的细胞，但是细菌中只存在光系统Ⅰ支持光合作用。

在光系统Ⅰ中，由吸收光子产生的激发态用作还原剂。电子从一个物种传递到另一个物种，在最终还原 CO_2 之前经过几个中间物种，包括铁氧化还原蛋白（一种含有铁和硫的蛋白质）。在光系统Ⅱ中，电子传递给一系列中间体，其中包括细胞色素 bf 复合物。最终，电子传递导致下面反应的产生：

$$2H_2O \longrightarrow O_2+4H^++4e^- \quad (23.5)$$

光合作用过程中释放的氧气来源于水，而不是二氧化碳。

23.1.4 氧传递

几乎所有动物的生命活动都有相互关联之处，通过血红素（heme，一些文献中也写作 haem）转运氧是呼吸的基础。血红蛋白是含铁的几种蛋白质之一，其他的还有肌红蛋白、铁蛋白、转铁蛋白、细胞色素和铁氧化还原蛋白。为了转运所需的氧，一个普通成年人的身体里含有大约 4g 铁。在软体动物等物种中，氧的转运是由含有铜而不是铁的蛋白质来完成的。这些蛋白质有时被称为铜蓝蛋白。血红素的结构示于图 23.4 中。

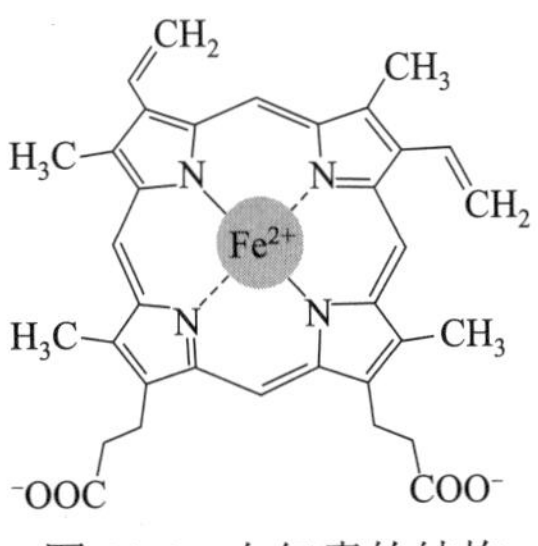

图 23.4 血红素的结构

在氧的转运过程中，这种气体被肺部组织吸收，由血红素转运到肌肉组织，传递给肌红蛋白。一些氧在肌红蛋白中储存起来，氧化葡萄糖的时候释放出来。血红蛋白在将一个氧分子传递给肌红蛋白之后，结合一个二氧化碳分子，将其运送到肺部，再呼出体外。氧的运送是通过动脉网络完成的，而二氧化碳是通过静脉转运的。

氧分子与血红素结构中的铁结合时，Fe^{2+}从高自旋变为低自旋，但氧化态保持为+2。在血红素结构中，Fe^{2+}位于卟啉环的四个氮原子组成的平面之上，一个咪唑基团从远离四个氮原子组成的平面的一边与铁结合，导致形成以下所示的结构：

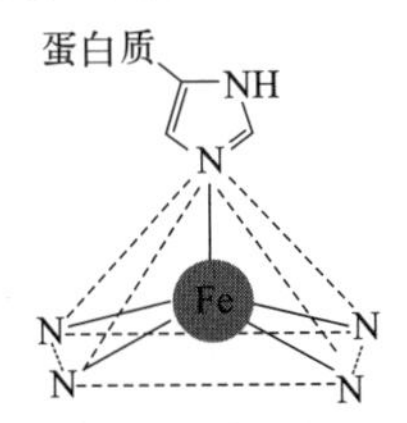

当氧分子与铁结合，使其从高自旋变为低自旋时，Fe^{2+}的大小也发生改变。Fe^{2+}的高自旋状态的离子半径为 78pm，但在低自旋环境中变为 61pm。这个半径减小的程度足以使得 Fe^{2+}适合处于卟啉环的氮原子之间，与氮原子位于同一平面。结合氧分子的血红素结构如下所示。这个结构显示出氧分子的角度取向，以及 Fe^{2+}与四个氮原子位于同一平面上：

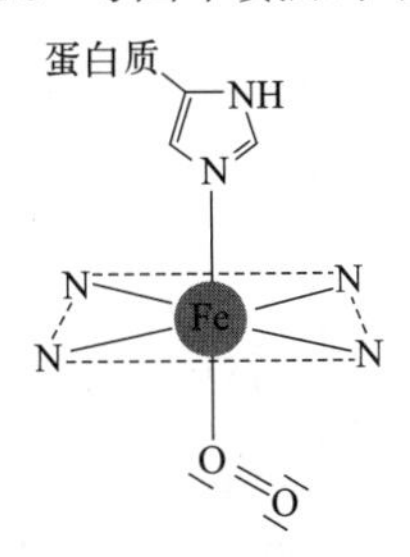

血红蛋白是由四个部分或亚单元组成的，每个亚单元以螺旋形式排列，结合一个血红素基团。每个血红素基团含有一个 Fe^{2+}，Fe^{2+}是用以结合一个氧分子的位点。这些亚单元称为 α 和 β 结构，因此四个亚单元由两个 α 和两个 β 结构组成。α 和 β 结构含有不同的蛋白质链，由一条链中的—NH_3^+和另一条链中的—CO_2^-键合在一起。通常的血红蛋白的蛋白质链含有一个谷氨酸残基。但是如果某个人受到镰状细胞性贫血的折磨，那么他的血红蛋白中含有缬氨酸基团，结构上的这个细微差别导致链以不同的方式折叠，同时也不允许结合氧分子，从而影响氧的转运。

按照通常的配位键强度标准，血红蛋白中氧与铁的键合是相当微弱的。而 CN^-、CO、H_2S 和其他配体与 Fe^{2+} 的键合能力强，使其不能再与 O_2 结合，因此这些物质毒性很强，作用在于阻止氧的摄取。

肌红蛋白的结构基本上是血红蛋白结构的 1/4。因此，它只能键合一个氧分子。如果不含氧的肌红蛋白被氧化，铁转变为 Fe^{3+}，导致的结构称为正铁肌红蛋白。这个物质不是有效的氧载体。

血红蛋白将氧从肺部带到肌肉组织，然后将其释放给肌红蛋白。为了达到这个目的，肌红蛋白结合氧的能力必须强于血红蛋白。然而，肌红蛋白只有一个铁键合氧，而血红蛋白有四个。已经知道当一个氧分子与血红蛋白结合时，其他三个氧结合将会更加容易。这被称为协同效应，相信是由链的构象变化引起的。当第一个氧分子键合血红蛋白中的铁，使其移动进入四个氮原子组成的平面时，组氨酸环也被拉近那个平面。这就导致构象发生微妙变化，使得后续的氧分子结合其余铁原子更加容易。血红蛋白中氧的结合与介质的 pH 值有关，载氧能力随介质 pH 值增大而降低。这是因为 CO_2 和 H^+ 影响协同效应，而它们的浓度是与 pH 值相关的。这个现象是由克里斯蒂安・波尔（Christian Bohr）发现的，因而被称为波尔效应。

血红蛋白和肌红蛋白结合氧的能力有差别。肌红蛋白对氧的吸引能力更强，但是血红蛋白的结合位点数是肌红蛋白的 4 倍。因此，表示氧饱和度与氧压力之间关系的曲线有相当大的不同。图 23.5 表示可用位点的结合分数随氧压力的变化关系。

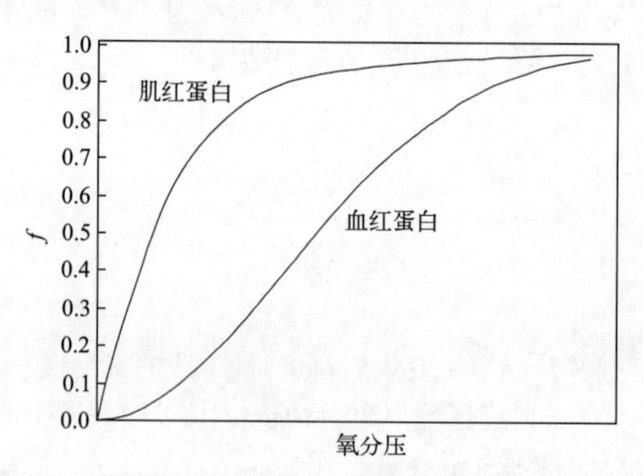

图 23.5　血红蛋白和肌红蛋白载氧曲线的定性关系示意图

如果我们用下式表示肌红蛋白与氧反应的化学平衡：

$$Mb+O_2 \rightleftharpoons MbO_2 \tag{23.6}$$

那么平衡常数可以写为：

$$K=\frac{[MbO_2]}{[Mb]\times p} \tag{23.7}$$

这个表达式中，p 代表氧的压力（代替浓度，因为氧是气体）。如果以 f 代表氧在可结合位点上所占的分数，$1-f$ 就是还可以结合氧的位点所占的分数。我们可以认为在达到平衡时，氧结合的速率和氧分离的速率是相等的，结果得到下面的关系式：

$$k_a(1-f)p=k_d f \tag{23.8}$$

在这个关系式中，k_a 是氧结合的速率常数，而 k_d 是氧分离的速率常数。解得 f 为：

$$f=\frac{k_a p}{k_d+k_a p} \tag{23.9}$$

平衡常数可以速率常数表示为：

$$K = \frac{k_a}{k_d} \tag{23.10}$$

解出 k_a，将结果代入式（23.9），化简后得到：

$$f = \frac{Kp}{1 + Kp} \tag{23.11}$$

有趣的是，这个关系式在形式上与反应气体在固体表面吸附的公式是一样的。在吸附研究中，这样的关系式被称为朗缪尔（Langmuir）等温吸附方程。图中表示血红蛋白摄取氧的曲线与另一个不同关系式相符，其中氧压力项的指数提高到约 2.8。从图 23.5 可以看到在低压力时，肌红蛋白结合氧的分数比血红蛋白的大得多；在更高的氧压力时，它们结合氧的效率大致是相同的。

23.1.5 钴胺素和维生素 B_{12}

很久以前人们就认识到羊容易罹患一种被认为是贫血的疾病。这种疾病在人类身上也有发现，被称为恶性贫血，是由于缺乏钴而不是铁造成的。现在已经明确地认识到缺乏钴其实就是缺乏维生素 B_{12}，它作为一种辅酶，对制造红细胞是不可缺少的。钴胺素是维生素 B_{12} 的衍生物。维生素 B_{12} 的结构与血红素的类似，都有四个氮原子键合金属。但是，维生素 B_{12} 中包含氮原子的结构是咕啉环，如下所示：

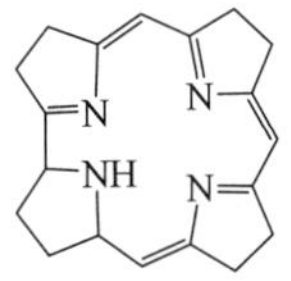

咕啉

在咕啉结构中，吡咯环是部分还原的，有一个氢原子与氮原子成键。另外，少了一个 CH_2 基团（在上面所示结构的左边）。简化的维生素 B_{12} 结构示于图 23.6 中。与四个氮原子成键的钴是赤道位置上一个五元螯合环和六元螯合环的一部分。

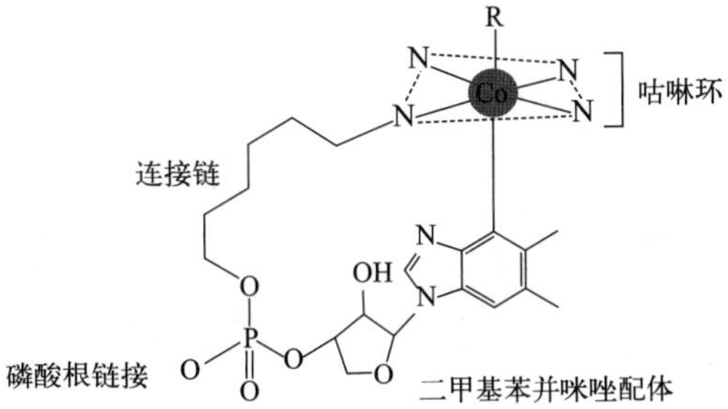

图 23.6　维生素 B_{12} 的简化结构

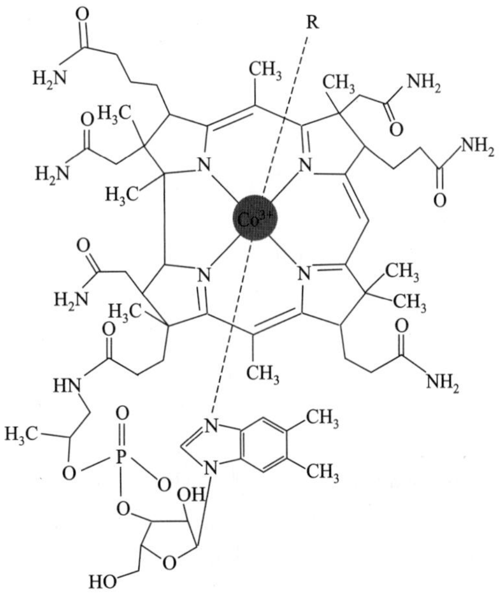

图 23.7　维生素 B_{12} 的结构

维生素 B_{12} 的完整结构示于图 23.7 中。维生素 B_{12} 结构的最不寻常的一个特点是钴与碳直接成键。在血红素中，铁与五个氮原子成键，但第六个位置在结合氧之前是空的。在维生素 B_{12} 中，第六个位置是图中以 R 表示的基团。存在于像钴胺素这样的结构中的钴可以被还原为+2 甚至+1 价，在维生素 B_{12} 中就是这样。维生素 B_{12} 能够发生几种类型的反应，因此是很有效的催化剂。这些反应中，有些可以归类为交换反应、氧化还原反应、甲基化反应，从而产生很多维生素 B_{12} 的衍生物。其中一个使用维生素 B_{12} 催化的有趣反应涉及将基团从一个原子转移到另一个原子，如下所示：

$$HOOC-CH(CH_3)-COOH \longrightarrow HOOC-CH_2-CH_2-COOH \tag{23.12}$$

23.2 一些金属化合物的细胞毒性

本节将描述一些用于癌症治疗的重要金属配合物。这是一个迅速发展的领域，每年有很多与此有关的论文出版。感兴趣的读者可以查询最新文献，了解发展现状。生物无机化学方面的专门期刊特别有用。本章结尾列出的文献不仅本身有用，而且还给出了对早期文献的引用。

23.2.1 铂配合物

无机化学和生物化学的交叉渗透导致了对金属配合物与生物物质之间相互作用的广泛研究。这个领域发展的一个结果是金属配合物用于疾病治疗的迅速发展，产生了金属疗法或药用无机化学这样的新领域。在第 16 章曾经提到顺式二氯 · 二氨合铂（Ⅱ），顺式$[Pt(NH_3)_2Cl_2]$〔称为顺铂（cisplatin）〕可以有效地治疗一些特定类型的癌症。这可能是金属疗法或金属药物研究方面最为引人注目的发展。相对简单的顺铂配合物的结构为：

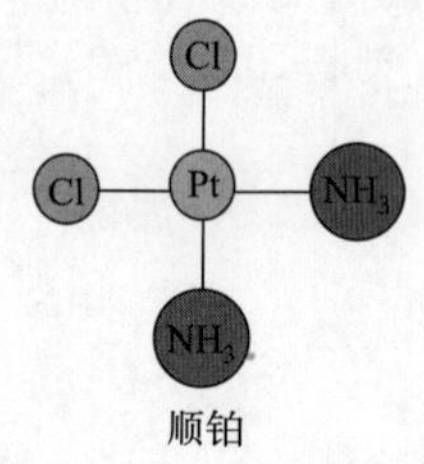

顺铂

虽然这个化合物在癌症治疗方面有效果，但是与这种效果相伴随的是相当大的毒性，可能导致肾损害和其他副作用。这个化合物历史悠久，最初由米歇尔 · 培伦（Michel Peyrone）在 1845 年制备，阿弗雷德 · 维尔纳在 1893 年解释了它的结构，1978 年得到美国食品药品监督管理局批准应用于癌症治疗。随着顺铂作为癌症治疗药物的发展，已经有 3000 种以上的铂配合物被制备出来，并测试确定其有效性（Alberto，et al.，2009）。

相信顺铂是通过把 DNA 的相邻碱基部分桥联起来而起作用的，其反式异构体做不到这一点。顺铂的桥联使得 DNA 的结构发生变化，复制被阻止，因而导致细胞凋亡（细胞结构改变）和细胞死亡。在这个过程中，很可能顺铂发生一个或更多的水合反应，其中氯离子配体被取代，有效的抗癌剂实际上是顺式$[Pt(NH_3)_2(H_2O)(OH)]^+$。顺铂已经显示出可以有效治疗几种类型的癌症，包括卵巢癌、膀胱癌、睾丸癌等。但是，副作用可能导致对肾脏的损害。使用顺铂的另一个问题是细胞（尤其是肺癌和卵巢癌中的细胞）可能发展出耐药性。关于顺铂与细胞组分的具体作用和耐药性产生的原因，人们已经在细胞水平上了解了很多。有兴趣的读者可以阅读关于这个课题的一篇出色的详细综述（Siddik，2003）。

使用顺铂的困难之一是控制水解速率，因为水合后的配合物才是有效的。因此制备了大量的具有较低水解速率的顺铂衍生物。其中三个有效的抗癌药物是奥沙利铂（oxaliplatin）、卡铂（carboplatin）和奈达铂（nedaplatin），它们和顺铂是癌症治疗中最常使用的四种铂化合物，结构如下：

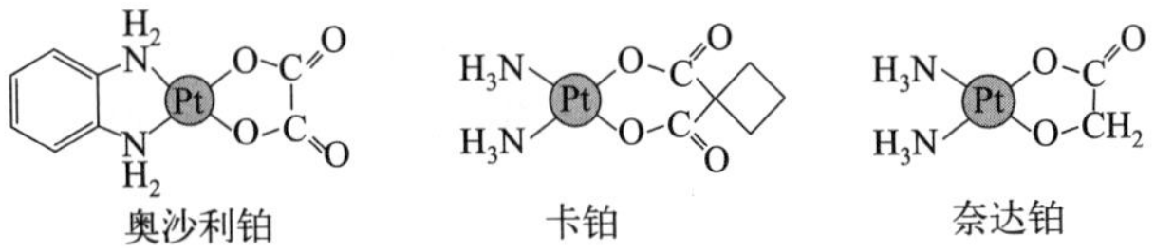

奥沙利铂　　卡铂　　奈达铂

奥沙利铂被用于治疗结肠直肠癌，对于那些产生了顺铂耐药性的肿瘤也表现出有效性。除了结肠直肠癌之外，奥沙利铂对于治疗卵巢癌、乳腺癌、胰腺癌和食管癌也是有效的。奥沙利铂的作用可能是在 DNA 的嘌呤碱基单元之间形成交联。

奈达铂对于肺癌、胃癌、睾丸癌和卵巢癌等表现出有效性，产生的副作用比其他一些铂配合物小。近期有一篇关于奈达铂作用机理的理论研究（Alberto，et al.，2009）。与顺铂的情况类似，奈达铂的活性物种也可能是顺式 $[Pt(NH_3)_2(H_2O)(OH)]^+$，它在 DNA 的相邻碱基单元之间形成桥。这些桥阻止 DNA 复制和增长，引发凋亡和细胞死亡。铂配合物的路易斯酸性使得奈达铂在 DNA 碱基之间成桥，引发凋亡和细胞死亡。奈达铂有害副作用更小，这是相对于顺铂显著的优势。

阿尔伯特（Alberto）等的研究论文中讨论了顺式$[Pt(NH_3)_2(H_2O)(OH)]^+$产生的机理。中性和酸性溶液中的水解都讨论到了。研究表明，这个含羟基和水配体的配合物如果是按 S_N2 机理形成的话，能量上会更加有利，但是还要考虑水作为第五配体存在时有两种过渡态。第一种涉及 Pt—O 键断裂，其中的 O 是与羰基结合的，产生的过渡态结构为：

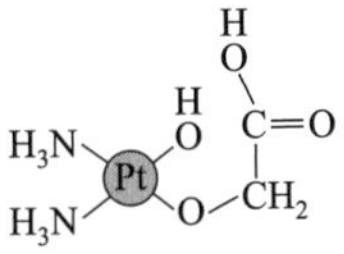

如果是连接在 CH_2 基团上的氧原子的 Pt—O 键断裂的话，则过渡态的结构是：

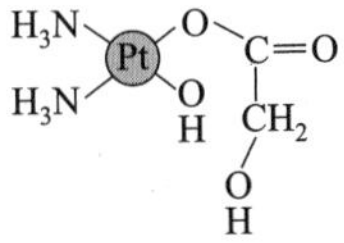

两种情况下，第二步水合过程都会产生顺式 $[Pt(NH_3)_2(H_2O)(OH)]^+$。第一步是速率决定步骤，所以两种情况下活性水合产物都是羟合水合配合物。但是，在酸性体系中，第二步与第一步相比并不快，所以该部分水合物种可能长时间存在，以至于能参与到 DNA 桥联结构的形成过程中。

因为顺铂与 DNA 作用时，在碱基单元之间形成交联，这会导致 DNA 的结构变得更加刚性。结果 DNA 变得更加紧密，在紧密程度和桥联剂的效力之间可能是有关联性的。已经用 X 射线和 NMR 技术对这种作用进行了研究。结果表明，DNA 在发生交联的区域出现变形。相信这些结构变化导致了对细胞转录和/或复制的干扰。

除了已经研究过的铂配合物之外，近期的研究工作还揭示了图 23.8 所示的两个配合物也会通过交联引起 DNA 压缩。不过，它们的作用机理看起来和顺铂的不同（Yoshikawa，et al.，2011）。示于图 23.8（a）的化合物对于特定类型的癌症具有比顺铂更低的 IC_{50} 值。开发铂配合物用于癌症治疗进展迅速，但是对有效抗癌药物的追寻仍在继续，金属配合物是这种努力的重要组成部分。

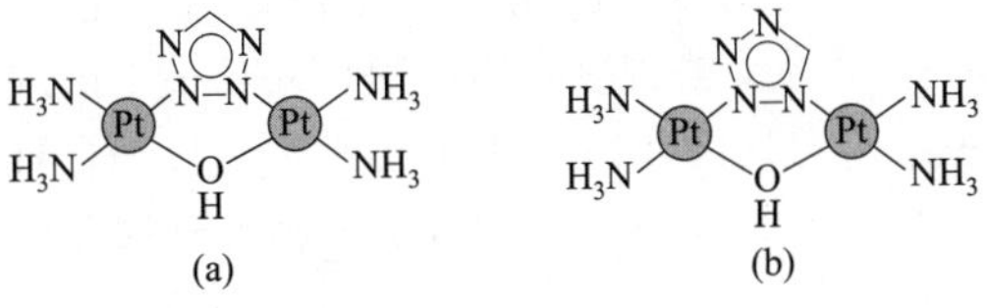

(a)　　(b)

图 23.8　两个具有抗癌活性的双核铂配合物离子（两个配合物离子的电荷总数均为+2，以高氯酸盐形式使用）

23.2.2 其他金属的配合物

虽然第一个用于癌症治疗的金属配合物是顺铂，但也已经进行了大量的研究来评估其他金属配合物在癌症治疗中的有效性。本节将简要回顾曾经研究过的这样一些化合物。

对癌症细胞的毒性或者对酶活动的抑制作用的大小用称为 IC_{50} 值的数字来表示。这个数值代表将不存在抑制剂时的速率或活性值降低一半的抑制剂的浓度［通常表示为微摩尔每升（$\mu mol \cdot L^{-1}$）］。这个数值越低，抑制剂对活性的降低作用就越有效。顺铂已经成为一个标准，用于比较其他金属配合物的有效性。

近年来已经发现几种钛配合物也显现出细胞毒性性质。两个这样的化合物的结构如下所示：

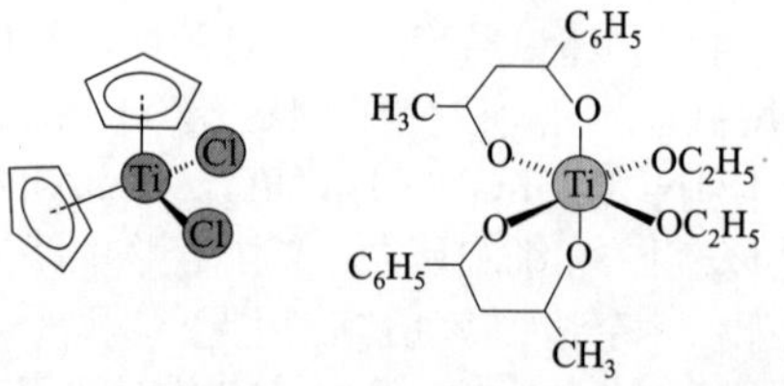

这种类型的化合物在破坏卵巢癌和结肠癌细胞方面比顺铂更加有效，但它们在水环境中的寿命相对较短，因为它们不是动力学惰性的（见第 20 章）。祖贝利和舒瓦（Tzubery and Tshuva，2011）扩展了这样的研究，制备出一系列包含下列配体的钛配合物：

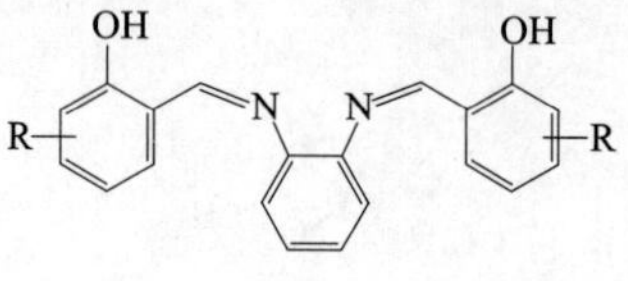

其中 R 基团可以是 4-CH_3、4-Cl、2-Cl 或者 H。因此，钛配合物的结构可以表示如下，其中 R 在环上的位置是可变的：

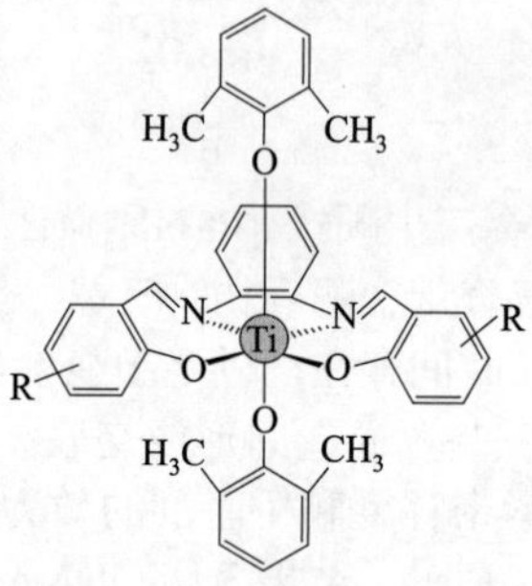

这样的化合物更不容易被水解破坏，大多数展现出高的抗肿瘤活性。据报道 R 为 4-CH_3 时活性比 R 为 H 时更高，当 R 是 2-Cl 的时候，化合物没有抗肿瘤活性。钛化合物比那些含有重金属（如铂）的化合物毒性低得多。这是一个非常重要和有趣的化学研究领域，发展快速。祖贝利和舒瓦的论文中引用的文献描述了这些钛配合物的很多有价值的药物化学性质。

除了研究环戊二烯基的钛配合物作为细胞毒性试剂以外，也研究了几种钒配合物（氯化二茂钒衍生物）在这方面的表现（Honzícek，et al. 2011）。部分这些配合物的结构示于图 23.9 中。虽然$(C_5H_5)_2VCl_2$ 水解快速，但是像那些含有—$CH_2C_6H_4OCH_3$ 基团的高取代化合物水溶性很差。因此，推测那些化合物产生细胞毒性的作用方式在分子水平上与$(C_5H_5)_2VCl_2$ 是不同的。不管哪种情况，含有第一过渡系金属的毒性相对较低的有机金属配合物可以应用于癌症研究，这是非常重要和令人感兴趣的。

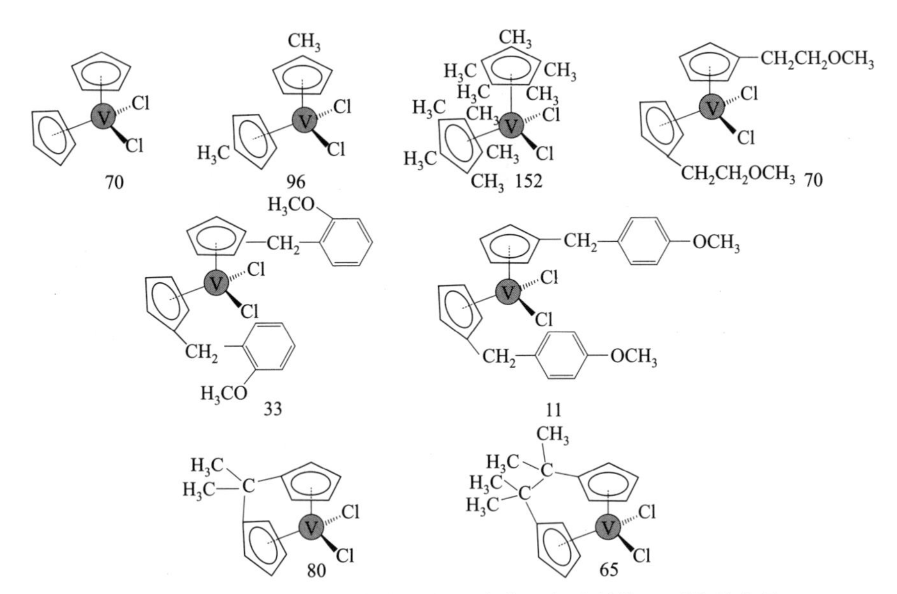

图 23.9　具有细胞毒性的部分钒配合物（每个结构下面的数字是对 MOLT-4 人类 T 型淋巴白血病细胞的 IC_{50} 值）

除了含有 Ti 和 V 的配合物之外，具有抗癌活性的几种铜化合物也被制备出来。其中部分配合物是含有 4-硝基吡啶-*N*-氧化物的二甲基衍生物，化学通式为 $CuL_2(NO_3)_2H_2O$，只有 3,5-二甲基化合物的化学式为 $CuL_2(NO_3)_2$。这些用于制备细胞毒性铜配合物的配体的结构如下所示：

那些含有 2,3-二甲基-吡啶氧化物或 2,5-二甲基吡啶氧化物的五配位配合物的结构基本上是四方锥形，水分子位于轴向位置。两个配体 L 在四方平面的反式位置排列。一部分这类配合物对一些类型的直肠癌和乳腺癌以及鼠类白血病展现出较高水平的细胞毒性（Puszko，et al. 2011）。

得到研究、具有细胞毒性的铜配合物还有包含席夫碱（Schiff base）配体的，结构如下：

除了上面描述的第一过渡系金属配合物之外，钴（Ⅱ）配合物也同样得到研究。细胞毒性不限于重过渡金属，虽然后者的一些化合物确实是有效的。

从远古时代人们就认为金化合物具有药物性质。基恩等（Kean，et al. 1997）写过一篇很有趣的综述，介绍了应用金化合物作为药物的历史。金诺芬是研究最多、应用最广的金化合物之一，结构为：

金诺芬普遍被认为是对于治疗风湿性关节炎有效的药物，含有 3mg 该化合物的口服剂被用于临床已有约 40 年的历史。金诺芬不仅对治疗风湿性疾病有效，而且也被发现具有抗癌性质，与顺铂相当。金诺芬的功能被认为与配体移除有关，这使得金离子可以和酶中的硫键相互作用。至于键的形成，这是一种路易斯酸-碱作用，可以用软酸结合软碱来说明。另一个在活体内释放金的金化合物是 $Au[P(C_6H_5)_3Cl]$，它也被用作抗癌制剂。近期有文献详细描述了金诺芬与半胱氨酸和硒代半胱氨酸的键合（Shoeib，et al. 2010）。

不仅是金诺芬，还有其他很多金化合物的细胞毒性得到了研究，其中包括金（Ⅰ）和金（Ⅲ）化合物，例如 $[Au(en)_2]Cl_3$ 和 $[Au(1,10\text{-ophen})Cl_2]Cl$。研究过的金化合物有些含有二茂铁基团，展现出抗癌活性的这类配合物的一个例子的结构如下：

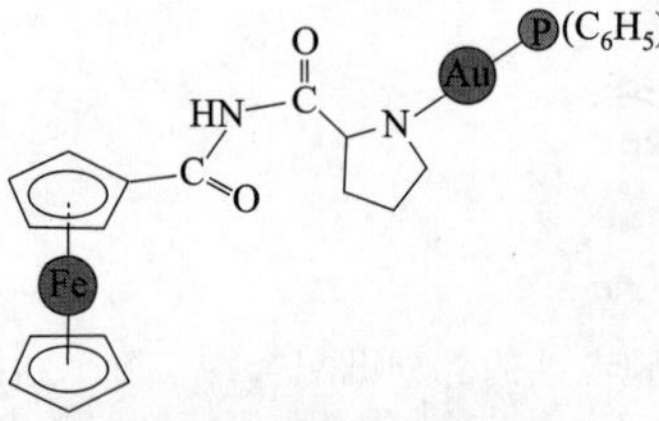

铂（Ⅱ）和金（Ⅲ）一样是 d^8 离子，因此，金（Ⅲ）配合物治疗癌症的效果也得到了研究。含金（Ⅲ）的化合物显示出抗癌活性是由于它们抑制线粒体过程的能力。研究了多种类型的化合物，但是其中含有 1,10-菲咯啉及其衍生物的更有趣，因为研究显示配体本身具有细胞毒性。韦恩等（Wein，et al. 2011）研究的这样一个配合物含有 5,6-二甲基-1,10-菲咯啉（5,6-dmp）作为螯合配体。这个化合物是氟硼酸二氯-5,6-二甲基-1,10-菲咯啉合金（Ⅲ），结构为：

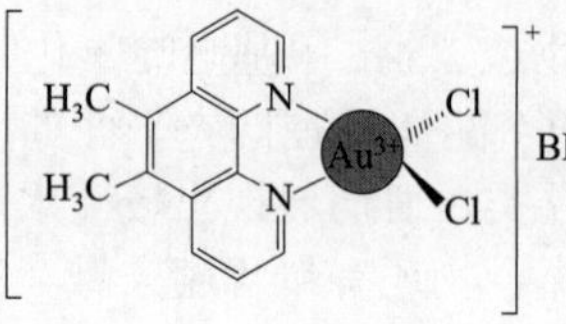

对特定类型的癌症，$[Au(5,6\text{-dmp})Cl_2]BF_4$ 的 IC_{50} 值只有顺铂相应值的大约 1/8。顺铂通过改变 DNA 结构而显示细胞毒性，但是金（Ⅲ）化合物的有效性相信是由于和蛋白质的含硫和咪唑基团作用。这样会在被称为硫氧还蛋白还原酶的一种酶中引起抗线粒体的变化。看起来含铂配合物的抗癌作用机理和含金（Ⅲ）配合物的有相当大的不同。近期研究的一些具有细胞毒性的金（Ⅲ）配合物的结构如图 23.10 所示（Casini，et al. 2008；Vela，et al. 2011）。

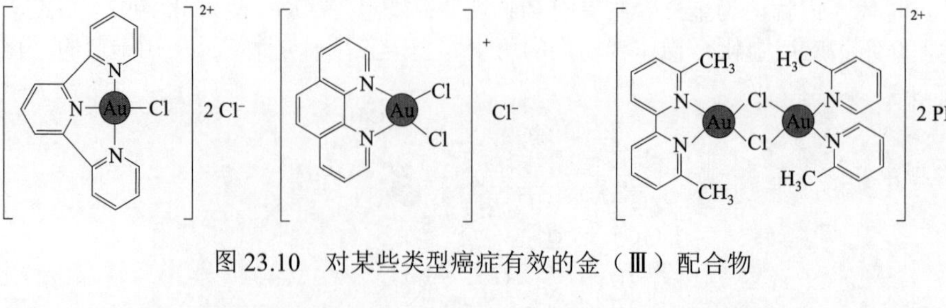

图 23.10　对某些类型癌症有效的金（Ⅲ）配合物

对环戊二烯基和芳基化合物作为有效抗癌制剂的研究已经扩展到一些锇化合物。其中一些化合物的结构类似钢琴凳，见图 23.11（a），一个具体的例子示于图 23.11（b）中（Fu，et al. 2010）。这个配合物显示出对几种类型的癌细胞的活性，其中一些类型是耐顺铂的。

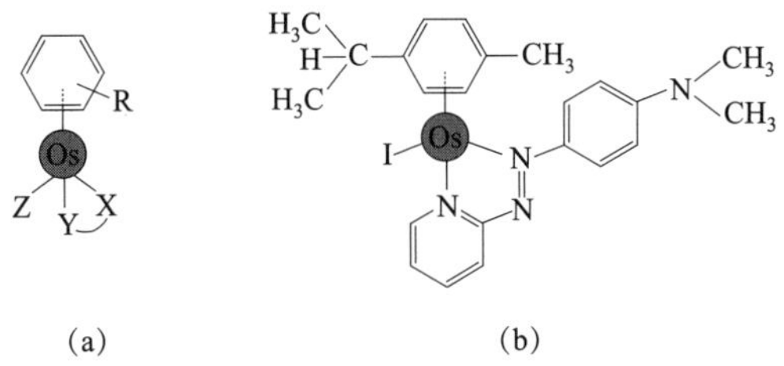

(a) (b)

图 23.11 用于抗癌治疗的锇配合物

23.3 抗疟疾金属药物

虽然截至目前主要是讨论配合物的抗肿瘤作用，但这并不意味着金属疗法仅限于此。疟疾在世界很多地方大范围传播，这种疾病导致的死亡人数估计每年在 70 万～100 万之间。它是雌性疟蚊传播的镰状疟原虫这种病原体导致的。用于治疗疟疾的一种药物称为氯喹，结构示于图 23.12 中。

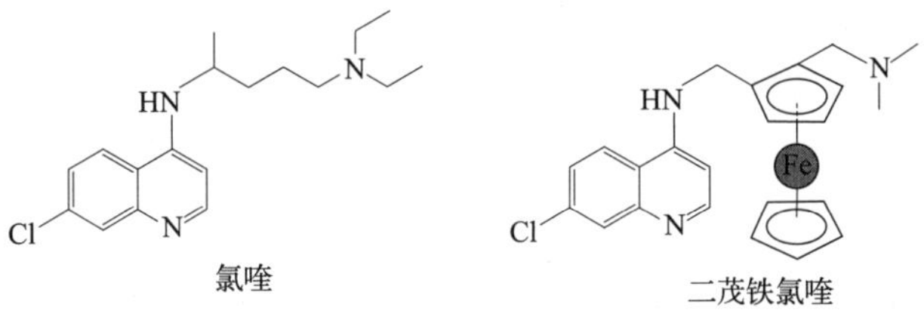

氯喹 二茂铁氯喹

图 23.12 氯喹和二茂铁氯喹的结构

氯喹的一个被称为二茂铁氯喹的衍生物正在被用于抗疟疾活性研究，这是喹啉的二茂铁衍生物，结构如图 23.12 所示。已经发现二茂铁氯喹对于那些已经发展到耐氯喹的疟原虫是有效的。不但二茂铁氯喹是治疗疟疾的有效药物，而且一些半夹心的配合物，也就是只有一个环与金属连接的配合物，也是有效的。一个这样的配合物含有 $Cr(CO)_3$ 单元，是钢琴凳和半夹心结构，如下所示（Glans，et al. 2011）：

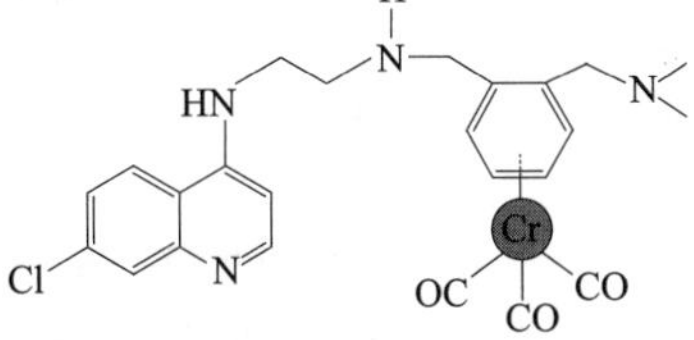

这个配合物对一些已经耐氯喹的疟原虫菌株也是有效的。它提供了一个对已知药物进行金属衍生化以增强其疗效的范例。

由于有一些专注于生物无机化学的刊物，以及众多其他刊物用大量版面发表生物无机化学领域的论文，文献数量增长非常显著。而且，这个领域范围极广，包括所有类型的生命体系。并且已经出版了相当数量的生物无机化学研究专著和教科书，因此，本章只是对生物无机化学做简要介绍，通过一些具体研究结果来展示这一领域的风貌，指明了这一领域中结构类型与反应之间的关系。管中窥豹，可见一斑，希望本章的生物无机化学简介可以引导读者进一步研究这个广阔、有趣而重要的领域。

拓展学习的参考文献

Alberto, M.E., Lucas, M.F.A., Pauleka, M., Russo, N., 2009. *J. Phys. Chem.* B 113, 14473-14479. A study of nedaplatin effects on DNA.

Bailar Jr., J.C., 1971. *Am. Sci.* 59, 586. An older survey of bioinorganic chemistry by the late Professor Bailar, whose influence is still present in coordination chemistry.

Bonetti, A., Leone, R., Muggia, F., Howell, S.B. (Eds.), 2008. *Platinum and Other Heavy Metal Compounds in Cancer Chemotherapy*. Humana Press, New York. A book that contains chapters written by contributors who presented the material at a symposium.

Casini, A., Hartinger, C., Gabbiani, C., Mini, E., Dyson, P.J., Keppler, B.K., Messori, L., 2008. *J. Inorg. Biochem.* 102, 564-575. An article describing antitumor properties of gold(III) compounds.

Fu, Y., Habtemariam, A., Pizarro, A.M., van Rijt, S.H., Healey, D.J., Cooper, P.A., Shnyder, S.D., Clarkson, G.J., Sadler, P.J., 2010. *J. Med. Chem.* 53, 8192-8196.

Gasser, G., Ott, I., Metzler-Nolte, N., 2011. *J. Med. Chem.* 54, 3-25. A detailed review of the use of organometallic compounds in cancer treatment.

Gimeno, M.C., Goitia, H., Laguna, A., Luque, M.E., Villacampa, M.D., Sepúlveda, C., Meireles, M., 2011. *J. Inorg. Biochem.* 105, 1373-1382. Results of a study on antitumor properties of gold complexes.

Glans, L., Taylor, D., de Kock, C., Smith, P.J., Haukka, M., Moss, J.R., Nordlander, E., 2011. *J. Inorg. Biochem.* 105, 985-990. A description of antimalarial activity of chromium complexes.

Gray, H.B., Stifel, E.I., Valentine, J.S., Bertini, I. (Eds.), 2006. *Biological Inorganic Chemistry: Structure and Reactivity*. University Science Books, Sausilito, CA.

Honzícek, J., Klepalova, I., Vinklarek, J., Padelkova, Z., Cisarova, I., Siman, P., Rezacova, M., 2011. *Inorg. Chim. Acta* 373, 1-7. A report on the use of vanadium complexes in cancer research.

Kean, W.F., Hart, L., Buchanan, W.W., 1997. *Br. J. Rheumatol.* 36, 560-572. A review of the chemistry, uses, and effects of auranofin.

Kraatz, H.-R., Metzler-Nolte, N. (Eds.), 2006. *Concepts and Models in Bioinorganic Chemistry*. Wiley-VCH, New York.

Lippard, S.J., 1994. *Principles of Bioinorganic Chemistry*. University Science Books, Sausilito, CA.

Puszko, A., Brzuszkiewicz, A., Jezierska, J., Adach, A., Wietrzyk, J., Filip, B., Pelczynska, M., Cieslak-Golonka, M., 2011. *J. Inorg. Biochem.* 105, 1109-1114.

Sekhon, B.S., 2011. *J. Pharm. Educ. Res.* 2, 1-20. A survey of the uses of inorganic compounds in medicine.

Siddik, Z.H., 2003. *Oncogene* 22, 7265-7279. A review dealing with the mechanism of action of cisplatin and the development of resistance to the drug.

Shoeib, T., Atkinson, D.W., Sharp, B.L., 2010. *Inorg. Chim. Acta* 363, 184-192. A paper dealing with the structure of auranofin and its binding in vivo.

Tzubery, A., Tshuva, E.Y., 2011. *Inorg. Chem.* 50, 7946. An article that deals with the anticancer properties of titanium complexes. Extensive references to earlier work are presented.

Vela, L., Contel, M., Palomera, L., Azeceta, G., Marzo, I., 2011. *J. Inorg. Biochem.* 105, 1306-1313. The anticancer properties of gold(III) compounds are described in this article.

Wein, A.N., Stockhausen, A.T., Hardcastle, K.I., Saadein, M.R., Peng, S., Wang, D., Shin, D.M., Chem, Z., Eichler, J.F., 2011. *J. Inorg. Biochem.* 105, 663-668. Describes research on effects of gold(III) complexes on certain types of cancer.

Yoshikawa, Y., Komeda, S., Uemura, M., Kanbe, T., Chikuma, M., Yoshikawa, K., Imanaka, T., 2011. *Inorg. Chem.* 50, 11729-11735. A forthcoming article describing compaction of DNA and anticancer activity of dinuclear platinum complexes.

习题

1．氧结合血红蛋白中的铁的时候，推测电子从铁转移到 O_2 分子上。从物种的氧化态和电荷解释这意味着什么。你觉得需要什么样的证据才能确定这个过程是否发生？

2．叶绿素 a 的吸收谱带之一出现在大约 700nm 处，这对应于多大能量（以 $kJ \cdot mol^{-1}$ 为单位）？这个能量是否足以使一个 O—H 键断裂？参考表 4.1。

3．对一氧化碳中毒的人进行治疗时，需要给予氧气。解释这种做法的基础。

4．如果发生毒性重金属摄入事故，一个应急处理方法是服用蛋清，而更现代的治疗方法是使用乙二胺四乙酸根。解释为什么推荐这种治疗方法。

5．解释为什么含有 Ti—Cl 键的配合物在活体内的寿命短。

6．如果你在设计一个合成氧载体，那么对金属离子的特点有什么要求？建议 Fe^{2+}的几种替代选择，描述你选择的金属配合物的特点。

7．描述为什么亚硝酸盐（氧化剂）会降低血液的载氧能力。

8．假设顺铂抗癌的有效性来自于其水解产物，为什么磷化氢类似物不是同样有效？

9．除了碳酸酐酶以外，Zn^{2+}还在一些其他酶过程中发挥作用。解释为什么其他一些金属可能不如 Zn^{2+}那么有效。

附录

一、电离能

元素	第一电离能/kJ・mol^{-1}	第二电离能/kJ・mol^{-1}	第三电离能/kJ・mol^{-1}
氢	1312.0	—	—
氦	2372.3	5250.4	—
锂	513.3	7298.0	11814.8
铍	899.4	1757.1	14848
硼	800.6	2427	3660
碳	1086.2	2352	4620
氮	1402.3	2856.1	4578.0
氧	1313.9	3388.2	5300.3
氟	1681	3374	6050
氖	2080.6	3952.2	6122
钠	495.8	4562.4	6912
镁	737.7	1450.7	7732.6
铝	577.4	1816.6	2744.6
硅	786.5	1577.1	3231.4
磷	1011.7	1903.2	2912
硫	999.6	2251	3361
氯	1251.1	2297	3826
氩	1520.4	2665.2	3928
钾	418.8	3051.4	4411
钙	589.7	1145	4910
钪	631	1235	2389
钛	658	1310	2652
钒	650	1414	2828
铬	652.7	1592	2987
锰	717.4	1509.0	3248.4
铁	759.3	1561	2957
钴	760.0	1646	3232
镍	736.7	1753.0	3393
铜	745.4	1958	3554
锌	906.4	1733.3	3832.6

续表

元素	第一电离能/kJ·mol^{-1}	第二电离能/kJ·mol^{-1}	第三电离能/kJ·mol^{-1}
镓	578.8	1979	2963
锗	762.1	1537	3302
砷	947.0	1798	2735
硒	940.9	2044	2974
溴	1139.9	2104	3500
氪	1350.7	2350	3565
铷	403.0	2632	3900
锶	549.5	1064.2	4210
钇	616	1181	1980
锆	660	1267	2218
铌	664	1382	2416
钼	685.0	1558	2621
锝	702	1472	2850
钌	711	1617	2747
铑	720	1744	2997
钯	805	1875	3177
银	731.0	2073	3361
镉	867.6	1631	3616
铟	558.3	1820.6	2704
锡	708.6	1411.8	2943.0
锑	833.7	1794	2443
碲	869.2	1795	2698
碘	1008.4	1845.9	3200
氙	1170.4	2046	3097
铯	375.7	2420	—
钡	502.8	965.1	—
镧	538.1	1067	—
铈	527.4	1047	—
镨	523.1	1018	—
钕	529.6	1035	—
钷	535.9	1052	—
钐	543.3	1068	—
铕	546.7	1085	—
钆	592.5	1167	—
铽	564.6	1112	—
镝	571.9	1126	—

续表

元素	第一电离能/kJ・mol^{-1}	第二电离能/kJ・mol^{-1}	第三电离能/kJ・mol^{-1}
钬	580.7	1139	—
铒	588.7	1151	—
铥	596.7	1163	—
镱	603.4	1176	—
镥	523.5	1340	—
铪	642	1440	—
钽	761	(1500)	—
钨	770	(1700)	—
铼	760	1260	—
锇	840	(1600)	—
铱	880	(1680)	—
铂	870	1791	—
金	890.1	1980	—
汞	1007.0	1809.7	—
铊	589.3	1971.0	—
铅	715.5	1450.4	—
铋	703.2	1610	—
钋	812	(1800)	—
砹	930	1600	—
氡	1037	—	—
钫	400	(2100)	—
镭	509.3	979.0	—
锕	499	1170	—
钍	587	1110	—
镤	568	—	—
铀	584	1420	—
镎	597	—	—
钚	585	—	—
镅	578.2	—	—
锔	581	—	—
锫	601	—	—
锎	608	—	—
锿	619	—	—
镄	627	—	—
钔	635	—	—
锘	642	—	—

注：括号中的数字是近似值。

二、部分点群的特征标表

C_2	E	C_2		
A	1	1	z, R_z	x^2, y^2, z^2
B	1	−1	x, y, R_x, R_y	yz, xz

C_s	E	σ_h		
A′	1	1	x, y, R_z	x^2, y^2, z^2, xy
A″	1	−1	z, R_x, R_y	yz, xz

C_i	E	i		
A_g	1	1	R_x, R_y, R_z	$x^2, y^2, z^2, xy, xz, yz$
A_u	1	−1	x, y, z	

C_{2v}	E	C_2	$\sigma_v(xz)$	$\sigma_v(yz)$		
A_1	1	1	1	1	z	x^2, y^2, z^2
A_2	1	1	−1	−1	R_z	xy
B_1	1	−1	1	−1	x, R_y	xz
B_2	1	−1	−1	1	y, R_x	yz

C_{3v}	E	$2C_3$	$3\sigma_v$		
A_1	1	1	1	z	x^2+y^2, z^2
A_2	1	1	−1	R_z	
E	2	−1	0	(x, y)，(R_x, R_y)	(x^2-y^2, xy)，(xz, yz)

C_{4v}	E	$2C_4$	C_2	$2\sigma_v$	$2\sigma_d$		
A_1	1	1	1	1	1	z	x^2+y^2, z^2
A_2	1	1	1	−1	−1	R_z	
B_1	1	−1	1	1	−1		x^2-y^2
B_2	1	−1	1	−1	1		xy
E	2	0	−2	0	0	(x, y)，(R_x, R_y)	(xz, yz)

C_{2h}	E	C_2	i	σ_h		
A_g	1	1	1	1	R_z	x^2, y^2, z^2, xy
A_u	1	1	−1	−1	z	
B_g	1	−1	1	−1	R_x, R_y	xz, yz
B_u	1	−1	−1	1	x, y	

$C_{\infty v}$	E	$2C_\infty$	$\infty\sigma_v$		
A_1（Σ^+）	1	1	1	z	(x^2+y^2, z^2)
A_2（Σ^-）	1	1	−1	R_z	
E_1（Π）	2	$2\cos\phi$	0	(R_x, R_x)，(x, y)	(xz, yz)
E_2（Δ）	2	$2\cos2\phi$	0		(x^2-y^2, xy)
E_3（ϕ）	2	$2\cos3\phi$	0		

D_2	E	$C_2(z)$	$C_2(y)$	$C_2(x)$		
A	1	1	1	1		x^2, y^2, z^2
B_1	1	1	−1	−1	z, R_z	xy
B_2	1	−1	1	−1	y, R_y	xz
B_3	1	−1	−1	1	x, R_x	yz

D_3	E	$2C_3$	$3C_2$		
A_1	1	1	1		x^2+y^2, z^2
A_2	1	1	−1	z, R_z	
E	2	−1	0	(x, y)，(R_x, R_y)	(xz, yz)，(x^2-y^2, xy)

D_{2h}	E	$C_2(z)$	$C_2(y)$	$C_2(x)$	i	$\sigma(xy)$	$\sigma(xz)$	$\sigma(yz)$		
A_g	1	1	1	1	1	1	1	1		x^2, y^2, z^2
B_{1g}	1	1	−1	−1	1	1	−1	−1	R_z	xy
B_{2g}	1	−1	1	−1	1	−1	1	−1	R_y	xz
B_{3g}	1	−1	−1	1	1	−1	−1	1	R_x	yz
A_u	1	1	1	1	−1	−1	−1	−1		
B_{1u}	1	1	−1	−1	−1	−1	1	1	z	
B_{2u}	1	−1	1	−1	−1	1	−1	1	y	
B_{3u}	1	−1	−1	1	−1	1	1	−1	x	

D_{3h}	E	$2C_3$	$3C_2$	σ_h	$2S_3$	$3\sigma_v$		
A_1'	1	1	1	1	1	1		x^2+y^2, z^2
A_2'	1	1	−1	1	1	−1	R_z	
E'	2	−1	0	2	−1	0	(x, y)	(x^2-y^2, xy)
A_1''	1	1	1	−1	−1	−1		
A_2''	1	1	−1	−1	−1	1	z	
E''	2	−1	0	−2	1	0	(R_x, R_y)	(xz, yz)

D_{4h}	E	$2C_4$	C_2	$2C_2'$	$2C_2''$	i	$2S_4$	σ_h	$2\sigma_v$	$2\sigma_d$		
A_{1g}	1	1	1	1	1	1	1	1	1	1		x^2+y^2, z^2
A_{2g}	1	1	1	−1	−1	1	1	1	−1	−1	R_z	
B_{1g}	1	−1	1	1	−1	1	−1	1	1	−1		x^2-y^2
B_{2g}	1	−1	1	−1	1	1	−1	1	−1	1		xy
E_g	2	0	−2	0	0	2	0	−2	0	0	(R_x, R_y)	(xz, yz)
A_{1u}	1	1	1	1	1	−1	−1	−1	−1	−1		
A_{2u}	1	1	1	−1	−1	−1	−1	−1	1	1	z	
B_{1u}	1	−1	1	1	−1	−1	1	−1	−1	1		
B_{2u}	1	−1	1	−1	1	−1	1	−1	1	−1		
E_u	2	0	−2	0	0	−2	0	2	0	0	(x, y)	

D_{5h}	E	$2C_5$	$2C_5^2$	$5C_2$	σ_h	$2S^5$	$2S_5^3$	$5\sigma_v$		
A_1'	1	1	1	1	1	1	1	1		x^2+y^2, z^2
A_2'	1	1	1	−1	1	1	1	−1	R_z	
E_1'	2	2cos72°	2cos144°	0	2	2cos72°	2cos144°	0	(x, y)	
E_2'	2	2cos144°	2cos72°	0	2	2cos144°	2cos72°	0		(x^2-y^2, xy)
A_1''	1	1	1	1	−1	−1	−1	−1		
A_2''	1	1	1	−1	−1	−1	−1	1	z	
E_1''	2	2cos72°	2cos144°	0	−2	−2cos72°	−2cos144°	0	(R_x, R_y)	(xz, yz)
E_2''	2	2cos144°	2cos72°	0	−2	−2cos144°	−2cos72°	0		

D_{2d}	E	$2S_4$	C_2	$2C_2'$	$2\sigma_d$		
A_1	1	1	1	1	1		x^2+y^2, z^2
A_2	1	1	1	−1	−1	R_z	
B_1	1	−1	1	1	−1		x^2-y^2
B_2	1	−1	1	−1	1	z	xy
E	2	0	−2	0	0	(x, y)，(R_x, R_y)	(xz, yz)

D_{3d}	E	$2C_3$	$3C_2$	i	$2S_6$	$3\sigma_d$		
A_{1g}	1	1	1	1	1	1		x^2+y^2, z^2
A_{2g}	1	1	−1	1	1	−1	R_z	
E_g	2	−1	0	2	−1	0	(R_x, R_y)	(x^2-y^2, xy)，(xz, yz)
A_{1u}	1	1	1	−1	−1	−1		
A_{2u}	1	1	−1	−1	−1	1	z	
E_u	2	−1	0	−2	1	0	(x, y)	

S_4	E	S_4	C_2	S_4^3		
A	1	1	1	1	R_z	x^2+y^2, z^2
B	1	−1	1	−1	z	x^2-y^2, xy
E	1	±i	−1	±i	(x, y)，(R_x, R_y)	(xz, yz)

T_d	E	$8C_3$	$3C_2$	$6S_4$	$6\sigma_d$		
A_1	1	1	1	1	1		$x^2+y^2+z^2$
A_2	1	1	1	−1	−1		
E	2	−1	2	0	0		$(2z^2-x^2-y^2, x^2-y^2)$
T_1	3	0	−1	1	−1	(R_x, R_y, R_z)	
T_2	3	0	−1	−1	1	(x, y, z)	(xz, yz, xy)

O_h	E	$8C_3$	$6C_2$	$6C_4$	$3C_2$	i	$6S_4$	$8S_6$	$3\sigma_h$	$6\sigma_d$		
A_{1g}	1	1	1	1	1	1	1	1	1	1		$x^2+y^2+z^2$
A_{2g}	1	1	−1	−1	1	1	−1	1	1	−1		
E_g	2	−1	0	0	2	2	0	−1	2	0		$(2z^2-x^2-y^2, x^2-y^2)$
T_{1g}	3	0	−1	1	−1	3	1	0	−1	−1	(R_x, R_y, R_z)	
T_{2g}	3	0	1	−1	−1	3	−1	0	−1	1		(xz, yz, xy)
A_{1u}	1	1	1	1	1	−1	−1	−1	−1	−1		
A_{2u}	1	1	−1	−1	1	−1	1	−1	−1	1		
E_u	2	−1	0	0	2	−2	0	1	−2	0		
T_{1u}	3	0	−1	1	−1	−3	−1	0	1	1	(x, y, z)	
T_{2u}	3	0	1	−1	−1	−3	1	0	1	−1		

I_h	E	$12C_5$	$12C_5^2$	$20C_3$	$15C_2$	i	$12S_{10}$	$12S_{10}^3$	$20S_6$	15σ		
A_g	1	1	1	1	1	1	1	1	1	1		$x^2+y^2+z^2$
T_{1g}	3	x	y	0	−1	3	y	x	0	−1	(R_x, R_y, R_z)	
T_{2g}	3	y	x	0	−1	3	x	y	0	−1		
G_g	4	−1	−1	1	0	4	−1	−1	1	0		
H_g	5	0	0	−1	1	5	0	0	−1	1		$(2x^2-x^2-y^2, x^2-y^2, xy, xy, yz)$
A_u	1	1	1	1	1	−1	−1	−1	−1	−1		
T_{1u}	3	x	y	0	−1	−3	$-y$	$-x$	0	1	(x, y, z)	
T_{2u}	3	y	x	0	−1	−3	$-x$	$-y$	0	1		
G_u	4	−1	−1	1	0	−4	1	1	−1	0		
H_u	5	0	0	−1	1	−5	0	0	1	−1		

$x=\frac{1}{2}(1+\sqrt{5}), y=\frac{1}{2}(1-\sqrt{5})$ 。